U0318218

2019 年全国能源动力类专业教学改革研讨会

2019 年全国能源动力类专业教学改革研讨会论文集

教育部高等学校能源动力类专业教学指导委员会 编

江苏大学出版社
JIANGSU UNIVERSITY PRESS

镇 江

图书在版编目(CIP)数据

2019 年全国能源动力类专业教学改革研讨会论文集 /
教育部高等学校能源动力类专业教学指导委员会编. —
镇江：江苏大学出版社，2019.7
 ISBN 978-7-5684-1139-4

 Ⅰ. ①2… Ⅱ. ①教… Ⅲ. ①能源工业－教学改革－
高等学校－学术会议－文集②动力工程－教学改革－高等
学校－学术会议－文集 Ⅳ. ①TK-53

中国版本图书馆 CIP 数据核字(2019)第 126942 号

2019 年全国能源动力类专业教学改革研讨会论文集
2019 Nian Quanguo Nengyuan Donglilei Zhuanye Jiaoxue Gaige Yantaohui Lunwenji

编　者/教育部高等学校能源动力类专业教学指导委员会
责任编辑/吴昌兴　常　钰　李菊萍　吴蒙蒙　孙文婷　苏春晶　汪再非
出版发行/江苏大学出版社
地　址/江苏省镇江市梦溪园巷 30 号(邮编：212003)
电　话/0511-84446464(传真)
网　址/http://press.ujs.edu.cn
排　版/镇江市江东印刷有限责任公司
印　刷/扬州皓宇图文印刷有限公司
开　本/889 mm×1 230 mm　1/16
印　张/45.5
字　数/1 508 千字
版　次/2019 年 7 月第 1 版　2019 年 7 月第 1 次印刷
书　号/ISBN 978-7-5684-1139-4
定　价/180.00 元

如有印装质量问题请与本社营销部联系(电话：0511-84440882)

目 录

新工科与工程教育

专业与课程建设

双创教育

实验与仿真教学

协同育人

教书育人与教学管理

新工科与工程教育

基于 SC – OBE – CQI 理念的卓越工程师培养新模式探索
——以兰州理工大学能源与动力工程专业卓越计划培养为例

权辉，李仁年，魏列江，张人会，韩伟，程效锐

（兰州理工大学 能源与动力工程学院）

摘要："卓越工程师教育培养计划"是贯彻落实《国家中长期教育改革和发展规划纲要（2010—2020 年）》和《国家中长期人才发展规划纲要（2010—2020 年）》的重大改革项目，如何实施以及进行过程监督成为"卓越工程师教育培养计划"的关键。本文基于"学生中心－成果导向－持续改进"，以兰州理工大学能源与动力工程学院能源与动力工程专业卓越班培养为案例，阐释了这一培养模式探索和实效，对本科教学进行了改革，为我国卓越工程师教育培养计划的实践提供了一个高校案例，对于其他高校卓越工程师教育培养计划的实施推进具有一定的借鉴意义。

关键词：卓越工程师教育培养计划；学生中心（SC）；成果导向（OBE）；持续改进（CQI）；培养模式

2010 年，国家启动了"卓越工程师教育培养计划"（以下简称"卓越工程师计划"），其主要目标是面向工业界、面向未来、面向世界，培养造就一大批实践能力和创新能力强、适应经济社会发展需要的高质量的各类工程人才，为建设创新型国家、实现工业化和现代化提供坚实的人力资源保障，增强我国的核心竞争力和综合国力。这一计划的实施，涉及工业界、科技界、政府部门等众多方面，但其落脚点还在高等院校。兰州理工大学是国家第二批"卓越工程师教育培养计划"审批高校。

2015 年 10 月 24 日，国务院印发《统筹推进一流大学和一流学科建设总体方案》，要求按照"四个方面"战略布局和党中央、国务院决策部署，加快建成一批世界一流大学和一流学科。其中，陈宝生部长在教育部第 26 次咨询会上提出，"没有高质量的本科，就建不成世界一流大学"和"抓质量就是抓标准、抓激励、抓评估（认证）"，说明了国家对本科教学的重视，同时，本科教学成功与否也是国家卓越工程师计划的关键。基于此，教育部制定了工程教育认证的核心理念，即 SC – OBE – CQI 理念，具体由学生中心（Student Centered, SC）、成果导向（Outcome Based Education, OBE）和持续改进（Continuous Quality Improvement, CQI）三部分构成，它是中国工程教育认证的核心。

正如原教育部副部长、武汉大学校长李晓红所讲，"人才培养为本，本科教育是根。"以第三级毕业要求引领专业培养卓越人才，关注全体学生学习效果，建立持续改进的质量保障机制和追求卓越的质量文化。

学生和家长如何判定大学四年所接受的专业教育为学生未来发展奠定了合格的基础？除了日后多少年的个体感知外，能否提前了解相关信息？这是我们高校教学必须回答的问题。企业和各个下游"用户"怎样判别高校的工程专业是否为他们提供了合格的从业者或准入者？除了多年的用人经验外，不外乎就是符合企业发展所需要的人才，这就要求工科教学要在服务学生、服务社会和行业的同时，注重与行业发展的一致性。这应该是高校本科办学自我衡量的一个"标尺"。因此，本文以兰州理工大学能源与动力工程专业卓越计划为例，探索基于 SC – OBE – CQI 理念的卓越工程师培养新模式。

1 SC–OBE–CQI 理念

1.1 三大导向变化

SC–OBE–CQI 理念的提出是对传统教学评价体系和认证体系的一次重要改革，具体由以前重视条件和过程转为重视结果输出（Outcome），由重视学生学过什么转为重视学生能够做什么（Ability），由单纯强调校外评价转为强调质量的持续改进与提升机制（CQI）。

由这个改革导向可以看出,传统的只是考查学生学了什么,主要基于"知识"考核解决一般工程问题的能力,现在转变为重点关注学生学会了什么,基于知识和能力的要求解决复杂工程问题的能力。这就要求高校要重新明确培养目标和毕业要求,建立毕业要求对培养目标的支撑关系,梳理课程内容,将毕业要求分解到各个教学环节,并进行达成分析。

1.2 三大导向的内在逻辑

三大导向即核心理念是相互联系的整体,首先,学生中心(SC)是宗旨,学生的发展和成长是工程教育的目的,体现在能否用"成果导向"的要求来引领,用"持续改进"的机制来保证;其次,成果导向(OBE)是要求,服务于学生中心的宗旨,外化为对学生是否达成培养目标和毕业要求的评价,评价结果促进院校和专业提升教育质量,使得学生中心的宗旨得以真正实现;最后,持续改进(CQI)是机制,学生中心的宗旨自然要求院校和专业适应外部需求和学生特点的变化而持续改进,成果导向的要求也依赖于持续改进机制能够制度化、周期性的反馈、评价目标的达成状况,从而调整和完善成果导向的描述(培养目标和毕业要求),并使资源和条件满足教学的需求。

1.3 SC–OBE–CQI 理念的核心

卓越工程师的目标是面向工业界、面向世界、面向未来,培养造就一大批创新能力强、适应经济社会发展需要的高质量各类型工程技术人才。相比传统的本科教育,卓越工程师本科教育更注重学生工程实践性,但对于大学本科教育下的卓越工程师培养计划来说,课堂教学仍是卓越工程师本科教育的核心,重视课堂教学的主渠道,就需要在课堂教学中落实教师主体责任,完善教学机制,特别是协同育人机制,同时,要加强质量保障建设。重视课堂教学这个主渠道,就要求理清图1所示逻辑。

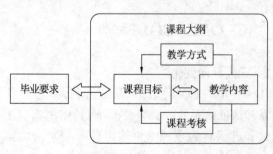

图1 课堂教学核心流程图

在重视课堂教学的基础上,同样保证实践操作

性,最终看能否达到以下5点:① 培养目标的达成度;② 社会需求的适应度;③ 教师及教学资源的保障度;④ 教学及质量保障体系运行有效度;⑤ 学生和用人单位满意度。

2 SC–OBE–CQI 理念实施过程管理

2.1 学生中心(SC)实施过程监控

学生中心(SC)是把全体学生学习效果作为关注的焦点。以学生为中心,不仅要体现在"学生"这个标准上,也要体现在其他标准上,其中,"学生"项排在标准的首位。评价的标准核心是"学生表现",即对学生是否获取了相应的素质能力进行评价,要求高校和专业必须面向"全体"学生。以是否将学生作为专业和教学工作的出发点与归宿点,是否关注了学生及其在校发展的各个阶段、环节,教师是否明确"学生中心"的理念在教学和培养中体现,是否对教师关注全体学生发展提出了具体而非抽象的要求作为判断教学以"学生中心"过程监控的标准。

2.2 成果导向(OBE)实施过程监控

成果导向监控是以学生为中心的"教育产出",而非"教育输入",教学设计和实施目标是保证学生取得特定学习成果。根据《华盛顿协议》,成果导向(OBE)即为经过工程专业训练的学生具备了职业素养和从业能力,毕业要求的达成状况。对于卓越工程师培养计划来说,就是全体合格毕业生能够达成的培养目标和毕业要求,集中体现了学校和专业究竟能使学生走向工程职业岗位时具备什么素质和能力,并且这些"期望"和"承诺"的素质和能力确实成了学生表现的现实,也就是说成果导向是学生中心的贡献度监控的依据。

OBE强调以下4个问题:① 我们想让学生取得的学习成果是什么? ② 我们为什么要让学生取得这些学习成果? ③ 我们如何有效地帮助学生取得了这些学习成果? ④ 我们如何知道学生已经取得了这些学习成果? 这4个问题的解决是成果导向过程监控的关键。

这主要体现在毕业要求上,突出表现为毕业要求对目标的支撑和教学资源对毕业要求的支撑,通过毕业生的专业能力、通用能力和责任感、素养达成度判断成果导向是否达到要求。要求学生达到"多个维度"和"一个程度"的要求,即能解决复杂工程问题的能力。

OBE 监控必须遵循以下 5 点：① 有没有将支撑培养目标的毕业要求分解到每门课程和各项教学环节中；② 教学内容、教学方法、教学过程等怎么样具体服务于毕业要求；③ 教师除了知道"为什么教、教什么、怎样教"以外，如何帮助学生达成预期的学习成果；④ 如何进行课堂表现、作业及其他课外要求、考试检查、记录、分析和反馈；⑤ 通过哪些途径来判别达成了预期的学生学习成果。

2.3 持续改进（CQI）实施过程监控

持续改进（CQI）是对 SC‑OBE‑CQI 理念实施过程管理的核心，持续改进是有质量要求的过程控制，是一个动态过程，也是一种机制。要求专业必须完成以下过程监控：① 对自身在标准要求的各个方面存在的问题具有明确的认识和信息获取的途径；② 有明确可行的改进机制和措施；③ 能跟踪改进之后的效果；④ 收集信息用于下一步的继续改进。

持续改进是一系列"增强满足要求能力的循环过程"，其中 PDCA 循环是实现持续改进的有效方法和工作程序，图 2 所示为以制订培养方案为例的 PDCA，各个环节不是运行一次就完结，而是要进行周而复始的循环，建立"评价—反馈—改进"闭环，形成持续改进机制。

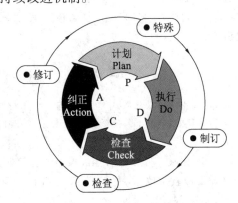

图 2 以制订培养方案为例的 PDCA

3 能源与动力工程专业实施

3.1 兰州理工大学能源与动力工程专业卓越工程师培养概况

我校是第二批"卓越工程师教育培养计划"高校，自卓越工程师教育培养计划执行以来，能动学院卓越工程师本科教育共执行 5 年。目前，共有一届毕业生，四届在校生。2016 年 6 月首届毕业生共 35 人，其中男生 31 人，女生 4 人；20 人学习流体机

械及工程专业、15 人学习流体传动与控制专业。四届在校生均为流体机械及工程专业，每届保持在 32～35 人（根据招生政策和学院制定进出机制有浮动）。

遵循"行业指导、校企合作、分类实施、形式多样"的原则。联合有关部门和单位制定相关的配套支持政策，提出行业领域人才培养需求，指导高校和企业在本行业领域实施卓越计划。支持不同类型的高校参与卓越计划，高校在工程型人才培养类型上各有侧重。参与卓越计划的高校和企业通过校企合作途径联合培养人才，要充分考虑行业的多样性和对工程型人才需求的多样性，采取多种方式培养工程师后备人才。

3.2 SC‑OBE‑CQI 理念实施过程

兰州理工大学能源与动力工程学院从能源与动力工程专业出发，由于甘肃工业基础相对比较薄弱，使得能源与动力工程专业形成了"墙内开花墙外红"的发展特点，即立足西北，服务沿海等工业发达城市和地区。基于该专业的客观性，以反映学校定位和特色，符合工业界需求和面向未来流体机械发展，学院制定了相应的"培养目标"和"毕业要求"，同时依然注重过程监督，从学生、指导教师和企业，已形成有制度、周期性收集"用户"意见、根据需求变化适时调整目标和毕业要求的机制。尝试听取和吸收工业界意见，研究和推行校企相互激励的切实方法。

以首届卓越工程师毕业生（2016 届）为成果导向（OBE），真实落实以学生为中心（SC）的宗旨，进行渐进式持续改进（CQI），从而调整和完成成果导向的描述，并使资源和条件满足教育教学的要求。兰州理工大学以目前已有的本科培养方案为基础，从教学内容、教学方式和考核评价方式均进行了修订，形成了 2013 版和 2017 版培养方案，更着重学生毕业时和毕业后能够达到的应用知识解决问题、具备能力、提升素质的具体描述。

以学生为中心（SC）主要体现在落实课堂教学严肃性，以流体机械拆装实验、水力设计、流体机械测绘等辅助教学。同时，引进了工程经验丰富人员加入指导教师队伍。综合考虑学生学习情况和实践能力分配实习企业，采取"1＋1"模式，即 1 个理论基础和实践能力强的学生带 1 个相对弱点的学生，以保证实习效果；对于师资队伍建设，针对年轻教师工程实践经验弱的特点，形成一老一青带队实习的方式，进行工程经验的提升。在落实课堂教学

基础上,针对国家卓越工程师培养计划的要求,更着重学生工程实践能力的培养,为此实习基地由2013年的2家增加到2015年的15家,再到今年增加到23家,(挂牌)遍布全国11个省(直辖市)的14个城市。目前,有多家企业在和我院就卓越工程师培养接洽中表现出了极大的兴趣;学院给予了这些企业极大的肯定,同时,对卓越工程师联合培养企业进行了挂牌、联合培养说明,切实做好卓越工程师培养工作。

通过这些活动,加强了学院与企业的联系,在产学研用等方面的合作已经初见成效。部分老师拿到了卓越工程师联合培养单位的课题,极大地推动了卓越工程师实践和双方的合作,学院准备进一步加强和企业的联系,就学生实习、就业以及产学机制深化合作。

成果导向(OBE)主要体现在课程设计和毕业设计上,以企业实际要求为出发点,结合专业特点,规定课程设计采用手绘,毕业设计采用计算机辅助设计,同时,引入了流场分析等研究生基础内容,以应对用户的实际需要。在答辩过程中,指导教师由企业和校内指导教师共同组成,采取企业导师和校内导师双评价体系,更能客观和全方位反映学生实践情况,保证了外界评价(企业用户)对培养目标与毕业要求达成度的认可。

持续改进(CQI)始终贯彻于卓越工程师培养具体实行过程中,在发现一些弊端或卓越工程师计划实施遇到阻力时,为扎实推进我校能动专业教育部卓越工程师计划的实施,调动能源与动力工程专业学生学习和科技创新的积极性,提升学生培养质量,突显专业培养特色,依据分层次培养的原则,分别针对卓越班大一、大二和大三、大四学生实施进出机制,并于2016年6月份得以实行,使得普通班优秀的学生有了进入卓越班培养的机会,同时,也使得卓越班学生有一定的危机感,更有利于卓越班的发展,受到了普通班和卓越班一致好评。

在继续推进卓越计划与企业的合作下,在增加联合培养企业数量的同时,对合作企业的培养进行评估,保证卓越工程师培养的质量,是持续改进的又一举措。

3.3 实施成果

以2016届首届毕业生为例,共35人,获得国家级奖项3项、省级奖项5项、校级奖项128项,科创基金立项4项,申请实用新型专利2项。班级共有4人保送研究生,另有9名学生已经考取高校研究生,考研率达37.14%。选择人生的另一条路的学生已经签约自己满意的工作,就业率达100%。目前,在校卓越班共获得国家级奖项6项,省级奖项10项,校级奖项21项。

纵向对比,卓越班逐年获奖数量均在提高,说明了卓越班培养初见成效;横向对比,每个年级1个卓越班无论从获奖或学习成绩均领先于同年级4个普通班。与普通班相比,卓越班学生就业单位品质明显有了提升,同时,卓越班学生更受就业单位的青睐。

4 结　语

面向工业界、面向世界和面向未来,培养造就各种类型的高质量技术人才,是中国工程教育的主要目标。由此,相应制定的"卓越工程师教育培养计划"是最好,也是较为切合客观实际的途径,以学生为中心(SC),成果导向(OBE)为要求,持续改进为机制(CQI)是目前最合理的改革方向。兰州理工大学能源与动力工程专业卓越工程师培养以该理念为基础,是对中国工程教育中卓越工程师培养的一次具体探索和实践。

参考文献

[1] 陈以一. 协同性、开放式、立体化的卓越工程师教育培养体系的构建[J]. 高等工程教育研究,2013(6):62－67.

[2] 李志义,朱泓,刘志军,等.用成果导向教育理念引导高等工程教学改革[J].高等工程教育研究,2014(2):29－34,70.

[3] 陈丽春,毛建卫,刘渊. 卓越工程师成长需要实践沃土——浙江科技学院卓越工程师培养实践[J]. 高等工程教育研究,2017(1):44－47,54.

[4] 朱丽·汤普森·克莱茵.跨越边界——知识、学科、学科互涉[M].姜智芹,译.南京:南京大学出版社,1987.

[5] Minniti M, Bygrave W. A dynamic model of entreneurial learning[J]. Entrepreneurship Theory and Practice, 2001, 25(3): 5－16

能源与动力工程专业的工程化教育改革与实践

刘全忠，王洪杰，宋彦萍，姜宝成

（哈尔滨工业大学 能源科学与工程学院）

摘要： 针对能源与动力工程专业在工程化教育改革方面的需要，结合在卓越工程师培养计划实施和工程化教育认证过程中的实践经验，总结了在课程体系建设、共享资源建设、师资队伍建设等方面的改革特色，以及校企联合培养人才方面对"产学研合作"培养工程技术人才的模式，并对未来继续推动课程培养体系、实践能力培养、教学与评价体系方面提出了方向和规划。

关键词： 能源与动力工程专业；工程化教育；课程体系；师资队伍；实践能力培养

高等教育肩负着培养高素质专门人才和拔尖创新人才的重要使命。工程教育是我国高等教育的重要组成部分，在高等教育体系中"三分天下有其一"。为了适应经济社会发展对高质量工程技术人才的需要，全面提高工程教育人才培养质量，2010年教育部在全国范围内分阶段实施了卓越工程师教育培养计划，2016年我国正式加入国际工程教育学位互认领域最具影响力的《华盛顿协议》。工程教育专业认证要求专业课程体系设置、师资队伍配备、办学条件配置等都围绕学生毕业能力达成这一核心任务展开，并强调建立专业持续改进机制和文化以保证专业教育质量和专业教育活力。

为了进一步推进面向工程化教育的改革，哈尔滨工业大学能源与动力工程专业教学改革团队认真总结经验，分析提升学生工程实践能力的需求和工程化教育改革的特点，推进课程建设和教学资源的整合和共享，探索"产学研合作"培养工程技术人才的途径，在普遍提高学生综合素质和创新能力的基础上，通过引入企业的工程化教育资源，帮助学生实现对所学知识融会贯通并付诸实际应用，培养学生的应用能力和创新能力。

1 适应工程化教育的课程体系改革

能源与动力工程专业围绕应用型和创新型能力培养的目标，持续开展了先进教育教学理念的学习和研究，从多个方面分析研究了专业建设和课程体系建设的需求。为了适应宽口径、厚基础的培养思路，按照新工科建设需求，结合教育现代化2035战略规划，在深入研究了大类招生培养的需求情况下，能源与动力工程专业在2019年启动了大类培养课程体系的改革。新的课程改革力求彻底改变专业课程内容老旧、为教师按需设课等传统弊病，采用现有课程清零、全部重新设课的形式，真正从培养学生的工程实践能力出发，由教学指导委员会对课程内容、授课方式等进行严格审核，对教师承担课程实施课堂准入制度、挂牌上课制度，引入竞争机制来提高教师参与课程建设的积极性。在专业课程基础上，还开设创新研修课20门，创新实验课7门，新生研讨课1门，素质核心课1门，双语教学课程1门。

能源与动力工程专业在课程建设过程中加大了实践环节所占的比重，并通过引入现代科学技术成果和新的实验技术，增加基础实验的新颖性和信息量，加强实验的思考性和启发性，增加学生动手、动脑的机会。另外，通过开设综合性、设计性和研究型实验，由学生根据问题的性质自行设计实验方案，拟订实施实验方案的具体步骤，培养学生综合能力、设计实验的能力，以及在实验中学习和研究的能力。面向少数优秀学生和在实验方面具有潜能与兴趣的学生，培养学生应用高新技术和发挥创造性的能力，通过引入新材料、新系统形式、新实验技术，努力将学科及与其他学科交叉的科研成果进行转化。

能源与动力工程专业采用科研实验转化成教学实验和引进先进实验教学设备相结合的方式，推动实验设施和条件建设。在工程化教育改革与实践过程中，先后建设了水下航行体动力学特性研究实验台、秸秆成型燃料添加剂试验研究实验台等多个实验教学平台，为技术基础课、专业课、创新研修课开设实验课，同时为本科生科技创新提供实验条件的支持，并用于能源与动力工程专业的本科生的毕业设计，进一步完善实践教学体系，丰富实验内容，培养学生的动手能力。

2 课程内容建设与教学资源共享

为了进一步适应应用型和创新型的工程化人才培养模式，能源与动力工程专业对技术基础课、专业课和创新研修课的教学内容进行了调整，强调学生动手能力和创新能力的培养，注重课堂教学和实验、实习、课程设计、毕业设计等实践性教学环节的有机结合，提倡学生早下实验室进行科学研究训练。重点更新和调整了工程流体力学、传热学、工程热力学、燃烧学、空气动力学等技术基础课程的教学内容，借鉴国际一流大学的相关教学教材，补充了本领域的科学技术最新发展和热门问题，部分课程采用双语教学或采用外文原版教材，以提高学生的外语水平和外语阅读能力。

为了进一步加强课程教学改革、优化教学体系，对能源动力类技术基础课程创新教学模式整体规划，教学改革团队组织工程流体力学、传热学、工程热力学等课程的任课教师成立了专业基础课程教学团队，共同开展教学研究，实现精品教学资源的网络共享。这一举措加强了能源动力类专业基础技术课程之间的联系，打破了课程之间的壁垒，合理优化了课程教学体系和培养过程，实现了课程间的融会贯通，提高了团队整体的教学水平。

在资源共享课程建设方面，2013年工程流体力学、传热学分别启动了精品资源共享课程建设，并于2016年被教育部认定为国家级精品资源共享课程。目前能源与动力工程专业技术基础课已经启动了进一步的在线开放课程建设，其中2019年工程热力学MOOC课程已在爱课程平台上线使用，传热学SPOC课程也已建设完毕，工程流体力学和传热学课程即将启动MOOC课程建设。能源与动力工程专业还积极推动专业主干课程采用小班授课、翻转课堂形式授课，进一步加强师生互动交流，提高学生参与课堂讨论的积极性。

3 校企合作人才培养模式的应用

校企联合培养是高校与企业之间一种重要的交流合作方式，解决了许多现实的工程化教育问题，使高校与企业之间的师资、学生、教学设备和资源得到充分的交流利用。有了这样的后盾，高校和企业可以共同承担一些大型的、有难度的课题，学生也就有机会参与到课题中来，培养独立思考和创新思维的习惯，增强收集处理信息、获取知识、分析和解决问题的能力。教学改革团队广泛调研了哈尔滨电机厂、哈尔滨锅炉厂、哈尔滨汽轮机厂等合作企业的技术开发、生产试验部门，结合企业工程实际的特点和需要，将课堂教学、课外实践与教学团队的研究成果进行了有机结合，使学生能够更好地学以致用，并激发了学生利用课程所学知识解决实际问题的兴趣，为开展科技创新活动打下了很好的基础。

教学改革团队与哈尔滨电机厂有限责任公司共同建设了国家级工程实践教育中心，该中心的建设为建立校企合作的长效机制提供了保障。国家级工程实践教育中心的日常运行由企业负责，学校安排专人负责与企业沟通交流，定期交换信息。由企业为学生配备合作导师，提供实训、实习的场所与设备，安排学生实际动手操作。工程实践教育中心组织企业高级职称以上的技术人员和高级管理人员担任兼职教师，开设企业课程、参与对学生的考核和评价，指导学生进行工程实验及完成学位论文。建成以来先后有200余名学生利用中心的硬件条件和技术力量完成了本科毕业论文、科技创新活动等培养环节。

4 工程化背景的教师队伍建设

能源与动力工程专业通过整合教师队伍，形成了教学团队成员定期交流机制，通过教学方法研讨等活动提升教学团队成员的水平。另外，为了培养教学团队成员的工程化背景，推动青年教师利用科研合作、学术交流、共同指导毕业设计等形式，直接参与企业的科研、生产和管理活动，使青年教师丰富了工程化教育的经历。

依托哈尔滨电机厂、哈尔滨锅炉厂、哈尔滨汽轮机厂等国有企业的资源，从企业中聘请富有教学经验的高级工程师壮大教师队伍。国有企业的工程师具有丰富的工程经历且掌握较先进的工程技术，是补充卓越工程师教师队伍的师资源泉。能源与动力工程专业与国内大中型企业进行长期的科研和教学合作，聘请了具有教学经验的高级工程师承担相关专业课的教学任务。

　　能源与动力工程专业建立并完善了青年教师导师制度,为每位青年教师配备一名教学经验丰富的指导教师,通过教学示范和课堂点评等环节,青年教师教学水平迅速提高。青年教师国外交流期间,先后有多人调研了国外高校本专业主干课程的教学内容和教学方法,在注重工程实际能力培养的前提下对本专业课程的教学体系进行了更新,保证了本专业主干课程体系的先进性和适应性。能源与动力工程专业先后邀请了澳大利亚纽卡斯尔大学 R. A. Antonia 教授、瑞士洛桑工学院 Avellan 教授、日本京都大学功刀资彰教授、挪威科技大学水能实验室主任 Nielsen 教授、莫斯科航空学院的火箭发动机研究所所长 Timouchev 教授等国际知名学者前来访问,组织青年教师和本专业相关学生参加学术报告等活动,进一步开拓教师和学生的国际视野。

5　结　语

　　能源与动力工程专业的工程化教育改革在人才创新能力和实践能力培养方面发挥了重要的作用,未来还要继续在整体上提高师资队伍的水平和素质,紧密结合工程化专业认证的需要,在课程培养体系、实验条件和设施、教学方法和考评体系等方面与国际工程化教育体系接轨,进一步提高学生的工程实践能力培养质量。在课程教学方面,继续在课程中引入先进的教学理念和方法,深入推动课程内容更新和在线课程建设;在实践教学方面,注重科研设备与教学实验的转化,推动开放式实验和创新性实验项目的建设;在教学方法和考评体系中,引入工程化教育目标的达成度考核,建立科学的工程化能力考核体系。

参考文献

[1]　吴岩. 新工科:高等工程教育的未来——对高等教育未来的战略思考[J]. 高等工程教育研究,2018(6):1 - 3.

[2]　樊一阳,易静怡.《华盛顿协议》对我国高等工程教育的启示[J]. 中国高教研究,2014(8):45 - 49.

[3]　郭玮,李月华,刘珺. 基于工程教育专业认证的师资队伍建设实践[J]. 教育现代化,2018,5(47):121 - 122.

[4]　安勇. 工程教育专业认证改进工作质量提升的深度思考[J]. 中国高等教育,2018(23):38 - 40.

[5]　梁延德,王松婵,吴卓平,等. 高等工程实践教育研究热点及变迁分析[J]. 中国大学教学,2014(9):86 - 91.

[6]　林健. 谈实施"卓越工程师培养计划"引发的若干变革[J]. 中国高等教育,2010(17):30 - 32.

[7]　刘全忠,王洪杰. 能源与动力工程专业卓越工程师培养模式研究与实践[J]. 黑龙江教育学院学报,2013,32(12):40 - 42.

[8]　张昊春,王洪杰,谈和平,等. 美国与德国《工程热力学》教材的比较及启示[J]. 中国大学教学,2012(2):86 - 88.

[9]　刘国繁,曾永卫. 卓越工程师培养计划下教学质量保障和评价探析[J]. 中国高等教育,2011(21):25 - 26.

[10]　高波,康灿. 能源与动力工程专业卓越工程师实践教学体系探讨[J]. 中国现代教育装备,2017(21):32 - 34.

新工科背景下能源动力类专业建设探索与实践*
——以华中科技大学能源与动力工程专业为例

王晓墨，陈刚，成晓北

(华中科技大学 能源与动力工程学院)

摘要： 新工科建设为能源动力类人才培养提供了新的机遇和挑战。为满足新经济和新产业发展对本专业人才的需求，针对目前本专业现状及存在的问题，在能源动力类专业建设的人才培养计划、课程体系、实践条件、教师队伍、教材建设等各方面进行了改革探索与实践，形成了有效的新工科人才的培养体系，全面提高了人才培养能力。

关键词： 新工科；能源动力类；专业建设

当前世界范围内新一轮科技革命和产业变革加速进行，我国经济发展进入新常态、高等教育步入新阶段。工业4.0时代背景下，工程教育必将发生全方位的变革来适应产业界对学生培养提出的"21世纪的技能"需求。在新能源科学与技术、大数据、云计算、互联网、人工智能等技术蓬勃发展的背景下，能源动力类专业改革面临着全新的挑战。

培养造就能源动力类创新型、多样化卓越人才，为我国能源动力产业发展和国际竞争提供智力和人才支撑，既是当务之急，也是长远之策。在新工科建设背景下，华中科技大学能源与动力工程学院整合不同专业力量，通过对传统能源与动力工程专业存在的问题进行分析与研究，以更加注重专业和产业对接、注重学科交叉、注重创新创业育人体系建设、注重以学生为中心、注重全球视野和家国情怀为指导思想，在人才培养计划、课程体系、实践平台、师资队伍建设、教材建设等方面进行完善，并通过实践示范，主动适应新技术、新产业、新经济的发展，从而提升学院新工科教育水平，满足国家的重大需求与社会经济的发展需要。

1 修订人才培养计划

学院在对国内外高校充分调研的基础上，加强顶层设计，落实以学生为中心的理念，通过深化对新时代人才跨界培养的研究与思考，根据新工科人才培养规格要求，结合新经济社会发展需要、人才需求分析、学校办学特色和专业定位，并充分征求行业企业专家意见，基于"加强基础、淡化专业"的思想修订原有培养方案，并明确和细化学院各专业毕业生应获得的12个方面的知识和能力。修订后的培养方案符合新工科人才培养定位，满足新经济社会发展需要并体现学校办学特色。结合学校构建的选课系统，学生在培养过程中，可以根据专业特点按照服务区域经济、服务行业经济、服务数字经济与新经济，以及服务国家重大需求与未来科技发展等不同目标选修课程，形成针对服务面向、发挥整体优势、突出培养特色的培养模式和体系，满足学生个性化培养需求。

2 建设和完善课程体系

学院注重统筹协调通识教育、专业教育、企业教育和管理教育的融合，注重知识、能力、素质协调发展，由教授团队领衔，优化和整合课程设置，建设完善了以"国际交流课程＋校企联合课程＋专业综合实验课程＋精品专业平台课程＋专业系列研讨课程＋实践创新设计课程＋素质教育通识课程＋学科交叉融合课程"为代表的、有鲜明特色的共建专业课程体系。

---

* 基金项目：教育部新工科研究与实践项目"能源动力类专业新工科建设的研究与实践"(181)；教育部高等学校能源动力类专业教学指导委员会新工科教改项目(NDXGK2017Z－11)；华中科技大学2018年教学研究专项项目

学院与国外知名大学合作，整体引入了高水平示范性国外大学同名课程，并通过引进与培养双重手段，培育一定数量的双语以及工程热力学、工程传热学全英文能源类基础课程，共建国际交流课程，满足国内外学生的课程需求。与国内知名企业合作，加强专业基础，共建校企联合课程，优化配置校企优质课程资源，提高了师生的工程与实践能力。与硕士二级学科对接，共建专业综合实验课程，注重学生理论知识掌握和实践技能提高同步。集中学院的优势学科，共建精品专业平台课程，鼓励教师开设创新创业类课程，鼓励工程传热学等建设慕课，发挥示范带头作用。组织学院各系及研究所，共建专业系列研讨课程，根据专业特色和学生实际情况，全程跟踪和引导。依托高水平科研资源，共建实践创新设计课程，有效地实现了"设计课程＋课外科技"的结合。积极参与学校将大工程观植入课程体系的变革，整合工程、经济、动力管理知识内容，鼓励学生选修思维与方法、社会与经济、科技与环境、沟通与管理、历史与文化、文学与艺术等素质教育通识课程，在引导学生构建宽厚的知识体系的同时，允许学生自由组合课程，更广泛地注重学习科技与经济、科技与环境以及相关人文、管理知识。根据新工科教育教学改革要求，开设能源互联网与智慧能源、新能源材料等学科交叉融合课程，以能源类知识为主体，融合机械、电子、材料、互联网、物联网、虚拟现实等新技术，实现不同知识在教育教学过程中的融合，达到新工科教育教学改革的目的。

3　强化和改善实践条件

为了适应培养新工科人才的需要，学院以新工科课程为基础，注重学科交叉，通过科教结合、校企合作等途径，发挥专业特色与优势，统筹校内外实习实践基地建设，结合企业经验丰富的工程师资，完善已有实验实践平台，完善数字化虚拟现实的教学实践平台，为充分展示学生天赋特长建立必要的支撑保障条件，用新工科理念共同培养新工科人才。

学院参与学校的多级联动，大力提升实验、实训的条件和教学质量，满足培养拔尖创新人才的需求。通过构建交叉模块"工程训练"实践课程体系，能源动力类专业学生可以选择"智能制造工程训练""机床加工工程训练""增材制造工程训练""工业机器人工程训练""生产管控技术工程训练"等工程实践课程单元，将大工程观植入课程体系与变革

过程，以跨学科的视角设置课程，实现不同专业知识体系的融合。

学院通过调整实验实践内容、科学整合实践项目，构建了与本科课程体系和课程内容相融合的"基础认知型、基础设计型、专业综合型、研究创新型"4层次的实践教学体系。完善了适用于认知型、设计性、综合性、研究型实践项目的实践平台，采用先进的手段和方法构建开放共享校内实践基地和远程与虚拟实验中心，建设了基于网络的院内实验可视化系统。更新了全部实践环节的大纲和指导书，制定了50多项实践教学管理文件，为能源学科多专业之间的融会贯通提供高水平、高质量的实践条件。

学院坚持科教结合、校企合作，着力与更多的科研院所、行业企业共建协同育人平台，促进人才的培养与需求对接、科研与教学互动，建立稳定的校外实习实践基地，确保学生实践实习的有效实施。学院2018年企业实习基地续签4个，新签1个，校外签约基地共计21个。建立学生的企业导师机制，鼓励学生在导师指导下自主规划职业发展，实现专业与企业需求的切实结合。通过社会实践、生产实习、毕业设计、项目式教学改革，达到企业全面参与学生实践能力指导的全过程，充分发挥工程教育在师资队伍、实践平台、行业协同等方面的优势。

4　贯彻"三主"教学理念，实施责任教授制度

学院加强对教师队伍建设工作的统筹规划和综合协调，坚持引进和培养并举，加速提升教师的综合素质和学术水平。全面落实课程责任教授制度和主讲教师制度，根据"教授为主导，学生为主体，质量为主线"的教学理念开展各项工作。

学院创建"专业解惑＋兴趣培养＋学习引导＋思维创新"的教授系列课程，针对一年级至四年级分别开设"学科基础引论""学科概论""专业及专业方向发展动态""科学研究前沿系列选修课程"，对学生进行能源动力专业人格素质培养，使学生明确国家需求与责任，总体了解世界能源格局，深刻认识国家能源策略，具备节能意识和基本知识与技能，具备环境与生态保护意识与基本理念，具有大工程与技术经济分析能力。

学院构建以卓越教授、教学名师为核心的教学团队，鼓励课程团队进行教学调研和研讨，要求课程团队进行课程传帮带，构建青年教师学习共同

体,强化教师工程背景、工程能力、产业经历和国际视野。鼓励课程责任教授团队建设教材和立体化教学资源,通过紧密结合新产业、新技术的最新发展和工程教育改革需要,融入新知识、新技术、新成果,编写新工科系列教材与教学参考书,同时鼓励对已有传统教材进行与新工科背景相契合的教材升级与改造。

学院以学生为主体,以本科生导师制为核心,把创新创业教育贯穿于人才培养全过程,提升教育与教学水平。通过实施"5211 育人"方案("5211 育人"是"1 位老师 + 1 位博士 + 2 位硕士"组成育人小组共同指导 5 位本科生的育人模式。"5211 育人"纳入本科生培养计划,计算 5 个必修学分),以研究性学习和个性化培养相结合为路径对学生进行引导和培养,提高学生的实践能力、创新能力和团队协作能力。

5 结 语

华中科技大学能源与动力工程专业适应国家能源动力产业发展的需要,以培养新工科人才为目标,加快建设高水平本科教育,结合新工科的新要求将人才培养计划、课程体系、实践平台、师资队伍建设、教材建设等教学改革全面落到实处,形成有效的新工科人才的培养体系,全面提高人才培养能力。

参考文献

[1] 成晓北,陈刚,王晓墨,等. 能源与动力工程专业综合改革的研究与实践[J]. 高等工程教育研究,2017(增刊).

[2] 王晓墨,舒水明,方海生. 能源动力类专业人才培养方案的制定与完善[J]. 高等工程教育研究,2017(增刊).

[3] 江爱华,易洋,梁文萍. "新工科"视角下一流本科专业建设实践与探索[J]. 工业和信息化教育,2018(11):24 - 30.

[4] 王利,刘睿,莫玉梅,等. 面向新工科的应用型本科机械类专业实践教学模式探索[J]. 内燃机与配件,2018(23):248 - 249.

能源利用与环境保护多学科协同育人的新工科专业建设探索*

李延吉,王伟云,贺业光,杨天华,李润东

(沈阳航空航天大学 能源与环境学院)

摘要:"新工科"是基于国家战略发展新需求、国际竞争新形势、立德树人新要求而提出的我国工程教育改革方向,其内涵是以立德树人为引领、以应对变化塑造未来。沈阳航空航天大学能源与环境系统工程专业基于应用型转型专业建设基础,提出能源利用与环境保护多学科交叉协同融合为主要途径培养未来多元化创新型工程人才,针对火力发电传统动力工程专业建设的一些不足,在实践中探索人才培养方案的改革,提出"四结合"的实践模式,走出了能源与环境系统工程建设成为满足产业转型升级和新旧动能转换要求的新工科专业新路子。

关键词:学科交叉;新工科;能源与环境系统工程;教学改革

当前新工业革命加速进行,以新技术、新产业、新业态和新模式为特征的经济快速发展,国家系列重大战略深入实施、产业转型升级及我国未来工程教育强国全球竞争力的提升等均要求加快建设和发展新工科的步伐。能源与环境系统工程隶属于动力工程及工程热物理、环境科学与工程和自动化

* 基金项目:辽宁省教育厅项目

专业,是一个与能源、环境和自动控制三大学科交叉的复杂系统工程。根据新工科的内涵建设要求,如何有效开展"工工"结合,特别是对战略发展产业及能源健康发展具有重要意义的能源与环境系统工程专业,是一个与能源、环境和自动控制三大学科相互交叉并紧密联系的复杂系统工程。如何开展"工工"结合,将能源与环境系统工程建设成为满足产业转型升级和新旧动能转换要求的新工科专业,需要不断探索与实践。

目前能源与环境系统工程专业在人才培养中,尚未与新时期提出的"生态文明"对创新人才的需求有机结合,在学生专业能力培养的过程中仍然存在一定问题。笔者利用专业转型建设中总结出的一些方法和经验,就较为典型的面向能源利用与环境保护多学科协同育人模式的新工科专业进行了初步的探索。

1 能源与环境系统工程专业建设中存在的问题

1.1 火电行业工科人才培养的目标定位不清晰

一些大学的工科专业是在国内高校大扩张时期建立的,很多专业建设初期的动机仅仅是为了补齐学科短板。但有些知名大学的能源动力专业,由于与国家电力系统紧密结合,相对来说缺乏改革动力,没有发挥综合性大学的优势,在已有的优势基础上缺乏环境生态问题的修复与保护理念设计,缺乏系统化的设计和思考。同时部分火电运行企业在招工过程中也未完全领悟国家层面生态文明建设的紧迫感,招收的技术人员主要集中在能源与动力工程、电气工程、继电保护、电厂能源化学、热工控制、自动化、机械制造等相关专业,并未参考高校的专业设置与人才培养目标。

1.2 应用型专业工科教学理科化

很多高校应用型工科专业本科教学存在"新瓶装旧酒"的现象。师资、教材、教学方法与综合性大学的传统文理教学并无差别,仅仅是学科内容的差别。特别是能源与环境系统工程(原能源与动力工程)专业过细过窄,仅仅考虑电厂运行理念,没有充分发挥出高校能源学科、环境学科交叉模式的学科优势来培养交叉融合的高素质新工科人才,缺乏与自动控制、环境工程学科的有机融合。

1.3 对于通识教育、工程教育与实验教学之间的关系和区别存在模糊认识

本专业在工科特性定位、目标和思路方法上的

不清晰,导致将通识教育与工程教育相对立;由于本专业实践环节需要接触电厂核心部位,但安全保障阻碍了学生实践动手能力的培育,部分高校将工程教育中极其重要的实践教育环节简单化为更多的实验教学,或者将工程实践狭隘地理解为职业技能培训,相互之间的关系与区别模糊感较强。

1.4 工程教育与行业企业实际脱节太大

本专业人才培养过程中普遍缺乏对实际行业发展和企业组织的系统介绍,使学生难以建立对实际岗位需求和工作模式、规范的基本认识。很多教师也脱离行业环境,缺乏实际工程经验,更无法指导工程应用型创新人才。一些工程教育的内容和理念甚至与产业发展水平严重脱节,多数工具和资源平台严重滞后于行业发展水平,因而无法满足新经济和新产业对高素质人才的要求。特别是当前"新环保法""大气十条""水十条"等强制性政策的实施,迫切要求专业要结合行业发展模式及时更新培养内容,在高效能源利用的同时极大地降低污染排放,加强环境保护工艺开发和环保设备的研发,主动适应市场需求。

1.5 专业人才综合素质与知识结构缺陷

新工业新能源利用的发展未来对高层次新工科应用人才的综合素质要求不断提升,除了专业理论知识、实践技能和创新能力,还需要具备领导能力、协作沟通能力,需要了解经济、社会以及科技伦理等方面的知识,同时也看重学生的项目组织能力、团队合作能力等。在这方面,高校需要全方面调整教学计划和改革培养模式来满足更高层次的新工科人才培养的需求。

2 能源利用与环境保护多学科协同育人的新工科专业建设思路

2.1 培养目标更新

以学科交叉培养为目的的能源与环境系统工程新工科人才培养目标,不应该仅仅是为已有的电厂工业化产业输送合格的高技术人才,更应该培养具有全局型视野,具有一定的领导才能,具有跨学科领域的技术资源整合能力,在清洁煤(含新能源开发与利用)利用理论、实践和创新之间达到平衡,具有人文素养和环境保护(生态文明建设)科学知识的工程行业的佼佼者,这也就是能源与环境系统工程新工科人才培养目标中"顶天立地"的含义。这样的目标定位,与主流高校本领域人才培养素质

相一致,与创新型国家战略的人才需求相一致,也对新工科的发展建设提出了更大的挑战。

2.2 体系领域更新

能源与环境系统工程新工科建设应该以创新作为核心价值取向,基于当前社会和经济发展的现实和未来的需求来设定,而目前已有的专业体系更多的是以现有的热能工程学科内容来划分的,因此新工科在人才培养的体系领域上应该更多地瞄准跨学科(热能、环保、自控、机械、电网)甚至跨门类(工学、管理学、经济学)的新兴领域,例如人工智能与人机交互、新能源、环保与可持续发展、云计算与大数据等,这就要求新工科建设需要在组织上和机制上为更大范围的跨学科交叉教育提供帮助和推动力。

2.3 培养方法更新

一流大学的人才培养受数百年来形成的博雅文化的熏陶,已经形成了一套精致的以教师为中心、以本学科知识体系为驱动、分门别类的知识传授范式,但这种范式与新工科工程应用型教育人才培养的要求是不相符的。我国已经正式加入了《华盛顿协议》,《华盛顿协议》、ABET认证等所提出的"以学生为中心、以产出为导向和持续改进"的基本理念,对大学工程教育无疑是具有重要指导意义的。与此相对应,能源与环境系统工程新工科专业的课堂教学、实践教育、跨学科教育、创新创业教育和评价体系等,都需要进行专门的设计与改革。既要注重课堂理论的教学质量,又应关注对学生动手操控能力的培训,更应该体现学生多学科交叉培养成果的全领域视野开阔;既能体现学生雄厚的专业知识,又能体现学生开拓创新的本领,更应体现解决实际问题的全局把握。应该充分发挥学院在交叉领域自身的优势,形成有别于传统能动学科的独到特色。特别是要确立明确的培养目标,树立培养新理念,有所为有所不为,结合学校定位培养不同层次的新工科人才。尽力从中涌现出领军人才,乃至领袖型人物,而不仅仅是满足职业需求的单一型毕业生。因此,在培养过程中我校提出"四结合"作为新工科建设的指导思想。

与学科专业优势特色相结合。能源与环境学院已经形成了新能源、污染物控制与超低排放、洁净煤技术等一系列优势技术,并且我校的新能源科学与工程、环境工程专业开设历史相对悠久,在省内乃至国内具有一定的地位,能源与环境系统工程新工科就要围绕这些优势学科专业进行人才培养,并以这些学科专业为锚点,向跨学科甚至跨领域进行渗透交叉,培养能源与环境系统工程高层次应用型工科人才。要充分利用学校文理学科的优势,与工程技术集成,强化学生的跨学科知识视野和人文素养,对于新工科人才培养具有重要意义。要提高本专业学生通识教育的效率,加强对跨学科选课的指导,同时新建设一批跨学科的工程教育课程。

与国家重大战略需求相结合。能源与环境系统工程新工科人才培养要以国家重大战略为导向,加强新能源与可持续发展、智慧电厂、生态环境等领域的新课程体系建设。改变传统的以学科内容为导向的课程建设体系,加强"以社会需求为导向"的新课程体系建设。不断更新通识课程和专业选修课程的设置范围和领域,将相贯通的专业知识糅合,突破传统的教科书框架,特别是专业课程内容,应不断更新而不应仅仅停留在教材;部分实践环节也不能仅仅体现理论操作,更要体现社会需求与创新,增加综合性实践环节的比重,改变传统的只需提交实验报告的验收形式,增设动手考评环节。当然,新工科不应只局限在高等教育阶段,还应努力衔接基础教育和继续教育,树立起"大工程观",为学生的终身学习奠定基础。注重开展应用技术研发,开展能环新技术改造、虚拟现实技术等多项新科技手段,也要加强校际、校企交流合作。

与科研创新教育相结合。创新创业教育是新工科工程教育的有效抓手,新工科教育要强化学生创新思维、创新技能和创业能力的培养。科学研究追求的是"终极真理",而工程教育的核心思想就是"没有最好,只有更好",因此创新思维和创新能力的培养是能源与环境系统工程教育的核心目标。要将创新意识教育与本专业体系紧密结合,相互促进,培养造就一批创新创业型工程拔尖人才。学院年轻教师居多且渗透各种能源环境领域;课题项目居多,不仅纵向课题而且横向课题也与本专业相切合。从二年级开始鼓励学生积极参加教师课题,即使与能动不相关但也是学科间的深入,锻炼培养学生的创新能力与意识,并鼓励学生参加各级别的创新项目。这样,既可以发表研究论文也可以申请专利,既可以动手操作也可以模拟计算,既有专业知识提升又有团队协作组织的锻炼。创新教育要求学生不仅能应对当前的科技挑战,更要具备对未来科技的预测力和创新力。这种创新并不是传统意义上对技术的二次创新和应用创新,而是更加强调在技术原始创新的基础上,实现技术的转化与应用,提升技术的实际应用范围,扩大技术的服务面向,实现新技术适应引领新发展的终极目标。

理论实践与教改相结合。能源与环境系统工程新工科人才培养体系的改革和建设,是本科教学改革的重要组成部分,要以高层次新工科本科人才培养为目标,深入进行课程建设、课堂教学、实践教学、评价体系等环节的教学改革。工程技术知识具有生存周期短的特点,具体的知识技能随着技术更迭很快就会失去价值,因此工程教育由"传授范式"向"学习范式"转换就变得尤为重要。只有通过"以学生为中心"的"学习范式"教育,才能帮助学生提高思维能力,建立扎实的知识基础和对未来发展的适应能力。要全面落实以学生为中心,广泛采用混合式学习、翻转课堂教学等创新教学方法,改革评价评估方法。学院强调坚持在工程教育中加强工程训练的人才培养模式,重视对学生工程实践能力、动手能力的培养。因此,从教学计划的总体设计到教学环节的具体实施都将提高学生实验能力放在重要位置,增加集中性实践教学环节的时间,加强专业课实验建设,同时鼓励任课教师进行工程实践培训,积极参加国内外相关教学与教研的培训和会议,不断提升教学方法与手段,将理论与实践科学相结合。第一,通过对行业企业岗位能力需求的调研,系统分析行业的真实需求,解剖生产过程和工作过程,归纳出系列典型工作任务,参照行业技术标准和职业资格标准,进行课程体系建设,使课程体系具有企业特色,适应企业岗位需求。第二,建设优质核心课程。学习、引进国内外课程建设的先进理念,采取校企合作方式,建设具有"以学生自主学习为中心"和"以工作任务为载体"特征的优质核心课程。第三,创新教学环境,创新教学方式,深入开展项目教学、案例教学、场景教学、模拟教学和岗位教学。

3 结 语

结合学科交叉模式的新工科建设是知识生产模式重新组合的产物,更加强调知识的转化能力、应用能力和实践能力,注重运用新兴技术增强传统工科的实际应用能力,用新技术创生新的知识应用形态,实现学科内涵间的良好互动与补充,进而协同育人,建立示范性应用转型模式下的能源与环境系统工程新工科专业模式,使培养的学生具备整合能力、全球视野、领导能力、实践能力,成为横跨人文科学和工程的领袖人物。

参考文献

[1] 张海生."新工科"的内涵、主要特征与发展思路[J].山东高等教育,2018(1):36-42.

[2] 顾佩华,胡文龙,陆小华,等. 从 CDIO 在中国到中国的 CDIO:发展路径、产生的影响及其原因研究[J].高等工程教育研究,2017(1):30-49.

[3] 王义遒. 从应用理科到"新工科"[J]. 高等工程教育研究,2018(2):5-14.

[4] 崔庆玲,刘善球. 中国新工科建设与发展研究综述[J].世界教育信息,2018(4):19-26.

[5] 吴爱华,侯永峰,杨秋波,等. 加快发展和建设新工科主动适应和引领新经济[J].高等工程教育研究,2017(1):1-9.

[6] 张辉,王辅辅. 社会需求导向下工程人才培养中存在的问题及对策[J].江苏高教,2016(1):82-84.

[7] 林健. 深入扎实推进新工科建设——新工科研究与实践项目的组织和实施[J].高等工程教育研究,2017(5):18-31.

[8] 钟登华. 新工科建设的内涵与行动[J].高等工程教育研究,2017(3):1-6.

[9] 张兰红,何坚强. 地方院校的新能源科学与工程专业建设探索与实践[J].电气电子教学学报,2018,40(6):27-30,46.

[10] 王海龙,白心爱,李秀平. 地方本科院校工科专业应用型人才培养的思考与实践——以吕梁学院新能源科学与工程专业为例[J].教育理论与实践,2018,38(33):15-17.

基于工程教育认证的能动专业人才培养方案研究

田红，王倩，徐娓，廖正祝

（广东石油化工学院 机电工程学院）

摘要： 能源与动力工程专业对照中华工程教育学会 IEET(Institute of Engineering Education Taiwan) 的工程教育认证规范的国际标准，从人才培养方案中教育目标的制定过程、教育目标、毕业学生具备的核心能力、课程体系的制定等几方面，对本专业人才培养方案进行了修订与研究。建立了适应工程教育认证的人才培养体系与评价机制，为培养具有国际视野和创新精神的应用型本科人才奠定了良好的基础。

关键词： 工程教育认证；人才培养方案；教育目标；核心能力；课程体系

《华盛顿协议》是一项工程教育本科专业认证的国际互认协议。我国于 2016 年 6 月正式加入《华盛顿协议》，这为我国工程类专业人才走向世界提供了具有国际互认质量标准的"通行证"。我国工程教育认证主要倡导三个基本理念：（1）学生中心理念；（2）产出导向理念；（3）持续改进理念。IEET 即中华工程教育学会，成立于 2003 年，并于 2007 年成功晋升为华盛顿协议（Washington Accord，WA）正式会员，主要规划和执行符合国际标准的工程教育（EAC）、信息教育（CAC）、技术教育（TAC）、建筑教育（AAC）及设计教育（DAC）认证。认证执行委员会委员包括学术界的资深教授、产业界资深工程师以及行政管理者等。不同领域的认证规范主要包括教育目标、学生、教学成效及评量、课程组成、教师、设备及空间、行政支援与经费、领域认证规范以及持续改善成效九个方面。我国工程教育认证的宗旨与 IEET 的认证规范组成及要求均与《华盛顿协议》的工程教育本科专业认证所倡导的"以学生为中心，以学生学习成果为教育导向，持续质量改进"的国际工程教育认证理念相吻合。

我专业从 2017 年 10 月开始准备，参加了 2018 年 12 月份的 IEET 专业认证，于 2019 年 3 月公布通过 IEET 认证。基于 IEET 工程教育认证规范要求与我国工程教育认证的宗旨，结合学校特色、办学理念以及人才培养定位，我专业主要针对 2017 级人才培养方案中教育目标、核心能力、课程制定等方面进行了修订与研究，制定出了符合工程教育认证的 2018 级人才培养方案。

1 教育目标的制定与评价

1.1 教育目标制定过程

IEET 指出，教育目标是指"受认证专业预期学生于毕业后 3 至 5 年所应达成之成就，为专业课程目的之广泛叙述，须与学校及学院之愿景和教育目标产生关联性，并能展现专业之功能与特色，且符合时代潮流与社会需求"。学生核心能力是指"学生于毕业时所应具备之明确且特定的知识、技术及态度，如具备计划管理，且能与他人有效沟通及团队合作之能力，理解专业伦理及社会责任等"。据此，我专业建立了由校外专家咨询委员会（学界代表为 6 位本专业资深教授，业界代表为 5 位本行业资深高级工程师及企业负责人员）、学院教学指导委员会、工程教育认证领导小组、专业教研小组、专业全体教师审核会议、校友、雇主及应届毕业生参加的教育目标制定机制。教育目标的修订流程如图 1 所示。

然后，通过教育目标修订启动、专业教研小组修订教育目标及核心能力、工程教育认证领导小组会议讨论、外专家咨询委员会议、专业全体教师大会审议以及学院教学指导委员会审定等流程。教育目标修订记事如表 1 所示。

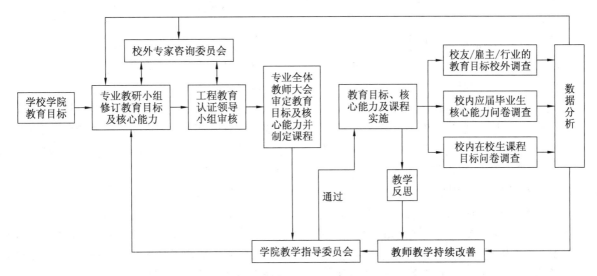

图 1　教育目标修订流程图

表 1　教育目标修订历程

日期	讨论事项	参与人员	会后决议
2017.10.09	基于工程教育认证背景的专业教育目标修订研讨	专业全体教师	教育目标需符合工程教育认证,符合国家社会发展和广东省区域经济发展及学校、学院及专业发展
2017.11.29	教育目标及核心能力的修订	专业教研小组	根据学校发展定位,结合能源与动力工程专业特色及工程教育认证要求,对教育目标及核心能力进行修订
2017.12.09	审核教育目标及核心能力	工程教育认证领导小组	通过专业教研小组所定教育目标及核心能力,按照 IEET 专业认证的要求对教育目标及核心能力进行审核,同时提请成立校外专家咨询委员会
2018.04.28	检视教育目标及核心能力	校外专家咨询委员会	教育目标及核心能力的调整建议
2018.05.15	审议教育目标及核心能力并据此制定专业课程	专业全体教师大会	讨论通过教育目标、核心能力及课程设置,提交学院教学指导委员会
2018.05.29	审定教育目标及核心能力	学院教学指导委员会	审议通过教育目标、核心能力及课程设置,报学校教务处备案,并下发至专业实施

1.2　教育目标

专业教育目标需符合国家社会经济发展以及广东省区域经济的需求。培养的专业人才毕业 3 ~ 5 年之后,其工作能力能够满足国家、区域、行业经济建设的需求,适应科技进步和社会发展的需要,能够有效利用能源与动力工程相关学科的基础理论和技术,解决能源高效转化与洁净利用、能源动力装置与系统、空调制冷系统与设备等实践工程问题;能从事能源、动力、制冷、空调、供热、通风等方面的工程设计、技术开发、设备制造、工程建设及运行管理等工作;成为富有社会责任感和团队协作能力,具备良好道德素质、文化素质和职业素养,具有较强的国际视野、创新精神、工程实践能力和终身学习能力的应用型高级工程技术人才。教育目标概括为以下三点:

(1)掌握能源动力工程领域基础专业知识及技能;

(2)具备从事能源动力工程领域研究的基本能力和创新意识,能够进行能源动力、暖通空调制冷产品研发、工程设计、建造和运行管理等事务执行与领导的基本能力;

(3)具有服务社会的能力,毕业 3 ~ 5 年后能够成为所在岗位的技术骨干或持续成长的工程师。

1.3 核心能力

根据教育目标,制定出本专业学生毕业时需要具备的八项核心能力,为其能够顺利实现教育目标奠定基础。

(1)数学、科学及工程基础能力

具有从事能源与动力工程专业相关工作所需的数学、物理、其他自然科学及工程的基础知识,能够应用数学、科学及工程知识解决能源动力工程与制冷空调工程相关的基础问题。

(2)专业理论基础能力

具备综合应用本学科专业理论知识对能源动力工程与制冷空调工程的相关问题进行研究分析、设计实验方案、执行实验及分析解释数据的能力。

(3)专业实践与工具使用能力

具备针对能源与动力工程领域内的工程实践问题提出合理有效解决方案的能力,具备能源动力工程与制冷空调工程实践中所需的技术与技能,具有使用现代工具解决本专业领域实践工程问题的能力。

(4)方案设计解决能力

具有运用能源与动力工程相关理论、技术和方法对能源动力工程与制冷空调工程系统和设备进行设计、建立模型及分析求解的能力。

(5)项目管理与团队协作能力

具有在复杂工程问题中与业界同行及社会公众进行有效沟通和交流的能力,具有在多学科背景下的团队中充分发挥个体作用的能力,具有项目管理(含经费规划)、团队合作和较强的交流沟通的能力。

(6)解决复杂问题的能力

具有分析能源动力工程与制冷空调工程领域中复杂的实际工程问题,提出合理有效的方案,解决复杂问题的能力;具备将自己的专业知识创造性地应用于新的领域或跨多重领域进行研发或创新的能力。

(7)持续发展的能力

认识时事议题,了解本专业相关法律法规、学科前沿及发展趋势,了解工程技术对社会、环境及全球的影响,具有宽广的国际视野和对自主学习、终身学习的正确认识,具有不断学习和适应社会发展的能力。

(8)责任与道德

具有人文社会科学素养和能源与动力工程专业伦理,认知社会责任并尊重多元文化和观点,具备在工程实践中理解并遵守工程职业道德和规范的能力。

1.4 教育目标与核心能力的关联

教育目标是期望学生毕业 3～5 年能够达到培养目的,核心能力是本专业学生在毕业时需要具备的能力。学生具备这些核心能力之后,在今后的实践工作中就可以逐步实现教育目标。教育目标与核心能力的关联如图 2 所示。

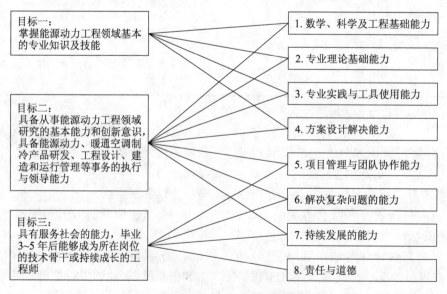

图 2 教育目标与核心能力的关联图

1.5 教育目标的评价

判断教育目标是否实现的有效方法就是检验本专业培养的学生获得的认可度及毕业生所取得的成就，主要包括：（1）在校学生座谈与问卷调查。通过考察教育目标是否被学生充分理解，来评估培养环节能否满足学生的需求；分析学生对课程设置、教学内容、教学方法等方面的满意度，进行教学各环节的质量分析。（2）应届毕业生质量调查。毕业生质量是学生四年培养效果的直接体现，对应届毕业生离校前进行访谈与问卷调查，以此评价学生培养质量以及毕业生是否具备 8 项核心能力，并统计毕业生毕业率、获取学位的比例及一次就业率等，以此进一步完善培养计划和教学过程。（3）校友访谈与问卷调查。学生就业后的工作能力，是培养质量的直接体现，通过校友的工作调查，分析培养过程中教育目标、课程体系、教学内容、教学方式等存在的不足，作为教育目标修订的依据。（4）用人单位调查。利用毕业生招聘会、学生实习、产学研合作、用人单位访谈以及问卷调查等方式与用人单位交流，调查他们对本专业学生的评价及期望，作为教育目标修订的依据。

教育目标实现的主要评价方法见表2。

表2　培养目标实现的评价方法

序号	评价手段	评价执行者	评价内容	评价方式	评价频率
1	考试考查	任课教师	学生学习是否达到课程要求	课程分析及评估表	每学期
2	教学评价	学生、督导组、教学指导委员会	教师教学是否达到课程目标	督听课记录、学生访谈及问卷、教学指导委员会反馈	每学期
3	课程评价	教学团队、主讲教师	主讲课程是否达到培养要求	课程教学质量评价	每学期
4	毕业评价	应届毕业生	应届毕业生是否具备 8 项核心能力	应届毕业生访谈与调查	每 年
5	校友评价	毕业 3－5 年校友	学生是否实现教育目标	校友访谈、调查问卷	每 年
6	社会评价	用人单位	毕业生是否满足用人单位需求	用人单位访谈、调查问卷	不定期

2　课程体系的制定

学生毕业时需具备 8 项核心能力的目标需要由具体的课程来培养。本专业的课程设置依据工程教育认证标准及 IEET 认证规范要求，坚持成果导向教育理念，科学设置专业课程体系。课程体系设置涵盖了支撑核心能力达成所必需的数学与基础学科、通识教育课程、专业基础及专业课程、创新创业课程以及实践教学课程等。本专业 2018 级总学分为 175 学分，通识教育课 55.5 学分、公共选修课 6 学分、学科基础课 32 学分、专业领域课 39.5 学分、创新创业教育 8 学分、实践教学 34 学分。

2.1 通识教育课程

通识课程分三类。一是思想政治及体育类课程，包括：思想道德修养与法律基础，马克思主义基本原理，中国近现代史纲要，毛泽东思想和中国特色社会主义理论体系概论，大学体育，青年学生健康教育，军事理论。二是数学及物理类课程，包括：高等数学，大学物理，大学物理实验，线性代数，概率论与数理统计。三是计算机与英语类课程，包括：大学英语读写，英语视听说，大学英语口语，大学计算机与人工智能基础，计算机语言与程序设计。

2.2 学科基础课程

学科基础必修课包括：能源动力工程概论，工程制图，电工与电子技术，理论力学，材料力学，机械设计基础，流体力学，传热学，工程热力学，工程材料及机械制造基础，工程化学，文献检索与科技论文写作，可编程控制器原理及应用，计算机辅助绘图。

2.3 专业领域课程

专业领域必修课程包括：空气调节，制冷原理与设备，锅炉原理，热工测量及仪表，建筑设备，供热工程，汽轮机原理，热力发电厂，泵与风机，换热器原理与设计，自动控制原理及应用，能源与动力工程专业英语，能源动力工程前沿讲座。能源动力方向的选修课包括：新能源与节能技术，传热与流体数值模拟，能源管理，燃气输配，燃气轮机装置，生物质能转化原理与技术,储能原理及技术,洁净燃烧技术。制冷空调方向的选修课包括:冷库制冷工艺及设计,施工技术组织及概预算,建筑环境学,空气洁净技术,绿色建筑,小型制冷装置设计,热泵技术,制冷空调工程运行管理。

2.4 创新创业课程

创新创业课程包括:大学生职业生涯与发展规划,创新创业训练项目,创新创业教育课,大学生素质拓展(课外),大学生就业指导。

2.5 实践课程

实践课程包括:军事技能,创新实践周,金工实习,制图集中测绘,电工实习,认识实习,制冷空调技能训练,机械设计基础课程设计,锅炉课程设计,建筑设备工程设计实务(Capstone),生产实习,毕业实习,毕业设计(论文)。建筑设备工程设计实务,是一门 Capstone 课程,时间是 4 周,实际是横跨整个学期,设计内容包括空调通风工程、建筑给排水、电气与自控三大部分,分小组合作完成。生产实习、毕业实习及毕业设计与企业联合培养。

3 结 语

社会发展对人才需要是不断变化的,人才培养方案的修订与研究也是一个持续改进的过程。人才培养方案的修订需要基于"以学生为中心,以学生学习成果为教育导向,持续质量改进"的国际工程教育认证理念。人才培养的实施是一个复杂的系统工程,需要学生、教师、学校、企业、校友及社会共同参与才能顺利完成。基于国际工程教育认证及 IEET 认证规范要求的本专业人才培养方案的修订完成,为我专业应用型本科人才的培养奠定了坚实的基础,同时也为其他专业的人才培养提供有益的借鉴。

参考文献

[1] 王桂霞,孔翔飞,杨文,等. 与国际人才培养接轨,广西高校化工专业认证的必要性及迫切性[J]. 山东化工, 2018, 47(20):137 – 138.

[2] 戚晓利,汪永明,王孝义,等. 基于工程教育认证体系的机械设计制造及其自动化专业人才培养方案研究[J]. 安徽工业大学学报(社会科学版), 2018, 35(3):84 – 86.

[3] 陈岗,成超,张晋勇,等. 基于 IEET 认证的高职专业培养目标的改革——以广东轻工职业技术学院通信技术专业为例[J]. 广东轻工职业技术学院学报, 2018, 17(4):56 – 60.

[4] 吴文胜,李顺华,吴燕妮,等. IEET 工程认证背景下毕业论文(设计)指导模式的探索与实践[J]. 广东化工, 2019, 46(2):244 – 245.

[5] 卢桂萍,崔宁,冼华龙,等. 基于 IEET 工程教育认证的大学生创新设计能力培养研究[J]. 教育现代化, 2017(17):1 – 5.

[6] 侯红玲,张军峰,任志贵,等. 基于 OBE 理念反向设计专业人才培养方案[J]. 高教学刊, 2018(24):167 – 169.

工程教育专业认证背景下可编程控制器原理课程教学改革研究

薛锐,崔彦锋,崔晓波

(南京工程学院 能源与动力工程学院)

摘要: 在学校"工程教育专业认证"背景下,针对"可编程控制器原理"课程"重操作、强实践"的特点,对本课程认真梳理定位,以"毕业导向"为目标,重新梳理课程体系,精简理论教学环节,培养学生课堂上"发现问题、提出解决方案、优化方案、研讨解决问题"的"主动式"学习能力;培养学生课后独立完成项目的前期调研、硬件设置、软件编程、现场调试、项目说明、项目汇报等工程所需的实践能力,真正达到本课程教授目标,对其他相关课程的教学具有一定的借鉴参考作用。

关键词: 可编程控制器;工程教育认证;课程改革

在我国被接纳为"华盛顿协议"签约成员以后，"工程教育专业认证"立刻在各高校引起强烈反响，这种以培养目标和毕业出口要求为导向的合格性评价，是现有的高校工程教育的质量保障和检验标尺，是实现工程教育国际互认和工程师资格国际互认的重要基础。

本文结合学校总体规划以及能源与动力工程（生产过程自动化）专业学生毕业为导向，结合十几年课堂教学、企业员工培训、教研教改等方面的积累，对可编程控制器原理进行了课程改革与实践，效果良好，可以为相关课程的创新教学提供一定的借鉴作用。

1 课程现阶段存在的问题

课程经过第一次改革，已经运行了六年，教学效果得到显著提高，但还存在几个问题：

（1）理论课时偏长：调整到 32 课时后，发现理论课时还是偏长、实践相对偏少；

（2）集中课堂授课：采用传统课堂授课，理论脱离实际，得不到及时的实践验证与巩固；

（3）考核方式单一：采用试题（卷）方式进行考核，学生的考试成绩与学习效果匹配度不高。

2 课程改革方案

2.1 课程体系设计

按照"工程教育认证"理念，结合我校能源与动力工程专业毕业生就业方向，聚焦电力行业热工自动化发展趋势，参考相关课程的体系设计，本课程体系设计如图1所示。

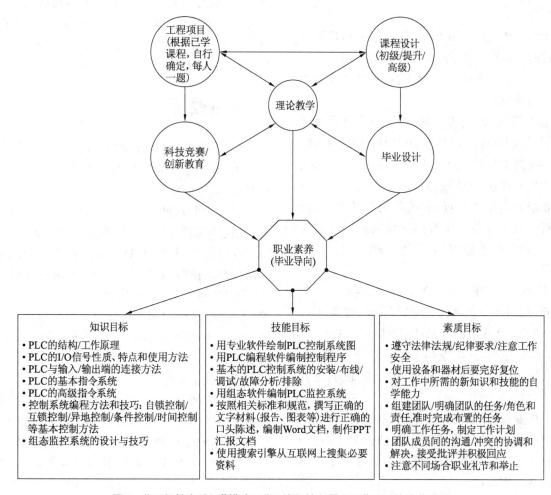

图1 "工程教育认证"模式下"可编程控制器原理"课程的培养模式

2.2 课程改革实施

按照"工程教育认证"教育理念，让学生通过学习过程完成自我实现，开展了理论—实践—再理论—再实践的主动式学习，形成了独特的"教"与

"学"的方法。

2.2.1 理论教学

（1）理论教学：理论教学缩减到 16 课时，内容为 PLC 的产生、定义、工作原理、硬件知识、基本编程等，掌握必要的基础知识和术语，达到获取知识的目标。

（2）考核方式：根据每个学生的个体差异，制定个性化的评定等级，并适时进行评定，从而准确掌握学生的学习状态，对教学进行及时修正；要求根据所学课程诸如热工保护与顺序控制、DEH 等，选择相对独立的控制子系统，每人一题，重点阐述本控制系统的工艺流程、I/O 点的测算、硬件系统的配置等；根据每个学生的完成情况给出等级分数。

2.2.2 实践教学

（1）课程设计：作为理论课程的延伸与应用，将该课程的实践时间由原来的 2 周调整到 4 周，并分为三个阶段：

① 初级阶段，时间为 1 周，主要完成 PLC 课程诸如电机的"起保停"控制设计、电机的"星形/三角形"启动、"红绿灯"控制等典型实验，旨在激发学生的兴趣和初步应用。

② 提升阶段，时间为 1 周，学生自行选择完成 FSSS、热工保护与顺序控制和 DEH 中的逻辑控制；要求进行控制工艺以及控制要点的"答辩"工作，老师协助学生解决被控过程的疑点与关键点。本周训练旨在培养学生查阅资料、整理资料的能力，使学生具有一名工业控制工程师应该具有的简单素养，即掌握如何按步骤、有条理地处理一项全新的工程项目。

③ 熟练掌握阶段，时间为 2 周，根据前两周的实践经验，组成两人小组的团队，结合"喷雾干燥塔"控制对象，利用 AUTO CAD、EXCEL、WORD 及 PPT 等多媒体工具，完成控制系统的设计工作。本阶段实践旨在培养学生之间的团队合作能力，达到素质培养的目标。

（2）毕业设计：学校比学生更应该为学习成效负责，应该培养学生适应未来生活的能力，而这两个要求在毕业设计中将得到更大的锻炼。主要体现在下面四个方面：

① 毕业设计的选题（审题）：学生可以根据意愿自行选择题目，与指导老师进行沟通交流，完善课题内容。锻炼学生查阅文献与沟通的能力。

② 组织计划过程：根据毕业设计初期、中期、答辩分阶段完成相应的设计工作，自行计划出时间节点和任务。锻炼学生工程任务的时间观念，培养学生制订合理计划的能力。

③ 内容完成过程：根据所学专业知识，学生与指导教师进行积极的联络与沟通，及时交换意见。锻炼学生主动学习与交流的能力、解决冲突与矛盾的能力、接受批评与回应的能力，同时锻炼学生使用现代化的设计手段完成相应的文档、程序设计等工作的能力。

④ 答辩过程：按照要求完成设计内容的演示与现场解释、论文的撰写、答辩稿（PPT）的编制等相关工作。锻炼学生使用现代化设计手段的能力以及答辩的能力。

（3）科技竞赛：科技竞赛已经是现代大学生课余生活中一项重要的科技活动了，通过这项活动既可以完成学生的"梦想"，同时也锻炼了学生的各种能力，也作为各大学必备的一项科技活动；通过这项活动锻炼了学生自主创新的能力，学生的主动性会得到最大限度的发挥，充分锻炼学生自主学习知识、用所学知识及时解决问题的能力。

3 实施效果

经过该课程的教改实践，可以很清晰地看到在"教"与"学"的过程中，学生和老师均得到了长足的进步，实施效果良好。

（1）学生方面

通过实践后，学生感知不能按照传统的"学"进行该课程的学习了，重要的是理解而不是记忆，每个学生必须挑战自我，根据项目需求，提出项目建议、完成项目策划、开展案例研究和进行口头报告等，才能完成"学习"任务，充分锻炼了学生思考、质疑、研究、决定和呈现的能力，调动了学生的主观能动性。

（2）教学方面

作为教师而言，要摒弃传统老师"教"的角色。在这种教学模式下，教师要主动明确工作方式和方法，主要帮助学生确定课程学习的成果是什么、如何构建课程体系、如何确定教学策略等相关"教"的工作。在此过程中，首先，教师要以"产出"为目标，制订学习结果，即要达到的学习目标；其次，老师要以这个结果作为课程、教学和考核的设计与执行的起点，与所有的学习过程紧密结合；再次，在学习过程中，要充分调动学生学习的主观能动性，可以让

2019 年全国能源动力类专业教学改革研讨会论文集

学生随时展示其学习成果;最后,教师要自始至终做好"辅助"角色,为学生学习过程中遇到的困难及时提供答疑解惑。

4 结 语

叶圣陶先生曾讲:"教师之为教,不在全盘授予,而在相机诱导。必令学生运其才智,勤其练习,领悟之源广开,纯熟之功弥深,乃为善教者也。"我们教育工作者应该结合我们现有的教育方法,积极推进教育教学改革,改革与此不相适应的做法,使我国高等工程教育更好地适应国家及经济社会发展的需要。

参考文献

[1] 杨莉,郝育新,刘令涛.工程教育专业认证背景下《工程制图》课程教学改革研究[J].图学学报,2018(4):786–790.

[2] 薛锐,刘志远,缪国钧.面向卓越工程师可编程控制器课程教学研究[J].实验科学与技术,2012,10(4):119–121.

[3] 陆之洋,赵菁.工程认证背景下《自动控制理论》课程教学改革研究[J].贵阳学院学报(自然科学版),2018,13(3):50–53,66.

[4] 白雪峰,李沛.工程认证背景下电气工程及其自动化专业实践教学体系研究[J].高校实验室工作研究,2018(3):25–26.

[5] 梅林,孙玲玲,张楠.面向工程教育专业认证的电力系统综合实验教学改革[J].实验室研究与探索,2018(7):161–164

[6] 郑红伟,马玉琼,张慧博,等.建设工程训练课程体系助力工程教育专业认证[J].实验技术与管理,2018(1):214–217.

工程教育认证背景下能源动力类专业改革的探索 *

成晓北,王晓墨,罗小兵

(华中科技大学 能源与动力工程学院)

摘要: 工程教育认证作为我国教学评估中的重要环节,在保证工程教育培养质量,加快与国际工程教育接轨方面具有重要的现实意义和深远的历史意义。华中科技大学能源与动力工程专业基于工程专业认证标准,从培养计划、毕业标准、课程和实践教学环节建设、教学大纲和教学方法等方面总结不足,进行专业改革探索,实现了工程教育认证背景下人才培养的创新发展,对进一步提高能源动力类专业建设质量起到积极推动作用,对培养符合国际工程教育认证标准要求的工程应用型人才具有重要意义。

关键词: 工程教育认证;能源动力类;专业改革

2016年3月国际工程联盟接纳中国成为《华盛顿协议》正式成员,标志着中国工程教育认证的实质等效性得到了其他正式成员组织的认可。工程教育认证遵循以学生为中心、成果导向和持续改进3个基本理念,这些理念对引导和促进专业建设与教学改革、保障和提高工程教育人才培养质量至关重要。与国际工程教育专业认证标准相比,我国当前能源动力类专业的教育方式普遍存在人才培养目标定位模糊,培养方案制订(修订)缺少行业企业参与,对培养目标、毕业要求、课程目标达成缺少合理评价、课程体系不完整、课程教学大纲结构不合理、实验课程体系不严密、考察方式片面等问题。华中科技大学能源与动力工程学院在启动工程教育认证准备工作中,学院领导和专业建设队伍对认

* 基金项目:教育部新工科研究与实践项目"能源动力类专业新工科建设的研究与实践"(181);教育部高等学校能源动力类专业教学指导委员会新工科教改项目(NDXGK2017Z–11);华中科技大学2018年教学研究专项项目

证有了较为深刻的理解,学院正尝试运用认证的相关理念,指导专业建设、课程建设、实践环节建设等人才培养过程的各个方面,进一步深化工程教育背景下的专业改革。

1 完善培养计划,细化毕业要求

培养目标和毕业要求是培养计划中的顶层定位。培养目标是确定毕业要求指标点的依据。毕业要求则支撑培养目标的达成,对毕业生应具备的知识、能力、素质结构提出的具体要求,是确定课程体系及教学内容的基础。因为之前制订的培养方案没有充分考虑工程认证标准体系,学院对照工程教育认证要求,认真领会和解读认证的通用标准,基于认证的成果导向教育理念,组织各专业的负责老师在对国内外高校充分调研的基础上,根据新工科人才培养规格定位,结合新经济社会发展需要、人才需求分析、学校办学特色和专业定位,并充分征求行业企业专家意见,修订了本专业培养计划,并明确和细化学院各专业毕业生应获得 12 个方面知识和能力。

2 完善课程体系,优化课程设置

工程教育背景下,以产出为导向、以学生为中心的核心理念要求我们的课程体系与学生的能力结构之间有明晰的对应关系,即课程体系中的每门课程要对学生能力的实现有确定的贡献,而学生能力结构中的每一种能力,要有明确的课程或其他教学活动来支撑。换句话说,毕业要求必须逐条落实到每一门具体课程的教学活动中去。

学院注重统筹协调通识教育、专业教育、企业教育和管理教育的融合,注重知识、能力、素质协调发展,由教授团队领衔,已经建立了以"国际交流课程+校企联合课程+专业综合实验课程+精品专业平台课程+专业系列研讨课程+实践创新设计课程+素质教育通识课程+学科交叉融合课程"为代表的、有鲜明特色的共建专业课程体系。其中,学科交叉融合课程模块是学院根据新工科教育教学改革要求,进一步完善课程体系后新开设的建设内容,包括"能源互联网与智慧能源""新能源材料""未来能源"等。

在新的培养目标和毕业要求明确后,要以完善后的课程体系为基础,依据毕业要求拆分、细化后的指标点进一步优化课程设置,将毕业要求分解的指标点对应到相应的教学环节。学院积极组织课程组和任课教师建立课程内容与毕业要求指标点的矩阵关系,赋予每门课程合理的权重系数,同时保证修订后的培养计划按课程类型分类统计的各类课程学分比例不低于专业认证标准的要求。

3 整合课程内容,编制课程大纲

根据制订的培养计划,要求每门课程均建立课程组或课程团队,由课程负责人组织课程建设。专业核心课程实施责任教授制度,全部必修课程实施主讲教师制度。课程负责人组织课程团队成员梳理课程的知识点脉络,重组课程教学内容,建立教学内容与毕业要求指标点的矩阵关系。每门课程均需将整个课程的教学目标分解到每一堂课的教学目标,然后将每一堂课的教学目标分解成相应的知识目标和能力目标,再针对每一个具体的目标,设计支撑这个目标的教学活动。另外,在整个过程中还需要设计科学的方法完成目标达成性的评价。同时,学院教学指导委员会定期召开例会,组织课程负责人讨论交流,为课程组之间的内容设置、关联及衔接把关,杜绝课程存在内容重复、知识点结构逻辑关系不清晰的情况,明确各教学环节之间的关系,确保把毕业要求逐条落实到每一门课程的教学大纲。

学院重新编制课程教学大纲模板,要求明细课程内容对毕业要求的支撑。在教学大纲中充分体现学生能力培养的思想,教学内容必须围绕学生知识的学习和能力的培养展开,每门课程需要对应支撑毕业能力要求的 3~5 培养点,并形成达成度标准和评价机制,为持续改进方向提供思路。教师课程组统一备课,在授课过程中严格按照大纲要求执行。

4 强化实践教学,改善实践条件

培养优秀的工程师要求各专业毕业生应获得 12 个方面知识和能力,离不开实践教学的建设。学院采取了多项举措强化实践教学。强调社会实践、工程训练、实验课程、专业实习、课程设计、毕业设计等实践性教学环节贯穿本科教育全过程。

参与学校的多级联动,通过构建交叉模块"工程训练"实践课程体系,能源动力类专业学生可以选择"智能制造工程训练""机床加工工程训练""增

2019 年全国能源动力类专业教学改革研讨会论文集

材制造工程训练""工业机器人工程训练""生产管控技术工程训练"等工程实践课程单元,将现代信息化的大工程观植入课程体系与变革过程,以跨学科的视角设置工程训练课程,实现不同专业知识体系的融合。

通过调整实验实践内容、科学整合实践项目,构建了与本科课程体系和课程内容相融合的"基础认知型、基础设计型、专业综合型、研究创新型"4层次的实践教学体系。完善了适用于认知型、设计性、综合性、研究型实践项目的实践平台,采用先进的手段和方法构建开放共享校内实践基地和远程与虚拟实验中心。进行了实验大纲更新和实验教材建设,连续出版了《制冷与低温工程实验技术》《电站锅炉综合实验》《热工自动化》等实验教材。根据工程认证要求,对所有实践环节的大纲进行修订。重视课程设计、毕业设计实践环节,认真组织选题、开题、中期、答辩等工作,严格执行学校过程监控相关规定,邀请行业企业专家参与答辩。完善了实践教学保障体系和评价机制,采用评课系统对实践教学过程和效果进行监控管理,制定了科学合理的实验实践教学质量评价标准,为满足培养目标专业人才的毕业标准提供有力支撑。

5 改革教学方法,健全教学管理制度

改革和加强课堂、练习、设计、讨论、竞赛等教学环节,切实推行了讨论交流式、动手实践式、项目参与式、设计创新式、专利形成式、论文撰写式、演讲表达式等多种活跃的教学方法。课堂上注重锻炼学生运用知识解决实际工程问题的能力,针对作业中遇到的问题课上互动讨论,主动引导学生主动完成教学活动,充分发挥学生在教学环节中的自主性、能动性和创造性,显著增强学生的实践意识和探究精神。采用多样化课程考核及成绩评定方式,减少试卷考试所占比例,增加多种考核方式和平时成绩所占比例。

建立了全面的、以学生为本的教学监督、评价、激励和考核的管理机制。与学院综合改革同步,完善和强化了互动式教学质量评估和保障体系,探索了新的教师教学工作和学生学业评价方法,提升学生的自律水平,促进在教学中的教师潜力发挥和学生全面发展。

6 结 语

华中科技大学能源与动力工程专业基于工程专业认证标准,从培养计划、毕业标准、课程和实践教学环节建设、教学大纲和教学方法等方面总结不足,进行专业改革探索,既符合国际工程教育认证的要求,又体现了学校人才培养的特色,实现了工程教育认证背景下人才培养的创新发展,对进一步提高能源动力类专业建设质量起到积极推动作用,对培养符合国际工程教育认证标准要求的工程应用型人才具有重要意义。

参考文献

[1] 成晓北,陈刚,王晓墨,等.能源与动力工程专业综合改革的研究与实践[J].高等工程教育研究,2017(增刊).

[2] 王晓墨,舒水明,方海生.能源动力类专业人才培养方案的制定与完善[J].高等工程教育研究,2017(增刊).

[3] 刘志芳,陈世平,袁冬梅.工程教育专业认证背景下的机械类课程体系改革探讨——以重庆理工大学为例[J].教育教学论坛,2019,2(8):152-153.

[4] 谭春娇,陈微,赵亮,等.工程教育认证理念指导下的教学改革[J].计算机教育,2019,2(8):123-126,153.

[5] 武鹤,杨扬,孙绪杰,等.工程教育认证背景下土木工程专业人才培养模式研究与实践[J].高等建筑教育,2019,28(1):35-41.

[6] 侯红玲,张军峰,任志贵,等.基于OBE理念反向设计专业人才培养方案[J].高教学刊,2018(24):167-169.

"新工科"背景下能源动力类人才培养模式探索与实践*

——以哈尔滨工程大学船舶动力创新人才培养实验班建设实践为例

路勇，郑洪涛，谭晓京，马修真，贾九斌

（哈尔滨工程大学 动力与能源工程学院）

摘要：能源动力类专业作为我国传统的工科专业，长期在生源质量、培养目标、课程体系、教学模式改革与资源建设等方面与热门或新兴专业存在较大差距。随着我国"新工科"建设的不断推进和深入，能源动力类等传统专业的人才培养模式改革已经迫在眉睫。哈尔滨工程大学以满足国家船舶动力行业转型升级发展对创新型人才的需求为目标，以"船舶动力技术"一流学科群建设为载体，2017年创立船舶动力创新人才培养实验班，在培养目标、课程体系、培养模式和运行机制等方面，进行了全方位的探索和改革，取得了较好的实践效果。经过几年的实践证明，新工科教育不是传统工科的对立版，而是卓越教育的升级版。

关键词：能源动力类专业；新工科；创新人才培养模式；实验班

2017年2月和4月，教育部在复旦大学和天津大学分别召开了综合性高校和工科优势高校的新工科研讨会，形成了新工科建设的"复旦共识"和"天大行动"。此举是为了应对新一轮科技革命和产业变革所面临的新机遇、新挑战而提出"新工科理念"。围绕新工科专业建设，教育部不仅批准了大数据、人工智能、机器人工程、网络空间安全等新工科专业，而且通过产学研协同育人计划项目，为传统工科专业建设提供了新途径，促进了传统工科专业融入新工科建设理念，并不断向新工科专业转化。

能源动力类专业作为我国传统的工科专业，一直以来在生源质量、培养目标、课程体系、教学模式与培养资源等方面与热门或新兴专业存在较大差距，相关问题一直困扰着国内高等院校的教育管理者和广大专业教师，同时这一问题的进一步发展，势必会影响能源动力领域行业的进步和发展。因此在"新工科"建设背景下，融入新工科理念开展能源动力类专业人才培养模式的改革已经迫在眉睫。2017年，哈尔滨工程大学为培养船舶动力领域创新型人才，以满足国家船舶动力行业转型升级发展对创新型人才的需求为目标，以一流学科群建设为载体，创立船舶动力创新人才培养实验班（以下简称

船舶动力实验班），探索和实现跨学科的人才培养模式和体系，并不断融入和体现"问产业需求建专业，问技术发展改内容，问学生志趣变方法，问学校主体推改革，问内外资源创条件，问国际前沿立标准"的新工科建设理念。经过几年的运行，船舶动力实验班在生源质量、培养模式、资源保障和培养质量等方面取得预期的运行效果，可为传统工科专业在人才培养模式、资源保障等方面改革探索和实践提供参考和示范。

1 培养目标体现行业需求，毕业要求对标国际标准

1.1 培养目标体现行业需求

当前我国船舶动力正在由靠引进技术生产向自主化创新发展转型，海军装备由跟踪研仿向自主创新转型，船舶动力行业对人才的需求发生了根本改变（由工艺生产管理型向研发创新型转变），传统的人才培养模式已经不能满足我国船舶动力行业转型升级发展对创新型人才培养的新需求。哈尔滨工程大学作为我国船舶动力领域最大的人才培养基地，紧紧面向船舶动力行业高层次人才培养与

---

*基金项目：黑龙江省教改重点项目"'学科融合、校企融合、国际融合'的船舶动力类专业创新人才培养模式探索与实践"（SJGZ20170054）

中国造船大国向造船强国的转型升级发展的需求，从人才培养模式、资源配置和机制创新等方面进行改革。在体现宽口径、重基础、强创新和国际前沿认知能力基础上，按照船舶内燃机、船舶燃气轮机、蒸汽动力和轮机工程专业方向培养。

1.2 毕业要求对标国际标准

工程教育专业认证是国际通行的工程教育质量保障制度，也是实现工程教育国际互认和工程师资格国际互认的重要基础。工程教育专业认证的核心就是要确认工科专业毕业生达到行业认可的既定质量标准要求，是一种以培养目标和毕业出口要求为导向的合格性评价。2013年，我国被正式接纳为《华盛顿协议》预备会员，能源动力专业作为我国传统工科专业，没有直接对应的毕业要求和标准。充分借鉴工程教育专业认证国际标准通用的12条毕业要求，结合能源动力专业培养特点，设计

船舶动力实验班的毕业要求和毕业标准。为提升能源与动力工程技术人才培养质量、推进能源动力领域工程师资格国际互认，提升能源动力专业领域人才国际竞争力具有重要意义。

2 "全链条"人才培养模式与"多资源融合"的课程体系构建

2.1 "全链条"人才培养模式

针对哈尔滨工程大学能源与动力工程专业学生培养目标定位、实践能力和国际视野不足的问题，充分发挥学校在科学研究、校企合作和国际合作等方面的优势，创新性地构建了"目标精准—基础牢固—能力提升—资源融合"的全链条人才培养模式。图1所示为船舶动力实验班人才培养模式框图。

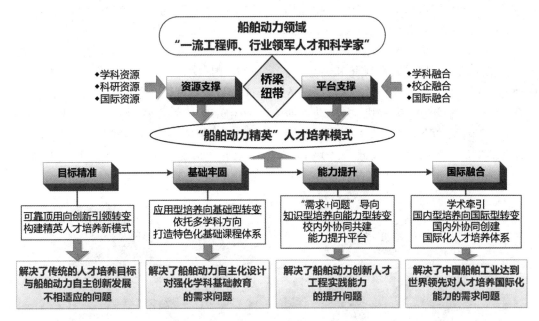

图1 船舶动力实验班人才培养模式框图

目标精准主要解决传统人才培养目标与船舶动力自主化创新发展不相适应的问题；基础牢固主要面向船舶动力领域传统的应用型培养模式向基础创新型培养模式转变，解决船舶动力自主化设计需求强化对专业基础教育的问题；能力提升主要是"需求＋问题"导向知识型培养向能力型转变，解决船舶动力创新人才工程实践能力提升问题；国际融合主要面向国际标准和融合国际资源，解决船舶动力领先对人才培养国际化需求问题。

2.2 基于"多资源融合"的课程体系构建

（1）多学科交叉课程设置和跨院系选课

着力打通学科壁垒，依托哈尔滨工程大学船舶与海洋工程、核科学与核技术、舰船动力、海洋信息等4个学科群，在船舶动力实验班课程体系中，新增船舶动力与人工智能、动力装置特征信号处理等多学科交叉课程。通过设置跨学科学分，鼓励学生跨院系选修课程，强化创新能力和学术素养养成。

（2）科研优势转化为人才培养特色

打通教学科研实验室壁垒，统筹教学科研实验室资源，促进科研支持实验教学、将科研优势转化

为教学特色，服务人才培养。每门专业课程实现虚拟仿真项目进课堂，把科研成果转化为教学内容，将科研方法融入教学活动，向学生传授科研理念、科研文化、科研价值，使学生了解科技最新发展和学术前沿动态，激发专业兴趣和创新能力。

（3）优化课程体系，实现国际融合

船舶动力实验班所在学院多年来鼓励青年骨干教师出国访学和引进海外师资，当前80%的青年教师具有海外访学或深造经历。另外，2016年教育部认定培育"船舶动力创新引智基地"项目，为实现高层次人才培养的"国际融合"提供优质平台。实验班课程体系设计中充分利用国际大师、外国专家和海外经历教师资源开设能源动力专业前沿讲座学分；改革大学英语教学模式，压缩大学外语课程学分，取消能源与动力工程专业英语课程，设置工程流体力学全英文专业课程和传热学、燃烧学2门双语专业课程；前移并弹性设置本科毕业设计周期，为学生"3+1"联合培养实现无缝链接。

（4）校企融合培养专业人才

发挥学校船舶动力领域的科研优势和特色，与国内船舶动力领域知名企业、院所建立了广泛深入的合作关系，近年来学校与沪东重机、中船动力研究院、中船重工711所、465厂、广西玉柴机械集团等共同建设实验室和研发基地等，实现人才培养与科学研究、工程实际和社会应用相结合。合作企业

也纷纷在能源与动力工程专业设立奖学金，良好的校企合作基础为"校企融合"开展能源动力类高素质人才培养提供基础和平台，在人才培养上实现了校企良性互动和循环。

3 "择优录取、动态退出、资源倾斜、分流培养"运行机制

发挥哈尔滨工程大学在我国船舶动力专业领域人才培养的优势，以"宽口径、创新型、高素质、国际化"为培养理念，以"择优录取、动态退出、资源倾斜、分流培养"为原则开展船舶动力实验班运行机制和管理保障改革。培养方案设计体现"新工科"特征，课程体系设计体现多资源融合，运行及管理体现竞争与择优，培养全过程配备学业及学术导师，实行小班授课，聘请国内外知名专家教授授课。第七学期根据学生志趣开始分流培养，分别执行本－硕－博连读培养模式、与国外大学实现联合培养模式和企业订单培养模式。选拔方式充分体现竞争和择优，分为高考择优选拔、入学后校内择优选拔及培养过程动态退出和补充相结合。图2所示为船舶动力实验班运行模式。择优录取、动态退出、资源倾斜、分流培养的运行机制既可以充分调动校内外教育教学资源，又可以充分激发学生学习的主动性，体现学生培养的志向性。

图2　船舶动力实验班培养运行机制

4 结　语

哈尔滨工程大学船舶动力实验班面向我国船舶动力自主化创新发展需求设定的人才培养目标，构建"目标精准—基础牢固—能力提升—资源融合"的全链条人才培养模式和基于学科、科研、国际、校企等多资源融合的课程体系，以及推进"择优录取、动态退出、资源倾斜、分流培养"的运行机制等，都充分体现了以"问产业需求建专业，问技术发展改内容，问学生志趣变方法，问学校主体推改革，问内外资源创条件，问国际前沿立标准"的新工科

建设理念。实践证明,"新工科教育不是传统工科的对立版,而是卓越教育的升级版"。

经过多年的探索与实践,生源质量逐年提升,学习成绩在全校所有的实验班中一直保持第一,得到社会和考生家长的高度关注,创新人才培养模式取得了很好的效果。2018 年 5 月 7 日,《中国教育报》专刊推出船舶动力精英人才培养模式,重点报道我校动力学院瞄准我国船舶制造行业转型升级的需要,以国家及行业重大战略需求为牵引,打出一套从校企联合人才培养模式到多资源融合建设的组合拳,实施船舶动力创新实验班,探索和实践了一条船舶动力精英人才培养的有效路径。以研究型学习、高水平科研、多学科交叉为主要培养手段,打通本科、硕士的课程壁垒,给学生更大的自主规划发展空间,培养精英人才的实践创新能力。

参考文献

[1] 中国科学院学部"影响我国高层次科技人才培养与成长相关问题的研究"咨询课题组. 加强和促进我国高层次科技创新人才队伍建设的政策建议[J]. 科技中国,2018(1):80 – 86.

[2] 董晓芳,赵守国. 高等院校创新型人才培养模式的改革思路[J]. 科学管理研究,2017(2):83 – 86.

[3] 哈工程船舶动力精英的培养之路[R/OL]. 中国教育报. http://www. jyb. cn/zgjyb/201805/t20180507_1065701. html. 2018.

[4] 谈小嫱,沙丽曼,张庭芳. 从实验班到元培学院——北京大学本科人才培养模式和管理体制改革[J]. 中国科教创新导刊,2010(1):211 – 213.

[5] 刘竞. 我国高校拔尖创新人才培养的几种模式[J]. 当代教育理论与实践,2013(4):72 – 74.

[6] 路勇,高峰,马修真. 能源动力专业"进阶式"实验教学探索与实践[J]. 实验科学与技术,2012,8(6):59 – 61.

[7] 林建. 面向未来的中国新工科建设[J]. 清华大学教育研究,2017,38(2):26 – 35.

[8] 姜晓坤,朱泓,李志义. 新工科人才培养新模式[J]. 高教发展与评估,2018,34(2):17 – 24.

[9] 习近平在全国高校思想政治工作会议上强调:把思想政治工作贯穿教育教学全过程 开创我国高等教育事业发展新局面[R/OL]. http://cpc. people. com. cn/n1/2016/1209/c64094 – 28936173. html. 2017.

新工科建设背景下能源与动力工程专业人才培养模式改革与探索

李晓宁,郭淑婷,凌长明,李军

(广东海洋大学 机械与动力工程学院)

摘要: 为了培养符合时代要求的新型工科人才,对传统工科人才培养模式的改革迫在眉睫。在我国新工科的建设和发展背景下,能源与动力工程作为传统的工科专业,亟须对人才培养模式和专业建设进行优化和改革。本文从专业建设、人才培养模式和个性化培养等方面进行探索和实践,以期将学生培养成具有卓越的工程实践能力和创新能力,具备解决能源相关领域复杂工程问题能力的高素质复合型工程人才。

关键词: 新工科;能源与动力工程;人才培养;改革

新一轮科技革命和产业变革的到来,对传统工程教育提出了新的挑战。为主动应对这一挑战,新工科教育应运而生。新工科教育是国家在新时期推进高等教育改革的新战略,它以新理念、新结构、新模式、新质量和新体系培养具有国际竞争力的高素质复合型工程人才,来满足新技术、新产业、新经济和新业态对工程人才的新需求。为尽快推进和落实新工科教育改革战略,教育部曾多次召开高等工程教育相关研讨会,从"复旦共识"到"天大行动",再到"北京指南",开拓了工程教育改革新路径。随后,教育部发布了《普通高等学校本科专业类教学质量国家标准》(以下简称《国标》),对新工科教育改革提出了具体要求,突出了"学生中心,产出导向,持续改进"的原则。伴随着教育部对新工科教育改革的大力推进,全国各大高等院校都在大刀阔斧地开展新工科建设的探索与实践。本文结合地方院校能源与动力工程本科专业教学实际,依据新工科建设的指导思想,对能源与动力工程专业本科教学改革进行有益探索。

1 实施一流专业建设计划,提升专业培养水平

1.1 对照《国标》开展专业内涵建设

在新工科建设思想的指导下,依据《国标》的要求,适时调整能源与动力工程专业人才培养目标,优化能源与动力工程专业课程体系,更新课程教学大纲,选用高水平教材,改革课程教学模式,推动教育质量不断提升。加强能源与动力工程专业相关实验室和实习实训基地建设,确保专业持续健康发展。

1.2 扎实推进专业认证工作

为加强专业建设,全面提高人才培养能力,扎实推进能源与动力工程专业工程认证工作。认真贯彻实施学校《关于推进专业认证工作的指导意见》,积极推进能源与动力工程专业认证工作。专业涉及的各门课程按照认证标准,基于OBE(成果导向教育)理念开展教学大纲的规范化改造,改进教学方法和学生考核方法。将"以学生为中心、产出导向理论、持续改进理念"逐步深入能源与动力工程专业人才培养的各个环节。通过专业认证促进专业深化改革,加强建设,规范管理,提升能源与动力工程专业培养水平。

1.3 "向海"优化专业结构和布局

借助地理优势,打造海洋特色工科专业。本文作者所在的广东海洋大学位于我国南部沿海地区,涉海产业人才需求量大、紧缺程度高。能源与动力工程专业作为广东海洋大学的工科专业,紧贴"打造向海经济"国家战略需求和海洋产业、区域经济社会发展需求,支持能源与动力工程专业设置涉海方向和建设涉海课程,靠海向海发展,形成地方特色和海洋特色;依托本科教学质量工程项目,在现有能源与动力工程专业基础上,实施应用型示范建设,带动能源与动力工程专业建设水平提升,形成

有效服务涉海产业的一流专业,助力国家"一带一路"建设。

2 深化人才培养模式改革,探索专业教育新模式

2.1 建设产业学院,提升创新创业能力

依托本科教学质量工程项目,支持能源与动力工程专业与企业深入合作,共建产业学院。完善教师培训、聘用和考核制度,与行业企业深度合作开展人才培养、科学研究和社会服务工作,鼓励教师参与企业创新实践、技术服务和管理服务;聘请校外导师共同组建能源与动力工程专业教学团队,共同确定人才培养目标和规格、制订培养方案及开展课程、教材、实验室、实习基地建设,共同承担理论课、实验实习课教学任务,共同指导专业实践、毕业设计(论文)及创新创业实践,推动合作办学、合作育人。

完善创新实践学分管理,将社会实践(调研)、学科竞赛、创新实践和创业实践活动学分纳入人才培养计划;建设完善以"理论课堂、课内实践教学、校园文化与创新实践、校外社会实践与专业实践、海外研修和网络学习"为内容的"六课堂"创新创业能力全程渗透培养体系,推动创新创业教育与专业教育、思想政治教育和素质教育紧密结合,融入能源与动力工程专业人才培养全过程;加强创新创业示范校和创新创业学院建设,配齐创新创业学院人员;建立校内外相结合的创新创业导师队伍,加强导师培训,提升导师队伍水平;完善创新学分积累、转换制度;支持建设创业模拟实验室、学生创业园和创业孵化基地;立项建设能源与动力工程专业学生创新创业团队、创新创业孵化基地和校外专业实践与创新创业基地;实施创新创业训练计划项目,完善支持能源与动力工程专业学生参加创新创业训练、学科专业竞赛和职业资格考试的激励机制,增强能源与动力工程专业学生的创新实践能力和创业就业能力。

2.2 实施卓越人才培养计划,培养拔尖创新型人才

实施卓越人才培养计划改革。依托能源与动力工程专业建设项目,举办卓越人才培养改革实验班,制订独立的培养方案,实施卓越人才培养改革。要深入贯彻教育部"六卓越一拔尖"人才培养精神,以促进新工科和协同育人理念为指导开展能源与

2019年全国能源动力类专业教学改革研讨会论文集

动力工程专业建设与改革,探索专业教育新模式。

每年在能源与动力工程专业新生中选拔优秀学生,实施灵活、独特的人才培养方案。按照"宽口径、厚基础、强能力"的思路组建拔尖创新人才培养改革实验班,制订独立培养方案。创新实验班采用学分制管理,推进案例式、启发式、讨论式、互动式、研究式教学,优化实验班课程体系、学生选拔、任课教师遴选制度,推进实验班学科基础课教学改革。贯彻因材施教和个性化培养的教育原则,探索对创新实验班学生实施导师制,由导师根据学生实际,对学生学习和成长进行个性化的指导。指导学生学习和开展科技创新活动、专业调研活动及社会实践活动,建立以教师为主导、学生为主体的学生自主学习和自主探究的课程教学体系。

3 深化课程建设与教学改革,推进一流课程建设

3.1 探索"传统课堂 + 网络课堂"的新型授课模式

根据能源与动力工程专业相关课程特点,完善机制,促进优质课程资源的应用。探索采用"传统课堂 + 网络课堂"的优化组合式授课模式,充分利用网络教学与课程资源。引进校外优质慕课资源,建立慕课学分认定制度,完善慕课教学实施办法,鼓励教师开展"翻转课堂"教学,推进"互联网 + 教学"改革。建设校本课程资源中心,构建资源展示、课程网站管理、教学互动、教学数据统计分析一体化的课程资源建设与管理平台,支持教师建设与利用网络课程资源,开展线上线下相结合的混合式教学模式改革;鼓励能源与动力工程专业学生多形式利用在线开放课程资源,根据所处年级的课程内容和自身需求开展自主学习。

3.2 推进专业拓展课程建设,完善知识结构

为适应能源与动力工程产业调整及产品升级,灵活运用所学知识及技能,拓宽学生的知识面和专业视野,有针对性地开设专业特色鲜明、行业背景浓厚的专业拓展课,完善学生的知识结构,培养学

生的知识迁移能力,发展学生的兴趣和特长,提高学生的就业、创业及创新能力,增强学生的市场竞争力,提高学生的综合素质,增强学生的社会适应能力,促进其潜在能力和个性特长的充分发展。在掌握扎实的专业理论及核心技能的基础上,选修新能源技术、海洋能源利用、清洁能源汽车、生物质发电技术等专业拓展课程,强化学生的专业知识及综合技能。

4 结　语

本文在新工科建设要求指引下,围绕能源与动力工程专业建设、人才培养、课程建设和教学改革等方面进行探索与实践。通过对能源与动力工程专业学生进行多模式与多元化培养,提升学生的学习能力和创新实践能力,使其成为满足新技术、新产业、新经济和新业态发展要求的高素质复合型工程人才。

参考文献

[1] 钟登华.新工科建设的内涵与行动[J].高等工程教育研究,2017(6):1 – 6.

[2] 徐晓飞,丁效华.面向可持续竞争力的新工科人才培养模式改革探索[J].中国大学教学,2017(6):6 – 10.

[3] 张海生.我国高校"新工科"建设的实践探索与分类发展[J].重庆高教研究,2018,6(1):41 – 55.

[4] 张凤宝.新工科建设的路径与方法刍论——天津大学的探索与实践[J].中国大学教学,2017(7):8 – 12.

[5] 林日亿,姜烨,黄善波,等.热能与动力工程专业多元化人才培养模式探索[J].教育教学论坛,2017(7):172 – 174.

[6] 蒋润花,左远志,陈佰满,等."新工科"建设背景下能源与动力工程专业人才培养模式改革探索[J].东莞理工学院学报,2018,25(3):118 – 121.

[7] 朱定见.地方高校新工科人才培养模式改革研究与实践[J].机械管理开发,2018,3(5):78 – 80.

当"新工科"遇上"新思政"*
——新工科背景下能源动力类大学生第二课堂综合素质培养研究

高琼

（西安交通大学 仲英书院）

摘要："新工科"作为符合时代发展需求的工科教育新理念，是当今世界高等工程教育的中国智慧和中国方案，也是高等工程教育发挥时代作用的重要着力点。"新工科"背景下加强学生综合素质培养是我国新经济社会发展、"新思政"立德树人和高等教育内涵式发展的需要。针对高校第二课堂作用认同和发挥不足，科学化体系化建设有待提升等问题，教育者应加强对新工科学理背景和文化视野的研究，充分重视和发挥第二课堂综合育人作用，以新思政引领工科学生践行社会主义核心价值观，多维度、多途径提升工科人才的综合素质，为高等工程教育发展培养新型人才。

关键词：新工科；新思政；第二课堂；综合素质；社会主义核心价值观；优秀传统文化

"新工科"是"当今世界高等工程教育领域的中国智慧和中国方案"，也是"中国工程教育在新时代新作为的重要发力点"。当前，我国正大力推动创新驱动发展，能源动力领域具有巨大的发展潜力，能源动力类人才将在社会建设中发挥更加重要的作用。新经济的发展对传统工程专业人才培养提出了挑战。相对于传统的工科人才，未来新兴产业和新经济需要的是工程实践能力强、创新能力强、具备国际竞争力的高素质复合型"新工科"人才，需要"他们不仅在技术上优秀，同时懂得经济、社会和管理，兼具良好的人文素养"，还需要他们将科学、人文、工程进行交叉融合，具备"整合能力、全球视野、领导能力、实践能力"，成为"人文科学和工程领域的领袖人物"。新的人才培养理念和挑战凸显出第二课堂优化提升学生综合素质、注重立德树人、提升人文素养等能力结构和人格要素的必要性。"00后"已成为当前大学生的主体，随着时代的进步、经济的腾飞和信息技术的高速发展，大学生彰显出思想多元、个性独立、乐于接受新事物、勇于创新等特征，教育教学工作也需根据新时代学生的新特点进行优化和创新，从教育理念、教学内容、教育方法等方面为大学生提供新知识、新营养和新动力。

1 新工科背景下能源动力类学生综合素质培养的必要性

新工科背景下切实提升能源动力类学生综合素质培养既是新时代发展形势的需要，又是"大思政"格局和"新思政"理念下的教育需要，更是中国高等教育内涵式发展的需要。

1.1 我国新时代新经济发展需要

从社会需求变化角度看，新经济发展对人才培养提出了新的挑战，"新工科"理念对我国工程教育体系提出了符合国际主流和中国发展实际的顶层思考，对培养新时代兼具国际视野、工程素养和创新能力的"新工科"人才提出了新的要求，即需要创新性、有担当、有引领精神、综合素质高的新型人才，因此工科大学生不仅需要具备扎实的专业知识，更应具有优秀的综合素质。如何探索和运用有效的思政教育教学方法，夯实和提升"新工科"人才的文化软实力，成为当下众多工科高校落实全国思政工作会议精神、提升工程人才培养质量的共性话

---

* 基金项目：2019年度教育部人文社会科学研究专项任务项目（高校思想政治工作）"道德主体性视域下优秀传统文化与大学生社会主义核心价值观培育研究"（19JDSZ3008）；2016年教育部中国高等学校能源动力类专业教学指导委员会教改项目（201606Y56）；2019年中央高校基本科研业务费专项资金（SK2019059）

题。与社会发展需求不相适应的现实是，"我国工科人才培养的目标定位不清晰，工科教学理科化，对于通识教育与工程教育、实践教育与实验教学之间的关系和区别存在模糊认识，工程教育与行业企业实际脱节太大，工科学生存在综合素质与知识结构方面的缺陷"。因此，"新工科"的理念应成为当下工科高等教育者的共识，即注重在教育教学实践中加强学科教育的实用性、交叉性与综合性，突出通识视野、人文素养、发展潜力、人格品质等综合素质层面的人才培养需求和教育价值。在此大背景下，针对"00后"大学生群体思想活跃、个性突出、需求多元等新特征，能源动力类学生的培养和发展路径也应与群体特征和社会需求相匹配，工科人才培养模式创新和学生综合素质提升的需求也日益迫切，凸显出第二课堂综合育人作用发挥的空间广泛性和价值重要性。

1.2 "新思政"立德树人新发展的需要

新的时代条件下大学生思想政治教育既要有"大思政"格局视野，又要有"新思政"内涵，积极融合新时代思想政治教育理论成果，包括社会主义核心价值观、优秀传统文化、"四个自信"、中国梦等，也更加重视学生的思想政治、道德人格、价值观等内在精神和深层素养的培养，切实实现思想政治教育的价值引领作用。培育和践行社会主义核心价值观，既是"新思政"的重要内容和途径，又是高校"立德树人"的题中应有之义，其国家、社会、个人层面的多维凝聚，其爱国、敬业、诚信、友善等核心价值，能够深层次激发大学生个人成长、道德修养、责任担当、爱国奋斗、奉献社会、勇于创新的内生性动力，为工科专业知识的融合、创新、提升奠定人格和价值层面的内在基础。从人才长远发展来看，专业知识为学生的职业生涯规划和专业化深入发展提供了知识基础，个人的价值观、心理健康、人文素养、领导力等综合素质则决定了其发展的远度和高度，是个体更为深刻的影响和作用要素。在工科高校中，社会主义核心价值观培育重点应与工程人才的培养定位和培养理念进行对接，并重点聚焦在厚植工程师价值观和工程伦理道德上。同时，优秀传统文化传承教育也是培养工科人才价值观和伦理道德的重要资源和途径。优秀传统文化既是核心价值观的价值源泉，又为价值观的弘扬和公民道德人格的提升提供丰富的实践途径，是工科学生建立文化自信、培育中国精神、充实文化底蕴、担当民族重任的价值教育资源和涵养实践路径，能够为工科

人才的长效发展和格局提升奠定深厚基础，也能够为工科行业发展提供中国智慧和中国力量。

1.3 高等教育内涵式发展需要

习总书记强调，高等教育要坚持把立德树人作为根本任务，努力培养德智体美劳全面发展的社会主义建设者和接班人，坚持内涵式发展，形成更高水平的人才培养体系，要把立德树人融入思想道德教育、文化知识教育、社会实践教育各环节，贯穿教育各领域。在教育教学实践中，第一课堂对学生进行专业基础知识教育，奠定学生深厚的学科素养和工程技术基础，是学生未来成长和专业化发展的知识根基，也能够使能源动力类大学生奠定系统、扎实的专业化发展基础，建立较高的专业认同和自我认同。但第一课堂存在着专业化程度精细、综合视野不足等问题，尤其面对高等教育内涵式发展的新需求，需要增强学生的综合素质和人文素养培养，这就要充分重视和发挥第二课堂的综合育人作用。培养正确的工程伦理和价值观、实现长效立德树人是工科大学生获得长远发展的根本，也是大学生形成健全人格、建立伦理道德、实现全面发展的关键要素，符合高等教育内涵式发展需求。因此在内涵式发展理念下，第二课堂对大学生协调力、领导力、职业生涯规划能力、心理健康素养和人文素养的教育和提升，对于提升大学生综合素质具有十分重要的作用，能够使学生在获得系统化专业知识的同时，拥有优秀的领导力、开阔的视野、健全的人格、理性的自我管理能力，这些素质对于能源动力类人才的潜能发挥和长远发展具有不容忽视甚至更为根本性的作用。

2 新工科背景下能源动力类学生综合素质培养中存在的问题

在具体的教育管理和教学工作中，针对"00后"大学生群体，能源动力类专业课程教学受到教师们的充分重视，但教师们对第二课堂的作用普遍重视不足，甚至认为第二课堂对第一课堂造成了干扰。这既有第二课堂本身不够系统和精准有效的原因，又有认识上的偏见，也有学生个体因素的影响。实际上，第二课堂在学生的成长中发挥着不可替代的作用，既能使大学生活完整化，又有利于学生综合能力的培养，是奠定学生长效发展综合素质基础的有力保障。

2.1 师生对于第二课堂对工科学生综合素养提升作用的认同不足

从第一、第二课堂的认知和认同现状来看,专业教师和教育管理者对第一课堂与第二课堂的关系和作用的认识和认同有很大的差别,学生本人对二者也存在着认识和认同上的区别。能源动力类学生的第一课堂教学受到学校、教师和学生的重视,但是除专业教育外的第二课堂教育却受到忽视,甚至被认为挤占了第一课堂的时间,对第一课堂产生了干扰。问题产生的原因在于第一、第二课堂的隔离,即专业教师与第二课堂教育者的疏离,以及学生个体对第一、第二课堂认同上的隔阂。前者导致第二课堂的作用得不到充分重视,在教育教学过程中难以实现合力育人、深度育人。后者导致学生不能正确处理第一课堂与第二课堂的关系,进而产生行为选择上的偏差,如只重视专业学习,综合能力和价值观、人际交往、心理支撑薄弱;或过度重视其他能力的培养而忽视了专业学习,对个体发展产生不同程度的负面作用。从第二课堂自身的建设和发展看,第二课堂自身的发展存在很大的空间,包括教育的内容更新、教育设计的系统化、教育过程的延续性、教育质量的提升、教育成效的科学性保障等,这些都有待深入梳理和实践优化,使之真正发挥对第一课堂的补充滋养和融促提升作用。

2.2 学界对于能源动力类学生第一课堂和第二课堂的关系和作用研究不足

从对第一课堂和第二课堂的关系及第二课堂的作用的研究现状看,相关研究数量较多,但很少针对"00后"能源动力类学生进行专门研究,既缺乏理论探讨,也缺少数据调研。同时,基于能源动力类专业学生的第一、第二课堂的关系及第二课堂作用发挥的体系、模式、途径、效果等方面的研究还相对薄弱,二者的关系需要进一步厘清、梳理和深入研究,尤其在新工科背景下,更应赋予第二课堂新的研究和定位。深入分析和梳理这一问题,需要深入思考和研究一系列相关问题,包括对第一课堂与第二课堂之间的关系和作用进行研究,对第二课堂自身存在的问题进行深入分析,以及学业兴趣、学业成绩与综合能力提升之间的关系,如何在第一课堂的基础上充分发挥第二课堂的综合育人作用,使能源动力类学生在专业基础知识学习的同时完善人格、提升综合素质等,这些都有待在实践中进行深入思考、探索和研究。只有在有效研究和问题明晰的基础之上,才能在重视第一课堂的基础上,消解第二课堂的非科学因素,充分发挥第二课堂的综合育人作用,真正实现高校全员育人、合力育人,使学生获得及时有效、针对性强的教育和指导,实现创新型、内涵式发展。

2.3 综合因素在学生核心素养培养过程中的价值认同有待增加

在能源动力类学生教育管理和教学工作中,第一课堂教学和专业知识教育是全部教育的重心,学生的学业成绩是大学四年学习生涯最重要的成果检验,而学业发展及其成效日益受到多种因素的影响。除专业教师的教学因素外,重要的因素还包括人格个性因素(是否健全健康)、学习适应因素(高中到大学教育和学习方式转变的适应程度)、人际关系因素、家庭因素等。在教育教学实践当中,需要重点加以关注的是学生普遍存在着价值观和内在支撑系统缺乏的问题,在内在价值引领、心理支撑、人文精神、责任感等心理和人格支撑力量缺乏的情况下,学生的自我成长、自我管理和自我责任意识严重缺乏,无法支持自己完成学业和发展规划,更谈不上对社会、对行业、对国家、对民族的发展有所贡献。普通学生当中也广泛存在着培育内在价值观和充实人文素养的问题和需求,这是"立德树人"中"立德"的根本,应当给予足够重视,并在教育教学过程中着力加强,否则学生自身无所立,更谈不上行业发展引领和家国责任担当。

2.4 学生综合素质提升的实效性有待提升

能源动力类学生要获得学业素养和综合能力的共同、全面提升,才能实现人才的全面发展。大学教育不仅要为能源动力类领域培养具有专业知识和技能的人才,更应培养具有较好综合素质、发展潜力、开阔视野和领导能力的人才。同时,第二课堂本身的系统化、合理化、专业针对性等也需要进一步分析和探讨。当前第二课堂的主要问题是庞杂而又零散、宽泛而不深入,缺乏系统性和专业、年级、群体的针对性,需要探索和建立合理的综合能力提升计划来提高学生的综合素质。例如,基于能源动力类学生就业前景进行研究和判断,对能源动力类学生的学习动机、人文素养、品德修养、社会实践、领导能力、心理健康等要素进行分析,进而探索提升"00后"能源动力类学生综合能力、实现个性发展及全面发展的有效途径,研究切实有效、科学发挥第二课堂提升学生综合素质的作用机制,提升高校综合育人实效及其成效评估和优化途径。

3 新工科背景下能源动力类学生综合素质培养的实现路径

新工科背景下,学生第二课堂是第一课堂的必要补充和深化,深化第二课堂建设,优化学生综合素质培养,对于提升第一课堂成效、促进学生全面和长效发展具有深刻的理论和实践意义。针对"00后"及新一代能源动力类大学生的特点,提出新工科背景下能源动力类学生综合素质培养的实现路径,包括如下方面:

3.1 深入了解"新工科"的学理背景和文化视野,以"新思政"引领工程人才践行社会主义核心价值观

"新工科"和"新思政"具有新时代新发展的共同视野和现实关切,重在培养符合新时代需求的工科人才,更加突出了中国方案、中国智慧、中国精神和中国力量。高校教育者应对"新工科"和"新思政"的学理背景和文化视野进行深入的研究、消化、理解和认同,在教育教学实践中通过言传身教将新理念进行渗透、融合和传播,着力加强工科大学生社会主义核心价值观的培育和践行,使大学生在正确价值观的引领下增强个人成长和发展的超越性价值支撑,厚植爱国情怀和民族责任,建立工程伦理和道德基础,增强文化自信和道路自信,成为具有引领意识和国际视野的新型人才。高校应通过"新思政"内涵、视野和方法的深入理解和教育实践,引领工科大学生提升人格修养、道德伦理、价值引领,自觉从自身思想、行为和实践角度"立德树人",积极将家国情怀、民族精神、社会主义核心价值观内化于心,外化于行。在树立内德、完善内在、建立稳定的价值观系统和道德人格的基础上,建立个人长效发展的稳固根基,提升家国视野和民族责任,激发为实现中华民族伟大复兴中国梦奋斗的勇气和力量,为本专业、本行业的发展提供深层次、内生性动力,为"新工科"背景下能源动力行业的发展注入鲜活而持久的力量。具体可通过第二课堂教育活动和实践活动的科学化设计,有效引导大学生在价值观、思想品德、优秀品质等方面的优化提升,为能源动力类学生的全面成长和高质量发展奠定人文精神底蕴和价值观基础。

3.2 深化第二课堂重要性认知和作用认同,理顺两个课堂的内在关系和共同目标,凝聚高校全员育人合力

第二课堂作为第一课堂的必要补充,能够为能源动力类大学生培养提供丰富的途径和有效的资源,激发学生学习兴趣,提高学生综合素质。因此,教育者要充分重视专业教育的知识性因素和非专业教育的综合因素,厘清能源动力类学生第一课堂和第二课堂之间的内在关系,明晰二者的作用机制和育人价值,深入了解第二课堂对第一课堂的重要补充和滋养作用,以及对人才内在价值观和心理支撑系统的重要价值。在此基础上,对两个课堂教育方式和培养目标进行深入研究和分析,探究提高人才培养质量的有效途径和方法,形成全员育人合力,共同培养适应社会发展需求的新型人才。具体途径包括:其一,可将学业成绩作为核心要素,通过能源动力类学生的综合素质测评、学业成绩分析的纵向跟踪和横向比较,对学业成绩优秀、综合发展突出及学业发展困难等不同类别学生的成因和对策进行综合分析,研究内外原因和影响要素,深入分析第二课堂的影响作用,增强第二课堂认同,为教育教学理念和方法的改进和优化提供参考依据。其二,通过第二课堂对学生进行多角度、多层面的成长要素和原因分析,采取引导、激励、关怀、协调、规划指导等教育视角和途径,针对学生不同层面、不同角度、不同阶段开展教育和指导,使学生获得思政、人文、心理、教育等多学科综合教育,实现综合素质提升和全面发展。其三,发挥第二课堂在领导力培养、心理健康教育、人文素养提升等方面的重要作用,弥补精细化专业分科教育的弊端,培养具有开阔视野、领导能力、责任意识和整合能力的新型人才。

3.3 针对"00后"学生的特点,多维度、多层面加强第二课堂体系化和科学化建设,发挥其对工科学生综合素质的提升作用

新一代"00后"大学生的突出特点之一就是对未来社会需求有充分的了解和心理准备,重视自身综合发展和能力提升,需求多元化、个性化。针对"00后"工科学生的特点,通过第二课堂的体系化、系统化、合理化研究和建设,消解其对第一课堂的冲击作用,发挥其对第一课堂的补充和促进作用。第一,明晰能源动力类学生的价值引领体系,包括思想政治教育和价值观引领、道德提升教育、心理健康教育、综合素质培养等,以新思政引领和融入

育人全过程。第二,结合专业特点和行业需求优化第二课堂教育,开展学业辅导、成绩分析等促进专业知识提升的教育活动,有效促进学生核心专业素养的提升,为未来的专业化发展奠定基础。第三,针对学生特点和成长规律,实施综合能力提升计划,包括建立和实施建设新生养成教育计划、领导力培养计划、心理健康知心工程、人文素养提升计划、时间管理能力提升计划、社会实践拓展计划、志愿服务拓展计划等,多层次提升学生内在潜质和素养,增强学生综合素质和能力。第四,结合社会发展需求,加强人文素养类和科学精神类通识教育。充分发挥学校必选层、任选层、自选层通识课程功能,使通识课程内涵深化,增强对学生综合素质培养的教育实效和引导成效,开阔学生多学科、多维度综合视野,对专业能力培养形成有益补充,提升学生综合素质。第五,依托国际交流项目教育和志愿服务精神培养,培养学生国际视野和合作精神。以目标化、榜样化教育引导学生,发挥优秀学子、出国交流及深造学生典型榜样和示范作用,引领学生开阔视野,增加专业认识深度和广度。

3.4 重视发挥优秀传统文化的综合育人功能,以人文精神涵养创新人格和解决复杂系统工程问题的能力

中华优秀传统文化是当今中国建立文化自信、凝聚中国智慧、实现民族复兴伟大中国梦、构建和谐社会、激发公民爱国奋斗潜力的深刻价值源泉,其丰富、深厚、多维度的人格养成路径和道德修养实践,重在"立德",为大学生的发展建立稳固的价值观和伦理道德根基,能够引导大学生增强伦理道德修养、提升人格境界、培养责任意识、滋养人文底蕴,同时为"新工科"背景下大学生的内涵式成长和全面发展提供可行路径,包括知行合一、躬行实践、反身而诚、学行不二等。优秀传统文化与社会主义核心价值观深度契合,"是培育践行社会主义核心价值观的重要价值资源和实践源泉"。"新工科"的教育理念蕴含着深厚的中华优秀传统文化底蕴和哲学内涵,应当在新时代积极发挥优秀传统文化的综合育人功能,培养有底蕴、有道德、有责任感和宏阔视野的工科专业人才。因此,工科高校和专业应积极重视优秀传统文化的育人功能,优化第二课堂合理化、科学化的教育途径和实践方法,传承和弘扬优秀传统文化,在教育教学过程中赋予工科教育以持续、稳固、长效的内在动力,使学生在工科教育过程中涵养内在品格、提升人文精神、激发道德原动力、充实责任感和道德勇气,彰显担当精神和超越意识,使大学生在进行专业学习的同时建立稳固的内在人文素养和道德修养,深层次提升内生性学习动力、开阔人生境界、拓展专业视野,为实现工程教育新型发展奠定深厚基础,促进能源动力类行业的发展和高等工程教育的内涵式发展。

参考文献

[1] 杨凡,汤书昆."新工科"的哲学阐释——中国传统哲学的视角[J].高等工程教育研究,2018(11):4-9.
[2] 王庆环.面向未来的新工科——"新工科"新在哪儿[N].光明日报,2017-04-03.
[3] 高琼.核心价值观与优秀传统文化的深度契合[J].思想政治工作研究,2017(12):39-40.

新工科背景下能源与动力类本科实践教学改革探索*

穆林,东明,贺缨,刘晓华,尚妍,唐大伟

(大连理工大学 能源与动力学院)

摘要: 在现有"卓越工程师教育培养计划"所形成的能源与动力类本科实践教学体系的基础上,深入融合"新工科"建设和发展要求,通过进一步对实践教学体系全过程的系统优化和再设计,

* 基金项目:中央高校教育教学改革专项资金项目;大连理工大学教育教学改革项目(YB2018061)

从实践教学模式、手段、评价机制等方面进行顶层设计,以实践教学中的课程设计、本科专业实验、认识实习、生产实习和毕业设计五个环节为切入点,建立包括基础工程认知、基础能力训练、综合能力应用和创新能力培养与提升在内的五环节四层次实践教学体系和模式,逐步形成更综合、更系统的"新工科"实践教学体系和模式,为培养具有创新创业能力、较高科学素养和跨专业交叉融合能力的"新"工程科技人才奠定实践基础。

关键词:新工科;能源与动力工程;五环节四层次;实践教学体系

2007 年大连理工大学便成为国家"卓越工程师教育培养计划"首批试点学校。以此为契机,大连理工大学本着"合理定位、创新模式、构建体系、完善机制"的工作思路,通过实施"卓越工程师教育培养计划",探索形成了一套具有示范意义的多元化卓越工程师培养模式。近年来,特别是 2017 年《教育部高等教育司关于开展新工科研究与实践的通知》(教高司函〔2017〕6 号)指出,为深化工程教育改革,推进新工科的建设与发展,决定开展新工科研究和实践。对照"卓越工程师教育培养计划"和"新工科"的建设要求,可以看出,新工科是在高等工科教育理念上对"卓越工程师教育培养计划"进行的补充更新,强调引领而不是紧跟行业产业的未来发展的理念,并强调以新经济、新产业为背景,树立创新型、综合化、全周期工程教育新理念。

大连理工大学能源与动力学院在本科人才培养方面提出,要培养具备能源与动力工程学科方面宽厚的理论基础,掌握热能工程、动力机械、流体机械、能源环境等扎实的专业知识,胜任能源与动力工程领域范围的设计、制造、运行、研究、开发、管理等方面工作,具有家国情怀、创新精神、实践能力和国际竞争力的高层次工程技术人才。从切实开发和培养学生工程理念和意识、解决实际问题能力、创新实践能力以及跨专业学科交叉融合能力角度来看,也是对能源与动力类专业本科实践教学环节的提升提出了更高的要求。为积极把握中国高等工科教育的前进和改革方向,积极适应新工科建设要求,能源与动力学院以"卓越工程师教育培养计划"建设所取得的宝贵经验为基础,通过对现有实践教学体系全过程进行再设计和重构,进一步建立基于新工科核心思想的全过程连贯式的实践教学体系及模式,促进学生工程理念和意识、解决实际问题能力、创新实践能力以及跨专业融合能力的培养和提升。

1 实践教学体系改革目标设定

在能源与动力类本科专业实践教学体系改革过程中,充分把握和夯实大连理工大学"卓越工程师教育培养计划"的建设成果,将"新工科"建设理念和能源与动力专业实践教学体系深度融合,以面向未来布局的新工科建设为基础,以实际工程及先进技术为主线,从课程设计、本科专业实验、认识实习、生产实习和毕业设计五个环节入手,建立包括基础工程认知、基础能力训练、综合能力应用和创新能力培养与提升在内的五环节四层次实践教学体系及模式,为培养具有家国情怀、创新创业能力、较高科学素养和跨专业交叉融合能力的工程科技人才奠定实践基础。

2 实践教学体系改革探索与思路

能源与动力工程专业具有很强的工科实践背景,实践教学更贯穿于本科培养的各个层面,近年来大连理工大学能源与动力学院从课程设计、本科专业实验、认识实习、生产实习和毕业设计五个环节入手,建立包括基础工程认知、基础能力训练、综合能力应用和创新能力培养与提升在内的全过程实践教学体系及模式(见图 1),摆脱各实践教学环节间的孤立,以及与"新工科"工程实践创新理念脱节的现状,使之构建起连贯完整的有机体,形成以"自主、探究、合作"为特征的探究式实践教学方法,实现对学生创新创业能力和实践能力的培养。

2.1 以新工科思想为核心,重构能源与动力专业实践教学体系

在现有本科教学指导委员会和本科实验实习中心的基础上,吸纳有关企业、科研院所、地方部门的专家等,对现有本科实践教学体系进行重构,以课程设计、本科专业实验、认识实习、生产实习和毕业设计五大环节为切入点,建立从工程产品认知、

基础能力训练、综合能力应用到创新创业能力培养的五环节四层次实践教学体系。动态优化实践教学环节课程设置,形成与社会需求和行业发展相对接的个性化、多元化的实践教学体系,以及以创新实践能力和素质提升为评价依据的四位一体的考核评价体系。

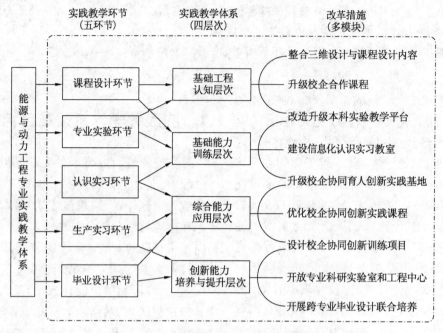

图1 五环节四层次实践教学体系的改革思路

2.2 以五环节为切入点,实施四层次实践教学体系

2.2.1 基础工程认知层次

在基础工程认知层次方面,以专业设计类课程整合优化、校企合作课程升级以及专业实验室开放为突破口,主要的改革举措包括:

将换热器课程设计和三维机械课程设计进行优化,改变单一的设计题目,设计开放式题目,题目来源于基础设计类、科研专业类、校企合作类等,供学生自由选择。

提升校企合作课程质量,在现有针对热力发电厂、锅炉与锅炉房设备的校企合作课程基础上,优化课程内容,将传统课堂教授和虚拟仿真教学进行有机结合,通过学生实际操作演练,提高对专业课程和基础工程系统的深刻认知,同时,邀请华能大连电厂、大连旺佳新能源等企业的专业导师授课;将供热工程、热工测试技术、热工过程自动控制课程内容整合,邀请区域互联网供热企业大连海心信息技术公司专业导师授课。

开放专业科研实验室和工程研究中心,如热能综合利用技术国家地方联合工程研究中心、工信部工业节能与绿色发展评价中心、辽宁省海水淡化重点实验室、辽宁省复杂能源与高效利用重点实验室等,让学生尽快了解和参与相关科研活动,促进一流拔尖人才的培养。

2.2.2 基础能力训练层次

在本科专业实验和认识实习环节,充分运用"互联网+"和信息化技术,通过音视频和电脑信号的实时交互,实现"企业教师"在工程现场的异地授课,增强学生体验效果,达到对专业内工程领域前沿课题、热门课题的认知和探索。

针对现有本科教学实验台实验目的单一、分散的现状,融合"互联网+智慧能源"理念,对换热器实验台升级改造,增设全过程测量系统、监控设备和数据处理中心,建设供热及测量技术综合性能实验台;融合"绿色能源"理念,对滴管炉燃烧实验台升级改造,增设尾气监控系统、燃料预处理系统、气体处理系统,建设清洁高效燃烧实验台;从科研转化与应用的层面,整合现有科研实验室资源,建设海水淡化综合性能实验台。

2.2.3 综合能力应用层次

在综合能力应用层次方面,主要对现有的协同育人创新实践基地进行整合和模块化分类。目前,大连理工大学能源与动力学院已经与几十家不同类型、不同方向的能源行业、动力机械行业等企业建立了长期的合作关系。以热能工程专业方向为例,通过整合和模块化分类,形成了传统能源类协同育人创新实践协同育人基地(如华能大连电厂、大连开发区热电厂等)和能源新兴产业类协同育人创新实践协同育人基地(如大连海心信息有限公司、大连斯频德环境设备有限公司等)两个模块,邀请这些企业的专业导师来校开设校企合作课程,带领学生赴企业开展形式多样的认识和生产实习。例如,已与大连海心信息工程公司开展了相关合作,引入该公司的先进技术和理念,在学校建立基于能源互联网的先进供热系统一体化解决方案创新实践基地,让学生在学校就可以深入感知"互联网+"对于能源行业的重大引领作用。同时,组建企业导师团队,开设校企协同创新实践课程,课程内容由学校主导,校企共同协商确定,在课时方面确保企业导师团队的实习课程不少于三分之一。

2.2.4 创新能力培养与提升层次

利用协同育人创新实践基地的资源,设计校企协同创新实践训练项目,并由企业和学校共同指导完成。在毕业设计环节,开展多层次、跨专业的毕业设计,设定开放式毕业设计题目,如协同育人创新实践基地专业导师拟定题目,将科研项目的相关内容转化为毕业设计题目等;同时,探索如能源+材料、化学、物理、机械等形式的跨专业毕业设计培养模式。

2.3 建立以学生创新能力为核心的实践教学评价机制

建立以创新实践能力和素质提升为评价依据的考核评价机制,以课程考核、实践设计考核、学校考评和企业导师考评四位一体的评价体系;引入学生的自我认知和自我评价,注重学生的工程能力、组织能力、团队合作能力等方面的综合创新能力评价。

3 结 语

为建设以新工科为核心思想,以创新实践能力培养为主体的全过程连贯式实践教学体系,大连理工大学能源与动力学院在现有"卓越工程师教育培养计划"所形成的能源与动力类本科实践教学体系的基础上,深入融合"新工科"建设和发展要求,从实践教学模式、手段、评价机制等方面进行顶层设计,以课程设计、本科专业实验、认识实习、生产实习和毕业设计五个环节为切入点,探索建设了包括基础工程认知、基础能力训练、综合能力应用和创新能力培养与提升在内的五环节四层次实践教学体系和模式。最终实现以面向未来布局的新工科建设为基础,以新工科人才特征为目标导向,重构能源与动力工程专业实践教学体系,形成更加多样化和个性化的实践教学模式,从而为培养具有家国情怀、创新创业能力、较高科学素养和跨专业交叉融合能力的工程科技人才提供保障。

参考文献

[1] 朱泓,李志义,刘志军. 高等工程教育改革与卓越工程师培养的探索与实践[J]. 高等工程教育研究,2013(6):68 - 71.

[2] 吴爱华,侯永峰,杨秋波,等. 加快发展和建设新工科,主动适应和引领新经济[J]. 高等工程教育研究,2017(1):7 - 15.

[3] 林日亿,姜烨,黄善波,等. 热能与动力工程专业多元化人才培养模式探索[J]. 教育教学论坛,2017(7):172 - 174.

[4] 赵芳,管晓艳,董智广,等. 基于应用型人才培养模式的专业职业能力模块划分——以能源与动力工程专业为例[J]. 化工高等教育,2016,33(3):48 - 51.

[5] 尚妍,刘晓华,东明,等. 高精尖培养模式下能源与动力类实践教学的探索[J]. 实验室科学,2014,17(3):1 - 3.

[6] 尚妍,刘晓华,东明,等. CDIO工程教育模式下热能专业虚拟实践教学研究[J]. 实验室科学,2016,19(2):132 - 135.

基于新工科的应用型本科院校工程实践教育体系建设

张连山

（德州学院 机电工程学院）

摘要： 实践教育是应用型院校本科人才培养体系的重要组成部分,本文以德州学院能源与动力工程专业为例,基于新工科背景下,分析了工程实践教育体系存在的问题,通过构建多层次实践教育体系、建设高水平双师型师资队伍和提高学生实践兴趣等方面,对现有的实践教育体系进行改进,对应用型本科院校实践教育体系建设具有一定的借鉴意义。

关键词： 工程实践教育;应用型;新工科

当前,国家推动创新驱动发展,实施"互联网＋""一带一路""中国制造 2025"等重大战略,对工程科技人才提出了更高、更全面的要求,校企全面合作成为中国工程教育发展改革的重要组成部分。为深化工程教育改革,新工科建设应运而生,其中基于新工科的工程实践教育体系建设成为重要一环,新工科对建立典型校企联合创新实践平台有了更高层面的要求。德州学院作为一所典型的应用型本科院校,始终坚持"地方性、应用型、重特色"的办学定位,努力培养学生的工程素质和创新能力。能源与动力工程专业作为学校的优势专业,积极进行基于新工科的工程素质培养体系研究,将工程知识、工程能力、工程品质作为工程素质的三个纬度,确立了分方向、分阶段的培养目标。然而我校能源与动力工程专业现有的实践教育体系建设与新工科的内涵不相适应,存在部分急需改进的问题。

1 实践教育体系存在的问题

1.1 工程实践平台体系不完善

由于实践平台在高等教育体系中地位不够凸显,缺乏完善的规章制度,导致企业对其认识不深、主动参与度不够,因而很多时候都是学校"一头热",难以形成真正的校企共建,存在系统性不强、深度不够、制度不完善等问题。

1.2 教师工程实践经验不足

能动专业是一门需要较强工程实践能力的专业,只有实践教学与理论教学同步发展,才能更好地支撑教学和科研工作,这就要求高校教师在熟悉理论知识的同时,也要有丰富的工程实践经验。然而,由于种种原因,多数教师无法真正具备工程实践经验,导致无法真正有效地开展实践教学,很多实践教学项目流于形式。

1.3 学生对实践教育的重视度不够

相对来说,实践教学模块在教学环节中所占比例过低,学生对实践教育的重视度不够高,在接受实践教学时不能主动对专业和行业进行全面的认识,导致绝大多数的实践教学环节比较仓促,学生不能有效地利用实践平台提供的实践教学资源,导致实践平台利用率较低。

2 工程实践教育体系构建

在总结我校能源与动力工程专业现有的实践教育体系建设经验和实践教学成果的基础上,调整专业实践教学体系和实践教学平台建设思路,以新工科和工程教育理念为导向,面向应用型本科人才培养模式需要,调整实践教学培养方案与教学内容体系,加强校企合作教育,建立更加高效的专业实践教学平台,促进既有专业理论知识又有工程实践经验的高水平双师型师资队伍的建设,培养"创新型、应用型"的新型工程型人才,为我国同类型高校相关专业开展实践教育体系建设起到示范和带动作用。

3 现有实践教育体系

3.1 实践教学体系建设

德州学院能源与动力工程专业现已开展认识

实习、金工实习、生产实习、专业见习、毕业实习、冷库和换热器课程设计等实践教学项目。通过这些实践教学项目的开展，学生完成了从专业认知、技能操作到企业实践的整个过程，培养和提高了学生的工程实践能力。首先，通过实习使学生对本专业各个方面的知识有一个感性的认识，对专业设备从外观上有所了解，明确自己的专业范围，了解一些简单的设计、施工、维护管理、调试等方面的知识，同时也为学生毕业后从事专业技术工作打下了必要的基础，激发了学生学习的积极性和主动性。其次，在学生初步理解独立的操作技巧的基础上，熟悉和掌握一些工程知识和操作技能，培训和锻炼学生，从而提高学生的综合素质。最后，实习使学生进入企业参与实际工作，通过综合运用专业知识解决专业技术问题，培养独立工作的能力，并进一步掌握专业技术，在具体工程实践中积累经验、发展自我。

3.2 实践平台建设

立足于德州学院"创新型、应用型"人才培养的办学定位，机电工程学院于 2014 年与皇明太阳能股份有限公司、德州德隆机床（集团）有限责任公司和山东中大—贝莱特集团等企业共建专业大实践平台，2015 年与景津环保股份有限公司共建专业大实践平台，已先后组织 16 个专业 3744 名学生开展实践活动，为学生拓展专业视野和提高综合素质提供了平台保障。同时，联合皇明太阳能股份有限公司、德州金亨新能源有限公司等 47 家企业成立德州学院机电工程学院理事会，共建实验室、实践平台和实践团队，并与德州金亨新能源有限公司等 21 家企业签订校外实习协议。在此基础上，总结两年的运行经验，分别按照专业大实践平台的实际情况，制定大实践平台工作流程，做到合作有协议，实习过程顺利有效，及时上报汇总实习情况，起到联系学校和企业的桥梁作用。

专业大实践平台项目是培养工程型、应用型人才的重要举措，机电工程学院已有的专业实践平台为能动专业基于新工科的工程实践教育体系和实践平台建设提供了有力保障。

3.3 师资队伍建设

通过引进与培训相结合的方式加强教师队伍建设，已建成一支结构合理、工程能力较强、爱岗敬业、专业水平较高的教师队伍。现有专任教师 16 人，其中教授 2 人，副教授 4 人，双师型教师 5 人，具有博士学位 7 人。为建立起长效、互动的联合

培养方式，不仅需要企业为学生直接提供实习场所，而且更加需要企业与学校导师双方的互动。通过与企业沟通，企业为学校教师提供现场培训的机会，德州学院也为企业的导师提供教学技能培训。同时，加强双方在面向教学的科研方面的合作，提高"双师型"教师的工程素养和实践能力。

4 工程实践教育核心内容

4.1 建设工程型实践教育体系

从学校层面入手，系统地增加对实践平台的资源支持和激励，激发行业企业和在校师生的重视；通过实践平台的建设，使工程实践教育具体化，发挥实践平台在专业培养和促进就业等方面应有的作用。

4.1.1 构建多层次实践教学体系

以培养学生的工程素养和创新能力为目标，使其具备优秀的实践能力，构建从专业基础实践到校内平台实践再到企业综合实践三个层次的实践教学体系。首先是专业基础实践，主要是由专业基础课、专业核心课和专业选修课等课程的实验环节组成。一方面，以工程素养和创新能力培养为出发点，使学生具备良好的实践精神；另一方面，培养学生分析问题和解决问题的基本能力，掌握基本的工程实践操作技能。其次是校内平台实践，包括课程实践和校内实习模块。课程实践包括能动类专业课程设计（如热交换器设计、冷库设计）、工程实践和创新训练等实践课程，主要培养学生对设备及流程的掌握和基本的系统设计能力。校内实习模块包括压缩机拆装实习、冷库认知实习和金工实习，主要为了培养学生的工程实践能力和解决具体问题的能力，强化学生对专业综合知识和工程技能的运用。最后是企业综合实践，主要包括工程实践和工程研发两部分。工程实践依托专业见习、毕业实习等环节展开，包括了解企业的生产管理、工艺流程的设计与制定等，让学生体验企业的标准化生产。工程研发依托毕业设计（论文）展开，毕业设计指导实行校企双导师制，企业导师根据生产过程中遇到的实际问题和亟待解决的问题，确立学生的工程研发课题，使工程研发贯穿整个毕业设计过程，从而使学生真正得到实践锻炼，提升工程实践能力和设计创新能力。

4.1.2 强化企业平台建设

依托山东奥冠新能源科技有限公司、德州金亨

新能源有限公司等机电工程学院理事会成员单位，加强实践平台的校企合作共建。通过学院学科建设和人才培养的规划建设，支持大学生创新创业活动，与企业研发中心进行实质性合作，建立能动类专业实践教育中心，设置专门人员管理和运作实训实习的场所与设备，在毕业设计校企双导师制的基础上聘请高工，使企业综合实践落实到工程设计资源和导师队伍建设层面。

4.2　高水平双师型师资队伍的建设

加强双师型教师的培育，教师确立专业知识与企业的结合点，主动参与到企业工程项目中去，将专业知识和工程实践有效的结合在一起，同时强化企业工程技术人员对实践教学的参与度，双方互通有无，在共同需求的基础上建立共同培育机制，真正实现师资共建，资源共享。一方面，专业教师到相关企业进行实践学习和技能培训，使专业知识和企业生产研发相互促进，使以后的教学活动有的放矢。同样，企业可以充分利用学校的智力资源，减少研发成本。另一方面，聘请企业工程师到学校任教，找到实践的理论源头，可以更好地促进工程实践，同时也优化了学校的师资队伍，解决了能动专业双师型工程实践教师紧缺的问题。

4.3　充分利用实践平台提高学生实践兴趣

教师对专业有全面的认识，企业工程技术人员对行业有全面的认识。在实践教学环节进行之前，通过双方结合，强化学生对专业和行业的认识，学生自发的产生兴趣并主动参与，保证工程实践教育效果。首先，将工程实践案例引入能动专业课程教学的整个环节，如在"冷库设计"理论教学和课程设计中始终贯穿具体的冷库设计案例，在"热交换器

原理与设计"理论教学和课程设计中始终贯穿具体的换热器设计案例，引导学生在掌握理论知识的同时独立完成具体的系统设计，包括基础数据计算、设备选型及系统设计等。其次，将基础理论教学延伸到校内和企业的实践教学中。应用型人才需要在工程实践环境下培养。因此校内的实践教学和企业的实践教学要先后进行，学生需要有部分时间在企业学习，利用所学知识主动参与实践和研发，培养自身的技术创新能力和工程实践能力。同时，在企业内的实践教学过程中，教师应该将基础理论贯穿到整个工程实践过程中，用基础理论支撑工程问题的解决与工程实践的创新。

5　结　语

实践教育是应用型院校本科人才培养体系的重要组成部分，德州学院在学生的创新能力和工程素质培养方面做了大量工作，基于新工科背景下能动专业工程实践能力培养体系的研究提高了人才培养的质量，对其他应用型本科院校的工程实践教育具有一定的借鉴意义。

参考文献

[1] 朱高峰. 中国工程教育发展改革的成效和问题[J]. 高等工程教育研究, 2018(1) : 1 – 10, 31.

[2] 李翠, 林炜, 李峥嵘. 校企联合创新实践平台建设模式探索[J]. 中国校外教育, 2019(6) : 89 – 90.

[3] 胡晓花. 能源动力类应用型本科人才工程素质培养体系研究[J]. 德州学院学报, 2016, 32(2) : 107 – 110.

新能源发电与火力发电复合型人才培养模式探讨

——以南京工程学院新能源科学与工程专业建设为例

韩宇，郭淑青，宋国辉，吴俊杰

（南京工程学院 能源与动力工程学院）

摘要： 本文依据我国发电行业的重大需求与未来发展趋势，对新能源发电与火力发电复合型人才培养模式进行了探讨，分析了复合型发电人才培养对于学生自身及行业发展的优势，并结合

南京工程学院能源与动力工程学院在能源科学与工程专业建设方面的创新举措进行分析,给出了复合型发电人才培养的可行方案。

关键词:新能源科学与工程;新能源发电;火力发电;复合型人才

新能源科学与工程是我国能源动力类专业下的特设二级专业,以我国"十二五"规划为依托,于2010年为我国教育部批准设立,旨在为我国新能源产业培养高水平专业人才。新能源发电领域是该专业的主流方向之一,目前,我国众多高校将新能源科学与工程专业定位为培养发电人才,如华北电力大学的人才培养方案分为生物质发电、太阳能发电和风力发电三个方向,河海大学将重点放在风力发电上,盐城工学院将该学科定位为培养新能源行业的电气技术人才,黄淮学院主要着眼于光伏发电。

然而,我国新能源发电格局尚未完全稳定,新能源发电各领域一方面持续发展,另一方面也严重依赖国家政策,整体波动性较大。因此,未来的产业发展与人才需求较难预测,在新能源科学与工程专业建设方面,学生的就业出口较难形成稳定的局面。目前,我国电力格局以火电为主,在未来较长时间内,火力发电依然将占据主体地位,社会对于火电人才的需求相对稳定。在新能源科学与工程专业的人才培养中,新能源发电与火力发电复合型人才有望成为有前景的培养方向之一:从专业建设角度看,培养新能源发电与火力发电复合型人才,能够在一定程度上为新能源科学与工程专业的学生提供相对稳定的就业出口;从行业需求角度看,新能源发电与火力发电分别呈现持续发展与成熟稳定的趋势,培养复合型人才符合我国的发展趋势。然而,目前新能源发电与火力发电的人才培养模式相对独立,我国高校针对复合型发电人才培养的关注较少。

基于上述背景,本文结合南京工程学院新能源科学与工程专业建设中的创新举措,针对新能源发电与火力发电复合型人才的培养进行探讨,以期为我国新能源科学与工程专业建设提供一些启示,并为我国电力人才的培养提供一些参考。

1 新能源发电与火力发电复合型人才培养的优势探讨

1.1 对学生自身的优势

新能源科学与工程专业于2010年为我国教育部批准设立,各高校在该专业建设方面处于探索发展、不断完善阶段,尚未形成成熟稳定的局面,学生的就业出口与发展前景相对难以预测。在南京工程学院,新能源科学与工程专业建设依托能源与动力工程学院,拥有热能与动力工程专业的强力支撑,在火力发电的人才培养方面有着深厚的积累,其中,火电厂热动、集控等方向的人才培养已在业内得到了较高认可,毕业生在各火电企业形成了良好的口碑。依托火力发电人才培养的深厚积累,培养新能源发电与火力发电复合型人才可实现如下的优势:(1)拓宽学生的理论知识储备,开阔视野;(2)拓宽学生的就业出口,以火电领域的良好口碑为依托,实现发电领域的宽口径就业,为新能源科学与工程专业学生的就业提供一定的保证;(3)拓宽学生的专业技能,在发电领域可依据国家需求实现从业转型,有助于学生自身发展。

1.2 对我国发电行业的优势

我国新能源发电一方面发展迅猛,在全国电力格局中占比逐渐提升,另一方面也存在各自的发展瓶颈,技术尚未完全成熟。其中,风电产业总体生产成本偏高,严重依赖国家政策性电价补贴,其自主化生存能力较差;光伏产业在前期各级政府政策的扶持下大力扩张,经过爆炸式发展之后,现已进入产能过剩时期,尤其在产业链的中游,太阳能电池的生产远超需求;光热与生物质发电尚未形成规模,仍处于发展探索阶段。总体来看,新能源发电各领域虽然持续发展,但依赖国家政策,产业的波动性较大。因此,我国新能源发电产业在未来的人才需求可能存在较大的波动性。目前,我国电力格局仍以火电为主,火电的发电量长期保持在总发电量的70%以上,在未来较长时间内,我国火力发电的人才需求量依然较大,且保持稳定。总体来看,我国新能源发电在探索中前进,未来有较大的发展空间;火力发电成熟稳定,未来依旧会保持主体地位。因此,大力培养新能源发电与火力发电复合型人才符合我国的重大需求与发展趋势。

新能源与传统能源的耦合也是我国发电领域的主流发展方向之一,如我国《可再生能源发展"十三五"规划》提出要大力发展煤电与新能源的耦合,我国《电力发展"十三五"规划》也明确指出要在华北、西北布局一批燃煤与光热耦合发电示范项目。大力培养新能源发电与火力发电复合型人才，有助于推进我国新能源与传统能源耦合发电领域的发展，为我国未来的清洁、高效发电提供人才支撑。

2 南京工程学院在复合型发电人才培养方面的创新举措

在南京工程学院，新能源科学与工程的专业建设依托于能源与动力工程学院，能动学院拥有能源与动力工程专业的强力支撑，在火力发电的人才培养方面有着深厚的积累，已在业内获得了较高认可。在新能源科学与工程的专业建设中，南京工程学院能动学院提出充分发挥火电人才培养的优势，大力培养新能源发电与火力发电复合型人才，在开设新能源发电领域专业核心课程的同时，也开设了火电领域的相关课程，并大力发展实训教学，具体的创新举措如下：

2.1 开设火电厂热力设备及系统与燃气轮机发电装置课程

火电厂热力设备及系统课程融合了能动学院热动方向锅炉原理、汽轮机原理、热力发电厂三大专业课的内容，是讲述火电厂热力设备与系统基本结构、基本原理、工作过程、系统特性、运行调节方式等内容的一门课程。通过课程的学习，能够使新能源科学与工程专业的学生在燃煤发电相关领域奠定良好的基础，对火电厂热力设备与系统有深刻全面的理解，并具有一定分析火电厂运行工况、解决实际问题的能力。

燃气轮机发电装置是讲述燃气轮机基本结构、基本理论、工作原理、运行特性、调节方式等内容的一门课程。通过课程的学习，能够使新能源科学与工程专业的学生在燃气发电领域及相关领域奠定良好的基础，对燃气轮机发电装置各组成部件的原理、结构、性能及联合循环有较深刻的理解，掌握燃气轮机运行、维护、经济评价等技能。

上述课程的开设，为新能源科学与工程专业的学生在火力发电领域奠定了一定的基础，有助于学生的宽口径就业，实现良好的自身发展，也符合我国发电行业的人才需求及发展趋势。

2.2 大力发展实训教学

在新能源科学与工程专业建设中，南京工程学院能动学院加大实训教学的力度，在新能源发电方

向开设了两门实训课程——新能源测试与分析实训和新能源仿真实训。其中，新能源测试与分析实训偏重太阳能、风力发电相关领域的参数测量与数据分析，新能源仿真实训帮助学生掌握新能源发电系统的运行过程，熟悉运行操作环境。总体来看，新能源发电方向的两门实训课程一方面帮助学生巩固所学的理论知识，另一方面培养学生的设备运行操作能力、分析能力和事故处理能力。此外，火力发电方向也开设了一门实训课程——热力设备安装检修实训。通过学习和实践，学生亲身接触并参与了常用热力设备及附件的安装与检修过程，为今后从事火力发电相关安装、检修技术工作打下必要的基础。

三门实训课程的开设，较大程度上提升了学生对新能源发电与火力发电相关设备、过程、系统的实际操作能力，为新能源科学与工程专业培养复合型发电人才奠定了良好的实践基础。

3 结　语

总体来看，我国电力行业在较长时间内将呈现火力发电与新能源发电并重的格局。培养新能源发电与火力发电复合型人才，一方面有利于学生自身发展，另一方面也符合我国发电行业的重大需求与发展趋势。南京工程学院能源与动力工程学院在新能源科学与工程专业建设方面采取了一系列创新举措，为培养新能源发电与火力发电复合型人才提供了可行的方案。

参考文献

[1] 李松，刘春慧，尹慧敏，等. 基于专业联盟背景下"新能源科学与工程"专业创新人才培养模式探究[J]. 教育教学论坛，2018，389(47):114 – 115.

[2] 杨世关，李继红，董长青. 国内外新能源专业人才培养方案对比与分析[J]. 中国电力教育，2013(6):58 – 61.

[3] 汤亮亮，许昌. 新能源专业中传统发电技术课程教学改革创新研究[J]. 教育教学论坛，2018，372(30):115 – 116.

[4] 张兰红，何坚强. 地方院校的新能源科学与工程专业建设探索与实践[J]. 电气电子教学学报，2018，40(6):31 – 34,50.

[5] 王银玲，于磊，刘文富，等. 基于新工科专业的实践教学体系的构建——以黄淮学院新能源科学与工程专业为例[J]. 教育现代化，2018，5(39):146 – 148.

[6] 吕文春,马剑龙,陈金霞,等. 风电产业发展现状及制约瓶颈[J]. 可再生能源,2018,36(08):112－116.

[7] 吕鑫,刘天予,董馨阳,等. 2019 年光伏及风电产业前景预测与展望[J]. 北京理工大学学报(社会科学版),2019(2):25－29.

[8] 《中国电力年鉴》编辑委员会. 2017 中国电力年鉴[M]. 北京:中国电力出版社,2017.

[9] 国家发展改革委. 可再生能源发展"十三五"规划[EB/OL].(2016－12－10). http://www.ndrc.gov.cn/zcfb/zcfbtz/201612/t20161216_830264.html

[10] 国家发展改革委. 电力发展"十三五"规划[EB/OL].(2017－06－05). http://www.ndrc.gov.cn/fzggggz/fzgh/ghwb/gjjgh/201706/t20170605_849994.html

对我国应用型工科院校发展的思考

耿瑞光,金大桥,李伟,张荣沂,王涛

(黑龙江工程学院 机电工程学院)

摘要:应用型工科院校是我国高等教育制度发展的新生产物。本文分析了国内外应用型高等院校的教学特点,并从办学条件和办学目标、经济和社会转型,以及高校教师人才队伍的培养等方面分析了我国应用型工科院校的现状和面临的问题,最后提出了一些我国应用型高等工科院校改革和发展的思路。

关键词:应用型;高校;发展现状;改革发展

应用技术型高等教育是现代高等教育的重要组成部分。应用型高等院校在欧洲及我国台湾省称为应用科技大学,以培养应用型人才为教学目标,主要教授应用科学与技术。

1999 年第三次全国教育工作会议之后,在国家政策引导和满足国民对接受高等教育的需要的双重作用下,我国高等教育迎来了快速发展,办学规模急速扩大,完成了高等教育由精英化向大众化的转变。截至目前,中国已拥有世界上规模最大的基础教育和高等教育。

1 中外应用型工科院校的教学特点

相对于以学术研究为主要目标、专业设置齐全的综合型大学,国外应用科技大学专业设置较少,一般提供本科和硕士课程,少数学校有博士点,学校规模较之前者小得多。如德国的欧洲应用技术大学仅开设工业管理学、商贸管理学、农业经济学等十几个本科专业。

西方应用技术大学的教育特色是"双轨制"教学,重视在所开设的专业领域将理论与实践工作结合,使学生可以获得在实践领域的培养,完成多种实习课题,一般要通过国家专业协会的审查考试,如德国的工商会审查考试。

发达国家应用技术大学教育的一个重要的部分是学生在国外高校的学习,从而强化学生的两种外语能力,同时也增强学生的沟通联络能力。这种理论学习与实践结合的教学方法在培养企业人才方面起到了良好的作用。例如,世界著名汽车公司奥迪的创始人 August Horch 和火箭推进器发明者、GE 的副总裁 Gerhard Neumann 就毕业于德国米特韦达应用技术大学。西方应用技术大学的培养方式为西方各国建立发达的工业体系奠定了基础。

相对于西方应用科技大学,我国应用型高校历史较短,办学条件较差,教学思路尚不明确。我国高等教育办学规模急速扩大始于 1999 年第三次全国教育工作会议,根据教育部发展规划司统计,到 2013 年年底我国有 1170 所普通本科高校,其中地方本科高校达到 1058 所(含民办本科高校、独立学院),约占全国普通本科高校总数的 90.43%。高校招生规模和数量的迅速扩大,对于工科院校而言,客观上导致相当数量的原有本科院校的专业和办学失去了特色,学生的动手能力、职业技术能力都有所下降,而新建本科院校,办学条件不足,又缺乏办学历史和文化积累,难以培养出适合社会发展和企业需求的合格工程技术人员。由于高等教育的结构、人才培养的结构、人才培养的目标都与社会实际需求严重脱节,教育质量整体下降。鉴于此,教育部确定多达600多所的高校将向应用技术型、向职业教育型转型,即今后我国一半以上的高校将成为应用技术型高校。转型高校主要是二、三本院校,同时专科院校也会受到波及,部分一本院校也会受到影响。

2 我国应用型工科院校面临的问题

2.1 办学条件和办学目标

《国家中长期教育改革和发展规划纲要(2010—2020年)》指出,我国高等教育的发展方向是提高高校教学水平和创新能力,使若干高校和一批学科达到或接近世界一流水平,建设现代职业教育体系,推进产教融合、校企合作,优化学科专业布局和人才培养机制,鼓励具备条件的普通本科高校向应用型转变。

我国应用型工科院校在发展过程中,也均以发展应用型创新技术人才为培养目标,提倡卓越工程师的培养。然而,我国应用型工科院校并不具备类似以德国和北欧国家为代表的成熟的应用技术大学的办学经验。从国家教育主管部门到地方高校本身,都没有形成成熟有效的教育体系和资源支持。西方应用技术大学办学历史悠久,学校得到了社会和学生的认可,在行业或者地区形成很好的声誉,因此具备产、学、研结合的条件,能够做到高校和企业联系紧密,真正做到服务地区经济,并能够提出和实现教育终身化的目标。

我国现有应用型高校大多由新建本科院校和教育改革后的民办、独立学校等构成,起步晚、办学条件差、社会知名度低、缺乏公众吸引力、社会影响小,在我国高等教育体系中的地位与西方发达国家不可同日而语,因此仅能以促进就业为教学目标,培养创新性技术人才的目标只能停留在口号上。在应用型工科院校教学体系中最为核心的理论与实践相结合的教学模式,因为得不到企业认可,而难以实现。

2.2 经济和社会转型

根据我国"十三五"规划,转型将会是我国经济在未来很长一段时间的主题。随着经济的发展和工业化的深入,劳动力成本增加、环境压力等社会问题逐渐突显,原先占社会产业比重最大的第二产业,除了高新产业外,传统工业制造业将会萎缩,而对第三产业的需求越来越大;在人力资源方面,将会有越来越多的劳动力资源向服务业转移。

大多数劳动力资源服务于商业、财经、交通、卫生、娱乐、科研、教育和行政等工作将是今后的社会常态。

现代服务业等第三产业在社会经济结构中的比重将进一步加大,制造业由生产型向生产服务型转变,传统制造业,尤其是高耗能、高污染、产能严重过剩的产业将弱化,整个国家的社会经济结构将从商品生产经济转向服务型经济。

社会经济向消费服务型转型导致生产制造业对从业人员需求的萎缩,这将会对工科高等教育产生巨大影响。这种影响,对应用型工科院校尤甚,一些专业甚至高校面临生存危机。

同时,社会少子化与高龄化也会导致高等教育的生存危机。随着少子化状况的不断深入,学前教育、国家义务教育、高中教育和高等教育会渐次受到冲击。相对定位于高端教育人才培养、本科办学规模较小的研究型大学,以培养应用技术人才为目标的应用型高校,由于毕业生工作性质和未来的发展潜力受限,大众的接受程度降低,教育"供大于求"导致的高校生存危机不可避免。与大陆经济发展历程和高等教育发展历程类似的我国台湾地区,高等教育的生存危机业已出现。

2.3 人才队伍的培养

高校的发展目标,最终还是人才队伍的培养。为应对现代社会对人才知识领域的要求,几乎每个学校都希望为学生设置宽口径的课程教学体系,强调理论联系实际,理论和工程相互结合。参照西方国家工程应用人才的培养模式,许多高校甚至提出了为本科学生配置"双导师"的培养模式。

然而,现实的情况是,我国高校的师资培养正日益成为高校发展的瓶颈。无论是宽口径的课程体系,还是注重理论与工程相结合的教学模式,都需要经验丰富的师资队伍。对于应用型工科院校,对照教学目标,甚至需求从业教师具有丰富的工程经验。但我国高校自扩招以来,相对于在校学生数急剧扩大,在不断提高的教师准入标准下,高等院校师资增长极其有限,师生比例差距不断扩大。在教师资源相对稀缺的背景下,设置宽口径的课程,提倡理论与工程实际结合,也不可能达到预期效果。

虽然教学目标不同,但现今我国应用型高校仍采用和学术型高校类似的评聘体系,在评聘体系中,尤以科研和SCI论文为最重,具体量化指标为项目、科研获奖、教材、专利和论文。以培养应用技术人才为宗旨的高校,对绝大多数时间必须放在教学和实践上的教师,以高水平基础理论研究成果为晋升衡量标准,显然是不尽合理的。德国、北欧等应用技术大学办学水平较高的国家,并没有这样的评聘体系。因此,现行的高校评聘体系,客观上已经成为阻碍我国应用型高校人才培养的障碍。

3 我国应用型工科院校改革和发展的思考

3.1 从学校层面完善办学体系

针对社会发展形态和需求,从课程体系、课程内容、国际化教学等多方面为学生设置全面的人才成长长廊,建立完善的评学体系和适合的评教体系。无论是学术型高校还是应用型高校,均应培养具有领导力和创新精神的人才,人才培养应以兴趣为导向。

按照西方高等教育教学体系,学生和教师都应该有更大的自主性。信息技术的发展,慕课等教学方式的出现,已使教学资源大大丰富,极大地开阔了学生的求知领域。而我们的课程设置,大多以讲授式为主,小组讨论的方式很少,难以提起学生的学习兴趣。在短期内高校教师资源短缺无法改变的情况下,学生利用非校内教学资源学习是完全可行的,但需要将相关学习成果纳入学校教学的考核体系内。

3.2 完善和明确教师职能

以社会需求和学生需要为导向的应用型高校的办学体系,面对门槛越来越高的高校教师准入制度,如何利用有限的、相对固定的教师资源去满足多变的市场需求,是目前难以解决的问题。

根据应用型高校的工作职能和社会职能,应该将教师的工作分为科研、教学实践、服务社会和辅导学生等部分。几部分工作构成有机整体,教师可以根据自身的特长,承担不同的工作。改变现有教师评聘体系,使教师的晋升与自身工作有机结合。

3.3 行政职能的明确

在高校教师人才培养中,清晰界定在高校发展中管理部门和学术部门的权利,厘清学术权力和行政权力,通过结构和制度来保证高校人才资源可以相对自由地从事自己热爱的学术活动。同时,解决低效的官僚层级式的行政管理方式,提高行政管理能力,以服务而不是约束来支撑学校教学体系,确保教师学术活动的实现。

4 结 语

应用型工科高等院校是我国教育制度改革下的产物,其教学体系还很不完善。在经济和社会转型的趋势下,应用型工科高等院校面临重大挑战,需要建立与社会发展和学校发展目标相适应的教学体系。研究应用型工科高等院校的现状和教育改革,有助于提升应用型工科高等院校的办学水平。

参考文献

[1] 李杰,孙娜娜,李镇,等.德国应用技术大学的教学体系及其借鉴意义[J].北京理工大学学报(社会科学版),2008,10(3):104-107.

[2] 李明强,吴雯雯.国外应用技术大学办学经验对我国转型地方高校的启示[J].高等教育评论,2015,1(3):170-184.

[3] 高葛.借鉴德国应用技术大学办学经验,促进我国高校转型发展[J].大学教育,2015(8):9-10.

[4] 耿瑞光.台湾高等院校技职教育改革经验的研究——深化教学改革,提升高等教育质量[M].哈尔滨:黑龙江教育出版社,2015.

[5] 冯增俊.台湾高等教育的世纪回眸与前瞻[J].现代大学教育,2004(5):50-55.

基于"新工科"建设背景的能动类卓越工程科技人才培养机制探索*

黄兰芳，金滔，邱晗凌，俞自涛，王勤，周昊，徐象国

（浙江大学 能源工程学院）

摘要：在以服务国家发展战略和满足产业变革需求的我国高等教育新工科建设大背景下，以多年卓越工程师教育培养计划实施经验为基础，在培养目标、培养标准、培养模式、培养方法等方面进行优化与提升。打破学科壁垒，培养交叉复合型高素质人才；优化培养方案，构建"厚基础、重实践、强交叉、国际化"课程体系；创新培养模式，完善"四课堂融通式"育人机制；丰富教学手段，提高人才培养质量。良好的建设成效为能动类卓越工程科技人才培养新机制研究提供有益借鉴。

关键词：新工科；能动类；卓越工程师；培养机制

在我国推进实施的创新驱动发展、"中国制造2025"、"互联网＋"等国家重大发展战略的背景下，面向"新工科"建设的"复旦共识""天大行动""北京指南""交大篇章"等相继发布，标志着我国高等教育"新工科"建设时代的到来。"新工科"建设是当前社会发展与产业升级的必然要求，是提升国家未来竞争力、赢得全球市场竞争的重要途径，是深化高校工程教育范式改革、满足国家产业经济发展的现实需求，其主要目标可概述为"主动布局、设置和建设服务国家战略、满足产业需求、面向未来发展的工程学科与专业，培养造就一批具有创新创业能力、跨界整合能力、高素质的各类交叉复合型卓越工程科技人才"。

教育部教高〔2018〕3号文件《关于加快建设发展新工科，实施卓越工程师教育培养计划2.0的意见》明确，要紧紧围绕国家战略和区域发展需要，以新工科建设为重要抓手，持续深化工程教育改革，加快培养适应和引领新一轮科技革命和产业变革的卓越工程科技人才，促进我国从工程教育大国走向工程教育强国。与卓越工程师教育培养计划1.0相比，计划2.0更加注重产业需求导向、跨界交叉融合和支撑服务，更加注重工程教育新理念、新标准、新模式、新方法、新技术和新文化的探索。

浙江大学能源工程学院能源与环境系统工程、机械设计制造及其自动化（汽车工程方向）两个本科专业2009年入选首批教育部卓越工程师教育培养计划，实行独立成班、差异培养，每年招收当届本科生总人数的约20%，累计已培养毕业生200余人。根据卓越工程师教育培养计划2.0的实施意见，学院及时总结多年来卓越工程师教育培养计划的实施经验，提出在"新工科"建设背景下能动类卓越工程科技人才培养机制应在培养目标、培养标准、培养模式和培养方法四个方面进行系统性的优化与提升（见图1），以满足国家战略和产业升级发展对新时代卓越工程科技人才的需求。

---

* 基金项目：2017高等学校能源动力类新工科研究与实践重点项目（NDXGK2017Z－13）

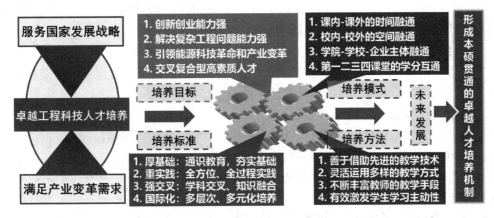

图1　能动类卓越工程科技人才培养机制与路径

1　打破学科壁垒，培养交叉复合型高素质人才

教育部教高〔2011〕1号文件《关于实施卓越工程师教育培养计划的若干意见》指出，要"培养造就一大批创新能力强，适应经济社会发展需要的高质量工程技术人才"。随着创新驱动发展、"互联网+"等国家重大发展战略的实施，以及能源产业的转型升级，"培养造就一大批创新创业能力强，能适应和引领新一轮能源科技革命和产业变革的交叉复合型卓越工程科技人才"已成为新形势下能动类专业卓越工程师人才培养的新目标。

紧密围绕浙江大学"德才兼备、全面发展、求是创新、追求卓越"的人才培养方针，能源工程学院经过多年酝酿与准备，与浙江大学荣誉学院（竺可桢学院）共同创建了智慧能源班，致力于培养造就基础宽厚，知识、能力、素质、人格并重，具有全球竞争力，适应能源互联网战略发展，具有信息技术和能源技术高度融合知识背景的高端领军人才和行业领导者。智慧能源班打破传统的学科壁垒，建立宽、专、交的多元知识结构体系，师资来源于能源、计算机、信息、控制、电气和数学等多个学科。

2　优化培养方案，构建"厚基础、重实践、强交叉、国际化"课程体系

自2010年首次实施卓越工程师教育培养计划

以来，学院一直坚持"择优遴选、单独成班、独立方案、个性培养"的原则。选拔学生时，考虑学生的后续规划，分为"深造"和"就业"两个模块招生，并根据学生的不同特点实行差异化、个性化培养。制定培养方案时，依据卓越工程师模块的目标实现矩阵，重点突出工程实践重要性，强调综合素质和知识能力并重，重构工程教育的系统性和实践性，主要通过强化校企联合课程、认识实习、生产实习、生产实践、毕业设计等实践教学环节，实现自主化、能力化、个性化的卓越工程技术人才的培养目标。

以培养服务国家发展战略和满足能源产业需求为导向的交叉复合型高素质人才为目标，以智慧能源班建设为契机，以浙江大学"四课堂制"①为基础，学院对原有卓越工程师计划培养方案进行大刀阔斧的整合与优化，培养重点由"综合工程素养和工程实践能力"转变为"创新创业能力和解决复杂工程问题能力"，构建"厚基础、重实践、强交叉、国际化"的课程体系。"厚基础"即开展通识教育，夯实学生的自然科学基础，强化学生的人文社科素养。"重实践"即将实践落脚于第一、二、三、四课堂，实现涵盖人才培养全过程、各环节的创新实践教育。"强交叉"即课程设置上注重学科交叉和知识融合，开设模块化交叉性课程及创新创业类课程。"国际化"即加强与海外高水平工程教育的有效衔接，在第一课堂引入海外教师主导的全英文课程或直接修读海外高水平课程，在第四课堂实现全员化的海外实习、实践或学位教育。

---

①　浙江大学自2016级起本科生培养实行"四课堂制"：第一课堂为课内学习；第二课堂为校内实践；第三课堂为社会实践；第四课堂为国际交流。

3 创新培养模式，完善"四课堂融通式"育人机制

落实"创新型、综合化、全周期"的工程教育理念，要求高校必须结合自身特点与优势，创新卓越人才培养模式。浙江大学"四课堂融通式"人才培养机制主要涵盖四个方面，即课内 - 课外的时间融通，校内 - 校外的空间融通，学院 - 学校 - 企业的主体融通，以及第一、二、三、四课堂的学分互通。

近年来，根据"整合资源、开环办学"原则，在学校、合作企业的大力支持下，学院在"四课堂融通式"人才培养方面进行了诸多有益的尝试与探索，取得了较好的成效，主要举措包括三个方面。

一是在浙大首创自主科研创新平台课程"科研实践"。打破传统实验实践教学体系中以课堂实验教学和实习设计类课程为主，缺乏自主科研创新实践教学培养环节的困局，充分整合和发挥 SRTP、国创省创、"挑战杯"和学科竞赛等多个科研训练平台的优势，打造以课堂教学与自主实践有机结合、共性培养与个性塑造有机结合、科研方法与实践训练有机结合为特色的自主科研创新实践教学平台课程"科研实践"（见图 2），从自主性、系统性和积极性三个方面全面提升学生的科研创新能力和水平，真正实现了课内 - 课外、课堂 - 实验室、第一课堂 - 第二课堂的有机融合。该课程自 2013 年启动以来，累计已开设 5 轮，选课学生超 1000 人。本科生自主科研创新实践教学参与率达 100%，还产生了一批工程背景强、实用性与创新性显著的科技作品。

二是完善校企协同育人机制。企业是学校人才培养过程的出口端，让企业深度、全方位参与学校的人才培养，能更好地使学校培养的人才满足产业变革需求和企业用人要求。近年来，学院与行业领军企业在基地建设、课程建设、队伍建设、科教协同等方面深度合作，实现课内 - 课外、校内 - 校外、第一课堂 - 第三课堂的有机融合。与企业共建 32 个本科生校外实践教学基地（其中 5 个被列为国家级工程实践教育中心），在常规集中实习的基础上，积极开展个性化的深度实习，学生的实践时空得以延伸。聘请了 60 余位高水平的企业工程技术人员担任兼职教师，建成校企联合课程 24 门，将企业先进的技术工艺和管理经验等引入课堂教学。为了贯彻《科教结合协同育人行动计划》（科发人教字〔2012〕120 号）文件精神，落实浙江大学"双一

流"建设关于科教协同人才培养的要求，与光大环境科技（中国）有限公司签订校企合作协议，联合建设本科生科教协同实践基地，实施科教协同科研训练项目计划，为学生直接参与企业科研开辟了新的通道。

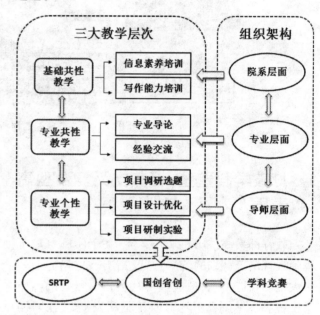

图 2 "科研实践"课程组织架构

三是深化工程教育国际交流与合作。在全球一体化趋势不断增强和"一带一路"国际合作的背景下，依托校、院两级在科研和教学等方面的国际合作基础，探索本科生国际化培养新路径，实现校内 - 海外、课内 - 课外、第一课堂 - 第四课堂的有机融合。依托国际联合研究中心等合作平台，邀请国外著名大学教授为卓越计划班的学生开设"能源系统的仿真原理"、"能源有机化学"、"学术表达与沟通"等全英文课程，让学生感受原味的国外高水平教学。设立校、院两级本科生海外交流专项资助基金，打造卓越工程师计划学生海外实习品牌项目，学生实习空间不断拓展，实习环节由企业实习为主转变为企业实习 + 海外实习并重的新模式，近五届卓越计划学生海外实习率保持 100%。依托浙江大学"海外一流学科伙伴计划"，与日本京都大学、瑞典皇家工学院等海外高校建立了常态化的本科生交流机制，同时积极探索本科交流与双硕士、双博士联合培养项目的无缝衔接新模式。探索与英、法工程师教育体系的有效衔接，引进世界最老牌工程师学会——英国机械工程师学会优质资源，成立其在浙江大学的学生分会，还与法国巴黎综合理工学院签订合作协议，开展"3 +2"本硕联合培养。

2019 年全国能源动力类专业教学改革研讨会论文集

4 丰富教学手段,提高人才培养质量

以服务国家发展战略和满足能源产业需求为导向的交叉复合型高素质人才培养,重点是要培养学生的创新创业能力和综合运用知识解决复杂工程问题的能力,这就要求教师要善于借助先进的教学技术,灵活运用多样的教学方式,不断丰富自己的教学手段,有效激发学生的学习兴趣和主动性,进而提高人才培养的质量。近年来,学院广大教师在教学改革研究和教学方式创新方面积极尝试,取得了良好的成效,以下仅举两个例子加以介绍。

一是借助虚拟现实技术,克服传统实习局限。由于电厂自动化程度越来越高、城市扩张导致电厂外迁等因素,传统电厂现场实习的局限性日益显现,面临高风险性、不可调控性、抽象性、学生管理复杂和经费开销大等问题。学院实验中心开发了基于虚拟现实技术的超低排放火力发电站虚拟仿真实验系统,构建了与真实电厂一致的内部环境,真实还原了电厂各个环节的运作,帮助学生全面了解超低排放火力发电站全局及子系统细节,获得机组实际运行的知识与操作技能。学生与仿真教学内容的实时交互,提高了实践教学的直观性和逼真性,有效弥补了传统现场实习的不足,累计受益学生1000余人次,开展企业人员培训近200人次。"超低排放火力发电站虚拟仿真实验教学项目"入选教育部2018年度国家虚拟仿真实验教学项目。

二是将STEAM理念引入课程教学,探索交叉学科课程的教学创新。STEAM是科学、技术、工程、艺术和数学等学科的交叉融合,徐象国副教授基于STEAM理念,在其所讲授的"能源与环境系统工程概论"课程中开展了大胆尝试与创新,与浙江理工大学艺术与设计学院合作开课,以项目设计的方式取代原本的考试环节,要求学生以团队合作的方式设计一个"百万立方"的小世界(项目规则:能源自给自足,能够维持100个人生活,允许自然界的物质流入流出这个世界,但要将对自然界的影响降到最低)。通过这种交叉融合,让工科的严谨计算得到更完美的呈现,也让艺术的跳跃潇洒得到工程理论的实际支持。该课程已成为浙江大学的"网红"课程,曾先后被央广网、新浪网、《浙江日报》等主流媒体报道。

5 展　望

为服务创新驱动发展和"中国制造2025"等国家发展战略,推进国家、区域经济社会发展和产业转型升级,培养造就更多高层次工程科技人才,在教育部和浙江省委省政府的支持下,2016年9月浙江大学工程师学院正式成立,主要开展研究生层次的工程师培养。紧密依托浙江大学高水平的综合办学优势,工程师学院坚持"政府主导、校企协同、复合交叉、国际合作",努力打造成为服务国家发展战略和产业转型升级的卓越工程科技人才培养基地和工程领域的产学研创新平台。近3年来,能源工程学院约有40%的卓越工程师计划学生进入工程师学院攻读专业学位硕士,卓越工程科技人才的培养得到了有效的延续。下一步,能源工程学院将继续深化与工程师学院的合作,积极探索卓越工程科技人才"本硕一贯"的培养模式,打造本硕贯通的卓越工程科技人才培养方案和课程体系。

参考文献

[1] 陆国栋."新工科"建设的五个突破与初步探索[J].中国大学教育,2017(5):38-40.

[2] 陆国栋,李拓宇.新工科建设与发展的路径思考[J].高等工程教育研究,2017(3):20-26.

[3] 林健.面向未来的中国新工科建设[J].清华大学教育研究,2017,38(2):26-34.

[4] 骆仲泱,王勤,岑可法,等.三位一体实践教学平台培养自主创新创业能源与动力拔尖人才[J].高等工程教育研究,2017(增刊):1-5.

[5] 王勤,黄兰芳,周昊,等.本科生自主创新科研实践教学平台的构建[J].高等工程教育研究,2017(增刊):120-123.

新工科背景下的新能源科学与工程专业
——哈佛大学工科教育在学科交叉方面的启示

杨晴[1]，王晓墨[1]，成晓北[1,2]，舒水明[1]，陈汉平[1,2]

（1. 华中科技大学 能源与动力工程学院；2. 华中科技大学 煤燃烧国家重点实验室）

摘要： 当前科技产业不断优化升级，工程类专业建设相对滞后。为深化工程教育改革，"新工科"的建设与发展应运而生。新能源科学与工程专业作为新兴专业，更是与快速发展的新能源产业存在发展速度的不匹配。本文通过对哈佛大学工科教育的分析，从学科交叉角度对新能源科学与工程专业建设进行了探索。针对新能源专业建设面临的困境以及"新工科"背景下的专业建设新要求，提出未来需要进行教师队伍和教学内容的深度整合来打破学科壁垒，同时还需要更灵活的机制来更好地满足学生和教师的需求，从而促进新能源专业更好地发展的观点。

关键词： 新工科；新能源科学与工程；学科交叉；专业建设

2017 年 2 月教育部发布了《教育部高等教育司关于开展新工科研究与实践的通知》，提出在新形势下要深化工程教育改革，促进"新工科"（Emerging Engineering Education）的建设与发展。未来新工科的建设与发展可以把主要内容归纳为"五个新"，即工程教育的新理念、学科专业的新结构、人才培养的新模式、教育教学的新质量和分类发展的新体系。在建设新工科背景下，通过对国外一流高校工科教育的分析，可为我国更好地建设新能源科学与工程专业提供参考。

近年来，全球科技产业不断优化升级，为促进提升新型工业的发展，众多国家相继提出了工程教育改革的一系列措施，如美国推出"先进制造业国家战略计划"，日本发布了"制造业白皮书"，德国提出"工业 4.0 战略实施建议"等。为深化工程教育改革，促进创新驱动发展，我国提出开展"新工科"的工程教育改革工作。相较于以前的工科，新工科具备了新的内涵，即以应对变化、塑造未来的新理念为指导，通过继承与创新、交叉与融合、协调与共享等新途径，培养多元化和创新性的卓越工程人才。

新能源科学与工程专业，作为一个新兴专业，主要为以可再生能源为代表的快速发展的新能源产业培养人才。作为 2010 年教育部批准设立的新专业，新能源科学与工程专业立足于国家发展规划，旨在培养风能、太阳能、生物质能等新能源领域的跨学科复合型人才，以满足国家新能源产业的专业人才需求。新能源科学与工程专业具有较为明显的多学科交叉的特点，涉及的基础学科面很广（包括热能、材料、生物、化学、物理等）。但目前在建设中尚存在一些问题，其中较显著的问题在于：国内大部分新能源专业的建设基于传统的能源学科，无论在课程设置还是在教学内容上，很难糅合其他学科的基础知识和研究进展，即较难真正地实现学科交叉，不符合新能源本身学科交叉的特点。在新工科背景下，如何更好地实现新能源科学与工程专业建设过程中的学科交叉，是一个关键的问题。

美国哈佛大学（Harvard University）是全球顶尖的大学，其工程与应用科学院（Engineering and Applied Science）于 2007 年设立，在工科教育领域享有良好的声誉，尤其在学科交叉方面进行过很多尝试，并拥有丰富的经验。本文通过对哈佛大学工科教育特点的分析及育人模式的探究，以期从学科交叉的角度，对新工科背景下我国新能源科学与工程专业的发展提供建设性的建议。

1 新能源专业建设情况

作为近几年批准开设的新专业，目前各个高校都对新能源科学与工程专业建设进行了有益的探索。依托学科优势及综合实力优势显著的能源与动力工程学院，华中科技大学新能源科学与工程专业在生物质能、太阳能、氢能与风能等领域拥有优质的师资力量和雄厚的科研实力。

为了培养新能源专业的跨学科复合型人才，基于学院多年的教学探索设计出了"通专结合、协调发展"的专业培养方案。将本科阶段分为三个部分，即3年基础专业通才教育、0.5年拓宽专业的分组教育和0.5年针对就业方向的个性化教育。允许学生自主选择专业分组，可跨学科选课，还可针对就业或考研情况进行二次专业选择；同时加强对外办学以拓宽学生的国际视野。但建设过程中也遇到了一些问题。如何在新工科背景下从学科交叉角度更好地建设新能源科学与工程专业，为国家的新能源产业输送优秀的高素质人才，是需要进一步探究的重要课题。

2 新能源专业建设的困境

2.1 教学内容

在实际的学生培养过程中，教学内容可划分为生物质能、太阳能、风能、地热能新能源系统计量与评价，新能源政策研究等，主要课程包括材料力学、理论力学、流体力学、工程热力学、工程传热学、机械原理、机械设计、模拟电子技术、数字电路、工程控制基础、工程测试技术、能源动力装置基础、动力工程计算机控制系统、生物质能、太阳能和风能等。在教学内容上主要借鉴其他相关专业的基础课程，缺少符合新能源专业特点的基础课，因此对于课程内容的整合和深化提升成为目前亟须解决的首要问题。

2.2 教师队伍

新能源科学与工程专业对学生的培养过程主要以能源学院的教师为授课主体；但新能源科学与工程专业作为典型的交叉学科，除能源领域外，在电力、自动化、材料、生物乃至管理等领域均有涉及，需综合利用学校多个学科专业的教师资源，培养合格的跨学科专业人才。

2.3 传统体制机制

作为交叉学科，新能源科学与工程专业需要多个学科方向的学者来任教，这在管理上受到了学校严格的院系行政体制机制的约束；且目前的教学体系树状阶层分枝构成，不利于新能源科学与工程专业网络化体系的构建，因此对现行的教育体制机制进行改革将能够促进该专业更好的发展。

3 哈佛大学工科建设情况和经验

美国的大学本科较为重视通识教育，研究生才以专业教育为主。在本科阶段主要让学生得到广泛基础的教育，来满足他们应对未来可能遇到的各种挑战的需求。本文通过对哈佛大学教育体系特点进行研究，以期对新工科背景下我国的新能源科学与工程专业建设提出有益的建议。

3.1 取消专业划分

哈佛大学在教育中存在一个特立独行的部分，即学位与专业脱钩，教学运作主体与单位灵活对应。在哈佛的各种对外资料之中，比较强调的是各种知识领域、应用领域，而不强调"专业"这个单位。在哈佛工学院的主页上也声明以后不再划分专业，取而代之的是"主修课程"（Concentration），主修课程包含了多个学科的课程，且会根据产业和市场的发展需求逐年调整。同时还设置了特殊主修，即若现有的主修课程无法满足学生的需求，学生可提交报告创建自己设计的主修课程计划，若完成该计划可得到学位。

3.2 打破学科壁垒

主修课程的设置包含了多个分支（Tracks），每个分支（不是专业）包含必修（也提供选择范围）和选修，且要求不同，所有课程由多个院系提供。主修课程的各种营运由运作委员会主导，而委员来自多专业领域；同时鼓励不同学科的老师共同开设一门课。这样通过不同领域的学者交叉教学，打破了学科壁垒，为交叉学科领域的学生培养奠定了坚实的基础。这种网络状教学体系，以及背后的多学科的运作委员会使得学科交叉和学科融合的学习和研究真正渗透到了本科生的基础教育中，且能及时根据学生的兴趣爱好和就业市场需求进行动态调整。

3.3 灵活的教学机制

与国内树状阶层分枝的教育行政体系不同，哈佛大学旨在构建灵活的网络化行政体系。而在哈佛任职、任教的学者，多科系合聘、多重任职的现象十分普遍。同时哈佛大学力图减少行政疆界，用多元的方式将学习与教学运作、知识体系、应用需求等进行搭配。

4 哈佛大学工科教育启示

（1）灵活机制，以需求为本。给高校更多的自主权，弱化专业限制，灵活设置专业；学位不以专业为限制，而以学生兴趣和就业市场为导向，灵活多变。

（2）多学科真正融合。新能源专业基础课和核心课可深入整合多个专业的交叉内容。

（3）打通全校的院系壁垒，让教师自由流通，动态归属。

5 结　语

在新工科背景下，给具有典型交叉学科特点的新能源科学与工程专业提出了更高的要求。作为新型专业，新能源专业目前也面临困境，在教学内容、教师队伍和传统体制上存在一些弊端。本文通过对美国哈佛大学工科教育进行分析探究，认为未来在新能源科学与工程专业建设上可以努力打破学科壁垒，乃至取消专业的划分，通过灵活的机制来满足学生和教师的需求，从而推动新能源科学与工程专业建设迈上新的台阶。

参考文献

[1] 李华,胡娜,游振声.新工科:形态、内涵与方向[J]. 高等工程教育研究,2017(4):16－19,57.

[2] 戴彬婷,夏建军,吴婷婷,等."新工科"理念下新能源科学与工程专业的课程体系研究[J].河北北方学院学报(社会科学版),2018,34(3):113－115.

[3] 陆国栋,李拓宇.新工科建设与发展的路径思考[J].高等工程教育研究,2017(3):20－26.

[4] 钟登华.新工科建设的内涵与行动[J].高等工程教育研究,2017(3):1－6.

基于 OBE 理念的生产实习双阶段多目标模式的研究 *

任建莉，徐璋，平传娟，杨臧健，韩龙

（浙江工业大学 机械工程学院）

摘要： 浙江工业大学机械工程学院能源与环境系统工程专业作为一个新建专业，积极响应国家教育政策调整，开展了一系列基于培养应用型技术人才的教学改革与研究。对传统的生产实习模式进行了改革，采取了以校外大型能源与环保企业为主要生产实习场所的方式；从时间进程上分为两个阶段：定点实习和参观实习；强化实习过程监控和实习质量管理，使该模式有利于提高教学质量和学生的综合素质，从而实现与 OBE 理念相统一的生产实习多目标要求。

关键词： OBE 理念；生产实习；双阶段；多目标模式

产出导向教育（Outcome Based Education，OBE）自 20 世纪 80 年代起在美国、加拿大、英国、澳大利亚等国家广泛应用，是国际工程教育认证标准《华盛顿协议》的核心内容。我国于 2013 年 6 月正式成为《华盛顿协议》的第 21 个预备成员国之后，产出导向教育得到了国内各高校尤其是地方高等工程院校的普遍重视。面对新形势，浙江工业大学机械工程学院能源与环境系统工程专业积极响应国家教育政策调整，开展了一系列基于培养应用型技术人才的教学改革与研究。

培养目标制定、培养目标实现及教学持续改进是 OBE 的 3 个核心。OBE 要求教育机构首先明确毕业生应达到的培养目标，然后建立培养目标与课程教学体系详细匹配的矩阵关系，并且注重教学持续改进。然而，传统的教育观念和教学模式难以与 OBE 要求相适应，客观上需要更加科学的教育理念和教学方法作为教学改革的有效支撑。产出导向教育 OBE 理念对现代工程教育所要达到的目标提出了系统和全面的大纲要求，并对理念的实施提出了全面指引。

*基金项目：浙江工业大学 2017 年度校级教学改革建设项目"基于 OBE 理念能源与环境系统工程专业生产实习的双阶段多目标模式的研究"

OBE理念不仅继承和发展了欧美20世纪90年代工程教育大改革的理念,更重要的是提出了系统的能力培养教学大纲,对工程教育应达到的能力目标做出了全面、系统和具体的表述。培养模式以产业需求为导向,教学内容和方法与产业发展同步,理论与实践相结合,以培养适应产业发展的合格的工程人才为目标。同时,培养模式应具有完整的能力评价体系,以保证培养质量。

浙江工业大学机械工程学院在2014年之前一直以招收能源与环境工程专业模块班的形式培养四年制本科生,能源与环境系统工程专业于2014年开始正式招收第一届本科生,本专业致力于培养具有工程科学基础、工程专业技术及管理等知识,具有分析问题、解决问题、组织管理、合作交流和自主学习的能力,具有创新意识、社会责任感、职业道德及人文素养,能在能源、动力、环保、石油、化工等相关领域从事设计、制造、开发和研究等工作,能解决复杂工程问题的工程技术人才。随着科技的不断进步,新技术、新企业不断出现,为了适应时代发展的需要,必须不断改革教学内容、课程体系、教学方法和教学手段,进一步探索和尽快完善教学体系。能源与环境系统工程专业(以下称能环专业)是典型的工科应用型专业,理论与实践的紧密结合显得尤为重要。引入OBE思想,以切实提高学生解决复杂工程问题的能力为宗旨,在认真总结以前能源与环境工程专业模块班学生实践环节经验的基础上,提出了适用于能环专业特色的"双阶段多目标"的生产实习新模式。

1 生产实习新模式教学改革的目标

能环专业的实践教学环节包括实验、实习、课程设计和毕业设计等多个环节,是教学体系中的重要组成部分,对培养学生的专业素养与创新能力起着不可替代的作用,而实习环节又是实践教学中尤为重要的一步,故加强实习实践教育,对于培养新时代应用型技术人才具有举足轻重的意义,在提高学生分析问题、解决复杂工程问题的能力等方面有着不可替代的重要作用。

针对这种情况,能源与环境系统工程专业对传统的生产实习模式进行了改革,其改革目标主要有以下3点:

目标一:基于OBE理念,将生产实习作为联系专业基础课程与专业课程、毕业设计等环节的纽带,作为激发学生对专业热爱的重要途径之一,通过生产实习,使学生熟悉本专业主要的研究内容,掌握典型的实际操作技能,为下阶段的专业课程学习、毕业设计及将来的工作打下坚实的基础。

目标二:帮助学生最终完成所学知识的意义建构。意义建构是教学过程的最终目标。在实习过程中帮助学生建构意义就是要帮助学生对当前学习的内容所反映的事物的性质、规律,以及该事物与其他事物之间的内在联系达到较深刻的理解,从而提高解决复杂工程问题的能力。

目标三:对能源与环境系统工程专业来讲,生产实习过程是较能体现专业特色的一个环节,通过这次生产实习的教学改革和研究项目,总结如何使能环专业具有鲜明的"能源"与"环境"两大特色,怎样使学生真正成为社会所需要的特色人才。要不断加强对特色教育的思考与总结,积累生产实习与特色教育的经验,保持对特色教育和人才培养的持续改革动力。

2 生产实习新模式教学改革的具体探索

适用于能环专业特色的"双阶段多目标"的生产实习新模式主要以校外大型能源与环保企业为生产实习场所,从时间进程上分为强化实习过程监控和实习质量管理两个阶段,使该模式有利于提高教学质量和学生的综合素质,从而实现与OBE理念相统一的生产实习多目标要求,改革探索主要从以下4个方面入手:

2.1 利用产学研渠道与企事业单位建立战略合作关系,保障实习基地建设

新形势下,应考虑如何去构建一种使企业、高校及学生三方通过生产实习都能受益的新的教学模式及相互关系。一般来说,并非企业完全不愿意接受生产实习的学生,关键是如何找准双方的接合点,使校企双方都能从中受益。

学生能离开课堂走到生产实际中去,对学生是一个难得的提高感官认识的机会,也是给学生对毕业后的工作去向提供一种思路,所以学校对实习基地的选择应该慎重,一流的企业不仅能提供给学生全面的锻炼机会,而且能大大提高学生学习的动力和对专业的热爱。学校与企业应该建立密切的联系,使双方的合作能达到学校发展、企业发展、毕业生发展三方共赢的目的。通过这种良性循环建立

友好的互惠互利合作关系,企业能够为自己培养人才,学生能够获得更多、更好的实习机会。

目前能源与动力工程研究所选取了多家校外大型能源与环保企业,通过企业调研、聘请企业导师等方式让企业参与专业培养方案的制订,这样培养的学生能更好地适应企业的用人标准。校企合作是大学教育培养模式的转变,学校为社会培养实用型人才,符合社会对人才的需求。目前选择的企业有中国石化镇海炼油化工股份有限公司、浙江特富锅炉有限公司、萧山绿能垃圾发电厂、杭州杭联热电有限公司、杭州市天然气有限公司和杭州大江东能源有限公司等10余家企业,并与之签订了教学基地合作协议,同时每年还在新增更多的协作企业,使之成为生产实习基地。

2.2 转变师生思想观念,激发学生内部动机

环境建构主义认为,知识不是通过教师的传授得到的,而是学习者在一定的情境即社会文化背景下,借助获取知识过程的其他人的帮助,如人与人之间的协作、交流、利用必要的信息等,通过意义的建构而获得的。因此,建构学习理论认为"情境""协作""会话"和"意义建构"是学习环境中的四大要素。学习环境的情境必须有利于学习者对所学内容的意义建构。在实习中,现场能够提供实际情境所具有的生动性和丰富性,学生被置于一个有真实意义的问题解决活动的情境中,关键是要引导学生从具体的情境中激发学习的内驱力,引发学生思考,进而提出问题,这样学生才会产生去分析、理解和解决问题的需要,对知识的自主建构就自然而然地开始了。

激发学生对生产实习的兴趣要从下列方面做努力:一是在平时专业教学或创新活动中有意识地引入实习企业的项目或校企合作项目,理论联系实际,增加学生对实习企业项目或产品的兴趣;二是将专业实践环节的设计题目与实习紧密联系起来,能环专业具有能源与环境两个特色鲜明,专业实践环节的题目主要涉及能源与环保装备或工艺,让学生带着任务去实习,激发学习动力;三是适当宣传实习企业或与实习企业同类的企业,从就业的角度促使学生去关注企业,从而重视实习。

另外,实习过程中将学生分成若干实习小组,"协作"和"会话"主要通过实习小组实现,小组成员进行协商、讨论,在共享集体思维成果的基础上达到对当前所学知识比较全面、正确的理解,最终完成所学知识的意义建构。教师的精力主要放在如

何教学生在实习中学习,促使学生学会学习,懂得从哪里获取自己所需的信息。

2.3 保持专业特色目标,坚持专业特色探索

要保障能源与环境两大特色教育效果,实习计划的制订是关键。在实习计划制订过程中,无论是讲授、参观、试验、室内作业,都要将特色教育的理念体现在其中,并根据实习要求,适当调整专业特色领域知识的教授比例,强化学生在特色领域的知识体系和动手能力,使之在特色领域内具备独立或组织完成相关内容的能力。

特色人才培养模式不同于常规人才培养模式,在特色方向和领域必须有所倾斜,而生产实习作为人才培养的关键环节,应将特色教育始终贯穿其中。因此在生产实习的教学目标必须与特色人才培养目标保持高度一致,这样才能使生产实习环节成为特色教育的核心过程,进而有效支撑特色人才培养。

2.4 完善生产实习的考核机制

建立严格的实习过程监控制度。生产实习过程的监控是保证实习质量的重要手段,要严把质量关。实习考核主要分成3部分,分别是学生参与程度和认真程度、实习过程中的综合表现及实习报告(包括实习日志)。实习教师要和学生一起,随时进行现场指导、提问、检查等,及时发现、解决学生在实习中存在的问题,做到对学生的实时监控,及时反馈学生的实习动态,加强过程考核来鞭策学生,及早发现问题并解决问题,同时也给予学生弥补机会。总之,要加强生产实习的全面管理,把生产实习制度化、科学化、规范化,保证实习的顺利进行。

3 双阶段、多目标生产实习计划的安排和实现

从目前业已完成的2014届、2015届能环专业本科生的生产实习来看,主要按照两个阶段进行分配。第一阶段主要针对能源行业中最重要的石油化工行业展开实习安排,选择了大型石油化工企业——中国石化镇海炼油化工股份有限公司,实习内容有:安全教育;加氢裂化装置;常减压装置;乙烯裂解装置;炼油三部、四部、烯烃部等部门各装置环节的实习。

这个阶段的实习目标主要针对如乙烯裂解、石油加氢裂化等化工过程展开。裂解反应是指石油烃类原料在高温条件下发生碳链断裂或脱氢反应,

生成烯烃和其他产物的过程。反应目的以生产乙烯、丙烯为主,同时还副产丁烯、丁二烯等烯烃和裂解汽油、柴油、燃料油等产品。加氢裂化,是石油炼制过程中在较高的压力和温度下,氢气经催化剂作用使重质油发生加氢、裂化和异构化反应,转化为轻质油(汽油、煤油、柴油或催化裂化、裂解制烯烃的原料)的加工过程。

第二阶段的实习,分别选择了浙江特富锅炉有限公司、萧山绿能垃圾发电厂、杭州杭联热电有限公司、杭州市天然气有限公司和杭州大江东能源有限公司等5家企业为主要生产实习基地。在这5家生产实习单位生产实习的目标在于,对锅炉生产和

制造各环节、垃圾分类和垃圾发电过程、区域性热电联产、集中供热环保设备与工艺、天然气输配与应用设备与工艺、冷热电联供技术、热泵技术应用能源设备与工艺等能源支柱产业的工艺流程进行深层次认识和认知。

如图1所示,下面以杭联热电有限公司循环流化床(Circulating Fluid Bed,CFB)烟气深度治理工程参观实习为例,来说明基于OBE理念切实培养和提高学生解决复杂工程问题能力的实习范例。该实习流程中每一步都分别对应了生产实习教学大纲中的各毕业要求点,旨在明确目标,有的放矢。

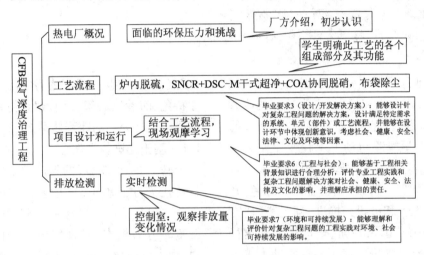

图1 CFB烟气深度治理工程参观实习流程

4 结　语

生产实习是高等学校专业培养方案中最重要的实践性教学环节,是提高学生综合应用所学知识解决实际问题、提高实际工作能力的重要手段,是学校实现培养应用型技术人才目标的重要途径。能环专业的培养目标是培养应用型工程技术人才,要确保大学生专业应用能力的培养和综合素质的切实提升,必须切实提高专业实践环节的教学质量。实习过程完成后,将从多层次、多角度强化学生对实际生产的认知,弥补原有生产实习模式单一与呆板的缺点,使生产实习具有更高的灵活性、针对性,符合基于OBE理念的专业培养目标的要求,最终提高实习质量。能环专业实习教学改革伴随着校企合作发展长效机制的构建,在新形势下必然会走出一条新路子,有效地保障应用型技术人才培养目标的实现。

参考文献

[1] 成卓韦,吴石金,陈建孟. OBE理念下"3-3-3"融合的新型培养模式——地方高校环境工程专业人才培养体系构建与实践[J].浙江工业大学学报(社会科学版),2016,15(4):452-458.

[2] 顾佩华,胡文龙,林鹏,等.基于"学习产出"(OBE)的工程教育模式[J].高等工程教育研究,2014(1):27-37.

[3] 韩龙,任建莉,平传娟,等.基于BOPPPS理念的工程专业课教学改革探析[J].浙江工业大学学报(社会科学版),2017,16(1):103-107.

[4] 蒋小强,田雪丽.产学深度融教的改革与实践:以建筑环境与能源应用工程专业为例[C]//"工程教育范式变革"国际研讨会暨第十二届科教发展战略研讨会论文集,2017:29-36.

[5] 姚嘉凌,闵永军.高校生产实习模式改革的思考和探索[J].中国大学教学,2007(3):81-82.

[6] 张先勇,冯进,汪建华.CDIO理念下机械专业生产实习改革研究与探讨[J].中国电力教育,2011(28):139-140.

新工科背景下基于"绿色舰艇"理念的教学改革与实践

李钰洁，刘永葆，贺星，余又红

（海军工程大学 动力工程学院）

摘要： 海军工程大学动力工程学院能源与动力工程专业首次提出"绿色舰艇"理念，通过构建军队特色教学，在教学内容、教学模式及考核方式方面进行了改革探索，提出了网络课堂先导学习、"联教－联训－联考"的特色教学模式，建立了"多样化"实验教学平台，全面提高了学生参与实践教学活动的积极性，增强了实践教学效果，提升了实践教学层次，突出了新型人才培养的目标，实现了实践教学与理论教学的协调发展。

关键词： 绿色舰艇；网络课堂；联教－联训－联考

我国经济的迅猛发展带动了中国社会、政治、文化各个领域的快速变化和发展，也为教育的改革创新提出了新的课题，掀起了"新工科"改革研究的热潮。海军工程大学能源与动力工程专业作为军队高等教育院校培养舰艇机电动力领域技术军官的主要平台，在认真贯彻国家"创新、协调、绿色、开放、共享"的发展理念，积极投入推进"新工科"研究建设的实践中，努力从国家视角、全球视野和遂行我军未来作战使命出发，研究海军能源与动力工程专业人才培养的核心目标，提出专业改革发展的新思路和新方案，探索能源与动力工程专业改造升级的实施路径。

海军作为国际化兵种，随着远洋护航、出国访问等国际化任务的增多，对舰艇动力能源利用和排放提出了越来越多的新要求。目前舰艇动力性能的提升主要以满足推进动力需求为主要目标，但在舰艇主动力设备及辅助设备产生的能量满足舰艇强劲推进动力的同时，并没有充分考虑舰艇能源配置的综合管理和排放的要求，舰艇能源没有得到高效的利用。鉴于此，本校能源与动力工程专业首次提出"绿色舰艇"概念，即通过对舰艇能源的综合管理，以舰艇动力为根本，实现舰艇能量的高效利用，培养出既能保障舰艇平台强劲推进动力，又能从能量管理角度优化分配全舰能源资源的技术军官。

1 更新教学内容，突出专业特色

在传统的能源动力人才培养基础上，优化原"舰艇动力工程"专业的教学内容，在教学理念、专业特色、前沿发展等方面，建设海军"绿色舰艇"所需要的更加完善的课程体系。

1.1 基于先进教学理念

基于"绿色舰艇"的先进教学理念，不仅使学生具备扎实的能源动力专业基础知识，而且注重使学生建立起基于整个舰艇平台的"舰艇大能源观"，以舰艇动力为根本，实现舰艇平台的动力机械与电力、动力机械与制热、动力机械与制冷、主动力机械与全船辅助机械，以及舰艇中存在的其他各种设备能量的综合管理和高效利用，培养出既能保障舰艇平台强劲推进动力，又能从能量管理角度优化分配全舰能源资源的军官，培养出新时期舰艇能源与动力专业领域需要的创新型、复合型人才。

1.2 构建军队特色教学

能源与动力工程专业的人才培养以海军工程大学"动力工程及工程热物理"一级学科博士学位授权点为依托，与部队、工厂和科研院所等单位都有长期稳定的合作关系，为学生实践和岗位锻炼提供了坚实保障。

一方面，学校相关专业之间互教互学，互通互融；另一方面，学校接收建设单位人员培训，建设单位接收院校实习，以此方式形成紧密合作关系，重点开展针对舰艇能源综合利用的"联教－联训－联考"工作，采用多种形式、邀请多类人员进行授课，经常邀请机关和部队专家来校对创新型交叉学科进行授课交流，启发学生的创新意识。在科研前沿、工程应用、装备管理等方面，通过邀请科研院所的专家学者讲授研究经验,邀请部队干部讲授装备的科学使用管理,邀请工厂专家讲授动力设备的工程设计及生产实践,结合本校的 106 驱逐舰、513 护卫舰等舰艇动力实装,为本专业教学提供实战化教学平台,为能源与动力工程专业的升级改造提供有力支撑,形成了学校 - 部队 - 工厂 - 科研院所全面合作的特色教学模式,让学生不仅了解到研究领域的最前沿发展,而且对专业领域装备管理与使用有更加清晰的认识。

2 改革教学模式,提高授课效果

构建现代热力学分析与舰艇能源联合循环利用相结合的新方法、新理念,拓展原"舰艇动力工程"学科专业的知识体系,在授课方式、实验建设方面,开创"传统动力课程" + "能源综合利用"的创新型教学模式。

2.1 建设网络课堂

吸收舰艇动力领域最新的理论和科研成果,在军网上开设舰艇能源综合管理与利用的精品资源网站。利用移动互联网,围绕传统能源与动力工程专业课程,开设叶轮机械微课堂、燃气轮机气动热力学等微课、慕课课程,针对现有课程要么只是讲述理论,要么只是单纯地进行 CFD 软件培训这一局面,将基本理论、先进技术及数值实践结合起来,形成一体化的课程,让学生在本课程学习完成后,不仅具备较为完备的理论知识,而且具有创新素养和动手实践能力。在课程的设置上基本分为 3 大块:高等气动热力学理论、先进燃气轮机气动热力学技术、CFD 计算实践。除了讲述基本理论之外,还设置研讨、答疑和在线互动等教学方法。同时,针对学生对知识点的把握、问题的统计分析,在基本课程体系建设之外,及时补充相关信息资源,并做好教学资料的更新和补充,特别是针对研究生的研究的先进性即创新需求,及时将最新研究成果补充到网络课程中。

通过移动互联网络实现各模块功能的开发与运用,同时通过网络资源的共享,进一步建设利用好移动式教育资源,提高资源利用率。通过移动互联网络资源与课程资源的有效整合,初步形成移动式教与学的混合式教学模式,培养学生的自主学习能力。在课程建设中,课程教学录像录制时,根据知识点一段一段地进行录制,突出研究生教学重点,在提供包括全面、丰富的微型课程录像在内的

系列化课程资源满足他们的学习需求的同时,还侧重燃气轮机气动热力学里面的关键技术,如流体控制方程组的积分形式和微分形式的转化、适合 CFD 使用的控制方程、自适应网格、数值耗散、色散及人工黏性等问题,此外均有总结该课程的内容的标题,以便学生及时搜索到所需学习的内容,弥补课堂中对教学重点内容的忽视。由于各段课程视频很短,学生可以充分利用闲暇时间展开学习,极大地提高了学生的学习动力。

2.2 建设实验教学平台

目前在学生培养中实践教学机会较少,导致学生动手实践能力不足,没有在实践中发现问题、思考问题和解决问题的机会。基于此,建设了多个实验教学平台,极大地提高了学生的参与度,加强了课程的实践教学能力。采用"传统动力专业实验课 + 能源综合利用"的教学模式,开设创新性实验平台,培养学生具备扎实动力专业知识的同时,着重在能源的集成管理与控制方面进行教学,重点建设与舰艇能源管理相适应的先进实验教学系统,包括微型发电用燃气轮机联合循环实验台、跨音速风洞试验平台、舰船燃气轮机压气机性能综合实验平台、舰艇燃气轮机燃烧组织实验平台等。

2.2.1 微型发电用燃气轮机联合循环实验台

实验台主要由 100 kW 微燃机主机、回热器、启动电机、发电机、传动齿轮箱等主体部分组成。除回热器外的燃机系统主体部分在静音箱体内,并被安装在撬装底座上。箱体上方安装带有过滤器的方形进气口,侧面安装带有消音和保温功能的排气段管路,如图 1 所示,通过在主机排气管路加装三通和盲板来实现简单循环和回热循环两种不同运行模式之间的切换,开展冷热电三联供,通过这种方式实现能源的阶梯利用,提高整个系统的能源综合利用率。

2.2.2 跨音速风洞试验平台

跨音速风洞试验平台主要包括气源系统、跨音速风洞系统、气动热力学参数测量系统、风洞控制系统等。该试验平台可初步涵盖跨音速燃气轮机气动热力性能的各项试验内容,具备微观内流场测试和重构、外流场模化试验的功能,建立跨音速燃气轮机气动热力学性能、气动稳定性性能、"结构 - 流场 - 性能 - 控制"等多学科多物理场的试验能力,为高气动性能和长寿命燃气轮机的设计优化、性能分析、寿命预测打下技术基础。该试验平台为舰艇燃气动力专业本科、任职培训课程实践教学提供实验

条件保障,可为能源与动力工程专业的人才培养提供较好的试验基础平台,为学校相关院系提供开放、共享、合作的跨音速气动热力技术试验平台。

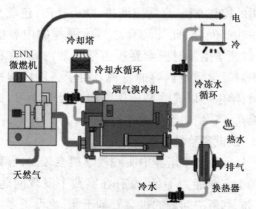

图1 微型发电用燃气轮机联合循环实验台

2.2.3 舰船燃气轮机压气机性能综合实验平台

针对能源与动力工程专业本科学历教育和研究生教育培养在舰船动力专业实践教学方面的需求,建设了舰船用燃气轮机压气机性能综合实验平台,如图2所示。

图2 舰船燃气轮机压气机性能综合实验平台

实验平台由调速电机、变速箱、压气机试验段、进排气段和移动式节气门、底座等组成,通流部分为2.5级叶栅,额定工况流量 7 kg/s,最大转速 9000 r/min。在进气段装有进口气流畸变模拟装置,同时装有流量测量参数传感器,用于测量稳态的流量,尾部装有流量调节节气门装置,用于调节压气机的流量值,并设有快速防喘机构。进气段、排气段可以与压气机试验段分离,以便于快速地更换试件和安装测量装置。各试验段采用模块化设计和连接,便于开展"压气机特性"和"低工况性能改进"等综合性试验。实验平台的搭建为叶轮机械、燃气轮机结构与强度、燃气轮机监测与控制、燃气轮机气动热力学等课程实验提供了教学保障,为新型舰艇燃气轮机性能研究优化改进提供了实践场所与设备。通过实验,一方面,使学生掌握叶轮机械的基本结构形式、运行性能与调节控制,掌握舰船流体机械性能测试、流动测试、设计与仿真实验的基本方法,提高学生的动手操作能力;另一方面叶轮机械综合实验课程要成为本科生对专业仪器、实验操作、专业软件操作、数据分析等基本功训练的综合主战场。同时,实验课程将实验教学上升到工程思维与理念训练的高度,作为创新型人才培养的一种不可或缺的手段。

2.3 "虚""实"结合

在教学过程中,指导研究生及本科生针对叶轮机械知识点概念抽象、流动复杂的问题,增加虚拟教学实验,与真实实验相辅助。其中,一部分通过模拟计算得到压气机、燃烧室、涡轮等内部流动细节,以及压气机和涡轮的二次流动动画,将抽象的概念原理与叶轮机械内复杂的流动过程形象地表达出来,在锻炼学生计算分析能力的同时,使学生对概念原理和流程的理解更清晰透彻;另一部分引导学生自行设计叶型并仿真验证,对不同的叶栅模型进行虚拟气动测试。通过这种结合方式,降低了学生在真实实验中操作带来的风险,同时也弥补了实验设备的不足,促进了知识的转化与拓展,加深了学生对设备结构工作原理、性能特点等知识的理解。

3 更新考核方式,建立科学考评机制

一般的课程考核成绩主要由期末考试和平时考勤决定,但是这种评价方式无法全面评价学生对课程学习的掌握程度,另外从创新型实践人才培养的角度看,更应突出学生在学习过程中的协作能力与创新能力。

3.1 开放型考核模式

对于专业基础类课程,应对照相应专业教学质量国家标准和岗位任职需求,注重与通用基础类课

程和专业课程的衔接,培养学生专业素质,重点考核学生研究探索能力,为专业课学习奠定基础;对于专业类课程,应重点考核学生对专业知识、专业理论的掌握情况,以及综合运用知识解决本专业、岗位实际问题的能力;对于实践性较强的课程和环节,应注重贴近实战、实装和部队岗位,营造实战化训练环境氛围,根据军事训练大纲要求,重点考查学生的应用能力和实际操作能力,以胜任未来岗位。比如舰用燃气轮机装置课程设置了新的考核方式,以充分重视学生的协作创新能力水平,逐渐淡化和降低期末考试评分权重。在新的考核方式总成绩构成中,平时考勤成绩占比10%;实践过程成绩占比30%,主要考核学生的协作和灵活操作能力;学生参与实验活动部分的创新能力占比20%。

3.2 过程性考核

合理的成绩评定方式既是公平体现学生学习的付出,也是客观评价教学质量的指标。在对学生的综合评价考核设计中,增添过程性考核机制。以叶轮机械课程考核为例,考核评价包括过程性考核和终结性考核两部分,过程性考核包括1次原理实验、1次课中测试、1次研讨考核和平时作业成绩,共

占总成绩的40%;终结性考核采取闭卷笔试形式。通过课程学习过程中的过程性考核方式,突出强化学生的主体地位,可以采取灵活多样的考核形式和方法,充分调动学生的学习积极性和主动性,强调对学习过程中的学习状况和阶段性学习成果的考核。通过这种方式,引导教师不断更新教学理念,改革教学内容和方式,强化对学生过程学习的深度指导,加强师生交流,激发学生学习热情,使教师真正成为学生学习的引导者。

4 结 语

海军工程大学动力工程学院能源与动力工程专业在教学内容、教学模式及考核方式方面进行了改革探索,提出了"绿色舰艇"理念,通过构建军队特色教学模式,提出了网络课堂先导学习、"联教 – 联训 – 联考"的特色教学模式,建立了"多样化"实验教学平台,全面提高了学生参与实践教学活动的积极性,增强了实践教学效果,提升了实践教学层次,突出了新型人才培养的目标,实现了实践教学与理论教学的协调发展。

发挥学科优势助推新能源专业教学改革*

乔芬

(江苏大学 能源与动力工程学院)

摘要:结合新形势下"新工科"建设的要求和新能源科学工程专业的发展态势,本文探讨了新能源专业的特点及教学中存在的主要问题,对交叉性强和专业知识体系复杂的专业课程的教学方法和实践方式进行了初步改革和探索,从而实现培养未来新兴产业所需的"新工科"人才的目标。

关键词:新工科;新能源;教学改革;人才培养

随着世界经济快速发展和人口急剧增长,能源短缺和环境污染两大问题日渐严重,促使新能源的开发与利用成为世界各国关注的焦点。2010年,我国也将新能源、节能环保、新一代信息技术、生物、高端装备制造、新材料和新能源汽车七个产业确定

为战略性新兴产业。相应地,为适应国家战略需求,以新工科建设助力人才培养,一个多学科交叉、覆盖面广泛的新能源科学与工程专业应运而生。自教育部大力提倡"新工科"建设以来,全国高校围绕如何改造传统工科专业和培养新工科人才进行

* 基金项目:国家自然科学基金(51406069);中国博士后科学基金第九批特别资助项目(2016T90426);中国博士后科学基金面上项目(2015M581733);江苏省博士后科研助计划(1501107B);江苏大学青年骨干教师培养工程项目(2014 年);江苏高校品牌专业建设工程一期项目(PPZY2015A029)

了很多探讨。在"新工科"形势下,培养学生的创新能力无疑成为新能源科学与工程专业教育的重要使命,而这些又取决于该专业创新教育和实践教育,需要摒弃现有的传统教育观念,以需求作为导向,培养学生的创新思维和能力。本文针对该专业特点,为实现符合"新工科"本专业实际应用和科研需求的专业培养目标,对教学方法和实践方式进行了初步探索。

1　专业课程教学现状

江苏大学是首批获得教育部审批通过筹建新能源科学与工程专业的 11 所高校之一。新能源科学与工程专业设立于 2010 年,作为国家教育部第一批战略性新兴产业专业,依托江苏大学能源与动力工程学院省重点实验室及教学科研平台,以现有课程体系和培养方案为基础,已形成太阳能、生物质能两大主题方向。目前该专业存在以下教学现状,亟须改善以满足"新工科"建设的需求。

1.1　领域跨度大

新能源科学与工程作为多学科交叉的专业,涉及物理、材料、化学、工程热物理、流体力学、电气、机械等方面知识,其所包含的知识体系不仅要求学生掌握各个学科的基础理论知识,还要全面了解能源科学的概况及所面临的问题。因此,针对多学科交叉、覆盖面广的新能源交叉专业,不能一味地采用传统工科的教学方式和学生培养模式,应响应新工科的培养要求,在教学过程中及时补充新兴行业知识,在全面系统地讲授基础知识的同时,突出行业特色,避免博而不精。

1.2　知识更新快

新能源的开发利用作为一项新兴技术,其相关知识的更新速度非常快,除了基本的工作原理以外,新兴材料仍处于开发研究阶段,而教材上的知识均是传统和成熟的基础理论,不能完全涵盖本行业的当前发展态势。

1.3　缺乏实践锻炼

传统的新能源科学与工程专业的教学方式主要是课堂讲授,由于缺乏实践锻炼,学生对于所学的内容并没有直观的认识,因此很难全面掌握所学的专业知识。尤其是在新工科的形势下,学生不仅需要掌握新能源方面的专业知识,也要具有扎实的工科基础。

2　本专业教学改革中的思考与探索

2.1　发挥学科优势,合理设置特色课程

江苏大学在新能源专业设置方面,依托学校动力与工程热物理优质学科的雄厚基础,结合在新能源利用开发和人才培养方面所积累的教学经验,确定了太阳能和生物质能两大主题课程,并围绕主题课程开设了一系列核心课程,主要包括工程热力学、传热学、流体力学、光热与光伏原理、生物质能利用原理、半导体物理、新能源材料、燃料电池、太阳能发电技术等,突显出该专业教学重点和新工科人才培养特色,使学生有所选择、有所侧重地对学习内容进行消化吸收,实现博而精的高质量"新工科"人才培养。

2.2　更新知识储备,激发学习兴趣

在教学过程中坚持"以'新工科'需求为主导,以学生为主体"的教学理念,任课教师除了把握本行业的基础知识外,还要及时更新行业动态信息及技术知识储备,及时向学生介绍最新的行业知识,为培养符合新工科需求的人才积极探索。结合教学内容和现代化教学设备,激发学生对专业领域新技术的探索兴趣,采用课题教学与实际案例分析相结合的讲授方式强化学生对理论知识的理解。

2.3　联合实践教学,完善创新教育

新能源科学与工程作为新兴的工科专业,为更快更好地促进经济社会发展,江苏大学着重培养学生的动手实践能力,完善实践教学,在实践中提高学生的创新能力。江苏大学依托本校学科专业和相关研究机构,积极与地方进行产学研合作,如为发挥校地最大协同创新互动效应,2018 年江苏大学与泰州市合作筹建"江苏大学泰州新能源研究院",以新工科为引领,以产业化应用研究为主导,重点针对太阳能光伏发电、新能源装备开展相关研究,鼓励材料、化学、环境等技术在新能源领域的应用研究,为本专业学生提供了非常好的实践机会和创新教育平台。另外,鼓励学生积极参加"星光杯"、节能减排、机械创新设计等大赛,培养学生的批判性思维、创造性思维与动手能力等,为新能源领域就业或继续深造奠定基础。

3　总　结

新能源科学与工程作为新兴专业,应以培养从

事新能源研发与生产的技术性人才为目标,在不断进行教学实践探索的基础上实现对学生创新能力的培养,以满足"新工科"建设的需要。除了完善传统的教学方式及培养模式外,学校还应充分发挥学科优势,以产学研合作等形式,助力新能源科学与工程专业建设,培养适合"新工科"需求的创新型人才。

参考文献

[1]　刘法谦,郭志岩,张乾.新能源材料课程的教学探讨[J].教育教学论坛,2015(29):132 – 133.

[2]　张春友,赵华洋.新能源教学改革的几点思考[J].内蒙古民族大学学报(自然科学版),2014,29:405 – 406.

[3]　元勇军,钟家松,陈大钦.新能源材料课程教学模式探讨与思考[J].教育教学论坛,2016(22):180 – 182.

[4]　乔芬,杨健,徐谦,等.构建兴趣为导向的自主学习培养模式[J].创新教育研究,2017,5(2):192 – 197.

[5]　乔芬.新能源科学与工程专业实验安全教学模式的探讨[J].创新教育研究,2017,5(5):425 – 429.

面向"新工科"建设的新能源类教学体系改革实践

孙杰

（西安交通大学 化学工程与技术学院）

摘要: 为了将课堂教学与工程实践接轨,将先进工程理念、经验及工具引入课程教学,构建面向"新工科"建设的新能源类教学体系。针对西安交通大学过程装备与控制工程专业,具体开展了基于新能源系统的教学体系改革实践。通过调查问卷方式对教学改革效果进行了评估,统计结果表明学生对此次教学改革的支持度与满意度分别达到了81%与99%,充分证明了本次教学改革实践获得成功。

关键词: 新工科;人才培养;实践教学;新能源

进入 21 世纪后,全球范围内掀起的新一轮工程技术创新和产业变革浪潮推动了新一代新能源、信息技术、智能制造等重要产业领域和前沿方向的革命性突破。我国也相应提出了创新驱动发展、"一带一路"、"中国制造 2025"、"互联网＋"等一系列国家重大战略(倡议)。同时,面对新的国际工业与经济发展形势对工程教育的需求和挑战,我国众多高校于 2017 年 2 月达成了发展"新工科"的"复旦共识":以产业需求为导向,并基于为新经济发展服务的宗旨,紧跟新工业革命的需求,设置和发展一批新兴工科专业,培养一大批面向未来的新工科人才,为推动我国产业发展和国际竞争提供强有力的人才支持。

新工科建设就是要根据国家战略目标和任务的需要,主动布局、设置、建设和发展相关新工科专业,服务国家战略需求和产业发展需求。而面向"新工科"建设的工程教育改革,则是要主动采取以创新创业教育为引领,把培养创新创业的思维和能力作为改革目标。

1 教学体系现状

目前,我国工程教育规模位居世界第一,然而不得不面对的一个现实是:我国虽是工程人才培养大国,却不是工程人才培养强国,关键在于人才培养质量难以满足国民经济发展需求。究其原因,我国高校在培养高素质工程技术人才方面存在一些问题亟待解决,如教学内容陈旧,重理论、轻实践,重知识传授、轻能力培养,与工程实际脱节、缺少启发性和创新性等。由于相当一部分的工科学生在毕业后会进入工程设计、建设或运营单位进行相关技术性工作,因而极有必要使本科生在校园学习期间及早接触工程项目的设计、建设及运行相关知识。这不仅是我国工科学生面对就业时提升自身竞争力的重要知识储备，更是我国工科实践教育服务于国民经济建设的重要体现和实际意义。

近年来，由于国家层面对环境污染问题日益关注，我国能源结构面临重大调整趋势，新能源利用方式逐步展现出了巨大的发展前景，许多高校在已有能源动力类课程的基础之上增加或增设了新能源类相关内容或课程。由于新能源利用方式有着与传统能源截然不同的特征，其设计、建设及运行方面均与传统能源系统存在较大差异。因而，如何一方面将教学实践与工程实际接轨，充分提高工科学生解决工程实际问题的能力，从而构建新的工程实践教育体系；另一方面分析和借鉴国外先进新能源工程设计理念、经验与工具，并通过实践环节将其引入课程教学，从而构建新的教学体系，是面向"新工科"建设的新能源类教学体系改革的重点。

2 新教学体系的构建

2.1 指导思想

（1）提高学生培养质量

采用将具体新能源系统工程辅助工具（SAM）引入授课过程的教学形式，提高学生学习兴趣。授课过程中穿插学生与工程师的讨论环节，强化学生的参与感与实际能力培养，使学生对自己未来的职业生涯有全面的了解，增加自己的职业忠诚度。

（2）提高教师的教学质量和成就感

学生兴趣的增加会提高学生的学习质量，也会大大增加教师对自己教学的满意程度和成就感。另外，教师通过对比工程师与自己教学、科研经验的方式、方法的不同，取长补短，可以进一步提高自己的教学能力和水平。

（3）提高用人单位对学生培养的认可度

一方面，邀请相关用人单位的一线工程师走进课堂，参与学生培养，增加用人单位对学生的认识和了解；另一方面，培养学生的实践能力和工程能力，缩短学生到企业的适应时间，提高用人单位对学生培养方式的认可度。

2.2 体系构建

根据前述的教学改革思路，给出相应的具体实施举措。整体举措按照时间顺序依次为授课环节、实践环节、讨论环节及总结环节。以下逐一详述之。

（1）授课环节

教师以大四课程"前沿技术讲座"为依托，开展针对太阳能技术的授课内容设计、教学手段和教学方法的探索，在教学过程中穿插引入国际主流工程辅助设计工具的介绍，从而激发学生学习兴趣，进一步提高授课环节效果。

（2）实践环节

邀请中国电力工程顾问集团西北电力设计院有限公司具有丰富实践经验的工程师现身说法，结合工程案例对学生进行 SAM 实践培训。培训过程中，一方面注重实用性经验与技巧的传授，另一方面穿插工程师亲身参与的实际工程项目的案例介绍，以提高学生对于实际工程项目设计过程的认识与理解（见图 1a）。

（3）讨论环节

由任课教师作为主持人，组织一线工程师与学生进行经验交流与讨论，通过工程师与学生的交流与讨论进一步开拓学生思考问题的思路和提高学生解决问题的能力。同时，组织一线工程师与一线教师进行科研与工程经验交流与讨论，给年轻教师提供机会让其接触工程一线人员，深入了解工程实际经验，从而避免教学过程中脱离工程实际的问题，也为一线教学人员的综合素质提升提供机会（见图 1b）。

(a) 一线工程师讲解新能源系统辅助设计工具

(b) 任课教师主持工程师与学生之间的交流与讨论环节

图 1 教学体系改革实践照片

（4）总结环节

任课教师基于对学生发放调查问卷的形式对

2019 年全国能源动力类专业教学改革研讨会论文集

一个完整的教学改革实践周期进行效果评价。根据评价结果,一方面获得了宝贵的经验用于进一步推广,另一方面也总结出不足进而在二次实践过程中加以改进。

上述 4 个环节构成一个有机循环整体,是本项目面向"新工科"建设背景下所提出的教学体系改革的具体举措,明确了实施过程中各个环节的具体内容和侧重点,具有很强的可操作性。

3 新教学体系的实践效果

本次教学体系改革的实践效果主要通过匿名调查问卷的形式进行检验。调查对象为 2014 级和 2015 级过程装备与控制工程专业本科生,共收到有效问卷 74 份。对于问卷中的主要问题的答案进行统计分析,统计结果如图 2 所示。

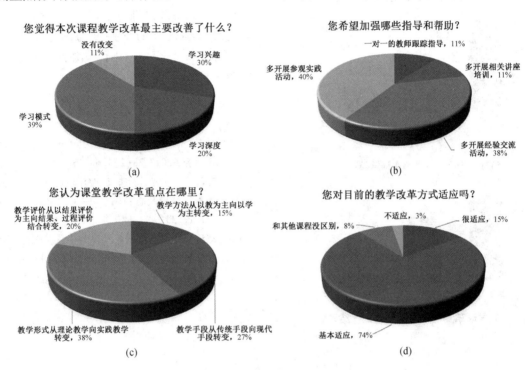

图 2 调查问卷统计结果

在本次教学改革对于传统模式的改善方面:89% 的学生认为本次教学改革使课堂教学效果相对于以往有所改善,其中认为"学习模式"改善的学生最多,达到 39%,其后分别为"学习兴趣"(30%)与"学习深度"(20%),仅有 11% 的学生认为"没有改变"(见图 2a)。上述统计结果表明:本次教学改革对于学生学习模式与学习兴趣的改善最大,这也正是本次教学改革的初衷,即改进课堂教学模式从而激发学生学习兴趣。

在加强指导和帮助方面:认为应"多开展参观实践活动"的学生占 40%,认为应"多开展经验交流活动"的学生占 38%,选择这两项的学生合计占据了绝对多数,达到了 78%。另外,认为应"多开展相关讲座培训"和"一对一教师跟踪指导"的学生均为 11%(见图 2b)。上述统计结果表明:学生对于实践经验类的指导和帮助最为渴望,这也正是本次教学改革的目标,即通过实践环节将实际工程理念、经

验及工具引入课程教学,使学生及早接触工程实际,理论与实践相结合从而提升自身综合能力。

在课堂教学改革重点方面:认为应是"教学形式从理论教学向实践教学转变"的学生最多,达到 38%,其后依次为"教学手段从传统手段向现代手段转变"(27%)、"教学评价从以结果评价为主向以结果过程评价结合转变"(20%)、"教学方法从以教为主向以学为主转变"(15%)(见图 2c)。上述统计结果表明:学生对于实践教学的期望最大,其次为教学手段的改进,表现了目前课堂教学在工程实践方面的明显不足,这也正是本次教学改革所针对的问题。

在本次教学改革的适应程度方面:感觉"基本适应"与"很适应"的学生分别为 74% 与 15%,二者合计为 89%,占据了绝对多数(见图 2d)。上述统计结果表明:本次教学改革所采取的具体形式完全能够让学生接受,也证明了所制定的指导思想和具

体实施方案的合理性与正确性。

另外,为了更为直观地对本次教学改革的成效进行评估,特别针对学生对本次教学改革的支持度与满意度进行了调查,统计结果表明:学生对本次教学改革的支持度与满意度分别达到了81%与99%(见图3),这一结果充分证明了本次教学改革得到了学生的高度支持和肯定,确实获得了成功。

您支持目前进行的教学改革吗?

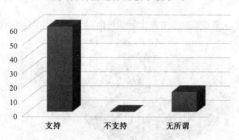

您对目前的教学改革效果满意吗?

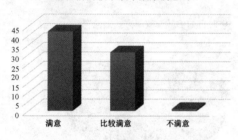

图3　教学改革支持度与满意度统计结果

4　结　语

为了将教学实践与工程实际接轨,充分提高工科学生解决工程实际问题的能力,通过实践环节将先进工程理念、经验及工具引入课程教学过程中,从而构建面向"新工科"建设的新能源类教学体系。具体开展了课堂教学改革实践,并通过调查问卷方式对教学改革效果进行了评估,统计结果表明学生对此次教学改革的支持度与满意度分别达到了81%与99%,充分证明了本次教学改革实践获得成功。

参考文献

[1] 林健. 面向未来的中国新工科建设[J]. 清华大学教育研究, 2017,38(2):26-35.

[2] 姜晓坤, 朱泓, 李志义. 面向新工业革命的新工科人才素质结构及培养[J]. 中国大学教学, 2017(12):13-17,23.

[3] 郑庆华. 以创新创业教育为引领　创建"新工科"教育模式[J]. 中国大学教学, 2017(12):8-12.

新工科背景下传热学课程改革探索与实践*
——MATLAB 在传热学例题中的应用

楚化强, 周勇, 陈光, 杨筱静

(安徽工业大学 能源与环境学院)

摘要: 传热学在科学技术的各个领域中都有十分广泛的应用。在新工科背景下,作为能源与动力专业主干基础课程,学生在掌握传热学课程相关公式原理的同时,需要深化传热学实践应用,提升形象认识。笔者在授课过程中,探索利用 MATLAB 软件对课程中例题进行虚拟实验模拟,强化了学生对传热学基本知识的掌握,加强了学生自发学习探索的积极性,提高了学生的综合能力,从而有效提升了教学质量。

关键词: 传热学;MATLAB;课程探索

*基金项目:高等学校能源动力类专业教育学改革项目(NDJZW2016Y-1,NDXGK2017Y-30);"六卓越一拔尖"卓越人才培养创新项目"能源与动力工程卓越工程师教育培养计划"

18世纪30年代,以英国为首的工业革命推动了生产力的迅速发展,而生产力的进步为自然科学的进步开辟了广阔的道路。传热学这一门学科就是在这种大背景下发展起来的。传热学是研究由温差引起的热能传递规律的科学。由于传热学在科学技术领域中的广泛应用,它已成为许多工科专业的一门基础技术课程。以能源与动力工程专业为例,传热学作为能源与动力专业四大基础课程之一,不仅为今后课程打下理论基础,而且课程本身涉及的一些基本概念、原理和分析方法对于培养学生分析问题和解决问题的能力也十分重要。与大多数课程一样,传统的传热学教学中存在着如下问题:(1)教学目标过于侧重知识传授,而忽视学生能力的培养;(2)教学内容多以学科体系为线索,内容过于理论化,很难与工程实际紧密结合;(3)教学方法多以教师为中心的讲授式,忽视学生在教学中的主体作用。学生对于传热学的理解往往比较浅显生疏,仅依靠课堂教学和少数操作实验很难使学生熟练掌握并应用传热学中的基本公式和定律。在新工科背景下,必须要改变这种纸上学问,加大对学生实践能力的培养力度。

为此,笔者从传热学课中的例题出发,利用MATLAB软件开展课程虚拟实践教学,意在推进MATLAB融入传热学课程教学,并以其仿真可视化实验模拟演示加强学生对传热学的认识和理解,力求探索新型传热学课程教学模式,激发学生学习主动性,提高学生对概念与方法的综合应用能力,提升教学质量。

1 课程探索设计

1.1 思路设计

本课程探索设计路线如下:

理论教学:在传统技术教学上优化更替;

虚拟实验教学:授课教师课堂演示模拟实验 + 学生课后自选例题模拟实践(待学生自主创造后,通过授课公布实践操作教程)。

1.2 MATLAB 模拟演示实验方案设计

教师准备讲授内容(传热学理论知识点教程 + MATLAB 模拟实验教程)—理论教学(30%)—由理论引出其在现实中的应用—实例分析—应用MAT-LAB 实验教学—完成剩余理论教学(为提高学生积极性,可重复上述过程,亦可邀请学生参与演示,或划分小组进行演示)—留下其余习题作为选题供学

生自主进行 MATLAB 演示—授课教师审阅课后作业后发布视频教程,反馈教学质量—章节教学结束。

1.3 例题演示

以第二章中例题 2-1 为例,为使学生形象地认识保温材料对导热量的影响,笔者在授课过程中应用 MATLAB 程序进行演示,学生可通过图中二维码扫描识别程序代码,然后得到如图 1 所示的结果。通过图像分析它们之间的关系,从而加深学生对热量传递的理解,激发学习兴趣和科研乐趣。

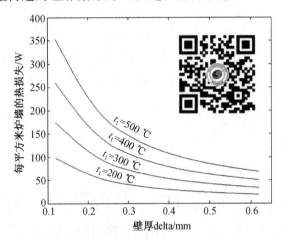

图 1　例题 2-1 结果及程序二维码所示

学生可以通过改变初始条件获得更多的结果,加深对不同材料热导率的形象认识。更多例题可参考笔者编著的教材(《Matlab 在传热学例题中的应用》,合肥工业大学出版社,2019)。

2 课程反馈与评估

新工科背景下传热学课程教学,立足于传统式教学基础,旨在探索出适合学生"自主性"学习方案,改变长久以来传热学课程教学偏离实际、学生被动灌输等不足。整个方案的实施过程充满着对过去的改进以及对未来的探索,因此,对于新型教学方案的反馈与评估至关重要。关于反馈与评估的具体方式,笔者在此总结出以下几点:

(1)学生课后自主实践反馈:根据本文设计方案,鼓励并引导学生课后自选例题利用 MATLAB 进行仿真实验,实践后采取抽样方式收集实验模拟操作可行性、实用性反馈;

(2)授课教师教学模拟演示反馈:根据本文设计方案,在授课教师完成模拟演示之后可采取问卷调查或现场评议等方式反馈教学实践成果;

(3)期末学生结课评价:作为课程结课标准的

一部分,综合评价全学期理论课程教学及实验模拟教学过程,提出参考意见;

(4)授课教师分析评估:在授课教师之间开展交流论坛,评估新型教学方式实施以来学生学习兴趣、积极性的变化,同时对比分析传统教学与新型教学,针对学生有选择性地优化教学方案。

3 结 语

传热学课程结合 MATLAB 软件实现计算机虚拟多样化教学,优化传统教学模式、突破时间与空间的限制、培养学生自主创新意识、节省部分工科专业实验经费,为传热学课程教学提供了保障。

参考文献

[1] 杨世铭,陶文铨. 传热学[M]. 北京:高等教育出版社,2006.

[2] 陶文铨,何雅玲. 境外大学工科专业热工类课程的设置[J]. 高等工程教育,2000(增刊):93-97.

[3] 刘彦丰,高正阳,李斌,等. 传热学课程研究性教学的探索与实践[J]. 中国电力教育,2014(36):120-121.

[4] 楚化强,高辉辉,顾明言,等. Matlab 在传热学课程教学中的应用研究[J]. 安徽工业大学学报(社科版),2017,34(1):73-75.

[5] 楚化强,蒋瀚涛,汪雪梅,等. 传热学课程中黑体辐射五大定律关系阐述分析[J]. 创新教育研究,2019,7(2):138-144.

构建基于优质平台群的四层次创新人才培养实践教学体系,助力能源动力类专业"新工科"建设 *

叶晓明,陈刚,成晓北,舒水明,王晓墨,兰秋华

(华中科技大学 能源与动力工程学院)

摘要: 高等教育体现了一个国家的发展水平与综合实力,更标志着一个国家未来的发展潜力。如何提高高等教育质量,满足新时期人才需求一直是社会关注的热点。我校能源学院针对能源动力类专业特点,结合自身优势,开展了一系列实践教学体系改革与创新。构建了多层次优质实践教学平台群,实现教育资源多元化;创建了四层次实践教学模式,强化学生创新能力培养;建立了多层次开放共享机制,实现教育资源效益最大化。与此同时,对照"一流学科"建设目标与自身特点,重构了高水平实践教学内容;引入激励机制,激发教师教学热情。经上述改革与实践,最终构建了基于优质平台群的四层次创新人才培养实践教学体系。经多年实践检验,效果良好。本研究成果为新世纪创新型人才培养提供了有力保障,也为能源动力类专业"新工科"建设提供了一条思路。

关键词: 高等工程教育;实践教学体系;优质平台群;四层次实践教学模式;开放共享;改革与实践

高等教育是一个国家发展水平及综合实力的真实体现,更是一个国家未来发展潜力的重要标志。"科学技术是第一生产力",当前先进科学技术的迅猛发展在世界范围内掀起了新一轮科技革命与产业变革的狂潮。工程教育与产业发展之间存在着比以往更为紧密的联系,两者相互依存,相互促进,共同发展。目前,我国经济发展步入了新常态,高等教育也将迈入新阶段、新模式。"大业欲

* 基金项目:教育部高等学校能源动力类专业教育教学改革项目(NDJZW2016Y-23);华中科技大学教学研究项目(2016011);湖北省教学研究项目(2014059)

成,人才为重",国家一系列重大战略的实施,产业的转型、升级与转换,国际竞争力和国家硬实力的提升,都亟须一大批多样化、创新型卓越工程技术人才。在此背景下,"新工科"建设的提出顺应了时代发展潮流,势在必行。

1 教学理念与培养目标

能源动力类专业面向国家能源战略需求,涉及大型装备、核心装备及复杂装备,是一个实践性、综合性很强的学科,对学生的实际动手能力、创新能力均提出了较高要求。随着我国对高校本科教育质量的日益重视,如何培养满足社会发展所需的创新型人才是当前全国各高校及教育研究者持续讨论与关注的热点问题。

根据学校"学生、学者与学术的大学"的教育思想,"育人为本、创新是魂、责任以行"的办学理念,以及"一流教学、一流本科"的建设目标,我校能源与动力工程学院针对能源动力类专业特点,以学生为中心,以培养一流拔尖人才为核心,以国际化高水平实践教学内容建设为重心,提出了"提升学生思想和学术境界,激发学生高度学科专业兴趣爱好,知识、能力与素质同步培养"这一教学理念。结合自身优势,依托所承担的 4 项国家级,11 项省部级和 25 项校级教改项目的改革实践,采用调查研究、研讨、分析对比、继承创新、整合建设、实践检验、评估改进等研究方法,分别从实践教育资源、实践教学模式及实践教学管理制度等方面开展了一系列改革与实践,构建了系统和先进的基于优质平台群的四层次创新人才培养实践教学体系,将培养学生的学习能力、实践能力与创新能力作为人才培养目标,为"新工科"人才培养提供必要的保障。

2 改革举措与内容

2.1 构建多层次优质实践教学平台群,教学科研平台一体化,丰富教学资源,实现教育资源多元化

采取分层次整合的方法,构建了高质量的多层次平台群,包括中美清洁能源联合研究中心、中欧清洁与可再生能源学院等 7 个国际化平台;煤燃烧国家重点实验室、国家级工程实践教育中心等 12 个国家级平台;能源动力装置节能减排教育部工程研究中心、湖北省高等学校能源与动力工程实验教学示范中心等 5 个省部级平台;校级虚拟仿真实验教学中心、能源与动力工程实验教学中心等 23 个校级平台,以及 17 个企业共建实习基地。将上述平台全部纳入实践教学体系,实行对本科实践教学全开放,实现教学科研一体化,有效地将科研资源转化为教育资源,实现教育资源多元化,从根本上解决了实践教育资源单一、技术水平落后、数量不足等共性问题。上述平台群的架构如图 1 所示,利用该平台群多元化优质教学资源,积极组织学生进行实践教学活动,为创新型人才培养提供有力支撑,为能源动力学科多专业之间的融会贯通提供了高水平、高质量的实践条件。

2.2 创建符合人才培养规律的四层次实践教学模式,提升学生学习兴趣与动力,激发其创新能力

创建了与课程体系相配套、适应能源动力类学科高素质、创新型人才培养的四层次实践教学模式。即根据实践教学特点,分类分层建立起"厚实的基础实验—宽口径的技术基础实验—教学科研相结合的专业实验—个性化的创新实验"这一符合人才培养规律的新型实践教学模式,促使在人才培养过程中所涉及的基础实验、技术基础实验、专业实验与创新型实验内容全面、比例协调、承上启下、衔接合理、运作有效。通过实践环节的改革、实验实践内容的调整、实践项目的科学整合,最终构建了与能源动力类学科课程体系和课程内容相融合的"基础认知型、基础设计型、专业综合型、研究创新型"四层次实践教学模式,内容如表 1 所示。

所创建的四层次实践教学模式构架如图 2 所示,具体包括:

第一层次,即基础认知层次。对一年级学生,除了开展基础认知实践教学外,还安排了对一流高水平科研平台的接触与认识,以及 16 学时小班(每班 15 名学生以下)学科基础引论教授研讨课和知名教授专题讲座。在教授引领及高水平平台激发下,增加学生对本学科专业的兴趣,增强学习动力与热情。

第二层次,即基础设计层次。结合由各专业教授主讲的学科(专业)导论课程,通过与机械大平台课程与实践环节结合、学院内多学科教学平台的交叉实践,重点拓宽学生的知识面、开阔学生的眼界,引导学生选择专业方向。

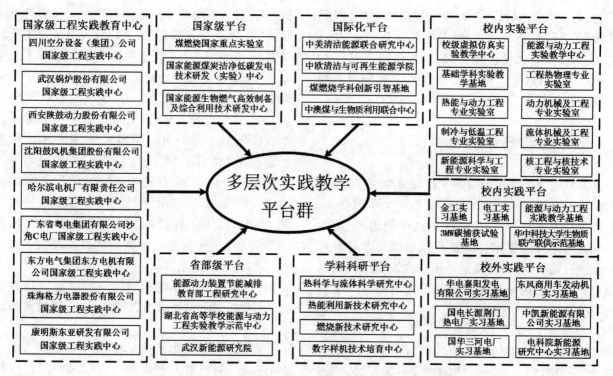

图1 国际化、国家级、省部级、校内外多层次实践教学平台群

表1 能源动力学科四层次实践教学模式构成

层次	实践平台	面向对象	实践内容	培养要求
第一层次	基础认知型平台	大一下:全校学生共享	基地参观认知	专业兴趣培养
		大二:机械大类多学科共享	电工、金工	分析、动手能力
第二层次	基础设计型平台	大三上:机械大类多学科共享	热工学实验平台	实验、设计能力
		大三下:能源学科多专业共享	能源动力装置基础拆装实践平台	动手、操作能力
第三层次	专业综合型平台	大三暑期(校内生产实习):能源学科多专业共享	工业流程及设备模拟和仿真机	操作、运行、解决问题的能力
		大三暑期(校外生产实习):能源学科多专业共享	校企合作,企业实习	分析、运行、解决问题的能力
		大四上:能源学科多专业共享	专业实验平台	分析、判断、解决问题的能力
第四层次	研究创新型平台	大四下:能源学科多专业共享	专业研究创新平台	研发与创新能力

第三层次,即专业综合实践层次。与专业基础结合,在上课过程中穿插进入校内实习基地实习,进入拆装基地拆装。通过一人一题的专业核心课程的课程设计,着重强化专业知识综合运用能力的培养。合理组织专业实验小组,由教师和研究生助教同时指导。

第四层次,即研究创新层次。为了让学生更早地得到教师指导,更好地认识和利用优质平台群,安排了历时一个半学期,一人一题的毕业设计。让学生有更多时间在教师的指导下,在高水平实践教学平台群内开展研究、实验与实践创新活动。

此外,通过大学生创新创业活动、二课活动及特优生、免试推荐研究生进基地等措施,强化实践与创新训练,大幅度提高了学生的实践与创新能力。

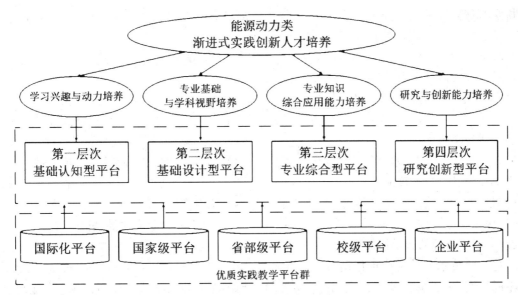

图2 四层次实践教学模式

2.3 建立了多层次教育资源开放共享机制,提高了教育资源利用率,实现效益最大化

学院制定了相关教学管理办法与条例,实行教育资源统一管理与调配,实现教育资源的开放共享。平台群的多层次开放共享包括学院内各专业之间实行的院内开放共享,学校内机械大类相关院系之间实行的校内开放共享,兄弟院校相关专业开放实现的校际开放共享,利用暑期访学与学术交流实现的国际开放共享。平台群曾接待了荷兰DELFT大学30多名本科学生为期4周的与本校学生一对一的实践教学活动,获得了来访师生的一致好评。上述开放共享机制的实施,为院内、校内、国内及国际师生间的深层次交流提供了机会。通过实行教育资源的开放共享,提高了教育资源的覆盖面与利用率,实现了效益的最大化。

2.4 传承与更新相结合,参照一流大学课程与自身特色相结合,建设和更新实践教学内容,提升实践教学水平

根据学科发展需要,以培养学生实践与创新能力为核心,不断总结与完善实践教学内容,开展了对美国麻省理工学院、清华大学等30多所国内外一流大学相关专业在人才培养与教学体系方面的调研,分析了国内外关于教育思想、理念、改革、建设、规划设计和学时学分分配等方面的现状与差异。通过传承与更新相结合的方法,按照国际一流标准,不断提升实践教学内容的完整性、实践教学技术水平的先进性,从而形成具有鲜明专业特色、面向现代教育的实践教学内容。补充更新后的实践教学内容去掉了过时、落后的部分,传承了科学部

分,加入了现代科技成果部分,有效地增强了实践教学内容的先进性与技术性,具体包括:

(1)调整了实践教学的类型结构

重点提升了设计型、综合型、研究型实验的比例,并为创新型实验提供了空间,使演示型、验证型、设计型、综合型、研究型、创新型实验的结构科学化和现代化。

(2)合理规划和系统组织实验内容

根据现代科技发展、现代工业技术进步和现代人才培养需求,引入一批先进的实验教学内容,对落后的传统实验进行改造和更替,使得实验教学内容现代、全面、精炼,具有特色的独立性、良好的关联性、灵便的综合性。此外,按照教学规律重组和集成一部分相关的分散实验项目,实现了课内实验的整合,开设了一批相对独立的实验课程,以适应学分制改革的实施。

学院能源动力类专业总学分已从200降至159.5,但实践环节的比重反而得到了加强。在调研国内外一流大学的基础上,采用比较分析实践教学内容完整性与技术先进性的方法,围绕2门专业基础课程、6门独立的专业实验课程、30门专业课程及12门选修课程的实践教学需要,投入建设经费800多万元,新建实践教学平台60多台套,改造实验教学平台115台套,新建虚拟实践教学平台8大系统、100多个虚拟仿真终端,总建设与更新实践教学内容达100多项。

2.5 教学管理体系和运行机制改革

改革了与教学不相适应的管理体系和运行机制,探索和实践结构合理、职能健全、运作高效、资

源共享的科学管理体系,具体措施包括:

(1)制定了一整套实践教学管理文件,从制度上保障实践教学质量。

(2)针对现代实践教学和实验室建设需求,建立了一支以实验技术人员为基础,以任课教师和工程技术人员为骨干,以责任教授为主导,结构合理、保障有力的实践教学团队。

(3)提升师资队伍水平,健全各种激励机制,完善教师教学奖励体系,激发教师教学热情,辐射形成教师热爱教学的良好氛围。组建教授为核心的教师团队,积极从事教学工作,不断积累教学改革经验,极大地激发了教师的教学积极性。

(4)实行实验技术人员岗位责任制,设定了不同岗位的不同职责,采取按需设岗、竞争上岗,要求各负其责,各尽所能,忠于职守,保证实验教学正常开展。

(5)整合教学实验资源,在分散保管、责任到人的基础上,实现了教学实验资源的统一管理、调配、资源共享,提高了仪器设备的完好率和利用率。

3 建设成效与应用

本教学改革为培养和提高学生的动手能力、创新能力提供了组织保障、基础条件和实践平台。本教改的实施焕发了实践教学的活力,激发了学生的学习热情、求知欲望和探索精神,巩固了知识,培养了能力,综合素质整体提升明显。本教学改革已在本学院内推广应用多年,效果良好。

3.1 学生能力与素质的提升

自本成果应用以来,学生参加国家节能减排大赛获奖总数居全国高校前列(见表2),保研、录研和出国深造的人数保持较高比例(见表3),学生出国交流 3 个月以上的比例位居本学科全国前茅,60% 以上本科生参加各类科技创新活动并获奖(见表4)。从上述数据可以看出,学生创新能力和综合素质显著提升。

表2 2012—2017 年本科生参加全国大学生"节能减排"大赛获奖情况统计

年度	2012	2013	2014	2015	2016	2017
全国大学生"节能减排"大赛	特等奖 1 项 二等奖 3 项 三等奖 4 项	特等奖 1 项 一等奖 1 项 二等奖 3 项 三等奖 3 项	特等奖 1 项 一等奖 2 项 三等奖 3 项	特等奖 1 项 一等奖 2 项 三等奖 1 项	一等奖 1 项 二等奖 1 项 三等奖 2 项	一等奖 2 项 二等奖 1 项 三等奖 5 项

表3 2012—2017 年本科毕业生升学、就业统计

年度	出国人数	保研人数	录研人数	升学比例/%	就业率/%
2012	31	91	82	51.26	97.49
2013	47	88	89	59.26	96.56
2014	62	96	71	53.38	96.50
2015	43	81	86	55.41	97.36
2016	43	84	77	57.30	96.63
2017	50	82	84	59.02	98.63

表4 2012—2017 年本科各类竞赛获奖、授权专利、获省优秀毕业论文统计

年度	2012	2013	2014	2015	2016	2017
竞赛	18	16	14	26	26	50
专利	14	6	4	8	1	3
论文	12	12	12	10	10	11

3.2 用人单位评价

毕业生受到社会用人单位高度认可,就业率持续在学校名列前茅,应届毕业生的供需比平均为1∶5.3。2012—2017年问卷调查统计显示,行业主要用人单位对毕业生12项能力指标评价的好评率在93%以上,其中8项好评率为100%,如表5所示。

表5 用人单位对我院毕业生的综合评价统计 %

序号	项目	好	较好	一般	较差	差	好评比例
1	职业道德和敬业精神	83	17	0	0	0	100
2	专业知识	90	10	0	0	0	100
3	工作能力和职业技能	83	17	0	0	0	100
4	研究创新能力	50	50	0	0	0	100
5	实践技能及动手能力	65	35	0	0	0	100
6	团队协作精神	70	30	0	0	0	100
7	英语、计算机等基础知识的运用能力	60	40	0	0	0	100
8	人际交往能力	60	33	7	0	0	93
9	组织管理能力	53	40	7	0	0	93
10	竞争意识	63	35	2	0	0	98
11	工作适应能力及心理素质	78	20	2	0	0	98
12	工作实绩	95	5	0	0	0	100

说明:用人单位数量24个,样本量为40份。

3.3 成果示范效果

实践教学模式和平台建设的示范效应辐射全国,30余所高校的同行来校参观考察实践教学建设成果,受到清华、浙大、上交等高校同行专家好评。专家一致认为,创建的基于优质平台群的四层次创新人才培养实践教学体系具有先进性和系统性,为能动类及相关学科学生的实践与创新能力培养提供了良好的环境和条件,成果突出,具有可推广的示范作用。成果创新之处在于:高水平优质平台群将先进的教学思想与科研成果相结合,构建了四层次实践与创新教学体系;四层次实践与创新教学体系系统地培养了学生的实践与创新能力,显著提高了人才培养质量;实践与创新基地的开放扩大了专业的影响力及与国内外的交流合作。

4 结 语

本教学改革经资源整合、队伍整合、课程和教材整合、培养模式整合和教学方法实践,改革和完善了拔尖创新型国际化人才的实践教学体系。通过科学合理地安排基础课、专业主干课程、课程设计环节、专业实验环节,将专业培养标准落实到各门课程和各个教学环节,利用优势,突出对学生各项能力的培养。经多年建设,我校能源与动力工程学科已位列国内高校学科前五位,并进入了教育部最近公布的"双一流学科"建设名单。本教学成果为能源动力专业"一流学科"建设提供了有力支撑,也为能源动力专业"新工科"建设提供了参考。

参考文献

[1] 舒水明,黄树红,陈刚,等.教授全程全方位引导式多资源共建能源动力专业教育体系的创新与实践[J].高等工程教育研究,2015(增刊).

[2] 刘伟,蔡兆麟,黄树红,等.构建热能与动力工程专业创新教学体系[J].高等工程教育研究,2005(1):44-47.

[3] 黄树红,舒水明,王晓墨,等.热能与动力工程专业立体化课程体系的改革与实践[J].科教导刊,2012(15):155-156.

[4] 舒水明,王晓墨,戴则建,等.多形式多层次共建专业特色课程体系的改革与实践[J].科教文汇,2012(15):4-5,8.

[5] 王晓墨,舒水明,肖阁,等.能源卓越工程师培养的探索与实践[J].中国科教创新导刊,2013(25):67-68.

[6] 舒水明,周铭,王晓墨,等.能源动力专业实验环节的建设与实践[J].高等工程教育研究,2015(增刊).

新工科背景下能源动力专业大学生交叉创新创业能力培养机制的探索与实践*

陈磊，唐桂华，王秋旺，何雅玲，陶文铨

（西安交通大学 热流科学与工程教育部重点实验室）

摘要：在新工科建设背景下，对能源动力专业大学生交叉学科创新创业能力的培养进行了探索和实践，构建了"三位一体"能源与动力专业实践教学平台，创建了"分层次、问题驱动、学科交叉"的教学模式，满足学生个性化需求，强化应用意识，扩大了学生的参与度；通过课内外结合，实现课程（师资队伍）交叉、学生交叉、课外实践交叉的三位一体的全方位交叉，打破知识结构壁垒，加速学科渗透，探索复合创新型人才培养新模式；教科融合，提升学生分析、解决实际问题的能力和创新创业能力，挖掘学生的潜能。

关键词：学科交叉；创新创业；三位一体；教科融合

自主创新能力是一个国家发展的主要动力，是国家综合竞争力的核心，而大学生创新能力的强弱则直接关乎国家的创新能力。目前，我国高校大学生的整体创新能力较弱，改变这一现状需要大学生本身、高校及社会的共同努力。随着我国供给侧改革的不断深入，已将高校推向了市场运行的前沿，并对高校毕业生的能力提出了新的需求。多年来我国高等院校的教育重理论、轻实践，特别是学生在各自专业的学习研究严重缺乏自主创新性。针对这种现状，高校教育应在保持完整的专业知识体系这一优势的基础上，进一步提升学生解决实际问题的自主创新能力，使毕业生既具备系统的专业理论知识，又具有较强的动手能力，从而贴近目前企业的用人需求，提高就业竞争力，这也是很多工科专业急需解决的问题。同时，按照教育部《关于进一步深化本科教学改革全面提高教学质量的若干意见》的文件精神，高校应高度重视学生自主实践创新能力的培养。在2017年西安交通大学举办的全国创新性人才培养实践教学研讨会上，国家级教学名师吴昌林教授提出"以能力为导向，以项目为载体，着力培养学生解决复杂工程问题的能力。"郑庆华副校长提出"高校教育应进一步向产业领域延伸，大力推进校企联合，提倡跨学科、跨专业人才培养模式，为各行业培养领军人才"。由此可见，学生自主创新能力的培养是关键，而建设课程实验、综合实践和自主创新有机结合的三位一体实践教学平台是提升和强化大学生自主创新创业能力的有效手段，通过此平台学生可进行实习和创新创业，同时可与高校与社会、行业及企事业单位建立密切联系，使得培养的人才更符合社会的需求。

1 实践教学平台构建

通过构建"三位一体"能源与动力专业实践教学平台（由课程实验平台、综合实践平台和自主创新平台组成），将立体交叉的课程体系、特色实践教学方法和创新实践教学基地有机结合在一起，如图1所示。通过夯实专业知识基础、强化工程实践能力和提高创新创造能力的多层次、全方位交叉培养，使学生的实践能力得到层层递进的提高，在扎实的专业知识基础和工程实践能力基础上提升自主创新创业能力。

---

* 基金项目：能源动力教学指导委员会教改项目（NDJZW2016Y－55）；西安交通大学教学改革研究专项（17ZX009）；首批"新工科"研究与实践项目

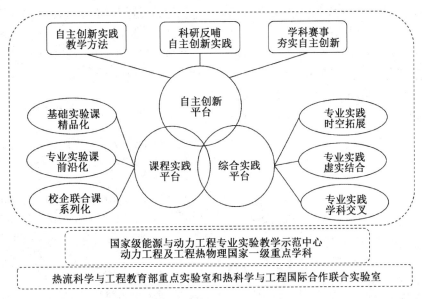

图1 "三位一体"能源与动力专业实践教学平台

该平台一方面依托已有的国家级精品课程、视频公开课程等课程体系及热流科学与工程教育部重点实验室承担的国家、省部级及企业课题和可以利用的本单位的教学和科研实验台位，另一方面建设了西安交通大学能源化工交叉学科创新实践平台、热流科学与工程创新实践工作室和研究生数学建模竞赛工作室，可供本科生和研究生进行自主创新实践。

2 创建了"分层次、问题驱动、学科交叉"的教学模式，满足学生个性化需求，强化应用意识，扩大了学生的参与度

课程和实践培训教学分为初、中、高三个层次，教学中均以不同专业实际问题为驱动，采用模块化教学，发挥教师专业优势，促进学科交叉，但不同层次采用的案例难易程度不同，实践强度也不同。根据学生的需求和水平差异，制订三个层次教学计划，相应调整教学内容和实践强度，尽可能使每位学生都有最大收获。在课程/培训过程中，学生都须历经多次实践，每次均以论文形式呈现其收获，并须以 PPT 形式进行限时答辩。教师将对其论文中存在的问题，如解决思路、方法运用、资料查找、论文写作等给予面对面、一对一指导，并让学生多次反复修改，使学生具备科学研究的基本素养。

3 打破知识结构壁垒，加速学科渗透，探索复合创新型人才培养新模式

通过课内外结合，实现课程交叉（师资队伍）、学生交叉、课外实践交叉的三位一体的全方位交叉。课程交叉：对专业相关课程进行教学及教材改革，将最新的实践内容引入新教材；引导学生选修其他专业课程。学生交叉：学生按不同专业组队的原则组建创新实践小组；充分利用学校的书院制管理。课外实践交叉：实践教学依托基地及科研平台，将实验平台分为基础认知型平台、基础设计型平台、专业综合型平台和研究创新型平台，供学生选择。教师交叉：教师发挥各自专业特长，互相交叉，教科融合，教研相长，聘请企业导师走进高校，对学生进行创新创业能力培养，鼓励并安排学生走出学校到企业中进行实践和锻炼。

4 教科融合，提升学生分析、解决实际问题的能力和创新能力，挖掘学生的潜能

开设全年贯通式课程、培训和实验，搭建与科研融合的实践平台，实现对学生创新能力的连续性培养。学生可以根据需求随时加入学习。一方面，拓展原有实验内容，增加实践环节，构建全方位课程实验教学系统，将原有的单一试/实验台进行扩展，充分考虑实践操作的重要性，增加必要的实践

操作环节;通过对实验参与者获取的实验结果进行判读,增强对学生知识掌握程度的了解,有针对性地在实验过程中进行课堂知识的巩固。另一方面,鼓励并推荐参加完课程学习及竞赛的学生加入教师课题组,参与科学研究、申请大创项目、撰写科研论文、完成毕业设计等,持续性培养学生的创新能力和科研潜力。

5 结 语

针对跨学科创新人才的需求,提出培养跨学科创新人才的课外实践方案,实现人才培养模式的改革与交叉学科创新为主的综合改革实践目标。通过学生参与课题,以实践教学活动为平台,将传统课堂、网络课堂和个别指导有机结合,多渠道拓宽、夯实大学生的基础知识架构。通过各类实践活动,设计实验台位,激发创新思想,引导学生将理论知识应用于实践,从而提升学生的创新创业能力。近五年来,共新建校外实践基地 10 个,本团队中 3 人荣获"全国优秀指导教师"称号,1 人荣获"陕西省优秀指导教师"称号,1 人获得西安交通大学"我最喜爱的老师"称号,1 人荣获西安交通大学实践教学突出贡献奖,团队核心成员承担了教改项目 5 项、课程建设项目 3 项。本团队正在编写以问题驱动为主线、以提升学生实践创新能力为目标的创新创业教材,开设了 3 个层次的选修课/培训课;建成 5 个学科交叉创新实验平台,开设了 5 门开放实验课程;发表教改论文 3 篇,学生发表论文 8 篇,获批教改项目 8 项,授权发明专利和实用新型专利各 1 项,应邀报告 2 场,获各类教学奖 7 项;指导学生获国际数学建模赛国际特等奖 2 项,国际一、二等奖 20 余项,获节能减排大赛全国特、一、二、三等奖 15 项,获陕西省"挑战杯"科技竞赛一等奖 1 项,获校"互联网＋"创新创业大赛优秀奖 1 项。

参考文献

[1] 易永胜.学习习近平创新驱动发展战略思想[J].特区实践与理论,2017(6):24-28.

[2] 吴文平.创新为核实践为基"产教学研用"五结合[N].中国教育报,2019-04-01(008).

[3] 章云,李丽娟,杨文斌,等.新工科多专业融合培养模式的构建与实践[J].高等工程教育研究,2019(2):50-56.

[4] 王静静,冯妍卉,夏德宏.创新创业型人才培养背景下能源动力类专业教学改革[J].中国冶金教育,2019(1):60-63.

[5] 刘晓华,尚妍,刘宏升,等.创新人才培养下能源动力类虚拟实践教育平台建设[J].实验室科学,2016,19(1):190-192.

[6] 李超颖,杨建民,宋清萍,等.校企合作模式下的高校创新创业人才培养研究[J].高教学刊,2017(5):9-11.

[7] 李争,赵宇洋.应用型本科校企合作"双创型"人才培养模式改革[J].高教学刊,2019(6):25-28.

[8] 陈磊,何雅玲,陶文铨.课内外结合提升能源动力专业大学生跨学科创新能力[J].高教学刊,2017(11):210-211.

[9] 刘志文,王英,于放,等.激发和提升高校大学生创新活动能力的措施分析[J].教育教学论坛,2016(37):90-91.

[10] 王金兰.基于校企合作的高校人才培养模式创新探索[J].辽宁师专学报(社会科学版),2018(6):110-112.

新工科背景下卓越工程人才实践教学改革探索

李忠,高波,康灿

(江苏大学 能源与动力工程学院)

摘要:为主动适应新工科建设,在对能源动力类流体机械及其自动控制专业实践教学现状及主要问题分析的基础上,从多元化实践基地建设和多形式实践教学模式改革两大方面进行了总结和探索。实践教学中验证性试验环节的学生满意度最低,是今后实践教学改革的主要方向。采用"引-荐"结合、"校-企"融合及"先统一后分散"的模式可有效推进实践基地的多元化建设、提升实践教学的综合效果。多年来，针对性的实践教学改革和探索取得了有益的效果，可为新工科建设中实践教学环节的发展提供有益的参考和借鉴。

关键词：新工科；实践教学；校企融合；多元化

全球新一轮的科技革命、产业变革及新经济的蓬勃发展对高等工程教育的改革和发展提出了新的要求。为深化工程教育改革、建设工程教育强国，从而服务和支持我国经济转型及"一带一路""中国制造2025""互联网＋"等重大战略，教育部在卓越工程师教育培养计划的基础上重点实施新工科建设。新工科建设是一项持续深化工程教育改革的重大行动计划，是对新形势下新挑战的主动应对，具有引领性、交融性、创新性、跨界性和发展性等主要特征，其核心任务是培养满足行业和产业当前及未来发展需求的复合型卓越工程科技人才。

江苏大学是全国卓越工程师教育培养计划（简称"卓越计划"）首批试点高校，同时也是首批新工科研究与实践项目建设高校，学校坚持"引领性、探索性、持续性"三大原则，打造新工科试点专业"教学改革特区"，持续强化与行业和产业的合作，积极探索"面向工业界、面向世界、面向未来"的新工科改革新路径和新模式。实践教学是培养复合型卓越工程科技人才的重要环节，也是适应新业态下"工科知识""工科技能"和"工科态度"养成的重要保证和基础。能源与动力工程（流体机械及其自动控制）是江苏大学的省级品牌特色专业之一，同时也是学校新工科建设的重要试点专业。为适应新工科建设对学生创新创业能力、工程领导力、国际视野等核心能力和素质培养的需求，本文将对流体机械及其自动控制方向实践教学的现状、问题及改革思路进行探讨和分析。

1 实践教学体系建设现状

1.1 校企联合实践教学平台建设

经过多年的建设和探索，已建成"校—企"有机融合的实践教学平台，其中校内实践教学平台主要由训练中心、实验室、研究中心及虚拟仿真中心构成，校外实践教学平台主要由实践基地和合作研发中心构成，其构成体系如图1所示。

学校基础工程训练中心、学院基础实验室及虚拟仿真中心主要支撑各类课程实验和实践创新训练，中国机械工业离心泵重点实验室及国家、省研

究中心主要为学生深入研究科学问题提供平台，从而为各类创新、竞赛活动提供有力的支撑。企业实践基地以及合作研发中心主要为工程认知、工程性实践与创新、工程性综合实践训练提供实操平台。目前，流体机械及其自动控制方向已建成七大模块的企业实践基地，其中水力发电模块主要为三峡水电站（国家级大学生生产实习与社会实践基地）、葛洲坝水电站、隔河岩水电站及富春江水电站；火力发电模块主要为国电集团公司谏壁发电厂；叶片泵模块基本覆盖国内泵行业龙头企业，如上海凯泉泵业集团有限公司、上海凯士比泵有限公司、苏州苏尔寿泵业有限公司、格兰富水泵（中国）有限公司等；鼓风机模块主要为上海鼓风机有限公司；密封件模块主要为上海博格曼有限公司；液压件模块主要为江苏恒立液压股份有限公司；水轮机模块主要为东芝水电设备（杭州）有限公司、浙江富春江水电设备股份有限公司及上海福伊特水电设备有限公司。目前，"校—企"融合实践教学平台的建成可满足多方位、多模式实践教学的需求，为达成新工科建设目标奠定了良好的条件保障。

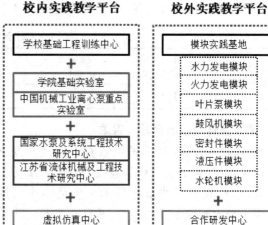

图1　实践教学平台体系

1.2 多模式实践教学培养方案构建

依托"校—企"融合实践教学平台，构建了形式多样、内容丰富的多模式实践教学培养方案，四学年共计15个培养环节，各培养环节及其学分占比如图2所示，其中通识教育模块和学科基础模块的实践教学

占比为40%，专业方向模块的实践教学占比为60%。

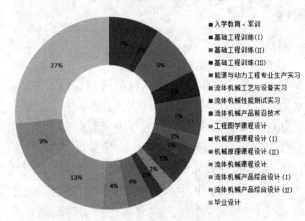

图2　实践教学培养环节及其占比

通识教育模块和学科基础模块主要依托校内实践教学平台完成，采用校内"集中＋分组"实践的方式开展，通过实物、展品、CAI课件等资源，结合企业教师案例讲解，以参观、多媒体演示、实际编程数控加工等形式开展实践教学的理论和应用培训，培养学生系统、集成、科学地应用现代工程知识的能力和再创造能力。专业方向模块的实施主要依托校外实践教学平台完成，采用校外"分企业＋一对一企业指导"的方式开展，不同企业实践学生的分配采用双向选择的原则确定，聘请具有中高级职称的企业指导教师进行一对一实践指导。在该实践环节中，学生每周进行一次实践汇报，不定期参与企业项目开发的交流和讨论，并于企业完成各环节

的汇报总结和评价工作；通过企业实际训练，培养学生的交流、表达和沟通能力、创新意识和创新设计能力、优化意识及优化设计能力，使其具备良好的工程项目实施、管理能力，开拓国际视野，掌握最新的行业发展动态。

2　存在的主要问题

通过对本专业在校学生、毕业校友及企业反馈的大数据统计，依托第三方（麦克斯数据有限公司）数据分析和评价，发现目前流体机械及其自动控制方向实践教学中存在的主要问题或不足有以下三方面。

2.1　综合满意度有待进一步提升

2018年能源与动力工程（流体机械及其自动控制）方向学生对"实践教学满意度"的测评结果如表1所示。由表可知，经过多年实践教学的改革与建设，本专业方向实践教学满意度为84.9%，达到良好水平，其中专业性实习指导、实训现实情景模拟和实训课综合素质培养分指标均高于总评，创新动手能力培养和设计性综合性试验比例分指标略低于总评，而验证性试验比例分指标最低。现有"校—企"融合实践教学平台和多模式实践教学培养方案对实训和实习的帮助和提升较为明显，依托校内实践教学平台的验证性试验则效果不理想，说明此环节的实践教学模式和培养方案有待改善。

表1　实践教学满意度分指标比较　　%

总评	设计性综合性试验比例	验证性试验比例	创新动手能力培养	实训现实情景模拟	实训课综合素质培养	实习指导
84.9	81.25	78.13	83.33	88.19	88.54	89.93

2.2　硬件条件难以满足教学需求

硬件条件在学生反馈的实践教学改进程度排列中位于首位，说明学生对实验设备的改善期待程度最高，学校现有实践条件尚无法满足学生的期望。由于校内硬件条件的限制，基础性实验无法实现小班化或小组化教学，同时实操性环节的动手率较低，部分实验对象无法满足实践教学的需求或形式较为单一。

2.3　开放性实践比例较低

现有实践环节大都依据培养方案执行，实践过程中形式、内容及要求基本"人人相同"，尚无法实现"差异"教学，尤其是由学生自主提出并组织实施的开放性实践比例较低。一方面，实验室开放程度

不够，另一方面专业仪器的使用需要针对性的专业知识，且实验台架建设及运行维护费用过高，缺乏此类经费的支持，一定程度上限制了学生自主创新的热情，阻碍了学生独立创新能力的培养。

3　新形势下实践教学改革探索

为进一步提升学生对实践教学的综合满意度，实现新工科建设对人才培养的新目标，本专业在实践基地建设、实践教学模式两大方面进行了大力的改革和探索。

3.1　多元化实践基地探索

目前，已签约的实践基地虽已覆盖本专业的所

有研究和就业方向,但未能体现"多元化"特征,与其他专业的交融性不够,涉及的领域有待进一步拓展。作者认为可从以下两方面进行深入探索。

3.1.1 新形势下实践基地建设方向拓展尝试

随着新经济的快速发展,现代流体机械产业对卓越工程人才的需求愈发多元化。只有深入掌握产业对卓越工程人才的实际需求,才能主动构建适应新形势的实践教学平台和教学模式。为此,应在现有科研方向的基础上对产业需求进行深入调研和分析。一方面,统计本专业教师从事的科研方向,从中凝练与工程实际的契合点;另一方面,走出高校的"围城",深入新兴企业,了解企业对人才的实际需求,针对实际需求明确实践基地的拓展方向。本专业七大模块实践基地的形成就源自于对企业需求的有效掌握。

3.1.2 "引-荐"结合拓展多元化基地尝试

"引"是指将现代流体机械相关企业积极引入学校,通过专题讲座、企业宣讲、座谈等模式让学生了解企业,同时使企业了解学校的培养特色、学生的专业优势及综合能力特点等。企业开设实践基地的目的之一就是引进适合企业发展的专业人才,同时其地域性约束较为明显。诸多相关企业由于缺乏对学校专业优势的认识,虽然有很强的校企联合教学意愿,但由于周边高校适合性人才的缺失,使得实践基地建设迟迟未能落实。本专业上海博格曼有限公司和福伊特水电设备有限公司实践基地的落成就是在企业对学校专业优势深入认知的基础上实现的。

"荐"是指将学生主动推荐到企业进行尝试性实习或实践。充分利用校友资源和行业资源,利用暑假或寒假空窗时间,推荐部分优秀学生进入企业实践。通过实践期间学生在专业技术能力、综合素养方面的优异表现,吸引企业变"临时"为"长期",主动构建教学实践基地。本专业江苏恒立液压股份有限公司实践基地的建成和有效开展就是在"荐"的基础上逐步完善形成的。企业主动设立教学实践基地,其培养学生的积极性高,相关配套设备条件好,可有效提升实践教学的实际效果,增加学生实际操作的可能性,同时解决学校实践经费少的问题。

3.2 多形式实践模式探索

3.2.1 "先统一后分散"实践教学模式尝试

依据制定的培养大纲,第一至第二学年,学生的实践教学均采用统一模式,即实践内容、方式一致,从而保证通识教育及专业基础教育对学生实践能力培养的要求,从而为后续的专业方向学习奠定基础。在第三至第四学年,学生实践教学采用分散模式。分散表征为人员分散和内容分散。人员分散可促进学生获得企业实践资源的提升,一个实践基地配若干学生和企业指导教师,可实现企业指导教师和实践学生的一一对应,从而确保实践目标的达成。内容分散是指实践内容和方式不一致,即结合学生发展和企业实际需求,定制个性化的实践内容和方式,从而最大限度实现对学生的针对性综合培养,保证实践训练和实际需求的无缝对接,提升学生的综合就业能力和水平。

3.2.2 实践教学学分置换机制尝试

鉴于分散实践环节中存在较大的教学差异,譬如部分学生重点开展流体机械水力和结构设计,部分学生主要开展内流数值分析,部分学生主要开展制造、管理或人力等方面的实践,因此应制定行之有效的学分置换机制。目前,本专业学分置换仅局限于部分专业实践环节,譬如流体机械产品综合设计(Ⅰ)、综合设计(Ⅱ)和流体机械产品前沿技术可依据实际情况进行整体置换。

4 结 语

新工科建设对现代卓越工程技术人才的培养提出了新的要求,同时也为高校工科类学生实践能力的提升提供了契机。江苏大学能源与动力工程(流体机械及其自动控制)专业针对实践教学中存在的诸多问题进行深入分析,从多元化实践基地建设和多形式实践教学模式改革两大方面进行了针对性的探索,取得了有益的效果。毕业学生的实践能力、创新意识和综合素养得到诸多企业和研究院所的高度评价,为学科的发展起到了助推作用。

参考文献

[1] 林建. 面向未来的中国新工科建设[J]. 清华大学教育研究,2017,38(2):26-35.

[2] Kraiger K, Ford J K, Salas E. Application of cognitive, skill-based, and affective theories of learning outcomes to new methods of training evaluation[J]. Journal of Applied Psychology, 1993, 78(2):311-328.

[3] 蔡映辉. 新工科体制机制建设的思考与探索[J]. 高教探索,2019(1):37-39,117.

基于科研训练的"新工科"创新型人才培养的探索与实践

王霜，李法社，刘慧利，吕顺利，陈勇，张小辉

(昆明理工大学 冶金与能源工程学院)

摘要： 本文针对科研训练的"新工科"创新型人才培养进行了探索与实践。通过建立科研实验室向本科生全方位开放机制，构建学科竞赛机制，开展科研训练、学科竞赛与课堂教学有机融合等方式，学生在科研训练和学科竞赛中多次获奖，推免或考取研究生人数逐年递增，在"新工科"创新型人才培养方面成果显著。

关键词： 新工科；创新型人才；科研训练

昆明理工大学作为云南省办学规模最大、学科最为齐全、工科优势突出的地方高校，应在"新工科"创新型人才培养过程中发挥主导作用。人才培养亦需适应"新工科"建设需求，做出重大改革和创新。能源与动力工程专业的专业改造路径探索和实践创新对支持地方经济发展、能源产业转型升级、能源工程科技创新和能源产业创新发挥着重要的支撑作用。培养具有创新思维、创新精神和创新能力的高素质人才是高校人才培养的重要目标。笔者围绕科研训练对"新工科"创新型人才培养的问题，进行了长期的探索和实践，取得了显著的成果。

1 探索与实践的主要思路

创新人才教育作为新型教育模式，需要在教学实践中逐步积累经验，推进教育结构的创新，将理论教学与实践培训有效结合，培养出具有创新思维、创新精神和创新能力的高素质人才，促进行业发展。培养具有创新意识、创新精神和创新能力的创新型人才是大学教育的重要任务之一，仅依靠课堂教学很难完成创新型人才的培养任务。科研训练和学科竞赛是课外实践教育的重要环节，是高校创新型人才培养的有效途径和重要实施方式，对培养学生的创新意识、创新思维和解决实际问题的能力具有重要作用。通过大学生创新、创业训练计划项目，科技创新训练项目等科研训练，全国大学生节能减排社会实践与科技竞赛等学科竞赛，可构建高校创新型人才培养新模式。同时，丰富了教师的

教学案例、教学素材，增强了指导教师的理论水平、教学能力和实践创新能力，提高了指导教师队伍的整体业务水平。

2 探索与实践的具体措施

2.1 建立科研实验室向本科生全方位开放机制

依托国家级、省部级重点实验室和工程研究中心，构建科研训练平台，建立了科研实验室向本科生全方位开放的机制，形成了面向本科生的三个层次的科研训练与科技创新体系。第一层次，面向全体一年级本科生开设学术前沿讲座及专题报告，并安排学生参观实验室，培养学生的科研兴趣；第二层次，针对二年级全体学生开展科研学术周活动，选拔优秀本科生进入实验室或科研团队，参加科研项目、撰写并发表学术论文、申请国家专利，以及申请国家级、省级、校级大学生创新创业训练计划项目；第三层次，将科研项目与学生的毕业论文结合，本科生提前进入毕业设计环节，提高了本科毕业论文的质量和考研积极性，增强了学生的科研创新能力。

2.2 增强本科生的科技创新能力，构建学科竞赛长效机制

充分利用课堂教学、座谈会和学校网站等多种方式、途径宣传和倡导学科竞赛，让学生全面深入了解各种学科竞赛，激发学生的学习兴趣和竞争意识。建立本科生学科竞赛保障机制，明确学科竞赛经费保障、指导教师队伍建设及激励办法等，建立科学、规范和制度化的学科竞赛组织体系和参赛选

拔制度,保障学科竞赛公平、公正、有序地进行。每年4月举办学科竞赛月活动,选拔优秀作品参加国家级学科竞赛。以学科竞赛为载体,加强学生的科研训练,提高学生的科技创新能力,构建创新型人才培养的新模式。

2.3 科研训练、学科竞赛与课堂教学有机融合

科研训练、学科竞赛与课堂教学动态结合、有机融合,在学生进行科研训练和学科竞赛过程中融入课堂教学,在课堂教学过程中融入科研训练和学科竞赛。如在工程热力学朗肯循环授课过程中,结合科研项目进行有机朗肯循环的科研训练,制作出"生物质能-太阳能互补有机朗肯循环发电新技术"学科竞赛作品,反之,也可在学科竞赛作品制作过程中进行工程热力学课程内容的教学。通过将科研训练、学科竞赛与课堂教学有机融合,促进理论教学与科研实践的协调发展,提高学生的理论知识水平和科技创新能力。

2.4 加强指导教师队伍建设,促进指导教师队伍业务水平的提高

通过指导学生参与科研训练与学科竞赛,指导教师的理论水平、教学能力和实践创新能力不断提高,教学案例、教学素材不断丰富,整体的业务水平不断提高。

主要解决的教学问题:

(1)发现教与学之间存在的问题与矛盾,为教学改革提供依据。

(2)增强了学生学习的主动性和积极性,提高了学生的学习效率;丰富了教师的教学方法与手段,提高了教学效果。

(3)增强了学生的科研创新能力,提高了教师队伍的业务水平。

3 成果的推广应用效果

通过科研训练与实践,提高了学生的学习兴趣和考研积极性。近五年,进入实验室或科研团队的本科生人数较多,考研人数和考研录取率逐年提高。有近百人次被保送或考取如浙江大学、华中科技大学、哈尔滨工业大学、大连理工大学、上海交通大学、中南大学、东北大学、重庆大学、大连理工大学、东南大学、山东大学和华南理工大学等知名高校研究生。

以科研训练促进学科竞赛的开展,创新型人才培养效果显著、成果丰硕。本科生连续11年参加全国大学生节能减排社会实践与科技竞赛,近五年本专业参赛的本科生人数超过600人次,获得国家级特等奖2项,一等奖8项,二等奖12项,三等奖17项,代表昆明理工大学获得优秀组织奖6次。在全国大学生节能减排社会实践与科技竞赛校级选拔赛中获得一等奖19项,二等奖21项,三等奖9项。除此之外,在其他一些国家级、省部级或校级竞赛中也多次获奖。

近五年获批大学生创新创业训练计划项目12项,其中国家级6项,省级5项,校级12项;昆明理工大学科技创新基金项目18项。本科生发表科技论文24篇,获授权发明专利4项,实用新型专利11项,外观设计专利2项。

4 结 论

通过科研训练,有效提升了学生的科学素养,增强了创新意识和钻研精神。构建本科生学科竞赛长效机制,建立科学、规范和制度化的学科竞赛组织体系和参赛选拔制度。以学科竞赛为载体,加强学生的科研训练,增强本科生科技创新能力,引领创新型人才的培养。科研训练、学科竞赛与课堂教学动态结合、有机融合,促进理论教学与科研实践的协调发展,提高学生的理论知识水平和科技创新能力。指导教师积极融入学生的科研训练与学科竞赛作品制作过程,提升了指导教师的理论水平、教学能力和科研创新能力,提高了指导教师队伍的整体业务水平。

参考文献

[1] 黄德昌,展爱云,赵军辉,等.新工科视域下的大学生创新创业能力培养模式的探索与研究[M].北京:中国农业大学出版社,2018.

[2] 董晓芳,赵守国.高等院校创新型人才培养模式的改革思路[J].科学研究与管理,2017,35(1):83-86.

[3] 郝桂荣.关于培养大学生创新思维和创新能力的思考[J].学问,2009(1):18-19.

[4] 吕薇,孙刚,李瑞扬,等.能源与动力工程专业创新型人才培养模式研究[J].成才之路,2019(7):1-2.

能源与动力工程专业的"新工科"研究与实践*

李法社，王霜，刘慧利，吕顺利，陈勇，张小辉

（昆明理工大学 冶金与能源工程学院）

摘要： "新工科"建设，是应对新经济的挑战，从服务国家战略、满足产业需求和面向未来发展的高度，在"卓越工程师教育培养计划"的基础上，提出的一项持续深化工程教育改革的重大行动计划。针对能源与动力工程的"新工科"建设，提出了研究与实践思路，以及升级培养目标、深化课程结构、改革教学模式等具体措施，寻求一种适应多学科交叉复合改造的、符合新经济发展需求和"新工科"建设要求的能源与动力工程人才培养体系。

关键词： 新工科；培养目标；课程结构；教学模式

根据 2017 年 2 月教育部组织全国高校达成的关于"新工科"建设的"复旦共识"，"工科优势高校要对工程科技创新和产业创新发挥主体作用，地方高校要对区域经济发展和产业转型升级发挥支撑作用"。昆明理工大学作为云南省办学规模最大、学科最为齐全、工科优势突出的地方高校，应在"新工科"建设过程中发挥主导作用。而能源产业作为云南省经济发展的重要支柱产业，其人才培养亦需适应"新工科"建设需求，做出重大改革和创新。能源与动力工程专业作为云南省特色专业，其专业改造路径探索和实践创新对支持地方经济发展、能源产业转型升级、能源工程科技创新和能源产业创新发挥着重要的支撑作用。

1 研究与实践的主要思路

在"新工科"建设背景下，能源与动力工程专业的人才培养模式并不能完全符合市场需求，工程教育的学习内容落后于先进企业的发展，能源与动力工程专业为了满足改造提升传统产业和培育壮大新兴产业的需要，推动高新技术与工科专业的知识、能力、素质要求深度融合，急需探索工科专业改造升级的实施路径。本文研究分析新经济对传统工科专业人才培养提出的新要求，更新课程体系和教学内容；探索传统工科专业信息化、数字化改造的途径与方式；探索传统工科专业多学科交叉复合改造的途径与方式。

2 研究与实践的具体措施

2.1 升级培养目标

新兴产业和新经济需要的是工程实践能力强、创新能力强、具备国际竞争力的高素质复合型"新工科"人才，不仅需要扎实的能源与动力工程专业知识，而且应具有"学科交叉融合"的特点，能熟练运用所掌握的知识去解决复杂的工程实际问题，同时具备学习新知识、新技术的能力。因此需要对传统的能源与动力工程专业人才培养目标进行优化升级。

随着科技的发展，知识更新换代日新月异。因此，在"新工科"建设背景下，需要面向行业、企业，使能源与动力工程专业教育回到"工程"，从原侧重基础知识掌握和应用能力的培养目标升级到以学科知识为支撑、能力培养为核心、素质提升为目的，将学生培养成具有强大的学习能力、适应能力、创新能力并具备解决能源相关领域工程实际问题能力的高素质应用型人才，提升学生在创新意识、实践技能、创业精神、应变能力、领导能力、国际视野、社会责任等方面的核心能力，以适应产业发展，能够与国际接轨并满足市场经济的需求。

* 基金项目：2018 年昆明理工大学校级"新工科"研究与实践项目"面向新经济的能源与动力专业改造升级路径探索与实践"；2017 年昆明理工大学校级教育教学改革面上项目"工程热力学课程考核改革"

2.2 深化课程结构

课程结构是专业建设中最为核心的环节,是将培养目标转化为教育成果的纽带,具有均衡性、综合性和选择性。本着培养"新工科"高素质应用型创新人才的理念,对整个能源与动力工程专业课程结构进行整合和调整,围绕工程知识基础、多学科交叉融合和创新能力培养,深化能源与动力工程专业课程结构,结合跨学科交叉融合课程,构建更综合、更系统的"新工科"工程教育课程体系。

2.2.1 理论课程

在理论课程体系建设的各个层面体现"新工科"建设的内涵,充分将通识课程和专业课程融合。开设数学与自然科学类、工程基础类、人文社科类等通识课程,拓宽学生的理论知识基础,使学生从本科教育最基本领域中获得广泛的知识,了解不同学科领域的研究方法和思路,克服高等教育过分专业化的弊端,以更客观的态度看待问题和解决问题,提高学生的综合素质。

在专业课程设置上,开设"工程热力学""传热学"和"流体力学"等核心基础课程,根据我校专业方向的实际情况,调整专业选修课内容,全面提升学生的基本能力,注重理论和实际的有机结合,满足基本知识需求并提升实践能力,避免单方面对理论知识求深,而忽略实际应用,达到"新工科"建设背景下能源与动力工程专业培养目标。为了适应科学技术的快速发展,能源与动力工程专业课程中需要及时更新与能源与动力工程专业相关的最新前沿和最新工程技术,剔除过时的知识,拓宽学生的知识范围,优化学生的知识结构体系,培养学生的全球视野。

2.2.2 实践课程

高等工程教育需要培养学生的工程思维和动手能力,具有很强的实践性。为了促进学生对理论学习的兴趣,调动学生学习的主观能动性,根据理论课程设置情况,学校开设了社会实践、电工实习、金工实习、专业生产实习、动力机械设备拆装实习、课程设计、专业综合设计实验及毕业实习与设计等实践课程。但传统的实践课程开设主要是为了验证理论课程的内容,学生根据已有的实验方案机械完成实验,没有发挥学生的创新能力。在当前"新工科"建设背景下,学生的创新能力培养尤为重要,需要加强实践教学的创新和升级。在已有的校外实践教学平台中,加强与相关企业在技术服务和科研等方面的合作,让学生了解企业新技术,以及生产和管理等方面的知识,调动学生的积极性,通过实践,发现工程中的实际问题,在教师和企业相关专家的指导下,共同解决问题,将理论知识应用到具体的工程实践中。

在校内实验平台上,教师可以根据教学内容,鼓励或引导学生针对不能理解的问题自主设计实验方案并完成实验。

2.2.3 跨学科交叉融合课程

在多领域融通、多元融合的新经济环境下,学生需要在更广泛的专业交叉和融合中学习。"新工科"人才的培养,不仅需要不同工科之间的交叉融合,还需要理科和工科跨界交叉融合,以及人文社科与工科之间的大尺度交叉融合,如随着科技的发展,在能源相关领域中,计算机是必不可少的工具,学生需要熟练使用计算机,具备较强的计算机相关知识和应用能力,能利用计算机技术解决能源与动力工程领域中复杂的工程实际问题;新技术革命引领新经济的发展,现代科技进步和社会经济发展对信息资源、信息技术和信息产业的依赖越来越大,现代化人才除具备扎实的专业知识、良好的思想觉悟和道德品质外,是否具备较强的信息素质已成为一项重要的检验指标,信息检索对了解和掌握能源与动力工程专业前沿和发展趋势具有重要的意义。因此,能源与动力工程专业需要加强对学科融合重要性的重视,加大学科融合的广度和深度,进一步设置跨学科交叉融合的课程,如计算机技术、信息检索等课程。

2.3 改革教学模式

教学模式是教学活动的基本结构,是指教师在一定教学思想或教学理论指导下建立起较为稳定的教学活动结构框架和活动程序,主要包括教学目标、教学方法和教学评价。任何教学模式都指向和完成一定的教学目标,是教学活动实施的方向和预期达到的结果,是一切教学活动的出发点和最终归宿点,在教学模式结构中处于核心地位,并制约着教学方法和教学评价。在关于"新工科"建设的"复旦共识"中,要求结合能源与动力工程专业培养目标,确定学生学习的知识内容和学习程度,关注能源相关领域最前沿和最新工程技术的发展动态,适时更新知识。在教学过程中,结合"新工科"精神,将工程思维和综合能力纳入教学目标,引导学生去寻找解决工程实际问题的方法,加强教师和学生的互动,使教与学无缝对接。同时,借助于多样化的教学手段,如传统的黑板板书、多媒体计算机教学、MOOC等,甚至可以采用人工智能全方位示范教学工程知识,丰富教学方法,实现教师和学生之间有效的知识传递。

为了更好地验证教学效果,需要对教学活动进行评价,主要是对学生的学习效果和教师的教学工作进行评价,从而了解和掌握教学活动各方面的情况。基于"新工科"建设理念,学生学习效果的评价不仅要依据期末考试成绩、平时出勤情况、作业情况、实践情况等,还需要结合学生解决问题的能力、创新能力和综合分析能力等,加强实践环节的考核比重。进一步加强教师教学工作评价,除了采用学生网上评教和学院考核的方式,还可以采取学生座谈会形式,通过学生对教师教学工作的反馈,评价教师教学效果。

3 结 论

能源与动力工程专业教育与能源产业发展紧密联系、相互支撑,新产业的发展要靠工程教育提供人才支撑。特别是应对未来新技术和新产业国际竞争的挑战,必须主动布局能源动力类工程科技人才培养,改造升级传统能源动力类工程专业,探索研究新经济发展形势下能源与动力工程专业信息化、数字化改造的途径与方式,探索创新基于信息化、数字化大背景下的教学方法、人才培养模式,为现代化社会的经济发展培养优秀的能源动力类人才。对现有课程体系和教学内容进行改革更新,适应新经济发展需求和"新工科"建设要求,探索出适合能源与动力工程专业的信息化、数字化教学方式和人才培养模式,寻求一种适应多学科交叉复合改造的、符合新经济发展需求和"新工科"建设要求的能源与动力工程人才培养体系。

参考文献

[1] 蒋润花,左远志,陈佰满,等."新工科"建设背景下能源与动力工程专业人才培养模式改革探索[J].东莞理工学院学报,2018,25(3):118-121.

[2] 鲍晓萍,徐国辉.高校学生创新意识、创业精神及创新创业能力的培养——评《大学生创新创业教育基础与能力训练》[J].教育理论与实践,2018,38(23):65.

[3] 李艳萍.从课程结构看新课程的亮点[J].全球教育展望,2004(7):71-72.

[4] 田野,刘其沛.应用型人才培养模式下能源与动力工程专业课程体系的融合与创新[J].文理导航,2017(9):7-8.

[5] 宋燕子.浅谈大学通识教育的内涵、发展与意义[J].情商,2016(42):207.

[6] 洪晓波,周国权,王家荣,等.以提高学术实践能力和创新能力为目标的教学改革与实践[J].时代教育:教育教学刊,2011(1):16-17.

[7] 屠良平,胡煜寒.试论地方高校创新型"新工科"人才培养的重要性——基于学科交叉与跨界融合的视角[J].信息系统工程,2018(1):171-172.

[8] 何克抗,李文光.教育技术学[M].北京:北京师范大学出版社,2009.

新时代工科大学生优秀传统文化认知现状调查及对策研究*
——基于700份问卷的实证调查

高琼

(西安交通大学 仲英书院)

摘要:中华优秀传统文化具有超越时空的现代价值,是提升公民道德水平和建立文化自信的重要源泉,在当下社会具有十分重要的理论意义和现实意义。调研发现,工科大学生对传统文化的

* 基金项目:2019年度教育部人文社会科学研究专项任务项目(高校思想政治工作)"道德主体性视域下优秀传统文化与大学生社会主义核心价值观培育研究"(19JDSZ3008);中央高校基本科研业务费专项资金(SK2019059)

了解和学习愿望强烈,涉猎范围广泛,接受途径多样,但理性认知不足,思想认识不深,自我评价与理论实际差异较大,城乡生源认知差异明显,凸显出加强大学生传统文化教育的迫切性和必要性。高校应从理论研究、课程建设、文化氛围、实践体认等方面加强工科大学生的传统文化教育,使传统文化从"边缘化"走向"基础化",从"概念化"走向"内涵化",从"被动接受"走向"生活实践",充分发挥涵养人格、和谐身心的深刻作用。

关键词:大学生;传统文化;认知现状;调研;对策

十八大以来,中华优秀传统文化的现代价值日益获得充分重视,教育部于 2014 年 3 月印发《完善中华优秀传统文化教育指导纲要》,2017 年中共中央办公厅、国务院办公厅印发《关于实施中华优秀传统文化传承发展工程的意见》,提出弘扬优秀传统文化的具体要求,十九大更强调优秀传统文化能够"更好构筑中国精神、中国价值、中国力量,为人民提供精神指引"。中华优秀传统文化应当在当下社会发挥积极的作用,原因一方面在于传统文化具有超越性的意义,具有适应当下生活和社会的时代价值,是"涵养社会主义价值观的重要源泉",也是建立民族文化自信、涵养公民道德、弘扬社会主义核心价值观的重要依据;另一方面,物质技术进步和社会深入发展使得文化层面、道德层面的需求日益凸显,需要从传统文化中汲取国家、社会和个体层面的深刻价值。高校作为培养青年学子的主体,在思想政治教育中应充分重视传统文化涵养道德、构建和谐身心的深刻作用。在高校学科结构中,工科大学生以工科专业学习为重心,传统文化教育相对薄弱,因此对工科大学生传统文化的认知程度进行调查和研究更具有典型意义,更能反映出传统文化教育面临的问题。本文以 J 大学工科大学生为例,对当前高校大学生传统文化认知状况进行调查研究,以期为高校思想政治教育和传统文化教育提供参考。

1 研究设计

研究对象:以陕西省 X 市 J 大学就读的工科专业本科生为调查对象,对工科大学生传统文化教育状况进行调研。由于文科专业和大学的文史哲研究和传统文化教育较为丰富,因此以 J 大学工科学生为对象对大学生优秀传统文化认知现状进行调查和研究,更能反映出当前我国高校工科教育中优秀传统文化认知认同的真实情况和存在的问题,使研究更具有典型意义和代表意义。

研究方法:本研究以调查问卷为数据收集工具,定量和定性研究相结合,采取抽样调查的方法,对在 J 大学就读的能源动力类等工科本科大学生进行调查,分析工科大学生对优秀传统文化的认知和认同状况,包括接受途径、认知程度、价值认同及城乡生源传统文化认知差别等,研究工科大学生传统文化认知现状的原因和存在的问题,进而提出相应的对策,为加强高校大学生优秀传统文化教育和思想政治教育提供参考。

统计分析方法:本研究为定量研究,以调查问卷为数据收集工具。样本的确定参照了地图法和多阶段抽样方式,选择在能源与动力工程、核工程与核技术、环境工程、新能源科学与工程、过程装备与控制工程、化学工程、软件工程、生物医学工程、工业工程等专业中进行调研,涵盖从大一至大四的四个年级,采取自填式方法完成问卷调查。本次调查共发放问卷 700 份,回收 695 份,其中有效问卷 672 份,有效回收率为 96%。对于回收的问卷,运用 SPSS 软件进行数据录入和统计分析,过程中注意总体把控性别、年级、专业、城乡生源分布,保证数据结果的客观性和科学性。其中男女生占比分别为 80.7% 和 19.3%,年级分布基本平均,调查对象来自城市的占比更高。样本具体分布见表 1、表 2、表 3。

表 1　样本性别统计量特征及分布

		频率	百分比	有效百分比	累积百分比
有效	男	542	80.7	80.7	80.7
	女	130	19.3	19.3	100.0
	合计	672	100.0	100.0	

表 2　样本年级统计量特征及分布

		频率	百分比	有效百分比	累积百分比
有效	大一	196	29.2	29.2	29.2
	大二	105	15.6	15.6	44.8
	大三	225	33.5	33.5	78.3
	大四	146	21.7	21.7	100.0
	合计	672	100.0	100.0	

表3　样本城乡统计量特征及分布

		频率	百分比	有效百分比	累积百分比
有效	城市	479	71.3	71.3	71.3
	农村	193	28.7	28.7	100.0
	合计	672	100.0	100.0	

根据问卷内容,按照特征值大于1的标准,根据问题类别将题项主成分提取为5个因子(见表4),从传统文化的当下价值、表现形式、认知程度、教育途径、发展前景等方面了解大学生传统文化的认知状况。根据旋转后的因子载荷,除了几个题项的因子载荷低于0.5以外,大部分都高于0.5,有一定的区别效度,证明本调查具有研究价值。

表4　样本题项因子分布图

	成分				
	1	2	3	4	5
对人格养成的作用	0.864	0.008	0.065	0.096	-0.029
传统文化传承	0.727	0.222	-0.130	0.312	-0.039
如何加强传统文化教育	0.708	0.334	0.101	-0.267	-0.004
传统文化影视作品	0.067	0.774	0.044	0.041	0.076
大学生是否有必要学习四书五经等经典	0.147	0.570	0.119	-0.070	-0.005
传统绘画	0.042	0.561	0.257	0.128	0.158
开设必修课的必要性	0.433	0.528	-0.102	-0.247	0.165
喜欢古典音乐吗	-0.030	0.415	0.406	0.388	0.289
传统文化价值	0.531	-0.061	0.677	-0.124	0.004
前景预期	0.110	0.335	0.625	-0.164	-0.289
现实处境	-0.227	0.191	0.512	0.081	0.150
是否为传统文化流失而担忧	-0.049	0.134	0.125	-0.758	0.147
你对中国传统人文精神的态度	0.004	0.399	0.090	0.534	0.129
传统文化对生活的影响	0.391	-0.326	0.358	0.399	0.277
传统文化精神	0.011	0.096	-0.124	0.148	0.815
四大名著	-0.028	0.164	0.197	-0.270	0.692

2　工科大学生优秀传统文化认知认同现状及存在问题

调查表明,工科大学生具有学习和了解传统文化的强烈愿望,对传统文化的多种载体和表现形式有较为广泛的接触,对传统文化的整体性价值和基本思想也有一定程度的认知,但是对传统文化的具体内涵及其与当下大学生思想政治教育契合点等深度问题缺乏理性认知。造成这种现状的原因包括家庭教育、学校教育、个人时间分配、兴趣爱好等多种因素,并且城乡生源大学生对传统文化认知情况差异明显。具体分析大学生传统文化认知情况及存在问题如下。

2.1　对传统文化认知范围较广,但理性认知深度不足

调查统计显示,工科大学生对于传统经典文本和艺术形式的阅读、接触和了解比较广泛,其中认真阅读过传统文化经典的占比72%,认真读过四大名著的占比93.9%。说明大学生教育生涯中接触经典状况良好。对于传统文化的艺术形式之一的传统绘画,竟然有8.5%的人可以进行专业点评(可能作为特长学习过绘画),完全无鉴赏能力的仅占3.7%,可见大学生对传统文化的了解形式比较丰富,接触范围较宽。大学生阅读过的传统文化经典,在所列举的一本书中,包括《周易》《论语》《道德经》《资治通鉴》《诗经》《老子》等多达30多种,其中读过《红楼梦》的人数占比7.59%,读过《论语》的人数占比7.14%,读过《道德经》的人数占比0.02%,表明工科大学生对传统文化经典的关注范围广泛。在对于传统文化精神的理解上,调查显示大学生对中国传统人文精神如中和、仁爱、自强不息、天人合一等思想总体认同度较高。在对传统儒释道精神的了解上,"详细知道"的仅占20.1%,"略知一二"的占40.3%,完全不知道的占7%,说明工科大学生对传统文化的了解范围较广,但深度不足。

对于"传统文化对当代社会的作用"这一问题,大学生具有较高的共同认识,认为对当代社会有作

用的占到96.2%。深入一步，在问到"你认为传统文化在道德教育方面有重要的价值吗"时，认为"非常重要"的占38.7%，认为"重要"的占49.1%，认为无所谓或不重要的占11.9%，说明大部分大学生对传统文化的道德价值有所认识。但是当再进一步问到"传统儒家文化人格境界论对当代大学生健全人格的形成有重要作用"时，认为"非常重要"的占27.5%，认为重要的占57.4%，认为无所谓、不重要及非常不重要的占15%，比例高于对传统文化整体性道德价值认知。这显示出大学生对较深层次的传统文化理论比较生疏，缺乏对传统经典的阅读和深入思考，间接观点明显多于独立思考，对传统文化内涵的认知深度有限，对传统文化与当下思想政治教育的内在契合缺乏真实思考和深入理解，认同度偏低。

2.2 传统文化接受范围和途径广泛，但主动选择性有限

对于传统文化教育的接受途径和范围，调查显示出宽泛性。大学生对传统文化的多样形式包括诗词曲赋、棋牌曲艺、书法国画、对联灯谜、服饰建筑、玉器瓷器，以及音乐、文艺作品、影视作品等普遍感兴趣，表明大学生对多种形式和载体的传统文化教育比较乐于接受。对于"你在家庭和社会生活中能接触到传统文化吗"（见表5），回答"很多"的占比38.5%，回答"很少"的占比58.6%，可见大学生对传统文化教育的选择性差异明显，接受度也存在差别。在熟悉和喜爱传统文化的影响因素中，居首位的是"家庭影响"，占71.73%，其次是"受教育程度"，占60.27%，第三是"兴趣爱好"和"从事职业"，反映出大学生接受传统文化教育的首要因素是家庭教育，其次是学校教育，兴趣爱好并不是首要因素，表明大学生所成长的家庭、生活及教育环境对大学生传统文化认知状况有深刻的影响，并且来自环境的被动接受较多，主动选择性有限。

表5 "你在家庭和社会生活中能接触到传统文化吗"问题反馈

		频率	百分比	有效百分比	累积百分比
有效	很多	259	38.5	38.5	38.5
	很少	394	58.6	58.6	97.2
	完全没有	19	2.8	2.8	100.0
	合计	672	100.0	100.0	

在传统文化对生活影响程度上，认为有影响的占70.6%，认为不好判断和正在消逝的占29.5%，说明传统文化对大学生的生活有影响，但影响程度

不深，范围也有限。而在具体对于"工科生是否有必要加强中国传统文化教育"这个问题，认为有必要的比例占71.8%，无所谓的占11.2%，认为没必要和非常没必要的竟占17.1%，二者比例总和为28.3%，接近三分之一，凸显出工科学生对自身传统文化教育的认识现状有所担忧，显示出工科大学生优秀传统文化教育的迫切性和必要性。这也说明笼统谈大学生传统文化教育并不足以反映大学生传统文化的真实情况，需要突出工科大学生传统文化教育的迫切性。

2.3 对传统文化整体性认知与理论实际存在距离，间接观点为主，内涵认知有限

在对传统文化的整体性一般认知层面，大学生表现出较高的认同。有35.3%的大学生认为对传统人文精神应该继承和弘扬，62.6%的大学生则更为理性，认为对传统人文精神应批判性的继承，而认为无所谓的仅占2.1%。在问到"是否有必要学习四书五经的历史文化古籍"时，有25.4%认为有必要进行学习，65%的人认为应"有选择性的研读"，只有9.5%的人认为没必要进行学习。这表明大学生对传统文化及其经典有较为理性的认知态度，并有阅读传统经典著作的明显意愿。对于"你认为有必要学习中国古代的先哲思想吗"这一问题，有83.6%的人认为有必要，而认为没必要和无所谓的占比16.4%。从对传统文化的总体认同到传统经典阅读再到先哲思想，认为没必要和无所谓的比例从2.1%、9.5%再到16.4%，说明随着对传统文化思想认知的深入，大学生的理解度和学习程度不足，在整体性态度和深度理论上存在着一定的矛盾性，不易产生深层次的认同。学生对传统文化价值重要性认知的调查结果见表6。

表6 对传统文化价值重要性认知（百分比）

	非常重要	重要	无所谓	不重要	非常不重要
传统文化道德价值	38.7%	49.1%	8.6%	3.3%	0.3%
儒家人格境界论对健全人格的作用	27.5%	57.4%	8.6%	3.3%	3.1%

2.4 对于传统文化的普适价值及其前景有所担忧，理论自信不足

对于传统文化宏观的未来，大部分同学表现出了乐观的态度，认为"与全球化并行不悖"的占61%，"逐渐发扬推崇"的占25.3%，表明大学生整体上对传统文化与全球化、现代化的关系持乐观积

极的态度(见表7)。关于传统文化的传承现状,在"是否为中国传统文化的流失而感到担忧"这一问题上,表现担忧和非常担忧的占比高达86.7%,其中非常担忧的占31.5%,反映出大学生对于传统文化教育弱化的现实有较为清醒的认识,也说明传统文化在生活层面的疏离。关于传统文化对当代社会的影响,认为有影响的占70.83%,认为影响正在消逝的占15.78%。充分显示出大学生对传统文化流失的现状和前景的担忧,反映出当下高校传统文化教育和传统文化在生活领域、生存视域中的弱化甚至缺失,表现出大学生对传统文化的当代价值缺乏深度的理论自信,反衬出加强传统文化教育的迫切性和必要性。

表7 你对传统文化的未来怎么看

		频率	百分比	有效百分比	累积百分比
有效	与全球化并行不悖	410	61.0	61.0	61.0
	逐渐发扬推崇	170	25.3	25.3	86.3
	逐渐淡忘	35	5.2	5.2	91.5
	成为小众文化	57	8.5	8.5	100.0
	合计	672	100.0	100.0	

2.5 传统文化教育不均衡,城乡生源认知差异明显

以古典音乐为例,城乡生源对古典音乐的兴趣差别较大,农村生源大学生的选项集中于"一部看过多次"、"大致看过一次"的中间两项,农村和城市生源大学生对四大名著的阅读情况也有较大差异(见表8),很大程度上是受到获取资源便利程度及家庭观念的影响,可以理解为农村生源大学生对传统文化的接触和理解程度没有城市生源的大学生深,因而选择较为保守。不同生源大学生在接触传统文化教育的机会、广度和深度上有一定差别(见表9),农村生源大学生在生活中接触传统文化的机会比城市里的同学少,一定程度上受到教育资源、生活便利程度、家庭环境等的影响。但是值得注意的是,在农村生活中,传统文化的影子并不少见,尤其是在传统节日期间,所以在农村传统文化更有可能内化为日常生活的一部分而不被人注意。

表8 四大名著阅读情况

	都看过多次	一两部看过多次	大致看过一次	没看过	合计
城市	118	192	145	24	479
农村	29	61	86	17	193
合计	147	253	231	41	672

表9 家庭和社会生活接触传统文化程度

	很多	很少	完全没有	合计
城市	193	277	9	479
农村	66	117	10	193
合计	259	394	19	672

2.6 对于加强传统文化教育途径选择多样,但不希望增加学习负担

关于加强优秀传统文化教育的途径,工科大学生表现出谨慎的选择性,显示出整体性认知和涉及自身态度上的鲜明差别。如对于"是否应该将'保护和继承传统文化'开设为必修课"(见表10),有85.3%的人认为有必要,而认为无所谓、没必要的占14.8%。

表10 "是否应该将'保护和继承传统文化'开设为必修课"问题反馈

		频率	百分比	有效百分比	累积百分比
有效	非常有必要	231	34.4	34.4	34.4
	有必要	342	50.9	50.9	85.3
	无所谓	23	3.4	3.4	88.7
	没必要	40	6.0	6.0	94.6
	非常没必要	36	5.4	5.4	100.0
	合计	672	100.0	100.0	

这表明大学生对传统文化教育的必要性整体上认同,只有少部分学生不认同。而具体到"工科学生是否有必要加强中国传统文化教育"(见表11),调查结果颇有意味,认为无所谓或没必要的高达28.3%,超过总人数的四分之一。

表11 "工科生是否有必要加强中国传统文化教育"问题反馈

		频率	百分比	有效百分比	累积百分比
有效	非常有必要	167	24.9	24.9	24.9
	有必要	315	46.9	46.9	71.7
	无所谓	75	11.2	11.2	82.9
	没必要	70	10.4	10.4	93.3
	非常没必要	45	6.7	6.7	100.0
	合计	672	100.0	100.0	

同时,对于最有必要开展传统文化教育的人群,认为是中小学生的占75.60%,认为是大学生的占72.62%。该结果显示出接受调查的工科学生对传统文化学习的自主性要求及对任务性学习的担

心。虽然认为大学生群体需要加强传统文化教育，但不希望增加自身的学习负担，这也反映出传统文化教育在工科课程体系中边缘化的现实。中学和小学时期接受的传统文化教育也同样薄弱，说明大学生成长过程中所接触到的传统文化教育与自身期待和应然状态有明显差距。

3 加强大学生传统文化教育的对策与建议

3.1 从"边缘化"向"基础化"转变：在课程体系建设上重视传统文化教育

传统文化对大学生的思想、行为、人格、境界提升具有深刻的作用，通过挺立人的内在道德主体性，深层次提升人的道德境界，建立稳固的内在德行和责任意识，其价值包括心理、行为、信仰各个层面，功能涵盖了心理学、教育学等学科，将人视作有独立人格的主体，对于培养全面发展的人才具有不容忽视的作用。但是根据调查结果，工科大学生对传统文化的深层次作用缺乏足够的认知，对于传统文化教育现状感到担忧，现代教育体系的弊端又将传统文化隔离于专业教育之外，造成隔阂。而造成大学生对传统文化了解不深入的原因，首要在于"课业负担重，没有时间"，占68.75%，其次在于"整个社会不重视"，占60.57%，第三位原因在于"觉得没有实用价值""了解途径少"和"自己不喜欢"。在当前我国理工科高校，优秀传统文化的现代价值尚未得到应有的研究，传统文化教育相关课程建设得不到重视，处于边缘化地位，"大学生容易成长为功利性的'职业人'，往往也不具备健全的独立人格和使命担当"。因此，应充分重视传统文化涵养人格、提升道德的深刻作用，使传统文化教育从"边缘化"向"基础化"转变，"明确人文素质课程在理工科教育中的基础性地位"。从而，可以有效应对工科大学生功利化、技术化、单向化的弊端，培养富有道德和责任感、有持久内在精神支撑的青年学子，使大学生人格从"平面"走向"立体"，成长为富有社会责任和民族责任、身心人格全面发展的人才。

3.2 从"概念化"向"内涵化"转变：重视传统文化的现代意义，加强工科大学生传统文化内涵教育

传统文化教育边缘化的一个重要原因就是当下高校师生对传统文化内涵的认识不深入，缺乏对优秀传统文化的内涵及其现代意义、与当下大学生

思想政治教育的契合点、与当代社会个体生活结合点的研究和认识。作为社会新鲜力量的青年大学生群体，其价值观决定着社会发展的价值取向，然而调查显示大学生对传统文化的认知颇有广度，但深度有限，不能真正理解传统文化的道德精髓和思想精华，因此不易形成对传统文化现代价值的深度认同，难以成为弘扬优秀传统文化、弘扬社会主义核心价值观的内在动力。因此要加深大学生对传统文化的理性认知，从"概念化"间接结论向"内涵化"正确认知转变。中华优秀传统文化拥有深刻的道德精髓和天人义理，形成流淌在中国人血液和生命中的担当精神、责任意识和道德气象，如张载四句教"为天地立心，为生民立命，为往圣继绝学，为万世开太平"，在挺立人的道德主体性、提升人的道德境界上具有超越性的理论意义和实践意义。在构建社会主义核心价值观，挺立中国精神、中国力量，树立文化自信，实现中华民族伟大复兴中国梦的今天，更应汲取传统文化道德精髓，发挥其对现代人涵养道德、构建和谐身心的积极作用，及对现代和谐社会构建的积极作用，更应成为为世界贡献中国智慧的价值之源。因此，应通过传统文化相关课程和活动的教育，使大学生对传统文化内涵形成正确的认知，从而指导自己的学习、生活和身心。

3.3 从"被动接受"向"生活实践"转变：重视传统文化的生活面向，拓展传统文化教育的实践向度

传统文化的一个重要向度就是面向生活的道德实践，在日用常行中落实道德规范和行为准则，在人的一生中都要不断进行道德实践，实现理想的人格和境界。而调查结果表明，大学生对传统文化的基本思想和各种形式多为被动接受，主动选择性有限，没有对传统文化形成正确的认知。通过对工科大学生加强传统文化教育，可以使大学生将传统文化的道德精髓内化于心，挺立主体道德人格，提升个人品质，并长期、稳定地影响个人成长，将传统文化外化于生活实践，发挥传统文化涵养品格的深刻作用。"广大青年要把正确的道德认知、自觉的道德养成、积极的道德实践紧密结合起来"。因此，要通过加强大学生传统文化内涵和实践教育，使大学生个体能够成为道德和责任的主体，挺立内在，由平面人格走向立体人格，支撑学业、工作和生活，担负自身、社会和家国责任，使工科知识具有厚重的人格基础，更积极地服务于我们的社会和人民。加强传统家风、行风教育，形成传统文化学习和生

活实践环境,同时注重加强对农村生源大学生传统文化体认。通过传统文化教育、实践和涵养,提升大学生的人生境界,拓展为人格局和宏阔视野,突破小我的局限,确立远大的目标,进而从容应对学习、生活中遇到的各类问题,实现全面发展和提升。

参考文献

[1] 习近平.决胜全面建成小康社会 夺取新时代中国特色社会主义伟大胜利——在中国共产党第十九次全国代表大会上的报告[R].北京:人民出版社,2017:23.

[2] 习近平.习近平谈治国理政[M].北京:外文出版社,2014:54,164.

[3] 庄华峰,蔡小冬.大学生对中国传统文化的认知现状与对策探究——基于安徽省 W 市 S 大学的调查[J].高校辅导员学刊,2015,7(5):16 – 21.

[4] 熊勇清,郭杏,郭兆.理工科大学生人文素质课程需求调查与分析——基于"学生兴趣"与"工作情境"双视角[J].现代大学教育,2015(1):100 – 106.

[5] 张载.张载集[M].北京:中华书局出版社,1978:320.

[6] 胡万年,伍小运.中华优秀传统文化在大学生思想政治教育中的回归与融合[J].高校辅导员学刊,2016,8(1):46 – 51.

能源与动力工程专业大学生专业综合视野的培养 *

蒋波,王鹏飞,鲍照,刘冬,范德松,吴烨,张睿

(南京理工大学 能源与动力工程学院)

摘要: 大学生专业综合视野的培养是提升大学生综合素质和能力的有效途径之一。就能源与动力工程专业而言,大学生专业综合视野的局限性明显存在,有多方面原因需要探讨,亟须对现有传统的培养模式进行改革,从各方面着手开展能源与动力工程专业大学生专业综合视野的培养,为提高大学生专业综合素质和能力提供有效支持。

关键词: 能源与动力工程;专业综合视野;培养

专业综合视野在于从多方面了解本专业的发展情况,例如,专业知识内容的系统架构及专业技术的应用、历史纵向的专业发展历程、国内外横向的专业技术发展状况、当前全世界本专业发展热点、专业未来发展方向和憧憬等。能源与动力工程专业(以下简称"能动专业")大学生专业综合视野的培养,还缺乏系统性、专业化的教育研究和探索实践。

1 高校能动专业大学生专业综合视野培养的发展现状

为了帮助大学新生快速适应大学专业学习,提升他们对专业的认知度和认同感,当前各高校开设了相关专业的专业导论课,课程内容包括专业与课程体系介绍、本校在本专业的发展特色、专业研究和学术兴趣的培养等。为了吸引大学新生的兴趣,专业导论课的授课方式灵活多样,并且在不断进行教学改革与创新,探索内容更丰富、效果更好的专业导论课模式。国内许多高校开展了大学生"卓越工程师计划"这一培养模式,收效很大。能动专业在卓越工程师工程实践教育培养中进行了探索与实践,就培养和提升学生工程实践能力,寻找到了一条新的道路。培养能动专业不同层次大学生的创新能力,需要根据新形势下能动专业不同层次大学生的特点,鼓励他们总结和分享相关学习方法和

* 基金项目:2019 年南京理工大学高等教育教学改革研究课题"能源与动力工程学生专业综合认知的培养与提升"

技巧,参与课外科研探索过程,锻炼独立学习与思考、沟通交流、组织活动等方面的能力。同时,在大学生中建立专业科创训练团队,形成"老带新""梯队化""多学科背景"的学生创新训练团队。在专业创新型人才培养模式方面,创新型人才的培养要以专业课程的改革、培养方案的制订为基础,以教学理念的更新、实践性的教学体系为核心,以企业需求、社会需要为导向,加强校企合作,建立全新的创新型人才培养机制。这一行之有效的培养模式是许多高校正在探索实践的模式,主要在于培养模式的侧重点和培养能力的挖掘深度不同。

总的来说,已有大量高校在能动专业的培养教育方面开展了许多探索和实践。在能动专业的大学生专业综合视野培养方面,少数学校也开展了一些探索和实践。例如,近几年开设的能源科学新进展课程,通过系列化讲座的形式系统地介绍能源科学当前最前沿的发展。但是在能动专业的大专业综合知识方面,主要是针对其当前的发展进行一些专业知识方面的教育,还缺乏从历史纵向、国内外横向的比较,缺乏对国内外学者、研究机构在本专业系统研究工作的总结。

2 高校能动专业大学生专业综合视野培养不足的原因分析

就能动专业而言,大学生专业综合视野的局限性是明显存在的,表现在:一些学生对专业知识的掌握不扎实、不系统,学习停留于知识表面,运用能力较差;大部分学生不了解专业的发展历史,对为本专业做出巨大贡献的重要历史学者不甚了解,甚至有学生对以学者命名的公式、定理等一头雾水;部分学生对本专业在当今国内外的发展水平漠不关心,更无从谈起对本专业当前发展热点和先进技术的了解和理解,这样就会对专业的发展失去信心。

形成这样的现状的原因是复杂而多样的,分析如下:

(1)社会存在功利主义思想,对本专业的认知不足

随着社会竞争的不断加剧和教育规模的逐渐扩大,当前社会对热门专业较为关心,对传统专业之一的能动专业则缺乏关注,导致许多家长对本专业知之甚少,导致孩子也同样受到认知的影响。有的人甚至认为,大学学习就是为了混文凭从而找一份好工作,好专业就意味着能"多赚钱",导致学生

没有认真对待大学学业,缺乏自律意识,学习动力不足。

(2)高校的重视程度不够

高校主要注重大学生专业知识的培养,在培养质量的考核上形式比较单一,侧重于课堂教学和考试。这些传统培养模式在促进高校教育方面发挥了重大作用,但也正是因其存在,高校对大学生专业综合视野培养的重视程度不够。高校在大学生的综合能力培养方面虽然做了大量工作,探索和实践了许多培养模式,但是成熟度还不够,效果还不够理想。特别是在大学生专业综合能力和视野培养方面,措施和方法较少,还需要一线教师和教学管理人员开展研究和探索实践。

(3)学生专业选择的影响

大学生在报考专业后,可能被录取专业不是其报考的意向专业,这样就会造成学生对本专业认识不够充分,导致专业认知度明显不足。有的学生甚至是调剂到本专业的,他们对本专业缺乏认同度。这些学生对本专业的学习缺乏兴趣,难以培养专业综合视野和综合能力,甚至有的学生在进校后不久就着手申请调整专业。

3 做好高校能动专业大学生专业综合视野培养的方法路径

做好能动专业大学生专业综合视野的培养,需要从社会、高校、一线教学及管理人员和大学生等多方面入手。

(1)加强专业宣传,创造良好的社会环境

社会经济、科技的发展,是各行各业发展的综合表现。随着国家综合实力的不断增强,各行各业均做出了巨大的贡献。国家和社会的大部分基础设施建设和运行都是传统专业支撑起来的,传统专业在其中长期具有重要作用并占有重要地位。所谓的热门专业,可能受到时代发展的影响而呈现出"三十年河东,三十年河西"的现象。因此,需要加强专业宣传,让社会大众对服务于社会的各专业有更加深入的认知,创造良好的社会环境。就能动专业而言,它是支撑国民经济、保障国民基本生活需求的重要传统专业,作为该专业的教学科研人员,要向社会大力宣传该专业的作用和地位,让更多的社会人士、家长及学子认识、认知和认同能动专业。

(2)转变培养观念,设立科学的评价机制

能动专业是一个工科专业,在培养模式上有其

独特之处,对于学生的专业知识要求较高,需要学生具有较好的专业综合视野和学科交叉能力。高校在培养方案制订、课程设置方面,需要根据基础知识学习先后、基础课程和专业课程之间的支撑和联系等进行合理设计。在评价机制方面,要探索适合专业特色的科学的学生综合能力考核评价体系,从而有利于引导教师教学和学生学习。

(3)加强教学改革,探索专业综合视野培养的新模式

首先,一线教学及管理人员要深入认知专业教育的内涵、特征、规律和发展趋势,开展课程建设,从专业知识内容的系统组成、专业技术的应用情况、专业的发展历程、专业技术在国内外的发展状况和差异、本专业当前的研究热点、专业的发展前景与方向等方面入手,着力开展学生专业综合视野的培养。其次,一线教学及管理人员要创新教学方法,把填鸭式教学转变为任务型教学,结合教学和科研相长,加强专业教育与国民经济专业应用的联系,深化完善产教融合、校企合作的体制机制,不断拓展学生专业综合视野。

(4)不断提升大学生自主学习和实践创新能力

能源与动力工程是一个需要大量基础和专业知识作为支撑的工科专业,同时需要学科知识交叉,知识点众多且繁杂。这就要求大学生在学习时明确自己的学习目的和专业学习要求,有的放矢地进行学习,并不断提高自觉学习意识,在学习的过程中挖掘适合自己的学习方法,培养自主学习能力。要鼓励大学生组建学习兴趣小组、科创训练小组等,勇于参加和认真对待各类专业竞赛和创新性实践项目,通过相关的竞赛项目,如"挑战杯""节能减排大赛""互联网+"等,提高实践创新能力,提升专业综合素质,拓展专业综合能力,拓宽专业综合视野。

4 结　语

随着时代的发展和社会的进步,全世界对专业人才的需求量越来越大,对专业人才的能力要求越来越高。就能动专业而言,培养大学生专业综合视野,可以有效促进大学生专业综合素质和能力的提升。这就需要从社会、高校、一线教学及管理人员、大学生等多方面入手,转变专业认知和培养理念,积极开展课程建设和教学改革,提升大学生自主学习和实践创新能力,切实加强大学生专业综合视野的培养。

参考文献

[1] 马利敏,姬忠礼,张磊. 能源与动力工程专业导论课教学改革与实践[J]. 化工高等教育,2018(6):47-50.

[2] 程效锐,张舒研,张翼飞. 能动专业卓越工程师工程实践教育培养新模式的探索与实践[J]. 中国现代教育装备,2018(21):102-105.

[3] 高波,康灿. 能源与动力工程专业卓越工程师实践教学体系探讨[J]. 中国现代教育装备,2017(21):32-34.

[4] 岳强,杜涛,李国军,等."卓越计划"背景下能源与动力工程专业实践教学模式研究[J]. 教育教学论坛,2019(13):125-127.

[5] 曹飞. 能源与动力工程专业不同层次学生创新能力提升方法与案例[J]. 广东化工,2019,46(6):238-239.

[6] 吕薇,孙刚,李瑞扬,等. 能源与动力工程专业创新型人才培养模式研究[J]. 成才之路,2019(7):1-2.

[7] 王静静,冯妍卉,夏德宏. 创新创业型人才培养背景下能源动力类专业教学改革[J]. 中国冶金教育,2019(1):60-63.

[8] 张玉全,郑源,杨春霞. 浅谈能源与动力工程专业大学生科技创新能力的培养[J]. 教育教学论坛,2019(7):181-182.

[9] 陈威. 关于能源与动力工程专业培养新工科人才的思考与探索[J]. 教育现代化,2018(49):35-36,61.

[10] 汪健生,安青松,刘雪玲. 能源与动力工程专业基础课程国际化教学模式的研究[J]. 大学教育,2015(6):112-114.

[11] 汪健生,王迅,安青松. 能源与动力工程专业项目制课程教学模式的研究[J]. 大学教育,2015(5):153-154,161.

工程教育认证理念下能源动力类课程教学模式研究 *

金大桥，耿瑞光，陈树海，王司

（黑龙江工程学院 机电工程学院）

摘要：工程教育认证近年来受到广泛关注和认同。以学生为中心、以能力培养为导向的人才培养模式更适合于学生的培养。本文总结了工程教育认证的理念，分析了能源动力类课程教学中存在的问题，提出了工程教育认证理念下能源动力类课程的改革方案，力图使教学模式更符合人才培养的目的。

关键词：工程教育认证；教学模式；能动专业；人才培养；高等教育

工程教育专业认证是国际专业机构对高等教育院校所开设的工程相关专业类教育所进行的针对性、专门性的认证。工程教育肩负着培养工程人才的重要使命，工程教育专业认证为相关工程技术专业学生工作提供有关的教育质量保障。

近年来，随着经济的全球化发展，国内工程类高等院校对工程教育的改革逐步深入。教育部2006年启动工程教育专业认证试点工作，2016年6月中国正式加入《华盛顿协议》，标志着我国的工程教育认证体系进入了国际工程教育联盟。各工科专业按中国工程教育认证标准要求进行专业建设，已取得显著成效，计划2020年实现所有专业大类全覆盖。我校已经通过工程教育认证的学科专业有机械设计制造及自动化、土木工程、车辆工程、材料科学与工程等，为加强能源与动力工程专业建设，参照通过认证专业的经验，深化课程的教学模式改革，以期提高能源动力类课程的教学质量。

1 工程教育认证的理念

工程教育认证的理念是工程界和教育界在多年探索的基础上得出来的，是《华盛顿协议》各会员国的共同思想，是全社会对工程教育的呼声和要求，它有着先进的育人理念。

1.1 工程教育认证以学生为中心

传统的教学质量评估大多关注的是学校投入的经费多少，拥有的硬件数量和质量。然而，学生接受学校教育的效果应该是看他到底学到了什么，而不是用学校本身投入的多少来衡量。以学生为中心，就是学校的教学活动围绕学生展开，保证学生获得毕业目标要求的各项能力，工程教育认证恰恰是秉承这样一种以学生为中心的教育理念。它提倡教师以学生为中心组织课堂，设计教学内容，并不断收集学生的反馈，实时评估教学目标达成情况，持续改进教学方法。另外，工程教育认证关注的是参加认证专业的所有学生而不仅仅是部分拔尖人才，这也突出体现了工程教育认证以学生为中心的教育理念。

1.2 工程教育认证以产出为导向

我国的专业认证通用标准从知识、能力和素质3方面对人才培养提出基本目标要求。认证时，认证委员会考察该专业培养目标的设定是否秉承明确可度量、科学合理、恰当有效、能够达成的原则，并从学生发展、培养目标、毕业要求、持续改进、课程体系、师资队伍和支持条件等要素，考察该专业人才培养过程中的各个环节是否能够支撑该目标的达成。申请认证的各专业，要根据标准的基本要求，结合学校的办学宗旨和特色，设定本专业的培养目标，构建本专业的人才培养体系，以及支撑该目标达成的课程体系、管理制度、教学环节及评价机制等，同时还应遵循面向行业、企业开放的新观念，培养的学生应是具有综合运用所学科学理论和

———————————

* 基金项目：2017高等学校能源动力类新工科研究与实践项目（NDXGK2017Y‑45）；黑龙江工程学院新工科研究与实践项目（XGK2017211）

技术手段分析并解决工程实际问题的基本能力、适应经济社会发展需要的人才,提高学生素质和能力为教育教学的最终目标。工程教育认证制度对达成度的考察及各项目标的设定,覆盖了人才培养过程的各个方面,构成了一个完整的人才培养过程监控体系。

1.3　工程教育认证注重持续改进

促进专业的持续改进也是工程认证的重要理念。社会环境在不断变化,对教育的需求也在不断发生变化,工程认证的过程是一个发现问题、提出问题,并通过不断反馈来形成持续改进的循环过程。要求被认证专业建立一种具有"评价—反馈—改进"反复循环特征的持续改进机制。认证有时效性,有一定的有效期,过了有效期,认证专业需重新申请被认证,即便是在有效期内,认证专业每年仍需要提交自评报告,反馈认证专业建设的持续改进情况。工程认证的持续改进理念促进专业办学质量持续提高,是不断提高教学质量和学生素质的重要监督和保证。

2　能源动力类课程教学中存在的问题

2.1　教学的主体地位不突出

对工程教育认证理念认识不足。课堂通常是以教师为中心,按传统授课模式进行教学,教师理论讲授占据着教学工作的主导位置,对于基本原理的讲授比例较大,缺少与实际应用的联系,一般按照章节内容的难易程度进行侧重讲解。能源动力类课程和其他工科专业课程类似,课堂上老师讲,学生被动地接受知识的传统教学方法,虽然在过去取得了一定的教学效果,但并不适用于当前工程专业认证中强调培养学生的实践创新能力。学生的教学主体地位没有很好地体现,灌输式的教学方法效果并不好,老师讲得辛苦,学生学得被动,影响了学生学习的主动性和积极性,学生能力的提升自然就缓慢,这与教学的初衷背道而驰。

2.2　课程实践环节发挥作用小

能源动力类课程是一门实践性较强的课程,传热学、热力学、流体力学等专业基础课,以及与能源和动力设备相关的专业课,都有大量与课程紧密相关的实践环节,包括课程实验、课程设计、生产实习、毕业实习、毕业设计等。但目前各环节大多单独进行,分属于不同的教学任务,同时,理论内容和实验内容分开讲授,课程设计与生产实习等单独设

课,学习专业内容时存在脱节现象,缺少将各教学环节内容有效融合的桥梁。另外,有的课时较少,现在普遍采用的多媒体教学,虽然与传统的板书教学相比能够提供更多、更广的信息,但也存在授课节奏太快,学生思考时间不够,对知识的吸收理解不足等问题,使得所学的理论知识与实践能力不能很好地结合起来。教学中的实验环节仍以验证性实验为主,倾向于对理论讲述知识的验证,少有创新性的实验。这些现象的存在,不能充分发挥学生的主观能动性,不利于学生能力的提升,与工程教育专业认证指导思想相违背。

3　工程教育认证理念下能源动力类课程教学的改革实践

3.1　课堂教学手段的改进

针对教学内容多、学时少、任务重的特点,同时结合能源动力类专业的特点,在教学手段上,实现"互联网＋教学"的课堂教学模式,即传统教学、多媒体教学、网络课程线上线下相结合,而且还利用本校创建的网络学习平台及通用的微信、QQ等现代通信联络手段,实现不同的教学流程,有效避免多媒体教学中信息量过大导致的授课节奏太快,学生思考时间不够,对知识的吸收理解不足等问题,同时让师生之间的互动更频繁,从而提高教学效果和质量。

3.2　完善实践课程内容

把实践内容划分为基本技能认知实验和综合创新设计实验这两个层次,使其达到实践和创新能力培养的要求,采取的主要举措有:基本技能认知实验,让学生掌握本学科的实验方法的基本原理、基本操作和实验技能,加深对课程的认识与理解,从而培养独立思考、分析和解决实际问题的能力;逐年提高综合创新设计实验的比例,增加综合性选做实验的数量,给学生提供更多自主选择的机会,突显以学生为中心的理念。实践环节中充分尊重学生的意见,提高学生的实际操作能力,努力做到因材施教,在强调共性的基础上突出学生的个性,保障学生个性的发展,引导学生自主学习、自觉学习,从而最大限度地发挥不同学生的潜能。

3.3　加强学生自主学习能力的培养

为了更好地培养学生自主学习的能力,采用课堂报告和课程论文的形式加强学生自主学习的培养。课堂报告的内容为能源动力类课程某一内容

2019 年全国能源动力类专业教学改革研讨会论文集

的最新进展或某一专题的研究,报告分组进行,每组5~6名学生,所要完成的内容包括文献资料收集、PPT报告制作、PPT报告讲解、同学问答环节等。采用这种课堂报告的形式,不但可以培养学生的自主学习能力、团队精神和团队协作能力,而且可以锻炼学生的语言表述能力、现场应变能力及有效的沟通能力等。课程论文是另一种培养学生自主学习的教学方法,课程论文的撰写过程中,可以让学生对专业的最新研究方向及进展有所了解,通过它还可以培养学生查找文献的能力,培养学生独立思考的能力,使学生学会采用文字、图表等方式与业界同行及社会公众进行有效沟通和交流。这对学生综合能力的提高有重要意义,与工程教育认证下的培养目标相一致。

3.4　健全课程考核评价方式

考核评价方式是一门课程的重要组成部分。参照工程教育认证专业的做法,能源动力类课程也采用过程分项考查与期末综合考试相结合的考核方式,包括考试、作业、报告、自学笔记、讨论等。由原来较单一的理论考核为主转变为更注重提高专业基本能力、综合素质方面的考核,形式也更多样化。在考核内容方面,由原来更多局限于教材知识点的理论考核转变为增加工程应用及创新方面的考核。为能反映综合素质及能力方面的考核,在评价考核成绩的组成方面也进行相关改革,如提高课堂报告和课程论文分值的权重,从而使考核方式更注重对学生创新能力、工程能力方面的评价。

3.5　翻转课堂教学模式的应用

翻转课堂教学模式,是一种基于学生自学与师生互动的教学模式,教学过程为学生自学、师生互动、师生总结与讨论,这一教学模式符合工程教育认证的理念。翻转课堂教学,课前为新知识学习的场所,主要由学生完成;课堂为师生互动交流的场所;课后为教师、学生自主深入学习、研究的场所。学生的认真、努力和付出将从最终成绩中得以体现,从而调动学生的积极性,培养学生的综合素质和综合能力。翻转课堂教学模式中,学生学习分组,小组成员既分工又合作,团队精神和合作意识得到体现,考核评价方式将包括整个学习过程的所有内容,这些都将更有利于公平、准确地考核学生的学习情况,从而评定成绩。与传统课堂教学相比,教师与学生的角色发生了相应的变化,教师不再占据课堂中的主体地位,学生可以将自己的问题提出来,与其他同学进行探讨,并在教师的引导下研究这一问题,进而在解决问题的过程中提高综合素质。翻转课堂教学模式能够提高学生自学能力、独立思考能力和沟通能力。翻转课堂可以突显出学生的主体性,帮助学生形成有效的学习观念,增加学习互动的深度,全面提升教学的效果和层次。

4　结　语

在工程教育认证理念的引领下,能源动力类专业进行了教学模式的改革,利用互联网等现代信息交流平台,对课堂教学手段进行改进,完善实践课程内容,加强对学生自主学习能力、创新能力的培养,健全课程考核评价方式,并引入翻转课堂教学模式,最终达到提高能源动力类专业学生工程应用能力的效果。

参考文献

[1] 林健. 工程教育认证与工程教育改革和发展[J]. 高等工程教育研究, 2015(2): 10 - 19.

[2] 王玲, 雷环.《华盛顿协议》签约成员的工程教育认证特点及其对我国的启示[J]. 清华大学教育研究, 2008, 29(5): 88 - 92.

[3] 张学洪, 张军, 曾鸿鹄. 工程教育认证制度背景下的环境工程专业本科教学改革启示[J]. 中国大学教学, 2011(6): 37 - 39.

[4] 王昕红. 美国工程教育认证改革中的教师培训[J]. 高等工程教育研究, 2010(4): 64 - 67.

[5] 蒋宗礼. 工程教育认证的特征、指标体系及与评估的比较[J]. 中国大学教学, 2009(1): 38 - 40.

[6] 金诚. 台湾地区工程教育认证国际化之路[J]. 中国高等教育, 2010(5): 59 - 60.

[7] 张乾熙, 贾明生, 徐青. 就业导向下能源与动力工程专业实践教学优化[J]. 科技通报, 2017(6): 262 - 265.

[8] 费景洲, 曹贻鹏, 路勇. 能源动力类专业创新型人才培养的探索与实践[J]. 实验技术与管理, 2016(1): 23 - 27.

[9] 施晓秋, 徐嬴颖. 工程教育认证与产教融合共同驱动的人才培养体系建设[J]. 高等工程教育研究, 2019(2): 33 - 39,56.

[10] 李志义. 解析工程教育专业认证的成果导向理念[J]. 中国高等教育, 2014(17): 7 - 10.

多学科交叉融合的能源动力类新工科人才培养模式研究*

金大桥，耿瑞光，陈树海，李伟

（黑龙江工程学院 机电工程学院）

摘要：加快新工科建设，助力经济转型升级，能源动力类人才应具备更高的创新创业能力和跨界整合能力。能源动力类新工科人才培养模式目前还存在一定问题，要在实践中不断探索和研究新的教学培养模式。研究了能源动力类新工科人才培养的主要思路和人才培养的举措，要开展多学科交叉融合的人才培养模式，使每一位学生既受到专业的学术训练，也受到广泛的多学科知识教育。

关键词：新工科；学科交叉；人才培养；能动专业；培养模式

传统的能源动力类工程人才培养模式是单一的人才培养模式，是知识分化、社会专业化的产物，是特定历史阶段高校合理的教学方式。传统的教学模式过于追求学科理论知识结构的系统性、专业体系的完整性，忽视了对学生学科交叉融合能力的培养。当今时代，多学科之间广泛交叉、深度融合已经成为现代科学和工程技术发展的重大趋势，深刻改变着人才培养的模式。多学科交叉融合，不仅能够产生新的学科专业、新的学科发展方向和增长点，而且能够产生新的研究成果、对于推进新工科建设和发展具有重要意义。

加快新工科建设，助力经济转型升级，要求能源动力类工程人才具备更高的创新创业能力和跨界整合能力，要在实践中不断探索和研究新的教学培养模式，让每一位学生既受到专业的学术训练，又受到广泛的多学科知识教育。

1 能源动力类新工科人才培养需要解决的问题

新工科的理念是基于国家发展新需要提出的。2017 年教育部分别召开了综合性高校和工科优势高校的新工科建设研究讨论会，提出了新工科建设的战略规划，并陆续发布了"复旦共识"、"天大行动"和"北京指南"，进一步明确了新工科建设的内涵及行动指导思想。能源动力类新工科人才培养目前还存在如下问题。

1.1 办学理念、办学模式的局限

受传统学科教育体系的系统性和传统专业知识结构的完整性影响，能源动力类工程人才培养目标受限于某一学科框架体系。有的学时制度和学分制度不利于保障教学目标的顺利实施，有的专业或方向设置与当前社会经济发展不同步，有的人才培养方案与市场就业方向不一致甚至脱节等，忽视了素质教育的基础性、全面性、完整性。因此，新工科模式下，重塑办学理念、办学模式成为交叉学科视角下能源动力类工程创新人才培养的基础问题。学校有责任和义务把学生向受到良好的知识训练、智力技巧和思维习惯的方向引导，就要打破知识界限，使培养的毕业生能够解决工作中遇到的包含多学科知识与技能的复杂问题。

1.2 能源动力类学生多学科交叉能力需培养与提高

教学过程中笔者发现很多学生交叉学科知识和能力匮乏。如：思维定势严重，不会举一反三，联想不够丰富，除本专业知识外，相关专业知识知之甚少。能源动力类专业是综合性很强的学科，既有传统能动专业的基本知识，也有现代机械、电气、控制、材料等学科的新融合，同时工作中还需要具备安全和环保意识，与人沟通的能力。因此，要培养

---

* 基金项目：2017 高等学校能源动力类新工科研究与实践项目（NDXGK2017Y－45）；黑龙江工程学院新工科研究与实践项目（XGK2017211）

学生学习、吸收和运用现代科技解决实际问题的能力,培养和锻炼学生认真工作的态度和克服困难的精神,提高学生的创新意识和创造能力,参与一些技术和管理方面的工作等,强调的是多学科知识和技术的融会贯通。

1.3 教师多学科交叉能力的要求与提高

对于新工科条件下的学科交叉融合,教师应在教学过程中既要能把相关行业、专业知识技能和实践经验等运用于教学,又要能指导学生实验与实训、科技开发、创新等实践过程。这对教师在课程资源的开发能力,实践教学的实施能力,产学研结合的科研能力等方面均提出了较高要求。教师要首先具备多学科交叉融合的新工科发展的要求,才能更好地开展教学和科研,因此,提高教师多学科交叉融合能力成为能源动力类新工科人才培养的重要保障。

2 能源动力类新工科建设和发展离不开多学科交叉融合

能源动力类学科之间交叉融合,是现代科学和工程技术发展的显著特征,也是发展新兴工科专业和培养新型工程科技人才的必然要求。当代能源动力类学科涉及热学、力学、机械制造、自动控制、计算机、流体、发电等自然科学及数学等学科,存在大跨度、多方面的交叉,体现了科学技术发展整体化的趋势。

2.1 解决重大能源动力类工程问题需要学科交叉融合

现代工程技术,无一不是多学科协同攻关的结果。能源动力类工程问题往往不是单一学科的问题,其解决方案自然超出了单一学科的范畴,而需要多学科、多层面、多方位的交叉融合形成综合解决方案。比如,近年来为解决越来越突出能源瓶颈和环境恶化问题而大力发展的风力发电技术,就涉及气动力学、机械学、结构动力学、电子学、土建等学科的综合。只掌握单一学科知识往往举步维艰,需要多学科合作研究、协同攻关。

2.2 多学科交叉融合是培养新工科人才的有效方法

交叉融合是新工科人才培养的途径和要求。面对日益综合化和复杂化的工程问题,未来能源动力类新工科人才必须具有多学科视野和解决复杂问题的能力。特别是随着科学技术不断走向综合

和多学科边界日益模糊,多学科知识背景和跨学科思维能力越来越成为能源动力类人才必须具备的基本素质,多学科交叉融合教育正在成为培养能源动力类新工科人才的重要途径和方法,成为教育改革的基本趋势。因此,需改变传统工科专业过窄过细的弊端,树立综合化工程教育理念,探索跨学科教育模式,培养学生的多学科视野和跨界整合能力。

3 多学科交叉融合的能源动力类新工科人才培养举措

根据学校实际情况,结合其他高校在新工科教学中的改革及其研究成果,探讨当前本科高校能源动力类交叉学科的基础理论,构建合理的学科方向,提出了多学科交叉视角下的能源动力类新工科人才培养模式。

3.1 做好能源动力类新工科交叉学科发展规划

学校层面,要确定学校办学定位,明晰能源动力类工程人才应具有的素质,构建适合于学校长期发展的人才培养模式。应建立健全支持能源动力类新工科交叉学科发展的政策体系,充分认识能源动力类交叉学科建设的重要性。根据学校办学传统、特色、优势和发展战略,精心谋划能源动力类新工科的发展,推进能源动力类学科之间交叉复合、与其他学科交叉融合,形成新的研究领域和研究特色,从而使传统学科优势更突出、特色更鲜明。同时,夯实能源动力类新工科发展的基础,推进交叉学科研究平台建设,建设跨学科教学科研团队和实验室,推进学科交叉融合。构建有利于能源动力类学科交叉渗透、融合发展的组织架构、体制机制和良好环境,有效破除学科壁垒,实现不同学科协同发展、协同攻关、协同育人。

3.2 厘清多学科交叉融合的能源动力类新工科人才培养思路

传统的教育可以使学生对某些工业基本技术有所体验和认知,为日后处理工作中的技术问题积累必要的感性知识和经验。但培养的目标不是生产一线的技术工人,而是能源动力类工程技术和管理人员,这就要锻炼和提高学生与人合作与沟通的能力,培养学生认真工作的态度和克服困难的精神,要学会将科技和专业知识应用于产品开发或工程项目,保证和改进产品或工程的质量,降低生产成本和提高产品质量,这是一个庞杂而系统的工程。单一学科教育越来越显露出对知识的隔离,使

学生知识片面化,也压制了创造力,使高等教育难以促进知识创新,难以满足学生的期望,也使学生难以适应社会问题变化。社会经济的发展,要求学生掌握多学科知识和技能,能够解决复杂问题,成为掌握交叉学科的新型人才,这就要求人们对能源动力类专业学生的培养进行深入的探索和有效的改革。社会经济发展要求注重培养应用型、复合型、创新型的高层次能源动力类新工科人才,就要在学科交叉模式下提高高校学生的综合素质。

3.3 注重能源动力类新工科人才能力培养

结合学校人才培养目标总要求,结合行业企业需求及地方经济建设发展需要,调整专业方向,优化专业结构,积极发展新工科教育方向,使能源动力类专业发展成能够为地方经济建设服务、适应行业企业需求的新兴专业。在低年级阶段不分专业,施行通识教育,发掘学生真正兴趣所在,在教学中进行多学科的渗透;高年级后进行交叉学科知识融会贯通,解决复杂的实际问题;同时,研究提高学生自主学习能力、实践能力与创新意识的途径与方法,构建科学、合理、可操作性强的人才培养体系。培养一批综合素质好,基础扎实,具有一定的创新意识、较好的社会适应能力、突出的专业实践能力,能服务于地方经济、社会的能源动力类新工科人才。

3.4 开展适应能源动力类新工科人才要求的教学

建立适于新工科人才培养模式的课程结构和教学体系,把能源动力类新工科人才能力培养贯穿到理论教学、实验、课程设计、生产实习和毕业设计等教学的每一个环节。研究从课程的教学内容及教学方法、手段等方面如何培养学生的工程应用意识,构建与教学内容、体系互动的学生创新体系和创新平台,以及如何通过课程报告、实习、毕业设计等教学环节培养学生的创新意识与实践能力及综合素质。对人才培养方案、教学大纲、教学计划按新工科要求进行修订,打破院系之间、学科专业之间的壁垒,对原有专业进行整合,跨学科设置专业方向,从而使专业能力能够与区域经济和社会发展相对接,所培养的人才能够较好为地方社会经济发展服务。

3.5 提高能源动力类新工科的师资力量

教师知识结构普遍较为单一,单一的学科背景和狭窄的学术视野,易造成思维僵化,在开拓新的研究领域、提出新的研究视角、运用新的研究方法、发现新的研究切入点等方面受到很大限制。特别是具有交叉学科背景的高水平师资力量薄弱,已经

成为大学交叉学科发展面临的共性问题。可通过跨学科设置专业方向,跨学院配备师资,以及跨学科设置和选修课程的方式进行交叉学科人才培养。同时,打造培养多学科交叉融合的能源动力类新工科人才的高素质教师队伍,积极研究和探讨高校教师能力与学生综合素质教育、实践能力和创新能力培养的关系,培养双师型队伍,使教师具有多学科背景,能够进行多学科协同攻关,提高教师的素质。

4 结 语

学科之间广泛交叉、深度融合,已经成为现代科学和工程技术发展的重大趋势,多学科交叉融合对推进新工科建设和发展具有重要意义。能源动力类学生多学科交叉能力有待提高,高校还存在办学理念、办学模式的局限,教师学科交叉能力也有待于提高。要做好能源动力类新工科交叉学科发展规划与管理,开展适应能源动力类新工科人才要求的教学,不断提高学生的培养质量。

参考文献

[1] 顾佩华. 新工科与新范式:概念、框架和实施路径[J]. 高等工程教育研究,2017(6):6-18.

[2] 吴涛,吴福培,包能胜. 新工科内涵式发展理念的本质溯源[J]. 高等工程教育研究,2018,173(6):22-28,60.

[3] 林健. 面向未来的中国新工科建设[J]. 清华大学教育研究,2017(2):26-35.

[4] 杨小兵. 新工科背景下高校"卓越计划"人才培养研究[J]. 教育理论与实践,2018,38(33):8-10.

[5] 蔡映辉. 新工科体制机制建设的思考与探索[J]. 高教探索,2019(1):37-39.

[6] 曹苏群,张虹. 多学科交叉复合创新人才培养模式研究与实践[J]. 教育教学论坛,2015(44):129-130.

[7] 胡颎鸣,戴尚新. 物联网工程专业建设中多学科融合分析[J]. 中国新通信,2018,20(15):56.

[8] 寇志海,曾文,徐让书. 能源动力类专业应用型人才培养机制实践探索[J]. 实验技术与管理,2017(4):31-33,46.

[9] 蒋华林,朱晓华. 面向新工业革命的新能源领域本科课程体系建设[J]. 高等工程教育研究,2015(4):183-188.

[10] 徐晓飞,李廉,战德臣. 新工科的新视角:面向可持续竞争力的敏捷教学体系[J]. 中国大学教学,2018,338(10):46-51.

面向新工科人才培养的能源动力大类专业实验教学体系建设*

姜宝成，刘辉，张昊春，何玉荣，帅永，秦江，黄怡珉，王洪杰

（哈尔滨工业大学 能源科学与工程学院）

摘要： "新工科"建设指明了我国高等工程教育的发展方向，也为实验教学提出更高的要求。哈尔滨工业大学能源科学与工程学院实验中心打破专业方向和课程界限，基于大类专业，重新梳理实践教学目标和现有的实验教学内容，重构了实验教学体系，建设了专业基础课实验教学体系、专业课实验教学体系和创新创业实践教学体系，充分利用学科资源完成了实验教学新体系中的创新实验平台与虚拟实验平台建设工作，实现多层次实验教学环节有效协同，强化学生实验技能和创新实践能力的培养，取得较好的效果。

关键词： 新工科；实践教学；创新；虚拟实验

我国是工业化发展中国家，对工程技术人才的需求非常迫切。然而，我国产业发展不均衡，既有劳动密集型产业，也有资本密集型产业，还有知识密集型企业，尚处于工业 2.0 和工业 3.0 并行发展阶段，必须走工业 2.0 补课、工业 3.0 普及和工业 4.0 示范的并联式发展道路。2017 年 2 月 18 日，加快建设和发展"新工科"的"复旦共识"诞生，4 月 8 日，"天大行动"明确了"新工科"建设的路线，6 月 9 日，形成了"新工科"研究的"北京指南"。自此，"新工科"三部曲基本建立。所谓"新工科"建设，就是要立足于新经济、新产业、新业态和新技术发展，打造我国工程教育新理念、学科专业新结构、人才培养新模式、教育教学新质量和分类发展新体系。显然，"新工科"是我国产业升级转型发展的产物，是当前工科人才培养与劳动力市场需求矛盾的现实反思，更是对国际工程教育发展做出的中国本土化的回应与对接。新工科的内涵是以立德树人为引领，以应对变化、塑造未来为建设理念，以继承与创新、交叉与融合、协调与共享为主要途径，培养未来多元化、创新型卓越工程人才，具有战略型、创新性、系统化、开放式的特征。

哈工大作为国家"985"建设及"双一流"建设的重点大学，自然担负培养具有国际竞争力的高素质工程领军人才及科技创新拔尖人才的任务。面对新形势，研究探索如何建立大类专业实验教学体系，增加学科前沿类创新类教学内容以适应新型工科人才培养需要是非常必要的。

1 实验教学存在问题分析

1.1 实验教学理念相对滞后

原有的实验教学依附于课堂理论教学，实验教学沿用传统的教学理念，实验教学人员对教学改革积极性不高，教学理念相对滞后。根据"新工科"人才培养要求，实验教学在学生实践能力、创新能力培养方面应该发挥更大的作用，应充分发挥实验教学人员的主动性，以胜任开展研究性教学需要。

1.2 实验教学体系有待完善

原有实验教学体系基于专业（方向）设置，实验教学从属于某一门课程，教学内容交叉融合、协同育人不够，不适应大类专业人才培养要求。能源动力类专业实际装置庞大，涉及高温、高压、高速流动等极端条件，设备性能影响因素多，欠缺能够开展复杂机理分析的虚拟仿真实验。

1.3 教学内容相对陈旧，教学手段单一

原有实验教学内容更新缓慢，没有将专业和学

* 基金项目：2017 高等学校能源动力类新工科研究与实践项目（重点）（NDXGK2017Z‑05）；2017 年黑龙江省高等教育教学改革项目（SJ‑GY20170635）；黑龙江省教育科学"十三五"规划 2019 年度重点课题（GJB1319038）

科的新发展引入实验教学,科研成果很少转化为实验教学资源,科教融合不足,教学手段单一,研究型、创新型实验偏少,不利于培养学生创新能力和解决复杂工程问题能力。

2 能源动力大类专业实验教学体系构建

2.1 提升实验教学理念,构建能源动力大类专业实验教学体系

充分认识"研究性教学"理念对实验教学的重要性,结合苏联"重专业、强实践"与欧美"重创新、个性化"的教育模式,按照新工科人才素质、能力的培养要求和实验教学的认知规律,构建实验教学新

体系(见图1)。实验教学中心统筹规划大类专业实验室建设,打破专业方向和课程界限,重新梳理实验教学内容,增加综合性、创新性和体现学科新发展的实验项目,实现学科知识的交叉融合,有助于实施个性化教育。重新构建的"专业基础课实验"和"专业课实验"体系侧重对学生知识体系的构建和实验技能的培养,"创新创业实验体系"侧重对学生科研能力、创新实践能力的培养,引入专业和学科的最新发展成果和学术前沿问题,开阔学生的视野,激发学生的使命感、专业认同感。多层次实验教学环节有效协同,强化对学生实验技能和创新实践能力的培养,为创新型人才培养创造良好条件。同时建立反馈机制,实现实验教学的持续改进。

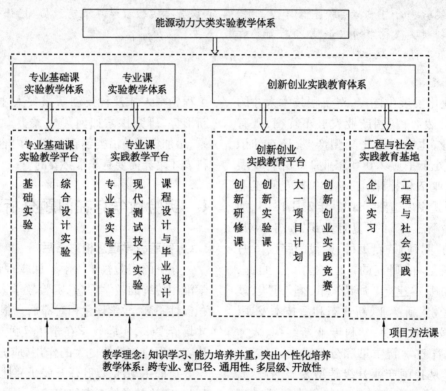

图1 能源动力大类实验教学体系框架

2.2 教学科研融合,把科研成果转化为优质实验教学资源

哈工大动力工程及工程热物理学科为国家重点一级学科,科研实力雄厚。将教师工程实践和科学研究的前沿问题引入到实验实践教学环节,通过创建能源动力类专业"创新研修课"、"创新实验课",实现小班授课,采用探究式和讨论式教学,强化对学生分析问题和解决问题能力的培养。以科技创新项目和竞赛为载体,引导学生提早进入科研实验室,参加教师科研工作,实现学生主动学习、自

主研究。通过导师制把"创新实验"和"项目学习实践"等环节与国家大学生节能减排大赛等学术竞赛及"毕业设计"结合,全面系统地培养学生创新实践能力和解决复杂工程问题的能力。哈工大优质本科生资源参与科研工作促进了教师科研发展,也为科研教师参与教学和人才培养提供适宜的切入点。

2.3 利用现代技术,建设能源动力专业虚拟仿真实验平台

采用"虚实结合、以虚补实",实现优势互补。虚拟实验可以创设极端条件下多因素耦合的复杂

2019 年全国能源动力类专业教学改革研讨会论文集

工程问题,其边界条件、实验工况便于设定调整,工况稳定速度快,学生在基本原理的总体框架下,充分发挥想象力,探索寻求多因素耦合规律,有助于培养学生分析和解决复杂工程问题的能力。例如在燃烧学实验台上开设燃烧相关的综合实验,通过反应动力学软件分析燃烧机理,在锅炉热平衡实验中测量设备性能参数,利用"大型锅炉炉内燃烧与污染物控制"虚拟仿真实验,分析各种因素对锅炉燃烧性能的影响规律。

3　实践效果

新构建的能源动力大类专业实验教学体系在培养学生实践创新能力方面发挥着重要作用,实验教学面向能源动力类专业学生,还对机械类、航天类、化工类等专业学生开放。每年开出 39 门课程实验,122 个实验项目,2 万多名学生参加各类实验。创新创业实践体系在高水平人才培养方面效果显著,今年来数十名学生在国家级科技竞赛获奖,本科生发表高水平论文。帅永教授所在课题组从事太阳能高效利用的研究,开设创新实验课"太阳能高效利用",后续指导学生基于项目开展研究,学生在国家大学生节能减排大赛获奖,本科生贾子勋发表 SCI 论文 5 篇。

实验教学建设取得突破,实验教学中心整体水平显著提升,形成广泛影响力,2018 年实验中心组织自主开发虚拟仿真实验教学项目有 3 项获批黑龙江省虚拟仿真实验示范项目、1 项获批国家虚拟仿真实验教学项目。哈工大能源科学与工程学院被评为工信部实验教学示范中心。实验教学改革和建设有力地支撑了能源动力类教学改革和课程建设。近年来,"传热学"、"工程流体力学"先后建成国家精品资源共享课,"热动机械测试技术"评为哈工大优秀课。

4　结　语

针对新工科背景下如何培养高素质创新型人才进行了实验教学体系的改革实践,确定了"依托学科优势,科研反哺教学,教学科研深度融合、形成合力,在高素质人才培养中协同发挥作用"的实验教学改革思路;充分利用学科资源完成了实验教学新体系中的创新实验平台与虚拟实验平台建设工作;教学过程引入学科学术前沿问题培养学生工程创新能力,一批学生取得标志性成果。通过能源动力大类实验教学体系的建设,提升了实验教学理念,实现多层次实验教学有效协同,教学科研深度融合,强化对学生实验技能和创新实践能力的培养,具有示范推广价值,国内同行给予高度评价。

参考文献

[1] 吴爱华,侯永峰,杨秋波,等.加快发展和建设新工科,主动适应和引领新经济[J].高等工程教育研究,2017(1):1-9.

[2] 戴亚虹,李宏,邬杨波,等.新工科背景下"学践研创"四位一体实践教学体系改革[J].实验技术与管理,2017,34(12):190-195,225.

[3] 刘红飞,张志萍.新工科建设背景下实践教学的思路[J].教书育人(高教论坛),2019(2):90-91.

新经济形势下的华南地区能源与动力类本科专业人才培养改革研究*

廖艳芬,余昭胜,马晓茜

(华南理工大学 电力学院)

摘要:本文针对能源与动力工程人才培养课程设计环节进行了优化与实践,建立了新形势下"能源与动力工程"人才培养课程体系:以学生为中心,实现知识、素质、能力全方位一体化育人,以

* 基金项目:2017 高等学校能源动力类新工科研究与实践项目(NDXGK2017Z-07)

高素质人才为根本目标,进行了教学课程体系的进一步调整和完善,实现与学科发展、生产实践、社会发展需要相适应,对能源与动力工程行业人才培养的核心竞争力的提高有着重要的借鉴意义。

关键词:能源与动力工程;课程体系;素质教育

随着社会和经济的发展,人类对于能源的需求越来越旺盛,与此同时,人们对于环境质量的要求也越来越高。传统化石能源的燃烧会产生大量有害物质,对环境造成巨大的破坏。因此,现在越来越多的非化石能源正在逐渐取代化石能源的地位。

广东省十三五能源规划中能源结构进一步调整,一次能源消费结构中其他能源(包括西电东输、水电、核电、风电、太阳能和生物质能)的比重从2010年的20.7%调整到24.8%,可再生能源和非化石能源消费比重不断提高。同时,能源体制机制改革走在全国前列,率先开展了节能发电调度、电力大用户和发电企业直接交易、输配电价、天然气价格等改革试点,电力市场发展蓬勃。另一方面,在这化石能源日渐枯竭而且污染严重、可再生能源方兴未艾的背景下,分布式能源站、多能互补系统建设和发展迅速,"互联网+智慧能源"已经成为最大限度消纳可再生能源、提高能源利用效率、促进节能减排和形成巨大绿色产业链并推动经济改革的一个核心方向。

华南理工大学能动类专业是传统的工科专业,迫切需要结合当前南方地区、广东省社会经济发展和行业需求,充分调研当前行业发展趋势和技术发展,结合地方特色,整合培养体系,改造旧工科现状,并通过小规模的实践示范与推广,达到对传统工科专业改造升级的目的,主动适应当前能源动力行业的发展,从而提升大学教育水平,适应粤港澳大湾区的经济发展需要以及对人才的需求。

1 当前我校本专业人才培养体系存在的问题

专业培养目标是进行专业建设和一切教学活动的指导方针,也是人才培养最终想要达到的目的。

华南理工大学能源与动力类本科专业人才的培养方案是根据华南地区的区域经济特色、学生意愿、就业去向等方面综合考虑而制定出来的,主要有热力发电和制冷空调两个方向。但是随着人工智能、大数据、云计算、分布式能源系统、智慧能源等新技术的出现,我校的培养方案已经不能适应时代的发展和粤港澳大湾区对于人才的需求,主要存在以下几个方面的问题:

(1)随着新的技术和科技手段不断发展,新型企业对复合型人才的需求不断提高,用人单位除对学生基础、专业能力的要求外,对当前发展的新能源、新材料、新检测技术、节能减排技术、新能源综合开发与利用及复合管理等各方面均提出要求。新型企业要求毕业生有更强的适应性。

(2)在确定培养目标时,实行重基础、宽口径、淡专业的教育模式。该模式适合于通才教育,培养出来的学生能适应与能源相关的各行各业,但专业能力不强,基础与专业面较窄,专业深度不够,缺乏交叉学科的必要知识,难以运用多学科知识解决问题,不适合专门人才的后续发展。

(3)实践与创新能力培养仍需加强。由于总学分的限制,以及课程设置中公共基础课中英语、物理、化学、机械制图等课程的模块化要求,本专业人才培养体系中专业实践能力培养环节,仅仅设置了生产实现和毕业实习两个环节,学生整体实践环节少,学生的其他实践培养依赖于自身的自主学习、参加各社团及导师的科研等方式。

2 构建新形势下人才培养目标和培养体系

随着我国经济改革的深化,市场经济秩序的建立,社会需求和经济分配状态的变化、相关科学问题的不断深入,对本专业的生源和就业形势等提出了挑战。近年来,发电行业特别是燃煤发电企业近几年的燃煤发电人才需求逐渐饱和,新能源、节能减排、超清洁排放、能源的可持续发展、新型绿色能源装备设计制造、新能源综合开发与利用等领域对人才需求旺盛,人才市场对本专业毕业学生的知识、能力、素质需求也发生了一些改变。迫切需要结合市场和行业背景,以学生为中心,实现知识、素质、能力全方位一体化育人,以高素质人才为根本目标,进行教学课程体系的进一步调整和完善,实现与学科发展、生产实践、社会发展需要相适应的要求。

因此,在确定能源与动力工程专业培养目标时,不仅要考虑到能源与动力工程专业这一学科的复杂性和多样性,同时必须兼顾所在院校的实际情况,结合市场经济对人才的新要求,使培养出来的学生在激烈的市场竞争中具有生存和发展的潜力。

基于此,本校能源与动力工程专业,基于工程热物理及动力工程学科的科学体系,根据能源动力工程专业的内涵要求,立足于华南地区社会和经济发展特点,以服务于区域行业发展及科学技术进步为目的,进行人才培养目标和培养方案的设置。综合考虑了动力工程、制冷技术两个主要的技术方向作为专业领域课程设置的基础,侧重于培养火力发电厂热力设备、热工自动控制、能源环境保护、新能源、制冷与空调系统的设计与运行、研究、规划、管理的"知识、能力、素质"三位一体的技术人才。

2.1 多元化的培养模式

在人才培养上采用多元化的培养模式;在公共基础平台课和专业基础平台课的设置上,注重宽的口径;在专业平台课上以专为主。立足于华南、粤港澳大湾区及"一带一路"的重大经济需求,对能源动力工程专业人才需求的专业方向来设置专业平台课,同时兼顾其他专业方向的设置,形成专业平台课程特色。

本校能源与动力工程专业毕业生绝大多数留在了南方地区,主要从事火力发电、节能减排、能源检测、制冷空调、建筑节能、新能源等领域的相关运行、管理、设计、研发工作。能源和制冷是本专业人才培养的两个方向,因此,课程设置中双轨合并,能源动力及制冷低温技术两个方向的专业基础课均需要修习,使培养出来的毕业生具有较宽的专业适应性。

同时,借鉴西安交通大学、浙江大学、华北电力大学、华中科技大学等国际知名大学课程设置中的专业基础课程群的模式,设置专业方向模块。在专业课程的设置中凝炼出"热""冷"专业课程群,核心课程按照课程群的建设思路,包括制冷技术、空气调节、制冷压缩机、换热器原理与设计、通风及大气污染控制,以及锅炉原理、汽轮机原理、泵与风机、热工过程自动调节、热力发电厂、燃气轮机原理、单元机组集控运行。同时在大四上学期的课程中,开设了两个方向课程群的选修课程,通过学生兴趣自然分流,进一步提高对某一方向的学习深度,满足市场对于学生专业素质要求的深度性。

为保证本科教育与研究生教学之间的衔接,以及学科发展的新技术和知识的学习,培养方案中设置了学科发展前沿技术讲座专题性的授课和大课堂。通过该系列讲座将专业方向扩展到"能源与环境、动力机械与流体机械、暖通与人工环境、热工过程优化与控制"等多个专业方向,通过各领域教授对于本专业国内外技术发展动向、高新科技发展前沿的讲授和分析,以及科研项目的实施和研究方式的剖析,开拓本科生的专业视野,培养学生自主科研的兴趣和能力;并打通了本研共享课"高等传热学""高等工程热力学",为部分本科生提前攻读研究生课程提供便利。

2.2 形成区域特色

当前我国有250多所学校办有能源与动力工程专业,根据各校资源和地域优势,一些高校具有明显的传统办学特色,浙江大学、华北电力大学、华中科技大学、东南大学、贵州大学等院校能动类专业主要服务于发电航行业;北京科技大学、东北大学、中南大学等院校能动类专业主要服务于流程工业;江苏科技大学面向造船行业;河海大学偏重于风电利用;哈尔滨工程大学能源与动力工程专业具有典型船舶动力领域特色等。尽管基础课程和专业基础课程设置上大同小异,但是这些院校的能动类专业发展建设过程中保持专业传统,并不断拓宽专业领域,进行学科的交叉融合,形成了其办学特色。

华南理工大学处于南方地区,近年来广东省电力发展进一步增强,2015年新建成投产发电专辑容量约3000万千瓦,省内电源装机容量达1亿千瓦。2015年一次能源消费中,煤、油、气、其他能源(包含西电、水电、核电、风电、太阳能和生物质能)比重为42.1%、24.6%、8.5%和24.8%。城市生活垃圾焚烧处理、工业和市政污泥无害化、减量化、资源化处理处置比率和要求不断提高,仅广州市垃圾焚烧发电规划建设7个处理厂。相关行业对于能源动力工程方面人才的需求逐渐向新能源和可再生能源综合开发与利用、节能减排、超清洁排放等领域偏移。另一方面,随着经济建设和城市化进程的快速发展,建筑能耗占全社会总能耗的1/3左右;广东省位处华南热湿地区,空调使用时间长,负荷高,其用电为夏季峰值电负荷的30%以上,除湿负荷占40%;同时随着经济的发展,空气调节的舒适性等要求不断提高,对于高层次专业人才的需求不断提高,广东省制冷空调及工业通风行业是能源动力专业学生的另一主要服务行业。

基于以上行业和地域背景,结合社会的近期人才需求和专业的长远发展,通过对当前和未来的人才需要的预测,本校能源动力工程人才培养体系中适应市场发展,在继承传统中创新发展、集中力量,选择了能源清洁利用(发电)、制冷空调为重点建设模块,并依托能源高效清洁利用广东省重点实验室、广东省能源高效低污染转化工程技术研究中心平台建设带动专业发展、在化石燃料发电的传统专业方面,拓宽领域逐步增加生物质能发电、城市生活垃圾焚烧处理、太阳能发电等新能源和可再生能源方面的课程。

3 构建新的教学模式和考核模式

随着社会的发展,企业对于人才的需求也不断变化,现有的教学模式和考核模式已经不能适应企业对于创新型、实践型、综合型人才的要求。因此,构建新的教学模式和考核模式,以适应企业对于人才的需要,是亟须解决的问题。

3.1 教学模式改革

教学模式的改革,主要有五个方面的内容,分别是学科前沿课程、校企合作课程、基于项目(设计、案例)的课程、新生研讨课和探究式本科教学。

3.1.1 学科前沿课程

学科前沿课是面向本科高年级开设的小班研讨课程。其目的是在通过研究性、探究式、互动式的教学,使学生深化对某一学科专业领域的认识,并具备一定的发现问题、分析问题和解决问题能力,从而进一步激发其探索与研究的兴趣,启发科学思维,提高实践与创新能力,引领学生对未来学业及工作的思考与认识。

3.1.2 校企合作课程

校企合作课程是指学校与企业合作共建课程,将企业优秀的资源引入融合到教学中,强化理论学习与实际应用的结合。

具体内容包括:① 合作方式。结合学科专业特色,与国际(国内)顶尖企业签订课程合作协议,共建校企合作课程。② 教学形式。教学形式包括:通过企业对学校教师进行培训,由学校教师担任课程主讲,企业提供课程资源;邀请企业高级管理人员、高级技术人员进校讲授课程,学校配备教师全程跟进,企业人员和学校教师共同参与课程教学全过程。③ 教学内容。课程制订未来3年开课规划,课

程内容为企业的核心技术或是最前沿的技术,由学院教学指导委员会把关审核。课程结合现有培养计划,将实践教学与理论教学有机结合,生产现场与理论教学结合,建立起理论与实践结合的桥梁。④ 教学方法。以课堂讲授为主,同时鼓励有条件的课程穿插参观、实习、调查等实践活动。

3.1.3 基于项目(设计、案例)的课程

将传统课堂中的知识内容转化为若干项目,围绕项目(案例、设计)开展教学,通过发挥学生的积极性与创造性,自主探究,寻找解决问题的方法,让学生在解决任务问题的过程中提高学习能力,掌握新知识。

3.1.4 新生研讨课

开设新生研讨课是建立与研究型大学相适应的研究性教学体系的一部分,其目的在于提升创新人才培养水平,进一步推动名师上讲台。

(1)教学目标

使新生体验一种全新的以探索和研究为基础、师生互动、激发学生自主学习的研究性教学的理念与模式,为后继学习打好基础;为新生创造一个在合作环境下进行探究式学习的机会,实现名师与新生的对话,架设教授与新生间沟通互动的桥梁,缩短新生与教授之间的距离,对学生进行整体的综合培养和训练。

(2)课程定位

面向一年级新生开设的课与一般意义上课程的不同之处在于,不仅让新生学习知识,更重要的是让新生体验认知过程,强调教师的引导与学生的充分参与和交流,启发学生的研究和探索兴趣,培养学生发现问题、提出问题、解决问题的意识和能力。

3.1.5 探究式本科教学

(1)教学内容前沿

注重优化甄选、重构细分教学内容,在强调基本原理、基本方法的基础上,注重引入学科前沿与研究热点,融入最新的科学研究方法、研究手段、研究成果及代表性的科研或工程实例等,激发学生个人潜力和探究热情,培养学生的主动学习能力、创新能力和批判性思维能力。

(2)教学方法优化

改变传统以讲授为主的"填鸭式"教学模式,创新"教"与"学"的教学形式,突出课程特色,积极开展探究式、研讨式、启发式、案例式、项目驱动式、问

2019年全国能源动力类专业教学改革研讨会论文集

题导向式等教学方式的改革,根据课程形式和内容特点,合理使用在线教学平台和现代教育信息技术,采取有利于教学目标实现、有利于课程内容展示、有利于激发学习积极性的教学方式。注重师生与生生互动、关注学生未来需求发展、加大教学情感投入,形成气氛自由活跃、学生主动参与、教学成效显著的课堂氛围。创新教学方法的课堂比例不少于总课时的 50% 。

3.2 考核模式改革

根据课程性质和课程目标要求,以课程考核的过程、形式、内容和信息化手段等作为切入点,关注学生学习的全过程,将过程性考核和终结性考核有机结合;选择多样化的考核形式,采取如笔试、专题论文、课堂讨论、作品设计、辩论等方式,多角度综合评价和检验学生知识掌握及理解、运用能力;结合与本课程紧密相关的学科前沿实际问题或工程实践问题,增加非标准化答案试题,体现考核内容的开放性、灵活性和探究性,考查学生知识运用能力、解决问题能力和创新能力。

全面推动改革,主动改变理念、改变思维、改变传统的考试命题方式和习惯,让试题更具灵活性、开放性与探究性,使考试的内容不再是简单地考查学生对知识的记忆程度,而是考查学生对知识理解的深度以及灵活运用知识的能力。促使学生有好想法、好创意,以此来激发学生学习的积极性、思维的创新性,促使学生学习知识、掌握知识、运用知识。

4 结　语

当今社会的发展,对能源与动力工程专业的人

才培养提出了新的要求,这既是一项新的挑战,也是专业发展遇到的时代新机遇。华南理工大学在面对新的经济形势下社会对于能源与动力类人才的需求,构建了新的培养目标和培养体系以及新的教学模式和考核模式。培养立足于粤港澳大湾区、面向全国的创新型、实践型、综合型的具有多学科交叉背景的优秀人才,对能源与动力工程行业人才培养的核心竞争力的提高有着重要的借鉴意义。

参考文献

[1] 叶勇军, 李向阳, 王淑云, 等. 核安全工程专业人才培养模式及课程体系研究[J]. 科教导刊(上旬刊), 2012(34): 130 – 131,212.

[2] 陈德新, 王玲花, 李君. 热能与动力工程专业本科人才培养方案的探讨[J]. 华北水利水电大学学报(社会科学版), 2004, 20(3): 83 – 86.

[3] 战洪仁, 张建伟, 李雅侠, 等, 热能与动力工程专业人才培养模式及课程体系探讨[J]. 化工高等教育, 2008, 25(1): 19 – 21.

[4] 王玲花, 张川. 热能与动力工程专业教学改革思路与实践[J]. 中国电力教育, 2011(3): 179 – 180.

[5] 左远志, 杨晓西. 低碳经济背景下的热能与动力工程专业建设探索[J]. 东莞理工学院学报, 2010, 17(5): 107 – 112.

[6] 施佳欢. 研究型大学本科生学习成效评估研究[D]. 南京:南京大学, 2012.

[7] 李芳蓉, 王英, 孙彦坪, 等. "项目导向、任务驱动"教学法在分析化学课程中的应用[J]. 中兽医医药杂志, 2018(5): 91 – 94.

[8] 张文雪, 刘俊霞, 张佐. 新生研讨课的教学理念与实践[J]. 高等工程教育研究, 2005(6): 107 – 109.

新工科背景下的工程实践教育中心建设探讨

章立新[1], 何仁兔[2], 高明[1], 邹艳芳[1], 刘婧楠[1], 王治云[1], 陈子晟[2]

(1.上海理工大学 能源与动力工程学院 & 上海市动力工程多相流动与传热重点实验室;2.浙江金菱制冷工程有限公司)

摘要: 在新工科背景下,工程实践教育应集聚高校、企业、产学研联盟、行业协会、院士专家工作站等多方面力量,将培养符合新一轮科技革命与产业变革需求、支撑服务创新驱动发展的工程技术人才作为"政产学研用"结合的一项共识,建立一个高校、企业、行业、社会多赢的可持续机制,激发各自的积极性,在不断提高学生工程实践能力的同时,也不断提升高校和企业两方面指导工程实践的师资水平,这不仅对创一流应用研究类特色大学和一流本科专业十分重要,而且对

推进我国的新工科建设意义重大。本文结合国家级"换热技术与冷却装备"工程实践教育中心建设,对此进行了一些经验分享,并提出了一些建议。

关键词:新工科;工程实践;教育中心;实践基地;政产学研用结合

新一轮科技革命与产业变革、服务创新驱动发展、中国制造 2025 等,迫切需要培养既有学术高度,又有创新技能,还有一定行业针对性和交叉拓展能力的新型工程技术人才,由此,2016 年教育部提出了新工科建设。目前各类高校都在积极响应,故而本文将这类新型工程技术人才称之为"新工科人才"。高校作为人才培养的主体虽然义不容辞,但新工科人才的培养,不仅需要具备丰富实践经验的师资,还需要有符合工程应用的项目和支持创新实践的基地,因此需要整合全社会的资源,通过例如政府、产学研联盟、行业协会、高端智库等力量的助推,"政产学研用"的相互促进,形成有利于培养新工科人才的社会环境。其中,工程实践教育中心和实践基地的建设对促进教师教学能力发展、提高教学质量和学生学习效果具有不言而喻的重要作用和意义。

1 新工科背景下工程实践教育的内涵和现状

1.1 工程实践教育的内涵

实践教育不等同于与理论教学相对应的实验、实习实训、课程设计、毕业设计等实践教学。顾秉林对实践教育给出的定义所包含的内涵和范畴更丰富。高等工程实践教育,一般包括普通劳动、教学实验、项目研究、工程训练、工业训练、社会调研等六个实践方面。

新工科的工程实践教育,则突出了复合交叉、本硕贯通和创新协同,并涉及工科高等教育学科的产业结构、知识结构、课程结构、能力结构等的相关结构变化。

1.2 国内外工程实践教育的现状

国外的大学教育自始至终强调与实践相结合,强调与科技革命和产业变革相结合,他们侧重于研究实习实践与人才培养,尤其是职业发展的关系。国外研究表明,研讨会等实践内容从一年级就可以引入课堂,大学生在大学期间通过亲身实践有所作为,有助于他们增加价值和提升能力,特别是实习往往能显著提高毕业生的就业能力。苏珊等通过

对不同学校特定专业学生毕业后一年内专业发展的跟踪调查,说明在大学中进行专业实践教育对学生的职业发展大有好处。

关于工程实践与教育教学的结合,近年来国内多所院校也进行了尝试性研究,并取得了一定的成绩。居里锴等通过对"大工程观"及其对现代工程人才培养新要求的论述,提出了"大工程观"下工程实践教学的新思路,其中"大工程观"下以"多学科交叉""工程创新项目教学""工程文化"为主要特色的现代工程训练教学模式已取得明显成效。文中的"大工程观"已经有新工科的部分特征。温武等提出构建基于人才联盟的"实验室 + 企业"网络工程实践教学基地,形成了一套具有自身特色的应用型网络技术人才协同培养模式新思路。

1.3 新工科对工程实践教育的指导方向

新工科对工程实践教育也有新的要求。林健提出不同类型高校进行新工科建设要区分服务面向对象、发挥整体优势、突出培养特色。姜晓坤等提出学生培养要以成果为导向,科教融合,工程院系学科专业融合,构筑全方位复合型知识结构,技能和能力培养并重。陆先亮提出重塑师资队伍体系要立足专业学科现状,瞄准产业和技术变革,构建目标导向机制,健全教育培训,深化人事制度改革。那振宇等指出高校通过有机整合现有条件建立面向新工科的校内创新实践基地也是培养新工科人才的可行手段,而熊伟等则认为校企协同培养是实现新工科专业建设的有效途径之一。

从以上的研究分析可以看出,目前关于新工科的工程实践教育,虽处于探索阶段,但已取得一些成果,尚需各方经验积累、交流和借鉴,需要机制和方法上的不断创新。本文结合上海理工大学依托浙江金菱制冷工程有限公司设立的国家级"换热技术与冷却装备"工程实践教育中心的建设经验,来探讨如何建设好适应新工科要求的工程实践教育中心。

2 工程实践教育中心建设的成效及主要举措

从 2012 年 6 月经国家 23 个部委联合发文获批

成为国家级工程实践教育中心建设单位,至今已经走过近7个年头,该工程实践教育中心不仅成为上海理工大学能源与动力工程专业工程热物理方向本科毕业实习的核心基地,也成为学生创新活动和社会实践的课堂,还带动其他相关企业积极参与了该中心的工程实践教育。该中心的建设取得了一些好的经验和成效,总体发展形成良性循环。图1为工程实践教育中心良性循环发展示意图。

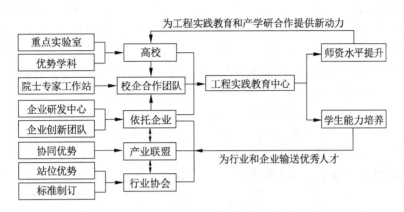

图1 良性循环发展示意图

本中心在行业协会指导下,依靠高校与依托企业共同设立的院士专家工作站(高级智库)和为适应新一轮科技革命与产业变革结成的产业联盟(产学研联盟),充分发挥了院士领衔凝聚作用和科技服务辐射作用,并调动各方资源,将学生与教师的培养有机结合在一起,在建设了优质工程实践教育中心和创新载体的同时,通过产学研项目中的科技攻关,提升了师资队伍水平,培养了学生的实践创新能力。高校师资工程实践能力的提高、企业师资理论水平和教学指导水平的提高,为工程实践教育和产学研合作注入了新的动力,所培养的学生,则成为行业和企业的优质人才,从而形成了一个企业群、学校、教师、学生、社会多赢并相互促进的可持续的机制,为新工科人才培养探索了一条具有推广价值的途径。

2.1 不断整合优化资源,深化中心的内涵建设

在该中心建设中,先后整合了中国通用机械工业协会冷却设备分会(CCTI)、冷却系统节能节水及环保技术协同创新平台暨产学研联盟(UCT)、上海理工大学国家大学科技园、上海市动力工程及多相流动与传热重点实验室、上海市动力工程及工程热物理I类高原学科、浙江金菱制冷省级企业研发中心、高效换热与节能科技浙江省级企业重点技术创新团队等优质资源,并与美国冷却技术协会(CTI)探讨了工程实践教育国际化问题,在聚焦行业、提升能力、引导就业方面取得了实质性成效。上述资源与工程实践教育中心建设的关系如图2所示,其中高峰高原的优势学科起着学术引领作用,能将学

生带到学术前沿开展研究,事关人才培养起点的高度;国际交流的开展保证了研究的方向和水平始终紧跟国际步伐,并处于先进水平;行业协会起着培养方向的引领作用,因为行业协会掌握行业发展的新动向,对行业现在和将来需要什么样的人才有着清晰的认识;产学研联盟为学生提供了上下游产业链贯通并具有新工科特征的优质实践基地;国家大学科技园为实践基地和社会拉起了"政产学研用"的纽带;重点实验室不断地进行新技术的孵化,促进了技术进步;企业创新团队和企业研发中心则是指导学生完成创新实践的中坚力量。这七大方面的有机结合,使得工程化教育提高了学生的培养质量,为社会提供了优秀人才,促进了就业。

图2 各种资源与中心建设的关系图

2.2 充分发挥院士的领衔凝聚作用,保持高质量的产学研合作

院士专家工作站是稀缺资源,中国工程院、教育部、地方科协一直热心于推动产学研结合和创新成果转化,注重工程实践教育质量的提升与师资培养。浙江金菱制冷工程有限公司与上海理工大学的产学研合作始于2006年底,并在成为"换热技术与冷却装备国家级工程实践教育中心"的依托单位之前,于2009年就在上海理工大学的支持下设有院士专家工作站。院士专家工作站对企业的技术进步和人才集聚起了重要作用,持续高质量的产学研合作不断给企业带去了实际利益,包括共同取得4项省部级科技奖,这是依托企业方在中心建设上可持续的内生动力。

2.3 支持创新实践活动,注重锻炼教师的工程实践能力

在学生创新实践方面,工程实践教育中心将生产需求转化为学生创新火花的引线,学生可以针对企业所需,将具有针对性的创新实践直接放在企业里实施;在得到企业的快速反馈后完善创意,经过几轮的磨合,学生的创新实践可以直接应用于企业的生产中为企业带来效益。在此过程中,学生得到了锻炼,企业得到了效益,因此是一个双赢过程。例如在消雾塔项目中,企业将市场需求告知学校,校方组织感兴趣的学生对此项目进行调研和方案设计,经过多次与企业沟通,终于试制出适合市场需求的产品。学生在此过程中得到了锻炼,以此项目为依托参加了工博会、挑战杯等竞赛,并取得了良好成绩。

随着各大高校对产学研的重视,现在不少大学要求年轻教师有一定年限的产学研践习经历。工程实践教育中心在接纳年轻教师的产学研践习过程中,让年轻教师在资深工程师指导下通过参与甚至主持1~2项工程项目,以真正促进教师教学能力发展,提升教师的工程实践教学能力,而与此同时年轻教师也利用自己的专业知识服务了企业,与企业形成良性的互动关系,能迅速成长为产学研的主力军。

3 问题、展望与结语

在工程实践教育中心建设中,也存在一些亟须解决的问题:一是要给资金和政策上的支持,现在"国家级工程教育实践中心"更像个荣誉称号;二是工程项目多少有安全风险,而师生的人身安全是天大的事,工程实践教育组织和实施的工作人员承担不起这个风险,迫切需要从安全教育、安全保障、意外保险、责任分担等方面制定严密的法规,落实有效的措施;三是工程实践教育过程中的知识产权归属、企业技术秘密保守、理论设计与工艺设计的协调、技术经济性优化、企业支持成本化解等一系列问题也需要进一步研究和破解。

作为展望,也有三点建议:一是央企、国企和类似UCT这样的产学研联盟特别是CCTI这样的行业协会,应该承担工程实践教育中依托单位的主角,因为他们应承担社会责任,不像一般企业是以利益为驱动的。文献[14]实际是基于利益驱动下建立的驱动模型,本文认为还可以有社会责任驱动下的驱动模型。二是目前高校开设的实验课程和实验项目很多,但教学仪器和实际工程应用设备有着明显的差别,如何把基础实验内容与工程实际结合,加深学生印象,让他们真正学会应用学过的实验内容是值得思考的。同时,要探索将工程实践与实验课程有机结合,这不仅对学生很有益,也能增加实验教学老师的实际工程经验,使教学变得活灵活现。三是各高校在工程实践教育中要充分发挥校友作用,校友不仅有项目资源,而且因为各高校的教育教学情况不一,校友结合自身发展经历,对学弟学妹们需要提升那些工程实践能力和经验最有发言权。

总之,在工程实践教育中心建设中,整合资源是手段,育人质量是内涵,而高质量的产学研合作是引导企业参与的内生动力。新工科下的工程实践教育尚处于探索阶段,存在一些亟须解决的问题,也有许多可进一步探讨的内容,希望本文对促进教师教学能力发展、提高本科和研究生培养质量、建立各方多赢的可持续机制有所启示和帮助。

参考文献

[1] 顾秉林. 加强实践教育 培养创新人才——在清华大学第22次教育工作讨论会开幕式上的讲话 [J]. 清华大学教育研究, 2004(6): 1-5.

[2] 张海生. 我国高校"新工科"建设的实践探索与分类发展 [J]. 重庆高教研究, 2018, 6(1): 41-55.

[3] 王蓓蓓, 高雪梅. 新工科人才培养的"结构之变" [J]. 物理与工程, 2019, 29(1): 82-87.

[4] Moore L J, Maria T, Selves J, et al. Faculty and staff development and the construction of interdisciplinary di-

versity courses [J]. Innovative Higher Education, 2005, 30(4): 289 – 304.

[5] Salas V M. Do higher education institutions make a difference in competence development? A model of competence production at university [J]. Higher Education, 2014, 68(4): 503 – 523.

[6] Patrícia S, Betina L, Marco C, et al. Stairway to employment? Internships in higher education [J]. Higher Education, 2016, 72(6): 703 – 721.

[7] Matthew S M, Taylor R M. Ellis R A. Relationships between students' experiences of learning in an undergraduate internship programme and new graduates' experiences of professional practice [J]. Higher Education, 2012,64(4):529 – 542,

[8] 居里锴,徐建成."大工程观"下工程实践教学改革的探索与实践 [J]. 中国大学教学, 2013(10): 68 –

70.

[9] 温武,李鹏,郭四稳,等. 基于人才联盟的"实验室 + 企业"网络工程实践教学基地构建 [J]. 高等工程教育研究, 2017(1): 55 – 60.

[10] 林健. 面向未来的中国新工科建设 [J]. 清华大学教育研究, 2017, 38(2): 26 – 35.

[11] 姜晓坤,朱泓,李志义. 新工科人才培养新模式 [J]. 高教发展与评估, 2018, 34(2): 17 – 24,103.

[12] 陆先亮. 新工科背景下应用型本科院校师资队伍建设 [J]. 教育与职业, 2019(5): 78 – 81.

[13] 那振宇,吴迪,许爱德. 新工科背景下高校校内创新实践基地建设探索 [J]. 黑龙江教育(理论与实践), 2019(3): 3 – 4.

[14] 熊伟,陈国华,张文,等. 新工科背景下校企协同培养研究 [J]. 教育教学论坛, 2019(11): 24 – 25.

具有人文数理信息基础、培养国际化一流热流人才

——西安交通大学"新工科"人才培养模式实践与探索

付雷，杨富鑫，唐桂华，陈磊，马挺，许清源，张丽娜，贺进，
张力之，何雅玲，陶文铨，王秋旺

（西安交通大学 热流科学与工程教育部重点实验室）

摘要：为结合工程教育发展的历史与现实,分析研究新工科的内涵、特征、规律和发展趋势等,本文提出工程教育改革创新的理念和思路,探索多学科交叉融合的工程人才培养新模式。依托西安交通大学热流科学与工程教育部重点实验室及热科学与工程国际合作联合实验室,教学团队拟通过在人才培养模式、课程结构体系、实践教学体系、课程内容、教学方法、教学机制等方面的全方位改革以及科教的深度融合,加强人文数理信息等基础教育,打破固有学科领域界限,明确企业需求,培养具有丰富实践经验,具有厚重数理基础,具有人文家国情怀的国际新型热流工程人才,最终形成体现多学科交叉融合特征的能源动力类创新型工程人才培养模式。

关键词：新工科培养模式;国际化;课程和实践体系;一流热流人才

《教育部高等教育司关于开展新工科研究与实践的通知》(教高司函〔2017〕6 号)指出,要结合工程教育发展的历史与现实、国内外工程教育改革的经验和教训,分析研究新工科的内涵、特征、规律和发展趋势等,提出工程教育改革创新的理念和思路,探索多学科交叉融合的工程人才培养新模式。随着工程科技的日益发展及互联网技术的普及,能源动力类专业的传统内涵不断拓宽和延伸,传统发展模式亟待变革与创新,以推进能源高效、清洁、低碳利用转化规律的不断深化,促进新理论、新方法、新技术的产生和应用。此外,《国家中长期科学和技术发展规划纲要(2006—2020 年)》及国务院《能源发展战略行动计划(2014—2020 年)》,均指明了能源短缺与环境污染问题是当今世界的重要主题,这些都对能源动力类专业人才培养提出了更高的崭新的要求,传统人才培养模式面临全新的挑战。

在此背景下,国内有关高校、院所和机构,在新工科的定义和解读、新工科模式探索、课程体系改革、实践教学改革、具体某一个专业或某一个门课程利用新工科内涵来建设等方面均开展了一定的探索。

西安交通大学能源与动力工程学院是本校创建最早、学科设置最齐全、师资力量最雄厚的学院之一,创建了我国第一个锅炉专业、第一个汽轮机专业、第一个汽车制造专业、第一个制冷与低温专业、第一个压缩机专业等,创立了中国热能动力学科和内燃机学科等。学院办学历史悠久,在专业设置方面,由于受苏联教育体制的影响,专业分割过细且针对特定的工业产品或过程,形成了以"产品及工程设计"组织教学培养专才的基本格局,拥有动力工程及工程热物理、核科学与技术2个一级学科和工程热物理、热能工程、流体机械及工程、动力机械及工程、制冷与低温工程、核能科学与工程等8个二级学科,学科交叉严重不足。2016年,西安交通大学能源与动力工程学院热流科学与工程系试点设立了依托工程热物理国家重点学科的热流国际本科生班并开始招生,开始逐步探索创新型热流人才培养的新模式。

本文以"新工科"新时代人才培养模式探索为契机,以热流国际班为载体,以国家创新驱动发展战略为导向,坚持传承与发展相结合,大胆探索新工科与传统工科相结合的人才培养模式,积极实践,期望通过不断的努力及多年持续的创新探索,解决能源动力类专业人才培养存在的三个主要问题:

(1)如何建立和完善适应专业拓宽延伸、具备扎实数理信息等基础理论知识及多学科交叉融合的能源动力类人才培养体系?在掌握数学、物理、化学、信息等基础学科及能源转换与利用等相关基础知识的同时,掌握学科交叉所需的机械、材料、电气、电子、控制、环境、计算机等相关学科的理论和知识。

(2)如何培养适应新形势下,具有人文家国情怀的国际新型热流人才?具有过硬的心理素质、良好的人文社会和自然科学素养、强烈的社会责任感、良好的职业道德和学术道德,且具有国际视野和跨文化环境下的交流与合作能力。

(3)如何多方发挥优势资源、培养符合工程教育目标与产业需求结合的实用型人才?当前工程领域知识技术更新换代、成果转化加快,而高校工程教育仍相对滞后,课程知识体系陈旧,加之教师重科研而实际工程背景不足,难以应对产业急速发展的新需求,新形式下企业工程人才需求紧缺。因此,人才培养还需突破围城,汇聚行业部门、高等学校、科研院所及企业等多方优势资源,不断完善科教结合、产学融合、校企合作的协同育人模式,以国家目标、企业问题、市场需求为导向主动服务面向未来的"新工科"人才需求。

1 人才培养模式改革的目标

1.1 人才培养改革思路

人才培养模式探索及改革工作,以西安交通大学"热科学与工程国际合作联合实验室"及"热流科学与工程教育部重点实验室"为教学和科研实践平台,以热流国际实验班为抓手,以国际化卓越人才培养为目标,以新工科教育教学改革为契机,深入、细致、系统地研究新工科、多学科人才培养的新模式;顶层化、条理化、合理化地制定人才培养的新方案;长远式、稳定式、渐进式地推进人才培养的新举措。着手通过改革课程结构体系、实践教学体系、教学方法等方面的全方位改革措施及科教的深度融合,联合上海蔚来汽车、三花控股集团有限公司、杭州制氧股份有限公司和韩国LG公司等中外企业共建创新平台和校外实践基地,夯实学生创新创业能力培养的实践基础,同时加强人文数理信息等基础教育,打破固有学科领域界限,培养具有人文家国情怀的国际化新型工程人才,形成体现多学科交叉融合特征的能源动力类创新型工程人才培养模式。

1.2 人才培养改革目标

(1)厚重数理基础、凸显能力的培养与应用。随着全球环境和能源问题的密切关联和日趋复杂,热流科学的原理及应用研发的多样化、复杂化和综合化的挑战不断升级,具备综合能力和创新能力成为卓越热流人才的核心能力。新工科国际化热流人才的培养在传统能动专业基础上,要求一方面具备宽厚基础理论的专业知识、判断、分析能力及外语水平等胜任能力,另一方面具备提出新理念、新方法及新策略来解决科学研究、技术开发、设计制造、工程实践过程中复杂问题的创新能力。

(2)强调人文素养、高尚价值观的培养与形成。全面、正确的价值观是确保专业技能有效性的重要基础。新工科热流人才培养强调树立全面、正确的价值观,一方面要求热流人才具备宽广通用的专业意识、良好的个人道德和从业素养、高度的社会责任感、强烈的国家使命感;另一方面,要求热流人才制订以提高我国能源利用率、有效转化专业知识、为国民经济做出贡献为核心的从业规划,树立终生学习的理念,挖掘个人潜力,不断提升国际化视野,促进自身素质的全面提升。

(3)具备国际视野、综合能力的培养与积累。充分实现学有所用,更好地适应能源经济环境和能源技术的变革,利用国外先进技术和理念,为解决我国能源领域的热流科学问题做出重大贡献,从而使得国际化卓越热流人才的培养具有高度的责任感和可持续性。培养学生的国际化视野,基于国家一带一路政策,形成国际化目标。通过多维度的培养,国际化卓越热流人才将成为熟悉国际能源前沿问题,具有国际视野和国际合作能力,具备专业知识胜任能力和创新能力的高层次专门人才。

(4)强化实际操作、理论能力与动手能力相结合。一方面,聘请国际化企业的工程师们作为导师,走进高校,开设讲座;另一方面,学生走出学校到企业中进行实践和锻炼,使同学们了解企业运行机制、企业文化,了解最新工业技术的发展和企业的最新需求,从而加深学生对专业知识的理解和掌握,拓展学生的国际化视野。通过每年聘请国际化企业导师开设讲座,学生走进企业实践锻炼或联合开展研究工作,联合国际化企业设立多学科交叉课题供学生选择,同时连接精品课程实践教学、开放实验课程、各类大学生科技创新实践活动和竞赛,全方位提升大学生交叉学科创新能力,培养一批基础厚、重实践、能创新、具有国际化视野的优秀热流人才。

(5)联合上海蔚来汽车、三花控股集团有限公司、杭州制氧股份有限公司和韩国 LG 公司等中外企业,成立校企联合培养实践基地,升级现有实习基地,成立校企合作联合培养班,旨在联合现有与创新创业教育相关的各协同部门,形成有效的联动机制,优化整合平台及校内外资源,把创新创业工程教育融入人才培养体系,通过实施创新基础上的实践教育,实现创新创业、实习实践与专业知识的有机融合,提升学生理论与实际的品质和内涵,为平台开展校企实践工程教育提供全方位的支撑和保障。

通过以上改革思路和目标,并结合人才培养模式内容的探索和推进,以期达到对原有专业优化和升级的目的。通过在人才培养模式、课程结构体系、实践教学体系、课程内容、教学方法、教学机制等方面的全方位改革及科教的深度融合,加强人文数理信息等基础教育,打破固有的学科领域界限,明确企业需求,具有丰富实践经验,培养具有厚重数理基础,培养具有人文家国情怀的国际新型热流工程人才,最终形成体现多学科交叉融合特征的能源动力类创新型工程人才培养模式,如图1所示。

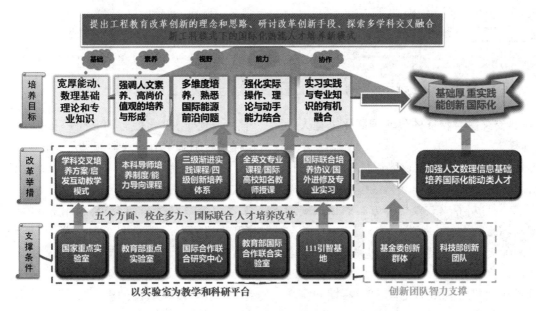

图1 新工科国际化热流人才培养的新模式及促进能动类专业升级

2 新工科国际化热流人才培养改革的主要内容

本课题围绕所提出的核心任务,从 4 个方面入手,以 24 个教改手段,形成新工科国际化热流人才培养改革的主要内容及具体措施,从而预期达到培养新工科国际化一流热流人才的培养目标,如图 2 所示。

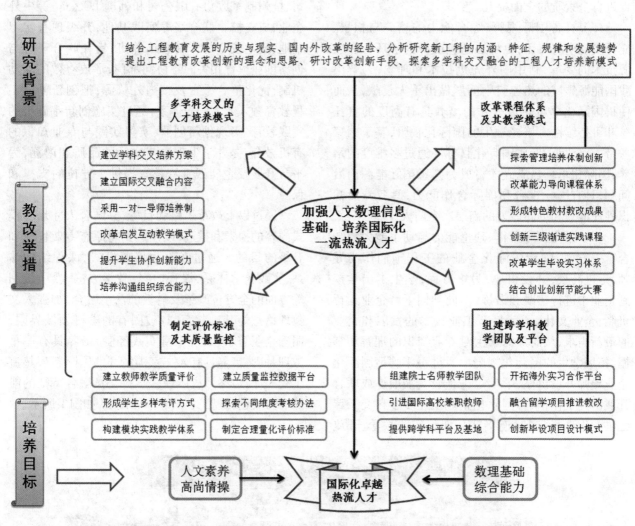

图 2　新工科国际化热流人才培养改革的主要内容及其具体措施

2.1 多学科交叉融合特征的热流国际化工程人才培养模式

（1）建立学科交叉,构建以热流科学为主,包括材料、设计、制造、控制等学科在内的多学科交叉融合培养模式,制订培养模式及培养方案的顶层规划及整体架构。

（2）国际交叉融合内容主要通过邀请国外大学老师来校讲授或者暑期学生出国选修完成,完成时间主要设置在大学二年级及大学三年级,期间将学习全英文专业课程等。

（3）采用 1 对 1 的导师制,从教师和学生的角度,双向拓宽研究领域及促进交叉研究。以教促研、以研促学、以学促教的三位一体模式全面促进和提高导师和学生的教学与研究水平。

（4）采用启发式、互动式教学模式,倡导工程实例教学、采取分组教学,分层次、全方位地分析问题,制订方案并撰写研究报告,培养学生科学的思考和创造能力,实现系统知识的学习与能力的全面发展相结合。

（5）针对复杂的热流耦合问题,学生在合作互动中进行分析和手段的整合,不断地充实、拓展和完善自我认识,最终提升学生的团队协作能力、创新能力和实际能力。

（6）通过名师沙龙、模拟举办国际会议等形式,培养新工科国际化热流人才的人际交往能力、沟通表达能力、领导组织能力等综合能力。

2.2 改革课程体系，开设跨学科课程，探索面向复杂工程问题的课程和教学模式

（1）管理体制上纳入西安交通大学学科专业特色班培养模块，形成工科大类特色班，制订量体裁衣的教学大纲；全面进行顶层设计、课程体系架构及教学大纲制定等一系列培养过程中的各个环节，打通环节之间的内在联系。（2）课程体系的设置以能力培养为导向，重视学科基础课，拓宽通识课程，增设能力课程，合理制订认知实习、专业实习内容，将热流科学知识与人文、数理、经济、节能、环保等相近领域进行整合；融入国际化课程内容，增设Heat Transfer、Advanced Engineering Problems、System Dynamics and Control、Thermal Environmental Engineering等课程。（3）着重形成一批专著，编写适合培养新工科交叉融合复合型热流人才的《传热学》《工程热力学》《流体力学》《热工基础及应用》等特色教材；与研究型、应用型及不同层面的教学改革项目相互促进与补足，多方位多层次地推进新工科教改融合。（4）实践课程设置实现渐进式三级体系，第一层级为热流基础知识的认知型训练，第二层级为热流问题综合分析的提高型训练，第三层级为热流复杂耦合问题、工程实际应用问题的创新型应用训练。（5）为提高学生的实践能力和创新能力，紧密结合理论课程，热流理论课程设置采用由浅入深、递进式体系，在金工实习、测控实习、项目设计、课程设计与毕业设计体系内，增设国外相关企业及基地的专业实习。（6）与已有教学改革项目结合，针对复杂工程问题，从课堂授课、实践教学、成果展示、大学生创业创新、节能减排大奖赛及数学建模竞赛等方面加强对学生的辅导。

2.3 组建跨学科教学团队、跨学科项目平台，推进校企深度合作

（1）组建以两院院士、国内外知名教授、学科带头人、国家级、省级教学名师和骨干教师为核心的教学团队，提升教学质量，使得学生最大限度地接受优质的教学资源。（2）多渠道引进或聘请国际高校及校外高层次热流专业人员作为兼职教师，国际客座教授、校内专职教师和校外兼职教师可在不同的知识领域共同指导学生，共同培养促进热流人才全方位、多元化、复合型成长全过程。（3）为学生提供更多的跨学科项目平台、校企合作平台、校外实习基地和实战机会，让学生更深入地了解企业面临

的问题及急需解决的问题，对学生的实践活动及从业规划提供指导，增强学生的从业判断能力和解决实际问题的能力。（4）国内外校企合作并重，安排学生赴国外专业对口及协议企业（韩国LG公司等）进行生产实习和专业实习，建设几个典型的国际跨学科合作学习、实习的大学和企业联合基地，进一步拓展跨学科的学习与合作平台建设，以企业需求为导向，开展校企深度融合及协同培育新工科工程人才。（5）与相关教学教改及留学项目进行深度融合，从多角度推进跨学科项目平台、合作学习、联合培养，例如暑期科研实践项目，CSC优本留学项目等。（6）改革现有的项目设计与本科毕业设计的传统方式，由实习企业或协议企业设置项目设计的题目，学生分组分时间完成。这样既能理解企业现实需求，解决企业中短期问题，又能锻炼与培养学生分析解决实际工程问题的能力。（7）整合各学科优势资源，构建高水平学科交叉实践创新平台，以若干个特色项目为载体，以项目驱动形式为学生跨学科跨专业的创新创业实践活动提供支持；设立首席工程师，由学科专业导师和企业导师组成，定期发布研究课题，开展行业企业动态讲座，引导学生参与创新研究。

2.4 研究制定多学科交叉融合能力达成的评价标准和考核办法，建立质量监控体系

（1）教学质量评价采用国外教授来华教学观摩、座谈交流会、国内高校企业同行评价及学生评价相结合的方法，从教学日志、教学方法、教学设计、教学内容、教学效果等方面多维度地、客观地综合评价教师的教学质量。（2）形成学生的多样化考评方式，增加国际课程打分、国内外课程学分互认、科研小论文、分组讨论报告、实际工程问题分析、演讲、学科竞赛、企业实习效果等考评方式。（3）吸收先进的教育教学理念及成功的实践教学经验，构建与理论教学体系既密切联系又相互独立、学程全覆盖、内容循序渐进、层次分明、特点突出、开放式、多模块的能源动力类专业实践教学体系。（4）借鉴我校大数据监控平台，对教学效果、学生跟踪、教改成效、教学结果、学生成绩、学生能力等进行单独与综合数据分析，并在大数据平台中建立新工科培养的独立监控模块。（5）从不同维度评价多学科交叉能力的专业性和完整性，在国际前沿、研究方法、综合分析、实验测试、技术开发和过程管理等方面，研制热流人才的能力考核办法。（6）制定可量化的、具有反馈效果的、具备潜在推广和应用价值的一套教

学评估标准及若干细则,制定出较为合理的评价多学科交叉融合能力的标准和规范。

3 人才培养改革的现阶段成果

截至目前,在上述思想指导下,本文提出的人才培养模式已在以下八个方面取得了主要进展:(1)初步构建了国际合作平台、签署合作协议、筹建丝绸之路能源子联盟:已与5个国家签署11项国际联合培养协议,构建不同类型及级别的合作基地6个,子联盟21个国家,60多所高校加盟。(2)发起组织、协办组织国际、国内高水平会议及研讨会4次。(3)形成热流国际班特色人才培养模式,在2015级、2016级、2017级本科生中选拔学生组建热流国际班,每届学生26~32人;且首届热流班的学生即将毕业,其中去国外进修、深造的学生占总人数比例的50%以上。(4)开展实质性高层次国际科技项目合作,依托20多项国际合作项目,总经费2000多万元,国内国家级科技项目70多项。(5)本科生课程改革:增设4门全程英语课程,并依据最新学科发展及教师研究成果改革课程体系。(6)与境外大学互派访学与交流,近年来每年到实验室来讲学的海外专家40多人次,来访、引进国外著名教授学者20多名。(7)以热流国际班为依托培养的本科生获得各类奖项及奖励近100人次。(8)加强人文素养、着力品性养成:以陶文铨院士、何雅玲院士、王秋旺教授、唐桂华教授为核心的教师队伍,进行为人为学教育、名师沙龙、学生谈心、学风建设、央视《开讲啦》等活动10多次。

4 结 语

结合新形势下的"新工科"理念,探索"新工科"人才培养模式,旨在以下几个方面获得教改成果:

(1)建成多学科交叉融合特征的热流国际化工程人才培养模式。该模式的顶层设计目标是培养新工科国际化热流人才,在掌握专业知识的基础上具备良好的人际交往沟通能力、分析能力、解决复杂问题能力等综合能力。

(2)建成面向复杂工程问题的跨学科课程体系和教学模式。该模式将以热流科学为主体,增加材料、设计、制造、控制等学科在内的多学科交叉融合,交叉课程由欧美等大学著名学者来校讲授或者暑期学生出国选修完成。将该课程体系和教学模

式纳入西安交通大学工科大类特色班试点,将正在执行的国家级科研项目纳入复杂工程问题的实践环节。

(3)建成跨学科国际化的教学团队及实践平台。组建以国内两院院士、学科带头人、国家级/省级教学名师和骨干教师为核心的热流专业教学团队;并组建以国外著名教授等为主体的跨专业教学团队,形成国际化的师资队伍;建立比较稳定的国际课程和暑期科研实践基地,建立以世界500强企业为代表的比较稳定的实习基地,探索校企合作的新机制,建成本科生项目设计新模式。

(4)制定多学科交叉融合能力达成的评价标准和考核办法并建成质量监控体系。主要包括制定"三位一体"培养能源动力自主创新型人才培养方案、能源动力类国际化培养标准等。

参考文献

[1] 吴莹,徐志敏,张陵. 适应"新工科"人才培养需求的力学实验教学新模式[J]. 力学与实践,2019,41(1):86–90.

[2] 高云莉,姜蕾,王丰,等."新工科"视角下工程管理人才培养的路径研究——以大连民族大学为例[J]. 高教学刊,2019(2):21–24.

[3] 宋友,张莉. 新工科建设中基于问题导向的软件工程人才培养探索[J]. 计算机教育,2019(2):115–118.

[4] 蔡映辉. 新工科体制机制建设的思考与探索[J]. 高教探索,2019(1):37–39.

[5] 周开发,曾玉珍. 新工科的核心能力与教学模式探索[J]. 重庆高教研究,2017(3):22–35.

[6] 陆国栋. "新工科"建设的五个突破与初步探索[J]. 中国大学教学,2017(5):38–41.

[7] 林健. 新工科建设:强势打造"卓越计划"升级版[J]. 高等工程教育研究,2017(3):13–20.

[8] 夏建国,赵军. 新工科建设背景下地方高校工程教育改革发展刍议[J]. 高等工程教育研究,2017(3):21–25,71.

[9] 吴爱华,侯永峰,杨秋波,等. 加快发展和建设新工科,主动适应和引领新经济[J]. 高等工程教育研究,2017(1):7–15.

[10] 钟登华. 新工科建设的内涵与行动[J]. 高等工程教育研究,2017(3):7–12.

[11] 宋智,杨宏云,刘桂芳. 新时期理工科院校实验教学改革研究与探索[J]. 实验技术与管理,2003(3):71–75.

[12] 张德谨,谢永,王红艳,等. 新工科背景下地方应用

型大学《化工制图》课程改革探索[J]. 广东化工,
2018(3):216,219.

[13] 李旭光,孙锡良,唐英,等. 大学物理课程改革如何
适应"新工科"建设[J]. 创新与创业教育,2018
(3):129-132.

[14] 易欣,成连华,王莉,等. 基于新工科的安全工程专
业创新创业培养模式[C]//第30届全国高校安全科
学与工程学术年会暨第12届全国安全工程领域专
业学位研究生教育研讨会,2018.

[15] 付晓."新工科"背景下中国高校国际化人才培养路
径探索[J]. 中国石油大学学报(社会科学版),2017
(6):97-102.

[16] 张海生. 我国高校"新工科"建设的实践探索与分类
发展[J]. 重庆高教研究,2018(1):41-55.

[17] 吴咏诗. 综合性,研究型,开放式,国际化——关于建
设国内外知名高水平大学的若干思考[J]. 高等工程
教育研究,2001(2):28-30.

[18] 周剑峰,韩民. 新工科专业实践教学体系构建[J].
教育教学论坛,2017(44):109-110.

[19] 周静,刘全菊,张青. 新工科背景下实践教学模式的
改革与构建[J]. 实验技术与管理,2018(3):165-
168,176.

[20] 龚晓嘉. 综合性高校在实践教学中培养新工科创新
型人才的探索[J]. 高教学刊,2017(12):141-142.

新工科建设背景下实验教学改革实践与探索
——以上海理工大学能源动力类专业实验教学为例

陈家星,赵志军,崔国民,武卫东

(上海理工大学 能源与动力工程学院)

摘要: 当前,我国高等教育正经历着前所未有的深刻变革和快速发展,作为上海市地方高水平大学建设高校的上海理工大学正以人才培养为中心,以深化本科教育综合改革为抓手,全力推动一流本科建设。能源动力工程作为学校优势特色专业,具有实践性和综合性强的特点,因此,开展该专业的实验教学改革实践,对探索传统工科专业改造升级的实施路径,实现创新型人才培养目标具有参考价值。

关键词: 新工科;教学体系;实验教学;改革实践;能源动力工程

当前,我国高等教育正经历着前所未有的深刻变革和快速发展。为主动应对新一轮科技革命和产业变革,教育部于2017年启动了新工科建设,其内涵是以立德树人为引领,以应对变化、塑造未来为建设理念,以继承与创新、交叉与融合、协调与共享为主要途径,培养未来多元化、创新型的卓越工程人才。

作为上海市地方高水平大学建设高校,上海理工大学正以人才培养为中心,以深化本科教育综合改革为抓手,全力推动一流本科建设。学校以建设以工为主,工学、理学、经济学、管理学、文学、艺术学、法学等多学科协调发展,特色显著的国内一流理工科大学为目标定位,以建设成为引领产业技术进步的创新型大学为发展愿景,新工科建设是学校目标定位和发展愿景的有效实施途径之一。

新工科建设要求落实以学生为中心的理念,加大学生选择空间,增强师生互动,改革教学方法和考核方式,形成以学习者为中心的工程教育模式。而在培养学生实践能力、综合素质、探索精神、科学思维和创新能力的教学过程中,实验教学具有不可替代的功能和作用。在此背景下,按照国家和教育部新工科建设标准要求,开展对新工科建设背景下能源动力类学校优势特色专业的实验教学改革实践,对探索传统工科专业改造升级的实施路径,实现创新型人才培养的目标具有参考价值。

1 教学考核设计

以能源动力国家级实验教学示范中心(以下简称"示范中心")为依托,开设了工程热力学、工程流

体力学等基础课程及传热学、动力工程测控技术等覆盖学科所有专业的课程配套实验,面向专业所有学生(每年级 320 人左右),共 16 学时,0.5 学分,包含 8 个实验项目。每个实验项目一般三周内分 27 组左右完成,每 2 节课完成一个教学项目,每组可容纳预约人数 12 人。

教学改革前,考核采用实验操作加报告成绩的模式,各占 50% 或实验操作占 60%,实验报告占 40%,8 个实验项目成绩加权平均构成该门课程成绩。这种考核方式的不足之处在于,实验教学中,两节课的时间内指导教师很难对所有学生的操作表现给出准确评价,甚至不能认全所有学生,给定成绩具有随机性,或未给出明确的标准。为了提高学生学习的主动性,细化了实验操作成绩和报告成绩的考核标准,在实验前告知学生。考核方式比例如图 1 所示。

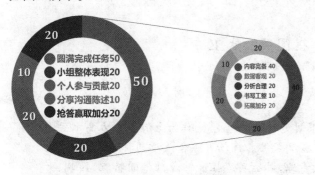

图 1   课程考核方式比例(%)

图 1 中左边圆环表示实验操作考核,占总成绩的 60%,右边圆环表示实验报告考核比例,占总成绩的 40%。实验操作方面,考核学生在实验过程中是否能够圆满完成实验任务,此项占 50%,激励学生完成实验任务;实验分组后小组整体表现占 20%,旨在引导各小组团队协作;个人在合作讨论及实验操作中的贡献占 20%,旨在调动学生在团队合作中的积极性;实验结束组织分享中,个人沟通陈述表现占 10%,旨在引导和培养学生提升专业知识表达和沟通能力。实验报告方面,内容完备指标占 40%,引导学生提升撰写完整实验报告的能力;数据客观指标占 20%,培养学生对实验数据正确性评判的能力和对客观性标准的认识;分析合理指标占 20%,引导学生提升结合原理对实验结果进行分析的能力;书写工整指标占 10%,培养学生严谨认真的态度;拓展加分指标占 20%,根据具体实验内容,激励学生对实验课程内容进行延伸。需要注意的是,两部分的总分占比均大于 100%,主要是出于对学生个性培养的考虑,允许学生在某项指标完成情况不理想的情况下,通过其他方式和途径获得肯定和特长提升。

拓展加分指标一般根据具体教学项目灵活制定,如传热学实验"稳态球体法测定粒状材料导热系数实验"教学中,鼓励学生实验后查阅较教学实验台更先进的导热系数测量仪器,熟悉该类仪器的测量原理、测试用途、生产厂家、主要技术参数等,或查阅与导热系数相关的国标或行业标准并简单了解标准内容;动力工程测控实验"气体流量测量实验"教学中,引导学生实验后开展新工科拓展,查询一种与其相关的流量测量仪器,了解型号、原理、测试用途、生产厂家和主要技术参数等,并提示技术参数包含流量、压力及温度范围、测量精度、介质、输出信号、测量管径范围等。

2   教学环节的改革

为了引导学生完成考核要求,对教学环节进行设计,分为实验准备、实验操作和实验复盘三个环节。前两个环节是较为常见的形式,但复盘总结目前较为少见。改革前实验分为两个阶段,教师先进行原理回顾性讲授及操作演示,然后学生进行实验操作数据记录。这种方式缺少对实验操作的具体考核,不利于激发学生的思考、讨论与合作,一些学生甚至教师简单追求实验数据的完备性,一旦数据记录和处理结束,学生取得教师的认可便提前离开实验室,容易对其他继续实验的学生产生操作干扰和心态影响。

2.1   教学向导学的转变

实验准备环节主要任务是引导学生进入实验状态,明确实验目的,通过原理回顾,帮助学生建立实验认知准备。在该环节宜采用启发式教学方式,增强师生互动交流。建构主义理论认为,学生对知识的学习不是简单的转移过程,而是知识体系重新组织的过程。

在实验准备阶段首先明确实验的目的和任务,指引学生回顾原理,对原理回顾采取精讲与指导相结合、系统讲解与问答式讲解相结合,教师讲解与师生共同讨论相结合的方式,避免实验原理讲授和理论课不加区分,影响已掌握原理学生的积极性。

实验操作部分以完成实验任务为导向,不强调实际操作的复现,引导学生参考指导书步骤,通过小组讨论进行操作预演,为学生预留发挥和创新空间,从而避免学生对教师讲授内容和步骤简单机械的重复,引导学生在学习过程中主动地去思考、发现和探索问题,使学生成为课堂的主角。根据授课内容,对课程内容作适当拓展,结合专业实际,提出针对性问题,引导学生分组讨论、发表看法、启发学生积极思考。

2.2 几种能力素养的培养

课程考核方式和教学环节的设计,旨在完成实验教学任务的同时,引导学生提升专业沟通素养、团队合作和项目管理三方面的能力。

2.2.1 专业沟通素养

新工科建设是为应对新经济挑战、服务国家战略、满足产业需求和面向未来发展,推进高等工程教育改革的重大行动计划。"新工科"之新,首要体现在引领未来的一流工程师应具备怎样的"核心素养"。在新工科建设拔尖创新人才的培养中,必须特别重视学生专业沟通能力的培养,引导学生就专业领域的复杂工程问题与业界同行及社会公众进行有效沟通和交流,包括撰写报告和设计文稿、陈述发言、清晰表达或回应指令,并具备一定的国际视野,能够在跨文化背景下进行沟通和交流。

专业沟通素养的培养离不开前沿的专业知识和专业结构背景,改革前实验教学环节更重视学生对理论知识的验证,忽略了实验教学过程中对学生专业沟通素养的培养。笔者在课程考核中建立以学生为中心的专业沟通素养和陈述表现的考核指标,在教学环节中引入复盘分享模式,引导学生在掌握专业知识和能力的基础上,提升自我学习和管理沟通能力。

2.2.2 团队协作素养

团队协作素养主要是指团队组织、沟通、协作的能力。新工科建设要求在团队协作素养方面引导学生树立在多学科(专业)背景下的团队中承担个体、团队成员及负责人角色的意识。当前,企业在人才选拔过程中注重对团队协作能力的考察,几乎每个企业专业技术岗位招聘的要求里都有类似"能快速融入团队""有良好的沟通协作能力"等要求,希望应聘者拥有基本的项目沟通及团队协作能力。

在课程考核中增加小组整体表现和个人参与贡献考核指标,在实验教学中采取分小组实验并强调协作的方式,在复盘环节设计相关分享主题,引导学生提升团队协作能力。

2.2.3 项目管理素养

能源动力类专业所涉及的能源技术,包括能源的开发、生产、转换、储存、输送、分配和利用等各个环节,任何能源技术应用于生产,都必须耗费大量的人力、物力和财力。现代化的项目管理能力的培养是新工科建设对人才的要求,希望学生理解并掌握工程管理方法,并在多学科环境中灵活应用。在实验教学中,引导学生通过项目协作、任务分工、小组成员之间角色分配及将多个实验台成员组成一个小组,建立小组整体表现考核指标,激励各实验台学生之间协作,统筹实验操作安排,树立信息同步意识,培养学生的项目管理思维。

3 教学设计实例

以工程流体力学实验中"不可压缩理想流体恒定流能量方程"实验为例,介绍实验教学改革探索。将两节课的实验教学时间分为实验准备、实践探索、复盘分享三个教学环节(见图2)。

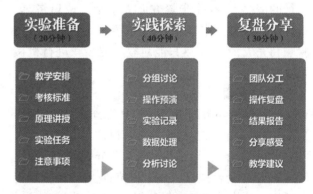

图2 实验教学安排

3.1 实验准备

实验准备环节约20分钟,帮助学生做好原理认识准备,明确实验任务,包括分组讨论、操作预演、实验记录、数据处理、分析讨论5个子环节。

教学安排:提前告知学生教学环节安排,分为三个环节:第一环节由教师带领大家做好实验准备,回顾原理,明确实验任务并告知注意事项;第二环节学生根据实验任务,参考实验指导书步骤,通过小组讨论制订实验方案完成实验;第三环节将进行实验复盘分享。

多数学生在知悉教学安排后,显示出和往常实验不一样的积极兴趣,激发了学生对自行探索、自主实验的好奇和期待。

考核标准:对考核标准的表述并不是严格意义

上的规则宣讲,而是采用更为柔性的语言,告知学生在新时代、新工科背景下,教师更关心和注重哪些能力的培养,以考核标准为引导,帮助大家获得能力提升。这种表述方式强化了学生在实验教学中的主体地位,突出以学生为中心的教学思想。

原理讲授:原理讲授采取以任务为导向的形式,或问答式、启发式教学,引导学生带着目的和任务重新回顾课程,讲授原理,同时给学生预留创新发挥空间,增强教学互动,实现理论知识的融会贯通,同时针对实验环节和原理设置一些启发式和开放性问题,引导学生带着好奇在实验环节求知和探索。

实验任务:以原理为基础,帮助学生明确实验任务,增强学生的角色定位和责任感,激励学生通过分组合作自主完成实验任务。结合具体实验台情况给予一定指引,该部分要明确告知学生实验条件和实验要求。

注意事项:结合常规和具体实验台情况,告知学生必要的实验注意事项,但在保障实验正常顺利进行的情况下,操作步骤方面为学生预留思考、创新和团队协作的空间,避免直接演示,片面追求实验顺利完成,使得学生只能对教师的步骤进行机械重复。

3.2 实践探索

实践探索环节约 40 分钟,分为分组讨论、操作预演、实验记录、数据处理和分析讨论 5 个环节。

分组讨论:引导学生将 12 人分为两组,每组6 人,每组 3 个台位,2 人一个台位,这种分组方式避免了以台位为单位的自然分组,各组缺乏交流和讨论。根据实验任务和注意事项,以小组为单位进行理解和消化,提升了学生的参与度和团队协作感。

操作预演:在分组讨论介绍后,引导学生在实验前先做好操作预演,强化思考,理解实验操作步骤与实验结果的关联关系,提升基本实验操作实践能力,提高实验效率。

实验记录:学生在明确操作步骤后开始进行实验,记录实验数据。该阶段引导学生做好分工,提高实验效率。

数据处理:学生对实验记录数据进行计算处理,引导学生与同组其他实验台讨论交流。

分析讨论:学生针对实验数据进行分析讨论,并准备复盘分享。提前 5 分钟提醒学生以组为单位,准备复盘分享预演,确定分享发言顺序,发言者就话题开展组内交流。

3.3 复盘分享

复盘分享环节约 30 分钟,组织学生对实验操作和结果数据进行思考讨论,包括团队分工、操作复盘、结果报告、分享感受和教学建议 5 个话题(见图 3)。

图 3 复盘分享流程设计

复盘是围棋术语,是指把自己下过的棋再按顺序重新摆出来,以检查局中着法的优劣与得失。在复盘中,组织两个小组就实验操作和结果开展交流,通过思维碰撞,形成新的思路,实现提升。

团队分工:该话题要求两个小组各派一名代表,对团队协作中提出问题和发现问题的小组成员进行肯定,话题中涉及的贡献一般是指对实验预留问题的思考和新问题的提出等。

复盘操作:由于在操作步骤环节为学生预留了较大的空间,在实验操作中进行适当引导,帮助学生在复盘阶段总结操作中的失误和得失,鼓励学生勇于试错,并通过总结积累经验,将经验转化为能力。

结果报告:该话题要求两组派代表报告实验结果,引导学生就实验前设置的疑问在实验中寻找答案,实现理论和实践融会贯通,同时培养学生总结概括方面的表述能力。

分享感受:该话题引导学生分享实验收获和感受。多数学生表示,这样的教学组织方式,增强了参与感,预留的思考和操作发挥空间比直接演示操作让学生重复能够留下更为深刻的印象,多数学生对实验过程自身参与的表现较为满意。

教学建议:通过设置教学建议话题,师生之间实现双向互动,有利于促进教学相长,许多学生对课程的持续改进提出了宝贵意见。同时,教师对一部分学生提出了意见,在表示尊重学生观点的同时,进行适当引导。

4 结 语

新工科建设对学生能力提出了新的要求,实验课程的教学面临新的机遇和挑战,本文以上海理工大学能源动力工程国家级实验教学示范中心能源动力类专业实验课程教学实践改革为例，通过教学课程体系建设、教学环节改革和教学设计实例分析，探索了传统工科专业改造升级的实施途径，为实现创新型人才培养的目标提供参考。

参考文献

[1] 徐辉.新时代的中国高等教育:成就、挑战和变革[J].教育研究,2018,39(8):69-74.

[2] 钟登华.新工科建设的内涵与行动[J].高等工程教育研究,2017(3):1-6.

[3] 李江霞.以学生为中心、以项目为驱动力、以结果为导向——美国伍斯特理工学院本科工程教育模式创新及启示[J].高等工程教育研究,2013(3):120-124.

[4] 王金玉,赵言诚,孙秋华,等.浅谈演示实验在大学物理教学中的作用[J].教育教学论坛,2018(20):217-218.

[5] 胡红杏.项目式学习:培养学生核心素养的课堂教学活动[J].兰州大学学报(社会科学版),2017(6):165-172.

[6] 孙运利,蒋泓."复盘式"评课在化学评课中的尝试[J].化学教学,2012,34(8):22-24.

所系结合，推动新能源英才班建设 *

胡茂彬，裴刚

（中国科学技术大学 工程科学学院）

摘要：世界各国越来越重视包括太阳能、生物质能在内的新能源的发展，亟待培养更多能胜任新能源研发和管理工作的专门人才。中国科学技术大学根据"所系结合"的办学方针，因地制宜，与中科院广州能源所合作建立新能源英才班。新能源英才班以太阳能、生物质能、能源材料为主要培养方向，基础宽厚实，专业精新活，紧密结合新能源方面的前沿科学课题研究和工程实践，以期培养出从事新能源方向科研、教学和管理方面的创新型专门人才。

关键词：所系结合；新能源；英才班；创新教学

经济全球化过程中，我国经济持续多年的高速增长，伴随着对能源需求的高速增长。近几年，世界各国越来越重视包括太阳能、生物质能在内的新能源的发展，很多国家都出台政策鼓励发展新能源。企事业单位、高等院校和政府部门对新能源研发和管理人才的需求与日俱增，亟待培养更多能胜任新能源相关工作的专门人才。在此背景之下，教育部于2011年批准设立了"新能源科学与工程"本科专业（代码080503T）。据不完全统计，几年之内有上百所高校开设了"新能源科学与工程"本科专业，众多985高校和能动方面的传统名校都纷纷设立了此专业，而在C9高校中上海交通大学、西安交通大学、浙江大学和南京大学设立得较早。欲满足国内经济高速增长对新能源领域高层次人才的需求，预计十年内新能源科学与工程人才培养量需求可能达到每年10000人。

中国科大是国内高校中最早从事太阳能研究的高校之一。葛新石教授是最早从事太阳能研究的专家之一，曾任科技部能源领域的顾问组、专家组成员。中国科大拥有中科院太阳能光热综合利用研究示范中心、中科院能量转换材料重点实验室、安徽省生物质洁净能源重点实验室、能源材料化学协同创新中心，并与中科院广州能源所、中科院工程热物理所有着"全院办校、所系结合"的长期

* 基金项目:安徽省质量工程项目"新能源"英才班专业综合改革试点(2016ZY139);"新能源科学与工程"专业教学课程体系研讨(2016JYXM1147)

合作关系。许多教授、副教授从事太阳能、生物质能、能源材料方面的科学研究，承担科技部973、863重点研发计划项目、中科院知识创新工程、国家自然科学基金等相关科研项目上百项。热科学和能源工程系长期开设太阳能—热能转化过程、太阳能光伏技术和应用、生物质热解转化原理与技术、可再生能源概论、相变材料、新能源材料与技术等新能源领域相关课程。在这个背景下，也应推进"新能源科学与工程"方面的学科建设，培养从事新能源方面科研、教学和管理工作的高级专门人才。

1 新能源科学与工程学科建设难点

经网络信息调研和国内相关高校走访调研，我们理清了"新能源科学与工程"学科建设的特色和难点，并找到了在中国科大进行"新能源科学与工程"学科建设的方法。

"新能源科学与工程"作为一个新兴的交叉学科，具有以下特点：

（1）涉及的学科多，交叉性很强，知识覆盖面广。由于"新能源科学与工程"主要包含太阳能光热、太阳能光电、生物质能、风能、地热能、海洋能、核能等多个方向，涉及的学科和相关基础课程比较多。

（2）专业核心课程一般包含能源动力基础课。由于开设"新能源科学与工程"专业的高校基本上都是能源动力方面的传统高校，因此，能动方面的工程热力学、传热学、流体力学基本上都被设置为专业核心课程。此外，视各校特色，增加了电子电力、能源材料、能源经济等方面的专业选修课程。南京大学设立的"新能源科学与工程"专业比较有特色，基本上以能源材料、化学材料方面的课程为主。

（3）专业课程较多，目前尚缺乏权威教材。多数高校设置了太阳能、生物质能、风能、核能等课程作为推荐选修课，但由于新能源方面的科研正在蓬勃发展期，目前尚缺乏权威教材。许多学校都在编写相关的教材。

（4）目前，培养学生主要以科研创新型人才为主。设立"新能源科学与工程"专业的C9高校如上海交通大学、浙江大学等都以培养创新型研究人才为目标，兼顾就业需求，部分学生大二即可进实验室，国际交流较多。由于传统能源企业也面临向新能源转型的压力，因此传统能源企业也需要大量新能源研发和管理方面的人才。

根据上述特点，并结合中国科大的实际情况，

根据中科院"全院办校、所系结合"的办学方针，由热科学和能源工程系与中科院广州能源所合作创办"新能源英才班"，初次招生规模有限，英才班的方向不宜涵盖太广，准备以太阳能光热、太阳能光伏、生物质能为主要方向，兼顾能源材料学科发展。在课程设置和培养方案上，以工热、流体、传热传质等热能基础课为主，开设新能源材料、新能源化学等基础课程，指定选修新能源领域的专业课。在培养模式和目标上，以培养研究型人才为主，鼓励深造，兼顾就业，注重基础知识教育，鼓励学生走进实验室尽早开展科学研究活动。

2 所系结合，建设新能源英才班

基于上述思考，我们确立了"所系结合，建设新能源英才班"的指导方针，通过校内相关单位，以及与中科院广州能源所的协商和研讨，新能源英才班于2016年9月正式开班。

2.1 课程设置及培养过程特色

新能源英才班教育发挥中国科大理实交融的特色，依托"热科学和能源工程系"的师资和课程，充分吸纳中科院广州能源所的力量，结合最新研究前沿开设新的课程。课程设置注重太阳能光热光伏综合利用、生物质热解液相转化技术、能源材料与储能技术结合发展。本科教学的基础课程借助中国科大已开设的数学、物理、化学相关课程，而专业课程由"热科学和能源工程系"开设。"新能源英才班"学生需学习热学、力学、能源、材料等基础理论，并可选择新能源与可再生能源领域相关的太阳能、生物质能、海洋能及天然气水合物等新能源方面的专业课程，并选择中国科大或广州能源所相关研究方向的专业导师进行毕业设计，以具备较强的新能源与可再生能源方面的研发、设计和实践创新能力。

"新能源英才班"由中国科大和广州能源所共同实施教学培养过程，学生在中国科大进行本科生培养学分课程的学习，在广州能源所进行科研实践教学活动。学生在中国科大的课程学业评价由中国科大教务处统一进行管理；在广州能源所进行科研实践活动时，由中国科大抽调有经验的教师带队，协助广州能源所对学生的学习实践进行管理和辅导。"新能源英才班"配备科研教学经验丰富的班主任，对学生课程学习和学风进行管理和辅导。

"新能源英才班"由中国科大和广州能源所双方师资力量整合，资源共享，本科生毕业设计在四

年级春季学期进行。指导老师由系所共同抽调处于科研一线的副高以上教授和研究员组成，部分学生毕业设计在广能所完成。这一模式不仅使学生接触到前沿科研课题，而且在科学研究、工程设计方面得到训练。毕业设计完成后，参加中国科大组织的论文答辩。

2.2 新能源英才班学生选拔和滚动

"新能源英才班"招生面向全校二年级品学兼优的学生，由学生本人提出申请，新能源英才班领导小组参考学生考试成绩并面试后择优选拔，确定约20名同学入选新能源英才班。"新能源英才班"采用动态管理模式，不适应英才班学习的学生将被淘汰出英才班，回到普通班学习。目前，一共有两个年级共30余名学生在英才班，学习情况良好。

2.3 近年新能源英才班培养情况

中国科大和中科院广州能源所在学生培养方面开展了丰富而有特色的实践工作。中国工程院院士、中科院广州能源所研究员陈勇带头组成教师团队为英才班本科生做前沿学术报告。

暑假期间，新能源英才班同学前往广州能源所开展为期三周的科研学习。第一周开设"新能源利用技术前沿"专业课程，由广州能源所导师组成教授团队，结合自身学习、科研、工作经验，讲述新能源技术开发的现状、前景及其所面临的挑战。第二周参加广州能源所主办的"走进能源所 认识新能源"大学生夏令营活动，聆听讲座，参观实验室，近距离观察科学研究。第三周在广州能源所研究生带领下真正进入实验室，自己动手参与科研实践，如制作太阳能电池板，查阅文献、阅读工作报告等，对新能源方面的科学研究有了更切身的体会和理解，树立起为国家能源事业做出贡献的信念。

中国科大启动了"新能源英才班"省级专业综合改革试点项目，投入专门经费和人力，建设"新能源英才班"。2017年度、2018年度分别为英才班同学安排了十余场国内外知名学者报告会，内容涉及新能源技术、电池技术、储能技术等，极大地开阔了英才班同学的视野。

2018年10月21—23日，组织英才班学生前往我国首个太阳能光热示范电站——青海德令哈中广核50 MW光热示范项目基地参观学习，通过实地考察及与技术研发人员交流，加深了学生对太阳能光热利用项目实施的认识，激发了他们对新能源利用研发的兴趣。

中国科大与广州能源所合作实施"新源聚能"

英才班专项奖学金和新能源英才奖学金。仅2018年，就有28名优秀学生获得奖学金奖励，起到奖励优秀、激励进步的作用。

2.4 新能源英才班学生海外交流计划

为拓宽"新能源英才班"本科生的国际视野，在中国科大的大力推进下，启动与澳大利亚伍伦贡大学（University of Wollongong, Australia），以及美国俄亥俄州立大学（Ohio State University, USA）开展针对本科生的暑期短期科研交流和国际学生夏令营活动计划，为"新能源英才班"学生提供前往国外课题组进行学习、研究的交流机会，提高"新能源英才班"学生的科研能力和国际视野。每年暑假从"新能源英才班"本科三年级学生中选拔3名学生赴澳大利亚伍伦贡大学交流学习，选拔2名学生赴美国俄亥俄州立大学交流学习。学生须在老师指导下完成一个短期科研项目，结题形式为口头汇报及书面报告。学生赴国外往返机票及在对方大学的住宿由中国科大提供。

3 结 语

综上，中国科大立足于国家"十三五"发展规划，根据能源领域的发展趋势和国民经济发展需要，结合中国科大热科学和能源工程系、中科院广州能源所的教学科研力量，以太阳能光热利用、生物质能、能源材料为主要建设方向，建立了理工结合型的"新能源英才班"。新能源英才班开设近三年来，学生选拔和教学科研有序进行，各种实践活动卓有成效，证明"所系结合"的办学方针能够有效推进新能源英才班的建设。依托中国科大"理实交融、所系结合"的办学特色，新能源英才班可望培养出从事新能源领域研发、教学及管理工作的跨学科复合型高级人才，为国家的新能源技术研发、能源储备和供应增添力量。

参考文献

[1] 林伯强. 中国能源发展报告2017[M]. 北京：北京大学出版社，2017.

[2] 水电水利规划设计总院. 中国可再生能源发展报告2017[R]//"一带一路"能源部长会议暨2018国际能源变革论坛. 苏州，2018.

[3] 杨娟. 交叉学科研究生项目的组织管理——基于加州大学戴维斯分校实践的研究[J]. 研究生教育研究，2019(1)：80−86.

新工科理念下能源与环境系统工程专业选修课的改革与探索*

王伟云，杨天华，李润东，李延吉

（沈阳航空航天大学 能源与环境学院）

摘要："新工科"是基于国家战略发展新需求、国际竞争新形势、立德树人新要求而提出的我国工程教育改革方向，其内涵是以立德树人为引领，以应对变化、塑造未来为建设理念，以继承与创新、交叉与融合、协调与共享为主要途径，培养未来多元化、创新型卓越工程人才。本文针对沈阳航空航天大学能源与环境系统工程专业基于应用型转型专业建设过程，在专业选修课程设置和教学中遇到的一些问题进行了深入的分析。并且从更新培养目标，提高学生课堂参与度，课程设置应用技能化以提高选修课教师行业参与度等方面提出了改革方法。

关键词：学科交叉；新工科；能源与环境系统工程；专业选修课；教学改革

"新工科"的"新"，主要体现在工程教育的新理念、学科专业的新结构等方面。新工科的建设和发展，不仅需要树立创新性、综合化、全周期的工程教育"新理念"，还需要构建新兴工科与传统工科相结合的学科专业"新结构"。通过对现有工科进行改革，按用人单位对工科生的需求来培养人才，使其体现工程教育的新要求，培养科学基础厚、工程能力强、综合素质高的工程人才。

能源与环境系统工程专业是沈阳航空航天大学能源与环境学院三大本科专业之一，其培养目标是为火力发电厂培养运行工程师。专业于 2015 年被辽宁省教育厅确定为应用技术转型专业，2018 年进行新工科背景下的课程体系改革。课程体系改革思路为：专业基础课和专业必修课的任务下放到授课老师，专业选修课的设置及课程内容改革成为新工科教育改革的重要任务。

能源与环境系统工程专业的选修课主要授课目的包括：一是满足学生未来从事火电厂运行工程师职业或者进一步研究深造的需要；二是以学生兴趣为导向，拓宽学生知识面；三是提高学生创新能力；四是提高分析问题、解决问题的能力，简称为"四大目标"。因此，设置什么样的专业选修课对于专业培养目标的实现具有重要的意义。

"新工科"中，"工科"是指工程学科，"新"包含三方面含义，即新兴、新型和新生。李培根讨论新工科的"新"的内涵，提出工程人才的培养应该注重新素养、空间感、关联力、想象力、宏思维和批评性思维等方面的能力。能源与环境系统工程隶属于动力工程及工程热物理、环境科学与工程和自动化专业，是一个能源、环境与自动控制三大学科交叉的复杂系统工程。就这样一个新兴专业来讲，对学生新素养、空间感、关联力、想象力、宏思维和批评性思维等方面的能力的培养无疑更为重要。而各种能力的培养仅仅依靠主干课程是远远不够的，因此需要新型的选修课程培养模式作为辅助，需要在新工科背景下对专业选修课程进行不断的探索和改革。新兴的事物往往需要新型的处理方式才能够迎来新生，其中必然会经历无数次的探索，改革，再探索，再改革。如同能源与环境系统工程这个新兴专业，只有用新型的培养模式培养出的学生才能够适应当前的经济发展，与社会人才需求顺利接轨，才能给能源与环境系统工程这个专业带来新生。

1 能源与环境系统工程专业建设中专业选修课设置存在的问题

随着工程教育的改革与发展，各专业选修课教

* 基金项目：2018 年辽宁省本科教改项目"能源环境交叉学科的新工科专业协同育人模式的探索与实践"；2016 教育部高等学校能源动力类专业教育教学改革重点项目"寓教于研机制助力能源与环境系统工程专业创新型人才培养的探索与实践"

学中的一些矛盾和问题也渐渐凸显出来。窥能源与环境系统工程专业之一斑可发现存在以下问题：

1.1　教学内容难以达到培养目标要求

部分课程设置难以达到培养目标要求。如在试验优化设计这门选修课程讲授过程中发现，由于内容相对较难，选修课程学时有限，学生往往难以在短时间之内掌握，加之学生对选修课程的学习积极性不高，导致结课时发现难以完成教学目标。除此之外，有一些专业选修课程的培养目标模糊，不够明确，导致在授课的过程中授课内容分散、陈旧枯燥、脱离实际，这也是教学内容难以实现培养目标的一大原因。

1.2　教学模式僵化，难以激发学生兴趣

目前高校的专业必修课程均按照学科体系安排课程，重视知识的严密性，严格地按照知识的逻辑关系编排课程内容。而专业选修课程的教学模式往往是按照专业必修课的教学模式设计的，这样就导致了专业选修课程的教学模式固化。对于专业选修课程而言，学生往往是根据自己的兴趣或者职业理想而选择课程，过于僵化的选修课教学模式往往会让学生带着兴趣走进课堂，带着失望走出课堂。专业选修课程的设置本就灵活，那么教学模式设计更加的灵活有趣有何不可呢？

1.3　课程设置理科化，缺乏技能应用型课程

由于本专业的工科特性，往往需要一些理科化的专业必修课程来夯实基础，这是工科专业必不可少的通识教育。笔者认为专业必修课程可以中和一部分的通识教育和工程教育的对立，但专业必修课程必定需要考虑很大一部分的理科化的通识教育，因为基础是必须夯实的，只有基础牢靠了，才能够培养出合格的工程人。而专业选修课程则不然，可以考虑将越来越多的专业选修课程设置成直接和社会人才需求相接轨的应用技能型课程，甚至可以全部换成应用技能型课程来满足学生的就业需求或继续深造的需求。这样专业选修课程才够成为专业必修课优秀的"助攻"，培养出优秀的工程人。

比如我们的选修课程培养计划就充分考虑了不同的学生群体的需求，2014 年和 2016 年的培养计划里我们针对以后打算读研的学生开设了"现代分析测试技术"。

1.4　课程设置脱离行业企业实际，难以补齐能力短板

能源与环境系统工程专业作为一个交叉学科，

对高层次新工科应用人才的综合素质要求更高，除了专业理论知识、实践技能和创新能力，还需要具备领导力、协作沟通能力，需要了解经济、社会及科技伦理，同时也看重项目组织能力、团队合作能力等。在专业必修课教学过程中，很多教师脱离行业环境，加之授课过程中实践环节相对较少，使得学生难以建立起对岗位需求和工作模式的认知，造成了学生有能力短板而不自知的局面。专业选修课教学也面临同样的状况，但专业选修课的选择，应该是学生清楚了解自己的能力短板和长处以后的主动选择。所以专业选修课程的改革依托于专业必修课程的改革，并且应该作为学生取长补短的阵地。

2　改善专业选修课教学效果的策略

2.1　培养目标更新

在设置专业选修课程时，应以毕业生应具备的应用能力为主线更新培养目标，冲破原有课程体系。删除陈旧的与培养目标相差过远的课程内容，增添新知识。围绕学生的就业和读研方向整合教学内容和设置课程。总体培养目标一旦明确，相应地课程设置就会科学合理。那么每一门选修课程的教学内容和教学目标也会变得丰富翔实和更有针对性。

2.2　灵活教学模式，激发学生兴趣

专业选修课程的教学模式不该受到传统教学模式的影响，尤其是能源与环境系统工程专业这种新兴交叉学科更是如此。专业选修课程作为学生的"技校"和取长补短的阵地，应该充分发挥其灵活特性。

首先，可以将一些对专业课能实现有效补充的选修课根据具体课程内容灵活设置学分，有的设置16 学时 1 学分，如讲授集中供热联产、热力学分析及经济性评价的课程"热电联产及供热"；有的设置为 24 学时 1.5 学分，如系统讲授火电厂汽轮机、锅炉本体及辅助设备安装检修工艺的课程"热力设备安装与检修"。

可以根据专业灵活设置课程内容，如"能源环境保护"课程因内容涵盖面过宽，起先变更为"电厂脱硫脱硝技术"，内容更具体更有针对性。但在课程准备过程中，发现内容过于集中，没有涉及对于电厂而言非常重要的除尘环节，所以，在 2018 年修订培养计划时，将课程名称变更为"烟尘污染控制

技术"，内容设置更合理。

可以在课堂内部采用项目化教学，对教学内容进行项目化改造，使理论与实际相结合。这样以任务为引领更加能够提升学生的课堂参与度，使学生在教学过程中的角色发生质的转变，同时也锻炼了学生的能力，训练了学生的技能。但这样的教学对于任课教师来说是一项挑战，因为在对教学内容进行项目化改造的时候需要任务由浅入深并且还能够承载理论教学和能力锻炼，这样才能够达到教学目的。同时教学阵地也不该仅仅局限于课堂，老师和学生可以将自己参与课程的相关内容录制成小视频在课堂或者微信群交流分享。灵活教学模式当然不仅限于此，在科技和网络如此发达的今天，任何的方式、任何的地点都可以为教学所用。

2.3 增加跨学科课程和实践课程

（1）增加跨学科课程

一方面要加强基础课程的基础性，以便学生更好地学习跨专业甚至跨院系课程。另一方面要加大跨院系、跨专业课程设置的比重，同时允许和鼓励学生跨班级、跨年级、跨学校学习，充分实现优质教育资源的共享。"能源与环境系统工程"目前已有的专业体系更多的是以现有热能工程学科内容来划分的，因此新工科在人才培养的体系领域上应该更多地瞄准跨学科（热能/环保/自控/机械/电网）甚至跨门类（工学/管理学/经济学）的新兴领域。

比如，我们在2018年培养方案里增设了"电厂金属材料"和"土建基础"这两门课程。这两门选修课程对于能源与环境系统专业的学生而言是知识的扩展。电厂金属材料这门课程的增设是由于电力作为主要能源已成为国民建设中重要的基础工业，而金属材料的力学性能直接影响着发电设备的可靠性和安全运行。学生通过对本课程的学习，可了解金属学的基础理论，掌握金属材料的基础知识和电厂金属材料的特性及其应用，为今后从事本专业技术工作打下必要的基础。土建基础这门选修课程的增加则是考虑到本专业的学生在工作中会不可避免地接触一些火电厂的土建工程，有利于培养出既熟悉火力发电厂的运行和管理，又有一定土建基础的复合型人才。火力发电厂的建设需要考虑生态、经济、电网规划等诸多因素，故电力土建行业的从业者必须在符合我国国情的基础上，结合国内外先进的土建技术，不断提高火力发电厂土建施工技术水平。将电厂金属材料和土建基础这两门

传统工科课程添加到能源与环境系统工程这一新兴工科专业的选修课程当中，有助于帮助学生夯实基础。

（2）强化实践课程

首先，各个学校在开发课程资源、设置选修课程的同时，要能够逐渐培育1～2门比较成熟的实践类课程。通过实际的教育实践活动，综合训练学生的应用能力。为学生提供及时、直观、全面的学习信息反馈。高校需要尝试充分挖掘可能的资源培养学生的实践能力，如要求学生或者参与教学准备、课堂教学，或者参与教学评价，或者进行课题研究，或者进行相关部门的管理工作实践，等等。在这之后要逐步地增加选修课程中实践课程的数量，逐步地对选修课程的设置进行改革。

2.4 提高选修课教师的行业参与度

高校教师往往科研压力大、授课任务重，很难在兼顾学校教学、科研工作的同时还不跟行业企业生产实际脱节。想让学生更好更快地建立起对岗位需求和工作模式的认知，就必须拓宽视野，不局限于教材。由于本专业实践环节需要接触电厂核心部位，安全保障阻碍了学生实践能力的培养，因此笔者认为在改革初期应该设置专任的选修课教师，利用校企联合定期给选修课教师提供培训，以提高选修课教师的行业参与度。这样才能保证传授给学生的知识是适应社会需求的。目前我们已经聘请国电公司的几位运行工程师参与专业生产实习部分内容的授课，由于与实际联系紧密，取得了较好的授课效果。

3 结 语

新工科专业的产生，本质上是由于社会不断发展而催生了新产业、新业态（包括传统产业升级而形成的新型产业）进而形成新职业，同时科技不断进步引发产生新技术、新经济。新工科背景下，能源与环境系统专业这种新兴的交叉学科成为高校教育改革的热点和亮点所在。笔者总结能源与环境系统专业选修课程的改革重点在于使培养出的学生适应新产业、新业态并且有一定的创新能力，以促进学生综合能力的提高和专业的可持续发展。

参考文献

[1] 徐晓飞，丁效华.面向可持续竞争力的新工科人才培养模式改革探索[J].中国大学教学，2017（6）：

6 – 10.

[2] 熊义贵.火力发电厂土建施工技术的现状和展望[J].山东工业技术,2018(22):170.

[3] 林健.面向未来的中国新工科建设[J].清华大学教育研究,2017,38(2):26 – 35.

[4] 李培根.工科何以而新[J].高等工程教育研究,2017(4):14 – 15.

基于"绿色能源岛"构建资环、能动及电气类新工科人才立体实践教学体系*

周永利,孙宽,李猛,石万元,包健,李俊,廖强,王国强,卞煜,李友荣

(重庆大学 低品位能源利用技术及系统教育部重点实验室)

摘要: 通过分析新工科背景下的资环、能动及电气类专业设置特点与实践教学理念,在学科的基础上对资环、能动及电气类实验课的内容进行整合和优化,基于多能互补"绿色能源岛"构建了资环、能动及电气类新工科人才的立体实践教学体系。该体系包含四大实验体系,以资源开采、利用、输配及节能减排为主线,既重视专业知识的系统性,又注重课程之间、专业之间和学科之间知识的交融性,旨在构建一个集跨专业毕业设计、校内工程实践课程、科研项目训练于一体的综合性新工科实践教学体系。

关键词: 绿色能源岛;新工科;实践教学

习近平同志在十九大报告中指出,经过长期努力,中国特色社会主义进入了新时代。新时代的经济快速发展迫切需要新工科人才的支撑,需要高校面向未来布局新工科建设,并培养具有创新创业能力和跨界整合能力的工程科技人才。新工科建设已成为当前高等工程教育改革的热点并引起广泛的关注:2017 年 2 月 18 日,在高等工程教育发展战略研讨会上,共同探讨了新工科的内涵特征、新工科建设与发展的路径选择,最后形成十条新工科建设"复旦共识";2017 年 4 月 28 日,在教育部在天津大学召开的新工科建设研讨会上提出"天大行动";2017 年 6 月 9 日,教育部在北京召开新工科研究与实践专家组成立暨第一次工作会议,审议通过了《新工科研究与实践项目指南》(以下简称《指南》),《指南》规划出的新工科研究与实践项目有新理念、新结构、新模式、新质量、新体系 5 个部分共24 个选题方向。目前,一些院校针对新工科的实践模式做了一定的探索研究:周静等提出理工科专业"四层次四方位"实践教学体系模式;戴亚虹开展了电子信息类工程人才培养模式的探索,提出了"学践研创"四位一体实践教学体系;顾菊平等对电气类创新型人才培养的路径选择进行了探讨;冯丹艳等探讨了机械设计制造及其自动化专业人才培养模式;朱君等基于"新工科"创新理念对电子信息类专业基础实践教学改革进行了探索。这些研究主要针对单个专业培养模式层次性、创新性、协同性及融合性进行探索,而具体的多学科交叉融合的案例,国内鲜有报道。在新工科已成为社会主义新时代国家推进高等教育改革的新战略的时代背景下,多学科交叉融合的工程人才培养模式探索与实践是一个重要的发展方向,于是我们发起了基于多能互补"绿色能源岛"的建设项目,在此基础上构建资环、能动及电气类新工科人才的立体实践教学体系。基于该体系,我们对资环、能动及电气类实验课程专业应用广度和深度、专业之间的交叉融合进行了探索,并探讨了专业基础课程实验与后续的应

* 基金项目:重庆大学教学改革研究项目(2017Y47,2018Y21,cquyjg18314);2017 高等学校能源动力类新工科研究与实践项目(NDXGK2017Z – 21);第二批新工科研究与实践项目(0903005107001/013/005,0903005107001/013/004);重庆市研究生教育教学改革研究项目(yjg173027)

用性和科研性实验的呼应关系,力争解决目前大学生工程综合素质培养方面的问题。

构建一个立体的实验体系,力图改善上述问题。

1 我校当前资环、能动和电气类专业实践体系现状

实践教学是高等教育创新能力培养的重要手段,是强化大学生实践能力和创新精神的重要环节。大众创业、万众创新已成为新时代的要求,新工科是社会主义新时代国家推进高等教育改革的新战略。目前,我校资环类、能动类、电气类专业实践教育体系还不能完全支撑新工科人才对创新能力培养的需求,集中体现在以下几个方面:① 资环、能动及电气类本科生、研究生现有的专业实验课大部分停留在本专业阶段,专业应用广度和深度不足,专业和学科之间的实践课程交叉融合几乎未见;② 能动、电气专业学生对发电、输电过程掌握较好,但是对资源生产开发过程却不甚了解,对资源品质评价标准不清楚,同时资环类专业学生也很少了解能源动力的产生及输配原理;③ 专业基础课程实验与后续的应用性和科研性实验没有形成良好的呼应关系,没有形成系统的实验框架和体系,学生很难建立一整套关于能源利用的知识结构;④ 实验体系多数强调课本知识的学习及操作能力的培养,对学生综合素质,尤其是社会责任意识方面的培养存在不足,工程综合素质培养需加强。基于此现状,我们提出了"绿色能源岛"的建设项目,从"资源有效开采—能源高效利用—能源储能及输配"中

2 绿色能源岛项目的建设思路

绿色能源岛的建设是以多能互补分布式能源及微电网系统为对象,其多种互补性能源形式俨然构成一个可再生的能源岛屿,故取名"绿色能源岛",基于此构建资环、能动及电气类新工科本科生、研究生系列实验课程,强调新工科实践课程的交叉融合性、综合研究性、跨界开放性和学术创新性。基于"绿色能源岛"的新工科实验教学体系建设总体框如图1所示。

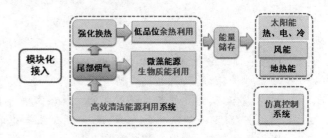

图1 基于"绿色能源岛"建设的总体框架

基于上述框架,我们搭建了如图2所示的绿色能源岛系统,通过以分布式能源热电冷三联供系统为基础,以资环、能动和电气专业方向进行模块化系统搭建,以可再生能源为辅助,以智能调度为核心的能源系统产生电、热、冷等能源需求,同时辅以微藻能源、生物质能、太阳能、风能、蓄冷蓄热等多种节能减排手段,力图打造绿色、低碳、节能的能源实验体系。

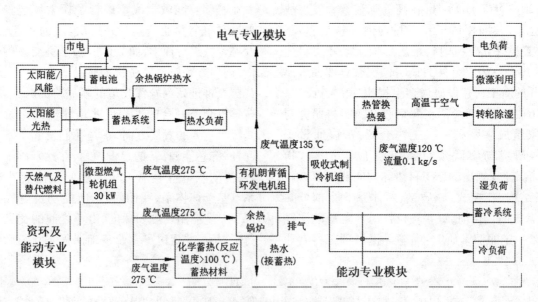

图2 "绿色能源岛"建设系统图

3 构建新工科人才立体实践体系的举措及内涵

3.1 构建立体实验教学体系

基于"绿色能源岛"新工科人才的立体型实践知识教学体系的建立，从根本上转变了原有实验教学的整体理念及格局，打破了传统的局限于课程的实验教学体系，构建以学科平台为中心、以先进能源利用为主线的独立的实验教学体系。在学科的基础上对资环、能动及电气类实验课内容进行整合和优化，增设全新的跨专业实验课、毕业设计、校内工程、科研训练等实践项目，既重视专业纵向知识的系统性，又注重课程之间、专业之间、学科之间横向知识的相互交叉和融合，使实验教学能最大限度

地挖掘学生的知识潜能，培养学生的创造性思维和创新能力，提高其综合素质。基于"绿色能源岛"的实验教学体系构架如图3所示，共分为四个实验体系，层次分明，逐级递增，构建起一个集毕业设计、校内工程项目、科研项目训练于一体的综合性、实践性强的新工科实验教学体系。其中，基于此体系实施的基本实践课程是基础，通过该课程的学习实践，学生全面掌握了从资源开发到能源利用的全过程，构建了一整套立体的知识体系，这种体系便于记忆，更能培养学生的综合能力。基于此，可将教学实验与科研试验及工程训练有机结合，利用最新科研成果和工程应用新技术，不断融合更新资环、能动及电气类教学实验和工程训练实践内容及教材，将前沿的科学技术及工程应用技术传授给学生，让学生熟悉现代工程技术，提升工程训练水平。

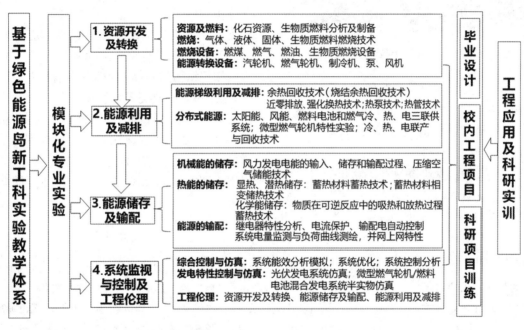

图3 基于"绿色能源岛"实验教学体系总体架构

3.2 建立跨界协作平台，加强学生的跨界培养

基于绿色能源岛实践体系及新工科培养模式，我们构建了实验教学体系网上教辅系统，如图4所示。在开展能源利用新技术及新知识专题讲座的同时，向全校各专业学生开放网络动态学习交流平台，促进资源的共享性、学习的自主性和师生的交互性。该平台可实现学生自主选课、课前实验预习、课后知识问答等功能。同时，通过网络沟通自愿组队等方式，学生可实施跨学科和专业的创新项目、课程设计及毕业设计，这有效推进了资环、能动及电气类专业的跨界培养，并且能激发不同专业学生的思维碰撞，产生良性的"化学反应"，从而提高

学生的自主学习能力，并引导学生建立系统的知识结构。

在新工科人才培养过程中，参加科技竞赛、学术会议、发表文章、撰写专利等是非常重要的，特别是参加全国乃至国际大型竞赛对于培养学生的视野、心胸、责任感和使命感具有不可替代的价值。但是这些竞赛项目，往往不是一个专业的学生能完成的，需要各专业学生精诚合作。在上述新工科实践体系下，跨专业联合培养以增强学生的工程意识、工程素质和工程实践能力为出发点，以学科交叉及专业协同为目标，联合资环、能动、电气、计算机、城环及建筑类等多个专业开展联合培养，学生

参与分工协作，不仅能扩充各自的知识面，还能培养学生的团队协作能力。这里以联合毕业设计及联合科创项目实施为例进行说明。

图4 实验教学体系网上教辅平台

如图5所示，联合毕业设计的各专业学生组成跨专业小组，从调研、查阅文献、资料收集、方案构思、系统设计到毕业答辩的全过程，都紧紧融合在一起。它改变了目前毕业设计的工作模式，打破各专业间的壁垒，使各个专业参与者都能在平台上协同工作，以现代工程设计实际为基础，学生通过毕业设计初步了解了现代工程的实施过程，扩充了知识结构，增强了工程意识、全局意识和协作意识，提高了社会适应性。

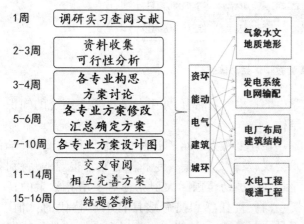

图5 电厂电网建设联合毕业设计协作流程图

在2019年我校节能减排大赛的实施过程中，组委会共计收到全校各专业联合创作的作品100余件。由于大赛主题及专业契合等问题，这其中主要是由动力、电气、城环等专业学生担任组长的作品，

但不乏建筑、经管、化工及机械专业学生的作品，他们的组员来自动力、城环、电气、自动化、计算机及物理等各专业，这样的跨专业组合既保证了作品的多样性和新颖性，又保障了项目的完成度。这种跨专业交流协作项目充分保障了我校节能减排的作品质量，在去年第十届全国节能减排竞赛中，我校作品取得较好成绩。

4 结 语

基于绿色能源岛的新工科实验教学体系遵循从基础到复杂的认知能力的培养规律，从知识结构、实践能力、创新能力等方面出发，坚持实验教学与理论教学有机结合的原则，根据学生在不同学习阶段知识面的掌握程度和专业知识模块，对实验教学体系和内容进行了递进式的创新性改革，构建了体现实验技能系统训练与科学研究能力培养相结合的四大子系列实验。该体系强调新工科人才基本的知识结构的立体学习，主要包括专业基础知识的掌握、跨学科或交叉学科知识的涉猎程度及科学研究能力的形成等；同时培养学生的创新精神与意识，主要包括开拓创新意识及顽强攻克科学难关的拼搏精神；还能培养学生团队协作能力，主要包括组织协调能力、实践动手能力及跨专业团队合作能力等。

参考文献

[1] 习近平.决胜全面建成小康社会夺取新时代中国特色社会主义伟大胜利——在中国共产党第十九次全国代表大会上的报告[M].北京:人民出版社,2017.

[2] 吴爱华,侯永峰.加快发展和建设新工科 主动适应和引领新经济[J].高等工程教育研究,2017(1):1-9.

[3] 教育部."新工科"建设复旦共识[J].高等工程教育研究,2017,15(1):10-11.

[4] 教育部."新工科"建设行动路线("天大行动")[J].高等工程教育研究,2017(2):24-25.

[5] 林健.深入扎实推进新工科建设——新工科研究与实践项目的组织和实施[J].高等工程教育研究,2017(5):18-31.

[6] 周静,刘全菊,张青.新工科背景下实践教学模式的改革与构建[J].实验技术与管理,2018,3(35):165-168.

[7] 戴亚虹,李宏,邹杨波,等.新工科背景下"学践研创"四位一体实践教学体系改革[J].实验技术与管理,2017,12(34):189-195.

[8] 顾菊平,堵俊,华亮. 新工科视域下综合性大学电气类创新型人才培养的路径选择[J]. 中国大学教学,2018,(1):56-60.

[9] 冯丹艳,莫玉梅.新工科理念下机械设计制造及其自动化专业人才培养模式探讨[J]. 山东工业技术,

2017,(22):231-231.

[10] 朱君,宋树祥,秦柳丽,等."新工科"创新理念的电子信息类专业基础实践教学改革[J]. 实验技术与管理,2017,34(11):171-173.

能源与动力工程本科专业"卓越计划"实践及思考*

——以中国矿业大学为例

韩东太,何光艳,杜雪平

(中国矿业大学 电气与动力工程学院)

摘要:根据国家"卓越工程师"培养指导方针,中国矿业大学能源与动力工程专业从选拔和管理机制、人才培养标准、培养方案、课程体系、教学方法、师资队伍等多角度进行改革与实践,先后培养了4批"卓越班"106名学生,实践证明,"卓越计划"培养模式符合国家对工程教育的实际需要,充分反映了学校的办学特点、学科优势、行业特色,人才培养质量明显提高。建议"卓越工程师"培养定位根据各高校自身实际情况,有所差异;高校、政府、企业角色应定位准确、深度融合。

关键词:卓越计划;教学改革;师资队伍;培养定位;角色定位

教育部"卓越工程师教育培养计划"(以下简称"卓越计划")实施期限为2010—2020年,全国先后有3批、200多个高校专业入选"卓越计划"名单。如今"卓越计划"已接近收官之年,各个高校在具体实施过程中,遇到的实际问题和取得的效果各不相同。本文第一作者2012—2016年担任中国矿业大学能源与动力工程"卓越计划"专业负责人,亲身参与了卓越工程师培养全过程,在总结经验的基础上,就"卓越计划"实施过程中面临的典型问题,结合自身的思考,希望为今后"卓越计划"进一步开展提供一些参考意见。

1 总体思路

完成"卓越工程师计划"培养方案和教学大纲的制订,建立与"卓越工程师计划"相一致的专业主干课程教学内容与课程体系;完善校内外实践教学基地各项基础设施和相关保障措施;落实企业阶段培养计划,选聘企业兼职教师,开展与"卓越工程师计划"相

适应的"师资"队伍建设;建立健全各项管理制度和组织体系,实现"卓越班"教学管理有序运行。

2 实验方案

2.1 管理与考核

每年按照自愿、公开、公平选拔的原则,从能源与动力工程专业本科二年级学生中遴选招收30名学生组建"卓越计划"工程师班(简称卓越班)。学院为"卓越班"单独制订培养方案,按学分制进行教学管理。"卓越班"配备1名专职辅导员,每4名学生配备1名专业指导教师和1名企业指导教师;"卓越班"设有退出机制和激励机制:学生若难以适应"卓越计划"的要求,可以提出书面申请,经"卓越计划"领导小组审核通过后可以退出,批准退出和被取消资格的学生,转入原专业继续学业,参照校内转专业学生课程认定程序,在卓越工程师班学习过程中已取得的成绩和学分,经过认证后可以替代原专业需要修读的学分。凡进入"卓越班"的学生均

* 基金项目:中国矿业大学能源与动力工程"卓越计划"本科专业"动力工程测试技术及仪器"精品课程建设项目

可获得专门设立的企业奖学金资助,以及在申请大学生创新训练计划时给予优先资助,并且在毕业时优先推荐免试攻读全日制专业硕士学位。

2.2 教学改革

根据教育部"卓越工程师教育培养计划"对人才培养的目标要求,结合自身实际,制订了"卓越工程师教育培养计划"能源动力工程专业本科阶段人才培养标准、人才培养方案,对能源与动力工程专业教学内容、方法、手段等进行全方位的改革。

2.2.1 课程体系

吸取国内外知名高校的成功经验,课程设置与国外高水平大学接轨。根据专业发展趋势,增设了新能源课程、环境污染控制课程、专业前沿讲座及双语课程。以学生工程实践能力和创新能力培养为核心,以工程实践与科研训练为主线,在传统课程体系的基础上,强化实践环节,设计科研训练、企业实践等内容,使学生逐步、系统地提高工程实践能力和创新能力。

2.2.2 课程教学

改革教学方法,推行启发式、探究式、讨论式、参与式等教学方式,促进自主学习。注重给学生提供更多的自由发挥、自主学习的机会,要求教师在课堂上更多地与学生进行讨论,启发学生去探究问题。除知识传授外,通过综合性作业、结合课程的创新性项目等形式多样的综合性训练,将学生的能力培养和人格养成落实到具体的课程教学中。

将课程教学与科研、理论与实践、创新活动与科学研究有机结合,培养学生创新、务实、灵活、应变的能力,满足学生个性化、多元化的创新意愿和复合型人才的培养需求。卓越班学生都要参加科技创新活动,参加本科生与研究生组成的跨学科跨年级的创新团队,参与教师的科研活动,还可以利用暑期时段灵活安排实习教学创新活动。

探索主干专业课程的校外实习与设计教学同步进行。凡教学内容与生产实践关系密切、工程知识密集的课程,以工程应用为教学背景或结合工厂生产实际讲授,或在企业培训期间对相关课程的内容进行强化。在课程学习中期或末期,根据课程内容安排学生到企业进行针对性的工艺设计实习。既强化了课程学习效果,又做到学以致用,并能及时找到学习中欠缺的环节,最终形成课程实习、生产实习、毕业设计逐步加深,各有侧重的实践教学体系。

改革课程考核方法。考核方式应该使学生由评价的客体转变为评价的主体,增强学生课堂学习的主动性和参与实践的积极性,充分发挥学生学习的自主权。如以课程设计类的大作业替代部分作业和考试,进行基于问题、基于项目、基于设计的教学,增强学生的工程设计能力和工程知识运用能力。

校外企业专家进课堂。面向社会、行业和企业聘请高水平或具有丰富实践经验的专家和工程师,特别是具有博士学位或具有副高以上职称的专家讲授专业课程,指导毕业设计、生产实习、工程训练。

2.2.3 实践教学

加强专业基础的实践。在通识教育和专业大类课程教育中,通过设置数学建模方法课、专题研究和大作业等实践环节,提高学生应用数学知识解决工程实际问题的能力。依托能源与动力工程实验中心,设置相应实验课程,安排基础性实验和特色选修实验,锻炼学生通过实验解决各种问题的方法和能力。

推行研讨式教学模式。在专业大类课程和专业主干课程教学过程中,全面采用以问题为导向,以大作业、专题研究报告、文献综述报告、研究性实验报告等为载体的研讨式教学模式。注重培养学生从工程全局出发,综合运用多学科知识、各种技术和现代工程工具解决工程实际问题的能力和综合素质,强化培养学生的自主学习能力、创新意识和探索未知领域的兴趣。

建立多元化的工程实践训练体系。根据由浅入深、层次化和多元化的企业学习阶段培养要求,建设工程训练集中型、发电厂实训分散型和创新训练综合型3种培养模式。在企业学习阶段采取校企联合双导师指导的方式,学习时间累计达到1年(32周)。

强化现场实践与毕业设计。把毕业实习实践与毕业设计、就业环节结合起来,采取"定岗学习"形式,学生在现场导师指导下完成毕业实习,在学校导师和现场导师"双导师"指导下完成毕业设计、专题论文、研究报告等。

2.3 师资队伍建设

卓越工程师教育培养计划的培养目标是"面向工业界、面向世界、面向未来,培养造就一大批创新能力强、适应经济社会发展需要的高质量各类型工程技术人才"。建设好一支高水平、复合型、多样化的"双师型"师资队伍是实现培养目标的根本保证和首要条件。

2.3.1 专职教师"工程化"

学校专职师资队伍,尤其是中青年教师,大都是从"校门到校门",缺乏工程实践经验,在教学过程中缺乏工程思维、工程方法和企业文化的传承。一方面要创造条件、有计划地选送教师到企业工程岗位工作1年,积累工程实践经验;另一方面采用企业导师讲座、企业参观访问、联合培养研究生、联合指导毕业设计、协同创新等多样化的形式,丰富学校师资队伍的工程实践经验。同时,教师管理和考核机制也要优化,教师职称聘任、岗位考核从侧重评价科学研究和课堂教学为主,拓展到产学研合作和实践教学能力并重;改革教学质量评价体系,联合学校、行业部门或行业协(学)会、企业等多个主体对卓越工程师教育培养质量进行综合评价。

2.3.2 兼职教师"教师化"

企业兼职教师具有丰富的工程实践经验和实践能力,但是专业理论和教育学理论知识比较薄弱,存在"非师化"缺陷。因此,需要强化企业师资队伍的"教师化"建设。通过和企业联合开展技术人员培训,在协助企业掌握新技术、新装备的同时,着重提高企业人员的专业理论水平;支持提升兼职教师学历层次,举办研究生课程进修班,鼓励兼职教师申请非全日制硕士学位和博士学位;通过举办产学研论坛、联合培养研究生、联合指导毕业设计等形式,提高兼职教师队伍的理论教学水平。

2.3.3 人才培养"标准化"

为满足工业界对工程人员职业资格要求,"卓越计划"人才培养必须要"标准化",作为教师教学的基本依据。制订"通用标准",即工程型人才培养应达到的基本要求,包括自然科学知识、工具性知识(外语、信息获取、工程语言表达、多媒体表达)、管理知识、终身学习能力等;制订"行业标准",即能源动力专业的工程型人才培养应达到的基本要求,包括专业理论、工程技术、工程设计、工程设备、工程管理、实验研究等;开展教师"非学术内容"培训,包括团队合作、交流能力、法律法规、批判性思维、环境意识、社会责任等内容。

3 取得成效

自2013年起,从能源与动力工程专业本科二年级学生中遴选招收学生组建"卓越班"。通过学生报名,组织面试,能动2013级卓越班招收30名学生,2014级27名,2015级18名,2016级34名,其中因各种原因退出3名学生,共计106名学生。统计结果显示,卓越班课程平均成绩均明显高于同期普通班的平均成绩,如图1所示。

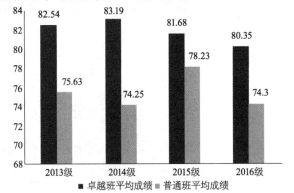

图1 课程平均成绩统计

2017届(2013级)和2018届(2014级)"卓越班"毕业去向情况如图2所示。升学率分别为37%和40%,同期普通班升学率分别为28%和30%;进入国内500强企业就业的比例分别为55.6%和59.3%,远高于同期普通班的25.4%和28.7%。

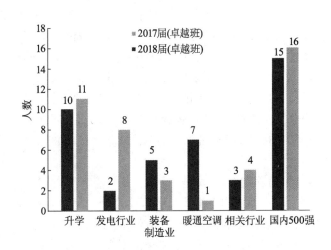

图2 "卓越班"毕业去向统计

通过对20家毕业生用人单位跟踪走访、发放调查问卷,统计结果显示,98%的用人单位对"卓越班"毕业生总体评价比较满意,包括工作胜任度、专业知识、工作能力、职业道德等,如图3所示。企业普遍反映,"卓越班"学生与其他毕业生相比,更显得自信主动,工作热情高、上手快、动手能力和创新意识普遍要超过一般学生。

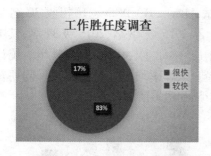
工作胜任度调查

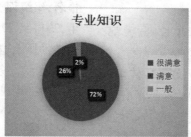
专业知识

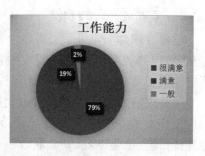
工作能力

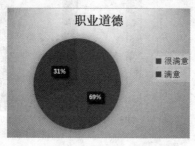
职业道德

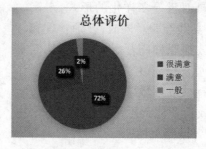
总体评价

图3　"卓越班"毕业生用人单位问卷调查情况

4　问题及思考

"卓越计划"的实施是一项系统工程,涉及生源质量、组织保障、培养模式、教师队伍等方方面面,由于"卓越计划"实施时间较短,在培养的各个环节都需要积累经验,开展研究。教育部提出"卓越计划"在实施过程中需遵循"行业指导、校企合作、分类实施、形式多样"的原则,各个学校可以依据自身特点制订不同的培养方案,在推进"卓越工程师"培养的进程中,必然会遇到各种各样的问题和实际困难,但笔者认为,以下两点是面临的共性问题。

4.1　培养定位

教育部提出"卓越工程师教育培养计划"旨在培养一大批创新能力强、适应经济社会发展需要的高质量工程技术人才,为国家走新型工业化发展道路、建设创新型国家和人才强国战略服务,对"卓越工程师"的定位是适应未来发展需要的工程人才。教育部同时又指出,"卓越计划"实施并没有统一固定的模式。调研显示,各高校"卓越计划"培养定位一般分为两类,一类侧重于"拔尖创新人才",如华中某"985"大学,在新生入学时,按照高考分数排序,直接将高分考生选拔为"卓越班",西北某"985"高校规定,其卓越班学生只要达到课程考试要求,就直接给予免试保送研究生资格;另一类更重视行业工程师培养,如兰州某高校将"卓越班"学生放在东北某大型企业跟班实习一年,毕业设计也在企业

完成,笔者所在的中国矿业大学则是要求"卓越班"学生实习不一定在一家企业完成,而是根据不同的实践课程任务灵活安排学时,但必须有累计一年的实践学时,每位学生都配有企业指导教师。教育部给予参与"卓越计划"的高校极大的灵活自由度,各个学校必须合理利用手中的自由权,依据自身特点、区域特点、行业特点,与行业企业配合,合理定位,不能硬性照搬其他高校,千人一面,应该充分考虑学校的办学特点、学科优势及行业特色,构建符合自身特点的培养模式。

4.2　角色定位

"卓越工程师"培养,离不开三个重要角色,政府、高校和企业,三者既有分工,又有合作,校内学习阶段,高校主导;企业学习阶段,企业主导;政府既是政策制定者,又是有力保障者。三方只有良性互动、相互融合,才能真正推进"卓越计划",实现预期培养目标。但是,高校和企业是两个彼此独立、目标不同的行业机构,高校的根本目标是培养人才、发展科技及服务社会,而企业的主要目标是追求利润最大化,如何发挥企业的积极性,使产学研深度融合,是"卓越计划"实施过程中的一项重要课题。

应该看到,高校和企业尽管追求目标不一致,但是彼此之间有紧密联系,高校可以为企业提供需要的工程技术人才和科研成果,企业可以为高校提供实习条件和指导老师,二者通过紧密合作,互相利用对方的各种资源优势,实现互利互惠的新局面。具体来说,高校工程人才的培养目标要与企业

对人才的现实需求密切挂钩,依据市场变化和企业需要进行专业与课程设置,企业提供实习基地和指导教师,而政府也需要从法律、政策、资金等方面引导校企合作,为校企联合培养"卓越工程师"提供政策支持和经费保证。同时,政府也可以组织各方共同建立科研实践平台。以中国矿业大学为例,2016年由中国矿业大学电气与动力工程学院、徐州市电力行业协会、徐州市高新区联合共同成立了江苏电力技术创新研究院,学院负责技术攻关、开展科学研究及"卓越工程师"人才培养,徐州市高新区负责免费提供研发场地(徐州科技创新谷)和资金支持、政策保障;徐州市电力行业协会负责引导所属50多家企业会员与高校对接,两年来已逐步探索出具有特色的"产、学、研、用"协同发展模式。

5 结 语

自2013年起,中国矿业大学能源与动力工程专业根据"卓越工程师"培养计划的要求,建立选拔和管理机制、制订人才培养标准、人才培养方案,对课程体系、课程教学、实践教学等进行全方位改革,强化实践教学,开展"双师型"师资队伍建设,先后培养了4批"卓越班"106名学生。调研结果表明,"卓越计划"符合国家对工程教育的实际需要,作为改革工程教育人才培养模式的重大教改项目,人才培养质量取得明显提高。同时也应该看到,"卓越计划"推进过程中,存在人才培养定位、角色定位不清晰等一些问题。

参考文献

[1] 林健. 谈实施"卓越工程师培养计划"引发的若干变革[J]. 中国高等教育, 2010(17):30 – 32.

[2] 林健. 卓越工程师培养——工程教育系统性改革[M]. 北京:清华大学出版社, 2013.

[3] 蒋义. "卓越工程师教育培养计划"实施的现状调查及对策研究[D]. 扬州:扬州大学, 2016.

[4] 田野,季炫宇,柏继松. "卓越工程师培养计划"背景下能源与动力工程专业的实践教学体系改革研究[J]. 课程教育研究, 2018(9):154.

[5] 刘全忠,王洪杰. 能源与动力工程专业卓越工程师培养模式研究与实践[J]. 黑龙江教育学院学报, 2013,32(12):40 – 42.

[6] 金昕祥,李改莲. "卓越工程师教育培养计划"下能源与动力工程专业实践教学体系探讨[J]. 中国现代教育装备, 2016(13):96 – 98.

[7] 程效锐,张舒研,张翼飞. 能动专业卓越工程师工程实践教育培养新模式的探索与实践[J]. 中国现代教育装备, 2018(21):102 – 105.

[8] 冯磊华,鄢晓忠,李录平. 能源与动力工程专业卓越工程师培养的实践教学研究[J]. 中国电力教育, 2012(9):71 – 72.

[9] 刘建立,高强,王蕾,等. "卓越计划"背景下青年教师工程实践能力的培养探索——以江南大学纺织工程专业为例[J]. 教育园地, 2018(4):83 – 85.

[10] 韩新才,王存文,闫福安. 我国高校卓越工程师人才培养存在问题与对策研究[J]. 教育教学论坛, 2015(31):59 – 61.

[11] 国务院办公厅. 国务院办公厅关于深化产教融合的若干意见[Z]. 国办发〔2017〕95 号.

新工科背景下高质量校外创新实践基地建设探索

何光艳,王利军,晁阳,韩东太

(中国矿业大学 电气与动力工程学院)

摘要:中国矿业大学能源与动力工程专业持续进行实验实践教学体系改革,在岗位实践平台建设中大胆创新,构建开放式多元化实践教学体系。在实习过程中以兴趣为主导,仿真与运行相结合,设计与制造相结合,理论与实践相结合,践行开放式实践教学,开展全方位、大范围、跨专业的深度实习,实习效果优良,获得学生和企业双重好评。

关键词:新工科;实践基地;开放式实践教学

随着我国工程教育持续深化改革，满足新时代需求的高质量工程技术人才培养工作越来越受到重视。为了更好地服务于国家走新型工业化发展道路，加快实施国家创新驱动发展战略，支撑保障"中国制造2025"计划、"供给侧结构性改革"等重大发展战略，继工程教育专业认证、"卓越工程师教育培养计划"之后，2017年教育部提出新工科建设，并先后形成了"复旦共识""天大行动""北京指南"等指导性文件，全力探索工程教育的中国模式、中国经验。根据教育部要求，"新工科"教育改革要从五个方面统筹推进：（1）提出工程教育改革的新理念；（2）打造学科专业的新结构；（3）发展人才培养的新模式；（4）保证教育教学的新质量；（5）形成新工科分类发展的新体系。

中国矿业大学能源与动力工程专业自获批"卓越工程师教育培养计划"以来，紧紧围绕培养造就一大批具备积极进取和团队合作精神，创新能力强，综合素质高，国际视野开阔，适应当前社会经济发展需要的新时代工程技术人才，为建设创新型国家和人才强国战略服务的发展目标，大力推动各项教学改革，尤其是实践教学环节的改革，构建科学合理的创新人才培养体系。学院以校企合作方式与国内知名大企业开展深度产学研协同合作，共同建设高质量校外创新实践基地，为学生提供面向新工科建设和服务新经济发展的岗位实践平台，重点培养学生的工程实践能力和创新能力，并取得了良好的效果。

1 实践教学体系建设现状与问题

我校能源与动力工程专业共有校外实践基地十余个，校内有大学生创新训练基地和电厂仿真训练中心各一个，多年来基本满足了能动专业学生实践教学方面的需求。近年来，随着能动专业"卓越工程师教育培养计划"获批和新工科建设的开展，本科实践教学环节的薄弱与不足逐渐显现。

1.1 实践教学现状与问题

通过征求学生意见、教师调查与研讨、搜集整理相关企业反馈信息，发现能动专业卓越班的实践教学中主要存在以下问题：

（1）与非卓越计划本科学生实践教学同质化现象较明显。

能动专业"卓越工程师教育培养计划"实践教学从实习大纲、具体实习内容到实习评价，均和非卓越计划学生的实践教学基本近似，部分学生反映体会不出与普通学生的实践有何不同之处。

（2）工程实践训练的深度和广度不够。

高校在实践基地建设过程中常常存在"重形式，轻内容"的问题，校外实践基地或联合实验室通常只有部分设备、材料和人员能真正用于实践教学和创新创业训练，企业从生产安全等因素考虑，对学生具体实践内容有一定的限制和约束，导致实践训练的深度和广度不够，生产实践内容与专业课程教学内容的契合度也存在不足。

（3）对"卓越工程师计划"学生实践能力和就业竞争力提升不明显。

生产实习和毕业实习过程中学生实际动手机会少，理论与实践结合相对薄弱，不同学科交叉融合度低，实习效果一般，对学生实践能力和就业竞争力的提升不明显。

1.2 实践教学改革设计

针对卓越班实践教学中存在的问题，我校电力学院在"一个核心、两个能力、三个结合、四个层次、五个团队"实验实践教学体系改革基础上，从2016版"卓越计划"本科培养方案制订到各个教学环节，进行了多项改革与创新。在实践教学部分，能源与动力工程系坚持以培养具有创新精神和实践能力的高素质人才为导向，对由"基础实验平台－专业实验平台－综合创新实验平台－岗位实践平台"组成的四层次实验教学与实践教育体系中的岗位实践平台建设进行进一步的改革创新。通过与企业联合，让企业深度参与培养过程，构建开放式多元化实践教学体系，大力推进应用型创新人才培养。其中卓越班生产实习计划学时6周（6学分），在专业实践（总计38.5学分）中占比15.6%，在实践环节（总计63学分）中占比9.5%，具有非常重要的地位和作用，所以卓越班的生产实习是我们进行实践教学改革和创新的一个重点。

遵循"行业指导、校企合作、分类实施、形式多样"的原则，通过院系两级与校外企业的多次交流与洽谈，能动专业初步建立起校企联合的开放式多元化创新实习模式，合作建设校外创新实践基地，并不断拓展实习深度和实习内容。在2017年和2018年的能动专业卓越班生产实习中进行了试点，取得了良好的实习效果，获得企业和学生的双重好评。

2 高质量校外创新实践基地建设特色与创新

依托学校优势,近两年电力学院与徐州华润电力控股有限公司、杭氧集团膨胀机有限公司签约建设高质量校外创新实践基地,与企业沟通协作,深度开展产学研合作和创新实践基地建设,并将卓越班的生产实习放在这两家企业进行。2019年学院又与海尔能源动力有限公司签约建立校外实践基地,并着手推进创新实践基地建设工作。

徐州华润和杭州杭氧两家企业均有高层主管牵头成立实习基地建设指挥小组,协调调度企业内的多个相关部门,与学院领导和实习带队教师进行无缝对接,以实习促建设,以建设带实习,从住宿条件改善到设立厂区学习工作室等硬件建设,从实习大纲、实习指导书的编制与修改到卓越班实习计划表具体内容拟定等软件建设全方位合作。

我校能动专业卓越班生产实习主要有以下几个特色和创新点:

(1)以兴趣为主导的多元化实习模式。

根据能动专业不同方向,将具体实习内容按热能动力工程、流体机械和制冷空调三个方向划分,确定卓越班实习单位2~4家,和实习接纳单位商议制订翔实的实习计划安排和收费标准,明确责权利,做好校企衔接,实现实习内容多样化。

在实习带队教师的指导下,卓越班学生根据自身学习兴趣、专业方向喜好及未来择业方向,自由选择实习方向,编成3~5个小组,由不同教师带队进行生产实习。这种方式极大地激发了学生的积极性和热情,为实习奠定了一个良好的基础。

(2)全方位、大范围、跨专业的深度实习。

在正式实习之前,能动系与实习接纳单位确定了详细的实习计划安排,企业指定有经验的工程师和中层技术骨干带队,充分发挥了每个实习小组学生人数少,带队工程师专人负责全程指导的优势;实习内容涵盖了企业整个的生产工艺流程,基于设备制造和企业生产流程进行合理的学科交叉融合,同时又以能动专业为重心,有相应的侧重点,再辅之相应的考核环节,尽可能使学生能够深度参与并融入企业的实际生产环节中,达到更好的实习效果。

在徐州华润电厂的实习中,实习计划包含整个火力发电过程,涉及汽机、锅炉、电气、脱硫、脱硝、除灰、燃运、化水等各系统,涵盖能动、机械、电气、化学等多个学科和专业,实习重点放在汽机、锅炉和电气系统实习,以及火电机组运行仿真实训上。在杭州杭氧集团膨胀机厂的实习也同样如此,实习内容包含膨胀机、压缩机、透平机的设计、制图、制造、热处理、总装、质检、试车等环节,同样涵盖了能动、机械、材料、化学等多个学科和专业。在带队教师的协调参与下,学生系统性完成了全方位、大范围、跨专业的深度生产实习,为后续专业课程的学习做了充分铺垫,实践能力培养效果显著。

(3)仿真与运行相结合,设计与制造相结合,理论与实践相结合。

在2015级卓越班学生生产实习过程中,我们将火力发电机组实际生产运行和仿真运行培训结合起来,以实为本,虚实结合;将膨胀机等设备的设计理论与生产制造工艺结合起来,突出学生分析问题、解决问题的能力培养;将理论与实践结合起来,为学生主动性、探究性、创造性地学习提供良好条件。通过三个结合,学生对专业知识的理解和掌握普遍提高,工程实践能力显著增强,对能动专业相关行业生产状况和技术水平的了解也更加准确和深刻。

(4)开放式实践教学。

能动专业通过实践教学体系改革,最终要在课内实验与课外实践、校内实训与校外实习、课程设计与科技创新、生产实习与毕业设计等各实践环节之间建立起既相对独立又相互联系的开放式实践教学体系;将课堂教学、实验教学与实践教学在一体化框架下有机整合,促进本科培养体系改革与创新;为学生提供更丰富的实践内容和时间,充分激励和发挥学生的自主性和创造性。创新模式下的卓越班生产实习正是其中的一个重要部分。

通过实习,不仅进一步提升了学生对锅炉原理及设备、汽轮机原理及设备等课程的学习效果,也为热力发电厂、单元机组集控运行、制冷压缩机等专业课程做好了铺垫;通过实习,丰富了学生对实际生产环节的感性认知,为后面的火电厂运行仿真实训课程,以及锅炉课程设计和热力发电厂课程设计夯实了基础。通过实习,学生可以从中发现问题,激发科研兴趣,申报大创项目或加入教师科研团队,尝试分析和解决实际工程问题,并通过持续的研究,在最后将其作为自己的毕业设计题目,完成一份高质量的优秀毕业设计。

根据电力学院与企业签订的协议,实习接纳企业不仅接纳能动专业学生的认识实习、生产实习和毕业实习,同时加强校企间产学研合作交流,认证校外导师,结合企业现场实际情况设定题目,联合指导本科生毕业设计;同时通过多个实践环节,增进学生和企业间的了解和交流,学院向企业推荐优秀应届毕业生,企业也主动与表现优良的学生洽谈,签订就业意向协议。

3 创新实践基地建设探索

在创新实践基地建设和能动专业卓越班实习实践中,我们遇到了一些问题和困难,同时也集合全院教职工的力量去努力克服困难,解决问题。这些困难和问题主要有三个方面:

(1)创新实践基地数量偏少。

国内中小型企业由于自身实力不足,难以符合创新实践基地在场地、设备、技术、师资等方面的要求,具备相应条件的大型企业,尤其是外企或私企在这方面的需求则远不及高校;企业出于生产安全和经济效益方面的考虑,愿意和高校开展涵盖本科实践环节的产学研合作交流的偏少,且均为大型国企或央企。为此,我们积极发动学院教职工和毕业校友等各种资源,努力和目标企业商谈,力争在两年内将实习基地数量增加到5家以上。

(2)现有实习经费不足。

采用新的生产实习模式后,校企双方在实践基地建设方面投入的资源有很大增加,但学校的实习经费却一成不变,与实际花销相比明显不足,出现较大缺额。后经与学校教务部磋商,学校针对能动专业卓越班的实际实习情况采取实报实销的特殊政策,不受实习经费额度约束,保证了实习的圆满完成。教务部也有意针对这种新情况,在以后的实习工作安排中提高经费标准,保障实习工作质量。

(3)缺乏激励机制推动教师积极参与。

在当前国内高校大环境作用下,受现有教师职务晋升、岗位评聘和岗位考核等多方因素影响,高校教师,尤其是青年教师,对本科教学工作的积极性和投入程度明显不足。我校的认识实习、生产实习教学工作均安排在暑期进行,一旦采用多元化深度实习模式,带队教师需投入的时间和精力均有较大增加,而相关制度中带队教师人数限定、实习工作量计算办法和津贴发放标准都相对偏低,和教师的投入不相匹配,更不能体现相应价值,无法激励广大教师积极投身到实践教学活动与实践教学改革中去。

针对上述困难和问题,需要学校和上级主管部门对相关政策和投入进行合理调整和改变,实质性增加对本科教学工作,对一线教师的投入和奖励,改变高校教师岗位评聘和考核中"重科研轻教学"的现象,切实贯彻和落实习总书记在全国教育大会上的重要讲话精神,做到"教育投入要更多向教师倾斜,不断提高教师待遇,让广大教师安心从教,热心从教"。

4 结　语

综上所述,作为新工科建设的有机组成部分,我校电力学院能动专业开展的高质量校外创新实践基地建设成效显著,有力推动了产学研一体化发展,促进了学生实践与创新能力的全面发展,具有较好的示范效应和推广价值。

参考文献

[1] 施晓秋. 融合、开放、自适应的地方院校新工科体系建设思考[J]. 高等教育研究, 2017(4):10-15.
[2] 张秋昭, 张书毕, 高井祥, 等. 新工科背景下产学研协同培养特色行业人才模式探讨[J]. 教育教学论坛, 2019(3).

面向新工科的能源与动力工程专业复合型创新人才培养模式改革与实践 *

罗明，杜敏，王助良

（江苏大学 能源与动力工程学院）

摘要：人才是推动国家创新和发展的基础和支撑元素，为了培养有内涵的专业复合型创新人才，发展和完善人才培养体系，本文以江苏大学能源与动力工程专业为对象，阐述在面向新工科的专业人才培养模式改革过程中的课程体系优化和调整，以及实践教学体系及平台构建，该培养方案以多角度、多学科、多元化、多维度及多层次的模式全方位地进行人才培养，以更好地满足新时代对本专业人才的要求。

关键词：复合型创新；课程体系；实践教学

目前，随着国家不断推动创新驱动发展，对人才的综合知识体系提出了更高要求，因此亟须加快教育改革创新。高等教育在我国专业人才培养中起重要作用，高校是培养专业人才的摇篮和基地，责无旁贷地肩负着培养复合型创新人才的重要历史使命，因此发展和完善人才培养体系已成为亟待解决的问题。2017年2月，教育部发布了《教育部高等教育司关于开展新工科研究与实践的通知》，积极推动高校新工科建设和发展。2018年6月，教育部在四川成都召开新时代全国高等学校本科教育工作会议。会议强调，坚持"以本为本"，推进"四个回归"，加快建设高水平本科教育。

新时代的人才必须具有创新思维，而创新思维的形成需要有必要的知识储备为基础，合理的知识储备的形成则有赖于科学的课程体系。从专业特点及时代需求出发，只有建立面向新工科的本科课程体系及实践教学体系，才能为促进学生的知识、能力、素质协调发展奠定坚实基础，培养复合型创新人才。为了进一步深化工程教育改革、建设工程教育强国，江苏大学能源与动力工程专业不断进行课程及培养计划的调整修订，以更好地服务和支撑我国经济转型。本文以能源动力学科为对象，阐述在面向新工科的培养方案制订过程中的课程体系优化及实践教学平台构建方面进行的探索，以期为推进该学科改革提供一定的借鉴。

1 课程体系的优化和调整

人才培养是高等教育的本质要求和根本使命，高校的本科教学水平是衡量高校办学水平的核心标准。目前，高等教育存在理念落后、方法陈旧、与社会脱节等问题，阻碍了学生创新性思维的锻炼。此外，学生动手能力不强、知识面狭窄、综合素质不达标等问题也比较突出。因此，新版能源与动力工程专业课程体系（见图1）进行了调整及优化。

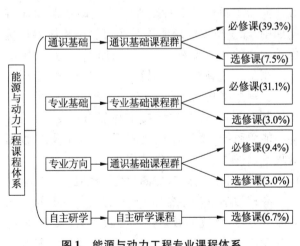

图1 能源与动力工程专业课程体系

* 基金项目：江苏高校品牌专业建设项目（苏教高〔2015〕11 号）；江苏大学高级专业人才科研启动基金项目（15JDG157）

1.1 多角度人才培养,提高学生文化涵养

在面向新工科的能源与动力工程学科人才培养过程中,应该本着立学先立德的思想,既要注重"厚基础、宽领域、广视野、高适应",提高本专业知识涵养,又要强化思想品德教育,让学生具备完整的人格和坚定的理想信念,更快速地适应未来工作和社会发展需求。因此在面向新工科的培养计划通识教育的修订过程中,坚定强化思想道德修养、马克思主义、毛泽东思想和中国特色社会主义理论体系的学习不动摇,促进学生树立正确的世界观、人生观和价值观。此外,本版培养计划修订过程中要求学生在人文艺术类、综合教育类及经济管理类课程中修满5个学分,通过将工科与人文经管、哲学社会科学等不同学科知识相结合,提高学生的综合人文涵养及管理能力,培养出理想坚定、品格崇高、有思想深度和文化厚度的高水平人才。

1.2 多学科交叉融合,提高学生综合素养

目前,科技创新进入空前密集活跃期,以信息技术、软件技术、先进制造技术等的涌现不断冲击现有的知识体系,这就要求专业设置中将本专业与前沿学科交叉融合,以培养具有科技竞争力和知识广度的人才。真正的高端复合型交叉人才意味着完全不同的思维方式和知识在一个具体的人身上实现更高程度的共融和结合。对于新工科而言,多学科交叉融合将成为高等教育发展的引领和示范。与老工科相比,新工科更强调学科的实用性、交叉性与综合性,尤其注重信息通信、电子控制、软件设计等新技术与传统工业技术的紧密结合。因此,本版面向新工科的培养计划在专业基础课及专业方向课中,除了设置传统能源转换与利用和热力环境保护领域的核心课程之外,还添加了核能、太阳能等国家急需的新能源等课程,电工电子学、能源与动力工程控制基础、热能与动力工程测试技术等电工控制类课程,以及软件技术基础与开发、人工智能与能源系统、微机原理及应用、数据采集与数据处理等软件类课程供学生选修。

1.3 多元化教学方法,提高师生互动强度

高校教学过程中常常采用"灌注"知识的注入式教学方法,传统的教学过程中教室大、人数多,师生互动难度高。本版面向新工科的培养计划及后续课堂教学过程中鼓励小班教学,在教学的过程中不断采用多元教学方法和手段,从而不断激发学生在教学全过程中的主动性及创造思维。基于问题的教学法(Problem-Based Learning, PBL)是一种新型的教学模式,该模式是以问题为导向的教学实践活动。教师在教学过程中以问题为教学材料,将知识点串联起来以问题的形式提出,学生在学习过程中以自学为主去发现问题,再通过与教师互动最终解决问题。在新的培养计划制订过程中,能源与动力工程专业导论定性为基于问题的课程。其他专业课教学过程中,要求教师2次及以上采用PBL教学法,通过在教学过程中激发师生互动,不断激发学生的思考能力及探索能力。此外,"强化传热"和"太阳能利用"采用混合式教学方法,将传统课堂与网络教学相结合。通过推进信息网络技术在教学中的应用,锻炼学生运用互联网资源自主学习的能力。通过多元教学方法和手段,使学生由"被动听"转变为"主动学",从而有效提高师生互动强度,充分调动学生的积极性和自主性。

1.4 多维度自主研学,提高学生创造能力

社会的快速发展改变了新时代大学生的学习方式及特征,新时代大学生应该具备自主研学、探索式学习和终身学习的理念及能力,摈弃只把考试分数作为学习唯一追求的狭隘思想。因此,高校改革过程中要认清学生是学习的主体,改变以教师为中心的输出式知识传授方式。学生可以完全自主选择研学课程,多维度全方位地提高学生的主动性及积极性,教师在这个过程中可以给予一定的指导。本版面向新工科的培养计划继续提高自主研学学分,要求每个学生在校学习期间,须在自主研学模块中研修9个学分,该模块包含创新创业课程及实践、跨学科专业课、专业进阶课程、英语进阶课程等。其中,创业课程学分可以通过修读创业类网络课程、MOOC课程等获得。创新创业实践学分可以通过学科竞赛、大创项目、开放探究型实验、论文(专利)等途径获得。通过设置以学生为主体的自主研学课程,可以提高学生的自主学习能力和创新思维,促进学生的个性化发展。

2 实践教学体系及平台构建

目前高校对实践教学多存在重视不足、学生锻炼机会少、渠道单一的现象,实践育人机制需进一步完善和优化。本版面向新工科的培养计划从3个层次构建实践教学平台(见图2),通过多层次实践平台的设置,有效提高本科阶段学生的动手能力及创新意识。

2019年全国能源动力类专业教学改革研讨会论文集

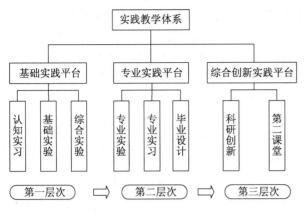

图2 多层次实践教学体系及平台构建

第一层次:基础实践平台。该平台主要针对低年级学生,主要进行专业认知实习和基本操作训练。通过对专业的认知,促进学生对本专业的进一步了解,提高学生对本专业课程学习的兴趣,并为后续专业基础课及专业课的学习理清思路;通过对课程的基础实验及综合实验技能培训,培养学生的动手能力。

第二层次:专业实践平台。该平台主要针对中高年级学生,主要通过专业实验、专业实习及毕业设计进行能力培养。其中,专业实验包括专业基础课实验及专业课实验,通过这些课程的实验夯实学生的专业基础;专业实习通过实地了解锅炉、电厂、换热器等的实际生产过程,强化学生的专业课知识;毕业设计旨在培养学生综合运用所学理论、知识和技能解决实际问题的能力。通过该阶段的学习,锻炼学生对专业知识的综合利用能力。

第三层次:综合创新实践平台。该平台主要针对中高年级学生,主要包括科研创新实践及作为"第二课堂"的社会实践。此外,还包括参与教师科研活动等。本科生提前进入实验室参与研究,有利于推动科教互补,形成科研与教学互动机制,提高本科生的动手能力和钻研能力,使其在实验过程中提前了解课程的重要性,对课程中的内容进行有效

反馈,实现寓研于学、寓学于研、研学相长。通过将该实践平台纳入教学计划,提高学生的钻研能力和专业技能,培养学生的创新意识和创新思维。

上述3个层次既互相独立又互为补充,将课内与课外链接,学校与企业融合,基础实践与综合锻炼相结合,基本技能与创新能力相支撑,阶梯渐进式地不断提高学生的综合能力,将基础理论学习、专业技能拓展和创新思维锻炼融为一体,提高学生的专业素养和综合素质。

3 结 语

培养引领未来技术和产业发展的人才,培养具有创新创业意识、数字化思维和跨界整合能力的新工科人才,已经成为全社会的共识。因此,要求人才具备厚实的人文涵养、扎实的专业基础及较强的动手能力和创新能力。本文以江苏大学能源与动力工程专业为例,探讨了有利于培养面向新工科的复合型创新人才的课程设置及实践教学平台建设,为新时代人才的培养提供案例参考。

参考文献

[1] 刘华东. 高水平研究型大学视角下的本科教育[J]. 中国石油大学学报(社会科学版), 2013, 29(5): 154 – 160.

[2] 刘加海, 方志刚, 杨锆, 等. 多学科高度融合的电子产品交互设计教材建设的探索[J]. 高等理科教育, 2013(5): 112 – 115, 72.

[3] 林健. 多学科交叉融合的新生工科专业建设[J]. 高等工程教育研究, 2018(1): 32 – 45.

[4] 钟志贤. 信息化教学模式[M]. 北京: 北京师范大学出版社, 2006.

[5] 石贵舟. 高校实践育人机制创新研究[J]. 教育与职业, 2016(4): 37 – 39, 40.

基于行业特色的能源动力类卓越工程师人才培养模式与实践

程效锐,李仁年,张人会,黎义斌,赵伟国,王晓晖

(兰州理工大学 能源与动力工程学院)

摘要:工程实践教育是我国理工类高等院校教育的重要组成部分,是教育部"卓越工程师培养计划"以及培养符合行业需求的专业技术人才的关键环节。近年来,流体机械行业面临创新型专

业技术人才短缺和不足的难题。传统工科专业如何培养创新型人才,已经成为制约行业技术进步和创新发展的关键因素。基于此,本文以行业特色为背景,以产品设计能力为核心,结合兰州理工大学能源与动力工程专业人才培养的特色和优势,逐步形成了具有行业特色的兰州理工大学能源动力类卓越工程师人才培养的创新模式。实践证明,采用"学校—企业"高度融合的四年制渐进性工程实践教育培养模式,显著提升了学生的理论分析能力和工程实践能力,为我校能源动力类卓越工程师人才培养提供了新路径和新思路。

关键词:卓越工程师;工程实践教育;培养模式;能源与动力工程专业

卓越工程师教育培养计划"(简称"卓越计划")是教育部贯彻落实《国家中长期教育改革和发展规划纲要(2010—2020 年)》与《国家中长期人才发展规划纲要(2010—2020 年)》的重大改革项目,也是促进我国由工程教育大国迈向工程教育强国的重要举措。目的是建立高校与企业联合培养人才的新机制,培养造就出一大批创新能力强、适应经济社会发展需要、适应行业企业需求的高质量工程技术人才。

"卓越计划"对于卓越工程师培养提出了要有累计约一年的时间在企业学习的要求,这是中国高等教育改革的重要创新之举。但如何进行有效的工程实践教育,如何通过近一年时间的企业工程实践教育,培养学生的工程实践能力、设计能力和创新能力,以及企业工程实践教育与学校理论教学如何衔接和互补,这些都是摆在卓越工程师计划改革面前的现实问题,也是亟待解决的迫切问题。

兰州理工大学能源与动力工程专业是源自哈尔滨工业大学成立的我国第一个水力机械专业,是国家特色专业也是教育部公布的第二批卓越工程师计划的试点专业之一,每年毕业生一次就业率达95%以上,毕业生供不应求,为国家经济建设与人才培养做出了巨大贡献。与此同时,我校对能动专业(卓越计划)本科生的企业工程实践内容与培养模式进行了大胆探索改革与实践,并在长达 6 年的执行过程中进行了合理的优化,这些措施和经验不仅为我校能源与动力工程专业的人才培养模式进行了探索和拓展,而且对于其他兄弟院校乃至工程类实践教育环节的培养提供了一定的参考。

1 行业特色与培养目标的有机结合

本着"卓越计划"的"面向工业界、面向未来、面向世界"的工程教育理念,本专业以"夯实基础、突出特色、注重创新"为原则,以成果为导向制定了新的培养计划和培养目标,鉴于本专业的学生主要就

业于流体机械行业(专业成立 50 多年以来为流体机械行业培养了上万名学生,其中在水泵及水轮机企业我校的毕业生从事技术工作的人数高达 20%以上,行业特色非常明显),所以在充分企业调研的基础上综合制定并继续保持专业特色成为我校能动专业卓业工程师的培养目标,致力于培养具有鲜明行业特色的掌握能源与动力工程流体机械及系统领域的基础理论和专业知识,具有人文社会科学素养,能够从事流体机械及系统设计、制造、运行、管理、营销、教学和研究开发等方面工作,具有较强的工程素养和工程实践能力,具有社会责任感、创新精神和国际视野的高级专门人才和拔尖创新人才。还需要具有以下能力:(1)具有运用相关的数学、自然科学、工程学知识解决能源与动力工程流体机械及系统领域复杂工程问题的能力;(2)具有发现科学问题、开拓和创新知识的科学素养,具有对能源与动力工程流体机械及系统领域的设备、流程和系统进行分析、研究和设计的能力,具有发现和解决流体机械及其系统实际工程问题的能力和未来卓越工程师的潜力;(3)具有良好的沟通、表达、执行、团队合作和组织管理能力,具有优秀的个人品质、职业道德;(4)具有国际视野和推动社会进步的责任感;(5)具有终身学习的意识和能力。

2 培养目标的改革和优化

针对卓越工程师本科阶段人才培养的特点,发展专业教育教学,探索研究性教学模式,创新教育管理方法,完善实践教学体系,通过实现"高层次、重特色"的人才培养目标,切实提高人才培养质量。结合 2017 年《国务院办公厅关于深化产教融合的若干意见》,以培养流体机械专业工程应用型人才为目标,依托校企结合为平台,坚持以培养工程应用能力为主线,积极开展校内理论教学与校外实践教学的改革,培养大批高素质创新人才和技术技能人才,为加快建设实体经济、科技创新、现代金融、

人力资源协同发展的产业体系,增强产业核心竞争力,汇聚发展新动能提供有力支撑。

"卓越计划"的重点是有效利用校企合作的平台,加强对学生工程实践能力与创新能力的培养。通过修订"卓越计划"本科生培养方案,结合卓越工程师培养要求,我校能动专业本科生培养实行长短学期的教学模式。即在前三学年中,将传统的两学期制改为三学期制(两个长学期一个短学期),每学年暑假阶段为短学期,主要安排能动"卓越计划"学生参与流体机械工艺理论与实践、企业认知实习、生产实习、流体机械三维造型与仿真模拟等实践教学环节(见表1)。通过总量控制,本科生在校期间理论学习时间累积3年,校内外实习实践环节学习累积1年(校内),要求所有"卓越计划"学生完成校企联合制定的毕业生产实习与毕业设计内容,达到卓越工程师应具备的要求,提前适应企业设计与生产工作,为毕业后的工作提前奠定基础。

3 企业工程实践培养计划的实施和创新

3.1 工程实践教学基地建设

为了实现我校能动专业卓越工程师培养目标及企业培养计划,学校和我国水力机械行业的龙头企业(沈阳鼓风机集团、上海凯泉泵业集团)以及规模较大的26个企业(中国电建集团上海能源装备有限公司、上海东方泵业集团有限公司、大连深蓝泵业有限公司、重庆水泵厂有限责任公司等)建立了能动专业卓越工程师计划工程实践教育基地。此外,学校聘请了优秀的具有企业工作经历的教师作为专业必修课的主讲教师,同时以兼职教授和客座教授的形式聘请了30多名企业高级工程师担任企业导师,这些企业导师不但要指导在企业进行工程实践学习的能动卓越计划学生,同时也会受学校邀请定期做讲座或担任校内实践教学课程的主要讲师。这也是我校能动专业卓越工程师计划能够顺利实施的重要保证。

3.2 企业工程实践培养计划的实施

将传统卓越工程师的"3+1"培养模式,合理地改进为长短学期式培养模式,使学生在学习中不自觉地形成发现问题、探索研究、解决问题的能力并循序渐进、循环重复地强化这种能力和意识,完成理论到实践再到理论再到实践的学习过程,进一步

提高了卓越计划学生的理论和实践能力。

依据兰州理工大学本科教学大纲制订了工程实践培养计划(见表1),同时又制订了非常详细的《能源与动力工程专业"卓越工程师"计划企业工程训练培养方案》,该方案详细规定了学生每天在企业工程实践过程中的学习内容。当然该计划也充分考虑了每个企业生产、技术管理和产品特点以及企业参与的积极性,允许企业以该培养计划为指导结合企业的实际情况制订出符合企业可操作性的培养计划。同时,要求大二学生的工程实践教育由企业的工艺部门负责,大三学生的工程实践教育由企业的设计部门负责,大四学生的毕业设计与实践由企业的产品开发或设计部门负责。同时为了保证企业工程实践的连续性和良好衔接,学生大一至大四的所有工程实践原则上都要在同一个企业进行,企业导师对学生的指导只能是一对一,考虑到企业要保证正常的生产经营秩序及学生之间的讨论和交流,每个企业分配的学生人数一般为2名。

卓越计划学生采用双导师制(见表1),学生校内学习指导以学校导师为主,企业学习以企业导师为主,学生暑假短学期前往企业时由专业教师带队,带队导师多以无工程背景或工程背景较弱的青年教师为主,这样在进行工程实践教学的同时也极大地提高了专业指导教师的工程经验和实践指导能力。

3.3 以项目引导方式的教学创新

由于学生在同一个企业的不同部门进行了时间跨度超过3年的不同课程的工程实践学习,对该企业的文化、产品、生产和技术管理都有较为深度的理解和认知。因此我校对能动专业卓越计划的学生要求在毕业设计与实践环节(大四最后一学期)的题目应该是企业正在开发的新产品或需要改进的产品设计。而卓越计划的学生在入学的专业导论课后会清楚地知道将来毕业设计的产品的类型和要求(企业导师也是清楚的);同时学校鼓励学生直接参与到专业教师与企业正在进行的课题中去,这样使得学生在以后校内理论课学校和企业工程实践课程的学习中有的放矢,增加了学习的积极性和动力,而这种意识将贯彻在本科四年的学习工程中。围绕专业项目课题,结合培养方式中专业基础课,实现更加具体生动的项目式教学理念,提升卓越工程师专业技术水平及科研技术水平。

表1 卓越工程师工程实践培养计划

序号	课程主要内容	完成地点	学时（周）	教学方式
1	专业认知实习	企业	1	双导师制（以企业导师为主、企业和学校指导教师相结合的方式）
2	金工实习	企业	4	
3	流体机械制造装备	企业	2	
4	流体机械制造工艺	企业	3	
5	水力机械模型制造技术	企业	2	
6	水力机械模型制造项目训练	企业	3	
7	毕业设计与实践	企业	15	
	合计		30	

4 教学效果

全新的工程实践培养模式极大地提高了学生的学习兴趣和热情，更加明确了学生的学习目标和任务。从 2016 年第一届毕业生在校期间的相关学分统计数据（见表2）可以看出，合理有效的企业工程实践教育不但能提升学生的工程实践能力，同时也会对学习的主动性和自信心以及相关基础理论课程的学习效果起到积极的促进作用。特别是通过深度参与企业产品生产、设计全过程的工程实践教育，学生独立工作能力及创新思维和意识得到了培养和提高，增强了学生对于未来开始工作、步入社会的信心。另一方面，从企业反馈的信息来看企业对卓越计划的学生到企业以后的工作表现也非常满意。能动卓越班的学生已经成为我校能动专业的一张名片，很多的企业甚至为能动卓越班学生给出单独的入职条件。

表2 2016届能动卓越班学风数据统计（35人）

学习成绩全年级第一（我校能动学院每个年级10个班级，共计600名学生）	大一学年平均学分80.32；综合测评86.88；评优资格率91.43%。大二学年平均学分88.10；综合测评91.30；评优资格率94.23%。大三学年平均学分87.93年级；综合测评89.64；评优资格率91.43%
CET 通过率	CET-4 通过29人，通过率82.86%；CET-6 通过12人，通过率34.29%
其他成绩 奖学金	励志奖学金9人次，校级奖学金25人次、企业奖助学金14人次
其他成绩 个人称号	校三好学生11人次，校优秀学生干部6人次
其他成绩 集体称号	班级获得十佳标兵班级(两次)、学风建设标兵班级、校级优秀班集体、考研优秀班集体、全部就业班集体、"魅力团支部称号"。
科技创新	国家级奖项3项、省级5项、校级128项、科创基金立项4项、申请实用新型专利2项
考研与就业	班级共有4人保送985大学，另外10名同学已经考取高校研究生。
工程实践	毕业设计在院级答辩中获得一、二、三等奖各1名；校级答辩中获得一等奖2名三等奖1名。

5 结 语

虽然我校能源与动力工程专业卓越工程师工程实践教育模式经过了多次优化—实践—再优化的迭代改进，形成了较为完整有效的培养模式和管理办法，收到了良好的效果，但是有些问题还需要我们继续深入思考和研究：

（1）在"卓越计划"工程实践教学中提升学生的工程实践能力，要想培养出现代企业欢迎的高级技术性人才，"校企联合"培养方式的重要性是毋庸置疑的，学校的培养目标也必须符合企业的实际需求和预期，这个培养目标必须是高屋建瓴的，至少是针对一个行业的而不仅仅是某个或某几个企业，而且必须具有前瞻性且相对稳定。

（2）卓越计划学生的培养目标必须立足本专业

的专业特色，而不应该盲目照搬。必须立足行业的实践，否则再好的培养计划也是无法实现的。

（3）培养内容不应仅仅局限于产品和相关专业技术知识方面，更应从技术管理、质量管理、生产管理、采购、销售等多维度和多角度学习，开阔学生的视野，帮助学生树立远大的抱负。

参考文献

[1] 林健.谈实施"卓越工程师培养计划"引发的若干变革[J].中国高等育,2010(17):30-32.

[2] 程效锐,张舒研,张翼飞.能动专业卓越工程师工程实践教育培养新模式的探索与实践[J].中国现代教育装备,2018(21):102-105

[3] 林健.卓越工程师创新能力的培养[J].高等工程教育研究,2012(5):1-17.

[4] 林健."卓越工程师教育培养计划"通用标准诠释[J].高等工程教育究,2014(1):12-23.

[5] 韩新才,王存文,闫福安.我国高校卓越工程师人才培养存在问题与对策研究[J].教育教学论坛,2015(31):59-61.

[6] 王晓晖,杨军虎,程效锐,等.双导师制在能动"卓越计划"毕业设计与实践中的探索与思考[J].教育现代化,2019,6(26):68-70,73.

基于思政建设的能源与动力工程专业卓越工程师培养模式的改革

韩磊，王洪杰，宫汝志，李德友

（哈尔滨工业大学 能源科学与工程学院）

摘要：教育的本质属性决定了任何课程教学及其教育内容都应当履行其育人目标。因此，课程思政的价值旨归就是要求每一个教师树立全员育人、全面育人、全过程育人的理念。能源与动力工程专业卓越工程师培养模式的改革，应当以此为契机，主动服务社会需求，培养一大批优秀的后备工程师。与此同时，作为工程教育改革的突破口和切入点，思政教育更可以引导工程教育改革的方向。

关键词：思政；能动类；卓越工程师

习近平总书记在全国高校思想政治工作会议上指出："要用好课堂教学这个主渠道，思想政治理论课要坚持在改进中加强，提升思想政治教育亲和力和针对性，满足学生成长发展需求和期待，其他各门课都要守好一段渠、种好责任田，使各类课程与思想政治理论课同向同行，形成协同效应。"所谓课程思政，简而言之，就是高校的所有课程都要发挥思想政治教育作用。党的十八大以来，高校思想政治工作不断加强，取得显著成效。但是也可以看到，无论是在思想认识层面还是在实际操作层面，高校思政工作都面临诸多挑战。"课程思政"建设对高校坚持社会主义办学方向，落实立德树人根本任务，确保育人工作贯穿教育教学全过程具有重要意义。高校的理工科专业基础课程亦需要逐渐树立起价值塑造、能力培养、知识传授三位一体的教学目标，进而回答好"培养什么样的人""如何培养人"及"为谁培养人"的问题。本文将以流体动力元件及控制系统这门专业课的思政建设为探讨目标，分析课程改革的相关方法和途径。

1 课程思政建设背景

长期以来，高校思政课与其他课程协同育人的格局未能有效形成，究其原因是多方面的，主要有以下几个方面：一是在教育理念上，不能正确认识知识传授与价值引领之间的关系，"全课程育人理念"没有完全树立起来；二是在课程设置上，不能正确处理好显性课程与隐性课程之间的关系；三是在队伍建设上,不能统筹处理好育才能力和育德能力的关系。因此,提升高校思想政治教育实效性,必须充分发挥课堂育人主渠道作用,按照"办好中国特色社会主义大学,要坚持立德树人,把培育和践行社会主义核心价值观融入教书育人全过程"的根本要求,将学科资源、学术资源转化为育人资源,实现"知识传授"和"价值引领"有机统一,推动"思政课程"向"课程思政"的立体化育人转型,实现立德树人,润物无声。

国际关系导论是复旦大学课程思政改革的示范课程之一。上海历时5年推进的高校课程思政改革,主要破解高校思想政治教育"孤岛"困境、思政教育与专业教学"两张皮"问题。上海高校课程思政改革,是要深入发掘各类课程的思想政治教育资源,从战略高度构建思想政治理论课、综合素养课程、专业教育课程三位一体的思想政治教育课程体系,形成"思政课程"到"课程思政"的圈层效应。

"中国航路"是上海海事大学中国系列思政课程整体设计中的一门核心课程。2017年6月1日下午,200多名大一学生聆听了全新思政课程"中国航路",该校校长黄有方亲自给学生上第一讲。作为物流领域的专家,黄有方在一个半小时的授课中,以"航路、国家与世界"为主题,不仅与学生分享了航路建设在国家发展和世界进步中的重要作用,更勉励学生:"海大人必须要有国际的视野,在航运强国、海洋强国建设中勇于担当。"

浙江大学施行《浙江大学本科生第二、三、四课堂学分管理办法(试行)》,旨在推进第一课堂、第二课堂、第三课堂、第四课堂的衔接融汇,培养学生的家国情怀、社会责任、科学精神、专业素养、国际视野。第一课堂就是传统意义上的课堂教学,第二课堂是指学生在校内参加的各类实践活动,第三课堂是指学生在校外、境内参加的各类社会实践、就业创业实践实训活动及校内外志愿服务活动,第四课堂是指学生在境外参加的各类学习实践活动,在本科专业培养方案中设置4个课堂的学分。

浙江大学教学名师陈水福教授在结构力学课程中,针对专业基础知识门槛高、互动困难等问题,建立了课堂讨论新模式,即小组组队、轮值组长、课前组织、小组预研、课内交流、互相质疑、课后总结、撰写心得的教学新模式,以问题为导向,以学生为中心,培养学生的独立精神。

天津科技大学机械工程学院互换性与技术测量基础课程组在多年教学中注重融入思想政治教育,在教学中体现责任意识、敬业意识、质量意识、纪律意识、诚信意识、全局意识、克己奉公意识,弘扬社会主义核心价值观和习近平新时代中国特色社会主义思想,在授课中应用唯物辩证的认识观分析和解决专业问题。2017年3月31日,《天津教育报》头版头条刊文《让学生的思想与专业知识一起成长》,报道该课程组陈建平老师如何把思想政治教育融入课程。

总之,用好课堂教学主渠道,充分理解"课程思政"的丰富内涵,深刻把握"课程思政"的价值意蕴,系统规划"课程思政"的生成路径,对于高校坚持社会主义办学方向,培养德才兼备、全面发展的人才具有重要实践意义。

2 课程建设的目标和途径

从培养人的角度去调整流体动力元件及控制系统教学大纲、设计教学内容、创新教学方法,促进学生理论联系实际,从科学技术发展的历史中认清世界发展的大势和中国发展的大势,不断增强"四个自信"。利用思政语言的逻辑性、深刻性和说服力,超越具体的专业问题,在更大范围分析思考,不但起到增进课堂互动的思想性的效果,而且有利于培养学生"登高望远"和综合分析的能力。

具体实施途径主要包括以下3点:

(1) 调整流体动力元件及控制系统教学大纲,在相关知识点融入更多科学精神和人文精神。

(2) 结合典型课程环节,增加科学发展历史介绍,树立科学精神,进而引导学生求是与创新。

(3) 在典型环节穿插品牌故事和人文情怀案例,引导学生关怀人类与社会,树立科学伦理观念。

如图1所示,以育人为本,以课程思政的具体建设为最高目标,积极开展调研论证,获取国内相关学科、相关课程的思政建设先进经验,选取主体课程关键点,结合政治站位、科学精神和人文精神进行课程和思政的交汇融合,最后形成具有一定深度并且具备可行性的课程思政体系。

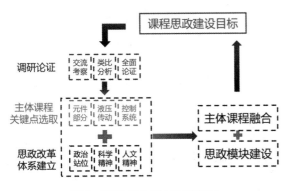

图1 研究方法及实施流程图

3 课程建设具体实施计划

3.1 明确自然科学课程思政的政治站位

以新型元件设计和控制方法的研究开发应用作为切入点,将最新的关于液压行业的新闻资讯、科研动态和应用实例引入课堂,比如以视频的形式介绍液压在国防、航天和军事等领域的实际应用,以此为切入点激发学生的爱国热情和自豪感,激励其为国家振兴、民族强盛而努力学习,提高政治觉悟,培养爱国情怀。

3.2 树立科学精神:引导学生求是与创新

深入挖掘提炼流体动力元件及控制系统课程所蕴含的德育元素和承载的德育功能,把社会主义核心价值观、做人做事的基本道理和要求融入所授课程的教学之中。以液压行业现状及存在的问题作为切入点,比如以伺服系统行业面临的能耗、资源、质量、规模和污染等问题为切入点,引导学生重视专业课,学好专业课,为将来解决上述行业所面临的共同难题贡献自己的力量,培养和树立社会责任感。

3.3 传递人文精神:引导学生关怀人类与社会

以传统文化的传承和保护作为切入点,比如结合授课内容介绍我国传统液压系统的发展历史,并配合视频,激发学生的专业自豪感和民族自豪感,

同时强调对传统文化的重视、保护、传承的迫切性。以本行业典型人物的励志故事作为切入点,比如哈工大"树下老人",也是本专业的退休教师,已退休14年,却执着地守在学校的大树下为学生们提供帮助,他用爱与坚守为学生撑起一片天空,为培养学生踏实勤奋、吃苦耐劳、精益求精、实践创新的精神奉献了一生。

4 结 语

本文结合能源与动力工程专业卓越工程师培养模式改革的机会,顺应全国思政课程建设大潮,依托流体机械专业主干课程流体动力元件及控制系统,深化培养模式中最重要的课程改革,明确课程的政治站位,树立"四个意识",坚持"四个自信",引领学生开拓创新,并且传递人文关怀,让学生通过课程,不仅得到流体机械专业知识的提升,而且得到创新能力的培养和人文关怀,助力学生成为"又红又专"的社会主义卫士。

参考文献

[1] 石丽艳. 关于构建高校课程思政协同育人机制的思考[J]. 学校党建与思想教育,2018(10):43-45.

[2] 邱伟光. 课程思政的价值意蕴与生成路径[J]. 思想理论教育,2017(7):12-16.

[3] 初文华,张健,李玉伟. 理工科专业基础课程中的思政教育探索——以《水力学与泵》课程为例[J]. 教育教学论坛,2018(30):41-42.

[4] 张威. 高校自然科学课程体现思政价值的意蕴及路径探索[J]. 国家教育行政学院学报,2018(6):58-63.

[5] 聂迎娉,傅安洲. 课程思政:大学通识教育改革新视角[J]. 大学教育科学,2018(5):38-43.

[6] 高德毅,宗爱东. 从思政课程到课程思政:从战略高度构建高校思想政治教育课程体系[J]. 中国高等教育,2017(1):43-46.

专业与课程建设

太阳能与建筑节能课程的国际化探索*

丁国忠，曾阔，陈汉平

（华中科技大学 能源与动力工程学院）

摘要：太阳能与建筑节能是新能源学科研究生的基础专业课程，针对该课程的特点，面对学院国际化发展的需求，本文对课程内容和学习方法进行了深入探讨，提出了面向国际化的课程实施方案，并指出了课程存在的问题，为以后该课程的进一步完善提供了借鉴。

关键词：太阳能与建筑节能；国际化课程；教改

近年来太阳能技术发展很快，不仅是光伏发电规模，光伏发电效率也得到了很大的提升。这对解决能源问题是一个很好的补充，因此吸引了全球的研究目光。各高校、研究机构和企业都在关注太阳能技术的研究，一些高校也开设了诸多太阳能相关课程。根据大多数的文献资料来看，建筑能耗占据了全社会能耗的30%左右，因此建筑节能是社会节能的一个重要内容，得到了广泛的重视和研究。将太阳能与建筑节能进行结合，是一个必然的趋势。2008至2014年，我国光热建筑应用面积逐渐增加，累计太阳能建筑应用面积达到34.3亿m^2。太阳能热水作为目前技术最成熟、应用最广泛、产业化发展最快的太阳能应用技术，已成为可再生能源建筑应用领域最易被公众接受的应用方式之一。太阳能与建筑的结合，对太阳能和建筑都提出了新的要求和挑战，这不同于太阳能的研究，也有别于建筑学，是两者的融合和相互促进。在这样的背景下，新能源学科开设太阳能与建筑节能课程就具有现实的理论和工程意义了。

1 课程特点

太阳能与建筑节能课程需要以什么样的视角来看待是一个需要优先解决的问题。首先是建筑要完成一定的功能，并且建筑设计师要基于建筑美学进行设计，考虑水、电、光、风的合理布局。但是为了应用太阳能进行节能，就需要考虑太阳能结构

形态与建筑功能的复合，形成新的美学形态，新的采光、导光，并与热水等热能工程相结合，形成新的设计规范。比如，应用太阳能光伏或者光伏光热一体化的建筑，需要为光伏应用进行新的美学设计，合理地将光伏与建筑形态整合成一体化，而不是简单地将光伏设备随意地放置在屋顶或者某个空地上。与此同时，太阳能通过材料与应用形态的发展不断去适应建筑上的应用。比如为了适应玻璃而发明的发电膜，适应窗帘等遮光帘的结构，以及最新的柔性光伏材料，都可以最大限度地适应建筑结构，在维持建筑美学的同时，实现最大最合理的太阳能利用与热利用。因此太阳能与建筑节能课程需要一个协同视角，而不是简单的太阳能与建筑节能的排列或者叠加。

课程引入的太阳能基本是能够应用在建筑节能上的。对于大型太阳能热电站，不管光伏还是槽式塔等热力发电站内容都不涉及，因为这些内容跟建筑没有直接关系。另外，太阳能除了光伏发电以外，建筑物里面还需要热水，以及通过热水引入其他的空调制冷设备等。这些内容构成了建筑节能的重要内容。

如何将太阳能与建筑节能按照一体化的观点去设计和讲解还是有一些挑战的。与此同时，该课程要面向学术硕士、专业硕士和国际学生，如何取舍内容及高中低结合、内外结合，还存在一定程度的挑战。下面就阐述一下面对国际化战略进行的实施方案。

---

* 基金项目：华中科技大学研究生高水平国际化课程项目

2 面向国际化的课程实施方案

基于太阳能的广泛应用，立足于工程与科研并举的策略，将基本太阳能热水工程与建筑物的一些规范相结合来培养学生的工程能力；另一方面，通过课程组海归博士在太阳能前沿方面的研究，引入一些前沿研究内容，培养具有基本工程能力和国际化视野的研究生。

面向国际化的课程内容总体思路是：

（1）掌握基于工程能力与建筑物设计规范的内容。以太阳能热水工程切入，通过几个典型的建筑物案例，掌握热水工程设计方法和过程。重点训练原理与工程的异同以建立可操作、可调节的热水工程系统，在此基础上与建筑物其他能源进行结合，以实现建筑物的合理能耗。此外，还需要进行拓展学习，分组讨论。结合课堂进行运行条件、环境改变的参数讨论，建立可补充、可卸载的变容量系统或者通过与常规能源结合，实现建筑物的最优能耗。这个扩展过程可深可浅，视学生的理解和掌握程度合理引导。

（2）探讨建筑节能应用的太阳能空调热泵。太阳能与热泵结合具有很好的节能效果，另外余热利用是当前节能的一个大趋势。其中，将太阳能热水与热泵结合可以实现非常高的能效。当然太阳能还可以直接驱动空调。目前，对太阳能驱动的低温热泵还有很多待解决的问题，既可以作为介绍，又能引导研究方向或者切入点，如对工质对的研究，以适应太阳能热源。因此该部分内容既有应用，又有新的研究点，实现了对课程的延伸。

（3）太阳能前沿研究探讨。关于太阳能的材料发展，对发电高低搭配与盲点监控和系统稳定性等进行探讨。引入最新的研究成果或者方向以启发学生的兴趣，从而引导学生进行兴趣驱动的自我学习，实现课程的国际化视野。

（4）太阳能与建筑节能一体化的现状与趋势。这个视点比较重要。以前出去考察节能建筑的时候，总结了一些节能建筑的共性特点，但是在既有建筑物上采用太阳能和在全新设计的建筑物上采用太阳能是不一样的。而且，新的适应建筑结构的一体化太阳能部件和设备发展非常快，这部分内容就需要不断更新。同时，欧美每年都有太阳房大赛，参加的国家和地区越来越多，也促进了太阳能与建筑的结合。这些设计视点和计算方法不断在

进步，也需要引入课程，来促进和加强研究生的国际化视野，达到国际化高水平课程的目的和效果。

在内容基础上可以设计一些教学方法，具体设计思路如下：

（1）针对不同来源研究生基础和学习能力的差别，对内容进行高、中、低结合来讲授；

（2）必须要掌握的基本工程问题，采用三明治教学方案。通过研究生的讨论和参与，完成工程案例，在此基础上举一反三，达到每个学生都能够掌握的效果；

（3）通过视点、热点、难点的不断导入，对其中一些点有兴趣的学生可以进行适当的深入探讨以引发研究兴趣，参与研究方法和模型的讨论，实现课程的高水平；

（4）对国际学生准备英文参考文献以帮助其更快地适应课堂和课程，达到共同提高的目的，真正实现课程的国际化。

课程实施过程中，如何将原理图变成有工程意义的工程图，如何挖掘数据实现对工程问题的计算和设计？在具体的课程教学实践中，给定一个学生公寓的楼层、房间数和房间里面住的学生数，要求学生设计出该公寓的热水工程。二十分钟学生没有画出合适的原理图。然后课堂提示可以先找出合适的原理图，采用受迫流动的太阳能与空气源热泵带电辅加热的方案。但是从百度及一些参考书中找不到不需要变动的原理图，这就促使学生进行思考和调整。确定了原理图以后，再调整为工程方案，此时需要补充水泵、阀门及水路进出、混合和补充的具体实施方案，考虑系统的运行，这个过程也比较花时间。这是因为要分几种情况和条件来运行太阳能，或者空气源热泵，或者再增加电辅加热。因此，对条件要进行分层次设定。这个过程对学生促动很大，训练了学生的工程逻辑思维。而且在运行条件和运行过程的讨论中，还可以斟酌细节，比如热水箱中冷水和热水如何进出，要不要分层等。这种细节的讨论进一步强化了学生缜密的工程思维能力。在确定了方案的基础上，学生对于计算条件还觉得参数不够。进一步提示可以通过地域去挖掘参数。如通过地域就可以查找当地的气象参数、太阳辐射强度、经纬度等。另外还可以通过国标，确定热水的温度。通过检索生产厂家，确定太阳能平板换热器的一些热工参数。再通过太阳能热水设计规范提供的计算公式和方法，就可以对该公寓的热水工程进行计算，得到集热器面积和安装

倾角、水箱容积、空气源热泵功率和系统的 COP。通过进行这样一个明确、具体的工程问题的训练，让学生真正掌握了工程设计问题的基本步骤和方法。

3 课程存在的问题与对策

新能源这个学科开设的时间还不是很久，但是发展快，而且太阳能研究日新月异，所以课程面临的问题也在不断更新。同时，实验设备不足，也是目前太阳能研究的短板。目前初步的解决方案是：

（1）尽快编写一本教材，方便教学和学生学习。虽然太阳能与建筑节能发展很快，但是一些共性的基本内容还是需要的，因此基本教材还是有助于教学和学习的。

（2）通过视频内容来弥补实验的不足。太阳能与建筑节能的一些经典案例是有视频教学的，通过视频的直观学习可促进学生的认知和课程学习。

（3）有效利用既有的太阳能与建筑节能实验的设施和科研设施。几个教研室有一些太阳能和建筑节能方面的实验台和科研设施，建筑学院也有，讲解到相关内容时可以联系参观和了解，以增进学生的课程学习和掌握程度。另外，学校也有很多太阳能热水工程，都可以拿来做案例和计算对比。

参考文献

[1] 何涛,李博佳,杨灵艳,等. 可再生能源建筑应用技术发展与展望[J]. 建筑科学,2018,34(9):135 – 142.
[2] 刘瑞芳. 中国建筑节能协会太阳能建筑专委会工作综述[J]. 建设科技,2017(18):15 – 18.

科研案例融入能源动力类课程的研究性教学实践

欧阳新萍，秦洁

（上海理工大学 能源与动力工程学院）

摘要： 能源动力类课程实验性、工程性较强，"科研案例融入课程教学"是针对这类课程的特点改进教学方法的一种尝试，可归属于研究性教学方法，是对教学改革所提倡的讨论式教学、案例教学的一种教改措施。通过对几门能源动力类课程引入科研案例的教学实践，效果反馈良好，提高了学生的学习兴趣、增强了学生的专注力、促进了学生对课程内容的理解。对于能源动力类课程，"科研案例融入课程教学"是适用的。要推广这种教学方式，必须改革教学管理制度、教学业绩评价指标，还要鼓励教师积极参与科研活动。

关键词： 能源动力课程；科研案例；教学实践；研究性教学

不少能源动力类课程知识面广、工程性强，传统的传递—接受式教育方法很难取得良好的教学效果。笔者将课程相关的科研案例融入本科课程教学之中，取得了良好的效果。首先，科研案例的叙述能增强学生的兴趣，调动学生的注意力；其次，科研案例中所要解决的问题能激发学生的好奇心和思维量，带着问题和思考的学习过程将起到事半功倍的效果。除此之外，授课老师对科研案例的分享，能够有效地实施科研反哺教学，培养学生的创新能力。

1 理论依据

事实上，科研案例融入课程教学，是一种研究性教学方式。

21 世纪以来，随着全球经济一体化的发展，知识经济的挑战和竞争日益激烈，引起了对高素质创新人才需求的竞争。近年来，国家提出大众创业、万众创新的理念，提出创新驱动经济发展的战略。高校应该顺应时代的发展，改革高等教育教学、在大学中培养更多高层次创新型人才。作为一种有效地引导学生主动探究、培养学生创新实践能力的教学方式,研究性教学成为 21 世纪国内外大学教学改革的一项核心内容。

研究性教学包含的范围较广,包括制订研究训练计划、开展研讨课、创新思维的培养、书面和口头表达能力的培养、跨学科教育、基于问题的学习、自主探究式学习、基于合作的学习、开放性实验课程等;还包括将最前沿的科研动态引入教学内容,让学生尽可能多地参与研究活动,带着问题学习,用科学研究的要求组织教学。

在我国,教育部在 2005 年发出《关于进一步加强高等学校本科教学工作的若干意见》的文件,提出要积极推动研究性教学,提高大学生的创新能力。建立大学生尽早进入实验室的基本制度和运行机制,增加综合性与创新性实验,积极推进讨论式教学、案例教学等教学方法和合作式学习方式,引导大学生了解多种学术观点并开展讨论、追踪本学科领域的最新进展,提高学生自主学习和独立研究的能力。有条件的高校要积极推行导师制,让大学生通过参与教师科学研究项目或自主确定选题开展研究等多种形式,进行初步的探索性研究工作。"十二五"期间,教育部、财政部继续实施"高等学校本科教学质量与教学改革工程",目的在于优化专业结构,改革人才培养模式,支持在校大学生开展创新创业训练,提高大学生解决实际问题的能力和创新创业的能力。

因此,开展研究性教学是顺应国际国内教学改革的潮流、改进课堂教学效果的积极有益的方法。将科研案例引入部分能源动力类课程的教学实践,是对研究性教学方法在能源动力类课程中的有益尝试。国内已有教师在做这方面的尝试,但为数不多。曾祥蓉、陈进等将科研活动融入混凝土结构设计原理课程教学的实践,孙家瑛将科研活动融入土木工程材料课程教学的实践都取得了良好的效果。

2 教学实践

2.1 能源概论课程教学

在我校的本科培养计划中,有一些人文素养类的通识课程,面向全校所有专业学生开放,学生在校期间必须选修 1 到 2 门。能源概论是这类课程中唯一的能源动力类课程。该课程的学习目的是使学生在通识教育课程中,体会工程技术类课程的基本教学方法,获得必要的能源科学基本知识,了解常规能源、新能源的资源特性及应用前景,了解能源与环境、能源与经济发展之间的关联。从学生的选课情况看,涉及文、理、工、医类,大一到大四的都有。对这样跨学科、跨年级的学生群体,必须把握课程内容的重点及部分课程内容的深度,必须穿插一些特别的教学方法或手段,融入科研案例的教学方法就是其中的一种尝试。

笔者负责了一个地热能发电系统中的混合式凝汽器研究项目。地热能属于新能源,地热蒸汽的流动、凝结伴随着能量的转换、传递过程;混合式凝汽器是实现这种能量转换的系统中的关键设备。在讲述到课程内容中"能量的传递与转换"章节时,对于学习过传热学和工程热力学的学生来说,比较容易理解课程内容,而事实上大部分学生都没有学习过。结合科研课题的描述有助于学生理解相关内容并提升注意力。地热蒸汽在叶轮机械或其他膨胀机械中流动、驱动机械运转的过程实现了热能、压力能向机械能的转换;叶轮机械或其他膨胀机械出口的乏汽进入混合式凝汽器与冷却水直接接触换热,则是实现了热量从高温向低温的传递过程。这样就将课题内容融入了课程内容的讲解。在讲述到课程中的新能源部分的"地热能"章节时,再次引入该课题的立项背景和意义,介绍了世界和中国的地热能利用的现状、地热发电的现状、中国地热发电与世界发达国家之间的差距、中国地热能利用及地热发电的规划等,自然地融入了课程内容。实践表明,学生的专注度提升了,也加深了对课程内容的理解。

2.2 高效换热器课程教学

换热器是工业领域应用非常广泛的一种通用机械,在能源动力领域的应用也非常普遍,如锅炉中的省煤器、气体预热器,汽轮机的凝汽器、油冷却器,电机的气体冷却器等。因此,在能源动力类的课程设置中,换热器是一门"标配"课程。但由于换热器通常未被列入"主干"课程,加上部分课程内容略显枯燥,要让每个学生全程注意力集中不是一件容易的事情。

我校能源与动力工程学院本科设置的换热器课程名为高效换热器,除了传统的换热器内容外,着重加入了高效、紧凑换热元件及换热设备的内容,紧贴换热器发展前沿。引入换热器前沿课题的阐述,也是上好这门课程的首要目标。该课程面向学院所有专业的高年级学生。

换热器的强化传热是笔者的主要研究方向,承

2019 年全国能源动力类专业教学改革研讨会论文集

担了许多相关课题的研究。在讲述到板式换热器章节的时候，引入了一个板式换热器设计计算软件编制的课题。该软件主要针对可拆卸式板式换热器进行热力设计计算。针对日常生活中大家都要喝的牛奶切入话题，用该软件演示一套用于牛奶加工消毒的板式换热器系统的设计过程。演示过程中，适时地留下一些问题：传热系数如何计算？如何构成多流道、多流程的流动（牵涉到盲孔和密封圈的布置）？如何让流体形成三维流动（牵涉到板片波纹形状及布置）？板片如何承压（牵涉到板片触点的问题）？这样，围绕这些问题展开课程内容，提升了学生的课堂注意力和学习兴趣。软件的最终设计结果展示了所有板片的形状及布置图，包括牛奶、加热工质和冷却工质的流动路径，丰富多彩的画面将学生的兴趣度调动到一个高潮。

同样地，在讲述板翅式换热器的课程内容时，引入板翅式汽车油冷却器的研究课题；在讲述翅片管换热器时，引入炼油厂空冷器的研究课题、电站直接空冷研究课题、电机空－空冷却器研究课题；讲述相变换热强化元件时，引入降膜蒸发换热研究课题。教学实践表明，这些紧贴研究前沿的课题的引入，学生反响热烈，呈现良好互动。

2.3 热工测试技术课程教学

热工测试技术是能源动力类专业的一门重要的专业基础课程，涉及热工过程中温度、压力、流量、流速等基本热工参数的力学、电学和光学测试方法、测量基本原理，还涉及测量传感器、测量系统以及误差分析理论。这是一门与实验方法和手段密切相关的课程，是实验性、工程性较强的能源动力类专业的必学课程。要上好这门课，除了安排一定的实验课程之外，在课程的理论课时中，引入科研案例的教学方法，对于学生学好这门课程有着积极的意义。该课程面向能源与动力工程学院所有专业的高年级学生。

笔者承担过一些实验装置研制的课题，如"翅片管单管的测试装置"、"翅片管管束的测试装置"、"冷凝管和蒸发管测试装置"等。这些测试装置中，都包含了温度、压力、流量、流速等基本热工参数的测量。比如讲到课程内容的温度测量，主要测温元件有热电偶和热电阻，笔者介绍了在"翅片管管束的测试装置"中，在试验件风道的出口采用多点热电偶的布置，在试验件风道的进口则采用单点热电阻的布置。从这一测温元件的选择及布置实例，来阐述热电偶和热电阻的特点及区别。类似地，讲述

了该课题通过测量蒸汽饱和压力的方式，来调控蒸汽饱和温度的方法，导入了有关测温元件"热惯性"的课程内容：测量温度的热电阻存在热惯性致使调节不灵敏，通过与温度一一对应的蒸汽饱和压力的调控可以使调节更灵敏。

综合几门课程的教学，课程效果主要体现在如下几个方面：

（1）课堂的专注力提升

在引入案例的教学过程中，发现学生的专注力明显比以往要高，讲话、做其他事情、走神等课堂现象大为减少。

（2）学习兴趣、理解力和能动性增加

通过课后与学生的交流以及教务部门的调查反馈，引入教学案例及相关的讨论，能增加学生的兴趣、理解力和参与意识。这种参与意识使学生主动思考问题，产生自身能力体现的欲望，从而提升了学习效果。

（3）出勤率和成绩提高

比较了引入科研案例教学方法前后的课堂平均出勤率和课程平均成绩，课堂出勤率提升了7%，平均成绩也有所提高。

3 研究性教学现状及推广

研究性教学的提出反映了当今大学教学的特征和要求，反映了现代先进教育教学的思想和理念。在我国高等教育过程中，大多本科生的教学方式依然是以单纯的教师传授知识为主，学生自主创新性学习相对不足。现有的教学活动大多没有突破传统应试性的灌输—接受式的教学框架，强调问题式、探究式、互动式的研究性教学尚未真正走进课堂内外。研究性教学以培养学生科学探索精神、研究能力、动手实践能力、创新意识和创新能力等为目标，改变了传统教学方式，倡导教师进行开放式教学，并将科学前沿知识引入教学，鼓励学生主动探究式学习，使其从知识的吸纳者变为知识的建构者与探究者。

笔者实践的科研案例融入课堂教学，实现了问题式、探究式的学习方式，并引入了科学前沿知识，具有研究性教学的特征，值得推广。

但要实现这种教学方式的推广，必须具备一定的条件。首先要改革教学管理制度、教学业绩评价指标，鼓励提升学生学习兴趣和专注力的教学方式，鼓励易于学生消化理解的教学方式；其次教师

要积极参与课程内容相关的科研活动,一方面通过科研活动促进自身教学水平的提升,另一方面也是将科研融入教学的过程。

4 结 语

能源动力类课程实验性、工程性较强,部分课程内容还略显枯燥,科研案例融入课程教学能提高学生的学习兴趣、增强学生的专注力、加深学生对课程内容的理解,是值得推广的一种方法。科研案例融入课程教学的方法,具有研究性教学的特征,研究性教学以培养学生科学探索精神、研究能力、动手实践能力、创新意识和创新能力等为目标,是当今研究型大学教学的一种趋向,也是其他类型高校教学的重要借鉴方式。对于实验性、工程性较强的能源动力类课程,科研案例融入课程教学更为适用。要推广这种教学方式,必须改革教学管理制度、教学业绩评价指标,还要鼓励教师积极参与科研活动。

研活动。

参考文献

[1] 王鑫,李丽丽,刘坤,等. 能源动力类课程教学改革[J]. 中国冶金教育,2016(2):56-58.

[2] 余灯广,潘登,王霞,等.分享教师的科研经验提高大学生的创新能力——以高压静电纺丝技术为例说明科研反哺教学途径[J].上海理工大学学报(社会科学版),2016(2):179-183.

[3] 路慧.理工类研究型大学开展研究性教学的实践探索与模式建构——基于大连理工大学的实例分析[D].大连:大连理工大学,2013.

[4] 卢德馨. 关于研究型教学的进一步探讨[J]. 中国高等教育,2004(21):24-25.

[5] 曾祥蓉,陈进,王平,等. 将科研活动融入混凝土结构设计原理课程教学的实践探讨[J]. 高等建筑教育,2013(6):97-99.

[6] 孙家瑛. 将科研活动融入土木工程材料课程教学实践探讨[J]. 教育教学论坛,2014(46):163-165.

利用 CFD 工具改善工程流体力学教学效果[*]

栾一刚,万雷,孙海鸥,孙涛

(哈尔滨工程大学 动力与能源工程学院)

摘要:"工程流体力学"是热能与动力工程及轮机工程专业的一门重要的基础课程。由于课程本身的理论性较强,在理论分析与公式推导中涉及许多复杂的数学理论与方法,经验公式多,且不易理解记忆,给学生的学习带来很大困难,导致教师难教、学生难学,实践与应用更是难上加难。在工程流体力学教学过程中,利用 CFD 技术,直观地展示各种流动现象,将理论性较强的内容可视化,不失为一种有效的改进工程流体力学教学效果的手段,可以开阔学生的视野,激发学生的学习兴趣,加深学生对流体基础理论的理解,改善教学效果。

关键词:CFD;工程流体力学;流场可视化

"工程流体力学"是热能与动力工程及轮机工程专业的一门重要的基础课程,在能源动力类工科专业的教学中占有非常重要的地位,是力学的一个重要的分支学科,与数学紧密联系,在工程技术领域发挥着越来越大的作用,但其对学生掌握经典力学和高等数学知识点的要求较高。自然界和人类生活中,以及工农业生产的各行各业中均广泛存在流体流动现象,但是由于缺乏对生活的观察,学生很难做到对课本讲授的内容形成直观的映像。此外,自然界中的流动现象往往包含多种流动方式,

* 基金项目:面向动力创新型人才培养的工程流体力学课程国际化建设(SJGZ20180087)

在理论分析与公式推导中涉及许多复杂的数学理论与方法，经验公式多，且不易理解记忆，给学生的学习带来很大困难，导致教师难教、学生难学，实践与应用起来更是难上加难。

随着计算机科学的发展，计算流体动力学（简称CFD）技术日趋成熟，CFD软件得到了较广泛的应用，已成为解决各种流动现象的有力工具。过去只能靠实验手段才能得到的某些结果，现在已经完全可以借助于CFD技术的数值模拟来准确获取。

在工程流体力学教学过程中，利用CFD技术，直观展示各种流动现象，将理论性较强的内容形象化，不失为一种有效的改进工程流体力学教学效果的手段，可以开阔学生的视野，激发学生的学习兴趣，加深学生对流体基础理论的理解。

1 国内外研究现状分析

中国石油大学石油工程学院的谢翠丽结合流体力学课程特点将CFD理念引入本科工程流体力学课堂的意义、目的和实施方法，促进了学生对工程流体力学课程内容的理解、掌握和应用，培养了学生对现代工业的设计和研究工作的适应力和创造力。西华大学能源与环境学院的赵琴等将先进的CFD技术引入工程流体力学的教学中，生动、形象地展示各种常见的流动现象，将抽象的概念、理论变成形象的画面，并结合基础理论进行讲解，便于学生对所学内容的深入理解，从而达到激发学生学习兴趣，改善教学效果的目的。深圳大学的杨向龙将CFD技术应用于流体相似性原理的教学中，借助CFD技术对简单流动问题进行数值模拟，对动力相似条件进行验证，从理论和实践两方面帮助学生学习较为抽象的动力学相似条件，取得了良好的课堂教学效果，提高了学生解决实际问题的能力。集美大学的郑捷庆等探讨了将Fluent软件直接应用于本科工程流体力学的课堂教学中的可行性，尝试性的教学实践反馈表明：相比于仅使用CAI课件进行课堂教学，此教学模式能进一步激发学生对流体力学的兴趣并加深其对基本理论的理解与实际工程应用，从而提高教学质量。

国外早在20世纪80年代就已有针对能源动力类本科生开展的CFD教学，比如英国的帝国理工学院、美国的加州理工学院、日本的九州大学等。尤其以美国的加州理工学院做得最为突出，该校非常重视学生的实践与创新。由于国外学生人数比国内少，实验设施完备，CFD技术课程被安排在实验教学中心进行，学生在进行CFD技术学习应用的同时还可以采用实验方法对CFD的结果进行验证，非常有利于培养学生的主动实践与创新能力。实际上开展CFD教学还有利于拓宽实验教学内容。由于CFD技术具有成本低、速度快、可视化等特点，因此在能源动力类专业的实验教学中可以利用CFD技术加强设计性实验和探索性实验的构建，将以往学生的被动性实验转变为学生为主、教师为辅的主动性实验，有利于培养学生独立思考和解决问题的能力。

2 CFD在课程中的应用目标

在工程流体力学课程引入CFD数值模拟技术作为辅助教学，主要是为了促进教学效果，激发学生学习和创造的热情，具体目标有以下几点：

（1）加深学生对概念的理解和对方程的应用

由于对流体运动的描述远比固体运动复杂，概念比较抽象。例如，使用总流的伯努利方程和动量方程求过流断面的平均速度和压强。但这种处理方法无法得到流场参数的分布规律，不能分析流动的本质规律和特点。CFD则克服了概念的抽象性和求解流场的困难，将三维全流场信息以数据、曲线和图像等形式展示给学生，有利于学生加深对概念和方程的理解与应用。

（2）改进实验方法和内容，开展研讨式教学

基础性实验是通过求平均物理量来验证方程或求解某系数，对分析弯道流动、突扩流动、绕流流动、管道内层流和湍流的速度分布等问题是无能为力的。而CFD数值模拟计算包含了观察、分析、比较和判断的过程，是一种数字化实验，是对实物实验的补充和扩展。我们还可以采用CFD软件代替一部分实验，甚至能在计算机上开发新的流体力学实验内容和方法，这样可以提高学生的学习兴趣和积极性，为教师和学生的相互交流和研讨创造良好的条件，从而促进教学质量的提高。因为课堂讲授的内容比较多，信息量大（特别是实现多媒体教学后），学生往往来不及仔细地思考和提问。而在实验（包括实物实验和数值模拟实验）过程中，学生需要自己先去发现问题并思考解决方法，讨论和答疑环节才变得更有意义。

（3）培养学生独立思考的能力，提高创新意识

在数值模拟计算中需要正确地设置边界条件和

初始条件,合理地选择数学模型,恰当地划分网格和进行迭代计算,最后还需要判断计算结果是否可用,并进行必要的调整和修改。因此,要求学生对问题的发生、发展直至达到平衡的全过程进行认真思考和分析,形成独立思考的习惯和能力。此外,通过改变边界条件或初始条件等因素,低成本、高效率地求得不同条件下的计算解。因此,数值模拟为多角度、多方位地分析问题提供了机会,有助于学生养成善于尝试和探求规律的习惯,树立创新意识。

3 CFD 可视化案例

借助 CFD 软件平台,可以针对牛顿平板流动、流体有黏无黏运动、突缩、突扩管内流动、方柱及圆形绕流等流体现象进行可视化演示。主要内容建议如下:

（1）流体速度矢量、流线的演示

借助 Gambit 或者 ICEM-CFD 网格划分软件,建立一个文件,划分一个简单的流体计算域,并进行网格划分及边界条件设定;保存文件后,输出到求解器 Fluent 中,检查网格,设置边界条件具体数值,启动数值求解器;待求解稳定后截取计算结果,计算结果的后处理可以采用 Fluent 软件自带的后处理软件或者第三方软件 Tecplot。

（2）黏性及无黏流动规律演示

借助 Gambit 或者 ICEM-CFD 网格划分软件,划分一个二维管流计算域,并进行网格划分及边界条件设定;保存文件后,输出到求解器 Fluent 中,检查网格,设置边界条件具体数值,启动数值求解器;待求解稳定后截取计算结果,分别进行流体有黏及无黏情况下的计算设定,从计算结果中可以分析,当流体具有黏性和无黏时的流动差异性。

（3）牛顿平板流动规律演示

计算牛顿平板实验,获得两平板间的速度分布特性,主要问题可描述为:两平板之间充满流体,下板保持静止,上板以一定速度平移,设定速度为 0.1 m/s,求解两平板间的速度分布。

（4）流体流经方柱圆形柱的流动规律演示

流体绕物体流动的问题是工程中常见的一类问题,其中圆柱绕流与方柱绕流是其中简单而经典的问题,借助 CFD 软件模拟圆柱绕流与方柱绕流现象中旋涡生成和脱落的现象,基于 Fluent 求解器,采用 Gambit 或者 ICEM-CFD 网格生成软件划分非结构网格。

（5）二维突缩、突扩流动规律的 CFD 可视化演示

突缩管道的一般结构形式是流体的通流截面突然缩小,从而导致管道内的压力、速度等参数发生变化。突缩结构是节流结构中最普遍的结构之一,在生活中和工程领域均可看到。

借助 CFD 软件平台对突缩突扩管道内的流动运动规律进行演示,主要基于 Gambit 或者 ICEM-CFD 软件,将离散好的计算域进行网格化后,设置合理的边界条件,输出成 Fluent 等求解器可以接受的 Mesh 文件。在突缩与突扩的计算过程中,根据几何形状及流体运动规律,进行网格的局部加密处理,以便使用较少的网格总数,获得突缩、突扩的内部流动规律,进而进行流动的可视化处理及动画演示。

4 结 语

借助 CFD 工具,将 CFD 计算获得的部分流体运动规律添加至课堂教学中,并讨论流体流动现象,分析流动结果,引领学生主动思考,将启发式教学模式添加至场景中,加深学生对流动现象、流体运动规律的理解。开展 CFD 教学符合能源动力类的专业发展和人才需求,有利于激发学生的学习兴趣,同时还有利于拓宽实验教学内容、培养学生的实践与创新能力。

参考文献

[1] 谢翠丽. 提高《工程流体力学》课堂效果的教学方法研究[J]. 中国科教创新导刊, 2011(7):32 – 33.

[2] 刘爽,王世明,宋秋红,等. 基于 CFD 的工程流体力学本科课程教学改革实践研究[J]. 中国教育技术装备, 2015(22):148 – 149.

[3] 郑捷庆,邹锋,张军,等. CFD 软件在工程流体力学教学中的应用[J]. 中国现代教育装备, 2007(10):119 – 121.

[4] 谢翠丽,倪玲英.《工程流体力学》本科课程引入 CFD 教学的探讨[J]. 力学与实践, 2013(3):91 – 93.

[5] 赵琴,杨小林,严敬. CFD 技术在工程流体力学教学中的应用[J]. 高等教育研究, 2008,25(1):91 – 93.

[6] 杨向龙. CFD 技术在流动相似性原理教学中的应用[J]. 中国现代教育装备, 2012(7):5 – 7.

基于 CDIO 教育模式的能源动力类专业课程创新与改革

曾洪涛，史凯旋

（武汉大学 动力与机械学院）

摘要：近年来，我国对于工程人才的需求越来越大，要求也越来越高，而传统的教育模式缺乏对学生创新实践能力的培养。针对此问题，武汉大学能源动力类专业基于 CDIO 教育模式进行了课程体系的改革与创新，在原有的课程基础上开设了以节能减排科技实践为代表的一系列创新课程，让学生自主体验从构思、设计、实现到运作的整个流程。此次课程体系改革取得了良好效果，并且其针对性、可操作性很强，对于其他专业的课程创新与改革具有较大的借鉴意义。

关键词：CDIO；能源动力；课程改革；人才培养

现代工程领域是由"研发—设计—制造—运行—管理维护"等环节构成的工程链，需要的是创新能力、实践能力、管理能力兼备的复合型人才，这样的市场背景就对高校工科专业的教育提出了新的要求。近年来，我国接连实施了"卓越工程师教育培养计划"和"高等学校创新能力提升计划"，旨在培养造就一大批创新能力强、适应经济社会发展需要的高质量各类工程技术人才，各高校也纷纷响应国家政策，进行教育模式、课程体系的改革。因此，如何创新、建立新的课程体系，就成了目前亟待探究和解决的问题。

1 CDIO 工程教育模式

CDIO 工程教育模式是近年来国际工程教育改革的最新成果。CDIO 代表构思（Conceive）、设计（Design）、实现（Implement）和运作（Operate），它以产品研发到产品运行的生命周期为载体，让学生以主动的、实践的、课程之间有机联系的方式学习工程。

2005 年，汕头大学率先在中国进行 CDIO 改革。随后，这种工程人才培养模式在我国得到快速传播并在多所高校得到推广实施。到目前为止，我国已有包括清华大学、北京交通大学在内的 105 所高校加入了"CDIO 工程教育联盟"。但相比国外推广实践较好的学校，国内高校对于 CDIO 教育模式的推广实施仍然具有很大的局限性：一方面是范围不够大，参与推广实施的高校数量还不够多；另一方面是从实施 CDIO 教育模式的学科专业来看，我国

CDIO 教育改革主要集中在工作组最初确立的"机械类、电气类、化工类、土木类"四大类专业，其他专业还没有普及。在此背景下，武汉大学动力与机械学院能源动力类专业，将 CDIO 教育模式引入课程体系，开创了新模式在传统学科教学中的新局面。

2 基于 CDIO 教育模式的能源动力类

2.1 新的课程体系结构

传统教育模式下的课程设置，往往只注重单学科知识的理论性和系统性，教授方式也多以老师讲授教材为主。这样的课程设置和教授方式很难调动学生学习的自主性，培养学生独立思考的能力、解决问题的能力和工程应用的能力。

针对此现状，武汉大学动力与机械学院能源动力类专业人才培养将 CDIO 的教育模式引入课程体系，在原有的课程基础上开设了以节能减排科技实践为代表的一系列创新课程，旨在培养既有扎实的基本理论知识和专业技能，又有较强的工程实践和创新能力的全面、复合型人才。

新课程体系结构图如图 1 所示。

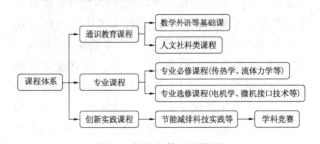

图 1 新课程体系结构图

2.2 创新实践课程的开展与实施

创新实践课程的开展就是以 CDIO 教育模式为主要依据,让学生自主体验学习从构思、设计、实现到运作的整个流程。课程的主要实现过程(见图2)分为三个环节:

第一个环节为创新方法、思维的训练。老师以探究式的教学模式引导学生发散思维,让知识的获取方式以探究和发现为主而不再是老师传授。同时,结合学科特点,突出以学生为主体的教学模式,开展各种学生交流项目、技能竞赛和实践活动等。

第二个环节为学生组队、整合想法、设计作品。这一环节学生需要自行组队、整合想法,在老师的指导下完成作品的设计与制作。这一过程既能让学生更深刻、具体地了解相关专业知识,锻炼工程实践能力,还可以培养学生的系统分析能力、团队协作能力、沟通表达能力等。

第三个环节为成果展示与评价。为保证学习质量,每一个学习阶段都有相应的作品成果展示与总结报告,优秀的作品可选送参加学科竞赛,进行进一步的完善与推广。对学生和作品的评价考核标准也包含创新思维、团队合作、自我评估、目标完成、思路方法等多个方面。

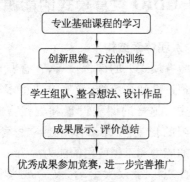

图2　创新实践课程教育模式图

2.3 学科竞赛的导向和激励作用

学科竞赛在创新课程的实施过程中起着不可或缺的作用:首先,学科竞赛能够充分调动学生学习的主动性,将所学专业知识应用于实践,培养学生的创新思维和创新能力。其次,学科竞赛为创新实践课程的成果提供了展示的平台。课程实践中优秀的想法和作品可以推荐参加竞赛,做进一步的完善和推广,以"能源动力类的学科竞赛——大学生节能减排社会实践与科技竞赛"为例,从第十一届开始,组委会已经专门筹办成果转化专项赛,为优秀作品的产业化推广提供平台。最后,学科竞赛能够进一步带动创新实践课程的推广。学科竞赛和创新实践课程是密不可

分互相促进的,创新课程为学科竞赛培养有创新能力和团队意识的优秀学生、孕育有竞争力的作品,同时,学科竞赛的优秀团队、优秀成果又为创新实践课程的培养方式树立了典型。

2.4 创新实践课程的主要优势

创新实践课程更加强调学生的主体作用,将单纯灌输变为启发诱导,只讲基础原理,重在培养学生自主学习的能力。教学过程中,以学生自主讨论的方式为主,学生可根据自己的兴趣自主拟定题目、自行组队,通过小组讨论、辩论、实践等学习模式,让学生有针对性地思考,这种开放性的教学模式更利于培养学生的创新精神。同时,CDIO 教育模式为理论课程与创新实践架起桥梁,学生自主完成构思、设计、实现和运作整个过程,其实践能力将得到极大锻炼。

3 课程体系创新与改革取得的成效

首先,创新实践课程更好地激发了学生的创造力,培养了学生的创新意识和创新精神,得到了学生的一致认可。学生学习之后均表示自己的实践能力得到了显著提高,学习方式和方法也从原来的被动接受转变为了主动探索、合作。

其次,在人才去向方面,创新实践班的毕业生多去国外或清华大学、上海交通大学等学校深造,少部分选择就业的毕业生也受到相关企业单位的一致好评。

再次,在校期间,很多学生设计、创造出很多优秀成果用来参加学科竞赛,取得了很好的成绩。以全国大学生节能减排社会实践与科技竞赛为例,近四年,武汉大学参赛队共获全国奖35项,其中一等奖8项,每年均获优秀组织奖,获奖数量和质量均处于领先位置。

最后,创新实践课程开展实施后,教学质量显著提升,一系列的改革效果获得了学校和省市教育部门的认可和奖励。以创新实践课程为代表的教学改革项目"能源类专业国际化创新人才培养模式的研究与实践"获得了湖北省高等学校教学成果奖一等奖。

4 结 语

近年来,我国对于工程人才的需求越来越大,要求也越来越高,迫切地需要创新能力、实践能力、

管理能力兼备的复合型人才。武汉大学能源动力类专业基于 CDIO 教育模式进行的课程体系改革与创新对于解决目前的人才培养困境有一定的指导意义。一方面，此改革分析并创新了能源动力类专业的课程设置，针对性和可操作性很强，具有较大的借鉴意义；另一方面，此改革以学科竞赛为依托，将 CDIO 教育理念更好地与国内的教育现状相结合，不仅丰富了 CDIO 教育理念的内涵，进一步证实了 CDIO 教育模式的科学性和可行性，而且为其他工科专业的课程设置及相应学科竞赛体系的建立提供了借鉴。

参考文献

［1］ 顾佩华,胡文龙,陆小华,等. 从 CDIO 在中国到中国的 CDIO:发展路径、产生的影响及其原因研究[J].高等工程教育研究,2017(1):24 – 43.

［2］ 吴净,陈克,张宏远. 基于 CDIO 工程教育模式的能源动力类课程体系改革与实施[J].中国现代教育装备,2017(11):35 – 37.

［3］ 李元元. 高等工程教育课程改革的比较研究——以华南理工大学与 MIT 为例[J].高等工程教育研究,2004(6):1 – 6.

［4］ 钟寿仙,张瑛,郭绍辉. MPC – CDIO 教育教学模式的探索与实践[J].高等工程教育研究,2015(2):169 – 175.

［5］ 贾棋,王祎,许真珍,等. 以大学生科技竞赛为牵引的创新实验班建设[J].实验技术与管理,2015,32(4):29 – 32.

［6］ 胡文龙. 基于 CDIO 的工科探究式教学改革研究[J].高等工程教育研究,2014(01):163 – 168.

［7］ Edström K, Kolmos A. PBL and CDIO: complementary models for engineering education development[J]. European Journal of Engineering Education,2014,39(5):539 – 555.

以科技竞赛体系为驱动的新能源科学与工程（空调制冷）专业实践教学案例库设计与建设*

刘忠宝，晏祥慧，姜明健，马国远

（北京工业大学 环境与能源工程学院制冷及低温工程系）

摘要：针对北京工业大学新能源科学与工程（本文特指空调制冷方向）专业科技竞赛主办情况及竞赛体系架构情况，对其存在的专业实践教学案例库（以竞赛体系为驱动）欠缺的现状，本文采取理论方法研究和教学实践检验相结合的思路和方法，主要围绕新能源科学与工程专业实践教学案例库选择的原则和方法、新能源科学与工程专业实践教学案例库建设的程序和实施等方面展开研究，最终完成以科技竞赛体系为驱动的新能源科学与工程专业实践教学案例库建设，并在本专业大三、大四两个班级（共计 60 余人）进行实施，验证其实施效果。

关键词：科技竞赛；体系；驱动；空调制冷；专业实践；教学案例库

培养大学生的实践动手能力和创新能力是我国高等教育的主要任务之一，更是新时代人才培养工作中的重要内容。以提高大学生的创新和实践能力为目标，以创新教育为重点的科技竞赛成为提高大学生综合素质的有效手段之一。科技竞赛激发了学生的创新意识，促进了教风学风建设，引导高校在教学改革中注重培养学生的创新思维和科研能力、实践动手能力，增强学生的团队合作精神，并且营造了浓厚的校园科技文化氛围，对提高高校大学生的综合素质等诸多方面有着重要的推动

＊基金项目：北京工业大学教育教学研究项目"以科技竞赛体系为驱动的新能源科学与工程（空调制冷）专业实践教学案例库建设及实施"（ER2018C020704）

作用。

科技竞赛不同于一般的课程学习或学习竞赛，科技竞赛作为大学生课堂理论和专业学习的有效补充和延伸，旨在让大学生综合运用相关课程的知识去设计并解决实际问题或者特定问题，越来越受到大学生的欢迎。科技竞赛既培养大学生的创新能力，又能提高其综合素质，这使得科技竞赛越来越受到高等学校的重视，已经基本发展为培养大学生创新能力的一种重要载体。

北京工业大学新能源科学与工程专业多年来在学校、学院的指导和帮助下，已经逐渐形成了一整套完备的科技竞赛体系架构，具体包括：

（1）设立创新学分制度，激励科技竞赛的开展。将创新学分制度引入到人才培养方案中，明确规定第二课堂创新学分为必修环节，参加各级各类科技竞赛活动是学生获取创新学分的主要途径，从参与竞赛工作，作品制作完成，到参加比赛，以及获得不同等级的奖励，进行不同学分的划分评定。创新学分制度提高了我专业学生参与竞赛的主动性与积极性，为科技竞赛健康持续地发展提供了内在动力。从最近几年的开展情况来看，学生参与范围逐年扩大，参与赛事项目的种类不断增加，目前参与的包括全国大学生节能减排大赛、"挑战杯"、华北地区制冷空调行业大学生科技竞赛、北京工业大学制冷空调科技竞赛、北京工业大学节能减排大赛等项目，丰富了学生的课外学习内容，营造了良好的校园科技文化氛围，有效促进了学生创新实践和综合素质能力的提高。

（2）校院齐抓共管，促进科技竞赛开展。学校教务处作为高校的核心职能部门，负责全校各级各类科技竞赛的全面管理和统筹安排，广泛开展校级科技竞赛、鼓励学生参加省级以上科技竞赛。采用院级、校级、市级、国家级层层选拔推进的原则，通过每年定期举行的校内科技竞赛选拔优秀的选手，再经过集中培训等方式正式参加省级及以上的竞赛。并积极鼓励学生参加省级、国家级、国际级等相关单位组织的各种竞赛。我专业根据学生的兴趣点不同，也根据各项科技竞赛在学生素质培养中的侧重点不同，提前组建不同的兴趣小组，培养不同类别的科技竞赛预备团队。真正使科技竞赛将课内、课外有效衔接起来，在丰富校园文化氛围的同时提高学生的创新能力。

（3）建立了较为完备的科技竞赛体系的运行程序。

（4）建立了较为完善的科技竞赛体系的保障机制，主要包括科技竞赛体系管理制度保障、竞赛经费保障、激励制度保障等方面。

在上述的科技竞赛体系的架构驱动之下，我专业以科技竞赛为载体、提高学生学习主动性、拓展学生的知识面、有效提升学生的创新能力；基于创新能力培养的教学改革与实践，逐渐形成了具有实践教学特色的人才培养模式。

但是存在的问题是，尽管我专业主办和参加各类科技竞赛已有十多年了，但是迄今为止，还没有建设以科技竞赛体系为驱动的新能源科学与工程专业实践教学案例库，更谈不上实践教学过程中对案例库的教学实施等工作。

针对新能源科学与工程专业的特点以及传统教学中存在的不足，本论文以大学生科技竞赛体系为驱动，建设并实施新能源科学与工程专业实践教学案例库，实现提高学生实践创新能力的教学研究目标。

1 新能源科学与工程专业实践教学案例库选择的原则和方法

新能源科学与工程专业实践教学案例库的选择应遵循如下原则和方法：

（1）专业性、时效性、疑难性、争议性、综合性

案例的选择对案例实践教学很重要，是案例实践教学的前提与关键。对案例的选取一般应考虑专业性、时效性、疑难性、争议性、综合性等因素。

（2）以问题为引导，激发学生学习兴趣

科技竞赛往往是通过解决一个问题来展现参赛者的水平和能力。所以问题驱动教学就可以快速地集中学生的注意力，诱发学生的好奇心和求知欲，激发学习热情。授课方案的问题设计要具有趣味性和代表性，问题不应太复杂，否则会挫败学生的信心。学生在问题的引导下进行思考、讨论并探索解决问题的办法。可以活跃课题气氛，学生变得"乐于学，勤于思，善于问"，教学效果明显提升。

（3）以竞赛为驱动，设计教学案例

教师根据学科相关竞赛设计教学内容，如从获奖与未获奖的或其他参赛学校的历届比赛中选题，可以进行适当改造，使其更适合课堂所学内容。将教学与比赛有机结合，让学生直观地体会到学习效果。该方式也能够对学生参加科技竞赛取得促进作用。

2 新能源科学与工程专业实践教学案例库建设的程序和实施

（1）将案例做成 PPT 或现场答辩视频等形式，最后形成电子文档

从创新背景、技术方案、作品成果、指导教师点评等几个方面组成教学内容。我们以 2018 年全国大学生节能减排大赛的参赛作品为例，作品名称为"热气旁通联合相变蓄热的风冷冰箱新型除霜技术"，首先给出创新背景：目前风冷冰箱常用的除霜方式是电加热除霜（EHD），但是这种除霜方式耗电量很大，而反向除霜技术（RCD）不能用在冰箱系统中，因为四通阀频繁地反向运行会导致制冷剂的泄漏，这是不安全的。本参赛作品设计了热气旁通联合相变蓄热除霜（BCD-CCTS）来改进除霜过程，利用压缩机壳体废热联合热气旁通来优化除霜方式。除霜过程利用双螺旋管的相变换热器来强化蓄热材料与制冷剂之间的传热。这样不仅充分利用了制冷系统中多余的热量，还节省了电加热化霜的电量，真正做到了节能环保。其次，在教学内容中会详细介绍本作品的技术方案和内容，给出详细的设计计算过程以及实验方案和实验结果及其分析。再次，给出该作品的成果：本项目作品获得了 1 项国家实用新型专利授权，在国际重要期刊 Applied Thermal Engineering 上发表 1 篇科研论文"Performance of bypass cycle defrosting system using compressor casing thermal storage for air-cooled household refrigerators（SCI 收录）；参加全国性科技竞赛取得了优异成绩，如获得了第十一届中国制冷空调行业大学生科技竞赛华北赛区一等奖，以及第十届全国大学生节能减排与科技竞赛一等奖。最后给出指导教师的点评：本参赛题目为制冷冰箱系统中一种优化的新型除霜技术，如今家用风冷冰箱的化霜方法为电加热化霜，电加热化霜耗电量大，占冰箱日耗电量的 5% ~ 10% 以上，大大增加了风冷冰箱的耗电量。针对这一问题，参赛团队对风冷冰箱的化霜技术做了显著的改进，且对节能减排有实质性效果，回收利用压缩机壳体废热与压缩功，并将此热量通过相变潜热的形式储存起来用于化霜，具有节能环保的理念。相比传统电化霜，在化霜时可节能 99%，化霜时间缩短 65%，节能高效。虽然成本比电加热高出 25.2 元，但年节省电费约 24.5 元，一年半即可收回成本。压缩机壳体外的蓄热材料也能

有效地降低冰箱运行时压缩机所产生的噪音，且该技术简单可行，可靠性高，添加电磁阀分别控制制冷和化霜系统，对冰箱整体改造不大，市场前景广阔。

（2）案例的布置

进行案例教学时要事先将案例发给学生，让学生分组围绕这个案例查找并准备资料，各组选小组长一名，实行组长负责制，组长负责召集组员做好分工和资料汇总，准备上课的发言。准备资料的要求是：简要复述案例；提出案例涉及的主要问题；提炼案例的焦点问题和理由（证据）。分析案例典型意义及借鉴；完善案例涉及的主要问题的对策。

（3）案例的讨论和分析

这是案例教学的核心阶段。实施案例教学，实践教学的主导不再是教师，而是学生，学生按照之前准备的案例资料，开展讨论，完善自己提出的见解，进行讨论或辩论，教师加以引导，准确掌控案例讨论和分析的节奏，这样可以充分调动学生学习的积极性，提高学习效率。在案例教学中配合多媒体等现代化教学手段，教学效果必定会更加显著。

（4）案例的点评和总结

案例讨论结束后，教师要适时进行总结点评，不仅要对学生的表现进行点评，而且要对案例本身进行分析，引导学生学会案例分析的方法和技巧，进而全面地理解和掌握相关的基础原理和规则。

（5）面向应用，开展实验和实践

教师根据已有的竞赛作品和项目，围绕该项目进行教学。项目设计以学生能力水平为依据，以实际生活为中心，并让学生开展具体实验和实践。

（6）充分利用网络教学平台，培养学生自主学习的能力

网络教学平台中可以提供电子案例库、教学视频、电子书，示例代码等资源，还可以提供 BBS、聊天室等师生互动平台实现在线答疑，学生可以不受时间、空间限制，随时进行学习。

（7）改革课程考核方式

对于竞赛驱动的实践类课程，传统的笔试考核方式不利于学生创造性的发挥，难以考核学生真正的水平和能力。采取开放多元化的考核方式，如采用比赛形式现场编程，考查学生的综合应用能力。在引入竞赛考核和团队考核之后，为了更真实地检验学生的学习效果，公平考核学生成绩，提出"加权考核法"和"团队内部自评法"。对于项目开发类课程，以团队为单位进行考核，对于同一个团队学生

采用成员互相打分的方法,根据每一成员在团队内部角色和工作表现按照一定的标准由其他队员进行打分。将个人分数与团队分数进行加权求和后作为个人总成绩。

（8）与行业领域企业建立合作

与相关行业企业建立合作,聘请从事该领域的相关人员进行指导,对于成绩优秀者可直接推荐就业。

3 新能源科学与工程专业实践教学案例库实施效果

根据北京工业大学有关文件和通知精神,在高等教育学理论、高等教育心理学理论、创新理论等指导下,采取理论方法研究和教学实践检验相结合的思路和方法来开展新能源科学与工程专业实践教学案例库实施效果的研究,并分别于 2017 年、2018 年在本专业大三、大四两个班级(共计 60 余人)实施。2018 年,新能源科学与工程专业的教育教学成果《创办"三三制"全国制冷空调科技竞赛,高效行业协同促进工程能力提升》获高等教育教学成果奖二等奖;论文撰写人员所在团队指导的本科生团队,2017、2018 年先后获得全国大学生节能减排大赛一等奖 1 项,二等奖 2 项,三等奖 2 项;华北地区大学生制冷空调行业大赛一等奖 2 项,二等奖和三等奖 5 项;北京工业大学制冷空调科技竞赛和节能减排竞赛获奖奖项 10 余项。新能源科学与工程专业实践教学案例库取得了不错的实施效果。

参考文献

[1] 付雄,陈春玲.以科技竞赛为载体的大学生创新能力培养研究[J].计算机教育,2011(6):29－31.

[2] 陈浪城,鲍鸿.理工科院校学生实验技能竞赛体系的探讨[J].实验室研究与探索,2009,28(6):267－270.

[3] 皮德常,吴庆宪.国际大学生程序设计竞赛与创新人才培养[J].电气电子教学学报,2008(6):44－45.

[4] 杨威.基于科技与学习竞赛的大学生科技创新能力培养[J].科技与管理,2010,12(3):120－123.

[5] 杨一涛.大学生竞赛与本科教学相结合培养人才的方法探索[J].南昌高专学报,2010(5):77－79.

[6] 白永国."三层次、三方位"大学生学科竞赛体系的研究与实践[J].吉林化工学院学报,2012,29(10):97－99.

[7] 李宝灵,高中庸,刘旭红.创新设计竞赛对学生创新实践能力培养的作用[J].贺州学院学报,2012,28(2):99－100.

[8] 查建中.工程教育改革战略"CDIO"与产学合作和国际化[J].中国大学教学,2008(5):16－19.

[9] 杨燕,彭强,李天瑞,等.特色专业建设中的创新人才培养[J].计算机教育,2011(16):1－3.

[10] 黎冬媛,周文辉.面向创新应用型人才培养的实验实践教学改革[J].计算机教育,2011(12):110－112.

[11] 熊坤,吉星,甘勇.基于项目引导的计算机学科教学模式[J].计算机教育,2011(12):95－98.

[12] 陈爱国.本科计算机专业实验教学体系研究[J].计算机教育,2010(7):117－119.

[13] 何静媛,朱征宇.高校计算机专业实践教学改革研究[J].计算机教育,2010(2):25－27.

[14] 杨燕,张翠芳,曾华燊.国家创新体系下计算机学科创新人才的培养[J].计算机教育,2009(19):21－23.

[15] 吴清秀,欧军,周夏雨.竞赛驱动式本位能力教学课程开发研究[J].科技创新导报,2011(22):155－156.

[16] 高琴,张媛媛.计算机创新型人才培养模式研究[J].福建电脑,2011(8):213－214.

[17] 曾华燊,杨燕,贾真.大学计算机学科创新人才培养[J].计算机教育,2008(5):19－22.

[18] 鲍洁,梁燕.应用性本科教育人才培养模式的探索与研究[J].中国高教研究,2008(5):47－50.

具有热能与动力工程专业特色的测试技术课程教学方法 *

王忠巍，李文辉，王洋，谭晓京，张驰

(哈尔滨工程大学 动力与能源工程学院)

摘要：测试技术课程是热能与动力工程专业本科生的必修课，该课程内容包括：测量系统动态分析、测量误差分析、传感器原理、测量电路及温度测量等专项技术。具有教学内容多、知识面宽泛、讲授内容不连贯的特点，教学效果较差。为融会贯通教学内容、激发学习兴趣及探索具有热能与动力工程专业特色的测试技术课程教学方法，论文提出以测试案例为牵引，辅以教学内容延伸的教学方法，以期提升该门课程的教学质量，促进学生对测试技术这一专业技能的学习及对热能与动力工程专业特色的认知。

关键词：能源与动力工程；教学方法；测试技术；测试案例

"测试技术"是热能与动力工程专业本科学位的必修课程，授课内容包括：测量系统动态分析、测量误差分析、传感器原理和测量电路等，这部分属于测试技术的基础理论和通用技术，此外还包括：温度测量、压力测量、流速流量测量、液位测量、转速转矩功率测量、气体组分测量和振动噪声测量等内容，这部分属于热能与动力工程专业相关的专项测量技术。测试技术课程一般需要在 48 个学时内讲授完成，这些授课内容相对独立、知识面宽泛、教学内容多、讲授内容不连贯，有很多高校将测试技术课程内容分解成几门独立的教学课程，可见测试技术无论对于教师的授课，还是学生的学习都是一项挑战。因此，在有限的课堂学时内，增强课堂的生动性和直观性，加强章节间的连贯性，体现热能与动力工程的专业特色，让学生了解所学内容的实用价值，激发学生自主学习和分析解决测试技术问题的能力是本门课程教学改革的主要目标。

1 传统教学方法的局限性

1.1 教学内容的连贯性差

测试技术课程中，测量系统动态分析讲述动态测量过程中输出量与输入量之间的关系，及系统对于随时间变化的输入量的响应特性；测量误差分析讲述测量中产生误差的大小、性质、原因及寻求消除和补偿误差的方法等；传感器原理讲述热阻效应、热电效应、压电效应等物理现象，以及相应的传感器工作原理；测量电路讲述实现信号放大、电平转换、隔离、滤波和调制等功能的电路设计等知识。而温度、压力等专项测量是针对某一物理量的测试原理、结构特点、关键技术、安装选型等知识的总结。各章节内容相对独立、自成体系、章节间的连贯性差，很多教学内容在授课期间一次性讲解，后续课程再无涉及，因此不能给予学生反复强化的深刻记忆，教学效果不理想。

1.2 教学内容缺乏专业特色

测试技术是科学研究中获取信息的必要手段，有许多专业技术领域开设这门课程，不同研究领域对测试技术授课内容的需求会有较大的差异。然而多数测试技术教材内容集中于基础理论和基础应用技术，即便是含有专业特色的测试技术教材，也仅仅是选用为数不多的专业测试案例作为辅助的解释说明，和通用的测试案例相比并无实质的区别。授课内容依旧是彼此孤立、不连续的，不能系统、全面地融合专业知识，不能体现专业特色。

2 具有专业特色的教学新方法

从体现热能与动力工程专业特色的角度考虑，需要分析测试目标的特点，并对其进行归类总结。

* 基金项目：哈尔滨工程大学教学改革项目（JG2018B12）；黑龙江省科学基金资助（E2016018）

针对每一类测试问题,可以选用代表性的测试案例,从测试的需求分析、传感器选型、安装调试、调理电路、信号采集及误差分析等方面,利用多个学时进行全面的讲授。这种教学方式的益处在于,在连续的、比较长的时间段内,围绕一个测试问题,反复地、深入地强化学生的记忆,提高他们对于测试技术的认知,在授课过程中也必然融入了大量的专业知识,增强了学生的专业能力。

这里以热能与动力工程专业的柴油机方向为

例,详述所提出的测试技术课程教学方法。柴油机相关测试目标可按柴油机常规运行参数测试、柴油机运动部件参数测试和流场测试三类问题进行研究。如图1所示,柴油机常规运行参数测试包括温度、压力、流量、转速、排放、振动和噪声测试;柴油机运动部件的参数测试包括曲轴、连杆、活塞的温度和应力的测试;流场测试包括气缸内的喷雾场和燃烧火焰测试及进排气道的气体流动测试。

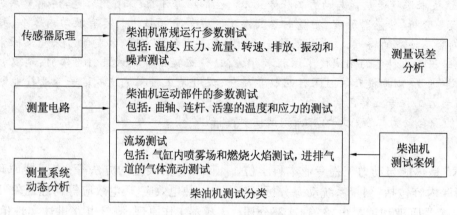

图1 柴油机测试目标分类

测试技术授课过程中,按照由易到难的先后顺序安排授课内容即测量目标,并结合柴油机中的具体应用进行讲授。以柴油机转速测量为例(见图2),柴油机转速测量包括平均转速测量和瞬时转速测量两部分,平均转速通过检测主轴 360° 转角所用的时间 T 进行衡量;瞬时转速通过检测 $360°/Z$ 曲轴的转角进行计算,Z 根据选择的传感器参数确定,Z 值越大所获得的瞬时转速越能反应内燃机的微观运行状态。在柴油机转速检测内容中可以讲

授接触式和非接触式转速传感器原理、光电式和磁电式编码器等内容。转速信号采集内容可以讲授信号处理电路,如滤波器、信号放大器等内容。转速显示与数据分析内容中,可以讲授误差分析与数据处理内容,增加介绍 LabView 软件的图形化编程方法。最后在测试实验教学环节中,通过转速测量的实机演示或学生亲自参与转速测量操作再一次强化学生的记忆,提高学生对于柴油机测试技术的认知和对柴油机专业知识的学习。

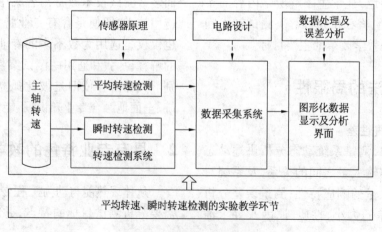

图2 柴油机转速测试教学方法

3 结　语

在热能与动力工程专业本科生的测试技术课程教学过程中，改变传统的依照教材章节内容顺序讲解的教学模式，采用有代表性的专业相关测试案例，从测试的需求分析、传感器选型、安装调试、调理电路、信号采集及误差分析等方面，利用连续多个学时，围绕一个测试问题，反复、深入地教学，并在测试实验教学环节中，通过测量操作的演示或学生亲自参与测量活动反复强化学生的记忆，促进学生对测试技术这一专业技能的学习及对热能与动力工程专业特色的认知，使测试技术课程的教学实现理想效果。

参考文献

[1] 高豪杰，严军，熊永莲，等. 热能与动力测试技术教学改革与创新[J]. 考试周刊，2017(90)：39 – 40.

[2] 贾民平，张洪亭. 测试技术[M]. 3 版. 北京：高等教育出版社，2016.

[3] 严兆大，俞小莉，吴锋. 热能与动力工程测试技术[M]. 2 版. 北京：机械工业出版社，2008.

[4] 赵庆国，陈永昌，夏国栋. 热能与动力工程测试技术[M]. 北京：化学工业出版社，2006.

[5] 钟旭，李飞燕，程政. 机车柴油机转速测量新方案与实现[J]. 仪器仪表学报，2006，27(4)：430 – 433.

基于 CDIO 模式的风力发电场教学方法改革

华泽嘉，刘启超，薛雯

（东北电力大学 能源与动力工程学院）

摘要： 针对风力发电场教学现状，结合目前社会对人才能力的需求，以 CDIO 模式为基础，提出了基于 CDIO 模式的风力发电场教学方法。该方法以构建分层次课程理论体系和模块化教学模型为核心，形成了基于 CDIO 模式的风力发电场课程体系。结果表明，这种教学方法能够提高学生的学习积极性，对于提高教学质量有显著效果。

关键词： CDIO；风力发电场；教学方法；改革

随着大学毕业生人数的逐渐增加，大学毕业生的就业难度越来越大，这就对大学生的个人能力提出了更高的要求。习近平总书记给第三届"互联网＋"大学生创新创业大赛回信，强调要加强理想信念教育，全面提高人才培养能力，着力强化社会实践育人，深入推进高校创新创业教育改革。在这种方针的指引下，各大高校纷纷响应习总书记的号召，将培养大学生创新创业精神作为培养大学生的又一目标。目前，很多教师对大学生的创新创业教育进行了实践探索，取得了一定的成绩。汕头大学的胡文龙基于 CDIO 理念对工科探究式教学进行改革实践；重庆工业职业技术学院的文家新采用 CDIO 模式对设计课程教学进行改革探讨。但是目前对 CDIO 教学模式的研究主要是针对专业大类进行研究，对具体专业课程的教学有待深入研究。

由于新能源科学与工程专业是一个比较新颖的专业，开设仅仅 10 年，对该专业课程的教学改革还比较少。风力发电场是新能源科学与工程专业的核心专业课，该课程完全体现了新能源科学与工程专业学科交叉的特性。由于多学科的交叉性及成立时间短，风力发电场的教学还达不到全面培养大学生创新创业精神的要求。基于此，本文根据风力发电场的课程特点，将创新创业精神的培养贯穿到课程的讲授中，对风力发电场课程的教学进行了改革。

1　CDIO 教学模式思想

CDIO 即 Conceive（构思）、Design（设计）、Implement（实施）、Operate（运行），它是由国外学者提出

的一种新型教学改革模式。这种教学模式改变了传统按照书本内容进行理论授课的方法，倡导教师将知识的讲授融入完整项目的进行中。它强调以学生为主体，让学生自主进行项目思路的构思、项目方案的设计、项目的实施，以及项目实施后的运行和维护，让学生在不同项目的进行过程中完成对课程理论知识的学习。通过这种方法，学生不仅能够学到需要学习的知识，而且能够将所学知识付诸实践，促进学生对知识的融会贯通，有助于培养学生的实践能力。此外，这种模式改变了枯燥乏味的理论课授课现状，突出学生在学习中的主体地位，能够提高学生学习的积极性。

2 基于 CDIO 模式的风力发电场课程

风力发电场是一门知识涵盖面广、内容驳杂的课程，涉及风资源知识，风力发电机组系统知识，风电场建设知识，风电场运行、检修与维护知识，风电场建设流程，风电场电气接入和风电场经济性分析等。目前在课程的讲授中仅仅按教材章节分布讲授，不同章节之间的知识跨度比较大，不利于学生对知识的理解和掌握。针对目前的教学现状，作者结合 CDIO 教学模式的思想，以项目设计为主导，设计了分层次的课程理论体系和模块化的教学模型，构建了基于 CDIO 模式的风力发电场课程体系。

2.1 分层次的课程理论体系建设

分层次的课程理论体系建设是基于 CDIO 模式的风力发电场课程体系建设的重要环节，如图 1 所示。

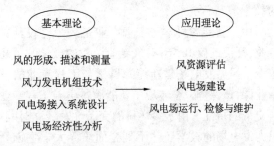

图 1　课程理论体系

在该理论体系中，我们将风力发电场理论知识分为基本理论和应用理论两个层次。其中，基本理论是课程的基础知识，主要包括风的形成、描述和测量，风力发电机组技术，风电场接入系统设计和风电场经济性分析，这些知识是整个课程的基础。应用理论是在基本理论的基础上形成的偏向项目实践的理论知识，主要包括风资源评估、风电场建

设和风电场运行、检修与维护。在该理论体系中，基本理论主要学习"用什么"，应用理论主要学习"怎么用"，两者相辅相成，将风力发电场知识分成了基础和应用两个层次，更有利于学生系统地学习。

在 CDIO 模式的指导下，我们将理论知识的讲授和项目的实施穿插进行，在所有项目实施之前，把基本理论做讲解，在每一个项目实施之前，将与之对应的应用理论进行讲解。通过这种方法，能够让学生将所学知识及时应用到项目的实施中，在项目的进行中加深对所学知识的理解和掌握，能够很大程度地提高学生对知识的学习效果。

2.2 以项目为指引的模块化教学模型设计

全国开设新能源科学与工程专业的学校几乎全部将风力发电场课程放在第 7 学期进行讲授，之所以把它放在最后一个授课学期讲授，是因为该课程融合了多门专业课程的知识。我们认为风力发电场课程开设的目的不仅仅是将部分之前没有学习的知识进行讲解，更重要的是通过该课程的讲授，帮助学生将之前所学的理论知识进行融会贯通，能够把所学的知识应用到实际项目中，做到学以致用。在这种思想下，结合 CDIO 教学模式，我们形成了风力发电场课程模块化教学模型。在模块化教学模型中，根据课程内容，我们将风力发电场分为风力发电机组制造、风电场建设、风电场运行与维护和风资源评估 4 个模块，每个模块中又包含 1 个或者多个小模块，如图 2 所示。

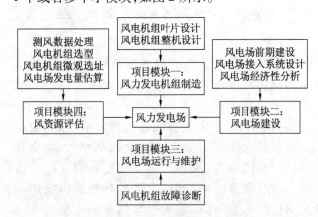

图 2　风力发电场课程模块化教学模型

在教学模块的划分中，我们充分考虑了各个模块的实际应用需求，将大的模块拆分成小模块，每个小模块都是实际应用中需求最大的内容。比如风资源评估模块中的测风数据处理、风电机组选型、风电机组微观选址和风电场发电量估算这 4 个小模块就是风资源评估过程中必须要做的内容，并

且符合风资源评估的先后顺序。

3　教学改革的实施

为了提高风力发电场的教学效果，我们初步对上述基于 CDIO 的风力发电场教学方法进行了试用，取得了不错的效果。在以往的风力发电场考核方法中，最终成绩由平时成绩和期末考试两部分组成，其中，平时成绩 20 分，期末考试 80 分。由于该方法处于试用阶段，我们还没有对考核方式进行修改，主要在平时成绩的考查和期末考试的考试内容上进行了一定的改变。

在平时成绩方面，改变了以往由出勤和平时作业决定平时成绩的方法，变为由不同项目设计的成果决定平时成绩。风力发电场包含 4 个教学模块，每个模块中的项目设计占 5 分，根据学生在项目设计中的表现和结果进行分值的给定。在期末考试内容方面，老师从项目设计和实施中提炼出综合问题，作为综述型题目考查学生在项目设计中的表现，减少理论知识的分值。

通过新型教学方法的实施，发现其与传统教学方法相比有明显的差别。从学生的表现来看，大多数都积极参加到项目的设计和实施过程中，学习积极性明显提高，并且在项目的实施过程中能够发现很多问题并及时提问解决。此外，学生考前临时突击的现象明显减少，大多数知识在项目的实施过程中已经牢记，不需要通过考前突击来应付过关，考试成绩也有显著的提高。这说明这种教学方法的改革能够在一定程度上提高教学质量。

4　结　语

本文针对目前风力发电场课程教学存在的问题，结合 CDIO 教学思想，对风力发电场的教学方法改革进行探究，提出了基于 CDIO 模式的风力发电场教学方法，创建了基于 CDIO 模式的风力发电场课程体系。这种教学方法将风力发电场课程内容融入到各个模块项目的实施中，让学生在项目的实施中做到有针对性地学习和学以致用，能够提高学生的学习积极性和学习效果。

实践表明，基于 CDIO 的风力发电场教学方法改革能够改善目前存在的问题，有利于培养学生的创新创业精神，能够适应社会对人才的需求。

参考文献

[1]　邱清辉. 计算机应用专业基于 CDIO 模式的项目化实践课程改革[J]. 武汉职业技术学院学报，2015，14 (6)：75 – 78.

[2]　胡文龙. 基于 CDIO 的工科探究式教学改革研究[J]. 高等工程教育研究，2014 (1)：163 – 168.

[3]　文家新，刘云霞，刘克建. TDP – CDIO 模式下的"化工设计"课程教学改革与探讨[J]. 广州化工，2017，45(10)：157 – 159.

[4]　王刚. CDIO 工程教育模式的解读与思考[J]. 中国高教研究，2009 (5)：86 – 87.

[5]　毋小省，孙君顶. 基于 CDIO 教育理念的软件人才培养模式研究[J]. 中国电力教育，2012(1)：22 – 23.

格式塔认知心理学在工程热力学教学中的应用[*]

郭瑞，华永明，蔡亮，李舒宏，段伦博，刘倩，沈德魁

（东南大学 能源与环境学院）

摘要： 工程热力学是能源动力类专业知识体系中重要的专业基础课之一，其教学效果直接影响学生后续专业课程的学习与专业素养的培养。通过分析相关的教育认知理论、课程本身和相应受众的学习特点及课程对整个教学体系的影响，将格式塔心理学相关理论引入教学实践，对整体课程内容组织、具体教学组织方式等进行了设计，有意识地帮助学生构建课程核心思想及知识

* 基金项目：东南大学校级教改项目"认知同化结合建构主义学习理论在构建工程热力学教学体系中的研究"

体系。不仅提高了本课程的教学效果,也为学生后续课程的学习及综合素养的培养奠定了基础。

关键词:工程热力学;格式塔心理学;教学体系

工程热力学是能源动力类学科知识体系中重要的专业基础课,不仅其本身的知识点是热能动力学科体系的基础,而且与后续的专业课程联系紧密。仔细研习课程内容内部逻辑关系与推导过程,对培养学生的逻辑思维、自主学习及创新能力、专业素养尤为重要。因此相关教育工作者都对本学科的建设、教学模式的改进与发展、教材编写等方面十分重视。

高等教育工科课程的教学工作,不仅是对专业知识的研究,其根本上是一种对专业知识进行重组和表征,使学生顺利地进行同化、顺应、建立起自身的知识体系的教学行为及过程。在教学实践中,除了对课程本身内涵知识的把握外,通过研究认知理论、教学方法,结合课程及受众的特点,建立合适的教学体系是提高教学质量的重要因素。

随着心理学、教育学及认知理论相关研究的深入,教育研究者根据不同的学习过程创立了多种认知学习理论。本文在分析了相关认知理论、工程热力学课程内容及受众的知识结构及特点的基础上,将格式塔心理学(Gestalt psychology)相关理论应用到日常的教学实践中。

1 格式塔心理学基本原理

学生的学习是对感觉输入加以转换、简化、细化、储存、恢复及加工的复杂的心理认知过程,包括对信息的知觉、理解、思考、答案的形成等,受到大脑固有认知规律的影响。

格式塔心理学理论是一种解释人脑对外来刺激形成知觉的规律的学说,出现于20世纪20年代。该学说基于人脑对外来刺激的组织模式,认为大脑倾向于将感觉信息组织成有意义的模式,不仅知觉刺激,还知觉刺激的模式,用刺激的原材料组成了大于各个感觉局部简单总和的知觉整体。如一个正方形被知觉为一个整体,而不是四根独立的直线;听到一首熟悉的歌曲时,大脑并不会将注意力集中在单个音符上,而是从中提取旋律。

知觉组织原则主要有:连续性原则,遵循平滑轮廓的线条或模式将被知觉为单个单元的一部分;接近性原则,接近(紧密相处)的物体通常被知觉互

为一体;相似性原则,视觉刺激中彼此接近的部分将被知觉为属于彼此;闭合原则,熟悉物体的不完整图形将倾向于被知觉为完整图形。

心理学家认为这些原则建构在人类大脑中的神经结构中,是大脑自发产生的,而更为复杂的抽象学习等认知过程即以直接的视觉刺激形成知觉为基础,受到脑中固有模式的影响。在教学过程中如能掌握心理学原理,因势利导,有助于提升教学效果。

2 课程学习的模式及工程热力学教学特点

2.1 学习的不同模式

学习者对新课程的学习最初都是从零散的材料开始,此阶段犹如"盲人摸象"。由于对课程内容、应用背景的未知性,学习中存在一定的"认知迷雾",其后对学习材料的整合直接决定了课程的学习效果。

教研组根据学习后对知识点的组织情况可将学生的学习分为学习–组织模式(SR模式,Study-Recognize模式)及学习–非组织模式(SNR模式,Study-Non-Recognize模式),知觉过程如图1所示。

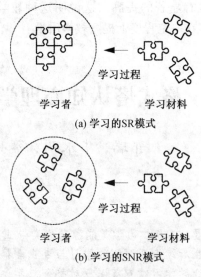

(a) 学习的SR模式

(b) 学习的SNR模式

图1 学习的两种模式

在SR模式中,学习者由学习、吸收分散的知识点开始,通过思考,有意识地对零散的学习材料进

行组织及整合,组成知识网络,逐渐形成核心概念或有意义的模式(即格式塔模式)。这样不仅对学过的知识点记忆更为牢固,而且在学习新知识时能够利用之前的知识储备,将其再次整合在已经形成的知识体系中,接受和使用知识的能力更强,知觉过程如图2所示。

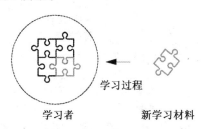

图2　SR模式下新学习材料的学习

而SNR模式下学习到的知识点缺乏整合与组织,在头脑中呈现"碎片化""孤岛化",难以深入地领会和掌握,并且容易遗忘。当面对新的学习材料时,只是机械、零碎地接受,在头脑中还是知识碎片,知觉过程如图3所示。

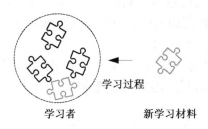

图3　SNR模式下新学习材料的学习

学习过程中提炼出有意义的模式并组织知识结构需要学习者的主动培养以及教育者的适当引导。

2.2　工程热力学的教学特点

工程热力学主要研究热能有效利用及转换与传递的规律,主要包括热力学第一定律、第二定律、理想气体性质及气体动力循环等内容,各概念之间逻辑严密,条理清楚,知识体系完整。

在日常教学中,教研组发现:① 相当一部分学生学习模式偏向于SNR模式,未能掌握课程知识体系,知识点存在"孤岛化";② 对具体概念及公式死记硬背;③ 一道习题放在所在章节后可以做出来,当放到最后的复习测试或考试等综合场景中就做不出来;④ 从长期效果来看,习得的工程热力学知识点容易遗忘,在后续专业课的迁移上有一定困难,存在一定的"知识断层"。

经教研组分析,产生这种现象的原因主要有:

在客观方面,工程热力学一般设置在大二第一学期,正值从基础课向专业课过渡时期,为第一门专业(基础)课。相对于基础课,专业课程有其自身特点:① 课程内容虽主要为实际设备及过程的工作原理,但对于长期学习基础课的学生,反而离其认知范围相对较远;② 课程内容涉及面较广,各部分内容之间逻辑联系严密,对学生知识结构及综合推理能力要求较高;③ 学习跨度一般为一个学期,进度较快,学习强度较大,留给学生的反应时间较短,一旦有环节跟不上,就会造成连锁反应,影响整门课程的学习效果。

在主观方面,原因主要有:① 部分学生受到长期应试教育的影响,没有主动地改进调整自己学习方法的意识;② 在学习中不注重对具体知识点的消化吸收及对知识体系的掌握,将做题应付考试作为最终目的,一味盲目地做题,容易陷入"只见树木,不见森林"的境地;③ 由于专业课程以讲解设备或过程的原理为目的,并没有大量习题可做,因此也有部分学生感到以前"刷题"的学习方法没有用处,反而无所适从。

因此,教研组针对教学过程中出现的问题,结合工程热力学课程本身的特点,将格式塔心理学相关原理引入日常教学,引导学生改进学习方法,建立有意识的认知模型,形成自身的知识体系。

3　格式塔心理学在工程热力学教学中的应用

3.1　整体课程内容设计

整体课程设计依托教材内容进行组合,应用格式塔认知理论中的接近性原则,将教材内容主要归纳为3个核心单元:① 基本定律单元,主要包括第一、第二定律相关内容;② 工质性质单元,主要包括理想气体、水蒸气性质等;③ 工程应用单元,主要包括各种动力循环、高速流动、气体压缩等。

课程内容围绕着3个核心单元组织。

3.2　教学方法设计

在教学方法上,利用幻灯片等手段,采用知识结构图等方法,一方面对知识点进行"可视化",充分发挥视觉在认知中的作用;另一方面可引导学生主动、有意识地构建出自身的知识体系。图4所示即为教研组构建的工程热力学知识主要结构。

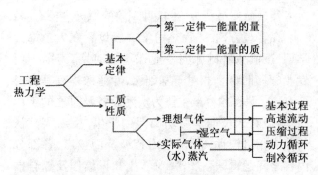

图 4　工程热力学知识主干

3.3　具体教学组织

在具体教学组织上划分为"引入 - 构建 - 预设"3 个环节。

3.3.1　引入环节

在引入环节,一方面通过与以前知识体系的结合点,唤起学生原有知识体系,预设吸收新知识的"锚点";另一方面在讲解具体内容前厘清主要知识主干,让学生一开始即对本单元内容建立起一个完整的知识脉络,有助于及早廓清"认知迷雾",然后在以后的学习过程中逐步填充知识枝干细节。

针对不同的知识单元的特点,引入环节的具体设置有所不同:

（1）基本定律和工质性质部分

该部分内容开始阶段会出现较多基本概念,如"状态与过程量""准平衡过程"等。由于这个阶段学生不知道这些概念的用处,感到知识点很零碎,最容易陷入"认知迷雾"中,导致学习效果不佳。针对这种情况,教研组在课程开始阶段先理顺知识体系,提前使学生对课程内容有总体把握,使零碎的知识点有了依附到知识结构中的"锚点"。

如在讲解热力学第一定律相关单元时,在第一次课中构建的知识结构如图 5 所示。

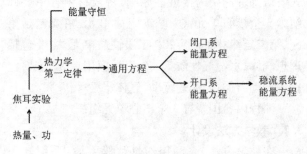

图 5　热力学第一定律知识结构

（2）工程应用部分

在讲解内燃机、燃气轮机等工程应用部分时,已到课程中期,学生具备了热力学第一、第二定律

的知识及热力学的基本分析方法。为培养学生的自主学习及知识应用能力,在引入环节建立一个通用的热力设备分析模型,如图 6 所示,然后在讲解到具体设备时引导学生按照此知识框架应用前期学到的知识进行分析,逐步完善相关知识点。

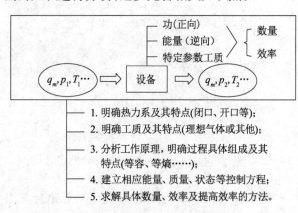

图 6　热力设备通用分析模型

3.3.2　构建环节

"构建"环节是指在教学过程中依托该单元知识主干,边讲解边将知识点"填补"于结构图中,从而完成整个知识体系的构建,并且形成动态的知识"可视化"效果。

图 7 为讲解热力学第一定律相关知识时不同进度下的知识脉络图的不同效果。

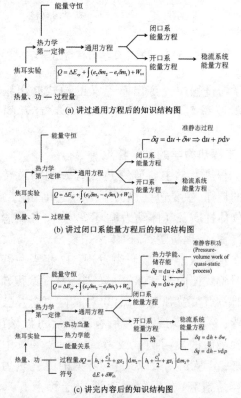

图 7　不同阶段的热力学第一定律知识结构图

图8为讲解燃气轮机部分时的知识结构图，主要目的为引导学生应用前期学过的知识，培养自学能力。

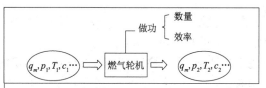

做功 { 数量
       效率

$q_m, p_1, T_1, c_1\cdots$ ⟹ 燃气轮机 ⟹ $q_m, p_2, T_2, c_2\cdots$

—— 1. 明确热力系及其特点(闭口、开口等)；1. 闭式循环，稳流系统；
—— 2. 明确工质及其特点(理想气体或其他)；2. 理想气体；
—— 3. 分析工作原理，明确过程具体组成及其 3. 定压吸热；
       特点(等容、等熵……)；
—— 4. 建立相应能量、质量、状态等控制方程；4. 流量、能量计算；
—— 5. 求解具体数量、效率及提高效率的方法。5. 效率、功量与影响因素

图8　燃气轮机知识结构图

3.3.3　预设环节

根据相关认知理论，对某主题拥有越普遍的信息，越容易学习并记住关于该主题的特殊性信息。因此，教研组设置了"预设"环节，考虑到下一知识单元或后续课程的特点，在讲解过程中穿插入相关的信息，预留出知识的结合点。如在讲解热力学第一定律时插入汽轮机、泵与风机等设备的实例，并进行简单分析，一方面加深对本课程知识点的理解；另一方面又为后续课程伏下了认知"锚点"；并且又使学生增强对专业的兴趣和心向，强化学习动机中的认知驱动力。

4　结　语

教研组在分析工程热力学课程的特点及认知理论的基础上，在教学实践中应用了格式塔心理学原理，对课程总体内容设计、具体教学方法设计及教学组织环节等进行了优化。

经过课中观察和课后交流及反馈，该体系不仅帮助学生建立了课程的知识体系，增强了教学效果，而且培养了学生在学习中改进自身学习方法的意识，为学生后续课程的学习及综合素养的提高奠定了基础。

参考文献

[1] 童钧耕.工程热力学课程教学改革的几点看法[J].中国电力教育,2002(4):70-72.

[2] 何雅玲,陶文铨.对我国热工基础课程发展的一些思考[J].中国大学教学,2007(3):12-15.

[3] 王默晗."工程热力学"教学方式探讨[J].中国电力教育,2010(3):90-91.

[4] 于娟.工程类基础课程多元化教学模式及评价[J].高等工程教育研究,2017(4):174-177.

[5] 郭瑞,华永明,李舒宏.基于"后向拼图、多重设置"模式的工程热力学教学体系的构建[J].高等工程教育研究,2017(增刊).

[6] 何雅玲,陶文铨.从两本特色明显的国外热工教材看我国工科机械类专业与教材改革的趋向[J].中国电力教育,2002(4):89-91,97.

[7] 陶文铨,何雅玲.关于编写传热学和工程热力学教材的浅见[J].中国大学教学,2003(10):43-44.

[8] 本杰明·B.莱希.心理学导论[M].9版.吴庆麟,等译.上海:上海人民出版社,2010.

[9] M.W.艾森克,M.T.基恩.认知心理学[M].上海:华中师范大学出版社,2003.

[10] 杨德广,谢安邦.高等教育学[M].高定国,等译.北京:高等教育出版社,2009.

[11] 施良方.学习论——学习心理学的理论与原理[M].北京:人民教育出版社,1994.

[12] 华永明.工程热力学[M].北京:中国电力出版社,2013.

动力设备状态监测与诊断课程混合式教学实践

陈启卷，谢诞梅

（武汉大学 动力与机械学院）

摘要： 经过近三十年的积累，武汉大学能源动力类课程动力设备状态监测与诊断已形成自己独特的教学内容和方法。在制作完成MOOCs课程后，开始探索混合式教学模式。本文就该课程

混合式教学的一些经验体会进行了总结,供大家参考。

关键词:动力设备;状态监测与诊断;混合式教学;实践

不断探索适合学生学习特点的教学模式,提高教学质量,是需要长期研究和摸索的。在计算机网络不断完善的现代教学中,依靠网络强大的功能,发挥学生自主学习的能力,势在必行。依靠网络功能而发展起来的混合式教学,是依靠网络功能改善教学质量的典型代表。武汉大学动力与机械学院动力设备状态监测与诊断课程组在这方面做了一点有益探索,取得的一点经验,供大家借鉴。

1 混合式教学方法

混合式教学,即将在线教学和传统教学的优势结合起来的一种"线上"+"线下"的综合教学。通过两种教学组织形式的有机结合,可以把学习者的学习由浅到深地引向深度学习。

其实,学习和教学中有 4 条极为关键的基本规律:① 学习是学习者主动参与的过程;② 学习是循序渐进的经验积累过程;③ 不同类型的学习,其过程和条件是不同的;④ 对于学习而言,教学就是学习的外部条件,有效的教学一定是依据学习的规律对学习者给予及时、准确的外部支持的活动。

为充分发挥线上和线下两种形式教学的优势,需在以下 3 方面做好工作。

1.1 线上有资源,能够实现对知识的讲解

毫无疑问,对于线上资源建设,难度是较大的。不过线上资源建设可以有多种途径,典型的两种是录制微课和制作慕课。其实我们倡导的教学资源并非要多么高端,微课的录制和编辑就能满足要求,这种方式较为简单,可由教师自己完成。对于制作慕课,录制和编辑需要专业公司来协助。不过这两种方式都需要课程组教师投入大量时间,需要对以前的课件进行修改,进行课程知识点的分解,给知识点设定学习目标并开发一些配套的练习题等。

线上资源是开展混合式教学的前提,因为所倡导的混合式教学就是希望把传统的课堂讲授通过短视频上线的形式进行前移,给予学生充分的学习时间,尽可能让每个学生都带着较好的知识基础走进教室,从而充分保障课堂教学的质量。在课堂上讲授的部分仅仅针对重点、难点,或者学生在线学习过程中反馈回来的共性问题。

1.2 线下有活动,用来检验、巩固、转化线上知识的学习

通过在线学习让学生较好地掌握基本知识点,在课堂上,经过教师的查漏补缺、重点突破之后,剩下的就是以精心设计的课堂教学活动为载体,组织学生把在线所学到的基础知识进行巩固与灵活应用。让课堂用来实现一些更加高级的教学目标,让学生有更多的机会在认知层面参与学习,而不是像以往一样特别地关注学生是否坐在教室里。

1.3 过程有评估,线上和线下,过程和结果都需要开展评估

无论是线上还是线下都需要给予学生及时的学习反馈,基于在线教学平台开展一些在线小测试是反馈学生学习效果的重要手段。通过这些反馈,让教学的活动更加具有针对性,不但让学生学得明明白白,也让教师教得清清楚楚。如果把这些小测试的结果作为过程性评价的重要依据,这些测试活动还会具有学习激励的功能。其实,学习这件事既要关注过程也要关注结果,甚至应该对过程给予更多的关注,毕竟扎扎实实的过程才是最可靠的评价依据。

2 线上资源－慕课建设

慕课建设需注意以下 3 个关键步骤,即课程定位、顶层设计和视频拍摄。

2.1 课程定位

课程定位首先要确定该门课程的教学内容,明确教学特色。其次要明确课程受众是谁,学生能够学到什么。

在教学内容上,经过多年的教学积累,本课程逐渐形成了以大型旋转机械为研究对象,结合状态监测与故障诊断基本理论和方法,注重信号处理的关键作用,再辅以适当的工程应用实例的内容设计。以汽轮机、水轮机为例,形成鲜明的课程特色。

在受众选择上,没有过多地花心思,本次主要针对武汉大学动力机械类学生。在视频制作上,主

要考虑让学生在线上可学习该课程所涉及的基本原理和技术，而在线下课堂上，教师将主要讲授新理论和新技术的发展，更多的是与学生讨论，从而使学生能充分理解和掌握课程内容。

2.2 顶层设计

主要考虑课程中各个知识点时长的分配。一般认为每个视频片段以 5～15 min 为最佳，这样学生会有充分的精力来听讲。但由于工科教学所具有的一些特点，有些内容难以在 15 min 内完成，因此要仔细谋划。

经过课程组反复讨论，宜将该课程全部教学内容划分为 30 个知识点，即拍摄成 30 个视频片段。为了适应这种变化，必须将原教学内容进行重新组合和分配，这个阶段是最花时间的。最后商定本课程内容主要包括：

（1）动力设备状态监测和故障诊断：目的意义、发展历史；故障诊断与医学诊断的联系；动力设备故障的普遍特性；故障诊断的基本方法；故障诊断的通用流程和判别方法。

（2）状态信号的监测和处理：信号的定义与分类；数据预处理方法；特征提取方法；经典信号分析方法；现代信号分析方法。

（3）旋转机械故障分析：旋转机械信号特点；旋转机械故障特征（如时域特征、频域特征、时频域特征等）；应用例子。

（4）典型诊断方法：如模糊逻辑诊断、神经网络诊断、故障树诊断等。

（5）状态信号监测：介绍各种监测传感器，如位移传感器、速度传感器、加速度传感器、压力传感器、气隙传感器等的工程应用要点。

（6）大型旋转机械诊断应用：如火电机组的诊断应用、水电机组的诊断应用等。

2.3 视频拍摄

一般来说，视频的呈现形式有以下几种：

出境讲解：这种方式可以吸引学生注意力，使学生产生一对一授课的感觉。

手写讲解：涉及推导讲解的课程建议都使用这种方式，手写讲解吸收了板书讲解的全部优点，使学生注意力集中在讲解上。

实景授课：对传统课堂的补充，突破了空间的限制，教师可以到任何地方去上课。

动画演示和专题图片：一般应用于抽象知识的讲解或者快速介绍资料，调动学生学习兴趣。

访谈式教学：以主持人访谈的方式，循序渐进，将知识寓于谈话之中。

对话式教学：适合思辨性或者没有明确结论的话题。

虚实结合：采用 AR 技术即增强现实技术，以真实环境为背景层，把虚拟的对象通过后期制作的手段呈现在我们的面前，虚实结合。

本课程采用其中的 3 种技术，即出境讲解、动画演示和虚实结合。

在视频拍摄前，要规划好哪里需要动画，哪里需要展示公式，并写出台词，密切注意与动画和公式的结合，做到内容连贯、表述与动作一致。

在课程拍摄中，课程组要求加入与课程相关的实验室设备和现场设备图片，并用恰当的方式展示。

从最后完成的视频课程来看，基本达到了课程组的要求，课程组对课程制作是比较满意的。

3 线下教学－课堂讲解和讨论

课堂教学每班共进行 4 次。每班人数控制在 30 人左右。

第一次 3 个学时，主要给学生讲清楚本课程的学习目的、学习要求、主要内容、时间安排等。学习要求主要包括线上学习要求、进度控制、如何答疑解惑，并建立 QQ 群或微信群，方便与学生互动。对于学习内容，各章节的内容大致浏览一遍，并指明较为科学的学习顺序，关键是强调学习的重点和难点，使学生事先有个心理准备，在学习时重点加以关注。对于时间安排，实际上可以随意，每段视频基本上是独立的，但有些视频确实也需要掌握前述内容才能理解得更透彻。为了集中课程的学习时段，应当规定在一定时间内学习完成，在此基础上，才能安排课堂讨论。

后 3 次全部为课堂讨论。首先由学生制作 PPT 演讲稿，然后每人演讲 5～8 min，主题要密切结合课程内容，重点讲清某一个观点，供大家讨论。这既可检验学生对课程的学习情况，又可提高其表达能力，一举两得。并且采用学生与老师共同对演讲者打分的方法，激发学生的参与度和积极性。实践证明，这种讨论学生很愿意参加，也能很好地巩固其学习效果。在课堂上，老师也要及时点评，使学生能正确掌握所学知识。这种能发挥学生学习的主观能动性的教学方法，学生们很乐意接受。

学生的成绩评定大致由 4 部分组成：① 学生的线上学习 20%；② 线上练习 15%；③ 课堂讨论

15%；④ 期末考试 50%。

4 学生评价

这里收集了 3 个学生的评价和感悟。

学生一：这种教学模式灵活、方便，线上学习能领略不同教学专家的风采，PPT 讨论又使我们能深入思考问题，效果很好，我们喜欢。

学生二：这种学习方式使我们能有更多自由学习的时间，能充分提高大家学习的积极性和主动性，效果不错。

学生三：第一次接触到这样灵活的教学模式，使我们学习更加主动，想象空间更大，学习效果更好。

5 结 语

混合式教学是一种新的教学模式，需要时间探索和实践。这种模式的特点是教学相对灵活，可博采众长，聆听名家讲课，学生有更多的时间思考。不过初步实践证明，其不足是需要监督不自觉学习的学生完成学习内容。因此要求教师在首次课的课堂上讲明学习要求、课程目标、学习难点和要点

等，并规定学生线上学习时段。在学生线上学习一段时间后，开展课堂讨论。通过课堂讨论可检查学生是否已在线上学习，通过学生发言，也很容易判别其是否已经观看视频、掌握课程要点。

通过一个完整的课程教学周期，主要体会有：① 对学生要求要严，不能松懈；② 重点、难点内容要在课堂上强调清楚；③ 严把课堂讨论关，对发现的未完成慕课学习的学生，要督促其完成，学得好的，要表扬。在线上学习过程中要与学生建立 QQ 群或微信群，及时与学生互动、答疑，了解他们的学习动态，从而保证学习效果。

参考文献

[1] 胡燕群. 混合教学模式在地方高校的实践与研究[J]. 黑龙江教育学院学报, 2019, 38(2):48-50.

[2] 江路华, 张晓明. 线上线下混合教学模式探究[J]. 中国高等医学教育, 2017(10):61-62.

[3] 王小增, 杨久红, 钱春来, 等. 慕课平台下可裁剪的多维度的混合教学模式的思路探索[J]. 中国多媒体与网络教学学报, 2019(2):9-10.

[4] 贾小云, 田延安, 王长浩. "微机原理与接口技术"混合课堂建设与思考[J]. 西部教育, 2019(1):58-59.

传热学前沿工程案例教学与思政教育探索

王佳琪，葛坤，李彦军，杨龙滨，孙宝芝，宋福元

（哈尔滨工程大学 动力与能源工程学院）

摘要：传热学是能源动力类学科十分重要的专业基础核心课程，针对日常生活、实际工程问题进行理论分析、实验测定及数值求解，最终改善解决实际问题，具有很强的应用背景。本文引入国家科学技术领域亟待解决的前沿工程案例，将思想政治教育融入传热学教学中，使社会主义核心价值观贯穿于教育教学中。从基本知识点传授出发，通过讲解和讨论，培养学生分析解决问题的能力；再从前沿工程案例蕴含的思政内涵出发，塑造学生的理想信念、价值理念、道德观念；强化显性教育，细化隐性教育。

关键词：传热学；前沿工程案例；思政教育；创新培养；价值塑造

传热学是一门研究热量传递规律的科学，可广泛应用于航空航天、油气开采、核反应控制、环境安全等先进的科学技术领域。通过传热学的学习，学生可以掌握热量传递相关的基本理论知识，在实际

案例原理分析中获取独立思考的能力以及解决问题的技能。由于传热学课程具有理论性强、概念多、推导复杂、课时量大等特点，学习难度较大；同时，该课程与日常生活、实际工程结合紧密。因此，

如何利用实际案例激发学生兴趣、吸引学生注意力、调动学生学习的主动性和积极性，并将思想政治教育融入传热学教学过程，使社会主义核心价值观贯穿教育教学过程，对提高高校教学质量及人才培养至关重要。

1 传热学课程前沿工程案例的引入

目前传热学的经典案例有肋片导热、热管、遮热板及换热器等，是针对传热学中热量传递的 3 种基本方式对应提出的，与知识点结合十分紧密，非常基础和必要。但是随着社会和科技的快速发展，传热学在科学技术各领域的应用越来越广泛，与多学科交叉也日益增多，传统的案例已经不能满足培养学生的需求，应该与学生所学专业相结合，及时更新本专业相关理论知识和科学研究，并将前沿工程案例的最新进展引入教育教学中。以授课的形式，或是讲座的形式与学生进行交流、讨论，使学生不仅仅停留在对基础知识掌握的层面，还对高精尖科学技术具有前瞻意识、探索意识和创新意识。

以肋片导热为例，在讲解肋片导热的基本理论后，可深入探究肋片导热是如何应用于航空发动机上的。燃气涡轮是航空发动机的重要部件之一，如果运行中燃气涡轮温度超过材料所允许的温度便会出现故障。因此，如何冷却涡轮叶片是研究开发航空发动机的关键问题。其中肋冷却应用较为广泛，但是单一肋型通道难以提高肋冷却的综合性能，目前已提出交叉肋通道的冷却模式。在课堂上，调试已编好的程序，改变交叉肋的类型、肋高、肋间距等参数，对交叉肋通道内的温度场、速度场等进行系统分析，软件得到的直观的结果增强了课堂趣味性，充分激发学生对传热学的学习热情，发挥学生的主观能动性。

又如在讲解完热传导及热对流后，可以以"天然气水合物开采研究"为题开展一次讲座，着重介绍天然气水合物开采中涉及的关键科学问题：如何利用传热学基础理论进行分析研究的。天然气水合物以固态形式存在于深海或冻土层，通过降低压力或者升高温度改变水合物相平衡条件使其相变分解为气和水随后从沉积层中产出。其因具有储量多、能量密度高、清洁等特点而被视为替代传统能源的环境友好型新型能源，实现其商业化开采是国家战略的重要目标。其开采过程涉及水合物沉积层内导热、水合物沉积层与上下盖层之间的导热、水合物沉积层内气水流动的对流换热等热量传递过程。模拟分析水合物沉积层显热、导热率等多个传热因素对水合物分解过程的影响，一方面有助于学生深入理解、巩固导热、对流相关基础知识理论，另一方面拓宽了学生的视野。使学生直观地感受到自己在课堂上学习的理论，可以用于解释分析看似高端、深奥、触不可及的实际工程问题；也让学生明白，再困难的问题都可以归结于最基本的理论原理，因此奠定好传热学的基础是至关重要的。

2 传热学课程思政教育的渗透

随着社会的发展，高级专业人才的需求迅速增加，使得高等教育由精英教育走向大众化教育，于是培养什么人、怎样培养人、为谁培养人成为全面贯彻党的教育方针所面临的最根本的问题。高等教育的目的是要培养立志为中国特色社会主义事业奋斗终生的有用人才、担当民族复兴大任的时代新人、德智体美劳全面发展的社会主义建设者和接班人。因此，基于传热学课程建设目标，将思想政治教育贯穿于整个教学过程中，把知识传授、能力培养和价值塑造有机统一，充分挖掘传热学课程自身蕴含的思想政治教育因素，强化显性教育，细化隐性教育，促进学生坚定理想信念、价值理念、道德观念，自觉弘扬和践行社会主义核心价值观，发挥传热学课程思想政治教育功能。

如在上述提及的"天然气水合物开采研究"讲座中，提出新型能源开发的必要性和紧迫性，引入中国科学家对天然气水合物开采技术的贡献。截止至 2017 年 7 月 9 日，我国天然气水合物试开采连续试气点火 60 天，累计产气量超过 30 万立方米，最高产量达 3.5 万立方米/天，甲烷含量最高达 99.5%，标志着我国海域天然气水合物首次试开采成功，也是世界首次成功实现资源量占全球 90% 以上、开发难度最大的泥质粉砂型天然气水合物安全可控开采。这是我国科学家经过近 20 年的不懈努力，才取得的历史性突破；也是我国科学家勇攀世界科技高峰的又一标志性成就，对推动新能源开发具有重要而深远的影响。激发学生的民族自豪感、荣誉感、使命感，促使其立志为推进绿色发展、保障国家能源安全做出新的更大贡献，为实现中华民族伟大复兴的中国梦再立新功！

3 结　语

传热学是一门理论性强的专业基础课,同时又具有很强的应用性,这就需要将课堂传授的基础理论与前沿实际案例紧密联系。引入前沿工程实际案例,不仅可以将枯燥的理论学习拓展为生动的实际应用,通过解决问题给学生带来的成就感亦可以激发学生自主学习的积极性及创新意识;还可以将实际案例与思政教育有机结合,提升学生的荣誉感、使命感,实现"三全育人",强化显性教育,细化隐性教育。

参考文献

[1] 何雅玲,陶文铨. 对我国热工基础课程发展的一些思考[J]. 中国大学教学,2007(3):12–15.

[2] 杨世铭,陶文铨. 传热学[M]. 4版. 北京:高等教育出版社,2006.

[3] 王洋洲. 交叉肋结构气冷涡轮叶片的数值研究[D]. 哈尔滨:哈尔滨工程大学,2012.

[4] 程传晓. 天然气水合物沉积层传热特性及对开采影响研究[D]. 大连:大连理工大学,2015.

新工科背景下燃烧实验诊断技术课程教学方法改革与探讨[*]

玄铁民[1],何志霞[2],王谦[1]

(1. 江苏大学 能源与动力工程学院;2. 江苏大学 能源研究院)

摘要:简要分析了能源动力类"燃烧实验诊断技术"这门课程在新工科背景下所存在的问题。然后针对各个问题,提出了相应的教学方法改革建议,并分析探讨了针对这门课程的教学改革方法对培养新工科背景下的复合型的能源动力类人才具有的作用和意义。

关键词:新工科;燃烧实验诊断技术;教学方法

2016年,"新工科"概念提出后,广大高校对什么是新工科和怎样建设新工科展开了广泛积极探讨。2017年"复旦共识"明确指出,加快发展新工科除了建设发展一批新型工科专业还要推动现有工科专业的改革创新。对于传统工科专业能源与动力工程,"燃烧实验诊断技术"是对此专业重要基础课"燃烧学"的有力补充,这门课程一方面可以从实际角度促进学生对燃烧学理论知识的掌握,另一方面可以为学生日后开展相关科研和工作打好实践基础。然而,此门课程的传统教学还存在很多问题,本文从新工科背景出发,对于如何改进"燃烧实验诊断技术"教学方法,着力于为国家培养复合型人才提出几点意见。

1 存在的问题

"燃烧实验诊断技术"旨在传授学生如何利用各种诊断技术捕捉燃烧过程中的信息进而分析阐明各种燃烧机理。这门课以"燃烧学"为主要基础课程,需要学生对流体力学、工程热力学和传热学等都有较好地掌握。因此,课程难度较大,特别是一些基础不扎实的学生听起课来较为吃力,课堂表现出兴趣不大。此外,传统授课方式是以教师课堂讲述为主,授课方式单一,学生听起来枯燥乏味,而且对实验技术不能够有直观的认识。另外,传统教学内容以经典传统实验技术为主,课堂内容缺乏时代性、国际性和前瞻性。再者,教学还是拘束在传统工科教学模式之下,不能够满足现代社会"互联网+"背景下对能源动力类新工科人才能力的需求。

2 教学方法改革措施

针对以上提出的种种问题,提出了以下教学方法改革措施,旨在培养新工科背景下的复合型人才。

---

* 基金项目:江苏高校品牌专业建设工程一期项目(PPZY2015A029)

2.1　双语教学提高学生国际竞争力

随着全球经济一体化的发展,培养具有国际化竞争力的精英人才已经成为我国新工科教育的主攻方向之一。此门课程具有很强的国际前沿性和互通性,多数燃烧诊断技术来自国外书籍和期刊文献,专业词汇大多来自英文,国外资料更为丰富。其中,与其相关的比较著名的学术期刊,如 *Combustion and Flame*、*Proceedings of the Combustion Institute*、*Combustion Science and Technology* 等,都是英文发表。因此,双语教学可以培养学生阅读外文文献的兴趣,使学生更易于了解当前学科前沿,把握国际上的最新研究动向。有利于培养学生的自信,选择双语课的学生在就业特别是国际化公司的竞争中能够具有优势。因此,实施燃烧实验诊断技术双语教学有助于培养具有国际竞争力、学习能力、创新能力的精英专业人才。

2.2　MATLAB 智能化数据处理能力在教学中的培养

面对“互联网 +”背景下对新工科复合人才的培养需求,需要通过学科与专业的交叉融合,既培养学生的专业知识,又培养学生扎实的数学知识、计算机编程能力和信息深度分析应用能力。目前,随着先进激光和数码相机等光学仪器的发展,光学诊断技术已日渐成为燃烧实验诊断的主流方向之一。然而很多情况下,光学图像商业处理软件无法满足科研人员和工程人员对燃烧图像的处理需求,特别是对于新型开放的光学技术还未出现相关软件。此外,商业软件的应用也不利于学生对诊断技术原理的理解。MATLAB 是美国 Math Works 公司推出的一套高性能的数值计算和可视化的科学工程计算软件,程序设计具有较高的灵活性,重要的是它具有强大的图像处理功能。设计人员可以根据不同光学技术原理,针对所获得的图片应用MATLAB 进行编程和图像处理进而获得燃烧过程中的相关信息。

例如,图 1 所示为针对扩散背景消光技术经过MATLAB 编程处理得到的柴油喷雾燃烧产生的碳烟体积分数和温度分布。除了课上针对特定光学技术进行算例讲解之外,还给学生布置对应编程作业,使学生参与其中,这样既能加深他们对燃烧学的理解,又能锻炼他们的编程能力和信息处理能力,达到实验数据智能化处理的目的。

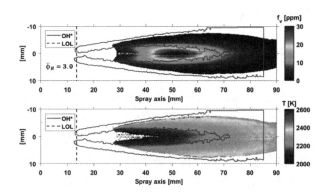

图 1　MATLAB 处理柴油喷雾燃烧图像
得到的碳烟体积分数和温度分布

2.3　采用“互联网＋教育”模式组织教学活动

在教学过程中,将“传道授业”弱化而强化“解惑”过程。“燃烧实验诊断技术”的课程教育不再是仅仅告诉学生这些技术的原理、实验装置、数据处理方法等,而是引导学生去积极利用互联网的力量体验科学探索的过程,并在这个过程中培养学生的分工合作、独立思考和协同创造的意识。比如,将学生按小组布置作业,针对某项诊断技术做个汇报。小组里面,有人负责利用慕课等网络平台进行相关基础知识学习;有人负责利用网络数据库进行文献调研,查找此项诊断技术在各个研究领域中的具体应用;有人负责整理资料撰写调研报告;有人负责做汇报。整个过程中,各个小组成员各司其职又通力写作,学会如何利用网络资源针对学习任务进行协同式的自我学习。

2.4　以科研服务教学,促进教学相长

科学研究是新知识的源泉,是提升高校教学质量的关键环节。通过对本学科的科学研究工作,可以对讲授的教材内容进行及时的修改与补充,对一些陈旧、过时的观点及时进行更正。特别是对燃烧实验诊断技术这门课程来说,随着光学设备和科学研究的飞速发展,各种新的燃烧诊断手段应运而生。而我们目前使用的教材大多都是 5 年之前的,比如 2011 年国防工业出版社的《燃烧实验诊断学》,2014 年西北工业大学出版社的《应用燃烧诊断学》等。因此,除了传统经典诊断技术之外,我们还需要将科研过程中产生的新观点、新知识及时完善到教学环节之中,用于满足现在科研和工程方面对测量内容和测量精度的需求,另外科研服务教学也可以激发学生对本课程的兴趣,培养学生的逻辑思维能力和创新能力,同时在教学过程中也可以发现科研中的问题,促进科研的完善和科研方向的合理

调整,做到教学相长。

3 结 语

笔者根据在燃烧诊断方面的科研与教学经验,针对新工科背景下对能源动力类人才的需求,结合"互联网＋"教育模式,提出了几点对"燃烧实验诊断技术"这门课程的教学方法改革建议和思考,旨在培养具有国际竞争力的、符合时代需求的、复合型的新工科人才。

参考文献

[1] 周世杰,李玉柏,李平,等.新工科建设背景下"互联网＋"复合型精英人才培养模式的探索与实践[J].高等工程教育研究,2018(5):11－16.

[2] 刘红,贾明,白敏丽,等.双语传热学在高校中的教学探讨与实践[J].教育现代化,2016,3(38):178－179.

[3] 耿美霞.MATLAB软件在位场勘探教学中的应用研究[J].教育教学论坛,2018(52):163－164.

[4] 张建.以科研促进教学的人才培养模式[J].教育教学论坛,2019(1):73－74.

"航空发动机结构分析"教学改革与实践初探

郑龙席,贾胜锡,李勋,马跃阳
(西北工业大学 动力与能源学院)

摘要:"航空发动机结构分析"是飞行器动力工程专业本科生必修课程。针对该课程教学中存在的内容缺乏主线、教材表达不够清楚等问题,本文从优化课程体系、建立"实体模型参观＋网络课堂＋传统课堂讲授＋教材"四维一体教学方法、实践和考核环节改革三个方面对现有教学过程进行改革。初步实践表明,改革之后教学手段更加丰富,学生的积极性和参与感更高,教学效果有了显著提升。

关键词:航空发动机;结构分析;四维一体;实践

航空发动机结构分析是传统航空院校飞行器动力工程本科专业的必修课程。该课程以国内外典型发动机为例,系统介绍各主要部件的功能、设计要求、结构分析方法以及具体典型结构。学习该课程的时候,学生们会同时学习工程热力学、气体动力学、航空发动机原理等专业课程,这些课程从循环、气动、原理等方面阐述航空发动机的相关特征,而航空发动机结构分析从具体结构、传力、定位的角度分析航空发动机整机特征和零部件特征,直接帮助学生们从宏观上认识航空发动机,掌握航空发动机结构设计的基本原则、结构分析的基本方法。在学生逐步认识航空发动机这一复杂研究对象的过程中,该课程具有提纲挈领的作用。

然而从该课程的教学效果来看,由于以下两方面原因,学生不能很好地掌握航空发动机结构的相关知识,学习积极性不高:

(1) 课程内容繁杂。该门课程包括对压气机、燃烧室、涡轮、加力燃烧室、排气装置、总体结构和附件等航空发动机主要零部件的功用分析,以及对许多典型方案的分析,内容繁多复杂且缺乏主线,在有限的学时里,学生不容易把握内容整体的条理性。

(2) 课程内容抽象。学生在缺乏对航空发动机实际研发、制造、装配和检测过程直观感受的情况下,很难借助教材中抽象的二维图来理解典型结构的具体特征,教材中个别图像甚至是手绘的草图,有的图还看不清。

随着计算机网络等技术的发展,传统的教学模式逐渐向多媒体融合方向发展,航空发动机结构的教学工作也在不断进行探索,如现场教学、加强三维设计、多媒体教学、混合教学、团队式教学等。为了改善现有的教学过程中存在的问题,提升教学效果,作者结合已有的教学经验及最新的教学理念和方法,对航空发动机结构分析的教学过程进行了改革研究,并对部分改革理念进行了初步探索。

1 优化课程体系

现有的教材在表现手法上采用横向展开的方法，即对某一零部件全面介绍其不同的结构方式。这种表现手法只是对现有结构的平铺直叙式的分析介绍，缺乏设计理念的牵引，使得学生在学习时很难把握住学习的主线。但是鉴于国内航空发动机研制水平的现状，还无法进行完整的航空发动机结构设计流程，在教学中更不可能以发动机结构设计流程为主线来进行结构分析。为了解决这一问题，作者提出以某一款先进航空发动机为对象，对其进行结构分析，以此作为贯穿整个教学内容的纵向线索，在讲到某一具体零部件时，先讲述该发动机的结构形式，再对该零部件的其余典型结构形式横向展开。

另外，随着设计理念、材料和制造等技术的发展，不断涌现出新的航空发动机结构，例如整体叶盘、整体叶环、多辐板轮盘、刷式封严、复合层板冷却等。在教学内容方面，应该将这些新的知识补充进来。

教材结构和内容也应该相应地做出调整。教材结构应以某款先进航空发动机的结构分析为主线，同时横向展开其他典型结构。内容方面，可删去附件传动装置、减速器、工作系统、数据系统和航机他用这些相对不重要的章节，增加安全设计与防错设计章节，增加新结构、新材料和新工艺方面的相关知识。

2 "四维一体"教学方法

"四维一体"教学方法的理念是最大程度地利用计算机、多媒体和3D打印技术改善传统教学模式，以达到丰富教学内容、提高教学质量的目的。针对教材中学生难以理解的结构部件二维图，借助

三维造型技术建立其三维虚拟模型。另外，对于装配或工作过程比较复杂的结构，在三维虚拟模型的基础上制作教学动画，以动画的形式来反映安装、定位、传力、气流流动路线等传统二维图难以表现的内容。教材方面，所制作的三维虚拟模型可以替换原有的二维图，教学动画可以通过二维码链接到对应知识点处。三维模型通过3D打印可以制作成三维实体模型，用于课堂演示，或在三维模型上贴上与其对应的教学动画的二维码链接，供学生参观自学。最后，以三维模型和教学动画为主要素材，再补充该课程相关的教学PPT、习题库等资料制作教学网站，供学生线上自学。如此一来，形成了"实体模型参观+网络课堂+传统课堂讲授+教材"的四维教学方式（见图1）。四种方式相互渗透，共同作用，让学生能更快更好地掌握航空发动机结构分析相关知识。

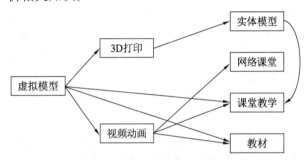

图1　航空发动机结构分析"四维一体"教学模式

图2所示为折流燃烧室的教材配图以及对应的三维虚拟模型、实体模型和教学动画截图。教材配图为手工绘制的截面图。该部分知识点要求借助该图讲解折流燃烧室的零部件组成、工作过程和气流流动过程。制作了三维虚拟模型和实体模型后，燃烧室的结构一目了然，教师在讲解这一知识点时可以借助三维模型，同时向学生展示实体模型，并辅以教学动画。

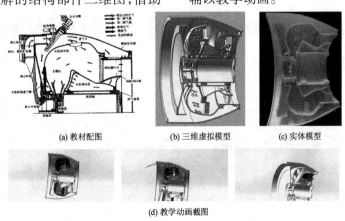

(a) 教材配图　　　(b) 三维虚拟模型　　　(c) 实体模型

(d) 教学动画截图

图2　折流燃烧室教材配图与三维虚拟模型、实体模型、教学动画对比

教材配图为手工绘制的截面图。该部分知识点要求借助该图讲解折流燃烧室的零部件组成、工作过程和气流流动过程。制作了三维虚拟模型和实体模型后，燃烧室的结构一目了然，教师在讲解这一知识点时可以借助三维模型，同时向学生展示实体模型，并辅以教学动画。

3 实践与考核环节改革

该课程配套有专门的教学实践环节，即教师指导学生对某一发动机的部件进行工程图绘制。结合3D打印技术，实践环节可以改为"设计 + 绘图 + 打印"三个过程。"设计"过程是让学生自主选择某一发动机结构部件，理解其功能、工作过程、安装和定位等结构特征；"绘图"过程是让学生按照自己的理解，利用三维造型技术绘制该结构部件的三维模型；"打印"过程是让学生将自己绘制的三维模型用3D打印机打印成实体模型。通过"设计 + 绘图 + 打印"的实践环节，让学生初步感受到发动机结构从设计到加工制造的完整过程，形成了闭环的实践过程，提升了学习的趣味性，从而提高学生的创新能力。

部分学生在学习该课程时存在浮躁心理，靠考前突击来应付考试，考前寄希望于教师划的重点。这种做法即使能够通过考试，也不能达到本课程的教学目的，学生对发动机这一研究对象还是没有形成系统的认识，非常不利于他们后续的学习和研究。为了杜绝这种现象，在考核环节应该建立本课程专门的题库。期末考试时，不再由教师出题，而是从题库中随机抽取若干题目作为考题。根据每年教学内容的调整，题库也要进行更新。这样一来，就不会有考前划重点这种现象，打消了学生的侥幸心理。

4 结 语

针对航空发动机结构分析这门课程教学中存在的问题，笔者结合多年教学经验和先进的教学理念、方法等，提出从教学内容、教学方法、实践和考核环节等方面对现有的教学过程进行改革。目前，笔者正在进行教学内容和教学方法方面的改革实践。在教学过程中加入了更多的新结构，同时逐步将三维模型、教学动画和实体模型融入传统教学中，明显感觉到学生学习的积极性提高了，课程效果有了显著的提升。后续将继续践行这些改革的理念，让学生更加轻松地学习，更加从容地应对考试，更快地掌握航空发动机结构的相关知识。

参考文献

[1] 赵明, 邓明, 刘长福. 航空发动机结构分析[M]. 2版. 西安: 西北工业大学出版社, 2016.

[2] 徐颖. 航空发动机结构与强度课程设计教学改革的探索和思考[J]. 教育教学论坛, 2015(18): 79 – 80.

[3] 孙志刚, 宋迎东. "航空发动机构造"现场教学改革与实践初探[J]. 工业和信息化教育, 2016(4): 86 – 89.

[4] 徐颖. 小议《航空发动机强度计算》的多媒体教学[J]. 教育教学论坛, 2016(16): 257 – 258.

[5] 王正鹤, 魏振伟, 赵辉, 等. 基于混合教学理念的《航空发动机原理》教学模式探索[J]. 高教学刊, 2017(18): 94 – 96.

[6] 符江锋, 缑林峰, 李华聪, 等. 航空发动机控制课程团队式教学模式的改革与探索[J]. 高教学刊, 2018(17): 130 – 132.

能源利用技术经济分析课程教学研究*

姚成军，曾冬琪

（广东海洋大学 机械与动力工程学院）

摘要："能源利用技术经济分析"既是广东海洋大学能源与动力工程专业的一门课程，又是能源动力工程专业与经济学的一门交叉学科的课程，具有很强的实用性。本文首先阐明学习该课程的困难之处，然后从该课程的教材的选用、第一节课设计、授课内容的取舍、重点内容的讲解、案

* 基金项目：广东海洋大学第五轮重点学科建设项目"动力工程及工程热物理"（52130600801）

例教学、对教师的经济学基础方面的要求等,进行教学改革。这种教学法能够充分调动学生学习的积极性,收到了良好的教学效果。

关键词: 能源;技术经济;教学改革

"能源利用技术经济分析"既是广东海洋大学能源与动力工程专业的一门重要的专业基础课,又是能源动力工程专业与经济学的一门交叉学科,是学习后续课程以及进行毕业论文设计的基础,主要培养能源与动力工程经济分析和工程造价计算等方面的能力。这门课既有很强的理论逻辑性,又有很强的实践性。该课程的重点和难点为"资金等值计算的基本公式",如果这部分内容不吃透,后面的课程内容就很难理解。能源与动力工程专业的学生毕业后大多数从事工程设计、施工、维修等相关工作,本课程的设置有利于为学生毕业后顺利走上相关工作岗位打下基础。

1 课程学习的困难之处

由于本课程开设的对象是能动类学生,该专业的大部分课程均围绕"技术"来设置,课程设计、毕业设计都是工程技术方面的内容,学生毕业后从事的工作也是技术类的。因此,很多学生认为经济、管理类的课程不重要,在开课之前就产生该课程可有可无的认识。而且在此课程之前,学生毫无经济、管理知识,且该课程一般课时较少,加上其为考察课等原因,使得学生的学习积极性不高,尤其学生没有深刻理解资金的时间价值,后续课程的学习将更加困难。

2 教材的选择及授课内容的取舍

所选教材应难易适中,各章节之间既有系统性又具有一定的独立性,并配有可供分析的典型案例,而且重点突出,详略得当,既方便学生自学和预习,又方便教师备课。如果条件允许,任课教师可根据自己的教学经验、工业工程专业的特点和学生自身情况自编教材及教学大纲,同时注重理论与实践相结合,将自己承担课题的相关内容融入教材当中。

目前,可供选择的能源利用技术经济分析教材并不多见,广东海洋大学能源利用技术经济分析的课时为 32 学时,学校选择的教材为黄素逸编著的《能源经济学》(中国电力出版社)。在内容上符合能源专业经济学的要求,包含现金流量及其构成、资金的时间价值与等值计算、能源工程项目经济评价的基本方法、能源工程项目的风险与不确定性分析、能源设备更新的经济分析、价值工程等。

3 课程教学改革

3.1 把握好第一节课,激发学生的学习兴趣

第一节课是老师和学生直接接触的最关键的一个环节,很多学生不知道这门课是讲什么内容的,因此教师必须在第一节课就明确阐明本课程的重要性,对大家今后做毕业设计甚至毕业之后从事工程设计、施工、维修等相关工作,都至关重要。除了明确重要性之外,还要给学生阐明本课程的学习目的和方法,以及与专业课之间的内在联系,让学生在充满趣味性、知识性的氛围中上完第一节课。能源利用技术经济分析课程遵循哲学思维的指导,即两利相权取其重,两弊相权取其轻。以最少的能源投入,获取最大的经济效果。

3.2 案例教学

能源利用技术经济分析涉及专业概念较多,学生要具备较强的理解能力,注重理论和实际的结合。授课中遇到的专业性问题较多,教学及学习难度很大。教师在授课过程中给出一个实际的工程案例,引导学生应用相关的知识,对该案例进行分析,寻求最佳解决方案。用这种教学模式可以使学生很方便地理解经济评价的基本原理。继而明确具体评价方法及适用的范围。采用这种方式以具体化的例子,展现抽象的经济学原理,降低学生的理解难度;选择案例时注意其典型性,培养学生的知识整合能力,使该课程的教学设计更为合理。

案例教学法的优势在于可以使学生对各章内容及脉络进行全面的把握,认识到各章节之间的联系性。专业课教师要依据工程经济学教学内容及课程要求,增加实践教学的比重,使学生将所学理论知识应用到实际工程操作中,从根本上培养学生的动手能力、思维能力及创新能力等,使课程更具

有效性。具体实施方法为：① 依据课程背景，对课堂教学内容及方法进行合理设计，便于学生理解及掌握相关工程经济经济学知识，明确该课程的教学目标。针对难度较大的知识点，可以以小组形式研究和讨论，培养学生的团队精神，使其具备较强的团队意识；② 依据具体课程要求及实际教学情况，设置课程主页，在教学过程中进行互动，在主页上发布课堂教学内容，打破教与学的空间局限性，使学生能够随时随地进行学习，为学生提供课外学习平台，培养学生的专业兴趣；③ 在学院内部组织各类专业竞赛、设计大赛等，鼓励学生踊跃报名。对班级学生进行分组，使其参与到课外科技项目经济论证中，将教学与实践融为一体，满足该门课程的教学改革要求，达到良好的课程效果，提升学生的实践能力及创新能力。

3.3 课程教学管理模式改革

工程经济学不仅是工程管理专业的核心课程，其他专业也有涉及。首先，依据专业背景，对该课程及教学管理过程进行规划，确保教材、教学大纲、试卷、评分标准的统一性。与此同时，增加课程比重，设置与专业资格考试相关的教学内容。其次，合理设置课程内容及教学方法，注重理论课程与实践课程的统一，并规范相关制度。在该过程中，教师不仅要进行理论知识的讲授，也要在课堂中引导学生进行案例分析和讨论，并依据课堂教学内容，对习题进行合理设置，安排学生进行练习，为其提供辅导，注重课堂设计，增强该课程的实用性，培养学生的实践能力。再次，进行实践探索。该课程比重较小，采用大班教学，教师要鼓励学生借助多媒体设备及相关课件主页平台，增加课堂的互动性。最后，学校领导要提高对工程经济学的重视，增强师资力量，划拨实践教学经费，增强工程专业学生经济意识，培养学生的经济观念。

3.4 "O2O"教学模式的引入

如今，手机、iPod 等多媒体设备占据了学生大量的时间，新的学习方式与传统的课堂有很大区别。传统的课堂授课已不能满足学生的多种需求，一种新的学习交流方式正在形成。针对工程经济学多学科交融的特点，并结合当前"互联网＋"技术在教育界的推广应用，可以采用线下与线上（offline to online，O2O）的教学模式，线下课堂主讲，线上进行网络学习及交流，将好的学习资源、教学问题、课程指导及小组讨论放在线上进行。

3.5 课程考核的改革

由于高校大规模的扩招，对于少课时的考察课，任课教师并不是很重视，考核方式一般采用交论文的形式，考核的区分度十分有限，同时也可能对一部分学生做出错误的评价，极大地挫伤学生的积极性，使其对所有的考察课失去信心。本专业从教育的目的出发，考核成绩由三部分构成。第一部分为课堂表现，根据学生上课时的互动表现，给出学生的平时成绩（结合点名情况给出）。第二部分为作业，根据学生的作业给出客观的评价。第三部分是课程考核，精选两类试题：第一种基础题，旨在让学生掌握工程经济学的基本概念；第二种案例题，旨在考查学生的实际应用能力。考试不是教育的最终目的，而是培养学生独立思考能力的手段。所以对于案例题，教师应该在考核时给予适当的提示，并密切关注学生的答题情况，做好记录以利于评分。

4 结 语

综上所述，作为综合性专业学科，能源利用技术经济分析涉及内容比较多，对教师提出了很高的教学要求。教师要依据学生的专业背景，对该课程进行改革，合理确定教学内容及方法，向学生传授工程经济知识，增加实践课程教学比重，使学生具备较强的工程经济意识及实践操作能力，提高专业课程教学质量，为学生未来职业发展奠定良好的基础。

参考文献

[1] 李君. 如何提升工程经济学课程的教学效果[J]. 天津职业院校联合学报，2013，15(8)：123－125.

[2] 赵玲.《工程经济》教学改革的思考与实践[J]. 江西建材，2017(3)：291.

[3] 张杰，刘泽华，宁勇飞，等. 土木类专业工程经济学课程教学改革与实践[J]. 中国教育技术装备，2017(16)：97－98.

工程流体力学课程教学团队建设与实践

周云龙，李洪伟，洪文鹏

（东北电力大学 能源与动力工程学院）

摘要：针对课程教学团队建设中存在的师资队伍结构失衡、教学与科研脱节问题，青年教师重科研轻本科教学、理论教学与实际应用脱节问题，本科生科研能力培养欠缺、创新能力培养资源不足问题，地方院校科研条件相对薄弱、创新型实验项目平台缺乏问题，在师资队伍建设、教学能力建设、科研能力建设和条件建设等方面持续开展研究与实践，取得了一系列研究成果，可对相关院校教学团队建设起到借鉴作用。

关键词：工程流体力学；教学团队；建设与实践

深入贯彻落实党的十九大精神，造就党和人民满意的高素质专业化创新型教师队伍，已成为高校发展所面临的重大课题，受到党和国家的高度重视。国务院《关于全面深化新时代教师队伍建设改革意见》和教育部《高等学校本科教学质量和教学改革工程》中都强调：要加强本科教学团队建设，创建有效的团队合作机制，推动教学内容和方法改革，全面提高高等学校教师质量，建设一支高素质创新型的教师队伍。

课题组以教育部高等学校能源动力类教学研究课题"能源动力类流体力学课程教学团队建设与实践"和"地方工科院校本科生创新创业能力培养的研究与实践"为基础，开展了"能源动力类流体力学课程教学团队建设与实践"的课题研究。

1 团队建设中存在的主要问题

在长期的教学团队建设中，发现存在以下主要问题：地方高校师资队伍结构失衡、教学与科研脱节；青年教师重科研轻本科教学、理论教学与实际应用脱节；教学研究型高校本科生科研能力培养欠缺、创新能力培养资源不足；地方院校科研条件相对薄弱、创新型实验项目平台缺乏。这些问题的存在是团队建设的主要瓶颈，必须加以解决。

2 团队建设的主要做法

2.1 建立教学与科研一体化团队，推进团队结构优化改革，解决地方高校师资队伍结构失衡、教学与科研脱节问题

（1）教学与科研一体化。以教学为中心，进行教学与科研深度融合，在从事教学工作的同时，共同开展科学研究，实现团队教学与科研高度一体化。

（2）创新"引进＋培养"人才优化模式。人才引进实行教学与科研双重考核，强化青年教师出国访学和教学研修机制，提升师资队伍整体水平。

（3）实施"双优型"青年教师培养计划。以国家、省各类人才计划为目标，重点挖掘青年教师潜质，使其逐渐成长为教学和科研优秀的"双优型"教师。

2.2 创建青年教师考核与培养机制，推进团队教学方法与教学手段改革，解决普遍存在的青年教师重科研轻本科教学、理论教学与实际应用脱节问题

（1）建立"过三关、两参与"的青年教师培养考核机制。"过三关"指试讲关、教材关、助课关。"两参与"指教师全程参与教材和教学体系建设。通过该举措提升团队教师的培养质量。

（2）提出"三听课""教学反思"教学能力提升方法。制定指导性、研究性和互助性听课以及教学反思制度，通过听取他人评价和自身反思，促进教师教学能力提高。

（3）创新理论与实际相融合的课程教学方法。构建"三段式"教学体系，提出"三引入、一结合"的四位一体教学方法，实现课堂理论教学与实际应用的有机融合。

2.3 强化团队科研创新能力，实施科研反哺教学，解决教学研究型高校本科生科研能力培养欠缺、创新能力培养资源不足问题

（1）实施科研"攀峰工程"。实施高水平科研成果促进计划，提高科研团队创新能力，为本科生科研能力培养奠定基础。

（2）促进科研成果转化为教学内容。科研取得的新理论、新方法充实理论教学内容，取得的创新技术成果为设计性、综合性、创新性实验提供丰富实验项目，从而弥补培养学生创新能力资源不足问题。

（3）实施本科生"优学计划"。优选中高年级本科生，实施导师制培养，全过程参与科研项目，参加科技竞赛，培养创新能力，发挥科学研究在创新人才培养中的作用。

2.4 强化团队条件建设，提升科研平台水平，解决地方院校科研条件相对薄弱、创新型实验项目平台缺乏问题

（1）科学规划和建设科研平台。搭建科研平台，购置高精尖测试仪器和设备，为团队教师的科研开展创造条件。在平台的建设中，统筹兼顾教学创新实验项目开发，为后续转化为实验教学平台提供基础。

（2）依托高端科研平台开发教学创新实验项目。发挥科研平台创新优势，利用科研项目和课程的关联性，开发本科创新性实验项目。

3 团队建设的创新点

（1）提出"科研"与"教学"协同的一体化团队建设模式，有效解决高校教师"教学"与"科研"之间的矛盾问题。本教学团队负责人为周云龙教授，团队中近半数成员为师生关系，其他成员由于研究方向相近，逐渐也加入本团队，自然形成了一个科研团队。本团队既是"优秀教学团队"，又是"创新科研团队"，有效解决了教学与科研之间的矛盾。

（2）构建"三段式"教学体系，提出"三引入、一结合"的四位一体教学方法，有效解决理论教学和实际应用相脱节问题。针对普遍存在的工科专业理论教学中基本理论与工程实践脱节问题，构建了"基础理论→专题内容→工程应用"的三段式教学

体系和"引入日常生活现象、引入工程实际案例和创新科研成果，课程知识'点、线、面'相结合"的四位一体教学方法。实现了课堂理论教学与工程实际的有机融合，提高了学生理论联系实际，解决工程实际问题的能力。

（3）构建科研"三融入"创新"教学"模式，实现科研反哺教学。一是科研成果融入理论教学，把科学研究取得的创新理论和方法充实到课堂教学内容当中；二是科研成果融入实验教学，把科学研究取得的创新技术成果转化为设计性、综合性、创新性实验项目；三是科研成果融入科技竞赛，把科学研究取得的新理论、新方法和新技术转化为学生科技创新竞赛项目。通过上述举措，实现科研服务教学。

（4）创建面向电力行业的全方位、立体化的创新教材体系，推动成果的广泛应用。先后出版了《工程流体力学》《工程流体力学习题解析》《高等流体力学》等教材。以上教材与正在编写的双语版《工程流体力学》教材和与教材配套的教学电子课件构成了全新的教材体系，为本教学成果的全面推广与应用奠定了坚实的基础。

4 团队建设的成果应用及推广

成果已在我校及其他高校的教学实践中得到应用和推广，在高校能源与动力类专业基础教学团队建设中具有示范引领作用。本团队所出版的教材惠及全国20多所高等学校，取得了良好的教学效果。国内一些同行专家和学者对该成果给予了高度评价。

（1）团队师资队伍建设成效显著。经过多年建设，团队分别获评国家优秀教学团队（2009）、教育部创新团队（2013）、吉林省高校黄大年式教师教学团队（2017）。目前本团队已发展成为一个学历高、年龄和学缘结构合理、教学与科研一体化的高素质创新型的教学科研团队。团队成员获得全国优秀科技工作者、教育部新世纪优秀人才等荣誉称号25人次（其中，国家级4人次、省级12人次）。

（2）团队教学成果突出。团队讲授的"工程流体力学"2008年获评国家精品课，2016年获评国家精品资源共享课。"工程流体力学课程建设与创新实践"2009年获吉林省教学成果二等奖，"工程流体力学课程教材建设研究与实践"2014年获吉林省教学成果一等奖，"能源动力类流体力学课程教学团

队建设与实践"2018年获吉林省教学成果一等奖。《工程流体力学》和《工程流体力学习题解析》2011年获吉林省高等学校优秀教材二等奖。《工程流体力学》教材,年发行4000册,被全国20余所高校选用。团队提出的"三段式"教学体系,显著提高了学生素质,在人才培养中起到关键作用。团队提出的"三引入、一结合"教学方法,提高了课堂教学效果。团队网络教学取得良好效果,已经被12届5000多名学生使用。

(3)团队科研成果丰硕。团队成员近五年承担国家重点研发计划和国家自然科学基金等科研项目共30项,科研经费共2436.5万元;获省部级科技进步奖9项;获授权发明专利14项、实用新型专利5项;公开发表学术论文236篇,其中SCI、EI收录76篇;出版学术专著6部。团队构建科研"三融入"创新"教学"模式,实现科研反哺教学,共计将18项科研成果充实到课堂教学内容当中,指导学生参加科技创新大赛获得国家级一等奖8人次,二等奖10人次,三等奖22人次,省级奖励33人次。

(4)团队条件明显改善。团队近年来新增2个国家级科研平台,高精尖测试仪器15台,大型实验平台10个,总价值2000余万元。利用8个科研课题所搭建的实验装置,开设14个创新性、综合性和设计性教学实验。团队所在实验教学中心2014年被教育部评为国家级实验教学示范中心,团队所在实验室2008年被批准为吉林省工程实验室,2015年获批吉林省协同创新中心,2016年被国家发改委批准为国家地方联合工程实验室。

5 结 语

本成果适用于工科院校能源动力类同类或相近课程教学团队建设与实践,尤其在教学团队建设、教材建设研究与实践、教学内容与体系建设、教学方法与手段改革和网络教学建设方面,具有重要的实用价值,可在同类型课程中推广,对其他工科类课程也有一定的借鉴作用。

参考文献

[1] 李运庆. 高校教学团队建设的主要方法和途径[J]. 当代教育理论与实践,2012,4(7):66-68.
[2] 李均立. 浅析高校教学团队建设的问题与对策[J]. 黑龙江教育,2011(9):40-41.
[3] 张意忠. 建设高校教学团队 提高教师教学水平[J]. 扬州大学学报(高教研究版),2009,13(2):40-43.

能源与动力工程专业英语课程改革措施的探索

邢美波,王瑞祥

(北京建筑大学 环境与能源工程学院)

摘要:随着社会的发展,能源与动力工程专业英语作为一门实用性较强的课程起到越来越重要的作用。本文主要对能源与动力工程专业英语课程中的问题进行思考,针对现阶段我国能源与动力工程专业英语存在的问题和面临的挑战进行分析,并对其改革措施进行探讨。能源与动力工程专业英语的发展对教师教学素养的提高和国际化高水平人才的培养具有促进作用。

关键词:能源动力;英语;课程;改革;探索

高等工程教育是培养工程科技人才的摇篮,新一轮科技、产业革命和新经济的发展对其提出了新挑战,迫切需要提升高等工程教育理念,改革现有高等工程教育人才培养模式。新兴产业和新经济需要的是工程实践能力强、创新能力强、具备国际竞争力的高素质复合型"新工科"人才,他们不仅需要具备扎实的能源与动力工程专业知识,而且具有"学科交叉融合"特点,能熟练运用所掌握的知识去解决复杂的工程实际问题,同时具备学习新知识、新技术的能力。因此需要对传统的能源与动力工程专业人才培养目标进行优化升级。能源与动力学作为一门应用广泛的实用性科目,渗透在国民生产和生活的各个方面,且在国民生活领域占据着重要位置。能源与动力工程专业英语课程的教学对学生全面发展起到重要作用,并为学生走向国际化奠定基础。

1 能源与动力工程专业英语课程教学面临的挑战

目前,我国大部分高校中的能源与动力工程专业都是将课堂教学的重点放在专业技能的提升和掌握层面,往往忽略对学生综合素养的培育,从而导致我国能源与动力工程专业的英语教学水平长期处于半停滞的发展状态。虽然能源与动力工程专业作为一门应用广泛的科目在经济社会发展中起到越来越重要的作用,并且随着经济全球化的发展和对外开放政策的落实,英语学习素养也变得越来越重要。但由于该课程的属性,导致在实际的教学过程中产生诸多问题,主要归纳为以下几方面。

1.1 教学时数较少

以笔者所在的能源与动力工程专业为例,本专业的专业英语课程采用哈尔滨工业大学出版的《热能与动力工程专业英语》一书,共分为7章,其中每章有6~12篇课文。但是实际本专业的开课时数只有16学时,这就导致书本中的很多内容必须舍弃,而且在这么短的时间内对专业英语有一个全面的了解和认识都很难,更谈不上掌握和应用了。

1.2 教学系统性差

要深入理解能源与动力工程专业英语,需要英语教学内容与专业课程的教学内容高度一致,其中包括燃烧学、传热学、工程热力学等相关专业基础知识和能源与环境、汽轮机、锅炉等工程应用类知识。但是现阶段并没有将专业英语的教学与专业课程的教学结合起来。学生经常由于对基础理论的认识不够深入,而对专业英语在内容上的理解产生困难。

1.3 重视程度不够

首先,高校对专业英语的重视不够,通常将大学英语的教学重点放在基础英语上面,目前能源与动力工程专业英语的授课教师并不是专门的教师,一般都是专业课教师。其次,大部分教师没有紧跟时代步伐改革创新课堂教学理念,在课堂教学上过于重视对学生进行专业课的教学与考核,忽视英语教学,导致对专业英语的关注不够。最后,学生对专业英语的重要性并不清楚,通常只是机械地上课、考试,课下用在专业英语上的时间几乎为零。

1.4 教学模式枯燥

该课程的教学计划及教学模式受到传统专业课程灌输式教学思维的影响,其教学方法仍然是以教师为中心,学生处于被动地位,导致出现教学形式单一、教学内容枯燥等问题。经常出现教师在课堂上带领学生翻译课文、读写英文单词的授课模式。在课堂上教师讲解课程、教授知识的时间并不多,留给学生进行消化吸收的时间就更少了。教学模式的枯燥使得学生盲目地听课,学习兴趣下降。

1.5 教师教学素养偏低

能源与动力工程专业英语的授课教师一般为专业课教师,虽然在专业词汇的翻译和理解方面比英语专业教师更具有优势,但是在英语基础和教学理论上存在一定差距。大多数专业课教师由于自身的研究重点不在英语上面,并且在授课之前没有接受专业化英语教学相关的理论知识培训,导致英语教学水平较低。

2 能源与动力工程专业英语课程改革的方向

根据上述能源与动力工程专业英语课程教学过程中的问题,需做出有针对性的改革措施。具体的改革措施可分为以下三大部分。

2.1 教学内容

近年来各高校总体学时存在大面积压缩现象,因此在有限的课时内合理安排本课程的教学内容,对学生掌握知识的范围、程度起到极为重要的作用。笔者认为,能源与动力工程专业英语课程的教学内容应该更实用化,使学生在结束课程的时候能够真正对专业英语有一个全面、具体的认识并为学生今后的学习起到指导作用。教学内容应该包括英文科技文献导读和科技论文写作两大部分。而在具体授课的时候应该注意与专业课知识的紧密联系,除了讲授英语知识外还应该给学生建立起与本专业知识之间的桥梁。在授课过程中也应适当穿插全英文翻译的国内外能源动力工程的发展状况及国外能源与动力工程专业学习的介绍,为学生开阔眼界并激发他们的学习兴趣。

2.2 教学方法

通过新颖的教学方式来激发学生的学习兴趣

和吸引其注意力,以培养学生的英语学习素养。传统教学中老师课堂上花费大量的时间在翻译和阅读课文上,课堂上留给学生探讨和互动的时间过少。与以教师为中心的传统教学方法不同,翻转课堂是近年来随着信息技术快速发展而产生的一种以学生为中心的教学方法。对于专业英语这门课程的教学,学生如果不主动学习,即使教师把课程讲得再细致也是事倍功半。针对能源与动力工程专业英语的教学,要求学生根据下节课要学习的内容进行自主学习。学生可以借阅相关资料或是上网对下节课的内容进行预习,找出自己认为的重点、难点与感兴趣的点并做好笔记。在下次授课的时候,教师可以随机抽取几位学生阐述自己对本次课程内容的看法,将自己的学习情况进行简单介绍。这样不仅能够激发学生形成自主学习的习惯、提高自主学习的能力,而且在进行自学情况介绍的时候也使学生自身的逻辑思考能力与表达能力得到了提高。另外,课堂教学中也可以多添加一些互动环节,如学生向教师提问、课堂讨论等。随着互联网的普及和计算机技术在教育领域的应用,学生可以通过互联网去使用优质的教育资源,不再单纯地依赖授课老师获取知识,从而课堂和老师的角色发生了变化。老师的责任更多的是去解答学生的问题和引导学生去运用知识。

2.3 教师培训

首先,授课之前要组织相关教师对其开展专业化英语教学相关的理论知识培训,提高教师英语教学水平。其次,能源与动力工程专业的授课教师还需要不断参加教学培训活动来提升自身的教学素养和掌握更加专业的英语教学知识。另外,在平时要养成阅读英文资料、加强英语口语练习的习惯,不断给自己充电。

3 结 语

能源与动力工程专业英语课程对于能源动力类专业的学生而言是一门重要的专业课程。本文通过对笔者在教授该课程中发现的问题进行分析,对我国现阶段能源与动力工程专业英语存在的问题和面临的挑战进行了概括。进而分别从教学内容、教学方法及教师培训等方面入手,提出了一系列优化和改革措施,全面培养学生的实践技能和国际视野。

参考文献

[1] 蒋润花,左远志,陈佰满,等."新工科"建设背景下能源与动力工程专业人才培养模式改革探索[J].东莞理工学院学报,2018,25(3):118 – 121.

[2] 杨荟楠,刘旭燕.能源与动力工程专业课程全英文教学面临的挑战[J].课程教育研究,2018(49):95.

[3] 何晓崐,姚江,方海峰,等.制冷原理与设备课程改革措施的探索[J].中国现代教育装备,2018(1):44 – 46.

[4] 陈月红.翻转课堂在高校教育学中的应用研究[J].黄河之声,2018(23):64 – 65.

新型燃料课程教学内容改革的探讨*

高夫燕,王永川,李建新,徐美娟,宣永梅,胡长兴

(浙江大学宁波理工学院 机电与能源工程学院)

摘要: 针对新型燃料课程无实践环节、与科技前沿相脱节、教学模式单一化等问题,结合我国本科教育应用型人才培养目标,以浙江大学宁波理工学院为例,从多角度对该课程进行了深化改革。增设新型燃料课程实践教学内容,以案例教学模式引入最新科技论文,将多元化教学因素有机结合,显著激发了学生的学习兴趣,改善了教学效果,提高了学生的综合素质和实际应用能力。

关键词: 新型燃料;实践环节;案例教学;应用型

* 基金项目:宁波市教育科学规划课题(YGH031);浙江省教育科学规划课题(2015SCG230);校级教改项目(NITJG – 201933)

在国家和政府的支持下，浙江大学宁波理工学院自2001年建校以来一直保持着健康、快速发展。能源与环境是国民经济的重要支柱产业，提高能源利用效率，改善能源利用对生态环境的影响对国民经济的可持续发展具有重要的战略意义。在国家能源政策的指引下，为了适应社会需求，我校能源与环境系统工程专业于2004年成立，是一个能源、环境与控制三大学科交叉的复合型专业，致力于培养具备热学、力学、电学、机械、自动化等宽厚理论基础，掌握能源与环境系统工程专业知识，能从事清洁能源生产、火力发电及其自动化、工业企业节能减排及环境保护、新能源利用、制冷与人工环境、暖通空调、资源综合利用与循环经济等领域的科学研究、工程设计、操作运行与生产管理、设备制造与维护的跨学科高级应用型人才。

本专业从借鉴浙江大学原热能工程专业框架起步建设，如今已经历了15年的摸索与发展，这15年是在发展中改革，并在改革中逐渐形成适应我校培养目标的教育教学体系。本文主要从我校能源与环境系统工程专业的一门专业特色课程——"新型燃料"出发，提出该门课程理论与实践环节教学内容的改革措施，注重理论知识学习与实践动手能力培养的有机结合，使学生工程实践能力得到全面培养，较好地满足应用型能源专业人才培养与服务地方经济的需要。

1 新型燃料课程在专业教学中的作用与意义

新型燃料课程是能源与环境系统工程专业的专业特色课程，主要讲述液体代油燃料的制备和特性，包括液体代油燃料技术，液体代油燃料的流变性和稳定性，以及影响燃料特性的各种因素分析等。我国石油的需求迅猛增长，石油进口压力大，寻求代油和气化燃料，保障能源和经济安全的任务十分紧迫，用煤/石油焦等制成浆体燃料代油燃烧，适应了我国国情的需求。该新型燃料可以广泛应用于电站锅炉、工业锅炉和工业窑炉代油、代气、代煤燃烧，亦可作为气化原料，为大规模高效清洁煤气化技术提供原料基础。

新型燃料课程的教学目标是使学生能初步掌握液体代油燃料的基本知识，了解液体代油燃料的基本特性及其影响规律，培养学生的工程技术技能。同时，新型燃料课程的开设充分体现了能源与环境系统工程专业的综合性和前瞻性，也丰富了本专业学生的知识体系，拓宽了学生的就业面。所以，新型燃料课程是能源与环境系统工程专业循序渐进发展的重要补充，是专业特色的重要体现。

2 新型燃料课程教学现状与问题

本课程在上一轮教学计划中，学分2.0，周学时2.0，16周，共32学时。32学时均为理论授课，无实践环节。教学过程中存在的主要问题如下：

（1）无实践环节，实训机会少

实践环节是本科教学的重要组成部分，是培养专业人才的基础性工程，也是开展正常教学活动的必要环节。新型燃料课程是一门需要理论结合实践的应用型学科，实践环节的缺失，使学生很难将书本知识和实际应用很好地结合起来，整门课程的教学过程就显得非常空洞，淡而无趣，教学效果不佳。另外，学生的动手能力、实践能力和创新意识也得不到很好的培养。实践环节是连接书本知识和实际应用的桥梁，是培养应用型人才不可缺少的因素，是实现培养应用型人才之培养目标的重要保障。因此，增设新型燃料课程实践环节势在必行。

（2）侧重基础知识，与新型燃料最新研究进展脱节

液体代油燃料目前尚处于科研研发阶段，研究进展不断更新，燃料制备技术也在与时俱进。而新型燃料课程主要讲述制备液体代油燃料的老技术，难免与科技的动态发展相脱节，教学内容与工程实际需求相脱节，这就违背了开设本课程的初衷。

（3）教学模式的单一化，影响了教学质量

单一的理论教学，教师是整个教学过程的主宰者，学生只能无条件地服从，较难激发学生的学习兴趣，学习效果不理想。单一理论教学重知识轻能力，重学轻用，重认知目标实现轻学生个性发展，重教法轻学法，重灌输轻探究，把学生当作接受知识的容器，严重违背教育本质规律。教学评价内容只关注学生学业成绩，忽视了对学生综合素质的培养；只关注学生对知识和技能掌握的熟练程度，忽视了对学生自主、合作、探究能力的评价。

3 改革内容

根据我校新型燃料课程存在的不足，我校能源

2019年全国能源动力类专业教学改革研讨会论文集

与环境工程研究所专门召开教学会议对此进行了分析和总结，并从以下几个方面对本课程进行了教学改革，有效提高了教学质量。

（1）修订教学大纲和教学计划，增加实践环节

在保持本课程 2.0 学分不变的情况下，在新一轮教学计划中，周学时改为 1.0 + 2.0，16 周，共 48 学时，其中理论授课 16 学时，实践环节 32 学时。相比上一轮教学计划，理论授课减少 16 学时，实践环节增加 32 学时，总学时增加。

实践教学是巩固理论知识和加深对理论认识的有效途径，是理论联系实际、培养学生掌握科学方法和提高动手能力的重要平台。学生参与实验室液体代油燃料的制备过程，有利于提高学生的动手能力、实践能力和创新意识，增强学生对理论知识的理解和吸收。同时也适应了培养应用型人才的培养目标。

（2）采用案例教学法，结合最新科技论文，跟踪新型燃料发展动态

采用案例教学法，结合课程教学和本领域最新研究进展，指导学生进行文献检索，在高水平国际期刊中筛选相关论文，了解液体代油燃料的最近研究进展，避免与当前科技发展前沿相脱节。这样不仅能增进学生对液体代油燃料的全面认识，还能显著改善教学效果，也是新型燃料课程作为一门动态学科的必然需求。同时，通过英文科技论文的检索与阅读，让学生快速适应国际化办学新环境，提高英文的应用能力，培养英文科技论文的翻译与写作能力。

（3）教学方法多元化

为了改善教学效果，激发学生学习兴趣，本课程除了采用实践教学法和案例教学法之外，还采用情景教学法和启发式教学法。

讲课过程中注重情景的设置，注意各教学环节之间的语言设计，使环节之间连接得更紧密、更恰当。同时，注重激发学生学习的欲望和参与教学活动的热情，使学生积极主动地参与其中，最大程度带动课堂教学气氛。

研究教材，确定目标，梳理知识点的分布；研究学生，划分层次，顾及不同程度的学生；遵循循序渐进的过程，"浅入深出"，恰当设计问题，因势利导地

启发学生。启发性原则是指在教学中，教师要调动学生学习的积极性和主动性，使他们能够经过自己的思维，去理解和掌握所学内容，并能将所学知识创造性地运用于实际，最终能够提高学生分析问题和解决问题的能力。

4　结　语

在新形势下，新型燃料课程组紧紧围绕我校"构建实践教学体系、突出实践教学环节"的办学理念和"国际化"办学目标，努力构建了课程实践教学体系，注重英文应用能力。

通过本次对新型燃料课程的改革，取得了如下成效：① 学生直接参与液体代油燃料的制备过程，既有利于学生对理论知识的消化吸收，又锻炼了他们的动手能力和实践能力，为培养高水平应用型人才打下基础；② 通过对外文期刊的阅读，掌握液体代油燃料最新研究进展及未来发展方向，了解国际发展前沿的最新动态，增强学生对新型燃料的认识，激发他们进一步学习的兴趣；③ 多元化的教学方法，使教学过程生动化，学生的积极性得以充分调动，理论授课与实践环节相辅相成，相互助益，学生的学习逐渐由被动接受转变为主动求知，教学效果显著改善。

参考文献

[1]　潘懋元，石慧霞. 应用型人才培养的历史探源[J].
　　　　江苏高教，2009(1)：7 – 10.

[2]　曹丽华，张艾萍，曹诺，等. 基于工程能力培养的能源
　　　　与动力工程专业教育教学改革的研究[J]. 才智，
　　　　2019(6)：37.

[3]　费景洲，路勇，高峰，等. 能源动力类专业开放自主式
　　　　实验教学模式探索[J]. 实验室研究与探索，2019，38
　　　　(1)：133 – 136.

[4]　唐安平. "新能源开发利用"选修课的教学探索[J].
　　　　当代教育理论与实践，2016，8(11)：27 – 29.

[5]　何芳，闻建文，高振强，等. 大学能源专业知识特点、
　　　　教学面临的问题和改进方法探讨[J]. 教育教学论
　　　　坛，2018(43)：184 – 187.

诗画流体力学教学模式的探索与实践*

王晓英，王军锋，王贞涛，李昌烽，霍元平，顾媛媛

（江苏大学 能源与动力工程学院）

摘要： 探究诗画与流体力学课程的关联，提出诗画流体力学教学新模式，以诗画作为教学导入点，分析流体流动规律，紧密结合社会热点话题，培养学生创新性思维，同时鼓励学生勇于承担社会责任，将知识外化为行动力，劝说人们远离危险流动区域。诗画流体力学教学模式要注重诗画与流体力学课程的有机渗透，丰富实践活动载体，最终实现有效扩充课堂容量的目标，逐渐形成富有创造力的教学团队。

关键词： 诗画流体力学；教学模式；创新性思维

近年来，随着《中国诗词大会》的热播，武亦姝、雷海为等诗词高手纷纷走红，再次引发了师生对诗词、书画等传统文化的关注和热议。是否可以以诗词、画作为切入点，点燃学生探索流体流动规律的热情；在 MOOC 课程、抖音视频如火如荼的当下，诗画如何紧密结合时代特征，与学科融合并有机渗透，这些问题引起了江苏大学流体力学教研室教师们的思考。

1 诗画与流体力学

流体力学是能源动力类学科的主干专业基础课程，其研究对象是流体介质（即液体、气体、等离子）的对流、扩散、旋涡、波动等现象，相伴的物理、化学、生物过程，以及最终导致的质量、动量、能量运输。飞机的发明、桥梁的设计、水利工程的修建、海洋石油的开采等都离不开流体力学的支撑。流体力学与大量的工程实际问题联系密切，是学习相关专业课程和专业发展不可缺少的基础理论。然而，流体力学课程教学存在以下几个问题：① 抽象概念多，理论性强，方程比较多且推导过程复杂、难懂，重书本轻实践的传统教学模式难以有效激发学生的学习兴趣和提升创新思维能力；② 课堂教学大多以教师为中心，教师主动授课、学生被动学习，课堂上学生主动并积极参与学习、讨论和交流的氛围严重不足，造成课堂教学气氛沉闷、单调，以"学生

为中心"的教学模式还没有确立；③ 现代互联网信息技术给教学带来的有利条件还没有较好地利用。

人类一直生活在一个流动的世界中，风的运动、水的流动、潮汐的变化、火山岩浆的运动等流动现象无处不在。学生在学习流体力学课程时，往往割裂了理论与生产生活实际的联系，不具备分析具体问题的能力，更不用说拓展创新性思维，有时甚至迷茫，不知学流体力学课程的目的和意义在哪里。纵观唐诗宋词，早在数百年前，对流体力学理论一无所知的诗词作者，却对很多流动现象进行了形象而又生动的描述。我们可以从"不尽长江滚滚流"想象出随处可见的形式多样的流体流动，从"但见流沫生千涡"和凡·高的名作《星夜》领略流体力学中千姿百态的旋涡，从"风乍起，吹皱一池春水"感受风生水起的现象和流体变幻无穷的波动。当教师与学生一起在课堂上反复吟诵这些诗词、品味这些名画，学生满怀新奇地跟着教师一起讨论、分析诗画背后的流体流动规律时满是兴致勃勃的神态，这种教与学互动的状态告诉我们，流体力学课程还可以有一种新的"打开方式"——从洗练的诗词和优美的画作出发，去洞察流体力学现象，去理解流体力学理论。

2 强化诗画与课程的有机渗透

关于学习的理论表明，只有当学习与学习者的

* 基金项目：江苏大学高等教育教改研究课题立项建设项目（2017JGZD019）

生活发生密切联系时才是有效的，单一的灌输式的教育难以达到教学目标，因此，如何搭建与学生心灵的联系，如何构建与学生生活的联系，是教师开展教学工作需要关注的问题。诗画与流体力学，一个唯美浪漫，一个科学严谨，当两者发生碰撞时，会引发强烈的化学反应，极大地激发学生内心对美的欣赏和探索流体流动规律的热情。因此，江苏大学能动学院流体力学教研室提出了强化诗画与流体力学课程的有机渗透，逐渐形成诗画流体力学教学新模式，以诗画作为导入点，深入讨论流体流动理论，联系社会热点话题分析流体流动现象，培养学生分析解决问题的能力，同时鼓励学生勇于承担社会责任，应用所学流体力学知识帮助解决相关问题，劝说人们远离危险流动区域。这种新型教学模式不可能一蹴而就，需要教学团队通力合作，有意识地长期积累，并不断增补修订完善教案。

江苏大学能动学院流体力学教研室以王振东教授的《诗情画意谈力学》为蓝本，精心准备了《野渡无人舟自横》专题，从韦应物的《滁州西涧》入手，与学生一起吟诵诗句，并阐述诗句的意思，最后将关注点落在"野渡无人舟自横"的"横"上面，讨论为什么小船的长轴方向总是基本垂直于水流方向。为了便于学生理解平衡位置的稳定与非稳定状态，先讨论竖直的直杆、悬挂的细杆，两者均处于平衡位置，但其稳定性不同。之后将一椭圆柱体绕流代替小船在水流中的状态，分析椭圆柱体合力为0的平衡位置的稳定性发现，当椭圆柱体的长轴垂直于来流方向，也就是小船横在水里时，处于稳定的平衡位置。之后，为了便于学生加深印象，请学生自行裁剪细小的长方形纸片，捏在手中，然后松开手，请学生观察纸片的状态，通过这个简单的实验发现长方形的长边也是垂直于纸片下降方向的。

除理论分析外，流体力学教研室还提出结合社会热点话题，分析"野渡无人舟自横"诗句背后流动规律的实际意义。事例一是2015年6月1日21时30分，"东方之星"号邮轮在从南京驶往重庆途中，突遇罕见的强对流天气，在长江中游湖北监利水域沉没。面对底朝天的沉船，在场的救灾人员生怕沉船在激流冲击下大幅度移动，想方设法固定沉船。戴世强教授发现尽管沉船不是完全垂直于江岸，但它与江岸的夹角为75°，处于王振东教授论文提及的流动稳定区间45°~90°，也就是说，此时沉船的稳定性毫无问题。在急速的江流中，它将纹丝不动，不用费心费力去固定沉船。

戴世强教授及时将这意见传达给救灾现场并得到采纳，为抢险救灾争取了时间，最终有12人先后获救。事例二是2018年4月21日广西桂林两龙舟翻船，造成17人死亡的特大事故。当龙舟未能顺利冲过滚水坝时，龙舟必定会横在水面上，在滚水坝复杂的水流区域里，龙舟翻船，队员们必然会跌落在水中。十多名水性良好的队员却未能游向岸边，这又涉及滚水坝水面下的致命旋涡。学生与教师一起分析滚水坝后的旋涡旋向及可能的逃生方法，最后，再次强调安全问题，要求学生勇于承担社会责任，应用自己学过的流动相关知识，分析河流安全警示区域流动特征，用知识劝服身边的人不要进入危险区域。

《野渡无人舟自横》专题构建了"诗画赏析－流动规律－实际案例－社会责任"多角度的教学模式，对提升学生的人文素养，强化社会责任意识教学进行了尝试，同时，学生也明确了流体流动规律，大幅度提升了学习流体力学课程的热情，因此，强化诗画与流体力学课程的有机渗透，是一种综合性的、全方位的教学思路，契合"三全育人"综合改革工作的总体目标，是实现激活知识，将知识转化为思想智慧、外化为行动能力的有力措施。

3　丰富实践活动载体

要实现创新性思维的培养，单一的知识传授不可能完成这一目标，只有通过活动这一载体，让学生真正成为主体，在活动过程中获得具体切实的体验，才能使学生的认知得以内化、思维得以活跃。由此，江苏大学能源与动力工程学院组织举办了诗画流体力学创作大赛，以"赏中华诗词，析世界名画，品流体力学之美"为基本宗旨，分享诗词之趣，感受画作之美，从中体味出流体力学规律，在弘扬中华传统文化的同时，激发学生学习流体力学的兴趣，从被动接受流体力学知识转变为主动探索分析流体流动现象并总结流动规律，从知识的接受者转变为知识的应用者，从分享中获得乐趣，从探索中获得成就感。

诗画流体力学创作大赛参赛作品分成两类：

（1）诗画流体力学视频制作。参赛内容以诗词或画作为基础，品赏其意境之美的同时，分析其流体流动特点及其基本原理，以及可能的工程应用，具体诗画内容不限。视频制作涉及设计、美学、演播等内容，是一项综合性的工程。制作视频，需要准备带摄像头、麦克风的笔记本电脑。视频制作模式可以是 PPT 录屏加麦克风拾音制作，综合使用 PowerPoint、Camtasia Studio（录屏软件）、Adobe Audition（声音处理软件）、美图秀秀等软件完成，也可以应用 Adobe Premiere Pro、After Effects CC、Easy Sketch、Adobe Presenter、Moviemaker 等软件完成视频制作。参赛作品的最终形式是视频，时间控制在 5 ~ 15 min，要求画质清晰，具有视觉美感，充分应用软件功能，颜色搭配和谐，字体大小合适，动画应用充足、合理。

（2）诗词、书画作品创作。要求诗词、书画作品内容与流体流动（如风的运动、水的流动）有关，并附文字 100 字左右对流动规律作简单描述。诗词体裁不限，字数不限，语言不限；书画作品形式不限，风格不限，尺寸不限。要求参赛作品为原创，无著作权纠纷，禁止用抄袭、篡改古人或今人作品投稿，所投稿件从未在纸质媒体发表，也未获得过其他奖项。学生参赛踊跃，收接到报名表多份。

诗画流体力学创作大赛参赛作品按诗画流体力学视频、诗词画作两大类评比，根据各类参赛作品数按一定比例评定特等奖、一等奖、二等奖、三等奖若干，颁发荣誉证书；参与本次大赛的学生，根据获奖等级，按学校规定给予创新学分。流体流动规律分析凝练及视频制作指导，由能源与动力工程学院流体力学教研室老师负责。

4　扩充课程容量

在"互联网 +"时代，学生已经不满足于原有的教学模式，应用黑板 + PPT 按教材章节进行讲解，有相当一部分学生觉得内容枯燥，特别是流体力学课程中的欧拉运动微分方程、伯努利方程和动量方程等重要的方程，其推导过程烦琐复杂，需要耗费较多的时间，压缩了课堂容量。虽然方程推导过程充满逻辑思维之美，但当前的大学生却往往没有足够的耐心去欣赏这种美，似乎更希望有更加简便的方法来理解应用方程。当前 MOOC、SPOC 课程风靡一时，在这种大背景下，流体力学教研室也制作了教学视频。教学视频中展示了方程的完整推导过程和应用方法，学生可以在课前或课后根据需要反复

观看，以节省课堂时间。基于这些视频，流体力学教研室积极开展翻转课堂教学模式的探索，引导学生主动参与学习讨论，确立"以学生为中心"的教学理念。诗画流体力学视频可以作为流体力学在线课程的有益补充，在翻转课堂中开展专题讨论，扩充课堂容量，拓展学生的知识面，提升应用理论知识解决实际问题的能力，激发创新性思维的逐步形成。

5　结　语

诗画流体力学新型教学模式可以让枯燥的流体力学课堂变得生动活泼，使机械的实验过程变得有激情，学生在感悟书画之美，提升人文素养的同时，加深了对流体力学基础理论知识的理解和应用，激发了学生的积极性、主动性和创新意识。加强诗画与流体力学课程的有机渗透，组织举办诗画流体力学创作大赛，应用互联网扩充流体力学课堂容量，流体力学任课教师需要完成大量的资料整合和教学研讨工作，在这过程中，也将逐渐形成一支富有创造力的教学团队，为提升流体力学课程的教学质量提供保证。

参考文献

[1]　郑燕林，李卢 ．MOOC 有效教学的实施路径选择——基于国外 MOOC 教师的视角[J]. 现代远程教育研究，2015(3)：43 – 52.

[2]　王玉. 以学习活动为导向的 MOOC 内容设计与学习成效评估[D]. 上海：华东师范大学，2015.

[3]　许丽川，申世军，刘洋. MOOC 在高校实践类课程教学设计中的应用[J]. 实验室研究与探索，2016，35(8)：207 – 211.

[4]　王宁. MOOC：高校学生的认知、参与与评价[J]. 海南师范大学学报（社会科学版），2018，31（2）：128 – 135.

[5]　徐琬玥. 新媒体时代短视频 APP 的风靡——以抖音短视频为例[J]. 传播力研究，2018,2(8)：82.

[6]　徐冰. 探寻"流动"的世界[J]. 今日科苑，2012(6)：33 – 35.

[7]　王振东. 诗情画意谈力学[M]. 北京：高等教育出版社，2008.

Capstone 课程的探索与反思
——以能源动力工程专业设计实务为例

张眏玮，王倩，田红，沈荣华，徐娓，王娇琳，戴绍碧，李石栋

(广东石油化工学院 机电工程学院)

摘要： 以 Capstone 课程的探索为主题，首先，介绍了课程设置的背景；其次，分别从教学设计、评量结果等方面总结了能动专业该课程设置的情况；最后，对课程选题和能力培养等方面进行了反思。

关键词： Capstone 课程；教学设计；评量

美国高校的 Capstone 课程，通常也称为顶点或顶峰课程，是大部分专业课程学习结束以后，作为融合专业的几门课程的一个综合性项目。与国内高校毕业设计要求独立完成不同，该设计要求学生以团队的形式完成任务，是一门整合专业知识、连接工程实际、提升学生综合素质的课程。

工程技术能力在解决与人类生活相关的复杂问题中起着重要作用，世界各国对工程师寄予厚望，尤其关注工程教育对学生工程能力达成的评价。尼尔逊(K. H. Nilsson)和弗尔顿(R. Fulton)曾将 Capstone 课程目标概括为"培养学生发现问题，应用现有知识和技能解决问题的能力、批判性思维能力和表达结论能力。换句话说，Capstone 课程是大学课程上的皇冠。"

由于课程的重要性和特殊性，设立 Capstone 课程不能简单地用一门课程设计或毕业设计来代替。

下面介绍我校能动专业在该课程设置方面的做法。

1 课程设置背景

能源与动力工程专业教育目标具体为以下 3 点：

（1）掌握能源动力工程领域基本的专业知识及技能；

（2）具备从事能源动力工程领域研究的基本能力和创新意识，能够进行能源动力、暖通空调制冷产品研发、工程设计、建造和运行管理等事务执行与领导统御之基本能力；

（3）具有服务社会之能力，毕业后 3~5 年能够成为所在岗位的技术骨干或持续成长的工程师。

为达成教育目标，采用"双体系融合渗透"的人才培养模式（见图 1），课程按照融合课程教育体系及素拓教育体系两条主线进行设置。

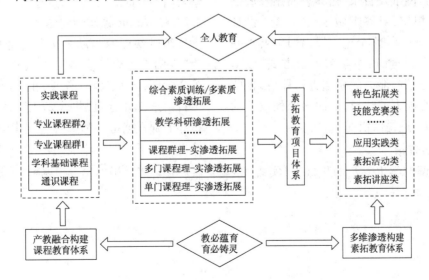

图 1 双体系融合渗透人才培养模式示意图

课程教育体系多维度、交错融合、螺旋式提升学生的综合工程应用能力;素拓教育体系通过项目内容侧重点的差异实现因材施教和个性化能力培养。

2018 级人才培养方案中部分课程体系设计与教育目标的关联性矩阵见表1。

表1　课程设计与教育目标的关联性矩阵表

课程类别	课程名称	教育目标 1		教育目标 2		教育目标 3	
		T	P	T	P	T	P
实践教学	建筑设备工程设计实务		✓		✓		✓
实践教学	毕业实习		✓		✓		✓
实践教学	毕业设计(论文)		✓		✓		✓

注:(1) 此"课程"指该专业所开设的所有课程,包括通识课程等。

　　(2) T 表示该门课程偏重理论基础、P 表示该门课程偏重应用;若某课程或实践环节支撑某个目标的达成,则在相应的空格处打"✓"。

2　课程设置情况

本专业在能动 2015 级开设了"空调工程设计实务(Capstone 课程)",能动 2016 级开设了"建筑设备工程设计实务"。以上课程的开设,除了考查学生对相关知识能力的掌握程度外,还考查学生的沟通交流、团队合作、灵活拓展、信息处理等非技术能力。

2.1　Capstone 课程教学设计

2.1.1　对教学过程进行规范化管理

设计前根据能动专业教育目标及核心能力对设计项目进行了充分讨论,以期接近工程实际并实现项目与课程对接;设计中通过设定分阶段目标,落实各阶段成效等手段确保设计效果;此外,对设计任务书、说明书、图纸及目录、档案袋面贴和底贴等格式进行统一规定,对答辩做了分工,对"设计前—设计中—答辩—评价"全过程提出明确要求并制定出执行制度。同时,改革学习评价方式,以学生的实际表现及各核心能力的权重进行评价,据此分析一届学生核心能力的达成,从而为课程设置的调整、教育目标的改进提供依据。

2.1.2　注重角色转换

设计应充分调动学生参与的积极性,实现"以教师为中心"到"以学生为中心"的转变。教师不再是知识的讲授者,而是引导者;学生在设计中体验到时间管理、项目管理的重要性,通过小组会学习、分析、整合与总结,创造出新概念和新想法,由于提供了不同于课堂学习的多样化的学习体验,学生会更乐意投入到有意义的学习中去,师生之间的互动也更为有效。

2.1.3　创造新空间及多种联系方式,建立以学生为中心的多种联系方式

发挥自习室、教研室的隐性功能,撤开呆板、固定的座位排列,改变以教师、教材和课堂为中心的教学模式,构建"以学生为中心"的教与学空间,营造小组汇报、项目组讨论、相互学习、个别指导等多维学习模式。

建立微信群、QQ 群等联系方式,发布通知、共享资料并及时答疑,以信息技术助力设计教学。

2.2　Capstone 课程评量结果

2015 级能源与动力工程专业的 Capstone 课程为"空调工程设计实务",开设于 2017—2018 学年第 2 学期,即大三第二学期,由教研室给出题目供学生自由选择并分组,共计 27 组,每组 3~4 名学生。指导老师根据指导和答辩过程中学生的综合情况,给出该小组 8 项核心能力所对应的得分(见表2),并由权重计算出最终小组成绩,见表3。

表2 "空调工程设计实务"Capstone 课程评价表

课程名称：空调工程设计实务　　　　学分：2 学分　　　　年级：大三(下)(必修)

专题题目：××××××××××××××　　　　　　　　　　教师：×××

年级：2015 级　　学生：1 组/×××、×××、×××　　　　成绩：××

核心能力	权重	得分	权重得分
(1) 数学、科学及工程基础能力(具体解释略)	10%		
(2) 专业理论基础能力	15%		
(3) 专业实践与工具使用能力	20%		
(4) 方案设计解决能力	20%		
(5) 项目管理与团队协作能力	10%		
(6) 解决复杂问题能力	10%		
(7) 持续发展的能力	5%		
(8) 责任与道德	10%		

表3 "空调工程设计实务"Capstone 课程评价汇总表

核心能力	1	2	3	4	5	6	7	8	总分
权重	10%	15%	20%	20%	10%	10%	5%	10%	100%
第1组	86	86	86	85	83	82	80	83	85
第2组	83	84	83	83	83	80	81	85	83
…									
第27组	86	78	80	78	85	86	80	80	81
全级平均	84.4	82.5	84.1	83.4	82.6	81.1	79.1	83.3	83

注：核心能力见表2。

由表3分析得出，核心能力平均分值范围为 79.1～84.4 分，说明整体上学生核心能力达成度较好，并具有一定的提升空间。其中分值最高的是核心能力1，为84.4分，说明学生基本掌握了数学、物理、其他自然科学及工程基础知识，能够应用数学、科学及工程知识解决能源动力工程与制冷空调工程相关的基础问题。分值最低的是核心能力7，均值为79.1分，说明学生在认识时事议题，了解本专业相关法律法规、学科前沿及发展趋势，了解工程技术对环境、社会及全球的影响等方面尚有不足，在拓宽国际视野、正确认识和执行自主学习方面还有待提高。

3 课程反思

3.1 课程选题的优化设计

目前课程选题我们主要采取核心与分布并行

的模式：核心模式注重核心项目，规定学生在设计期间必须完成一组规定的项目；分布模式的限制相对较少，允许学生在按类划分的各个项目里面自由选择，各个项目事先经教研室讨论、审查和批准，以确保各类项目吻合课程体系及设计要求。接下来准备探索能力模式实施的可能性。能力模式基于课程核心能力，不同于以往基于课程的模式，而是将8项核心能力融入教育教学之中，参考课程地图，将可评价的各项核心能力、专业课程和学习体验进行整合，以培养更主动且投入的学习者。

3.2 学生综合能力的培养与提高

由表3分析还可得出，各组的综合分值范围为 74～88 分，平均分为83分。其中86分及以上的有7组，占25.9%，80～85分的有14组，占51.9%，74～79分的有6组，占22.2%，即处于中等水平的组别所占比例最大。这说明通过 Capstone 课程，大部分学生在工程基础能力、专业理论基础能力、专业实践与工具使用能力、方案设计和问题解决能力、项目管理与团队协作能力、遵守工程职业道德和规范等各方面均得到了基本锻炼,在解决复杂问题能力和持续发展能力方面还有较大改进提升的空间。今后应注意通过多样化、渐进式的方式优化该环节的选题和操作,加强该环节的过程管理,强化学生各项核心能力的培养。

3.3 教学空间的改善

通过设计,体验到弹性教学空间的重要性。期待以学生为中心进行教室空间布局,对现有空间进行自由变换,既能保证小组开会、学习的团体空间,又可以满足学生的个别学习需求。

4 结 语

Capstone 课程是一种让学生整合、拓展、批判和应用在学科领域的学习中所获得的知识、技能和态度等的课程,该课程具有发展学生综合素质和帮助学生从学校向职场过渡的功能,因而,对于应用型本科专业来说,非常值得推广。我们期待多与同行交流学习,在持续改进中不断进步。

参考文献

[1] Karyn B,Patricia H,David O. UWSP General Education Research Team Report [EB/OL]. (2007 – 08 – 15) [2015 – 06 – 03]. http//www. uwsp. edu/acadaff/Appendix% 20A4% 20UWSP% 20Gen% 20Ed% 20Research% Team% 20Report% 202007. pdf.

[2] 史劲. Capstone 课程对软件技术专业毕业设计课程改革的启示[J]. 长沙民政职业技术学院学报,2013(9):70 – 72.

[3] 周开发,曾玉珍. 中国大学通识教育改革的最新发展趋势及其启示[C] // 素质教育与创新人才培养,北京:高等教育出版社,2017.

[4] 季诚钧,张亚莉. 高校课程地图的理念、要素与特征:基于台湾经验[J]. 中国高教研究,2015(12):78 – 81.

燃烧学教学中几个问题的思考和应对设想

刘安源,姜烨,冯洪庆

(中国石油大学(华东)能源与动力工程系)

摘要: 就目前能源与动力工程专业燃烧学课程教学过程中遇到的基础理论与工程应用之间的关系、传授知识与能力培养之间的关系及创新能力与创新精神培养3个问题进行了分析,指出了目前课程教学中不适应社会发展和学生需求的地方,并介绍了下一步为解决这些问题在课程内容及教学和考核方式等方面采取的一些改革措施。

关键词: 燃烧学;教学改革;创新能力与精神

燃烧学研究化石燃料向热能的高效、洁净和稳定转换过程,是能源与动力工程专业(以下简称能动专业)的一门重要专业基础课程。在多年的教学实践过程中,国内各学校燃烧学教学形成了各具特色的教学体系,为能动专业人才培养做出了很大的贡献。近年来,随着国家高等教育改革不断深入,对能动专业毕业生创新能力及精神的培养要求在不断提高。另外,能动专业毕业生就业去向也较原来有了很大变化。这些都给燃烧学课程教学带来了新的任务和要求。为适应这些新的变化和要求,我们对燃烧学课程教学中所遇到的几个关键问题进行了分析思考,并对如何解决这些问题提出了自己的设想。

1 基础理论与工程应用之间关系问题

目前我校所用教材为本校出版的《工程燃烧原理》,其内容还是偏向以工程应用为主,包括燃料与燃烧计算、燃烧动力学基础、燃烧基本概念及理论、气液固燃料燃烧设备等内容。因为以往能动专业本科毕业生的去向主要以就业为主,且主要分布在炼化行业的动力车间、油田的热力采油单位、热力发电厂等岗位,以燃煤、燃气及燃油锅炉等燃烧装置的运行为主,因此,这样的教学内容安排在过去基本能够满足毕业生要求。但近年来国内升学及国外留学等继续深造毕业生比例增长快速,据近3年的统计,我校能动专业深造比例均达到了40%以上。另外,就业毕业生中去燃烧装置制造及研发单位的比例也在不断增加。这使得原来侧重以工程应用为主的教学内容已经变得不适应,毕业生中希望加强燃烧基础理论知识学习的呼声也越来越大。

与国外经典燃烧学教材内容相对比,也可看出我校目前所用教材内容对于燃烧基础理论知识重视明显不足。如美国机械系燃烧学教材中,Stephen R. Turns 的《燃烧学导论:概念及应用》(第三版)主要内容包括燃烧与热化学,传质引论,化学动力学,一些重要的化学机理,反应系统化学与热力学分析的耦合,反应流的简化守恒方程,层流预混火焰,层流扩散火焰,液滴的蒸发和燃烧,湍流概论,湍流预混火焰,湍流非预混火焰,固体的燃烧,污染物排放,爆震燃烧,燃料等;Irvin Glassman 等的《燃烧学》(第四版)主要内容包括化学热力学及火焰温度,化学动力学,爆炸及燃料的一般氧化特性,气体预混燃烧火焰,爆震,扩散火焰,着火,燃烧环保,非挥发燃料的燃烧。可以看出,国外教材更注重以化学热力学、动力学及动量传递、传热、传质为基础,对气、液、固燃料的基本燃烧现象进行研究。我校(包括国内许多工科院校)在燃烧学教学中,除了一部分内容对燃烧理论基础及燃烧现象进行介绍外,较多的篇幅放在了与工程燃烧装置的设计及使用有关的燃料、燃烧计算、燃烧器结构及原理特点等内容上面。这导致了毕业生如果以后继续从事燃烧方面的科研或创新工作,会存在基础不扎实、后劲不足等问题。

为了解决该问题,一些国内名校已经采用国外教材的中译本进行授课。但对于一般工科院校,如果直接采用国外燃烧学教材进行授课也存在着一些问题。一是学时不够。像我校燃烧学课程,总学时为40学时,扣除4学时燃料工业分析实验,实际教学学时只有36学时。二是不能满足部分学生的要求,对于部分毕业后直接从事燃烧装置运行的学生来说,对基础理论的掌握要求相对较低,可能更需要的是有关燃烧设备等的工程知识。三是燃烧基础理论对学生基础有较高的要求,有相当多学生在学习这部分内容时有较大难度。

在进行燃烧学课程教学改革过程中,结合我校学生实际情况及研究性学习和考试改革要求,设想将燃烧学课程内容划分成3个不同的模块,每个模块根据其内容特点和目标不同采用不同的教学和考核方式,从而做到因材施教和因需施教。具体措施包括:将燃烧学内容分为3部分,一是基础理论部分,包括燃料及燃料计算、化学热力学及动力学基础知识,燃烧基本概念,着火、火焰传播及火焰稳定,液滴燃烧规律,煤粒燃烧过程及焦炭颗粒燃烧规律等内容,约占22学时。由于该部分内容重要且学生自学较为困难,因此以课堂讲授教学方式为主,考核也采用传统的闭卷考核方式,目的是使学生掌握燃烧学必需的基础理论知识。二是知识应用部分,包括气体燃料燃烧器、液体燃料燃烧器及固体燃料燃烧设备,约占12学时;该部分内容将结合后面学生能力提高和个性化培养目标实施完成。三是自由探索部分,约占6学时,该部分内容将结合后面学生创新能力和精神培养目标实施完成。

2 传授知识与能力培养之间关系问题

在目前燃烧学课程教学过程中,我们遇到一个很令人深思的现象:教师感觉燃烧学课程教起来不容易,但大多数学生却认为燃烧学课程很容易学,也很容易得高分。对同一门课程,为什么在教与学两端会有截然不同的感觉呢?这与燃烧学课程自身的特点有关,也与我们目前在燃烧学教学中对学生能力培养的重视程度不够有关。

燃烧现象是包含流动、传热、传质及化学反应的复杂过程,这就决定了燃烧学是一门融合了多个学科知识的交叉学科。其物理和数学描述复杂,求解过程困难,以至于对大多数燃烧现象采用数学分析求解几乎不可能,只能依靠数值求解或实验研究方法。这也造成了国内各种燃烧学教材中课后题目很少甚至没有课后题目的情况非常普遍。学生在学习燃烧学时主要时间都用在了背概念和结论上,解决问题的能力却没有得到很好的培养。

另外,对于毕业后从事燃烧装置运行的学生来说,工程能力的培养则显得更加重要,因此在进行能力培养时也要根据学生的个性化需求来进行。

要提高学生综合运用所学知识解决理论及工程问题的能力,需要对课程内容、教学方法及考核方式等方面进行相应改革。首先,在课程内容设置上,将教材中偏重工程应用部分(气体、液体器以及固体燃料燃烧设备)内容构成单独的模块。该模块的主要目的是根据学生毕业后的去向分类提高学生解决相关问题的能力。其次,在教学方法上,由讲授为主变为学生自主进行研究性教学为主,教师课堂教授为辅。教师课堂仅讲授总体思路及方法,主要工作由学生课后独立完成为主。学生需要完成的任务可以根据自己的兴趣和就业去向自由选择。继续深造的学生可以选择对理论要求较高的题目,如燃烧器燃烧特性的分析,学会用商业软件或自编程序采用数值方法来完成研究任务。在此过程中,一方面补充了基础理论知识的学习,另一方面培养了学生自主解决问题的能力。对于打算毕业后就业的学生则可选择偏工程类的问题,如对于某种商用燃烧器的实际使用特性、容易出现的问题及解决方法等进行案例分析。通过独立收集相关资料熟悉燃烧器的原理、结构及运行特性,从而加深对实际燃烧装置的认识,提高学生的工程实践分析能力。在考核方式上,要求学生对所完成的任务在课堂进行介绍和展示,教师根据学生的项目难度、完成情况、资料收集情况、团队合作情况、课堂展示效果等进行考核给分。

3 创新能力与创新精神培养问题

培养具有较强创新能力和创新精神的毕业生目前已成为高等学校关注的焦点,特别是对培养工程类人才的工科大学来说尤为重要。以往传统课程教学中存在的单纯课堂灌输式教学模式及单一的闭卷考核方式限制了学生的自由发展和创新意识,造成了学生创新能力及创新精神欠缺,不能适应新时期社会对毕业生创新能力和精神的要求。

具体到燃烧学课程的教学来说,为了培养学生的创新能力和精神,也需要我们对燃烧学课程的教学进行相应变革,采用针对性的教学模式和考核方式,营造一个宽松的、鼓励学生自主发展创新的环境,使学生的创新能力和创新精神得到充分发展。学生创新能力和创新精神的培养不是靠教出来的,而是在教师的引导下,在创新实践活动中逐渐培育发展起来的。因此,我们设想在燃烧学课程教学过程中专门设立自由探索的模块,鼓励学生进行与燃烧相关的开放性学习研究,从而使课程教学内容从封闭的知识体系转变为开放的知识体系,从教师传

授为主转变为学生独立自主获取相关知识和独立思考为主。

由于燃烧现象过程规律复杂的特点及课程时间的限制,要让学生短时间达到学科前沿并得到创新性的研究成果既不现实也没必要。因此,在自由探索环节,设想通过让学生就某一燃烧相关问题制订一个完整研究方案的方式来训练其创新能力和创新精神。学生在完成研究方案的过程中需要就课题的研究背景、研究方法及手段、研究路线、重点难点等查阅相关文献资料并进行消化吸收。例如,就如何将低煤粉锅炉飞灰含碳量的研究制订研究方案,就需要学生思考哪些因素会影响锅炉飞灰含碳量;采用实验方法还是理论模拟方法来解决;如果采用实验方法解决,如何制订实验方案,如何测量飞灰含碳量;如果采用模拟方法解决,应采用什么模拟软件;采用何种模型⋯⋯在这个过程中,既培养了学生的独立思考能力和创新性,又提高了学生自主获取知识的能力。该部分的考核主要通过学生的研究方案报告、支撑材料及课堂展示效果等来评价。

4 结 语

传统的燃烧学课程教学已经不能满足新时期社会及毕业生的需求,应当在课程内容上强化对燃烧基础理论部分的掌握,为学生未来发展提供充足动力;在教学方法上应改变以往主要依靠课堂讲授为主的模式,采用研究性教学为主和鼓励学生自由探索及个性化发展的策略;在考核方式上应采用闭卷考试与研究报告、研究方案和课堂讨论及展示等多种评价方式结合的方式来完成。

参考文献

[1] 杨晓曦. 工程燃烧原理[M]. 东营:中国石油大学出版社,2008.

[2] Turns S R. 燃烧学导论:概念与应用[M]. 姚强,李水清,王宇,译.3 版. 北京: 清华大学出版社,2015.

[3] Glassman J, Yetter R A. Combustion[M]. 4th ed. Amsterdam: Elsevier, 2008.

[4] 刘宁,王中铮,舒歌群,等. 创新精神与工程能力的培养[J]. 天津大学学报(社会科学版),2002,4(4): 398-401.

研究方法与前沿技术课程联合建设与改革实践探索

梁兴雨，王天友，卫海桥，谢辉，高文志

（天津大学 机械工程学院）

摘要：方法的掌握是学生阶段所必备的基本科研素质，研究方法论课程作为一般研究工作的程序性内容，多数属于通用化方法的介绍，缺少结合专业特点的技术内容的介绍，课程内容固定，授课方式呆板，无法有效调动学生的学习积极性。将研究方法课程与前沿技术课程相结合，将研究方法融入前沿技术介绍中，提高学生学习研究的效率和质量。学生在学习学科前沿知识的同时，也了解了前沿技术所采取的方法，增加了课程的生动性、趣味性和实用性。

关键词：研究方法；前沿技术；联合课程

与西方发达国家相比，我国高等教育培养人才的研究能力和创新能力相对薄弱。究其原因，我国高等教育在过去相当长一段时间里只重视对学生学科知识的教授，却在很大程度上忽视了对其从事研究的方法和规范的培养。一个具体的表现是：很少有高校开设"研究方法论"课程，这大大影响了学生从事研究的效率以及研究成果的质量，所以有必要在高年级本科阶段以及研究生阶段有针对性地开展与"研究方法论"相关的课程学习。

为此，将研究方法与前沿知识相结合，开展课程联合建设就显得十分有必要。联合课程的建设目标是向新入学的研究生系统讲授从事科学研究工作的一般程序、方法和规范，通过对典型学术论文进行讨论及评述，使研究生掌握学术论文写作技巧；通过开展模拟开题及学术报告等活动，提高学生口头表达能力及PPT制作水平。同时，相关内容的介绍是在学科前沿知识的介绍过程中有效结合和穿插讲授的，学生在学习学科前沿知识的同时，也了解了学科前沿技术和研究前沿技术所采取的方法等。

1 课程联合建设构想

在本课程设立之前，学科聘请多位教授为学生开设了前沿技术讲座，分别介绍各自领域的最新研究成果，开拓学生的眼界和学识。

设立本课程之初，各位教授表现出了高度的积极性，结合科研内容为学生讲授最新的知识和各自的研究体会，分享研究心得。各位教授中，有的教授结合多年来内燃机气道设计及开发过程中的研究方法为同学们讲授了自己的科研心得；有的教授围绕工作中的研究方法，总结并分享给同学们；另外有些教授从科研过程入手，系统地讲述了科研的步骤和研究过程中的科研体会；还有部分教授从科研道路设计与同学们分享了研究过程的苦与乐。

经过探索和实践，各位教授的工作热情十分高昂，对科研的体会也各具特色，但有一些内容上的重复；目前的教学体系虽然能够结合科研实际为同学们提出指导思想，但有些内容过于专注于研究工作，普遍适用性并不高。为此，本文结合学科拥有的资源和学科特色，针对本课程提出了教学改革要求。

2 课程联合建设举措

参考各兄弟院校研究方法论课程的教学特色和本学科的实际情况，拟从教学内容和评价体制上开展教学改革工作，将常用的研究方法融入前沿技术的介绍中，使学生在听取前沿技术的同时，也能够了解如何开展这样的研究工作。一般的研究方法包括学术道德规范、选题过程、文献综述、科技论文写作及投稿和口头表达五个方面。为了提高学生的写作水平，将图表制作单独列为实例进行讲解。基于以上五个方面所开展的研究方法总结，以及在各位教授的前沿技术报告中穿插相关的主题报告及经验交流，目的在于增进学生对科研工作的

整体认知并培养学生的基本科研能力。具体的结合方式(见图1)如下:

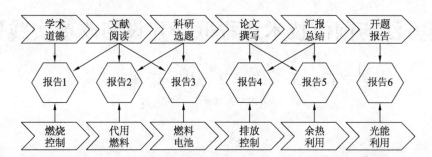

图1 联合课程建设思路

报告1围绕学术道德讲座,引出国内外典型学术造假案例进行分析,进而延伸到本领域所出现的类似情况。在此基础上,通过分析相关文献,列举有关论文造假的严重性。最后,结合论文查重方法,讲解文献阅读的方法,进而引入到前沿技术的报告中。

报告2主要授课内容为代用燃料技术。教授通过能源与环境的短缺问题引入话题,讲授了发展代用燃料的重要性。通过文献检索的方式,为学生展示了不同种类代用燃料的研究热度及研究时代。在此基础上,讲解了如何有效地进行代用燃料方面的科研选题,以及结合研究工作讲解了最新的研究进展。

报告3与报告2类似,结合研究历史和能源环境大趋势,分析了燃料电池的发展之路。在文献总结的基础上,针对如何开展有效选题进行了集中讲解,重点分析了不同燃料电池技术的未来趋势和发展前景,并对本学科教授所从事的燃料电池技术进行了前沿进展的讲解。

报告4属于成果总结类报告,重点关注的是如何将研究过程中得到的实验结果进行论文撰写,通过数据分析与处理、论文撰写与投稿,讲述了将研究成果发布到更高水平的期刊上的方法。

报告5重点关注余热利用研究领域。主讲教授结合自身科研报奖经历,为同学们演示了如何做好PPT,如何进行汇报演讲,并结合余热利用科研进展讲述了制作PPT对研究工作汇报的重要性。

报告6相对独立,从开题报告的写作方法和写作要求入手,讲述了开题报告对研究的重要性,并结合光能利用的研究进展,展示了好的选题和开题对研究的作用。

3 课程联合建设效果

上述各个报告分别结合科研特点和研究方法,为学生们呈现了研究方法的重要性,使同学们了解科研方法的同时,也接触到了学科各个方向的前沿进展。通过这次改革和实践,学生们对研究方法有了更清晰的认识,取得了较好的教学效果。

为了掌握学生学习情况,及时地为课程建设提供意见和建议,在改革前和改革后,分别进行了同一套问卷的调查。问卷共分为15个问题,主要针对这门课程设置的内容、课程难易程度、考核体系以及对科研是否具有帮助等问题展开调研,具体结果如下。

3.1 课程设置方面

这方面共有三个问题,分别是对此课程的总体组织安排的满意度、难易程度满意度以及考核体系满意程度。针对这三个问题,设置的选项为单选:A. 不满意;B. 一般;C. 满意;D. 非常满意。从调研数据可知,学生对此课程的总体组织安排调查满意度超过89%,对课程的难易程度满意度超过76%,课程的考核设置满意度为72%(见图2)。相比于2017年的数据56%,68%和54%,三项满意度分别提高了33%,8%和18%。

分析其中原因,在总体组织安排上,课程设置将研究方法与前沿进展相结合,调动了学生学习的积极性,学生乐于在此类课程中接受知识传授。而在难易程度上,由于教师及前沿进展部分内容没有变化,学生对于新知识的接受程度没有太大变化,所以难易程度并未发生明显波动,仅提高8%。而在考核模式上,2018年与2017年相比,增加了关于专利的撰写要求,而原有的文献阅读作业和开题报告作业仍然保留和传承,所以考核体系满意度有所提高,但提高幅度不大。

2019年全国能源动力类专业教学改革研讨会论文集

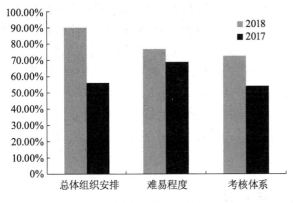

图2 课程设置调研结果

3.2 课程学习方面

在课程学习中,共设置了三个单选题,分别是:能否一直对此课程保持较高的学习积极性和兴趣,对您的科研工作是否有帮助以及倾向于哪种课程考核方式。调研结果如图3所示。这三个题目中,对于学习兴趣的回答中,有94%的同学基本上能够保持良好的学习积极性,比2017年的调研结果高4%。而对于是否有助于科研工作的问题,认为此课程对科研有较大帮助的同学大约占76%,认为帮助一般的占20%。而2017年对此问题的回答中,认为有较大帮助的仅占44%,认为一般的为48%,说明本年度的课程得到了大多数同学的认可。

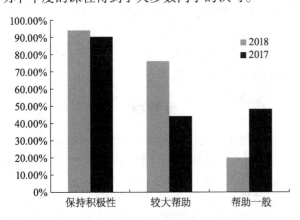

图3 课程学习效果调研结果

在关于课程考核方式的选择上,2018年,17%的同学认为应该开展PPT交流;74%的同学认为应该是老师布置作业,学生提交作业由老师进行评价;还各有4%的同学认为应该由同学评价或开展笔试进行考核(见图4)。而这一调研在2017年的情况是,有31%的同学认为应该以PPT交流的方式进行考核;有31%的同学认为应该是老师布置作业,学生提交作业由老师进行评价;认为采用作业展示,同学评价的比例高达27%;另外还有10%的

同学认为应采用笔试或其他考核方式。从上述情况来看,考核满意度评价的变化与同学们期待发生考核方式变化有关。在2017年曾举行PPT作业交流,同学评价,所以很多同学认为此模式会有助于课程理解;但2018年由于课程调整,PPT交流并未举行,但仍有很多同学期望采用PPT交流的方式进行考核。所以在后期工作中,将恢复PPT交流模式进行作业考核。

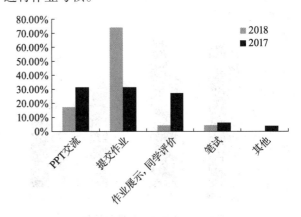

图4 课程考核方式调研结果

3.3 学习课程目的

在学习这门课程的目的上,共设置了三个问题。分别是:课程目的,课程中的收获以及改进课程的建议。这类问题都是多选题,学生们可以针对所列选项选择一项或多项。所以这类问题的设置,主要是为了了解学生对此课程的期望和建议。

针对学习目的这一问题,在2018年的调研中,同学们选择此课程主要是为了拓宽知识面,其次是对专业知识的补充和了解研究工作如何起步和开展,这三个方面超过50%的同学都进行了勾选,说明同学们对于知识的渴望高于其他方面(见图5)。在2017年的调研中,上述三个方面也是同学们的学习目的,虽然勾选比例比2018年低,但也都超过了50%。

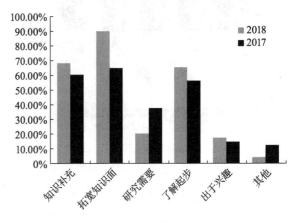

图5 课程学习目的调研结果

而学完此课程的同学的主要收获是拓宽了视野,其次是获得了开展科研工作的方法,认为补充了专业知识和提供了科研信息排在了最后(见图6)。而在2017年的调研中,学生们的主要收获也是拓宽了视野,补充了专业知识和提供了科研信息,但获得科研方法这一选项仅有37%的同学勾选,说明本年度的课程改革使同学对科研方法有了更清晰的认识。

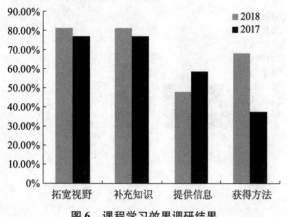

图6　课程学习效果调研结果

针对课程后续工作的建议方面,设置的选项包括增加关于科研选题的知识、增加关于研究方案设计的知识、增加关于研究资料的收集整理和数据获取的知识、增加关于数据处理和分析的知识、增加关于论文撰写的知识以及其他方面。从2018年的调研结果来看,这几个方面都有差不多一半的同学觉得应该加强,尤其是数据处理方面和论文写作方面(见图7)。

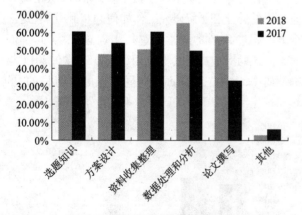

图7　课程学习建议调研结果

而在2017年的调研中,学生们觉得应该加强的是选题知识、资料收集整理和方案设计内容。调研结果的差异与课程设置的不同有很大的关系,2017年更注重知识的传授,对于研究方法并未重点关注;而2018年将将研究方法与前沿知识结合后,学生对于选题知识的关注度减小了,细节方面的问题更加吸引学生的注意,这也是后期工作的重点方向之一。

4　结　语

经过两年的探索与实践,对于研究方法与前沿技术课程联合教学的改革已经取得了一些进步,但仍有几个方面需要改进,总结如下:

(1)研究方法论应结合科研实际进行教学,密切结合学科热点与前沿技术,这种教学方法可以增加课程生动性、趣味性和实用性;

(2)课程内容设置上需要增加关于数据处理和图表制作的内容,提高论文写作水平和技巧,有利于提高学生的综合能力;

(3)期刊的投稿要求和论文评审后的修改也需要增加在本课程体系中,学生进入高年级后出现这方面的问题,学科教授也会及时跟踪并解决,将本课程延伸到学生培养的全过程;

(4)课程的考核体系需要进行较大的改进和提升,密切结合课程内容设置作业,将课后作业与课堂内容有效整合,提高课堂学习效果。

参考文献

[1]　兰国帅.21世纪以来国际教育技术研究热点与前沿——基于18种SSCI期刊的可视化分析[J].开放教育研究,2017,23(2):92–101.

[2]　储节旺,钱倩.基于词频分析的近10年知识管理的研究热点及研究方法[J].情报科学,2014,32(10):156–160.

[3]　张伟刚.科研方法导论[M].北京:科学出版社,2009.

基于"雨课堂"的传热学课程教学初探

葛坤，王佳琪，李彦军，杨龙滨，孙宝芝，宋福元

（哈尔滨工程大学 动力与能源工程学院）

摘要："雨课堂"是由清华大学基于移动互联网和大数据研发的一种智能教学工具，将传统的单向输出模式转变为双向互动模式，增强教学吸引力、激发学生的学习兴趣、提高学生的参与性、打破学生学习的舒适区，实现素质教育目的。本文主要研究"雨课堂"在传热学课程教学中的应用，针对传统教学中的弊端，提出基于"雨课堂"的改善方案，对今后传热学的教学工作起到积极推动作用。

关键词：传热学；雨课堂；教学改革

传热学是研究热量传递规律的科学，是热工专业最重要的基础理论课之一，可广泛应用于航空航天、油气开采、核反应控制、环境安全等领域，并与流体力学、工程热力学等课程相互渗透结合。我校目前传热学课程是两个自然班一起授课，人数大致在60人以上，针对大班授课，传统的教学方式必然存在诸多不足；同时，由于传热学课程具有理论性强、概念多、推导复杂、课时量大等特点，使得学习难度较大。因此，如何灵活地利用教学手段激发学生兴趣、集中学生注意力、调动学生学习的主动性和积极性，对提高高校教学质量及人才培养至关重要。

雨课堂是清华大学和学堂在线共同推出的新型智能教学工具，通过连接师生的移动终端，将课前—课上—课后的每一个环节都赋予了全新的体验。相对于传统的老师讲学生听的单向输出模式，"雨课堂"增加了许多师生互动的环节，例如在线答题，答题投稿，弹幕提问以及随机点名等功能，目的是让学生不仅仅坐在教室中，而是积极地融入整个课堂教学中，提高参与度，主动思考并讨论。

1 雨课堂在传热学课程教学中的应用

课前，授课老师可以针对每节课的内容简单制作相应的PPT课件或者简短的小视频，同时配上自己的语音和问题，通过雨课堂推送给学生，让学生在课前的零散时间里初步了解下节课的课程内容；或是基于老师提出的问题，带着问题上课。比如在讲"沸腾传热的模式"一课时，通常是老师针对大容器饱和沸腾的曲线图一部分一部分地讲述解释，非常晦涩，不够直观，且由于该部分的重要性，书中会有大段的文字需要学生掌握，这就使学生陷入死记硬背的模式中，既不易于理解，也不易于掌握。如果课前将莱登佛罗斯特效应的小视频或者一道问答题，如"两滴完全相同的水滴在大气压下分别滴在表面温度为12 ℃和40 ℃的铁板上，试问滴在哪块铁板上的水滴先被烧干，为什么？"通过雨课堂发送给每个学生，学生可以自行上网查找答案，获取正确答案上课时和老师讨论。或是独立思考推理，课上同老师的分析进行比较，针对不同的知识点也可以有不同的理解，使学生大胆地发表自己的想法，经过辩论加深对知识理论的理解。通过分析问题、解决问题的过程，将学生引入到课堂问题答案的寻找中，极大地提升了学生的课堂参与性和学习主动性。

课上通过扫描二维码就可以进行签到考勤，既省时又省力。在授课的同时也发布了课件，针对每页PPT，学生都可以利用"不懂"和"收藏"对相应部分内容进行自我评估，老师也可以看到数据推送及时发现对应部分内容学生的掌握情况。"弹幕"功能也可以让不喜欢举手发言表达自我观点的同学以吐槽的形式把自己对该部分的理解和疑问投影到大屏幕上，老师可以用简短的几句话进行解释，及时解决问题，消除疑惑，若需要大篇幅讲解，可以课下进行讨论；也可作为老师的参考，下次讲解同

样内容时应注意强调哪些知识点。传热学授课时会经常让学生现场答题,如热传导部分绘制物体内温度分布图、热对流部分对流传热系数分布图或者换热器部分顺逆流排列时进出口温度分布图等。传统的教学模式中,常会有一部分同学不在课堂氛围内,不答题也不说自己不会,老师在讲台上也不清楚每个学生掌握的情况;而使用雨课堂的"投稿"功能,就可以收集到每位同学绘制的分布图,学生只要将自己完成的答案拍照上传即可,老师可以及时收到反馈,也可以选取典型的错误答案投影到大屏幕上与学生一同讨论,避免普遍性的错误,提高学生的参与性,增加抬头率,增强课堂趣味性,充分激发学生对传热学的学习热情,发挥学生的主观能动性。

课下利用雨课堂就课堂测试及课后作业情况进行数据采集分析,量化学生学习情况,帮助教师精准掌握学生学习的难点、弱点,有针对性地在下次上课时及时补充相关知识点。同时,学生可以在课下通过雨课堂就课上重点、难点、疑点向老师提出问题,对于探索性问题也可以与老师进行讨论,实现个性化教育、拓展创新思维。

2 结 语

传热学是一门理论性很强的专业基础课,按部就班的授课方式很大程度上会使得学生游离在课堂之外,雨课堂新型教学工具的引用建立了师生及时有效沟通的桥梁,最大限度地将"传授"和"学习"紧密地联系在一起,使学生及时得到答疑、难点解决以及易错点排除,提高了学生的参与性、主动性,拓展了学生的创新思维,培养了学生自主分析问题和解决问题的能力。

参考文献

[1] 何雅玲,陶文铨. 对我国热工基础课程发展的一些思考[J]. 中国大学教学,2007(3):12-15.

[2] 周海晶,唐天聪. 移动学习背景下基于雨课堂的翻转课堂教学研究[J]. 西部素质教育,2019(4):111-112.

[3] 刘勇,尹龙军,郑继明."雨课堂"在高等数学课程大班教学中的应用实践[J]. 科学咨询,2018(6):93-94.

[4] 杨世铭,陶文铨. 传热学[M]. 4版. 北京:高等教育出版社,2006.

能源与动力工程专业实践教学改革与创新探讨

郑煜鑫,党文涛,李洋

(西安航空学院 能源与建筑学院)

摘要: 本文首先介绍了能源与动力工程专业培养要求及目标,剖析了目前教学中存在的"就业难""重科研,轻教学"和"课程设置不合理"问题,明确了课程教学改革的重要性和紧迫性,并分别从改革教学方法,加强实践环节、培养创新实践意识,重视培养学生的人文素养和建立合理的教学评价体系等方面对课程改革进行了讨论分析。通过教学改革,不仅提高了学生学习专业课的兴趣和主动性,而且锻炼、培养了学生的创新实践能力,同时还促进了教师教学水平的提高。

关键词: 能源与动力工程;教学改革;实践与创新

1 能源与动力工程专业培养要求及目标

能源与动力工程专业主要培养能源转换与利用和热力环境保护领域具有扎实的理论基础,较强的实践、适应和创新能力,较高的道德素质和文化素质的高级人才,以满足社会对该能源动力学科领域的科研、设计、教学、工程技术、经营管理等各方面的人才需求。学生应具备宽广的自然科学、人文和社会科学知识,热学、力学、电学、机械、自动控制、系统工程等宽厚理论基础,热能动力工程专业知识和实践能力,掌握计算机应用与自动控制技术方面的知识。

2 教学改革的重要性

近几年来,随着我国高等教育招生规模扩大,在校大学生人数剧增。教学质量问题成为社会舆论和新闻媒体讨论的一个热点。此外,高等学校教学质量问题常受全社会和中央领导关切。《教育部关于中央部门所属高校深化教育教学改革的指导意见》(教高〔2016〕2号)指出:深入推进高校创新创业教育改革,其中包括改革教学方式方法,广泛开展启发式、讨论式、参与式教学。《国家中长期教育改革和发展规划纲要(2010—2020年)》指出:全面推进教育事业科学发展,立足社会主义初级阶段基本国情,把握教育发展阶段性特征,坚持以人为本,遵循教育规律,面向社会需求,优化结构布局,提高教育现代化水平。

目前,教师反映现在教学质量的问题多属学风方面的,主要有:学习不用功,比较浮躁、主动性差,不够刻苦;上课迟到、玩手机、不做不交作业、抄袭或代做作业现象较多;沉溺于上网玩游戏的不是个别现象。授课方面,教学内容陈旧、不够前沿,不少教师讲授方法平淡、呆板,还是满堂灌,缺乏吸引力,师生互动少。造成这些现象的原因主要有以下几个方面:

(1)大学生读书贵、就业难、薪酬低,收入抵不上从事简单劳动的体力劳动者。由于庞大的教育成本只置换来相对较低的回报,造成人们对读书的现实功效持否定与怀疑态度。受教育的高成本、高投入与严峻的就业现实之间存在矛盾,所学无处用,所用非所学,部分人奉行"读书无用论"。这些

导致部分学生入校便开始从事各种各样的兼职,如开网店、送快递等,全身心投入学习的学生也随之减少。

(2)在我国高校教师职称评价体系中,普遍以科研成果为主要评价指标,"重科研,轻教学",导致高校教师把大部分精力都集中在科研工作上,而忽视了教学本质、教学理念和教学原则。更有甚者,以敷衍的态度进行教学,照本宣科,讲课过于生硬,上课的气氛缺少生机,成为"填鸭式"课堂,知识主宰着课堂,老师成了知识的权威,学生成了知识的"容器",教学过程成了"复制"知识的过程,以至于很多学生都觉得大学课程"没意思"、枯燥难懂。

(3)学校专业设置和课程设置存在不合理,只是一味地进行课程教学,而忽略了实践环节,导致学生"纸上谈兵",同时很难将前后所学知识联系起来,也容易造成"只见树木,不见森林",使学生不能很好地掌握设备的工作过程。很多大学生走上工作岗位后眼高手低、动手能力差,最终导致专业设置和课程内容与社会需求脱节。用人单位曾形象地说:"我们要的是馒头,学校培养出来的却是蛋糕。"这和学校课程设置重理论、轻实践不无关系。现有培养方案基本上是在学科导向教育背景下构建的,在不同程度上存在"十化"倾向,即培养目标空泛化、知识结构学科化、能力培养片面化、创新教育奢侈化、通识教育常识化、专业教育功利化、实践教育初级化、课程设计知识化、课程配置简单化、第二课堂边缘化。

鉴于此,为培养具有较强的实践、适应和创新能力,具有较高的道德素质和文化素质的高级人才,以满足社会对能源动力学科领域的科研、设计、教学、工程技术、经营管理等各方面的人才需求,就必须要以科学发展观为指导,对"汽轮机原理"课程教学进行改革和创新。

3 教学改革与创新的措施

3.1 改革教学方法

教师的教学应以课堂教学为轴心,教师应使课堂教学富有知识性、趣味性,语言要有激发性,更要有激情;教师应将灌输课堂改造为对话课堂,使学生置身于特定的情境中,形成一定的情感基调,从而实现知识的对话、思维的对话和心灵的对话。

首先,应采用引导式教学,充分发挥学生的主观能动性。叶圣陶先生曾讲:"教师之为教,不在全

盘授予,而在相机诱导。必令学生运其才智,勤其练习,领悟之源广开,纯熟之功弥深,乃为善教者也。"任课教师应根据教学内容设置思考问题,让学生课前自行预习,提出自己的见解与问题,并在课堂上以小组形式进行讨论,让学生带有极强的目的性和求知欲进行学习,最大限度地参与到教学中,提高学生分析问题、解决问题和运用知识的能力。孔子曰:"学而不思则罔,思而不学则殆。"思是学的催化剂和动力源,爱因斯坦曾言:"学习知识要善于思考、思考、再思考,我就是靠这个方法成为科学家的。"因此,只有独立思考,才能融会贯通,才能有创新、有发展。

其次,在教学过程中应采用板书与多媒体相结合。该专业课程包含大量的理论公式和专业设备。对于理论公式,应尽可能以板书的形式进行逐步推导,以强化学生的理解和记忆。但如果只采用板书形式,学生会厌倦抽象和烦琐的数学公式及理论,容易使学生处于理论的"云雾"中,不知教师所云,从而失去学习本课程的兴趣。而对于设备的工作原理,如再热蒸汽系统、抽汽回热系统、凝结水系统、疏水系统、工业水系统、轴封加热系统、辅助蒸汽系统、DEH 调节油系统等,应采用多媒体的形式进行动态演示,让学生对系统设备有一个整体的认识。同时,在课堂教学时对设备主要部件进行模拟拆装,使抽象的工作过程变得直观、生动、形象,使学生清楚认识各个部件之间的耦合机制,并在多媒体教学中结合实物模型进行启发式教学,通过课堂讨论,活跃课堂教学氛围,激发学生的学习兴趣,增强学生的空间想象力,大大降低教学难度,提高教学质量和教学效率。因此,在教学环节中应采用板书与多媒体相结合的形式。

此外,应充分利用网络资源,面向互联网,发挥翻转课堂、慕课、微课的作用,扩展学生的求知空间,培养学生利用信息技术自主学习的能力。同时,在教学中应将专业知识与现实生活紧密联系,以实际生活现象为例,使课堂更加生动,而且便于学生理解和加深记忆。此外,知识蕴含着丰富的情感,凝结了人类认识过程所体现出的情感,又记载和描绘了大千世界的深邃奇妙和绚丽多彩,只有将知识课堂转化为情感课堂,只有倾注了感情,才能使学生感受知识的生命,才能使学生领悟知识的美。

3.2 加强实践环节,培养创新实践意识

实践教学是高等教育的重要环节,在培养学生的动手实践能力方面具有理论教学所不可替代的作用,在培养学生的创新能力方面也有较强的优势。以本专业为例,汽轮机作为现代火力发电厂中应用最广的原动机,其本体和辅助系统十分复杂,专业性及实用性极强。从科学发展的角度出发,高校应完善教学改革的目标,重视培养学生的实践能力及创新能力,提高学生的综合素质。主要从以下几个方面入手:

(1) 在教学过程中应由培养单一的教学型人才扎实地向培养科研、生产实践一体化的"创新"型人才顺利转变。如果只是一味地进行课程教学,而忽略了实践环节,则容易导致学生"纸上谈兵",同时很难将前后所学知识联系起来,也容易造成"只见树木,不见森林",使学生不能很好地掌握设备的工作过程。因此,在进行理论教学时,要围绕"素质、能力、创新"三要素,提升实践教学设置的层次与水平,加强实践环节。增强"主动性实验"的理念,增设综合性、设计性和探究性实验,让学生能够在"做中思"和"思中做"。要将实践性较强的一些理论课程(或部分教学内容)改造成实践导向学习的课程(或教学内容),让学生能够在"做中学"。同时要加大实践教学学分设置的比例,加强实验室和实训基地建设,丰富实践教学资源。提倡理论课教学增设课外实践训练要求,如通过认识实习和生产实习,让学生对发电厂的主要设备布置、工作原理及各部件之间的耦合关系有一定的感性认识。

(2) 根据所学知识,引导学生自行设计小型实验,实验方案和实验步骤完全由学生自行设计,让学生主动查阅相关文献,锻炼其动手能力和实际操作能力,并对实验每一环节进行及时交流和讨论,培养学生综合运用知识的能力和分析问题的能力,同时进一步加深学生对基础知识的理解。例如凝汽器循环出水温度升高,造成这一现象的原因众多,需要从进水温度升高、出水温度相应升高、汽轮机负荷增加、凝汽器管板及铜管脏堵塞、循环水量减少、循环水二次滤网堵塞、排气量增加、真空下降等多个方面进行分析,从而使学生对整个实验系统和目的了然于胸,增强学生的专业认知能力,使学生对知识的理解更加透彻。此外,鼓励学生积极申报各种学生科技基金,例如国家级大学生创新训练计划项目等。通过这一过程,学生将得到更好的锻炼,成果也会更为丰富。

(3) 高校课程设置应该贴近市场需求,遵循"行业指导、校企合作、分类实施、形式多样、追求卓越"的原则,着力提升学生的工程素质、实践能力和

创新能力,这将极大地增强学生的动手能力,增加学生的学习热情。同时,应准确把握社会对工程人才的需求。

3.3 重视培养学生的人文素养

当前社会普遍浮躁,急功近利,弄虚作假,造成学生缺乏诚信、不甘刻苦;走后门、拉关系,缺乏公平竞争的环境,又使学生丧失学习动力,缺乏学习兴趣。这些对学风、对学生的人生观和价值观产生了严重的负面影响。杨叔子院士曾说,文化素质教育作为高等学校实施素质教育的切入点和突破口,推进了教育思想观念和人才培养模式的改革和发展。但是人文教育与科学教育分离现象仍然严重,人文社会科学被边缘化的趋势比较明显。因此,在加强专业课教学时,应增加通识教育课程体系,确定通识教育核心课程。即传承我国丰厚的传统文化,弘扬中华民族的传统美德,秉承我国优秀的教育传统,重视对人文经典,特别是经典原著的研读。同时,注重加强校园文化建设,对学生的"三观"进行教育,激励学生树立远大理想、坚定崇高信念,摈弃"一切向钱看""读书无用论"的错误观念。这也是学校发展的灵魂,是凝聚人心、展示学校形象、提高学校文明程度的重要体现。人文学科知识具有特殊的功能,如果能很好地掌握,则有助于个人理智、道德、情感及各种能力的成熟。健康、向上、丰富的校园文化对学生的品性形成具有渗透性、持久性和选择性,对学生的人生观、价值观产生着潜移默化的深远影响,而这种影响往往是任何课程所无法比拟的。只有树立起为实现人生价值、报效祖国而学习的远大目标,才会自觉地把个人目标与国家的发展紧密结合起来,并落实到具体的学习中,成就人生的辉煌。

3.4 建立合理的教学评价体系

教学评价体系是指挥棒,与每位教师、每名学生息息相关。指挥棒用得好,科学合理,张弛有度,则师生满意。指挥棒用得差,则教育入歧途,学生受损害,"片面追求"成风气。教师和学生之间围绕学习成绩与教学评价的互动博弈模式将导致两个负面的评估效果:一是学生虚报对教师教学努力和质量的评估,导致教学评价呈现严重偏态分布;二是教师"考试放水",学生成绩普遍虚高,也呈现偏态分布。通过改革课程评价方法,加大教学工作奖励力度,开展各类教学新方式(如微课)竞赛,扭转高校"重科研,轻教学"的风气,使高校教师重视教学工作,回归教学本质。这样才会激发广大教师改革教学方法的积极性,使课堂生动有趣,增强学生的学习兴趣,促进学生的创新思维和个性发展。

4 结　语

本文针对能源与动力专业的教学质量和课程改革进行了深入分析,论述了目前课堂教学中存在的问题,明确了课程改革的重要性。通过改革教学方法,加强实践环节、培养创新实践意识,重视培养学生的人文素养和建立合理的教学评价体系等改革措施,能够激发学生的学习兴趣,培养学生的动手能力。但是,教学改革是一项长期任务,如何更有效地改善教学效果,仍有待进一步探讨。

参考文献

[1] 王新军,李亮,宋立明,等.汽轮机原理[M].西安:西安交通大学出版社,2014.

[2] 冯亮花,刘坤.汽轮机原理课程教学方法研究与实践[J].中国冶金教育,2011(6):23 - 25.

[3] 李志义.适应认证要求推进工程教育教学改革[J].中国大学教学, 2014 (6):9 - 16.

[4] 郑延福.本科高校教师教学质量评价研究[D].徐州:中国矿业大学, 2012.

[5] 王义遒.对当前高等学校本科教学质量的一些看法[J].中国大学教学, 2008 (3):4 - 14.

[6] 张帆.科学发展视角的大学食品学科教学改革与创新探讨[J].中国科教创新导刊, 2011 (22):19.

应用型本科院校能源与动力工程专业建设的探索与实践

——以苏州大学文正学院为例

魏琪，施盛威，邹丽新，黄新

（苏州大学文正学院）

摘要： 专业建设是提高应用型本科院校人才培养质量的关键问题。随着我国对节能减排政策的不断深化，能源与动力工程专业的重要性日益凸显。根据国家能源发展战略和社会对人才的需求，对应用型本科院校能源与动力工程专业培养节能与能源管理人才进行了探索。对专业定位、建设思路、建设措施以及后期建设规划进行分析，提出应用型本科院校能源与动力工程专业建设，应以地方经济为依托，培养从事节能与能源管理工作的人才，所开设的课程应加强学生的节能意识，为能源与动力工程专业毕业生从事节能与能源管理工作提供基础。

关键词： 能源与动力工程；专业建设；节能；能源管理

2010 年颁布的《国家中长期教育改革和发展规划纲要（2010—2020 年）》明确提出建立高校分类体系，实行分类管理，要引导高校合理定位，形成各自的办学理念和风格，在不同层次、不同领域办出特色。这就指明各级各类高校要明确办学定位，确定自己的个性化发展目标，发挥各自专业领域的优势，办出自己的专业特色。

应用型本科院校（含独立学院）大部分是在我国高等教育大变革、大发展背景下应运而生的。她是母体大学积极推进教育创新、大胆探索和实践高等教育多元化发展新路径的产物。例如，苏州大学文正学院在 1998 年 12 月经江苏省教育委员会批准成立，时为公有民办二级学院，并于 2005 年获准改办为独立学院。2012 年 8 月，经省政府批准，学院在省内独立学院中率先由民办非企业登记为事业法人单位。学院将改革创新作为事业前进的指导思想，将尊重学生的个性发展作为教育教学的基本前提，将多元化人才培养作为坚定不移的中心工作，充分依托苏州大学的优质资源以及长三角地区的区位优势，为经济社会发展输送优秀的应用型本科人才。学院能源与动力工程专业是 2009 年伴随着我国对节能减排政策的不断深化发展设置的，专业建设以地方经济为依托，培养从事节能与能源管理工作的人才，经过近 10 年的建设和沉淀，积累了一定的经验，在此和大家共享。

1 专业定位与建设思路

我国是能源消耗大国。作为人口众多、资源匮乏的国家，近年来国内经济的快速增长对能源供给的压力很大，重要能源资源短缺对经济发展的制约进一步加剧。我国的能源利用效率与世界先进水平相比存在较大差距，不少地方存在粗放式使用的情况，很多能源没有得到有效利用而造成浪费。这种能源消费方式使能源供给进一步恶化，对人类居住环境也造成了严重污染。节约能源是我国建设节约型社会的首要措施。

从 1979 年开始，我国就有计划、有组织地开展了节能工作，但近 40 年来节能事业起伏不定。这种状况固然与国家的经济发展战略、能源供需形势等因素有关，但缺少一支精通节能技术、熟悉节能管理、事业心强的高素质人才队伍是一个重要因素。我国开展节能工作的软肋表现在从事节能与能源管理的人才严重不足，尤其是具有专业基础的创新性、应用型人才稀少，已成为实现我国节能目标的瓶颈问题。

由于节能的领域多、范围广、涉及学科多，因此节能人才的培养中存在不少困难。企业所需的节能人才最好是多面手，既懂"热"和"冷"，又懂"电"，还懂能源管理。但是，作为一个本科专业，需要有一个相对完整的知识体系。另外，各个行业有不同的生产流程，培养一个通用的节能人才也是不现实的。

因此，如何适应社会需求、进一步加强节能人才的培养是一个需要不断探索和持续关注的问题。高校是培养人才的主要基地，相关专业可以和企业紧密结合，结合专业的学科背景和依托行业的特点进一步探索节能专业人才的培养模式和途径。

苏州大学文正学院能源与动力工程专业定位为：面向江苏省，特别是苏州市及周边地区对能源类专业人才的需求，以贴近市场和服务地方建设为理念，以培养厚基础和强实践的创新性、应用型人才为目标，以实践能力和创新能力的培养为重点，培养具有扎实的专业基础、较强的实践能力和良好的社会责任感，能在能源和动力工程领域从事节能与能源管理工作的"现场工程师类"人才，为江苏省特别是苏州市的经济和社会发展提供强有力的人才支撑和智力支持。

2 构建节能与能源管理应用型人才培养体系

学院能源与动力工程专业理论课程体系采用模块化设置，分为公共基础课模块、专业基础课模块、专业课模块和专业选修课模块。前3个模块构成了能源与动力工程专业的基础知识体系，为学生继续深造和进行能源动力方面的技术应用奠定了理论基础。专业选修课模块根据苏州及其周边地区对节能与能源管理应用型人才的需求设置了相关课程。

专业基础课程及专业课程主要包括工程热力学、工程流体力学、传热学、锅炉原理、动力机械基础、流体机械、热力发电厂等。与常规能源与动力工程专业的区别在于增加了特别针对节能与能源管理的课程模块。该模块包含6门课程，共计9个学分。课程包括节能和环境保护、空气调节、制冷技术、热泵技术、能源管理工程及太阳能利用技术等。这些课程有的侧重技术层面，有的侧重能源管理技术和经济分析层面。除了节能与能源管理专业方向的选修课程之外，学生还可以从其他专业方向中选修一些课程，例如热能工程测量技术、可再生能源发电技术等。

现代科学技术的发展，加快了学科交叉的步伐，为了适应企业所需的能源利用、能源管理人才最好是多面手，既懂"热"，又懂"电"，特别是能掌握一些能源行业中智能化管理的知识。培养计划中还增加了单片微型计算机原理、智能仪器原理与设计等课程供学生选修，以拓宽学生的知识面。作为课程设置改革创新的尝试，学院开设了行业专家系列讲座课程，由行业专家做专题讲座，能源专业的学生选课踊跃。这些讲座丰富了学生的知识，拓宽了学生的视野。

能源与动力工程专业在抓好课程体系建设的同时，加强专业实验室建设，目前除普通物理、电子技术实验室与其他工科专业共享外，已经建设完成流体力学、传热学、制冷技术与空调、换热器原理与设计、锅炉原理和设备等专业实验室。

毕业设计是教学过程的最后阶段采用的一种总结性的实践教学环节。通过毕业设计，能使学生综合应用所学的专业基础理论知识和专业知识，从事该专业的相关产品的设计与开发或利用所学知识从事专业相关的管理工作。学院能源与动力工程类本科生主要从事企业节能与能源管理工作。学院采用校企结合的毕业设计模式，充分利用企业资源，毕业设计的指导老师为学校的教师或企业的高级工程师，由企业导师与学校导师共同指导，以企业导师为主。毕业设计的题目主要是企业节能与能源管理方面的课题，如某德资企业纺织设备节能改造、中心供应站改造与节能设计等。在企业从事毕业设计的学生，由企业导师与学校导师共同指导，以企业导师为主。实践表明，这种方式激发了学生的学习兴趣，培养了学生解决实际问题的能力。

3 探索新形势下毕业实习形式及强化实践能力的培养

结合行业企业用人对毕业生实践能力的要求，实践环节穿插于整个教学过程，着重培养学生实践动手能力。前三年，学生的实践环节主要有包括认识实习、金工实习、制图测绘在内的基本技能训练，以及把课堂教学和工程实践相结合的课内实验、课程设计等专项技能训练。学生在掌握了扎实宽厚的能源与动力工程专业基础知识后，第四年有计划地到校外实习基地进行实习，包括专业方向实习和毕业实习，以提高学生综合运用所学知识分析和解决工程实际问题的能力。

毕业实习是能源与动力工程专业的一门必修课，近年来通过不断探索，该专业毕业实习有了一些新思路和新方法，主要有如下一些形式：

（1）参观见习型：这种形式的实习或见习，一般安排在第二、三学期,是让学生结合所学专业知识,通过参观学习,增长见识,了解企业与市场,从而使学生对自己今后的学习和就业有一个提前的认识。如学生到浙江力聚热水机有限公司参观(力聚公司是中国第一台真空热水锅炉的制造者,也是中国最大的真空锅炉制造企业)。学生通过参观了解了锅炉的原理,同时也了解了智能化控制在锅炉行业中的应用。

(2)生产劳动型:这种实习形式学生较辛苦,一般安排在第七、八学期。学生到企业后,一切听从企业的安排,通过一定的培训后,直接上流水线或生产岗位,和企业技术工人同穿工作服,同上下班,甚至加班。如学生到晶端显示精密电子(苏州)有限公司实习,学生通过3~4周的上岗实习,体会很深,收获很大。该企业虽然不是能源类企业,但是一个大型企业,需要能源管理的人才,能源专业的学生去实习正好满足他们的需要。待实习结束,根据双方的选择,有部分学生留在了企业。

(3)实习研究型:这是一种带课题的实习,一般也安排在第七、八学期。在学生学习了一定的基础理论知识后,鼓励学生参与科研活动。学生在导师的指导下进行一些小型课题研究。特别是在第七、八学期,学生毕业论文选题明确后,就鼓励学生按科研项目或论文选题联系指导老师,参与老师的科研项目,将此实践活动作为毕业实习的一种形式,学生既完成了毕业实习,同时还参与了老师的科研项目,培养了自己的科研能力,这类实习方法最适用于即将攻读硕士研究生的学生。

4 人才培养情况

能源与动力工程专业人才培养以服务区域经济和社会发展为宗旨、以就业为导向,培养节能与能源管理行业创新性、应用型人才,建成在省内有一定影响力的能源与动力工程专业节能与能源管理专业方向现场工程师培养基地,为苏州及周边地区节能发展起到支撑和推进作用。能源与动力工程专业2009年开始招收本科生,招生规模为1个班。多年来学生就业情况优良,一次性就业率在95%以上,主要就业行业为省内制冷、空调、汽车、太阳能和节能服务等行业,节能与能源管理专业方向的设立为这些学生提供了必要的基础知识和技能,有利于他们进入用人单位后尽快适应工作岗位。

科学的人才培养计划和创新的培养方法,使能

源专业的毕业生受到了企业的欢迎,许多学生现已成为企业设计主管或现场主管,得到了企业的一致好评。近年来每年应届毕业生中更有20%左右的优秀学生考取硕士研究生。

5 结 语

苏州大学文正学院根据国家能源发展战略需求和社会对人才的需求对高校培养节能与能源管理人才进行了探索。在能源与动力工程专业上设立了节能与能源管理专业方向,制订了专业方向培养方案,开设了兼顾技术和管理层面的专业选修课程,依托校园基本建设和科研项目建立了校内实践基地。所开设的课程得到了学生的欢迎,加强了学生的节能意识,拓展了学生的就业面,为能动专业毕业生从事节能与能源管理工作提供了基础。

专业建设是提高应用型本科院校人才培养质量的关键问题。应用型本科院校在师资、科研条件、实验条件等方面都受到很大的限制,因此专业建设就要根据地方经济发展,准确定位,进行课程体系和人才培养模式改革,在人才培养的过程中坚持能力培养的原则,优化课程体系,突出课程特色,使培养的学生学有所长、适应能力强、综合素质高,走出应用型人才培养的新天地。

参考文献

[1] 李庆刚,赖喜德,刘小兵,等."热能与动力工程专业"特色专业建设——培养方案的优化与应用型人才培养特色的体现[J].教育教学论坛,2013(6):262 - 263.

[2] 吴学红,袁培,吕彦力,等.能源与动力工程专业综合改革与实践研究[J].中国电力教育,2014(33):42 - 43.

[3] 朱群志,任建兴,郑莆燕,等.需求驱动的节能与能源管理人才培养探索[J].中国电力教育,2013(10):21 - 22.

[4] 张光学,王进卿,池作和.时代背景下热能与动力工程专业教学改革与创新[J].中国电力教育,2014(6):37 - 38.

[5] 陈威.关于能源与动力工程专业培养新工科人才的思考与探索[J].教育现代化,2018,5(49):35 - 36,61.

[6] 康灿.强化地方高校工程人才培养特色的途径与实践——以江苏大学能源与动力工程专业为例[J].大学教育,2019(4):152 - 155.

思维导图在流体力学课程教学中的应用

杨春敏

（中国矿业大学 电气与动力工程学院）

摘要：流体力学是工科专业的一门主要基础课程，这门课程内容多且相对抽象，具有比较强的概念性，还包含大量的比较繁杂的公式推导，通过课堂学习要完全记忆并运用所学知识点解决课程考试或实际工作中的工程问题对大多数学生来说比较困难。在近几年的课程教学中，作者尝试引导学生在学习过程中使用思维导图，应用于学生预习、课堂学习、课程复习等诸多环节，激发学生学习热情，取得了较好的教学效果。

关键词：流体力学；思维导图；深度学习

流体力学是能源动力工程、机电工程、安全工程、采矿工程、土木工程、消防工程、水文工程等多个专业的主要基础课程，同时也是一个在众多实际工程领域发挥着重要作用的学科。流体力学作为一门课程，内容多且相对抽象，具有比较强的概念性，还包含大量繁杂的公式推导，要完全记忆并运用对应知识点解决课程考试或将来实际工作中的工程问题比较困难，长久以来就形成了"流体力学难教、难学"的整体印象。在近几年的课程教学中，作者尝试带领学生将思维导图应用于课程学习中，鼓励学生在预习、课堂学习、课后复习备考等诸多环节根据自身情况绘制自己的思维导图，激发学生学习热情与主动性，取得了较好的教学效果。

1 思维导图

1.1 何为思维导图

思维导图又叫心智图，是由英国"记忆之父"东尼·博赞发明的一种思维工具，被人们称为"大脑的瑞士军刀"，是表达发散性思维的有效图形思维工具。它运用图文并重的技巧，把各级主题的关系用相互隶属与相关的层级图表现出来，可以把新知识的主题关键词与大脑中已存在的知识、理论等建立记忆链接，协助学生完成新知识的学习与存储，让学习变得简单明晰，更具效率，也更加轻松有趣。简单来说，思维导图就是让使用者更有效地将信息"放入"大脑，或者将有用的信息从大脑中"取出来"的工具。

每一个人的大脑实际上都是一个资料库，里面存储着各式各样的信息，每个信息都可以成为一个思考中心，并由此中心向外发散出成千上万的关节点，每一个关节点代表与中心主题的一个联结，而每一个联结又可以成为另一个思考中心，再向外发散出成千上万的关节点，这些所有的关节点就是我们大脑中的记忆。每个人从出生开始就在积累庞大而复杂的数据信息，在使用思维导图之后，大脑的资料就可以被分门别类地存储，实现更有效率的"输入"和"输出"。

1.2 思维导图能做什么

据了解，目前许多跨国大公司，如微软、IBM、波音等都已经开始使用思维导图作为工作工具；新加坡、澳大利亚、墨西哥等国家已将思维导图引入教育领域，哈佛大学、剑桥大学、伦敦经济学院等知名学府也在使用和教授"思维导图"。由此可见，思维导图正在悄悄影响并改变着人们学习、工作的方式。思维导图之所以得到广泛使用，是因为它可以培养良好的思维品质，帮助人们更好地解决实际问题。通过思维导图可以在以下方面获得帮助：对思想进行梳理、归纳，使之清晰、有条理；看到事物的"全景"；高效、快速地学习新知识、新技能；改善记忆能力；制订全面的行动计划；表现更强的个性与创造力；提高做事的行动力；发现确定事物的重点、难点，更好地解决难题。

1.3 思维导图怎么绘制

东尼·博赞提供了绘制思维导图的 7 个步骤，具体如下：从一张白纸的中心画图，周围留出足够的空白；在白纸的中心用一幅图像或图画表达所要表述的中心思想；绘制中尽可能使用不同的颜色；将中心图像和主要分支连接起来，主要分支和二级分支连接起来，以此类推，逐级连接；让各个分支自然弯曲，不要画成直线；在每条线上使用一个关键词；始终使用图形。

思维导图的绘制简单易学，并且可以随性发挥，几张白纸和几支水彩笔就可以把一个问题系统地描述出来，也可以通过如 Inspiration、MindManager、Personalbrain、Brainstorm 等软件完成绘制，基本上所有的绘图软件都可以用来绘制思维导图。

2 思维导图在流体力学学习中的应用

2.1 预习过程中启动思考、激活思维

有效的课前预习可以让学习有的放矢，更有针对性。可以采用思维导图的形式完成课程的课前预习。在绘制思维导图时应注意排除多余的干扰，将所预习的内容罗列出关键词，并对关键词进行比较和筛选，排除多余干扰，让思考更集中。预习过程要紧紧围绕主题，一般一次预习可以围绕一个主题，把这个主题作为思维导图的关键词放在节的中心位置。预习过程中可以多角度思考，善于发散思维和集中思维，培养迁移能力。例如在流体静力学预习过程中可以绘制如图 1 所示的思维导图。当然，每个人都可以根据自己的知识体系进行预习过程中思维导图的绘制。

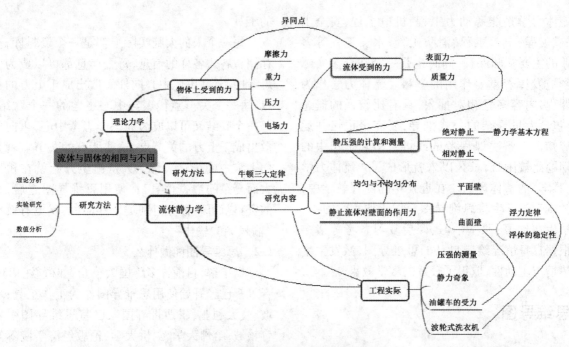

图 1 流体静力学预习中的思维导图

2.2 课堂上高效地听课

高效的课堂学习一定要"会"听课，不论是哪门课程的学习，在听课过程中可以重点关注如下课堂细节，提高课堂学习效果。高效课堂思维导图见图 2。

（1）注意每堂课的开头和结尾。

（2）留意课堂中老师的重点提示、板书归纳、反复强调的地方。

（3）做好预习，带着问题听课。

（4）关注老师的讲解重点。

（5）注意老师分析问题的思路。

（6）留心老师对错题的纠错、知识点的概括和总结。

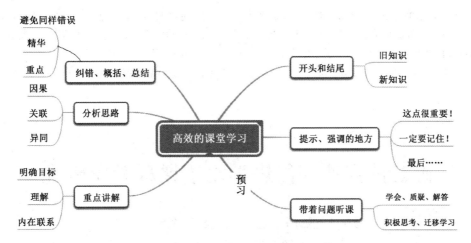

图2　高效课堂学习的思维导图

2.3　课后的复习、总结

在课程复习过程中，可以利用奥卡姆剃刀原理——简单有效原理，把课程内容精简，把繁茂的枝叶削掉，只留下树干，这个树干就是需要的思维导图。绘制过程中，首先要纵观全局，定出这一主题的目标图；其次要根据内容，画出中心图；再次要理清脉络，找出内容之间的逻辑关系；然后根据逻辑链，提炼关键点；最后寻找分支，丰富分支链。这里以静力学部分为例，绘制一个以流体静力学为主题的复习思维导图（见图3）。按照这种方法也可以要求将整门课程的内容绘制成思维导图的形式，这样对于学生理顺思路与逻辑关系、增强学习的主动性非常有帮助。

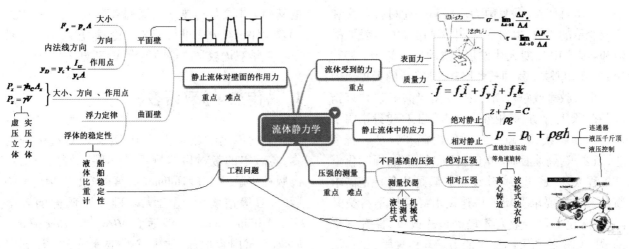

图3　流体静力学复习的思维导图

3　结　语

思维导图具有强大的末端开放系统，学生可以根据自己专业的不同、学习的重点、目标的不同进行各自的拓展，一方面可以把所学的流体力学知识表达得更加形象具体、易于理解；另一方面可以激发学生的学习兴趣，增加学习的趣味性。在思维导图中也可以添加个人感兴趣的相关内容与资料，让学习具有了个性化。

总之，将思维导图与流体力学的课程教学相结合，把思维导图针对性地应用于学生预习、课堂学习、课后复习等各个教学环节中，能够帮助学生在庞杂的知识群上建立清晰的思维模式，提高学习兴趣和自主性，从而改善教学效果。

参考文献

[1]　李小川,黄庠永. 工程流体力学教学改革模式的探索与实践[J]. 中国现代教育装备, 2012(19):61 - 62,67.

[2] 王竹萍,王文英. 思维导图:高校课程教学创新的有效途径[J]. 黑龙江高教研究,2011(5):175-176.

[3] 程锐. 思维导图在高校课程教学中的应用研究[J]. 软件导刊-教育技术,2015(11):83-84.

[4] 惠岑怿,周宜君,王文蜀,等. 浅析思维导图在高校有机化学实验教学中的应用[J]. 实验室研究与探索,2013,32(3):153-157.

[5] 鸿雁. 思维导图[M]. 长春:吉林文史出版社,2017.

新工科背景下传热学双语课程教学研究

王海,屈健,王军锋

(江苏大学 能源与动力工程学院)

摘要: 新工科建设引导高校学科交叉融合,深化工科专业人才培养模式改革,提升学生的国际化视野。传热学双语教学是高校加强新工科建设,培养国际一流人才的重要途径。本文从教材选取、教学模式与方法、课程考核方式等方面探讨了传热学双语课程教学改进的实践方法,以及如何获得良好授课效果,对进一步开展新工科建设国际化教学改革提供有益参考。

关键词: 新工科;传热学;双语教学;教学模式

新工科建设,是我国为应对新一轮科技革命和产业变革的挑战,贯彻落实《中国制造2025》发展战略和《国家中长期人才发展规划纲要(2010—2020年)》,在"卓越工程师教育培养计划"基础上提出的一项重大教育改革行动计划。"复旦共识""北京指南"和"天大行动"等相继出台为新工科建设指明了建设行动路线,明确了其发展内涵和特征。新理念,新要求,新途径,培养创新型、多元化、国际化卓越工程人才,是新工科建设培养满足社会特定需求新型人才的要求。新工科建设引导高校学科交叉融合,深化工科专业人才培养模式改革,提升学生的国际化视野和国际竞争能力。双语教学,将英语教学和工程类专业课程教学相结合,塑造学生良好的综合素质能力,是高校加强新工科建设的重要途径。

传热学是能源与动力工程专业的一门重要课程,多数理论公式推导、计算公式定律的专业用语都是直接或间接用英语表述,如傅里叶导热定律(Fourier's law)、斯忒藩-玻尔兹曼定律(Stephan-Boltzmann law)等,国外的传热学教学科研资源相对国内资料较为丰富。实施双语教学有助于学生熟悉本学科专业术语的英文表述,锻炼学生阅读英文科技文献、查阅英文文献资料的能力,为拓展学生的国际化视野,培养学生的国际交流能力奠定良好的基础。本文从传热学的课程教学模式、考核方式和教学评估等方面进行相关讨论,探索新工科背景下传热学双语教学改革的新模式、新方法。

1 《传热学》双语教材

目前传热学教学资源中,英文教材有多种版本,各版本的教材讲授侧重点不同。如机械工业出版社出版的J. P. Holman编著的《传热学》第10版,内容简洁明了,适合无基础或基础薄弱者学习。Adrian Bejan等编著的 *Heat Transfer Handbook*,教材内容偏深,学生掌握难度较大。江苏大学能源与动力工程学院开设的传热学双语课程选用化学工业出版社出版的F. P. Incropera等著的《传热和传质基本原理》第6版,该教材体系完整,表达清晰,内容全面,是美国高校传热学课程的经典教材,同时参考美国John Wiley & Sons出版社的 *Introduction to Heat Transfer* 第五版和高等教育出版社的杨世铭和陶文铨院士编著的《传热学》教材。选用教材与参考教材之间相互融合,让学生可以中英文对比学习,有效提高学习效率,避免学生因不认识英文术语而转看中文书籍,达不到双语教学目的等问题。

2 教学模式与方法

双语授课过程中最主要的环节是调动学生的上课积极性,增强学生的参与感。授课学生的英语水平不同,学生个体之间差异较大,有些学生英语基础较弱,对双语教学产生畏难情绪,对于一些难懂或者难理解的知识点,因看不懂英文解释,干脆放弃学习,此时双语教学反而对该学生产生了反作用,使学生产生厌学心理。教师在上课过程中,应及时把握学生的听课状况及教学反馈,调整英文课件相关内容,对于学生难懂的知识点,及时备注中文解释,以便于学生理解。对于一些基本的传热学英文专业术语及单词,可以帮助学生归纳总结,并形成单词手册,方便学生背诵记忆,有效降低学生阅读英文文献资料的难度。课堂中安排小测验(Quiz),检验学生对本堂课的掌握情况,以便教师在教学中有针对性地对学生易犯错的知识点进行精讲。双语教学中,教师应充分利用多媒体资源,借助网络课堂或者慕课资源,丰富教学课件,如选取美国 MIT 公开课中传热学部分章节片段,让学生开阔眼界,对知识点全面把握。课堂上例题讲解,尽量选用与工程实际相关的问题,提高学生兴趣的同时,帮助学生提高解决工程实际问题的能力。讲授课本内容的同时,适当加入科研前沿内容,特别是与传热学相关的材料、化学、仿生学等学科交叉内容,活跃课堂气氛,开拓学生的视野。

3 课程考核和教学评估

传热学双语课程考核方式,采用课堂测验(Quiz) + 课堂奖励分数(Bonus Points) + 期末考试(Final Exam)的形式。课堂测验可以反馈学生对课堂内容的掌握程度,便于教师对授课效果的把握,同时也可以了解学生课堂出勤情况。课堂奖励分数可以调动学生上课参与的积极性,让学生在课堂上对课堂习题或者课上提问问题充分掌握,鼓励学生用英语回答,培养学生的英语口语能力和问题概述能力。期末考试采取中文题目和英文题目相互混合的形式,避免完全用英文题目对学生考查难度过大的状况。学生在作答时可以使用中文或者英文,提倡使用英文答题,如公式推导题型,鼓励学生用英文将推导方程和步骤有条理地作答,一方面便于学生对公式的理解与掌握,另一方面有利于培养

学生英文科技论文的撰写能力。学期结束后,对双语课程的教学效果进行总结和评估。江苏大学利用期中和期末网络调查问卷以及教学班级班会评议等多种方式,全面调研学生的授课效果,对学生反映的教学不足之处持续改进,不断完善传热学双语教学模式。经过两年多的双语教学实践,该教学模式和课程考核机制可有效提高学生的学习效率,学生对英文专业术语的掌握程度和科技论文的撰写能力得到提高,多名学生加入学院科研小组,并在国际学术期刊发表英文科技论文。

4 结 语

传热学是一门传统课程,在新工科背景下的传热学双语教学又是一门新课程,随着新工科建设的不断深入,社会对复合型工程科技人才要求的不断提高,教师应该及时调整传热学双语课程的教学方法和模式,把最新最前沿的教学资源融入课程中,激发学生的学习热情,发挥学生的主观能动性。江苏大学经过多年的传热学双语教学实践,不断改进教学方法和模式,课堂教学效果显著,学生的双语课程学习效率得到有效提高。

参考文献

[1] 林建. 面向未来的中国新工科建设[J]. 清华大学教育研究,2017(38):26 – 35.

[2] 钟登华. 新工科建设的内涵与行动[J]. 高等工程教育研究,2017(3):1 – 6.

[3] 徐晓飞,丁晓华. 面向可持续竞争力的新工科人才培养模式改革探索[J]. 中国大学教学,2017(6):6 – 10.

[4] 李莉. 卓越工程师教育背景下工科双语教学培养模式研究[J]. 教育教学论坛,2014(19):78 – 79.

[5] 史波,单勇,张勃,等. "传热学"双语教学的实践与思考[J]. 教育教学论坛,2018(30):188 – 189.

[6] 唐波. 传热学教学方法改进以及实践[J]. 教育教学论坛,2018(13):215 – 216.

[7] Holman J P. 传热学[M]. 10 版. 北京:机械工业出版社,2012.

[8] Bejan A, Kraus A D. Heat Transfer Handbook[M]. New Jersey:John Wiley & Sons, Inc. ,2003.

[9] Incropera F P, DeWitt D P, Bergman T L, et al. 传热和传质基本原理[M]. 葛新石,叶宏,译. 6 版. 北京:化学工业出版社,2007.

气液两相流流型的 PBL 教学经验

吴幸慈

(华中科技大学 能源与动力工程学院)

摘要：本论文详述作者引导大四学生学习气液两相流流型和培养综合能力而设计的 PBL(Pur-pose-Based Learning)方法及其教学经验。作者在提供学生足够的知识基础之后,要求学生分小组自行学习气液两相流流型相关的英文论文,然后各小组推派同学上台教其他同学。其他同学就其表达的清晰度、表现得好及待加强的地方写下具体且有建设性的反馈,最后每一组同学都会拿到一叠匿名的反馈。作者则依学生的学习成效、给其他同学的建议和各组的分工状况进行评价。评价只有"佳""可"和"待加强"3 种。学生使用 PBL 方法学习的成效高于作者的预期,而且表现出沟通讨论的能力和批判性思维。此次成功的经验显示 PBL 方法适用于本科生气液两相流流型的教学。

关键词：本科生教学;PBL 方法;两相流流型

在工业应用中常见气液两相流,像是液体沸腾、蒸气冷凝和石油输送等。因为两相流的气相含量、压降和传热等特性是影响热能动力装置和核动力装置的热工和流体动力特性的重要因素之一,所以掌握并且利用气液两相流动特性的变化规律和计算方法对热能动力工程和核工程非常重要。因此"气液两相流"是能源与动力工程学院核工程与核技术系本科大四学生的选修课。作者在准备教导大四下学期学生"气液两相流的流型"的课程时,考虑到目前为止,气液两相流的研究尚处于发展阶段,因此具备"气液两相流"知识基础的学生即可阅读相关论文。而且学生即将毕业,应培养他们有应用所学、学习新知及表达想法的能力。因此在使用板书教完阎昌琪老师编写的《气液两相流》的前两章后,根据需求和限制(使用的是普通教室而不是智能教室)设计 PBL(Purpose-Based Learning)方法引导学生自主学习,透过小组分工的形式在原有的知识基础上学习新的知识,并且在合作的过程中练习沟通技巧,培养学生解决问题的能力、批判性思维和终身学习的能力。虽然作者使用的教学方法有别于传统的 PBL 方法,但大部分的学习目标是一样的。

1 简述 PBL 方法

首先,老师使用板书教学阎昌琪老师编写的

《气液两相流》教科书的前两章内容("两相流的基本参数和其计算方法"和"两相流的流型和流型图"),以及两相流基本参数相对应的英文(见表1)。然后学生分组,各组自行利用课余时间学习一篇有关"两相流的流型"的英文论文。此论文可以是从老师提供的论文中挑选一篇,也可以是自行上网查找(老师提供网址,https://www.sciencedirect.com/)。

表1 两相流基本参数的中英对照表

符号	中文	英文
V	容积流量	Volume flow rate
M	质量流量	Mass flow rate
x	质量含气率	Flow quality
α	截面积含气率	Void fraction
β	容积含气率	Volumetric fraction
G	质量流速	Mass velocity
j	折算速度/容积流密度	Superficial velocity/ volumetric flux
ρ_m	流动密度	Average density
ρ_0	真实密度	Mixture density
W''	气体的流速	Local drift velocity of the vapor
S	滑速比	Slip ratio

学生按自己的能力读论文,从中找到可以学习的地方。一星期之后每组派同学上台教其他同学,

同学报告之后有和台下同学问答的时间。老师为每一位学生准备了反馈表,如图1所示。台下的同学要针对如下两点为台上报告的同学写下具体而且有建设性的反馈:

（1）报告的同学表达得清楚吗?

（2）报告的同学做得好的地方和可以改进的地方有哪些?

学生课后将反馈建议整理成电子文件,隔天下午6:00前发送给老师。然后黑色框框的地方会被裁下,第三天整理成匿名的反馈发给各组学生。此外,各组也需说明小组分工情况。

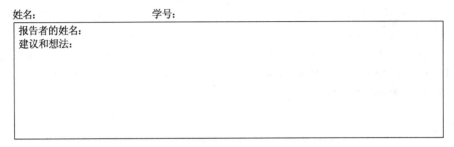

姓名:　　　　　　　学号:

报告者的姓名:
建议和想法:

图1　反馈表

老师依据以下3个方面的表现给每一位学生评价:

（1）论文的学习成效。老师会阅读所有论文,评估有哪些是学生应该可以学的,有哪些是超过他们的能力可以略过的。

（2）学生给台上同学的建议是否具体而且有建设性。

（3）小组成员如何分工。

评价只有3种:佳、可和待加强,若换算成百分制,分别是80~100分,60~80分和60分以下。为了帮助学生专心准备这项作业和认真听其他同学报告,老师在讲述规则时可强调一部分论文内容可能会出现在期末考卷上。

2　实际教学内容

作者对22位华中科技大学能源与动力工程学院核工程与核技术系大四的学生完成上述的板书教学并且说明规则之后,要求学生自行分组,有一位学生坚持自己一人一组,作者也尊重他的人格特质。最后分成6组,第一组有5位学生,第二组和第三组有4位学生,第四组和第五组有3位学生,第六组有1位学生。他们都选择作者提供的论文,各组的选择分别是探讨水平管中的两相流型、使用红外线侦测器判断两相流型、两相流在竖直窄方管的流型、水平管中的两相流特征和竖直下降管中两相流的截面积含气率。每一组规定报告时间为8 min,问答时间为7 min。报告精简为佳,严格控制时间。结果学生不仅对论文有深入的理解,而且大多做到融

会贯通,学习成效超出作者预期。问答时间不仅台上报告的同学回答台下的问题,其他坐在台下的同组成员也主动帮忙补充,形成良好的讨论环境。他们通常具有找到解答的能力,老师仅需在必要时引导讨论方向和偶尔协调学生的发言顺序。此外,有一组学生勇敢地提出论文中可能的错误,其他同学写的评语都对其表示称赞。学生可能是因为第一次写建议所以写得简洁,但都具体而且中肯。他们提交的分工表也显示合理的分工。最后所有的同学都得到"佳"的评价。

3　结　语

作者为本科高年级学生"气液两相流流型"的教学设计PBL方法的学习内容和评价方法,应用之后发现学生的学习成效超出作者预期。学生不但表现出应用所学和学习新知的能力,而且具有沟通讨论的能力及批判性思维。下次在进行PBL教学之前,除了应教学生基础的知识,也需教导学生如何写具体且有建设性的反馈及写电子邮件的礼仪。此次成功的教学经验激励作者继续应用PBL方法于本科生课程的教学。

参考文献

[1]　阎昌琪.气液两相流[M].3版.哈尔滨:哈尔滨工程大学出版社,2017.

[2]　孙军,刘文琪,周琳.PBL导师培训[R].华中科技大学教师教学发展中心,2019.

[3]　SUN Jun. Assessment of PBL[R]. Tongji Medical Col-

lege, Huazhong University of Science and Technology, April, 2019.

[4] Monni G, De Salve M, Panella B. Horizontal Two-phase Flow Pattern Recognition[J]. Experimental Thermal and Fluid Science, 2014, 59: 213 –221.

[5] Arunkumar S, Adhavan J, Venkatesan M, et al. Two Phase Flow Regime Identification Using Infrared Sensor and Volume of Fluids Method[J]. Flow Measurement and Instrumentation, 2016, 51: 49 –54.

[6] Chalgeri V S, Jeong J H. Flow Patterns of Vertically Upward and Downward Air-water Two-phase Flow in a Narrow Rectangular Channel[J]. International Journal

of Heat and Mass Transfer, 2019, 128: 934 –953.

[7] Kong R, Kim S. Characterization of Horizontal Air-water Two-phase Flow[J]. Nuclear Engineering and Design, 2017, 312(6): 266 –276.

[8] Usui K, Sato K. Vertically Downward Two-Phase Flow [J]. Journal of Nuclear Science and Technology, 1989, 26(7): 670 –680.

[9] Bhagwat S M, Ghajar A J. Flow Patterns and Void Fraction in Downward Tow Phase Flow[C] // 2011 ASME Early Career Technical Conference (ECTC) Proceedings, Fayetteville, AR, 2011.

能源动力类主干课程全英文教学探讨

——以"工程流体力学"课程为例

李德玉，陈更林，郭楚文

（中国矿业大学 电气与动力工程学院）

摘要：本文剖析了能源动力类主干课程全英文授课面临的困境，提出了工程流体力学全英文课程建设中应注重教材选择、采用多样化教学模式和注重传统教学方式的应用等方面。两年多的全英文授课教学实践证实，工程流体力学的全英文授课对促进学生学习掌握专业知识有积极作用。

关键词：能源动力；工程流体力学；全英文；教学方式；授课

在国家积极实施"一带一路"倡议背景下，为了提高培养人才的综合素质以适应经济全球化和科技革命的挑战，国内高等院校正积极推进全英文授课课程建设，以期培养专业技能和英语沟通能力兼具的国际化人才。本研究主要以能源与动力工程专业主干课程"工程流体力学"的全英文教学为例，探究我校全英文教学的教学理念、教学内容、教学方法手段及遇到的问题。工程流体力学是能源动力类工程专业的重要基础理论课程之一，传统中文教学旨在教授学生对经典流体力学规律有系统的认识，对流体流动的基本规律及其在工程中的应用有更深更普遍的理解，掌握其解决一些工程实际问题的基本方法。能够掌握工程流体力学的基本概念和重要原理，是该专业学生学习热力学、传热学、计算流体动力学等后续课程的基础，同时也是学生在就业之后解决各类工程实践问题的重要理论基础。在国内外高等院校工程类专业中，工程流体力学都是重要的力学基础课，各国教材中涵盖的内容均以掌握经典流体力学理论和解决工程实际问题的方法为基本导向。因此，以工程流体力学为重点开展该专业全英文授课探索对推进高等教育国际化具有重要的意义。

采用全英文语言教授专业课程，不仅可以使学生学习到专业知识，还能同步提高学生的英语水平，帮助学生掌握专业术语的英文表达，培养学生具备一定的国际视野、能够在跨文化背景下进行沟通和交流的能力。

1 工程流体力学课程全英文教学背景

"工程流体力学"作为能源与动力类专业学生的必修课程，在本科生教育中起着至关重要的作用。在我校,该课程的教学实力较为雄厚:现有主讲教师 13人,包括教授 3 人、副教授 4 人、讲师 6 人,且均具有硕士或博士学位。其中,有 4 位教师有一年以上在国外留学经历,这为该课程开展全英文授课提供了必需的师资力量;从 2003 年开始,我校就开展了工程流体力学课程的双语授课教学,积累了大量的英文授课经验和相关的教学资料,并已出版全英文教材 1 部,这为该课程的全英文授课奠定了扎实的基础;工程流体力学中文 MOOC 在线课程已投入运行多年,有助于学生对该课程专业知识的掌握,尤其是英语水平不高的学生,为他们的课程学习扫除了障碍,也使全英文授课的实施无后顾之忧。

2 工程流体力学课程全英文授课的困境

由于工程流体力学课程内容繁多,概念抽象不易理解,理论枯燥且对数学处理能力要求较高,因而如何用浅显易懂的英语语言将书本知识简单化,充分调动学生的学习兴趣,是目前该课程存在的主要问题之一,教师需要在授课的过程中不断进行探索。此外,该课程目前主要存在以下问题:

2.1 授课内容多而杂,课时偏少

对能源与动力专业的学生来说,工程流体力学是重要的专业基础课程,传统的中文授课所需学时为 64 学时,其中还包括 6 学时的实验教学,课堂授课学时仅为 58 学时。所需要教授的内容则包括了流体静力学、流体动力学、理想流体势流理论、实际流体管流、边界层理论、可压缩流动基础及实验流体力学理论等,几乎涵盖流体力学所有基础理论。教学内容繁多,所需数学理论多样,对数学的应用能力要求较高。在中文授课时,58 学时的课堂授课都已捉襟见肘。在对教学内容及重点无较大调整的情况下,要在 58 学时的课堂授课中实施全英文授课,对学生学习和教师教学都是极大的挑战。

2.2 学生英语水平参差不齐

学生英语水平参差不齐是实施全英文授课的主要障碍。据统计,对于 60 名学生的一个教学班级来说,约 1/6 的学生英语听说读写能力较强,能够在较短时间内适应全英文授课方式,可以达到随堂轻松掌握所学内容的效果;约 1/2 的学生英语能力一般,课堂上基本可以掌握所授内容,但需要课后花时间巩固;还有约 1/3 的学生英语听说能力较差,课堂上很难理解并掌握所学内容,甚至还有部分学生

阅读英文教材也很吃力。学生英语水平的差异为课程的全英文授课造成了较大的困难。此外,专业外语词汇匮乏、对科技英语尤其是数学和力学专业知识的英语描述方式比较陌生是学生普遍存在的现象,更是亟待解决的问题。

3 工程流体力学全英文课程建设的尝试

3.1 教材选择

全英文授课教材的选取原则上必须使用英文编写的教材,鉴于引进原版教材价格较高,国内大部分开设全英文专业课程的学校一般都会选择相对便宜的影印版或者自编教材。为保证课程教学的质量,我校使用的是中国矿业大学出版社出版的教材 Engineering Fluid Mechanics。该教材由我校郭楚文教授和美国人 Jimmy L. Smart 共同编写,与原中文授课采用的中文版教材内容相近。选用本书作为课程的教材,一方面,教材内容组织更符合国内力学课程授课方式和习惯,学生更容易接受和掌握;另一方面,有相应的中文版教材供参考,大大降低了学生阅读教材的难度。

3.2 多样化教学

为了提高学生学习兴趣,减少学生对全英文课程的恐惧,该课程的教学采用课堂教学与课后作业、答疑相结合,线上自主学习中文教程与线下参加英文课堂授课相结合、线上测试与线下讲解相结合,建立多样化、立体化的工程流体力学英文教学模式。

利用我校已建立并投入使用的工程流体力学在线中文 MOOC 教程,学生可在课前学习并初步掌握相关的专业知识。通过相关的线上测试题检验学习效果并找出重点和难点,为线下的全英文课堂授课做好准备。线下课堂教学采用教师英文授课为主,辅以课堂英文提问的方式进行,有助于加强与学生的及时沟通与互动。此教学形式不仅能调动学生说英语的积极性、学习的主动性,而且通过提问的方式教师可以对学生的课堂学习效果进行检验,以便后续有针对性地重点讲解和回顾。在课程的教学实践中,这种教学方式收到了较好的教学效果。

应用多元化教学方式对课堂教学过程进行优化,充分调动课堂气氛,达到提高教学效率的目的。通过多媒体课件将流体力学相关流动现象和较难理解的概念通过录像和图片呈现出来,在增强学生感官刺激的同时调动学生自主学习的积极性,并且

加深学生对工程流动现象的直观认识和对抽象概念的理解。如管路层流和紊流，借助专业录像资料，紊流的杂乱和不规则性与层流的规则有序性直观地呈现在学生眼前，对增强他们对实际流动现象的认识意义重大。又如流线概念，借助机翼绕流流场中流线分布 CFD 生成的彩图，学生很容易理解其概念和特点。在对新的知识点展开学习之前，采用问题教学的方式，先提出有关该知识点需要重点关注的问题，促使学生带着问题学，在课堂教学快结束时进行归纳小结，并通过下次课前的提问，强化学生对所学内容的短时记忆。课堂上教师注重与学生的交流，从提问时学生的表现发现问题，针对学生中普遍存在的难理解的知识点进行反复讲解并突出重点。通过课堂提问的方式，教师可以随时了解、掌握学生对知识点的理解消化情况，并能结合课后的习题让学生对所学内容进行强化，变短时记忆为长时记忆。

3.3 注重重要内容板书和课后答疑环节

在整个教学过程中，尽管随着科技不断进步，现代化的教学手段逐渐取代了传统教学方式，但并不意味着传统教学模式就被完全取代。如板书就有着比现代多媒体教学方式更为优越的一面，尤其对于全英文授课的课程。板书过程虽然耗时较长，但它有利于教师合理组织语言、放慢语速、强调重点词汇，学生也更容易理解和掌握所学内容。如流体平衡微分方程的推导，教学中通过板书将其推导过程逐步呈现在黑板上，同时用英语描述数学处理过程。使学生逐渐掌握 partial derivative、Taylor's series 等重点数学专业词汇和 equilibrium、static 等流体力学专业词汇。此外，尽管现在流行的线上答疑方式不受时间和空间的约束，较为便利，但传统的面对面答疑指导有其不可替代的优点，更有利于师生间的感情交流，效果更好。

4 结 语

经过两年多的实践，工程流体力学的全英文授课没有对学生学习掌握专业知识构成障碍。相反，在提高学生学习兴趣、培养学生专业外语听说读写能力、扩展学生专业视野等方面，全英文授课方式发挥了重要且积极的作用。

参考文献

[1] 曹礼梅,杨骥. 环境工程专业认证下大气污染控制工程全英文教学探讨[J]. 大学教育,2018(8):112-114.

[2] 尤翔程. 流体力学全英文授课教学实践[J]. 课程教育研究,2018(48):161-162.

[3] 杨荟楠,刘旭燕. 能源与动力工程专业课程全英文教学面临的挑战[J]. 课程教育研究,2018(49):95.

[4] 王彩凤,卫宏儒. 概率论与数理统计课程的全英文教学实践与探[J]. 高教学刊,2018(8):141-143.

能动专业多导师合作制指导课程设计的探讨

舒海静，刘凤珍，刘芳，罗南春

（山东建筑大学 热能工程学院）

摘要： 课程设计是专业课程学习之后的重要环节，是对所学理论知识进行综合运用，强化理论与实践相结合的重要手段。因此课程设计的各个环节对课程设计最终结果至关重要。为了做好课程设计，对多导师合作制指导课程设计进行了探讨，通过导师之间的相互合作，提高了课程设计的效率，改善了课程设计的效果。实践证明，多导师合作指导课程设计的效果优于单一导师指导课程设计。

关键词： 课程设计指导；多导师合作制；成绩评定

课程设计是工科院校专业理论课程学习之后的重要实践环节之一，有着非常重要的作用。从传统意义上讲，进行课程设计主要有以下3种模式：① 单一课程的课程设计由任课教师单一指导；② 多门课程的综合设计，每一部分的内容分别由不同教师指导；③ 单一课程的课程设计由多个合作上课的任课教师分别独立指导。

本文以能源与动力工程专业的制冷原理与设备课程设计为例，主要探讨"单一课程的课程设计由专业教研室中多个不同领域的导师合作指导"这种模式的特点和可行性。

1 传统课程设计的特点

目前比较常见的课程设计方式是由课程授课教师指导学生进行课程设计，这种方式在常年的教学指导中占一定的优势，它的优点在于经过学生与教师之间一个学期的磨合，教师对学生的情况比较了解，在进行课程设计时，可根据学生的具体情况对学生进行有效的分组，同时授课教师对课程熟悉程度度较高，因此指导过程中易于达到效果。

但是，从长期的教学工作中可以发现，这种传统的指导方式存在着一些缺点。它最显著的缺点在于，一位教师指导，思维方式比较固定，因此在指导学生的过程中容易形成单一的设计思路，不易适应全部学生的需求，发散学生的思维。这就造成了很多学生设计的内容千篇一律，缺乏新意。

2 多导师合作指导课程设计的具体实施

2.1 产生的背景

由于专业的扩招导致同一个专业的学生人数远远超出了一位导师的指导能力范围，因此在课程设计过程中需要更多的教师介入。在我校能源与动力工程专业中，由于教学大纲和方案的改变，从2015级的学生开始，整个能源与动力工程专业的150多名学生都需要进行制冷原理与设备这门课的课程设计。鉴于一位导师只能指导一个自然班的课程设计，因此引出了多位导师合作指导课程设计这一问题。

2.2 具体实施内容

课程设计包括题目设计、设计指导及成绩评定等几个重要环节，多位导师合作指导课程设计也需要从这几个环节入手，具体内容如下：

2.2.1 设计题目的确定

由于我校对课程设计的要求是一人一题，即要保证150多名学生每人一题，因此在设计题目上要尽可能地多选几种方案，同时还要结合制冷原理与设备这门课程的特点，最终经多位导师商讨决定，将课程设计的重点放在"设备"上面，即以"制冷换热器的设计"作为最终题目。为了更好、更深入地把握制冷原理的理论知识，在进一步分组细化题目上，以比较有代表性的壳管式换热器和翅片管式换热器作为每一名学生都必须要训练的对象。导师们又结合多年来对专业知识的理解和多年指导毕业设计的经验，根据冷凝器和蒸发器的使用场合和形式，同时考虑制冷剂和负荷的不同，各种类别相互交叉组合，最终实现了一人一题。

2.2.2 设计指导过程

指导过程中，可以分3个方面来把握。第一，紧扣书本基本理论。制冷技术是热力学第二定律的实际应用，制冷换热器不同于其他的换热器，它是一种小温差换热的换热器，同时要求它的设计参数及换热面积要与制冷系统其他部件尤其是压缩机相匹配，制冷换热器设计得不合理会直接影响压缩机的制冷量和功率消耗，从而影响整个制冷系统的性能。因此学生在选择设计参数时，导师要结合这些基本理论，让学生明白设计参数选择的合理性及严谨性。第二，课程设计是一个综合能力的训练，通过本课程设计，要求学生具备查找文献的能力和分析解决问题的能力。在整个指导环节中，很多的计算内容需要借助图书馆和网络平台，因此要求各位导师指导学生查阅和使用文献。同时有些计算内容可以和其他非专业课相结合，例如可以鼓励学生通过程序编制来做部分设计计算。第三，培养学生理论与实践相结合的能力。制冷换热器的设计说到底是一种产品设计，其设计的合理性一定要结合具体的使用条件，比如采用翅片管换热器做蒸发器和冷凝器时哪一个需要设分液器；在高温和低温工况使用时，翅片和铜管的参数选择和布置方面有何差异等。导师要引导学生思考，因为一个不合理的产品设计会导致实践中出现诸多问题。

2.2.3 课程设计的成绩评定

课程设计成绩由考勤、进度检查、设计内容（包括设计说明书和图纸）及答辩环节4部分组成，实行百分制，每一部分占成绩的比例分别为15%，10%，60%和15%。

课程设计的指导是由多位导师共同进行的,在成绩评定上,由于各位导师判分的主观程度差异,假如像以前一样,一名学生由一位导师来给成绩,可能会引起同一设计水平的学生最终成绩不同,从而导致学生感觉不公平。因此,课程设计的成绩评定需要有一个较为明确公正的标准。本课程设计的成绩评定制定了如下标准:每名学生的成绩分别由两位导师来评分,如果给出的分数差值在 5 分之内,则取平均值作为该学生的最终成绩;如果给出的分数差值大于 5 分,则启用第三位导师进行评定,再结合 3 位导师分别给出的成绩,合理给出该学生的最终成绩,以此类推。

3 多导师合作指导课程设计的特点

多导师合作指导课程设计最大的优点就是做到了分析问题角度的多元化。头脑风暴法是多元化分析问题的一种有效方法。不同教师的研究方向不同,所授课程不同,因此看待问题的侧重方向就不同。多位导师对同一个问题进行探讨时容易碰撞出思想的火花,从而完善原有的设计思路,摒弃其中不合理的部分,同时从多个角度分析问题,利用发散性思维考虑问题,可以对同一个问题提出不同的解决方案,而传统的一位导师指导会限于其固定的几种思路,难以实现这种多角度看问题的效果。与传统单个导师指导学生相比,多导师合作制,学生得益于多位导师的指导,从而拓展了思路,对课程的理解更加深刻。

多导师合作指导课程设计在学生的成绩评定上,无疑会增加导师们的工作量,但是学生成绩的评定具有了更加公正的标准,学生的成绩更加合理。

4 结 语

多导师合作指导课程设计,可以利用多位导师自身的特点,以及对专业知识的把握和实践经验的双重优势,有利于更好地提升学生的学习能力和促进学生对课程的深刻理解,使学生真正理解课程设计的内涵,并能达到综合运用,从而激发学生自主学习本专业的兴趣。

参考文献

[1] 柳志军. 大学课程设计实践教学管理方法研究[J]. 中国校外教育, 2014(5):86.

[2] 申艳梅. 课程设计实践教学中学生综合能力的培养[J]. 河南教育(高校版), 2007(8):67-68.

[3] 贺玲丽,白叶飞,许国强. 实践教学中课程设计方法的改革与研究[J]. 内蒙古农业大学学报(社会科学版), 2011(5):150-151.

[4] 王志涛,赵宁波,王忠义,等. 基于 GDP 导师团队指导模式下的燃气轮机性能课程设计及实践[J]. 黑龙江科学, 2019(1):32-33.

[5] 尹继明,吕凡任. 课程设计在实践教学中的应用研究与探索[J]. 扬州教育学院学报, 2011(6):73-75.

[6] 李宪芝,姜国栋,殷宝麟. 如何提高学生创新能力及工程实践能力[J]. 经济师, 2013(7):234-235.

流体力学教学策略的探索

龚建英

(西安交通大学 能源与动力工程学院)

摘要: 流体力学是能源动力类乃至机械类专业最重要的专业基础课程之一。流体力学教学质量的提高对于培养学生的学习兴趣并深刻理解理论知识,使学生具备创新性思维方式,获得分析解决工程技术问题的思路和方法具有重要意义。本文从提高流体力学教学质量出发,对互动式教学模式引入,向研究型教学靠拢,微课融入课堂授课的教学模式,教师自身综合素质提升等多种教学策略进行了有益的探索。通过以上举措激发了学生的积极性,达到教与学的有机统一,带动教师对课堂教学不断创新,从而提高流体力学教学质量。

关键词: 流体力学;教学质量;教学策略

流体力学主要是研究流体在运动（流体动力学）或静止（流体静力学）状态下及流体与边界之间相互作用的力学特性。因此，流体力学是能源动力类乃至机械类学生均需掌握的最为重要的专业基础课程之一。在西安交通大学，它已经成为能源与动力工程学院、机械工程学院、航天航空学院、化工学院、人居学院的重要专业平台课，成为覆盖动力工程及工程热物理、机械工程系、化工、核科学等众多理工科专业的必修课。

流体力学理论性较强，概念抽象难懂，使流体力学课程历来被认为是教师难教、学生难学的课程之一。但是不可否认，好的教学可以激发学生的学习兴趣，增强学习积极性，也可以培养学生勤思考、多提问的习惯，培养思维创新性，为学生学习后续的专业课程、从事工程技术工作和科学研究打下坚实的基础。因此，采取哪些教学策略可以有效提高流体力学教学质量是需要探讨的问题。本文对流体力学教学中旨在提高教学质量应采取的教学策略进行了探索。

1 教学策略

1.1 互动式教学模式促进教与学的有机统一

在课堂授课中，让学生参与到教师的教课过程中，使教与学融为一体，提高学生的主观能动性是提高教学质量的重要表现。要达到这样的教学效果，互动式教学模式的应用必不可少。

互动式教学模式是促成教与学有机统一的有效手段。互动式教学模式将有效地打破高等教育中主要存在的以教师为中心和以学生为中心的教学模式。互动中的师生之间不仅仅是简单的主客体关系或手段与目的的关系，而是互为主体的人与人的关系。因此，国际上已将师生互动水平作为教学过程中衡量高等教育质量的指标之一。互动式教学是从现代教育理念出发，以满足学生的有效求知和市场经济条件下社会对人才的需要，以促进教师自身水平与教学效果的提高为目的，通过教与学全方位的相互促进和沟通达到上述教学形式。

笔者所在的西安交大流体力学教研组近些年注重采用互动式教学模式，随着流体力学线上课程的实施，互动式教学会结合网络线上教学呈现新的方式，拟主要采取以下具体方式：① 课堂教学前一周，教师先在课程网站上发布本节课知识点脉络图及整体架构供学生自学。② 学习者在前述课程网络学习中产生疑问、难点和自己的看法，与生活和工程实际的联系则可在课程平台的论坛中进行积极的探讨，互动交流。在此过程中，对于积极参与讨论，并能提出独到见解、思维活跃的学生，可以在教师的指导下进行个性化定制学习。③ 学生在课程网站上学习后的下一周，教师将进行本节课的课堂授课。前两种措施，主要是在面授教学之前以课堂外的形式进行的，在后续的面授教学过程中，更加注重互动式教学的引入，以进一步激发学生的参与热情。例如，在课堂授课过程中，会特别注意在每一个公式讲解完之后，提示学生应用已学过的数理知识，来思考公式的物理意义，基础好一些的学生会有所回应，此时老师会给予正确的引导和鼓励，之后会有更多的学生参与其中，不自觉中便形成讨论。再如，在课堂教学过程中鼓励学生在课堂上随时提问，发表见解，老师积极引导并开展讨论，实践证明，学生很喜欢这种授课方式，互动式教学模式使得流体力学的教学轻松活跃。

1.2 注重"授之以渔"，培养创新型人才

流体力学的授课目标是要求学生通过对流体力学的学习获得分析解决工程技术问题的思路和方法，具备工程科学创新性的思维方式。因此，流体力学教学质量的提高表现在注重"授之以鱼"的同时，更注重"授之以渔"，注重向研究型教学靠拢，有意识地培养创新型人才。

例如，在讲解教材中除了要求学生掌握的理论知识外，还会收集丰富的相关历史资料案例：在讲到流体黏性这个知识点的时候，会收集一些对黏性系统研究做出过重要贡献的人（如牛顿）的资料；在讲到欧拉方法的时候，会特别注意和学生分享伟大的数学家的光辉思想和人格；在讲到卡门涡街现象的时候，会向学生讲解卡门涡街现象的发现过程；等等。在这个过程中，学生不仅了解了科学家的精神、品质，而且懂得了科学问题的发现、分析和解决过程，甚至一些必要的细节，使学生在本科的学习过程中学习和体会到科学的研究思路、分析考虑问题的方法和解决问题的方式，从而培养创新性思维。

笔者根据多年的授课经验发现，启发式教学模式的采用十分必要。例如，在推导伯努利方程的过程中，采用启发式的方式，教学效果很好。再如，在讲授完伯努利方程、升力定理之后，会启发学生思考生活实际中的一些现象如何用伯努利方程或者升力定理来解释，体现科学原理的普遍适应性，培养学生的科研兴趣。实践证明，这种教学方法让学

生觉得流体力学的学习在生动有趣的同时还很有用，对提高学生的学习积极性和学习兴趣很有效果。

此外，为了实现研究型教学，将科研融入教学可以达到"润物细无声"的境界。将科研中遇到的一些小问题和学生分享，比如雷诺数的计算，对于不同的研究问题，特征参数的选取是不同的，在讲到这个知识点的时候，将具体科研项目中涉及这个知识点的一些信息与学生共同讨论，会使学生印象深刻。再比如，在讲到连续介质模型的适用条件的时候，教材中给出的信息就是对于激波层内的流体的计算不能采用连续介质模型，实际授课时，可以在给出这个信息的同时，将与激波相关的科研项目和学生分享。将实际的科研活动带入课堂，教学效果可想而知，所以，科研和教学可以相互促进。

1.3 微课（MOOC）进入课堂

迅速发展的微课作为一种新型的课程教学模式，备受全球教育界的关注。与现代大学以课堂教学为主的课程教学模式不同，微课是继广播教学、电视教学、电化教学、视频课程之后，借助计算机和互联网技术高度发展而兴起的一种新的课程教学模式。微课是指以视频为主要载体记录教师围绕某个知识点或教学环节开展的简短、完整的教学活动。微课要求教师根据高校课程精心备课，充分合理运用各种现代教育技术手段及设备设计课程，录制成时长为 5 ~ 15 min 的微课视频，并配套提供教学设计文本、多媒体教学课件等辅助材料。图像清晰稳定、构图合理、声音清楚，教师可自行录制视频，可操作性较强。短小精悍的"微课"，其优势体现在以下几个方面：① 真正让学生自主学习：学习者自己能掌控学习的内容、时间、程度、进度、方式和节奏；② 让学生体会学习的愉悦：免除了面对面教学辅导所带来的情景压力，学生无外部评价的困扰，教育游戏化，使学习从恐惧走向了愉悦，达到知识精通；③ 学生在家看视频，到校听辅导：教与学时空颠倒的课堂模式，让教师有更多时间与学生互动。

尽管微课发展非常迅猛，也得到了大多数教育专家和教育参与者的认同，但是未来的微课教学模式组织实施以及与大学教育的融合还有很长一段路要走，还需要解决一系列涉及实施的具体问题，目前国内多数高校还处于尝试和探索阶段。针对这种情况，作为一名流体力学一线教师，根据参加微课竞赛的亲身经历和体会，笔者认为，短期内可以考虑将课堂授课内容中的重点和难点部分制作成短小精悍的微课，辅助课堂授课，即利用微课教学模式，融合现有的课堂教学，改革传统的课堂教学内容和形式。这是一种提高教学质量的重要手段。

笔者曾采用上述教学方式授课，发现教学效果较好。微课形式直接带入课堂，一方面可以减少教师的重复性讲解，另一方面可以提高课堂效率。微课形式能够很好、很自然地实现教师与学生的互动、学生与学生的互动，这种教学方式很容易激励学生关于某个知识点形成深入探讨，课堂教学的氛围轻松、活跃，能够真正实现学生快乐学习的目的。同时，教师可以根据学生的意见完善课件，提高教学质量。

1.4 "精讲讨论式"教学模式的实施

"精讲讨论式"教学模式是由国家首届教学名师西安交通大学马知恩教授探索并提出的，这种教学模式是指教师把一门课程教学内容的 40% 进行精讲，剩下的内容让学生自学、钻研、讨论、练习，教师只给予启发引导，以提高学生的创新能力和实践能力，进而推进课堂素质教育。大学生不同于中学生，经过了 12 年的基础教育和中高考洗礼，他们都已经具备了接受高等教育的知识背景和能力素质，所以他们也具备了学习能力和学习品质。根据笔者本人多年来从事流体力学教学的切身感受，流体力学如果采用"精讲讨论式"教学模式，即部分知识点学生通过网络等信息手段进行辅助自学，这样既可以节省课堂时间，又可以启发学生科学思维、知识运用等相关能力的训练。对于流体力学，结合流体力学课程特点，充分利用信息技术进行类似于"精讲讨论式"的创新教学值得尝试。

1.5 注重教师综合素质提升

提高教师整体素质是提高高等教育教学质量的基础和前提，是高等学校内涵发展的关键所在，是高等学校培养高水平、高素质人才的根本保障。联合国教科文组织对教学质量的评判依据一个公式：教学质量 =（学生 + 教材 + 环境 + 教法）× 教师。由此可以看出，教师素质是影响教学质量的重要因素，因为所有教学策略的有效实施及实施的效果都直接取决于教师这个实施者，教学实践证明，即使采用相同的教学模式，不同素质的教师，教学质量与教学效果也可能大相径庭，因此，提高教师素质是提高教学质量的重要保障。流体力学是一门兼具理论性和工程性的课程，授课内容抽象，公式较多，有一定的学习难度。笔者认为，作为流体力学的教师，在深刻理解流体力学这门课程的同时，必须保有强烈的教学热情，及时进行换位思考,加强教学反馈。例如,每章授课结束后,让学生填写对教师教课的意见及建议,旨在对课堂教学不断改进、不断创新。这样,教师才能在教学过程中做到游刃有余,传授知识的过程才能炉火纯青,才能真正根据不同阶段的教学要求,实现互动教学、启发教学,了解学生学习情况,适时转变教学方法,灵活运用多种教学模式。这样做的好处清晰可见,一方面可以帮助学生在有限的学时内有效掌握课程内容;另一方面教师的个人素养及教学技能会得到提升。

2　结　语

流体力学是能源动力类专业最重要的三门基础课程之一,同时也是一门既具有艰深理论又与工程实际紧密结合的课程,具有较强的工程应用背景。因此,流体力学教学质量的提高对于培养学生掌握工程实际问题的思考方式和解决能力,培养创新型人才至关重要。随着时代的发展,根据当前教育教学方式的演变和学习者的特点,革新流体力学教学理念和教学策略从而进一步提高流体力学授课质量势在必行。笔者对提高教学质量采用哪些具体的教学策略进行了有益探索,希望能为流体力学教学质量的提高提供参考。

参考文献

[1]　何雅玲,陶文铨. 关于建设大机械类专业的探讨[J]. 中国大学教学,2003(3):14.

[2]　叶子,庞立娟. 师生互动的本质与特征[J]. 教育研究,2001(4):30 - 34.

[3]　袁驷. 改进教学模式　切实提高教学质量[J]. 中国大学教学,2009(1):11 - 13.

[4]　吕爱民,姚军. 高校工科互动式教学的探讨[J]. 中国石油大学学报(社会科学版),2006,22(6):100 - 104.

[5]　张荻,李平,李国君. 关于互动式教学和生成式教材模式的流体力学教学改革新举措[C]//2014 年全国能源动力类专业教学改革研讨会论文集,2014.

[6]　何茂刚,张颖. MOOCs 教学模式及其在能源动力类课程中应用的思考[C]//2014 年全国能源动力类专业教学改革研讨会论文集,2014.

[7]　雷式祖. 发展的若干问题[J]. 今日科苑,2007(19):107 - 109.

[8]　陈昌贵. 高等学校内涵发展的四大策略[J]. 教育发展研究,2006(13):11 - 13.

传热学课程教学改革模式探讨

史建新,孙宝芝,韩洋,王佳琪,张国磊

(哈尔滨工程大学 动力与能源工程学院)

摘要: 本文针对目前传热学课程教学中存在的问题,提出课程与工程实际相结合、对教学内容进行改进和提高学生的主观能动性等改革探索模式,期望能够为提高传热学课程的教学质量、增强学生对课程的理解提供一定的借鉴。

关键词: 传热学;工程实际;教学内容;主观能动性

传热学课程作为工程热物理、能源与动力工程、核工程与核技术、交通运输、供热通风与空调工程等热工类专业的核心课程,主要讲授热能传递的基本规律,以及在日常生活、科学技术和工程上的应用。通过传热学课程的学习,学生应较为扎实地掌握传热的基本原理和基本知识,能够为后续专业课程的学习打下坚实的理论基础,并能运用所掌握的传热学基础知识初步解决工程实际中所遇到的各类传热问题。学习该课程之前,学生应该掌握高等数学、大学物理、工程热力学、流体力学等课程的相关知识,其中传热学和工程热力学、流体力学被称为热工类专业的三大专业基础核心课程。

近年来,学者针对传热学课程的教学改革进行了非常多的研究。2017年黄光勤等针对现有传热学案例教学效果发挥不佳的问题,结合教学内容,提出了"引入式案例→讲解式案例→突破式案例→扩展式案例"的"案例链"教学方法。2018年温建军从教学方法和手段改革的角度,提出了智能手机辅助教学、讲解和讨论相结合、引入工程案例、引入CFD模拟技术、加强实践教学环节等改革措施。2019年杨阳等将光谱吸收比、吸收比等基本概念与微信群抢红包行为进行类比,加深了学生对该知识点的理解,提高了课堂教学效果。

近年来,我国的经济飞速增长,居民的生活水平得到了显著改善。与此同时,家长和学校对学生的培养模式也应随之调整。作为大学生课程教学环节的一分子,我校传热学课程组有必要探索并不断改进教学方式,使学生能够更专心、更形象地掌握所学内容,提高课程教学效果。

1 目前教学中存在的问题

1.1 教学方式相对单一

传热学课程教学中主要讲授热能传递的3种基本方式——热传导、对流传热、热辐射,以及这些热能传递规律在工程中的实际应用(通常以换热器为例进行说明)。目前,教师主要通过板书结合PPT的教学方式进行授课。由于这种授课方式相对单一,并且比较枯燥,学生在长时间听课过程中很难一直集中精力,并且对所学知识的理解和灵活应用能力也较差。学生在大学期间参加科技创新竞赛或走上工作岗位后,遇到需要灵活运用所学的传热学课程知识设计新型换热设备或者解决工程实际问题时就会措手不及。长此以往,将会影响到高等学校教学能力的提升,进而也会影响到学生独立从事科学研究或工程实际开发的能力。

1.2 教材内容相对陈旧

目前采用的《传热学》经典教材出版时间较早,而在传热学研究中又涉及非常多的经验关联式或经验系数,比如对流换热中的流体横掠单管、球体和管束的对流换热系数计算公式,大空间自然对流传热计算公式等,对于这些情形,国内外学者一直致力于修正或提出预测精度更高、适用范围更广的新经验关联式,而教材中对于这些新的研究成果还没有进行更新;另外,目前新兴的、热门的传热传质相关内容,比如生物质传热、纳米流体、微尺度下的传热传质等,近年来受到了广泛关注,并且在工程上已经开始应用,这些新兴内容也应该补充到传热学授课过程中。

1.3 专注理论知识,与实践结合不够

传热学属于工科专业学科,教师的讲授方式更偏向介绍原理,套用公式做题,培养的学生多是考试型人才。众所周知,学生的专业知识大多来源于书本与教师的讲授,填充式的教育模式大多数情况下只会让学生"纸上谈兵",尤其对于本科生来说,所学的专业知识面不够宽,深度也不够,学业考试的时候可能没问题,但是当真正走上工作岗位就会发现书本上所学到的知识只是皮毛,应用性不强,理论与实践相差较大。

1.4 教学方式不够灵活

当代大学生经过九年的义务教育和三年的高中教育,终于从压力较大的高考中解脱出来,初入大学感觉自己可以放松了,所以逃课、上课玩手机、不认真听讲等问题屡见不鲜,除了学生自身自律性不够、对大学学习思想认知不够等自身原因外,枯燥的课堂、教师惯用的填充式教学方式也是原因之一。在大多数课堂中,基本上都是"教师教",而绝少有"学生学"。然而,从更高层面上讲,"教学"是"教师教"和"学生学"的双向互动过程,教学方式不够灵活最终会导致学生慢慢对课堂失去兴趣。

2 课程改革模式探讨

2.1 课程与工程实际相结合

在课堂上就应该让学生不仅"知其然"而且"知其所以然"。课堂教学应围绕专业需求安排教学内容,教学内容既要结合工程实际,又要和学科前沿相结合,要培养学生解决实际问题的能力。学校可以增加实验课,制定实验目标、实验计划,分组进行实验,同时可以增加实验课在期末成绩中所占比重,来提高学生的认识程度。教学必须加强对学生工程实践意识的培养和动手能力的训练,课堂上多对真实的工程案例进行分析、探讨、钻研,树立学生全面考虑问题的工程观点,培养学生辩证地思考问题,让课堂与实践紧密结合,真正做到学有所用。

当前,多媒体应用教学已在高校中普及,教师可以在课堂中借助多媒体模拟工程案例,让工程更具真实性、形象性、趣味性。可以让学生更加直观地了解工程实例,一起进行分析、讨论,激发学生的兴趣。高校应该精选多媒体硬件内容,提高课件质

2019年全国能源动力类专业教学改革研讨会论文集

量,保证教学效果,扩充课堂内容的容量。

"实践是检验真理的唯一标准",首先应该让学生了解到"所学之所用之处",然后应该多安排学生到传热学相关工程实际场合,让学生多学习实际的经验。学校可以从校外聘请工程技术人员作为学生的实验老师,跟踪学生的实习工作,这样可以使学生真正接触到未来的工作模式与经验技术,为未来的工作奠定坚实的基础。

当学生升入大四,课业不是特别忙的时候,学校应当鼓励学生到相关工程基地、工程研究院进行实习,有条件的学校更应当积极为学生介绍实习地点,让学生在真正工作以前,提前积累工作经验,还能让学生在实习的过程中感受一种真实的工作环境,从而发现自身的一些不足以及工作中的不熟悉和技术上的欠缺,能够不断提升自己的综合素质和工作经验。有了实习的经验,可以增加学生找工作的竞争优势。

2.2 对教学内容进行改进

随着中国工程教育深化改革的前进方向,未来学科交叉特色将会越来越明显,学科交叉整合成为趋势。教师要深化丰富多种学科的教学,不断更新课堂内容,结合相关交叉学科进行更深一步的学习,可以在讲解本专业知识的同时拓展相关学科的知识,可以鼓励学生轮流在课下查阅相关知识和在课堂上进行讨论,增加趣味性。对于专业知识,教师也要不断充实自己,争取每节课都可以带给学生不一样的东西。同时要多对学生讲解学科前沿信息,鼓励学生多阅读国外专业文献,多培养学生的互联网思维,让学生与时俱进,顺应学科发展潮流。

教学方法的确立源于教育思想。怎样发挥学生在教育中的主体地位,需要树立正确的教育思想。教师在教学中应该以学生为主体,让"教"不仅仅是教授知识,更是启发、引导学生独立思考问题、解决问题,提高学生的创新水平,鼓励学生对科学、对真理进行坚定不屈的求索。随着科学技术的飞速发展,教会学生学习,提高学生的创造能力迫在眉睫。

2.3 提高学生的主观能动性

当学生进入大学以后,需要培养的是学生的学习能力和综合素养,教师应该摒弃学生小学、初中、高中那种为了考高分的填充式讲课方式,学生需要在课堂上实践探索和碰撞研讨,需要教师不断创设情境和问题导向来让学生在分析和推演过程中渐次养成和提升学科素养,而不是通过几道题或集中训练突击训练出来的。教师在日常教学中就要立足于学生综合素养的提升,而不是仅仅看到"知识与能力"的课程目标,还要看到"过程与方法""情感、态度、价值观"等课程目标的实现。

传热学作为工科的专业课,肯定不会像文史课那么生动有趣,理论知识、公式推导都会让学生觉得非常枯燥,从而慢慢失去兴趣。所以教师要提高自己管理课堂、组织教学的能力,想办法让自己的课堂变得有趣生动。在课堂上要激发学生的主观能动性,多向学生提出问题,让学生去解决问题并做补充。可以采用分组式讨论,引导学生通过个人思考、同桌互说、小组讨论和动手操作等学习方式来解决问题。培训学生合作的能力,鼓励学生勇于质疑,发表自己的观点,而不是一味被动地听老师讲。甚至某一章节可以让学生进行讲解,让学生来做这节课的主人,这样可以让学生更有参与感,同时对有优异表现的学生进行平时成绩的加分,这样可以激发学生的兴趣。

3　结　语

本文针对目前传热学课程教学中存在的问题,提出课程与工程实际相结合、对教学内容进行改进和提高学生的主观能动性等改革探索模式,期望能够为提高传热学课程的教学质量、增强学生对课程的理解提供一定的借鉴。

"不闻不若闻之,闻之不若见之,见之不若知之,知之不若行之。学至于行之而止矣。""教学",不仅在于教还在于学,教师不仅要传授专业知识,还要教会学生学习,培养学生独立思考问题、解决问题的能力。科技发展日新月异,我国要想不落后于人,就需要培养学生的创造力、创新力。"千里之行,始于足下",教师要因材施教,注重实践,要不断提高自身专业素养,丰富教学内容,与科技前沿相结合,理论联系实际,培养出面向工程实际的人才。

参考文献

[1] 黄光勤,杨小凤,戴通涌,等."案例链"教学方法——以《传热学》为例[J].教育现代化,2017,4(50):160-162.

[2] 温建军.《传热学》课程教学方法和手段的改革研究[J].品牌研究,2018,8(6):228-230.

[3] 杨阳,熊英莹,白涛,等.辐射传热中"吸收比"概念的课堂教学探索[J].课程教育研究,2019(1):166.

国外典型工科高校专业课教学特点研究与转化应用思考

曹贻鹏，张新玉，张文平，明平剑，费景洲

（哈尔滨工程大学 动力与能源工程学院）

摘要： 本文以国外典型工科学校为例，系统梳理了其授课环节，分析了其课堂授课特点，然后结合国内教学实际，以提升授课质量为目标，从课前、课中、课后3方面提出了改进建议，并通过教学周期安排，逐步进行了应用效果分析，对授课质量的提高起到了一定的作用。

关键词： 教学改革；工科；专业课程；交互式授课

专业课程的教育是本科生教学中的重要组成部分，是在学生掌握基础知识的前提下，结合学生所学专业，培养学生工程应用能力与实践能力，检验本科阶段培养效果的主要手段。在大学期间，专业课程的学习决定了未来学生思考能力和创新能力、分析问题和解决问题的能力的高低，也为学生后续的毕业设计、研究生深造、就业工作提供了方法与手段支撑，可以说，专业课是本科教学中的重要环节，决定了学生的后续发展，直接反映了学校人才的培养质量。

国内高校一直比较重视学生的专业课培养环节，在我国创新驱动发展战略的驱动下，以"培养创新型人才"的需求为牵引，国内高校教育进入了新阶段，较多的教学改革项目也围绕专业课开展，如新的教学思想、新的教学应用、专业课实验室与基础建设、毕业设计建设等。在此基础上，一些新方式、新思路也不断被提出并应用于教学之中，取得了较好的效果。与国内教学现状相比，西方的现代教育体系在培养学生自主创新方面具有一定的先进性，如果融合国内外教育的优点，提出更适用于我国的教育教学思路，将对提高国内高校教学质量起到较好的促进作用。

目前，较多学者对高校的教学方式、课程体系进行了系统梳理，对中美教学方式的差异进行了研究，也分析了一些新思想与理念在美国高校的推广情况，如王晓阳等选取哥伦比亚大学、芝加哥大学、哈佛大学等美国10所高校，从整合通专教育、重视课外海外实践学习、加强系列课程建设、推动网络课程和重视学习结果评价5个方面分析当下美国教育问题的主要策略。在此基础上，我国本科院校面向行业的应用型人才定位，提出了创新合作性学习、自主式实验、项目化训练和校企合作式创新创业教育等多样化人才培养方式，对学生创新意识和实践能力提高起到了促进作用。随着研究理念的不断发展，具有时代意义的、具体的教学方式也被广泛提出，从师生沟通方式的变化，逐渐过渡到授课方式的变化，如结合网络多媒体教学的开放在线课程MOOCs、网络课程、翻转课堂教学等方式，彻底改变了教师教授、学生听讲的传统模式，为学生更有效地掌握专业知识做出了教学方式的探索与应用研究，得到了较好的效果。

1 国外高校专业课教学特点研究

普渡大学（Purdue University）为美国典型的以工科为主的高校，2018年工学院排名全美前十，本文系统分析了其典型的专业课授课方式，包括选课、上课、课后交流、考核等，对比国内授课方式与现有教学模式，其教学方式主要有以下5个方面的特点，分述如下：

1.1 课堂氛围活跃，学生参与度高

学生选择课程的范围较广，选课范围涵盖学校所有课程，学生按照学分要求，以兴趣和未来应用为牵引进行自主选择，课堂上学生对课程的热情较高、参与度较大，会随时提出自己的问题与看法，讨论课更是如此。上述现象说明学生在课堂上积极地参与到了教师的授课环节中，思维在跟随教师的授课思路，不断思考问题，此点在专业授课中非常必要。

1.2 教学方式多样

尽管目前国内教育体系中采用的先进教学理

2019年全国能源动力类专业教学改革研讨会论文集

念与方法大多源于国外，但国外教师会根据自己的授课课程特点，自主选择教学方式，授课的形式没有统一标准。教师将以学生掌握课程为目标，结合课程实际，借助多种形式开展，如单一板书、PPT、投影、视频、实验、研讨等，且采用板书形成的课程在专业基础课中占比较高，对学生掌握知识是很有效的。

1.3 助教方式灵活

专业授课过程中，涉及习题、实验、研讨、课后答疑等环节时，授课教师会根据教学环节的实际情况，请学生助教直接进行课程的讲授，这种方式对高年级的学生助教进行了锻炼，学生－学生的授课方式也拉近了距离，交流与沟通更顺畅，对学生助教、选课学生能力的培养是双向的。

1.4 课后师生交流密切

通常授课学时与课后作业的学时配比为 1∶2，学生将通过大量的课后作业对所学知识进行复习、融汇。为了完成大量的作业，学生在课后将与教师、助教进行多次研讨与沟通，沟通方式可以通过面谈、邮件与网络平台。课后作业是提高学生能力的保障，教会学生如何将所学应用于实际，此点国内多数高校难以体现。

1.5 教师－学生沟通平台

学校通过公共交互平台的应用，将教师与学生紧密结合。该平台在学生学业生涯中一直起到重要作用，类似国内普遍采用的学生信息系统，通过该平台可以进行选课、课上课下沟通等事项，平台具有开放、交互的特点，教师将课程的必要材料、作业上传，学生将遇到的问题、完成的作业上传，助教修改作业并将结果反馈，该平台对教师－学生沟通起到了促进作用。

国外授课方式有其优势之处，但国内授课方式调整仍应结合国内实际情况进行，力争取得最好的效果，因此，本文仍立足于目前国内高校典型教学模式，取其精华，进行教学方式的调整。

2 教学方法转化应用研究

在系统梳理国外教学特点的基础上，结合国内教学环境，以典型的热能与动力工程专业的专业课程为对象，将其具有优势的部分用于课前、课上、课后 3 个阶段，有针对性地进行适用性与效果研究（见图 1）。

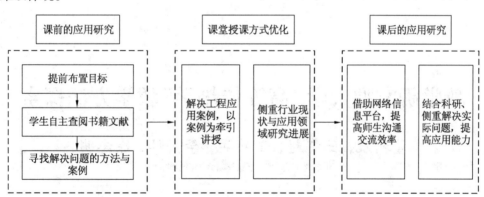

图 1　教学方法转化应用研究

2.1 课前的应用研究

授课前的安排主要体现在学生自主学习、知识点自主掌握上，其思想可与颠覆课堂类似。实际应用中，可由教师提前布置一个明确的阶段目标且不明确指出参考文献，由学生依照目标自主查阅书籍文献，寻找解决问题的方法与案例，并自主判断其中涉及的关键内容，转变学生听讲的传统思路，培养学生自主学习、寻找关键问题、解决问题的能力。此方式的额外优势在于，由于理解程度不同，学生提炼的关键内容就不同，对问题的理解方式与结果也就不同，同时此方式也有效培养了学生的沟通与交流能力。

2.2 课堂授课方式优化

结合国内教学实际，课堂授课方式的改变以提高学生参与度为主要目标。由于在课前的安排，学生已对讲授内容有一定程度的了解，教师在授课过程中可通过更多样的方式调动学生的积极性。除了传统的多种授课方式外，教师还可以在授课时只讲授实际的工程应用案例，侧重于图表分析或案例推演，以案例为牵引提升学生的兴趣。此外，可结合学生专业，向学生提出行业面临的问题，重点介绍应用领域的研究进展情况，亟须突破的关键技术与课程之间的关系,使学生充分了解行业的发展,提升学生的积极性。

2.3 课后的应用研究

课后改进主要以提高学生应用能力、自主解决问题的能力为主要目标。目前充分借助网络信息平台,如 Blackboard、教师平台、微信群等,教学资料的传递、作业的提交修改、问题的沟通与交流已极度方便,问题的重点应落在培养学生应用所学解决问题的能力上,可结合科研、基于实际问题,布置与计算、评价、优化等方式相关的工程分析类大作业,该作业可能贯穿整个课程,以提高学生的应用水平。

3 结　语

本文以国外典型工科高校整个教学环节为分析对象,从选课、上课、课后交流、考核等环节,对其与国内教学方式的不同之处进行了比较,总结了其中作者认为最具特色的 5 个方面。在此基础上,结合国内教学实际,从课前、课上、课后提出了借鉴与应用思路,并选择国内典型的工科专业课程,将其部分思想进行了实践。结果表明,授课方法可以有效地提高学生学习的积极性,使学生解决问题的能力得到了明显的提高,实现了课程的教学目的。

参考文献

[1] 王晓阳,曹盛盛. 美国大学通识教育模式、挑战及对策[J]. 中国高教研究,2015(4):17 – 25.

[2] 黄兆信,赵国靖. 中美高校创业教育课程体系比较研究[J]. 中国高教研究,2015(1):49 – 53.

[3] 钱国英,马建荣,林怡. 本科应用型人才培养的定位与教学组织设计——浙江万里学院的实践[J]. 中国高教研究,2010(1):84 – 86.

[4] 李政涛. 倾听着的教育——论教师对学生的倾听[J]. 教育理论与实践,2001,21(7):1 – 4.

[5] 桑新民. MOOCs 热潮中的冷思考[J]. 中国高教研究,2014(6):5 – 10.

[6] 缪子梅. 网络课程对我国大学生学习方式的影响——基于对某高校在校学生的调查[J]. 中国高教研究,2014(11):94 – 98.

[7] 叶伟剑. 大学生网络课程学习行为及影响因素的实证研究[J]. 教育学术月刊,2014(6):101 – 105.

[8] 王红,赵蔚,孙立会. 翻转课堂教学模型的设计——基于国内外典型案例分析[J]. 现代教育技术,2014,23(8):5 – 10.

教学研究型大学"高等传热学"教学方法探索

董楠航,王智超,王兵兵,李兴灿,徐志明

(东北电力大学 能源与动力工程学院)

摘要:"高等传热学"是动力工程及工程热物理专业研究生教育的专业基础课。本文以东北电力大学为例,分析了该课程的定位及开设过程所面临的困难,同时讨论了课程内容的选择及教学方法改革的具体建议。

关键词:高等传热学;课程定位;教学方法

"高等传热学"是能源与动力工程相关专业硕士研究生教学开设的课程之一,与"高等流体力学"和"高等工程热力学"共同作为我校动力工程及工程热物理一级学科硕士研究生的专业学位课。开设"高等传热学"的目的在于使硕士研究生在完成本科阶段"传热学"课程学习的基础上,进一步对该课程所涉及的原理及规律从数学的角度加深理解,其重要性在相关专业师生之间已经达成共识,但在研究生培养过程中本课程的教与学之间仍存在很多矛盾。首先是课程的定位,课程的培养目标决定了授课的内容及讲解的方式;其次是授课内容侧重的选择,目前国内《高等传热学》教材的编写框架仍然遵循《传热学》教材的体系划分，这就存在明显的局限性，内容易于重复，难度比较难把握；然后是教学方法的选择，鉴于高等传热学理论性强，更抽象，因此传统的以三大微分方程推导为主要学习内容的方式需要合理优化，以引起学生的兴趣；最后是考核方式的选择，随着本科教育体制的不断变革，填鸭式教育及僵化型考核已经不能促进学生加深对课程的理解学习，因此应采用多样的考核方式以达到学有所成、学以致用的效果。近年来，作为教学研究型大学，我校对研究生教育的关注和投入不断加大，因此在该课程教学方面进行了一些大胆尝试，以下是在教学实践中的一些思考和做法，希望能够对"高等传热学"课程建设提供一些帮助。

1 研究生特点及存在的问题

1.1 学生的构成及生源特点

学生构成及生源基础是开设课程深度和广度的重要参考条件之一。以我校动力工程及工程热物理专业为例，2018年度共招收硕士研究生123人，其中学术型硕士52人，专业型硕士71人；约15%为非能源动力类本科毕业生，来自电气、农业资源、土木、自动化等专业。生源情况显示，约25%的学生从本校相关专业毕业，仅2%的学生毕业于"211"和"985"院校。因此，学生的知识储备存在一定不足。

1.2 开设课程的客观情况

目前，各高校"高等传热学"课程的课时安排多集中于30～60学时，所选用的教材主要涉及导热、对流传热和辐射传热等几部分基础内容及传热领域新理论的介绍。相对而言，课时短、内容深，这就要求学生必须具有一定的理论基础和数学功底。由于部分学生在传热学相关学科基础知识上比较薄弱，因此在短学时的前提下，如何把握课程内容的深度及广度是一个巨大挑战。比如"高等传热学"中的导热部分，尽管在"数理方程"中已经对相关导热问题数学化描述进行了初步的解析，但所介绍的内容和方法侧重于数学算法的应用及方程的分析解求解，对于分离变量法和拉普拉斯变换的应用完全是抽象而繁重的数学推导。在"高等传热学"中，问题进一步复杂化，数学方法处理愈加繁琐，对于数学天赋比较好的学生，乐于在生涩的内容及繁琐的方程求解过程中获得成就感，但也使得数学基础不牢的学生处于茫然

状态，进而产生厌烦畏惧心理。尽管他们可能对解决各类数学方程的方法有了一定了解，但是很难学以致用，不能很好地达成研究生课程的教学目的。

2 课程的定位及授课内容的选择

研究生教育一般侧重于解决实际问题的理论方法学习及相关能力的培养，被认为是在本科阶段学习的基础上进行知识的深化，因此授课的重点多体现为覆盖面广、理论性强、与实际问题紧密结合。但随着课时的不断压缩，内容的不断更新扩展，学习该课程的学生必须面对更大的挑战。鉴于我校研究生的培养目标及学生所具备的相关知识水平及主动学习的能力，我们对"高等传热学"内容的定位进行了一定的调整，改变讲解式的教学方法及记忆式的学习方式，逐渐把培养目标定位为通过团队协作能独立解决实际传热问题的能力培养；在数学理论及方法的讲授部分有所取舍；在典型的传热问题上选取相对简单并容易理解的数学方法进行针对性介绍，在对经典传热学所涉及的内容进行深入讲解后，增加新理论、新方法的介绍。例如，场协同理论应用、纳微尺度换热问题等，让学生减轻数学压力的同时，提高将物理现象与数学方法融合的能力，增强学生对传热过程进行完整数学描述的能力，使学生具备简化数理方程的求解技能。也就是以典型传热问题为中心，重点解决新现象、新过程的解析及数学模型构建问题，引导学生深入思考，自主寻求多种途径及手段解决问题。

3 教学方法的实践

3.1 慕课手段的应用

慕课是网络技术与现实课堂有机结合的产物，其开放性、广泛性及针对性的特点给相应课程学习带来了极大的便利性，也为知识的共享及有效的互动提供了便利性和可靠性。在线学习和间接交流的方式，给学生更充足的时间去理解消化知识点，同时让讲授者能及时对相关内容进行反思及修正。"高等传热学"的网上公开课程相对较少，中国科技大学和西安交通大学都在学校内部开通了网上讲堂，参考相关模式，我校相关教师团队拟利用544网络课程平台，以专题讲解的形式发布10个短视频，内容涵盖典型导热问题、对流换热问题的解析求解

思路及方法、辐射换热问题量子理论方法解析、微纳尺度换热机理及场协同理论应用等。利用网络留言进行线上交流并通过任务发布功能进行专题引申，让学生分组完成相关任务。同时采用翻转课堂的模式，在规定时间内对问题处理的过程及结果进行描述展示。此过程中，要求教师能够对专题内容进行简洁透彻地讲解，专题任务设计具有可对照性、新颖性及理论与实际紧密结合，能够响应相关热点问题。同时需要学生在完成任务过程中具有主动性和思维延展性，能够充分利用网络、书籍等资源对过程内容进行丰富完善。

3.2 数值计算模式的应用

"数值计算"能够直观地展示热量传递的推进过程，通过速度场、温度场变化展示动态效果。比如，可以应用 Matlab 平台对导热过程进行模拟计算，根据实际研究对象进行建模，确定边界条件以获得内部的温度波动。这样基本任务完成后可以对微分方程的应用、算法的理解及整个解析推导过程的复杂性获得全面的了解，同时可以弱化数学方法在方程推导上的应用。针对不同的课程内容，有针对性地展示一些经典案例，同时布置一些类似任务，以减少学生的负担。但在应用该模式时注意不要与"数值传热"课程内容重复，避免花费大量时间讲授数值计算过程的技巧和方法。

4 考核方式的探索

随着本科教学"工程认证"模式的推广，研究生课程考核方式也应该以趋于全方位、多样化的标准进行考核，可采用专项课题研讨、案例分析和实践式课程设计等方式结合考试对学习效果进行评价。为实现该目的，要求授课教师对课程内容了解更深入，对相关领域的前沿成果把握更准确，并有效地进行课程内容建设，避免多样考核流于形式，引导学生深入思考，主动寻求解决问题的方法，使学生在团队合作的机制下高效、准确的解决问题。

5 目前所面临的困难

"高等传热学"在教与学的过程中，所面临的困难主要集中在以下两个方面。第一，授课教师对课程内容的熟悉程度不一。由于该课程对高等数学知识基础要求较高，授课教师只有在了解学生的接受能力的基础上才能因材施教。因此需要授课教师对相关课程熟悉程度高，并且在讲授中具有灵活性。第二，"高等传热学"课程专业性比较强，学生受众范围相对较窄，因此目前可供选择的教材并不多，且每种教材都是针对各高校的实际情况设计的，广泛推广的可能性并不高。因此需要相关专业教师根据实际情况自行编撰学习材料。

6 小 结

"高等传热学"是动力工程及工程热物理专业的研究生核心专业基础课程之一，是本科阶段"传热学"知识的深化和扩展。在课程开设的过程中，因材施教，取长补短，激发学生的学习兴趣，发掘学生的学习潜力，不断推进课程的改革，进而优化课程方法，使学生学以致用，是研究生培养过程的主要目的之一，也是课堂教学改革的必要探索。

参考文献

[1] 高虹，杨晓宏，田瑞．小学时高等传热学的教学改革探讨[J]．教育教学论坛，2017,1:138.

[2] 李俊梅，李炎锋，毕月虹．关于暖通专业"高等传热学"教学的几点思考[J]．土木建筑教育改革理论与实践，2010,12:365.

[3] 张靖周．高等传热学教学中的"三强一高"特质培养[J]．科技资讯，2015,19:167.

[4] 朱群志，姜未汀，张莉，等．研究生课程"高等传热学"教学改革初探[J]．中国电力教育，2014(30):49.

问题引导式教学在高等传热学课程中的实践

王兵兵，李兴灿，董楠航，王智超，杨鹤，徐志明

（东北电力大学 能源与动力工程学院）

摘要： 高等传热学是动力工程及工程热物理一级学科与相关专业研究生教学开设的一门重要专业学位课。如何提高学生运用高等传热学知识解决科研问题与实际工程中的具体问题的能力，是动力工程及工程热物理相关专业研究生培养的关键。本文从研究生高等传热学教学实践出发，分析高等传热学教学中存在的一些问题。探讨将问题引导式教学在研究生高等传热学课程中进行具体实践，并提出实践过程中需要注意的问题。

关键词： 问题引导式教学；高等传热学；理论知识；教学模式

传热学是研究由温差引起的热量传递规律的一门学科。高等传热学在本科"传热学"知识的基础上，拓宽和加深学生对热传导、对流换热和热辐射基本原理和规律的认识，培养学生针对传热问题建立理论模型与分析求解能力。高等传热学是动力工程及工程热物理一级学科与相关学科研究生教学开设的一门重要专业学位课，是学生从事相关科研工作与解决实际工程应用中传热问题的基础，一直备受广大师生的重视。

与本科传热学课程内容不同，在高等传热学的理论教学过程中许多公式推导过程复杂，基础一般的学生感觉内容庞大晦涩。学生对整个课程的知识体系缺乏了解，对课堂内容掌握程度一般。同时，学生普遍对如何灵活运用高等传热学知识解决科学研究和工程实际问题感到困惑。为了让学生掌握更丰富的相关知识，提升运用热学理论解决科研和工程问题的能力，教学过程中，一方面要重视高等传热学知识的传授，另一方面要积极引导学生主动思考传热问题。兴趣是最好的老师，如果将问题引导式教学引入高等传热学课堂实践中，让学生带着实际工程或科学问题学习，一定程度上会提高研究生上课的积极性与学习高等传热学知识的兴趣。这种教学方法能够满足培养学生分析、解决问题能力的要求，以达到培养高素质人才的目的。本文首先分析了高等传热学教学中存在的问题，然后以特定的案例提出将问题引导式教学引入高等传热学课程的具体实践，最后总结问题引导式教学在实践中应用时需要注意的事项。

1 高等传热学教学中存在的问题

1.1 高等传热学课程学习内容难度大

目前，高等传热学内容涉及许多数学推导过程，对学生高等数学基础要求高。以"高等传热学"中导热部分内容为例，这部分以介绍拉普拉斯法与分离变量法等具体数学方法为主，大部分内容仍然是在讲解数学算法，学生很难从大量数学推导中摆脱出来，很少关注工程实际问题的求解。研究生课程学时少，在很短的学时内，学生很难真正掌握方法的精髓，以及采用相关的数学方法解决具体的传热问题的思路。

1.2 研究生缺少对高等传热学学习的主动性

研究生入学后，导师会安排研究生进入课题。做课题需要一定时间去掌握新的研究技能与研究方法，在课题压力驱动下，学生将更多的时间与精力投入课题研究方面。此外，部分热动专业研究生的本科专业为建筑环境与设备、机械设计及其自动化等相近专业，传热学方面的基础知识比较薄弱，并且缺少对高等传热学知识在开展热动专业课题与解决工程问题方面重要性的认识。因此，学生对学习高等传热学知识的兴趣不足，学习的主动性不强。

1.3 对研究生课程教学的功能存在认识误区

目前，对研究生课程的功能的认识有两种：一种是实用主义，思路是"解决问题—获取知识"；另一种是能力主义，思路是"获取知识—解决问题"。

前者认为,研究生学习阶段应以解决实际工程或科学问题为主,强调课程的体系性,课程学习具有工具性的特点。后者则认为,研究生在学习过程中获取的知识能够提升自身解决问题的能力,教学学习过程中应始终贯穿能力的培养。两种观点都有各自的优点与缺点。研究生培养应当让研究生掌握本学科坚实的基础理论、系统的专业知识,更为重要的是让研究生具备独立思考,运用所学知识独立解决实际工程问题与科学问题的能力。因此,"问题提出—获取知识—解决问题"的模式符合研究生的培养要求。

2　问题引导式教学在高等传热学中的具体实践

不同学校的专业特色存在差异,因此,问题引导式教学中所提出的问题以专业相符且具有前沿性的研究课题或工程案例为最佳。东北电力大学以锅炉与汽机为主要专业课,因此,以讲解高等传热学中对流部分湍流对流换热为例:在讲解这一章节前,首先可以提出一个关于锅炉的实际案例:

某火管锅炉运行工况:火管内径为 50 mm,外径为 60 mm,导热系数为 50 W/(m·K)。烟气从管内流动,流速为 10 m/s,烟气在管内的平均温度为 500 ℃;饱和水在管间外表面上沸腾,饱和蒸汽压力为 1.003 Mpa。

问题提出:某一火管锅炉专利声称,在火管表面(烟气侧)装有均匀分布于内表面的圆柱形针状肋(直径 10 mm,高度 17 mm,肋间距 15 mm),可以将无肋时火管锅炉的传热强度提高 8 倍以上,试运用所学知识判断有无这样的可能性。

提示:解决这一问题需要选择相关的经验公式,进而确定对流换热系数;分析中应注意肋与横略管束概念的运用。

提出问题后,首先让学生将这个问题完整记录下来,并告知学生这个问题是一次作业,作为期末成绩的一部分,这样可以在一定程度上提高学生的重视度。同时,让学生思考 5 分钟,对这一问题加深思考和理解。这个实际案例可以很好地带动学生学习这部分知识的积极性,培养学生主动思考的能力。在讲解相关知识点时,要时常提及这个案例,学习完这部分内容后,让学生完成对这个问题的理解与解答,并以作业的形式上交,这样对学生起到积极的督促作用。最后,在对湍流对流换热章节进

行总结时,细致讲解这个问题的解题思路。从而实现"问题提出—获取知识—解决问题"的研究生培养模式。

3　问题引导式教学实践过程中需要注意的问题

3.1　选取适当的科学问题或工程案例

题目选取最好具有综合性,涵盖多个知识点为最佳,但不要难度过大。同时,选取的题目最好具有前沿性。

3.2　给予学生对问题充分思考的时间

思考过程能够增加学生对知识的兴趣,增强其主动解决问题的动力,可以让学生把零散的认识系统化,把粗浅的认识深刻化,直至找到事物的本质规律,找到解决问题的正确办法。

3.3　用合理的方式督促学生完成对问题的理解和解答

学习完相关知识后,让学生完成对问题的理解与解答并以作业的形式上交,可以对学生起到积极的督促作用。最后,在对这一章节总结的过程中,对这个问题进行细致分析与解答。

4　结　语

提高运用高等传热学知识解决科研问题与实际工程中的具体问题的能力,是动力工程及工程热物理相关专业研究生培养的关键。本文提出问题引导式教学在高等传热学课程教学中的具体实践。首先总结了高等传热学课程教学中存在的几个问题;其次,以具体案例细致阐述了如何将问题引导式教学结合到研究生高等传热学课程中去;最后,阐释了问题引导式教学实践过程中需要注意的三个问题:选取适当的科学问题或工程案例,给予学生对问题充分思考的时间及用合理的方式督促学生完成对问题的理解和解答。

参考文献

[1] 杨世铭,陶文铨. 传热学[M]. 4 版. 北京:高等教育出版社,2006.

[2] 贾力,方肇洪,钱兴华. 高等传热学[M]. 北京:高等教育出版社, 2003.

[3] 朱群志,姜未汀,张莉,等. 研究生课程"高等传热学"教学改革初探[J]. 中国电力教育,2014(30): 49 -

50.

[4] 赵斌,钟晓晖,张磊. 高等传热学研究型实验教学探析[J]. 中国冶金教育,2013(6):48–50.

[5] 夏良华. 研讨式教学方法在研究生课程教学中的应用[J]. 价值工程,2010(25):213–214.

[6] 张婧周. 高等传热学[M]. 2 版. 北京:科学出版社,2015.

Stefan 流是对流还是扩散？
——关于 Stefan 流的一点讨论

刘训良，包成，豆瑞锋，周文宁

（北京科技大学 能源与环境工程学院）

摘要：本文主要针对 Stefan 流的对流扩散问题及其 N–S 方程表达形式进行了深入的讨论。通过分析指出，由于 Stefan 流引起了混合气体的整体运动，因此存在对流，但是该对流是由于相界面上存在相变或化学反应而引起的。在对 Stefan 流的数学描述上，N–S 方程中没有与之对应的项，可以通过边界条件或质量守恒方程的源项来描述，在数值求解中通过压力（或压力修正）方程的源项来改变混合气的速度。

关键词：Stefan 流；对流；扩散；N–S 方程

这个问题的讨论是起源于一次出差旅途中的偶然机会，同行的老师提出一个疑惑，就是由于扩散引起的多组分气体的整体流动（Stefan 流）与压力差驱动下的对流有何本质区别，在 N–S 方程中如何表达？

众所周知，由浓度差引起的扩散通量对于所有组分求和的值为零，即扩散通量对于多组分气体混合物的整体运动是没有影响的，但是由于质量扩散所携带的能量通量的代数和一般不为零，所以扩散对界面上的能量传递是有影响的。可以认为，扩散引起的能量通量是对于传统傅里叶定律的修正，即界面上多组分气体混合物的热通量或能量流一部分是由于温度梯度引起的导热，一部分是由于扩散所携带的能量通量。那么，Stefan 流是对流还是扩散呢？

1 Stefan 流的定义

Stefan 流即界面上由物理或化学变化引起的气体混合物的流动，本质上是由于在相界面上存在相变或化学反应，引起该处某一组分浓度发生变化，进而产生组分浓度差驱动的扩散，从而导致混合气

体的整体流动。水面蒸发可引起 Stefan 流，如图 1 所示，在气/水界面处由于水分蒸发，该处的水蒸气分压较高，而远离水面处分压较低，水蒸气在浓度差的驱动下向外扩散，而空气刚好相反，浓度差导致空气向界面处扩散。同时，还存在一个与空气扩散流相反的、由空气和水蒸气组成的混合气体的整体质量流，使得空气在相分界面上的总物质流为零。因此，在水面蒸发问题中，Stefan 流中水蒸气的质量通量并不等于水蒸气的扩散质量通量，而是等于水蒸气扩散通量与混合气运动所携带的水蒸气质量通量之和。

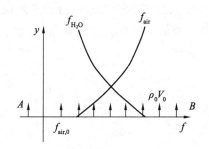

图 1　水面蒸发时的 Stefan 流

从对流的定义出发，多组分气体混合物有整体运动即存在速度，那么就可以称为存在对流。因此

专业与课程建设

可以肯定地说，Stefan 流是对流。只不过这个整体的流动是由于存在浓度梯度下的扩散引起的。

2 Stefan 流的 N - S 方程表达

那么，Stefan 流与压力差驱动下的对流有何本质区别呢？为何在 N - S 方程中只有压力梯度，而没有与 Stefan 流对应的项呢？

这个问题可以回溯到 N - S 方程的推导，不管是采用空间位置固定的控制体微元，还是采用跟随运动的流体微团进行分析，在对多组分气体微元的受力分析中有表面力和体积力，但是并没有由于浓度差引起的力，或者说浓度差与作用力无直接关系。所以 N - S 方程显然不应该包括与 Stefan 流或浓度差有关的项。

另一方面，N - S 方程适用于描述计算区域内部的流体流动，并不适用于描述边界上的流动，而 Stefan 流的本质是由于相界面上存在物理或化学变化而引起的。对于包含 Stefan 流的多组分气体流动的数学描述中，控制方程组应包括组分质量守恒方程、混合物的连续性方程、动量方程及能量方程。如果相界面是边界，对于组分守恒方程而言，其边界条件是可穿透边界条件，而对于动量方程，其边界条件就存在速度滑移，因此可以认为 Stefan 流通过边界条件影响流体内部的流动。如果相界面位于计算区域内部，那么不论是相界面有物理或化学变化的两相流动，还是包括多孔介质内部存在壁面反应的多组分气体流动，在宏观尺度模型中可以将 Stefan 流的影响用控制方程右边的附加项来表示，如在连续性方程和组分守恒方程中增加由于相变或化学反应引起的质量源或汇，类似于在多孔介质流动动量方程中增加 Darcy 项以考虑多孔介质内局部黏滞力作用的影响。因此，可以认为，Stefan 流对多组分气体流动的影响，是通过边界条件或者质量守恒方程中增加质量源或汇的附加项进行数学描述的。

再者，在数值计算中，边界条件的离散常采用附加源项法，即通过在濒临边界的第一个内节点的离散方程中增加有关的源项来考虑边界条件的影响。因此可以认为，在离散形式的控制方程中，Stefan 流所导致的可穿透边界条件或滑移边界条件的影响是通过在质量守恒离散方程中增加源项进行数学描述的。

另外，在低速多组分气体流动的数值模拟中，速度与压力解耦的经典算法是 SIMPLE 算法，其中压力修正方程是通过离散连续性方程（即混合气体的质量守恒方程）获得的，因此连续性方程的源项实际上就是压力修正方程的源项。从这个意义上，可以说，虽然在 N - S 方程中并未出现与 Stefan 流有关的项，但是 Stefan 流通过边界条件或源项影响了计算域的压力场分布，最终通过压力差影响了混合气体的整体流动。

3 结 语

Stefan 流引起了混合气体的整体运动，因此属于对流，但是其本质上是由于相界面上存在物理或化学变化而引起的。在对 Stefan 流的数学描述上，N - S 方程中并未出现相关项，但是可以通过边界条件或质量守恒方程源项来描述其影响，从而改变了计算域内局部的压力分布，进而通过压力差驱动混合气体的流动。

参考文献

[1] 柯斯乐·E. L. 扩散：流体系统中的传质[M]. 王宇新,姜忠义,译. 北京:化学工业出版社,2002.
[2] 赵坚行. 燃烧的数值模拟[M]. 北京:科学出版社,2002.
[3] 孔祥言. 高等渗流力学[M]. 合肥:中国科学技术大学出版社, 1999.
[4] 陶文铨. 数值传热学[M]. 2 版. 西安:西安交通大学出版社, 2001.

高校非环境专业学生环保教育通识选修教学改革

——以"能源、环境与可持续发展"公选课为例

李延吉，杨天华，李润东，魏砾宏，栾敬德，李少白，烟征，贺业光

（沈阳航空航天大学 能源与环境学院）

摘要： 本文针对高校通识公选课的定位，简单分析其开设现状及教学中存在的问题，以"能源、环境与可持续发展"公选课为例，详解如何通过公选课实现对非环境专业学生在节能、环保与可持续发展理念培养方面的宣教目的。以"转变内容、转换方式、考核多样"作为改革理念，通过优化教学内容、配伍授课团队、改变传统考核方式等变革，将教学目标与寓教于乐紧密结合，深入接触"互联网＋"移动端技术，使能源环保交叉学科的科普知识得到宽领域、广范围的授课宣教。问卷调查表明，课程改革得到学生的大力支持与好评。

关键词： 通识教育；公选课；非环境专业；教改

党的十八大和十九大提出了生态文明建设大目标，为了在全社会特别是高等学校形成热爱自然、保护环境的良好风尚，引导大学生自觉践行绿色生活，有必要对现有高校的环保概论类公选课进行深度改革，不断创新教育思路和教学方法，努力提高高校阵营环保宣教效果和影响力。除了加强环保基础素质培养以外，更要认真落实党中央关于生态环境保护工作的新部署、新要求，加大环保教育力度，提升环保素质培养效果，不断挖掘环保类选修课程的特点和内涵，结合能源环保热点问题，开展科普教育，理性、客观、全面看待环境问题，在高校范围内营造良好的氛围。

"能源"与"环境"是当今世界发展的两大主题。将能源、环境与可持续发展理念协调统一是社会发展的必由之路。为适应形势需要和公选课要求，沈阳航空航天大学于 2014 年面向全校非环境类专业本科生开设"能源、环境与可持续发展"公选课，扩展学生横向知识、培养通识能力。短短 2 年多时间，授课团队在加强全校本科生能源与环保意识培养上不断探索与创新，逐步摸索出一套行之有效的方法。将能源与政治、经济、新能源利用、环境状况与环境保护等科普性知识以生动、多彩、丰富的教学内容和教学方式展现，得到广大学生的好评。笔者总结出一些方法和经验，就较为典型的问题谈谈授课团队的认识与深度改革实践。

1 有必要认清现有公选课教学中存在的问题

1.1 教师与学生对公选课的定位认识不清

一方面，国内许多高校教师对公选课的定位认识不到位，未把课程传授与学生通识能力的提升紧密联系，把上公选课当成教学工作量的"赚分机器"，更严重的是部分高校师资匮乏，同时知名学者或教授级别教师不愿承担公选课授课任务而转让给年轻教师，部分教师按照规定教材或者下载网络资料随意讲解，授课质量不高，导致学生产生厌恶情绪。另一方面，部分学生为完成学校规定学分而选课，把通识课当作混学分的选"休"课。通识公选课师生定位不清导致课堂沉闷，到课率低，"低头率"高的普遍现象。

1.2 教学内容、教学方法单调，体现不出公选课的价值

通识公选课面对的是不同知识背景的学生，把握教学内容的深度和广度尤为重要。内容过于专业、深奥，会导致学生听不懂，过于简单则降低公选课的作用与意义。教学方法上，通常是教师站在讲台上自我陶醉，学生在座位上自娱自乐，单一的讲解使学生缺乏对更多教学模式的触碰，短短几次课后必将让学生远离课堂。这种方式，既抑制了教师上课的动力，又挫伤了学生学习的积极性。

另外,各高校的公选课上课时间基本安排在晚上,这正是教学监管机制不严密的时间段。教师对学生监管不严格,学生也常利用这段时间完成白天主干课程的作业,甚至用手机观看各种视频资讯,直接影响公选课教学质量及价值的实现。

授课之前,沈阳航空航天大学"能源、环境与可持续发展"公选课授课团队及时认清了当前的状况,积极推动深化教育与教学改革,多次开展教学研讨,提出具有特色的教学设计方案,深化教育教学改革的思路,即"转变内容、转换方式、考核多样"12字理念。

2 "能源、环境与可持续发展"公选课改革设计方案

2.1 转变内容,优化设计课程教学内容

公选课一般具有课时少、内容浅、学生专业面广的特点,如果按照必修课方式讲解,学生会感觉接受起来很吃力,学习兴趣也会降低,尤其对没有相应基础的文科学生而言。课程教学内容的合理选择直接影响教学效果,本课程的参考教材众多,内容侧重点各不相同,况且大部分教材内容已经跟不上当前能源利用与环境保护的发展,必须合理设计讲授内容,增加学科前沿知识和时事要闻。由于"能源、环境与可持续发展"公选课涵盖内容较多,学科交叉特点突出,但学校公选课规定16学时课时,仅支持8次课堂教学。为拓宽学生知识面,增强学生的节能环保意识,达到综合素质能力培养效果,本课程主要以讲座方式,打破原有规定条框的课堂计划,制定(1)大气污染:达摩克利斯之剑、(2)能源战争与第三次工业革命、(3)气候变化:全球围剿碳排放、(4)风生水起的可再生能源、(5)核能:从裂变"危机"到聚变愿景、(6)无法抉择的恐慌:要水,还是要能源?(7)我们距离可持续发展有多远?(8)2030年我们开什么车?(9)能源利用与环保史:谈环境保护多维度文化等讲座内容。相关教师根据内容准备授课计划,同时考虑授课对象合理安排难易程度,为了吸引学生,每讲都含有必要的视频和动画内容。

很多学生因为不了解公选课而不喜欢,特别是个别学生可能认为课程专业化内容太多导致听课效果苍白,只是为了拿学分而选课,迟到、早退及逃课现象非常普遍。授课团队精心准备了第一讲内容的开场白,安排"能源战争与第三次工业革命"内

容,主要介绍能源利用历史及在能源利用史上经典的战争,如小布什与伊拉克战争等,并在中国能源利用的"变革"与"革命"中穿插介绍安大线和安纳线,以及现在流行的"一带一路"即丝绸之路经济带和21世纪海上丝绸之路等,这些有助于学生理解身边的大事小情,增强学生的节能环保意识,调动学生的学习兴趣,进一步拓宽学生的知识面。

授课内容始终在坚持创新发展上努力进取,坚持与时俱进、创新为要,大力推动宣教理念、内容等全方位创新。保持思想、专业领域的敏锐性,同时顺应时代和信息发展特点,积极探讨节能环保宣教主题,以创新内容激发活力、增强活力、释放潜力,推动"能源、环境与可持续发展"公选课迈上新台阶。

2.2 转换方式,优化配伍课程授课团队

教学模式是教学过程中采用的教学组织形式,随着时代进步和网络化发展,教学模式也不断改进以适应不同阶段的教育水平需求。传统的"3个一"模式是实用、有效和易于接受的模式,但这是适合基础课、专业课的模式,能够在师资力量有限的情况下最大限度地利用教师资源。但作为全校范围的公选课,"3个一"未必适应环境变化,这给以传递知识为主的传统教学模式带来巨大的挑战,探索新的教学模式势在必行。团队授课模式能够有效地激发教师的教育潜能,有利于形成育人合力的优势,利于教师教学与科研相互促进。由于本课程实行专题式讲座,教师由原来"一门课一个人一学期"从头讲到尾,改革成"一个讲座一个老师一次课模式",首先,此种方式不仅减轻了授课教师的备课负担,而且提高了教学效果。由于一名教师只承担一个专题讲座,使其能够在一个相对稳定的时期深入学习、研究自己负责的专题,及时更替授课内容和更改授课方式。其次,有利于培养学生个性和激发学生好奇心。一门课程同时接触多名教师,每名教师都有自己的讲授风格,可以解决原有教学模式给学生带来的厌倦、审美疲劳等问题,提升学生的学习兴趣,促进学生思维和综合素质的提升。再次,有利于对本门课程教师的比较、评价及考核,将竞争机制引入课堂教学。不同教师讲课风格不同,对教师来讲有压力也有动力,在这种教学模式下推动教师之间互相取长补短,形成良好的互动氛围,从而使整个教学团队的教学水平得到提升。

本课程选择的授课团队成员是经过二级学院

2019年全国能源动力类专业教学改革研讨会论文集

严格讨论的,课程负责人由学院院长担任,授课教师均为副教授以上且有博士学位的有经验教师。年轻教师必须观摩课程负责人或者相关教授授课过程,及时总结经验学习授课方式与方法。该队伍由 3 名教授和 5 名副教授组成,包括国家中青年科技创新领军人才、省"百千万人才工程"人才、省市级劳动模范和五一劳动奖章获得者、校级优秀教师等不同层次人才,形成了一支稳定的"能源、环境与可持续发展"公选课教学团队,并于 2015 年获得省级教改项目支持,以校级、省级精品课程标准要求发展。该团队始终坚持把"环保、能源、可持续发展理念"放在首位,严格把关教学团队的建设、教学过程的组织实施、教学质量的保障措施。每年讲授内容经过多次论证,由相关授课教师试讲,院学术委员会和教学工作委员会根据讲授状况决定新学期上课人选和讲座次序。团队授课即组建教学团队,不是简单的人员堆积过程,也不是直接将一个教研室变成一个授课团队。合格的团队授课形式若顺利实施和发展,可有效地调动团队成员的工作积极性,突出个人专长和兴趣爱好,增强教师之间的交流、互动与协作,减少对教学共性问题的重复探索。团队在授课质量和内容上层层筛选,而由知识、技能互补的高水平教师组成公选课授课团队,做到合理布局,充分发挥个体的特长和优势,将学科前沿的精华展现给学生,必能明显提高公选课教学质量和改善教学效果。

2.3 考核多样,一改传统点名和论文考核模式

公选课面向对象是全校不同层次、不同专业的学生,因此考核不宜像传统必修课那样采用课堂考试模式,这样容易使学生形成平时不用功、考试临时抱佛脚、搞突击的不良学习风气。对于公选课最终成绩的评定要采取较为灵活但有效的方式,加大平时成绩所占比例。具体实施可采取以下几种方式:一是开卷考试加平时成绩,卷面成绩和平时成绩各占一半。平时成绩包括出勤情况、课堂讨论等,开卷考试要注意题目的设置,不能太难,以考查学生掌握能力为主。二是采取提交大作业的形式,如分析当前能源环境领域热点话题,题材、内容均不作限制,加分点主要体现在思考、原创。三是采取英文文献翻译或者撰写论文等方式,如教师可以给定题目,或学生自选题目撰写与本课程教学内容相关的论文,撰写论文的过程就是学生搜集和阅读相关文献,从而更多更好地理解本课程知识点的过程。无论采取上述哪种方式,学生的应对模式基本

不变,可能不会达到课程设置的目的,因此有必要进行考核方式的改革探索研究。

根据学校的相关要求,结合本课程的实际,授课团队采用平时成绩占 50%、期末成绩占 50% 的方式,最终合理地评定学生的期末总成绩。平时成绩主要包括课堂考勤、随堂提问、课堂作业、课堂讨论等,对平时不迟到、不早退、积极回答问题,并且最终提供课堂学习笔记的同学给予较高的成绩。传统课堂考勤要么采取大面积点名,要么采取随机点名、签到登记等,这些方式不能反映实际情况且存在浪费授课时间的弊端。公选课授课专业深度受限制,提交大作业或论文也无法反映实际情况,于是授课团队进行考核改革探索。

首先,在课堂考勤和课堂讨论环节,授课团队采用了"蓝魔云班课"APP,课程负责人负责创建移动班课,并在第一次讲座中发布云班课邀请码,学生在 APP 移动端加入公选课的云班课。通过云班课,可以上传课程资源,进行课程交流、作业与讨论等。其中,最重要的是学生签到考勤模块,可以采取手势签到模式避免学生滥竽充数,并且大大缩短考勤时间,且即使学生未带手机或者有其他情况,只要说明原因就可以利用下课时间进行手动签到,此种模式将教师从繁重的点名过程解脱出来。同时,可以增加互动环节,如教师利用云班课 APP 创建主题,学生在移动设备上发表看法,教师可随时点评;或者教师创建测试题,学生在规定时限内完成测试,自动反馈测试结果;或者教师创建一个主题,学生发表自己的看法并讨论。这些改革模式都是利用当前流行的"互联网 +"资源创建的,恰当运用 APP 进行翻转课堂训练,收效颇丰。

授课团队采用闭卷考核方式进行期末考试,即校级公选课也完全可以采取闭卷模式。本课程主要以科普知识普及宣教为主,因此避免了大量专业理论知识考核,虽然学生可能感觉闭卷考试会很难,但看到题目以后会发现都是讲座中基本的知识点。授课团队针对每个讲座出考核题库,然后课程负责人随机选择 40 道考核题目组成每个授课班级的考察试卷,40 道题目全部是选择题,采用标准化答题模式,利用机器判卷。题目难度适中,便于学生牢记。例如:

(1) 对我国乙醇汽油推广使用具有积极推动作用的人是(　　　)。

A. 袁隆平　　　　　　　B. 方舟子

C. 刘德华　　　　　　　D. 成龙

（2）本课程课堂讲授中提到 2014 年元宵节与西方情人节相逢，上演一出"汤圆"邂逅"巧克力"、"鞭炮"加"玫瑰"的好戏。但沈阳地区当天给大家留下最深印象的是（　　）。

A. 严重食品安全事故

B. 严重雪灾

C. 严重的雾霾天气

D. 严重的饮用水污染

（3）垃圾面前只有参与者，没有旁观者。应对有道方可促进可持续发展，我国是相对较早开展垃圾分类处理的国家，不仅大陆，港澳台地区也积极参与，其中（　　）歌曲就是反映旧物资源回收利用的。

A.《万水千山总是情》　B.《海阔天空》

C.《酒干倘卖无》　　　D.《挪威的森林》

综上可以看出，试题以简单模式出现，但能反映学生对课程内容的熟知程度，既具有一定的趣味性，又有考核意义，值得推广。同时由于考核内容简单，便于记忆，通过这些考核内容，可以广泛传播和弘扬"节能减排及低碳行动"理念，进一步增强大学生的环保意识、节约意识、生态意识，呼吁大学生从自身做起，从身边小事做起，实现生活方式和消费模式向勤俭节约、绿色低碳、文明健康的方向转变。

3　课程教与学改革质量效果

3.1　调查问卷

本课程的教学改革效果调查为整体式问卷调查，旨在了解通过本课程宣教学习后，学生的学习效果和满意度现状。以问卷调查了解该公选课课程改革实施的效果，是对公选课讲授模式最直接、最有效的整体评价和反思路径，以便较客观地发现课程改革的优劣势，为后续进一步改进和提升公选课教与学的质量提供依据。

根据沈阳航空航天大学公选课特点，结合授课团队的教学实践，自行设计调查问卷。问卷的内容主要包括 12 项，其中前 11 项为学生对课程的描述与评价，最后一项为"对本门校选课（教学内容、教师授课等方面）进行点评"。前 11 项主要包括：（1）学生性别；（2）宣教结果；（3）本公选课与其他课程对比；（4）如何了解到本公选课；（5）专业背景；（6）选择本课程缘由；（7）对公选课看重的内容；（8）授课时本人状态；（9）是否喜欢老师选择的授课方式；（10）欣赏本课程哪些方面；（11）对本课程的评价。每学期课程结束时进行问卷调查，以 2017—2018 学年第一学期为例，共发放调查问卷 764 份，回收有效问卷 760 份，问卷有效回收率达 99.47%。

3.2　问卷分析

本课程的教学改革效果调查在一定程度上反映了学生的学习绩效和满意度，通过编制学生调查问卷，对"能源、环境与可持续发展"公选课授课内容进行评价，结果见表 1。针对课程授课质量评价中学生关注度最高的指标分析见图 1。

表 1　本课程讲授内容好评率统计　　　　　　　　　　　　　　　　　　　%

大气污染：达摩克利斯之剑	能源战争与第三次工业革命	气候变化：全球围剿碳排放	风生水起的可再生能源	核能：从裂变"危机"到聚变愿景	无法抉择的恐慌：要水，还是要能源？	我们距离可持续发展有多远？
22.90	14.03	13.30	12.07	21.18	11.82	4.68

通过表 1 可以看出，7 位教师的授课均得到了大家的肯定，特别是"大气污染""核能""能源战争与第三次工业革命"等内容好评率较高，说明这 3 位授课教师准备充分，内容充实，授课模式让大家广泛接受。"可持续发展"内容有可能专业性较强，学生接受能力有限，因此好评率较低。这个评价结果给授课团队一定的提示，2017—2018 第二学期团队将此讲座内容变更为"2030 年我们开什么车"。

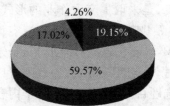

图 1　针对授课质量评价中学生关注度最高的指标分析

从图 1 可以看出,59.57%的学生认为团队授课教师的讲授方式多变,增进了课堂教学效果,可见传统的单一教师授课方式在公选课讲授中具有一定的限制性。这给广大高校一个提示,在保证授课质量的前提下,尽可能采用团队授课模式,能达到吸引学生深入学习的目的,且收效颇丰。其中,19.15%的学生认为课程的专业性更具吸引力,说明教学内容改革取得成效,团队选择授课内容不局限于教材、不局限于大纲,而是极力拓宽视野,寻找宣教突破口,合理优化讲座内容,对于理解课程的重点、提高学习兴趣有很大帮助。通过调查分析,"能源、环境与可持续发展"公选课深度教学改革对授课模式、内容、考核进行了调整,多点开花促进教学,改革思路正确,取得了较满意的效果,得到了选课学生的一致好评。

4 结论与展望

想要达到公选课的设置目的,特别是"能源、环境与可持续发展"这种当前社会关注热点课程,使之真正实现高校公选课的宣教作用,让公选课不再成为"鸡肋",必须通过认真定位、合理优化设计教学内容和教学模式,让学生喜爱课程并获益。

首先,必须认清公选课的定位,协调"教"与"学",合理设置课程内容,做好补位内容准备,让课程既结合现实热点,又满足宣教要求,有针对性地发挥课程的优势。其次,改变传统"一人承包制"的授课机制,采取团队授课模式,尽量配备高水平专业教师,避免单一教研室成员组成团队,缺少学科专业内容交叉点,缺乏活力。发挥各人的专长与精选教学内容两者结合,必将构建一个节能环保意识培养的教育体系,营造各学科专业相互渗透、促进与结合的宽领域、广范围的授课宣教氛围。最后,应该结合当前流行的"互联网+"高科技手段,利用移动端的 APP 模式,提升讲授效率,丰富内容,且有助于感兴趣学生的继续学习;改变考核手段,公选课闭卷考试应尽量选择易懂、风趣且具有一定内涵的题目。

参考文献

[1] 陈炜,邝季萍.新时期高校公选课的现状调查与对策研究——以福建某高校为例[J].长春理工大学学报(社会科学版),2014,27(2):177 – 179.

[2] 李胜利.专业选修课教学中存在的问题与几点建议[J].中国地质教育,2009(1):46 – 48.

[3] 张绮晗,江云.简析大学生"漠视"公选课的原因及改善措施[J].教学实践研究,2015(7):152 – 153.

[4] 张旋,姜洪雷,孙立芹.基于大学生综合素质培养的通识选修课教学模式的创新——以环境保护与可持续发展为例[J].中国校外教育,2014(4):75 – 77.

[5] 彭赵旭,闫怡新,李金荣.论环境保护与可持续发展——兼议强化公选课教学效果的方法[J].高教高职研究,2015(12):158 – 159.

[6] 王喆.高校"环境保护概论"公选课程教学探索[J].安徽农业科学,2014,42(26):9235 – 9237.

[7] 李健芸.生态文明视域下高校生态教育创新机制研究[J].黑龙江教育学院学报,2006,35(2):11 – 12.

[8] 黄新成,张景川.团队授课模式的实践与反思[J].兰州教育学院学报,2015,31(3):91 – 95.

[9] 王雅宁.综合性大学非地学专业开设"地球科学概论"公选课的探讨[J].教育教学论坛,2014(12):213 – 214.

[10] 朱杰,王国栋,解迎革,等.农科大学物理团队授课模式的探索与实践[J].教育教学管理,2012(5):61 – 63.

[11] 王红艳.云班课支持的高职公共英语翻转课堂教学模式实证研究——以 A 学院为例[J].现代教育论坛,2016(1):43 – 51.

[12] 郭聃,张志丹,张晋京,等.纪录片辅助资源环境课堂教学效果问卷调查分析[J].教育教学管理,2016(8):72 – 73.

核动力装置及设备课程思政育人模式教学改革探索与实践*

曾令艳，王海明，宋彦萍，帅永，黄怡珉，张昊春，齐宏，高继慧

（哈尔滨工业大学 能源科学与工程学院）

摘要： 本文首先阐述了"课程思政"在教育教学全过程中具有的重要意义，分析了核动力装置及设备课程中"课程思政"的必要性，提出了在课程中增加核电项目选址过程、核电站对周围环境的影响、核电站运行中的风险概率、核废物的量及处理方式等教学内容，补充我国核物理、核试验及核电专家的典型榜样事迹的讲解。通过"课程思政"内容的增加及补充，可以加强政府与公众的沟通与交流，促使政府与公众在中国发展核电的问题上早日达成共识，促进我国核电的发展，还可以引导学生的品德向正确、健康的方向发展。授课中，用榜样的高风亮节和人格魅力激励学生牢记使命、奋发进取，将来能够为建设创新型国家作出重要贡献。

关键词： 课程思政；核动力装置；教学改革

1 "课程思政"的意义

改革开放以来，全国人民在中国共产党的带领下取得了重大理论及科技创新成果，在高校教育课程改革过程中必须及时将这些成果转化为教学内容，以达到教学理论水平与时俱进。新媒体技术的迅猛发展和学生成长环境的改变，使大学生认识社会和表达观点的方式也发生了深刻变化。过去的思想政治工作已经无法适应新时代的高校思想政治工作的要求，必须要积极加强对于高校思想政治工作的补充与完善，保证高校思想政治工作的发展与社会发展和时代发展保持一致。当前我国国家的安全形势问题仍然较为严峻，仍存在国外情报人员通过金钱收买、感情腐蚀、色情引诱、网络勾连、损毁国家级政府形象等方式与国内学生进行接触，改变学生的人生观、价值观，从而达到获取国防科工情报、危害我国国家安全、破坏民族团结等目的，阻碍我国社会主义事业的发展。

"课程思政"建设对高校坚持社会主义办学方向，落实立德树人根本任务，确保育人工作贯穿教育教学全过程具有重要意义。2016年习近平总书记在全国高校思想政治工作会议上指出："要用好课堂教学这个主渠道，思想政治理论课要坚持在改进中加强，提升思想政治教育亲和力和针对性，满足学生成长发展需求和期待，其他各门课都要守好一段渠、种好责任田，使各类课程与思想政治理论课同向同行，形成协同效应。"2019年3月，习近平总书记在学校思想政治理论课教师座谈会上指出："办好思想政治理论课，最根本的是要全面贯彻党的教育方针，解决好培养什么人、怎样培养人、为谁培养人这个根本问题。""我们办中国特色社会主义教育，就是要理直气壮开好思政课，用新时代中国特色社会主义思想铸魂育人，引导学生增强中国特色社会主义道路自信、理论自信、制度自信、文化自信，厚植爱国主义情怀，把爱国情、强国志、报国行自觉融入坚持和发展中国特色社会主义事业、建设社会主义现代化强国、实现中华民族伟大复兴的奋斗之中。"

通过"课程思政"，在广大青年学生中树立伟大的中国梦，才可以保证广大青年学生不忘初心、牢记使命，坚定不移地为中国特色社会主义建设贡献力量，更能够有效避免被敌对势力利用。

2 核动力装置及设备"课程思政"的必要性

全球能源十分缺乏，出于对环保、生态和世界

* 基金项目：黑龙江省高等教育教学改革研究项目（SJGY20180147）；教学发展基金项目（课程思政类）（XSZ2019013）

能源供应等的考虑，核电作为一种安全、清洁、低碳、可靠的能源，已被越来越多的国家所接受和采用，在全球部分地区掀起了核电建设热潮。如今，越来越多的国家正在考虑或启动建造核电站的计划，已有60多个国家正在考虑采用核能发电。到2030年前，估计将有10～25个国家加入核电俱乐部，将新建核电机组。据国际原子能机构预测，到2030年全球的核电装机容量至少增加40%。中国也将大力发展清洁电源，其中核电是全国今后电源结构调整的主攻方向，投资规模将大大超过常规电厂。国家对核电发展的战略由"适度发展"到"积极发展"。在这样的背景下，中国的核电能源将获得很好的发展机遇。习近平总书记在主持召开的中央财经领导小组第六次会议中指出，要抓紧启动东部沿海地区新的核电项目建设。2018年，我国核电装机占比2.4%，发电量占比4.2%，而世界核电装机及发电量平均占比为10%左右。因此，当前我国核电装机及发电量份额都很低，拥有足够的发展空间。2030年全社会用电量预计达到约8.5万亿～10.5万亿千瓦时，清洁能源消费占比将超过45%，若核电发电量占比提高到目前世界平均水平10%左右，中国核电装机总量预计达到1.2亿～1.5亿千瓦。即2030年前，平均每年需新开工建设百万千瓦级核电机组8台左右。中国能源研究会常务副理事长、国家发改委能源所原所长周大地也表示：发展核电是我国重要能源战略，2030年争取核电发电达到2亿千瓦，2050年达到4亿～5亿千瓦。这都将全面带动核电产业链，引发新一轮能源革命。

核电近年来是让人闻之色变的一种能源形态。切尔诺贝利核电站事故是人类历史上最悲惨的一次核事故。核电站也似乎成为人们闻之色变的工业设施。2011年3月11日，日本福岛核电站发生爆炸。核电站方圆20公里处，辐射量超出正常值的6600多倍，2万多人被迫撤离。事故发生20天之后，中国有25个省都监测到了辐射。这一严重的事故也造成多国核电建设进程停滞，但美、俄等国并未丝毫放缓先进核能技术的发展脚步，凸显大国博弈中核电的重要性。我国要实现中华民族伟大复兴的"中国梦"、建设核工业强国，同样离不开核电的支撑。

经过了多年的技术发展，安全设施不断加强，审批把控日趋严格，核电的安全可靠性确实得到了很大的提高，核安全高于一般的工业安全。总的来说，核电站的安全性正在逐步提升，它们所显现出来的经济性和运行中的环保性在能源危机下仍然令人类趋之若鹜。所以盲目的恐慌，因噎废食确实没有必要，核能的环保、充沛、廉价对于世界各国的长远发展都有巨大的吸引力，核电走向复苏也是这个时代的必然。

为深入贯彻落实习近平总书记在学校思想政治理论课教师座谈会上的精神，把思想政治工作贯穿教育教学全过程，推动"思政课程"向"课程思政"转变，需要挖掘梳理各门课程的德育元素，完善思想政治教育的课程体系建设，充分发挥各门课程的育人功能。笔者从"核动力装置及设备"课程出发，针对该门课程中涉及的安全和环保方面的问题，开启课程思政育人模式，充分利用学校在政府与公众之间的桥梁作用，加强政府与公众的沟通与交流，促使政府与公众在中国发展核电的问题上早日达成共识，促进我国核电的发展。通过讲授我国核试验英雄林俊德院士，核物理学家邓稼先、钱三强、朱光亚院士，"中国核电之父"欧阳予院士等典型榜样追求真理、追求进步、追求科学，为国家富强、民族振兴不懈奋斗的英勇事迹，引导学生品德向正确、健康的方向发展，全面提高学生缘事析理、明辨是非的能力，让学生成为德才兼备、全面发展的人才。榜样们的高风亮节和人格魅力将激励学生牢记使命、奋发进取，为实现中国梦、为建设创新型国家作出贡献。

3 核动力装置及设备课程的建设内容

目前，我校核动力装置及设备课程教学的主要内容包括讲述核能的军事及民事应用；详细讲解压水堆核动力装置的组成、功用和基本原理，核动力装置循环热力分析的基本理论和方法，核动力装置水质监督和水处理的基本知识，压水堆核动力装置运行的基本知识，核安全的基本概念；压水堆核动力装置中的蒸汽发生器、稳压器和冷凝器的功用和特点，泵与阀门的基本知识；主要设备的工作原理、换热过程和流体动力过程；主要设备的基本参数和设计计算方法；主要设备的结构形式。对于核能技术的研发过程、核电的选址、核废料的处理过程和公众的首肯程度介绍较少。

课程改革中主要完成两方面的内容。一方面，需要将核电项目选址过程、核电站对周围环境的影响、核电站运行中的风险概率、核废物的量及处理方式等多方面内容着重向学生介绍，使学生知道核电的每一个项目的成败都关系到整个行业的发展，会把得到公众的首肯放在第一位，绝不会为了追求短期利益而忽视对整个行业产生的长期负面影响，在确保安全的状态下，注重环保与可持续发展。本课程将以正面引导、说服教育为主，积极疏导，启发教育，同时辅之以必要的纪律约束，引导学生品德向正确、健康的方向发展。课程可以通过教师讲授的方式将知识点传递给学生，也可以开展课堂讨论，学生分组进行资料搜集，撰写调研报告。

另一方面，课程将讲述我国核试验英雄林俊德院士，为了争取时间，拒绝癌症手术，为祖国鞠躬尽瘁的事迹；核物理学家"两弹元勋"邓稼先院士、钱三强院士、朱光亚院士、"中国核电之父"欧阳予院士等典型榜样事迹。这些科学家是新中国血脉中激烈奔涌的最雄壮力量，他们追求真理、追求进步、追求科学，为国家富强、民族振兴不懈奋斗。他们是才识与品行双馨的杰出代表，具有优秀品质和崇高风范，他们的高风亮节和人格魅力将激励学生们牢记使命、奋发进取，为建设创新型国家作出新的更大贡献。还可以通过介绍科学研发团队相互配合的事迹，培养学生的团队合作与纪律意识，塑造学生科学研究的基本精神和专业化的职业精神，让学生真切感受到科学研究的严谨性、踏实性、规范性，端正科学研究的态度，重视技术使用的价值和伦理关切。

4　结　语

本文通过对课程思政融入高校教育教学全过程的必要性进行分析，认为课程思政有利于广大青年学生不忘初心、牢记使命，坚定不移地为中国特色社会主义建设贡献力量。核电是我国今后电源结构调整的主攻方向，然而公众的认可还有待提高。在核动力装置及设备课程中加入思政元素，可以将课程专业知识与国家发展战略相结合，将课程专业知识与科学家们的优秀品质和崇高风范相结合，塑造学生科学研究的基本精神和专业化的职业精神，激励学生牢记使命、奋发进取，为建设创新型

国家作出新的更大贡献，实现课程育人功能，发挥课程的思政效应。

参考文献

[1] 孟和宝音. 十九大精神融入高校思政课必要性及路径研究[J]. 学理论, 2019(1): 165 - 166.

[2] 何丹青. 浅谈高校思想政治教育下引导大学生树立正确人生观和价值观[J]. 知识经济, 2017(12): 148 - 149.

[3] 习近平在全国高校思想政治工作会议上强调: 把思想政治工作贯穿教育教学全过程开创我国高等教育事业发展新局面[N]. 人民日报, 2016 - 12 - 09(1).

[4] 习近平主持召开学校思想政治理论课教师座谈会. 中央广播电视总台央视新闻, 2019 - 03 - 18.

[5] 王忠国. 贯彻党的十九大精神有机融入专业课堂之探索[J]. 教育教学论坛, 2019(8): 1 - 3.

[6] 焦连志, 黄一玲. 从"学科德育"到"课程思政"——习近平关于教育的重要论述指导下的高校德育创新[J]. 集美大学学报(教育科学版), 2019, 20(01): 1 - 6.

[7] 郑奕. 大学数学"课程思政"的思考与实践[J]. 宁波教育学院学报, 2019(1): 59 - 61.

[8] 建议加快核电建设进度安排[N]. 中国能源报, 2019 - 03 - 11(011).

[9] 邢继. 大国博弈不能无核电[N]. 中国科学报, 2019 - 01 - 14(007).

[10] 张文广. 推动核安全文化建设更上一层楼[N]. 中国环境报, 2019 - 03 - 04(006).

[11] 张决. 核安全文化建设要求人人参与[N]. 中国环境报, 2019 - 03 - 04(006).

[12] 李雨思. "核电之父"揭秘核电真相[J]. 工业设计, 2011(3): 16 - 17.

[13] 某基地政治工作部. 学习英模精神 争当强军先锋[N]. 解放军报, 2019 - 02 - 01(007).

[14] 沈俊峰. 假如可以再生 我仍选择中国[N]. 学习时报, 2017 - 11 - 22(007).

[15] 李斌. "两弹一星"精神的内涵与体现[N]. 人民政协报, 2018 - 01 - 25(009).

[16] 核电工程的设计大师——小记中国科学院院士欧阳予[J]. 科技创业月刊, 2008(5): 2.

国际化人才培养模式下的课程体系及课程内容改进的研究 *

徐洪涛，陆威

（上海理工大学 能源与动力工程学院）

摘要： 国际工程教育的核心任务是如何完善课程体系和课程内容，使学生通过接受高等教育获得本专业的学位资格要求的能力。本文探讨在国际化、工程化的理念下，如何对课程体系及课程内容进行系统有效的改进，在总结笔者全程参与工程专业通过德国 ASIIN 国际工程认证经验的基础上，为工程类专业课程体系及内容改革和国际化提供以人才培养结果为导向的改进方法、具体改进措施和改进实例。

关键词： 课程体系改革；课程内容改进；国际工程教育认证；ASIIN 认证

当代学生面临的是国际化的竞争，大学的教育质量也需要同步提升，以满足学生个性化的科技和人文需求。但我国高等教育长期以来以学科为导向、以投入为导向，这种观念已经贯穿于专业课程设置、教学实施、考核评价等各方面。因此，中国的课程体系要适应当今国际化、工程化和社会发展的需求，必须要从课程设置和课程大纲的基本要求和基础理念上进行改革，才能更好地让课程为学生服务，培养出新世纪优秀的工程人才。

2016 年中国加入了华盛顿协议，成为正式会员，教育体系的国际化和工程化势在必行。在中国加入华盛顿协议之前（2015 年），笔者所在的上海理工大学能源与动力工程专业和机械设计制造及其自动化专业就通过联合申请有条件通过 ASIIN 认证（ASIIN 的全称是 German Accreditation Agency for Study Programs in Engineering, Informatics, Natural Sciences and Mathematics, 即德国工程、信息科学、自然科学和数学专业认证机构），获得欧洲工程教育认证（ENAEE）的欧洲认证工程师计划（EUR‑ACE）的质量标签。经过一年的讨论、规划和改进，2016 年正式通过认证，但对教育体系的改进并没有停止。笔者在全程参与上述专业 ASIIN 认证的申请材料准备、认证专家考察的接待和针对评估意见的后期整改工作中依照国际标准的要求认真对课程体系和课程设置进行研究，根据认证标准的要求分析教育教学体系和课程设置改革的方法和内容，使之与国际标准接轨，更好地培养出工程化、国际化的毕业生。国际工程教育体系，不论是欧洲工程教育认证还是华盛顿协议，都主张以学生为中心、以人才培养结果为导向、根据培养结果的要求设置课程和课程内容，并不断进行改进。

本文针对国际工程认证中以培养结果为导向的教学课程设置和内容改革进行具体分析和研究，国际化人才培养模式下的课程体系及课程内容改进主要包括以下几个方面的工作。

1 明确培养结果

全面准确地制定出专业的教学目标和培养结果是高等教育发展的基础和关键，也是认证机构审查该专业的基础。教学目标阐述的是要求学生达到本专业的学位资格要求的学术、技术等方面的专业能力，具体地阐述可以达到什么样预期的培养结果。

专业的培养结果包含三个部分：知识（Knowledge）、技能（Skills）和素养（Competence）。其中，知识是指学生要掌握专业的理论知识和包含事实的信息；技能是指学生能应用所学的知识完成老师布置的任务和解决实际问题，并且具有熟练使用工具、仪器、材料和应用研究方法的实践能力；素养则

* 基金项目：高等学校能源动力类专业教育教学改革项目（NDJZW2016Y‑42，NDJZW2016Z‑40）；上海高校示范性全英语课程建设项目；上海理工大学研究生课程建设项目

是指学生在学习或工作中运用所学知识、技能、社会交往能力和系统研究方法以获得专业素质和个人素质的提高。

专业认证机构针对不同的专业有明确的培养结果标准，审查时要求被审查的专业的培养结果达到认证的标准，并且该专业的课程体系、内容设置和教学形式都应该保证学生在专业学习之后可以达到专业培养结果的要求。专业培养结果不是一蹴而就的，需要课程体系中的每一门课程都为总体的预期培养结果服务，明确教学内容、采取有效的教学方法和考核方式以达到预期的培养结果，因此，明确的培养结果是整个教学体系的导向。

2 课程体系模块化和系统化

每所学校传统的课程设置一般都符合系统化的要求，课程的设置从基础理论到专业应用，循序渐进，按部就班，课程设置者经过深思熟虑设置好本专业的课程，但传统的大学课程体系是固化的，课程设置一成不变，学生们要完成安排好的教学任务，在固定的时间学习固定的内容，学校教出的每一个毕业生的知识体系都是相似的。但是，现代社会，随着学生个性化发展的要求，跨专业、跨学校选课和国际学生不断增多，固化的教学体系和课程设置必然不能适应新的需求。统一的课程教学体系必将被模块化、个性化、灵活的课程体系所取代，在课程体系不断改进和变化的过程中，还要时时注意保持整个课程体系的系统性和完整性。虽然现在有很多专业都设置了选修课供学生根据自己的兴趣和方向进行选择，开始考虑学生个体的需要，大部分学校也采用学分制来计算学生的学习任务，但是国内大部分大学的学分制只是形式上的变化，实质上一所大学的学分与另一所大学的学分之间不存在什么联系，学生也很难在大学期间去其他高等院校进修或去企业实习而不破坏原有的教学体系。要让学分制真正的实行，就需要将课程设置模块化，或者说标准化，即每一个课程模块大小适当，内容完整，方便学生个性化地选择学习；不同大学的相同课程内容相似，程度相当，使得跨专业、跨校生或国际学生在 A 专业(学校)修得的学分可以得到同一认证体系的 B 专业(学校)的认可，方便学生的交流，避免重复选课和无效选课。现在国际知名大学都很注重为学生提供国际交流的机会，中国工程类专业要通过 ASIIN 认证和其他国际认证，就是要

改进国内的教育体系与国际接轨，使国内的高等教育得到国际认可，才能为学生进行国际国内交流提供条件，将课程模块化是使课程体系达到国际标准的基本要求。

将课程模块化可以从根本上体现教学体系的灵活性，但在课程模块化后更要注重保持课程设置的系统化，保证课程体系在课程模块动态变化的时候依然满足系统化的要求，不会出现课程内容的重复和跳跃。系统化的意义在于，不要把一门课程看成独立的一门课，而是要系统地分析一门课在整个课程体系中的位置，加强各门课程的联系。要加强各门课程的联系，需要每门课的主讲教师对前修课程和后续课程有充分的了解，对本课程在课程体系中的作用有清楚的认识，才能在上课时有的放矢地准备教学内容和选择教学方法，让学生对知识的掌握更系统、更完整，对课程知识更感兴趣，应用起来更得心应手。因此，课程大纲要清楚地阐述本门课程在课程体系中的位置、作用、前修课程和后续课程，避免课程内容的重复和跳跃。课程大纲还要阐明本课程的培养结果、教学内容、教学方法和考核形式，同时，这些信息要公开给学生、老师和相关人员，使学生在选课和上课的过程中对课程的作用和培养结果有清晰的认识。

3 学分设置和课业负担

国内的教学体系中，学时的认定一般只考虑教师上课的课时，根据教师的课时数确定相应的学分，对课程的难度和学生课外的学习没有考量。而 ASIIN 工程教育认证和其他国际教育体系中更注重学生的课业负担(Workload)，即学分中不仅包含教师的授课学时，也包含学生的自学学时，授课学时和自学学时之和为学生学习的课业负担。在 ASIIN 认证中，中国现有的学分体系考虑学生相应的自学学时后可以转换到欧洲学分体系(ECTS)。学分体系的转换虽然看起来简单，但本质上是教育思维的转换，教育的主体从以教师为主转换成以学生为主。原来的教学体系注重教师讲授，学生只是作为被教育的对象，只考量教师的授课学时；转换后，学生是教育的主体，教师不仅要注重课堂上知识的讲授，更要指导学生学会自主学习，促进学生主动地完成学习任务，既要考量学生的听课学时，又要考量学生的自学学时。为此，上海理工大学和其他大学一样，日趋小班化的教学模式和教师定期的答疑

辅导为学生和教师提供了更多的沟通交流的机会，更有助于教师引导学生自主学习、因材施教，有助于学生个性化的成长。

4 不同层次实践能力的培养

工程类专业注重学生实践和应用能力的培养，课程内容和教学方法要适应培养结果的需要，系统地、循序渐进地、全方面地培养学生的个人能力和专业素养，保证每个学生获得平等的发展机会。

模块化的课程在方便学生选修和互换学分的基础上，其课程内容和难易程度也应有所区分，要适应不同专业和年级的需要。课程体系中，每一门课程都应有明确的培养学生在知识、技能、素养方面发展的具体要求，对于工程类专业，尤其要注重工程实践能力的培养。不同程度课程的学习可以解决不同层次的工程实际问题，课程的内容要适应学生的层次和学习程度，即使同一类课程针对不同年级学生培养结果的要求也是不同的。以美国普渡大学的工程热力学课程为例：普渡大学的工程类课程在本科阶段设有热力学Ⅰ、热力学Ⅱ两个课程模块，研究生阶段设有高等热力学课程。热力学Ⅰ课程注重培养学生对基本概念的理解，要求学生能够应用基本概念解决实际问题，培养学生用传统的方法解决问题的能力和工程思维方式。热力学Ⅱ课程在热力学Ⅰ课程的基础上更注重培养学生的分析能力，使之掌握热力学的分析方法，了解热力学在空调、电厂、内燃机等领域的应用，培养学生利用复杂的热力学知识进行一定的系统设计计算的能力。而研究生的高等热力学课程则能够使学生进一步获得应用热力学知识预测物理现象和解决工程实际问题的经验。

在课堂内根据课程内容通过阐述、举例和布置相应的任务，指导学生应用已学知识解决实际问题，培养学生勤于思考、不断探索的习惯，培养学生提出问题和解决问题的能力。当然，这也给任课教师提出了更高的要求，工程实践能力的培养是贯穿在整个课程体系和课程内容中的。基础课、专业基础课、专业课、实习和毕业设计的培养目标要循序渐进地为达成总的课程体系的培养结果服务，系统地结合在一起保证毕业生都实现预期的人才培养结果。

5 促进工程类学生创新创业能力的培养

在国际国内科技迅猛发展的趋势下，社会对人才的需求日益提高，不但要求人才具有理论知识和专业能力，还需要能应用在学校学习的知识进行创新思维和创业实践。以笔者主讲的能源与环境创新创业课程教学为例：在创新方面，学生在理论上学习如何培养创新意识、冲破定势思维、拓宽视角，善于发现问题并应用科学的方法分析问题，利用TRIZ等求解创新问题的工具和方法进行创新；在实践上，学生们自由组合成创新创业团队，通过团队合作完成一个创新项目，发明一种产品，为自己发明的产品撰写立项报告和专利申请书，并召开科技成果发布会介绍自己团队的产品；在创业方面，学生了解创办一家企业从注册、选址、营销方式到财务管理、风险控制等相关的知识。工程类专业的创业教育更侧重靠科技创新引导大学生的创业，学生在完成创新项目的基础上创业，组成创业团队，通过实践学习如何准备资料、评估项目的前景、撰写项目规划书，学习怎样利用数据、实例和有效沟通说服风险投资人对他们的项目进行投资，在课堂上模拟融资的过程。该课程的教学内容和教学方法不但让学生了解了创新创业的理论知识，还让他们在自己感兴趣的主题下，提高了团队协作、沟通交流、项目管理、发明创新和融资创业等综合能力。

在上海理工大学，学生根据自己的实际情况参加学校组织的各类创新创业项目和竞赛也可以获得认定学分，学校评选出的优秀项目进一步参加全国大学生创新创业类的竞赛。学生们通过实践活动可以提高规划、创新创业、独立工作和团队协作等综合能力。例如，笔者指导的获得第八届全国大学生节能减排大赛一等奖的赵一铭同学在总结经验时说，参加竞赛重要的是要自己动手、实事求是、学会独立思考，在团队合作中要充分发挥每个成员的优势，还要听取相关领域专家的意见并进行改进。经过创新创业类课程培训和竞赛后，学生通过情境学习和合作学习能更好地激发学习兴趣，提高综合素质，以及创新意识和成果转化意识。学校实践也为学生毕业后开拓事业、建立企业，融入大众创业、万众创新的社会环境奠定了基础。

6 考核形式多样化

教学内容和教学方法的改革必然要求考核形式适合课程内容和培养结果的需要。现在国内的课程多采用笔试的形式进行考核,这种考核形式适用于考查学生对知识点的掌握程度,对常识性、基本理论性的知识点进行测试,也可以考查学生对简单或典型问题的分析和解决能力,书面表达的能力等,这些都是大学生应该掌握的基本能力。但是在知识获取比较方便、知识爆炸的时代,对知识记忆的要求在减弱,学习掌握如何为了完成具体任务搜集资料、整理资料、组织资料、分析问题、展示结果的方法成为学生未来工作和发展的基本要求;对复杂问题的解决能力、沟通能力、团队协作能力和项目管理的能力成为当代学生需具备的素养和能力。要培养学生在大学里获得这些能力就不能只依靠笔试来考核,不同的课程要根据各自特点选择授课方法和相应的考核形式,要针对课程培养结果的要求和学生综合能力培养的需求,采用多样化的考核形式,如口试、撰写调研报告或进行项目设计等。以笔者主讲的能源与环境创新创业课程教学为例,课程的考核包括学生的个人报告、小组报告和演讲。以小组协作的形式进行创新创业实践,让学生在创新中发现问题,应用已学知识和创新工具发明产品;让学生在解决问题的过程中提高工程应用能力、团队协作能力和项目管理能力;让学生撰写项目立项书、专利申请书、创业计划书等提高学生的文字表达能力,了解专业写作的规范;通过演讲提高学生的资料整理,艺术、逻辑和口头表达能力。

学生的课堂练习、作业和考核更接近工作的环境,不仅能提高学生的综合素质,达到专业的培养结果,也能帮助学生在毕业后更快地适应社会角色。总而言之,考核形式要根据课程内容和预期培养结果多样化,课程内容、授课形式、培养结果的变化必然引起考核形式的变化,考核形式的选择归根结底要为达成培养结果服务。

7 重视全英文课程建设

国际化的人才培养模式意味着学生应具有在专业上获得国际前沿学科的发展信息的能力和国际化的思维方式,这两点都离不开本专业的全英文课程。笔者在全英文传热学课程建设和讲授中总结出一些经验:首先,全英文课程的教材宜选用国外大学同类课程的优秀教材,同时结合本领域新的进展使学生在掌握系统的专业知识的基础上具有开阔的视野;其次,要求选课的学生有一定的英语基础,如果学生英语基础较弱,可以先给学生介绍专业名词和内在关系,帮助学生理解课程内容再进行全英文授课。

目前,海外留学回国和赴海外访学的具有海外教学经历的教师越来越多,为全英文课程建设提供了良好的条件。全英文课程建设虽然不是通过国际教育体系认证的必要条件,但全英文课程可为学生未来在本专业的国际交流合作奠定基础,是培养国际化、工程型新世纪人才必不可少的课程。

8 结 语

教育是一项系统工程,社会是不断发展的,对人才的需要也是不断变化的,教学体系的改进要持续进行,在改进中要把握住以学生为中心、以人才培养结果为导向、设定明确的培养结果并根据培养结果的要求设置课程体系、课程内容和考核机制的原则,注重工程专业学生的工程实践能力和创新创业能力的培养,才能使中国工程教育适应国际化和工程化的需求。

参考文献

[1] 赵勇. 全球化时代的美国教育[M]. 上海:华东师范大学出版社,2009.

[2] 博耶·欧内斯特. 关于美国教育改革的演讲[M]. 涂艳国,万彤,译. 北京:教育科学出版社,2002.

[3] 中国高等教育将真正走向世界——我国工程教育正式加入《华盛顿协议》的背后[N]. 中国教育报,2016 – 6 – 3.

[4] 上海理工大学光电学院. ASIIN 认证学习资料[EB/OL]. (2013 – 09 – 12). http://www.docin.com/p-722921925.html.

[5] 杨茉. 高等教育国际化趋势下能源动力类专业建设[J]. 高等工程教育研究,2015(增刊 I):23 – 25.

[6] General Criteria for Accreditation of Degree Programs [R]. ASIIN, 2012.

[7] 陆威,徐洪涛,杨茉,等. 工程类专业创新创业课程的课程建设和教学研究[J]. 教育教学研究,2017(1):10 – 12

[8] 许湘岳,邓峰. 创新创业教程[M]. 北京:人民出版社,2011.

[9] 陈池. 对"大众创业、万众创新"环境下高校创业教育热的思考[J]. 教育探索,2015(10):91 – 94.

[10] 伍尔福克. 伍尔福克教育心理学[M]. 11 版. 任新春,等译. 北京:中国人民大学出版社,2012.

能源与环境系统工程专业课程体系建设研究

高英，朱跃钊，许辉，杨丽，王银峰，朱林

（南京工业大学 能源科学与工程学院）

摘要： 能源与环境系统工程属于能源与动力工程专业分支，致力于研究传统能源的利用和开发，改善能源消耗产生副产物对环境的影响，并将能源消费与环境问题相关联，实现节能减排、节约资源和保护环境。本文针对我国能源行业的发展和人才需求状况以及专业教育现状的分析，结合南京工业大学能源与环境系统本科专业教育实际情况，对本专业课程体系的建设进行了探讨，改革了教学内容，创新了教学方法，加强了实践环节，以期提高人才培养质量。

关键词： 能源与环境系统工程；专业课程；教学体系

能源动力是国民经济的重要基础和现代社会发展的根本保证，而能源消费与环境问题又密切相关。节约资源和保护环境是我国的基本国策，推进节能减排工作，加快建设资源节约型、环境友好型社会是我国经济社会发展的重大战略任务。国务院提出了一系列调整优化产业结构、推动能效水平提高、强化主要污染物减排等主要任务，涉及国内各个行业、领域甚至百姓生活。因此，"能源与环境系统工程"专业在全国将会有大量的、长期的人才需求。正是在这样的背景下，学院计划筹办能源与环境系统工程本科专业。

能源与环境系统工程由原热能与动力工程（火电厂集控运行）改造而来，为适应国家能源战略发展要求，把所学专业与能源环境密切联系起来，学生主要学习能源与环境系统工程的基本理论，学习各种能量转换与有效利用及环境保护的理论与技术，受到现代工程师的基本训练，具备进行能源与环境系统工程及设备的设计、优化运行、研究创新的综合能力，研究将煤炭、石油、天然气等一次能源转化为电力、热能等二次能源的生产和利用过程，研究余热回收、多能耦合、固废处理、废水处置等领域的科学技术问题，研究太阳能、生物质能、氢能等新能源的开发利用。能源转换与利用过程中排放的有害物质将造成环境污染，因此，能源的生产必须高效、清洁。能源与环境系统专业不仅对自动化控制十分依赖，而且是一个复杂的系统工程，集合了热科学、力学、材料科学、机械制造、环境科学、计算机科学、系统工程科学等高新科学技术。能源与环境系统工程专业具有很宽的专业知识面，是一个能源、环境与系统控制三大学科交叉的复合型专业。

根据国家教育部的有关文件精神，结合新形势下高等教育的发展趋势，在借鉴国内外先进的高等教育理念、岗位应用型人才培养方案，以及总结兄弟院校能源与环境系统工程专业办学经验的基础上，根据本专业对未来能源与环境交叉型复合人才的需求，从岗位应用能力培养出发，构建知识、能力和素质结构，进一步优化教学体系；按培养目标确定课程、按实际需要确定教学内容和形式，充分发挥本专业的优势，通过对已有教学改革成果的集成、整合和深化，实现本专业人才培养模式更合理、课程体系更优化、教学内容更精炼、教学手段和教学方法更先进；注重突出教育教学改革的系统性、综合性和时效性，构建一个适合本专业学生实际的教学体系，形成自身的育人特色。因此，如何构建能源与环境系统工程专业课程体系是一项重要的任务。

1 南京工业大学能源与环境系统工程专业的基本情况

南京工业大学具有百年办学历史，是一所以工为主的多学科性大学，于2001年由原南京化工大学与原南京建筑工程学院合并组建而成，是江苏省重点建设高校。学校坚持走以化工为特色、综合办学实力、积极探索创新、坚持产学研用融合发展的特色办学之路。学校的化工特色主要体现在化学工程与技术和化工工艺等方面,而在能源利用与化工的结合方面才刚刚起步。

随着我国经济的发展和对能源的重视,学校于2007年成立能源学院(2015年更名为能源科学与工程学院)。2015年,经教育部批准,我校建立了能源与环境系统工程专业。考虑到南京工业大学特有的化工及产学研特色,我校能源环境系统工程专业特色以工业发展和能源开发及带来的环境问题为主。目前,我校能源与环境系统工程专业已有学生180余人,如何合理构建专业课程体系对本专业的发展有重要的影响。

能源与环境系统工程专业需要掌握化学化工、热学、机械、环境、自动控制、系统工程等基本理论知识和技能,具备绿色能源、低碳经济、节能减排、环境保护等理念和素质。本专业面向能源与环境交叉型复合人才需求,培养在清洁能源生产与利用、能源环境保护与治理、新能源开发、节能与资源循环利用等领域,从事科学研究、工程设计、技术开发、运行管理、市场营销等方面工作的专业技术和管理人才。

2 本专业课程体系的建设

2.1 教学内容和课程体系改进

课程体系设置既要反映教学内容的基础性、应用性和前沿性,又要实现教学与科研的有效结合,突出基础理论的运用,调整学生的知识结构,加强人才培养的应用性、针对性、可塑性,以此确定能源与环境系统工程专业在人才培养过程中的地位和作用,正确处理该专业教学内容和课程体系改革的关系。

首先,整合教学内容。调整教学内容组织形式,以反映课程特点和当前能源与环境领域的新需求、新技术和新动态。本专业的专业类公共课程主要有机械制图、程序设计语言、工程化学、有机化学、分析化学和化工原理等。这些课程既可以满足学生当前对能源与环境领域基础知识的需要,也为后续专业课程学习打好基础,体现学校的化工背景与本专业的交叉性。

其次,优化课程体系。工程热力学、传热学、燃烧学、流体力学等专业基础课程是整个课程体系的一个环节,在学习这些课程的基础上继续学习换热器原理与设计、锅炉原理、空气污染治理技术、固体废弃物处理技术、水处理技术等后续专业课程。只有学好前面的课程,才能为后续课程奠定基础。因此,通过课程建设,整合教学内容,处理好本课程与前置、后继课程之间的衔接关系,可以保证整个课程体系的高效性、系统性和完整性,从而达到优化学生的知识结构和提高综合素质的目的。

2.2 教学方法的改进

根据能源与环境系统专业课程特点恰当运用现代教育技术,改革传统的教学思想观念、教学方法、教学手段和教学管理模式;进一步充实和完善现有的教学资源,在实际教学过程中,运用新型教学方法,采取先进教学手段,保证教与学都能达到最佳效果。本专业涉及的课程较多,概念性强、知识点纷杂、内容抽象,因此在教学中不仅需要注意教学内容的组织安排,更需要引入新的教学方法和手段,努力做到化纷杂为系统,化抽象为直观。

一是课堂教学的改进。目前的课堂教学主要用多媒体课件授课。本专业课程,如传热学、工程热力学和流体力学等,教学内容中有大量的公式推导,应该结合板书教学,而水处理技术、新能源技术、环保设备原理等课程中多有设备和部件,这些都是板书无法表达的,应该采用丰富的动态图片穿插展示和讲解,使学生更直观地理解各个部件的名称和相应位置,加强学生对相应知识的理解和掌握,同时丰富教学内容,使授课内容直观、形象,活跃课堂气氛。

二是移动教学的加入。随着计算机、互联网、移动智能设备的普及,现代教育教学手段相比传统教学发生了明显改变。目前,众多网站与相关的微课、慕课为本专业提供了丰富的视频教学资源,在数量、类型、内容、形式等方面都取得了较大的成效。然而现有教学资源的整体质量不高,知识点零散,行之有效的优秀教学资源特别是适合于移动教学的资源相对匮乏。移动教学作为一种具备诸多优势的新型教学模式,可使教学突破时间和空间的限制,使学生的主体地位得到强化,同时课程教学能够突出重点,加强互动,提高教学质量和效果。通过移动微课程教学可以合理系统地安排碎片化时间,很好地解决移动学习零散无系统的问题。将移动课堂应用于"能源与环境系统工程"教学将在很大程度上解决教学中存在的教学资源有限与该课程概念多、知识抽象之间的矛盾,大幅提高教学质量。将能源与环境系统工程课程的学习材料放到移动平台,可以将课堂教学内容延伸到课外,提升学生学习的效果。

2019年全国能源动力类专业教学改革研讨会论文集

2.3 加强实践教学

能源与环境系统工程专业本科实践教学是培养未来的能源环境系统工程师、卓越工程师的重要环节之一,加强实践教学有助于全面提升人才培养质量。本专业的专业课程包含了很多实践教学环节,包括金工实习、认识实习、毕业实习、毕业论文设计、工程训练周、专业基础实验课程及提高性的专业实验课程等。

一是加强实验室建设。实验室主要有热工实验室、能源环境综合实验室、燃烧与换热器性能实验室等。热工实验室为学院能源动力类专业本科教学实验室,可以进行稳态双平板法测定非金属材料的导热系数、恒热流准稳态平板法测定材料热物性、材料表面法向热发射率(黑度)的测定、空气定压比热容测试、空气绝热指数的测定、管道沿程阻力的测定等实验。能源环境综合实验室为学院能源与环境系统工程专业实验室,主要针对能源与环境系统课程中的内容进行实验,如高浓有机废液超临界水氧化处置实验、工业废物热化学转换实验、农材废物热化学转换实验等。燃烧与换热器性能实验室主要实施燃烧学、锅炉原理、换热器原理与设计专业课程的实验教学,可以进行工业锅炉水循环演示实验、气体燃料发热值的测定、换热器综合性能的测试等实验。

二是加强实习环节。学生在完成专业基础课学习、进入专业课程学习前,要到生产实习基地实习,了解能量转化过程、能源利用中污染物排放影响等知识。对生产过程、企业组成部分、生产管理等全过程的了解,一方面可以知晓企业的实际情况,另一方面可以明确专业学习的方向和目标,有利于在后续专业课程学习中,提高学习的主动性和积极性。扬子热电厂、南京圣诺热管有限公司、光大再生能源(南京)有限公司、新疆科立机械设备有限公司、上海缘昌医药化工装备有限公司、浦江学院多能互补示范工程(校内)、人粪尿沼气资源化利用示范工程(校内)等,都是本专业有效的实践基地。通过实习环节,学生不仅强化了专业知识,培养了创新实践能力,而且提高了人际交往能力、组织协调能力、表达沟通能力和团队合作意识,更重要的是为将来良好职业精神和职业道德的塑造奠定了基础。

3 结 语

随着教学研究的不断深入、科技的进步及社会需求的改变,相应的人才培养方案需要随之调整,对应的课程体系也应随之变化。能源与环境系统工程专业课程体系的建立和完善应结合能源与环境行业的人才需求现状,按培养目标确定课程、按实际需要确定教学内容和形式,充分发挥本专业的优势,通过对已有教学改革成果的集成、整合和深化,实现本专业人才培养模式更合理、课程体系更优化、教学内容更精炼、教学手段和教学方法更先进,注重突出教育教学改革的系统性、综合性和时效性,构建适合本专业学生实际的教学体系,形成自身的育人特色。

参考文献

[1] 李金峰,周丽.能源与环境协同控制的分析研究[J].时代农机,2017,44(11):93-94.

[2] 王明峰,蒋恩臣,简秀梅,等.基于《师说》的能源与环境系统工程专业人才培养思考[J].广东化工,2018,45(8):266-267.

[3] 谢添德.移动课堂云平台的设计与实现[J].计算机与现代化,2017(5):103-108.

[4] 张乾熙,贾明生,徐青.就业导向下能源与动力工程专业实践教学优化[J].科技通报,2017,33(6):262-265.

船舶动力装置电控类课程群教学改革与探索

费红姿，杨晓涛，冀永兴，范立云，赵建辉，宋恩哲

（哈尔滨工程大学 动力与能源工程学院）

摘要： 针对目前船舶行业对电控类人才的需求，开展了动力装置电控类课程群的建设与探索。本文通过分析课程群每门课程之间的关系，论证了课程群的建设思路，着重介绍了以测控一体化平台为基础的实验教学改革，包括实验教学体系与内容、平台建设、教学方法等方面的改革实践及所取得的建设成果。

关键词： 船舶动力装置；课程群；测控一体化；实验平台；课程建设

目前，我国船舶行业急需船舶动力装置自动控制方向的人才。为适应我国船舶动力发展的需求，加强动力装置控制方向的人才培养力度，高校需要优化课程体系、整合教学资源。自动控制原理、测试技术等课程是支撑该方向的主干课程。深入掌握课程内容，并灵活运用到船舶动力装置控制系统设计中，是该方向人才培养的主要目标。但是，由于以往的教学平台和模式陈旧，教学效果不好，很多学生反映遇到实际问题时不知道怎么应用所学理论。因此，如何发挥专业优势，利用先进的教学和实验资源提升人才培养质量，是我们面临的重要课题。

在船舶动力装置控制工程应用中，动力装置是控制对象，自动控制原理是理论基础，控制系统实现需要测试技术、单片机技术，柴油机电控技术是动力装置控制工程的典型应用之一，以往教学实施过程中，这些课程都是独立教学，不利于学科创新

型人才的培养。因此，将本学院的主干课"自动控制原理""测试技术"，选修课"单片机原理及接口技术""柴油机电控技术"整合在一起，构成船舶动力装置电控类课程群，进行统一建设。课程群教学不仅传授科学知识，更重要的是向学生传授一种方法论。另外，鉴于实验教学对提高学生创新能力和综合素质方面的关键作用，本文以 NI 公司 ELVIS 虚拟仪器为基础，建立了测控一体化实验平台，探讨了基于此实验平台的人才培养体系与创新方法。

1 课程群建设思路

1.1 梳理课程之间的关系

在教学中发现，课程群中的课程存在学时多、教学内容有重复、没有课程之间的衔接等问题，因此，首先对课程群的教学内容进行了梳理，如图 1 所示。

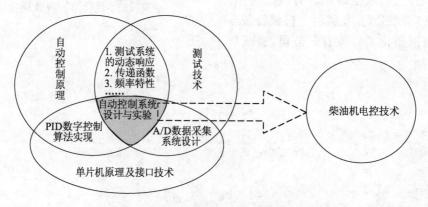

图1 课程群之间的关系

"自动控制原理"与"测试技术"有一部分内容 重复，如测试系统的动态响应、传递函数和频率特

性等;"自动控制原理"与"单片机原理及接口技术"的联系是 PID 控制算法的实现等;"测试技术"与"单片机原理及接口技术"的联系是物理量的数据采集系统。三门课的核心是自动控制系统的设计与实现,此部分可为柴油机电控技术课程提供支撑,即从"柴油机电控技术"提炼出典型控制系统,应用单片机、测试技术进行系统设计,应用自控原理进行分析和控制器参数调节。四门课程既自成体系,又相辅相成,在教学内容、教学方法、实验平台等方面进行统一规划,有利于整合优质课程资源,逐步引导学生构建起动力装置控制系统设计的整体意识,培养符合专业培养目标的卓越人才。

1.2 课程群建设的总体思路

（1）根据课程之间的关系,建立科学的课程体系,优化现有教学内容,整合相关、重复的章节,注重课程之间的衔接,引入 MATLAB、LabVIEW 等测试、控制仿真软件,有效组织教学过程、探讨多样化考核方式等。

（2）建立动力装置测控一体化教学实验平台,改革目前的实验教学方法和教学内容,加大综合性、设计性实验比例,建立开放式实验教学模式,引导学生利用所学知识自主设计控制系统,并在实验平台上实现。

（3）提炼体现专业特色的控制系统典型案例,融会贯通课程群的全部课程。在此基础上,开展具有课程群特色的教学方法、教学手段及实验方法研究。

2 测控一体化平台建设

实验平台建设前每门课程设有独立实验,实验设备陈旧,给学生发挥的空间很少。虚拟仪器是以计算机为核心,配以相应功能的硬件作为信号的输入输出接口,利用软件开发平台在计算机上虚拟出仪器的面板和功能,在此平台上能为用户提供更广阔的发挥空间。ELVIS II 是 NI 公司推出的虚拟仪器平台,可以实现教学仪器、数据采集和实验设计一体化。在该平台上可以进行电子电路的设计与测试、控制系统设计与实验等,具有很好的可通用性。本文基于现有 NI ELVIS II 虚拟仪器,建立动力装置测控一体化的教学实验平台,如图 2 所示。

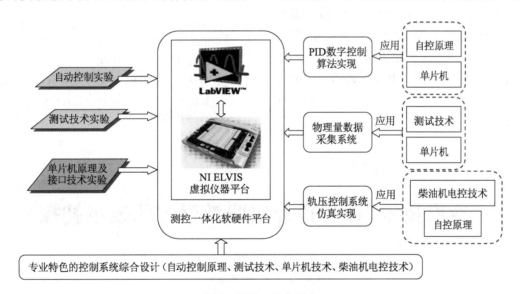

图 2 测控一体化平台

ELVIS II 是一个开放性的虚拟仪器平台,在此平台上,可以通过嵌入不同的模块,实现不同的功能。例如,自动控制原理课程的频域分析模块、测试技术的转速测量模块等。采用 NI 公司 ELVIS 系统和 LabVIEW 作为硬件和软件开发平台,不仅可以更好地激发学生的学习兴趣和创新能力,开展开放式教学模式研究,而且可以探讨基于测控一体化的创新方法与人才培养体系。具体如下:

（1）群内课程独立实验。在此平台上,通过插入不同的功能模块,可以完成自动控制原理、测试技术、单片机原理及接口技术三门课程的独立实验。

（2）群内课程交叉实验。以自动控制原理课程中的控制算法为基础,应用单片机知识进行编程,在单片机上实现,并进行实验验证;以测试技术课程中的物理量测量为基础,应用单片机实现物理量的数据采集系统设计,编写物理量实时显示界面,并进行实验验证。

（3）课程群综合实验。结合专业，综合应用课程群课程知识，结合专业方向特色，设计自动控制系统实验项目，覆盖课程群课程的主要知识点，进行实验设计与验证。

3　课程建设成果及实施效果

（1）建立课程群教学体系。整合后的控制类课程群教学体系有以下特点：① 将 MATLAB 等仿真语言贯穿控制类课程教学过程，同时跟踪国际与国内重点大学的主流教学体系，课程群中的自动控制原理、柴油机电控技术入选欧盟 Erasmus + 国际高校联盟资源共享与优化合作项目；② 新的教学体系与内容，更加有利于课程建设及任课教师之间的交流，更加突出对学生创新实践能力和综合素质的培养。

（2）建立测控一体化实验教学平台。对原有课程群实验平台进行整合，淘汰陈旧的实验仪器，突出综合性、系统性和开放性，新建基于虚拟仪器的开放性、模块化的实验平台，提高了实验室档次和实验教学的层次，改变了过去验证性实验偏多现象，提出了开放型实验模式，设计了群内独立实验、交叉课程实验、综合实验等立体实验模式。改革后，学生综合应用已学知识分析与解决问题的能力明显提高，在国内节能减排大赛、建模大赛等各种比赛中取得好成绩。

4　结　语

船舶动力装置电控类课程群，紧紧围绕特色专业建设要求和创新人才培养目标，建立了测控一体化实验平台，在教学体系与内容、实验室建设与教学方法等方面进行了改革与探索，培养本专业学生在船舶动力领域中进行系统设计、分析、测试及应用，取得了一些改革成果，教学效果也得到了学生和用人单位的认可。下一步我们将进一步完善和改进工作，并在实际工作中具体落实。

参考文献

［1］周宏,戴跃伟,嵇春艳,等. 船舶与海工类人才培养模式动态优化调整机制构建与实践［J］. 高教学刊,2019(博士专刊):90 – 94.
［2］胡冠山,肖海荣,潘为刚. 船舶电子电气课程体系的构建研究［J］. 船海工程,2014,43(1):81 – 83.
［3］张怡典, 彭雪峰. 船舶电气自动化技术专业建设的探索与实践［J］. 九江职业技术学院学报,2012(1):21 – 22.
［4］费红姿, 刘友, 范立云,等. 自动控制原理开放式 ELVIS 虚拟实验平台［J］. 实验室研究与探索,2013,32(9):116 – 119.
［5］曾庆军,徐绍芬,韦中利,等. 自动化专业控制类课程群实验教学改革［J］. 实验室研究与探索,2006,25(5):632 – 635.

"冷库技术"课程设计实践教学方法改革初探

罗南春，张文科，舒海静

（山东建筑大学 热能工程学院）

摘要：课程设计作为重要的实践教学环节，在工科院校专业人才的培养中起着重要的作用。本文对从设计任务的布置到设计过程的辅导、监控和设计成绩评价的整个课程设计流程进行了讨论，提出要在课程设计周之前的理论教学环节预先布置课程设计任务，让学生有针对性地学习理论知识，为课程设计做好充足的知识准备；并提出采用课程设计与实习相结合的方法，尤其是虚拟实习软件的引进，将使学生对冷库制冷系统有更加直观、全面的了解，从而促进学生更快地掌握设备选型与布置，方案设计，平、剖面图、轴测图等的绘制。设计成果评价体系的改革使成绩评定更加准确，切实地督促每位学生认真设计，接受工程设计实训，为将来的工作打下坚实的基础。

关键词：课程设计;教学改革;工科院校

高等教育作为知识创新和技术创新体系的基础,其责任是培养具有创新精神和实践能力的高级专门人才。创新是国家发展的动力和核心,而工程类高等教育义不容辞地承担着为社会输送具有创新精神和实践能力的人才的重大责任。创新能力的培养除了传授理论知识体系以外,更离不开实践教学平台的构建;在实践教学环节中,学生的理论知识得以强化,思维得到训练,学生学会了理论联系实际;在课程设计、实习和实验等过程中,锻炼了学生在实践中发现问题以及利用理论知识分析和解决问题的能力。

"冷库技术"是能源与动力工程专业制冷方向的一门重要的专业课,该课程需要较强的专业理论基础,更是一门实践性非常强的工程类课程,所以这门课程除了理论教学外,还设置了课程设计、实验及实习教学环节。通过对多届学生的教学经验进行总结,随着实体实验设备和虚拟实验设备的发展,以及国家和学校对实践教学环节的日益重视和投入,作为冷库技术实践教学的重要环节,冷库技术课程设计也在不断地与时俱进、改革发展。

1 课程设计任务的布置

课程设计是在理论课结束以后进行的,但课程设计题目的确定和任务的布置,不必等到理论课结束再进行,因为冷库技术含有冷负荷计算、方案确定、压缩机等设备选型、原理图、平面布置图等设计内容,所以在理论课授课开始就可以设计题目和布置任务,这样学生带着明确的目的去学习,既加强了课程设计与理论教学的结合,提高了学生学习的积极性,也为之后的课程设计提供了良好的知识准备。另外在布置作业的时候,可以结合设计内容,让学生做一个大作业,这个作业可以囊括负荷计算、设备选型、方案确定等内容,为学生课程设计计算说明书的撰写打下基础。因为冷库制冷系统是一个有着诸多辅助设备、具备多个蒸发系统以及多个冷间的复杂系统,而且每个蒸发系统的蒸发温度和压缩方式不同,所以如果不在设计之前就做好铺垫,只在最后的 2~3 个设计周再仓促进行的话,设计效果就要大打折扣。事实证明,采用这种方法以后,学生在设计时思路更加清楚,计算和设计更加得心应手。

2 课程设计与实习相结合

在课程设计之前或者课程设计期间,带领学生参观采用不同方案的冷库系统,让学生对实际冷库所用的设备、管道、安装方法和位置等有一个直观的了解,知晓不同方案的优缺点,鼓励学生在了解各种方案和系统的基础上大胆创新,探索新的方法和方案。譬如,在进行气调库课程设计之前,带领学生参观济南市果品研究所下属的两个气调库,它们采用了不同的方案和设备,具有不同的特点;另外通过多媒体课件等手段,介绍了其他方案的气调库,旨在鼓励学生结合多种方案的优缺点并开动脑筋做一些改进,探索形成一种新的方案的可能性,培养学生的创新意识和开拓精神。

对于大型的综合性氨冷库,除了去实际冷库参观考察外,学校即将引进氨制冷系统虚拟仿真实习软件,该软件以实时仿真模型为后台,提供专业的实时仿真引擎,以三维虚拟现实技术和底层数学模型等手段实现交互操作,实现开机、调压、调温、调流量、关机等基本操作过程,利用三维虚拟现实技术,提供场景和各个系统的连接关系。另外,该软件还穿插了部分设备的结构原理等知识点,学生可以一边操作设备,一边观察现象并学习相关的原理。该模型还具有 VR 实景参观学习的功能。该虚拟仿真模型的引进,给学生提供了操作阀门设备的实践机会,锻炼了学生的动手能力;它不但具有实际冷库的空间感和真实感,而且可以灵活地在场景中漫游,观察各个管道和设备的连接关系,真实、形象地展现制冷系统的工作过程以及系统运行时的工质流动机理,整个过程以可视化的方式展开,加深了学生对系统设计、设备布置和管道连接关系的理解,学生在课程设计中进行平面布置和立面布置以及绘制平、剖面图时,不再感到茫然无措。

3 课程设计的辅导与评价体系

传统的课程设计教学方法是老师布置设计题目后,学生分散自行设计,这种方法不利于老师及时发现问题并协助学生解决问题。在辅导过程中应明确老师的职责,既要对学生起到启发、答疑、监督、鼓励创新的作用,又不能事无巨细、越俎代庖,在设计中及时跟进学生的进度,针对重点和难点进行集体辅导或个别答疑;同时,要经常抽查学生的设计进程和阶段性设计成果，及时了解学生的设计现状。需要强调的是，在设计过程中以学生为主体，发挥学生的主观能动性，鼓励学生将所学的设计方法和计算方法应用到设计题目中，在熟悉各种设计方案流程、原理和优缺点的基础上，鼓励和培养学生大胆创新、勇于开拓的精神和意识。

由于学生在知识掌握、认真刻苦的程度等方面存在着较大的差异，所以加强过程监控和成绩评价环节是必不可少的。为此热能学院编撰了针对学生的《课程设计指导教师评审表》，该评审表有指导教师对学生的评语，也有课程设计的成绩构成：平时成绩15%；计算说明书30%；图纸40%；答辩15%。在课程设计评价体系中，不仅依靠设计成果，还引入了平时表现和答辩两项内容，大大增加了成绩评定的准确性，很好地鼓励了优秀的学生更加努力，也使懈怠的学生打消了蒙混过关的侥幸心理，切实地督促每位学生认真设计，接受工程设计实训，为将来的工作打下坚实的基础。

4 结　语

课程设计的重要性不言而喻，如何进行课程设计，使学生得到应有的工程设计实训和收获，是每个工科院校面临的重大课题。对课程设计的研究、探索和改进是没有止境的，通过不断地思考，学习新知识、新技术，总结经验并与同行交流，课程设计这一重要教学环节一定会取得长足的进步。

参考文献

[1] 衣秋杰. 工程类本科课程实践教学体系改革与探索[J]. 中国电力教育, 2014(6): 122 - 123.

[2] 李素云, 张华, 李星科. 提高应用型本科《食品工厂设计》课程设计教学效果方法[J]. 轻工科技, 2019(1): 154 - 155.

[3] 杨文焕, 李卫平, 于玲红, 等. 基于给水排水卓越工程师培养的课程设计实践教学方法改革[J]. 教育教学论坛, 2014(24): 52 - 53.

"教学并重、主体突出"的叶轮机械原理课程改革*

高丽敏，赵磊，曹志远，刘存良，刘波，张皓光，刘汉儒，余晓京

（西北工业大学 动力与能源学院）

摘要：教学有法而教无定法，没有一成不变的教学模式，也没有放之四海而皆准的教学模式。针对"叶轮机械原理"课程内容的特点、"教"与"学"不平衡的授课方式、实践教学不足等现状，通过"大牌教授进课堂、青年教师随堂听"的团队建设实现了"教学并重"，通过"突出学习主体、建设实验环节"等方式实现了"学习主体"与"教学主导"的教学模式的探索，实现了"主体突出"的教学模式，提升了学生的学习兴趣，增强了学生学习的主动性，提高了课堂效率和质量。

关键词：叶轮机械原理；教学模式；团队建设；学习主体

教学有法而教无定法，没有一成不变的教学模式，也没有放之四海而皆准的教学模式。我校"叶轮机械原理"课程，在2014年之前的培养方案名称为"航空叶片机原理"，一直是飞行器动力工程专业的核心专业课程，主讲教师一直由在航空叶轮机械领域取得了卓越学术成就的学者组成（如朱俊强教授、刘波教授等)，具有良好的教学传统。因此，对于"叶轮机械原理"课程而言，所谓创新就是细节的不断完善。所以，对于教学与考核模式其实就是基于当前基础上的一种完善。

考虑到该课程主要是研究气体在航空叶片机内的流动特性，而叶片机的结构非常复杂，加上气

* 基金项目：2019年西北工业大学本科生在线开放课程建设项目

体流动看不见、摸不着等特点,自 2000 年起,该课程就逐步引入了新的授课方式与表达方法,注重实践环节教学、教师团队建设等。

然而,"叶轮机械原理"课程具有涉及内容广、工程性较强、应用范围宽等特点,再加上课时受到限制,一些涉及航空叶轮机械前沿发展的内容在课堂上无法展开,课堂授课方式仍停留在以"教"为主,"教"与"学"不平衡的状态,课堂教学的效果还未达到预期的理想效果,仍存在较大的提升空间。为此,在西北工业大学教务处和动力与能源学院的支持下,对该课程进行了"教学并重、主体突出"教学模式的探索,以期提升"叶轮机械原理"的实际授课效果。

1 教改探索的具体方案

"叶轮机械原理"是西北工业大学动力与能源学院飞行器动力工程专业主干课程,根据对先修课程的要求,通常于本科生三年级第二学期开设。叶轮机械是航空发动机的核心部件,对发动机的性能起着至关重要的作用。通过该课程,使学生掌握航空叶轮机械的基本概念、基本理论、基本计算技能和实验的基本操作技能,理解叶轮机械内复杂的流动性质,为后续"航空发动机原理"课程的学习及从事专业工作打下一定的基础。

根据大学教育的授课要求,考虑受众学生的心理特点及随着教学新方法的出现,"叶轮机械原理"课程团队在原有课程教学的基础上,从团队建设、授课方式、完善实验等方面进行了"教学并重、主体突出"教学模式的探索,具体举措如下:

1.1 加强课程团队建设,提升"教""学"比例

教师是课程教学的灵魂,课程团队的建设是课程建设的重要内容。高校教师考评体系指挥棒在一定程度上影响了"叶轮机械原理"课程团队,出现了授课教师短缺的现象,经常出现 1~2 名教师面对100 多个学生的局面。

自 2013 年起,"叶轮机械原理"课程组建了明确的教学团队,加强了课程团队的建设,采取"大牌教授进课堂、青年教师随堂听"的方式组建课程团队,吸纳了动力与能源学院中在叶轮机械研究领域已取得丰富科研成果的教授和已在本专业初露头角的青年教师进入课程团队,不仅让学生感受到知名学者的魅力与风采、了解到各自研究领域的最前沿发展,如介绍国家对大型客运飞机及民用涡扇发动机的发展计划、航空发动机重大专项等,而且让

学生感受到青年学者思维灵活、善于钻研的学习精神,多信息、多渠道地给学生提供信息源,拓宽学生的视野,激发学生的兴趣,使学生掌握本专业的前沿发展动态。目前,"叶轮机械原理"已形成了特色鲜明、结构合理的 10 人教学团队,通过"师生比例"的提升实现了小班授课,增加了教师"教"与学生"学"的绝对时间。

1.2 提升学习主体的显性表现,发挥学生在课堂教学中的主体作用

"叶轮机械原理"课程有着良好的教师资源和教学传统,但受到传统教学方式的影响,长期以来,课堂授课方式仍停留在以"教"为主、提问为辅的课堂教学模式,学生处于被动接受理论知识的状态,没有形成良好的反馈习惯,从而造成了课堂上教师一言堂、重"教"轻"学"、学习主体隐性缺位等现象。

在西北工业大学教学改革项目的资助下,对"叶轮机械原理"课程学习方式与效率、课件表达方式、课程内容的安排、考核方式等方面进行了专题研讨,对课程的表现方式、授课方式等进行了大规模改革,结合教师自己的科研成果,制作了表现形式丰富的"叶轮机械原理"课件,由原来的板书表现改为"板书、课件"综合应用的方式,将"不可见的空气流动"以动画、图片形式呈现,课堂设计以背景介绍、互问互答、学生上讲台、不同课程知识交融等形式进行。通过背景介绍,引导学生进入情境,激发学生的主动求知欲;通过互问互答、倾听学生的问题,了解他们对问题的认识与态度,培养学生动脑思考、自主学习的能力;通过学生上讲台进行自我展示,培养学生的表达能力与专业理解能力;通过课程知识交融,将学生前期所学的课程交叉融合,使学生发现学习的乐趣。充分提升课堂教学中学生的学习主体地位,发挥学生学习的主观能动性,突出课程教学中"学生为学习主体""教师为教学主体"的"双主体"地位,使学生成为自主意愿和自我发现的积极表达者。

1.3 增加实验教学,增加学生动手实践的机会

在课程特点方面,"叶轮机械原理"课程具有涉及内容广、工程性较强、应用范围宽等特点,是"工程热力学""气体动力学"等飞行器动力工程专业的专业基础课程的具体应用,具有较强的工程实践特点;在课程内容方面,"平面叶栅实验"是轴流式叶轮机械的基础,也是该课程内容的关键环节与核心所在,还是整个课程内容的核心所在。但是,由于实验成本高、操作难度大等限制,在 2013 年之前,

"叶轮机械原理"课程仅开设4学时、2个实验。

在教学模式改革项目的资助下,考虑到理论教学的实际需求,通过"教学实验台建设、实践环节增强"的方式,教学实验题目从2个扩充至8个,实践课程学时从4学时扩充为16学时;利用课外时间,额外增加了叶轮机械专业实验设备"高亚音速平面叶栅风洞""高速单转子压气机试验台""轴流式双排对转压气机试验台"等教学观摩环节;并引导本科生参与了教学试验台建设、科研项目参与、"本科生高峰计划"。通过设备简介、研究项目、先进测量技术等内容的讲解,实验模型的观摩和接触,试验台建设,以及实验操作等实践环节的加入,教师额外时间的投入,增加了学生的动手实践机会,不仅增加了实验教学内容,而且摆脱了实验教学中"看得多,动手少"的情况,让学生充分了解了叶栅实验在航空叶片机中的重要地位,使课本上的内容由抽象的想象变为具体的接触和实践。

2 教学改革的效果

叶轮机械课程在团队建设、教学方法及实践环节等方面进行了教学改革,形成了由理论课教学模式逐渐向理论与实践相结合的方式转变的发展思路,以"大牌教授进课堂、青年教师随堂听"的方式组建课程团队,形成"学生为学习主体""教师为教学主体"的"双主体"教学模式,通过"教学实验台建设、实践环节增强"解决"看得多,动手少"的问题。

具体成效如下:

(1) 课程团队建设:教学团队成员由原来的2名增加为10名,其中教授4名,副教授4名,讲师2名。在授课学生不变的情况下,授课班级由原来的2个班增加为5个班,配备相应的辅导教师,增加了"教""学"的时间比例;通过团队建设,教师教学能力得到了提升,团队成员有2016年"本科最满意教师"1名,2018年"优秀研究生导师"1名,2016、2017、2018年西北工业大学"优秀导学团队导师"4名,2015年"优秀班主任"1名。

(2) 课程内容建设:课程教学由原来48学时的"航空叶片机原理"课堂教学改为40学时的"叶轮机械原理"课堂教学和包含8个实验、16学时的"叶轮机械综合实验"教学,加大了教学实践环节的比例;根据专业发展方向和学生学习特点,充分考虑发挥学习的"主体"作用,重新调整了培养方案,规范了课程内容的划分。

(3) 实践环节建设:"叶轮机械原理"课程的实验课时由原来的4学时增加为16学时;实验题目由原来的2个增加为8个;由学生参与新建多功能教学实验平面叶栅风洞2套,已申请发明专利1项;并且利用课外时间,额外增加了叶轮机械专业实验设备"高亚音速平面叶栅风洞""高速单转子压气机试验台""轴流式双排对转压气机试验台"等教学观摩环节。

(4) 教学模式改革:课程团队在授课期间多次召开课程研讨,探索教学新模式、新方法,先后承担了"教学与考核模式改革"项目2项、2016年"校级慕课建设"项目、"实验技术校级规划教材立项"等教改项目,并建立了教学微信群等;由原来的2个小班(约120人)授课更为5个小班授课(不超过30人),课程内容增加前沿讲座、专题研讨、课后讨论与辅导、微信群讨论等环节,改变了以往"教""学"不平衡的现象。

3 结 论

通过教改项目、课堂设计、实验教学及团队建设有机结合,统筹建设,教学效果呈现良好的上升势头,改变了现有课堂教学中学习主体缺位的状况,激发了学生的学习兴趣,增强了学生学习的主动性,提高了课堂效率和质量,把知识传授与能力培养、素质提高结合起来,实现了师生的共同提高。主要创新点有:

(1) 多位一体,统筹联建:通过课程研讨、实验台建设、随堂跟听、教改项目等方式,将教师培养、专业前沿延展、学习主体确定、学生动手能力培养、教学技巧、教学理论、小班授课等有机结合,多位一体,统筹联建,使教师质量与数量、课程内容与课堂设计、课程教学效果等全方面提升。

(2) 理念先行,确立主体:对课堂教学现状与模式进行了多次研讨,重新定位了对专业课程的学习主体,借鉴现代教育学、心理学的相关成果,并在专业教学中进行实践,随后通过教学模式改革、校级慕课建设等教改项目,既有科学依据和理论意义,又有实践检验,具有指导性、实用性。

(3) 依托项目,受益面积最大化:确定"双主体"的教学思路,在教改项目实施过程中,将学生动手能力培养、学生专业视野提升、课程内容建设、青年教师培养等相结合,学生、教师全方面参与教改项目,受益于教改项目,实现本成果的受益范围(包括学生、教师和学院)最大化。

2019年全国能源动力类专业教学改革研讨会论文集

参考文献

[1] 朱俊强,刘前智. 航空叶片机原理[M]. 西安:西北工业大学出版社,1995.

[2] 楚武利,刘前智,胡春波. 航空叶片机原理[M]. 西安:西北工业大学出版社,2009.

船舶机械振动噪声学教学改革与探索*

赵晓臣,柳贡民,张新玉,国杰
(哈尔滨工程大学 动力与能源工程学院)

摘要: 由于多学科交叉综合和授课内容抽象化的特点,船舶机械振动噪声学是一门学生普遍反映比较难学、教师反映比较难教的课程。本文从激发学生学习兴趣、构建系统化的知识结构和重视实践操作能力等方面出发,提出相应的教学改革措施,以提高学生的学习积极性,拓展所培养学生的创新能力。

关键词: 振动;噪声;轮机工程;教学改革

振动与噪声是船舶机械设备中普遍存在的一种物理现象,作为轮机工程专业培养的科技人才,需要研究和处理这类问题。为此,我校为轮机工程专业本科生设立了船舶机械振动噪声学这门课程。

1 教改研究现状及需求

本门课程与其他院校开展的振动噪声类课程类似,其课程主体是机械振动噪声学。通过课程学习,使学生了解机械振动与噪声产生、传播的基本原理,掌握机械振动与噪声的基本模型、解析方法。

在这方面,有很多相似课程的教师开展过相关的教学改革探索。王彪将计算机辅助教学引入本门课程中,提高了学生利用计算机求解振动问题的能力。舒海生等采取统一全课程的教学内容、采用面向功能的案例教学法等措施,来提升学生对振动课程的专业兴趣。王妍静从提升教学方法的灵活性角度出发,提出了相应的激发学生兴趣的措施。王荣将振动学发展历史引入授课内容中,使学生在较短的时间内粗略了解了机械振动学各分支领域发展的全面情况。

考虑到轮机工程专业的船海特色,我校开设的船舶机械振动噪声学增加了一部分与船舶动力装置振动噪声相关的知识点。通过多年的教学实践,笔者总结出围绕该课程教学的如下几点问题:

首先,船舶机械振动噪声学是一门多学科交叉的课程。在哈尔滨工程大学,该课程一般安排在大学三年级下学期进行。先修课程包括高等数学、线性代数、理论力学、材料力学、内燃机结构、船舶动力装置概论等。这需要学生前期在先修课程中打下牢固的基础。同时,又需要教师在每个新知识点讲授之前带领学生适度重温上述先修课程,这样就占用了宝贵的课堂时间。

其次,本门课程数学推导多,涉及矩阵运算、偏微分方程和常微分方程求解等。学生的精力被复杂的数学运算所占用,无法专心在物理过程和振动噪声规律上。这就造成了学生学习的积极性不高,对重点知识的把握不准。

最后,大部分学生习惯于对结果公式的死记硬背,遇到问题首先想到的是套用公式,而不是去思考公式的适用性,因而缺乏变通。学生的学习导向是为了最终的期末考试成绩,而不是利用本门课所学的知识去提高发现—分析—解决问题的能力。学生在本门课程学习之前,已经在大学物理等课程

* 基金项目:哈尔滨工程大学 2019 年教学改革项目

中学习过单自由度振动的规律,所以学生低估了后续章节的学习难度。课程中期,突然转换到二自由度问题后,大部分学生感觉学习难度突增,普遍反馈跟不上教学进度。

综上,该课程是一门学生普遍反映比较难学、教师反映比较难教的课程。实践中发现学生对该门课程存在主观上的畏惧心理,退选现象严重,期末考试成绩普遍低于教师预期。因此,有必要提出相应的改革措施。

2 教学改革研究

2.1 激发学生学习兴趣

加大振动噪声问题应用背景的介绍。结合授课教师的实际科研项目,分别从生活中、实际工程中提炼振动噪声问题。比如,在讲授单自由度黏性阻尼系统响应时,引入了人体四肢的振动固有频率、阻尼的估算,用以求解人体的振动响应;在二自由度振动问题中,以洗衣机基座振动和柴油发电机组的双层隔振问题为例子;在讲授绪论部分时,强调了振动噪声研究在国防领域的重要性。这些背景和例子的介绍,激发了学生学习本门课程的内在兴趣和动力,增强了学生从事振动噪声领域研究的荣誉感。

2.2 构建系统化的知识结构

船舶机械振动噪声学的知识点多而杂,为了给学生建立起系统的振动噪声知识,引导他们掌握科学的振动噪声问题解决思路和方法,在授课过程中,应特别注重知识系统的建设。

首先,重视知识点的前后呼应。在讲授连续系统、轴系扭振和噪声部分的知识点时,将其和前面章节的单自由度、双自由度联系起来。通过等效刚度、等效质量的对比,强调连续振动系统和离散振动系统基本规律的一致性、相似性。其次,将振动噪声的规律和电学知识联系起来,如表1所示。通过电声类比,让学生更加容易接受本门课程中的机械阻抗、导纳、传递矩阵等概念。

表1 概念类比

电学量	力学量 (第2~5章)	声学量 (第6章)	关系
电压 V	力 F	声压 p	$p = F/S$
电流 I	振动速度 v	体积振速 U	$U = Sv$
电阻抗 Z	力阻抗 Z_m	声阻抗 Z_a	$Z_a = Z_m/S^2$

另外,授课过程中遵循"由简单到复杂",再"由复杂回归简单"的理念。所谓"由简单到复杂"就是由一个简答的问题引入简化的物理模型,形成数学模型并求解得到其基本解。再在基本点的基础上考虑不同边界条件、初始条件、物理简化方法等因素,拓展其求解的思路,得到基本规律在不同工程应用实例中的变化特性,让部分学有余力的学生得到锻炼。所谓的"由复杂回归简单"是指最终让学生将每章的复杂知识点回归为若干个简单的基本公式、近似解。因为学生在以后的工作岗位上,了解这些简单公式、近似解往往比记住复杂的公式更有实际意义。

然后,将知识点进行分级、分类讲授。主要知识点分为3类。第一类是概念型知识点,比如固有圆频率、周期、特征值、阵型矩阵等。第二类是方法型、规律型的知识点,比如分离变量法、动力吸振器的特性曲线。这类知识点的强化方法主要为课后作业,同时这部分内容是考试内容的主要构成,学生的学习动力一般较强。第三类是拓展性的知识点,比如船舶推进轴系强迫扭转振动的能量法具体计算步骤。这部分知识点会在课堂上讲授,但是不做考试要求,学生可以在参考书上查阅到更多的内容。

最后,在每一章的开始阶段绘制出本章的知识点框图,举例如图1所示。这样一方面能帮助学生把握重点知识,另一方面也能让学生了解本章学习内容的必要性、章节之间的相关性,同时也有助于学生建立自己的思维导图。

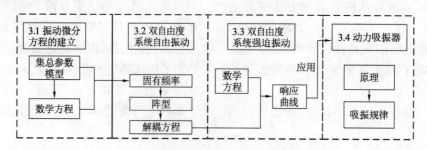

图1 章节知识点框图(举例)

2.3 重视实践操作能力

在涉及需要计算的题目时,通过课堂练习,使学生掌握简单例题的计算过程。所选课堂例题的主要特点是简单、生动,能够给学生留下深刻印象。所选课后作业的特点是难度提升、与工程实际更接近、学科交叉性强。通过这两个措施,可以有效避免考试时学生"眼高手低"。

将一些适于利用计算机计算的例子交给学生进行编程计算。例如,在单、双自由度的内容上,安排学生课后利用 MATLAB 等程序语言实现矩阵运算、结果显示等;在连续系统的内容上,让学生利用程序语言实现数值寻根、阵型求解等功能;在轴系振动章节,要求学生利用 Excel 完成霍尔兹法求解扭振特性的工作。这些编程内容让学生能充分利用计算机的优势,从传统求解方法的束缚中摆脱出来。

我校还在总学时为 56 个学时的课程中安排了 6 个学时的实践教学课程,使学生可以在实验基地进行综合型、创新型和研究型的实验。实验内容包括单自由度系统无/有阻尼自由振动响应测量、单自由度强迫振动响应测量、梁模态参数测量、声环境测量等,同时也有部分创新型实验。学生可以将自己设计的实验提交给专门负责实验的教师,经评估后,方可进入实验室,利用振动力学测试设备进行实验。

3 结 语

通过阶段性的教学改革实践,在课程内容并无过多变动的情况下,课堂的授课气氛更加活跃,学生的作业质量和考试成绩有一定程度的提升。学期结束后,学生普遍反映这门课程难学的现象得到了改善,学生分析、解决振动问题的能力得到了提高。部分本科生利用本门课程所学的振动噪声知识在国家级学生科创比赛中获奖。同时,本课程的开设使更多的优秀本科生被吸引到该研究方向读研,也促使他们毕业后从事振动噪声的相关研究工作。

参考文献

[1] 王彪.《机械振动》课程教学改革实践[J]. 华东冶金学院学报(社会科学版), 2000, 2(2): 86 – 87, 98.
[2] 舒海生,史肖娜,赵磊. "机械振动"课程教学改革探究[J]. 黑龙江教育(高教研究与评估), 2017(8): 21 – 22.
[3] 王妍静.《机械振动》课程教学改革探究[J]. 科技创新导报, 2018, 15(8): 217, 219.
[4] 王荣. 机械振动与模态分析课程体系改革与探索[J]. 黑龙江教育(高教研究与评估), 2012(1): 36 – 37.

工程热力学课程改革如何适应"新工科"建设*

黄晓明,许国良,王晓墨,方海生,吴晶

(华中科技大学 能源与动力工程学院)

摘要: 本文开展了"新工科"建设下能动类专业基础课工程热力学课程改革的探索,对如何将新工科的新理念、新要求和新途径融入工程热力学课堂教学中进行了详细讨论。针对课程教学内容、教学方法、教学手段、考核方式等教学模式提出了一系列改革措施,对培养工程素养高、创新能力强、应用能力强的工程技术专业人才具有重要意义。

关键词: 新工科;创新能力;教学改革;工程热力学

* 基金项目:教育部高等学校能源动力类专业教学指导委员会新工科教改项目(NDXGK2017Y – 08);华中科技大学 2017 年教学研究专项项目

目前，全国高校正在广泛开展"新工科"建设。新工科（Emerging Engineering Education，3E）是我国基于国家战略发展新需求、国际竞争新形势、立德树人新要求提出的工程教育改革方向。新工科的内涵是以立德树人为引领，以应对变化、塑造未来为建设理念，以继承与创新、交叉与融合、协调与共享为主要途径，培养未来多元化、创新型卓越工程人才，具有战略型、创新性、系统化、开放式的特征。

可以看出，"新工科"是中国教育工作者对于新形势、新环境、新需求下如何培养新型工科学生达成的初步共识，是对于工科学科建设的优化再造和内容升级，以及对于未来工科学生培养目标、培养方式、培养内容的探索。2017年以来，教育部主导召开了多次围绕高校工程教育发展战略方面的研讨，逐步明确了"三问、三构建"（问产业需求建专业、构建工科专业新结构，问技术发展改内容、构建工程人才知识新体系，问学生志趣变方法、创新工程教育方式和手段）和5个更加注重（更加注重理念引领、更加注重结构优化、更加注重模式创新、更加注重质量保障、更加注重分类发展）等教改思路和要求。"新工科"背景下的教育思潮对现有工科的教学提出迫切的改革需求，同时也指明了改革方向。

工程热力学作为热能与动力工程学生的专业基础课，在本专业课程体系的教学实践中起到承上启下的作用，是连接基础课和专业课学习不可缺少的重要纽带，也是培养学生分析和解决工程实际问题的关键环节。同时，这门课程也是大机械类专业的必修课程，全校每年修这门课的学生达到上千人。因此，工程热力学是培养合格工程师必不可少的课程。对照"新工科"提出的多元化、创新型卓越工程人才培养要求，该课程的传统教学模式还存在不少脱节问题。分析课程存在的具体问题，探索相应的改革方法和设计具体的改革措施，是"新工科"建设背景下工程热力学课程改革的当务之急。

1 工程热力学传统教学模式与"新工科"人才培养要求的矛盾

"新工科"作为一种新型工程教育，其育人的本质没有变，但对人才的培养要求发生了变化。在新工科背景下，工程人才培养质量要求面向未来，需要强调以下核心素养的培养：家国情怀、创新创业、跨学科交叉融合、批判性思维、全球视野、自主终身学习、沟通与协商、工程领导力、环保和可持续发展

理念、数字素养。面对新工科背景提出的新理念、新要求，在传统工科教育培养模式下发展起来的工程热力学课程问题突出，主要体现在以下几方面。

1.1 教学内容不够"新"

传统工程热力学的教学大纲和教材内容局限在固定的传统理论框架中，虽然体系完整、覆盖全面，但在及时捕捉科技前沿知识和热物理交叉学科信息方面做得不够。此外，尽管面向全校多个工科院系授课，如能动专业、机械专业、船海专业等，但基本上使用的教材和大纲都一致，对不同专业很少做出区分设定，更不要提针对专业需求进行的内容优化。这种"一本万能"的模式，显然难以应对新工科提出的学科交叉、个性化培养的教育模式需求。

1.2 教学方法不够"新"

传统工程热力学多采用教师讲授和课堂提问的教学方法，缺少"互动嵌入式"教学。而以往围绕课程展开的许多教学改革研究，也多集中在"以教师为中心"的教学手段创新和提高课堂趣味的教学设计创新方面，极少有以学生科学素养和创新理念培养为导向的教学方法创新。这种"灌注"为主的教学方法显然是不利于创新型和研究型人才培养的。

1.3 教学手段不够"新"

传统工程热力学教学手段相对单一，主要是应用多媒体进行课堂教学。尽管多媒体技术实现了文字、图片和动画等信息的融合，使教学内容更加生动，一定程度上有利于增加学生的学习兴趣，但在启发学生独立思考、培养学生创新意识方面存在不足。近年来的工程教育改革十分强调压缩课堂学时，若仍然继续保持单一的课堂教学模式，不调动学生课下的主动学习意识，将会造成两方面恶劣后果。其一，学生必须在有限的时间内接受大量的教学信息，部分学生不能够充分消化所学内容；其二，教师疲于追赶教学进度，根本无暇融入先进的互动式教学方法，难以达到促进学生深度学习的教学效果。

1.4 教学效果评价体系不够"新"

考核环节不尽合理，采用的"分数评价体系"不能实现对学习过程的全面监管。目前，几乎所有的专业课程均采用"百分制"闭卷考核方式，主要以卷面课考试成绩来确定该课程的最终考核成绩，很少考核学生对所学工程热力学知识的拓展应用，更会忽视学生运用工程热力学相关知识去解决实际问题的能力的训练和培养，难以达到客观检验课程教

学效果的目的,也不能体现新工科背景下的人才培养目标。

2 "新工科"建设背景下工程热力学课程的教学改革措施

为适应新工科对人才培养的要求,依据"成果导向""学生为本""持续改进"三大工程教育理念,结合上面分析的教学过程中存在的问题,本文将尝试对工程热力学课程教学方法改革方向和具体举措进行探讨。

2.1 教学内容应按"需"优化,考虑层次化、模块化设计,体现前沿性和时代性,注重学科交叉

首先,为应对不同层次的培养目标,工程热力学教学内容的组织应向层次化、模块化发展。层次化一方面反映在课程内容和教学方法上,如对热力学基础理论部分(包括基本概念、第一和第二定律及热力过程分析等)概念多、公式多、内容多,知识点之间的关系错综复杂,表现出高度理论化的内容,从教育教学模式规律看,应以教师为主导,求精求博。而另一部分内容,包括各种热力循环分析、管道流动分析和湿空气等,体现出较强的工程应用性,不同专业、不同需求的学生可以差异对待,因而这一层次的内容在组织上可考虑模块化设计,便于灵活组合,差异侧重,反映人才的多元化培育。而在教学方法上,完全可以"以学生为中心",设计较多的项目教学和任务导向教学环节。

其次,工程热力学教学内容的优化要体现前沿性和时代性。新工科建设需要将产业和技术的最新发展、行业对人才培养的最新要求引入教学过程,对教学内容进行优化更新。这一目标的实现可以通过强化案例教学实现。教学案例的选择应注重理论与实践、科研与应用的有机统一,充分考虑实用性、先进性、系统性和扩展性,便于学生与今后的专业课知识、课程设计、毕业设计等学习过程融合,培养学生的终身学习能力。为此,在案例教学设计方面我们总结了六个"结合",即结合生活实际、结合工程应用、结合热点问题、结合学科前沿、结合科研项目、结合先进手段。

再者,工程热力学教学内容应适当重组,突出对学生创新意识的培养。创新意识是创新能力的前提和必要条件,是面对未知问题、领域产生强烈的尝试冲动,是创新的重要心理素质之一。只有具有强烈的创新意识,才能产生创新动机,从而达到培养创新能力的目的。工程热力学教学主要是为了使学生掌握并运用工程热力学理论知识解决工程实际问题的能力,因而可以"以问题为导向"对课程内容进行重组。在教学过程中,通过对问题的研究、发现和探索,建立数学模型,强化学生的创新意识,综合各个知识点对问题进行分析和研究。这种重组应以在工程热力学教学过程中渗透创新意识为目的,引导学生对知识点进行"构建"和"再创造",将创新意识贯穿课程学习过程的始终。

2.2 着眼新工科人才内涵,发展多样性的互动式教学方法,注重顶层教学设计

新工科建设强调对学生能力的培养,要求学生具备有效交流、批判性思维、系统思维、协同合作、数据决策和自我管理等技能。在新工科的教育理念下,必须改变传统以知识传授为目标的"知识型教学"模式,发展以高级思维能力的培养为目标的"研究型教学"模式。

研究型教学模式强调互动式教学,包括探究式、启发式、案例式、讨论式等教学方式方法。这些先进的教学方法在许多教学改革研究中被反复讨论,它们在提高学生主动学习、知识应用和创新、综合素质等能力方面的有效性也被多方面验证。但不少文献也指出,互动式教学的效果十分依赖于教师对教学活动的组织。要充分调动学生的积极性,使学生在"交流—质疑—辩论"的课堂氛围下进行批判性和创新性思维锻炼,教师必须做好顶层的教学设计。图1和图2分别给出了"问题导向式"和"任务驱动式"两种互动式教学方法的教学设计流程。

2.3 将先进教学理念融入教学,构建"互联网+"教学模式,促进信息化教学

将先进的教育教学理念融入教学。在"互联网+"环境下,一方面充分运用各种优质在线教育资源,另一方面将混合式教学等教学方式与研究性学习相结合,最大限度地发挥线上线下、课内课外及教师、学生在教与学上的作用。充分利用 MOOC、爱课程、微课等公共网络教学资源,让学习能力差的学员课后单独体会,让学有余力的学员获得更多的学习资源。对主题突出、指向明确、相对完整的知识点,如各类动力循环、制冷循环、热泵、湿空气的调节过程等,互联网上有大量优秀的微课课件,可作为互动式教学方法的辅助教学手段,由学生在课堂外自行学习。此外,鼓励学生在学习中使用更多的现代技术工具,如用 PPT 做课件,用 Matlab 仿真建模,用 EES 软件进行热力过程计算,以提升学生对

知识点的理解和应用能力。

2.4 优化课程评价方式,实现全过程评价和多方位衡量学生学习效果

"新工科"建设强调对学生主动学习能力的培养。应对新工科人才培养要求,工程热力学课堂教学改革将注重锻炼学生运用知识解决实际工程问题的能力,设计互动讨论环节、研究性教学活动等,引导学生主动学习,充分发挥学生在教学环节中的自主性、能动性和创造性,增强学生的实践意识和探究精神。而这种教学模式的有效实施必须配套完善的评价机制。只有建立完善的评价机制,才能充分肯定学生的学习与研究过程,激励学生的参与积极性,体现学生的自我认知价值,提高团队的协作意识和有效沟通能力。

目前,笔者从事的工程热力学课程教学评价采用"总成绩 = 平时成绩(40%) + 期末成绩(60%)"的考核方式。其中,平时成绩 = 课堂表现(60%) + 实验成绩(20%) + 作业(20%)。课堂表现的成绩主要反映学生对课堂活动参与的积极性,以及研究性任务完成的效果。今后,这部分成绩还会细化到学生各方面能力的表现,如文献查阅和归纳能力、逻辑分析能力、理论研究能力、协作能力、批判性和创新性思维能力等。对这些能力的评价,将采用教师打分和小组打分各占50%的方式。

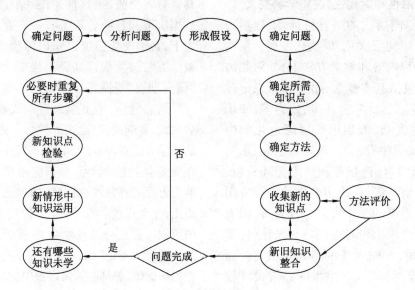

图1 "问题导向式"互动教学的设计策略

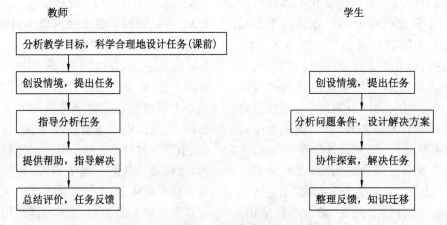

图2 "任务驱动式"互动教学的设计策略

3 结 语

"新工科"建设重在一个"新"字,"工程热力学"课程的教学改革也必须把工作重点放在创新上面,而创新的重点又要落在人才培养的新理念、新要求和新途径。工程热力学课程的教学内容首先必须能够表现出足够"新"的知识体系,让学生感受

到理论知识在解决生活和生产实际问题中的"有用性";工程热力学课堂的教学方法要足够"新",能够体现师生的互动性,能够激发学生深度思考、主动创新;工程热力学课堂教学手段要足够"新",体现多维教学,全方位培育。再辅之以最能调动学生积极性的评价方法,工程热力学课程必将成为能动类新工科人才培养的强有力支撑。

参考文献

[1] 钟登华. 新工科建设的内涵与行动[J]. 高等工程教育研究,2017(3):1-6.

[2] 胡波,冯辉,韩伟力,等. 加快"新工科"建设,推进工程教育改革创新——"综合性高校工程教育发展战略研讨会"综述[J]. 复旦教育论坛,2017(2):20-27.

[3] 张映辉. 适应新工科的大学物理、物理实验课程改革方向与路径初探[J]. 物理与工程,2018(5):101-105.

[4] 林健. 新工科建设:强势打造"卓越计划"升级版[J]. 高等工程教育研究,2017(3):7-14.

数值积分法在传热学课程教学中的应用 *

许国良,黄晓明,王晓墨,方海生

(华中科技大学 能源与动力工程学院)

摘要: 在传热学课程教学过程中,从稳态与非稳态导热问题、流体对流换热问题,甚至是辐射换热问题中导出了一系列各种形式的常微分方程,对其进行分析求解是一件很困难的事情而数值积分却是一个行之有效的方法。本文探讨了数值积分在传热问题中的应用,编制了一个通用的常微分方程求解软件 SOLODE,并成功地应用于两端点边界条件的传热问题的数值求解。

关键词: 传热学;微分方程;数值积分;两端点边界条件问题

1 Runge – Kutta – Gill 法数值积分

任意 n 阶常微分方程,均可从 1 阶常微分方程开始,由 n 个相关联的微分方程式表述如下:

$$\frac{df_1}{dx} = g_1(f_1, f_2, f_3, \cdots, f_n, x)$$

$$\frac{df_2}{dx} = g_2(f_1, f_2, f_3, \cdots, f_n, x)$$

$$\frac{df_3}{dx} = g_3(f_1, f_2, f_3, \cdots, f_n, x) \qquad (1)$$

$$\vdots$$

$$\frac{df_n}{dx} = g_n(f_1, f_2, f_3, \cdots, f_n, x)$$

例如,2 阶常微分方程式 $f'' = 6x$ 可以按上述方式表述为:$\frac{df_1}{dx} = 6x\ (= g_1)$,$\frac{df_2}{dx} = f_1\ (= g_2)$,其中 f_1, f_2 分别与 f', f 相对应。

一般地,将函数及其各阶导数从 f_1 到 f_n,或者从 g_1 到 g_n 排列成函数队列,对于编制程序求解来说是极为方便有利的;而且,无论是任意阶数还是任意形式的常微分方程,均可表述为(1)式相应的形式,从而通过对"1 阶常微分方程式的关联求解"来扫描整个函数队列,得到函数及其各阶导数的数值解。

在 Runge – Kutta 数值积分法中,一个积分步长要经过 4 个步骤的积分,其精度较高(为 4 阶精度):

$$f(x + \Delta x) \cong f(x) + \frac{\Delta x}{6}[g(f, x) + 2g_1 + 2g_2 + g_3]$$

$$(2)$$

其中, $$g_1 = g\left[f + \frac{\Delta x}{2}g(f, x), x + \frac{\Delta x}{2}\right]$$

* 基金项目:教育部高等学校能源动力类专业教学指导委员会新工科教改项目(NDXGK2017Y-08);华中科技大学 2017 年教学研究专项项目

$$g_2 = g\left(f + \frac{\Delta x}{2}g_1, x + \frac{\Delta x}{2}\right)$$
$$g_3 = g(f + \Delta x g_2, x + \Delta x)$$

2 SOLODE 数值积分软件

据此,我们编写了一个基于对话框模式的人机交互式软件 SOLODE(Solver of Ordinary Differential Equations),且数值积分的结果全部以图形的方式自动显示出来。

仍以微分方程 $f'' = 6x$ 为例。首先,微分方程阶数 n 与积分区间可设置为: $n = 2, x_{start} = 0, x_{end} = 1$;其次,对该微分方程进行描述,$g_1(f_1, \cdots, f_n, x) = 6 * x$,$g_2(f_1, \cdots, f_n, x) = f_1$,填入图 1 所示对话框中。

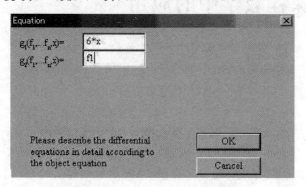

图 1　微分方程 $f'' = 6x$ 的描述

设置完成后,点击"OK"按钮,结果会自动以图形的方式进行显示,如图 2 所示。

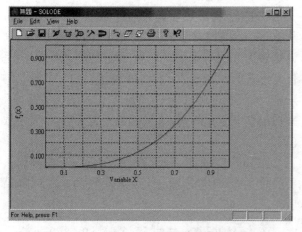

图 2　微分方程 $f'' = 6x$ 计算结果的显示

3 两端点边界条件问题的解法

下面以半无限大固体内的非稳态导热问题为例,介绍流动与传热的两端点边界条件问题的解法。在非稳态导热问题的章节中,已知该问题的解析解,其结果可用无量纲温度的分布形式及误差函数来表示。这里用数值积分的方法进行求解。

经过相似变换后,半无限大固体内非稳态导热问题的数学模型为:

$$\theta'' + \frac{1}{2}\eta\theta' = 0 \qquad (3)$$

边界条件 $\eta = 0$: $\theta = 1$; $\eta = \infty$: $\theta = 0$。在此问题的求解中,函数及其各阶导数在积分区间起始点处的边界条件并非都是已知的。本例中 $\theta'(0)$ 即属未知,但在积分区间终点处,函数值 $\theta(\infty)$ 为已知。此类问题称为两端点边界条件问题(two-point boundary value problem)。在求解过程中,需要为 $\theta'(0)$ 设置一个估计值;在计算完成之后,该值会自动更得到校正。

设 $\theta'(0)$ 的估计值的偏差为 $E\{\theta'(0)\}$。在程序中,使用 Newton - Raphson 法来对 $\theta'(0)$ 进行迭代更新计算。具体方法是:

$$\theta'(0) \leftarrow \theta'(0) - \frac{E\{\theta'(0)\}}{\dfrac{\partial E}{\partial \theta'(0)}} \qquad (4)$$

这里估计值的偏差为 $E\{\theta'(0)\} = \theta(\infty) - 0$。

在本例的数学描述中,注意变量为 η 而不是 x,函数及其导数是 $f_1 = \theta'$,$f_2 = \theta$。积分区间的终点为 ∞,可取一个任意值的大数,如取 10 来代替 ∞,在 SOLODE 中的设置相应为

$$n = 2, x_{start} = 0, x_{end} = 10$$
$$g_1(f_1, \cdots, f_n, x) = -0.5 * x * f_1$$
$$g_2(f_1, \cdots, f_n, x) = f_1$$

读者可将数值积分的结果与精确解的结果(如图 3 所示)进行对比。

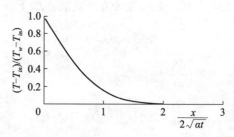

图 3　半无限大固体内非稳态导热问题的精确解

在软件设置的对话框中,读者可以发现 $\theta'(0)$ 已被更新为 -0.564(精确解为 $-2/\sqrt{\pi}$)。

4 层流强制对流换热问题的解法

考虑流体外掠平板的层流对流换热问题。设

平板温度为已知,则可得到该问题的数学模型如下:

$$f''' + \frac{1}{2}f''f = 0 \tag{5}$$

$$\theta = 1 - \frac{\int_0^\eta \exp\left(-\frac{Pr}{2}\int_0^\eta f\mathrm{d}\eta\right)\mathrm{d}\eta}{\int_0^\infty \exp\left(-\frac{Pr}{2}\int_0^\eta f\mathrm{d}\eta\right)\mathrm{d}\eta} \tag{6}$$

边界条件 $\eta = 0$:$f = f' = 0$;$\eta = \infty$:$f' = 1$。

考虑 $Pr = 1$ 的流体(实际上读者可取任意值),注意(5)式为 3 阶常微分方程,但(6)式中含有 2 次积分,故应取微分方程总的阶数为 $n = 5$;相应地,函数及各阶导数为 $f_1 = f''$,$f_2 = f'$,$f_3 = f$,$f_4 = \int_0^\eta f\mathrm{d}\eta$,

$f_5 = \int_0^\eta \exp\left(-\frac{1}{2}\int_0^\eta f\mathrm{d}\eta\right)\mathrm{d}\eta$,故可设置如下

$$n = 5, x_{start} = 0, x_{end} = 10$$
$$g_1(f_1, \cdots, f_n, x) = -0.5 * f_1 * f_3$$
$$g_2(f_1, \cdots, f_n, x) = f_1$$
$$g_3(f_1, \cdots, f_n, x) = f_2$$
$$g_4(f_1, \cdots, f_n, x) = f_3$$
$$g_5(f_1, \cdots, f_n, x) = \exp(-0.5 * f_4)$$
$$f_2(x_{start}) = 0, f_3(x_{start}) = 0, f_4(x_{start}) = 0$$
$$f_5(x_{start}) = 0, f_2(x_{end}) = 1$$

计算完成后,读者可观察无量纲的速度分布函数 $f_2(x)$ 及无量纲的温度分布函数 $f_5(x) = (1 - \theta)/(Nu_x/Re_x^{1/2})$。在此问题中,局部摩擦系数可由 $f_1(x_{start}) = f''(0) = \frac{C_{f_x}Re_x^{1/2}}{2}$ 求得,而局部 Nusselt 数可由 $1/f_5(x_{end}) = -\theta'(0) = Nu_x/Re_x^{1/2}$ 求得,所求结果为 $\frac{C_{f_x}Re_x^{1/2}}{2} = 0.332$,$Nu_x/Re_x^{1/2} = 1/(2.710 + 0.301) = 0.332$。

5 使用数值积分法的习题设计

(1)试对误差函数 $\mathrm{erf}(\zeta) = \frac{2}{\sqrt{\pi}}\int_0^\zeta e^{-\zeta^2}\mathrm{d}\zeta$ 进行数值积分。

(2)在水平圆柱体外的层流膜状凝结换热中,计算 Nusselt 数时用到函数 $\frac{1}{\pi}\int_0^\pi \left(\frac{\sin^{4/3}\phi}{\int_0^\phi \sin^{1/3}\zeta\mathrm{d}\zeta}\right)^{1/4}\mathrm{d}\phi$,试对该函数进行数值积分。

(3)在肋片的导热问题中,得到下述形式的微分方程。

$$\theta'' = (mL)^2\theta$$

边界条件 $x/L = 0$:$\theta = 1$;$x/L = 1$:$\theta' = 0$。L 为肋片长度,设 $mL = 0.5$,试求解该微分方程。

(4)在肋片的导热问题中,如果考虑肋端的对流换热,肋端的对流系数为 h_L。试用变量代换 $\Theta = \ln\theta$,导出下述微分方程:

$$\Theta'' = -(\Theta')^2 + (mL)^2$$

边界条件 $x/L = 0$:$\Theta = 0$;$x/L = 1$:$\Theta' = -\left(\frac{h_L L}{\lambda}\right)$;并对 $mL = 1.0$,$\frac{h_L L}{\lambda}$ 分别取 $0.0, 0.5, 1.0$ 的情况进行求解。(提示:$\Theta'(0)$ 的估计值可取为 -1.0)

(5)对于等温平行平板间的层流充分发展段,无量纲温度分布可用下述微分方程描述

$$\theta'' + 2.835(1 - \eta^2)\theta = 0$$

边界条件 $\eta = 0$:$\theta' = 0$;$\eta = 1$:$\theta' = -1.89$($= -Nu_H$)。

试求解该方程。(提示:$\theta(0)$ 的估计值可取为 1.0)

(6)在辐射换热问题中,得到 Stefan – Boltzman 常数为

$$\sigma = \frac{C_1}{C_2^4}\int_0^\infty \frac{\phi^3}{e^\phi - 1}\mathrm{d}\phi \cong \frac{C_1}{C_2^4}\int_0^{20} \frac{\phi^3}{e^\phi - 1}\mathrm{d}\phi$$

其中 $C_1 = 3.74 \times 10^{-16}\mathrm{W} \cdot \mathrm{m}^2$,$C_2 = 1.44 \times 10^{-2}\mathrm{m} \cdot \mathrm{K}$。试计算出 Stefan – Boltzman 常数。

参考文献

[1] 杨世铭,陶文铨. 传热学[M]. 3 版. 北京:高等教育出版社,1998.

[2] 许国良,王晓墨,邬田华,等. 工程传热学[M]. 北京:中国电力出版社,2011.

[3] Nakayama A. PC-aided numerical heat transfer and convective flow[M]. Boca Raton:CRC Press, 1995.

气体动力学基础课程教学反思与实践

余晓京，施永强，杨青真，王掩刚

（西北工业大学 动力与能源学院）

摘要："气体动力学基础"系列课程是西北工业大学动力与能源学院开设的一门能源动力类本科生学科基础课程，是学生进行后续专业课学习不可或缺的一部分，并且也是本领域学生在后续研究生学习或工作中应用范围很广、使用频率很高的一门知识。本文通过对比分析时代发展、认知领域变化和信息技术冲击，对该系列课程教学进行了反思，在教学目标分类、教学模式设计与信息技术利用等方面进行了探索实践，使得课程设计更符合教育学原理，提高了课堂教学成效与教学质量。

关键词：气体动力学基础；教学目标分类；知识整合（KI）

"气体动力学基础"系列课程是西北工业大学动力与能源学院开设的一门能源动力类本科生学科基础课程，是学生进行后续专业课学习不可或缺的一部分，并且也是本领域学生在后续研究生学习或参加工作中应用范围很广、使用频率很高的一门知识。通过"气体动力学基础"的学习，使学生能够掌握高速流动下气体的流动规律、特点、基本方程，了解气体在发动机尾喷管、进气道中的流动特性，掌握有关流动基本计算和基本设计方法，对气体动力学的方法与发展方向有较为全面的了解，同时结合实验课的学习，理论联系实际，为今后从事能源动力、航空航天领域的理论研究和工程实际工作打下坚实的基础。

本课程自开设以来，一直追踪气体动力学教育领域最新动态，积极开展教学研究与教学改革，并密切关注学生学习状态与效果，尤其是在近两年的教学改革中取得了如下主要成果：

（1）从单向的知识搬运向双向的教学相长授课模式转变，通过讨论式、启发式教学，增强了学生在课堂上的主体地位；

（2）拓展了课程实践部分，既定实验、虚拟实验与自主设计实验相结合，促使学生从实际现象中发现问题，加深了对理论知识的认识，更符合现代认知规律；

（3）传统考试与综合答辩相结合的模式，既强调要夯实基础知识与专业基本功，更突出了综合应用能力和创新性思维培养的导向，提高了学生的综合素质。

虽然本课程在前一阶段的教学改革中取得了一定成果，但是放眼新时代的教育教学变革，在全球范围人才培养的范畴内对比思索，还有许多值得深入挖掘与探索的部分。

1 教学反思

通过对比分析时代发展、认知领域变化、信息技术冲击，对本课程在如下几方面进行了反思和探索，以寻求有效的改革方向。

1.1 教学目标的转变

在早期的教学中，课程培养目标是一维目标，强调知识与技能，即学生获取、收集、处理、运用信息的能力。以此为目标的教学模式偏向于传授型教学，由教师讲授剖析知识点，学生记忆、理解再加以一定程度的运用；即便加入了教师与学生的课堂互动，其本质仍是检验知识点是否掌握。这与早期教育的目标是一致的，即培养某一领域的专业型人才。随着社会的发展，对人才创新能力与解决问题能力的要求越来越高，因此在前一阶段的教学改革中，本课程的培养目标演变为二维目标，在知识与技能之外，强调过程与方法。与此相应的教学模式增加了以问题为导向的启发式教学、探究式学习，增强了学生寻找途径解决未知问题的能力。那么，在网络与信息技术冲击下的现代，海量专业知识都可以通过网络学习下载，基本的专业技术工作甚至都可以用机器来代替，人的作用不再仅仅是专业技术工作的完成者，新时代更需要创造能力、探索能力、协作能力更强的综合型人才,因此教学目标也应相应地向三维发展,即强调知识与技能、过程与方法、情感态度与价值观。情感态度与价值观,不仅包括学习兴趣、求知欲望、解决难题的态度,也包括与人协作处理问题、表达观点、接受建议、交流探讨等能力,最终发展成为善于学习的终生学习者。在三维教学目标的指导下,教学模式也应进行进一步调整,在增强启发式教学、探究式学习的基础上,更注重分组协作讨论与解决问题,促进学生各项能力的发展。

1.2 教学理念的转变

在近年来的教学改革中,本课程一直强调讨论式课堂、项目答辩综合考核,这是基于对以往教学状态的长期观察与总结得出来的。在早期的课程当中,教师尽力讲,学生努力听,但是仍然有相当一部分知识,即使老师再三强调,还是有部分学生记不住;考完之后,无论是刚好及格的学生不是高分学生,均将相当一部分知识还给了老师,造成部分学生专业知识掌握不扎实、运用不熟练、不愿也不能进行系统的思考,没有达到预想的培养效果。在进行教学改革之后我们发现,通过提高互动与探讨、引导学生自行解决问题,较大程度上增强了学生的学习兴趣,促进了学生将知识内化为自己知识体系的一部分,提升了教学效果。根据建构主义学习理论,学习是一个积极主动的建构过程,把原有的经验、信念和新的信息、概念、问题结合重新构建,进行感知、联想、评估和决策,最后消化成为自己的理解,整合成为自己的知识体系。在这个过程中,学习者不是被动的信息接受者,而是学习活动的主人,承担学习的责任。这也是目前教学中一直强调要以学生为主体的内在原因。因此,在课程改革中应进一步转变教学理念,基于科学的认知理论指导教学模式设计,提升教学效果。

1.3 教学手段的转变

在现代信息技术、网络技术的冲击下,教学环境已有了较大改变。例如,本系列课程中建设的虚拟实验系统,使得不可见的气体动力学过程可视化,增进了学生的理解;形象直观的视频动画,为学生在探究实验中提供了指导支撑;网络上日益增多的慕课视频,成为学生拓展相关知识的有力工具。由于信息技术的丰富性与实时性,其能在教学中发挥的作用远不止于此,因此应进一步将信息技术引入课堂,以增强课堂互动性、收集学生进步连续性指标、科学评价教学改革效果。

2 教学实践

根据以上对课程的深入分析,在三维教学目标指导下,基于科学的认知理论设计教学模式,注重学生在学习过程中的主体作用,增强和学生的交互性和实践性,提高课堂教学成效与教学质量,进行了如下实践。

2.1 课程内容解构及教学目标分类

根据布鲁姆(Bloom)教育目标分类学对课程内容各模块进行了重新划分,并确定各模块教学目标。布鲁姆根据认知心理学的发展,将知识分为四大类别:事实性知识,即通晓一门学科或解决问题所必须了解的基本要素,包括术语知识及具体细节要素的知识;概念性知识,包括分类和类别及它们之间关系的知识,是更为复杂的、结构化的知识形式;程序性知识,即关于如何做某事的知识,以需要遵循的序列步骤形式出现,反映了各种"过程";元认知知识,关于一般认知的知识及关于自我认知的意识和知识。同时,将认知过程分为六个类别:记忆,理解,应用,分析(Analyze),评价,创造。将这两个维度结合起来,构成了 Bloom 分类表。通过将课程知识进行目标分类,可以解决以下两个问题:在有限的课堂教学时间内,什么值得学生学习;如何计划和实施教学才能使大部分学生在高层次层面学习。例如,"声速"这一概念,属于事实性知识,认知过程主要集于记忆、理解环节,属于低阶思维范畴,因此在教学活动组织上,可将此部分内容安排在课前要求学生学习,仅在课堂上进行知识点掌握程度的确认;而"激波的计算"这一知识点,属于程序性知识,认知过程需要在应用、分析等高阶思维范畴内展开,因此在教学活动组织上应重点安排,结合建构主义认知理论,以任务驱动、分组讨论等形式,促进学生将知识内化为自身认知系统的一部分。通过建立教学目标分类表,还可以从整体上对教学过程及教学效果进行把握,及时评价教学活动是否达到了教学目标,并对教学序列进行调整。因此,对教学内容进行解构和模块化划分,并进行教学目标分类,是建立科学的教学模式的第一步。

2.2 基于知识整合的教学模式设计

在传统的知识传授型教学中,通常会遇到以下困境:教师多次强调的观念,部分学生仍记不住;许多学生不能运用教师在课堂上传授的公式法则进行推理;学生在解答教科书中的题目时非常顺利,却不能延伸解决其他类似问题;等等。随着学习理论的发展我们认识到,这也许并不仅仅是教师讲课水平的问题,而是与人的认知规律息息相关,人的学习的构建本质、社会协商本质和参与本质越来越清晰地显现出来。知识整合的学习观强调尊重而不是忽略学生的观念,并以此为基础,使用证据来分辨各种备选观念,反思关于科学现象的各种可能解释,当学生将新信息和自己的已有观念整合时,学习将十分有效。因此本课程针对教学目标分类中的高阶重要知识点开展了基于知识整合(Knowledge Integration, KI)的教学模式设计,一般分为四个过程:

析出观念:用头脑风暴、预测和前测,使学生聚焦于识别和检验自身的观点。当学生预测或阐述这些观点时,会自动地在内心进行评判与探究。另外,在这个过程中加入小组讨论和主题观念归一化辩论,使得学生有机会了解别人的观点、表达自己的观点,并进行协商、判断和评价。

添加观念:以可视化课件、虚拟试验、课堂实验的形式呈现知识点。

辨分观念:学生通过生成解释、评判现象、选取证据进行辩论等形式,分辨已有观念、同伴所持观念及新观念之间的区别与联系,加强长时记忆和知识迁移,加深对知识内涵的理解。

反思观念:指导学生反思并梳理想法。终身学习的一个基本方面就是对自己关于新信息或令人困惑的问题进行反思。当学生反思关于某个主题的想法时,可以识别知识缺口和寻找信息解决实际中遇到的问题,以此来提高解决难题的能力。

通过实行基于 KI 的教学模式,可以增进学生对知识的一致性理解,并逐渐养成用自己的观念去解决新问题的习惯,发展终身学习潜能。

2.3 信息技术与教学模式的深度融合

将微助教/雨课堂等教育信息技术运用到教学模式的各个环节,促进教学互动,提升教学效果,监控评价教改成效。基于教学目标分类,根据教学进度安排,将知识点相关课件上传至教育信息平台,要求学生进行阅读预习;课堂上基于上节课内容及预习内容,设置若干进门测试题,学生可在手机上快速答题,实时评判,根据学生答题情况,可检测知识点掌握程度,并以此作为平时成绩依据之一;利用平台实时讨论区功能,分组展开 KI 教学模式中的"析出观念"环节,展示每组预测观点,并以此为依据展开讨论;在"反思观念"环节,要求学生将任务结果上传至平台,并在学生之间展开互评;在课堂的实时互动提问中,依托平台展开,后台将会记录下学生的参与程度及特点,数据可作为学生学习效果评判的参数,也可统计每个知识点的掌握程度,以此为依据调整教学活动。

3　结　语

在"气体动力学基础"课程改革中,基于教育目标分类学的方法解构课程内容,使得课程设计更符合教育学原理,人才培养更符合现代社会的发展需求;在此基础上,建立了基于知识整合(KI)的教学模式,形成以学生为主体的探究式课堂,激发学生内在的学习能力,提高了课堂教学成效与教学质量。

参考文献

[1] Lorin W A, Laren A S. Bloom's Taxonomy [M]. Chicago:University of Chicago Press, 1994.

[2] 吴咏诗. 终身学习——教育面向 21 世纪的重大发展 [J]. 教育研究,1995,12:10 – 13.

[3] 陈琦, 张建伟. 建构主义学习观要义评析[J]. 华东师范大学学报(教育科学版), 1998(1):61 – 66.

[4] 戴维·H. 乔纳森. 学习环境的理论基础 [M]. 徐世猛,李洁,周小勇,译. 上海:华东师范大学出版社,2012.

[5] 马西娅·C. 林,等. 学科学和教科学 [M]. 上海:华东师范大学出版社,2016.

新工科背景下生物质能开发与利用课程教学探索

王中贤

（南京工业大学 能源科学与工程学院）

摘要： 新工科背景下，我国高校强调具有创新精神和实践能力的应用型人才的培养。本文针对生物质能开发与利用课程教学现状，从课题化教学和实践化教学方面进行探索，让学生感受到知识的实用性，提高学生解决工程问题的能力，在一定程度上为生物质能开发技术人才的培养提供相应的参考。

关键词： 新工科；生物质能；课题化；实践化

新工科建设和发展以新经济、新产业为背景，涵盖"五新"，即工程教育的新理念、学科专业的新结构、人才培养的新模式、教育教学的新质量、分类发展的新体系。新工科建设既要设置和发展一批新兴工科专业，又要推动现有工科专业的改革创新。

环境污染和能源危机等问题的频频出现，使开发与利用新能源和能源结构调整成为大势所趋。近年来，以生物质能为主的新能源产业蓬勃发展，已成为新兴行业，也将成为国民经济发展的基础性产业，这就对生物质能开发技术人才提出了更高的要求，迫切需要加快工程教育改革创新。高等学校需要采用先进的工程教育理念，加强新工科背景下培养学生解决复杂工程问题的能力，更加重视实践教学环节。本文针对生物质能开发与利用课程的教学现状进行探索研究，在一定程度上为生物质能开发技术人才的培养提供相应的参考。

1 教学现状

生物质能的开发与利用是一门发展非常快的学科，它的系统性和实践性均很强。学生面对各种开发利用技术、复杂的系统等感到茫然，不知从何学起，普遍感到理论与实际脱节。而生物质有关教材更新较慢，教材内容过于陈旧，所教的知识落后于实际的需要，学生觉得所学知识枯燥无味，对将来没有什么用处，学习积极性不高。而一些新的技术理论、系统已经成熟、完善并获得推广应用，但现有教材中并没有涉及。再者，目前的教学过程中实践教学环节较少，一方面学生感觉枯燥，难以理解；另一方面对于大型开发利用系统，学生很少有机会进行实践，也很难将课堂知识应用于实际。

2 教学方式

2.1 课题化教学

课题化教学是指根据教学实际情况，对教学内容整合并结合专业特点，构建相对独立、系统的若干课题进行教学。

本课程作为热能与动力工程专业的一门专业选修课程，课程授课时数32学时，要在32个学时内完成生物质能开发利用技术的讲解，让所有学生熟悉、掌握所有利用技术，实则不易。因此，设计教学内容可根据专业和行业特点分为若干课题，比如在生物质沼气技术中，可设立生物质沼气燃料电池技术、生物质沼气提纯高值利用技术和秸秆沼气技术等；在燃烧技术中，可设立生物质直燃供热技术、生物质直燃发电技术和生物质混燃发电技术等；在固体成型技术中，可设立生物质固体成型燃烧技术和生物质固硫型煤技术；在气化技术中，可设立生物质制氢技术、生物质气化燃料电池一体化技术、生物质高温空气气化技术和生物质超临界水气化技术等课题。学生可根据自身需求和特长选择几个课题，利用网络进行相关学习，深入研究。课堂上可采用讨论的方式，让学生能够真正地融入课堂，增加学生的学习兴趣，提高学生探究的主动性。

科学技术飞速发展，生物质开发利用技术也不例外。随着生物质利用技术的不断研发和进一步产业化发展，我国生物质能利用取得了明显进展，

专业与课程建设

新技术、新工程不断出现。随着现代先进的激光技术、现代质谱、色谱等光学、化学分析仪器的发展，试验方法不断改进，测试精度不断提高，生物质利用在深度上也有了飞速发展。因此，在教学过程中应适时介绍一些最新的利用技术发展动态，力求追踪当代科技的最新成果，将当代生物质利用过程中的新成就、新发展及时传授给学生，让学生了解本行业的最新技术动态，不断开拓学生视野。

同时，在生物质能开发利用技术中涉及生物、化工、能源、机械等多个学科、多门课程，拥有多学科跨专业的知识基础是生物质能相关行业从业人员的必备素养。这就需要在教学过程中不断引导学生对多学科交叉知识的深入探索和创新，培养学生发现蕴藏在专业课中的自然规律的能力，以及善于分析问题、解决问题的能力。

2.2 实践化教学

在专业课的授课过程中，单一的课堂教学往往不能满足学生解决实际问题的需要，难以适应市场需求，因此在教学设计中需偏重企业应用需求。实践教学内容和时间根据课堂教学来安排。如课堂讲授生物质燃烧技术等内容时，应结合燃烧学课程中煤的燃烧等相关内容，通过演示燃烧设备模型，供学生现场观摩、研究，进一步加深学生对燃烧技术的理解；也可借用科研实验基地，建立学生课外学习第二课堂，组织学生进入实验室学习，参与科研工作，实现教学科研有机结合，切实提高学生的综合能力，达到能够综合运用所学理论知识进行综合实验和创新实验的培养目的。这样的教学内容更具新颖性和时代感，使学生贴近工程实际和现实生活。从学院层面上，还可通过设置生物质热利用实训基地，包括生物质前期处理、数据分析、燃烧、气化、热解等平台，为学生提供条件较好的生物质开发利用实训区。实训区应具有理论与实践的一体化教学、专项能力训练、创新能力培养等功能。

还可在课程所涉及的领域设计教学项目，以项目为载体，设置模拟情境，借助专业辅助软件模拟项目情境，如利用 FLUENT 软件模拟生物质利用中的燃烧、气化、发酵等过程。让学生根据实际工程情况查阅资料、设计项目、模拟分析，以提高解决复杂工程问题的应用能力。

也可联系校外实践平台，实现资源共享，聘请企业技术人员交流，建立校企互赢模式。生物质能开发利用课程一般安排在大四，学生面临毕业找工作的现实需求。如果能和企业进行合作，让学生接触企业的鲜活案例，掌握更专业的知识，满足企业实际需求，便更具就业竞争力。

总之，在教学过程中，要将书本中的理论知识和实际相联系，让所学的知识能够融会贯通，并让学生感受到知识的实用性，提高学生解决实际问题的能力，增强工程逻辑思维与综合技能。

3 结 语

本文结合生物质能开发利用课程，围绕本专业多学科交叉、创新创业能力的培养，开展课题化和实践化的课程教学探索模式，能够促进学生学习的积极性，并且对于专业知识的学习了解更上一个台阶，在一定程度上为生物质能开发技术人才的培养提供相应的参考。

参考文献

[1] 谢君,张红丹,蒋恩臣.生物质能利用技术教学改革的探索与实践[J].广州化工,2016,44(2):144 – 145.
[2] 马颖化,李涛."生物质能源转化技术"课程教学模式探究[J].广州化工,2015,43(15):233 – 234.
[3] 田宜水,姚向君.生物质能资源清洁转化利用技术[M].北京:化学工业出版社,2014.
[4] 刘灿,刘静.生物质能源[M].北京:电子工业出版社,2016.

能动专业课程交互式课堂教学模式探索

李威，胡长兴，虞效益，沈祥智，徐美娟，李建新

（浙江大学宁波理工学院 能源与环境系统工程研究所）

摘要： 只有让学生设身处地的参与到课程内容中去，强调学生学习的积极主动性、强调投入到学习中的时间、鼓励同学之间的密切合作、良好的师生互动等，才能实现学生主体建构与发展的过程。本文通过在能动专业课程课堂教学中引入交互式教学模式以提高学生的参与度。明确了交互式课堂教学模式需要达到的要求，提出了"从学生视角出发"、"教师是交互式课堂的引导者"及"增强沉浸式体验"等交互式课堂教学模式的具体实现途径，以期改善能动专业课程课堂教学效果。

关键词： 参与度；交互式；课堂教学

能动专业一直是工科照顾专业，课程内容相对枯燥乏味，当学生面对一个个如"可逆过程"、"灰度"等抽象晦涩的概念，着实难以提起兴趣。而在实际教学中，教师也常常反映课堂效果差，学生参与度低，缺乏学习的热情和效率。面对这样的现状，本文提出"在能动专业课程课堂教学中引入交互式教学模式以提高学生的参与度"来加以改善。

学生参与度（Student Engagement），这一概念是由美国印第安纳大学教授乔治·库恩在阿斯汀和佩斯的研究基础上于2001年第一次明确提出的。库恩认为，参与度是一个测量大学生在有效教育活动中所付出的时间和努力程度（精力）及高校吸引学生参与到有效教育活动中的力度的概念。以下分别从教师和学生的角度来分析课程参与度较低的原因。

从教师的角度来说，部分教师虽然对于课程内容有着深刻的认识，但是课前备课浮于表面，仅按照教材提供的知识点，照本宣科顺序讲授，没有承前启后，缺少串联知识点的主线。而学生只能是茫然地、机械地接受教师的方法和结论。教师没有站在学生的角度重新理解认识课程内容的基本框架。正所谓不破不立，由于老师"高高在上"、"高屋建瓴"，导致学生"不知所云"、"盲目跟从"。

从学生的角度来说，首先，与一些热门的专业相比，能源专业的学生在成长过程中接触到本专业相关知识的机会相对较少，对于应用范围跨度较大的课程内容更是接受无门。比如，在讲解热力学第二定律时常以热机或制冷机作为研究对象举例，对于不熟悉热机和制冷机工作原理的同学，接受过程实在艰难。另外，课堂教学过程中，教师一言堂往往使学生完全处于被动接受与服从的状态。即使存在师生互动，通常也仅限于少部分活跃的同学。大部分学生由于性格内敛或没有做好课前预习工作等原因，即便有不同观点也得不到表达，哪怕是学生对于自己听不懂的知识点也不敢提出质疑，相当一部分学生感觉自己在课堂上可有可无，逐渐地被边缘化。

能够让每个学生在教学过程中感受到自身的存在，真正参与到课堂教学内容中，这样的教学过程才是真正面向全体学生的。如何改变现状提升同学们的课堂参与度？其实阿斯汀和库恩的理论观点十分明确，教育活动的开展要有效地吸引学生的参与。笔者认同这样的观点并始终秉承着这样的教育理念：保证足够的课程参与度是开展有效的工科课程教学活动的前提。只有让学生设身处地的参与到课程内容中去，强调学生学习的积极主动性、强调投入到学习中的时间、鼓励同学之间的密切合作、良好的师生互动等，才能实现学生主体建构与发展的过程。因此，我校对此尝试在能动专业课程中引入交互式教学模式。虽然仅在课堂教学中采用交互式教学模式的效果可能不及课程整体采用交互式教学模式效果理想，但是该模式的普及需要全体师生甚至社会各界的共同努力。本文旨在抛砖引玉，仅从笔者认为目前阶段最切实可行的方式着手，尝试改变能动专业学生课程参与度较低的现状。

1 交互式教学模式的引入

美国教育心理学家 Brown 和 Palincsar 在 1982 年首先提出了交互式教学（Reciprocal Teaching）这一概念。交互式教学模式的核心是以学生为主体，在课堂教学中充分调动学生的积极性，使学生主动参与到课堂学习中，在课堂教学中主动发现知识，并且进行学习，教师应该作为课堂的辅助者、引导者，为了更好地激发学生的主动性，引导学生进行学习，教师可以采用多媒体、互联网等技术进行教学，这样可以达到更好的教学效果。

1.1 交互式教学模式需要达到的效果

课堂教学的落脚点是学生，一切教学活动都要以学生为本：为了一切学生，为了学生的一切。在能动专业课程课堂学习中引入的交互式教学模式需要达到以下效果：

（1）教师以学生为本，设身处地地为学生提供方便理解课程内容的视角，代入感强的应用场景，满足学生的个性化需求。教学过程中注意调动学生的积极性和主动性，促使学生充分体验课堂上提供的各类场景。

（2）学生能够主动参与到课程设置来构建知识结构，由"被动听讲"转变为"主动学习"，积极地参与到各项有效的教学场景中。

（3）师生之间能产生交流互动，教师能够及时了解学生的想法，学生能够紧跟教师的思路，并通过与教师之间、同学之间的互动获得知识并锻炼能力。

1.2 交互式教学模式的具体实现

对于能动专业课程课堂教学中引入交互式教学模式的实现，笔者主张建立以学生为主体，从学生的视角出发，提供代入感强的应用场景。教师作为课堂的引导者，通过多种教学方式促进师生互动，以及学生之间的交流和学习的教学方式。如在课程形式上增加讨论课和实践课的比例，在教学形式上增加案例教学、讨论、分析、综合运用等高层次的学习方式。为了更好地激发学生的主动性，引导学生进行学习，教师还可以用学生习惯的语言触碰学生的心灵，结合采用多媒体、计算机辅助教学、设计等现代化信息技术进行教学，增强学生在交互式教学模式下的沉浸式体验。

1.2.1 从学生的视角出发

教师需要站在学生的视角精心设计课堂内容，有效地激发学生的好奇心和想象力，培养学生的质疑能

力，带动学生的思维发展，提高学生对教学的参与度。例如，在讲解热力系统的基本概念时，PPT 中展示再多的图片或视频都比不上实地参观一台热机的效果好。但是受限于课堂教学的教学条件，可以借用简化的教学模型，通过模型的展示激发学生的好奇心和想象力。如图 1 所示的斯特灵发动机模型，方便携带，展示性强。学生在思考模型工作原理的同时，在教师的引导下，不但接受了热力系统的基本概念，同时还可以为接下来学习热力学第二定律的热机效率打下基础，保持旺盛的好奇心和想象力。

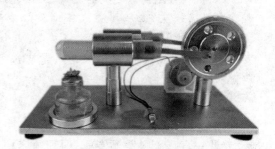

图 1 斯特灵发动机模型

再比如，在讲述热力学基本状态参数中温度的时候，由于温度概念相对直观且"大学物理"课程中也有涵盖，学生难免提不起兴趣。此时，可以向学生提供一个素材饱满的热议话题讨论："人类可以将物质加热到什么程度？"结合讨论、整理等高层次的学习方式，增强学生课程内容的参与感和带入感，以提高其参与的主动性、针对性和实效性。

需要强调的是，提高学生参与度并不是一味地降低课程内容的难度。通过降低门槛保证较高的参与度，但是降低了课程的完成度，违背了教育的初衷。因此，在课程设置上需要循序渐进地让学生挑战高难度且富有创造力的任务。教师可以通过向学生表达高期望、设置高标准来提升学生的参与度和达成度。

1.2.2 教师是交互式课堂的引导者

在以提升学生参与度为目标的交互式课堂教学中，教师教学应当以诱导学生积极思考为主要目标。

课堂提问是交互式教学模式的课堂教学中的重要环节。通过提问，教师可以诊断学生学习状况，并强行让学生参与到教学活动中。然而在该环节中还需要注重提问的艺术和策略。合理的提问思路应当包括：充分的前期准备，让问题与答案呼之欲出；合理的提问角度，调动学生的学习积极性，避免"自问自答"的尴尬局面；保证提问难度的循序

渐进,跨度太大很容易打击学生的积极主动性等。最后还要避免过度发问,"满堂问"的实质还是教师一言堂,由于教师说得多,学生参与的机会必然减少,许多本该达到解释水平的课却被教师降格为记忆水平的课。

在交互式教学模式的课堂教学中引入分组讨论的教学方法,也是提升学生参与度的一种常见手段。从学生们关注的教学内容出发,引导学生对其所涉及的专业知识进行深入的探索,从而调动其学习兴趣。例如,在换热器相关内容的教学过程中,可提出"不同类型换热器的区别和应用场合","强化换热的方法"这样的开放性案例,采用小组讨论、分组演练、上台汇报等形式的分组讨论教学。教学过程中,教师不但需要提供案例,提供素材,还需在讨论过程中时刻关注小组成员的协同工作,保证组内成员分配到相应的任务。尤其重要的是在小组汇报阶段,教师与学生互动讨论,对学生存在的疑难进行解答、展示、点评优秀读书笔记等。同时,为了保证各组同学之间的互动,引入互相评分的机制,鼓励同学相互提问。

1.2.3 增强沉浸式体验

为了增强学生对于应用场景的沉浸式体验,教师可以通过一些技巧贴近学生的内心,拉近和同学之间的距离。比如在课堂中穿插使用学生常用的俚语或语言习惯,如"我现在是活塞气缸中的 1 mol 工质,请大家了解每一次循环中我都将经历怎样的一种煎熬";"我是一股热流,我前进的方向永远是冷冰冰的你"。同时,还可以在 PPT 中尝试引入虚拟应用场景,以对话的形式实现理论与实践的有机结合。另外,得益于现代化信息技术的飞速发展,基于计算机辅助设计软件、虚拟实验技术、基于移动式网络平台的交互式 APP 等都可以成为交互式教学模式下的沉浸式体验的强大助力。

2 结 语

本文通过在能动专业课程课堂教学中引入交互式教学模式以提高学生的参与度。具体阐述了交互式课堂教学模式需要达到的要求,提出了"从学生视角出发"、"教师是交互式课堂的引导者"及"增强沉浸式体验"等交互式课堂教学模式的具体实现途径,以期改善能动专业课程课堂教学效果的同时,培养学生分析问题、设计/开发解决方案、项目管理及终身学习的能力。为培养能源行业高质量工程技术应用人才奠定理论基础,为培养有特色的专门人才的目标提供了实现路径。

参考文献

[1] Kuh G D. Assessing what really matter to student learning: inside the national survey of student engagement [J]. Change,2001,33(3):10 – 17,66.

[2] Palincsar A S,Brown A L. Reciprocal Teaching of Comprehension Fostering and Monitoring Activities[J]. Cognition and Instruction,1984(1):117 – 175.

面向新工科基于 HTML5 的算法演示教学实践*

宋小鹏,崔佳,张俊霞,王斌武,严鹏

(桂林航天工业学院 能源与建筑环境学院)

摘要: 本文介绍了使用网页程序对简单流体流动进行数值模拟,包括前处理、计算和后处理;其中,javascript 负责数值计算,后处理采用 HTML5 中的 canvas 元素显示计算结果,使用 input 标签录入前处理中定解条件。教改实践表明,学生对整体知识框架、计算流程、算法实现都有了更加深刻的理解与掌握。

关键词: 数值模拟;新工科;教学演示;HTML5

* 基金项目:广西高等教育本科教学改革工程项目(2018JGA299,2017JGB428)

在流体力学等一类涉及计算机编程的教学课堂上，算法的介绍、代码的展示及计算结果的可视化是非常关键的，这在很大程度上决定了学生对课程内容的兴趣度，甚至对知识的理解程度。

传统教学/科研中，通常使用如 C/C++/FORTRAN 等计算机编程语言计算简单的流体流动，可视化计算结果依赖第三方可视化软件（如 TECPLOT ®），并且可能需要花费大量的时间编译调试程序及可视化计算结果。同样，也可使用如 MATAB ®/Mathematica ® 等软件实现 CFD 计算，但是此类商业软件授权价格昂贵并且安装运行较繁琐。近些年，Jupyter Notebook 在数值计算中越来越流行，但其依赖于 Python 运行时库。而商业软件如 FLUENT ® 或 CFX ® 不适合在 CFD 教学中介绍算法。开源CFD 软件如 openFOAM 体积庞大，跨平台可移植性能一般，这些软件也不适合用于教学。

通常，使用商业 CFD 软件计算复杂的流体流动。而我们的改进旨在实现流体流动计算的同时，也便于数据可视化。文中使用 HTML5 进行相对简单的流体流动数值模拟。javascript 负责数值计算，HTML5 中的 canvas 标签用于显示计算结果，网页界面用于显示前后处理用户输入界面。HTML5 应用程序只依赖于支持 HTML5 的浏览器，且不需要编译。此外，无论是在移动设备还是在平板电脑上，HTML5 应用具有良好的跨平台性能。

本文采用顶驱方腔流动来说明流体数值计算和结果展示过程。

1 典型顶驱方腔流动问题描述

方腔顶驱流动是计算流体力学中非常经典的算例，图 1 是顶驱方腔等温流动的示意图，计算域为一个正方形 ABCD，边长 1 m，且 AD 边上流速恒定为1 m/s，其余三边为壁面，试确定计算域内流场。

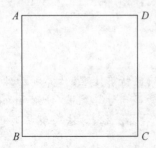

图 1　顶驱方腔流动的计算域示意图

方腔内等温流动的运动控制方程为 Navier –

Stokes 方程：

$$\left.\begin{array}{l} \dfrac{\partial}{\partial t}(\rho u) + \dfrac{\partial}{\partial x}(\rho uu) + \dfrac{\partial}{\partial y}(\rho vu) = \dfrac{\partial}{\partial x}\left(\mu\dfrac{\partial u}{\partial x}\right) + \dfrac{\partial}{\partial y}\left(\mu\dfrac{\partial u}{\partial y}\right) - \dfrac{\partial p}{\partial x} \\[3mm] \dfrac{\partial}{\partial t}(\rho v) + \dfrac{\partial}{\partial x}(\rho uv) + \dfrac{\partial}{\partial y}(\rho vv) = \dfrac{\partial}{\partial x}\left(\mu\dfrac{\partial v}{\partial x}\right) + \dfrac{\partial}{\partial y}\left(\mu\dfrac{\partial v}{\partial y}\right) - \dfrac{\partial p}{\partial y} \end{array}\right\}$$

$$(1)$$

为了使 Navier – Stokes 方程封闭，引入连续性方程：

$$\frac{\partial(\rho u)}{\partial x} + \frac{\partial(\rho v)}{\partial y} = 0 \qquad (2)$$

其中，u，v 分别为流体 x 和 y 方向速率；p 为压强；ρ 为密度；μ 为运动黏度。

初始条件：除 AD 边外速率都为 0。

边界条件：AB，BC 和 CD 三边为壁面边界条件，AB 边水平速率为 1 m/s，无纵向速率。

材料属性：密度为 1 m³/kg，黏度为 1 Pa·s.

以此课堂演示为例，说明使用 HTML5 技术实现该问题的求解，并将计算结果可视化。

2 基于 HTML5/javascript 的 CFD 演示程序流程

流体流动的计算过程通常由三部分组成：① 前处理部分，主要处理初始条件、边界条件、材料物性等用户输入的定解条件；② 数值计算部分，主要处理数值计算，如大型稀疏矩阵的求解；③ 后处理部分，主要处理计算结果的数据可视化，通常采用等高线图、矢量图及各种图表等。

2.1 前处理

在传统的用户界面，UI 设计是一个耗时且复杂的过程，如微软的 MFC 类库。然而，在 H5 网页程序中，原生的表单标签可以实现快速构建 UI，并且大量第三方 UI 库（如 jQuery – UI/extJS 等）也可以有效快速地实现用户友好的界面。通过文档对象模型（DOM）访问用户输入，即定解条件，为后续计算做好准备。

2.2 数值计算部分

该部分又可以由用户输入定解条件数据的读取、网格生成、将上述微分方程离散为代数方程、计算矩阵的计算、稀疏矩阵的求根、收敛性判定（确定求解结果是否达到精度要求）几部分组成。

本演示可采用有限体积法（FVM）和 Rhie – Chow 插值法，采用同位网格法求解压力 – 动量耦合问题，并采用 SIMPLE 算法和人工压缩算法。算法的一些细节可参考文献[4]～[6]，此处不再赘述。

2019 年全国能源动力类专业教学改革研讨会论文集

由于浏览器中 JavaScript 的执行速度比编译后的 C/C++ + FORTRAN 代码慢，常规的高斯迭代法、Jacobi 迭代法等求根方法已不适用。本文采用共轭梯度法在浏览器中快速求解稀疏方程组。为了确定计算过程中的误差，需要进行残余监测。

计算的框架代码如下：

```
1. window. addEventListener("load", onSolve, false);
2. function onSolve() {
3. rm = new ResidualMonitor("ResiChart","Flow2D",500);//监视计算残差
4. rm. ShowLegend("legendResi");//显示速度和压力 Contour 图的 Legend(图样)
5. var solution = new Solution(nodes);//创建求解
6. var nx = 25, dx = 1/nx, ny = 25, dy = 1/ny;
7. solution. SetUpGeometryAndMesh(nx,ny,dx,dy);//设置计算域及网格大小
8. var rho = 1, viscosity = 1;
9. var mtrl = new FluidMaterial(rho, viscosity);//设置流体物性参数
10. solution. ApplyMaterial(mtrl);//设置计算域的流体物性参数
11. solution. Initialize({U:0, V:0, P:0});//初始化求解
12. solution. SetUpBoundaryCondition();//设置边界条件
13. var iterations = QueryPara("iteration")||500;//设置迭代次数
14. solution. Solve(iterations);//方程组迭代求解
15. solution. ShowResults();//后处理:显示压力、速度云图及速度矢量图
16. }
17. …//其它代码
```

2.3 后处理

Windows 图形编程中，借助图形设备接口（GDI）可以绘制各种图形，但成本较高。然而在 HTML5 编程中，可使用画布标签进行图形编程。图 2 为使用 HTML5 canvas 标签绘制的方腔流场中的压力和速度分布的等值线图。可以看到，该区域中形成了回流，计算结果与其他文献较为一致。

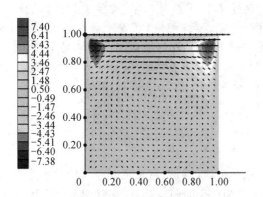

图 2　压力和速度分布等值线图

在 Windows 图形编程中，图表编程是一个非常繁琐的过程。但是在 HTML5 中，大量开源图表库都可以非常方便地用于绘制各式曲线。图 3 为使用第三方制图表库（Chart. js）绘制的速度、压力和连续性方程的残差。值得注意的是，残差下降很快，

50 步达到时已降低到 1×10^{-3}。

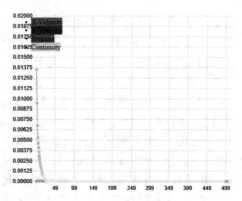

图 3　前 500 步的残差

3　结　论

本文介绍了一种轻量级、高交互性、与设备无关及免编译的，可用于流体力学课堂教学演示的网页程序，包括前处理、计算过程和后处理。借助 HTML5 的新特性（如画布绘制），可以方便地进行后处理，尤其是线图和等高线图绘制。HTML5 在教学课堂中的引入使得学生更容易了解整体知识框架和流程，为课堂演示算法提供了便利。

参考文献

[1] SONG Xiaopeng, CHENG Shusen, et al. Numerical computation for metallurgical behavior of primary inclusion in compact strip production mold[J]. ISIJ International, 2012(52):1823 – 1830.

[2] SONG Xiaopeng, CHENG Shusen, et al. Mathematical modeling of billet casting with secondary cooling zone electromagnetic stirrer[J]. Ironmaking and Steelmaking, 2013(40):189 – 198.

[3] SONG Xiaopeng, CHENG Shusen, et al. Fluid flow and magnetic field in the secondary cooling zone of thin slabs with linear electromagnetic stirring[J]. Journal of University of Science and Technology Beijing, 2012(34): 1275 – 1281.

[4] Patankar S V. Numerical heat transfer and fluid flow [M]. London:Hemisphere Press, 1980.

[5] Versteeg H K, Malalasekera W. An Introduction to computational fluid dynamics[M]. 2nd ed. London:Pearson Education Limited, 2007.

[6] A course in computational fluid dynamics[M]. BeiJing: High Eduction, 1980.

[7] William H, P, et,al. Numerical Recipes[M]. 3rd ed. London:Cambridge Press, 2007.

[8] Date. HTML5 Canvas [M]. 2nd ed. O'Reilly Media, 2013.

宽口径短学时"燃烧学"教学内容课程体系改革与实践*

周屈兰，李娜

（西安交通大学 能源与动力工程学院）

摘要： 在西安交通大学 2015 版本科生培养计划中，燃烧学从"专业必修课"改为"专业大类基础课"，从原来热模块(锅炉、汽轮机、电厂热能)的专业必修课，上升为整个能源与动力工程专业大类(含锅炉、汽轮机、电厂热能、制冷低温、流体机械、汽车)的专业基础课，学分从 3 调整为 2.5。在此背景下，主要的教学改革工作内容包括：改变教学内容，使之符合宽口径教学的要求；实现"互联网＋"的教学模式，充分利用网络媒体推广教学内容和理念；在教学过程中融入创新、创业的内容，培养创新创业型的人才；对教材进行改编，适应新内容、新学时要求，对习题进行相应的修改、优化；适应课程国际化的需求，编写双语版教材，用于本科生双语教学、留学生教学，适应学生人数增加和课程性质改变的现实，培养任课教师梯队，完成对"燃烧学"整个教学体系的提升。改革施行三年来，教学思路和教学效果受到学生的广泛好评。教师获得相关教学类奖项共计 7 项，学生获得科技竞赛奖项共计 9 项，出版新版教材 1 本，MOOC 课程在 4 个平台上线，已有近 3000 名学生选课。进行校内公开示范课 2 次，校外公开示范课 2 次，主办校内教学专题讲座 1 次，校外教学专题讲座 4 次，全国性教学专题讲座 2 次。

关键词： 燃烧学；本科生教学；课程体系

  燃烧是化石能源利用最主要的方式，因此，燃烧学的课程教学质量，直接关系到能源动力领域人才培养的质量。在西安交通大学 2015 版本科生培养计划中，燃烧学从"专业必修课"改为"专业大类基础课"，从原来热模块(锅炉、汽轮机、电厂热能)的专业必修课，上升为整个能源与动力工程专业大类(含锅炉、汽轮机、电厂热能、制冷低温、流体机械、汽车)的专业基础课，使得课程的教学对象发生了变化。同时，在本

  * 基金项目：2017 高等学校能源动力类新工科研究与实践项目(NDXGK2017Z – 12)；2016 年教育部高等学校能源动力类专业教育教学改革项目(NDJZW2016Z – 46,NDJZW2016Y – 57)

科生整体的课堂学分缩减的形势下,燃烧学的学分从3调整为2.5,总学时从54学时调整为42学时,课内学时从48学时调整为38学时。在课程受众的覆盖面变宽、重要性提升的情况下,课时数却减少了。在此背景下,需要对燃烧学课程进行教学改革,使之符合宽口径少学时教学的要求。

1 燃烧学教学改革的具体实施情况

1.1 选取合适的知识点,更新课程内容

首先,研究如何在保持传统的燃烧学教学内容

的基础上,选取合适的知识点与现代编程技术结合。在燃烧学的教学过程中,有一些经典的问题,对理解和掌握燃烧学的基本原理具有重要的意义。要从这些经典问题中抽取比较合适进行编程求解的问题进行技术结合。

在教学过程中,重新构建起燃烧学向"宏观"和"微观"两个方向发展延伸的知识体系,让学生清楚了解燃烧学在整个宏观学科和微观学科之间的定位。并且,有针对性地对整个知识结构中和燃烧学紧密相关的知识点进行讲解和补充。重要的教学内容改变如表1所示。

表1 燃烧学教学内容修改一览表

章节	教学内容	原知识点	修改后知识点
第1章	绪论	无	1. 燃烧在古代文明中的地位及燃烧学发展简史; 2. 燃烧学与宏观能源系统、微观能量系统的关系; 3. 常见燃烧设备简介,常见燃料的分类与主要成分
第2章	燃烧化学反应动力学基础	1. 使用近似方法求解氢气燃烧链式反应; 2. 使用"微正压燃烧"讲解压力对燃烧反应的影响	1. 使用欧拉法数值求解常微分方程并求解氢气燃烧链式反应; 2. 利用先进的"涡轮增压技术"讲解压力对燃烧反应的影响; 3. 使用CHEMKIN软件求解甲烷燃烧机理
第3章	燃烧空气动力学基础	使用公式讲解平行射流的相互作用	1. 传质学基础; 2. 使用数值模拟结果展示平行射流的相互作用
第4章	着火理论	1. 使用图解法求解热自燃问题; 2. 简单讲解零维燃烧热工况	1. 使用龙格库塔法编程求解热自燃问题 2. 使用航空发动机燃烧稳定性、"赤壁大战"的燃烧讲解零维燃烧热工况
第5章	气体燃料燃烧	无	使用奥运珠峰火炬传递的燃烧稳定性讲解气体燃烧稳定性
第6章	液体燃料的燃烧	推导油滴燃烧的直径平方直线律,讨论了油滴粒径的影响	根据汽车发动机工作原理,全面讲解影响油滴燃烧的各种因素
第7章	煤的燃烧	煤粉输送、煤粉燃烧	1. 适度精简煤粉输送知识; 2. 引入煤气化、超临界水蒸煤制氢的案例

教学内容的选取,使得本科生可以通过课堂初步窥探到燃烧科学与技术的前沿,学生的学习兴趣浓厚,课堂气氛热烈,取得了很好的效果。

1.2 更新习题系统

本次教改项目执行过程中,改进了例题与习题的设计,除了常规的问答、计算题之外,分别在CHEMKIN软件分析化学反应动力学、研究型实验设计、自主编程求解、工程改造案例四个领域设计了四次开放式大作业。

(1) 第2章作业(机理研究型大作业):使用CHEMKIN软件计算燃烧反应参数

引入最新的CHEMKIN算例教学内容,和国外高水平大学接轨,有助于提升本门课程在学生心目

中的地位。有多名学生在留学国外以后,进行Combustion考试时,使用本门课程的课件作为参考,这说明我们的教学内容符合国际要示,取得了学生极大的信任和认可。

(2) 第3章作业(科研课题型大作业):燃烧器混合特性实验方案设计

第3章以设计一个实验方案完成燃烧器混合特性的测试为大作业。在此次作业过程中,学生首先需要通过独立思考,推导获得温度场模拟浓度场的方程组,并找到合理的实验手段使得方程组封闭。然后,联系已经掌握的流体力学知识、热工测量知识,完成整个实验测量方案的设计。最后,联系计算方法中求解代数方程组的知识、编程的知识,实

现对实验数据的求解分析。整个大作业涉及多方面的学科知识，对本科生初步尝试研究型的课题起到有效的训练作用。

（3）第4章作业（数值仿真型大作业）："零维系统自燃问题"编程求解

题目：使用编程语言求解常微分方程的方法，求解零维系统自燃问题。

$$\frac{\mathrm{d}T}{\mathrm{d}\tau} = \frac{k_0\exp\left(-\dfrac{E}{RT}\right)\cdot C^n\cdot V\cdot Q - \eta\cdot S\cdot(T-T_0)}{V\rho c_v}$$

$$(1)$$

定解条件：$\tau = 0$ 时，$T = T_0$，以上方程就描述了一个零维系统的温度从 $\tau = 0$ 开始随时间变化的过程。以上数据的取值设定为"标准工况"。

请尝试解决以下问题：

① 试通过求解结果讨论，当 $T_0 = 300 \sim 1200$ 时，系统温度的变化趋势，并分析此时的系统自燃过程。

② 试通过求解结果讨论，当 $\eta = 1, 2, 3, 4, 5, 6, 7, 8, 9$ 时，系统温度的变化趋势，并分析此时的系统自燃过程。

③ 当程序调试成功以后，可以任意讨论以上各个控制参数对系统温度变化曲线的影响，从而分析系统的自燃过程。

有同学采用 Fortran 语言编写程序来解决问题，并深入探讨了各个变量对燃烧的影响，得出一组横坐标为燃料初始浓度，纵坐标为系统热自燃温度的数据，通过画图得出燃烧浓度与热自燃关系的 U 形曲线，接近研究生论文章节的水平。

（4）第5章作业（工程改造型大作业）：燃气燃烧器改造方案设计

在第5章"气体燃料燃烧"中，布置的是工程改造类型的大作业。学生需要根据本章知识，对燃烧器非正常工作的原因进行诊断，并针对性地设计改造方案。这是一个开放式作业，改造的方案可以是多种多样的，可充分发挥学生的想象力和创造力。有的同学不但给出了燃烧器的改造方案，还自行组织了数值模拟论证改造方案的合理性和可行性。可见，本次作业激发了学生的工程实践热情，起到了很好的教学效果。

2 燃烧学教学改革取得的一些成绩及推广情况

本教改内容在能动学院的能源与动力工程专业、新能源科学与技术专业（共计约 350 人，11 个班级，5 个模块方向）2015，2016 两个年级（2017，2018 学年）实施。学生均能顺利理解新的教学内容，并独立完成题目，实际能力得到了很大的提升，课堂反映非常好。学生在对本门课程评价时，普遍认为，这种形式提升了他们学习燃烧学的兴趣，巩固了燃烧学和编程两方面的知识，而且加深了对燃烧学课程的理解。除了向学生授课以外，本次教改项目执行过程中，还对教改的一些成果进行了推广，共计进行校内公开示范课 2 次，校外公开示范课 2 次，主办校内教学专题讲座 1 次，校外教学专题讲座 4 次，全国性教学专题讲座 2 次。

3 结 论

对于宽口径、少学时的燃烧学课程，需改变教学内容，对教材进行改编，适应新内容、新学时要求；实现"互联网＋"的教学模式，充分利用网络媒体推广教学内容和理念；对习题进行相应的修改、优化；适应课程国际化的需求，编写双语版教材；适应学生人数增加和课程性质改变的现状，培养任课教师梯队，完成对"燃烧学"整个教学体系的提升。教改施行三年来，教学思路和教学效果受到学生的广泛好评。教师获得相关教学类奖项共计 7 项，学生获得科技竞赛奖项共计 9 项，出版新版教材 1 本，MOOC 课程在 4 个平台上线，已有近 3000 名学生选课。

参考文献

[1] 岑可法,姚强,骆仲泱,等. 高等燃烧学[M]. 杭州：浙江大学出版社,2002.

[2] Stephen R T. An introduction to combustion：concepts and applications[M]. 3th ed. New York：McGraw Hill Higher Education, 2011.

[3] Law C K. Combustion physics[M]. Cambridge：Cambridge University Press, 2006.

[4] 徐旭常,吕俊复,张海编. 燃烧理论与燃烧设备[M]. 2 版. 北京：科学出版社,2012.

[5] 魏象仪. 内燃机燃烧学 [M]. 大连：大连理工大学出版社, 1992.

[6] 严传俊,范玮. 燃烧学[M]. 西安：西北工业大学出版社, 2005.

[7] 周力行. 湍流两相流动与燃烧的数值模拟[M]. 北京：清华大学出版社, 1991.

[8] 赵坚行. 燃烧的数值模拟[M]. 北京：科学出版社, 2002.

燃烧学微课教学比赛参赛之思考*

李娜，周屈兰

（西安交通大学 能源与动力工程学院）

摘要：SPOC 混合式教学、翻转课堂是近年来比较流行的教学模式，教学活动的有效顺利开展有赖于高质量的课程教学视频。西安交通大学燃烧学课程组在教学视频制作方面进行了多年的探索，两次参加微课竞赛，均获得了较好的成绩，思考并总结了一些微课制作与参赛的心得，从课程内容选材、教学设计、视频拍摄、后期制作等方面给出了一些有价值的建议，为制作出内容和形式质量优良的微课视频，保障新的教学模式的开展提供一些思路。

关键词：燃烧学；本科生教学；微课制作；教学设计

SPOC 混合式教学、翻转课堂等教学模式，相比于传统课堂有很多优势，更适用于高等工程教育课堂，越来越多的高校开始尝试。但是，要实现翻转课堂，高质量的课程视频拍摄与制作必须提前到位。西安交通大学燃烧学课程组近两年致力于课程内容的合理筛选、设计，拍摄教学视频，完成了 MOOC 的建设，并组织教师连续两年参加陕西省的微课教学比赛，李娜老师于 2017 年获陕西省微课教学比赛二等奖，周屈兰老师于 2018 年获陕西省微课教学比赛一等奖。在参赛过程中，经历了作品的大改小改、大修小修，获得了一些切身的感受和体会，积累了一些经验。

1 与时俱进，理解微课本质

首先，微课是一种完全不同于传统教学方式的教学方法。正如把黑板板书直接拍照放到 PPT 页面上，并不能称为好的多媒体教学课件一样，微课绝对不是简单地将传统课堂拍成视频之后放到网上。由于微课的传播方式主要是网络视频，尤其是在智能手机上观看的网络视频，因此必须专门根据微课传播的特点来设计教学的每个环节。另外，由于智能手机平台已经不可改变地成为现代人尤其是年轻人的信息交互平台，教学领域有责任去和商业、游戏领域竞争对这个平台的占有率、使用权和

话语权，必须让更多的教育教学资源出现在智能手机网络平台上，出现在公众的眼前，让教育教学的影响力深入社会的每个角落。因此，微课的本质，并不仅仅是把教学内容视频化，而是要和大量的商业视频、游戏软件一样，充分利用智能网络平台的特点，为用户提供品质优秀、随时随地的教育教学服务。

微课的制作，必须要吸取商业 APP、游戏 APP 注重抓住用户注意力的经验特点，如碎片化（占用用户的时间短）、便捷化（随时拿出来手指一点就可以用）、趣味化（形式有趣不枯燥）、交互性（可以评论，并且可以和同时在看这个资源的其他人交流、讨论）、可分享性（如果自己觉得好能以极快的速度传播给好友）、用户群体相互强化感受性（如被点赞越多的网络资源，新用户就会觉得这个资源一定是好的，会更加给予好评）。因此，制作微课，必须以与课堂教学完全不同的思路去思考，这是做好一个微课作品最重要的出发点。

2 虚心学习，吸纳同行长处

"三人行必有我师。"在制作微课作品之前，需要主动去收集、观看已有的微课视频，尤其是获得较高奖项的微课视频，认真学习别的老师制作微课作品的好的创意和经验。即使自己已经多次制作

---

* 基金项目：2017 高等学校能源动力类新工科研究与实践项目（NDXGK2017Z－12）；2016 年教育部高等学校能源动力类专业教育教学改革项目（NDJZW2016Z－46，NDJZW2016Y－57）

专业与课程建设

微课,具备了丰富的经验,也需要认真观看其他同行的微课作品,学习好的地方,规避不足的地方。这就好比无论经验多丰富的科研人员,也需要经常读文献,参加学术会议,了解同行的工作情况。

3 认真考查,选好制作团队

微课拍摄过程中,除了教师自己设计好内容,自己演练好讲解过程并进行拍摄之外,还需要进行大量的后期处理和制作,比如把动画、视频嵌入视频单独演示,或者加入特效,或者进行字幕、片头片尾的制作等。微课制作团队的技术能力,对于教师关于微课的设想是否能顺利实现,具有至关重要的作用。需要根据经费的情况选择拥有丰富制作经验的专业团队。另外,主讲教师这一方,也很有可能需要通过团队协作完成工作,如课件的制作、三维动画的制作、版面的美工、讲稿的校对等,尽量吸收具有较高水平和责任心的同事、学生加入团队,大大提升微课制作的质量。

主讲教师本人作为微课拍摄团队的领导人,要具备充分协调教学团队与制作团队之间关系和任务分配的能力;要根据教学团队的人员特点和能力,以及制作团队的实际技术能力,来协调微课的内容和拍摄方式;要从组织与管理的层面,充分保障在有限时间、有限资金的情况下,拍摄出质量最高的微课作品。

4 精研课程,把握选材难度

要使微课作品能充分符合微课教学和传播的特点,第一要素是内容的选择要适于快速阅读和快速传播。说得更具体一点就是内容要"短小精悍,有展示度"。因为,用户大多数时候是利用坐车、排队、等人等碎片化的时间通过手机平台观看视频。

首先,视频不宜过大,否则加载很慢,用户会失去耐心。如果视频太大,也不方便在网络上进行快速传播。其次,教学内容不宜过于晦涩难懂,要依靠教师的能力,将难于消化的知识转化为较容易消化的知识,方便用户在碎片化学习时,也能够较好地掌握教学的知识点。当然,难度也不宜太低,如果难度低于平均水平用户,则会使课程内容不具备营养性。再次,要尽量把教学内容趣味化。正如食物的营养和口味同样重要,虽然科学本身是严肃的,但是传播手段与速度和趣味化有极大的关系。

一定要尽可能把微课的内容趣味化。每个微课视频至少要有一个"包袱",或者说"亮点"或"趣味点"。

5 推敲内容,设计教学过程

在选定教学内容之后,需要对教学的过程进行精心设计,使得教学过程有"起承转合、抑扬顿挫"的节奏变化。

第一,课程要有一个简练、明确、开门见山的开场白。一个网络视频,如果不能在开头的几秒钟抓住用户的注意力,就很可能会被用户关掉。因此,必须"抢开场"。视频需要明确地展示课程的名称、本节课程的内容、授课教师的信息,并且要尽可能展示这门课或者授课教师本人具备的优点或优势。要让用户一开始就觉得这个视频值得看下去,要尽可能地把能引起用户好感的信息在一开始就摆出来。

第二,采用 PBL(问题引导学习)方式。在微课的一开始就给出一个生活或者工程中的疑问,引导用户继续看下去。

第三,讲解或者推导的过程要严谨。作为严肃的教学视频,不能让用户找到硬伤。如果有较为明显的错误,则会大大降低用户的信任度。

第四,必须要有总结性的环节,要在讲述内容完成之后,通过一页左右的课件或使用一两句话,对课程内容进行高度总结和精炼。

第五,最好有趣味性的"包袱",按网络语言来说,要有情节上的"反转"。也就是可以通过本次教学的内容,引出一个不太常规、不太流于平庸的观点或者现象,让用户有种"恍然大悟""原来是这样的呀"的感觉。这是最终抓住用户好感的点。

第六,不要把课程内容"讲死了",留点悬念。给出习题,促使用户自主独立思考。正如电视连续剧一般都会在具备某种悬念或者未知性的时候突然中断,然后告知观众"敬请关注下集"。一个好的教学视频,不但要让用户看完之后觉得好,而且要让用户看完之后就开始琢磨:"老师最后提出的问题到底是怎么回事呢?"

6 反复演练,实践技术环节

即便有了完整的教学设计,要将其真正转化为一个完整的微课作品,还有很长的路要走。其实微

2019 年全国能源动力类专业教学改革研讨会论文集

课和排演话剧、排演电影是一样的,剧本出来后,要想在舞台或荧幕上把剧本想要达到的效果展示出来,需要对其中的过程进行反复的演练。教学课件中用到的文字、图表、动画、视频等,都要等课件制作出来之后,才能根据效果确定是不是足够好。教师在课件制作好之后,在拍摄之前,需要自己对着课件反复试讲,一方面调整课件内容,另一方面调整自己语言的表述过程,反复排练、试拍,找问题,进行优化,最后设计最好的镜头表达方式。

7 精益求精,完善作品细节

拍摄微课作品,在提升质量方面,可以说是永无止境的。所以,在有限的时间、有限的资金范围内,需要组织好自己的时间、精力,并和制作团队充分沟通,做到精益求精,完善细节。不厌其烦的优

化,是不断提高质量的技术保证。

8 思考总结,不断提升水平

课程组已经历过两次微课竞赛作品制作和一次完整的 MOOC 课程拍摄过程。在拍摄的过程中,不断思考,总结经验教训,找问题、找缺点,同时虚心接受指导专家的建议和同行教师的意见,认真采纳制作团队的合理建议,想办法提升作品质量,这是微课制作水平不断提高的唯一途径。

参考文献

[1] 何朝阳,欧玉芳,曹祁.美国大学翻转课堂教学模式的启示[J].高等工程教育研究,2014(2):148 – 151.

工程热力学在线开放课程的建设与探索*

陶红歌,青春耀,赵淑蘅,徐桂转,黄黎,岳建芝

(河南农业大学 能源工程系)

摘要:工程热力学是能源工程相关专业一门重要的专业基础课,为不受教学时间限制,有必要将信息技术与教育教学深度融合,进行在线开放课程建设。根据该课程特点,本文对其在线开放课程授课目标、课程大纲、测验和作业等进行了探索,该在线课程的建设对于能源及其相关领域高级工程技术专业人才的培养具有重要意义。

关键词:工程热力学;在线开放课程;课程建设

工程热力学是能源工程相关专业一门重要的专业基础课,也是农业建筑环境与能源工程、能源与动力工程、新能源科学与工程专业的核心课程,为后续专业课,如燃烧学、热能工程、供热工程等提供必要的基础理论知识。根据多年的课程教学反馈,工程热力学需要掌握的知识点较多,且需要大学数学和大学物理预备知识,学生普遍反映对该课程的理解和掌握有一定的难度。本文通过对该课

程特点的分析,指出其在线开放课程建设的必要性,并进行了一些探索。

1 工程热力学的课程特点

工程热力学主要是研究热能与机械能之间相互转换规律及方法,以提高能量转换效率的一门学科。课程内容分为两部分:基础理论与理论的应

* 基金项目:2018 年河南省高等学校精品在线开放课程竞争类项目;2018 年河南农业大学精品在线开放课程立项课程(10800085);2018 年河南农业大学专业核心示范课程建设项目(18JX0101);河南农业大学教育教学改革研究与实践项目(201727)

用。其中,基础理论包括基本概念及定义、热力学第一及第二定律、工质的性质及其基本热力过程;理论的应用包括气体与蒸汽的流动、压气机的热力过程、气体动力循环、蒸汽动力装置循环、制冷循环、湿空气等。从内容上看,该课程涉及的知识点较多,理论性较强,理解难度较大;涉及的应用范围较广,包括喷管、压气机、内燃机、燃汽轮机、火力发电厂、制冷机等诸多方面。然而,本课程的理论教学通常只有48学时,在有限的教学时间内完成大量专业基础知识的讲授,这对于学生的理解和掌握形成较大挑战。专业基础课掌握直接影响后续专业课的学习。许多教师反映,在专业课讲授时,存在学生对工程热力学中重点知识理解模糊的现象,甚至需要重新梳理相关内容才能继续相关课程授课。这对于培养能源及其相关领域的高级工程技术专业人才非常不利。

为了改善这种状况,基于教育部《关于加强高等学校在线开放课程建设应用与管理的意见》(教高〔2015〕3号)和《教育信息化十年发展规划(2011—2020年)》的战略部署,将信息技术与教育教学深度融合,进行工程热力学在线开放课程的建设,可不受教学时空的限制,对于提升该课程的教学质量具有重要意义。

2 工程热力学在线开放课程建设

根据该课程的课程特点,以本校能源工程相关专业的专业基础课工程热力学为对象,在中国大学MOOC平台上进行在线开放课程的建设和探索。

2.1 工程热力学课程授课目标建设

基于工程热力学的工科专业基础课地位和为后续专业课学习提供必要基础理论知识的定位,该课程授课目标分为两部分:理论知识和实验技能。对于理论知识,要求掌握热量转换时遵循的基本规律,如热力学第一、第二定律;理解能量守恒方程式的含义和应用;掌握热力学第二定律三种数学表达及其应用;掌握气体流动和压气机热力过程分析和计算;掌握热力机械、动力机械、制冷机械中热力循环分析方法和能量转换过程的分析和计算;掌握不同工质热力学特性;掌握湿空气的基本特性及其热力过程分析和计算;了解实际气体特性、压缩因子图、热力学微分关系式的应用。对于实验技能,要求会根据基础理论设计简单热力学实验,并能进行实验操作和数据分析。通过在线课程的建设,使学生能够对课程的重点和难点精确把握、强化学习,加深对课程基础理论的理解。

2.2 工程热力学课程大纲建设

根据课程授课目标,重新梳理课程知识点,将课程主要内容分成20讲,包括在线课程内容介绍和课程实验2讲,在线课程内容共22讲。课程大纲如下:工程热力学在线课程内容介绍;工程热力学基本概念辨析;热力学第一定律重点内容;理想气体工质热力学特性;基本热力过程;多变热力过程;热力学第二定律文字表述及卡诺循环;熵的提出及应用;孤立系统熵增原理;㶲的分析和计算;㶲方程及其应用;喷管理论及计算;压气机及其利用;内燃机热力系统;燃气轮机热力系统;蒸汽动力循环;提高蒸汽动力循环的方式;实际气体分析和计算;热力学微分关系;制冷循环;理想气体混合物及湿空气;工程热力学实验。根据课程大纲,每讲梳理出1~3个知识点,共42个知识点。在线课程采用一个知识点一个短视频的方式呈现,每段视频控制在5~15分钟。另外,包括在线课程内容介绍、在线授课团队介绍和3个课程实验,教学单元内容共录制了47段视频。

2.3 工程热力学课程测验和作业建设

工程热力学是一门兼具理论性和应用性的专业基础课,单一通过听讲形式难以真正掌握,须结合测验和作业加深理解。因此,在线课程中,每讲均设置有测验和作业,测验题型设计为选择和判断题,数量控制在10个左右,采用在线提交—自动批改的形式。作业题型设计为计算题,数量3个左右,主要采用在线布置—课下作答—拍照上传—教师批改的形式,部分通过互评形式进行,即在线布置—课下作答—拍照上传—学生相互批改。此外,为解决理论与实际脱节的问题,在线课程专门设置了"典型例题讲解"模块,对制冷过程、湿物料烘干过程等进行了详细讲解。通过设置在线期中和期末考试,促使学生自我检验对课程内容的掌握情况。

2.4 工程热力学课程讨论区建设

课堂教学过程中,课间和课余答题时间有限,致使多数学生无法与教师充分交流。通过在线课程讨论区的设置,所有线上学生都可与教师随时进行无障碍交流。学生在讨论区内提问,教师在讨论区内解答,整个交流过程所有学生可见,一个学生的提问即可解决所有学生同样的问题;通过在线问题,教师能及时掌握学生的学习状况。对于线上集中反映有难度的问题,线下课堂上可进行重点讲解。因此,讨论区的设置可为学生在课程学习过程中答疑解惑,也可为教师及时调整授课内容提供反馈意见,最终实现学生对课程的真正理解和掌握。

完整的在线课程包括设置课程团队、发布课程介绍页、定期发布公告、发布评分方式、发布教学单元内容、自定义栏目、视频库、设置讨论区结构、设置互评训练题等。本校工程热力学在线课程经过长时间准备如期对 2017 级学生开放,也对中国大学 MOOC 注册用户开放。通过一个学期的试用,该在线课程的选课人数达到了 1224 人,远超 144 人本校学生,说明该在线课程有助于工程热力学的学习。

3 工程热力学在线开放课程的完善

工程热力学在线开放课程通过一个学期的试用,取得了良好的效果。为将该在线开放课程打造成优秀的精品在线开放课程,后续的建设需要在以下方面继续完善。

3.1 测验和作业设计目标需进一步明确

工程热力学的学习需要通过测验和作业来加深对理论知识的理解和掌握,因此,测验和作业的合理设计对于学好该课程是非常重要的环节。合理的测验和作业设计应该对考查内容进行分区、分级,即测验设计重在考查对基本概念、基本定律等的理解,而作业设计重在考查解决实际问题的能力。设计目标分工完成之后,测验和作业即可分基础、提升和扩展三个阶段进行设计,分阶段设计将有助于学生更清楚地了解自己对课程的掌握程度。

3.2 课程大纲需进一步修改和完善

工程热力学是能源工程等工科专业的一门专业基础课,相关高校都开设有该课程,且不同高校具有不同优势。根据《普通高等学校本科专业类教学质量国际标准》(2018 版),鼓励各高校根据自身优势和地域特点设置专业课程,办出特色。本校作为农业类高校,课程内容应结合农业工程方面的实例,如温室、禽舍的环境调控及粮食的干燥过程等,理论结合实际,让抽象的理论注入实际应用的解释,助力学生理解生涩难懂的理论知识,培养其对该课程的学习兴趣。

3.3 课程富文本文件和互评训练题的设计和完善

工程热力学在线课程的理论应用部分,如喷管的实际应用、内燃机的应用范围、燃气轮机的应用前景、火电厂的发展趋势等,可以通过富文本文件的形式进行呈现,作为课程内容的补充,用来扩展学生的知识面,进一步增加学生对该课程的学习兴趣。

互评训练题的设计目的是帮助学生加深对知识点的理解和掌握,通过身份转换即“学生—老师”的角色转换,提高学生学习的主动性。为保持学生的参与热情,互评训练题的设计难度要适中,或者分阶段进行,即将互评训练题分为基础、提升和拓展三部分,根据学生掌握知识情况进行相应训练。

4 结 语

工程热力学的课程特点决定了其在线开放课程建设的必要性,在线课程的建设打破了教学时空的限制,丰富了课程内容,为师生无障碍交流提供了良好的沟通平台。本文探索了该课程在线授课目标、课程大纲、测验和作业及讨论区的建设,并对该在线课程后续建设方向进行了思考,旨在为建设优秀的精品在线课程提供参考经验,为最终实现教学质量的提升提供重要保障。

参考文献

[1] 教育部高等学校教学指导委员会.普通高等学校本科专业类教学质量国际标准[S].北京:高等教育出版社,2018.

[2] 孙歆钰.“互联网 +”背景下控制工程基础精品在线课程建设[J].吉林广播电视大学学报,2019(2):7 – 8.

先进内燃机技术与实验测试课程建设与实践*

刘岱，刘龙

（哈尔滨工程大学 动力与能源工程学院）

摘要：工程应用型本科院校需要进行课程教学改革以满足社会对人才的需求。本文以先进内燃机技术与内燃机实验测试技术的课程建设与实践为例，介绍了工程类院校专业课程改革的现状，并分析了存在的问题，同时提出相应的对策，使这两门课具有普适性、实践性强，教学对象涵盖面广，教学内容不断更新，吸引学生主动学习等特点。

关键词：教学改革；工程应用课程；课程建设；课程考核

高等学校教学的目的是培养并输送社会需要的优秀人才，工程应用型本科高校的主要目的是培养社会所需要的具备一定创新能力的工程应用型人才，对毕业学生的要求是既能解决实际工程中遇到的问题，又掌握扎实的理论知识。当今社会迅速发展，社会对优秀人才综合能力的要求也在不断提高。因此，高等学校应根据用人单位的具体需求，为学生提供多元化、可选择的教育资源、教育环境和教育服务模式，从而培养出综合素质更高的优秀人才，以适应社会职业与岗位的变化需求，为经济和社会长远发展服务。随着工程应用技术的不断发展，本科教育也需要根据行业技术的发展现状及未来趋势进行一定的改革，调整课程内容的设置，更新教学的方式，并根据新的课程内容进行考核。

1 课程总体情况概述

用人单位对本科生的评价决定着本科毕业生未来的就业前景与发展潜力。在符合国家教学规定的基础上，充分考虑行业特色和用人单位需求，不仅能够提升学生未来的就业前景，也能提高学生的学习积极性。在对用人单位进行走访交流的过程中，听取了用人单位对毕业生素质与知识储备需求后，我们决定开设先进内燃机技术与内燃机实验测试技术这两门专业选修课程，并面向动力与能源工程学院船舶动力实验班授课。先进内燃机技术这门课程的主要目的是向学生介绍现有的及未来

可能会成为趋势的先进内燃机技术。内燃机实验测试技术这门课程主要目的是希望学生具备内燃机实验测试的基本能力，并能够就实验结果进行一定程度的理论分析。这两门课程具有普适性、实践性强，教学对象涵盖面广、教学内容不断更新等特点。

在教学方法上，积极采用应用行动导向教学方法成为一种新的教学理念。该教学方法是一种基于实际工作的教学方法，是以行动为导向，驱动学生完成学习任务的一种教学模式，是以人的发展为本位的全面提高学生综合能力的教学方法。在教学过程中充分发挥学生的主体作用和教师的主导作用，注重对学生分析问题、解决问题能力的培养，强化学生的实践动手能力。

2 课程改革的迫切性

2.1 课程内容引进的迫切性

在对用人单位进行走访交流的过程中，了解了各单位对动力与能源类专业学生的能力需求。如今，国家提出海洋兴国战略，对海洋装备自主化提出了较高的要求。而船舶内燃机作为一种重要的海洋装备，其自主化产品的研发也面临着巨大的人才缺口。各单位在自主化研发的目标下，对我校人才培养提出了新的需求：第一，虽然我校毕业生专业素质扎实，但是自主化研发过程中，需要人才对现在及未来的先进内燃机技术有所了解，并能够根

*基金项目：哈尔滨工程大学教改项目"先进内燃机技术与实验测试课程建设与考核实践初探"

据实际情况,分析各技术的优缺点并进行取舍;第二,在自主化研发过程中,实验测试是必不可少的工作,然而我校毕业生接触的实际内燃机实验较少,进入工作岗位后,无法迅速开展实验工作,同时,对实验数据和结果也缺乏了解,无法将实验数据与内燃机的实际工作状况结合进行思考。综合以上,无论是面对用人单位,还是国家战略,都迫切需要开设这两门课程——先进内燃机技术与内燃机实验测试技术。

2.2 课程教学方式改革的迫切性

在以往的教学活动中,以教师的讲授为中心,教师占主导地位,负责传授相关知识、答疑解惑,而学生仅被动接受。长此以往,教师成为教学活动的主体,学生没有自主学习的积极性,学习潜能得不到开发,能力的培养也受到限制。在工程应用型本科高校人才培养及内燃机专业课程性质的要求下,在高校教学改革方针政策的引领指导下,本着培养学生综合能力与素质的目的,结合行动导向教学、翻转课堂教学、传统讲授教学等教学方法的优势,通过这两门课程进行了有益的教学改革实践。这两门课程通过以问题为导向的授课方式,引导学生在课程中思考互动,以达到锻炼学生的目的。

2.3 课程考核方式改革的迫切性

传统考核的方式是以学期考试为主,主要采用卷面笔试的方式进行考核。考场也主要是设在教室内。考试题型主要是选择、填空、简答、应用、论述题等几种。学生以通过考试为目的,而不是以学习知识为目的,造成部分学生以考前突击复习为主要学习手段,不利于学生对知识的理解与应用,也失去了考核的意义。对于这两门新开的课程,仅通过考试让学生掌握知识点远远不能满足开设课程的目的。因此,本课程同样对考核方式进行了改革尝试,让学生在掌握知识点的基础上,进行一定的实践训练。

3 课程总体设计

3.1 先进内燃机技术

本课程将采用专题讲座的形式,由本校或校外工程应用领域专家向学生介绍内燃机先进技术及其应用。涉及的先进技术包括先进燃烧技术、先进喷油控制技术、先进振动控制技术、先进摩擦润滑技术、先进涡轮增压技术、先进后处理技术等。在授课过程中,结合各先进技术的具体应用案例,先

向学生提出内燃机发展遇到的各种问题,引导学生进行思考,从而将主题引入解决方案,并介绍解决类似问题所使用的先进技术。通过这种以实际案例为基础,以问题为导向的授课方式,让学生加深对各种先进技术的理解,同时具备独立思考的能力。在考核中,以论文考核为主。例如,每3~4个学生组成一个小组(视具体学生人数而定),任选一款市场上存在的内燃机,基于自身所了解的先进内燃机技术,对该内燃机未来5~10年的技术路线进行规划,完成报告并进行答辩。答辩时,由各小组选择一名代表与教师共同组成答辩委员会,对各组的报告打分,取平均值作为答辩成绩。

3.2 内燃机实验测试技术

本课程拟采用小班制(一次上课不超过8人),结合本校实验室测试设备,通过实验室现场演示与操作进行教学。通过现场观摩、讲解与操作,使学生了解内燃机实验与测试的基本设备与方法,让学生具备一定的实验操作能力。最后,通过实验报告(70%)与考试(30%)相结合的方式完成考核,使学生能够根据内燃机的原理解释实验数据与实验现象,具备一定的实验数据分析能力。

4 课程特色

这两门课程的主要特色体现在课程内容、教学方式与考核方式上。在教学内容方面,这两门课程的内容紧跟国内外最新的发展趋势,具有实践性强的特点,符合用人单位对人才能力的需求。在教学方式方面,这两门课程都以实际案例为主,先进内燃机技术结合实际案例,通过以问题为导向的教学方式,引导学生在解决内燃机实际开发问题中学习先进内燃机技术的内容;内燃机实验测试技术则通过实际的实验案例操作,介绍内燃机实验与测试的基本设备与方法,锻炼学生的动手能力。在课程考核中,两门课程都将以论文报告的方式为主要考核手段,对学生未来撰写工作报告或者研究报告都能起到锻炼作用。报告内容也将以解决或分析实际内容为主,符合未来工作需求。

5 总 结

通过这两门课程的开设,将教学内容与实际市场需求紧密结合,使学生面对未来的工作或继续深造时具有更强的竞争力。再结合以问题为导向的

授课方式与以论文报告为主的考核方式改革,使学生在学习相关知识的过程中,充分发挥主动性,锻炼思辨能力,培养出更加符合未来社会需要的综合性人才。

参考文献

[1] 易艳明,袁石婷.德国行动导向教学理论基础组织模式与设计原则再分析[J].中国职业技术教育,2016(27):57-65.

[2] 李晓红,赵新业.行动导向教学研究[J].广西教育,2015(43):167-168.

[3] 肖川.新课程与学习方式变革[M].北京:北京师范大学出版社,2002.

[4] 邵晓枫.中国高等教育自学考试研究30年:回顾与反思[J].现代远程教育研究,2014(2):32-39.

"传热学"课程过程性考核探索与实践*

许辉,高英,罗曼,吕梦醒

(南京工业大学 能源科学与工程学院)

摘要:课程考核是检验教学效果和提高教学质量的重要环节。"传热学"作为能源动力类及其他多个工科专业的专业基础课程,其传统的考核方式已难以满足工程教育认证背景下人才培养的需求。本文提出了"传热学"课程过程性考核的具体实施方案,以一个教学班为试点,采用多种形式全过程考查学生的学习效果和教师的教学效果。实践结果表明,该方案的实施有助于师生及时全面地掌握课程学习情况,从而促进教师不断优化教学内容及方法,提高教学实效;帮助学生找到学习的重点和方向,提高学习效率。成绩分析及问卷调查结果表明,本文所采用的过程性考核方法显著提高了"传热学"课程的教学质量,为全面实现课程目标提供了有力支撑。

关键词:传热学;过程性考核;阶段性测验;随堂测验

"传热学"是能源动力类及其他多个工科专业的一门应用性较强的重要专业基础课,是连接基础课和专业课学习不可缺少的纽带,并在专业课程体系建设中具有承上启下的作用。该课程不仅为学生学习后续的专业课提供必要的基础理论知识,也是培养学生分析和解决工程实际问题的能力的一门关键课程。只有认真掌握该门课程,才能顺利开展后续课程的学习和相关的研究工作,所以要求教师在实际教学过程中,运用先进有效的教学手段,全面客观的考核方式,保证教与学都能达到最佳目标。

课程考核从本质上来说是一种学习评价,是指为了实现特定的培养目标而对某一门具体课程中学生的学习效果和学习体验进行评价的途径或手段。高等学校的课程考核,既是为了检验学生对课程知识的掌握情况,帮助教师不断改进教学内容与方法,保证人才培养的质量;同时也是为了对学生的学习做出客观公正的评价,并引导其明确学习方向。目前主流的工科专业基础课程考核模式,主要是以期末一次性闭卷考试作为总评成绩的主要依据,无法全面客观地反映学生对该门课程的掌握情况,因此,有必要对传统的课程考核模式进行行之有效的改革。

1 传统课程考核方式的不足

目前,工科专业的专业基础课程主流的考核方式主要由三部分组成:平时考勤、作业和期末考试,

*基金项目:教育部产学合作协同育人项目"能源动力类核心课程信息化教学改革与实践"(201802140018)

而期末考试通常占有绝对比重。实践表明,这样的课程考核方式并不能客观地反映学生整体知识掌握水平,也无法起到提高学生培养质量的作用,存在明显不足。

1.1 考核目的和功能比较单一

原有的考核方式主要是以期末一次性闭卷考试成绩作为总评成绩的主要依据,这使得考核的目的只有一个,就是判断学生的总体学习效果及个体差异。给出总评成绩后,该课程的教学过程宣告结束,不管学生成绩如何,教师已无法对学生的学习进行进一步指导或督促,不能形成有效的教学反馈机制,难以达到既定的人才培养目标。即便教师通过课程小结发现了教学过程中存在的问题,要想改进也只能等到下一学年再作实施。因此,这样的考核并未对人才培养质量的提高起到最直接的作用,成了"为了考核而考核"的孤立活动。

1.2 考核结果不够全面

一般来说,课程考核的目的是了解学生对本课程基本内容及重难点的掌握程度、运用本课程的基本知识、方法解决实际问题的能力。传热学知识点众多,且许多知识点的关联性较低,缺乏系统性,另外课程中包含大量基本概念、关联式、众多零散的知识点,要在期末两小时的闭卷考试中全面考核学生的掌握程度是很难实现的。特别是目前多数高校通常采用闭卷考试,这就额外增加了学生的记忆量,进一步弱化了对知识应用能力的考核,无法实现课程考核结果的全面性和客观性。

1.3 无法激发学生的学习积极性

由于平时成绩更多的依据考勤,而期末考试占绝对比重,造成有些学生平时学习态度较差,甚至从不听课,从课程一开始就寄希望于考前的短时间突击。部分学生确实以这种方式通过了考试,但这种通过短时间强化记忆获取的知识极不牢固,往往考完就忘。这种现象带来两个比较严重的问题:一是由于惰性心理起主导作用,学生平时上课的参与度很难保证,会影响整个课堂的学习氛围,对教师的授课积极性也会造成较大影响;二是无法真正体现学生学习的效果,特别是对部分学生来说仅仅反映了其短时记忆的能力。

2 过程性考核的实践

针对高等学校课程的过程性考核,一些高校教师提出了各种不同的方案,形式主要包括综合性大

作业、学习笔记、课堂表现、阶段性测验、团队作业、教学实践活动等。

笔者通过对多年传热学课程教学经验的总结,深入思考以往传热学考核方式存在的问题,在授课过程中引入多种过程性考核方案,并以一个教学班级为试点进行了实践探索。

2.1 总评成绩的组成

按照国内高校的普遍做法,传热学这类专业基础课程的平时成绩占 20% ~ 30%,期末成绩占 70% ~80%。增加过程考核环节之后,若仍沿用原有的成绩组成比例,则依然无法解决原有考核方式存在的问题。因此,笔者将平时成绩的比例调整到50%,主要包括考勤、作业、阶段性测验及随堂测验等。这就使得一批寄希望于期末考试前突击复习的学生失去了最后的保护伞,不得不注重平时成绩的积累。以往平时成绩判定的依据多为考勤和作业,但事实证明这两部分成绩在大多数学生中的区分度极小,造成了平时分被学生认为是送分的情况,从而使部分学生更加不重视平时的课程学习。鉴于上述问题,笔者在平时成绩中,将考勤和作业的成绩比例分别调整到 5%,而阶段性测验占比30%,随堂测验占比 10%。如此设置成绩比例,在学生的认知里凸显了过程考核的重要性,制度上解决了学生对平时学习不够重视的问题。

2.2 阶段性测验的组织

基于传热学课程的知识架构,将阶段性测验按照"导热""对流传热""辐射传热"三大部分开展三次阶段性测验。每次测验均按照期末考试的标准进行组织,确保学生考核成绩的准确性和公正性。

在考核的内容方面,也针对过程性考核的特点作了适当优化,同时兼顾能力考核。

(1)教学大纲规定的基本知识点及重难点的考核。这部分内容包括基本概念、基本原理、方法等,主要是课堂上重点讲述并强调过的内容,考核学生课堂学习的有效性。

(2)以简答或判断改错形式组题的各类思考题。主要考查学生对课程应该掌握的相关知识点的理解程度。需要学生对相关概念及原理有透彻的认识,并能和具体工程或生活问题建立起联系,从而做出定性的分析及判断。

(3)以计算题形式出现的综合应用题。主要考核学生利用所学知识分析解决实际工程问题的能力。值得指出的是,这类问题的考核,应尽量强化对学生综合分析能力的评估,组题时避免一个公式

解决所有问题的情况。

2.3 随堂测验的模式及内容

由于师资力量及教学资源等因素的制约，目前许多专业基础课程的教学班人数依然较多，全面开展翻转课堂的授课方式并不现实，因此大多数情况下还是教师讲授为主的课堂教学模式。这就不得不涉及学生的课堂学习参与度问题，即通常所说的"抬头率"。目前，高校课堂"抬头率"不高已成为普遍问题，亟待采取有效措施予以改善。笔者尝试采用不定期随堂测验的方式，提高学生课堂参与度。每节课下课前 5~10 分钟，通过网络学习平台推送 10~20 道测验题到学生手机端，学生在规定时间内现场答题提交，学习平台即时完成成绩评定及统计。

由于随堂测验的重要目的之一是提高学生的"抬头率"，因此测验题的组题需要作特殊考虑，在组题时无须设计难度较高、答题费时较多的题目，而是着重考查一些课上刚刚讲过的基本知识点、理论及方法等，以评估学生上课是否认真听讲。学生答题时无需作特别复杂深入的分析计算，只要认真听课即可回答正确。这样一方面可以避免随堂测验占用课堂太多时间，另一方面对学生上课的专注度具有一定的约束，从而有效解决学生"抬头率"的问题。

3 实施效果评价

通过对 2016 级一个教学班(含 2 个自然班，共计 56 人)传热学课程的过程性考核探索与实践，结合学生平时表现、学习氛围、学习效果及大一学年以来的成绩分布等各方面因素，对过程性考核的实施效果进行综合评价，发现效果显著。

3.1 对学习氛围的影响

学期伊始，笔者就在课堂上跟学生强调了课程的考核方式与以往不同，并详细介绍了课程总评的成绩组成。因此，学生从一开始就非常重视。针对随堂测验，学生的课堂参与度比以往有明显提高，"抬头率"高了，记课堂笔记的人数也显著增加；而针对阶段性测验，学生的紧迫感时时存在，甚至可以看到有些同学随时在复习，准备迎接阶段测验。问卷调查结果显示，80.4%的学生认为有助于改善班级的学习氛围。

3.2 对教与学的反馈作用

随堂测验及阶段测验的结果可为教师教学的持续改进提供依据。每次测验之后教师即可迅速了解学生的学习情况，分析学习效果。其中，总体的学习效果分析可帮助教师了解授课过程中是否存在需要改进的问题，如某个知识点大多数学生都没有掌握，那可能说明该知识点在授课过程中需要重点对待。而个体的学习效果差异可以直观反映哪些学生是需要重点关注的对象，针对每次测验都考得不好的学生，可以总结他们是否存在共性问题，从而寻找合适的解决方案，帮助他们尽快跟上学习进度。

此外，过程考核的结果可以为学生的学习提供方向性的指导。学生根据自己每次测验的情况，可发现自身存在的问题，从而查漏补缺，不断强化对课程知识的掌握。

3.3 对学生学习的激励作用

实践过程中发现，过程性考核机制对部分学生的学习起到了显著的激励作用。由于本课程有 3 次阶段性测验，可以引入以往传统考核方式无法采用的竞争机制，对进步最快的学生予以奖励或鼓励。有些学生在第一次测验时成绩较差，调查发现这些学生确实是大一学年以来绩点排名较为靠后的。针对这一情况，教师通过适当的引导，调动他们的积极性，鼓励他们在下一次阶段测验时超越自我。结果表明，有多名长期补考重修、绩点排名垫底的学生通过努力，在阶段测验中考到了班级前列，并且在期末总评时取得了非常好的成绩。这样的结果是以往传统的期末考试模式下无法实现的。问卷调查结果显示，76.8%的学生认为本课程所采用的阶段测验形式对自身的学习产生了一定的激励效果。

3.4 对学习效果的影响

通过对期末总评及阶段测验的综合分析，发现此种模式下学生对知识的掌握更加牢固，期末考试前的复习更加从容。横向比较来看，该班级该门课程的期末考试成绩明显高于其他采用传统考核方式的班级，这说明平时的随堂测验及阶段性测验，使学生在课程学习过程中就已经对相关知识点有了较好的掌握，和传统考核方式带来的期末考前突击相比，知识的掌握和理解更为深入。而纵向比较显示，传热学课程过程性考核机制的引入，充分调动了一批后进学生的积极性，进而辐射到其他课程的学习中，因此，该班级的所有课程补考率降至历年最低。问卷调查结果显示，92.9%的学生认为传热学课程所采用的过程性考核模式有助于提高学习效果。

4 结 语

"传热学"课程过程性考核采用多种形式全过程考查学生的学习效果和教师的教学效果,有助于教师及时全面地掌握学生的学习情况,从而有的放矢,不断优化教学内容及方法,修改教学方案,同时关注总体知识掌握水平和个体学习差异,提高教学实效;有助于学生实时了解自身的知识掌握盲点,从中找到学习的重点和方向,提升学习能力和思考能力,提高学习效率。通过过程性考核的探索与实践,传热学课程的教学效果显著提高,学生各方面能力得到有效锻炼,对工程教育专业认证背景下的课程质量监控及持续改进具有重要意义。

参考文献

[1] 王辉,杨倩倩. 高校工科专业课程考核现状与改革初探[J]. 高教学刊, 2016(10):147 – 149.

[2] 陈国英,刘延金. 应用型本科院校课程考核改革的思考[J]. 成都师范学院学报, 2015, 31(12):5 – 8.

[3] 张秀珍,张欣,陈艳珍,等. 过程性考核在动物生物学教学中的应用[J]. 教育教学论坛, 2016(39): 183 – 184.

[4] 贺寒辉,覃永晖,杨光,等. 转型背景下土木工程专业课程考核体系改革[J]. 科教文汇(中旬刊), 2018 (6):67 – 68,71.

热工设备课程教学改革初探*

潘晓慧[1],张振[2],青春耀[1],贺超[1],马晓然[1],焦有宙[1]

(1. 河南农业大学 机电工程学院;2. 华北水利水电大学 电力学院)

摘要: 本文针对现阶段热工设备课程传统教学中存在的问题,提出创新意识融入课堂的理念,并在此基础上,将前沿科技与教学内容相结合,实验教学与理论教学相结合,仿真模拟与实践教学相结合,改革课程设置、转变教育思想,更新教育理念,并将思政元素带入课堂,对课程教学改革进行了初步探索。

关键词: 热工设备;创新;科技前沿;实验教学;仿真模拟;思政

随着科学技术的不断发展,社会对高等院校人才的需求不断增大,同时对人才本身的素质和能力有了更高的要求。为了适应社会对人才的需求,我们必须按照"基础扎实、知识面宽、能力强、素质高"的人才培养模式改革课程设置、转变教育思想,更新教育理念。"热工设备"是能源与动力工程专业学生的专业基础课,涉及的知识面较广,牵涉到工程热力学、传热学、流体力学、燃烧学、材料力学等多学科知识,是这些学科的相关综合应用。近年来热工设备本身的改革创新速度极快,传统的教学内容以及教学方法亟须更新。如何对热工设备课程教学进一步改革,转变传统的教学思路,开拓崭新的教学思想和教学观念就变得尤为重要。

1 改革的必要性

目前热工设备教学过程中存在的问题主要体现在以下几个方面。首先是教材中相关新技术更新方面的问题。现有教材对于相关新技术的介绍非常少,尤其是先进的设备和处理工艺不能及时充实到教学内容中,极大地缩小了学生接触新知识的范围。其次是关于课程实验方面的问题。该课程的实验学时所占的比例较小,现在大多数学校的相关实验设备都比较落后,且现存的实验设备本身在设计方面存在缺陷,在实验的过程中并不能准确实现理论知识的重现,因此造成学生理论与实验脱节的现象。最后是关于课程相对应的实习课程的设

*基金项目:河南农业大学教改项目"双一流背景下农业工程类专业教学改革研究与实践"

置问题。该课程涉及整个工业锅炉系统的各个设备的知识，理论知识枯燥，设备结构复杂，目前课程实习时间相对较少，无法近距离观察相关设备的运行状况，造成学生实践动手能力较弱，从而制约了学生的就业竞争力。

大众化教育是我国教育改革的大趋势，近年来各个高校的招生规模不断扩大，使得大部分学校在热工设备课程大纲的设置上理论基础教学所占的比例较重，但课程建设应力求将课程的基础性、应用性、前瞻性结合起来，传统的教学方式已经无法保证最终专业培养目标的实现，因此打破传统教学模式，变革现有教学方式变得极为重要。教学改革可以最大限度地调动教师和学生的积极性，培养学生理论联系实际的能力，激活学生的创新意识，使学生具有较深厚的专业知识和扎实的理论基础，以适应我国社会主义现代化建设的需要。

2 改革的方法和措施

2.1 创新意识融入课堂

创新是推动社会经济发展的核心动力，创新驱动根本上取决于人才驱动。创新教育是一种培养学生创新精神，激发学生创新意识，全面提高学生创新能力的多元化人才教育方法。将创新意识融入课堂，可以有效地促进课程科学性、应用性和实践性的有机结合。我们可以从三方面着手，首先需要在课堂上积极引导、鼓励学生提出疑问，点燃学生"创新的火花"。亚里士多德曾经说过："思维是从疑问开始的，常有疑问，才能常有思考，常有创造。"学生产生疑问的过程其实就是已知信息和未知领域相结合的一个过程，因此，教师在课堂上应引导学生在牢固掌握课堂内容的基础上提出问题，并对学生的问题具体分析，加强点拨，培养学生的创新思维方式。其次要营造创新意识的积极环境，培养学生的创新意识。培养学生创新意识的过程其实是学生知识与技能、过程与方法相整合的一个过程。在课堂教学中，教师应当加强教学的趣味性，善于寓教于活动之中，将实际生产过程与实际生活中的相似过程作比较，使学生在学习的过程中提高兴趣，由被动学习变主动学习，在愉悦的情绪中进行创新意识的培养。最后，把握教材特点，大胆探索，改革教法，将学生的创新能力融入教学过程。教师应大胆地将培养学生创新能力的新教学方法融入课堂中，如分组讨论、小组演讲、头脑风

暴等。

2.2 前沿科技与教学内容相结合

备方法、备教材、备学生是传统教学备课方法的基本要求。其中，备方法是指教师在教学的过程中可以采用良好的教学方法，充分调动学生的主动性，从而提高课堂教学的效率。将前沿科技引入课堂中，对高校教学质量的提升尤为重要。在新的以社会需求为导向的形势下，培养深刻了解一线新技术、新产品、新科技的创新型工程技术人才，是目前工程教育类专业培养目标的基本走向。因此，在备课时，要适当引入科研发展动态，提高教师科研教学水平的同时也可以增强课堂授课的效果。国内外很多学校都进行了相关的尝试，前沿科技的引入不仅可以开阔学生的视野，激发学生的创新意识，还可以充分调动学生学习的积极性，受到了广大学生的一致认可。在热工设备这门课的学习过程中也可以适当引入前沿科技，如在讲授锅炉分类知识时，可以引入当前世界前沿的 700 ℃ 高效超临界火力发电技术，向学生讲述超临界技术的基本概念、战略意义、我国的超临界发展计划及发展的技术瓶颈等，让学生在充分了解锅炉分类的同时，对国际的前沿技术也有一定的了解，这有利于培养出具有创新思维和工程实践能力，且可以进行新技术研究的科研型人才，同时也有益于教师本身科研素质的提高。

2.3 实验教学与理论教学相结合

《国家中长期教育改革和发展规划纲要》指出了人才培养的"三个注重"：注重学思结合，注重知行统一，注重因材施教。目前能源与动力专业的热工设备课程教学中，理论教学内容多，教学进度较快，但课程内容相对来说概念性和抽象性的知识所占比例较高，学生在学习的过程中畏难情绪严重，且不能真正理解所学的内容本质，有些同学甚至在学习中途就放弃了学习。为避免此类问题发生，我们应当以"三个注重"为理论指导，遵循实践教学规律，对实验课程的建设进行研究与探索。实验教学是通过基本理论在实际热力或能量传递过程中的应用来明确理论的应用对象及理论的应用方法的，可以将抽象的理论知识通过实际操作表现出来，有利于学生从本质上了解相关的基础理论知识，因此实验教学是整个热工设备课程教学中不可或缺的重要部分，它不仅有助于学生深刻理解课上所学，还可以培养学生的独立工作能力。我们应当提高大学生的自主实验能力，"自主设计实验"为主导，

2019年全国能源动力类专业教学改革研讨会论文集

"自主动手操作"为手段,"自主数据检查"为评价标准,鼓励学生提出问题,引导学生以此为基础进行实验设计,通过自主设计实验得到最终结果,将实验得到的数据与理论数据进行对比纠错,最终达到激发、训练学生自主实验能力,提升学生自主实验水平的目的。学生自主实验水平的提高,对教师而言,不仅可以准确及时地了解学生的实验水平,还可以在此基础上通过正确引导来启发学生;对学生而言,可以提高其实验实操水平,养成严谨的实验态度。

2.4 仿真模拟与实践教学相结合

教育部《全面提高高等教育质量的若干意见》指出,应强化实践育人环节,根据专业特点以及专业人才培养要求,适当增加各类专业实践的学时所占的比重,并分类制订实践教学标准。对于能源与动力专业的学生而言,实习环节对其创新能力和实践能力的培养尤为重要。通过实习可将书本上的理论知识回归实践,让学生在实习中灵活应用所学知识,将知识"变活",是教学的最终目的,也是理工科学生本科教育的必经之路。然而,近年来随着高校学生数量的增加,实习场地和实习资源的需求也日益增加,在没有政策鼓励的前提下,大多数企业无力或无意愿接待大量的学生进行实习,"实习单位联系难"成为大多数高校面临的问题。热工设备这门课中牵涉到的大部分内容都与电厂锅炉系统中的相关设备有关,学校安排的实践教学也只能远距离观察,且实习单位仅限于理论知识中提及的部分设备,有些涉及高温、高压的较大型的动力设备,出于对学生安全的考虑,安排学生在实习期间进行安装、调配等操作不现实。因此,如何让学生全面了解各个设备的作用及操作方法等成为亟待解决的问题。

仿真模拟正好可以解决这些问题。教师可充分利用多媒体等现代化教学手段,建立完善的热工设备教学网站,以逼真的动画演示为基础,引导学生通过仿真动画在脑海中进行模拟操作,在感官上对相关的热工设备有一个形象的认识。与此同时,学生可以在虚拟仿真平台上观察设备内部的基本结构,并对设备进行模拟操作。学生在实习过程中对课本上的理论知识进行初步的具象化后,再回归模拟仿真平台,进行更深入的了解和操作,这种仿真模拟与实践教学相结合的方法可以最大化地使学生将所学的理论知识活学活用,对学生的自主实践水平有较大的提升,也为学生走出校门进入企业工作打下了坚实的基础。

2.5 将思政元素带入课堂

党的十九大倡导将思政融入教学之中,让思政走进课堂,将思政育人贯穿到专业课程、实习实践、专业氛围、专业文化等整个专业培养过程当中,深入系统地推进立德树人。热工设备课程中,串联起工程实践中职业道德、工程实践对可持续发展的影响等理念,让重独立、讲个性的青年在大学阶段获得更好的价值引领、人格教育,提升政治素质,切实推动习近平新时代中国特色社会主义思想进教材、进课堂、进头脑。开启"课程思政"的建设步伐,把价值观培育和塑造"基因式"融入课程,润物无声,立德树人。"课程思政"带来的变化不仅体现在课堂上,更在于教学成果,例如,在热工设备课程中在讲解电厂锅炉排烟污染治理时,引入习近平主席提出的"绿水青山就是金山银山"的理论,进一步说明近年来国家环境部出台的一些"超低排放政策",让学生对中国治理环境的先进技术方及相关的政策有详尽的了解,既拓展了学生的知识面,使学生对整个行业的走向有一个深刻的了解,又使学生对祖国所取得的成就产生油然而生的自豪感。另外,学生创新能力的切入点正是思政教学,采用新理念新手段为大学生创新能力提供条件,也是思政融入课堂的关键出发点。

3 结　语

随着社会对高等院校人才的需求量不断增大以及对专业素质的要求不断提高,能源与动力专业专业基础课程热工设备的传统教学内容以及教学方法亟须更新,高校教师可以通过将创新意识融入课堂,将前沿科技与教学内容相结合,实验教学与理论教学相结合,仿真模拟与实践教学相结合,按照"基础扎实、知识面宽、能力强、素质高"的人才培养模式改革课程设置、转变教育思想、更新教育理念。同时,将思政元素带入课堂,深入系统地推进立德树人,串联起工程实践中的职业道德、工程实践对可持续发展的影响等理念,让青年在大学阶段获得更好的价值引领。最终转变传统的教学思路,开拓崭新的教学思想和观念,完成对热工设备课程的教学改革。

参考文献

[1]　石承斌,黄忠昭. 高校课程建设中的人文素质教育

[J]. 高教探索, 2008(5):94 – 97.

[2] 王海.《热工基础及设备》课程教学方法改革探讨[J]. 科技信息, 2011(27):183.

[3] 张建奇. 创新创业教育融入课堂教学的应用研究[J]. 广州城市职业学院学报, 2018(2):23 – 26.

[4] 杨阳. 有效备课构建高效课堂[J]. 教育教学论坛, 2013(7):199 – 200.

[5] 任玉坤, 李姗姗, 姜洪源. 前沿科技在高校教学中的导向性[J]. 教育教学论坛, 2014(1):8 – 9.

[6] 王琳琳, 陈小鹏, 韦小杰, 等. 实验教学与课堂教学相结合培养学生理论联系实际的能力[J]. 实验室研究与探索, 2007, 26(9):75 – 77.

[7] 潘妮, 陈元元, 许学成. 热能与动力工程专业本科生实践仿真教学软件开发与应用[J]. 科教导刊, 2016(22):56 – 57.

[8] 王献敏, 袁建勤, 康健梅. 高校思政教学:大学生创新能力培养的切入点[J]. 中国成人教育, 2007(20):157 – 158.

基于工程应用能力培养的锅炉课程教学改革研究

刘远超，曹建树，常峥，肖云峰

(北京石油化工学院 机械工程学院)

摘要：锅炉原理是能源与动力工程本科专业的主要专业课程,具有综合性强、实践性强等特点。本文结合北京石油化工学院能源与动力工程专业的锅炉原理课程教学,从教学内容和教学方式上进行基于工程应用能力培养的教学改革,以提升学生的学习兴趣和工程应用能力,为同类院校相关专业教师课程教学提供借鉴和参考。

关键词：锅炉原理;工程应用能力;以学生为中心;案例教学

北京石油化工学院始建于 1978 年,是一所具有鲜明工程实践特色的应用型普通高等学校。学校以能源科技创新和城市安全运行为主线,主动服务北京经济社会发展和能源产业需求,在能源化工、能源装备领域形成鲜明的人才培养与研究特色。北京石油化工学院的能源与动力工程本科专业创办于 2000 年,每年招生 2 个班 60 人左右。

目前国内有 100 多所高校开设了能源与动力工程本科专业,主要是培养能量转换及热能动力设备方面的专业人才。作为本专业的核心课程,锅炉原理课程对学生就业和后续课程学习都是极其重要的,然而由于锅炉设备与系统的复杂性,在讲授本课程时,学生普遍反映比较抽象和难从深入理解。目前,能源与动力工程专业就业情况良好,尤其是对于锅炉等热力设备方面的人才需求较大,这就要求学生在校期间对于锅炉设备在理论和实践方面都受过较好的训练,因此对锅炉课程进行基于工程应用能力培养的改革研究与实践,以工程项目及科学研究为载体,创新教学内容和方法,在教学中以

学生为中心,实施工程实践能力的培养,强化学生应用基本理论分析解决一些工程实际问题的能力,具有重要的理论和实际意义。

1 课程特点及存在的问题

锅炉原理是能源与动力工程专业的一门主要专业课程。通过该课程学习,学生应掌握锅炉设备结构及工作原理,炉内过程和锅内过程的基本概念;掌握锅炉热力计算方法及过程;能独立地应用基本理论分析锅炉运行的有关问题,培养工程问题分析、锅炉热力计算、运行分析和试验的初步能力,同时了解现代锅炉技术的发展趋势,为进一步研究能源与动力工程专业的相关技术问题打好基础。锅炉原理是本专业的一门理论性和实践性较强的专业课程,在教学过程中存在的一些问题简述如下。

1.1 课程综合性强,课程体系复杂

锅炉课程的教学内容综合性很强,体系复杂。在 1998 年以前,锅炉就曾是一门本科专业(20 世纪

50 年代初,由西安交通大学创办了我国高校中第一个锅炉专业)。原锅炉专业包括锅内过程、炉内过程、锅炉燃烧设备、锅炉本体布置与计算、锅炉强度计算、锅炉制造工艺学、直流锅炉、工业锅炉、燃油燃气锅炉、锅炉辅机等主要课程,涉及传热学、燃烧反应动力学、流体力学、材料力学等多学科理论知识的交叉。目前的锅炉课程几乎涵盖了上述的全部内容。

另外,随着高等教育教学改革的不断深入,理工科专业课程教学学时都在进一步压缩,因此在有限的学时内掌握锅炉课程的全部内容,对于学生而言具有一定难度。

1.2 课程实践性强,与工程实际联系紧密

锅炉设备是火电厂的三大主要设备之一,其工作原理是利用燃料燃烧释放的热能使水达到所需要的温度或一定压力蒸汽的一种热力设备。

锅炉本体分为"锅"与"炉"两大部分,在"锅"中使水加热成一定温度和压力的热水或过热蒸汽;在"炉"中燃料进行燃烧,产生的高温烟气作为热源加热锅炉受热面,而烟气温度逐渐降低,最后由烟囱排出。因此,锅炉的热力系统包括气水系统、烟风系统、燃烧系统、制粉系统、脱硫脱硝系统、输煤系统、化学水处理系统、热工仪表系统等。而与锅炉设备相关的计算包括燃料与燃烧计算、热力计算、强度计算、烟风阻力计算、制粉系统计算、水动力计算、炉内空气动力计算等。

由此可以看出,锅炉课程的实践性很强,与现场的工程实际联系紧密。锅炉庞大的热力系统及各种复杂的计算,很难在一门课程中面面俱到全部讲授。

1.3 教学方法传统,学生学习的主动性不强

锅炉课程具有综合性强、体系复杂、实践性强、信息量大等特点,所以在以往教学中主要采用传统的板书和课件的形式,教师是教学活动的主体,学生是教育的客体,教学过程中学生的学习主动性不强,部分同学的学习兴趣不高。

另外,由于锅炉设备本身结构、工作原理的复杂性,单纯直接地讲授很难让学生形成直观印象,这也进一步降低了学生的学习兴趣。

2 课程教学改革与实践

2.1 突出重点,精选教学内容

根据我校服务石化行业和北京地方经济的人才培养特色,突出重点,调整和凝练教学内容,贴近学生就业领域,具体如下:

(1)由于本专业的北京生源比例已从 2000 年的 10% 上升到 2018 年的 58% ,而且目前北京市已基本取缔燃煤锅炉,供热锅炉主要采用燃气锅炉。因此,进一步强化燃气锅炉设备燃烧过程的讲解,重点突出低 NO_x 燃气燃烧器的原理与设计。

(2)由于新版培养方案中,开设了环境与能源相关课程,因此在教学中,针对锅炉设备的烟气脱硫脱硝及除尘等相关内容只做简要介绍。

(3)在电站煤粉锅炉设备内容中,重点讲授炉内过程,精讲煤粉燃烧器的设计与布置及各种低 NO_x 燃烧器的原理(这些内容更适合京外生源在火力发电厂就业及未来深入的学术研究)。

(4)锅内过程部分内容,尽可能精炼讲解,对于气液二相流与沸腾传热部分则主要介绍基本概念及研究思路(因为这部分内容与传热学内容有重叠)。

经过以上调整和凝练后,在有限的学时内能够有效地让学生得到锅炉基本原理及设计相关内容等知识传授和能力提升,突出了教学重点,对学生未来就业更具针对性,同时为学生未来胜任锅炉相关工作岗位奠定必要的理论基础。

2.2 强化案例教学,激发学生兴趣

运用案例教学,强化工程背景,开展创新学习课堂。从具体复杂的工程实际问题中,抓住主要矛盾,忽略次要矛盾,进行分析与抽象概括,是解决问题的关键,同时也是增强学生理解能力,提高学习效果的必经环节。而把相关技术改造案例引入课堂,讲述案例发生的背景,可激发学生积极参与并引发其解决问题的欲望。

以应用能力培养为目标,建设锅炉课程的工程案例资源库,结合引入计算机辅助工程教学手段(包括 MATLAB 及 FLUENT 软件),将教学中的关键难点问题,通过工程案例的方式,给学生予以讲解,激发学生的学习兴趣,提升学习效果。

2.3 以学生为中心,培养工程应用能力

改变传统教学方式,实现以教师"教"为主到以学生"学"为主、以课内学习为主到以课内课外学习结合为主的两个转变,以学生为中心,不断提升学生的工程应用能力。在 220 t/h 高压煤粉锅炉受热面的热力计算中,为培养学生的理论计算能力及团队合作精神,课程开始时把学生分成若干小组,每个小组需要合作完成任务,包括燃烧辅助计算、炉

腔传热计算、烟风阻力计算、对流受热面计算等,画出热力设备图,对计算结果进行具体分析。这都需要小组中各成员在课堂上认真听讲,课后查找手册及文献并合作完成。通过这种方式,提升了学生的学习兴致,增强了学生对抽象难懂的设备内容的理解和认识。

教学实践证明,在教学中以学生为中心,实施工程实践能力的培养是适用于应用型本科院校的,有助于提升学生学习的主动性和积极性,有助于学生独立思考工程技术问题,强化了学习效果,提升了学生的就业适应能力。

3 结 语

目前,我国正处于高等工程教育由大而强的关键时期,建设高等工程教育强国,是新时代赋予工程教育的使命。北京石油化工学院是一所具有鲜明工程实践特色的应用型高等学校,主要培养高级应用型人才,需要在新的高等教育形势下构建适应社会发展的课程体系,更新教学内容、教学环节、教学方法和教学手段,全面提高教学水平,逐渐缩小本科教育与企业需求之间的差距。因此,针对锅炉课程进行基于工程应用能力培养的改革研究与实践,对于提升学生服务地方及石化行业能力,强化工程实践能力,具有重要意义。

参考文献

[1] 康灿.强化地方高校工程人才培养特色的途径与实践——以江苏大学能源与动力工程专业为例[J].大学教育,2019(4):152-155.

[2] 赵炬明.助力学习:学习环境与教育技术——美国"以学生为中心"的本科教学改革研究之四[J].高等工程教育研究,2019(2):7-25.

[3] 谢志远,戴威.新技术变革与高等教育应对:建设一流应用型本科的应然、实然、必然之路[J].高等工程教育研究,2018(5):111-116.

[4] 王治国,苏亚丽,苏晓辉.能源与动力工程专业锅炉原理课程教学改革与学生创新能力培养[J].化工高等教育,2018,35(4):27-29.

[5] 王晓萍,刘玉玲,梁宜勇,等."以学生为中心"的教法、学法、考法改革与实践[J].中国大学教学,2017(6):73-76.

[6] 张伟,宋文霞.锅炉原理课程的教学改革与实践[J].中国电力教育,2017(3):52-55.

[7] 赵芳,管晓艳,董智广,等.基于应用型人才培养模式的专业职业能力模块划分——以能源与动力工程专业为例[J].化工高等教育,2016,33(3):48-51.

SPOC 翻转课堂模式在 CFD 课程中的应用*
——以格子玻尔兹曼方法基础课程为例

翟明,宋彦萍,刘辉,姜宝成,帅永

(哈尔滨工业大学 能源科学与工程学院)

摘要:本文结合 SPOC 翻转课堂的特点,以格子玻尔兹曼方法基础课程为例,介绍了 SPOC 翻转课堂模式在 CFD 课程中的应用。通过分析 SPOC 翻转课堂模式的 CFD 课程内容体系、评价与成效,总结 SPOC 翻转课堂模式的 CFD 课程特色,为建设和开展 SPOC 翻转课堂模式的应用实践提供借鉴。

关键词:SPOC;翻转课堂;CFD 课程;格子玻尔兹曼方法基础

随着"互联网+"教育的高速发展,大规模开放在线课程(Massive Open Online Course, MOOC/慕

*基金项目:2017 高等学校能源动力类新工科研究与实践项目(重点)(NDXGK2017Z-05);黑龙江省教育科学"十三五"规划 2019 年度重点课题(GJB1319039);2016 高等学校能源动力类专业教学改革项目(NDJZW2016Y-16);2017 哈尔滨工业大学教育教学改革研究项目(XJG2017041)

课)已经成为高等教育课程实施的一个重要模式。然而,无论是在学术教育还是专业教育的课程中,慕课的完成率都不尽人意,慕课的教学质量也被认为是造成这一现象的主要原因之一。2013 年,加利福尼亚大学伯克利分校的 Fox 教授首次提出了小规模限制性/私密/私人在线课程(Small Private Online Course,SPOC)这个概念。Small 和 Private 是相对于 MOOC 中的 Massive 和 Open 而言的,Small 是指学生规模一般在几十人到几百人,Private 是指对学生设置限制性准入条件,达到要求的申请者才能被纳入 SPOC 课程。换句话说,SPOC 是一个小型化的 MOOC,教育机构和教师可以利用许多经过验证的在线教学方法,并将其与针对较小群体的课堂课程相结合。在大多数情况下,SPOC 学生享受比 MOOC 学生更个性化的教育体验,他们可以与老师和学生一起参加互动和讨论。因此,SPOC 的重点不在于数量,而在于质量。对于教师而言,这意味着能够更有针对性地与对目标群体感兴趣的学生进行交流,更适合混合学习和翻转课堂学习。SPOC 将传统的教育及教学原则与围绕互联网和信息技术建立的新教学生态系统相结合,实现了线上和线下学习的最佳组合,其教学模式已被证明是极其有效的。

1 研究目的和意义

计算流体力学(CFD)是连续介质力学的一个分支,是一种研究流体流动和传热问题的数值模拟方法。由于从任何连续体问题的数学建模中得到的各种积分、微分或积分 - 微分方程的精确解析解仅限于简单几何结构,对于大多数具有实际意义的情况,无法得到解析解,因此,需采用数值方法。自 20 世纪 60 年代,计算流体动力学概念被首次提出,到 Spalding 教授创造了世界上第一套计算流体与计算传热学商业软件以来,CFD 已被广泛应用于现代科学研究中。目前,由于 CFD 方法、代码、商业软件众多,操作难度不同,适用范围不同等问题,使得学习和掌握 CFD 变成一件劳心费力的事。SPOC 教学模式为 CFD 课程的教学提供了新的思路。因此,如何设计 SPOC 来提高学习者的参与度,将 SPOC 翻转课堂的教学模式融入 CFD 课程中,促进 CFD 技术在实际中的应用,强化学生对 CFD 的认识和实践能力,具有重要的指导意义。本文以欧洲科学计算研究中心的在线培训课程格子玻尔兹曼方法基础(Fundamentals of Lattice Boltzmann Method)为例,探究 SPOC 翻转课堂模式在 CFD 课程中的应用。

2 SPOC 翻转课堂模式的 CFD 课程构建

2.1 课程内容体系

格子玻尔兹曼方法是一种基于介观(mesoscopic)模拟尺度的计算流体力学的方法。它从气体动力学理论推导得出,已成为用于计算流体动力学求解 Navier - Stokes 方程的替代方法。该方法相比于其他传统 CFD 计算方法,具有介于微观分子动力学模型和宏观连续模型的介观模型特点,具备流体相互作用描述简单、复杂边界易于设置、易于大规模并行计算、程序容易实施等优点。格子玻尔兹曼方法基础课程旨在介绍用于单相流的格子波尔兹曼方法(LBM)。

格子玻尔兹曼基础课程主要针对使用 CFD 进行数值模拟的科研人员,需要具备数学分析和概率(预期值、标准偏差和正态分布)及计算流体动力学背景知识。课程基本信息结构包括课程目标群体、课程内容、课程讲授时间、考核方式、评分标准、课程反馈及修正等内容(见图 1)。课程介绍格子玻尔兹曼方法的基本原理,分为 3 周连续进行,从一般性和基本概念出发,简化方程的推导,专注于方程含义。每周内容分别为 LBM 简介、Boltzmann 方程和动力学理论、求解玻尔兹曼方程。第四周安排在线讨论和最终考试。课程教员包括教授、学者、工程师、博士生,共 7 人。

课程第一周,首先对课程论坛、学员与教师间如何相互讨论进行介绍;然后讲解各种湍流模型、比较各模型优缺点,在此基础上引出 LBM 方法及其适用范围;最后简单介绍概率密度函数,并由此介绍气体模型。课程第二周,介绍玻尔兹曼方程、颗粒碰撞模型,推导玻尔兹曼 BGK 动量方程,比较玻尔兹曼方程与 N - S 方程优缺点及其适用范围,最后讲解玻尔兹曼方程及玻尔兹曼 BGK 方程的局限性。课程第三周,讲授如何求解玻尔兹曼方程,包括二阶 Chapman Enskog 展开、引出格子玻尔兹曼方法、讲解如何将时间空间离散,并采用在线虚拟仿真技术辅助学员理解,然后将方程扩展到可压缩流动,解释如何选取合适的格式,最后对求解方程使用的边界条件进行简介。课程第四周设置了在线论坛,对课程全部内容进行总结,实时回答学员提出的问题,并在学员参加最终考核之前安排考前训练。

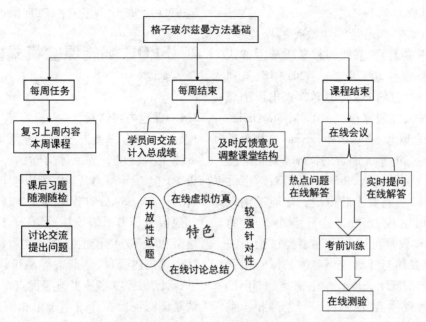

图 1　格子玻尔兹曼基础课程基本结构

2.2　课程评价与成效

课程在每周一更新内容,推荐总学习时长为两个小时。学员可在一周时间内任何时间进行学习。课程视频每段不超过 7 分钟,充分将学习时间碎片化。在每段视频学习完成后,列出 1 至 5 个习题,正确答案及解析在提交反馈后给出,以充分巩固所学知识。课程要求学员积极参加交流和互动,并获取相应的证书。每周课程最后,设置一道开放式命题,让学员们充分讨论并表达各自观点。对于课堂内容的难易度、进程快慢等结合学员反馈掌握情况,以便教师及时调整。

课程学习建立在认知心理学和学习研究的循证原则之上。学员需要建立自己的理解,认真完成每周课程。课程最后提供两份证书:一是参与证书,需要在整个课程中积极参与论坛讨论,与其他学员进行互动;二是学习证书,要求在课程最终考核中取得 70 分以上的成绩。学员完成课程学习后,预期能够评估在给定情况下应用 LBM 与传统 N–S 方程求解相比的优点和局限性,并根据所研究的物理现象选择适当的格式,从高性能计算的角度解释 LBM 的数值计算效率。

3　SPOC 翻转课堂模式的 CFD 课程特色

3.1　在线虚拟仿真

在线虚拟仿真是格子玻尔兹曼方法基础课程的特色之一。由于在教学过程中引入网页版在线虚拟仿真程序(见图 2),可以在线进行数值模拟和结果演示,为学生省去了安装软件、熟悉软件的时间,用最短的时间实现了最好的学习效果。虚拟仿真为颗粒碰撞模型对粒子速度及位置的概率密度函数的影响,及如何用标准二维格子玻尔兹曼方法模拟声学波动。由于 CFD 方法是用数值方法求解非线性联立的质量、能量、组分、动量和自定义的标量的微分方程组,求解出的结果能预报流动、传热、传质、燃烧等过程的细节。因此,理解数学模型中各方程的含义及功能远比软件操作重要。在课程学习中设置网页版的虚拟仿真,可以在学习过程中直接将抽象的数学模型用宏观的现象表述出来,使学生更易于理解,从而为今后在学习工作中更好地使用格子玻尔兹曼方法打下基础。

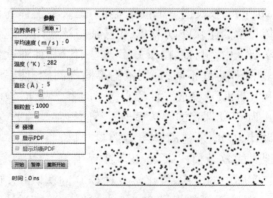

图 2　网页版在线虚拟仿真程序

3.2 在线视频讨论和总结

格子玻尔兹曼方法基础课程的另一特色之处是在线视频讨论和总结。目前,大多数 SPOC 平台上的课程在结束后多以非实时交流方式,如留言、邮件、微信公众号等与老师再次进行沟通。这样的互动并不具有时效性,学生的问题不能得到及时的解答,严重影响学习效果。而该课程在核心内容结束之后,会安排一次在线视频会议,教师和学员进行在线实时交流(见图 3),目的是让学员们将遇到的问题"说出来"而不是"写出来",且及时反馈。这样既有利于提问的学生更好地表述自己的问题,也方便教师和其他学员给予针对性的解答,恰好将SPOC 翻转课堂模式的意义体现出来,使学生成为课堂的主角。

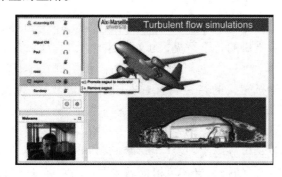

图 3　在线视频会议

3.3 及时反馈系统

及时反馈也是格子玻尔兹曼方法基础课程的一大特色。SPOC 翻转课堂模式以线上学习为主,通过及时反馈,教师了解学员对课程内容掌握情况,尤其在 CFD 数值模拟应用过程中,学员不仅会在理论知识方面,也会在软件操作和结果分析上出现问题。因此,建立有效的课程及时反馈系统,能够方便教师对课程内容进行革新和修正。在格子玻尔兹曼方法基础课程中,每周课后都有一次及时反馈(见图 4),要求学员对课程进度、讲课内容进行评价。同时,该系统也对所有学员的课程学习和掌握情况给出统计数据,方便教师在下次上课时有针对性地进行讲解和讨论。课程全部内容可在 3 个月内进行回看,遇到问题可以继续与老师及其他学员进行交流,充分消化理解所学内容。这样的反馈系统设计可以帮助学员将所学内容更好地应用于解决实际问题中。

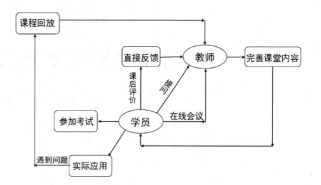

图 4　课程反馈系统

4　结　语

SPOC 翻转课堂模式无论相对于传统教学模式,还是相对于 MOOC 模式,都是一次颠覆性的创新,它更适用于专业技能教育,有利于师生之间、学生之间的沟通和思想碰撞,强化实时监督和管理,并能及时反馈,引导学习过程。通过对 SPOC 翻转课堂的研究和实践,不断总结 SPOC 翻转课堂模式的课程特色,对建设和开展 SPOC 翻转课堂模式的应用实践具有重要的借鉴意义。

参考文献

[1] Whitaker J, New J R, Ireland R D. MOOCs and the online delivery of business education. What's new? What's not? What now? [J]. Academy of Management Learning & Education, 2016(15): 345 – 365.

[2] Fox A. From MOOCs to SPOCs: supplementing the classroom experience with small private online courses [J]. Communications of the ACM, 2013(56): 36 – 40.

[3] 王旱祥, 张辛, 刘延鑫, 等. 基于 SPOC 模式的机电信息检测与处理技术教学改革研究[J]. 教育教学论坛, 2019(14): 137 – 138.

[4] Euler D. Design principles a Bridge Between Scientific Knowledge Production and Practice design[J]. Educational Design Research, 2017(1): 1 – 15.

[5] 方江雄, 刘花香, 刘军, 等. SPOC 翻转课堂模式在虚拟仪器课程中的应用研究[J]. 中国教育信息化, 2016(24): 20 – 23.

工程数学建模技术及实践创新创业课程建设*

陈磊，唐桂华，王秋旺，何雅玲，陶文铨

（西安交通大学 热流科学与工程教育部重点实验室）

摘要："双创"背景下，高校创新创业教育课程建设应为学生创新创业提供实践创新平台，拓宽大学生进行学科交叉创新实践的路径。本团队构建工程数学建模技术与创新创业的课程体系，教学内容主要涉及实际生产生活中的应用案例，体现了培养创新创业意识、创新创业能力、创新创业实践等教育征途，具有交叉性和模块化特点。

关键词：创新创业；数学建模技术；课程建设

近年来，国家多次从国家发展战略的高度要求重视和开展大学生创新创业活动和创新创业教育。《关于深化高等学校创新创业教育改革的实施意见》（国办发〔2015〕36号）指出，"努力造就大众创业、万众创新的生力军，需要推动高等教育主动适应和积极引领经济发展新常态。""高校应当以学生的创新精神、创业意识和创新创业能力明显增强，投身创业实践的学生显著增加为目标，从制度、载体、方法、服务创新等方面着力构建创新创业教育新体系。"在社会发展新需求和国家创新创业新政策的推动下，高校掀起了新一轮创新创业教育改革高潮。"双创"新背景下，高校创新创业教育要获得开创性发展，设计符合创新创业培养理念和人才培养需求的创新创业课程是构建创新创业教育新体系的关键所在，是促使"双创"教育目标的达成，满足造就大众创业、万众创新的生力军的关键所在。我国供给侧改革的不断深入，将高校推向了市场运行的前沿，并对高校学生的能力培养提出了新的要求。多年来我国高等院校的教学重理论、轻实践，特别是学生在各自专业的学习研究当中严重缺乏学科交叉的创新意识和能力。

针对这种现状，高校教育应在保持完整的专业知识体系基础上，进一步提升学生解决实际问题的学科交叉创新能力，使学生既具备系统的专业理论知识，又具有较强的动手能力，从而贴近社会的需求，提高就业竞争力。开设能够培养学生双创能力和意识的课程是目前急需解决的问题，同时这也符合教育部《关于进一步深化本科教学改革 全面提高教学质量的若干意见》的文件精神。课程建设应实现为学生进行创新创业提供平台和拓宽大学生进行学科交叉的路径目标。本团队开设的工程数学建模技术及实践创新创业课程依托西安交通大学热流科学与工程教育部重点实验室，面向全校所有专业学生分层次开设，主讲教师包括陕西省教学名师1人，师资力量还可根据需要进一步拓展，同时该课程建设中还邀请来自中国电力科学研究院有限公司、上海汽车、陕西燃气集团、江苏电网等企业的专家、高管参与讲学，这也可使高校与企事业单位建立密切联系，从而使得培养的人才更加符合社会的需求。

1 教学内容及体系

创新创业课程在体系构建上应坚持理论与实践统一、学与做统一，创新创业教育与基础理论、专业知识和职业技能等有机融合的基本原则；在体系构成上具备综合多元、立体化特征；在课程设置上体现出整合性、层次性、渐进性的特征。在课程内容上，依据对学生的基本素质、理论知识和实践能力的需求，建立一个意识、知识、能力素质、实务操作的循序渐进、由理论到实践的教育过程，既要有学习基本理论的课程内容，又要体现创业意识、素质，营造创业文化氛围的课程内容，还要有可以参与体验的实践课程，并且这些课程内容之间要衔

---

* 基金项目：能源动力教学指导委员会教改项目（NDJZW2016Y - 55）；西安交通大学教学改革研究专项（17ZX009）

接好，具有整体性。在课程类型上，兼顾必修课和选修课，选择方式多样化。在课程层次上，兼顾低年级和高年级、普及型和提高型的学习需求，因材施教、个性发展。在课程修读上，贯穿每个学期，整个过程不间断。在课程载体上，兼顾线下课程和在线课程，学习空间立体化。因此，课程教学内容及体系构建体现了培养创新创业意识、造就创新创业能力、开展创新创业实践等基本内涵，并且教学内容具有交叉性和模块化特征。

工程数学建模技术课程内容包含以下几个模块：

绪论模块：通过工程数学建模技术在创新创业方面的经典案例，培养学生的创新创业意识。

换热器课程模块：换热器在化工、石油、动力、食品及其他许多工业生产中占有重要地位，其中，在化工生产中换热器可作为加热器、冷却器、冷凝器、蒸发器、再沸器等，应用广泛，具有学科交叉特点，该领域技术可为多个学科学生创新创业提供实践机会。同时本团队曾获得2015年国家技术发明奖二等奖1项，在换热器设计方面具有丰富经验，这对教学实践十分有利。

冷热电联合优化模块：该模块主要包括节能方案设计、分布式能源综合利用设计、能源互联网优化设计和能源存储方案设计。内容涉及电气、机械、管理、数学、能动、经济等学科，既有理论又有实践。例如动力发电系统、制热系统和制冷系统等，电能主要来自电网、蓄电池、太阳能光伏和燃气轮机，热主要由热泵、电热锅炉、太阳能集热器、微型燃气轮机和蓄热系统提供，冷主要由溴化锂制冷机、蓄冷系统和热泵提供。学生可通过理论学习和实践活动进行冷热电最佳匹配方案的设计。该领域技术主要解决用户侧能源利用的优化，对供电、供热（冷）、供气等统一调度最优化运行具有指导意义，多个学科学生可以在该领域进行创新创业。

氢燃料电池模块：氢燃料电池技术是目前最热门的新能源技术之一，在氢燃料电池产业链上产生了很多新企业。根据国家氢能发展白皮书，到2050年形成完整氢能产业链前，该技术都是进行创新创业的最有潜力领域之一。依托热流科学与工程教育部重点实验室氢燃料电池实验室，本团队承担了多个国家级氢燃料电池课题，这也为课程内容的顺利开展提供了基本保障。

2 教学方法

本课程为线下课程，也可结合部分线上教学，线上教学内容主要是涉及实际生产生活中的应用案例，以能源动力为核心，与化工、航天、机械、物理、数学、材料、电气、通信、管理等学科进行交叉，使学生在学习过程中提升跨学科解决实际问题的能力。课程面向大一至大四学生，对前期基础没有门槛要求，根据自身情况量身定制实践教学方案，主要的3个模块中每个模块又都有3个层级组成，3个层级包括基础级、专业级和企业级。理论课程由本校教师和企业导师联合讲授，进行专兼结合的通识性培养，采用模块化教学；实践学时里，按照不同学科不同专业组成若干研究小组，每个小组设队长1名，队员3~5名，并选择感兴趣课题。本课程针对每个实验提供若干具体问题以供学生选择，部分课题邀请企业提供。各专业学生交叉组队发挥本专业特长，从不同视角提供思路和方法，经过1~4学期研究后，提交研究报告、撰写科研论文、申请专利等，并进行团队答辩（邀请企业专家参与）和成果展示，并以此成绩结合平时成绩作为学生选修本课程的最终成绩。

3 教学支撑体系建设

开展创新创业教育需要新的支撑体系，包括专用教材和信息化教学手段。教材应立足于创新创业教育。创新创业教育不是解决就业岗位、创设企业公司的权宜之计，而是在高质量人才培养和社会可持续创新发展的框架下的一种新型教育实践，创新创业课程开发和设计既要遵循学科本身知识结构和课程自身的内在逻辑关联性，也要与时俱进融合科学最前沿、极具市场应用价值和符合发展需求的技术进展，同时还要充分考虑学生的心理发展阶段，按照其学习特点，着眼于学生自身发展，使学生学会认知、学会挑战、学会承担责任、学会自我发展、学会生存之道。理论课程采用多媒体教学（亦可结合线上教学），制作专门的多媒体课件和实验教学视频，教学管理采用微信群、QQ群等协助管理，同时建设专门课程微站，丰富网络教学辅助信息内容。

4 结 语

融合了创新创业教育思想的工程数学建模技术与实践课程为线下线上结合课程,教学内容主要是涉及实际生产生活中的应用案例,包括换热器课程模块、冷热电联合优化模块和氢燃料电池模块。课程教学内容及体系构建体现了培养创新创业意识、能力与实践等基本内涵,具有交叉性和模块化特征,采用了与时俱进的网络教学管理辅助手段。

参考文献

[1] 朱强. 交叉学科视野下的大学生创新能力培养研究[D]. 济南:山东大学,2017.

[2] 阮学云,郑孝莲,郭书剑. 协同学在工科大学生创新能力培养中的探究[J]. 时代教育,2015(15):189.

[3] 王牧华,袁金茹. 交叉学科培养本科拔尖创新人才的机制创新与体制变革[J]. 西南大学学报(社会科学版),2015(2):66-72.

[4] 杨建,从文奇. 借鉴国际经验培养与提升大学生创新能力——评《大学生创新能力提升研究与实践》[J]. 中国教育学刊,2015(3):1.

[5] 朱荣涛,胡炳涛,王艳飞,等. 新工科下高校实验与实践教学体系改革与探索[J]. 教育教学论坛,2019(16):72-75.

[6] 黄源源,吴春旺,张仕斌. 基于双螺旋耦合模式的交叉学科大学生创新计划项目实践[J]. 才智,2016(7):163.

[7] 陈磊,何雅玲,陶文铨. 课内外结合提升能源动力专业大学生跨学科创新能力[J]. 高教学刊,2017(11).

[8] 陈华鑫,牛冬瑜,陈永楠,等. "一带一路"背景下创新型材料类专业人才培养路径探析——以长安大学材料科学与工程专业为例[J]. 教育教学论坛,2019(17):63-64.

基于雨课堂混合式学习的传热学教学研究与实践

何光艳,韩东太,晁阳

(中国矿业大学 电气与动力工程学院)

摘要: 针对能源与动力工程专业学科基础必修课程传热学的教学实际,基于雨课堂平台构建以学生为中心的"混合式学习"模式,进行教学改革与实践,激发学生兴趣,锻炼和培养学生自主学习能力,提升课堂教学质量,并对雨课堂用于教学实践进行研究与反思。

关键词: 雨课堂;混合式学习;传热学;教学设计

近年来,随着信息技术的高速发展,许多高校的教师正积极将互联网工具与先进教学理念融合,开展了诸多智慧教学实践(如 MOOC、微课、翻转课堂、雨课堂等),实现课堂教学的数字化、网络化、智能化和多媒体化,为学生建立自主、交互、共享、开放的学习环境。

中国互联网络信息中心(CNNIC)第 42 次《中国互联网络发展状况统计报告》显示:截至 2018 年 6 月 30 日,我国网民规模达 8.02 亿人,互联网普及率达 57.7%,其中手机网民规模已达 7.88 亿人,较 2017 年末增加 4.7%,网民中使用手机上网人群的占比达 98.3%。从趋势上看,这个比例还在不断增加。

由于在线教育的局限性,世界各国教育学家逐渐形成两个主流观点,即"网络学习能很好地实现某些教育目标,但是不能代替传统的课堂教学"与"网络学习不会取代学校教育,但是会极大地改善课堂教学的目的和功能",这为混合式学习这一新范式的提出和发展奠定了基础。

2016 年 6 月,清华大学与"学堂在线"共同推出一款新型混合式学习工具——雨课堂。通过下载"雨课堂"可实现 PPT 和手机的即时连通,可以发布习题、PPT、投票、视频、试卷等各种教学资料,实时掌握学生的学习进度和知识掌握程度;课堂教学中可实现学生考勤、随机抽答、实时答题、弹幕、投稿等多种新颖的互动形式,并实时采集、分析课堂教学数据。雨课堂能够连接师生各自的智能终端,以"黑板+PPT+移动终端"模式给师生带来了全新的课程体验,改善课堂教学环境和教学气氛,实现"课前-课上-课后"全覆盖,不仅为学生的自主学习提供了良好的平台,同时也提升了课堂的教学效率,让教师和学生最大限度地发挥各自的主观能动性,有效培养学生自主学习、工程师化思维和创新能力。截至2018年9月5日,深度使用雨课堂的师生超过498万人,开课教师数超过35万人,是国内最为活跃的智慧教学工具。

1 传热学混合式学习模式设计

2004年,何克抗教授在国内率先正式提出"混合式学习"这一概念。所谓混合式学习就是要把传统学习方式的优势和网络化学习的优势结合起来,也就是说,既要发挥教师引导、启发、监控教学过程的主导作用,又要充分体现学生作为学习过程主体的主动性、积极性与创造性。何克抗教授认为,混合式学习能够在充分发挥教师主导作用的基础上,加强学生的自主学习和自我管理,从而达到培养学生创新性思维的目的。

1.1 传热学课程教学现状分析

中国矿业大学电气与动力工程学院传热学课程组对该课程的教学情况做过讨论和分析,得出如下结论:

(1)以往传热学的课堂教学方法主要为讲授式

教学,教学效果受制约。

教师虽然使用多媒体课件进行课堂教学,通过教学设计尽量让大多数学生保持兴奋并积极参与到课堂教学互动环节中,但教学中任课教师唱独角戏的情形仍比较普遍,课堂气氛也不够活跃,学生难以坚持认真听完整堂课,教学效果欠佳。

(2)传热学课程知识点多,理论性强,学生学习的积极性不高。

传热学作为学科基础必修课之一,全面介绍热传导、对流传热和辐射传热等不同热量传递方式和热交换器的热计算,其地位和作用不言而喻。也因为该课程涵盖的范围极广,知识点多,需要运用较多微积分和流体力学方面的知识,其理论性强,在一定程度上影响了学生的学习兴趣和热情。

(3)一些新颖的教学方式能有效激发学生的学习热情和自主学习兴趣。

在与学生的交流中我们发现,从小学到大学,现在的学生对常规的多媒体教学方式已有一定程度的"审美疲劳",会产生疲倦甚至某种"抵触"情绪,课堂中"低头族"随处可见。但他们对翻转课堂式教学、研讨式教学、问题式学习、SPOC(小规模限制性在线课程)学习、微课学习和慕课学习等较新颖的教学方法则乐于接受和尝试,并表现出极大的兴趣。

1.2 传热学课程混合式学习模式设计

传热学课程混合式学习模式基于雨课堂平台,从教师和学生两个层面,按课前、课上、课后三个阶段进行设计,具体内容分配见图1。

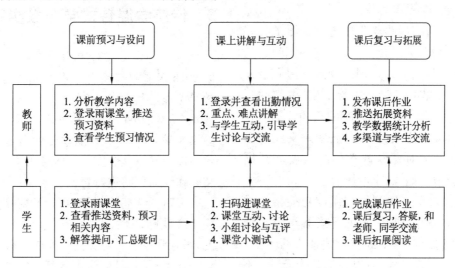

图1 基于雨课堂平台的混合式学习模式设计

基于雨课堂平台,全程进行混合式学习,将传统课堂讲授和现代网络学习的优势综合起来,教师在教学活动中侧重引导、启发、管理和监控教学过程,突出教师的主导地位和作用,同时强调以学生为主,激励学生主动参与,以达到最优教学效果。整个教学模式总体采用"课前预习与设问 – 课上讲解与互动 – 课后复习与拓展"三个阶段,每个阶段都利用雨课堂实施。

1.2.1 课前——预习与设问

教师在授课之前,对教学内容进行分析,结合学生具体情况,利用雨课堂发布课前预习PPT,布置预习任务,根据教学内容提出若干个问题,同时推送传热学微课、慕课或其他在线视频课程资源,让学生课前预习。而学生则在课前接收教师推送的预习资料,并带着问题在规定时间内完成相关预习内容,通过思考对给出问题进行解答。

教师布置预习任务和设置问题促使学生主动学习,根据情况安排学生自己思考或者分组讨论,为课堂上的交流互动做准备,帮助学生培养学习能力和运用所学知识解决问题的能力。

为使学生在课前更好地预习相关课程内容,除了指导预习的PPT,教师还可以推送在线网络资源,以及教师自己录的音频、学习视频等,资料不能太深奥,便于学生以自学为标准,有效激发学生的学习积极性,因此其形式可以丰富多样。设置的问题要难易结合,不能太偏太难,涉及的知识点要和所学内容紧密关联,有助于学生在思考和解答过程中巩固和加深对专业知识的理解与掌握。

1.2.2 课上——讲解与互动

在课堂讲授阶段,因为学生事先已预习了相关内容,所以要少而精,要以重点、难点和共性问题的讲授为主。同时,教师应多采用问题式学习和启发式教学方法授课,尽量将课堂还给学生,由教师引导学生展开思考和讨论,找出问题的正确答案。在这个过程中教师有意识地将知识点融入交流与互动活动中,提高学生对课堂教学的参与度和认同感,激发学生对该门课程的学习热情。

雨课堂平台有很多便利而实用的功能帮助教师组织好课堂教学活动,并灵活把握课堂教学情况:比如上课时利用扫码签到功能快速进行考勤;学生遇到不懂的地方,随时可以在手机上点击"不懂"按键反馈给老师;在授课中进行选择、填空或主观题等多种形式的课堂小测试,巩固知识点,对客

观题平台能自动判定结果,并对学生答题情况进行汇总分析,节省教师时间和精力;教师可根据需要在课上开启弹幕,学生通过弹幕发表评论和交流;教师可以在课上提问并使用雨课堂随机点名让学生回答,有活跃气氛、优化师生关系的效果;自动收藏教师授课PPT,学生在课后随时可以重新查看复习,等等。

1.2.3 课后——复习与拓展

在课后,教师可向学生推送拓展知识的文献和相关资料,拓宽学生对专业的认知与眼界。推送资料主要针对学有余力的学生,同样以不加重学生负担为标准,允许学生量力而行,自己决定是否投入更多时间和精力去拓展知识,避免引发相反的效果。教师在课后要布置课外作业或练习,及时进行批改,同时利用雨课堂平台在讨论区和学生交流,还可以在平台内私信学生或使用微信、QQ等工具与学生单独交流或进行辅导。

在课后环节,教师应及时反思和整理上课情况:与按了"不懂"按钮的学生交流,确认不懂的地方和缘由,进行单独辅导;对按了"不懂"按钮的PPT页面所涉及的知识点和讲授方法进行分析,查找不足。对于课堂教学中的课堂小测验或随机抽答问题等数据收集与分析,也都在这一环节中完成。

教师如在课堂上对学生分组并布置了小论文或大作业等形式的课外作业,在课后阶段应和各组组长或组员积极沟通交流与辅导,引导和激发学生自主思考和寻找答案,更可以让各组学生互相评价,最后由教师评定分数。

2 传热学混合式学习教学实践

本次教学实践对象为我校电气与动力工程学院2016级能源与动力工程专业卓越班34名学生,教学课程是其2018—2019学年第一学期的传热学课程,总学时64学时,其中课堂教学56学时,实验教学8学时。2016级能动专业普通班传热学未采用雨课堂教学,考虑其与卓越班学生间的差异,未将其作为对照组进行对比。

经过一学期的使用,可以确定雨课堂在提高学生的主观能动性,辅助教师实时掌握学生学习情况,增强师生互动与交流等方面具有良好的效果。

在课程结束后,笔者收集了一些数据进行分析与评价:

(1)此次课程教学中教师共发布课前预习PPT

文档 12 个,推送相关在线资源 16 项,学生阅读下载率 99.1%;学生打开 PPT 进行预习的时间最长为 46 分钟,最短为 1.5 分钟,平均时长约 18 分钟;教师发布授课 PPT 文档 22 个,课堂教学中学生标记"不懂"的 PPT 页面数 12 页,占比约为 1.8%。

(2)课上教学环节共设计单选题 56 道,学生答题率 99.5%;课上随机抽答 15 题,累计抽中 27 名同学回答,没有直接回答"我不知道"的学生;课上共开启弹幕 11 次,学生累计发送弹幕 257 条,开启弹幕后学生平均发送弹幕约 23 条;布置课外作业 6 次,学生提交率 100%。

(3)学生在雨课堂平台留言 34 条,通过微信和 QQ 与教师交流 16 次,短信交流 3 次,到教师办公室答疑 12 人次。与上一届相比,这届学生与教师的交流次数明显增多,学生活跃程度有较大幅度的提升。

(4)课程结束后,笔者就雨课堂使用及传热学教学效果与卓越班的部分学生进行交流,同学们对雨课堂的使用全部持正面评价,并认为雨课堂使师生间的交流互动更频繁和有效。

(5)学生考试成绩分布较理想,班级平均分和达到 80 分以上人数均较上一届有一定提高,横向比较也明显好于同年级普通班的数据,说明雨课堂平台和混合式学习的教学方式对改善传热学课程教学质量有较大的促进和提升。

3 传热学混合式学习教学改革反思

3.1 教师的教学投入和工作压力增加

基于雨课堂平台采用混合式学习模式,大力推进传热学课程教学改革与实践,对教师的课堂教学提出了更高的要求,教学质量和教学效果明显提升的同时,教师的教学投入和教学工作压力也不减反增:

(1)使用雨课堂平台,引入混合式学习模式,教师授课的教案和讲义都需要重新编写,并需要根据"课前—课上—课后"三个不同阶段调整和配置教学内容,引导学生对所学知识进行有意义的建构,产生自己的理解和思维,促进学生自主学习。

(2)教师在引入混合式学习模式进行课堂教学前需要搜集和整理要推送的各种资料,前期工作量较大,尤其是搜集准备在线视频课程、慕课、微课等网络资源,使学生能够利用现代教育技术和手段主动学习,在教师的干预和引导下自主建构自身的知识体系,系统而有效地获取知识。

(3)教师需要精心设计课上教学环节,从课前预习要点与提出的问题,到课上随堂小测验的考查重点和课后拓展领域,都要有周密的计划和安排,要将"课前预习—课上精讲—课后拓展"有机地整合为一体,课前预习的难度要低,课上精讲要灵活高效,课后复习拓展要有的放矢,强化信息传播与加工的能力,强调学生在学习过程中对知识的理解和运用。

(4)教师要熟悉和善于使用雨课堂平台的诸多功能,采集学生的考勤、课堂测试、课后作业等信息和统计数据,在此基础上进行合理筛选和分析,依靠雨课堂平台协助教师在教学过程中动态、多角度评价学生的学习状态和学习效果,将评价结果及时反馈,不断调整教学策略和教学手段。

3.2 学生的自主学习能力和开拓进取精神成为关键

混合式学习对学生同样提出了更高的要求:

(1)课余时间需要合理分配。我校能动专业本科学生学业负担相对较重,课余时间的使用和安排就显得非常重要。而基于雨课堂的混合式学习过程中,课前和课后环节都要花费较多的时间,学生是否会因此对该课程产生疲倦感甚至反感,且如果有数门课程都使用基于雨课堂"混合式学习"教学模式是否会导致学生没有足够时间完成多门课程的相应任务,这是需要教学工作者深入研究和关注的一个方面。

(2)对学生自主学习能力要求高。在混合式学习模式中,学生是整个学习过程的主体和重心,学生学习的主动性和自主学习能力的高低对学习效果影响巨大。雨课堂可以帮助教师获取更翔实可靠的预习、课堂教学、复习的诸多数据,帮助我们及早发现学习中存在问题的少数学生,并采取适当对策督促和帮助他们,提高整体教学效果。但这些数据大多不能和学生的学习效果正相关,不足以用来评判学生学习好坏。

(3)具有开拓进取精神和创新精神的学生更容易从中受益。按照人本主义学习理论,教学活动要以学生为中心来构建学习情境,教师在教学活动中的角色应当是学生学习的"促进者"。笔者认为,在"混合式学习"教学模式中,教师不只是教学生知识,而是要为学生提供学习的手段,混合式学习模式可以很好地做到这些。但教师这个"促进者"可以干预和引导,却终究无法代替学生这个学习主体。而且问题式学习、启发式教学、分组研讨,以及组间交流互评、成果展示等多层次、差异化的教学活动，在激发学生学习积极性，挖掘和培养学生的潜力和创新能力，实现学生的个性化发展的同时，也容易使学生中开拓进取精神相对不足，综合能力较为普通的学生，尤其是自我控制能力有所欠缺的学生，在教学活动不同阶段产生挫折感，进而不愿继续努力，不再积极参与小组内学习研讨活动或与教师的互动交流，而选择抄袭、随大流的省力方式，这反而削弱了教学效果。

4 结 语

总而言之，课堂教学的数字化、网络化、智能化和多媒体化是未来高等教育的重要特征，是大势所趋。基于雨课堂构建以学生为中心的"混合式学习"模式，对传热学课程进行大刀阔斧的教学改革与实践，是一次非常有意义的尝试，锻炼和培养了学生的自主学习能力，有效提升了教学质量，取得了很好的效果。教师在课堂教学中扮演好"促进者"这一角色，是"混合式学习"模式能在一定程度上取得成功的关键之处。

参考文献

［1］ 夏鲁惠. 教学信息化必须面向教改实际［N］. 光明日报，2016 – 7 – 26（3）.

［2］ 中国网信网. 中国互联网络发展状况统计报告［EB/OL］. （2018 – 08 – 20）［2018 – 08 – 21］. http://www. cbdio. com/BigData/2018 – 08/21/content_5805645. htm.

［3］ 张翠平，赵晖. 基于雨课堂混合式学习的 C 语言课程教学设计［J］. 计算机教育，2019（3）：85 – 88.

［4］ 搜狐. 第二届教育部在线教育研究中心智慧教学研讨会暨 2018 雨课堂峰会在清华举行［EB/OL］. （2018 – 09 – 09）［2018 – 09 – 10］. http://www. sohu. com/a/252986818_585110.

［5］ 何克抗. 从 Blending Learning 看教育技术理论的新发展（上）［J］. 电化教育研究，2004（3）：1 – 6.

能源动力专业基础课程教学中开展"课程思政"的探索*

杨昆，罗小兵，冯晓东，王嘉冰

（华中科技大学 能源与动力工程学院）

摘要：课程思政是高校进行思想政治教育工作的新模式，其实质在于挖掘专业课程中的思想政治教育资源。本文分析了能源动力专业课程中开展课程思政的必要性，并对能源动力专业基础课程中思政教育的切入点及途径进行了探索，让思政教育自然地融入专业课程教学中，做到显性教育和隐性教育相统一。

关键词：课程思政；隐性教育；能源动力；专业基础课

习近平总书记在全国高校思想政治工作会议上强调："要坚持把立德树人作为中心环节，把思想政治工作贯穿教育教学全过程"，"要用好课堂教学这个主渠道，思想政治理论课要坚持在改进中加强，提升思想政治教育亲和力和针对性，满足学生成长发展需求和期待，其他各门课都要守好一段渠、种好责任田，使各类课程与思想政治理论课同向同行，形成协同效应"。

高校思政教育是每一位高校教师的责任，同样也是每门课程教学都应该承担的任务。如何深入发掘能源动力专业基础课程中的思想政治教育资源，充分发挥其育人功能，使其与思想政治理论课

---

*基金项目：高等学校能源动力类新工科研究与实践项目重点项目（NDXGK2017Z – 24）

同向同行,形成协同效应,是一个亟待解决的问题。

1 能源动力专业课程开展"课程思政"的必要性

能源与动力工程专业致力于能源的高效利用、新能源的开发、先进动力装置的研制,主要培养在能源转换和利用等领域具有扎实的理论基础、较强的实践能力及创新意识、较高的思想素质的优秀人才,以满足社会对能源动力学科领域的科研、教学、设计制造、经营管理等方面的人才需求。传统的能源与动力工程专业教学中存在着较严重的重"理"轻"文"现象,课程教学更重视知识与技术的掌握和运用,考虑育"才"重"器"的多,考虑育"人"育"德"的少。作为一个传统的理工专业,能源与动力工程专业的特点是精准度高、实践性强,在长期的理工科思维模式下,学生逻辑思维能力强化,但对抽象的社会理论认识比较淡漠。由此可见,加强能源与动力工程专业学生的思政教育势在必行。

现在的高校思政教育和专业教育存在"两张皮"的现象,思政课教学与专业课教学分离;思政课的讲授一般由马克思主义学院教师承担,强调理论知识体系的学习,部分教师有时存在照本宣科的现象,讲授的理论与学生生活脱节,无法激起学生的学习兴趣,导致价值教育达不到预期目标。而专业课教学只关注传授专业知识和技能,着重于考查学生接受专业知识的程度,专业教育缺乏与思政教育的有效结合。

为将思想政治教育融入高校教学之中,实现立德树人润物无声的目标,"课程思政"是理工科专业整合思想政治教育资源的有效路径选择,只有思想政治理论课和专业课程的"课程思政"同向发力,化教书和育人"两张皮"为"一张皮",在价值传播中凝聚知识底蕴,在知识传播中强调价值引领,才能培养学生的理想信念、价值取向、政治信仰、社会责任,全面提高大学生明辨是非的能力,培育和弘扬社会主义核心价值观,让学生成为德才兼备、全面发展的人才。

2 能源动力专业基础课程开展"课程思政"的探索和实践

能源动力专业基础课程包括"工程传热学"和"工程热力学",其主要教学内容为能量转换、热量传递的规律及技术。课程的学习不仅为学生学习专业课程提供必要的基础理论知识,而且为学生毕业后解决实际生产问题和参加科研工作打下一定的理论基础。除能源与动力工程专业之外,"工程传热学"和"工程热力学"还广泛地应用于化工、建筑、机械制造、航空航天、军事科学与技术等领域。

2.1 发挥专业课教师在思政教育中的主动性

习近平总书记在第三十个教师节时指出:"好老师应该取法乎上、见贤思齐,不断提高道德修养,提升人格品质,并把正确的道德观传授给学生。"陶行知先生秉承的"身正为师,学高为范"就是要求教师要端正自己的思想及行为,身体力行为学生做好榜样。作为专业课教师,首先需加强自身修养,在一言一行中体现高尚的道德,在一举一动中给学生树立道德榜样。在传授知识的同时,以自己的人格魅力赢得学生的尊重和喜爱,成为学生为学和为人的表率,要发挥好专业课教师在思政教育中的主动性,潜移默化地影响学生的思想观念,提高学生的道德情操。

2.2 发掘能源动力专业基础课程中的思政教育资源

为了做好专业课的课程思政,能源动力专业基础课程教学中,不但要设定专业知识的教学目标,还要设定思政教育的教学目标。在教学设计中,根据专业知识教学内容,挖掘可进行思政教育的切入点,做好思政教育的预案,这样上课时就能有的放矢地进行课程思政教育。

2.2.1 结合热科学定律和概念应用开展课程思政

能源动力专业基础课程中有许多定律和概念,这些定律和概念往往可以被引申为人生哲理。例如热力学第二定律中描述的,热量可以自发地从高温热源传递给低温热源,但无法自发不付代价地从低温热源传递给高温热源。人亦是如此,不作为会退步,而借助外力吸取知识、不断努力才能变成品质更优秀的人,以此来激励学生积极向上,不要懒惰,不贪图一时的安逸。又如热力学第二定律揭示了摩擦产生的不可逆会造成熵产,使得系统的混乱度增加,减少摩擦可以减少熵产。类似地,减少人与人之间的摩擦,有利于建设和谐社会、和谐校园。再如进行传热分析计算时引入了热阻的概念,热阻越小传热性能越好;人生亦不可避免会遇到重重阻力,如懒惰、散漫、拖延等,尽量减小或消除这些阻力,人的德能才能获得提高。

2.2.2 结合热科学领域著名学者的卓越成就与高尚品德开展课程思政

通过介绍热科学领域著名学者的科研经历、奋斗历程、卓越成就与高尚品德来感染学生，激励学生树立个人理想。比如导热理论的奠基人傅里叶，9岁时双亲亡故沦为孤儿，在法国大革命期间因替当时的受害者申辩而被捕入狱；30岁时他的数学才华终被人发现，但因拿破仑赏识其行政能力，他不得已进入宦海浮沉10余年；50岁时他辞去官职，全力投入学术研究。经过漫长的钻研，傅里叶在1822年终于出版了专著《热的解析理论》。他关于热传导问题以及傅里叶变换、傅里叶级数的研究极大地推动了传热学和数学的发展。讲读傅里叶的人生经历可以激励学生树立个人理想并不畏困难为之努力。此外，焦耳的淡泊名利、斯蒂芬逊的坚韧不拔、爱因斯坦的热爱和平与献身社会、吴仲华先生的杰出贡献等事迹，亦可给学生树立榜样，增强学生的社会责任感和职业荣誉感。

2.2.3 结合热科学工程应用开展课程思政

能源动力专业基础课程的一个重要特点就是与工程应用结合得非常紧密。在国家重大需求、国家重大战略、国家重大工程、国家重大成就中存在许多热科学问题，例如在"节能减排""雾霾的成因与控制""航空发动机的热防护""西气东输工程中的管道保温""神舟飞船飞行中的吸热和散热""两弹一星""青藏铁路""天河二号超算"的设计研发中蕴含着大量的热科学知识与技术，教师将这些工程应用与科技成果引入课堂中，既开展了专业知识的教授，也增加了学生对国家发展水平与国情的了解，引导学生深刻认识所学知识对于国家工程建设、科技研发等各方面的重要意义，使学生在学习过程中逐渐树立专业荣誉感与社会责任感，从而端正自身的人生价值观，把个人价值和社会价值结合起来，利用所学知识与技术为社会做贡献。

2018年成功发射的"北斗三号"组网人造卫星上就包含了许多传热学的知识，人造卫星上装有太阳能电池帆板可以吸收太阳能，提供卫星工作时的部分能量；卫星在地球同步轨道内运行时，由于热辐射的影响使得向阳面与背阳面温差很大，这对各种仪器设备、结构部件都是无法接受的，为此，从热传导及热辐射两个方面可以分别采用导热材料、热控涂层进行控制，从相变传热方面可以采用热管进行调控。运载卫星的火箭发射时箭体表面也存在着高热流条件下的复合传热问题。通过这些内容的讲授，让学生知道中国在航天领域的竞争力，认识到祖国之强大，激发其作为一个中国人的自豪感和爱国情怀。

节能建筑中也涉及大量的传热学知识及计算，节能房屋一般都配有太阳能热水器或太阳能电池板用于蓄热及吸收太阳辐射能，屋顶及墙壁需采用特殊材料同时满足保温和隔热性能，随着室外温度、风力、太阳辐射的变化，通过墙壁的传热可处理为大平板非稳态导热与对流换热、辐射换热结合的传热问题。节能建筑要求充分利用太阳能、风能等自然资源，尽量减少能源的消耗及对环境的污染，做到节能环保。教师可以从这一工程应用出发，引导学生认识我国正面临经济社会快速发展与资源环境约束的突出矛盾，如果仍采用大量消耗资源、严重破坏环境的发展模式，将不利于经济社会的可持续发展，从而树立学生的节能意识及从我做起的社会责任感。

青藏铁路的建设过程也体现了国家对环境保护的重视，青藏铁路沿线生态类型独特，原始环境敏感，一旦破坏很难恢复。为保护冻土、稳定地基，保护高原独特生态环境，设计者们采取了许多新型技术措施，其中包括热棒、片石、通风管等，热棒实质是一个无芯重力式热管将热量从地基排出，片石是通过垫高路基形成多孔散热区，通风管则是通过对流换热带走热量，对这些措施的介绍可以增强学生对生态文明建设的关注，使学生意识到保护生态环境是每个人不可推卸的责任。

2.2.4 结合经验案例开展课程思政

在专业课程的案例教学中，教师在课堂上介绍一些由于热设计不合理引起的工程事故，这不但可以加深学生对知识的理解和记忆，还可以通过介绍案例涉及的背景，讲解行业职业道德规范及其内涵，帮助学生形成正确的人生观和良好的职业素养。例如2011年发生的日本福岛核泄漏事故，对自然环境及公众健康都产生了严重的不可逆的负面影响，其事故经过为地震和海啸导致应急冷却系统故障，反应堆内冷却水平面下降导致堆芯裸露，冷却不足使燃料棒外壳温度超过锆-水反应极限温度，从而发生锆-水反应生成大量氢气发生爆炸，熔毁堆芯并炸毁安全壳使核物质泄漏。事故发生的原因归根到底在于：在设计冷却系统时，未考虑极端自然灾害带来的风险，最终酿成大祸。又如某款牵引车由于其干燥器进气钢管散热设计失误，压缩空气进入干燥器前没有充分冷却,易使干燥器失效,造成制动管路积水、制动效果降低,产生安全隐患。通过这些经验案例,教育学生将责任意识落实到工作中,遵循职业道德,提高职业素养及社会责任感。

3 结 语

理工科的思政教育长期存在着孤岛困境,究其原因是专业知识教学和思政教育的分离。本文以能源动力专业基础课程教学为例,对如何在专业课教学中开展"课程思政"进行了探索,分析了开展"课程思政"的切入点,挖掘了能源动力专业基础课程教学内容中的思政教育资源,通过使思政教育自然地融入专业课程教学中,做到显性教育和隐性教育相统一,以实现教育教学中的"三全育人"。

参考文献

[1] 余江涛,王文起,徐晏清.专业教师实践"课程思政"的逻辑及其要领——以理工科课程为例[J].学校党建与思想教育,2018(1):64-66.

[2] 李静.理工院校实施"课程思政"教学改革的几点思考[J].才智,2019(3):29-30.

[3] 裴晨晨.浅析高校开展"课程思政"的问题及对策建议[J].决策咨询,2018(4):77-80.

[4] 匡江红,张云,顾莹.理工类专业课程开展课程思政教育的探索与实践[J].管理观察,2018(1):119-122.

华南理工大学能源动力工程专业及制冷空调课程建设的思考与实践

刘金平,余昭胜,廖艳芬

(华南理工大学 电力学院)

摘要:华南理工大学能源动力工程专业根据80%以上的毕业生在珠三角就业的自身地域特征及当地的产业结构,设置了冷热打通的课程模式,并针对能源结构的调整,适时增设可再生能源等课程,培育的人才受到用人单位的欢迎。制冷空调课程采用案例教学,分析了影响房间用空调器运行效率的最大因素——室内换热温差的原因和影响效果,讨论了采用氟利昂泵冷却和蒸发冷却两类降低数据中心等电力电子设备空调能耗技术措施的适应环境条件,取得了较好的教学效果。

关键词:华南理工大学;能源动力工程;制冷空调;案例教学

1 华南理工大学能源动力工程专业的特点

华南理工大学动力工程及工程热物理学科始建于20世纪50年代初,1987年开始增加招收动力热能与动力工程方向本科生。2006年动力工程与工程热物理获一级学科硕士学位授予权,2009年获批动力工程及工程热物理博士后流动站,2012年被评为广东省优势重点学科,2017年动力工程与工程热物理获一级学科博士学位授予权,建有广东省能源高效清洁利用重点实验室、广东省能源高效低污染转化工程技术研究中心。培育的人才在重点工程建设、大型电站和石化企业的安全经济运行和管理、制冷空调行业的新产品开发等工作中发挥重大作用,缓解了广东对该学科人才的急切需求。鉴于本校学生绝大多数在广东省就业,广东省的产业布局和结构调整都会直接对毕业生的要求产生影响,以致影响就业的行业结构。

2 华南理工大学能源动力工程专业建设的思考与实践

本专业建设伊始,即针对广东对人才需求的特点编制培养方案。热力发电厂通常是经济大省的强势产业,因此电厂热能动力是本专业的主要方向。华南地区,特别是广东省,是世界最重要的制冷空调设备制造基地,同时由于地处亚热带炎热地区和社会经济发达地区,制冷空调设备使用量最多、使用时间最长。制冷空调行业对人才的需求持续旺盛。因此,学院培育学生冷热两个方向打通,全部学生在电厂热能动力和制冷空调两个方向的课程体系是完备的,使得学生在两个方向的就业均具有优势。

专业基础课包括工程热力学、传热学、流体力学、燃烧学。电厂热能动力方面的专业课包括电站锅炉原理汽轮机原理、热工工程自动调节、热工测量与仪表、大气污染与工业通风、泵与风机、换热器原理与设计、热力发电厂、电站燃气轮机原理、电厂化学、单元机组集控运行、锅炉原理课程设计、学科发展前沿讲座。制冷空调方面的专业课包括制冷技术、空气调节、制冷技术与空调课程设计。与电厂热能动力方面共享的课程有换热器原理与设计、热工工程自动调节、热工测量与仪表、泵与风机、学科发展前沿讲座。

随着近年来我国特别是广东省能源结构将由传统化石能源拓展到新能源与可再生能源的调整,尽管目前主要发电方式仍为火电,但火电的高速发展期已过,近年来装机增速逐步放缓。2018年火电装机同比增速仅3%,已连续三年下降,预计未来将保持在3%左右甚至更低的低增速水平。未来我国的电力装机增量将主要为清洁能源(水电、风电、光伏)。到2035年,我国非化石能源装机占比将由2018年的40%提升至60%。广东省的火力发电行业由高速增长转为微增长,上大压小,服役期满机组及时退役,新建大型机组用人显著减少;热电联产燃气机组增多;风力发电特别是海上风力发电设施的建设加速。新的发展形势对我校能源动力工程专业人才培育提出了新的要求,同时对本专业人才在电机学和电气控制方面的要求也越来越高。因此,为主动适应国家特别是广东省的发展需求,学校及时增加了风能与风力发电技术、生物质能转化原理与技术、太阳能热利用原理与技术、氢能燃料电池与新型能源动力系统、能源材料、核工程与

核技术概论、智能能源系统及其应用、电力经济与管理概论、发电厂电气部分先进测试与检测技术、热管理技术等课程。为深化创新创业和跨学科教育,进一步加强产学研合作教育,在积极组织学生参加制冷空调行业的竞赛和节能减排大赛之外,增设了竞教结合课程——制冷与热管理技术创新实践;为了增加学生对专业的了解和认可,增设了新生研讨课——生物质能源化利用技术研讨和制冷空调及传热技术研讨。上述措施对本专业的建设起到积极的促进作用,受到学生和用人单位的好评。

3 制冷空调专业课程建设与实践

3.1 制冷技术课程建设与实践

对学生熟悉的房间用空调器的运行效率特性进行分析(见图1),讨论制冷空调系统的效率特性。房间用空调器,室内温度为27 ℃,室外温度为35 ℃,在该高低温热源之间工作的逆卡诺循环效率为37.52(见表1)。

由于室内噪声控制的要求,导致室内蒸发器空气侧流速不能过高,换热面积不能做大,以及除湿的要求,使得在保持27 ℃室温时需要的送风是13.1 ℃。空调器室内蒸发器的蒸发温度为6 ℃。21 ℃的过大的换热温差使得该温度下的逆卡诺循环效率大大降低。由于室外冷凝器可以采用较大的换热面积和较高的空气侧流速,室外冷凝器的换热温差仅为8.5 ℃,且室外冷凝器的换热量大于室内蒸发器的换热量。在高温热源温度为43.5 ℃和低温热源温度为6.0 ℃之间工作的逆卡诺循环效率仅为7.44(见表2)。与在27 ℃、35 ℃之间工作的逆卡诺循环相变效率减小了80.17%(见表3)。蒸气压缩式理论制冷循环效率见表4。

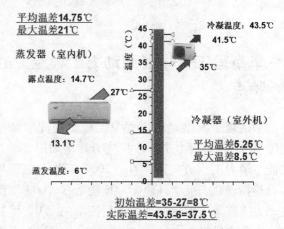

图1 房间用空调器的运行效率特性分析示意图

2019年全国能源动力类专业教学改革研讨会论文集

表1 逆卡诺循环效率

名称	数值
高温热源温度/℃	35.0
低温热源温度/℃	27.0
逆卡诺循环效率	37.52

表2 有温差的准逆卡诺循环效率

名称	数值
制冷剂冷凝温度/℃	43.5
制冷剂蒸发温度/℃	6.0
按逆卡诺循环计算的效率	7.44

表3 循环效率对比

循环名称	循环效率	相对变化率/%	与逆卡诺循环相比变化率/%
逆卡诺循环	37.52		
准逆卡诺循环(有温差)	7.44	-80.17	-80.17
蒸气压缩式理论制冷循环	4.43	-40.46	-88.19
蒸气压缩式实际制冷循环	3.19	-27.99	-91.50

表4 蒸气压缩式理论制冷循环效率(制冷剂为R410a)

项目	温度/℃	压力/MPa	比焓/(kJ/kg)	比熵/[kJ/(kg·K)]
制冷剂冷凝	43.5	2.631	272.94	
制冷剂蒸发	6	0.962		
压缩机吸气	8	0.962	425.34	1.807
压缩机排气(等熵)	61.33	2.631	452.85	1.807
绝热效率	0.8			
压缩机排气温度/℃	66.45	2.631		459.73
COP	4.43			
电动机效率×指示效率	0.72			
实际COP	3.19			

考虑了绝热效率的理论制冷循环的制冷系数为4.33,与有温差的准逆卡诺循环相比,制冷效率降低了40.46%;与逆卡诺循环相比,制冷效率也只降低了88.19%。

考虑了电动机效率和指示效率的实际制冷循环的制冷系数为3.19,也是目前市场上大量供应的三级能效的空调器,与考虑了绝热效率的理论制冷循环相比,制冷效率只降低了27.99%;与逆卡诺循环相比,制冷效率也只降低了91.50%。

由上述分析可知,室内蒸发器高达21℃的换热温差,是房间用空调器实际循环效率偏离逆卡诺循环效率较大的最主要原因。因此,提高房间用空调器的循环效率,应从减小室内蒸发器换热温差,特别是从减小空气侧换热温差着手。

就减小空气侧换热温差的技术措施进行课堂讨论,同学们认真思考、积极发言,给出了多种技术措施,并就各种技术措施实施的可能性及经济性进行了分析,提高了学生学习的兴趣,获得了较好的效果。

3.2 空气调节课程建设与实践

数据中心已经成为当今全球经济发展的基石。它们可以对位于个人和商业生活中心的信息进行移动、存储和分析。2017年,全球各地约有800万个数据中心(从小型服务器机柜到大型数据中心)在处理数据负载。这些数据中心消耗了全球总用电量的2%,预计到2020年将高达全球用电量的5%。2016年中国数据中心总耗电量超过1108亿千瓦时,2017年达到1200亿~1300亿千瓦时。同时各类计算机和数据机房的空调能耗也在持续增加。降低数据中心、计算机和数据机房等电力电子设备的空调能耗就是空气调节课程的重要内容。

目前,降低数据中心等电力电子设备空调能耗的技术措施有在环境温度较低时采用氟利昂泵冷却和蒸发冷却两类。

氟利昂泵冷却方案:按现有空调机室外机性能计算。要求室内温度28 ℃,送风温度23 ℃,蒸发温度20 ℃;室外冷凝温度20 ℃,空气进口温度12 ℃,出风温度17 ℃。环境干球温度须低于12 ℃才能全部使用氟利昂泵冷却。

蒸发冷却方案:要求室内温度28 ℃,送风温度23 ℃,相对湿度85%,环境湿球温度低于21 ℃即可全部使用蒸发冷却。

通过查阅《民用建筑供暖通风与空气调节设计规范》(GB 50736—2012)中的我国各主要城市的室外空气计算参数,统计出主要城市湿球温度低于21 ℃及全年时数占比,见表5和图2。统计出主要城市干球温度低于12 ℃的时数及全年时数占比,见表6和图3。

由统计数据可知,各主要城市全部使用蒸发冷却的时数及全年时数占比分别是海口3284 h,37.49%;广州4458 h,50.89%;上海6477 h,

73.94%;杭州6473 h,73.89%;成都6929 h,79.10%;北京7480 h,85.39%;哈尔滨8374 h,95.59%;昆明8760 h,100%。

各主要城市全部使用氟利昂泵冷却的时数及全年时数占比分别是海口14 h,0.16%;广州778 h,8.88%;上海2939 h,33.55%;杭州2991 h,34.14%;成都2761 h,31.52%;北京4062 h,46.37%;哈尔滨5288 h,60.37%;昆明2364 h,26.99%。

在环境温度较低时采用氟利昂泵冷却技术可显著降低数据中心等电力电子设备空调能耗,但采用蒸发冷却技术降低数据中心等电力电子设备空调能耗效果更显著。

就氟利昂泵冷却技术和蒸发冷却技术两种技术措施实施的可行性和局限性进行课堂讨论,同学们认真思考、积极发言,并就两种技术措施的不足进行了分析,提高了学生学习空气调节课程的兴趣,获得了较好的效果。

表5　我国主要城市湿球温度低于21 ℃的时数及全年时数占比统计

城市	海口	广州	上海	杭州	成都	北京	哈尔滨	昆明
湿球温度低于21 ℃的时数	3284	4458	6477	6473	6929	7480	8374	8760
全年时数占比/%	37.49	50.89	73.94	73.89	79.10	85.39	95.59	100

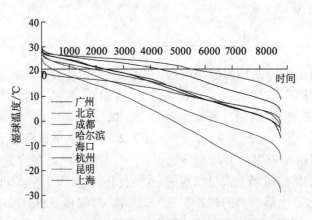

图2　我国主要城市湿球温度时数统计

表6　我国主要城市干球温度低于12 ℃的时数及全年时数占比统计

城市	海口	广州	上海	杭州	成都	北京	哈尔滨	昆明
干球温度低于12 ℃的时数	14	778	2939	2991	2761	4062	5288	2364
全年时数占比/%	0.16	8.88	33.55	34.14	31.52	46.37	60.37	26.99

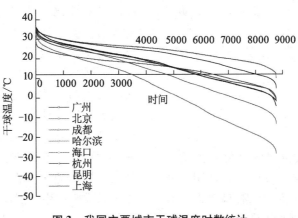

图3 我国主要城市干球温度时数统计

图例（图左下角）：
广州
北京
成都
哈尔滨
海口
杭州
昆明
上海

4 结　语

华南理工大学能源动力工程专业根据自身的地域特征及当地的产业结构,设置了冷热打通的课程模式,并针对能源结构的调整,适时进行相应的调整,培育的人才受到欢迎。制冷空调课程采用案例教学取得了较好的教学效果。

参考文献

[1] 中华人民共和国住房和城乡建设部. 民用建筑供暖通风与空气调节设计规范(GB50736 – 2012)［S］. 北京:中国建筑工业出版社,2012.

能动专业"电化学能源转化"课程教学改革探析

王国强[1,2]，李俊[1,2]，廖强[1,2]

(1.重庆大学 低品位能源利用技术及系统教育部重点实验室;2. 重庆大学 动力工程学院)

摘要:研究生课程"电化学能源转化"具有跨学科的特点,是一门理论性、综合性、实践性很强的课程。本文围绕突出新能源方向特色的教学思路,结合能动专业特点,介绍了"电化学能源转化"课程建设中的一些改革措施及实践,提出了改革的思路,着重阐述了提高教学质量的方法和措施。

关键词:电化学能源转化;教学改革;教学实践

能源、环境问题已经成为制约我国经济可持续发展的一个重要瓶颈。调整能源结构,提高能源利用率和提升新能源所占比例以及改善能源产业的安全性和解决环境污染问题已经成为我国能源革命的工作重点。在此背景下,我国的电化学能源转化基础研究及应用(如燃料电池、超级电容、太阳能电池、电化学储能以及低品位能源的电化学回收等)均得到了飞速发展。为了应对能源与电化学、材料学知识的相互交叉渗透以及满足我国新能源技术快速发展的需求,我校在能动专业开设了"电

化学能源转化"课程,并将其作为能动专业研究生的重要选修课程。但"电化学能源转化"课程是一门理论性、专业性和实践性很强的课程,且具有多专业多学科强交叉的属性。学生学习这门课要具备一定的化学和材料学基础,教师要清楚地教授课程内容并取得良好的教学效果存在一定的难度,如何将大量的基础知识在较为有限的时间内传授给未系统学习过物理化学和材料学等基础课程的工科学生,迫切需要根据能动的专业特点对课程教学进行创新和改革。本文首先分析了"电化学能源转

化"课程的教学现状,然后探讨了如何结合能动专业特点和电化学基础课程内容,对教学内容、教学方法以及考核方式等方面的改革思路进行了阐述,以期提高教学效果。

1 教学现状

"电化学能源转化"课程立足于能源动力学科学生培养的目标,结合电化学基本原理和常用研究方法,主要对电化学能源转化原理、限制因素及其具体应用领域展开授课。本课程旨在使学生掌握一定的电化学能源转化的综合知识,加深对电化学在能源领域应用的理解,培养学生应用电化学知识分析和解决能源转化领域的实际问题,为学生后续的课题研究奠定电化学测试技术和能源材料等方面的知识基础。

(1)"电化学能源转化"课程讲授过程中涵盖了很多晦涩难懂的定义和繁琐的电化学理论推导,能动专业学生具备较好的能源学科和高等数学基础知识,但是缺乏物理化学等基础课程的准备,相关基础理论知识储备不足。因此本专业学生在学习本课程基础理论部分时相当吃力,容易产生厌学情绪。

(2)课程教学中仍以教师在课堂讲授为主,而忽略了培养学生利用课程中所学的理论知识分析和解决实际电化学能源转化相关的工程实际问题的能力,从而导致学生未能发挥主观能动性,对学生的综合设计与创新能力培养不足。

(3)电化学能源转化作为一门具有很强实际应用背景的课程,本应包含许多适合课堂教学的实例。然而由于课时数的限制,上述实例未能充分展现在课堂中。单调的课堂资源使得教学表现形式的形象化和多样化不足,不能激发学生主动学习的热情。

(4)课程的考核方式以笔试为主,考试内容主要偏重知识内容考察,而轻实际能力的考核。这不仅无法激发学生提高思维能力和创新能力,而且极易造成学生突击学习、知识掌握不扎实,使学生的知识综合理解运用能力得不到锻炼。

综上所述的四个问题造成了学生学习积极性不够、教学效果不佳。

2 课程教学策略

我校能动专业是培养具有动力工程及工程热物理学科宽厚基础理论,系统掌握常规能源与新能源的高效转化与洁净利用、能源动力装置与系统、能源与环境系统工程等方面专业知识,能从事能源与动力工程领域相关的工程设计、运行管理、技术开发、科学研究及教学等工作,具有国际视野和跨文化交流与竞争能力的实践型创新人才。上述人才培养目标体现在"电化学能源转化"课程教学内容上,应既要充分考虑能源学科、电化学和材料学三门学科的知识点和学科特点,又要突出动力工程及工程热物理学科相关理论知识在电化学能源转化中的重要作用。因此,"电化学能源转化"课程从教材、授课方式、实践训练和考核模式创新四个方面进行了探索。

2.1 教学内容构建

由于电化学能源转化技术仍属于新兴研究方向,目前国内尚无综合电化学基础和电化学能源转化应用两方面知识的教材。考虑到"电化学能源转化"涉及的知识面较宽、课程各章节难易程度不一且学生前期掌握的电化学方面的理论知识有限的现实情况,本课程的前半段教学以电化学基础理论教学为主。教材选用哈曼、哈姆内特、菲尔施蒂希编写的《电化学》(化学工业出版社)作为本课程中电化学的基础知识教材,并参考了被誉为"电化学圣经"的巴德编著的《电化学方法原理和应用》作为本课程参考教材。该部分内容由具有电化学研究背景的教师讲授。主要涉及电化学基本概念,如电极电势和相边界的双电层结构、电势与电流,以及电化学测量仪器基本原理与电化学研究的实验体系、电化学工作站和电化学研究方法等。在课堂教学的后半段,基于理论与实践结合的思想,引入从事新能源相关领域研究且教学经验丰富的学术骨干,主要结合电化学的基础知识,针对各类先进和前沿的电化学能源转化原理、装置和系统进行讲解,包括化学燃料电池、微生物燃料电池与电解池、太阳能电池、电化学超级电容、锂电池和低品位能源的电化学回收系统等。通过电化学基础知识的应用,加深理解,夯实基础,开阔眼界,促进创新思维的培养。

除精心组织教学内容外,教学过程中还充分考虑"电化学能源转化"课程特点,利用日常生活中观察到的电化学现象或经常使用的材料制作电化学能源转化装置,培养学生的创新意识并提高学生的学习兴趣。如在讲授原电池原理时,利用橙子作为电解质,铜线作为阴极,铁钉作为阳极制作"水果电池",加深学生对于原电池构成的"三要素"的认识。再如,在"水果电池"阴阳极采用同样的金属电极

（铜线或铁钉），阴阳极两段仍有电位，以此引出电极电位的计算公式、浓度对电极电位的影响和浓差电池的原理等。经实践，上述方法可以把抽象的说教转为直观的感受和体验，使学生表现出浓厚的学习兴趣，收到了很好的教学效果。

2.2　实践训练强化

"电化学能源转化"课程的教学时数仅为 32 学时。传统的实验教学活动大多数都是老师准备好实验仪器（电化学工作站），调整到正常工作状态；然后老师讲解原理和步骤，学生按部就班得到既定结果，最后对数据分析整理提交一份实验报告，年复一年，结果一成不变。显然这样的实验教学起不到培养学生独立思考能力的作用。考虑到课程的讲授对象为具有实际科研课题需求的研究生，讲授教师和研究生导师合作，通过与学生科研课题相结合，采用研究型实验教学引导学生思考，与学生进行讨论。比如利用电催化剂的循环伏安表征实验中，通过与本学院从事氧还原、甲酸氧化、甲醇氧化、二氧化碳电还原和电化学析氢的青年教师合作，将学生分成几个小组进行自选研究型实验。由于实验对象不同，无现成的实验指导书供参考。因此需学生在课前展示预习成果，并向指导教师讲述实验方案（如实验步骤、实验体系构建、电解池结构设计、工作电极、对电极和参比电极等的选择）及实验参数（电解池、参比电极、电位扫描速度和研究电位窗口等），对方案的优缺点进行自我评述，得到指导教师批准后方可进行实验。由于均需要针对特定的研究对象进行选择，并结合文献报道对实验现象进行解释，在整个实验实施过程中，学生是课堂主体，教师主要起到了引导作用。

为引导学生关注电化学能源转化的前沿领域，课程中还对学生的科技论文调研提出了具体要求。在课堂上，教师按照公开发表论文的标准围绕某个特定的电化学能源转化装置提供相应的文献调研主题。与一般的课程论文作业不同，"电化学能源转化"课程的调研主题在课程开始就布置开展，并细化至某一具体的专题研究方向。如，"电化学能源转化"曾布置了"氢空质子交换膜燃料（PEMFC）电池阴极水淹现象的抑制进展"的题目。这就需要学生翻阅大量有关 PEMFC 阴极水淹现象的文献，并对进展进行比较，最后提出未来的研究方向。通过文献调研，一方面能训练研究生的批判思维和归纳总结信息的能力，为未来的科研打下基础，还能极大的拓展和丰富课堂内容。

2.3　考核模式革新

"电化学能源转化"课程具有理论性强但又与实际应用紧密联系的特点。以往的期末考试是闭卷的形式，成绩通常占总成绩的 70% 以上。学生为了到一个好成绩需要在考前耗费大量的精力去记住书本中复杂的公式及相关的知识点，考试后若长时间不加以运用，知识点将很快遗忘。在"电化学能源转化"课程的考试中，考核强调对公式的理解和应用，因此采用半开卷形式，考试中允许学生携带预先准备的资料进入考场。此外，试卷中主观题所占比例达 70% 以上。如设计电化学析氢电解池，要求准确表征催化剂的本征催化性能。这就要求解题时必须灵活运用电化学能源转化过程中几个问题：阴阳极室产物不能相互干扰、工作电极材料不能参与电化学析氢反应、根据催化剂的性质选择体系酸碱性及根据体系的酸碱性选择参比电极的种类等。此外，成绩由平时成绩（20%）、实验成绩（30%）及开卷考试成绩（50%）构成。通过提高考核的维度并增加课堂表现和研究型实验的权重，激励学生进行研究性学习。采用上述多种方法，以确保试题的开放性和综合性，能促进学生对课程内容进行主动思考，避免学生在考前机械记忆，达到提高学生综合素质和综合运用所学知识的目的。

3　课程改革成效

以上改革措施不仅促进了学生对电化学能源转化专业知识的掌握，还提升了学生运用电化学知识解决能源转化领域问题的能力。参加课程学习的研究生在近两年的课题研究中以学生第一作者在国际顶级能源期刊 Nano Energy、Electrochmica Acta、Energy Conversion and Management 和 Journal of Power Source 等发表了 10 多篇论文，并有两名学生获校级和市级优秀硕士学位论文。这充分说明"电化学能源转化"课程对学生的发展具有重要作用，同时也充分反映了本课程建设的成效。

4　结　语

通过构建"电化学能源转化"课程教学内容、强化实践训练及革新和实践考核模式，将抽象的电化学基础知识与能源学科的实例应用紧密结合起来，帮助提高学生的学习主动性，使学生掌握电化学能源转化的基本理论，为科研工作奠定基础。为了更好地适应社会对新工科人才的需求，"电化学能源转化"课程的建设仍需开展更多的工作，例如，结合学生研究和创新能力培养的需求，进一步对整个课程体系进行再梳理和构建，编写与更新适用于能源动力专业本科生和研究生的教材，进一步发展与完善系列的研究型实验教学方法和技术等。

参考文献

[1] 陈杏，宋依群. 高比例可再生能源环境下考虑绩效的发电出清模式研究[J]. 水电能源科学，2017(10)：211-216.

[2] 何雪垒. 我国能源环境安全制约因素及相关建议[J]. 环境保护，2018(9)：46-49.

[3] 应芝，张彦威，周俊虎，等. 硫碘循环中电化学 Bunsen 反应特性研究[J]. 太阳能学报，2017，38(1)：106-111.

[4] 蒋华林，朱晓华. 面向新工业革命的新能源领域本科课程体系建设[J]. 高等工程教育研究，2015(4)：183-188.

[5] 秦海英.《材料电化学》课程教学探讨与实践[J]. 教育教学论坛，2017(10)：154-155.

[6] 方惠英，邱利民，陈炯，等. 立足能源科技前沿 构建实验教学创新体系[J]. 高等工程教育研究，2011(5)：157-160.

[7] 王莹，任玉荣，袁宁一. 电化学基础在新能源材料专业中的教学改革与实践探索[J]. 教育教学论坛，2014(37)：160-161.

[8] 陆国栋，李飞，赵津婷，等. 探究型实验的思路、模式与路径——基于浙江大学的探索与实践[J]. 高等工程教育研究，2015(3)：86-93.

[9] 陈海英. 实践导向模式在科技论文写作课程教学中的应用探索[J]. 教育现代化，2018，5(42)：173-174.

[10] 陈健. 应用型大学创新创业文化建设实践探究[J]. 教育现代化，2017(6)：53-59.

基于热电偶标定微课设计与实践*

黄晓璜，罗笑，张泽煌，杨振环

（上海理工大学 能源动力工程国家级实验教学示范中心）

摘要：随着在线教育和移动学习的快速发展，微课视频逐渐成为高等教育中一种常见的学习资源。将热电偶标定实验的实验内容设计成微课，供学生在实验课外使用，以便随时随地预习、复习。微课短小精悍且生动有趣，既能提高学生的实验学习兴趣，又对实验教学起到辅助作用。经观看反馈，学生反映良好。实践证明，实验微课有助于学生的实验学习，可推广到相关实验室，提高实验教师的教学能力，提高学生的实验兴趣与实验能力。

关键词：热电偶制作；热电偶标定；热电偶使用；微课制作

网络视频技术和移动互联技术的不断成熟和发展，使得微型化、移动化和碎片化学习成为可能，为终身学习、教师专业发展甚至是普通的课堂教学提供了一种新的形式和途径。微课视频资源在这种情况下应运而生。"微课"全称"微型视频课例"，它是以教学视频为主要呈现方式，围绕学科知识点（重点、难点、考点）、例题习题、疑难问题、实验操作等进行的教学过程及相关资源的有机结合体。其"微视频"时长一般为 5~8 min，最长不超过 10 min。

国内外许多专家和学者对微课开展了不同程度的研究。

1993 年，美国北爱荷华大学 Leroy A. McGrew 教授提出 60 s 课程。1995 年，英国纳皮尔大学 T. P. Kee 教授提出 1 min 演讲。2008 年美国新墨西哥州圣胡安学院的高级教学设计师、学院在线服务经

———————————
*基金项目：2019 年度教师教学发展研究一般项目（CFTD194001）

理戴维·彭罗斯(David Penrose)首次提出微课程概念，并提出建设微课程的5个步骤。在国外，微课应用比较突出的资源网站是Khan Academy(可汗学院)的教学视频网站。Khan Academy通过一段段短小简练的视频传授关键知识点，让网友能够在短时间内通过反复收看来学习掌握这些知识点，并解决自身学业中的实际问题，广受好评。其他微课资源网站，比如WatchKnowLearn等，也被广泛使用。

国内的微课研究起步相对较晚，2011年胡铁生率先提出了在新的发展时期建设微课资源的必要性与可行性，展望了微课在教育教学中的应用前景。此后的几年时间里，微课在教育界掀起了研究热潮。在国内，TED-Ed、中国微课网、全国高校微课教学比赛平台、全国高校数学微课程教学设计竞赛、广东省学与教融合竞技云平台、爱课程网等微课资源平台上，可以看到各种微课资源，这意味着微课成为一种新型的教学模式和学习方式。

随着在线教育和移动学习的快速发展，微课视频逐渐成为高等教育中一种常见的学习资源。将微课这种新型的教学手段引入"热电偶标定"实验教学，进行教学改革与实践。设计与开发出适合学生自主学习的实验微课，为学生提供实用的学习资源，提高学生自主学习的能力，培养学生自主学习的习惯。通过以学生实验能力为导向的"热电偶标定"实验教学微课设计与实践，提升学生的实验能力，并在此基础上不断探索更多实验微课，丰富实验教学资源。

1 热电偶标定实验微课制作的必要性

实验微课作为微课教学的一种，很好地弥补了传统教学在实验课程中的局限性。微课直观的表现形式可以对实验装置进行展示并进行操作演示，还可以对可能出现的现象，以及需要注意的问题进行详细的讲解。学生可以根据自己薄弱的地方进行反复观看，满足了个性化的需求。而且其内容简明扼要，有利于学生快速集中注意力，提高学习效率。以上特点使其被越来越多的老师和学生所接纳与青睐。

传统热电偶标定实验教学一般为学生预习，教师讲解，学生操作。由于教学场地、时间的限制，通常情况下，学生只能按部就班地完成实验，不能有效地培养动手与创新能力。另外，仅一次课堂实验，学生对实验知识点容易遗忘，而且不方便复习。

为了解决这些问题，将"热电偶标定实验"制作成微课，以动画为载体，增加实验教学的趣味性，提高学生的实验学习兴趣。学生可以利用碎片化的时间进行自主学习。实验课堂上，将留下更多动手实践的机会，鼓励学生大胆进行实验探索。

2 热电偶标定实验微课设计过程

2.1 确定题目

热电偶是最常用的测温设备元件之一，具有装配简单、测量精度高、性能稳定等优点。对于能源与动力工程专业的学生来说，热电偶温度计的标定及使用是一个非常重要的专业基础实验。

在传统的教学实验中，由于受到时间和场合的限制，难以确保每个学生都能掌握热电偶的测温原理、热电偶的标定过程及使用。学生反映，在实验课结束后，没有机会经常使用热电偶，很容易忘记有关的实验知识和操作要点。另外，由于设备台套数的原因，不是所有学生都有机会搭建热电偶标定实验系统装置。因此，有必要将热电偶标定实验的重难点等相关内容以微课的形式展示出来，让学生能随时随地学习。

2.2 确定微课制作思路

热电偶标定实验微课内容包括6个部分，如图1所示。

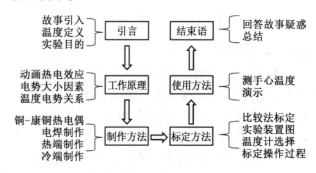

图1 微课视频设计思路流程图

第一部分是实验微课引言，引出主题、温度概念、实验目的。第二部分介绍热电偶工作原理，以动画的形式显示热电效应，讲解影响电动势大小的因素。第三部分介绍热电偶制作过程，展示铜、康铜材料，展示热端处理、冷端处理。第四部分介绍热电偶标定过程，包括热电偶标定的比较法、实验装置图、温度计的选用、标定的实验操作过程等。第五部分介绍热电偶温度计的使用方法，用一个案例进行演示。第六部分回答微课开始引入的故事中的疑惑,并进行微课堂总结。

2.3　撰写讲稿

实验微课的效果与其讲稿的优良有密切的关系,需要精心设计,反复修改。确定按照故事引入、实验目的、实验原理、实验装置介绍、实验操作、解释故事这样的思路展开。在讲稿撰写过程中,把握有趣的、清晰的、以学生为视角的主导思想逐步展开。

2.4　素材准备

素材的质量决定了微课的质量。微课的素材包括文字、图片、GIF 动画、Flash 动画、视频、音频等。将这些素材整合在 PPT 或图片上,然后通过软件进行制作。虽然网上有很多素材可以下载,但是有些素材不是很清晰,有些涉及版权,有些与本实验微课不太符合。为了更好地呈现本实验微课的实验观看效果和对学生的指导帮助,需要制作一些微课实验素材,然后在此基础上制作课件。例如,绘制实验装置系统图,如图 2 所示。

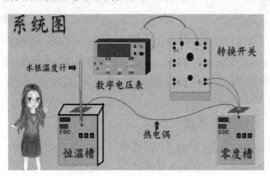

图 2　绘制实验装置系统图

2.5　制作形式

为了增加实验的趣味性,采用动画作为内容的载体,设计卡通人物形象作为微课的讲师,将热电偶标定实验的基础教学浓缩在 10 min 内。

2.6　软件学习

微课制作比较常用的视频处理软件有 Ulead Studio 和 Premiere Pro,音频处理软件有 GoldWave 和 Cool Edit Pro,字幕处理软件有 Time Machine Arc-time,片头片尾处理软件有 After Effects,视频格式转换软件有狸窝全能视频转换器,图片处理软件有 Photoshop,实验装置图处理软件有 CAD 和亿图软件。对于微课的制作,基本能在短时间内上手,如果想要精益求精,那么这些软件对于微课的制作有很大的帮助。本次微课主要使用的软件为 Focusky,Premiere,Photoshop 和 After Effects。

2.7　反复练习

一个微课是否具有吸引力,让学生真正坚持观看

并从中学到知识,最关键的就是教学设计是否合理。因此,对于撰写好的讲稿,要反复练习,推敲细节,思考这样的教学设计是否合理,是否有吸引力,是否能引起学生的关注。比如,在实验开始之前,安排一个与温度相关的例子引入,在例子中提出问题,引起学生想要解决这个问题的兴趣,然后进入实验课程。带着问题进入学习的状态,学生会有较强烈的求知欲。在实验课堂结束后,回答问题,对知识点进行巩固,做到首尾呼应,形成一个完整的视频。

2.8　录制视频

在讲稿的基础上,录制音频,保证语言的连贯性和流畅性,尽量做到抑扬顿挫,以讲故事的形式娓娓道来。

2.9　后期剪辑

利用视频软件加入前面录制好的音频、背景音乐、字幕等,然后将视频导出为 MP4 格式,以供学生使用。图 3、图 4、图 5、图 6 为视频的一部分截图。

图 3　实验展开思路

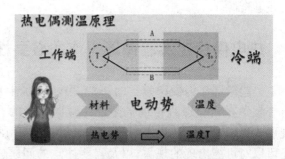

图 4　热电偶测温原理

图 5　热电偶热端电焊

2019 年全国能源动力类专业教学改革研讨会论文集

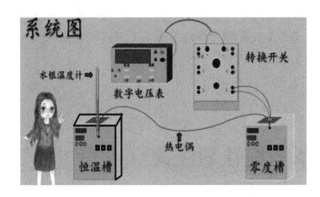

图 6 热电偶标定装置图

3 实验微课设计与实践反思

3.1 提高学生实验兴趣

"热电偶标定"实验教学微课设计与实践,把实验教学内容生动、形象、逼真地展现在学生面前,提高了实验课的效率和质量,激发了学生的学习兴趣。实验微课打破了实验室空间和时间上的限制,增加了学生的受益面。将热电偶标定实验的完整过程制作成短视频,对热电偶标定的基础教学、操作过程进行分解并指出重难点,可以让学生更好地理解、掌握。

3.2 改进实验教学方法及模式

在实践探索过程中,探索新的教学方法及模式,为更好地提高学生实验能力,提高教学质量而服务。比如,学生可利用实验微课进行课前预习,以便对实验有一个初步的认识;实验课堂上,实验教师针对实验重难点进行启发式教学,引导学生开展实验。在这种教学模式下,学生可在有限时空内做更多实验探索。实验教师将在学生实验过程中巡视及点拨。实验课堂结束后,学生可利用实验微课进行课后复习巩固及反思。通过这种教学方法与模式,可以有效调动学生学习的积极性,提高学生的学习兴趣和实验能力。

3.3 提高教师实验教学能力

在微课的设计与实施过程中,可以锻炼实验教师的课程设计能力,提高实验教师的教学能力并提升实验教师的专业素质。首先,实验教师需要查阅大量相关实验微课及微课相关文献;其次,实验教师需要结合"热电偶标定"实验的实际课程,分析重难点,设计微课方案,写作脚本;再次,实验教师使用实验微课进行实验教学,需要探索实验微课是否对学生实验能力有提升作用;最后,实验教师需要进行总结反思。

4 结 论

"热电偶标定"实验是能源与动力工程专业一个重要的专业基础实验,设计与开发短小精练的实验微课资源为学生提供移动学习体验,将实验教学与实验微课有机结合,对实验教学具有一定的意义。

实验微课打破了传统实验教学的时空限制,有助于学生在课前预习、课堂学习、课后复习的学习过程中提高效率,缓解传统教学模式带来的学习疲劳。在实验教学中适当地引入微课还能帮助学生更好地明确学习目标,理解学习内容,提高学习兴趣。

教师需要通过精心准备设计出符合学生需求的微课,需要仔细斟酌教学设计和教学内容。在实验微课的辅助下,实验教师将在指导学生开展实验,引导学生展开思考,锻炼学生实验能力等方面做更多的工作。将微课引入实验教学的应用与实践对实验教师本身提出了更高的要求,不仅优化了教学效果,丰富了教学方式,而且促进了教师专业成长,丰富了教育教学资源。

综上,经观看反馈,学生反映良好。实践证明,实验微课有助于学生的实验学习,可推广到相关实验室,对提升实验教师教学能力,提高实验教学质量,提高学生实验能力具有一定的作用和意义。

参考文献

[1] 方文敏,姜锡权,孟艳,等. 中、日、美三所高校实验室管理与建设的比较[J]. 实验室研究与探索,2011,30(3):330 – 333.

[2] 余泰,李冰. 微课在高校实验教学中的应用探究[J]. 实验室研究与探索,2015,34(4):199 – 201.

[3] 桂耀荣. 微课及微课的制作和意义[J]. 化学教与学,2013(5):41.

[4] 廖晓虹. 国内外微课教学比较探讨[J]. 职业技术教育,2014,35(32):88 – 90.

[5] 胡铁生. "微课":区域教育信息资源发展的新趋势[J]. 电化教育研究,2011(10):61 – 65.

[6] 王媛媛. 高校微课资源建设与师生信息素养提升研究[J]. 中国成人教育,2018(3):127 – 129.

[7] 郭宏伟. "互联网 +"高等教育环境下微课资源建设研究——以中医学专业系列微课为例[J]. 中国电化教育,2017(4):141 – 144.

[8] 胡世清,文春龙. 我国微课研究现状及趋势分析[J].

中国远程教育,2016(8):46-53.

[9] 罗晓.国内外微课资源管理平台对比分析[J].中国医学教育技术,2015,29(6):626-630.

[10] 黄凌凌,王金花,方晓燕.网络环境下组织学实验教学微课的设计制作与应用[J].解剖学杂志,2019,42(1):89-91.

传热学课程创新改革实施计划浅谈

韩洋,李彦军,史建新,张国磊,孙宝芝

(哈尔滨工程大学 动力与能源工程学院)

摘要:"传热学"是哈尔滨工程大学动力与能源工程学院开设的面向能源与动力工程、轮机工程等专业方向本科生的核心课程,本论文根据哈尔滨工程大学动力与能源工程学院船舶动力班创新人才培养计划,从改革依据、改革目标、改革内容和现有基础等方面对传热学课程创新改革实施计划进行了探讨,为今后开展传热学课程创新改革、进行双语教学和促进教育国际化提供思路和参考。

关键词:传热学;课程创新改革;双语教学;教育国际化

"传热学"是能源与动力专业的三大核心专业基础课程之一,是一门研究由温差引起热量传递规律的科学。课程具有很强的国际互通性,许多专业用语直接或间接引自英文。近年来逐渐有多所国内高等院校兴起传热学课程教学改革,并对其现状和利弊进行了分析。目前,武汉大学、大连理工大学和内蒙古科技大学等高校都进行了传热学双语教学,并且取得了较好的教学效果。之前,李孔清等人就传热学双语教学教材选择进行了探讨。近年来,教育界对高校实验班传热学双语教学模式的研究也越来越热。

双语教学已经有多年的历史,最先兴起于欧美等地。其实早在新中国成立前后,我国大城市中的部分大、中学就曾实行过双语教学,例如北京大学、北洋大学、南开大学等。中国的双语教学是用汉语和英语作为教学语言对汉语和英语以外的某些学科课程进行的教学。双语教学有利也有弊,但是已有教育学者认为双语教学利大于弊,应当鼓励和大胆进行实验。

根据教育全球化的发展趋势和学生培养国际化需求,针对哈尔滨工程大学动力与能源工程学院船舶动力班的学生基础和培养计划,现从改革依据、改革内容、改革目标、预期成果和现有基础等方面针对传热学课程创新改革实施计划进行探讨。

1 课程创新改革依据

1.1 因材施教,面向对象化

多年来,我院开设的传热学课程采用中文教学。学生系统地学习和掌握了传热学相关知识,毕业后主要从事相关专业的技术工作,或者多数考取了国内相关高校的研究生,成为各行业有用的人才,出国学生比例不高。在网络科技越来越发达的信息时代,学生思想也比较开阔,全国各大高校的学生大学毕业后选择出国深造的比例越来越高。邓小平说过"教育要面向世界",就是鼓励学校的教育要和国际接轨,吸收国际先进教学方法、教学理念和教学方式,使得学生出国学习后,将国外的先进教学和科研经验吸收进来,为我国教育和科研事业贡献力量。然而目前我院并没有专门针对这些有出国意向的大学生的英文传热学课程,导致这些学生将来在申请国际各大高校的时候,在激烈的竞争下并不占优势,所以英文教学的传热学应运而生是及时的、必要的。

1.2 学以致用,加强基础教学和科学研究的联系

本科和研究生时代系统的理论学习,是未来从事科研或进行任何生产实践活动的基础。然而现在多数高校的教育存在的一个弊端就是"学和用分

离"。学生在本科时代系统地学习理论知识，记住很多理论、公式推导，却不知道这些知识具体在科研中有哪些应用以及如何运用；甚至有的学生只是为了考试，索性就只记住考试需要的，也不会真正去思考和深度理解其内涵和物理意义。等到多年后在博士研究生时代开始进行科学研究时，发现很多基础理论都已经模糊不清，多数都要回头再根据需要进行补充学习，还需要投入大把的时间和精力。有的经过补充学习，就可以回忆起来；但有的知识因为当时学的时候就模棱两可，没有真正理解，对于这种情况，重新自学可能就比较困难，甚至根本无法经过自己努力来达到灵活运用的目的，导致学生自暴自弃，觉得自己不适合搞学术，甚至放弃科研。

所以在教学中，进行研究案例教学，将所学的知识点灵活穿插到研究案例中，让学生在研究中体会基础理论学习的重要性和必要性。同时，通过讲解与课程学习有关的小型科研课题，加强学生对传热学知识点的理解、掌握和记忆，以便于学生在未来解决实际问题时能灵活运用所学基础理论，达到学以致用的目的。

2 改革主要内容

2.1 教学方法

为了降低教学改革风险，传热学教学改革可以首先在小范围内试点运行。如首先针对哈尔滨工程大学动力与能源工程学院船舶动力班进行开设双语教学试行。以一定的考核方式和标准遴选教学改革班学生，如在英文水平、未来职业发展目标、教育素质基础等方面进行严格考核和选拔。在传统多媒体教学和板书教学相结合的基础上，选取英文教材和辅导书，部分使用"英文"进行双语授课，带动学生逐步进入英文视、听、说交流模式。除了传统的讲授课程内容之外，鼓励学生以分组讨论和项目进展汇报等方式，充分发挥学生的主观能动性，在课堂上给学生机会表达，部分地让学生参与"教"。培养学生英文学术交流能力和成果展示能力，为未来参加、组织国际学术会议，英文口头报告，和国际学术友人进行学术交流奠定基础。

2.2 教学理念

在教学成果量化上，轻微弱化传统考试做题成绩所占的比例，提高学生的自由度、积极性、英文语言能力、思维创新能力、基本科研能力等综合素质教育考核标准的比重。

2.3 教学形式

在传统"老师讲、学生听"、"授受式、灌输式"教学形式基础上，加强学生的课堂活动参与度，允许学生英文讲话、提问、发言和讨论，允许学生就学术问题和老师争执，师生平等、互相学习。通过分组研讨式的教学形式，培养学生的开放思维，提高学生的合作能力。通过研究型案例教学形式，让学生初步认识课堂学习在科学研究中的必要性、基础性、重要性及其关联性，启发学生的科学研究兴趣，对科研有兴趣的同学启发和初步培养其科学研究能力。

3 课程创新改革目标

（1）通过本门课程的学习，使学生较为扎实地掌握传热的基本原理和基本知识，为后续专业课程的学习打下坚实的理论基础，并能运用所掌握的传热学基础知识初步解决工程实际中所遇到的各类传热问题。

（2）改变课程过于注重知识传授的倾向，强调形成积极主动的学习态度，使获得基础知识与基本技能的过程同时成为学会学习和形成正确价值观的过程。

（3）改变课程实施过于强调接受学习、死记硬背、机械训练的传统，倡导学生主动参与、乐于探究、勤于动手，培养学生搜集和处理信息的能力、获取新知识的能力、分析和解决问题的能力，以及语言交流与协同互助的能力。

（4）在学科专业知识提高的基础上，提高学生的外语交流水平和能力。

4 现有课程教学条件

4.1 学生资源

"传热学"是哈尔滨工程大学动力与能源工程学院开设的面向能源与动力工程、轮机工程等专业方向的核心课程，也是工程热物理、能源与动力工程、核工程与核技术、交通运输、供热通风与空调工程等本科专业的一门重要的技术基础课程之一。既往通常设有 8 个班，授课语言为中文授课。在此基础上进行教学改革试点，对传热学课程进行创新改革，开设专门针对船舶动力创新人才的小班授课（25 人以内）、英文教学，主要面向有意从事科研工作并出国深造的当代大学生,旨在让学生能够掌握基本的传热学基础知识和解决相关问题的基础上,提高学生基本的英文听说读写能力和传热学方向的英文专业词汇、术语的表达水平,培养基本的英文学术交流能力和科研写作、汇报能力。

4.2 师资力量

哈尔滨工程大学动力与能源工程学院负责传热学课程教学的老师目前一共有6位,这6位教师全部具有超过1年的海外经历,其中留学或者访问的国家遍及英国、美国、德国、法国等。尤其是近年,从海外引进的新教师更是具有长达4年的海外博士后研究工作经历,在海外从事博士后研究期间也参与讲授研究生课程。另外,组里的传热学课程教师都具有多次参加欧美等地举办的大型国际学术会议并做口头报告的经历。这些海外学术交流和访问的经历将有助于引进国外先进的教学研究经验,有利于哈尔滨工程大学动力与能源工程学院开设英文授课的传热学课程和进行传热学课程教学改革。

5 结 语

本文对哈尔滨工程大学动力与能源工程学院传热学课程创新改革实施计划的可行性进行了论证,促进学院的教育教学面向世界并和国际教育接轨,加快学院传热学教学的全球化,吸引国际上对传热领域感兴趣的学生到哈尔滨工程大学交流和学习。

参考文献

[1] 李雪梅,黄丽芳,李金成. 传热学课程教学改革的探讨与实践[J]. 石油教育,2004(3):63 - 65.

[2] 杨建中. 大学双语教学的现状及其利弊分析[J],宿州教育学院学报,2012,15(3):50 - 52.

[3] 岳亚楠,徐艳茹,万祥. 英文《传热学》教学过程中的思考[J]. 教育教学论坛,2016(42):208 - 209.

[4] 刘红,贾明,白敏丽,等. 双语传热学在高校中的教学探讨与实践[J]. 教育现代化,2016(85):178 - 179.

[5] 王海鸥,李妍,刘永珍,等. 传热学双语教学模式探索与创新[J]. 中国冶金教育,2013(2):47 - 48.

[6] 李孔清,邹声华,向立平. 传热学双语教学教材选择浅谈[C]//第六届全国高等院校制冷空调学科发展与教学研讨会论文集. 2010:230 - 233.

[7] 赵占勇,李玉新,梁敏洁,等. 高校实验班传热学双语教学模式研究与实践[J]. 化工高等教育,2018(5):45 - 47.

[8] 梁志大. 双语教学模式探析[J]. 天津市教科院学报,2004(5):61 - 62.

[9] 计道宏,刘鹏. 浅议双语教学的利弊[J]. 贺州学院学报,2008(4):107 - 109.

新工科思维下"工程热力学"课程改革的初步探讨

殷上轶,张琦,卢平,赵传文

(南京师范大学 能源与机械工程学院)

摘要: 工程热力学是能源与动力工程等相关专业的专业基础课程,在教育部发展"新工业"的背景下,专业基础课程教学过程中培养学生的专业能力与专业素质、提高理论知识与实践的联系、培养自学能力和终身学习的理念,是工程热力学教学改革的重要环节。在工程热力学教学实践中,对知识结构、考核方式和课堂教学手段等进行了改革探索,拓展了课堂教学的深度和维度,促进人才培养。

关键词: 工程热力学;新工科;教学改革

当前,国家推动创新驱动发展,实施"一带一路""中国制造2025""互联网+"等重大战略,以新技术、新业态、新模式、新产业为代表的新经济蓬勃发展,对工程科技人才提出了更高的要求,迫切需要加快工程教育改革创新。为了深化工程教育改革，推进新工科的建设与发展，教育部发布了《关于开展新工科研究与实践的通知》，主要内容分为：工程教育的新理念、学科专业的新结构、人才培养的新模式、教育教学的新质量和分类发展的新体系。美国工程院发布的《2020年工程师：新世纪的工程愿景》中提到未来工程师应具备的素质：优秀的分析能力、实践能力、创造力、沟通能力、商业和管理知识、领导力、道德水准和专业素养、终身学习等。

"工程热力学"是热能动力工程和建筑环境与设备工程等专业的核心专业基础课程，它是研究热能和机械能相互转换规律和热能有效利用的科学。对于每一位能源动力类和建筑环境类的学生和专业技术人员开展本专业的学习和从事本专业的工作都至关重要。工程热力学教学过程中存在重知识输送轻能力培养、考核方式单一、课堂传递信息滞后等问题。在当前发展新工科背景下，需要从人才培养的角度对"工程热力学"课程教学进行新的探索。

1 人才培养要求与工程热力学教学

1.1 人才培养的知识、能力、素质要求

《2020年工程师：新世纪的工程愿景》提出未来工科人才应该具备的素质有三个层次，即基本素质、关键素质、顶端素质。基本素质层次主要包括掌握数学和科学的基本原理，掌握专业核心知识，了解更广的技术背景，具备发现和解决问题的实践能力，较好的交流能力。关键素质层次主要包括很强的分析能力，创造力，良好的交流能力，精通商务和管理的原理，领导力，终生学习的品质。顶端素质层次是一种理想化的素质目标。

从笔者自身专业发展和从事多年教学工作的经验来看，对工科学生未来发展起关键作用的主要能力有良好的科学素养、专业核心知识、自学能力、较广的专业知识面、良好的语言和写作能力。目前，本科教学尤其是专业基础课的重点仍过多地注重和考查学生掌握课本中的专业理论知识的情况。

1.2 工程热力学教学中存在的问题

"工程热力学"是能源动力类专业的核心专业基础课，是工科生从基础课向专业课学习的桥梁课程，是能源动力类专业学生正式迈入本专业大门的三大基石之一（另外两门"流体力学"和"传热学"）。"工程热力学"是热力学在工程领域的一个

分支，属于经典热力学。它是在漫长的热能利用实践过程中通过大量的经验总结、模型简化和理论假设的基础上建立起来的。因此，"工程热力学"区别于另外两门课程的一大特点是对过程和系统提出了大量的假设，概念和知识点，课程内容具有较强的工业背景。

2 工程热力学教学改革的探讨

2.1 引导学生建立清晰的知识脉络

工程热力学概念多、内容抽象，章节之间环环相扣、层层推进，主要知识脉络如图1所示。学生在学习过程中对任何一环内容没有理解消化，会对后续章节的学习产生直接的影响。比如在课程开始说明本门课程的热力系仅为简单可压缩系，在认识简单可压缩系的基础上引入状态公理才容易理解为什么工质的状态可以由两个状态参数确定。再如理想气体热力过程的公式多、知识点零碎，在掌握热力学第一定律解析式和理想气体热力性质的基础上，才容易理解四种基本热力过程和多变过程的分析思路。在理解的基础上学习将事半功倍。此外，如果学生在学习过程中缺乏对知识的整体把握，很难将零散的知识点建立联系，因此教学过程中需要引导学生将各知识点编织成知识网，融会贯通，加强对知识体系的宏观把握。

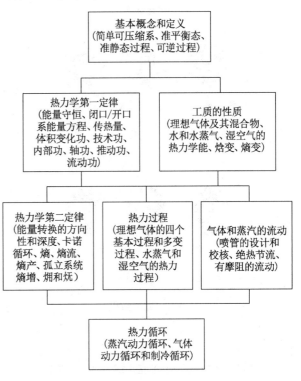

图1 "工程热力学"的基本知识框架

2.2 利用"雨课堂"等互联网和移动端的数字资源

随着互联网和多媒体技术的飞速发展，互联网和手机移动客户端的使用，比如"雨课堂"应用于"工程热力学"教学中可以提高课堂效率和学生的学习兴趣，建立教师和学生间的高效信息纽带。

2.2.1 强化过程性考核

教师在使用"雨课堂"进行课堂讲授时，可以随课件发布课堂小测试（见图2），及时了解学生的学习情况，"雨课堂"根据测试结果（见图3）记录学生的学习情况，教师可以根据结果反馈，适时调整教学进度和内容，了解班级每个学生的学习情况，因材施教。

图2　随堂测试

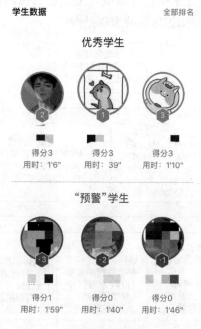

图3　测试结果

2.2.2 建立教师与学生高效的信息纽带

教师可以通过"雨课堂"给全班学生发布学习任务，查看学生的预习情况。在课堂上，"雨课堂"根据教师的授课同步推送课件到学生手机上，学生在没有理解的课件页面上点击"不懂"。授课结束后，"雨课堂"将课堂学习情况，不懂的页数推送给教师，教师和学生可以在不懂的课件下留言讨论（见图4）。这样，课堂讲授在时间上不局限于有限的课时，空间上不局限于教室，在教师和学生之间建立了高效、便利的信息纽带。此外，教师利用"雨课堂"发布功能可以向全班同学发布作业、课件和试卷，学生可以通过讨论组上传课程的预习和复习成果。图5为学生上传的每章小结。

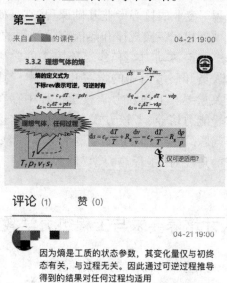

图4　课堂学习情况反馈

图5　学生提交每章小结

2019 年全国能源动力类专业教学改革研讨会论文集

3 结 语

发展"新工科"要求人才培养不仅掌握知识,更要掌握学习方法,建立专业能力和专业素养。工程热力学教学过程中,通过引导学生建立知识脉络,建立知识点之间、知识与实践之间的联系;同时利用"雨课堂"等互联网和移动网络资源,从时间和空间上拓展课堂教学的维度,强化过程性考核,加强教师与学生之间的信息纽带,有效提升学生的学习兴趣和应用能力。

参考文献

[1] 高丽霄,李莉."互联网＋出版"助力新工科人才培养[J].出版参考,2018,788(10):58－59.

[2] National Academy of Engineering. The engineer of 2020:visions of engineering in the new century[M]. Washington,DC:National Academies Press, 2004.

[3] 汪衡珍.《2020年的工程师》中的未来工程师应然素质及其课程实现[D].长沙:中南大学,2012.

[4] 魏莉莉,巩学梅,张丽娜.基于应用型人才培养的工程热力学教学改革探索[J].宁波工程学院学报,2018,30(1):95－99.

能源与动力工程专业应用型课程体系建设与实践

梁绍华,薛锐

(南京工程学院 能源与动力工程学院)

摘要：南京工程学院能源与动力工程培养定位为火力发电行业的一线工程技术人才,传统的核心课程体系与发电系统分离甚至割裂,不能很好地达成应用型人才培养目标。通过课程体系改革与建设,初步形成了以发电系统为主线,校企协同、理实一致、知能统一的应用型课程体系。教学实践表明,应用型课程体系有助于学生专业知识系统化构建和分析、解决问题能力的培养。

关键词：课程体系;发电系统;应用型人才;校企协同

能源与动力工程专业类主要致力于培养学生能源(包括新能源)的高效洁净转化与利用、能源动力装备与系统、能源与环境系统工程等方面专业知识和实践能力。该专业类包括能源与动力工程专业、能源与环境系统工程、新能源科学与工程三个专业,而每个专业又面向电力、冶金、化工等不同行业,区分度非常明显,故必须根据各自学校专业实际情况,提炼专业特色,打造特色鲜明的人才培养方案与课程体系。

南京工程学院能源与动力工程专业具有鲜明的"电力"特色,致力于培养电力设备及系统设计、安装、运行、调试和试验等方面的应用型高级专门技术人才。该专业沿用研究型人才培养的课程体系和教学组织模式建立的专业核心课程群与火力发电系统分离,甚至割裂,不能有效达成应用型培养目标。近几年进行了专业核心课程群的改革与建设,以发电系统为主线,通过项目教学将各门核心课程有机联系,知识融会贯通,增强课程的系统性。

1 应用型课程体系构建理念

能源与动力工程专业建设要求师资、资源和课程协同发展,课程体系构建时采用工程教育专业认证的理念和标准,结合电力行业新技术的应用与发展态势,协同行业专家,重构课程群的知识、技能、能力、素质教育与培养体系,建设教学团队、系列化教学项目、教材、在线资源及配套教学文件,推进理实一体、研学结合、线上线下互补的教学方法,开展团队教学、协作学习改革,以提高课程效能和教学质量。

2 传统课程体系分析及应用型课程体系构建

2.1 传统核心课程体系状况分析

能源与动力工程专业传统的培养方案中设置了锅炉原理、汽轮机原理、热力发电厂等专业核心理论课，以及认识实习、运行实习、课程设计等实践课程，课程体系结构如图1所示。每门课程采用传统的独立授课方式，学生往往在课程结束后对锅炉、汽轮机设备某个部件和分系统的概念、原理和特性比较清楚，但不理解发电厂各分系统之间相互作用原理与特性分析，对锅炉和汽轮机整体性能指标的测量、计算、分析和评价无从下手，制约学生从事系统集控运行、节能环保管理等毕业要求的达成。分析其主要原因有以下几个方面：

（1）在锅炉原理、汽轮机原理等专业理论课模块中，基本概念、设备结构及工作原理阐述地很细致，而对系统设计理念、分系统间相互影响以及系统参数的选择理由较难讲述，学生学习过程中更多的是认知记忆，而系统分析和理论联系实践的能力较弱。

（2）在认识实习、运行实习等实践环节的教学中，主要也是让学生认识设备和系统，以及启停的一般步骤，而对系统安全、经济和环保运行的分析几乎不考虑，不能有效地加深对相关原理的认识和培养解决工程实际问题的能力。

（3）理论课程和实践课程结合不够紧密。原理课程讲述设备结构和工作原理，实习课程则训练设备认知和操作技能，两者之间缺乏有效沟通，学生往往不能将理论知识应用到操作实践中去，不能有效地系统分析和创新能力。

（4）各门课程教师独立备课和授课，教师知识面和关注点难以跟踪当前电力技术高速发展的各个方面，不能很好地指导学生有效地消化火电厂能源动力技术最新发展成就。

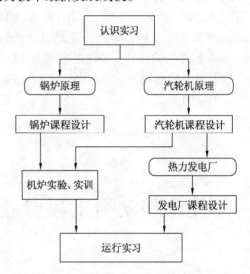

图1 传统专业核心课程体系

2.2 应用型课程体系构建

通过课程体系改革，形成基于 OBE 工程教育理念，建设涵盖锅炉原理、汽轮机原理和热力发电厂三门原理课及其课程设计、认识实习和运行实习的核心课程群和工程项目库，以项目为载体融合能动专业核心理论课程和实践课程，使学生学习中提高认知水平的同时掌握系统分析方法，提高工程应用能力，支撑专业培养目标和毕业要求的达成。应用型核心课程体系如图2所示。

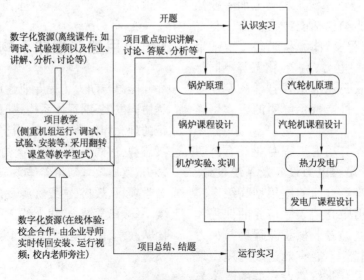

图2 应用型专业核心课程体系

2019 年全国能源动力类专业教学改革研讨会论文集

通过应用型课程体系重构可达到以下目标：

（1）学生通过课程群的学习，掌握电厂热力系统和设备的基本概念、结构和工作原理及系统间相互影响的特性，逐渐形成系统分析的思维方法。

（2）学生通过项目训练，将理论知识自主应用到设备系统的集控运行和节能环保管理和技术改造的实践中，提高系统分析、工程应用、技术交流及文字表达的能力。

（3）帮助学生掌握工程项目开展的一般方法和自主获取相关知识的能力，提高学生创新创业的兴趣和能力。

3 课程体系建设内容及成效

3.1 课程体系建设内容

分析现有专业理论课和实践课教学内容和方法，建设能源与动力工程专业核心课程群和工程项目库，开发完善教学评价目标和考核方式并进行教学实践。具体内容如下：

（1）建设课程群。编制和确定课程群建设方案，依据方案要求编制课程群大纲及课程设置标准，各门课程的教学目标与内容。在锅炉原理、汽轮机原理和热力发电厂等核心的大纲制定时充分考虑了当前电力行业生产现状和技术发展状况，适时增加新的知识点和技术内容，如锅炉原理增加了"煤质成分对燃烧特性的影响"、"锅炉性能试验规程和锅炉效率计算方法介绍"、"锅炉燃烧调整试验案例分析"等内容；汽轮机原理课程"汽轮机运行方式优化方法及经济性分析"、"汽轮机冷端优化方法及经济性分析"等内容；热力发电厂课程增加了"机组旁路系统、减温水系统、疏水系统、排污系统工质泄漏流量估算以及经济性影响分析"、"掺配煤运行方式下机组煤耗和成本计算与优化方法"等内容；其他课程也有内容上的调整和完善。

课程群建设过程中需解决各课程间有机融合的问题。通过集体备课、团队授课和教学资源共享等方法，消除教学内容的重复，增加课程之间的自然连贯，结合工程项目展现各门课程间的内在联系，实现深度融合。

（2）建设项目库。面向发电厂维护检修、集控运行、节能环保优化管理和技术改造等方面开发工程项目库，提供课程群教学的项目载体。采用虚实结合的方法（虚拟仿真和现场视频）开发了锅炉节能检测与评价、汽轮机节能检测与评价等项目教学。

按照课程群教学大纲要求，在学生自主开展项目的过程中，通过课内外跟踪指导，解决学生综合素质的培养问题，在项目开展实践中培养学生自主学习能力、分析能力、团结协作能力和工程应用能力。

（3）完善课程群及各门课程的评价和考核办法，除了常规的考试评价方法外，更多地采用了问答式和答辩式评价方式。

（4）开展教学改革实践及效果评价。

3.2 实施效果

本项课程改革与建设首先进行试点实施，选取了部分能源与动力工程专业的学生按应用型课程体系进行教学，通过考试、项目报告和答辩方式评价教学效果。实践表明：学生在知识掌握和理解方面的能力明显增强，分析问题更加全面科学，解决问题能力明显增强，收到良好的效果。

4 结 语

应用型核心课程群的改革与建设，取得了预期效果。下一步应更多地开发实践资源和课程资源，加强对学生知识技能的培养和分析、解决问题的工程能力培养，形成特色鲜明的应用型课程体系。

参考文献

［1］ 教育部高等学校教学指导委员会．普通高等学校本科专业类教学质量国家标准［S］．北京：高等教育出版社，2018．

［2］ 薛玉香，王占仁．地方高校应用型人才培养特色［J］．高等工程教育研究，2016(1)：149－153．

［3］ 王波．浅谈"锅炉原理"课程教学中的若干问题［J］．中国电力教育，2011(24)：196－197．

［4］ 周仲海，朱昌平，刘丹平，等．基于OBE理念协同培养创新型工程人才的实践［J］．实验室研究与探索，2018，37(9)：193－196，201．

［5］ 翟永杰，纪蓬勃，王秀梅，等．电力工程全过程虚拟仿真实验教学中心建设［J］．实验技术与管理，2014(8)：5－8．

［6］ 梁绍华，王红艳，毕小龙．能动专业视频化项目教学改革研究［J］．中国电力教育，2016(2)：68－70．

基于"互联网+"时代智慧教学的课程实践探索

蔡晓东[1]，汪元[1]，赵玉新[1]，梁剑寒[2]

（1.国防科技大学 空天科学学院 高超重点室；2.国防科技大学 空天科学学院 临空所）

摘要： 本文依托"互联网+"信息技术，针对"发动机燃烧过程数值分析"研究生课程的智慧教学开展了探索研究。基于课程的理论与实践特性，基于互联网络信息技术，采用课前微课或者动画展示、课中实现学生分组自主教学授课和课后计算平台实践相结合的方法，提升学生自主学习、创新探索的能力，探索智慧教学实践，促进学生智慧生成，进一步提高素质人才培养能力。

关键词： 互联网+；智慧教学实践

2015年7月4日，国务院印发《国务院关于积极推进"互联网+"行动的指导意见》。2016年5月31日，教育部、国家语委在京发布《中国语言生活状况报告（2016）》，其中"互联网+"入选十大新词和十个流行语。通俗来说，"互联网+"就是"互联网+各个传统行业"，利用信息通信技术及互联网平台，让互联网与传统行业进行深度融合，创造新的发展生态。"互联网+"行动计划的提出，使得整个传统行业的活力得到了进一步激发，促进了社会的变革。

在教育领域，随着"互联网+教育"概念的提出，高校教育专家和学者积极开展了"互联网+教育"智慧教育教学模式理论研究和实践探索。尽管这一教学模式已经得到了教育领域的广泛认可，然而由于对"互联网+教育"的认知还不够成熟，"互联网+教育"的教学实践尚处于探索阶段。

本文对"互联网+"时代智慧教育的教学实践开展研究，结合能源动力类专业课程教学实践，探索"互联网+"时代智慧教学模式。

1 "互联网+教育"智慧教学内涵与特征

1.1 "互联网+"基本内涵

"互联网+"概念的中心词是互联网，它是"互联网+"计划的出发点。"互联网+"是创新2.0下的互联网发展新形态、新业态，是知识社会创新2.0推动下的经济社会发展新形态演进。通俗来说，"互联网+"就是"互联网+各个传统行业"，但这并不是两者简单的相加，而是利用信息通信技术及互联网平台实现深度融合，创造新的发展生态。"互联网+"主要有六大特征：一是跨界融合，敢于跨界，创新的基础就更坚实；二是创新驱动，采用互联网的思路来求变，实现自我革命，发挥创新力量；三是重塑结构，打破原有结构，实现新模式；四是尊重人性，尊重人的创造性发挥；五是开放生态，化解制约创新的环节；六是连接一切，实现信息共享。"互联网+"借助于互联网平台实现了与各个业态的整合与嫁接，有效促进了信息传播、资源整合、经济转型，成为社会创新的重要驱动力。

1.2 "互联网+教育"本质特征

"互联网+教育"是随着当今科技的不断发展，互联网科技与教育领域相结合的一种新的教育形式。互联网具有高效、快捷、方便传播的特点，在学习生活中发挥着不可替代的重要作用，并成为老师和学生的好帮手。一所学校、一位老师、一间教室，这是传统教育。一个教育专用网、一部移动终端，学校任你挑、老师任你选，这就是"互联网+教育"。"互联网+教育"的结果，将会使未来的一切教学活动围绕互联网进行，老师在互联网上教，学生在互联网上学，信息在互联网上流动，知识在互联网上成型，线下活动成为线上活动的补充与拓展。

"互联网+"具体到教学领域，可大致概括为一个简单等式：互联网+教育＝智慧教育。智慧教育是利用新一代信息技术，将课堂教育打造成富有智慧的教学环境，实现课前、课中和课后教学智能化、可视化、高效化等，最终实现学生的智慧生成。智慧课堂是"互联网+教育"背景下教育信息化聚焦于课堂教学、聚焦于师生活动、聚焦于智慧生成的必然结果。

2 "互联网＋教育"智慧教学模式初探

作为传统教学模式,讲授式教学模式对于介绍最新的信息、总结材料、使材料适应特定学生的背景和兴趣,以及关注关键概念、原则和观点等方面,有其独特的优势。讲授式教学模式是在课堂教学中普遍应用的一种教学模式,不应认为现在提倡学生协作学习、自主探究,讲授式教学模式就一无是处了,关键是要弄清楚什么时候、什么内容要用讲授式;用讲授式时应该如何去讲,怎样与其他教学模式有机地结合起来。在现代信息技术的推动下,传统教学开始向信息化、智能化方向发展。2015年6月14日举办的2015中国"互联网＋"创新大会河北峰会上,业界权威专家学者围绕"互联网＋教育"这个中心议题,纷纷阐述自己的观点,认为"互联网＋教育"不会取代传统教育,而是会让传统教育焕发出新的活力。尽管饱受诟病,传统讲授式教学模式仍是当前课堂讲授的主流教学模式之一。虽然有其天然缺陷,但是经过改造仍然可以最大限度发挥其优势,在继承原有优点的基础之上加以改进,借助"互联网＋"的理念与技术,使其转型为充满智慧的讲授式教学模式。

以我校能源动力类研究生专业课程"发动机燃烧过程数值分析"为研究对象,利用网络教学平台,整合学习资源,在信息技术的支持下探索智慧型讲授式教学模式。

2.1 课程学习要求

作为能源动力类研究生课程,"发动机燃烧过程数值分析"是航空宇航科学与技术一级学科所属的航空宇航推进理论与工程学科的专业课程。深入研究发动机燃烧过程,掌握基本理论和设计方法,是航空宇航推进领域科研工作者和工程管理者面临的现实问题。该课程的目的在于使学员学习和掌握火箭发动机和冲压发动机内部流动与燃烧过程的物理数学模型和数值求解方法,加深学员对发动机内部流动与燃烧过程的理解,能够根据不同发动机内部流动与燃烧特点,选取合理的物理模型,正确完成网格生成及数值计算,能够合理分析计算所得结果,从而使学员具备将来从事发动机研制或进行燃烧专题研究时应有的计算分析能力。

由此可见,"发动机燃烧过程数值分析"这门课程同计算机信息技术关联性强,适合开展信息技术条件下的智慧型讲授教学模式探索。

2.2 智慧教学实践探索

"发动机燃烧过程数值分析"课程主要依据液体火箭发动机的工作过程来合理安排章节内容。章节内容之间相互关联,同时又相互独立。该门课程基础理论深,计算机应用背景强,既需要学生理解基本物理数学模型,同时也需要学生掌握发动机燃烧过程的基本数值应用。借助互联网与信息技术,整合教学资源,增进课堂教学体验,培养学生理论与实践的双重能力,实现智慧学习。

课前教师可以依据课程目标,结合学生特征,利用信息化技术合理设计预习内容,并于互联网信息平台发布,使学生能够尽快了解课程内容,激发学习兴趣。既然"发动机燃烧过程数值分析"课程依据火箭发动机工作过程进行设置,那么可以选用一款经典液体火箭发动机为模型采用信息化技术制作一个视频讲解或者一个小型微课,对发动机的工作原理、工作过程等进行一个通俗易懂的解释说明,并通过网络平台发布到学生接收终端。采用信息化技术,合理完成课前的信息化准备,激发学生进一步学习探索的动力,从而使学生能够主动进行思考、引导学生提出问题,开启智慧学习之门,为课中的智慧学习铺设良好基础。

课中进行课程讲授时,可以充分发动学生积极性,让他们主动参与,主动讨论,从而进行有效内化,实现智慧型学习。教师可以首先对学生进行分组,根据课程内容性质、难易程度等,每个章节设置一次课程安排学生讲授。每组学生分工配合、通力协作,根据课程目标任务,借助互联网信息平台,开展资料查找分析、内容逻辑组合、授课课件制作等活动,全程完成一次课程的讲授,同时可以让其他组对课程内容讲授等环节进行综合评价。教师进行适时点评,提出一些具有启发性的科学问题,让学生进一步思考,从而发展学生的智慧能力。通过这种方式,可以提升学生的课堂活力,激发学生的积极主动性,能够让学生主动参与课堂,主动思考问题,真正地实现从课堂传授到智慧学习的升华。同时,在这样一种过程中,教师也能够以全新的视角认识学生,针对同样的问题,学生采用怎样的视角去看待,解决问题的思路又如何,表现的形式怎么样等。这些对于教师而言,能够重新认识自己的学生,通过进一步的适时点评,从而可以在课堂上实现积极的互动。这种充分互动式智慧课堂教学,能够碰撞出智慧的火花,体验智慧学习的乐趣。

课后教师根据每一章节的主要知识点,特别是针对各种物理数学模型的建立与应用,给出相应的最新参考文献供学生课后研读,并通过信息化平台进行及时反馈与讨论交流。此外,针对每一章节的重点内容,结合发动机燃烧过程实际问题,教师可以设置一个小作业,采用数值软件实现。学生可以通过互联网远程连接计算资源,在里面依据物理问题特点,选用合适的计算程序或者软件,实现网格划分,初始边界条件设置,算例运行及数据分析,最后总结成报告。经过这样一个完整数值实践过程的训练,学生能够完成理论到实践的转化,一方面能够加深对课堂理论内容的认识和理解,另一方面也锻炼了开展发动机燃烧数值研究的基础能力,使学生具备将来从事发动机研制或进行燃烧专题研究时应有的计算分析能力。

3 结 语

本文结合互联网信息技术,针对"发动机燃烧过程数值分析"研究生课程的智慧教学开展了探索研究。基于课程的理论与实践特性,采用互联网络信息技术,分别在课前采用微课或者动画展示、课中实现学生分组自主教学授课和课后计算平台实践相结合的方法,促进学生智慧生成,探索智慧教学实践,提升学生自主学习、创新探索的能力,进一步提高素质人才培养能力。

参考文献

[1] 刘邦奇."互联网 +"时代智慧课堂教学设计与实施策略研究[J].中国电化教育,2016(10):51 – 56.

[2] 夏仕武.互联网 + 背景下大学双课堂教学模式的建构与运行[J].国家教育行政学院学报,2016(5):42 – 47.

[3] 刘慧."互联网 +"时代高校 O2O 智慧教学平台建设[J].黑龙江畜牧兽医,2017(7 上):268 – 271.

[4] 王娜.基于"互联网 +"的应用技术型本科院校实践教学智慧化研究——以衡水学院数字媒体技术专业为例[J].数码世界,2016(11):55 – 56.

[5] 桑雷."互联网 +"背景下教学共同体的演进与重构[J].高教探索,2016(3):79 – 82.

[6] 雍媛媛.高职智慧课堂教学模式研究[J].中国管理信息化,2018(21):217 – 218.

[7] McKeachie W J, Svinicki M. Lecture – Based CIasses [EB/OL]. (2015 – 07 – 01) http://citl. illinois. edu/teaching – resources/teaching – in – specific – contexts/lecture – based – classes.

[8] 于颖,周东岱,钟绍春.从传统讲授式教学模式走向智慧型讲授式教学模式术[J].中国电化教育,2016(359):134 – 140.

能源动力类专业核心课教学改革和分析范式与实践
——基于泰勒课程原理和修订版教育目标分类模型

陆卓群,刘和云

(湖南人文科技学院 能源与机电工程学院)

摘要:目前国内高校常关注上层目标和宏观路径设计而忽视对中微观课程和教学技术的问题分析和实践改进,或对课程和教学技术改革时不重视理论而盲目追随新技术。本文通过重新审视泰勒课程原理和修订版教育目标分类模型,梳理出能源动力类专业核心课的教学改革和分析范式,即课程改革需要迭代优化、评价需要兼顾人文向度、实施过程需要重视情感和认知目标的相互影响、材料分析需要选择合适的方法。以"传热学"和"流体力学"为例为期 3 年的实证研究得出,课程"目标—活动—测评"一致性得到提高,并改进了应用程序性知识目标完成效果,而对理解概念性和元认知知识目标的设计仍不适应学生实际认知水平,且所设置的相关活动和测评对学生的情感动机产生了负面影响。为此需要进一步优化学习情境的自主性并强化老师的指导和反馈来激发学生的内在动机，或利用翻转课堂技术促进情感目标和认知目标的协同作用。

关键词：能源动力类专业；教学改革；教育目标分类学；认知目标；情感目标

高等教育目标分为专业人才培养目标、课程教育目标和课堂教学目标三个纵向层次，不同层次和人才培养侧重点的本科大学对它们的具体表述存在差异。无论是哪一层次的高校，其生源在入学前的能力素质与学校人才培养目标间都存在差距，而学校培养的目的则在于在实际教学中尽可能消除这种差距。泰勒（R. W. Tyler）于 1949 年提出课程与教学原理（后简称为原理），指出消除生源质量与培养目标间的差距，需要通过有组织的教学来激发学习者的学习行为，使其获得所期望的学习经验。2001 年修订的教育目标二维分类模型（后简称为模型）将泰勒表述中的"学习行为"明确为 6 大类19 亚类"认知过程"，认为其中的 17 种认知过程有助于学习迁移。模型还指出，三个层次目标中，实现中层课程教育目标和下层课堂教学目标对学习者技术能力和专业素养的提高更为实际，因此模型为课程教育目标提供了"认知过程 + 知识维度"的标准陈述形式。其中，教师承担了解释和选择这层目标的核心工作，具体的课程教学设计、实施和评价则是实现这些目标的主要途径。

近年来的研究表明，地方本科大学生源在技术能力和专业素养上的增值与"985 工程"和"211 工程"高校相当；经过重新评定的一流本科中，仅有 A 类一流大学生源在技术能力增值比其他类高校更大，而 B 类一流大学、"211 工程"和地方本科三类高校间的能力增值相差不大。不同类型高校对生源技术能力的培养增值未见明显差异，其原因主要是高校通常关注上层目标和宏观路径设计，而忽视对中微观课程和教学技术的问题分析和实践改进，或对相关问题的讨论缺乏实证数据支撑；在对课程和教学技术的改革中，也常不重视理论的框架作用，盲目追随新技术而不求甚解，导致对于教学效果的分析方法单一，而较少使用匹配研究样本特征的分析方法；或导致用于分析的信息来源单一，很少参考考试测验等教育实情数据，无法表征教育系统的完整特征。

本文首先审视原理和模型作为课程教学质量改进理论框架的方法论价值，梳理出针对能源动力类专业核心课程的教学改革和分析范式，然后以"流体力学"和"传热学"为例进行实践，对教学改进效果进行验证。

1 能源动力类专业核心课教学改革和分析范式

1.1 教学分析和改革需要持续迭代

原理指出，课程测评工具存在非精确性、多样性和效度易变性三个特征，这使测评工具达到与目标和活动的一致性（即效度）存在困难。为了针对具体课程建构科学合理并与目标、活动相一致的测评工具，课程编制和改革应是一种持续的优化，不断迭代直到测评工具达到令人满意的效度、信度和客观度。迭代流程如图 1 所示。而且测评工具的试验与评估有助于进一步澄清和优化教育目标，即两者的改进具有相互的正反馈效应，并最终趋向最优，这种作用也要求我们对课程教学进行迭代改进。

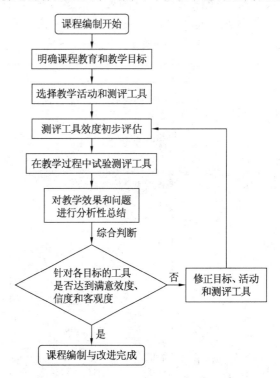

图1 课程教学分析和改革的迭代模式

1.2 教学评价需要兼顾人文向度

由于教育研究存在突出的人文价值属性，研究者在实践课程理论时必须考虑学生作为教学和评价主体时的生成性，并考虑难以量化的"生命状态"，避免落入"唯技术论"陷阱，平衡课程教育的人性本位与社会本位价值取向。原理与模型指出需要同时借助多样的理性和感性材料以确保对教学效果做出正确分析。国内学者提出了类似的人文向度教育评价路径：关注评价标准的多元与协同，坚持评价内容的"意义建构"趋向，并兼顾量化与质化的评价方法。因此设计和改进特定课程的目标、活动和测评工具充满灵活性和挑战性而不宜刻板套用现成措施，需要充分发挥课程编制者的创造力。

1.3 改革实施过程需要重视情感与认知目标相互影响

第一版教育目标分类模型分为认知、情感和动作技能三个领域，修订版分类模型主要基于认知领域分册的成果发展而来，因此不免分离并搁置了认知目标中的情感成分。情感领域分册（后简称为情感目标模型）中指出了情感目标在教育中销蚀的三个原因：情感目标因内隐而难以定量测量；教育人文价值取向使情感行为不应被强制测量；情感目标达成缓慢而较难评价。最终教师在教学过程中常面临教学任务压力而倾向于强调易达成和评价的认知目标，而牺牲或无计划地处理情感目标。情感目标与认知目标间还存在复杂关联——认知过程

和情感成分相互包含，认知目标和情感目标也可以分别作为实现对方的手段。因此对测评工具的选用或改进时，尤其需要考虑情感目标与认知目标的相互影响。

1.4 教育材料统计分析需要选择合适的方法

考虑到大学专业课程教学效果分析的样本特征和样本容量，以及课程测评的目标参照性质，无论是形成性还是终结性测评的数据分布都不会符合正态分布假设；相反，大学课程测评的理想成绩分布应为具有一定峰度的负偏态分布。因此，对分布型的实情数据进行分析时宜采用中位数、峰度、偏度等描述性指标，及曼—惠特尼 U 检验等非参数检验方法，并采用折线图、柱状图及其多项式趋势线对一些统计指标的变化趋势进行描述；而对于感性材料的分析和解释，则应以问题为导向，并遵循教育评价的人文价值取向要求。

2 以"流体力学"和"传热学"为例的教学改革路径

本研究根据"流体力学"和"传热学"课程特点，按表1所示路径对我校能源与动力工程专业 2014 至 2016 级学生进行了为期 3 年的教学改革。

表1 课程教学改革实施路径

实施年级	实施课程	目标、活动和测评工具的改进项目							
		教学内容筛选和结构化	阶段性闭卷考	阶段性复习课	阶段性习题课	全程化出勤考核	"概念–思维图"大作业	习题作业自愿上交制	期末考试题型改革
		目标&活动	测评	活动&测评	活动&测评	测评	测评	测评	测评
2013 级	流体力学	对照组							
	传热学	对照组							
2014 级	流体力学	✓	✓	✓	✓				
	传热学	✓	✓	增设抢答环节	增设考卷问题统计与展示环节				
2015 级	流体力学	根据实际教学效果持续修订教学内容的广度和深度	沿用	沿用	沿用	✓	✓		
	传热学		计分方式改革	沿用	沿用	沿用	沿用	✓	
2016 级	流体力学、传热学		题型及计分方式改革	沿用	增设抢答与抢答环节	沿用	任务分层、团队协作及多主体评价	沿用	✓

2.1 教学问题分析和目标、活动改革路径

明确教学目标和设计教学活动是选择和评估

测评工具的前提。对 13 级两门课程教案和教学效果的分析，得出了以下教学目标和活动设计问题：

未筛选和组织教学内容,讲座灌输式教学模式中存在很多复杂理论性内容,目标与学生实际认知水平不匹配,授课时也缺少与工程实践的联系;且教学中几乎未设置有效的形成性测评,仅通过课后习题作业和期终测试考核所有目标,"目标—活动—测评"一致性较差,也无法在学生学习过程中及时进行反馈。因此本研究重新筛选和组织了教学内容,突出课程核心的理解概念性知识目标,以适应学生的实际认知水平;同时突出应用程序性知识目标和元认知知识相关目标,以匹配人才培养目标中对技术能力和专业素养的要求。其次,采用结构化的问题引导式教学模式,即构建以知识群为单元和以问题驱动学习任务的课堂所组成的层次性目标结构;另外,还补充了缺失的形成性测评工具,其中一些工具在教学活动中使用,以在学生学习过程中进行反馈和指导。

2.2 测评工具改革路径

改进后的测评工具包含形成性测评、终结性测评和调查问卷三部分。其一,本研究除了对出勤考核、课后习题作业和阶段性测试等传统形成性测评进行改良外,还新采用了以下形成性测评工具:阶段性复习课和习题课的答题环节,以互动的方式覆盖不同学习层次学生;综合概念图与思维导图画法的"概念—思维图"大作业,其作图任务也被分为必做型和挑战型两个层次,并采取了组队协作机制及多主体评价模式(即自评、单盲互评与师评三者加权计分)。其二,作为终结性测评的期终测试,也针对再组织的教育目标进行了重新编制,以提高其与目标、活动及其他测评的一致性。其三,匿名课程问卷调查分为课程目标达成效果、教学活动实施效果、形成性测评实施效果、终结性测评完成效果四个方面内容,以补充感性分析材料。

2.3 材料分析方法和对情感目标影响的考虑

本研究对教育实情数据或材料进行"异级同课"和"同级异课"两个角度的比较,以深入分析影响教学效果的因素。前者主要考察各改进项目对教学质量提高的效果和存在的不足;后者对两门课程开设于不同学期的情况进行总结,可以考察学习者能力增值对于学习效果的影响;而对两门课程开设于同一学期的情况,则可以考察课程自身特点和难度对学习效果的影响。

本研究参考了情感目标模型的分类方法的测评思路,来对教学中隐含的情感目标达成情况进行

分析;改进项目中的问题驱动式教学、互动答题环节、协作式作业和多主体评价等活动或测评工具,则是考虑了认知目标和情感目标间作用关系的改进。

3 课程教学改革结果与分析讨论

3.1 "目标—活动—测评"一致性改进效果

各级课程"平时–期终卷面"成绩分布样本对的平均秩相对误差变化趋势如图2所示。虽然只有15级"流体力学"的样本对通过了曼–惠特尼U检验($p = 0.05$),但由图可知,平时总成绩与期终卷面成绩分布的统计性差异逐年减小,这表明测评工具的效度、信度和客观度逐步提高。特别地,在15级之前一直存在平时总成绩分布的平均秩大于期末卷面成绩分布的异常情况,而常理上学生经过期末的复习,其成绩较平时应得到提高。这说明平时成绩普遍虚高,未能反映学生的真实学习情况;也说明了在期终测试中考查的目标没有在教学活动中良好完成,两方面都体现了一致性问题。自15级开始,这种异常情况不再出现,即改进项目提高了"目标—活动—测评"的一致性。

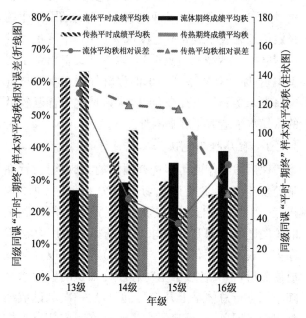

图2 各级"平时–期终卷面"成绩分布对的平均秩相对误差变化趋势

3.2 认知目标达成效果

为了分析简便,下文先分析记忆/回忆事实性知识、理解概念性知识和应用程序性知识三类目标的达成效果,然后按具体改进项目分析学生对元认

知知识相关目标的完成情况。

3.2.1 事实性和概念性知识目标

对事实性知识的记忆和回忆不仅能促进学习保持，还有助于实现"更高层次"的教学目标，在针对"更高层次"目标的测评中，也自动考查了这一"较低层次"目标。统计发现，各级期终测试中"流体力学"事实性知识选择题得分率较高，而"传热学"事实性知识填空题得分率很低。经分析，对同一类目标的测评出现了不同结果，其问题并非出自测评工具，而在于"流体力学"选择题的命题主要来自教材中的题库，而"传热学"教材中则无这种题库，需要学生根据授课内容进行总结，即涉及了"理解"认知过程中的"总结/归纳"，也即是学生关于"较高层次"目标的完成问题影响了对"较低层次"目标的完成。

概念性知识是核心课最重要的学习内容之一，具体包括了物理模型分类知识、物理定律知识和数学模型知识三类。而各级学生对这类问题都存在较大的完成困难，这类题目也成了习题课重点分析和指导的内容。这些题目虽然经过了测试和习题课重做，但由于只提示了作答思路而未给出标准答案，在期终测试中重考时仍使很多学生失分。其次，经统计，16级两门课程"概念－思维图"作业的必做任务完成率最高不超过60%（课程难度更大的"传热学"完成率相对更低）。以上都反映出学生对于类别、原理和模型等知识的理解程度在学习过程中一直未得到显著提高，可以认为是学生普遍较低的认知水平造成了理解困难。

3.2.2 程序性和元认知知识目标

课后习题作业历年选择固定的经典题目，旨在帮助学生及时巩固课上习得的熟悉程序（即"执行"），因此采取自愿上交机制；而课程阶段性测试的绘图题和计算题则要求学生选择和使用合适程序去完成不熟悉任务（即"实施"）。对阶段性测试成绩分析可知，各级学生对程序性知识的应用水平随学期进行总体呈上升趋势，但最后一次测试成绩都出现了回落，这反映了学生未良好完成情感目标而对认知目标造成的影响，将在后文进行分析。而问卷结果也显示，通过课程学习掌握了程序性知识应用的各级学生比例保持了较高水平（15级最高70.91%，16级66.15%）。

"概念－思维图"作业主要着眼于理解和创造组织策略知识的目标。16级作业总评成绩变化趋

势如图3所示。可见，经过一个学期的指导和训练，学生对作业绘制方法的掌握只达到中等水平，而难度较大的"传热学"作业总评分布中位数、偏度和峰度值都更劣；在作业批改中也发现，必做任务的实际完成率较低，且与自评结果相差较大，即很多学生并不能正确自评；很多学生也认为自己没有良好掌握绘图方法（15级49.23%，16级30.77%）。这都反映了学生的实际认知水平对认知目标完成造成了影响，即目标的要求超出了学生通过一个（或两个）学期学习所能达到的能力层次。

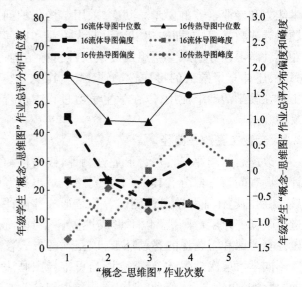

图3　16级"概念－思维图"作业总评成绩变化趋势

3.3　认知目标完成过程对情感目标的影响

进行全程出勤考核后，学生迟到或缺勤率趋势线峰值虽然在一定程度有所降低，趋势线上升段也出现推迟，但学期进行至中段出勤意愿普遍降低、又在课程临近结束时突然升高的不良现象仍未消除。这反映出学生在看待课程重要性这一问题上未能形成始终如一的态度。

调查显示，在实施课后习题自愿上交模式前，大部分学生认为仍会通过习题作业的上交和批改来督促学习，但实施后各级学生的上交率仍随学期的进行出现了明显滑坡，有部分学生从此不再完成习题作业，还有很多学生仍进行了抄袭（15级52.31%，16级32.31%）；而必交并计入平时成绩的"概念－思维图"作业，各级上交率也随着学期进行出现了类似的下滑趋势。这都表明学生虽然认同改善学习的价值，但并不愿意接受所布置的任务；或只对任务做出了顺从的反应，并倾向于通过消极的办法来避免惩罚。另外，在对"概念－思维图"作业采取组队协作形式后，出现了轮流单独完成的投

机现象,调查显示仅有 38.46% 的学生真正通过协作完成了任务;很多学生对作业中的开放性挑战任务也持消极态度。这表明学生并未接受团队协作对于改进复杂任务完成效果的价值,也没有从挑战任务的完成中获得乐趣和满足的情感。可见,当前的改进未良好实现"在教学中引导学习者产生积极情绪和内部动机"的要求,而学生在达成情感目标中存在的不足最终导致了前文所述的认知目标实现问题。

4 改进情感目标达成效果的建议

为了在教学设计中有意识地避免情感目标的销蚀,并通过情感目标的达成来促进学生的认知行为,需要使学生在课程学习过程中产生"发现感";并需要有意识地为学生提供在教学环境中进行自主操作和探索的机会,从而激发学生关于自我动机的信念。研究表明,非指导性教学不利于学生的知识建构,对学生进行充分的学习指导并对学生的表现给予积极反馈,更为符合人的认知架构,并有利于发展学生的长期迁移和问题解决技能。即需要进一步优化学习情境的自主性并强化老师的指导和反馈来激发学生的内在动机。华北电力大学"传热学"课程已沿着类似思路进行了成功实践,可为教学改革范式的实践提供有益参考。

情感目标模型也指出利用教学活动同时达到这两个目标更为合适。为此,教师可为学生提供包含教育目标的具体研究主题和情境,但只作为学习者的资料提供者和成果鉴定者,而学生通过对相关问题的自主讨论和探究,在情感领域和认知领域之间交替上升式地前进,最终达成预期的复杂认知目标。这种方法实质上即是课堂内的翻转,因此需要进一步通过实证研究翻转课堂对情感目标的影响。

参考文献

[1] 拉尔夫·W.泰勒. 课程与教学的基本原理:英汉对照版[M]. 罗康,张阅,译. 北京:中国轻工业出版社,2014.

[2] 洛林·W.安德森,戴维·R.克拉思沃尔. 布卢姆教育目标分类学:分类学视野下的学与教及其测评[M]. 蒋小平,张琴美,罗晶晶,译. 北京:外语教学与研究出版社,2009.

[3] 马莉萍,管清天. 院校层次与学生能力增值评价——基于全国 85 所高校学生调查的实证研究[J]. 教育发展研究,2016,36(1):56-61.

[4] 张青根,沈红. 一流大学本科生批判性思维能力水平及其增值——基于对全国 83 所高校本科生能力测评的实证分析[J]. 教育研究,2018(12):109-117.

[5] 陆根书,刘萍,陈晨,等. 中外教育研究方法比较——基于国内外九种教育研究期刊的实证分析[J]. 高等教育研究,2016,37(10):55-65.

[6] 赵志纯,安静. 我国实证范式的缘起、本土特征及其之于教育研究的意义——兼论中西实证范式脉络的异同[J]. 全球教育展望,2018,47(8):99-112.

[7] 来凤琪. 论教学设计和学习理论对教育技术研究的关照[J]. 现代远程教育研究,2015(2):35-42.

[8] 王小明. 我国高校教学质量研究:轨迹、热点及未来走向——基于高等教育十四种核心期刊的 Citespace 可视化分析[J]. 教育学术月刊,2018(1):91-103.

[9] 杨开城. 教育何以是大数据的[J]. 电化教育研究,2019(2):5-11.

[10] 张应强. 建构以人为本的教育学理论——鲁洁教授教育学思想之解读[J]. 高等教育研究,2010,31(3):20-25.

[11] 吕鹏,朱德全. 未来教育视域下教育评价的人文向度[J]. 现代远程教育研究,2019(1):40-45,65.

[12] 解飞厚,刘旭. 论"三位一体"的大学课程及人性发展——兼与姜国钧先生商榷[J]. 现代大学教育,2011(6):11-15.

[13] 戴维·R.克拉思沃尔,本杰明·S.布卢姆. 教育目标分类学第二分册[M]. 上海:华东师范大学出版社,1989.

[14] 黄伯西,程志刚,林丽,等. 基于 SPSS 的高校学生学期总成绩实证分析——以浙江科技学院为例[J]. 浙江科技学院学报,2014(6):470-476.

[15] 李翔,冯珉,丁澍,等. 考试成绩分布函数特点研究[J]. 中国科学技术大学学报,2011(6):531-534.

[16] 吴喜之,赵博娟. 非参数统计[M].4版. 北京:中国统计出版社,2013(10):52-57.

[17] 杰罗姆·S.布鲁纳. 布鲁纳教育论著选[M]. 北京:人民教育出版社,1989:71.

[18] 保罗·基尔希纳,约翰·斯维勒,理查德·克拉克,等. 为什么"少教不教"不管用——建构教学、发现教学、问题教学、体验教学与探究教学失败析因[J]. 开放教育研究,2015(2):16-29,55.

[19] 刘彦丰,高正阳,李斌,等. 传热学课程研究性教学的探索与实践[J]. 中国电力教育,2014(36):120-121.

[20] 王鉴. 论翻转课堂的本质[J]. 高等教育研究,2016,37(8):53-59.

"动力工程测控技术"课程教学改革与实践

郝小红，崔国民

（上海理工大学 能源与动力工程学院新能源科学与工程系）

摘要：动力工程测控技术是能源动力类专业学生必须掌握的一门专业基础课，是研究热工参量测试方法及动力设备控制技术的一门综合课程。本文结合作者多年教学经验，对该课程进行了一系列教学改革与实践，在教学体系、师资队伍建设、提高学生兴趣和教学水平等方面提出具体的解决方案与措施，为相关课程的教学提供参考。

关键词：课程教学；动力工程测控技术；改革；实践

动力工程测控技术是研究热工参量测试方法及动力设备控制技术的一门综合课程，是实现热能动力设备自动化运行、监控和系统运行优化的专业基础课程之一，也是进行更深入的科学实验研究的基础，因此该课程是备受能源动力类学生和教师重视的一门专业基础课程。

上海理工大学的办学定位是工科为主、本科为主的教学研究型大学，人才培养目标是具有国际视野的高素质应用型人才，每年大约招收能源动力类本科生 350 名左右。动力工程测控技术是能源动力类本科专业的主干专业基础课。能源动力工程中的主设备，都涉及大量的测量和控制方面的问题，因此动力工程测控技术是将能源动力类的专业课付诸实际的主要基础之一。通过该课程的学习，使学生掌握测控技术的基本原理和方法，以及更主要的实际应用技能，为进一步学习专业课和以后从事相关技术工作建立基础，同时通过课程学习，提升学生的综合素质及解决实际问题的能力。

1 本课程校内发展的主要历史沿革

上海理工大学自 20 世纪 80 年代就率先在动力学院开设了该课程，是国内动力类学生开设测控技术课程较早的学校之一。这为我校动力学院学生全面发展、培养实际动手和操作能力提供了强有力的支持。

动力工程测控技术课程适合于本校动力学院能源与环境专业、流体与气动专业、制冷剂低温工程专业、工程热物理专业以及过程装备及控制专业等几乎所有本科专业。最早的课程设置为"热力机械测试技术"，随着测量与控制自动化的发展，而后又开设了"动力工程 CAE"。这两门课是该门课程的前身，主要集中于测量技术及误差处理、热工基本参量的传统测量技术及简单计算机控制系统等三部分内容。多年的教学经验形成了该门课程的主基调：在动力类学生学时少的情况下，将测量和控制技术浓缩为一门课程，使得在有限的学习时间内使学生掌握更多的自动化知识，避免了测控分离、不能兼顾的缺点。这也是国内高校绝无仅有的开课模式之一。

在当前形势下，教学内容发生了较大的变化，最突出的特点为：在传统教学基础上，将最新的测控技术和方法及其装置引入了教学内容，使得课程内容真正做到了与时俱进，例如，先进的激光测试方法的引入、新型传感技术的引入及先进的复杂控制系统和方法的引入等；同时，将典型动力设备的控制引入教学内容，比如，最新的教学内容包含了锅炉典型控制及其方法、汽轮机调节装置及方法等。课程教学梯队的不断壮大及教学内容的不断更新，更适合学生的学习需求，使得该门课程的教学效果得到了极大的改善。

2 课程体系

随着高等教育教学改革的深入，为实现学生的创新精神、能力培养和素质教育的教育目标，在对国内外动力工程测控技术教学调查研究的基础上，根据新时期的教育思想和人才培养需要，确定了动力工程测控技术课程体系,并通过修订教学大纲和编写动力工程测控技术教学补充材料(其中包括计算机实习指导、教学计划、典型题例及复习总结提纲等)规范教学,确保教学按照新的课程体系实施。

课程主要内容包括测量误差与数据处理、测量系统基本特性、自动控制原理及系统三大部分。动力工程测控技术总教学时64学时,基本热工量测试系列实验16学时,大大加强了实践教学及能力的培养,特别注重学生素质的提高,培养学生思维能力和解决问题的能力,具有鲜明的时代特征,更加适合当代复合型高素质人才培养的需要。

测量技术及数据处理技术作为课程的基本知识模块,包括误差分析、测量不确定度分析、数据处理方法等基本概念和基本计算方法。这部分内容为学生解决最基本的动力工程测控技术问题建立基础。热工测量技术及其典型设备的主要内容包括典型热工参量测试技术、高温及高速的特殊测量技术、先进测量技术等。这部分内容主要使学生掌握基本的测量原理及实际实现方法,重在方法的掌握和实际能力的训练。自动控制原理及其性能分析主要讲解自动控制的基本原理、时域分析方法及精度和稳定分析等,为下一部分计算机控制的学习奠定理论基础。动力设备计算机控制技术的主要内容包括基本控制方法及其原理、计算机控制技术、动力装置控制等,重点培养学生的控制方法掌握和实践能力。

动力工程测控技术实验直接配合课堂教学,以完成常规实验、较先进的实验、综合性和设计创新性实验。实验课的教学内容按照基本热工量测量实验、简单控制系统实验、现代测量与先进过程控制实验等由浅入深、由简单到复杂的梯级构成。

3 课程教学改革与实践

为了使本课程能真正起到提高学生内涵能力的作用,帮助学生切实掌握该方面知识和技能,各任课教师坚持定期的教学研究制度。在教学研究的基础上,从师资队伍、课程体系、实践性教学体系、教学大纲、教材、考试、多媒体教学课件以及实验教学平台的研发等方面,全方位地开展了一系列教学改革工作并获得了成果。

3.1 坚持定期的教学研究

建立了定期教研制度,由专人负责安排和组织进行教学团队及校内的交流,同时,也会聘请校外教授来校交流。在这样的教学研究过程中,提出本科课程应不断改革和创新教学内容、方法及模式。比如:课程需要及时跟踪课程相关内容的国际发展最新趋势,如2018年七个基本计量单位全面实现国际单位制的重新定义;采用课堂实物教学方法,在讲解测量和控制装置过程中,教师把实际应用中的元件、设备搬上课堂,这不但增强了教学的形象感,使学生易于接受相关内容,并能同步地将学习和实际应用结合起来;同时在课余让学生亲自动手操作和观看演示,极大地提高了学生的学习兴趣和动手操作的欲望。在教学研究的基础上,建设、完善和丰富多媒体教学软件,以满足课堂教学需要,有利于学生课后复习,且部分内容实现网络化教学。

3.2 师资队伍建设

我校提出了培养教师是高校的任务和服务于社会的方式之一的新观点,通过教学实践、科研及教研、青年教师培养、教师综合素质培养等方面,有计划地进行了师资队伍建设,使动力工程测控技术师资水平明显提高,形成了职称、年龄、学历及知识结构合理的高素质的教学梯队,在保证教学质量上发挥了显著作用。

采取的一系列师资培养措施,特别是青年教师的培养措施,取得了显著成效,已形成了一支实力雄厚的动力工程测控技术教学师资队伍;有计划地安排青年教师在专人指导下进行助课、试讲,直至独立承担动力工程测控技术的教学任务,以培养青年教师的动力工程测控技术教学能力。

通过任课教师参与测控方面的科研、教学研究,提高师资水平。教学团队也经常或定期地提出最新的自设课题,在科研和教学研究中提高教学水平、提取教学精华。此外,任课老师还进行了大量的科研工作,承担了973、国家自然科学基金等各类课题。科研不仅取得了大量成果,同时也是师资培养的一种手段。科研活动大大提高了教师的学术水平,并提供了丰富的第一手科学前沿资料,从而丰富了教学内容并提高了教学水平。

3.3 增强实践教学环节

一方面,在教学之余组织学生参观工厂实际的能源动力系统的测量及控制设备,在运行中了解所学内容在工程实际中的应用情况,并通过结合教师的针对性讲解,帮助学生消化课堂知识;另一方面组织学生参观和实际操作由任课老师建立的学校测控相关试验设备和示范工程,提供学生亲自操作的机会。这些实践和参观教学环节,有助于方法的掌握和对问题的理解，以及能力和兴趣的提高。

大学生普遍存在学习动力不足、逃课频繁、完成作业不认真等问题，因此开辟课外兴趣研发，推行了"课堂教学＋课外研究"的教学模式，组建测控技术创新小组，形成不同风格、紧紧围绕测控技术的多个兴趣小组。主要兴趣小组包括：电子发烧小组；计算机接口和测控技术小组；控制节能兴趣小组等。这些兴趣小组的建立和学生的积极参与，有利于教学的开展和知识的深入，提高了学生掌握课堂教学的能力。同时，鼓励学生根据课堂学习内容，培养创新的学习思维模式，据此推荐、协助和指导大学生创新项目的申请和执行。

此外，成立了本科生动力工程测控技术创新研究小组，吸收本科生参加教师的研究工作，提供了学习的第二课堂，使加入进来的学生的能力得到了提高。这些活动不但提高了参与学生的能力，而且积极地影响了其他学生，使整个课程的学习热情得到了极大的提高。吸引学生进入教师的科研工作之中，并协助提出以学生为中心的科研创新项目及发表科研论文，这些一方面营造了学生勤于思考、勇于实践、敢于创新的氛围；另一方面，少数学生的示范效应将极大地鼓舞和吸引其他学生，以利于下一步措施的很好实施。

4 结　语

上海理工大学"动力工程测控技术"获得2010年度上海市教委本科重点课程建设和2014年度上海高校市级精品课程立项，负责人均为崔国民教授。在崔教授带领下，已形成了一支实力雄厚的动力工程测控技术教学师资队伍；经过各项教学改革，具有与实验和科研教学实践密切结合的课程体系；教学方法形式多样，在学生中具有很好的口碑。

参考文献

[1] 衣秋杰. 工科类本科课程实践教学体系改革与探索[J]. 中国电力教育，2014(6):122-123.

[2] 张瑞青. 应用型本科能源与动力工程专业课程体系改革探索[J]. 课程教育研究，2015(8):74-75.

[3] 路光达，王爽，Shigute G G.《测量与传感技术》本科课程教学改革的思考[J]. 现代职业教育，2018(4):61.

[4] 田嫄，王健健，丁洁，等. 大学生的学习现状及解决方法[J]. 课程教育研究，2016(8):35.

"核电厂系统与设备"课程教学内容探讨与设计

刘春涛，谢英柏，李加护，王太

（华北电力大学 动力工程系）

摘要：本文总结了我校"核电厂系统与设备"课程讲授过程中存在的一些问题，结合我校能源与动力工程专业的特点和培养方案，对该课程的教学内容进行了探讨和设计。该课程的教学内容应以"厚基础、重能力、扩认知"为目标，精简教学内容，增加专题报告，拓展前沿知识，激发学生学习兴趣，并注意内容之间的逻辑和衔接。

关键词：核电厂系统与设备；教学内容；探讨；设计

截止到2018年底，我国在役核电机组44台，居世界第三位，在建13台，拟建26台，均居世界第一位。2018年，我国大陆新投产7台核电机组，新增装机容量884万千瓦，AP1000和EPR全球首堆建成投产。另外具有完整自主知识产权的三代先进百万千瓦级压水堆核电技术"华龙一号"，已经出口巴基斯坦、阿根廷等国家。2019年4月1日，生态环境部副部长、国家核安全局局长刘华在中国核能可持续发展论坛上表示，预计每年将要开工6~8台核电机组。这些都预示着我国建设现代核电产业体系的步伐在加快,同时对核电人才的需求也将大幅提升。

目前,已经有50多所高校开设了核专业,但由于专业背景之间的差别,使"核电厂系统与设备"课程的教学内容也有较大差异。针对"核电厂系统与设备"的课程特点,笔者总结了近几年课程讲授过程中存在的一些问题,结合我校能源与动力工程专业的培养方案,对该课程的教学内容进行了探讨和设计。

1 "核电厂系统与设备"课程存在的主要问题

我校于2013年在"能源与动力工程"专业下增设"新能源与能源的清洁利用"方向(以下简称新能源方向)。"核电厂系统与设备"是该专业方向下的一门重要课程,是一门理论性、综合性和工程性很强的课程,学好这门课程,可为学生将来毕业后进一步学习与从事相关工作奠定良好基础。因此选择什么样的教学内容,是"核电厂系统与设备"课程教学改革中一个重要且值得关注和研究的课题。

目前,"核电厂系统与设备"课程学时数为56学时,3.5学分,开课学期为第六学期。选用教材为清华大学出版社出版、臧希年编著的《核电厂系统与设备》(2010年第二版)。该书主要以大亚湾核电站900 MW 电功率核电机组为例,阐述压水堆核电厂的基本原理,全书共分10章,对压水堆核电厂总体及主要系统设备进行了论述。

"核电厂系统与设备"课程中存在的问题主要有以下几点:

(1)核电厂系统复杂,设备种类繁多、庞大,内容覆盖面广,知识点多,若面面俱到,学生易产生学习疲劳。

(2)新能源方向学生核物理基础知识薄弱,该课程又比较单一,无基础课程与之匹配,后续仅安排一个两周的核电厂课程设计及一周的核电厂仿真实践。另外开设"核电厂系统与设备"课程之前,新能源方向的学生已经学习了"锅炉原理""汽轮机原理""热力发电厂"等课程,掌握了火电厂的基本流程和工作原理。核电厂常规岛部分的很多内容与"汽轮机原理""热力发电厂"课程的部分内容相近。

(3)随着我国建设现代核电产业体系步伐的加快,依托"一带一路"为中国核电技术"走出去"提供

的广阔舞台,为我国核电发展带来了更大的挑战和难得的机遇,也对高校相关专业和课程的本科教学提出了更高的要求。随着各种先进技术的研究,与这些技术相关的基本理论、制备技术及相关性能研究等方面也取得了显著的进展,这也不断地拓展和更新核电的研究范畴。但相对来说,目前已有的教材内容中相应的知识点更新缓慢,致使本学科的新成果的研究和进展不能及时充实到教学内容中。

2 "核电厂系统与设备"课程教学内容探讨

"核电厂系统与设备"课程的教学内容应以国家和社会对复合型专业人才的需求为导向,根据专业培养目标和方案的要求,进行合理设置。通过对前几轮教学内容和效果的总结,笔者认为,通过对"核电厂系统与设备"课程的学习,要让学生对现代大型压水堆核电厂的总体组成有较全面的认识,掌握系统和设备的技术要求等有关知识。教学内容应着重于拓宽基础,增强学生对基础理论的掌握及实际运用能力,并注意使课程的内容、衔接更趋于合理。结合本校能动专业的培养方案,关于"核电厂系统与设备"的课程内容探讨如下:

2.1 教学内容精简

针对核电厂常规岛部分与"汽轮机原理"和"热力发电厂"课程的部分重复内容(如汽轮机发电机组的工作原理,给水除氧系统,低压、高压给水加热器系统等),如果完整讲解这部分内容,不仅耗费学时,学生学习起来感觉知识重复陈旧,无新鲜感,而且其他知识结构因没有充足的课时保障而得不到更新和补充。对于这些重复内容,应让学生在课前提前复习,课堂上不进行重点讲解。另外,也为了防止学生产生学习疲劳,依据前几轮课程讲授过程中存在的问题和学生反映的情况,精简和调整部分理论教学内容,重点讲解一回路系统及主要设备,主要辅助系统和专设安全设施,对比讲解二回路系统,并将压水堆核电厂安全设计原则部分与专题报告相结合,使核电厂的运行部分简化分散到每个系统简要介绍。

2.2 教学内容增加

因在开设"核电厂系统与设备"课程之前,我校新能源方向学生并没有学习核物理相关知识,这方面的基础非常薄弱,而这些内容对了解核电厂的运行特性及核电厂系统的结构特点又比较重要,另外

为调动学生学习本课程的积极性,扩大学生对核电厂的认知,巩固课上所学内容,增加了核物理基础知识介绍,部分课外关于核电厂的学生比较感兴趣的话题或问题以专题的形式进行讨论。比如第三代非能动核电技术 AP1000,第四代核电技术快堆等。

2.3 教学内容拓展

随着核能技术的发展,核技术研究中相关的基础理论,核设备制备方法与技术,核电控制保护技术,核电厂安全评价技术及核电建设情况也在不断更新和发展,这极大地拓展了核电的知识范畴。而目前《核电厂系统与设备》教材和参考书的内容更新较慢,一些新理论和新技术并未及时补充进来,因此可以适当引入一些学科研究前沿的知识,扩展学生的知识面,也可以有效增强学生学习的积极性。例如,"人造太阳"、具有自主知识产权的华龙一号的研发和建设进度,核燃料的稳定供应和核废料的安全处置,核能供暖,老核电站新监测技术,核电站的延寿运行等,此部分内容可以贯穿于整个教学进程中。

3 "核电厂系统与设备"课程教学内容设计

基于我校能动专业的特点,根据专业培养方案,"核电厂系统与设备"课程的教学内容应以"厚基础、重能力、扩认知"为目标,精简教学内容,增加专题报告,拓展前沿知识,激发学生学习兴趣,并注意内容之间的逻辑和衔接。具体教学内容设计如表1所示。

表1 "核电厂系统与设备"课程教学内容设计

模块	具体内容	模块	具体内容
更新核电基础数据	绪论	增加专题报告讲座	核电厂的典型事故分析
增加核电基础理论	核电厂基础理论		第三代核电技术
精简理论讲解内容	重点讲解主要系统和设备		第四代核电技术及可控核聚变
	简要介绍安全设计原则和运行特性	增加综合训练项目	一回路系统的科学研究问题
	对比讲解二回路系统		二回路热力系统计算

3.1 绪 论

本章作为第一堂课,应首先明确"核电厂系统与设备"的课程性质、特点及地位。通过介绍当前能源发展特点及核电的经济性与安全性,阐述发展核电的必要性。然后介绍世界和我国核电发展历程,以及我国当前的核电政策,使学生对核电目前的发展现状有一个清晰的了解。最后介绍目前核电研究中的一些先进和热点技术。通过本部分内容的学习,让学生对本课程有一个整体的认识,充分了解核电的发展前景。

3.2 核物理知识

该部分是关于核电厂的基础理论,是调整增加的内容,主要内容包括核辐射、核燃料、核裂变、核聚变、核衰变以及核电运行过程中反应性控制所涉及的相关理论和基本概念,通过本部分内容的学习,可帮助学生掌握核电厂的运行特性以及核电厂系统的结构特点。

3.3 核岛系统

该部分是本课程的重点内容,主要内容包含:压水堆核电厂的整体介绍,一回路系统及主要设备,主要辅助系统,以及专设安全设施。

其中压水堆核电厂的整体介绍主要通过已学火电厂相关知识对比讲解核电厂的工作原理、基本构成。反应堆冷却剂系统又称为一回路系统,其主要功能是使冷却剂循环流动,将堆芯中通过核裂变产生的热量通过蒸汽发生器传输给二回路,同时冷却堆芯,防止燃料元件烧毁或毁坏,本部分重点讲解一回路系统的主要设备结构及其工作原理。核岛主要辅助系统是核岛的重要组成部分,主要用来保证反应堆和一回路系统的正常运行,它不仅是核电厂正常运行不可缺少的,而且在事故工况下,为核电厂安全设施系统提供支持,本部分重点讲解主要辅助系统中化学和容积控制系统、硼和水补给系统、余热排出系统、设备冷却水系统、重要厂用水系统、反应堆换料水池和乏燃料水池冷却与净化系统,以及三废处理系统的组成及功能。专设安全设施为核电厂重大事故提供必要的应急冷却措施,用以限制事故的发展,减轻事故的后果,本部分重点讲解安注系统、安全壳喷淋系统、辅助给水系统的组成及功能。

讲解过程中注意一回路系统、主要辅助系统及

2019 年全国能源动力类专业教学改革研讨会论文集

专设安全设施系统三个主要大类系统及各类系统中子系统之间的衔接及联系。

3.4 常规岛系统

二回路及其辅助系统的主要功能是利用蒸汽推动汽轮发电机组产生电能，与常规火电厂的系统和设备相似，但由于工作参数不同而导致系统、设备结构上具有一定的差别。在二回路系统的理论知识方面以火电厂作为对比，仅着重讲解核电厂二回路系统与火电厂的差别，并结合压水堆核电厂热力系统的热平衡计算项目，加深学生对核电厂二回路系统的理解，以期达到知识的迁移和获取。

3.5 专题报告

该部分是调整增加的内容，主要包含三个专题：

（1）与压水堆核电厂对比介绍目前我国所采用的第三代核电技术（包含引进及具有自主知识产权两类）AP1000、华龙一号、EPR 的特点，系统结构及工作原理。

（2）列举美国三里岛、苏联切尔诺贝利及日本福岛三起典型的核电厂事故，简要分析其事故产生的原因、造成的影响，进而引出目前核电厂的安全性能设计及其安全防护措施。

（3）介绍超临界水堆、超高温气冷堆、钠冷快堆、铅/铋冷快堆、气冷快堆、熔盐堆等典型第四代可控核裂变技术的特点，系统结构及发展现状；国际热核聚变实验堆 ITER 的技术特点及研究现状。

3.6 综合训练项目

该部分是调整增加的内容，主要包含两个项目：

（1）结合所学专业基础知识，利用课下自主学习时间，通过图书馆、互联网等方式查找和搜集相关资料，并对资料进行分析和处理，撰写关于核电前沿、热点技术的相关课程论文。

（2）为了让学生对核电厂二回路系统有更深刻理解，进行压水堆核电厂热力系统热平衡计算。

4 结　语

"核电厂系统与设备"是我校能动专业新能源方向的重要课程之一，这门课程主要涉及压水堆核电厂的基本工作原理与系统组成，要想让学生学好这门课，就必须与时俱进，对现有的教学内容进行整合，突出教学中的重点问题，解决教学中的难点问题。本文总结了该课程讲授过程中存在的一些问题，并结合我校实际情况，对课程的教学内容进行了探讨和设计，提出了课程教学内容调整的可行性方案，以期对教学质量的提升有更多的帮助。

参考文献

[1] 叶其蓁.中国核能发展报告（2019）[R].中国核能可持续发展论坛——2019 春季国际高峰会议.北京,2019.

[2] 田文喜,张亚培,陈荣华,等.西安交通大学核电厂系统与设备课程教学研究与实践[J].大学教育,2018(8):52－54.

[3] 曾文杰,王海,何丽华,等."核电厂系统与设备"课程研究型教学模式的探索与实践[J].高教学刊,2017(3):97－98.

[4] 田书建,宋小勇,李重阳."新工科"背景下《核电厂运行与管理》虚拟仿真实验教学探索[J].中国电力教育,2019(1):78－80.

[5] 周建军,袁显宝,毛璋亮,等.核电仿真实验教学探索[J].高校实验室工作研究,2018(1):61－63.

[6] 臧希年.核电厂系统与设备[M].2 版.北京:清华大学出版社,2010.

BIM 技术在暖通空调教学中的应用探讨

张绍志，张荔喆，赵阳，张学军

（浙江大学 制冷与低温研究所）

摘要："暖通空调"为能源与环境专业低温方向的主要课程，笔者对该课程的教学内容与方式进行了创新，将建筑信息模型（Building Information Modeling，BIM）技术和 VR 技术相结合，应用于"暖通空调"教学之中，从而提高了"暖通空调"课程教学的数字化水平，积累了在教学工作中使用虚拟现实技术的经验。本文首先分析了 BIM 和 VR 技术在高校教学中的应用现状,随后针对浙江大学暖通空调教学工作提出相应的 BIM + VR 教学改革方案,接着展开实施的过程与内容,希望可以为我国高校相关工程专业开展 BIM + VR 技术教学提供参考。

关键词:BIM;VR;暖通空调;教学改革

"暖通空调"为能源与环境专业低温方向的主要课程,从事暖通空调设计是本专业的主要就业方向之一。为了降低建筑全周期成本及能耗,建筑信息模型(Building Information Modeling, BIM)技术近年来在我国得到了大力推广。该技术以建筑工程项目的各项相关信息数据作为基础,建立起三维的建筑模型,并通过数字信息仿真模拟建筑物所具有的真实信息。基于 BIM 的建筑全生命周期热性能评估能为暖通空调系统方案的优化带来极大帮助。

通过实践本文所述的教学工作,有助于激发学生的求知欲、想象力和探索精神,让学生了解本专业暖通方面的前沿科技 BIM 和 VR 技术,培养学生的数字化思维及多专业协作意识,提升他们信息技术的应用能力;同时提高"暖通空调"课程教学的数字化水平,积累在教学工作中使用虚拟现实技术的经验。

1 现状分析

1.1 虚拟现实技术在中国高校教学中的应用现状

由于虚拟现实技术具有交互性等特点,这一技术在理工科教育教学活动中的运用十分广泛,尤其是建筑、机械等科目。教育部于 2013 年在全国本科高校开展国家级虚拟仿真实验教学中心的建设和评审工作,截至 2015 年底,已评审出 300 个虚拟仿真中心。中国部分高校建起了虚拟现实与系统仿真的研究室,如中国科技大学在物理实验上广泛运用了虚拟现实技术,形成了大学物理仿真实验软件、广播电视大学物理虚拟实验、几何光学设计实验平台和大学物理虚拟实验远程教学系统等。

浙江大学对虚拟现实技术的应用包括:在建筑方面进行虚拟规划、虚拟设计;在国家 863 成果展上展示出该校设计的虚拟校园;采购北京奇凡科技有限公司的化石燃料发电厂虚拟仿真教学系统等。

在暖通空调专业的教学方面,东南大学构建了基于桌面仿真的制冷空调虚拟实验系统基本框架,为虚拟实验概念向制冷空调行业的进一步引入提供了依据;宁波工程学院建设的节能工程中心中央空调虚拟仿真系统采用 VR 开发的三维虚拟现实技术,引进山东星科公司提供的实际工程空调机房漫游软件,实现机房虚拟场景的漫游功能,漫游场景内可以点击查看机房设备信息(包括设备简介、设备参数、现场照片、原理动画等)。

1.2 BIM 技术在中国高校教学中的研究现状

目前 BIM 技术在国内仍处于起步阶段。在高校教学方面,清华大学、同济大学、沈阳建筑大学等院校设立了 BIM 中心,并进行了一系列相关课题的研究。尽管如此,大部分国内高校还没有把 BIM 知识体系融入相关专业课程体系中,只有少数建筑类相关专业开设了 BIM 设计软件应用课程。如沈阳建筑大学将 BIM 技术应用于土木工程专业毕业设计环节中;重庆大学也在本科学生的毕业设计环节设置了 BIM 方向;大连理工大学的建环专业 BIM 教学开始得比较早,学生于二年级从建筑本身开始了解 BIM,到了高年级学过暖通空调后,再继续增添设计内容。

在教学改革之前,浙江大学与暖通空调有关的教学工作除课堂授课外,还有课程设计、空调专业实验及专业实习中的某些参观活动。课堂授课最先开展,使用电子教案,参考的教材为建筑工业出版社的《暖通空调》。该教材内容较为经典、传统,涉及数字化、信息化、网络化的内容极少。课程设计偏重于负荷和系统设计计算。空调专业实验的开设时间晚于课程教学一学期,专业实习有参观建筑设计院的安排,主要目的是让学生了解工作环境和需求,但这些教学环节都没有涉及数字化内容。BIM 作为一种全新的工程设计技术,值得在"暖通空调"基础教学中加以介绍和应用。

2 计划与方案

计划在 2019 年春夏学期(3～6 月)制冷与低温专业本科三年级学生的必修课"暖通空调"中实施教学改革。

在引领入门阶段邀请校外建筑设计单位熟悉 BIM 的工程师上课,总体介绍 BIM 技术及其在暖通空调中的应用。

将庞大的 BIM 知识系统进行合理剖析,分解到制冷暖通专业本科年级的课程体系中,编制具有制冷暖通专业特色的 BIM 教学资料。建设 BIM 学习网页,在"暖通空调"课程网页上提供难度适中的技术资料,让学生结合课堂讲座初步学习 BIM,并提供链接供有兴趣的学生开展深度学习。通过网络散发资料,让学生自主学习 BIM 相关知识,该环节在课后完成。

构建并完善 BIM&VR 软硬件条件。将具体的 BIM 案例融合于"暖通空调"有关章节的讲述,选择的案例要求典型、不复杂,通过它们既让学生更好地理解课本知识点,又能示范 BIM 应用。课后 VR 练习要求学生登录课程网页,用 VR 设备观看较为复杂的 BIM 工程案例。

在上述环节中通过各种途径尤其是网络收集学生们的反馈,以改进教学条件和方式。

3 实施过程与内容

由于 BIM 技术与建筑行业关系密切,实际的应用与推广会涉及很多暖通外专业的知识,如建筑、土木、电气等。在本次教学改革的实施过程中,考虑到对象为制冷与低温专业的本科生,没有任何关于 BIM 的背景知识储备,因此尤其注意尽量减少非暖通专业知识的涉及,尽量筛选出适合"暖通空调"课程本科生的内容进行教学。这与其他高校的教学要求有些许不同,同时也增加了教学任务的难度。

3.1 引领入门

邀请某技术有限公司的技术总监为制冷与低温专业本科三年级学生上课,讲授主题为"BIM 在暖通空调专业的应用"(见图 1)。主要内容包括:BIM 基本理论、暖通专业设计阶段 BIM 应用、暖通施工阶段 BIM 应用、暖通运维阶段 BIM 应用及慧远 BIM 精品案例等。

图 1 技术公司总监为学生介绍 BIM

参观学习浙大热能所的化石燃料发电厂虚拟仿真教学系统,如图 2 所示。该系统实现了某电厂所有构筑物及大型设备的三维可视化和锅炉本体所有内部结构的三维可视化,可进行发电机组虚拟仿真、全厂漫游、立体查看、交互演示等。插件系统可利用微软 HoloLens 全息眼镜将虚拟三维发电设备展现在生活场景中,也可利用 HTC Vive 虚拟现实眼镜对发电设备进行拆解组装,还可利用 ART Dtrack 光学动作捕捉系统让多个用户同时体验大型 VR 环境以协同作业。

图 2 热能所的化石燃料发电厂虚拟仿真教学系统

3.2 构建并完善 BIM&VR 软硬件条件

目前已有小型惠普主机 1 台(见图 3),配置:CPU 英特尔酷睿 i5 - 8400,内存 DDR4 2666MHz 16G,显卡英伟达 GTX1060 6G,硬盘 128G SSD + 1T HDD,Win 10 操作系统。

图 3 BIM 教学学生学习角

BIM 软件采用 Revit 2017,属于 Autodesk Revit

系列软件的一种。

虚拟教学前期选用 Fuzor 软件（见图4）。它直接将 BIM 模型转换为 VR 模型，并且保留了原模型的建筑信息，实现了 VR 向 BIM 信息的交互。之后，选用 revit live 插件（见图5）。它可以把三维模型生成虚拟现实场景，用 revit 三维模型添加纹理动画素材，制作出 VR，用于汇报和体验。

图4　Fuzor 界面

图5　Autodesk Live 启动界面

VR 设备选用 HTC VIVE pro VR 眼镜及其官方标配设备，视觉效果和代入感能带给使用人良好的沉浸式体验。

3.3　构建教学用 BIM 实例

以中小型建筑的风机盘管＋新风空调系统、通风系统为例，收集系统的立体模型，用以在课堂上展示；同时，获得平面图纸，通过与传统的流程示意图结合和对比，一方面加深学生对于建筑中所起作用的理解，另一方面让学生领会使用 BIM 的优势和要点。

收集到的实例包括：11 层酒店 BIM 项目模型，如图6所示；包含空调水系统、风系统、机组的管综调整前单层模型，如图7所示；阿里巴巴江苏云计算数据中心项目一层模型与图纸，资料完整（包含了给排水、消防、建筑结构等，其中暖通系统又包含风系统、水系统、冷冻站等），其一楼冷冻站平面视图如图8所示。

在这些模型中，学生可以了解实际项目中暖通空调系统与其他系统（如电气、结构等）的相互联系与制约关系，观察暖通系统中的各种设备配件（包括不同水管类型、阀门类型、风管弯头、喷头、冷水机组等）。

(a) 建筑系统

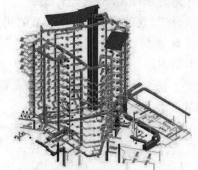

(b) 暖通系统

(c) 机房层机电设备

图6　11 层酒店 BIM 项目模型

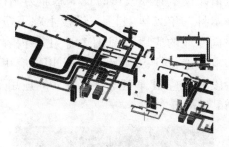

图7　管综调整前单层模型

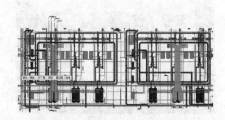

图8　江苏云计算数据中心一楼冷冻站平面视图

2019 年全国能源动力类专业教学改革研讨会论文集

3.4 整理 BIM 教学资料

为同学们下发了整理后的适于暖通专业的 BIM 学习资料,包括:3 个学习文件(BIM 在暖通空调专业的应用、revit 机电培训、revit 暖通模型的绘制);BIM 软件操作视频(包括 revit 软件概述、MEP、工作协同与碰撞检查、族等);11 层酒店 BIM 项目模型(revit 建筑结构暖通电气给排水 MEP);revit 2017 软件安装包。

布置作业:请同学们学习 11 层酒店 BIM 项目模型的建筑、结构、暖通独立部分,在 9,10 + 屋顶机房 rvt 文件中绘制出风管等风系统部件。

4 结 语

在"暖通空调"教学中应用 BIM 技术,能让学生接触、熟悉建筑环境控制领域内的信息化前沿,为毕业后在相关领域开展研究和工作打下良好基础。通过本次教学改革,可以达到以下效果:

(1) 让学生了解本专业暖通空调方面的前沿科技 BIM 技术,培养学生的数字化思维及多专业协作意识;

(2) 通过 BIM&VR 结合、互动式练习,培养学生的探索思维能力,提高学生的知识综合应用水平;

(3) 通过 BIM&VR 软硬件和案例建设,提高"暖通空调"课程教学的数字化水平,积累在教学工作中使用虚拟现实技术的经验。

由于本次教学改革仍在进行过程中,教学的反馈内容还需后续进一步完善,教学人员仍需要提升相关的工程实践经验,包括设计经验、施工经验、运维经验、管理经验等。

参考文献

[1] Ayan A. VR 技术的虚拟教学应用研究[D].上海:东华大学, 2017.

[2] 蒋赟昱. 制冷空调多媒体虚拟实验系统的构建及教学应用[C]∥制冷空调学科教学研究进展——第四届全国高等院校制冷空调学科发展与教学研讨会. 西安交通大学、上海交通大学、东南大学、浙江大学、北京工业大学、天津商学院、中国制冷学会, 2006.

[3] 王海波,王立娟. 节能工程中心虚拟实验教学平台的建设与探索[J]. 宁波工程学院学报, 2017, 29 (04):100 – 104.

[4] 史娇艳. 广联达携手清华大学创办 BIM 联合研究中心[J]. 建筑, 2013(19):39.

[5] 秦浩, 余洁. BIM 建筑信息模型课程在土建类高职院校开设的必要性研究[J]. 新课程研究(中旬刊), 2014(7):51 – 52.

[6] 王建超, 张丁元, 周静海. BIM 技术在建筑类高校专业课程教学中的应用探索——以沈阳建筑大学为例[J]. 高等建筑教育, 2017, 26(1):161 – 164.

[7] 李世蓉, 吴承科, 李骁. 基于 BIM 的工程管理专业毕业设计改革——以重庆大学为例[J]. 工程经济, 2016(8):57 – 61.

基于"输出驱动 – 输入促成假设"的能源动力类专业英语体系化教学模式研究*

国杰,张新玉,路勇,赵晓臣

(哈尔滨工程大学 动力与能源工程学院)

摘要:基于"输出驱动 – 输入促成假设"理论,探索了能源与动力类专业英语体系化的教学模式。将本专业英语能力培养分为初级阶段和高级阶段,借助专业课程内容和毕业设计课题,以典型专业课程问题或专业学术问题为"输出驱动",建立学生的"积极输入"和"兴趣输入",形成本专

* 基金项目:黑龙江省高等教育教学改革研究重点委托项目"'学科融合、校企融合、国际融合'的船舶动力学科创新型人才培养模式探索与实践"(SJGZ20170054)

业体系化专业英语教学模式，从而培养学生专业英语交流意识和专业英语表达能力。

关键词： 能源动力类；专业英语能力；输出驱动－输入促成假设；培养研究

近年来，几乎所有与发动机、核能、造船、汽车等相关的国内厂商都与国外先进厂商开展了广泛的国际技术交流和合作。在能源动力专业技术领域国际化进程中，专业英语的听、说、写、译能力成为高校教学改革关注的重点，专业英语教学正逐步纳入人才培养的重点行列之中。然而，受长期应试教育的影响，语篇理解仍为教学重点，学生的英语听、说、写能力远低于阅读能力。其产生的直接结果是，本科毕业后进入工作单位的学生难以与外方技术人员进行简单的科研问题交流，继续攻读研究生的学生在国际学术会议交流中表现出较为突出的"三不"现象，即自己的研究结果说不清、提问者的问题听不懂、陈述的语言不流利。因此，对于本专业英语听、说、写、译能力的培养已经不能只局限于专业英语教学的设置和考核，而应该开展更广泛的、与本专业课程设置相关的专业英语能力培养。

学生不能利用英语进行流利的专业技术交流，这与缺乏足够"输出素材"和表达习惯有重要关系。但是，通过专业英语教学课程，实际上已经将大量的专业素材"强制性"地输入到了学生大脑中，只不过这些"强制性"的输入素材只能被短暂记忆，多用于应付考试，真正到了应该"输出"的场合，根本没有记忆留存，即使有记忆留存，也很难在短时间内产生对象匹配和语言输出。另外，以语篇理解为主的考核方式也是导致学生在专业技术问题上出现英语交流障碍的原因之一。

1 "输出驱动－输入促成假设"

北京外国语大学文秋芳教授提出了"输出驱动－输入促成假设"，该假设尝试构建符合中国国情的大学外语课堂教学理论。该假设认为，英语语言的输出是语言习得的目标和动力；输入只是完成当下产出任务的促成手段，不是单纯为培养理解能力、增加接受性词汇及未来的语言输出打基础。因此，学生要完成老师布置的产出任务，就需要认真准备输入材料，从而获得必要的帮助。目标或任务的驱动能明显提高输入的效率和质量。按照这一思路理解，学习的过程是先根据当下输出任务的要求来选择性地确定输入，再利用直接相关的输入来

完成当下输出任务。因此，该理论挑战了传统的先输入、再输出的教学程序和教学理念，即通过"必须的输出"促进"积极的输入"，最终实现运用能力的提高。

"输出驱动－输入促成假设"针对除初级英语学习者以外的中级、中高级、高级英语学习者。笔者认为，对于进入大学本科学习的所有学生来说，完全可以认为属于中级或中高级学习者的范畴，况且高校在大学一年级的大学英语教学中，越来越重视通用英语听、说、写能力的培养，所以以"输出驱动－输入促成假设"完全适用于进入大学二、三、四年级专业课学习的本科生。因此，尽管"输出驱动－输入促成假设"是为大学外语课堂教学改革而构建的理论，但其对于设定英语教学方案和提高学生英语语言运用能力的思路完全适用于能源动力类专业学生专业英语能力的培养和提高。

2 "输出驱动－输入促成假设"在能源动力类专业英语交流能力培养中的实施

"输出驱动－输入促成假设"对教学内容的要求有3个：一是输入要能够很好地为输出服务；二是教学内容要涉及信息接收和产出的多渠道；三是设计的产出任务一定要具有潜在交际价值。根据能源动力类专业学生公共课、专业课的课程设置和课时分配特点，笔者认为专业英语能力的培养不应只局限于专业英语课程，而应在相关的专业课程中共同开展，例如工程热力学、流体力学、内燃机结构等，从而让学生建立这样的意识：专业英语能力的培养是适应输出场合的需要，而不单纯是为了取得学分。

结合本专业学生现有教学体系和培养方案的要求，可将能源动力类专业英语能力的培养分为初级、高级两个阶段。初级阶段一般是指大学二年级、三年级以及四年级上学期，高级阶段一般是指大学四年级下学期。

2.1 初级阶段的实施方法

在初级阶段，专业英语交流能力的培养主要在工程热力学、流体力学、内燃机结构、机械振动噪声

学等课程中开展。

2.1.1 输出设定

根据现阶段教学和考核方案的实际情况,在所有专业课程开展双语教学并不现实。因此,笔者认为教师可以通过为学生设定专题陈述的方式进行能力的培养,根据教学进度适当地安排输出任务。以机械振动噪声学课程为例,教师设定如"平面声波与球面声波的区别""隔振与吸振的原理"等类似话题任务,学生在课后根据输出任务的要求认真准备相关输入语言材料、陈述逻辑,并最终形成任务输出。

2.1.2 输入语料

"输出驱动-输入促成假设"要求输入应该能够为输出提供恰当的语言材料以及知识内容。因此,教师应为任务输出指定恰当的语料,并应遵循两个原则:一是选取的英文文献必须与开课专业课程内容直接相关,并且浅显易懂,例如本课程的外文辅助教材;二是材料来源应为英语本土作者,确保语言表述准确性。另外,建议将书面材料与音频材料或视频材料相结合,从而加强"语音输入"对输出结果的影响。

2.1.3 考核方式

笔者根据专业课授课的实际经验认为,专业课普遍偏难且课时有限,学生在母语条件下的课堂学习尚且费劲。如果专业英语能力的培养影响到专业课程内容本身的教学效果,那么就违背了专业英语能力培养的初衷。笔者认为,基于"输出驱动-输入促成假设"的专业英语能力的培养应是借助专业课程内容、以典型课内案例为媒介建立学生的"积极输入"和"兴趣输入",培养学生专业英语交流意识和专业英语表达能力。在各专业课程内开展的英语能力培养应与专业英语课程的教学相结合。在专业英语课程的教学中,教师可设定更多的听、说、写环节。关于这些环节,不做过多阐述。

为了不过多地占用有限的专业课课时,教师可以在课上以抽签的方式检查话题任务的完成情况,在课后以小组讨论的方式实现每个人的"输出"参与。这种课后的小组讨论,在国外通常称为"Seminar",其组织形式自由,讨论氛围轻松,是课上教学内容的重要补充。笔者认为,在这种课后小组讨论中,学生的任务"输出"是主体,教师只应该起到"积极带动"和"推波助澜"的作用,并通过评价学生的任务"输出"丰富性和准确性、"输出"参与的积极性实现对学生的任务考核。

当然,考核方式也不是唯一的。目前,微信已经成为人们日常生活和工作的重要交流方式。微信群也已经广泛地以"虚拟班级"的形式发挥重要作用。笔者认为,在专业英语能力培养的考核中,教师完全可以借助微信群。学生可以将自己的任务输出以音频形式上传至微信群,教师通过检查这种音频形式的任务"输出"实现对学生的考核。目前,很多学生不善于英语表达,这种通过微信群方式进行考核,在实施初期对锻炼学生的"输出"自信、培养学生的"输出"参与积极性有直接作用。

2.2 高级阶段的实施方法

2.2.1 输出设定

在高级阶段,本专业学生开始进行本科毕业设计研究内容,每个学生都有指导教师,所以本阶段的专业英语能力培养应由毕业设计指导教师主持。专业英语能力培养的内容应该是与每个学生毕业设计课题直接相关的话题讨论、文献报道等。话题和文献可由指导教师指定,文献也可由学生自行筛选。由于具备了初级阶段的培养基础,所以学生在本阶段培养环节中的"输出"表现应更积极、更自如。

2.2.2 输入语料

为确保输入信息与输出设定的直接相关性,在本阶段初期,可由指导教师直接指定文献的类别和数量。例如,可将近 5 年内 ASME、SAE 等重要国际会议论文作为输入来源。学生经过一段时间的学习,已经能够掌握选取与自己毕业设计相关英文文献的技巧,文献语料也可由学生自行选择。

在高级阶段,输入语料应从视觉输入向听觉输入过渡。信息接收的过程是外界信号输入后与大脑中留存信息的匹配过程。因此,有必要根据输出任务的需要增加相关听觉输入。笔者认为,指导教师应在不断实施培养过程中逐渐积累与自己研究方向相关的音频或视频材料,为后续专业英语能力培养方案的实施做准备。

2.2.3 考核方式

指导教师可定期组织学生针对本周阅读的专业英文文献用英语进行口头综述和讨论,指导教师做点评。教师点评内容应包括:学生对本周布置的专业英文文献或音频材料的理解是否达到一定深度、对文章总结的思路是否明晰等。组织学生开展专业英文文献评述不仅是为提升学生英语学术能力,更是一种发散研究思路的教学方法,从而强化"输出驱动-输入促成"。

3 结 语

基于"输出驱动－输入促成假设"理论,只有建立与输出信息最具相关性的输入信号,才能促进目标语言的输出。本文根据能源与动力类专业的教学特点等,将专业英语能力培养分为初级阶段和高级阶段,通过输出设定、输入语料和考核方式等3方面因素提出了本专业英语能力的培养方案。总之,基于"输出驱动－输入促成假设"的能源动力类专业英语能力的培养是借助专业课程内容和毕业设计课题、以典型专业课程问题或专业学术问题为"输出驱动"建立学生的"积极输入"和"兴趣输入",从而培养学生专业英语交流意识和专业英语表达能力。

参考文献

[1] 冯晓莉,仇宝云.能源与动力工程类专业英语教学改革探讨[J].科技创新导报,2016(27):148－149.

[2] 文秋芳."输出驱动－输入促成假设":构建大学外语课堂教学理论的尝试[J].中国外语教育,2014,7(2):3－12.

[3] 张航.应用型本科院校大学英语教学改革试验——以"输出驱动－输入促成假设"理念为指导[J].高教学刊,2017(19):127－129.

[4] 文秋芳.输出驱动假设与英语专业技能课程改革[J].外语界,2008(2):2－9.

[5] 文秋芳.输出驱动假设在大学英语教学中的应用:思考与建议[J].外语界,2013(6):14－22.

贴近岗位需求的热工课程教学改革与实践*

杜永成,孟凡凯,谢志辉,杨立,范春利,夏少军,王超

(海军工程大学 动力工程学院)

摘要: 结合热工课程的自身特点和高等教育的一般规律,分析了课程现状与实战化要求存在的主要差距,提出了实战化教改的思考与实践,主要包括:以实战思想引导课程建设与实施,以实战装备架构授课内容与评价标准,以武器装备技术提升学员兴趣与知识深度;同时,注重以课外辅导的形式提高学员对热工理论知识与实战装备的结合、转化水平,打牢职业发展基础,包括制订学科竞赛规划,引导学员积极创新海军装备技术,开展热工领域的专题讲座,提高学员对海军武器装备技术的认识等。

关键词: 工程热力学;传热学;岗位需求;教学改革

军校学员接受工科教育的目的是提高人文科技素养和岗位任职能力。在新世纪新阶段,我国军事战略的不断演变和发展已使得实战化教学改革成为当前军队院校重要而迫切的任务。习近平主席视察国防科技大学时指出"名师必晓于实战"。2014年3月,中央军委印发了《关于提高军事训练实战化水平的意见》,强调"以创新的思路和办法从体制机制上解决军事训练领域深层次矛盾问题,把军事训练改革纳入新一轮国防和军队改革统筹推进"。这一重大决策部署为军队院校开展实战化训练教学改革,进一步提高教育训练实战化水平提供了基础。党的十八届三中全会提出"健全军队院校教育、部队训练实践和军事职业教育三位一体的新型军事人才培养体系",大力发展军事职业教育,着力提升各类人才面向战场的实践打赢能力、部队的岗位胜任能力、未来的创新发展能力。在这样的大

* 基金项目:2017高等学校能源动力类新工科研究与实践项目(NDXGK2017Y－31)

背景下，全军院校都在积极地对所承担的课程进行实战化教学改革。

所谓实战化教学，是指教学理念、内容、手段、模式、保障和管理都要贴近实战，把"为战教战"、"服务部队"作为教学的基本任务和目标，着重解决"教学顶层设计与实战化教学要求不相适应，培训内容与实战化教学需求不相适应，教员队伍的能力素质与'能打仗、打胜仗'的要求不相适应，培训过程与学员能力生成要求不相适应，部分学员学习主动性与实战化教学要求不相适应"的主要问题。很多院校对于军事装备技术、装备管理、战术战役指挥等课程已经进行了实战化教改，或者说这些课程本就贴近实战。然而，推进实战化教改并非是对任何课程都一窝蜂地改变旧的教学内容、设计、教员队伍、课程条件，最重要的一点就是要遵守高等教育和军事职业教育的基本规律，按照实事求是的基本原则推进课程教学质量的提高，使本门课程在铸造学员军事素质中发挥最大的作用。

热工课程（主要包括"工程热力学"、"传热学"和"热工基础"三部分内容）主要讲授热力学的基本定律、动力循环的基本原理和热量传递的基本规律。国内专家学者对于热工课程的发展和建设给予了高度关注，投入了大量精力。陶文铨、童钧耕、何雅玲等长期关注热工课程体系的教学改革与教材建设。在实战化教改大背景下找准热工课程的定位和建设思路，使得本门课程的实施既能遵循热工课程教育教学的一般规律，又能提高学员的岗位任职能力至关重要；作为多个学科专业的重要专业基础课，完成热工课程的深层次改革和课程建设也十分紧迫。本文基于上述考虑，提出了教学改革的基本思路，总结了实践中的基本方法和效果。

1 目前热工课程教学面临的主要问题

军队院校的学员来自不同的单位，在年龄、学历、岗位任职、基础知识结构等方面都存在着较大差异，培训的需求也各不相同。在军队院校中，热工课程的授课层次和对象主要分为以下几种：一是面向能源动力类（如"动力工程"、"机械工程"、"核科学与技术"、"核动力工程"、"核技术与核安全"和"环境工程"等专业）生长干部学历教育开设的"工程热力学与传热学"（多学时，以下简称第1类）；二是面向非能源动力类（如"电气工程及其自动化"、"电气工程"和"控制科学与工程"等专业）生长干部

学历教育开设的"热工基础"（较少学时，以下简称第2类）；三是面向预选士官、直招士官、士兵轮训开设的"热工基础"（少学时，以下简称第3类）任职教育。

现有的热工课程教学中面临一些问题，包括：（1）注重理论教学，对实战化教学认识不够深入；（2）授课内容与部队实装衔接不够紧密；（3）理论知识向武器装备的扩展外延不够及时；（4）学员热工实践能力培养有待加强。

2 主要改革思路及方法

针对上述问题，主要从以下方面入手，深化热工课程的实战化教学改革。

2.1 以实战思想引导课程管理与实施

"工程热力学与传热学"一方面为内燃机、叶轮机械、舰船辅助机械等专业课程奠定基础，另一方面也要提升学员在能源利用、热量管理、装备维护等方面的知识素养。在教学中，不断强调本门课程在海军装备和实战中的作用，以使学员对本门课程提高到实战化的思想认识。

比如，在课程概述中，以我军动力装置、制冷/制热装置、喷管、压气机等设备在舰艇运行和作战功能发挥等方面深入剖析热力学理论的重要意义；在讲到动力装置循环时，以当前我军在先进动力装置领域的短板为切入点，引导学员认识到学好热力循环对于提高我海军战斗力的重要性；在讲到制冷、制热装置时，使学员明白在舰艇上这些设备都与艇员日常工作、生活息息相关，也会影响到装备的正常运行，使学员在思想上引起高度重视等。在讲到辐射换热时，从红外制导攻防、设备故障红外诊断与状态监测的角度使学员认识到，专业基础课不仅仅是理论知识的学习，更是与舰艇平台装备管理、新型武器作战使用、先进装备维护等实战或贴近实战的专业需求紧密联系。

2.2 以实战装备架构授课内容与评价标准

"工程热力学与传热学"历来都是一门复杂抽象的专业基础课，但在实战化教学导向下笔者通过部队调研、资料查询、软件开发、视频制作等方法整合了一批贴近海军舰艇装备作战使用、日常维护的视频、音频、图片、动画材料，使学员以舰艇部队真实装备为学习对象，提高学习效果和日后的岗位任职能力。

比如在讲到导热章节时，以柴油机气缸壁、锅

炉炉墙绝热措施、蒸汽管道保温等讲述导热的基本原理;从蒸汽管道保温层、炉膛耐火砖、制冷空调冷凝管等设备为例讲述热导率及其变化规律;从柴油机气缸壁敷设的肋片、制冷空调冷凝管外壁肋片、电动机外壳的肋状结构、各种集成电路板上的散热器为例讲解伸展体的原理和应用;从舰艇一天的红外特征变化、主机开启/机动/关闭等过程气缸的温度变化、锅炉炉膛温度的变化等实例讲解非稳态导热原理。在讲到对流换热章节时,以各种热力管道,比如蒸汽管道、空调冷凝管、滑油冷却器、锅炉蒸汽产生过程等实例讲解管道内的强迫对流换热、自然对流换热、相变换热等知识点。

2.3 以武器装备技术提升学员兴趣与知识深度

舰船在全寿命期限内,其热量的管理都是不容回避的问题。无论是环境影响还是舰艇装备自行运转都会使舰艇产生明显的热特征。在红外制导反舰导弹大行其道的今日海战场,舰船红外特征与隐身技术已得到装备领导机关的高度重视和一线舰艇部队的迫切需求。从理论角度分析,红外特征正是热特征,红外特征建模也即具有复杂几何构造的舰艇传热建模与分析;而舰艇红外隐身技术则是以热抑制或热伪装为手段,改变舰艇红外特征,提高舰艇的安全性,并最终提高舰艇生命力。在整个传热学授课中,笔者一直都结合舰艇红外特征与隐身技术向学员讲授传热学基本原理,并引导学员积极思考如何对舰船进行热管理,以提高舰艇的生命力。

此外,传统的设备监测诊断技术不能完全满足现代舰艇运行维护的需要,尤其是电气设备、动力装置热力设备等,往往需要全天候、非接触的在线监测,在这种需求下红外故障诊断与监测技术就发挥了重要作用。该技术同样是以提取设备热特征为前提,可以在讲解辐射换热章节时结合该装备技术讲解。这样的授课方式可以有效吸引学员的注意力,使学员提高学习的动力,同时也进一步增强了岗位任职能力。

在实战化教学改革思想的指导下,还以课外辅导的形式提高学员对热工理论知识与实战装备的结合、转化水平,打牢岗位任职能力。

2.4 制订学科竞赛规划,引导学员积极创新海军装备技术

首先在基础课程授课中不断向学员宣传教育部"节能减排大赛"的基本情况,鼓励学员积极关注;其次在实验教学中,通过设立设计性实验逐步培养学员的创新实践能力。这种设计性试验的整个过程类似于学员参加一场竞赛,实验中需要用到何种材料、何种仪器、何种文献资料、需要测定哪些数据都由学员自行查找、选择、操作完成,而教员负责开发实验项目,保证学员能够快速找到思路,并大致符合学员的知识水平,对一时找不到设计思路的学员,提供启示性指导;再则,通过平时的热工课程创新实践培育不断积累基础,包括通过第二课堂、实验室开放日等时间向有兴趣的同学教授CFD、Matlab 等仿真、科学计算工具,鼓励学员积极申请"热工创新实践基金",吸收学有余力的学员参与到教员的科研课题中等。

2.5 开展热工领域专题讲座,提高学员对海军武器装备技术的认识

结合我军装备发展的现状和趋势及国家能源战略,笔者有针对性地对我校学员开展热工专题讲座,如"舰艇电气、热力设备红外监测与故障诊断技术""舰艇红外特征与隐身技术""新型换热器设计技术""基于弥散介质的舰艇火灾防护技术"等讲座。这些热工领域的新技术紧贴我海军装备发展的思路和趋势,也与热工理论知识、实践知识紧密结合,对于吸引学员兴趣、开阔眼界具有重要意义,也有利于营造热工创新实践的文化氛围。

3 教学改革效果

经过近三年(2015—2018)的热工课程教学改革与实践,我们取得了一些初步的成果。通过问卷调查得到的学员反馈为"工程热力学、传热学等课程不再局限于基础理论的学习,与专业课程衔接更加自然,与岗位任职联系更加紧密,对该课程的学习兴趣得到了很大程度的提高"。

此外,笔者将多年的科研、教学工作总结整理,编著了适合本科生阅读的热工课程辅助教材《舰船热物理技术及应用》。该著作融合了热工基本理论和方法,并分章节、实例阐述了热工理论在海军舰艇平台中的应用,使得基础理论方法与前沿武器装备技术和工程应用紧密相连,受到学员的好评;其次,组织学员参加全国大学生节能减排大赛,先后获得了"全国三等奖"3 项,"优秀组织奖"1 项的佳绩,学员对热力学、传热学课程学以致用的热情持续升高,展现出了运用热工理论知识开阔视野和对日后岗位任职的乐观自信。

2019 年全国能源动力类专业教学改革研讨会论文集

4 结　语

本文针对热工课程的自身特点和高等教育的一般规律,分析了课程与实战化要求存在的主要问题,同时我单位在热工课程实战化教改中的几点做法,主要包括:

以实战思想引导课程实施与授课,以实战装备架构授课内容与评价标准,以武器装备技术提升学员兴趣与知识深度;同时,注重以课外辅导的形式提高学员对热工理论知识与实战装备的结合、转化水平,打牢岗位任职能力,包括制订学科竞赛规划,引导学员积极创新海军装备技术,开展热工领域专题讲座,提高学员对海军武器装备技术的认识等。

参考文献

[1] 赵建民.在深化改革中建强军队院校[N].解放军报,2017-02-10(007).

[2] 田华明,周致迎.推进院校实战化教学改革的几点认识[J].教育教学论坛,2018(9):179-180.

[3] 欧英立.院校开展实战化教学创新训练[J].国防科技,2014(6):45-46.

[4] 王德林,刘晓才,赵俊业.依托大数据创新实战化教学方式[J].国防科技,2019,40(1):123-126.

[5] 张树森,师玉峰,白宇.俄罗斯总参军事学院教学实践对我军院校实战化教学的启示[J].装备学院学报,2015(4):15-19.

[6] 刘金林,吴杰长,曾凡明.实战化教学质量控制模型构建方法及应用[J].高等教育研究学报,2017,40(4):79-85.

[7] 曾峦.用战斗力标准引领实战化教学改革[J].科技资讯,2015(16):181-182.

[8] 王成学,单岳春,邹本贵.军队院校实战化教学教员队伍建设探讨[J].大学教育,2017(5):167-169.

[9] 陶文铨,何雅玲.关于编写传热学和工程热力学教材的浅见[J].中国大学教学,2003(10):43-44.

[10] 童钧耕.工程热力学课程教学改革的几点看法[J].中国电力教育,2002(4):70-72.

[11] 何雅玲,陶文铨.对我国热工基础课程发展的一些思考[J].中国大学教学,2007(3):12-15.

新时代传统工科研究生专业基础课程改革实践*

高杰,郑群,王洋,路勇

(哈尔滨工程大学 动力与能源工程学院)

摘要:针对新时代背景下传统工科研究生专业基础课程教学中存在的问题,论述了哈尔滨工程大学从教学内容、教学模式与考核方式等方面对专业基础课程进行改革的一些举措及成效。课程改革践行"以学生为中心、培养创新意识、具有国际化视野"的育人理念,坚持"教学与工程实际问题相结合、相互渗透"的原则,把研究生创新能力及国际化视野的培养贯穿到课程教学的全过程,为高层次国际化创新人才培养探索出了一个新思路。

关键词:新时代;工科研究生;专业基础课程;课程改革

随着全球新一轮产业与科技革命的不断深入,理工科院校面临着加快工程教育改革创新,培养造就一大批创新能力强、具备国际竞争力的高素质创新型人才的历史使命,这使得传统工科专业必须转型升级。研究生专业基础课程是联系基础课和专业课的桥梁,其改革成功与否直接关系到新工科建

* 基金项目:黑龙江省高等教育教学改革研究项目(SJGY20170504,SJGZ20170052);全国工程硕士专业学位研究生教育在线课程重点建设项目(工程教指委秘〔2016〕1号)等

设的成败和研究生培养质量的高低。因此，在中国特色社会主义高等教育已进入新时代，国家教育部新工科建设已经启动的大背景下，开展高校传统工科研究生专业基础课程的改革探索与实践势在必行，这对于提升传统工科研究生的培养质量有着重要的理论和现实意义。

高校传统工科研究生的专业基础课程（比如能源动力类专业的高等流体力学、高等工程热力学、高等传热学等）根基于理论性更强的基础课程，如高等数学、工程数学、大学物理等，这使得该类课程具有很强的基础性和理论性；同时，专业基础课程与实际工程紧密相连，因此，专业基础课程又具有很强的专业性和工程技术性。研究生专业基础课程是掌握专业基础理论和科研方法及技能的前提，对于培养具有创新精神和实践能力的高素质复合型人才有着重要的作用。然而，高校传统工科研究生的专业基础课程因其严重滞后于工程教育现实发展，知识体系几乎没有变化，且因其自身的特点：基本概念和基础理论部分内容较多，涉及的公式推导也特别多且难，一直以来被认为是一类"教师难教、学生难学"的课程。

在当前新科技成果日新月异的大背景下，对处于互联网、多媒体、信息化时代的传统工科研究生来说，单纯按照传统教科书讲授专业相关的经典基础理论，往往是曲高和寡、难以适从。传统的教学内容、教学模式及考核方式也没有体现出"以学生为中心、培养创新意识、具有国际化视野"的教育理念，已经越来越不能满足社会发展对高层次创新型人才的迫切需求。对比国内外高校针对传统工科研究生专业基础课程的改革情况可知，国外的课程改革远远走在前列，也已经付诸教学实践，而我国针对传统工科相关专业基础课程的改革还比较缓慢，目前还处于研究和探索阶段，存在的主要差距如下：

（1）由于研究生培养方向不同，指定的教材均与自身学科方向相结合，课程的某些重点内容都与各自研究生的培养方向相接轨，突出自身特色。但总体上国内教材与西方相比仍有一定差距。国外优秀教材更新快，能较快地反映最新的科技进展，更接近工程实际，而国内的教学内容却显得较为陈旧，缺乏启发性、创新性。

（2）虽然现在各个学校皆采用了多媒体授课手段，提倡启发式、讨论式教学等，但这些方法和方式仍然没有摆脱以教师为中心的课堂教学模式。在课堂教学改革方面，国外课程学时中只有 30% ~ 40% 或更少的时间由教师讲解基本理论，其余时间则由学生自主围绕若干综合性项目钻研，并在解决问题过程中学习和提高。

（3）在课程考核和评价模式上，国内考核评价较为单一，大多数为"平时成绩＋期末考试成绩"的方式，而国外早已采用国际通用的全过程评价方式，从而极大地调动学生的学习积极性，挖掘学生的学习潜力和创造力。

因此，在新时代多媒体信息化大背景下，有必要对传统工科研究生专业基础课程在教学内容、教学模式和考核方式等方面进行改革探索和实践，以提升学生自我学习和探索专业前沿知识和前沿技术的能力，加强学生学术创新性思维的开发，并提高学生国际交流的能力，从而为高层次创新人才的培养奠定坚实的基础。

1 传统工科研究生专业基础课程改革的思路及具体做法

1.1 课程总体改革思路及解决的教学问题

哈尔滨工程大学借鉴国外著名大学在高层次创新人才培养方面的成功经验，基于国际化理念对动力工程及工程热物理、轮机工程等传统工科的研究生专业基础课程在教学内容、教学模式与考核方式等方面进行了改革探索和实践，如图1所示。

课程改革以高层次创新型人才培养为核心目标，践行"以学生为中心、培养创新意识、具有国际化视野"的育人理念，通过经典理论与最新研究成果相结合、理论知识与专业实际问题相结合、个性化教学与信息技术相结合、全过程考核与多元化评价相结合及国内外学者共建课程等措施手段，建设了一批具有国际化特色的适应新时代新工科要求的传统工科研究生专业基础课程，总体改革思路见图1所示，其主要解决了以下教学问题：

（1）教学理念落后，目前依然是以教师为中心的教学模式，严重缺乏先进性，不利于培养学生的国际化视野和创新精神。

（2）教学内容过于强调基本理论，缺乏应用性、前沿性，教学模式和考核手段单一，缺乏多样性，不利于培养学生解决实际问题的能力和自主学习的能力。

（3）科研作为研究型大学的基本职能之一，同教学和人才培养关系紧密，但目前教学与科研脱节

2019 年全国能源动力类专业教学改革研讨会论文集

现象严重,科研成果难以向优质教学资源转化,不　　利于培养高层次创新型人才。

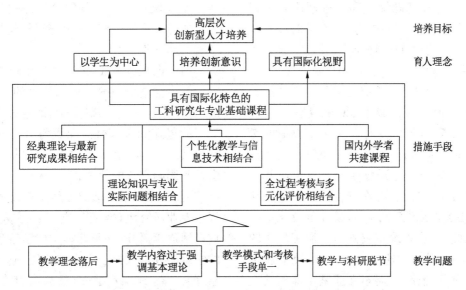

图1　新时代传统工科研究生专业基础课程改革思路

1.2　课程改革做法

（1）树立国际化意识,改革教学内容,建立研究生专业基础课程国际化知识结构体系。

教学内容的国际化是新时代背景下高等教育国际化的重要组成部分,也是难点之一。传统工科研究生专业基础课程多年来普遍以介绍本专业相关基本概念、推导基本方程及探讨基本方程的实际应用等为主要内容。国内绝大部分教材也都是遵循这一模式编写,而这种模式过于追求"自身"的完整和独立,其特点就是强调系统性、整体性,片面追求理论体系的完整和抽象的理论推导。此外,教材内容多年来一直未有更新。现有教材及其编排形式已经越来越不适应培养高层次国际化拔尖创新人才的需要。因此,课程改革通过树立教育国际化意识,加强对国外著名大学教学内容的研究,在更新和修订教学大纲的基础上,删除了一些老旧的、理论较多且与工程应用关系不大、与其他课程重复的内容,并增添了一些反映当代最新研究水平的内容。与此同时,通过利用网络手段,汇集世界各国大学的相关专业基础课程教学课件、教学录像、试验过程等资料,汲取其中精华应用于课堂教学,以突出课程内容的国际化元素,使得学生在掌握专业相关经典理论的同时,可以接触当今世界前沿知识,建立起国际化的视野,从而提高自身的国际竞争力。

（2）依托现代信息技术,创新课堂教学方法,构建立体化混合式教学模式。

动力工程及工程热物理、轮机工程等传统学科的研究生专业基础课程普遍偏抽象,基本概念和基础理论部分内容较多,涉及的公式推导也比较多,传统的黑板板书或结合多媒体的教学模式对教学信息的处理和呈现都比较单一,造成学生对专业基础知识的理解和掌握有较大的难度。近年来,以"慕课"为代表的新型教育模式对传统教学造成了很大冲击。虽然传统教学模式忽视了学生在学习中的主体作用,不利于培养学生的创新思维和解决实际问题的能力,但纯粹基于互联网的教学模式,在师生互动方面,在整体教学氛围方面,依然无法达到传统教学的优势。因此,课程改革应依托现代信息技术,丰富课堂教学方法,通过建设课程网站,利用慕课等新型教育模式来改革传统的黑板板书或结合多媒体的教学模式,即把传统教学与网络在线教学有机结合起来,借助于完善本专业基础课程的多媒体教学课件、建设与专业基础课程配套的在线课程等措施,综合传统教学在师生互动、整体教学氛围方面和在线教学在突出学生在学习中的主体作用、培养学生的创新思维以及解决实际问题的能力方面的优势,构建出多媒体信息化时代背景下的立体化混合式教学模式,从而大大加强师生互动,满足了个性化教学的需求,获得了更佳的教学效果。

（3）革新考核方式,加强过程考核,建立专业基础课程多元化、开放性评价机制。

一流的课程必须有一流的考核方式,对于传统工科研究生专业基础课程来说，学习要达到的目的是学生运用所学专业基础知识和基础理论对工程实际问题进行分析和解决的能力，而不是对课本基础理论和大量复杂公式的记忆能力。因此，建立合理、公正、客观的课程评价与考核体系非常重要。目前传统教学主要采用"一考定成绩"的考核方式，容易导致学生平时上课不认真、期末搞突击的现象。而国外大多数知名高校对学生学业成绩的考核早已不采用卷面考试这种单一的考察模式，而是采取了更加多元化和更为开放性的考核手段和方法。对于在线教学，目前也存在着在线学习过程缺乏有效监测，缺乏在线课程学习质量评价及认证机制等问题。因此，本课程改革突破传统课程教学的"一考定成绩"考核模式，通过精选习题、搞活思考题等措施加强过程考核，针对本专业基础课程的混合式教学，依托现代信息技术，建立国际通用的以考核学生能力为中心、以学生发展为根本的在线课程多元化、开放性评价方法，注重学生综合素质和创新能力的培养，全面公正评价学生的学习效果。

（4）与国外学者共建课程，突出专业教育，引入科研问题，深化课程的国际化元素，培养学生的创新能力和国际化视野。

动力工程及工程热物理、轮机工程等传统工科的研究生专业基础课的应用领域非常广泛，国内外各高校在这些专业研究方面各有所长，推进国内外学者共建课程，将有助于发挥不同研究领域的技术领先优势，提高课程教学效果。因此，课程改革探索与国外高水平专家学者共建专业基础课程，从专业需求角度讲解专业相关基础理论及其工程应用，做到专业相关经典理论教学与专业教育密切配合，确保教学与专业实际问题紧密结合、相互渗透；并通过在多媒体教学课件上和讲述中适量切入术语、定义等英文表达，引入专业基础课程对应的英文原著作为参考教材等措施，加强专业基础课程的国际化元素；此外邀请海外学者做讲座，引入国外最新的研究成果，通过锻炼研究生的国际化思维，拓展研究生的国际化视野，进一步深化高层次创新人才的培养。

2 传统工科研究生专业基础课程改革的成效及影响

哈尔滨工程大学自 2010 年 9 月起在国际化理念引领下针对动力工程及工程热物理、轮机工程等传统工科研究生的专业基础课程在教学内容、教学模式与考核方式等方面实施的一系列改革措施，已经逐步显现其人才培养的效果，在校/省内外起到很好的示范作用，得到学生、教师、学校及同行专家学者的高度肯定。

（1）课程改革成效显著，学生研学业绩斐然。

学生清晰地理解课程教学目的，高度赞同课程的一系列改革举措，普遍认为课程改革有效提升了学习的兴趣和主动性。课程将教育国际化意识渗透到其改革的各个环节之中，全面提升了学生自我学习和国际交流的能力，开发了学生学术创新性思维。近 5 年来，培养动力工程及工程热物理、轮机工程等专业研究生（含留学生）240 多人，学生课程平均成绩逐年提升；基于课程中的工程实际问题开展的学术研究也取得了突出的成绩，赵宁波等研究生累计有 3 篇 SCI 论文为 ESI 高被引论文，罗铭聪等研究生累计 3 次获得 ASME IGTI 最佳论文奖。

（2）校/省内外多方评价，成果水平国内领先。

哈尔滨工程大学针对传统工科研究生专业基础课程的改革探索得到了全国工硕教指委和校/省内外高校的广泛关注，其中高等流体力学课程获认定为全国工程硕士在线课程，该课程已在"学堂在线"和"超星泛雅"上线，向全国相关专业研究生乃至全球学习者公开发布，是我国动力工程领域第二门经认定的工程硕士课程；许多流体力学授课教师同行对该课程改革成果给予了充分肯定，他们认为：该课程改革理念先进，并且紧密围绕工科教学特点，确保理论知识与科研案例紧密结合，满足了高层次创新型人才的培养需求，因此该成果理念先进、思路清晰、成效显著，具有很强的示范辐射作用和借鉴价值，在国内高校居领先水平。

（3）人才培养广泛认可，示范辐射引领改革。

课程改革坚持"教学与工程实际问题相结合、相互渗透"的原则，把科研中的工程实际问题和科研成果引入教学，激发学生利用所学理论知识解决科研问题的兴趣，便于学生在课程结束后就课程中提到的专业实际问题继续深入研究，为学生创新思维和国际化视野的培养探索出了一个新思路。罗铭聪、赵宁波等研究生即是基于该成果培养的高层次国际化创新人才的典型代表，人才培养水平获得国内外同行的广泛认可。多所高校同行利用学术会议等场合或直接来校交流课程改革成效，并索取相关材料。成果中的育人理念、具有国际化特色的课程知识体系及在线课程资源等被北理工、中科术、哈工大等多所院校借鉴或采用，在国内产生广泛而积极的影响,起到了重要的示范辐射和引领改革的作用。

3 结 语

新一轮科技革命与产业变革迫使传统工科专业必须转型升级,作为为研究生专业课和课题研究做铺垫的专业基础课程在新时代背景下势必需要改革,以有效支撑传统工科研究生培养质量的全面提升。哈尔滨工程大学基于国际化理念对动力工程及工程热物理、轮机工程等传统工科的研究生专业基础课程在教学内容、教学模式与考核方式等方面进行了一些有益的改革探索和实践。课程改革践行"以学生为中心、培养创新意识、具有国际化视野"的育人理念,坚持"教学与工程实际问题相结合、相互渗透"的原则,力求把学生创新能力及国际化视野的培养贯穿到课程教学的全过程,课程改革成果及人才培养水平获得国内外同行广泛认可。

参考文献

[1] 廖文武,程诗婷,廖炳华. 课程建设是学术学位研究生教育内涵发展的重要抓手[J]. 中国研究生. 2016(1):4 - 7.

[2] 王干,薛怀国,刁国旺."大工程领域"人才培养模式探索与实践——以扬州大学化学工程领域多学科交叉人才培养为例[J]. 研究生教育研究,2015(1):71 - 74.

[3] 韩鹤友,侯顺,郑学刚. 新时期研究生课程教学改革与建设探析[J]. 学位与研究生教育,2016(1):25 - 29.

"燃气轮机结构和强度"课程教学实践研究
——Ⅰ 课程特点与教学所遇到的问题

董平,岳国强,张海,李淑英,姜玉廷,高杰,罗明聪

(哈尔滨工程大学 动力与能源工程学院)

摘要:燃气轮机技术是衡量一个国家高技术水平和科技实力的重要标志之一,如何培养合格的燃气轮机专业人才等成为高等教育的当务之急。"燃气轮机结构与强度"课程是热能与动力工程专业课程体系中的一门重要的专业课程,该课程本身具有很强的基础性、实践性和多学科综合性等特点。然而,现有的教学模式基本还沿袭传统模式,以课堂讲授为主,教学方式相对落后,内容繁杂但是课时较少,学生观摩和实践机会较少,严重脱离工程实用背景,给学生学习带来一定的困难,学习效果并不显著。学生对于实际的燃气轮机结构设计和强度/振动分析,往往无从下手,以"实践性"为主的课程反而实践性不强。因此,如何加深对课堂教学内容的理解,实现理论向实践的真正转化,成为这门课程教学需要解决的关键问题。

关键词:燃气轮机;结构设计;强度设计;课程特点;教学问题

燃气轮机是一种先进又复杂的成套动力机械装备,集新技术、新材料、新工艺于一身,被誉为装备制造业"皇冠上的明珠"。燃气轮机技术是衡量一个国家高技术水平和科技实力的重要标志之一,具有十分突出的战略地位。目前,燃气轮机的研发和制造技术被世界上少数几个发达国家所控制,发达国家将其列为"保证国防安全、能源安全、保持工业竞争力的战略产业"。与国际先进水平相比,我国燃气轮机发展仍然比较落后,尚未形成真正的产业能力。由于现代国防和工业发展的迫切需求,我国目前已经成为世界最大的燃气轮机潜在市场,但西方国家仍然限制对华出口先进的燃气轮机。

我国对于发展燃气轮机产业的发展非常重视,在"十二五"发展规划中,重型燃气轮机是国家优先

发展的 10 项重大技术装备之一。国务院发布的《能源"十二五"规划》提出，要重点发展以重型燃气轮机为基础的天然气主发电。"十三五"期间，我国将持续推进高端装备制造业的发展，全面启动实施航空发动机和燃气轮机重大专项，突破"两机"关键技术，推动航空发动机、船舶燃气轮机、重型燃气轮机等产品研制，初步建立航空发动机和燃气轮机自主创新的基础研究、技术与产品研发和产业体系。

我国未来燃气轮机工业的发展需要大量相关专业的人才，所以，如何优化装备制造学科专业培养计划、完善人才培养类型设置、缩小在校生培养与装备制造业人才需求之间的差距、培养合格的燃气轮机专业人才等成为高等教育的当务之急。

1 "燃气轮机结构和强度"课程的教学特点

"燃气轮机结构和强度"课程是热能与动力工程专业课程体系中的一门专业选修课，课程以燃气涡轮喷气/风扇发动机、船舶燃气轮机、重型燃气轮机为主体进行教学。通过对典型燃气轮机结构进行介绍和分析，以及对燃气轮机关键部件的强度和振动设计基本理论与技术原理进行阐述，使学生学习和掌握燃气轮机的基本结构、工作原理、结构特征、强度和振动设计等知识，并能够了解燃气轮机技术及发电装置在我国现代化建设中的重要性，从而为学生将来从事燃气轮机的生成和研制打下一定的专业基础。

对于热能与动力工程专业的学生，"燃气轮机结构与强度"课程非常重要，其重要性主要体现在以下几个方面。

（1）基础性。"燃气轮机结构和强度"是热能与动力工程专业的一门重要的专业基础课，是动力机械方向学生必须了解的、为将来工作实践奠定必备知识的必修课程。通过课程教学，学生学习掌握现代燃气轮机的典型结构和相关设计方法，分析机组在工作过程中所受载荷的特性，建立机组及其零部件在载荷作用下应力和振动的分析计算方法及安全校核的原则规律，认识科学研究的规律，了解解决工程问题的思路和方法。

（2）实践性。这是"燃气轮机结构与强度"课程最显著的特点，也是本课程的难点所在。该课程在专业课程体系中起到了承前启后的作用，是将理论学习和实际应用有机结合的桥梁，具有很强的工程背景。这门课程可以作为连接"叶轮机械原理"等基础课和"燃气轮机装置原理及设计"等专业课的桥梁，其教学任务和教学目的是通过学习燃气轮机的典型结构，掌握动力机械结构设计和强度分析的初步方法和技能，为学生将来从事燃气轮机相关生产和维护专业技术工作打下坚实的应用基础。目前看来，"燃气轮机结构与强度"课程是学生了解燃气轮机真实结构的唯一课程，其地位和重要性不言而喻。

（3）多学科综合性。实际的燃气轮机结构和强度设计是多学科相互渗透的统一体，例如，一个简单的叶片结构设计都涉及气体动力学、传热学、弹性力学、疲劳与断裂力学、有限元分析方法等。因此本课程的教材涉及的内容多，知识面广，几乎包括了学过的所有课程。

2 "燃气轮机结构和强度"课程教学遇到的问题

任何教育都会考虑"要教什么"的根本问题，从这个意义上讲，课程作为实现教育目标的手段，也成为高等工程教育的一个永恒课题。我国 20 世纪 90 年代开始了"高等教育面向 21 世纪教学内容和课程体系改革计划"，提出了"重基础、宽口径"的教学要求，加强基础课程教学，减少专业课程。这是符合国际上"通才教育"趋势的，但是实际操作上并没有取消原有"专才教育"细致入微的专业明目，比如国外通用的"机械工程"专业被国内划分成能源动力机械、机械设计与制造、机电一体化等若干个专业。我国目前强调基础通用教学又不放弃专业过分细分的传统模式，导致在专业课教学任务没有变化的同时，专业课教学时间却被压缩得非常厉害。于是，专业课教学被迫采用和基础课相同的教学模式，课堂讲授为主，实践性逐年减弱，极大地弱化了相应工程应用背景，并且存在一定程度的教学知识陈旧过时的现象。

哈尔滨工程大学开设能源与动力工程专业40 多年，在上述大学教育的历史背景下，"燃气轮机结构和强度"课程的教学也出现了一些问题。

（1）课程工程应用背景强，教学沿袭传统模式

"燃气轮机结构和强度"课程全面介绍燃机的工作特性、典型结构和强度设计，但是，相比其他课程，本课程在整体上缺乏系统性和规律性，内容庞大繁杂，图表众多，工程应用背景很强，这给教师的

教学和学生的学习都带来了很大困难。由于教学任务繁重、教学时间受限,通常条件下,教师只能在规定的时间、地点给学生授课,授课采用传统方式,教师讲解为主,图像影音资料为辅,学生绝大多数时间处在"填鸭式"教学环境中。如果教师对燃气轮机的结构和强度本身认识不足或者实践不够,就只能照本宣科,学生听课也会感到抽象难懂、枯燥乏味。

(2)教学内容量大、课时少,学生观摩和实践的机会较少

目前,我校"燃气轮机结构和强度"的课程设计分为上下两部分,燃气轮机结构 22 学时,观摩课 4 学时,燃气轮机强度 26 学时,实验课 4 学时,上述两部分教学各自使用一本教材。首先,本课程全面介绍燃机的工作特性、典型结构和强度设计,这导致教学内容非常繁杂,教学任务非常繁重,课程进行的速度比较快,学生来不及反应只好"囫囵吞枣"。其次,学生大部分时间都在上课,具体观摩燃气轮机实物模型和进行强度振动试验测量的时间相对较少,这与本课程注重"实践性"的宗旨是不符合的。

为了准确了解学生对于这门课的直观印象,在 2017 年和 2018 年的课程教学结束后开展了无记名问卷调查,调查对象是哈尔滨工程大学燃气轮机专业方向(每届两个班)2013 级和 2014 级的全体同学。全体合计 136 人,实际填表人数为 136 人,调查样本符合调查分析的技术要求。为确保数据的真实性,调查问题设置基本采取选择题的形式进行。对于课程认识和平均的调查结果包含三类问题,一是课程的重要性,二是对课程的兴趣,三是课程学习的难易度。从调查结果来看,大多数学生认为这门课重要(一般 24.3%,重要 61%,很重要 14.7%),由于是专业对口班级,所以大部分学生都表示对这门课的学习感兴趣(无兴趣 24.3%,一般兴趣 61%,有兴趣 14.7%),但是,绝大多数同学认为这门课不容易学(很难学 25%,一般 61.1%,很容易 13.9%)。上述调查结果证实大多数同学充分认

识到这门专业课的重要性,并很有兴趣参与到这门课程的学习中。但是,在学习过程中确实遇到了一些问题,这也验证了上面的课程教学所遇到的相关问题。这个调查结果非常值得任课教师去分析和解决相应的问题。

3 结 语

燃气轮机相关专业的本科工程教育水平是发展我国燃气轮机工业的重要教育基础,但是,由于"燃气轮机结构与强度"课程本身的工程实用性较强以及教学方式相对落后,给学生学习带来一定的困难,效果并不显著。学生若是要自己进行实际的结构设计和结构分析,往往无从下手,以"实践性"为主的课程反而实践性不强。因此,如何加深对课堂教学内容的理解,实现理论向实践的真正转化,成为这门课程教学需要解决的关键问题。

哈尔滨工程大学基于自己对于"燃气轮机结构与强度"课程教学的相关经验和行业需求,希望通过对教学方法和教学思想的改革,突出"燃气轮机结构和强度"课程的工程应用背景,重新调整该课程的教学设计并优化教学方法,提高教师的工程实践能力和工程教学能力,激发学生的学习兴趣,推进实现学以致用的教学宗旨。

参考文献

[1] 闻犁.把握机遇,共创美好新五年"2011 第六届中国电工装备创新与发展论坛——电工装备'十二五'规划解读"主题报告回顾[J].电气技术,2011(09):6 – 13.

[2] 闫淑萍.国家能源科技"十二五"规划(摘选)(续二)[J].河北化工,2012,35(10):1 – 3,66.

[3] "两机"重大专项全面启动,迎来高峰期[J].风机技术,2016,58(06):2.

[4] 黎琳."高等教育面向 21 世纪教学内容和课程体系改革计划"述评[J].高等理科教育,2001(02):13 – 19.

"燃气轮机结构和强度"课程教学实践研究
——Ⅱ 基于 CDIO 工程教育模式的教学改革

董平，岳国强，张海，李淑英，姜玉廷，高杰，罗明聪

（哈尔滨工程大学 动力与能源工程学院）

摘要： CDIO 工程教育模式为学生提供了一种强调工程基础、重视学生的经验学习、具有真实世界的产品背景的工程教育。本研究尝试将 CDIO 理念应用于"燃气轮机结构和强度"课程的教师教学和学生学习的过程中，对比 CDIO 模式提出的原则，找出目前我国相关工程课程设置中的不足和差距，重新调整该课程的教学设计和优化教学方法，提出了在课程教学中强化工程导论的教学，构造工程背景环境，构建一体化课程教学计划；强调一体化学习经验开放工程实践场所，构造新型网络学习平台和虚拟实践平台，培养主动学习的兴趣，提高教师的工程实践能力；提高教师的工程教学能力，引入相应的课程设计；进行了课程考核方式等课程教学改革。

关键词： 燃气轮机；结构设计；强度设计；CDIO 工程教育；教学改革

1 CDIO 工程教育模式研究现状

自 20 世纪 90 年代以来，为了解决科学研究型教育与工程应用型教育逐步同质化的问题，美国麻省理工学院（MIT）等知名高校发起了工程教育"回归工程实践"的运动，并于 2000 年创导了一种工程教育改革模式——CDIO 理念。CDIO 代表构思（Conceive），设计（Design），实现（Implement）和运行（Operate）。CDIO 的四部分涵盖了工程活动完整的生命周期，它提出的出发点就是使培养的工程人才成为能够胜任这个周期工作的工程师。如今全球已有超过 160 多所高校加入了 CDIO 工程教育国际合作组织。

CDIO 为学生提供了一种强调工程基础、重视学生的经验学习、具有真实世界的产品背景的工程教育。CDIO 模式下的一体化课程设计是在整合工程学科知识和专业知识的基础上，实现知识、能力和态度一体化培养的课程设计。CDIO 强调：（1）理论知识一体化，打破学科之间的独立状态，实现学科之间的相互支撑和有机联系；（2）知识、能力和态度的一体化，强调工程活动完整的生命周期，通过实践经验和理论知识相互交叉，实现知识学习和能力培养过程的一体化；（3）专业技能和人文素养的一体化，强调真实的工程应用背景，注重工程活动中所需的技术要素与社会环境非技术要素的融合。

CDIO 工程教育模式自从 2000 年提出以后，经过多年的探索研究已被公认为当前国际工程教育改革中较为成功的工程教育模式。值得注意的是，这种工程人才培养模式在我国也得到了快速传播并在多所高校中得到推广实施。2010 年，教育部正式启动"卓越工程师教育培养计划"，该计划的目标就是"面向工业界、面向世界、面向未来，培养造就一批创新能力强、适应经济社会发展需要的高质量各类型工程技术人才"。这与 CDIO 的宗旨是相统一的。

综上所述，CDIO 模式代表了国际先进工程教育发展的新方向，深入研究并积极将该模式应用到实际的课程教学中，对于进一步深化教学内容、教学方法和教学手段改革，不断提高相关专业课程教学质量都具有非常重要的意义。

2 基于 CDIO 工程教育模式的"燃气轮机结构与强度"课程教学改革

哈尔滨工程大学动力与能源工程学院长期从事动力机械相关课程的教学工作，具有比较丰富的教学工作经验，对动力机械相关教学工作存在的问题有比较切身的体会和认识；产学研的合作过程中，对于燃气轮机工程制造的发展、产业背景的人

2019 年全国能源动力类专业教学改革研讨会论文集

才需要有很清楚的认识。正是基于上述经验和考虑，哈尔滨工程大学尝试将CDIO理念应用于"燃气轮机结构和强度"课程的教师教学和学生学习的过程中。通过对"燃气轮机结构和强度"的课程教学设计和教学方法进行分析和改进，希望能够解决动力机械工程专业课教学中存在的实际问题，提高相应课程的教学水平和教学效果。

下面介绍哈尔滨工程大学基于CDIO模式对"燃气轮机结构和强度"的课程教学设计和教学方法所做的部分改革内容：

（1）在课程中强化工程导论的教学，构造工程背景环境

工程导论应该让学生比较详细地了解这门课的目的意义、经典案例、学习方法和未来的发展方向。一个全面的、实际的、有趣的工程背景环境，可以引导学生在枯燥教条的书本内容和千变万化的工程实际情况之间进行灵活的切换。本校不仅在课程的起始阶段详细介绍这门课的工程背景和学习意义，而且结合每一个教学的关键节点，一直穿插在教学的内容之间，时刻让学生感受到这门课强烈的工程背景环境。例如，在燃气轮机结构的教学过程中，在充分介绍燃气轮机主要构件的共性特征以后，还基于工作条件和工作特性的差别，详细介绍航空发动机、舰船燃气轮机和重型燃气轮机等不同类型燃气轮机的结构和材料的差别。在从一般到特殊、从部件到总体的学习过程中，引导学生掌握燃气轮机的设计思想和解决问题的思路。再例如，在燃气轮机强度的教学中，通过对燃气轮机工作条件的恶劣性和发动机典型事故的讲解，可以非常有效地引导学生认识燃气轮机各关键部件强度和轴系振动的校核计算的重要性。

（2）构建一体化课程教学计划，强调一体化学习经验

所谓一体化是指让经验带动学习的过程。实际的燃气轮机结构和强度设计是一个容纳多学科的、相互渗透的、具体的统一体。本课程涉及的内容多，知识面广，具体到气体动力学、传热学、弹性力学、疲劳与断裂力学、有限元分析方法等，是多学科综合的结果。因此，一方面，为了防止学习过程中对于相关知识点的遗忘或者理解偏差，要求教师的教学过程中，对于所涉及的相关数学公式、理论力学和材料力学的相关背景知识，通过在课堂上提示和在教材上添加附录的形式，及时补充相应的学习背景，使得学生在学习的过程中，不至于因为旧

知识链的断裂，影响对新知识点的掌握。另一方面，本课程还精心策划了一些相应的设计实践环节，通过多种形式的互动，将学生引入到"工程师"的虚拟身份中。例如，在燃气轮机叶片强度的教学过程中，通过对高速转动的叶片受力情况和工作要求进行分析，让学生自己对比等截面叶片和等强度叶片的优缺点，并提示学生想象弯叶片设计所引起的偏心能否进一步消除气动力弯矩，引导学生亲手求解实际的工程问题，获得一定的成就感，强化一体化学习经验。

（3）开放工程实践场所，构造新型网络学习平台和虚拟实践平台，提高学生主动学习的兴趣

工程实践场所和实验室支持和鼓励学生通过动手学习产品、过程和系统建造能力，眼见手触，激发学生的学习兴趣，获得主动的、经验的学习体会。一方面，本学校基于行业优势，投资新建了燃气轮机结构和强度陈列展示室。该展室布置有我国自主研发的404型和405型舰船燃气轮机、航空发动机涡喷5甲共三台，另外还有多种燃气轮机关键部件（燃烧室、压气机叶片、涡轮叶片）的实物标本。另一方面，学校建有燃气轮机强度和振动试验室，试验室有INV1601型振动与控制教学实验系统和INV1612型多功能柔性转子实验系统各5套，可以针对简支梁、悬臂梁、等强度梁等典型结构进行强度试验，模拟多种旋转机械的振动情况。结合教学进度，我校全面开放相关展示室和试验室资源，学生随学随看，老师现场教学，把书本上的知识点实物化、具体化，提升学生的学习过程中真实感受和操作体验，强化相关知识点的学习。

本学校还利用网络数字学习平台的先进优势，构建了全时段24小时在线的燃气轮机结构和强度设计慕课教学平台（目前在智慧树网站上线），不仅将相关课程知识点碎片化、细节化，同时还将典型燃气轮机的结构和关键部件数字化、互动化。通过上述网络数字学习平台的建设，实现课程内容线下线上同步学习，还可以将更多燃气轮机结构和强度设计的背景知识直接提供给学生进行自主学习，让学生有更多的途径去接触真实的燃气轮机工程设计实例。

（4）提高教师的工程实践能力、工程教学能力

术业有专攻，因为高校教师的成长环境比较单一，出于校门又止于校门，通常缺乏相应的工程实践经验和能力，所以，为了强化燃气轮机结构和强度的工程背景环境，必须采取行动，提高教师个人对工业产品、生产过程和研发系统的理解深度。一

方面,积极邀请工业界资深工程师来学校为学生开设专题讲座,解答教师和学生在学习过程中所遇到的问题;另一方面,鼓励教师去相关对口单位进行参观学习和培训,从工程实践的角度来增强教师的工程教学能力。近三年以来,已经举办相关的专题讲座10多场,并与相关单位舰船研究单位703所和705所、航空研究单位606所、608所、624所、31所达成了定期交流的研学机制,累计互访30多次。这些措施都有效地增强了青年教师的工程实践学习和工程教学能力。

(5)引入相应课程设计,改革课程考核方式

由于燃气轮机结构和强度课程具有强烈的工程应用特殊性,原来简单的笔试为主的考核方式显然不足以培养学生解决实际工程问题的能力,所以,非常有必要尝试引入基于燃气轮机结构和强度教学内容的课程设计。本学校近两年来在这方面进行了积极的探索,主要做了以下两方面的工作:一是在燃气轮机结构课堂教学之外的观摩课和习题课中,鼓励学生自己总结相关知识进行讲座和计算,并给予一定的成绩奖励,加入到最终考核成绩中。二是在本科毕业设计的过程中,增强有关燃气轮机结构和强度设计的内容。上述措施引导学生

运用所学的知识去积极实践,学以致用,增强学生的工程应用经验,体会工程实践环境,理解设计过程,为将来设计燃气轮机的设计工作打下比较坚实的基础。

3 结 语

CDIO为学生提供了一种强调工程基础、重视学生的经验学习、具有真实世界的产品背景的工程教育。本研究尝试将CDIO理念应用于"燃气轮机结构和强度"课程的教师教学和学生学习的过程中,希望通过上述教学改革方法,强化该课程的工程背景,激发学生的学习兴趣,提高教师的教学能力。

参考文献

[1] Crawley E F, Malmqvist J, Östlund S, et al. Rethinking engineering education: The CDIO Approach[M]. 2nd ed. Springer,2014.

[2] 岳强,杜涛,李国军,等."卓越计划"背景下能源与动力工程专业实践教学模式研究[J].教育教学论坛,2019(13):125-127.

"燃气轮机结构和强度"课程教学实践研究
——Ⅲ CDIO 模式课程改革的教学效果分析

董平,岳国强,张海,李淑英,姜玉廷,高杰,罗明聪

(哈尔滨工程大学 动力与能源工程学院)

摘要:哈尔滨工程大学基于CDIO工程教育模式尝试对于"燃气轮机结构和强度"课程进行的教学改革,通过两年的实践,问卷调查显示通过一段时间的教学实践,发现CDIO理念非常适用于"燃气轮机结构和强度"课程的教学,教学效果良好,既提高了本校动力机械工程专业专业课教学水平,又激发了学生的学习兴趣,推进实现学以致用的教学宗旨。

关键词:燃气轮机;结构设计;强度设计;CDIO工程教育;教学效果

1 基于 CDIO 工程教育模式的"燃气轮机结构和强度"课程教学改革

哈尔滨工程大学动力与能源工程学院长期从事动力机械相关课程的教学工作,具有比较丰富的教学工作经验,对动力机械相关教学工作存在的问题有比较切身的体会和认识;而且,由于长期从事燃气轮机专业相关科学与工程研究,学院先后承担了多项国家/省部级纵向项目和企业横向项目,在

产学研的合作过程中,对于燃气轮机工程制造的发展、产业背景的人才需要都有很清楚的认识。正是基于上述经验和考虑,哈尔滨工程大学尝试将CDIO理念应用于"燃气轮机结构和强度"课程的教师教学和学生学习的过程中。我校参考CDIO模式所提出的十二条标准,对"燃气轮机结构和强度"的课程教学设计和教学方法进行分析和改进,希望能够解决动力机械工程专业课教学中存在的实际问题,提高相应课程的教学水平和教学效果,并为将CDIO先进模式推广到其他专业课程教学进行理论积累并提供技术指导。

2 "燃气轮机结构和强度"课程的CDIO模式教学效果分析

为了准确测评教师的教学成果和学生的学习效果,了解同学们对该项课程改革效果的评价,在2017年和2018年的课程结束后开展了无记名问卷调查,调查对象是哈尔滨工程大学燃气轮机专业方向(每届两个班)2013级和2014级的全体同学,合计136人,实际填表人数为136人,调查样本符合调查分析的技术要求。为确保数据的真实性,调查问题设置基本采取选择题的形式进行。

2.1 课程教学过程的认识和评价

这个调查包含三类问题:一是对教师教学态度的评价;二是对教师教学方法的评价;三是对教师教学效果的评价。从调查结果来看,大多数学生认为任课老师的教学态度评价较好,教学态度比较认真,教学内容清楚明晰(如图1所示,教学态度不认真,教学内容不清楚明晰,占3.6%;教学态度基本认真,教学内容基本清楚,占60.2%;教学态度比较认真,教学内容清楚明白,占36.2%);教师的教学方法能够做到理论与实际相结合,列举了较多的工程范例来解释相关知识点,并能够结合当前燃气轮机的发展情况和发展方向进行背景解释,具有一定的时效性(如图2所示,教学方法照本宣科,知识体系较为陈旧,占4.4%;教学方法中规中矩,能一定程度理论联合实际,占64.7%;教学方法生动有趣,能体现燃气轮机的新发展新方向,占30.9%);教学效果良好,能够一定程度激发学生的学习热情(如图3所示,教学效果不好,感觉昏昏欲睡,占3.6%;教学效果平淡,感觉模棱两可,占27.9%,教学效果良好,感觉兴趣盎然,占68.5%)。

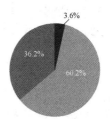

图1 教学态度评价分析

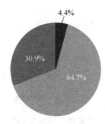

图2 教学方法评价分析

图3 教学效果评价分析

2.2 对观摩教学和试验教学的评价

这个调查包含两类问题:一是对于燃气轮机结构观摩教学的评价;二是对于燃气轮机强度和振动试验实践的评价。从调查结果来看,大多数学生对于燃气轮机结构的观摩教学非常欢迎,认为这对学习内容具体化和形象化非常有帮助,具有非常好的强化教学效果(如图4所示,观摩学习没有效果,没有兴趣,占0%;观摩学习效果比较好,能够强化课堂学习,占29.4%;观摩学习效果非常好,希望能进一步丰富观摩展品,占70.6%)。大多数学生对于燃气轮机强度与振动的试验实践持支持态度,一部分同学希望能进一步丰富试验内容,增加试验课时(如图5所示,试验过程步骤繁琐,学习效果有限,希望减少试验项目,占3.6%;试验过程能够强化学习效果,现有试验项目能够有效支撑教学,占60.3%;试验过程非常有趣,希望进一步丰富试验项目,增强学习效果,占36.1%)。上述调查结果表明CDIO模式所强调"实现"和"运行"理念受到大多数同学的喜爱,同学们通过自己亲身的眼见手触,获得主动的、经验的学习体会,有效地激发学生的学习兴趣。下一步,我校计划在相应课程中继续推广这一经验,通过增加展示品类、试验项目,结合专业实习的机会,让学生有更充分的机会去接触真正的燃气轮机产品,强化专业学习,扩大专业视野。

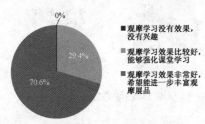

图4 燃气轮机结构观摩教学的评价分析

图5 燃气轮机强度和振动试验实践的评价分析

2.3 网络学生课后学习情况的调查

有关"燃气轮机强度与振动"课程的慕课建设于2018年完成,所以只有2014级的同学进行了使用。经过调查,大部分学生认为慕课教学对于课堂授课来说是一种非常有益的补充。慕课对于知识点进行了碎片化、细节化处理,同时还将典型燃气轮机的结构和关键部件数字化、互动化,学生可以根据自己学习的情况,进行针对性比较强的自主学习和复习强化,普遍反映效果良好(如图6所示,慕课内容与课堂学习相互脱节,不看也罢,占14.7%;慕课内容与课堂学习相同,辅助强化,占65.5%;慕课内容与课堂学习相辅相成,补充学习,占19.8%),应用率较高(如图7所示,很少使用,占19.8%;有时使用,占55.2%;经常使用,占25%)。

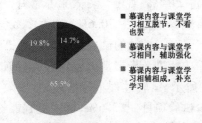

图6 慕课教学效果的评价分析

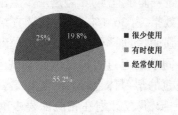

图7 慕课使用时间的评价分析

2.4 现用教材的评价

调查结果显示学生对现在所使用的教材满意度较低(如图8所示,不满意44.1%,比较满意50%,满意5.9%)。这主要是由于现阶段所使用的教材是20世纪80年代编写的,虽然是一本经典教材,但是,课程知识点讲解比较精炼,跳动性比较大,需要学生具有比较坚实的知识基础才能理解,而且知识背景相对陈旧。针对上述问题,本校正在积极新编教材,力争在新教材的编写过程中,通过强化工程概论、优化知识体系、补充背景介绍、附录阅读材料、美化排版插图、完善习题等工作,满足教师教学和学生学习的双重需要。

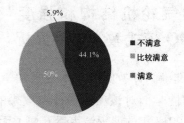

图8 现用教材满意度的调查分析

2.5 考试形式的评价

关于考试形式的调查结果比较混乱(如图9所示),赞成闭卷考试的占39.7%,赞成开卷考试的占50%,赞成引入其他考核方式的占10.3%。这其实和学生的一般考试心理有关,既追求考试能够体现公平公正,又希望考试轻松简单。但是,同学们对于新型考核形式是有期待的,这也值得教师们深思。希望未来能够多方探索新型、有趣、公正、轻松的考核方式,将同学们从传统的考试形式中解脱出来,实现真正的快乐学习。

图9 考试形式的调查分析

3 结 语

本研究尝试将CDIO理念应用于"燃气轮机结构和强度"课程的教师教学和学生学习的过程中,利用先进的CDIO工程教学理念,重新调整该课程的教学设计,优化教学方法。通过一段时间的教学实践,发现 CDIO 理念非常适用于"燃气轮机结构和强度"课程的教学,教学效果良好,既提高了本校动力机械工程专业老师的专业课教学水平,又激发了学生的学习兴趣,推进实现学以致用的教学宗旨。

参考文献

[1] Crawley E F, Malmqvist J, Östlund S, et al. Rethinking engineering education:The CDIO Approach[M]. 2nd ed. Springer, 2014.

热力学第二定律教学心得

张国磊,史建新,葛坤,杨龙滨,宋福元

(哈尔滨工程大学 动力与能源工程学院)

摘要: 热力学第二定律是工程热力学教学中的难点,本文分析了热力学第二定律教学重点及难点,总结教学经验,有针对性地改进了教学方式,注重教学引入和层层递进,并采用类比型案例的教学方法,引入多领域分析案例,激发学生学习兴趣,改善了教学效果。

关键词: 热力学第二定律;类比方法;分析案例;课堂参与

工程热力学是能源与动力工程专业的基础课程,是能源电力工程、汽车设计、机械工程、航空航天工程、新能源利用等诸多领域的研究基础,课程地位十分重要。

热力学第二定律的教学一直是热力学教学中的难点,主要有两个原因:其一,热力学第二定律与热力学第一定律相比,知识抽象,所讨论的都是由理论推导出的不可测参数,看不见摸不着,理解起来具有很大难度;其二,热力学第二定律中一些概念,如熵、熵流、熵产等相近相似,容易混淆。

笔者从热力学第二定律教学内容的特点入手,针对教学中的难点,总结了热力学第二定律教学的经验和以下几点教学建议。

1 注重教学引入和层层递进

尽管热力学第二定律是不能证明的实践规律总结,但就定律自身而言,具有非常严谨的导出和清晰的递进关系,因此在授课中应该对这个层层递进的关系进行重点讲解,使学生清晰地认识热力学第二定律的由来、发展及应用,这也利于学生理解掌握并应用热力学第二定律的知识解决各种各样的问题。

在正式讲授热力学第二定律之前,热力学课程教学内容已经将熵的概念介绍给学生了,但也只是将熵作为热力系统一个状态参数介绍给学生,学生并不知悉熵的由来,自然也不能理解熵是怎样提出的。

卡诺定理是热力学第二定律的基础,正是因为理想化循环——卡诺循环的提出,才引导了科学领域对于实际热机能量利用效率极限的思考,并基于卡诺定理推导出完整的热力学第二定律。因卡诺定理的基础地位,在教学中应基于卡诺定理,细致地分析可逆循环的特性,从而推导出熵参数,解释熵这个状态参数的实际物理意义。

对于熵的理解,学生中出现最多的问题是对熵与克劳修斯积分项的区分,即 $\dfrac{\delta q_{\text{rev}}}{T}$ 与 $\dfrac{\delta q}{T_{\text{r}}}$ 的区分,对于可逆过程的理解是学生最终能否正确区分这两项的关键。而熵的导出是基于可逆循环得到的一个特性参数,可逆循环的前提使得

$$\frac{\delta q_{\text{rev}}}{T} = \frac{\delta q}{T_{\text{r}}}$$

而对于不可逆循环,由于不可逆因素存在使得

$$\frac{\delta q_{\text{rev}}}{T} \neq \frac{\delta q}{T_{\text{r}}}$$

对于这两项是否相等的理解很大程度上决定了学生对于热力学第二定律的掌握。在熵产理论

提出后,就可以更明确地看出,克劳修斯积分项所得出的熵变即熵流。熵方程 $\Delta S = S_f + S_g$ 给出了熵变和熵流间的数值关系,对于理解和掌握 $\Delta S \geq \int \frac{\delta q}{T_r}$ 非常有益。热力学第二定律知识点耦合关系如图1所示。

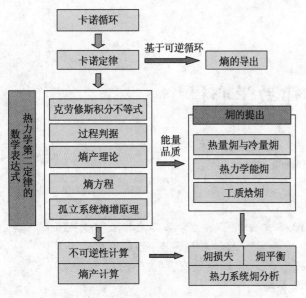

图1 热力学第二定律知识点关联图

因此,在教学中有必要注意和强调热力学第二定律各知识点的关联性,教学思路构成应逻辑清晰、体系完整,将有利于讲解及学生理解掌握。

2 引入类比教学案例,利于知识理解

热力学第二定律是一个抽象的规律总结,但其实质是自然过程的自发性,因此生活中的很多实例都可以用热力学第二定律解释说明。但完全属于热力学研究范畴的实例并不是很丰富,引入非热力学范畴的实例来描述热力学第二定律,采用不同领域宏观现象类比的方式,对于理解热力学第二定律的实质具有很好的教学效果。

2.1 社会学范畴实例:学生上课

在授课过程中,笔者曾提出这样一个问题:为什么大家集中在一个教室上课?下课后大家的状态如何?这引发了学生的思考和课堂热议。在一般情况下,大家在规定时间到指定教室上课,是因为有教学课表的约束和要求,而下课后大家各自按照自己的喜好或安排,去宿舍、食堂、自习室、操场或参加社团活动等。这个现象属于热力学第二定律在社会学范畴内的表现:由于有教学课表的约束,导致大家从不同的地方聚集到指定的教室,这是在外界作用下,由无序到有序的转变(熵减过

程);而在下课后,失去了统一约束力的学生,会去各种不同的场所,就是在没有外界作用下的一种自发的有序向无序(熵增过程)的转换过程。这是一个非常好的案例,贴近生活同时易于理解,促进了学生对于理论的思考和掌握。

2.2 自发现象实例:向地上撒黄豆

用手抓起一把黄豆撒到地上,黄豆呈现不规则分布(杂乱无序),其过程即为典型的有序向无序自发转化过程(熵增过程)。若不付出代价(付出人的劳动),黄豆不可能从地上散落的状态变回到原来聚集在一起的状态。这是一个典型的自发过程实例,类似实例还有自由落体等多种自然现象。

2.3 宇宙学范畴思考:热寂说

热力学第二定律确立及发展的过程非常有趣,因其推广至宇宙中的推论关系到人类未来的命运,因而很多学者并不肯完全接受热力学第二定律。

按照热力学第二定律所给出的一般推论,人类生活的世界将由于"混乱度"的不断增加而失去持续变化的动力,直到达到某一状态后,"地球将不再适合人类居住",从而得到"热寂说"的推论,而目前人类尚无法找到这个问题的答案。这是一个开放式问题,目前尚没有权威的学术解释,因此对于拓宽学生思考的维度具有很好的应用效果。

笔者在教学中用专门的课时,将热力学第二定律课外内容引入课堂讨论,同时结合社会现象扩展热力学第二定律的应用范畴,引发了学生对于该部分教学内容的广泛兴趣。

3 结 语

热力学第二定律一直以来都是学生掌握知识的重点和难点,笔者总结了自己的教学实践经验,为从事热力学教学的教师提供参考,以期在热力学课程教学效果上有新的突破和收获。

参考文献

[1] 沈维道,童钧耕. 工程热力学[M]. 5版. 北京:高等教育出版社,2016.

[2] 刘兆阅. 从热力学第二定律到热力学判据[J]. 教育教学论坛,2018(20):150－151.

[3] 李慧生,姚林红. 热力学第二定律的两种教学思路比较[J]. 高教学刊,2016(18):89－90.

[4] 张辉,梅洛勤,陶宗明. 热力学第二定律的教学设计[J]. 物理通报,2017(2):36－39.

2019年全国能源动力类专业教学改革研讨会论文集

工程热力学中㶲概念的归一与泛化 *

郑宏飞，刘淑丽，康慧芳

（北京理工大学 机械学院）

摘要： 热力学第一与第二定律是工程热力学的两大基本定律，前者着眼于能量的数量分析，后者着眼于过程的不可逆性分析，引出了熵的概念。但熵的概念比较晦涩难懂、不易理解，也与后续课程，特别是传热学和内燃机学等关系不紧密。熵和㶲是两个相对应的概念，但㶲的概念更好理解，也与后续课程，如传热学有着紧密关系。为此，本文对熵和㶲两个概念进行了比较分析，分别对它们的物理意义和工程价值进行了剖析，指出熵概念可以用㶲概念进行表达，凡是有熵概念的地方，㶲概念都可以将其取而代之。因此提出了第二定律统一于㶲概念之下的结论。之后，对㶲概念在其他领域的应用进行了泛化，让其具有更多的现实意义。

关键词： 㶲概念；熵概念；㶲泛化；㶲归一

工程热力学中，熵是一个很重要的概念，有多种方法引出熵的概念。最简单的是从功与热的特点比较引出，另一种是从卡诺定理引出，总之它是一个状态参数，只与系统所处的状态有关，而与达到最终状态的过程无关。事实上，熵概念的引入，一开始就很难解释其物理意义，学生也很难掌握它的物理本质。直到引入熵产概念，学生才知道熵产是系统变化过程不可逆性的量度，熵产越大，过程的不可逆性越大，从而熵才有了具体的物理意义。

熵概念与㶲概念是从事物的两个角度探讨同一个问题，熵概念是从负面的角度看待事物的发展变化过程，它认为事物变化的过程总是伴随着不可逆性的存在而发生的，最好的情况也是不可逆性为零，然而这在自由或自然过程中是不可能发生的，事物的内部混乱度总是越来越大。因此，熵被认为是事物内部混乱度的量度。然而，㶲概念是从正面的角度看待事物的发展变化过程，它认为事物变化的过程总是要付出某种代价的，这种代价就是品质的降低，这是事物变化发展应该或者必须付出的代价，就像进商店买东西必须付钱一样。因此，㶲被认为是系统有序度的量度。如果系统㶲值越多，则系统越有序，品质越高。

工程热力学课程体系中，两大支柱定律分别是热力学第一和第二定律。第一定律主要考察能量的数量关系，第二定律事实上是考察能量的品质关系。但目前第二定律主要是以几种表述呈现给学生的，并没有特别的计算公式。以第二定律引伸出来的熵概念学生并不容易理解，在后续的学习和工作中也很少用到，特别是我校内燃机系的学生。以熵概念总结出来的熵增原理当时学生可以理解，但之后不会使用。总之，熵概念对大多数学生来说是一个"鸡肋"性的概念。然而，㶲概念要比熵概念容易理解得多，也在后续的学习和工作中广泛使用，㶲不仅可以与传热学课程发生关系，也可以将㶲概念拓展至社会科学领域，它的内容和外延都要比熵概念广泛得多。因此，提出在工程热力学中强化㶲概念的使用，建立广义的㶲分析方法论，强化能量品质关系的掌握，建立起以㶲概念为中心的第二定律表述体系，这将引领工程热力学的重大改革。

1 㶲概念的归一

1.1 熵概念的虚无与空洞

有多种方式可以提出熵概念，一种是通过与膨胀功的比较给出，另一种是从卡诺定理得出。在可逆过程中，气体膨胀所做的膨胀功为

$$dW = p \cdot dV \tag{1}$$

这里，p 是做功的推动力，容积变化 dV 是做功与否的标志。由于，dQ 与 dW 在热力学中具有相同的单位，具有相同的性质，于是可以设想，对于可逆过程

* 基金项目：教育部动力能源类教学改革项目（2017.01—2018.12）

的传热也会有如下类似的关系

$$dQ = T \cdot dS \qquad (2)$$

这里将 T 认作传热的推动力，dS 认作传热与否的标志。目前还不知道 S 是什么物理量，暂且把它叫作熵。另一种更为合理地引入熵的方式是从卡诺定理出发，将任意可逆循环分解成无数微小的卡诺循环并应用卡诺定理，最后得到对于可逆过程有

$$\oint \frac{dQ}{T} = 0 \qquad (3)$$

说明，对于任意可逆过程，$\frac{dQ}{T}$ 始终是一个状态参数，我们把这个状态参数叫作熵。至此，可以发现，在熵的引入过程中，并没有给熵赋予实质性的物理意义。

在工程热力学中，讨论不可逆过程时，发现熵可以分解为熵产和熵流两部分，

$$dS = dS_f + dS_g \qquad (4)$$

dS_f 叫熵流，是由传热引起的，

$$dS_f = \frac{dQ}{T} \qquad (5)$$

dS_g 叫熵产，是由不可逆性引起的，不可逆性越大，熵产越大。于是，熵产才有了比较实质性的物理意义。

1.2 不可逆热机或不可逆过程的功损失

对于一个不可逆的热机，如果给它供给与可逆热机相同的热量，工作的温度区间也相同，由于内部的不可逆性，它给外界提供的有用功是不同的。图1给出了可逆与不可逆热机工作过程和能量平衡的比较示意图。

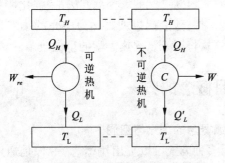

图1　可逆与不可逆热机的工作过程

对于可逆热机有

$$Q_H - Q_L = W_{re} \qquad (6)$$

$$\frac{Q_L}{T_0} - \frac{Q_H}{T_H} = 0 \qquad (7)$$

对于不可逆热机有

$$Q_H - Q'_L = W \qquad (8)$$

$$\Delta S_g = \frac{Q'_L}{T_0} - \frac{Q_H}{T_H} > 0 \qquad (9)$$

这里，W 是不可逆热机输出的有用功，Q'_L 是不可逆热机向低温热源放出的热。联合式（6）与式（8）得到

$$W_{re} - W = Q'_L - Q_L \qquad (10)$$

这说明，由于不可逆过程减少的功或损失的功，增加了对低温热源的散热。联合式（6）和式（9），得到功的损失或散热的增量为

$$\Delta W = W_{re} - W = Q'_L - Q_L = T_0 \Delta S_g \qquad (11)$$

ΔS_g 是不可逆过程的熵产。熵产的出现直接导致了功损失和对低温热源放热的增加。熵产是与不可逆性直接相关的，不可逆性越大，熵产越大，热机循环效率越低，功损失越大。

从另一个角度看，经由不可逆热机所造成的做功能力的减少，正好是热量 Q 经过不可逆热机后可用能的损失，即㶲损失。也就是说，完全可以用㶲损失大小来表示和形容熵产的大小。

$$\Delta E_x = T_0 \Delta S_g \qquad (12)$$

同样，对于一个不可逆过程引起的熵产，也可以用㶲损失的大小来表征。设在两个确定的稳定端态①和②之间有两个不同的过程，过程 R 是可逆的，输出功为 W_R，向环境放热 $(Q_0)_R$；过程 I 是不可逆的，输出功为 W_I，向环境放热 $(Q_0)_I$，如图2所示。

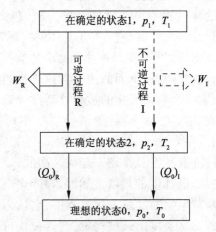

图2　一般过程的功损失

系统处于理想环境中，根据热力学第一定律，由于上述两个过程都是在相同的初态 1 和终态 2 之间进行的，因此可以得到计算功损的关系式：

$$W_R - W_I = (Q_0)_I - (Q_0)_R \qquad (13)$$

在不可逆过程 I 中进入系统的热熵流为

$$(\Delta S_Q)_I = -\frac{(Q_0)_I}{T_0} \qquad (14)$$

在可逆过程 R 中，系统的全部熵变 ΔS 等于外界流入的热熵流，即

$$\Delta S = (\Delta S_Q)_R = -\frac{(Q_0)_R}{T_0} \qquad (15)$$

由于熵是状态参数，不管是可逆还是不可逆过程，熵为一个定值，应该有

$$\Delta S = \Delta S_1 = \Delta S_R \qquad (16)$$

因此，两种过程的功损可以转换为

$$W_R - W_1 = T_0(\Delta S - \Delta S_Q)_1 \qquad (17)$$

当系统经历不可逆过程 I 从状态①变化到状态②时，由于不可逆性引起的熵增（即熵产）ΔS_g 等于总熵增 ΔS_1 减去热熵流 $(\Delta S_Q)_1$，即

$$\Delta S_g = (\Delta S - \Delta S_Q)_1 \qquad (18)$$

所以，系统的总功损失为

$$W_R - W_1 = T_0 \Delta S_g \qquad (19)$$

上式即为著名的高邬公式，有时也称为"第一功损定律"。

从另一角度看，封闭或稳定流动系统在两个确定的状态之间的可逆过程与不可逆过程的总功输出之差，数值上等于输出的有用功之差，也等于㶲差，即

$$W_R - W_1 = E_{x_R} - E_{x_1} = \Delta E_x \qquad (20)$$

亦即㶲损失正好等于熵产与环境温度的乘积，即有

$$\Delta E_x = T_0 \Delta S_g \qquad (21)$$

这也充分说明，用㶲的概念完全可以取代熵的概念。或将熵变表述为

$$dS = \frac{dQ}{T} + \frac{dE_x}{T_0} \qquad (22)$$

1.3 㶲概念的提出

早在 1824 年卡诺（Carnot）就指出，工作在高温热源 T_1 与低温热源 T_2 之间的任何热机，当从高温热源吸取数量为 Q_1 的热量时，最多可转化为有用功的部分为

$$W_{max} = Q_1 \left(1 - \frac{T_2}{T_1}\right) \qquad (23)$$

显然，在热量 Q_1 中，除去可转变为有用机械功的 $Q_1\left(1 - \dfrac{T_2}{T_1}\right)$ 这部分外，将有 $Q_1\left(\dfrac{T_2}{T_1}\right)$ 部分释放入周围环境而无法转变为功。

1868 年，英国科学家泰特（Tait）第一次使用了能量可用性（availability）概念，理论上确定了热量中的有效部分为 $Q_1\left(1 - \dfrac{T_2}{T_1}\right)$。

1871 年至 1875 年间，麦克斯韦（Maxwell，英）

第一次提出了可用能（available energy）的概念，并于 1873 年用封闭系统达到死态时的可逆净功表示系统的可用能。

1873 年，吉布斯（Gibbs，美）第一次导出了封闭系统内能㶲的公式，即把净功扣除对环境的容积功以后的封闭系统总功输出作为物质的可用能，推导出流动过程的输出总轴功，即

$$W_{max,sh} = (U_1 - p_0 V_1 - T_0 S_1) - (U_0 - p_0 V_0 - T_0 S_0) \qquad (24)$$

1889 年，高乌（Giuy，法）用总可逆轴功分析了可用能，得出了可用能损失和熵增的关系，即

$$\Delta W_{ex} = T_0(S_0 - S) \qquad (25)$$

1898 年，斯托多拉（Stodola，瑞士）研究了工程实践中有重要意义的稳定物质流，导出了稳定物质流的最大技术功，即㶲为

$$E_x = W_{max} = (H_1 - T_0 S_1) - (H_0 - T_0 S_0) \qquad (26)$$

至此，关于㶲的概念和理论被完整地建立起来。近年来，人们对㶲在系统或过程中的变化和转化，甚至对㶲流动做了大量研究工作，产生了深刻的影响。㶲概念物理意义明确，可计算性强。有了㶲的概念，完全可以忽视熵概念的一些性质，把热力学第二定律统一在㶲概念之下。为此，热力学第二定律可重新表述为：

在可逆过程中，㶲保持不变；在一切不可逆过程中，必然有㶲损失，㶲损失的大小与不可逆性的大小成正比。

1.4 㶲概念的归一

在工程热力学中，熵和㶲从两个不同的角度看待系统和能量运动。熵是从负面的角度看问题，所以有科学家认为，熵是事物内部无序性的量度，而㶲是有序性的量度。如果仅存在这一点差别，那么用㶲概念或者熵概念来描述事物应该是一样的。但是，㶲除了可以表述事物内部的有序性外，在其他方面还有比熵更完善的意义或用途：

（1）㶲的最简单的本质就是能量的可用性，即能量不但有数量的多少之分，更有品质的高低之别。能量的品质可以用㶲概念来量化表达，而熵却不能表达能量的品质。

（2）㶲损失直接表现为可用功的损失，而熵变不能说明系统是可逆的还是不可逆的。只有熵产可以表达过程的不可逆性的大小。

（3）熵是一个状态参数，与过程无关。但㶲不仅仅是状态参数，而且与环境温度有关。当环境温度变化后，系统或过程的㶲值会发生变化，这能很好

地说明现实过程的一些实际的变化过程。比如，30 ℃的热能在夏季的㶲值为零，它是完全的废热，但在冬季当环境温度变为 - 10 ℃后，30 ℃的热能就具有㶲值，它实际上也变为有用能量，可以用来采暖。这个变化，熵概念无法表达。

（4）孤立系统的熵永不减少这一论断可以作为热力学第二定律的一种表述，曾被认为是熵概念引入的最大成果。有了㶲概念后，这个定律可以表述为"孤立系统的㶲永不增加"。这一论断在能量品质方面的拓展，就是孤立系统只能自发地向着能量品质降低的方向发展，此即为能的降级原理。

（5）㶲具有能量的特性，因此必然具有转换和传递的特性。能量在传递和转换过程中其量守恒，而㶲在传递和转换过程中其量是递减的，因此㶲传递必然具有不同于能量传递的特殊规律。研究㶲传递，可以引入㶲传递系数、㶲阻、㶲分布场和㶲流矢量等概念。而熵的特点决定了它在研究能量转换和传递的过程中，难以全面表达上述特性。

总之，所有熵概念能够表达的物理含义和物理方程，㶲概念都能表达。而部分㶲概念体现出来的优势和特点，熵概念却无能为力。因此，将热力学第二定律统一在㶲概念之下，是大势所趋。

2 㶲概念的泛化

㶲分析方法是一种有别于能量守恒定律的定量分析方法，通过阐述㶲传递现象哲学意义上的普遍性与同一性，指出㶲损失是能量传递过程必不可少的代价。它不但能够反映事物之间量的关系，更能反映事物之间质的关系。这种思维方法，已经被广泛用于其他学科的研究中，并正在向自然科学和社会科学的各门具体的学科领域渗透。

2.1 㶲经济学

1932 年，基南首次使用了㶲成本的概念。基南认为，燃料中含有推动变化的势，这种势一部分转移到了产品中，另一部分消耗于生产这种产品的过程中。他认为，每一种产品应按这两部分势之和定价，而不是仅按所消耗的能量的数量定价，因为能量还有品质的高低之分，这对热电联产的系统尤为重要。

在传统的经济学领域中，也大量存在被考察对象的数量与品质的关系问题，而且它们的品质也显然是与环境相关的。因此，将㶲概念拓展到这些领域，建立广义的㶲经济学是完全可能的。比如，同样

数量的资本，在不同的时间和不同的地点使用，其效果是迥然不同的。在富裕地区一万元资本与在贫困地区一万元资本，其使用价值肯定是不同的（地点发生了变化）。由于国家政策的变化，同样数量的资本，政策变化前后其使用价值就可能发生相当大的变化（时间发生了变化）。这也不难理解，同样是一万元的资本，当普通工资只有 30 元/月的时候，人们会认为这是一笔较大数目的资本；但当工资普遍涨到 1000 元/月的时候，这一万元资本在人们的心目中就只不过是一小笔资金而已。事实上，在传统经济学中经济过热、经济热度、经济压力等名词经常出现，也从一个侧面反映出热力学与经济学有着某种特殊的联系。

2.2 㶲管理学

管理理论层出不穷，千变万化，管理的实践也花样翻新，永无止境，那么在各种各样的管理理论中，有没有共同的东西，它们的共同本质是什么？许多管理学家都曾意识到，管理就是实现组织目标并使之最大化。从广义㶲分析学的角度来看，管理目标中所包含的内核是相同的。这个内核就是我们所讨论的㶲。也就是说，管理就是在提高㶲效率，使系统与目标中的㶲值最大化。或者说，管理就是使被管理系统有序化，使它处于一种高㶲低熵状态。

企业管理的目标是多出产品，出好产品，而好的产品中包含更多的㶲，具有更高的品质，可以获取更大的利润。因而，企业管理的实质，就是使产品的㶲最大化。当然，产品的㶲要素中包含工人劳动的劳动㶲、信息㶲、原材料㶲、能源消耗㶲等，如何提高各生产步骤的㶲效率，正是企业管理者必须考虑的。

2.3 㶲生态学

地表的绿色植物，通过光合作用吸收和转化太阳能的㶲，并与从土壤和空气中得到的其他含㶲物质一起，构成地表生态系统能量物质的基础。生物链中其他生命通过竞争分享绿色植物产生的部分㶲得到生存与发展，由此，构成当今地表所特有的生态环境系统。所以，从能量及㶲的角度出发研究生态群落组织，是很有道理的。

2.4 㶲社会学

在社会学中引入部分热力学的概念，有人定义了社会能、社会温度和社会熵，甚至社会㶲，从而把热力学的概念和理论移植到社会学及相关领域的研究中去。其实这样做是有一定道理的，我们知道，物流、能流、人流和信息流是构成社会的四大元素，归根到底是㶲在推动着社会前进。或者说，社会

的原动力是从资源到社会再到环境的一股"流"，这股流的推动势差就是㶲。因此，从㶲的角度研究社会不是凭空想象的，有其严格的逻辑关系，因而是非常合理的。

2.5 㶲世界观

用热力学第二定律的视角观察世界，将得到一幅完全不同的图景，它显然是一种新的世界观。这种世界观的核心正是㶲，即我们应该用㶲的观点去观察世界。

㶲理论告诉我们，任何"有用的"事物中都包含㶲，是㶲推动着事物的发展，离开了㶲，一切事物都将变成一潭死水。我们的世界是㶲的世界，物质中包含㶲，能量中包含㶲，信息中也包含㶲，构成客观世界的物质、能量和信息这三大元素中，无不是以㶲作为其核心。当用㶲作为共同的尺度去观察世界时，能发现世界最本质的东西。

3 结 论

（1）熵的含义虽然深邃，但概念抽象，且只是对能质的间接描述；而㶲是一个可以直接用来表征能质好坏的参数，并且㶲值与能质有一一对应的关系，概念清晰，易于理解。

（2）熵表示系统在变化过程中的内部能量变化及产生的影响；㶲表示在给定环境下，系统在某状态下可以给出的最大功量。

（3）熵的原意为"转变"，主要表示能量的转变；㶲具有能量的转换和传递特性，㶲传递与任何形式的传递过程一样，具有传递强度、传递势差及传递阻力等特性，由此可以建立通用的㶲传递方程。

（4）熵是一个具有浓重理论色彩的基础热力学参数，而㶲则是一个既能表征理论意义，又带有鲜明工程特色的热力学参数，比熵概念易于理解和使用。

综上所述，熵概念可以归一于㶲概念之下。

参考文献

[1] 童钧耕.工程热力学[M].4版.北京:高等教育出版社,2007.

[2] 郑宏飞,㶲——一种新的方法论[M].北京:北京理工大学出版社,2004.

[3] 杨思文.高等工程热力学[M].西安:西安交通大学出版社,2001.

[4] 项新耀,成庆林.熵与㶲及㶲分析与㶲传递[J].热科学与技术,2004,3(3):275-278:

[5] 张友利,唐前辉.表征能质的两大热力学参数——熵与(㶲)的对比分析[J].重庆电力高等专科学校学报,2007,12(3):26-30.

[6] 杨东华,李德虎.热经济学的历史与现状[J].自然杂志,1989,12(12):915-918.

[7] 李德虎,杨东华.热力学第二定律普适性的疑难[J].自然杂志,1990,13(10):674-678.

[8] 屈柳玲,李正良.从熵和㶲的视角论人—机—环境关系[J].学术论坛,2008,,31(1):18-21.

新工科背景下工程热力学教学模式探讨*

王晓坡，杨富鑫，孙艳军，宋渤

（西安交通大学 能源与动力工程学院热流科学与工程教育部重点实验室）

摘要：工程热力学是能源动力类本科生的一门专业基础课。在新工科背景下，工程热力学课程的教学应该更强调培养学生的综合素质和解决实际问题的能力，最终达到使学生全面深刻掌握该课程的基础知识和基础理论的目的。基于这一要求，我们应该更重视第一课堂教学的方式和方法，在教学中逐渐增强学生的认知能力。本文介绍了笔者在工程热力学教学中的一些探索和实践，以期得到各位专家的建议和意见。

关键词：工程热力学;创新能力;教学模式;新工科

*基金项目:西安交通大学本科教学改革研究基础课专项重点项目

工程热力学是研究热能与其他形式能量（主要是机械能）之间相互转换的基本规律及其应用的一门技术学科，最终目的是希望提高热能利用的完善程度，是能源动力、建筑环境与设备、核工程与技术等专业本科生的一门核心专业基础课。在新工科背景下，希望探索形成新工科建设模式，主动适应新技术、新产业、新经济发展模式，形成中国特色、世界一流的工程教育体系。在这一要求下，传统能源动力专业如何适应新工科的需求是亟须研究的课题。而工程热力学课程作为能源动力专业的核心专业基础课，其教学应该更强调培养学生的综合素质和解决实际问题的能力，最终达到使学生全面深刻掌握该课程的基础知识和基础理论的目的。

按照教学计划，工程热力学课程是本科生接触到的第一门本专业的基础课，能否学好这门课程不但对后续专业的学习有直接的影响，也关系到学生对所读专业的兴趣和信心。同时，在工程热力学课程学习之前，都会先修大学物理、大学化学等基础课，其实学生已经对热力学第一定律、理想气体性质等有了初步的了解和掌握。这就要求我们在教学过程中，除了对学生课程成绩评价进行多元化考核外，更要重视第一课堂教学效果，在日常教学过程中全方位培养学生的各种能力。在这一理念的指导下，笔者前期在工程热力学教学中进行了一些探索与实践。

1　重视基础理论教学

众所周知，工程热力学课程的特点是基本概念多、公式适用范围变化大、基础理论内容抽象等，致使学生在理解、掌握过程中有一定的难度。如果学生对基础理论掌握得不扎实，就会造成其在热力学实际应用方面存在困难。因此，笔者在工程热力学教学过程中，特别注重基本概念、热力学第一定律、热力学第二定律、理想气体和实际气体性质等基础理论和基本知识的讲解。

随着 MOOC 课程的建设和各种新的教学手段（如雨课堂等）的提出，笔者采取了以"MOOC + 雨课堂 + 课堂讲解"为模式的协同式第一课堂教学。由于 MOOC 课程是按照单独知识点讲解的，并不具备连续性和系统性，如果学生只学习 MOOC 课程，就不能对工程热力学的整个课程体系形成完整的认识。但 MOOC 课程对单个知识点讲解得比较透彻，且随时随地可以观看学习，因此可以借助 MOOC 视

频提前预习课程的关键知识点。同时，MOOC 课程还可以作为第一课堂教学之后用于复习和重温不懂知识点的一个强有力的工具。而雨课堂的优点是可以和学生随时互动，因此在实际教学过程中，采用雨课堂中的答题环节，初步检查学生的预习情况。教师在掌握学生预习情况的基础上，系统地、有针对性地讲解工程热力学基础理论部分，以达到提高第一课堂教学效果的目的。经过针对本科生的两轮具体实践，采用该模式，相比于同期开设工程热力学课程的其他班级，笔者所教的班级期末考试的挂科率明显降低，良好以上成绩学生人数大幅度提升。

2　重视科研成果反哺教学

教学与科研是相互促进、互为依存的。自德国学者洪堡明确提出"教学与科研相统一"的思想以来，这一思想在德国的高等教育中取得了巨大的成功。随后世界各国高等学校纷纷采用该思路，使得教学和科学研究并列成为高等教育的基本职能。在工程热力学的教学中，教师要尽可能地将一些科研内容和成果反哺到教学中，让学生切身体会到热力学课程中学到的抽象知识可以应用到科研过程中，同时发现科研过程中看上去很复杂的内容可以简化成热力学基本知识。

近年来，车用内燃机有机朗肯循环余热回收技术受到学术界的重视，许多研究成果在国内外期刊发表。在讲解完热力学中的内燃机循环后，可以让学生思考如何利用汽车尾气的余热。学生可以通过分组查资料的方式，了解各种可能的利用方法和思路，部分有能力的学生甚至可以提出自己的独特见解。在讲解完朗肯循环这一章后，可以再次引导学生思考，"朗肯循环和汽车内燃机循环有没有可能结合在一起组成联合循环，达到充分利用内燃机排气余热的目的？如果能，怎么组合？如果不能，为什么不能组成联合循环？我们需要做怎样的改进才能组成联合循环呢？"通过这一系列问题，引起学生对热力学学习的极大兴趣，积极深入思考并尝试解答这些问题。这一方面能加深学生对余热利用的认识；另一方面，也让他们切身体会到实际工质性质的重要性。在工程热力学中的热力循环部分讲解完后，笔者会提出一个从实际科研中凝练出来的车用内燃机有机朗肯循环余热利用的问题，和学生一起画出联合循环的示意图和对应的 $T-s$ 图，

2019 年全国能源动力类专业教学改革研讨会论文集

一起解决这道题。学生对这种方式表示非常认可。

3　重视生活实际反哺教学

工程热力学是一门专业基础课，看上去很难学，但实际上它和我们的生活结合十分紧密。因此，如何将工程热力学与日常生活和工程应用有机结合起来，是教师在组织教学过程中应该认真思考的问题，也是新工科背景下工程热力学课程教学改革亟须解决的一个问题。作为教师，应该在教学过程中，清晰地向学生传达面向生活实际和工程应用的思想，让学生在生活实际的基础上对热力学的基本规律有深刻的理解，进而培养他们的应用和创新能力。

例如，在学习完"制冷循环"这一章后，可以给学生留一个开放的思考题：格力的双级压缩技术空调为什么省电？要求学生自己去查阅这一空调的工作原理，根据学过的知识将其转换并简化为一道热力学的计算题，给出已知条件，画出其系统示意图，并画出 $T-s$ 图后自己解答。通过这一开放题目，学生既对"压气机"一章的双级压缩、级间冷却知识有了深刻的了解，同时也对制冷循环的不同构型有了一定的认知，可为以后学习专业知识奠定坚实的基础。除此之外，在教学过程中笔者经常列举生活实际中的其他案例，让学生自己编题。实践发现，学生对"自己编题自己做题"这一做法具有十分浓厚的兴趣，通过这一过程，锻炼了学生对热力学的整体把握和理解。在每年教务处组织学生对教学的评价中，不少同学都写道"老师上课很有趣，从应试和专业方向对内容进行了适当延伸，逻辑清楚，条理性强，能把知识点串在一起，易于记忆和学习""学习有收获，增强了对课程和专业的了解和兴趣，自主学习和思维能力有所提高，感谢老师"。

4　结　语

教学是一个系统性的工程，需要每位教师深刻思考"教"与"学"的内涵。笔者在过去几年中，针对能源动力类专业基础课工程热力学的特点，从协同学的视角探索以"MOOC（预习）+雨课堂（检测）+课堂讲解"为模式的第一课堂教学模式。在整个教学过程中，重视科研成果反哺教学，重视生活实际反哺教学，采取学生根据生活或科研案例自己编制热力学试题自己解答的方式，以学生为中心，提高了学生的学习主动性，增强了学生的学习能力、创新能力，达到提升第一课堂教学质量的目的。

参考文献

[1]　何雅玲,陶文铨. 对我国热工基础课程发展的一些思考[J]. 中国大学教学,2007(3):12-15.

[2]　周永利,王国强,杨晨,等. 能动类新工科人才实践教学体系的改革探索[J]. 教育教学论坛,2019(17):92-95.

[3]　教育部. 新工科建设行动路线（"天大行动"）[J]. 高等工程教育研究,2017(2):24-25.

[4]　教育部. 新工科建设复旦共识[J]. 高等工程教育研究,2017,15(2):27-28.

[5]　王晓坡,刘迎文,宋渤,等. 工程热力学教学对本科生科研兴趣培养的思考与实践[J]. 高等工程教育研究,2017:38-42.

[6]　Cengel Y A, Boles M A. Thermodynamics—an engineering approach [M]. 4th ed. New York:McGraw-Hill, 2002.

[7]　刘迎文,王晓坡,汤敏. EES 在热工课程教学中的应用探讨[C]//2015 中国机械工业教育协会能源与动力工程学科研讨会论文集. 徐州,2015.

移动学习在工程热力学教学中的应用研究

冯国增，许津津，姚寿广

（江苏科技大学 能源与动力学院）

摘要：移动通信的发展使得基于手机的移动学习成为便捷、多样、个性化的学习方式。工程热力学这门课程应用广泛，是工科实践必备的重要专业基础学科，因此工程热力学移动学习平台的建设和实践具有重要的意义。工程热力学课程在教学中面临难教和难学的问题,若将传统课堂授课与移动学习有机结合,与教学任务同步开展辅助教学,可根据交流和反馈数据,分析、优化和整合教学资源和教学内容。移动学习平台课程内容设计时应注重知识点小而精、内容多样性和趣味性,以在教学实践中有效提高教学质量。

关键词:移动学习;工程热力学;教学实践

近年来,移动通信网络迅猛发展,同时推动了智能网络社会的到来。在移动终端方面,各类智能手机和平板电脑已高度普及。在此背景下,移动通信技术与教育开始有机结合,引发教育尤其是远程教育的深刻变革。其中,移动学习是远程教育的一种重要形式,是移动通信技术在教育中的具体应用,代表着现代教育技术发展的一个新方向。

移动学习(Mobile Learning,简称 M-learning)是指学习者在自己需要学习的任何时间、任何地点利用无线移动通信网络技术、无线移动通信设备(如智能手机、个人数字助理 PDA、Pocket PC 等)和无线通信网络获取教育信息、教育资源和教育服务,与他人进行交流,进行学习的一种新型学习形式。利用基于手机的移动网络学习必将成为更加便捷、多样、个性化的学习方式。

工程热力学是研究热能与机械能相互转换规律的学科,是能源、机械工程类专业的一门重要技术基础课、专业必修主干课,具有非常重要的核心作用。工程热力学的教学面对新的形势和新的要求,迫切需要开发和探索新的学习模式。本教研组结合移动学习的方式,开发了基于移动环境下的工程热力学学习平台,给学习者提供一个可以随时随地学习的课程资源,力图寻求更加科学的、更加符合现代学生兴趣的教学模式,从而促进教学质量的提高。

1 移动学习的研究与现状

移动学习研究始于 1994 年美国卡内基梅隆大学开展的研究项目,这项研究的目的是使学生在校园环境中能够自由享受无线通信技术支持下移动学习所带来的便利性。此后,欧美发达国家积极开展了移动学习的研究,试图通过对移动学习的研究来改善教学环境,改变教学方式,提高教师教学和学生学习的效率。国外移动学习的案例非常多,如斯坦福大学语言教学中的"移动电话学习"项目,赫尔辛基大学的"Uniwap 移动学习"项目等。

中国教育部近些年出台的一系列文件中对高等教育提出了新的要求:以优质资源共享为手段,分类指导,鼓励特色,以提高本科教学质量为目标,促进高等教育全面、协调、可持续发展。随着信息通信技术的发展,新的学习方式层出不穷,网络技术与教育的结合成为当今世界教育改革的热点。移动学习已成为我国教育改革的热点之一,经过十几年的蓬勃发展,产生了很多移动学习理论,以及技术开发和应用等方面的成果。移动学习在国内起步相对欧美发达国家较晚,但经过几年的发展,我国已经具有一定的移动学习理论基础和实践的经验,但国内与国外的发展方向不同,国内更注重理论的拓展,而国外更注重实践案例的实施。

工程热力学这一课程应用广泛,是工科实践必备的重要专业基础学科,因此"工程热力学"课程移动手机学习平台的相关建设和实践工作具有十分重要的价值和意义。

2 移动学习的特点与其在工程热力学教学实践中的思考

工程热力学是一门重要的专业基础课,对培养高级工程及科技人才至关重要。这门课程在教学中面临诸多问题,但和移动学习有机结合,可以在教学实践中有效提高教学质量。

(1) 工程热力学课程内容较多,主要包括基础理论和工程应用两大部分。基础理论概念多,且抽象难懂;工程应用部分工质热力性质图表多、公式多。长期以来,由于工程热力学理论和概念的深奥,理解和掌握相关知识有一定的深度和难度,面临教师不易教,学生不易学的困境。同时,工程热力学公式多、概念多,学生倾向于通过背诵的方式来记忆,其过程枯燥,记忆效果不好,学生没有积极性,容易中途放弃。

个性化和灵活性是移动教学的典型特点之一:移动学习可以通过图文讲解、视频精讲等多种形式解析学生遇到的难以理解的概念和理论,如焓、熵等的概念和物理意义,为学习者创造一种较轻松且富有一定趣味性的学习体验。同时，移动学习要求的学习时间相对较短，学生可以充分利用时间空隙，自由选择学习的内容、时间和地点，满足学习者不受时间、地点限制自由安排学习的需求。通过对课程知识点进行精细化和合理化的分割，使每个知识点既独立，又相互联系，不断加强学生对课程内容的理解和记忆。

（2）工程热力学课程内容多，往往面临课程安排紧张的现状，以本校建筑环境与能源应用工程专业为例，随着学科的不断发展与教学课程的优化，该门课程的课时由最初的64课时调整为现在的48课时，教学内容与教学课时之间的矛盾，使得教学方式的创新、教学内容的优化和调整、教学手段多样化的需求越来越迫切。

移动学习可以有效辅助传统的课堂教学模式。对于基本概念和基本定律，可以传统课堂讲解为主，同时结合移动学习平台启发学生练习和思考。在气体流动和实际的热力循环教学中，移动学习平台应积极引导学生利用已有的知识去解决实际工程案例，提高学生解决实际工程问题的能力。

（3）课程内容与实际应用结合非常广泛，已毕业走向工作岗位的学生往往遇到很多实际问题求助课程教师，如两股流体汇合的计算，工厂中余热回收和利用，等等。

移动学习的方式在教与学之间建立起交流和反馈的平台，缩短了师生间的心理距离，师生可以通过移动学习平台进行十分便捷的信息交流和反馈，及时获得相关信息。移动学习方式，有利于构建和整合教学内容和教学形式，既可以指导教学，加强课程内容的针对性讲解，同时使课程内容更加与实践应用相结合，又可以提高学生解决工程实际问题的能力。

3 工程热力学课程移动教学模式构思

工程热力学移动学习平台既可以在教学中同步开展，又可以培养终身学习的习惯。针对的群体主要是高校在校生，同时也惠及已经走上工作岗位的毕业生。工程热力学课程移动教学模式的构思如图1所示。

每学期与课程教学任务同步开展移动学习，通过课前确定学习目标，引入本堂课的内容，抛出问题引导学生积极思考。课堂教学分割教学内容，并进行视频和图文精讲，将课堂知识点、公式归纳总结，强调重点，并通过例题进行训练，同时对课程知识进行适当延伸，提高学生学习的积极性，拓宽学生的知识面。每次教学任务结束，适时开展问卷调查和数据分析，回复学生的留言并解决疑问，这些反馈为移动平台内容建设提供参考和依据，在这些数据和分析的基础上不断优化教学方式和教学内容。

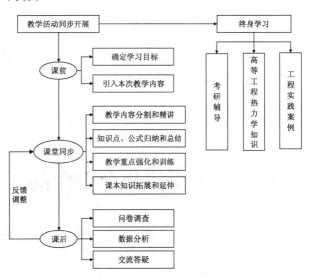

图1 工程热力学课程移动教学模式构思

移动教学是一个新兴事物，有较好的发展前景，但是移动学习区别于传统的正式学习之处在于，它的学习环境通常比较复杂，学习随时可能中断，学习的专注度有限，不能期望学习者长时间在移动环境中保持专注的学习状态。因此，移动教学作为现有课堂授课的一种积极辅助形式和重要补充，在内容设计时应注意以下几点：

（1）内容不应以追求课堂内容的完整性为目的，而是应该认真分析课堂内容的特点，强化课堂教学中的重点和难点，偏重于课堂知识的延伸和补充；

（2）内容形式上，移动学习内容应该是微小的学习组块，组织形式要多种多样，如音频、视频、图像、动画等。

（3）教学节奏要紧凑，对教学内容进行重新汇总和整理，省略重复率较高的部分，对工程热力学的教学进行拓展与丰富。

4 总 结

工程热力学的课程特点，以及学生群体对移动网络的依赖，促使工程热力学教学转换思路，将移动学习的特点和工程热力学的课程特色有机结合，具有可行性,充分利用和推广这一新型的学习形式,并积极对教学资源进行整合,必将提高课程的学习效果。通过工程热力学课程移动学习平台的建设,探索和总结经验和规律,并推广到动力学科的其他课程,如热工基础、动热质传递基础等课程教学中,将为我校学生构建系统的知识体系提供参考和借鉴。

参考文献

[1] 罗耀华. 移动学习模型分析及移动英语平台的设计和开发[D]. 成都:四川师范大学, 2006.

[2] 乔春珍. 工程热力学在建环专业基础课中的核心作用研究[J]. 高等教育, 2015, 13(15):84.

[3] 郑琪. 国外高校"移动学习"项目的成效与问题分析——以斯坦福、赫尔辛基和比勒陀利亚三所大学为例[J]. 南阳师范学院学报(社会科学版), 2011, 10(5):101.

[4] 何珊. 基于移动终端的混合式学习实践研究[D]. 武汉:华中师范大学,2016.

[5] 邱红婧. 基于移动终端的教学设计影响因素研究[D]. 武汉:华中师范大学,2016.

[6] 王默晗. "工程热力学"教学方式探讨[J]. 中国电力教育,2010(3): 90-91.

基于微信公众平台的工程热力学教学研究和实践

许津津,姚寿广,冯国增

(江苏科技大学 能源与动力学院)

摘要: 微信公众平台的发展为移动学习者提供了更多的学习方式和更加丰富、便捷的交流方式。工程热力学作为一门重要的专业基础课,对培养高级工程及科技人才至关重要,开展基于微信公众平台的教学研究和实践具有理论意义和实践价值。本文在问卷调查分析和对工程热力学课程体系进行整理的基础上,构思和设计了微信公众平台的主要模块和形式,并以第五章的教学为例,阐述微信公众平台对课堂教学的辅助实践作用。该课程的教学和实践对提升工程热力学教学质量具有非常重要的实际意义。

关键词: 微信公众平台;工程热力学;教学实践

移动学习是传统课堂教学的重要辅助形式之一,随着移动设备的发展,其使用率和普及率越来越高。这一学习方式不受时间和地点的限制,覆盖范围广泛、资源共享性高,师生之间的交流和反馈更加便捷。微信公众平台是移动学习的方式之一。微信公众平台是由腾讯公司在微信基础上新增的功能模块,个人或企业可以在这个平台上整理文字、图片、视频、音频等素材,实现对指定用户进行推送;通过转发、共享等方式将课程内容分享给其他人,从而扩大教学资源的有效利用率,增强教学效果;通过回复功能和一对一交流功能,实现与特定群体的全方位交流沟通和互动。微信公众平台的发展为移动学习者们提供了更多的学习方式和更加丰富、便捷的交流方式。

工程热力学是能源、机械工程类专业的一门重要技术基础课、专业必修主干课,在这些专业的人才培养中起着至关重要的作用。这一课程由于概念抽象、记忆内容多,一直存在教师教学困难、学生掌握困难的问题,如何强化学生对课程的理解和掌握,学会解决实际工程中遇到的问题,是从事工程热力学教学的工作者一直积极探索的问题。微信公众平台为该课程传统授课与移动教学的有机结合提供了一个有效的平台。然而,针对工程热力学这一课程,目前的微信公众学习平台开发不够系统,相应的教学模式研究较少,需要对其设计和教学实践开展相关研究。本文针对工程热力学课程的移动学习,结合传统课堂教学模式,构思和设计微信公众平台,力图寻求更加科学的、更加符合现代学生兴趣的教学模式,积极促进教学质量的提高。

2019年全国能源动力类专业教学改革研讨会论文集

1 工程热力学微信公众学习平台的构思

为了建设工程热力学微信公众平台,首先本教研组对学生进行了调研,充分了解学生利用手机通信设备学习的习惯、方式和特点,构架工程热力学课程的微信公众学习平台,设计相应框架结构和功能模块;其次,对工程热力学课程体系进行整理和研究,充分了解课程体系及内容,对微信公众平台推送的课程内容做合理的安排,这是课程微信公众平台建设的基础。最后,利用微信公众平台积极辅助教学,开展教学实践并测评和调研实践效果,在教学实践中逐步改进和完善,构建科学、有效的课程微信公众学习平台。

工程热力学课程是研究热能与机械能相互转换规律的学科,这门课程以能量传递、转移过程中数量守恒和质量蜕变为主线,阐述了工程热力学的基本概念、基本定律(热力学第一定律、热力学第二定律)、气体及蒸汽的热力性质、各种热力过程和循环的分析计算。对于基本概念、热力学第一定律和热力学第二定律、工质的性质和热力学过程等知识,由于概念多、公式多,因此要注重知识点分割,在讲解过程中注重各个知识点间的联系。在具体的动力循环和制冷循环中,应通过实际的工程问题,把热力学中既相互关联又相互独立的知识结构体系联合起来,帮助学生巩固基本知识,并提高解决实际工程问题的能力,激发学生学习的兴趣和探究问题的兴趣。

2 工程热力学微信公众平台教学设计

本教研组根据调研,在微信公众平台设置"同步教学""知识拓展""联系我们"三个大菜单,如图1所示。

"同步教学"主要根据新学期教学任务的开展,同步辅导教学,设置了"信息发布""要点精讲"两个子菜单。

(1)信息发布:根据教学任务的开展,课前发布本次课程的学习目标,引出本次课程的问题,启迪学生思考,当单个课程教学任务完成之后,发布课程练习和思考题。

(2)要点精讲:对课本知识的重点和难点开展图文讲解和视频精讲。对每章内容重点进行梳理,解析典型例题,强化学生对基本概念、公式的理解和记忆。

"知识拓展"面向所有学过或正在学习工程热力学课程,以及生活和工作中遇到或用到这门课程知识的群体,主要设置"热力学发展历程""专题讲解""科技前沿""考研指南"四个子菜单:

(1)热力学发展历程:热力学发展过程包括热力学发展史及现代工程热力学发展。

(2)专题讲解:对和课本有关的知识点进行延伸和拓展,如卡诺定理、熵在不同学科的意义和研究等。

(3)科技前沿:包括科技发展的前沿,如诺贝尔奖、黑洞等的介绍,同时通知高校相关的专题讲座并进行解读。

(4)考研指南:汇编、整理高校考研的真题并进行讲解。

"联系我们"菜单主要建立专门的交流和反馈平台,包括"问卷调查"和"答疑解惑"两个子菜单。通过调查问卷的分析和学生的反馈和交流,进行教学反思,以不断调整课堂授课和微信公众平台移动教学的内容和形式。

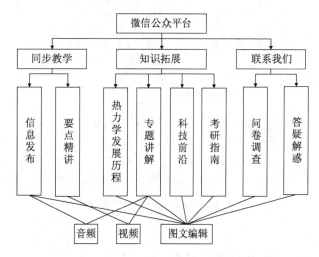

图1　工程热力学微信公众平台设计

3 工程热力学微信公众平台教学实例

以第五章热力学第二定律的教学为例,介绍工程热力学微信公众平台同步辅助课堂教学的过程。热力学第二定律为本课程的重点和难点。热力学第二定律对热力过程进行深层次的研究,揭示满足能量守恒的热力过程是否能够发生,并通过引入"熵"这一抽象参数来判断热力过程能否进行和进行的完善程度。

第五章教学任务开始之前,通过微信公众平台发布信息,要求学生联系已有知识,如热力学第一定律,并提出新的问题:满足热力学第一定律的热力装置是否都能实现?火力发电厂的蒸汽动力循环过程,是否可以将冷凝器撤掉?同时,提出本章的学习目标:了解热力学第二定律的两种经典表述;掌握卡诺循环(定理),分析提高热效率的原理;了解克氏积分,掌握熵及熵方程、孤立系统熵增原理并应用孤立系统熵增(熵产)指出热过程方向及系统机械能损失;建立能量品质的思想,了解做功能力(㶲)的含义。在完成本章教学任务时,同步开展知识重点和难点的梳理,并针对孤立系统熵增原理补充习题精练和精讲。每个教学任务完成后,通过和学生实时交流和反馈,对学习效果进行测评,依据反馈结果调整下一教学任务的形式和内容,如图2所示。

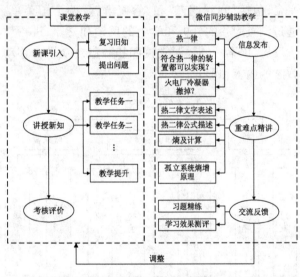

图2 微信公众平台教学实例

4 实践效果调研

经过一个学期的微信公众平台辅助教学实践,本教研组对开设工程热力学轮机专业的两个班级共86名学生开展了问卷调查,调查结果主要包括:

(1)100%的学生都使用微信软件,99%的学生关注多个微信公众号,包括本课程的微信公众号。95%的学生表示曾通过或正在通过微信公众平台学习。这些数据说明工程热力学课程微信公众号具备辅助教学的功能和作用。

(2)仅有2名学生表示未用微信进行过课程学

习;5人表示不喜欢在手机上开展学习,主要原因是"不习惯这种学习方式";常用手机开展移动学习的学生表示,以"上课为主,没听懂的知识点会去点击视频讲解或相关资料"。这一结果给我们启发,微信公众号中知识点应更多关注重点和难点,视频精讲是最有效和最容易接受的方式。

(3)对于手机微信学习时长,7.3%的学生愿意接受1~3分钟,14.5%的学生愿意接受3~10分钟,54.5%愿意接受10~30分钟,23.6%的学生接受30分钟以上。这些数据表明,10~30分钟为学生通过手机学习最常见和最容易接受的方式。

(4)针对微信公众平台的内容进行调查问卷,36%的学生表示关注"知识点梳理和归纳",20%的学生关注"考研指南",28%的学生关注"科技前沿介绍",36%的学生关注"视频精讲"。这一结果表明,学生利用手机微信公众平台更多关注课堂讲解的知识点和视频精讲。

5 总 结

基于微信公众平台的移动教学是对传统教学模式的重要补充。微信为移动学习者提供了更多的学习方式和更加丰富的交流方式,教师在设计课程时有机结合微信公众平台信息和内容的推送,可以给学生带来持续有效的、轻松有趣的学习体验,极大地提高教学效率。以工程热力学微信公众平台辅助教学,可以弥补传统课堂教学在便捷性、移动性、多样性等方面的不足,有利于学生随时随地利用闲散的时间片段进行自主学习,有利于教师多角度、多类型传授专业知识,有利于吸引学生的兴趣,养成终身学习的良好习惯。

工程热力学是我校"热能与动力工程""建筑环境与设备工程""轮机工程"三个本科专业的主要技术基础课,也是机械制造类本科生的重要基础课,还是培养21世纪工科学生科学素质的公共基础课。建设课程的微信公众号并适时推送教学和辅导资源有非常重要的理论意义和实践价值,该课程的教学工作对于提升工程热力学课程及相关专业课程的教学质量具有非常重要的实际意义。

参考文献

[1] 李平荣. 基于微信平台下的电子商务概论课程微课建设研究及实践[J]. 人才培养, 2019, 4(36):83-84,90.

[2] 郝蕊洁. 微信支持下的计算机基础课程教学研究[J]. 电脑与信息技术, 2019, 27(2): 64-66.

[3] 冯国增."工程热力学"教学过程中大学生综合素质培养的研究和实践[J]. 制冷与空调, 2012, 26(1): 90-92.

[4] 沈维道. 工程热力学[M]. 5版. 北京:高等教育出版社, 2016.

[5] 乔春珍. 工程热力学在建环专业基础课中的核心作用研究[J]. 高等教育, 2015, 13(15):84.

基于翻转课堂的舰船动力装置控制运行实践课程实战化教学设计*

丁泽民[1]，高祥[2]，余又红[1]，王文华[1]，景永涛[1]

(1. 海军工程大学 动力工程学院;2. 海军92132 部队12 分队)

摘要：基于软硬件教学条件的完善,将翻转课堂教学模式引入军队院校舰船动力装置控制运行实践课程教学过程,探索专业课程开展实战化教学的具体方法。以军事训练大纲和实际岗位职责能力建设为导向,结合实战实训的要求,确定课程实践操作的科目和内容;以实战化背景下舰船任务为牵引,按照综合演练、实战部署、协同操作的模式开展实训操作;从训练科目规划、课前准备、演训实施、训后固化等方面,对翻转课堂的教学过程和实施方法进行了详细设计,为深化军队院校教育教学改革、提升专业课程教学质量和人才培养质量提供借鉴。

关键词：舰船动力装置;翻转课堂;实战化教学;教学设计

习近平主席指出,军队院校要坚持面向战场、面向部队,围绕实战搞教学、着眼打赢育人才,使培养的学员符合部队建设和未来战争的需要。随着新型舰船和动力装备大批量列装,部队的装备保障和战斗力保障形势对院校舰船动力专业人才的培养提出了更高要求,院校推行专业课程实战化教学改革、持续提升人才培养质量势在必行。

舰船动力装置控制运行课程是军队院校能源与动力工程(舰艇机电指挥)专业的主干专业课程,也是落实军事训练大纲、确保受训学员岗位任职能力生成的核心专业课程之一。舰船动力装置控制运行课程涵盖知识面广、实践性强、与装备联系密切。传统教学过程中,在理论讲解阶段,学员难以掌握所有操作流程及其中蕴含的专业知识;而在装备实战训练阶段,教员需要花费较大精力重复理论阶段已经讲解过的知识点,无法开展更深入的指导,导致课程教学效果与部队多样化的军事任务需求存在较大的差距。

翻转课堂是指重新调整课堂内外的时间,将学习的决定权从教师转移给学生。这一教学模式近年来在教育领域得到了广泛的应用。在军队院校舰船动力装置控制运行实践课程中运用翻转课堂教学模式:课前阶段,学员利用慕课、视频、课件等在线教学资源和装备随机资料、教材等学习舰船动力装备的控制原理、控制逻辑和运行管理操作要求,通过自行查阅资料和与教员的互动,解决不熟悉的知识点和问题;在实践教学过程中,学员在教员的引导下按照舰船战位和部署开展动力装置的战斗使用、应急处置、故障排查等综合性科目的协同训练,提升学员的主体意识和理论知识的实际应用能力,可有效提高教学效果。本文基于实战化教学的背景和需求,对舰船动力装置控制运行实践课程实施翻转课堂的教学过程进行设计,探讨课程教学模式改革的具体方法。

*基金项目:湖北省高等学校省级教学研究项目(2017464);2018 年度海军院校教育理论研究课题建设项目;海军工程大学 2018 年度教学改革项目;海军工程大学 2018 年度教学成果立项培育项目

1 实施翻转课堂和实战化教学设计的条件

翻转课堂的教学模式与舰船动力装置控制运行实践课程的特点相匹配，有助于教学效果的提升。舰船动力装置控制运行实践课程是一门综合运用动力装备专业知识对舰船动力系统进行作战使用、运行管理的理论实践课。它既需要扎实的理论知识，又具有很强的实践性、工程性。仅靠传统的课程教学模式，学员难以充分掌握动力系统的控制与运行管理要点，无法达到新大纲和岗位任职对学员专业能力养成的要求。从实施过程来看，翻转课堂模式强调任务驱动和问题导向，而实际舰船动力装置的使用管理与舰船的任务密切相关。因此，在实战化的背景下，以舰船任务为驱动，融合案例式、研讨式、任务式教学方法的翻转课堂教学模式与动力装置控制运行实践课程的特点高度吻合，可以促进相关课程的教学改革，提升教学效果。

翻转课堂的实施离不开丰富的教学设备、资源和现代教育技术的支持。目前，在大型教学设备的保障方面，军队相关院校已经具备比较完善的舰船动力装置模拟训练系统和动力机舱设备。在软件资源方面，已经建成了舰船动力装置控制运行等核心课程的慕课，同时还建立了完善的应急处置案例库资源、多媒体资源、演练大纲等资源库等，结合相对完善的网络平台和计算机硬件，使得便捷的在线学习成为可能，从而具备了实施翻转课堂教学的软硬件条件保障。

2 基于翻转课堂的实战化教学设计

2.1 确定实战化的教学内容

实战化教学的开展首先要明确实战化条件下舰船动力装置控制运行实践课程教学内容。以课程教学大纲、军事训练大纲和舰船实际岗位职责为依据，以能力生成为目标，结合实战实训的要求，舰船动力装置控制运行实践课程主要设置单科目操作和综合演练操作两类实操内容。

单科目操作包括动力系统中主机、传动装置、监测控制系统等主要装备的使用管理。综合演练操作则是以动力系统协同演练为主要方式，内容涵盖实际舰船在不同任务背景下的作战使用科目、常态化训练科目和应急处置科目等，操作内容涉及全船、部门及操作部位等不同指挥级别的训练项目。

2.2 翻转课堂教学过程设计

教学过程设计以实战化条件下舰船任务驱动为主线，以实际舰船部署为依据，结合动力装置的作战使用和维护管理要求，确定翻转课堂教学任务并设计教学过程。课堂教学过程的设计主要包括训练科目规划、课前准备、演训实施、训后固化四个阶段。

2.2.1 科目规划

此阶段为翻转课堂教学的规划阶段。首先，教员结合课程教学大纲内容规划和部队军事训练大纲要求，确定单次教学内容和训练项目。之后，针对具体的训练项目，制订详细的单项目训练计划，训练计划涵盖训练任务背景、训练模式、战位部署、人员需求、设备保障、理论知识点、学习纲要等内容，是演练开展的基础。最后，教员整理演练实战相关理论知识点，明确学员课前学习的学习目标、任务及要求，制作配套的教学资源并共享至网络平台，以方便学员的课前学习。

2.2.2 课前准备

此阶段为课堂教学实施之前的学员课前准备阶段，主要完成专业知识自学和训练方案制订两方面内容。学生在课前自主利用慕课资源、视频、课件、教员提供的材料、学习纲要等网络和实体资源，学习舰船主动力装备运行管理和应急处置方法，同时完成相关的作业和考核。

遇到不熟悉的专业知识，查阅相关教材进行自学，自定学习节奏、速度与方式。如果有疑问，可及时向教员咨询解答。训练前，教员先为学生答疑，并根据课前学习的反馈情况，有针对性地讲解重点知识。

学员在完成专业知识自学之后，需依据训练计划，自主完成训练方案的制订，训练方案包括人员岗位划分、部署职责、演练协同计划、设备使用管理预案、应急处置预案等。在教学训练的过程中，学员可以按照该方案开展实际的训练。教员要对学生的训练计划进行审核和修正，引导他们进入训练情境。

演训方案的制订，也是课程教学中的一个重点内容，目的是让学员在了解装备控制运行的基础上，进一步掌握装备训练的组织指挥和管理。

2.2.3 演训实施

（1）演练模式设计

舰船动力装置控制运行实践课程的教学训练

2019年全国能源动力类专业教学改革研讨会论文集

依托训练模拟器和动力机舱来实施。训练过程中，针对各项训练内容，按照综合演练、协同操作方式进行人员、战位指挥和装备操作。

演练过程中，学员按照实际舰船部署进行岗位分工，以舰船实际作战和训练任务为背景，在动力装置训练模拟器和动力机舱等操作部位进行协同操作，完成动力系统的运行管理、训练组织和应急处置。演练的组织、实施及战位的指挥和操作在教员的指导下全部由学员自主完成。

（2）课堂活动的设计

a. 训练部署瞄准实战。实战训练中，学员按照舰船实际战位、兵力部署和作战指挥体系就位；从指挥员到战位操作人员，皆由学员担任相应角色，按照实舰、实装、实战化的标准开展实兵训练和演练。实践课程的教学实施，以战位、岗位、职责、能力为主线，强化专业知识的综合应用。课程综合演练操作的科目，来自于训练大纲和舰船实际任务。以实战条件下舰船动力装备的运行管理和保障为目标，通过总体设计任务背景，模拟实战环境，营造实战氛围，提高学员的实战意识和主动参与度，同时体验不同的岗位和职责要求，提升训练效果和学员的综合能力。

b. 演练过程对接实战。以舰船动力装备的实际作战使用方案和应急处置预案等作为运行管理课程开展实战化教学训练的切入点和突破点。在实战训练过程中，以实际装备案例为指导，构建模拟器操作训练和综合演练的指导方案，促进训练过程贴近实战实装。

将部队作战训练的成果应用到实践教学训练过程之中。在开展演练时，结合具体科目，教员视情况下达模拟作战任务、突发故障等想定情节，各个战位学员随即依据实际情况进行应急处置操作和作战指挥。想定情节的数量和难度由教员按照学员对实际知识的掌握程度适时调整。在这一过程中，教员要实时掌握演练进度，通过研讨、分析、推演等方式，引导学员利用专业知识主动分析、思考突发情况和处置方法，从而不断扩展实战化综合演练的深度和广度，促进理论知识的实际应用，最大化地促使学员完成专业知识的吸收内化。

c. 演练组织模拟实战指挥。训练过程中，演练学员按照舰船实际战位和作战部署进行分组操作。每一个分组人员包括舰船动力系统主要操作部位和指挥部位。一方面，同一分组内学员在完成一个科目的协同训练之后，可以进行岗位和战位轮换，

以便掌握不同战位所属装备的操作要领和指挥技能。另一方面，不同分组的学员可以参照舰船实际值更体系进行分组轮换，轮流进行训练，以解决硬件设施和设备不足的问题。当前小组在演练操作时，其余小组可以观摩训练并结合实际操作情况完善本组的训练实施方案。在训练过程中，对于学员存在的共性问题，教员可以统一分析、讲解、研讨，引导学员思考，提高训练质量。

d. 训练讲评。训练讲评分为学员自评和教员讲评两个部分。学员自评由分组指挥员（学员担任）组织实施。在每一个分组完成相应科目训练以后，首先由参训学员汇报各自战位的装备操作情况和指挥管理情况。之后，分组指挥员讲评本组在组织指挥、装备管理、协同操作、战斗作风等方面的完成情况和存在的问题。教员讲评主要包括演练评分和方案点评。训练结束以后，教员按照评价指标对小组演练情况进行评估，给出相应的分值。方案点评则是对当前分组的演练方案及人员表现进行全面的评价，教员需要帮助学生进一步完善综合演练方案。

2.2.4 训后固化

在演练完成后，学员进一步分析、思考操作中出现的问题，通过撰写训练报告、分组研讨等环节，对训练过程进行全面细致的总结，并进一步完善演练方案和涉及的各种应急处置预案，以此实现理论知识与装备操作的有机结合，实现专业知识的固化和积累。

3 翻转课堂教学效果的评价

翻转课堂的教学设计和改革需要在实践的过程中不断改进和完善，如何科学评估教学实施的效果是实践探索过程中必不可少的环节。当前的评估体系主要包括三个方面：一是利用课程考核，考查学员对专业知识的综合应用能力和熟练程度。通过课程的实操考核，可以直接反映学员的装备管理能力，通过与传统教学模式班次考核成绩对比，可以评价翻转课堂教学班次的总体教学效果。二是利用舰船岗位实习，对专业课程的教学和岗位任职能力培养的效果进行检验。学员在岗位实习期间，要进行实际装备的使用管理操作，在这一阶段可以通过装备的实际操作来检验前期课程学习的效果。三是通过建立长效的反馈机制，跟踪掌握学员毕业后的岗位任职情况，得到其个人和基层部队

的用人单位对控制运行课程实战化教学设计和改革的反馈意见。基于评估结果和反馈的意见,不断改进现有的教学机制,形成完善的课程实战化教学改革实施体系。

4 结 语

在舰船动力专业任职教育阶段,动力装置的控制运行是相关专业的核心课程,在提升学员专业知识综合应用能力、促进学员适应第一岗位任职方面发挥着关键作用。本文将翻转课堂教学模式引入军队院校舰船动力装置控制运行实践课程教学过程之中,探索专业课程开展实战化教学的具体方法。训练实施的过程中,以训练大纲和实际岗位任职能力建设为导向,结合实战实训的要求,确定课程实践操作的科目和内容。以实战化背景下舰船任务为牵引,按照综合演练、实战部署、协同操作的模式开展实训操作,并进一步从训练科目规划、课前准备、演训实施、训后固化等方面,对翻转课堂的教学过程和实施方法进行了详细设计。本文提出的思路可为深化军队院校教育教学改革、提升专业课程教学质量和人才培养质量提供借鉴。

参考文献

[1] Strayer J F. The effects of the classroom flip on the learning environment: a comparison of learning activity in a traditional classroom and a flip classroom that used an intelligent tutoring system [M]. Ohio State University Columbus, 2007.

[2] Fulton K. Upside down and inside out: flip your classroom to improve student learning [J]. Learning Leading with Technology, 2012, 39(8): 12 - 17.

[3] Demetry C. Work in progress – an innovation merging "classroom flip" and team – based learning[C]. Frontiers in Education Conference (FIE) IEEE, 2010.

[4] 张金磊, 王颖, 张宝辉. 翻转课堂教学模式研究[J]. 远程教育杂志, 2012, 30(4): 46 - 51.

[5] 赵兴龙. 翻转课堂中知识内化过程及教学模式设计[J]. 现代远程教育研究, 2014(2): 55 - 61.

[6] HAO Yungwei. Exploring undergraduates' perspectives and flipped learning readiness in their flipped classrooms [J]. Computers in Human Behavior, 2016, 59: 82 - 92.

[7] 唐苏. 翻转课堂 – 教学流程与技术载体的逆序创新[J]. 现代教育科学, 2018 (10): 111 - 116.

[8] 吴仁英, 王坦. 翻转课堂:教师面临的现实挑战及因应策略[J]. 教育研究, 2017, 38(2): 112 - 122.

高等工程热力学课程的混合式教学探索和实践[*]

刘迎文,雷祥舒

(西安交通大学 能源与动力工程学院)

摘要:针对"高等工程热力学"课程存在知识点多、案例实践有限的教学缺陷问题,构建了互动式与问答式模式相结合的混合式教学模式,并在近三年的课程教学中进行探索和实践。结果表明,混合式教学模式有效地解决了课时少、实践教学不足的问题,使学生在专业素养、科研能力方面得到了提高,在团队合作、表达交流等方面得到了提升。

关键词:教学实践;混合式;高等工程热力学

能源行业深刻影响着人类社会的可持续发展。十九大的召开,开启了中国特色社会主义新时代,做出了建设社会主义现代化强国、全面实现"两个一百年"奋斗目标的战略部署。同时,新时代、新征

* 基金项目:教育部高等学校能源动力类专业教育教学改革项目(NDJZW2016Y – 58)

程要求加速推进能源生产与消费革命,构建清洁低碳、高效节能的能源体系。能源学科,这一以热流科学为主要理论基础的学科门类,在当今高新科技高速发展中占有重要的位置。因此,作为高等院校能源与动力专业的重要基础课程,高等工程热力学(简称"高工")的教学实践对培养我国能源行业高级工程及科研人才、构建清洁低碳和安全高效的能源体系至关重要。

1 "高工"的课程特点和教学现状

当今,能源高效利用、电力电子、航空航天及军事等领域内的许多关键核心问题都与热流科学息息相关,因此热流科学研究在工程应用研究领域中占有重要地位。作为动力工程及工程热物理、核科学与技术等专业研究生的基础课,"高工"教学内容包括实际气体热物性、热力学分析方法和统计热力学等。相比工程热力学,"高工"对能量系统的热力学分析方法、实际气体性质进行深入地知识和案例讲解,并结合国内外研究热点和进展,更新和挖掘相关案例,通过知识点与科研实际的有机结合,达到"知识活学活用、科教融合贯通"的教学效果。

"高工"课程的受众包括工程热物理、热能工程、涡轮机、内燃机、制冷、化工等专业的研究生。作为一门工程应用型较强的课程,"高工"涵盖的知识点和能量系统种类繁多,涉及热动力、制冷、低温、分离、燃烧、化学反应等诸多应用领域,只有将知识点和应用实践相结合,才能深刻地理解知识点并构建热力学分析理念。但在现行课程设置体系中,"高工"之能量系统热力学分析方法的教学仅有14个课时,除了众多知识点和概念的系统讲解之外,已无多余课时来开展诸多能量系统的案例训练,直接影响研究生对知识点的理解和对热力学理论体系的构建。因此,有必要开展教学模式探索和改革,通过虚拟隐形教学,潜移默化地促进学生对知识点的理解和应用,培养和提高学生对能量系统热力学分析的相关科研能力。

2 基于互动式和 PBL 结合的混合式教学模式设计

针对新时代的教育特点,一些新的教学模式不断被提出,如互动式学习、问题式学习(Problem-Based Learning, PBL)等。基于"学生为主体,教师为主导"原则的互动式教学模式,利用课堂上教师与学生之间的沟通互动,促使学生有兴趣地、主动地学习;以解决问题为核心的 PBL 模式,创新性地将实际工程问题引入课堂,使学生站在工程师或研究人员的角度来思考问题,这种"身份的转变"使学生带着新鲜感、自主深入地学习专业知识,同时也培养了学生综合、灵活地运用所学知识解决实际工程问题的能力。

教育是一项复杂的系统工程,任何先进的教学模式都有一定局限性。互动式教学在课堂教学中充分调动了学生的自主性和积极性,但对于实践繁杂、概念多变的"高工"而言,在课时有限的前提下,无法兼顾全部知识点的深入讲解和工程案例的应用剖析。而 PBL 模式依托问题提出,使学生直面科研或工程实际问题,在解决问题过程中逐渐学习知识并培养科研能力。但对于概念多变难理解的课程而言,学生无法深刻领悟课程内涵,无法准确地构建知识体系。基于"高工"课程特点和教学现状,笔者提出互动式教学与 PBL 模式有机结合的混合式教学模式(见图 1),以互动教学和简单案例分析为手段的课堂教学为主,重点加深学生对知识点的理解;以课程考核为导向的 PBL 模式为辅助,重点锻炼学生对知识的综合应用;最后辅以课程答辩和讨论,实现工程应用的认知拓展和课外学时的有效开展,改善教学效果。

3 混合式教学模式在"高工"中的教学实践和效果

经过三年的不断探索和完善,我校形成了较成熟的"高工"课程混合式教学方法,即教学环节的互动式＋案例教学、考核环节的 PBL 模式、答辩环节的综合评价模式,并成功地应用于近 500 名研究生的"高工"课程教学实践中,取得了较好的效果。

在有限课时的教学环节,主要通过互动教学模式讲解和剖析复杂热力学基本概念,并辅以简单案例进行知识点应用,帮助学生建立能量系统热力学分析方法的知识点网络。授课中,注重"教"与"学"的有机结合,对学生反馈进行及时地挖掘和深度讲解与分析,以基本理论、知识难点、差异性为重点讲解内容,辅以经典系统的热力学分析方法讲解和课堂训练,夯实基本概念和热力学思维方法,提高学生的知识吸收率。另外,在课堂上采用启发式、引导式的授课方式,抛出问题,让学生主动思考解答、表达疑惑,进而针对其疑惑进行逐层分析答疑,培养学生解决问题的自我成就感,并审视自我存在的认知不足,不断激发其自主学习能力和对专业知识

的深刻理解,为实施后续 PBL 模式和培养自主科研素养起到积极的促进作用。

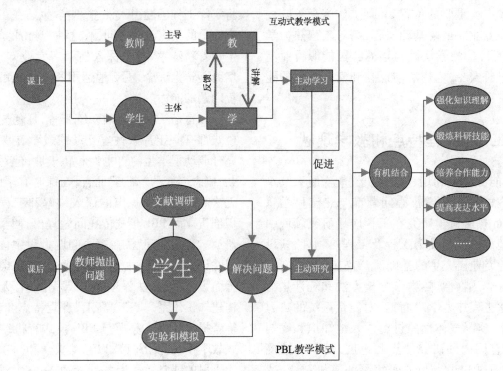

图1　混合式教学模式

为了解决短课时难以满足众多能量系统案例分析讲解的问题,开展以课程考核为导向的 PBL 模式,重点考查学生对知识点的准确应用。当完成"高工"基本理论和简单系统热力学分析方法的教学环节后,在考核环节要求学生自由组队(以 3～5 人为一组),根据团队成员的知识储备、研究方向和兴趣点,自主设定课程考核题目或选择课程预设的考核题目。基于 PBL 模式的中心思想,将课外学习与课程考核或问题解决挂钩,在通过教材讲解和案例分析掌握一定知识和方法的前提下,设计有一定复杂性的真实工程实践任务或能量系统,使学生投入到问题求解中,通过自主探究和合作交流解决问题,深刻学习和领悟隐含在问题背后的科学知识,形成解决问题的技能和自主研究的能力。

最后,以课程答辩和师生讨论等形式,实现对复杂能量系统的热力学分析实战案例的众筹式解答,弥补课时少、案例无法全面深入展开的难题。2016—2019 年,参与"高工"教学实践的硕博士研究生约 600 人(含同等学力、工程硕士),累计 100 多个考核团队,自主题目涉及能源学科绝大多数研究方向(见图 2a)。课程考核采用课程论文和答辩的综合评价办法(见图 2b),课程论文严格按照《西安

交通大学学报》的书写格式,考察基本理论应用是否正确,且论文抽查实行"一票否决制";答辩环节采用主动展示和相互质询的方式,通过口头报告展现课程题目的背景、知识点应用及技巧、重要规律与结论等,锻炼了研究生的语言表达能力和学术思维逻辑性,学生与学生、教师与学生之间的自由质询和讨论环节,可加深学生对课程知识点的理解和准确应用。课程答辩无形中增加了案例分析体量,弥补了课程教学课时不足的缺陷,改善了教学效果。

将互动式教学模式与 PBL 考核模式有机结合的混合式教学模式,改变了"预习—听课—复习—考试"四段式教学方法和"老师讲和做、学生听和看"的传统教学模式,突出了"课堂是灵魂,学生是主体,教师是关键"的教学理念,在"高工"课程教学中取得了一定效果:

(1)混合式教学模式解决了课程教学课时不足的问题。课上重点讲解知识点和少量案例,课外完成课程考核答辩,学生在资料准备、课程答辩方面花费的时间为现有课时的 2～3 倍。虽然用时多了,但学生实实在在地了解了知识点在近 30 个具体工程实践中的合理运用和应用领域拓展,有助于加深

学生对"高工"课程知识点的认知。

（2）教师兼顾知识传授和知识建构的双重身份，不仅要熟练掌握本课程内容，还需全面了解和掌握学科内的相关知识，同时具备发现与解决问题、灵活运用知识、严密逻辑思维、良好组织管理等能力，并具有善于调动学生积极性、控制课堂节奏等技巧。

（3）PBL模式的实施和成功开展，离不开学生的主动配合。在课程考核环节，学生需要完成设计题目、文献查阅、知识归纳、资料准备、团队合作、现场答辩和质询讨论等训练，逐渐培养学生的主动学习精神，实现了从"被动"到"主动"的学习模式转变。

(a) 考核课题方向

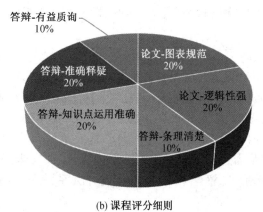

(b) 课程评分细则

图 2　高等工程热力学的课程考核

4　结　语

课程教学改革是研究生教育改革的重要组成部分，其改革重点是提高研究生的科学研究综合能力。通过"高工"课程的混合式教学模式探索和三年的实践，证明混合式教学模式能有效地提升学生自主学习、自主思考、自主科研的能力，同时对提高学生包括团队合作、表达交流在内的综合素质也有积极的影响。

能源动力类工程流体力学教学内容和方法改革探讨

李德友，王洪杰，宫汝志，韩磊

（哈尔滨工业大学 能源科学与工程学院）

摘要：工程流体力学是能源动力类专业及其他相近专业的一门重要专业基础课，是从事相关专业深入研究的理论基础。随着国家教学改革的快速发展，对高等教学提出了更高的标准，旨在提高人才培养质量、提升科学研究水平、增强社会服务能力。工程流体力学作为专业基础课，是高等教育专业人才培养的重要环节，因此如何对工程流体力学进行教学内容更新和教学方法改革，培养出能更好地服务社会的人才，是目前值得探讨的问题。本文以能源动力类专业为例，对工程流体力学的教学内容更新和教学方法改革进行了详细的讨论，以期紧跟国家教育教学改革潮流，培养面向现代化、面向世界、面向未来，适应建设新型国家需要的专业人才。

关键词：工程流体力学；内容更新；方法改革

工程流体力学是能源动力类专业基础课,同时也是化工、水利、土木、机械等专业的一门重要基础课程。工程流体力学主要讲授流体力学的基本概念和基本理论,以及流体平衡和运动的基本规律,使学生了解流体的基本概念和基本属性,基本掌握流体静力学、运动学、动力学的基础知识和基本理论,具有运用流体力学知识解决工程实际问题的分析和运算能力,掌握流体力学常用的实验技巧。

《国家中长期教育改革和发展规划纲要(2010—2020)》指出,要加大高等教育教学投入,深化教学改革,强化实践教学环节,提高人才培养质量,更好地服务社会。因此,进行工程流体力学教学内容更新和方法改革是时代发展的需要,课程改革需遵循"面向现代化、面向世界、面向未来"的原则,注意学科自身的科学性、系统性和完整性。

哈尔滨工业大学工程流体力学课程是能源动力类专业方向的主干课程,机械类专业方向的必修课程,属于专业基础课,在能源类、机械类学生培养体系中占有重要的地位,是未来从事流体力学及与流体相关专业人员的必备知识,2009 年被评为国家精品课程,2013 年入选国家级"精品资源共享课",目前正在准备建设 MOOC(大型开放式网络课程)。虽然学校工程流体力学课程建设取得了一系列的重要成果,但是面对社会发展的大潮流,不进则退,因此学校积极响应国家大方向,进一步规划课程,完成工程流体力学教学内容的更新和教学方法的改革。

1 教学内容更新

1.1 根据从事专业的不同采用模块化教学

根据国家有关工程流体力学教学大纲和各专业的具体要求制订不同专业的教学计划。流体力学课程教学采用由一般到特殊的体系,这种体系体现了"在传授知识的同时,加强对学生能力的培养"的教学思想,较传统的从特殊到一般的教学体系有明显的先进性。流体力学课程实行模块化教学,即把流体力学课程划分为流体物理性质、理想流体动力学、黏性流体动力学、流动阻力相关计算、流体静力学、流体运动学、管路系统水力计算、流体在间隙中的流动等几个模块。按照不同的专业要求,进行不同的取舍和组合,进行分类教学。

1.2 将工程实际与国内外科研融入课程

调研流体力学等专业国内外最新进展,将授课内容、工程实例与国内外科研进展相结合,介绍工程流体力学应用发展的新领域及遇到的新问题,在课堂上再现科学研究案例,既活跃课堂氛围,又启发学生思考,可起到事半功倍的教学效果;重点更新和调整了工程流体力学技术基础课程的教学内容,并借鉴国际一流大学的相关教学教材。

1.3 进一步规划实践教学内容的深度和广度

增加校内外实践课,在课程进行过程中,分批次带领学生参观专业校内实验室,并联系哈尔滨电机厂有限责任公司、哈尔滨大电机研究所等单位丰富校外实践内容,融合课程教学和实际应用,如伯努利方程的应用及管路的计算,使学生充分理解基本理论知识及其应用,真正做到学以致用,改变以往的灌入式教育方式,让学生明白为啥学、学什么、怎么学。

1.4 加强流体力学课程的实验教学体系建设

将实验的教学内容分为基本实验、综合性实验、设计型实验和研究型实验及前沿型实验,并实行开放实验室教学,提高了学生的动手能力和创新能力;将在实验中巩固课程内容,让学生真正理解流体力学中的一些基本理论的由来。

2 教学方法改革

传统的教学方法,以灌入的方式将基本理论传授给学生,很难激发学生学习的积极性,更难适应国家"双一流"学科的建设和创新人才培养的需求。因此,需要探究新的教学方法,调动学生的积极性。

2.1 采用具有启发式或讨论式等能激发学生积极思维的教学方法

以课程自身的趣味性激发学生的学习兴趣。采取启发性教学,课堂讲授,既要"讲",又要"提"。"讲"是讲思路,讲方法,讲来龙去脉,讲深入理解,讲教师的体会与感想;遵循认知规律,由浅入深,既坚持课程内容的深度,又通过生动的启发式教学使多数学生真懂。"提"是提问题,一是活跃课堂氛围,二是启发学生的思维能力,引导学生产生问题、善于归纳和提出问题,增强学生分析和解决问题的能力。

2.2 积极探索采用虚拟仿真实验来辅助教学

加强课程实践环节,鼓励学生采用 CFD 计算方法,将课程中的一些主要结论采用虚拟仿真实验进行验证,组织引导学生通过虚拟仿真实验研究流体力学中的一些基本流动现象,使其可视化,让知识更加生动,使学生能够运用流体计算软件辅助学习,并能够解决简单的工程实际问题;利用教师的科研实验平台进行相关实验,吸引学生更早地进入实验室从事相关科研研究。

2.3　加强实验的思考性和启发性

增加学生动手、动脑的机会,增强学生通过实验发现问题、研究问题的能力;引入现代科学技术成果,诸如新材料、新结构、新观点、新实验技术等,增加基础实验的新颖性和信息量;对学生进行现代测试方法和现代实验技能的基本训练。流体力学实验室研制开发及引进现代化的实验仪器32台套,能开出实验单元22项;完成对现有的实验设备电测化改造工作,使实验室实验数据的检测和处理达到一个新的水平。

2.4　加强课程建设及教学资源共享

工程流体力学为专业技术基础课,在能源与动力工程专业的工程化和创新型教育中占据重要的地位,具有覆盖面广、侧重基础知识的培养,并且在基础课和专业教育课程之间发挥着桥梁纽带作用。为此,在进一步优化教学体系的同时,力求从能源动力类技术基础课程创新教学模式的整体规划入手,共同开展教学研究,实现精品教学资源的网络共享,加强能源动力类专业基础技术课程之间的联系,打破课程之间的壁垒,合理优化课程教学体系和培养过程,实现了课程间的融会贯通。

3　结　语

工程流体力学是我校一门重要的专业基础课,是面向工程应用型人才的课程,是未来从事与流动相关工作的知识基础。工程流体力学课程的教学内容更新和方法改革是必然趋势,如何在较少学时的情况下,让学生真正学透工程流体力学,在未来从事科学研究、工业生产中学有所用,是工程流体力学课程长期的改革方向。

本文以能源动力类专业为例,紧跟教学改革的大潮,针对工程流体力学课程的地位及其知识的作用,探究课程内容的更新和教学方法的改革,强化教学效果,从而调动学生的积极性,使学生能够真正学到知识,激发其未来从事相关科研的兴趣,使学生具备自主学习和探索创新的能力,成为国际化工程人才,更好地服务社会,为解决我国科技攻关中的关键技术问题做出贡献。

参考文献

[1]　陈卓如,王洪杰,刘全忠,等. 工程流体力学[M].北京: 高等教育出版社,2013.

[2]　中华人民共和国国务院. 国家中长期教育改革和发展规划纲要(2010—2020 年)[Z]. 发展规划, 2010.

[3]　刘全忠,王洪杰,宫汝志. 关于工程流体力学课程教学改革的探讨[J]. 教育教学论坛, 2014, 1(4); 41 – 42.

[4]　康建宏. 安全工程特色流体力学课程的案例教学改革与实践[J]. 高教学刊, 2019(1); 138 – 140.

"双一流"背景下硕士研究生工程能力培养

宫汝志,王洪杰,李德友

(哈尔滨工业大学 能源科学与工程学院)

摘要: 在中国建设创新型国家的背景下,培养大量具有扎实专业知识、创新能力及工程能力的研究生具有重大的战略意义。目前,高校中普遍存在研究生的培养与工程实际脱节严重,工程实践能力较为欠缺的问题,所以建立新的人才培养模式成为高校深化改革过程中的重中之重。本文提出了面向核心能力培养的改革思路及课程体系,以及在工程环境中培养应用型硕士研究生的培养方案。培养卓越研究生需要高校与政府和企业之间进行紧密的合作,以便全面优化人才培养过程。

关键词: 创新能力;工程能力;能动类;培养模式

2018 年 8 月,教育部、财政部、国家发展改革委联合印发的《关于高等学校加快"双一流"建设的指导意见》明确提出,要"瞄准国家重大战略和学科前沿发展方向,以服务需求为目标,以问题为导向,以科研联合攻关为牵引,以创新人才培养模式为重点,依托科技创新平台、研究中心等,整合多学科人才团队资源"。在我国加快转变发展方式、调整产业结构和加速高等教育国际化的社会环境中,高校应该进一步优化办学结构,提升教学的质量与水平,培养大量掌握核心科技的创新型应用人才,为我国实施人才强国战略,加快工业化信息化建设做出贡献。这需要高校建立"产、学、研"结合的长效育人机制,优化创新型工程人才的培养模式,实现模块精准式个性化培养。

我国高校毕业生规模已位居世界第一。工程教育在国家工业化进程中对门类齐全、独立完整的工业体系的形成与发展发挥了不可替代的作用。同时,由于社会的发展对工程人才的要求呈现多样化和层次化,高校正面临高等工程教育质量及创新型人才的培养已经不能满足企业的需求的严峻问题。王天宝等全面研究了 CDIO 的框架与内涵,高层次应用型人才培养工作没有现成的经验和模式,要靠改革、创新、实践和探索。学生培养要因材施教,提高学生素质、培养创新精神、促进个性发展。许鹏奎等指出实验教学是实现学生实践能力和创新意识培养的重要途径。高等工程教育改革是一项任务艰巨的系统工程,要真正取得更大成效,还需要政府、社会、学校进一步转变观念、相互支持、通力协作,积极营造大学生成长、成才的优良环境。因此,构建新的人才培养模式,首先要从更新教育观念开始。高等工程教育的人才培养模式也应该适应这种需求,在人才培养结构上呈现多层次和多样化。本文将结合研究生培养中普遍存在的问题对人才的培养提出新型方案,以实现人才培养目标。

1 目前高校研究生培养中存在的问题

目前研究生的培养与工程实际脱节严重,在高校的教学中仍以书本知识与学术论文为重,即对研究生的培养更加偏向于理论知识的学习,导致学生在应用方面的能力有所欠缺,实践能力较弱使学生在面对工程实际问题时无从下手。高校中研究生奖学金的评选大多与发表的论文数量相关,这就导致研究生在学习的过程中更加关注理论研究,而较

少去做与专业相关的工程项目。大多数高校在研究生的培养过程中对实践的关注较少,同时也缺少在这一方面的相关考评制度。

能源动力专业是长期的发展过程中较为传统的专业,它与工程实际的联系十分紧密,学生所学知识也应该用于实践。目前能源动力专业学生选题脱离实际且较为单一,不能在毕业设计方面对创新形成积极支撑的作用。研究生在做课题的过程中大多仅仅扎根于校园之中,只有学生与学校导师的两面接触,而很少与企业接触,缺少与企业优秀工程师交流的机会。这就导致研究生的选题与实际应用产生了严重脱节。

2 课程教育改革的基本思路

2.1 规划实践教学内容的深度

在教学的过程中建立理论与实践紧密结合的模式,在完成基础课程教学的目标下,设计相关的实践内容。结合"卓越工程师计划"培养方案,分别构建研究实验、自主研发、创新研究、深入研究、确定不同实践教学阶段学生需要掌握的核心内容,形成本科教学与研究生教学"贯通式"教学培养方案,本科课程作为研究生课程的基础,研究生课程作为本科课程的延续,形成联系紧密、分层渐进的实践教学内容体系,研究生培养过程中充分根据培养要求和规划自由选择相应的学位课和选修课,使研究生所学更加贴近工程应用和科学研究。

2.2 课程中加入工程应用训练

高校目前的教学方式还停留在传统的学习训练模式,而培养创新型人才需要对教学方式进行适当改革。教学中应引入更多的工程实例,加强学生在工程应用上的训练,并向学生强调实践意识和创新意识。在实践教学中,教师需要对学生进行适当引导,培养学生独立思考的能力,使学生成为实践教学的主体。通过在教学中加入实践环节,使本领域的应用型研究生能够经历一个相对完整的工程中的流动和传热的仿真技术及工程领域新产品开发等本学科实践技能的基本训练,具体包括实践教学内容的确定、教学文件的制定、教学方法和手段、考核方式和评价标准、教学实施方式和教师队伍建设等内容。研究生学位论文基于企业实际项目进行创新研究,构建了课内与课外相结合的多层次、全过程的能力塑造链条。

3 优化硕士研究生培养方案

3.1 加强人才培养模式的交叉性与开放性

以研究生校内实践基地和企业实习基地为平台,建设集开放实验室、学术论坛、名家讲坛、专题技术培训、团队培育及创新实践为一体的多功能创新实践环境;在确保校内实践基地的实践教学功能建设的同时,拓展其辐射功能,全方位、系统化地推进校内实践基地及企业实习基地的纵深化建设。根据国家战略需求,研究生课题都依托于水力发电设备国家重点实验室,协助企业解决实际工程难题,双向受益。

3.2 实施硕士研究生双导师制

在传统培养模式下,导师对学生灌输知识的过程中,学生学习的积极性会下降,也会出现创新能力不足的情况。针对研究生工程知识欠缺的问题,可以实施校内导师加校外企业导师的双导师培养制度。这样教师队伍中不仅有高水平的理论学者,能够熟练掌握专业的理论知识,还有富有工程经验的优秀工程师。双导师制将理论与实践相结合,注重培养学生兴趣,引导学生思考,使学生成为教学实践的主体,教师则是主导。

3.3 构建优质校企合作教学资源平台

第一,以校企协同融合为框架,以工程化和研究型教育理念为引导,与企业共建应用型研究生联合培养基地。以"产"促"研",以"研"助"学",以"学"鉴"产",注重提高学生科研能力、创新能力培养,进而落实工程化和研究型培养方针。第二,推进教学资源的优化和共享,优化基于工程化教育理念的本－硕－博贯通式教学体系和教学内容,共享基地内的国家实验室等科研平台。丰富教学团队成员的工程化背景,促进教学理念和教学水平的提升。依托基地,不同专业方向的交叉实现资源共享与整合,支撑复合型、立体型人才培养体系建设。

3.4 精准实施个性化培养

首先,坚持"学生中心、成果导向、持续改进"工程教育思想,改革传统工科思维模式。采取个性化模块和标准模块自由选择的方式,针对不同类型研究生进行精准培养,充分贯彻精益培养、协同开放培养、交叉融合培养"三位一体"的育人理念(见图1)。其次,发挥校企合作优势,通过企业专家讲座、学术交流活动等途径丰富学生的视野;教师可以将一整块教学内容交给学生,发挥学生的潜力,提高学生的表达能力。

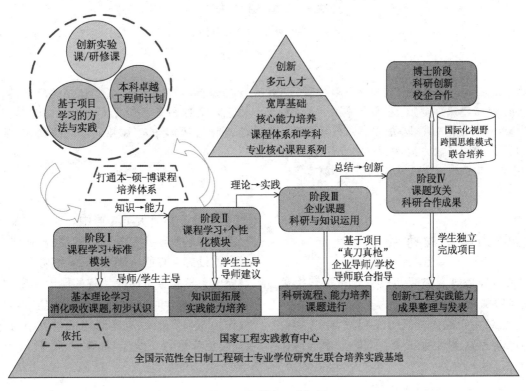

图1　工程教育理念框图

4 结 语

培养具有创新能力的高层次人才,需要不断地改革创新,在实践中摸索。结合学生的现实情况与教学环境,制定好切实可行的发展路径。通过进行课程改革,优化硕士研究生培养方案,实现在教育中充分地对学生优化培养,促进应用型硕士人才培养模式的全面性创新局面形成,让硕士研究生既有丰富的理论知识又有动手实践的能力,为国家的创新发展提供新鲜血液。

参考文献

[1] 牛海侠. 高等工程教育改革与应用型人才培养探索[J]. 赤峰学院学报(自然科学版), 2016, 32(18): 233–235.

[2] 王天宝, 程卫东. 基于 CDIO 的创新型工程人才培养模式研究与实践[J]. 高等工程教育研究, 2010(1): 25–31.

[3] 朱绍中. 加快工程教育改革步伐 探索高层次应用型人才培养之路[J]. 纺织教育, 2011, 26(4): 259–262.

[4] 曹秀平, 张耀春, 陈娟. 深化高等工程教育改革 探索新的人才培养模式——大连轻工业学院"因材施教教改班"改革初探[J]. 辽宁教育研究, 2003(3): 46–47.

[5] 沙勇. 土木工程教学及人才培养模式探索[J]. 新闻爱好者, 2017(12): 119.

[6] 许鹏奎, 陈祎鸿. 新时期高等工程教育人才培养模式探索——兰州交通大学改革人才培养模式的实践探索[J]. 中国民族教育, 2013(7): 31–33.

[7] 袁洪志. 工程教育改革:构建面向 21 世纪人才培养的新模式[J]. 江苏高教, 2004(5): 66–68.

[8] 贾力. 我国高等工程教育人才培养模式研究[D]. 西安:西安电子科技大学, 2013.

浅谈新教师讲授工程热力学课程的思考与感悟*

谢俊,杨天华,李秉硕,李延吉,王伟云

(沈阳航空航天大学 能源与环境学院)

摘要: 工程热力学是一门经典的学科,具有内容多、概念抽象、理论性强、实践性强的特点,因此这门课程的授课难度较大,对于新教师更是难上加难。本文结合能源动力类专业对工程热力学课程的教学特点及现状,分析了新教师授课时容易遇到的问题,提出了相应的解决办法,为后续新教师提升授课能力提供了一定的参考。

关键词: 工程热力学课程;新教师;教学方法

1 工程热力学课程特点

工程热力学是研究热能和机械能相互转换规律及热能有效利用的科学,其作为一门重要的技术基础课,广泛存在于国内外高等工程教育中,主要设置在能源动力类、航空航天类、土建类、交通运输类、轻纺食品类等大类专业中。各学校及专业由于培养目标的差异及专业特点的不同,在课程内容和学时的设置上有所区别。例如,笔者所在的沈阳航空航天大学能源与环境学院的能动类专业,该门课程设置为 48 学时,其中 2 学时为实验学时;该门课程作为专业基础课,在本科生的培养中占有重要地位,是后续热力系统工程、锅炉原理、汽轮机原理、

---

*基金项目: 2016 教育部高等学校能源动力类业教育教学改革重点项目"寓教于研机制助力能源与环境系统工程专业创新型人才培养的探索与实践"

太阳能、生物质能及风能等专业课的理论基础。学生通过该门课程的学习,应具备利用热工基础理论知识解决复杂工程问题的能力,并能够认识和评价相关领域的热工问题,进而提出合理的解决方案。

本学院上课选用的教材是沈维道及童钧耕主编、高等教育出版社出版的《工程热力学》第五版。从内容上看,该门课程可以分为两个部分:基础理论与工程应用。基础理论包括基本概念及定义、热力学第一和第二定律、气体和蒸汽的热力性质、基本热力过程等;工程应用主要包括气体与蒸汽的流动、压气机的热力过程、气体动力循环、蒸汽动力装置循环及制冷循环等。由于课时的限制,在授课时弱化了㶲分析、实际气体的性质及热力学一般关系式、制冷循环的部分内容,并删减了化学热力学基础的全部内容。作为理论与工程应用紧密结合的课程,该课程具有理论性强、概念抽象、内容多、公式变化多样且图表繁多的特点,因此成为本专业工科类"难学难教难考"的课程之一。

2 工程热力学教学现状

2.1 教学内容多,课时与教学内容不匹配

工程热力学课程内容涉及热能与机械能转换的方方面面,我国多数高校将课程设置为 64 学时,我校该课程为 48 学时,教师需要在各知识点和章节间进行权衡,并学会合理地取舍知识点。工程热力学课程内容看似散乱,实际各个章节之间内容相互联系、逻辑关系复杂。教师在取舍时既要结合专业背景及人才培养目标,还要明确教学目的,突出教学主线,这样才能在授课过程中做到游刃有余。在弱化的章节中要注意关键定义及概念的普及,防止出现因为个别知识点缺失导致学生不能在教师的引导下将各章节联系起来并增加学习难度的情况。

2.2 概念抽象,公式繁多

数学思维在工程热力学上的应用能够帮助人们更好地认识能量的转换规律,例如热力学第一定律、第二定律就是在数学思维基础上经过理论推导并最终形成数学公式理论体系的,从而量化工程实践问题,进而指导实际生产。因此,实际授课中教师会发现基本上每一章节、每一部分都会遇到很多概念和公式,某些参数甚至有不同的计算公式,各公式的应用场合又不尽相同。单纯地督促学生硬记公式,只能让学生在学习的过程中更加疲惫,并

且容易出现厌学心理。为了避免学生混淆公式和概念,教师应及时对概念和公式进行总结,做到一章一梳理,并辅以板书,帮助学生理解记忆。公式并不是最重要的,最重要的是要让学生理解公式所对应的物理问题,培养学生从实际问题中提取物理问题,并应用所学公式解决问题的能力。因此,教学过程中教师应注重强调公式的物理意义及其对工程的理论指导作用。

2.3 理论与实际难"衔接"

一方面,工程热力学强理论性、强工程性的特点,对授课教师的能力提出了更高的要求。如何将理论与工程实际紧密结合,贴近学生生活并提高学生的学习兴趣,一直是教师授课时值得思考的问题。另一方面,随着全球节能新技术的研发、利用和推广,提高节能减排意识和工程技术从业人员节能素质成为中国高等教育中必须深入和强化的教学内容,因此工程热力学课程应在保留经典内容的基础上,与时俱进,适当添加当代科技的最新成果。

例如,绪论课中引入视频、动画、图片等手段,介绍我国已开发的能源如太阳能、风能、核能、生物质能、地热能、燃料化学能、水能等在国内外的发展现状及实际案例,激发学生的学习热情,培养他们热爱专业的情怀;同时,引入低碳技术、温室效应、雾霾污染、世界能源利用及我国能源利用中遇到的主要问题,激发学生的专业责任感。讲解气体动力循环时,通过视频、简单的 Flash 动画等方式向学生展示内燃机的结构和工作过程,再继续分析简化后的理想循环,可以帮助学生更好地理解和掌握内燃机中热量和功之间的转换关系;在蒸汽动力装置循环这一章,则注重理论与实践的结合,由于电厂蒸汽动力装置系统几乎贯穿整个教学过程,学生已相对熟悉,且该课程一般都设置在学生认识实习之后,因此,在课堂上可以提出一些问题,如:电厂中为何需要两个热源,能否不要低温热源?锅炉中的水是如何变成过热蒸汽的?锅炉中的热能又是如何转化为汽轮机的机械能的?电厂的效率是多少?相同机组冬天和夏天什么时候电厂的效率相对较高?让学生带着问题去实际电厂参观,能够激发学生的求知欲望。回到课堂上,学生 4~6 个人一起讨论,虽然答案没有课本上的结论那么严密,但是通过自己的观察和思考得出来的结论令他们印象深刻,同时进一步的理论强化也帮助他们发现自己思考问题的不足,从而建立蒸汽动力装置循环的正确理论体系。此外,在传统内容的基础上,拓展介绍

蒸汽－燃气联合循环、低温有机朗肯循环等内容，帮助学生了解学科前沿。

3 新教师授课面临的问题

新教师在初次授课过程中，总是会遇到各种各样的问题，下面结合笔者初次的授课经历，简要总结如下：

（1）上课时情绪紧张、动作拘谨，描述对象时用词不够准确，偶尔会出现重复的现象，对教学语言的使用做不到收放自如，准备的授课内容不能按预期完成。

（2）讲课针对性差，重难点不够突出，对教材的整体把握不够，导致教学效果不尽如人意。

（3）上课时语言机械死板，语气平淡，缺乏感染力，难以激发学生的学习热情，课堂气氛沉闷。某些时候容易陷入完成自己预定的授课任务的思维惯式，忽略了与学生的互动，尤其是某些理论性强、公式繁多的章节，教师沉浸在自己的授课中，导致学生昏昏欲睡，甚至出现厌学情况。

（4）工作、教学、科研与家庭难以平衡。对于刚博士毕业的青年教师来说，常常会遇到时间分配不合理的问题，从学生到教师身份的转换，从专心致志做科研到科研与教学并重、工作与家庭并重的改变，会让青年教师经常感到困惑。因此，如何分配教学时间是新教师不得不面临的问题。

4 新教师提升教学水平的心得与感悟

笔者从事工程热力学教学工作已满一年，下面笔者结合这一年的授课情况谈谈自己的心得与感悟。

4.1 潜心修习，借力前行

笔者在正式独立进行工程热力学授课之前，曾为该门课程担任助课，助课期间，笔者每次课都会按时去上，并且认真做好笔记，尤其对于主讲教师重点讲解的内容做好标记，哪一部分结合工程实例也会认真备注，课后再查阅资料，进一步内化为个人的知识储备。此外，笔者还会重点记忆主讲教师课上讲解的比较有趣的名人轶事，以及一些工程案例，以便在以后的教学中帮助调动课堂气氛，为学生繁重的理论学习带来一些调剂。助课过程中，笔者曾授课 3 次，主讲教师听课并提出意见，这样的锻炼能够帮助青年教师迅速走上讲台并掌握授课的

节奏。为了弥补初次授课的不足，笔者经常与学生交流，找到学生的学习难点，并注意在后续讲解中予以改进。优秀的前辈是青年教师的引路人和学习的榜样，因此，除了现场听课，笔者还利用慕课平台，听取西安交通大学和清华大学各位教学名师的该门课程，学习他们的教学方法，学习他们对知识点的理解，观察他们的教态，分析他们的教学语言，取长补短，不断精进自己的教学水平。

4.2 夯实基础，戒骄戒躁

课件的制作、板书的书写和教案的设计是教师的基本功。虽然现在网络及多媒体教学盛行，但是讲解相结合的传统教学方式仍是不可取代的。好的课件能够帮助学生更好地理解教学内容，因此青年教师应该注重制作自己的教学课件。课件能够体现教师自己的教学经验与特色，如果完全照搬别人的课件，容易出现逻辑混乱、思路不清晰的情况，不仅会丧失教师的个人特色，也会增加学生的听课难度。因此，实际授课中，青年教师要根据自己的授课经验和学生的特点重新制作课件，并通过购买素材、利用国家精品课资源不断完善自己的课件。同时，根据学生反馈，调整课件的动画效果及一页PPT 放映结束后恰当的停顿，能够帮助学生消化其中的内容。当然，授课过程中也离不开板书的呈现。因此，教师课前应设计好板书的形式和内容，并结合课件的放映强化课程的重点，增强授课效果。此外，教案的设计能够帮助青年教师把握教材脉络，理清授课思路，建议第一次授课时手写教案，并及时做好标注，课前和课后都进行教学反思，从而夯实教学基本功。

4.3 与时俱进，以教促研

教学与科研的结合已成为目前发展的趋势。作为青年教师，如果能将科研与教学有机结合，对个人的发展和成长将大有裨益。工程热力学作为热工基础理论的重要组成部分，在目前能源与环境领域的热点问题中占有重要地位，这为青年教师在开发自己的研究课题时提供了方向。例如，结合我校的创新实验平台开发的"小型太阳能发电系统的设计""辽宁省燃煤电厂细颗粒物排放的特性研究"等课题，为学生的理论与实践搭建了平台。学生以小组的形式通过自主设计实验、搭建实验台、实施实验、分析数据、撰写论文等方式，不但完成了学校要求的学分，而且锻炼了自己的实践能力，还更好地理解和掌握了热工基础理论。

总而言之，青年教师作为未来能源动力类专业人

才培养的主力军,必须要有过硬的教学本领和广博的知识储备,而做一名合格的教师还需要大量时间的付出和孜孜不倦的努力。以上仅是笔者的一点思考和感悟,希望给同行一点启发,以求共同进步。

参考文献

[1] 何雅玲,陶文铨. 对我国热工基础课程发展的一些思考[J]. 中国大学教学,2007(3):12 –15.

[2] 夏小霞,王志奇,彭德其. 工程教育理念下工程热力学的教学改革[J]. 广东化工,2017(1):141,153.

[3] 杜军,施红. 工程热力学的数学思维方法[J]. 价值工程,2017(31):228 –229.

[4] 杨洪海,周亚素,刁永发,等."工程热力学"课程教改与创新研究[J]. 建筑热能通风空调,2016(10):91 –93,72.

"双一流"背景下高校青年教师的生态发展路径探析*

胡亚敏,王谦,王爽,刘馨琳,冯永强,钱黎黎

(江苏大学 能源与动力工程学院)

摘要:"双一流"建设浪潮下,青年教师作为教育改革发展创新的新生力量,应从青年教师队伍建设、思想道德建设及师德师风建设3方面着手,提升青年教师的思想政治素质,培养其立德树人的责任心、敬业心及奉献精神,从思想上进行生态发展。对于科研能力和教学水平,两手都要抓,两手都要硬,不断开拓创新,完善内涵建设,从核心业务能力上建设高素质教师队伍,培养拔尖创新人才。

关键词:双一流;青年教师;生态发展

2015 年11 月,国务院颁布了《统筹推进世界一流大学和一流学科建设总体方案》的新政策,吹响了我国从高等教育大国向高等教育强国迈进的冲锋号角,为高校发展带来了新一轮的机遇和挑战,成为我国建设高层次大学的一个新的起点。这是中国高等教育继"211 工程"和"985 工程"之后的又一重点建设工程。高校教师是"双一流"高校建设的主体,因此在推进"双一流"高校建设的进程中,打造具有世界一流水平的师资队伍是重要保障和突出标志。青年教师作为高校发展的主力军和新生力量,更应该提高思想道德素质,教学和科研两手都要抓,两手都要硬,并积极解放思想,发挥创新精神,引领特色发展,开拓"双一流"背景下高校青年教师的生态发展路径。

1 思想政治素质

教师承担着传播知识、传播思想、传播真理的使命,肩负着塑造灵魂和生命的责任,高校青年教师正在逐渐成长为高等教育事业的中坚力量。高校教师的思想政治素质直接关系着祖国未来人才的世界观、人生观和价值观的形成,决定了学生的培养质量。中国特色社会主义已经进入了新时代,我国社会的主要矛盾已经转变为人民日益增长的美好生活需要和不平衡不充分的发展之间的矛盾,对高质量的教育的向往更加迫切,因此教师的思想道德建设对于高等教育事业乃至国家和民族的发展及未来都具有重要的影响。不断提高青年教师的思想道德素质,才能更加充分地调动他们的积极性、主动性、创新性和进取性,才能培养他们立德树人的责任心、敬业心及奉献精神。

1.1 加强青年教师党员队伍建设

随着我国开启全面建设社会主义现代化国家新征程,对知识和人才的渴求愈发强烈,教师和教育的作用也就愈加凸显。面对新的定位、新的使命、新的责任,更应加强青年教师队伍建设。第一,

* 基金项目:国家自然科学基金项目(51676091);中国博士后科学基金项目(2019T120411);江苏高校品牌专业建设工程一期项目(PPZY2015A029)

切实做好青年教师的党员发展工作，不断提高青年教师的党员比例，让更多的青年教师进入党员队伍。将青年骨干教师培养成党员，加强青年教师思想政治学习，确保党牢牢掌握教师队伍建设的领导权，保证教师队伍建设的正确方向，增强青年教师的思想政治意识、大局意识、核心意识和看齐意识。第二，全面从严要求和管理青年教师，发挥他们的战斗堡垒及先锋模范作用。因为青年教师面临的诱惑比较多，尤其很多青年教师会进行海外留学进修，思想可能被西化。第三，深入推进"两学一做"学习教育常态化制度化。加强青年教师的日常管理，加强党风廉政建设，严格落实主体责任，认真履行一岗多责。第四，推进创新创优，完善选拔、培养、激励青年教师机制，将思政教育融入专业课教育，并出台相应的举措，配套完成。第五，高校应保障教师工作投入，满足教师队伍建设需要。

1.2 提高思想政治素质

改革开放带来了新的发展机遇，使得政治、经济、思想和文化等方面都存在很大的改变，但同时一些西方世界的享乐主义、拜金主义也腐蚀着青年教师的思想，使得青年教师的价值取向发生了改变，具有更加追求自我利益的倾向。鉴于此，青年教师更应不断提高思想政治素质，主动加强政治理论学习，用习近平新时代中国特色社会主义思想武装自己的头脑，将政治建设摆在首位，认真学习十九大精神，关注时事政治，及时学习党中央颁布的决策和决议；保有高度的社会责任意识和强烈的荣辱感，坚持全心全意为人民服务的理念和宗旨，从根本上肃清发展障碍，规范思想政治教育，正确把握自身思想发展的正确方向，使得物质文明和精神文明一致发展；不忘初心，牢记使命，了解我国基本国情和党的政治策略，了解学校的基本情况和发展规划，始终坚持为学生无私奉献的精神和态度；树立正确的历史观、民族观、国家观、文化观，坚定中国特色社会主义道路自信、理论自信、制度自信和文化自信。

1.3 弘扬师德师风建设

德高为师，身正为范。师德是一种职业道德，是中国民族的传统美德。师风，是指教师的风度。因为教师不仅是授业的经师，更是传道的人师，因此教师的道德操守和行为举止更应该受到严格的约束。青年教师全员全方位全过程育人师德师风养成应着重从以下几方面进行：第一，应深刻认识师德师风建设的重要性和紧迫性。没有教不会的

学生，只有不用心的老师，面对社会主义事业的建设者和接班人，青年教师应有坚定的理想信念和意识，潜心治学，锐意进取，教书育人。第二，应发挥青年教师师德师风建设的主动性和自觉性，发扬青年教师自身的主人翁精神，将高校的发展与自身的发展联系起来，将学生当成自己的弟弟妹妹，将师德融入教学教育和科学研究工作中。了解学生发展的需求和社会对人才的需要，为本科生和自己带的研究生提供合理的建议，制定有效的发展路线。第三，应严格要求自己，规范自身的行为，从根本上遏制和杜绝失德事件的发生。在科学研究中不唯成果论、唯论文论，不弄虚作假、剽窃他人成果，以推动人类进步和科学发展为第一要义。在教学过程中，应不断提高自己的教学水平，而不是把教学当成完成学校的任务及自己的考核指标，要切实让学生学到东西，掌握知识和学习的思路及方法。第四，高校应规范师德建设，将师德师风建设作为青年教师职称评定的一项指标，并将考核结果进行存档。师德是灵魂，因此加强和推进师德师风建设，对于实现中华民族伟大复兴具有广大而深远的意义。

2 科研和教学两手抓

教学和科研水平均是评价"双一流"高校和"双一流"专业的重要标准，处理好教学与科研的关系是当务之急。教学和科研必须两手都要抓，两手都要硬，只有将教学和科研有机结合和统一，才能协同完成人才培养，才能为社会做出更大的贡献。科研是教学的"源头活水"，有了科研的支撑教学才会有灵魂。而教学是科研的隐形动力，因为如果学生需要一杯水，那么教师至少要有一桶水。青年教师既不能浮于教学表面而忽略科研，也不能沉浸于科研而放弃教学，必须充分认识教学与科研的联系。

2.1 合理分配教学和科研

教学和科研是唇齿相依的共同体，但长期以来，我国大学存在比较严重的重科研轻教学的情况，因为一些教师觉得备课、上课、批改作业、考试、答疑、出题等会占据较多时间和精力，投入和产出不成正比，尤其是青年教师面临职称评定等，科研的"作用"要明显大于教学。但其实这种观点存在严重的偏颇，科研和教学是相得益彰的，高质量的教学可以有效推动教师的科研进展，同时教师在备课过程和课堂互动过程中的研究材料及相关问题

也可以启发教师获得新的科研灵感。教学和科研合理安排分配,才能实现教师的生态发展。无论教学和科研的天平偏向哪一方,"双一流"建设都会"翻船"。所以,在"双一流"高校建设的浪潮中,更应做到教学和科研资源的有机整合。因为一流的教学和科研团队建设均源自协同创新的需要,教学资源和科研资源应协作共享。但由于资源有限,且青年教师经验不足,锻炼时间有限,容易出现偏颇。其实,优化资源配置才是发展科技和教育的最佳途径。但并非简单的五五分就算合理,应该根据自身条件合理分配,形成一个良性的循环。

2.2　提高教学水平

教师的教学水平和能力是影响人才培养的关键因素,关乎学生基础理论和其他各项创新能力的培养。在"双一流"建设的契机下,高校应采取更加积极有效的措施提高青年教师的教育水平和能力。青年教师要做好课程规划及管理。如能源动力类,包括流体机械、建筑环境、动力工程及工程热物理、热能与动力工程、新能源工程等,由于每个专业方向面对的社会和市场需求不同,因此即使是相同的专业基础课,侧重点也应不同。教学方法应不断改进,如可以通过线上线下课堂的有机结合,充分利用各类资源。另外,教学水平的提高,不仅表现在课堂教学上,还包括课前的准备工作、课后的答疑、题库的建立、对应视频的拍摄、学习效果的考核,以及与实际工程案例的结合,都应做好充分准备和调研。此外,实践教学也是培养新工科人才的重要环节,然而目前普遍存在实践资源不足、理论知识和实践环节脱轨等问题,因此提高实践教学能力,寻找切合的产教研模式,融会贯通培养体系具有深远的意义。

2.3　提高科研专业素质

世界一流专业学科以学术研究为核心,而科研竞争力也是"双一流"高校评定的一个重要标准,因此学科建设是基础,是根本和核心,是"双一流"建设的重要指标。科研水平提高才能够获得大量的科研成果,助力高校跨越发展。随着社会经济的高速发展,知识的更新速度也在不断加快,最新的学术成果充实到教学中,可以为专业课程知识和最新研究构建桥梁,提高学生的学习兴趣。同时,提高科研能力,可以更加有效把握和关注相关专业的发展方向及最新研究成果;提高科研能力,能够更新知识结构,进行教学改革;提高科研能力,使得授课内容更加有理有据,更加注重实践与理论的结合;提高科研专业水平,促进基础研究和应用研究创新,可以加大技术创新和成果转化。

3　结　语

"双一流"建设不是简单的拔尖,而是一个系统工程。若高校"双一流"建设是一只远航的帆船,则高校教师,尤其是青年教师势必是重要的掌舵手。只有推进高校青年教师的生态发展建设,提高青年教师的思想政治素质、教学能力和科研专业能力,才能有效地提高高等教育的教学质量,促进学校的内涵建设和特色发展,推进高校的可持续发展,将创建"双一流"推向一个新的高度和境界。

参考文献

[1] 陈玉祥,丁锦宏. 高校教师职业道德规范[M]. 南京:南京大学出版社,2017.

[2] 胡建华,周川. 高等教育学[M]. 南京:南京大学出版社,2017.

[3] 王谦,袁寿其,康灿. 面向卓越工程人才培养的实践教学体系与模式研究[J]. 教育现代化,2018,5(21):3－5.

[4] 董丽红."双一流"战略下高校教师队伍专业化建设[J]. 黑龙江高教研究,2017(10):113－115.

对提升能源学科教学综合性的几点浅见*

李明佳[1]，童自翔[2]

（1. 西安交通大学 能源与动力工程学院；2. 西安交通大学 人居环境与建筑工程学院）

摘要：以能源学科教学为例，从将学科知识体系的历史发展引入教学、加强不同课程知识点之间的关联及以具体科研课题为基础开设综合课程等方面，结合作者在国内外的学习和交流经历，探讨了提高学生知识体系的广度和系统性的几点体会，以作为未来能源学科课程发展的参考。

关键词：学科发展历程；学科融合；工程热力学；科研导向

为应对新一轮科技革命和产业变革对高素质人才的需求，"新工科"建设成为我国高等教育创新变革的关键。在这一新形势下，我国能源学科需要进一步拓展课程内容、提高课程质量，以拓展学生知识体系的广度和系统性。为此，作者结合自身在国内外学习和交流的经历，从将学科知识体系的历史发展引入教学、加强不同课程知识点之间的关联及以具体科研课题为基础开设综合课程等方面，谈一些体会和思考，与读者交流探讨。

1 将学科知识发展过程融入教学

将学科的历史发展过程融入教学之中，能够增强学生的学习兴趣，并促进学生对知识的主动思考与理解。第一，工程学科的发展往往伴随着工业和社会发展的具体需求，具有浓厚的应用背景和时代特征。将学科的历史发展过程引入教学，能够深入展现所学知识的应用价值及其在推动人类文明进程中的重要作用。同时，学科的发展离不开著名科学家的艰苦探索，在课程中穿插科学家的思想发展与人生轨迹，能够引导学生思维的发展和人生观的树立。以上都将使课程更加生动形象，有助于提高学生的学习热情与专业认同感，并进一步培养学生的社会责任感和人文素养。第二，讲述学科历史发展的同时，能够带动学生一同思考，体会理论从初创到成熟的过程，有助于将学习模式由被动接收转变为主动思考。

以工程热力学的教学为例，热力学第一定律和第二定律作为课程的基础，也是课程的难点所在。但是，学生对于第一定律和第二定律的接受和理解程度往往不同。能量守恒作为学生从初中就开始接触的知识概念，可以说已经成为学生的常识，因此理解起来并没有困难。相对地，热力学第二定律作为本科阶段才开始系统学习的知识，由于相关概念的抽象性，成为学生学习理解的难点。从热力学的历史发展角度，热力学第一定律和第二定律均经历了漫长的发展过程，二者既相互促进，同时又有相对独立的发展脉络。虽然伦福德（Graf von Rumford, 1753—1814）通过炮筒制造过程中产生大量热的现象对当时盛行的"热质说"发起了挑战，但是该学说一直持续到19世纪40年代。直到迈耶（Julius Robert Mayer, 1814—1878）、焦耳（James Prescott Joule, 1818—1889）和赫姆霍兹（Hermann Ludwig Ferdinand von Helmholtz, 1821—1894）等人先后提出热能与机械能可以相互转换，并通过精确实验验证之后，能量守恒的概念才被建立和广泛接受。因此，当卡诺（Sadi Carnot, 1796—1832）在1824年提出卡诺循环与热机效率极限时，其所依据的依然是热质学说，直到1850年才分别由克劳修斯（Rudolf Julius Emmanuel Clausius, 1822—1888）和开尔文（William Thomson, 1824—1907，即Lord Kelvin）在热功转换的基础上明确提出了热力学第二定律。

从以上发展过程中可以看到，卡诺定理作为热力学第二定律的核心之一，有着自己独立的逻辑体系。因此，在热力学第二定律的讲授过程中，可以对其进行介绍。这在目前的教学过程中少有体现。

---

*基金项目：高等学校能源动力类新工科研究与实践项目（NDXGK2017Y-40）

目前的教学中通常在引入卡诺循环概念之后,立即应用理想气体可逆过程及热力学第一定律对卡诺循环效率进行分析,得到循环效率与热力学温度之间的关系,之后才介绍卡诺定理,为后续熵这一概念的引出进行铺垫。这样的教学顺序容易使学生关注于循环过程分析,而忽视热力学第二定律的逻辑性。如果按照历史发展的顺序,应当以卡诺定理为核心,直接通过逻辑分析得出在两个热源间的可逆循环效率只与温度有关,即(Q_C/Q_H)=$f(\theta_C,\theta_H)$。这样一方面能够完整体现出热力学第二定律发展的逻辑性,另一方面可以引导学生思考热力学温标的引入方式,并最终通过对理想气体循环过程的分析证明其合理性。这有助于学生抓住热力学第二定律的核心。作者发现,在美国大学广泛采用的相关热力学教材中,均采用了后一种编排方法。

另外,在热力学第一定律和第二定律的发展过程中,许多著名人物的事例可以给学生以启迪。例如,瓦特对蒸汽机的改进之一,即避免了气缸和活塞的反复加热和冷却过程,可以促进学生思考如何将热力学定律运用于实际过程的分析与改进。同时,瓦特在商业上推广蒸汽机的成功及其对后续工业革命和社会发展的带动作用,有助于启发学生对未来知识成果转化的思考,并提高学生的人文素养。另外,热力学发展的关键人物如迈耶和焦耳等人的研究成果在初期均不被重视,却对未来产生了深远影响,简单介绍这些科学家的科研历程,也有助于塑造学生百折不挠的科研精神。

2 重视不同课程知识点之间的关联,面向未来发展

在"新工科"背景下,随着各专业之间的融合,基础课程教学不仅要为本专业服务,也要考虑学生在其他领域发展的需求,因此,需要重视课程与未来科研之间的联系。

同样以工程热力学课程为例,基于热力系统分析的需求,课程往往着重于热力学能、焓和熵等概念的介绍与应用。然而,在其他领域的课程学习和科研过程中,吉布斯自由能和赫姆霍兹自由能的概念同样有着广泛的应用。例如,吉布斯自由能的变化作为恒温恒压过程的最大做功能力,在包含化学反应等过程的应用中有着重要意义,学生在未来对燃料电池等新能源利用形式的研究中将会经常涉及这一概念。但是,这些概念的介绍在通常的工程热力学教学中较少体现。事实上,在热力学第二定律和熵的概念讲解之后,仅需要很少的课时与篇幅,便可以清楚地解释吉布斯自由能和赫姆霍兹自由能等概念,为学生后续的学习和科研打下基础。

再例如,将传热学、流体力学和工程热力学相结合,以不可逆损失最小为目标的系统综合优化,是工程热物理学科发展的趋势之一。而目前的工程热力学、传热学和流体力学的教学相对较为独立,缺乏关联。在教学过程中可以尝试为学生引出相关概念。比如在工程热力学对于热力学第二定律中的克劳修斯积分不等式的讲解过程中,可以通过强调其中的温度为热源温度而非工质温度,引出工质与热源间的传热温差对循环效率的影响,从而介绍传热过程与热力系统协同优化的概念。又如在传热学和流体力学教学中,可以强调非平衡系统的熵流和熵产等概念。作者 2017—2018 年在美国哥伦比亚大学交流期间旁听了面向研究生的传热传质课程(Transport Phenomena Ⅲ),任课教师在传热传质的教学中采用了相关的逻辑体系,在构建质量、动量、能量守恒方程及本构关系之后,将其作为约束条件代入热力学第二定律的熵平衡方程,进一步推导出黏性、热导率等参数的热力学限制,这一方面体现了课程的逻辑性,另一方面也加深了不同学科之间的关联。

3 以科研和应用为基础,开设综合课程

增强学生未来在不同领域的发展潜力,不仅可以通过上节所述的强化知识点之间的关联,还可以通过开设以具体的科研和应用为基础的课程,在课程中强化相关知识的系统性关联。作者在美国哥伦比亚大学交流期间,通过一些课程的学习,发现导师以具体应用对象或科研对象为背景所开设的课程,能够有效提升学生知识储备的广度,更能吸引学生的兴趣。

以针对高年级本科生和研究生的太阳能利用课程为例,任课教师在该门课程一个学期的教学过程中,以太阳能利用为对象,分别介绍了太阳能利用的发展历史、太阳辐射的性质与光线追踪、太阳能热利用中的热力学、太阳能电池、太阳能存储等知识点,并以自己亲身设计并居住的房屋为例,介绍了不同太阳能利用方式在太阳能建筑中的综合应用。这些内容安排有助于学生将不同领域的知

识点进行综合,培养学生学科交叉的意识。该课程选课学生的专业背景来自物理、化学、机械工程、电气工程、建筑、环境等不同领域。为照顾不同专业背景的学生,此类教学通常以通识课程和概述性质为主,但该任课教师却用大量的课程时间,详细介绍了方位天文学、热力学、电磁场、量子力学等诸多学科的基础理论知识,且均达到一定深度。例如,对麦克斯韦方程组的求解和一维量子力学问题的求解等。这都有助于加深学生的理论功底,为学生未来在不同领域的发展提供初步基础。

现今科研领域中的每一个重大科研项目都体现着学科交叉的特点,以实际科研内容为基础,综合各个相关领域的知识,沉淀出教学体系与内容,将有助于提升学生知识面的广度和知识结构的系统性。当然,这一课程安排需要任课教师有全面的知识储备,如何避免在教学中流于浅尝辄止的科普介绍,对各领域知识给予一定深度和系统性的讲解,仍然有待进一步探索。

4 结　语

本文结合作者自身在国内外的学习与交流经验,以工程热物理尤其是工程热力学的教学为对象,分别针对将学科知识体系的历史发展引入教学、加强不同学科知识点之间的关联及以具体科研课题为基础开设综合课程,提出了一些体会与思考,为提升学生知识的宽广性和系统性给出了一些建议,以供读者探讨。

参考文献

[1] 吴爱华,杨秋波,郝杰. 以"新工科"建设引领高等教育创新变革[J]. 高等工程教育研究,2019(1):1 - 7,61.

[2] 沈维道,童钧耕. 工程热力学[M]. 4 版. 北京:高等教育出版社,2007.

[3] Müller I. A History of Thermodynamics:The Doctrine of Energy and Entropy[M]. Berlin:Springer, 2007.

[4] Moran M J, Shapiro H N, Boettner D D, et al. Fundamentals of Engineering Thermodynamics[M]. 7th ed. New Jersey:John Wiley & Sons, Inc. ,2011.

[5] Borgnakke C, Borgnakke R E. Fundamentals of Thermodynamics[M]. 8th ed. New Jersey:John Wiley & Sons, Inc. ,2013.

[6] Fermi E. Thermodynamics[M]. New York:Dover Publications, 1956.

[7] 何雅玲,陶文铨. 对我国热工基础课程发展的一些思考[J]. 中国大学教学,2007(3):12 - 15.

[8] Slattery J C. Momentum, Energy, and Mass Transfer in Continua[M]. 2nd ed. New York:Robert E. Krieger Publishing Company, 1981.

[9] Chen C J. Physics of Solar Energy[M]. New Jersey:John Wiley & Sons, Inc. ,2011.

基于雨课堂与支架式教学模式耦合的双语课程设计与实践*

汤东,尹必峰,睢志轩

(江苏大学 汽车与交通工程学院)

摘要:从我国的双语教学教学环境出发,对双语教学现状进行分析研究,以此为基础提出了雨课堂与支架式耦合的双语教学模式;以建构主义教育思想为基石,将支架式与双语教学的原理有机融合,利用雨课堂补充课堂前后学习空缺,拉近师生交流距离;以内燃机增压技术课程等为例分析雨课堂与支架式教学模式耦合的双语教学课程实践,通过教学实践来验证该教学模式的有效性,运用 SPSS 19.0 对测试成绩进行数据分析,分析结果表明雨课堂与支架式耦合的双语教学

*基金项目:江苏大学高等教育教改研究课题(2017JGYB022);江苏大学教改重点项目(Z015JGZD020)

方法可以显著提高学习积极性和课堂学习效果,新的双语教学模式对动力机械类双语教学具有积极的现实意义。

关键词:双语课程;支架式;雨课堂;混合式教学

随着经济全球化的发展,国际交流与合作越来越频繁。现代社会迫切需要大量的高素质复合型专业人才,然而传统的外语学习和专业知识的学习越来越无法满足社会的需要,经过10多年来的努力和探索,双语教学工作已经取得了一定的成效,但是除少数高水平大学教学外,绝大部分高校双语教学还处于起步和建设阶段。借助雨课堂与支架式耦合的混合式教学能够更加充分地融合传统课堂教学与网络教学的优势,通过多种教学手段、教学技术、教学评价等,改变教师满堂灌、学生被动听的局面,发挥学生的主观能动性,变被动为主动。

1 雨课堂与支架式耦合的双语教学理论基础

1.1 雨课堂

雨课堂是2016年学堂在线和清华大学在线教育办公室共同研发的智慧教学工具,目的是全面提升课堂教学体验,让师生互动更多、教学更为便捷。雨课堂改变了传统教学模式中教师为主体的填鸭式灌输教学方法,将学生作为学习主体,教师成为学生学习的推动者和指导者,利用网络教学的优势,引导学生在课外完成基础知识的自学,充分调动了学生对课程学习的自主性,培养学生独立思考能力,提高他们的学习效率。

1.2 支架式教学

支架式教学与雨课堂在理论构建、教学方式等方面有着诸多共通之处。作为建构主义学习理论之一的支架式教学的有效性在国内外很多的研究中得到了证实。在框架搭建上,同样摒弃了以教师为主体的传统教学模式,支架式教学以学生为主体,教师作为引导的支架,通过构建相关情境来引导学生,激发他们的好奇心与求知欲,促使学生自己主动对问题进行探索,并以小组为单位相互讨论,自我反思与评价。在此期间教师不断减少引导作用,最后促进学生掌握自主学习的能力。

1.3 双语教育模式的相互融合

建构主义教育思想不仅和支架式教学模式息息相关,而且对双语教育产生了深远的影响。在学习、应用母语的同时,用第二语言进行各学科的教学,以获得各学科知识,并在视、听、读、写、思、行的认知过程中,潜移默化地拓宽学习目标语的渠道和应用时空,这种学用融合、用学互动的教学方法,为培养双语人才提供了平台。

传统双语教学一直面临着"有意识学习语言,却无助于语言提高,甚至妨碍语言习得"的状况。想要改变这种状况,就必须要借鉴"授人以鱼不如授人以渔"这一思想,通过引导学生自己去寻找答案以至于学习方法,使学生在将来能够自己主动而深入地探究自己所感兴趣的领域,而不是单纯地将知识灌输给学生。

同样遵循着建构主义的教育思想与理论,将支架式教学方法融入双语教学中有着先天的理论基础,并利用雨课堂将学生与教师紧密联系在一起,可以取长补短,利用雨课堂与支架式教学方法弥补双语教学中遇到的问题,从而提高教学效果和学习效果。

2 课程教学方法的设计

实践是检验真理的唯一标准,将理论与实践相结合才能结出成功的果实。本文以内燃机增压技术中的涡轮增压器与柴油机的匹配为例,对雨课堂与支架式耦合的双语教学模式进行研究。

(1)利用雨课堂网络教学的优势,将创设的涡轮增压器与柴油机的匹配的情境与问题通过雨课堂提前发送给学生,学生可以通过自学掌握简单的基础知识,有了课下基础知识的积累,教师课上则可节省时间,通过微课等形式只讲授重点、难点问题。

(2)根据学生的学习差异将全体学生分成若干个小组,并引导各组的学生对提出的问题进行研究,在学习过程中,教师借助雨课堂的实时答题和弹幕互动功能,随时掌握学生的学习效果。在某些重点、难点问题的教学过程中,教师可以通过雨课堂实时提问,了解学生对知识点的掌握程度,从而有针对性地进行强化教学,提高教学效果。最后,每个小组都应该完成一份介绍自己如何解决问题,以及从中获取的成果与学习方法的双语PPT,并上台进行展示,通过教师与其他小组成员进行提问与评价,找出其中的不足之处,自行反思,避免在将来的学习过程中犯同样的错误。

(3)在授课过程中,还可以发布试卷的功能,一方面可以用于课前督促学生自主学习,并通过相关数据统计,帮助教师了解学生预习情况,及时发现问题,从而确定课堂讲授的重点;另一方面可以在课堂讲授结束后发布试卷,以检测学生课堂学习效果。通过课前和课后的数据采集、分析,教师能够掌握每名学生的学习情况,准确定位自己的教学活动。

(4)在课程实践过程中,以支架式教学模式为主要教学方法,充分利用雨课堂的网络教学优势来拓展学生课前课后的学习时间,拉近师生的沟通距离,避免传统教学模式中学生机械接受知识灌输的问题,充分提高学习效率与自主性。

为准确验证雨课堂与支架式耦合的新教学模式相较于传统教学模式的优势,通过教改实验对教学效果进行数据化分析不可或缺。

3　教学改革实验分析

各选取动力机械专业2014级和2015级的两个班级作为实验对照组,2014级的学生在大学四年级上学期学习"内燃机增压技术"时实行的是传统教学模式,即采用PPT结合专业英文词汇和短语进行讲授,而2015级的学生采用雨课堂和支架式耦合的新教学方法,将两个年级两个班的考试成绩进行比较,并运用SPSS 19.0软件对结果进行统计计算分析。

均值计算公式:

$$\bar{x} = \frac{x_1 + x_2 + \cdots + x_n}{n} \qquad (1)$$

标准差公式:

$$S_N = \sqrt{\frac{1}{N-1} \sum_{i=1}^{N} (x_i - \bar{x})} \qquad (2)$$

表1是两组的成绩统计分析结果。从表中可以看出,2014级1班和2班的平均成绩区别不明显,1班的成绩略高于2班。2015级3班和4班的成绩均值分别为80.64和80.07,相比1班与2班分别高2.29分和2.16分。从均值和标准差来看,实行新教学模式的两个班级都较实行传统教学模式的两

个班级有明显提升,且各成绩离散程度较低,说明采用新教学方法可以显著提升课堂学习效果。

表1　组统计量

年级	分组	N	均值/分	标准差
2014级	教学1班	32	78.35	2.31
	教学2班	33	77.91	2.40
2015级	教学3班	29	80.64	1.44
	教学4班	31	80.07	2.05

4　结　语

通过实验数据的统计与分析,可以发现在雨课堂与支架式耦合的双语教学模式下,学生的学习效果明显高于传统教学模式,这说明新的教学模式可以有效帮助学生掌握双语内容,提高专业知识与英语的融合性学习效率。雨课堂与支架式耦合的双语教学的实践对拓宽学生的专业知识面、提高学生的专业学习兴趣、提高教师的专业学术水平等方面具有积极的现实意义。

参考文献

[1] 李旭,马满军,向红军,等.普通高校本科专业课程实施双语教学现状及对策分析[J].湘南学院学报,2006(3):106-109,121.

[2] 李利荣,常春,吴丹雯,等.关于高校工科专业课程双语教学的实践与探讨——信息论与数字图像处理双语教学实践[J].科教导刊(中旬刊),2012(10):169-170.

[3] 邓亮.基于"雨课堂"混合式教学模式设计与实践[J].中国人民公安大学学报(自然科学版),2017,23(2):105-108.

[4] 齐兴.基于雨课堂授课模式的探究[J].信息与电脑(理论版),2018(21):245-247.

[5] 高艳.基于建构主义学习理论的支架式教学模式探讨[J].当代教育科学,2012(19):62-63.

[6] 刘鹏.建构主义理论与高校双语教学改革对策[J].潍坊教育学院学报,2008(1):86-87,101.

[7] 隋允康.材料力学教改的"以鱼学渔论"思考[C]//中国力学学会教育工作委员会.世纪之交的力学教学——教学经验与教学改革交流会论文集,2000.

[8] 赵颖丽.初中英语语法支架式教学模式探究[J].教育参考,2017(1):96-102.

建环专业课程教学设计与改革方法探究
——以江苏大学建筑环境学为例

张兆利，胡自成，葛凤华，王颖泽，徐惠斌，郭兴龙，徐荣进

(江苏大学 能源与动力工程学院)

摘要：针对传统的建环专业课程教学体系已不能较好地满足新形势下的专业发展需求，本文探索了地方院校特色专业的课程教学设计。以江苏大学建环专业的建筑环境学为例，基于学生调研、校友论坛和企业反馈，分析现阶段的课程教学各环节存在的不足，提出精确定位、优化教学内容、建设优质资源库、创新实验教学和改革实践实习等途径，培养学生扎实的基础知识和实践技能，最终提高学生的专业水平和工程能力，以期为地方院校特色专业建设提供有效借鉴。

关键词：建筑环境学；教学设计；课程改革；融合教学；特色专业

建环专业以培养从事建筑环境控制、建筑节能和建筑公共设施技术等领域的高级工程技术人才和管理人才为目标。随着社会经济的持续发展，建筑行业规模不断扩大，对建环专业高素质工程技术人才的需求日益剧增。同时，根据教育部最新颁布的专业培养方案，可以发现新方案更加注重强调学生的基础知识和实践能力，力主培养具备扎实基础与创新实践能力的应用型人才。但现阶段传统课程教学体系仍主要以教学为主，已不能较好地满足专业发展需求，因而深入探究建环专业课程教学的改革具有非常重要的意义。此外，对于地方院校而言，专业发展的本质是解决高等教育供给侧结构性矛盾，是破解专业同质化、与产业需求脱节的重要推动力。如何精准定位并精心打造与管理建环专业课程教学是当前地方院校高等教育领域的研究难点。

本文基于"三全育人"的全新高等教育生态视角，以江苏大学建环专业的建筑环境学特色课程为例，分析课程教学的创新设计与改革发展，以期为地方院校特色专业建设提供有效参考和借鉴。

1 建筑环境学课程教学的现状

1.1 课程认知不足

建筑环境学作为建环专业重要的专业基础课，内容涉及传热学、流体力学、物理学、生理学、气象学和建筑学等学科知识，是一门跨学科的综合性课程。当前课程教学体系中，多偏重于任课教师熟知的某一部分内容，而缺乏对整个课程的把握与认知，难以全方位地阐述课程的教学任务。

1.2 教学理念滞后

在建筑环境学的教学过程中，任课教师为了便于组织与管理，通常按照自己对课程的认知程度，设计相应教学环节与实验安排，普遍存在教学素材脱节、教学课件老套等问题，课程教学照本宣科，实验与实习环节机械重复，此种教学理念严重限制了学生综合素养的提高，不符合现代教育理念与素质教育要求。

1.3 课程脱离实践

课程教学过程中的演示设备与实验设备陈旧，并且实习环节任务相对简单，造成工程实践缺乏适应性，与生产实践严重不相符，导致培养的毕业生在面对工程实际问题时，无法有效发现问题根源，应用所学专业知识解决问题。

1.4 学生缺乏互动

教学环节缺乏趣味性，实验内容简单枯燥，实习方式走马观花，使得较多学生将本课程的学习视为一种课业负担，对学生学习自信心与热情造成了很大的影响，导致学生与任课教师、实验教师及实习教师之间无法形成良好的互动关系，理论与实践也就难以同步发展。

2 建筑环境学课程教学设计与改革

2.1 特色专业课程教学定位融合战略

为响应国家的"双一流"建设和"一带一路"倡议，国内诸多高校陆续将建环专业定位为国家知名或高水平、有国际影响力的专业，这就要求相应的建筑环境学课程教学全面地向科研倾斜，更加强调培养学生的科研与创新能力。在此背景下，江苏大学建环专业在充分认识到地方院校生态环境与科研环境有限的基础上，提出"错位与补充"的精确定位，即与国内诸多高校的专业定位错开，定位于服务地方与区域的经济发展，并与国内诸多高校实现有机融合与补充。秉承"博学、求是、明德"的校训，坚定本专业"立足江苏、面向华东"的发展策略，以培养基础扎实的高级应用型人才为己任，构建区域性发展的应用型教学基地。

首先，本专业探索遵循"融合与均衡"的生态理念，以建筑热湿环境控制与节能为导向，优化专业课程体系，采取教学引入节能理念、实验训练节能技能、设计体现节能效果、竞赛开展节能创新，探索专题设计载动、科研创新驱动、开放实验拉动、学科竞赛推动的联动模式，将理论与实践、课内与课外、教学与工程项目进行有机协调与统一。

其次，本专业以培养学生掌握建筑热湿环境调控及节能优化能力为初衷，根据区域经济建设与发展需求，结合建环学科发展前沿，以课程教学为核心，将科研和实践全面融入课堂中。在教学过程中，基于理论教学建立学生基本知识框架体系；同时，根据实验与实践教学构筑工程实际应用结构体系，提高学生的实践能力和社会适应能力，增强人才培养的行业针对性和专业适用性。

本课程教学突出应用型导向，提出以知识为基础、能力为中心、素质为目标的技术应用型人才教学策略。本课程因地制宜，适应区域经济发展需求，按照项目工程师的培养理念，强化学生对建筑热湿环境重要性的理解，突出学生对建筑节能的应用能力，适应新兴产业需求。通过本课程教学，培养学生成为掌握建筑热湿环境、建筑节能技术和室内空气品质应用的技术型人才。

2.2 授课理念改革与方式多样化转变

突破传统"应试教育"的授课理念，以就业需求为导向，依托专业基础课程与环境，以"课程＋实验＋实践"为系统教学理论指导，打破传统的教学模式，形成以课程教学为理论基础、以实验训练为核心依托、以项目实践为提升平台的综合建筑环境学课程教学体系。

丰富课程教学的形式，改革教学方法，采用情景教学法、直接教学法等，实施任务型教学和项目化作业改革，以学生为主体角色，充分调动学生的积极性，让学生对本课程的教学工作产生极大的兴趣，乐于参与到教学活动中来，在实践教学中充分体现学生的主体角色。

在整合建立课程资源库并有效更新传统教学内容的基础上，创造性地引入 seminar 方式，配合任课教师授课形式。选取课程教学的某一章节，以 seminar 形式组织学生分组研讨教学内容，查阅国内外的相关研究进展，深化学生对所学课程的熟悉。同时，以小组形式参与教学研讨活动，还能够培养学生之间的协作意识和团队合作精神。在课程作业与练习部分，弱化课后习题任务，辅以 project 形式，根据具体的实践工程要求，设置实践任务要求，要求学生根据基础课程的教学学习，查阅相关的节能技术和设计标准，准确地设计实践内容，完成工程项目的任务。综合考虑课程教学设计与任务安排，建筑环境学课程分别设计 seminar 两次和 project 两次（半期和期末各一次）。

2.3 实验教学与课程教学"科教"融合

结合当前国家推行建筑节能的行业背景，本课程与建筑节能产业需求对接，课程内容与暖通空调执业标准对接，实践环节与设备生产及安装过程对接，强化科教深度融合，培育多元协同育人合作模式，突出课程培养建筑环境学本质的属性，促进专业教学与实验研究、工程训练、社会应用等内外因素互动，推动课程的建设和发展。

开展建筑环境学课程实验［热舒适指标（PMV）TSV 测试和用示踪气体衰减法测试通风量］，主要目的在于使学生通过实验了解相关测试仪表的使用方法，掌握 PMV、TSV 测试和示踪气体衰减法测量通风量的方法，通过实验加深对建筑热舒适理论的理解，能够区分 PMV、TSV 的含义、原理及区别，并理解室内设计参数取值的意义，学习数据处理与分析方法，训练数据分析与总结能力。实验考核在期末考试中体现，约占课程总成绩的 20%。

注重学以致用，本课程的实验环节实施"配对"导师制计划，师生全面结对，在本科生教学中开展"准研究生"式的培养体系，师生共同发力，从实验阶段展开协同合作与创新。同时,引入"实验素质学分",通过各级科研训练、纵向课题和学科竞赛等,提高学生的分析能力和实践思维。

将科教融合理念全面融入建筑环境学的课程体系建设、教学方法设计和教学手段改革等各具体环节。试行理论联系实践并服务于实践的课程教学训练,从实际工程中获取真实图纸,依次综合运用通过工程制图、建筑概论、暖通空调、冷热源及建筑设备自动化等专业知识,解决面临的具体问题,激发学生参与课程教学与实践的积极性。

2.4 认识实习与生产实习"产教"融合

课程教学与实习实现"产教"的有机融合,组织课程认知实习,提高学生对课程的任务和目标的认识度,将所学的理论知识与实践结合起来,培养学生具有探索的创新精神和严肃认真的学习态度,提高动手能力,加强社会活动能力,为专业实习和实践工作打下坚实的基础。作为培养学生实践和解决问题能力的第二课堂,认识实习是专业认识的摇篮,也是对工业生产的直接接触。巩固所学基本知识,获取直接经验常识,培养学生的实践能力和创新理念,开拓专业视野,培养实际生产中探究、观察、分析和解决问题的能力。

组织用人单位和毕业生论坛,基于企业和单位的实际反馈,聚焦现阶段课程教学存在的问题,分析造成目前困境的主要原因,针对从业人员体现出的专业理论不扎实和岗位技能偏弱的发展瓶颈,本课程从基础入手,联合校外合作企业,建立校企合作的示范性教学课程,精心打造校企融合的应用性教学环境,培养学生在真实环境下发现问题、分析问题并最终解决问题的潜质和能力。实现课堂理论学习和工程实践的交替进行,提高建环专业学生工程应用能力,促进人才培养质量提高,夯实专业办学基础。

3 结　语

建筑环境学是建环专业的专业基础课程,研究对象涵盖从机械设备系统向综合的建筑环境系统的转变。该课程注重学生的基础知识和实践技能,对于本科专业的课程教学具有重要的意义。本文以江苏大学为例,对建筑环境学的课程建设进行了思考,详细阐述了课程基本信息及其建设基础和当前课程教学存在的不足,并在此基础上改进和探讨了该课程的教学设计。课程精确定位,优化课程教学内容,建设优质课程资源,创新课程实验教学和改革实践实习,最终提高学生的业务水平和实践能力,实现地方院校特色工程人才的培养目标。

参考文献

[1] 王浩宇,任晓耕,陈福祥,等. 基于 OBE 理念的建环专业课程改革与实践——以《空调冷热源技术》课程为例[J]. 高教学刊,2019(1):85-87,90.

[2] 闫建璋,许梅玉. 省属重点综合性大学教育学院人才培养目标定位探析[J]. 高校教育管理,2019,13(3):51-60.

[3] 杨桂华,薛茹. BIM 技术融入建环专业课程体系的方案研究[J]. 管理工程师,2018,23(6):71-75.

[4] 蔡磊,向艳蕾,管延文,等. 建筑环境与能源应用工程专业新工科人才培养体系探索[J]. 高等建筑教育,2018,27(5):9-13.

[5] 王璐瑶,陈劲,曲冠楠. 构建面向"一带一路"的新工科人才培养生态系统[J]. 高校教育管理,2019,13(3):61-69.

[6] 李奉翠,靳俊杰. 建环专业实践创新教学改革的探索[J]. 教育现代化,2018,5(36):39-40.

传热学 MOOC 的实践与思考

李增耀，曾敏，王秋旺，陶文铨

（西安交通大学 能源与动力工程学院）

摘要：本文总结了西安交通大学传热学 MOOC 的建设与实践过程，分析了学生选退课、视频学习、阶段测试、讨论和答疑等环节的特点，提出了视频拍摄、题库建设、讨论区建设和如何更好支撑混合式教学及翻转课堂方面的一些想法和建议。

关键词：传热学；MOOC；建设与实践

传热学课程是研究在温差作用下热量传递规律的一门学科，是能源动力、航空航天、交通运输、化工制药、环境工程、武器装备、土木工程等专业的一门必修主干技术基础课程。从现代楼宇的暖通空调到自然界风霜雨雪的形成，从航天飞机重返大气层时壳体的热防护到电子器件的有效冷却，从一年四季人们穿着的变化到人类器官的冷冻储存，无不与热量的传递密切相关。西安交通大学传热学课程是国家精品课和国家精品资源共享课，在教材建设、教师队伍建设、人才培养和教学声誉方面在国内处于领先地位。如何扩大该课程的辐射效应、如何通过同行的批评指正提高课程水平，MOOC 提供了一种可能。

MOOC，即大规模开放在线课程，是"互联网＋教育"的产物。目前，我国上线慕课数量已达 5000 门，学习人数突破 7000 万人次，慕课总量、参与开课学校数量、学习人数均处于世界领先地位，我国已成为世界慕课大国。《教育信息化"十三五"规划》提出，"积极组织推进多种形式的信息化教学活动，鼓励教师利用信息技术创新教学模式，推动形成'课堂用、经常用、普遍用'的信息化教学新常态。"所以，建设传热学 MOOC 是时代的选择。传热学MOOC 可为全国的学习者提供丰富的素材；可作为学生课前预习、课后复习重要知识点的手段；便于实施混合式教学，可安排一定的内容线上自学，以利于课堂上进行针对性讨论；每周都有小测验，便于学生检测知识点掌握情况。

1 传热学 MOOC 建设

传热学课程主要内容包括导热、对流和热辐射 3 种热量传递方式的物理概念、特点和基本规律，综合应用这些基础知识正确分析典型工程传热问题的方法，计算各类热量传递过程的基本方法，间壁式换热器热力设计方法，强化或削弱热量传递过程的方法及相应的措施。这些内容，很大一部分和工程实际紧密结合，掌握这些知识，既需要有坚实的数学、物理、热力学、流体力学等相关的理论基础，还需要有较好的分析问题和解决问题的能力，对于第一次接触的学生来说有相当的难度，特别是分析简化从而建立数学物理模型方面。

1.1 知识点分割

随着科技的进步和阅读载体的变化，人们获得知识的碎片模式应运而生。MOOC 也应满足碎片学习的需求。为此，将传热学内容总体分为基本知识点和综合分析两大块。基本知识点有 90 个（见表 1），涵盖了传热学的主要内容，包括重点和难点。通过对这些知识点的学习，学生可掌握热量传递方式的物理概念、特点和基本规律，以及计算各类热量传递过程的基本方法。

表 1　知识点分割

绪论	1.传热学的基本内容 2.热传导 3.热对流 4.热辐射 5.传热过程和传热系数 6.传热学的应用 7.传热学的研究方法	对流传热 实验 关联式	1.内部强制湍流对流传热 2.内部强制层流对流传热 3.流体外掠平板 4.流体横掠单管 5.流体横掠管束 6.射流冲击传热 7.大空间自然对流传热 8.有限空间内的自然对流传热
稳态导热	1.温度场基本概念 2.傅里叶定律及导热系数 3.导热问题微分方程 4.定解条件 5.通过单层平壁的导热 6.通过多层平壁的导热及接触热阻 7.通过圆筒壁及球壳的导热 8.肋片导热的基本分析和计算 9.温度计套管测温误差 10.肋效率 11.具有内热源的一维稳态导热 12.多维稳态导热问题	凝结与 沸腾传热	1.凝结传热的模式 2.层流膜状凝结分析解及计算关联式 3.凝结传热的影响因素及其传热强化 4.沸腾传热模式及大容器饱和沸腾曲线 5.沸腾传热的影响因素及其传热强化 6.热管及其应用
非稳态 导热	1.非稳态导热的基本概念 2.Bi 数与 Fo 数 3.集中参数法和时间常数 4.一维无限大平板的非稳态导热分析解 5.一维无限大平板的非稳态导热分的正规状况阶段分析 6.半无限大物体的非稳态导热 7.导热系数、热扩散率和吸热系数	热辐射 基本特性	1.热辐射的定义及基本性质 2.黑体模型 3.Stefan – Boltzmann 定律 4.Planck 定律与 Wien 位移定律 5.Lambert 定律 6.实际物体光谱辐射特性 7.实际物体定向辐射特性 8.实际物体选择性吸收特性与灰体 9.基尔霍夫定律 10.太阳辐射与环境辐射 11.气体辐射特点 12.Beer 定律
导热问题 数值解法	1.导热问题数值求解的基本思想 2.导热问题数值求解的基本步骤 3.内节点离散方程的建立 4.边界节点离散方程的建立 5.代数方程组的求解 6.热电比拟实验原理 7.非稳态导热问题数值求解的离散方法 8.非稳态导热问题数值求解的显式和隐式格式 9.非稳态导热问题数值求解的数值稳定性分析	辐射传热 的计算	1.角系数性质 2.角系数计算 3.两黑体表面系统辐射传热计算 4.有效辐射及两漫灰表面系统辐射传热计算 5.辐射等效网络与多表面系统辐射传热计算 6.多表面系统辐射传热计算的两个特例 7.辐射传热的强化与削弱 8.遮热板 9.抽气式热电偶 10.复合传热表面传热系数 11.有气体参与的辐射传热计算
对流传热 的理论 基础	1.影响对流传热的因素及对流传热的类型 2.表面传热系数 3.对流传热问题的数学描写 4.流动边界层及热边界层 4.边界层型对流传热问题的数学描写 5.相似原理 6.导出相似特征数的两种方法	传热过程 及换热器	1.传热系数的计算 2.换热器的类型 3.平均传热温差 – 顺流和逆流 4.平均传热温差 – 其他型式 5.换热器的热计算方法 6.换热器的设计计算 7.换热器的校核计算 8.污垢热阻 9.热阻分离法 10.强化传热的突破口与壁面温度工况 11.传热过程分析 – 临界热绝缘直径 12.热量传递过程的强化及抑制

1.2 视频拍摄

从学生学习的角度来讲,最佳的视频呈现方式是达到板书的效果。但板书不仅需要书写工整,而且图示、动画等效果也不好。所以在PPT制作方面花了大量的精力,结合动画和数位屏的激光笔指示和勾画功能,力求达到最好的效果,如图1所示。但由于技术和精力所限,PPT的动画不够丰富、数位屏的延迟严重,影响了视频呈现效果。

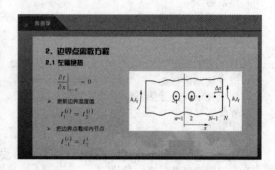

图1 在线视频呈现示例

1.3 题库建设

MOOC的特点决定了阶段测试和期末考试最好以客观题的方式进行,这就需要准备大量的涵盖各单元主要内容的客观试题库,且试题的难易程度应该分级,系统选题也应该考虑难易的比例。目前,一共设计了1000道客观试题,从数量来讲能够初步满足传热学MOOC的需求。

1.4 讨论区建设

"爱课程"平台的讨论区包括老师答疑区、课堂交流区和综合讨论区。讨论区采用主讲老师负责、其他老师辅助的方式管理,不定期回答学生提出的问题和提交综合分析题引导学生解决。图2示例性展示了讨论区的老师答疑区和综合讨论区的师生参与情况。

图2 讨论区示例

2 传热学 MOOC 实践

西安交通大学传热学 MOOC 于 2018 年 12 月 23 日至 2019 年 3 月 31 日在"爱课程"平台进行了第一轮开课,具体实施情况从以下几个方面介绍。

2.1 选退课情况

MOOC 具有资源多元化、易使用、受众面广及参与灵活的特点,其中"参与灵活"意味着 MOOC 具有较高的入学率,同时也具有较高的辍学率,这就需要学习者具有较强的自主学习能力才能按时完成课程学习内容。图3和图4分别给出了西安交通大学传热学MOOC第一轮开课学生选课和退选情况。很明显,学生选课的随意性比较大,从开课第一周到最后一周,都有相当数量的学生参与到课程中。而退选的人数很少,这并不能说明辍学率高,后面关于期末考试的情况有进一步说明。

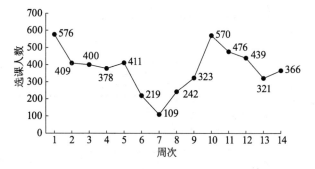

图3　每周选课人数

图4　累计退选人数

2.2　视频学习情况

传热学MOOC基本知识点的90个视频单元,最多学习人数为2566(视频1)、最少学习人数为76(视频89),如图5所示。很显然,视频学习情况不理想。

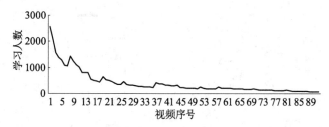

图5　视频学习人数

2.3　阶段测试情况

西安交通大学传热学MOOC共13周,每周一次阶段测试,测试题型为单选题、多选题、判断题,满分20分。从图6的阶段测试参与人数的平均成绩来看,最高为17.7分、最低为15.2分,得分率在75%以上,比较合理。但参与阶段测试的人数逐次递减,从第一次的597人次减少到最后一次的104人次(见图7),说明学生学习的随意性比较大,这也正是前面提到的MOOC的特点。

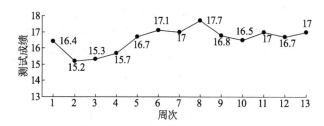

图6　阶段测试成绩

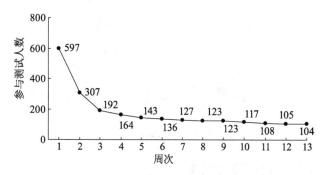

图7　阶段测试参与人数

2.4　期末考试情况

由于选课人数多,如果手工阅卷,工作量不可想象,所以这次的期末考试题全部是客观判断题,以方便机器阅卷。考试内容基本涵盖了《传热学》第4版教材1~10章的主要内容,其中4道计算题给出了解题的详细过程,由学生判断解题过程中哪些是正确的、哪些是错误的。综合来看,这是一次有益的尝试。

虽然选课人数累计超过5200人,但最终参加期末考试的只有104人,平均得分率78.7%(见表2)。图8给出了最终审核通过的102人的成绩分布曲线,及格率91.2%。

表2　期末考试情况

名称	发布日期	提交人数	总分	平均得分率
期末考试	2019-03-29	104人	90.0分	78.7%

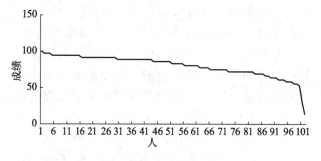

图8　期末考试成绩分布

值得注意的是,综合平时考核环节和期末考

试,最终综合成绩不合格率高达86%(见图9)。仔细分析过程数据发现,造成不合格的主要因素是过程考核环节不完整或大部分缺失,可能的原因之一是很多学生不以"拿证书"为目的。

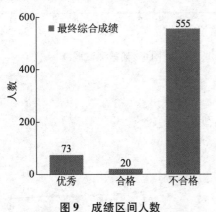

图9 成绩区间人数

2.5 讨论和答疑情况

答疑和讨论环节是 MOOC 成功与否的关键环节之一。从图10的答疑讨论活跃度分布来看,情况很不理想。活跃度最高为94(发帖和回复数94),说明教师和学生的参与度都远远不够。

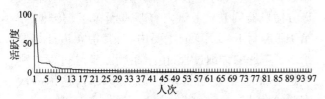

图10 答疑讨论活跃度

3 传热学 MOOC 思考

从第一轮传热学 MOOC 的建设与实践情况来看,有以下几个方面需要在今后完善和提高。

3.1 视频拍摄

目前,传热学线上内容包括5个部分共90个知识点。这些知识点可以满足学生对传热学基本内容的掌握,但还是偏抽象,需要进一步提炼和丰富,以满足学生对提升分析工程实际问题进而解决问题的能力的需求。同时,在视频内容的展示方式方面还需要进一步完善,传热学毕竟不同于文史类课程,动画设计、图表显示、公式展开等需要考虑学生学习和接受的有效性,这方面的工作量很大。图11~图13分别是美国 MIT、Yale 和 Colorado-Boulder 大学的公开课视频课截图,可以看出:① 内容呈现主要以手写为主,推导分析过程主要是手写;② 视频基本是录屏为主。这样的呈现方式的优点是:① 最大化地利用了有限的屏幕空间,特别适合于当前的移动互联时代;② 内容呈现速度合适,学生有时间思考。缺点在于对"手写"的要求很高,如果能借鉴现在移动设备的手写功能(具有字体美化功能)和借助最新的手写公式识别编辑软件,那么视频呈现方式的效果将会大幅度提升。

图11 MIT 热辐射课程

图12 Yale 物理课程

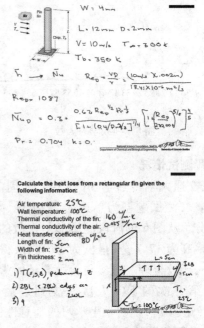

图13 Colorado-Boulder 传热学课程

2019 年全国能源动力类专业教学改革研讨会论文集

3.2 题库建设

现有的题库还需要丰富,特别是内容的设计上,既要能检测学生对基本知识的掌握情况,还不能过于简单或过于复杂。在提升学生分析工程实际问题进而解决问题的能力方面,素材严重不足。如何设计并开发丰富的试题库,是 MOOC 建设需要解决的一个主要问题。同时,平台系统选题还实现不了难易比例的考虑,需要和平台方面协商解决。

3.3 讨论区建设

现有的讨论区分为综合讨论区、老师答疑区和课堂交流区,其中:"综合讨论区"主要用于教师发布一些综合性强的问题来引导学生思考和讨论;"老师答疑区"主要用来随时回答学生提出的问题,包括测试题的解析;"课堂交流区"现在还是空白。线上答疑讨论的方式打破了时间和空间的限制,是一种很好的方式,但正是由于太方便而缺少时效性,可以规定具体答疑讨论时间段来一定程度地弥补。综合讨论区可以凸显传热学本身偏工程的特点,但如何提高学生参与的积极性,需要在考核方式上予以考虑,也需要课程团队的积极引导和参与。

3.4 支撑混合式教学和翻转课堂

混合式教学,是将在线教学和传统课堂教学的优势结合起来的一种"线上 + 线下"的教学。翻转课堂是将学习的决定权交给学生,使学生更专注于主动的基于项目的学习。这两种教学模式,可以调动学生学习的主动性和积极性,但需要教师设计大量的、难度适宜的小课题或小项目,引导学生进行探索式学习,实现知识的主动吸收。这对教师的职业素养提出了很高的要求,教师在提高自身学识素养的同时,也要做好"从主动变为被动、从主导变为引导"的角色转变。

4 结 语

虽然西安交通大学传热学 MOOC 已在中国大学 MOOC 平台成功上线并完整开出一轮,且第二轮开课正在进行当中,但还需在视频拍摄、题库建设、综合分析、答疑讨论等环节进一步完善,同时要考虑支撑混合式教学和翻转课堂素材建设,使得该课程成为我国在线开放课程的精品。

参考文献

[1] 杨世铭,陶文铨.传热学[M].4 版.北京:高等教育出版社,2006.

[2] 张烁.中国慕课的"变"与"超"(凭栏处)[N].人民日报,2018 - 04 - 26.

结合思维导图的流体力学翻转课堂教学*

王晓英,王军锋,王贞涛,郑俊,顾媛媛,詹水清

(江苏大学 能源与动力工程学院)

摘要: 基于 SPOC 教学模式的实践,总结现有翻转课堂存在的问题,提出了结合思维导图的流体力学翻转课堂的教学方式。以思维导图(基础结构)为引导,组织教学视频讲解内容。课堂授课时以学生为主,教师结合知识点提问,突出强调思维训练,培养学生的思维能力,并由学生细化、丰富思维导图,促使学生明确知识重点,掌握分析解决工程应用问题的要点及方法,手机拍照记录完整的思维导图,便于学生梳理知识。这种教学方法,能促进学生深度思考和高效记忆,更好地培养学生自主学习的能力和创造性思维的能力。

关键词: 翻转课堂;思维导图;思维能力

* 基金项目:江苏大学高等教育教改研究课题立项建设项目(2017JGZD019)

MOOC（Massive Open Online Course，大规模开放式在线课程）模式将多种形式的数字化资源放在网上，学习者可以突破传统的课程时间、空间的限制，反复观看教学视频，理解课程讲授的知识。然而，MOOC 模式下，教学活动主要是以知识为中心的理解类活动，缺失个性化学习和学习体验，特别是在实验实践类课程方面存在天然的不足。而流体力学课程要求学习者除了掌握基本知识点之外，还要学会知识点的应用以及对知识点进行深层次的探究。MOOC 模式下单一的线上教学不足以激发学生的学习热情，课程完成率不高的缺点亦广为诟病。由此，SPOC（Small Private Online Course，小规模限制式在线课程）模式氤氲而生，利用优秀的 MOOC 资源，实施混合式教学，将 MOOC 模式的优点与面对面教学融为一体，增加师生互动，激发学生的学习热情，提高课程的完成率和学习成绩。SPOC 教学模式下，教学视频制作要求如何，课堂教学讲什么，怎么讲，如何提高教学成效，依然是研究者讨论的重点内容。

1 翻转课堂

当前，传统的基于书本、黑板、PPT 的教学模式，已经不足以吸引大学生的注意点，互联网尤其是移动互联网催生了"翻转课堂式"教学模式。翻转课堂译自"Flipped Classroom"或"Inverted Classroom"，是指教师将课程知识点重构，录制相关教学视频，学生观看教学视频，完成自主学习，这一过程替代传统课堂中的知识传授过程。在翻转课堂上，教师引领学生开展知识要点的讨论、实际工程应用问题的分析，完成知识的内化并熟练应用。翻转课堂教学模式下，教师完成了从知识传授者到学习引领者的角色转变，师生互动、生生互动大幅度增加，灵活应用讲授法、协作法等教学方法，满足不同学生的需要，实现学生的个性化学习。翻转课堂教学模式以学生为本，将更多的课堂时间交给学生，充分讨论，自由发挥，促使学生在实践中深刻理解所学知识，同时促进学生语言组织表述能力、团队协作能力的提升。

翻转课堂模式彻底改变了传统课堂的教学结构与教学流程，引发教师角色、学生定位、课程模式、管理模式等一系列变革，现有实践表明其课堂互动效率、教学成效显著提升，但是推广却很有限。翻转课堂到底能不能普及？现阶段没有普及的原因是什么？真正实施这个模式会遇到什么问题？如何解决这些问题？流体力学课程是否适合使用翻转课堂教学模式？通过查阅文献以及与前期开展翻转课堂教学尝试的教师座谈，本文发现现有的翻转课堂教学模式存在以下问题：

（1）翻转课堂教学模式下，学习的主体是学生，但是还是要依靠教师来安排学习任务、辅导学生学习、跟学生进行交互，所以教师转变传统观念对开展翻转课堂教学至关重要。教师本身是否乐于接受新教学理念，完成教学素材的重新整合与教学方案的重新设计，直接决定了翻转课堂的教学效果。如果视频材料制作粗糙，课堂互动松散，将难以达到预定的教学效果。

（2）学生是翻转课堂教学模式的最大受益者，但是多数学生习惯于教师面对面上课的感觉，不适应网络自主学习，自主学习的动力不足。

（3）我国的大学生大多比较内秀，特别是理工科学生不善于表达，课堂上积极互动的学生仍占少数，而大学课堂不应该是少数几个学生的秀场，应是全部学生共同的舞台。在无法做到小班制教学的情况下，如何鼓动学生全员参与课堂互动，提高每一位学生的学习积极性，这一问题还未得到解决。

2 思维导图

传统的教学方法中，教师一味宣讲，依据教材知识点顺序，按部就班地讲解各知识点，学生被动接受，边听边记笔记。这种授课过程和笔记记录，都是线性的，人的思维往往局限在整齐而繁冗的文字中，把握不住知识要点，教与学都停留在对知识的机械重复和表层理解，教学效率低下，学生的主体性缺失。

思维导图（Mind map）是英国心理学家、脑力开发专家 Tony Buzan 于 20 世纪 70 年代发明和提出的一种有效使用大脑的思考方法，它全面调动左脑的逻辑、条理、文字、顺序、数字等的理性思维和右脑的灵感、想象、颜色和空间等的感性思维，从而极大地发掘人各方面的潜能。思维导图以图像展示大脑思维过程。在教学中，思维导图可以帮助教师重新构建知识结构，利用逻辑推理的形式，由点到面有步骤、有逻辑、动态地表现出知识的生成过程，更形象、具体、完整地呈现出知识间的内在联系，展现了与教学过程相吻合的思维动态生成过程，便于学生从整体上把握知识，发现学习材料中的重要概念和原理,促使学生构建自己的知识网络,浓缩知识结构。

另外,思维导图是一种发散性的、多维度的思维形式,除了帮助学生理清知识结构外,有助于创新意识的形成和创新性思维的培养,避免培养单一的知识积累型人才。思维导图绘制形式求同存异,问题和案例的多角度分析及答案的非标准化,激发学生的好奇心和求知欲,促进学生观察力、想象力及主动性的发展。长期积累的知识和辛勤劳动逐渐在头脑中搭起一座从已知到未知的桥梁,在实验现象启发或交流沟通等情境下,有意或无意间经过思维训练的人,往往会形成一种瞬间的直觉反应,借助逻辑推理进行必要的检验、修改和订正,对新事物形成深刻的认识,甚至形成新的理论。

3 翻转课堂的前提——基于思维导图的教学视频

有效实施翻转课堂教学模式的前提是有大量优质的教学视频。在互联网＋时代,网络平台上有很多优秀的教学资源,将这些教学资源有效地应用在流体力学课程教学过程中,需要任课教师花费大量的时间去消化、梳理、整合,而不是简单地罗列分类。江苏大学流体力学精品在线课程正在建设过程中,部分已完成的教学视频已经应用在教学过程中,教学视频得到了学生的普遍认可。以圆柱体无环量绕流这一教学视频为例,从达朗贝尔佯谬出发,单从结论上看与实际生活体验相违背,引起学生注意;之后讨论圆柱体无环量绕流的理论描述,讨论应该用哪些基本的平面势流叠加后进行描述;再分析圆柱体无环量绕流的速度场分布特性和压强分布规律,特别是圆柱体表面上的压强分布;然后得出理想流体圆柱体无环量绕流既没有升力也没有阻力的结论,证实了达朗贝尔佯谬的正确性;最后仔细观察实际流体流动形态,分析实际流动圆柱体无环量绕流阻力来源,由此解释视频开始时提出的疑问。这一视频,从教师角度来说,画面品质、用词准确度、讲课语音语调均尚可,但是视频时间大约有19分钟,并且涉及较多的数学公式推导,学生不容易跟上视频讲课节奏。另外,学生看完视频,大多理不出上述的思维脉络,不清楚老师讲授内容的相关性。因此,逻辑推理性很强的教学内容进行视频制作,需要特别强调分析讨论的思维过程,而思维导图将会是一个很好的选择。在教学视频的修改过程中,将在视频开篇部分用思维导图(仅构建基础结构)展示教学视频教学内容,并且表示出各教学内容点之间的相互关系,具体教学内容的讲解始终围绕该思维导图展开。这种基于思维导图的教学视频,有利于学生把握知识脉络,实施有效的自主学习。

4 基于思维导图的翻转课堂

翻转课堂教学模式,要求学生课前观看当天上课内容的相关教学视频,理解视频中的主要内容,思考教师前一次课布置的讨论问题。在课堂上,教师讲评教学视频中的重点与难点,不再讲解课程的全部内容,更专注于讨论主题的设置,问题的解答以及流体力学知识的应用方法,预估学生可能的回答内容并准备合理有度的评论,并以学习团队为单位进行考核评估。一个自然班通常为三十名学生,分成六个组,每组五个人,设小组长一人。每次课教师针对重点与难点准备三十个问题,基本从易到难设置,分成五轮问答。每轮小组抽签得到问题,各小组派一名学生回答,简答题每题10分,工程应用类题30分,若回答不完全正确,由教师酌情给分。每个组各成员得分之和即是该学习小组的得分,每次问答得分均记录,多次平均后作为平时成绩。翻转课堂中学生的互动参与程度很高,团队成员之间沟通讨论充分,课堂气氛热烈,可以有效地激发学生的学习热情。但是,这个过程注重知识点的理解和积累,缺少对学生思维能力和创新能力的培养。

基于思维导图的翻转课堂,教师呈现的教学视频中首先构建了基础结构的思维导图,之后构建次级、再次级内容。仍以圆柱体无环量绕流为例,第一大块是对均匀流和偶极子流叠加流动进行理论分析,特别是零流线,提问是否可以假设用零流线中的圆周线围成的圆形代替圆柱的截面。由于流线与流线不能相交,因此没有流线穿过零流线中的圆周线部分,对比圆柱绕流实际流动情况,没有流体能穿透壁面,由此证实上述假设的正确性。之后提问用均匀流和偶极子流叠加来描述圆柱体无环量绕流时有什么要求。推理获得偶极子流的偶极矩应是某一特定数值。第二个大块是速度场的分布特点,特别是圆柱体表面上的速度分布情况,为圆柱体表面上压强分布的讨论作准备。第三大块先讨论势流中已知流速分布怎么求算压强分布,要求学生计算压强系数表达式的量纲是什么,提问为什么要提出压强系数以及提出压强系数的好处是什么,引导学生在分析实验数据、总结客观规律时尝试使用量纲为一的数来进行表述。第四大块,引导学生从压强分布分析升力与阻力,同时强调流场与压强场之间的关系,最后,结合生活体验,对比分析理想流体与实际流体圆柱体无环量绕流的区别与联系。

翻转课堂中不是教学视频的简单重复,而是结合知识点提问,强调思维训练,培养学生的思维能力。各组成员回答问题,并且请答题学生将知识重点、分析解决工程应用问题的要点及方法绘制在思维导图上,不断丰富这张思维导图。待到下课时,学生用手机拍下黑板上的思维导图,就对这章节内容的重点难点了然于心,也便于后期复习。

5 结 语

基于思维导图的流体力学 SPOC 翻转课堂教学的要点在于:首先,教学内容以含有基础结构的思维导图作为知识点组织框架,使方程推导、计算分析类教学内容的逻辑思维过程更加清晰;其次,翻转课堂上,师生共同参与构建思维导图的次级、再次级内容,突出强调思维过程,提升学生进行深入思考的能力,激发学生的创新型思维,促进学生自主分析问题和解决问题的能力,用思维导图帮助学生实现高效记忆。

参考文献

[1] 徐碧波,李添,石希. MOOC、翻转课堂和 SPOC 的学习动机分析及其教育启示[J]. 中国电化教育,2017(9):47-52.

[2] 郑燕林,李卢一. MOOC 有效教学的实施路径选择——基于国外 MOOC 教师的视角[J]. 现代远程教育研究,2015(3):43-52.

[3] 顾容,张蜜,杨青青,等. 基于 SPOC 翻转课堂的探讨:实证与反思[J]. 高教探索,2017(1):27-32.

[4] 康叶钦. 在线教育的"后 MOOC 时代"——SPOC 解析[J]. 清华大学教育研究,2014(1):85-93.

[5] 祝智庭,管珏琪,邱慧娴. 翻转课堂国内应用实践与反思[J]. 电化教育研究,2015(6):66-72.

[6] 王筠. 思维导图在《电磁场与电磁波》课程教学中的应用研究与实践[J]. 湖北第二师范学院学报,2017,34(8):89-91.

我国大学课程资源社会共享现状与问题分析

杜敏,程馨盈,罗明,王助良

(江苏大学 能源与动力工程学院)

摘要: 互联网技术的发展为我国大学课程资源的社会共享提供了机遇。本文采用问卷调查的方法,调研了我国大学课程资源社会共享的现状,分析了社会共享现状与社会公众需求在数量、质量、方式及内容上的不一致,并找出共享中存在的问题及原因,为后续共享模式的设计提供依据。

关键词: 大学课程;社会共享;现状;问题;问卷调查

自 21 世纪以来,随着互联网、多媒体信息技术等先进技术手段在高等教育领域的综合应用,大学课程资源社会共享逐渐呈现出信息化、大众化和全球化趋势。近几年来,我国教育现代化程度越来越高,这得益于我国教育在信息化领域取得的巨大成就。研究大学课程资源社会共享问题,是一个十分必要且十分重要的课题。

目前,国内大学课程资源社会共享方面主要集中于精品课程的建设与共享、区域资源的共享等方面。然而,目前我国大学课程资源在社会共享方面缺乏合理有效的模式,高校与科研机构、社会群体之间缺乏互联互通,大学课程资源得不到及时有效的共享。为了解大学课程的社会共享情况,本文采用调查问卷的方法,调研我国大学课程社会共享的现状与不足,分析供给与大众需求之间的差别、存在的问题及原因,为我国大学课程资源社会共享模式的建立提供必要的依据。

1 调研方法

本研究采用网络调查问卷的方法,研究大学课程资源社会共享中存在的重要问题,同时找出存在问题的原因。问卷设计了15道题目,包括选择题和开放式问答题,框架结构见图1。本次调研共回收912份问卷,调查对象涵盖社会各行各业,保证了问卷调查结果的准确性。

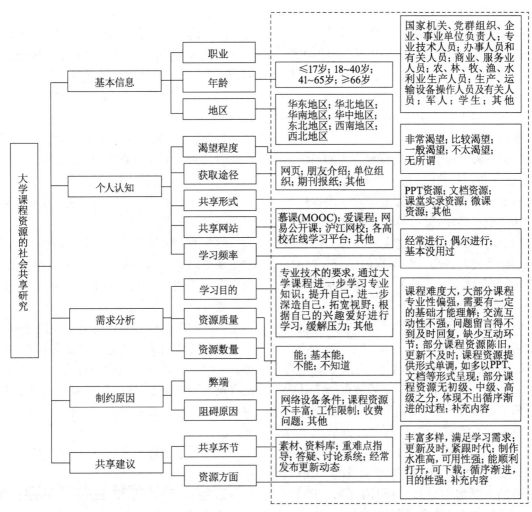

图1 我国大学课程资源社会共享问卷框架

2 调研数据结果分析

2.1 大学课程资源社会共享的现状

(1)从年龄上来看,大学课程资源在青年中需求较大。

调研结果显示,80%的人群渴望接触并学习大学课程资源,因而本文的研究具有重要意义。在调研中18~40岁占比最大,占总调查人数的56%。18~40岁之间的人员正值青年时期,对知识的接受与吸收普遍较快,因而这个年龄段的人群对新知识的接受程度更高。

(2)从职业上来看,专业技术人员对大学课程资源的需求最大。

专业技术人员对大学课程资源的渴望程度最大,其对大学课程资源的渴望程度占比达到39%。专业技术人员因自身发展的需要,渴望学习到更深层次、跟专业技术相关的课程,不断提高自身的专业素养,从而谋求更好的职业发展。

(3)从地区上来看,欠发达地区对大学课程资源的需求远小于发达地区。

相对于西南、西北欠发达地区而言,华东、华中、华北、华南经济较发达地区的人员对大学课程资源的渴望程度更高。其中,华东地区的人员对大学课程资源的渴望程度达到26%。这是因为在经济较发达的地区,主要集中了高新技术产业、制造业等难度较大的产业,因而此类地区的人员对大学课程资源的渴望程度更高。

2.2 大学课程资源的社会使用情况

(1)大学课程资源的社会使用情况。

78%的被调研人员使用过大学课程资源,这说明大学课程资源的使用情况较普遍。随着时代的发展,越来越多的社会群体迫切希望能够接触到更多的大学课程资源,学习并运用到生活、工作中去。大学课程资源满足了大部分社会群体不进入高校就能了解到高等知识的需求。

(2)学习目的主要集中于拓宽知识面,其次是自身的技术需求。

45%的被调研人员学习大学课程资源的目的是提升自己,进一步深造自己,拓宽视野;27%的被调研人员是出于专业技术的需求,通过大学课程进一步学习专业知识;21%的被调研者是根据自己的兴趣爱好进行学习,缓解压力。这说明社会群体是根据自身的兴趣及爱好进行大学课程的学习,因而拓宽了知识面;专业技术人员是为了自身的发展而进行大学课程的学习。

(3)大学课程学习受阻,网络设备条件的制约是主要原因。

45%的被调研者认为限制其进行大学课程学习的主要原因是网络设备条件,23%的被调研者认为是课程资源不丰富,18%的被调研者认为是工作问题阻碍了其学习大学课程。目前大部分的大学课程资源主要集中于各高校的校园网上,且课程主要按专业划分发布于相应的学校网站上,社会人群难以获取所需的大学课程,加之校园网网络的限制,使得大部分人群很难从大学课程资源受益。

2.3 供需对比分析

在课程数量方面,60%的被调研者认为大学课程资源并不能满足其需求,可以看出大学课程资源在数量上远远不能满足社会群体的需求。在课程质量方面,52%的被调研者认为大学课程资源并不能满足他们的需求,这是因为大学课程资源更新不及时,时代感紧缺,课程内容质量不高。在共享方式方面,33%的被调研者希望大学课程资源以微课的形式进行教学,相比PPT、文档等大学课程资源;31%的被调研者更愿意接受课堂实录资源。在课程内容方面,目前大学课程内容选择偏向理论,过于重视知识讲解,27%的被调研者认为大学课程难度大,大部分课程专业性偏强,需要有一定的基础才能理解;18%的被调研者认为部分课程资源陈旧,更

新不及时。

3 大学课程资源社会共享中存在的问题

(1)大学课程资源质量欠佳,获取方式受阻。

52%的被调研者认为目前大学课程资源在质量上并不能满足他们的需求,且由于知识产权的限制,有些视频资源只能在线观看,不能下载。

(2)大学课程内容偏向于知识讲解,缺乏实践环节。

目前,大学课程资源以大学课程为主,27%的被调研者认为大学课程难度大,大部分课程专业性偏强,需要一定的基础才能理解。

(3)大学课程资源学习受阻的主要原因是网络设备条件。

45%的被调研者认为限制其进行大学课程学习的主要原因是网络设备条件。在一些欠发达地区,网络设备不健全,无法随时享用课程,严重违背了优质教育资源公平化的初衷。

(4)大学课程资源宣传单一,用户群体不稳定。

49%的被调研者通过网页途径了解大学课程资源。大学课程资源初期主动宣传一段时间后,便将重心投入到建设上,导致后期众多优秀的上线课程没有得到充分的利用和认可,更没有发挥其应有的实力。

(5)大学课程资源更新不及时,互动交流少。

4 大学课程资源社会共享中存在问题的原因分析

(1)供给者与受益者间反馈不及时,两者供需失衡。

目前,在大学课程资源反馈方面,供给者与需求者间反馈不及时,导致44%的被调研者认为目前的大学课程资源完全不能够满足其学习需求。

(2)对大学课程资源网站建设团队、供给者缺乏相应的激励措施。

开放资源平台实现技术的难度高、不同平台之间的兼容性差等技术问题,阻碍了大学课程资源的社会共享。另外,目前大学课程资源的建设缺乏相应的激励措施,建设人员不主动提供资源,而是坐等他人发布,害怕发布了资源被他人盗用。因此,对大学课程资源的网站建设、维护人员缺乏相应的

激励措施。

（3）缺乏有效的大学课程资源管理组织。

当前,我们国家对于高校教育资源共享的资金投入还很少,由政府投入建设的共享平台也不多。目前我国大学课程资源社会共享的制度建设不全,缺乏有效的组织进行管理,如供给者和受益者双方应承担的责任和义务规定不明确,共享的具体实现步骤与过程缺少细致的指导和设计等。这就导致社会群体对于大学课程资源社会共享的前景担忧,供给者担心共享过程中会出现责、权、利等矛盾,降低了受益者和供给者参与共享的积极性,或不参与,或有所保留。

（4）大学课程资源的供给者、受益者、建设者之间缺少协调与沟通。

大学课程资源社会共享的建设应该建立在供给者、受益者、建设者三方协调与沟通的基础之上。但是目前,在教学中,授课者和学习者交流很少,22%的被调研者认为大学课程交流互动性不强。

5 结　语

本文通过问卷调查的形式,调研了我国大学课程资源社会共享的现状,指出了大学课程资源在数量、质量、方式、内容层面上存在的不足;并通过对大学课程资源社会共享中存在问题的分析,得出目前共享模式中问题存在的原因。因此,需要对大学课程资源社会共享模式进行更合理的设计,这也是笔者接下来的工作。

参考文献

[1] 胡军,北美教育资源进入共享阶段[N]. 中国教育报,2019(6).

[2] 田金玲. 国家精品开放课程网络共享建设的问题研究[D].辽宁:辽宁师范大学,2014.

[3] 韩颖. 云服务环境下精品开放课程资源建设与共享现状研究[J]. 阜阳师范学院学报(社会科学版),2015(3):140 – 143.

[4] 杨劲松,谢双媛,朱伟文,等. MOOC:高校知识资源整合与共享新模式[J]. 高等工程教育研究,2014(2):85 – 88.

[5] 杨贤栋. 我国大学城教学资源校际共享的问题与对策研究[D].重庆:重庆师范大学,2011.

[6] 罗学刚. 资源共享,面向区域,建设特色优势的材料科学与工程学科[J]. 高等工程教育研究,2017(3):86 – 88.

面向学科发展前沿的研究生燃烧理论课程改革*

马立坤,于江飞,朱家健,杨涛

（国防科技大学 空天科学学院）

摘要:本文分析了燃烧学科的特点,针对国防科技大学燃烧理论课程的现状,从课程内容设置、教学方式改革和考核方式创新方面提出了燃烧理论课程的改革方案和具体措施。

关键词:燃烧理论;课程改革;学科前沿;开源软件

"火"的适用使人类第一次具备了支配一种自然力的能力,从而加速了人类文明的进程。目前全世界总能源的80%以上依然来自化石能源的燃烧。"Solar Impulse 2"太阳能飞机首次环球飞行的成功以及电动汽车的普及似乎使人类看到了使用纯"绿色"能源的曙光。然而风能、太阳能等清洁能源由于时间和地域的不均匀性,短期内很难完全替代目前的化石能源,而核能由于其安全性而一直备受争

* 基金项目:国防科技大学研究生教育教学改革项目"新形势下双一流军校基于翻转课堂与 CDIO 模式的《燃烧理论》教学实践"（yjsy2018019）;国防科技大学空天科学学院教改项目"面向学科发展前沿的研究生燃烧理论课程内容改革与实践"（KT – 9 – 032）

专业与课程建设

413

议。由于较高的能量密度和能量释放速率,燃烧在目前及将来一段时间内仍将是能源系统以及航空航天动力装置中的主要能量转化形式。在这种背景下,为应对亟须解决的环境污染、能量短缺等问题,并进一步拓宽燃烧的极限,提升能源与动力系统的性能,一方面需要大力开展相关的科研工作,深入认识,开发清洁、高效的燃烧技术,另一方面需要与时俱进,更新传统的燃烧课程体系,培养适应时代需求的专业人才。

本文以我校的"燃烧理论"课程为例,介绍作者对于能源与动力领域,特别是面向航空航天专业的燃烧学课程改革的思考与建议。

1 燃烧学科的特点

从1703年德国化学家斯塔尔(G. E. Stahl)提出燃素说作为燃烧理论起,人类尝试对"燃烧"这一复杂现象的研究已经有三百多年的时间。从20世纪50年代起,冯·卡门、钱学森等人提出用连续介质力学研究燃烧基本过程,逐渐建立了反应流体力学,燃烧逐步成为一门独立的学科。伴随着人们对于流体力学、化学等相关学科的深入认识以及计算机、激光等技术的发展,燃烧学科在近20年呈现出了蓬勃发展的态势。总结起来,燃烧作为一门学科存在以下特点。

第一,燃烧是一门交叉融合的学科。

"燃烧学"是一门交叉性学科,其知识涉及化学、流体力学、工程热力学、传热传质、数学等学科。燃烧的本质就是流动与化学反应的耦合过程,而这个过程涉及诸多复杂的物理、化学过程,比如湍流—燃烧相互作用、液体燃料的雾化蒸发、固体颗粒燃烧等。研究燃烧的手段主要包括理论分析、数值计算和实验研究。早期的研究主要是在大量假设和简化的条件下,借助数学工具对简单的燃烧问题展开理论分析。随着知识的积累和技术的发展,数值计算和实验研究成了目前开展燃烧问题研究的主流手段,从而使得数值计算方法、软件编程、光学知识等也成了研究燃烧的必备知识。

第二,燃烧是一门理论与实践并重的学科。

理解复杂燃烧过程的基本前提是要扎实掌握相关的概念和理论。例如,化学反应速率,一般由质量作用定理获得,而质量作用定理中的反应速率常数则由阿雷尼乌斯定律确定。阿雷尼乌斯定律表明,化学反应速率常数和温度呈复杂的非线性关系,这种非线性关系正是导致燃烧问题,尤其是湍流燃烧问题异常复杂的"元凶"。所以,对于湍流燃烧过程的理解必须建立在对化学反应速率的深刻认识之上。燃烧也是一门实用性学科,学习的目标是解决现实生产、生活中所面临的亟待解决的问题。在理解理论的基础上,学生必须具备应用相关工具分析、解决燃烧问题的能力。因此,在燃烧学的教学中,必须注重学生实践能力的培养和锻炼。

第三,燃烧是一门快速发展的学科。

燃烧学目前处于"百花齐放"、"百家争鸣"的鼎盛发展时期。燃烧学的发展体现在两个方面,一方面是借助直接数值模拟(DNS)和先进的光学诊断技术,加深对以前不了解或者认识不深刻的基础性问题的理解,例如自由基在燃烧过程中的生成和演化规律;另一方面,针对绝大多数实际燃烧装置中存在的湍流燃烧过程,发展大量的数值预测模型,如火焰面类模型、输运概率密度函数类模型、矩模型等,为解决现实问题提供强有力的工具。

针对燃烧学的以上特点,为了满足人才培养的需求,开设热能与动力工程相关专业的各大高校今年来纷纷开展了燃烧相关课程的改革。

2 课程基本情况介绍

国防科技大学空天科学学院秉承"哈军工"导弹工程系的优良传统,始终坚持以国家和军队发展的迫切需求为指引,引领液体火箭发动机、固体火箭发动机以及新兴的超燃冲压发动机、爆震发动机等航空航天动力装置的发展前沿。燃烧理论课程定位为我院航空宇航推进理论与工程各专业研究生的专业基础课,主要面向相关专业的硕士研究生以及低年级博士研究生开设。课程目标是通过讲授燃烧科学的基础理论和方法,使学生掌握气态、液态和固态燃料的燃烧特点和规律,系统学习和掌握燃烧问题的分析方法,加深对发动机燃烧过程的认识和理解,为学生从事相关的科研工作奠定坚实的理论基础。

我校燃烧理论课程目前的授课对象主要包括本校学员及外单位委培生,生源比较复杂,学生专业基础差别极大。2018年燃烧理论课程调查问卷表明学员本科毕业于国防科技大学、北京航空航天大学等15所院校,本科所学专业包括能源与动力工程、机械设计制造及其自动化等20个不同专业,学习过流体力学、热力学等燃烧课程的前序基础课程的约占60%,学过燃烧类课程的约占15%,既没有学过燃烧课程也没有学过相关基础课的约占15%。而另一方面,大部分学员在完成本课程的学习后就会逐步开展课题研究,需要具备应用所学知识解决科研问题的能力。

我校燃烧理论课程目前的授课内容主要依据2008版的火箭发动机燃烧原理一书设置,内容设置紧贴我院专业特点和学员需求,获得了学员的广泛认可。然而,随着近十年来燃烧科学的蓬勃发展,该课程的内容也出现了与学科发展前沿和学员需求脱节的情况,主要表现在:第一,知识体系陈旧,对当前燃烧科学的主流理论、方法介绍不够;第二,过于侧重基础理论的讲授,缺乏实践应用能力的培养。

3　燃烧理论课程建设方案

基于燃烧学科发展特点,以及我校的专业特色和学情分析,对我校的燃烧理论课程建设提出如下建议。

3.1　课程内容设置

基于我校选修燃烧理论课程的研究生主要从事发动机燃烧过程相关研究的事实,针对发动机燃烧过程特点,结合燃烧学科相关领域的最新进展,对燃烧理论课程内容进行全面重建。构建以发动机湍流燃烧及其数值模拟为核心,以化学热力学、化学动力学、层流燃烧、多相燃烧为支撑的新知识体系。紧盯学科发展前沿,根据知识更迭,动态调整课程内容,及时删减过时、冗余的知识点,增补学科最新发展。

3.2　教学方法改革

改革现有的以老师课堂讲授为主的教学方式,增强课程的互动性、参与性和实践性,使课程不仅仅是对具体知识点、模型、理论的介绍,更重要的是对学科语言、思维方式和自主获取知识及自主分析解决问题的能力的培训。

3.2.1　基于开源软件的知识应用能力培养

燃烧学涉及知识广泛,概念多,有些知识点较为抽象,而面向发动机专业的研究生需要具备较强的燃烧知识实践和应用能力。利用计算机仿真分析已经成为目前研究燃烧问题的最主要的技术手段。目前用于燃烧研究的软件主要包括商业软件和开源软件。商业软件如 Chemkin,Ansys Fluent 等,开源软件包括 Cantera 和 OpenFOAM 等。商业软件界面友好、运行稳定,但是需要支付高昂的版权费用,而且程序内核封闭,不利于开发和学习。近年来,开源软件的用户群体越来越大,开源软件已经具备了商业软件的大部分能力,在某些方面甚至发展地更快。开源软件的使用不需要版权费,并且源代码开放,便于深入认识计算模型和进一步改进升级。本课程将基于 Cantera 和 OpenFOAM,构建虚拟实验平台。通过绝热火焰温度、预混火焰传播速度、非预混火焰结构、液滴蒸发燃烧过程、典型湍流射流火焰模拟等典型算例的演示和实践操作,增加学生对相关知识的理解和掌握,同时使其掌握这些软件工具的基本使用方法,具备在后续研究中拓展应用的能力。

3.2.2　基于翻转课堂、分组讨论的课堂组织方式

传统的燃烧理论课堂以老师的满堂灌式的讲授为主,学生接受程度较差,尤其是对湍流－火焰相互影响过程等抽象概念的理解不到位。布鲁姆认知理论将学习分为 6 个层次:记忆(Remembering)、理解(Understanding)、应用(Applying)、分析(Analyzing)、评价(Evaluating)和创造(Creating),认为记忆、理解知识是较低层次的学习,而应用、分析、评价和创造则是更高层次的学习,更能培养学生对相关知识的领悟和实践能力。课堂讲授只能在记忆和理解层面上实现教学目标,而互动和参与式教学则可在更高层次上达成学习目的。在 2018 年的燃烧理论课程中,开展了翻转课堂的尝试。授课老师预先指定约一个学时的授课内容,并且提供充足的学习资料,学员课后通过自学、与老师讨论等方式准备授课内容,并实施授课。从授课效果而言,课堂气氛空前活跃,课后的调查问卷显示绝大部分学员认为翻转课堂效果较好,建议继续开展。基于此,在后续的燃烧理论课程中,将进一步推广实施翻转课堂、分组讨论、辩论等课堂互动形式,增强学员在学习过程中的主动性和参与性。

3.3　考核方式创新

燃烧学中的概念抽象,相关理论、模型更新较快,传统的闭卷考试仅限于检验学员对知识的记忆和理解,难以全面考核学员应用所学知识分析、评价和解决具体问题以及开拓创新的能力,我们将探索"课程参与＋文献阅读报告＋工程实例设计"的课程考核模式。课堂参与主要体现学员在课程学习过程中参与课堂互动,课外学习的主动性和自主性。文献阅读报告要求学员单独或分组阅读发表于燃烧领域顶级期刊或会议的最新学术论文,在理

解内容的基础上，讨论论文研究思路、方法和结论的可借鉴性和不足之处，结合自己的感悟撰写报告，并进行课堂汇报。根据学员对文献内容理解的准确性、深刻性以及分析、评述的全面性和创新性综合评定分数。工程实例设计则是学员分组实施对老师预先给定的相关研究课题的研究，撰写报告，主要考察学员综合运用所学知识解决实际问题的能力。

4 结 语

燃烧学是化学、流体力学、工程热力学等多学科的交叉融合，在近年来呈现快速发展的趋势。针对国防科技大学研究生燃烧理论课程的现状和学科发展前沿与学员需求不相适应这一特点，本着"强基础、重实践、盯前沿"的原则，从课程内容设置、教学方式改革和考核方式创新三个方面提出了燃烧理论课程改革的建设方案。

参考文献

[1] Hochgreb S. Mind the gap: Turbulent combustion model validation and future needs [J]. Proc. Combust. Inst., 2019, 37(2): 1–17.

[2] 柏继松. "燃烧学"课程建设与教学改革初探[J]. 课程教育研究, 2014 (28): 166.

[3] 赵楠楠, 刘爱虢, 徐让书. 提升"燃烧学"课程教学质量方法探讨[J]. 当代教育实践与教学研究, 2015, (4): 134–135.

[4] 许诗双, 段锋, 张西和. 燃烧学课程教学改革的探讨[J]. 安徽工业大学学报(社会科学版), 2012, 29(5): 120, 122.

[5] 杨健, 阳富强, 施永乾, 等. 工程教育专业认证视角下的燃烧学课程教学改革与实践[J]. 化工高等教育, 2018 (3): 52–56.

工科学生的社会实践教育研究

孙大明[1,2], 章杰[1,2]

(1. 浙江大学 制冷与低温研究所；2. 浙江省制冷与低温重点实验室)

摘要： 社会实践能够显著提高工科大学生的综合素质，尤其是理论联系实际和解决问题的能力，因此是工科学生培养中不可缺少的重要环节。本文结合浙江大学制冷与低温研究所与江苏克劳特低温技术有限公司合作实例，从校企合作实践基地、双导师制度、长效机制、保障制度等方面对工科学生社会实践的开展进行了探讨和分析。研究证实，社会实践有助于提高工科学生解决实际问题的能力、科研创新能力和为社会创造价值的能力，并进一步提高整个社会的自主创新能力，为建设创新型国家提供重要保障。

关键词： 社会实践；工科；高校；企业；创新

大学生是科研工作不可缺少的重要群体，也是国家科学研究和人才竞争的有生力量，他们的综合素质或能力的高低与国家未来的发展息息相关。在社会发展和教育改革不断深化的背景下，大学生教育要满足新的社会需求。大学生要在思想政治素质、专业文化素质、人文道德素质、身体和心理素质、创新实践能力五个方面有较强的能力。其中，社会实践是大学生培养中不可缺少的重要环节。社会实践是对所学专业知识的具体应用，也是对学生实际工作能力和科研创新能力的培养和提升。通过社会实践，引导大学生关注企业生产过程、关注社会需求，提高大学生解决实际问题的能力、科研创新能力及为社会创造财富和价值的能力。而大学生实践能力和科研创新能力的提高，也有助于提高整个社会的自主创新能力，为建设创新型国家提供重要保障。

工程学科由于自身特点更需注重工科生实践能力的培养。如能源动力类专业主要研究能量的转换、传输和利用的理论、技术和设备,需要应用到动力工程、工程热物理、应用物理等多门学科的知识,具有很强的学科交叉特性。因此,该专业要求本专业本科生和研究生具有解决各类复杂问题的能力。在能源动力类专业大学生的培养上,要充分利用校企两种资源:企业大学生实践基地使得学生能够理论联系实际,技术创新能力得到很好的锻炼和提高;大学生也能将学到的新理论和新技术引入企业的研发过程,在一定程度上推动企业科研水平的提升。

本文分析了社会实践在工科学生教育中的重要性及目前存在的问题,结合浙江大学制冷与低温研究所与江苏克劳特低温技术有限公司的合作实例,从校企合作实践基地、双导师制度、长效机制、保障制度等方面对社会实践的开展进行了探讨和分析。通过探讨和分析,笔者在如何培养具有较强实际工作能力和科研创新能力的本科生和研究生方面取得了一定的研究成果。

1 社会实践的意义

大学生社会实践活动是指高校学生在校期间有目的、有计划、有组织地走向社会,识国情、受教育、长才干、做贡献等一系列物质与精神活动的总和。社会实践对大学生、学校及企业都有正面意义。

首先,社会实践有助于开展大学生的思想政治教育工作。通过参加社会实践,大学生能亲身体会来自多方面的感悟,由此对社会、国家等产生更深刻、具体的体会,增强自身的社会责任感和使命感。

其次,社会实践有助于建立健全开放的大学生培养体系,提高大学生的实际动手能力、创新能力和综合素质。"纸上得来终觉浅,绝知此事要躬行",实践是认识社会的重要手段,而创新也离不开实践。因此,好的社会实践能为大学生提供更多的学习机会,增强大学生对专业知识的理解,使他们了解理论与实际之间的差别,从而有助于提高本科生和研究生对专业知识的掌握程度,激发他们的创新意识。

此外,社会实践也能提高学校、企业等单位的育人和创新的能力。对高校来说,利用社会资源培养学生,可使在校学生更好地适应社会需求,不仅提高了大学生的培养质量,而且有利于提高大学教育水平,进一步提升学校办学水平;对企业来说,对大学生的专业能力进行合理引导和利用,可以满足企业对高科技人才的需求,解决人才培养和实际生产脱节的问题,提高企业研发能力。

2 大学生社会实践中存在的问题

在推进大学生社会实践工作时发现,尽管社会实践在大学生培养,尤其是大学生实际动手能力和创新能力的培养方面具有重要作用,但目前的大学生社会实践仍然存在一些问题,使得社会实践的作用无法得到充分发挥。

首先,对大学生社会实践的认识仍然不足。例如,部分本科生和研究生参与的积极性不高或不投入,使得社会实践流于形式;部分学校注重形式,内容上缺乏创新,不重视实践过程;部分实习单位仅仅将参加社会实践的大学生视为廉价劳动力,不安排实质性的高水平研发任务;部分高校教师不积极配合大学生社会实践工作等。

其次,大学生社会实践组织工作欠缺。前期的宣传工作、活动组织工作、资金投入程度等不到位;中期的检查和后期的考核注重形式,忽略过程,且缺乏监督。

再次,大学生社会实践过程中的专业指导和过程管理体系还不完善。大学生社会实践过程大部分是在合作企业完成的,因为企业有自己的管理制度,所以学生与学校导师之间的技术交流就会受到一定限制。此外,对于大学生在合作实习企业社会实践中的成果和贡献也还没有具体的评价标准。

最后,大学生社会实践基地建设滞后。目前,大学生社会实践基地建设尚存在明显不足,缺乏整体性和系统性,且建立的实践基地缺乏梯度,软硬件方面都有待加强,特别是软件方面。

3 大学生社会实践开展方法探讨

3.1 指导思想
要把社会实践作为教学工作的有机组成部分,要转变过去把社会实践与教学工作割裂开来的思想。

3.2 开展方法
3.2.1 建立校企合作实践基地
实践基地的建立为大学生的社会实践提供了重要平台,是一项重要的基础性工作。

高校与企业直接联系,建立校外社会实践基地,针对学科特点和大学生个人需求,实现制度化、规范化、覆盖广的大学生社会实践系统，不仅有助于提升在校大学生的综合素质，对于高校和企业来说也具有积极意义。

近年来，我们推进建立了江苏克劳特低温技术有限公司的大学生社会实践平台，该公司是浙江大学常州工业技术研究院的孵化企业。江苏克劳特低温技术有限公司依托浙江大学常州工业技术研究院，依据自身的专业背景和技术储备，致力于研究小规模气体液化（如氮和天然气的液化）用大冷量斯特林制冷机，并提出基于大冷量斯特林制冷机提供冷源，实现 BOG 再冷凝回收技术。此外，在流体机械方面，如低温阀门，克劳特公司也有优秀的研发能力。

江苏克劳特低温技术有限公司近年来接收了二十多名在校大学生，为他们提供社会实践平台。该实践基地并未将大学生们视为普通劳动力，而是根据大学生所学专业、课题方向、个人兴趣及公司岗位需求，安排实质性研发和管理工作，致力于提高大学生的实际动手能力和创新能力，更好地掌握专业理论知识。江苏克劳特公司安排本科生和研究生参与斯特林制冷机的设计、装配和调试工作，既培养了学生的综合素质，又提高了公司的研发能力，互惠共利，实现双赢。在合作过程中，该公司生产的大冷量斯特林制冷机水平已达到国际先进水平。同时，公司先进的机械精密加工、装配和测试平台，为大学生开展科研训练和课题研究提供了良好的专业条件，大学生在公司的生产和实验条件下，能够搭建出高水平的试验台，开展深入的专业研究，获得较高水平的研究成果。因此，在大学生社会实践中，如果能将高校和企业的资源合理匹配利用，同时加强过程的科学管理，一定能够实现高校、企业和实践学生的共赢。

3.2.2 建立双导师制度

为了保证大学生既具有扎实的理论基础，又有熟悉业务实际及解决实际问题的能力，提高学生的综合素质和实际应用能力，学校可采用"双导师制"的模式。在社会实践过程中，需要为大学生配备一名企业导师。企业导师需要具有良好的政治素质和科学道德，作风正派，治学严谨，具有较深的学术造诣和社会实践指导能力等。企业导师应在大学生社会实践过程中予以指导，着重对大学生的创新能力、实践能力、探索精神等进行培养。当然，大学生在企业社会实践期间，企业导师也应全程了解学生的思想动向，做合理引导，以利于大学生形成正确的职业规划意识和价值观。

江苏克劳特低温有限技术公司为大学生提供了企业导师的指导。担任企业导师的都是具有博士和硕士学位的公司优秀研发技术人员。如公司中负责斯特林制冷机的研发人员在面对参加社会实践的大学生时，不仅经常与学生们进行探讨，深化理论的学习，而且负责指导制冷机的设计、加工和装配，保证大学生在社会实践的过程中深化对理论知识的理解，增强解决实际问题的能力。而这种措施卓有成效，如有一名参与实践的大学生不仅掌握了斯特林制冷机的理论知识、数值计算方法，而且掌握了完整的部件设计、装配知识，在斯特林制冷机方向已初步具备了专业能力。

3.2.3 建立长效机制

当前大学生社会实践难以形成长效机制，主要存在以下原因：实践基地安排常与校方学业安排冲突，且不稳定；寒暑假实习随意性强，校方难以掌握实践成效；导师课题、项目等具有个体性和随机性，比较分散，难以逐一评价实践成效；社会实践难以与学生所学专业及人才培养目标定位有机结合；缺乏固定机制的资金保障及社会支持。

而在笔者的实践中，该问题得到了较好的解决。笔者作为本科生和研究生导师，鼓励学生积极参与社会实践，并协调好实践基地实习与校内学业学习的关系。在不影响学业的基础上，笔者鼓励学生长期稳定地参与社会实践，而不仅仅是在寒暑假期间参与社会实践；且鼓励学生将社会实践与科研训练、科学研究结合起来，既培养了学生的理论水平，又提高了学生的实际动手能力和创新能力。

学校研究所建立的江苏克劳特技术有限公司实践平台也有较为完善的大学生社会实践保障机制，为每一名参加社会实践的大学生解决住宿等问题，并提供实习工资。这为学生的长效实习社会实践提供了重要保障。

3.3 实践教育的不足与改进

在大学生培养的过程中，尽管笔者非常注重社会实践，但还存在一些不足需要继续改进。

一方面，需要进一步完善大学生社会实践的保障机制。不仅需要企业实践基地提供保障，同时需要政府、高校和企业三方共同制定有效的保障机制。政府应充分发挥其在大学生社会实践活动中的宏观引导作用，利用政策杠杆，对大学生社会实践予以支持和保障；高校应加强对大学生社会实践的组织、管理工作，增加宣传、激励力度，严把社会实践的质量关；企业要与高校积极合作，结合企业特色，接纳大学生社会实践团体。

另一方面，需要建立大学生社会实践考评指标体系。要针对社会实践过程和社会实践的成果建立考评体系，既有主观评价，又有客观测评，全面评价大学生的社会实践活动。目前，笔者建立的社会实践基地尚缺乏定期的、严谨的评价机制。

4 结 语

社会实践是高校在校学生培养的重要环节，有助于解决大学生教育与社会需求脱节的问题，培养具有创新能力的高层次人才。我们将社会实践作为大学生教育的重要环节，对此工作高度重视，建立江苏克劳特低温技术有限公司和浙江大学常州工业技术研究院大学生社会实践平台，通过践行双导师制度，实践长效机制和一定的保障机制，在培养既具备扎实理论基础，又具有一定动手能力和创新能力的大学生方面取得了一定成果。该研究对大学生尤其是工科学生的社会实践工作具有一定的参考价值。

参考文献

[1] 胡树祥，吴满意. 大学生社会实践教育理论与方法[M]. 北京：人民出版社，2010.

[2] 王巧云. 研究生综合能力提升主要影响因素探讨与研究[J]. 市场周刊（理论研究），2016，（9）：123 – 124.

[3] 王沛. 研究生综合素质培养的思考与建议[J]. 西安邮电大学学报，2009，14（6）：191 – 193.

[4] 朱静娜. 论培养应用型研究生社会实践能力的有效途径[J]. 教育学理论，2016(7)：187 – 188.

[5] 王珂，黄维柳. 做好农林高校研究生社会实践工作 提高农科研究生综合素质[J]. 农林经济管理学报，2007，6（1），157 – 160.

[6] 吴江，张静，张会文，等. 工科院校能源动力类研究生培养模式的探索与实践[J]. 改革与开放，2015(5)：108 – 109.

[7] 严丹. 论社会实践与研究生综合能力的提升[J]. 湖北函授大学学报，2014(8)：1 – 2.

[8] 屈晓婷，秦莹. 基于建构主义理论的研究生社会实践情境设计[J]. 学位与研究生教育，2008(8)：27 – 30.

[9] 马超. 校企共建研究生实践基地发展初探——以吉林大学为例[J]. 高教研究与实践，2013，32(3)：17 – 20.

[10] 杨欢进，轩宗新，仇静莉，等. 研究生社会导师队伍建设研究报告——以河北经贸大学研究生教育双导师制培养模式的实践与探索为例[J]. 河北经贸大学学报(综合版)，2015(3)：108 – 111.

[11] 吴颖洁，方萍，鲁品. 构建研究生社会实践长效机制之模式探索——以西南财经大学组织专业学位硕士研究生服务当地创业经济为例[J]. 学位与研究生教育，2015(5)：57 – 61.

[12] 李涛，王丹竹. 高校研究生社会实践保障及考评机制研究[J]. 教育管理，2013(2)：166 – 167.

[13] 鲍威，杜嬬. 多元化课外参与对高校学生发展的影响研究[J]. 教育学术月刊，2016(2)：98 – 106.

学科交叉复合的"智慧能源系统理论与应用"课程建设研究*

孙志坚，俞自涛，郑梦莲，钟崴，黄兰芳，林小杰，王丽腾

（浙江大学 能源工程学院）

摘要： 智慧能源系统的重大特征是学科交叉、知识融合、技术集成，跨学科、多学科交叉融合对培养高水平复合型人才有着特殊的意义。本文梳理了智慧能源系统理论与应用的内在关联，明确了课程的教学目标和教学内容。教学内容分为学科基础知识模块和专业工程应用模块，强调学科基础知识独立性与专业工程应用主体性相结合。课程采用课堂讲授、文献阅读自学和小组讨

* 基金项目：教育部高等学校能源动力类专业教育教学改革项目（重点）"'智慧能源系统理论与应用'课程学科交叉复合的探索与实践"（NDXGK2017Z – 14）

论相结合的教学方法,从制度上为学生"个性化"学习、实现创新发展创造条件,注重知识传授与实际应用能力训练相结合,重点提高学生的综合应用能力。

关键词:智慧能源;课程建设;新工科;学科交叉;工程教育

国家"十三五"规划纲要要求能源行业积极构建智慧能源系统,能源动力类专业应积极响应国家重大需求,顺应能源领域智慧化发展,调整课程设置,培养能适应能源领域未来发展的专业人才。新工科的内涵是以应对变化、塑造未来为建设理念,以继承与创新、交叉与融合、协调与共享为主要途径,培养多元化、创新型卓越工程人才,为未来提供智力和人才支撑。加快发展新一代人工智能是推动我国科技跨越式发展、产业优化升级、生产力整体跃升的重要战略资源。随着信息技术的不断进步,工业互联网、智慧能源系统和数字经济的发展方兴未艾,传统能源学科的课程设置已经越来越难以满足信息时代的要求。因此,依据新工科人才培养的要求,针对能源动力类工科的专业基础课程进行整合、优化、重组,构建面向新工科学科交叉复合的"智慧能源系统理论与应用"课程,成为拓宽专业发展空间和提高学生的学习效率及效果的重要途径之一。

国外高校的课程建设中,一直将学科的交叉复合作为重点,这对我国高校学科交叉复合型课程的建设有一定启发和借鉴作用。美国麻省理工学院开设了先进能源转换课程,对能源生产与传输系统中的热学、力学、化学与电化学过程中的能源转化与储存进行分析,重点分析过程的效率与对环境的影响,还介绍不少相关的应用案例。美国伊利诺伊大学香槟分校也开设了绿色电力能源的课程,课程主要阐述各类新能源如风能、太阳能与发电燃料在电网中如何扮演更优秀的角色,以及各类绿色能源项目的能源供给表现及其经济性分析。因此,高效、智慧地运用各类清洁能源,而不仅仅是掌握传统的能源利用方法,应该开始成为国内高校能源相关专业课程建设的重点。

1 智慧能源系统发展状况与人才培养目标

近年来,智慧能源系统已成为能源产业的发展热点之一,技术进步十分迅猛。

2015 年 10 月,华北电力大学能源互联网研究中心整合校内外能源领域的优势科研力量,形成由经济管理、电气、能源与动力、可再生能源、信息与通信、人文社科等多学科、跨专业组成的科研团队。其研发的"综合能源系统仿真平台"目前已初步完成综合能源系统规划优化、运行优化两大功能模块的构建,并在清洁能源示范城市规划、国家级多能互补集成优化示范工程及"互联网+"智慧能源示范项目等重点项目的建设中进行了初步的应用验证。

2018 年 9 月,"浙江大学 – 华光智慧能源系统联合研究中心"签约揭牌仪式在浙江大学玉泉校区邵逸夫科学馆举行。研究中心的建设是落实国家能源转型战略的具体举措,既是国内开展智慧能源系统关键技术开发、应用与示范的重要契机,也是培养具有全球竞争力的高素质复合型创新人才和领导者的重要平台。浙江大学和合作单位在智慧能源系统方面共同研究开发完成了不少重点项目。其中"工业园区智慧互联蒸汽热网系统关键技术与应用"已实际应用于工业园区的蒸汽供应生产中,成功实现了物联感知、在线仿真分析、运行优化调控与智能辅助决策等目标;打造了国家住建部信息化示范工程项目——"智慧城市供热系统仿真分析与调度控制平台",在城区供热范围内展开了规模示范,借助建立与真实供热管网相互映射的虚拟模型,经过一系列优化分析计算,为现场调度人员提供科学的决策辅助方案;完成的"智慧区域能源系统设计与调控关键技术研究与应用"项目旨在对目标区域内可利用的能源和技术进行优化组合配置,以构建多能互补的能源系统。

2019 年 2 月,由国务院国资委指导,国家电力投资集团有限公司、中国电力企业联合会联合国内能源领域相关企事业单位、科研院所、高等院校、社会团体等共同发起成立了中国智慧能源产业联盟。联盟为非营利性社会组织,旨在贯彻落实国家能源发展战略,推进能源生产和消费革命,通过有效整合政、产、学、研、用各方资源,充分发挥桥梁纽带作用和协同效应,实现联盟成员互利共赢与共同发展,推动智慧能源领域共性和核心技术创新,提升智慧能源产业整体能力和水平,为促进能源供给侧结构性改革,加快构建清洁低碳、安全高效的能源体系,保障国家能源安全提供有力支撑。

2019年3月,"清华大学－帝国理工学院智慧电力及能源系统联合研究中心"启动会暨签约仪式在英国伦敦帝国理工学院举行。联合研究中心旨在汇集清华和帝国理工学院的学者,共同研究智慧电力及能源系统低碳化和清洁化转型中的前沿性、基础性问题。

上海交通大学和天津大学等许多国内高校也成立了与智慧能源系统相关的产学研合作机构。

分析上述发展状况可知,智慧能源系统是能源动力、电气控制、可再生能源和信息技术等多学科的交叉领域,其重大特征是学科交叉、知识融合、技术集成,这一特征决定了人才培养的目标是要提高毕业生的综合素质,包括知识复合、能力复合、思维复合等多方面的能力。综合我国当下人才培养的模式,通过开设多学科交叉复合课程,让学生了解、学习、领会其他领域的知识,学会利用其他领域的知识来解决专业领域的难题;同时融会贯通,把本专业的知识创新性地运用到其他领域。跨学科、多学科交叉融合对培养高水平复合型人才有着特殊的意义。

2 课程建设目标

课程建设的指导思想一方面是适应新工科建设需求,打破专业学科壁垒,拓展专业发展内涵;另一方面也要秉持浙江大学知识、能力、素质、人格并重的育人理念,突出学科交叉特色,培养能源领域复合型高端人才。

"新工科"建设的愿景与行动要求课程建设应致力于以产业需求为导向,注重跨界交叉融合,探索建立工科发展新范式,紧跟技术发展,及时更新工程人才知识体系。结合浙江大学能源与环境系统工程专业具体的知识、能力、素质、人格培养的要求,"智慧能源系统理论与应用"课程建设在毕业生要求方面可达到以下目标:

(1)专业知识:拓宽并掌握以智慧能源系统理论与应用为主要内容的专业知识;

(2)问题分析/设计方案能力:针对能源与环境工程领域复杂工程问题,基本理解如何设计满足特定需求的智慧能源系统、单元(部件)或工艺流程,并能够在设计环节中体现创新意识以满足用户的需求;

(3)使用现代工具的能力:初步掌握开发、选择与使用恰当的能源技术、资源和信息技术工具的方法,包括对能源与环境工程领域复杂工程问题的预测与模拟,并能够理解其局限性;

(4)团队协作和组织管理素质:具有良好的团队协作和组织管理素质,能够在多学科背景团队中承担个体、团队成员及负责人的角色;

(5)沟通素质:能够就复杂工程问题与业界同行及社会公众进行有效沟通和交流,包括撰写报告和设计文稿、陈述发言、清晰表达或回应指令等;

(6)终身学习人格:具有自主学习和终身学习的意识,能够及时跟踪和学习专业相关的新理论、新知识、新技术。

3 教学目标和教学内容建设

智慧能源系统是能源动力、电气控制、可再生能源和信息技术等多学科的交叉领域,与能源互联网、分布式能源系统等共同发展起来,内容上存在交叉与重叠,但又有其自身学科特点,且不断发展出新的理论与方法。因此,智慧能源系统课程本科教学需根据教学目标选择和优化教学内容。

在能源低碳清洁转型背景下,能源系统的复杂性、动态性、不确定性显著增加,发展智慧能源,即运用信息技术动态整合和优化配置能源系统运行过程中的各种资源要素已成为必然的选择。通过分析智慧能源系统新技术和新产业的发展趋势,我们明确了课程的教学目标:讲授智慧能源系统的理论方法、规划设计、运行维护等知识,结合案例分析和专题讨论,介绍智慧能源系统中信息物理系统、大数据、建模仿真、能源梯级利用的概念和知识;使学生理解一定的信息技术、人工智能、机器学习、物联网与大数据技术,可以从一个崭新的角度去看待现在的能源系统,从宏观系统的角度找到高效利用各类能源的方法,为将来参与能源系统的变革和转型工作奠定基础。

智慧能源系统是一个以供能多源稳定、用能清洁高效、输能快捷方便、蓄能安全充足、排放减量达标为特征,以信息通信技术和智能数据中心为依托,多元互动、资源整合、优化配置的能源网络。如图1所示,通过分析智慧能源系统发展状况,课程教学内容分为学科基础知识和专业工程应用两个模块。学科基础知识模块包括系统建模分析、能源系统评估、能源梯级利用、源网荷储协同、低碳清洁转型、能源经济管理和系统大数据分析等教学内容。专业工程应用模块包括信息物理系统构架、系统建模仿真、系统规划设计、系统运行优化、清洁能源示范、系统管理决策和多能互补集成等教学内容。

"智慧能源系统理论与应用"不仅是对能源专业知识的综合应用,也会分析介绍一些其他交叉学科的相关知识,如信息技术、物联网和云计算技术、大规模储能技术、能源高效清洁利用技术等,旨在提高本科生的综合能力,因而作为能源相关专业的重要基础课程。

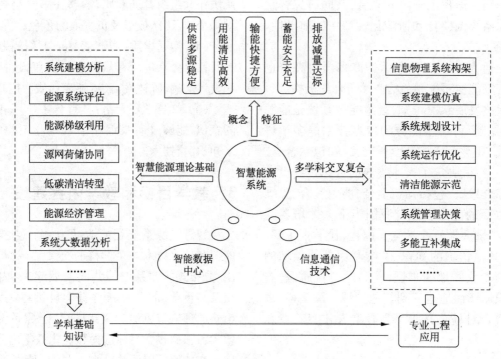

图1 课程学科基础知识模块和专业工程应用模块的教学内容

4 教学方法和教学手段建设

教学方法和教学手段建设的宗旨是"以学生为中心,根据学生志趣选择、设计教学方法与手段"。

课程采用课堂讲授、文献阅读自学和课堂讨论相结合的教学方法。教学内容分为学科基础知识模块和专业工程应用模块,强调学科基础知识独立性与专业工程应用主体性相结合。学科基础知识强调教学内容系统全面、多学科有机结合,通过有效的教学方式,在与专业工程应用互融互通中相对独立,专业工程应用体现智慧能源系统新产业和新技术的发展趋势。

注重知识传授与实际应用能力训练相结合,重点提高学生的综合应用能力。通过课程学习,使学生对智慧能源的相关概念有更深入的理解,掌握智慧能源系统的理论方法,能应用多学科知识与技术对有关工程案例进行分析,培养学生对系统整体协调运作的掌控能力,为将来参与能源系统的变革和转型工作奠定基础。

课程要求完成一个简单的智慧能源系统相关的规划设计课程作业,或完成一篇智慧能源系统研究领域进展的读书报告。课程教学重视多学科交叉复合与实际工程需求相结合,学科基础知识模块强调课程计划的指导性作用和相对约束力,专业工程应用模块减少刚性、增加弹性,通过课外阅读报告和课堂讨论、学生展示等方式,从制度上为学生"个性化"学习、实现创新发展创造条件。

5 结 语

面向新工科学科交叉复合的"智慧能源系统理论与应用"课程建设,是拓宽专业发展空间和提高学生的学习效率及效果的重要途径之一。智慧能源系统的重大特征是学科交叉、知识融合、技术集成,跨学科、多学科交叉融合对培养高水平复合型人才有着特殊的意义。

本文梳理了智慧能源系统理论与应用的内在关联,明确了课程的教学目标和教学内容。教学内容分为学科基础知识模块和专业工程应用模块,强调学科基础知识独立性与专业工程应用主体性相结合。学科基础知识模块包括系统建模分析、能源系统评估、能源梯级利用、源网荷储协同、低碳清洁转型、能源经济管理和系统大数据分析等教学内容。专业工程应用模块包括信息物理系统构架、系统建模仿真、系统规划设计、系统运行优化、清洁能源示范、系统管理决策和多能互补集成等教学内容。

课程将采用课堂讲授、文献阅读自学和小组讨论相结合的教学方法,从制度上为学生"个性化"学习、实现创新发展创造条件,注重知识传授与实际应用能力训练相结合,重点提高学生的综合应用能力。

参考文献

[1] 钟登华.新工科建设的内涵与行动[J].高等工程教育研究,2017(3):1-6.

[2] 吴岩.新工科:高等工程教育的未来——对高等教育未来的战略思考[J].高等工程教育研究,2018(06):1-3

[3] 周慧颖,郄海霞.世界一流大学工程教育跨学科课程建设的经验与启示——以麻省理工学院为例[J].黑龙江高教研究,2014(02):50-53.

[4] 冯庆东.能源互联网与智慧能源[M].北京:机械工业出版社,2015.

[5] 姚兴华,吴恒洋,方志军,等.新工科背景下机器学习课程建设研究[J].软件导刊,2018,17(1):221-223.

[6] 岑可法,骆仲泱.推动能源生产和消费革命的支撑与保障[M].北京:科学出版社,2017.

南京理工大学能源与动力工程品牌专业建设的思考与实践

吴烨,韩玉阁

(南京理工大学 能源与动力工程学院)

摘要: 南京理工大学能源与动力工程专业依托国家重点学科兵器科学与技术和江苏省重点学科工程热物理,具有一级学科博士点授予权,是"211工程"重点建设专业和品牌专业、江苏省特色建设专业、江苏省高等学校本科重点专业类的核心专业、江苏省卓越工程师计划培养专业。本文主要介绍了本专业在校级品牌专业一期建设后,在师资队伍、课程建设、教学条件等方面所取得的成果及不足,为品牌专业二期建设提供指导。

关键词: 能源与动力工程;品牌专业建设

南京理工大学能源与动力工程专业成立于1986年,是"211工程"重点建设专业和品牌专业、江苏省特色建设专业、江苏省高等学校本科重点专业类的核心专业、江苏省卓越工程师计划培养专业。本专业以培养具备自然科学知识和能源动力领域相关基础理论,掌握现代能源科学技术、信息科学技术和管理技术,具备良好的人文科学素养和社会责任感,具有国际视野,求真务实,能开拓创新、引领发展的工程精英和社会中坚为目的。毕业生能在国民经济各部门从事新能源开发、能源高效清洁利用与环境保护,能源动力设备及系统的设计、运行、自动控制管理等方面工作。为培养和造就一批创新能力强、适应社会经济发展需要的优秀工程人才,培养和提高卓越工程师方向的大学生的工程意识、工程素质和工程实践能力,增强大学生社会责任感、创新意识和实践能力。经过校品牌专业的一期建设,取得了一些成效:① 形成了适用能源动力类的人才培养计划和人才培养模式。"能源与动力工程"专业获批为江苏省卓越工程师教育培养计划专业,提高了本专业类的办学层次,所属一级学科"动力工程及工程热物理"获批博士学位授予权。②专业类的师资队伍在年龄结构、学历结构和学缘结构等方面都得到了很大程度的优化，教师博士化率达到94%，引进国内985、211院校毕业的具有博士学位的青年教师14人、具有海外高等院校学习经历的教师10人，其中入选"青年千人计划"1人。目前已建成一支由院士、长江学者、杰青领衔的敬业精神好、教学经验丰富的师资队伍。③全面采用和编写与本专业类当代科技发展紧密结合的教材，积极创建多媒体教学课程。新编教材、精品课程、MOOC课程等9项，同时开设了课程网站；本科课程实验开出率100%，其中综合性、设计性、创新性实验占开设实验项目数的80%以上。④整合了能源与动力工程专业、新能源科学与工程专业的实践教学资源，新签署实习实践基地20个，新增校内实习基地（平台）15个，并根据社会和专业不断发展及时调整实习基地或实习方式与内容。⑤能源动力类的人才培养质量得到进一步提高。学生科研实践参与率100%，近60%毕业生保送或考取知名大学的研究生，毕业生就业率达到100%，毕业生的综合素质受到用人单位好评。

1 人才培养模式、目标等方面的创新举措

1.1 优化专业培养方案，培养能源动力类复合型人才

专业建设过程中，以培养和造就创新能力强、适应经济社会发展需要的高层次工程技术人才为目标，明确了以立足精英教育，培养基础宽厚，知识、能力、素质协调发展的高级专门人才为新一轮人才培养方案的宗旨，完成了本专业培养计划的优化调整，落实了2013—2018年相关培养方案的修订工作，以确立本专业人才培养目标和特色。一方面加强专业人才的基础能力、创新意识、创新能力和实践能力的培养；另一方面通过引智计划、中外合作办学项目、国际会议和设计竞赛等方式，进一步扩大国际合作渠道，提高合作水平，以国际化的视野培养复合创新型人才。毕业生升学率由2012年的40%上升到2015年的57%，呈逐年上升趋势。具体措施如下：

（1）根据国家战略发展方向，制订相应的人才培养方案；

（2）优化能源与动力工程专业的知识结构与课

程体系；

（3）强化实践教学环节，完善实践教学体系，增加实践教学和专业创新课程的比重；

（4）坚持通识教育思想，培养学生宽广的知识面和扎实的理论基础，培养学生的综合素质；

（5）实施卓越工程师计划培养模式；

（6）对教学方法和手段进行改革，采用探究式、研究性教学等新的教学方法，根据不同学生的情况，设定不同的培养方案；

（7）建立制度化的学生课外科研活动指导规范，吸引学生从事各类科研活动，培养学生的创新能力；

（8）进一步加强国际交流与合作，培养学生的国际视野和国际交流能力。

1.2 深化校企合作，培养能源与动力工程专业卓越工程人才

为培养和造就一批创新能力强、适应社会经济发展需要的优秀工程人才，借鉴发达国家工程教育的成功经验，着力提高能源与动力工程专业大学生创新精神、研究能力、工程素质和工程实践能力，以校企联合、双导师为保障，探索本专业卓越工程师的人才培养模式和方法，建成卓越工程师人才培养示范基地。

1.3 开拓国际合作，培养能源与动力工程专业国际化人才和拔尖创新人才

本专业为深化国际合作，培养能源动力类国际化人才和拔尖创新人才，专门邀请国内外著名专家把自己研究领域的知识对本科生进行深入浅出的授课，使得本科生尽早接触到国内外科学研究的前沿，并可从学术大师身上学到严谨的治学方法和态度，可以极大地增强本科生学习知识的兴趣和动力，提高本科生的积极性和创造性。

2 师资队伍、课程教材、教学条件、国际交流合作等情况

2.1 师资队伍和教学团队建设

能源与动力工程专业目前拥有教师29人，其中教授10人，副教授12人，讲师5人，实验人员2人，专任教师博士化率90%以上。教师学历、年龄、学缘结构良好，其中入选中科院院士1人，"长江学者"特聘教授1人，获国家杰出青年科学基金1人，国家"万人计划"领军人才1人，国家级新世纪百千万人才工程1人，获国家优秀青年科学基金1人，

"青年千人计划"1 人,入选新世纪优秀人才计划1 人,获霍英东基金奖1 人,入选江苏省"双创计划"双创人才2 人、双创博士3 人,入选江苏省"333"工程中青年首席科学家1 人、中青年科学技术学术带头人1 人,入选江苏省"青蓝工程"优秀骨干教师5 人,江苏省"六大人才高峰计划"5 人。2014 年以来,本专业有7 名教师先后以访问学者的身份出国访学交流,国际化率达到60％,是一支高水平的师资队伍。

2.2 课程教材建设

在课程教材的建设过程中,全面采用能够与本专业当代科技发展紧密结合的教材,根据不同课程的特点和学生状况,积极选用与课程紧密结合的国外专著作为课程辅助资料。此外,本专业以主干课程为基础,以点成线,以线成面,进一步整合和优化各课程关系。进一步,基于资源共享的指导思想,规划课程群并制订精品课程建设计划,开展精品课程和双语教学示范点的建设工作,形成具有推广应用价值的课程教学策略、方法与资料,以高水平教材、多媒体课件、试题库及其他教学资源的建设为手段,建设 MOOC 5 门,新生研讨课、学科前沿课2 门,创新创业类课程3 门。

2.3 教学条件

本专业类具备一支科研能力强、敬业精神好、教学经验丰富的师资队伍,为专业类建设奠定了坚实的基础。由于学校对本专业建设的大力支持,本专业类实验中心拥有电子设备热控制工信部重点实验室、江苏省热能工程实践教学示范中心、江苏省力学工程实践教学示范中心(流体力学部分)、南京市高效传热工程技术中心,为本专业类的相关基础课程提供实验支持总面积4000 余平方米。近几年,本专业在硬件设施建设上也取得了很好的效果,先后购置一批用于本科教学的实验设备仪器,现有固定资产仪器设备1500 余台,价值1480 多万元,大型仪器设备30 余套,仪器设备管理制度健全。仪器设备配置合理,能满足实验教学的需要,使用率高,学生受益面广,满足了综合性、设计性等现代化实验教学的要求,实验开出率100％。此外,本专业现有实习基地20 余个。本专业与一些实习基地长期固定合作,并根据社会和专业的不断发展及时调整实习基地或实习方式与内容。

2.4 国际交流合作

自2012 年以来,本专业为深化国际合作,培养能源动力类国际化人才和拔尖创新人才,邀请国内外著名专家前来讲学,使得本科生尽早接触科学研究的前沿,学习严谨的治学方法和态度,极大地增强了本科生学习知识的兴趣和动力,提高了积极性和创造性。此外,本专业每年都派遣2~5 名优秀本科生前往伯明翰大学、亚利桑那州立大学、瑞典卡尔斯塔德大学等国际知名学府交流深造。此外,本专业积极探索与澳洲国立大学、美国加州州立大学北岭分校等国外知名大学建立合作办学机制,其中与英国林肯大学建立"2 + 2"办学模式,前两年在本专业学习,后两年在林肯大学机械系学习,实现学分互认,课程共享。

3 存在的问题

3.1 专业课程建设需进一步加强

需进一步紧紧围绕人才培养的新要求,以推进教学模式改革和提升教学质量为目标,整体优化课程结构,挖掘课程资源,加强优质教学资源和教改成果开发,促进优质资源共享,推进实践性教学条件建设,强化学生综合职业能力培养,引领教师不断进行教学方法、教学手段改革与创新。

3.2 学生的创新创业体系需进一步完善

随着产业升级、专业改革的发展,前期建立的一些合作方式已经难以满足学生能力的培养需求,尤其是创新创业体系方面。本专业的发展还需要寻求新的校企合作模式、拓展与专业发展方向一致的新企业合作。过去,校企合作主要是企业配合模式,即企业只根据学校提出的要求,提供相应的条件或协助完成实践教学环节的培养任务,没有充分调动企业的积极性和主动性,还停留在学校主动向企业寻求合作,而主动来寻求与学校合作办学的企业少之又少。因此,需要建立学生的创新创业体系,加大行业、企业在专业建设中的发言权,形成本专业人才多渠道培养方式。

4 进一步发展措施

4.1 建设具有国内影响力的品牌专业类

以项目为牵引,重基础、宽口径,创新研究性教学模式;依托国内外优质产研学基地,培养能源与动力工程专业卓越化人才。通过"十三五"期间的持续建设,使本专业在全国同层次、同类专业中具有领先优势、在世界同领域具有一定的影响和竞争力,建成省级以上重点专业,分别在3 个专业方向上构建一支结构合理、理论与实践经验丰富的教师队伍,建设核心专业课程群、专业基础课程群及实践教学团队。与国外知名大学建立联合培养机制,包括与国际学生互换培养、学分互认、青年教师互访等方式,提升本专业的国际影响力。

4.2 建立符合国际认证的专业培养体系(大类招生)

参照美国工程教学质量认证(ABET)体系,形成一套适合能源与动力工程专业发展的先进教学管理体制和质量控制体系。本专业要充分体现在招生就业方面的竞争优势,生源质量要处于全国同层次、同类专业前列;毕业生要实现高质量就业,就业竞争力要处于全国领先水平;有国际标准认证或国际实质等效的认证的专业,高标准通过认证;有国际职业资格证书的专业,学生相关证书获取率不低于国际平均水平。

4.3 形成国际化的师资队伍,建立国家级实习基地

引进国外优质教育资源与自主建设并举,建立与国际接轨、面向学科国际发展前沿的能源与动力工程专业师资队伍。形成科学的专业动态调整机制和人才培养体系,探索以科研与教学相互促进,以产学研、校企合作及以"请进来"与"走出去"相结合的能源动力专业新型人才培养模式。力争培育热动力、流体动力、气动力等核心课程的省级以上精品课程,建成核心专业课程群的网络学堂,建设热工专题讲座学科前沿课程;规划教材、课件等教学资源开放共享。建成条件一流、管理顺畅、开放共享的实验室(中心),根据培养方案中的课程设置的全面调整,采取相应的教学实验补充、升级和整合,形成有关燃烧、传热、流体、热工及具有军工色彩的极限条件下的相应的能源动力方面的综合实验平台。培养在全国有影响的专业带头人和教学名师,所有教授均为本科生上课;形成一批教学成果和教学研究成果;紧抓卓越工程师培养计划,建立校外合作基地,建成高水平人才队伍。

参考文献

[1] 胡晓花. 德州学院能源与动力工程专业建设的探索与实践[J]. 榆林学院学报,2014,24(2):91-94.

[2] 余万,陈从平,徐翔,等. 能源与动力工程专业核心课程体系建设的研究[J]. 科教文汇,2014(12):64-65.

[3] 吴江,何平,任建兴,等. 能源动力卓越计划学生工程实践能力评价体系研究[J]. 中国电力教育,2012(36):43-45.

[4] 孟建,刘永启,刘瑞祥. 能源与动力工程专业实践教学改革与实践[J]. 中国电力教育,2013(31):155-156.

能源系统评估原理的课程建设与实践

张睿

(南京理工大学 能源与动力工程学院)

摘要: 能源系统的评估是本专业的重要研究方向,但却很少有院校开设相关课程。近年来随着Aspen Plus软件在国内的推广应用,以及能源系统的复杂化,能源系统的评估对能源系统的设计、优化起到越来越重要的作用。因此,迫切需要在大学中开设能源系统评估原理这门课程。本文将介绍能源系统评估原理的课程内容、课程建设和课程实践情况,为其他院校开设相似课程提供借鉴。

关键词: 能源系统;评估;Aspen Plus;课程建设;实践

能源系统的评估是能源动力类学科的一个重要研究方向,涉及系统的热效率、经济性和环保效益等。能源系统的评估从宏观角度研究各种系统,其评估结果对系统的生命力、市场竞争力具有参考

价值,对系统的大规模工业建设可行性起指导作用,因而越来越受到重视。学生通过课程学习后应了解几种典型的能源系统的具体流程,对不同工段的基本原理和工业设备构成及参数有所了解;通过学习,掌握能源系统的热效率计算方法、经济性评估方法和环保效益评估方法;通过学习,对 Aspen Plus 软件的操作有基本的了解,懂得如何通过软件构建能源系统的模型,并进行全流程模拟,通过统计模拟结果,计算得到所需的技术性、经济性和环保效益结果。课程考核采用教师布置作业、学生提交算例的方式。

1 课程建设

1.1 教学内容与教学大纲

课程教学内容和教学大纲如下:

第一章 几种典型的能源系统介绍:通过课堂学习,学生应掌握超临界燃煤发电系统、IGCC 燃煤发电系统、煤完全气化费托合成多联产系统、煤炭分级转化利用多联产系统的基本工业流程,对煤燃烧/热解/气化单元、空气分离单元、气体净化单元、焦油加氢单元、水煤气变换单元、费托合成单元、甲醇合成单元、燃气 - 蒸汽联合循环单元的工作原理、工业设备及参数、控制指标有一定了解。

第二章 能源系统的热效率评估方法:通过课堂学习,掌握质量平衡和能量平衡的统计方法,掌握系统热效率的计算方法。

第三章 能源系统的经济性评估方法:通过课堂教学,掌握用规模放大法计算各流程单元的系统投资,以及整个能源系统的设备投资、总投资的计算方法;掌握系统内部收益率和投资回报周期的计算方法。

第四章 能源系统的环境效益评估方法:通过课堂教学,掌握系统主要污染物环境损失的计算方法。

第五章 能源系统全流程模拟软件 Aspen Plus 的介绍:通过课堂演示教学,使学生了解全流程模拟软件 Aspen Plus 的基本使用方法、不同模块的各种模型、不同系统流程单元的建模方法、模拟结果的统计方法等。

1.2 实施过程

1.2.1 教材总结

目前国内关于 Aspen Plus 软件及各种能源系统的介绍的书籍偏少,且内容较粗略。本课程将购买引进原版英文书籍,并提取各书籍的精华,结合中文书籍,总结归纳作为教材。备选英文原版书籍有 *Aspen Plus：Chemical Engineering Application*、*Learn Aspen Plus in 24 Hours*、*Teach Yourself the Basic of Aspen Plus*。备选的中文书籍有《基于煤气化的多联产能源系统》。对于形成的教材,印刷成册,分发给各留学生使用,待留学生课程结束后,将教材收回,以备下一届留学生使用。

1.2.2 课程 PPT 和算例制作

针对课程内容,制作讲解 PPT,采用教材、PPT、实际算例相结合的方式,向学生讲解能源系统的分析方法。PPT 介绍内容包括:第一章 几种典型的能源系统,包括超临界燃煤发电系统、IGCC 燃煤发电系统、煤完全气化费托合成多联产系统、煤炭分级转化利用多联产系统;第二章 能源系统的热效率评估方法;第三章 能源系统的经济性评估方法;第四章 能源系统的环境效益评估方法;第五章 Aspen Plus 软件的使用方法,包括各种反应器、各种换热器、各种蒸馏塔、各种泵与透平。结合能源系统,制作几组 Aspen Plus 算例,在课堂上向学生演示,引导学生学会各种算例,包括煤热解/燃烧/气化算例、气体净化算例、空气分离算例、甲醇合成算例、燃气 - 蒸汽联合循环算例、参数敏感性分析及设计值的计算算例等。

1.2.3 课程作业

按照课堂教学和进度要求布置课后作业,学生应在截止日期之前完成并提交作业,由教师和助教进行评分。作业包括:① 几种典型的能源系统工作原理及介绍;② 能源系统的热效率、经济性、环保效益统计方法;③ 煤热解/燃烧/气化的计算;④ 气体净化算例;⑤ 空气分离算例;⑥ 甲醇合成算例;⑦ 燃气 - 蒸汽联合循环算例。

1.2.4 课程考核与预期成果

课程结束后采用大作业的形式进行考核。最终作业为某能源系统的全流程模拟与热效率、经济性、环保性分析。要求学生独立完成作业,并根据计算结果撰写学术论文。算例与论文一并提交,由教师和助教批改后给分。通过综合算例的计算,检验学生的学习情况;通过学术论文的撰写,培养学生的专业论文阅读和英文写作能力。课程成绩由平时成绩、大作业考核成绩和课程出勤情况综合得到。

通过课程教学、作业布置和课程考核,使学生了解不同的能源系统,掌握能源系统的全面评估方法,学会使用 Aspen Plus 全流程模拟软件,并提高文献阅读能力和学术论文写作能力。预期形成稳定的课堂教材、教学 PPT、教学模拟算例。

2 课程实践

课程分为课堂教学和上机实践两部分。课堂教学讲授效果良好,理论推导清晰,学生反映可以理解。但上机实践过程遇到很多问题,突出问题如下:

(1)机房电脑运行速度较慢。由于 Aspen Plus 软件属于大型软件,对电脑的硬件配置、系统环境有较高要求,因此现有电脑及系统安装和运行 Aspen Plus 软件较困难,迫切需要更新设备。

(2)软件学习较困难。由于该软件较为复杂,直接上手操作非常困难,因此往往需要学生付出大量的课外时间先行学习教材和讲义内容。但学生课外时间有限,有些学生自律性较差,无法投入大量时间进行学习,导致上机学习软件时一头雾水,甚至有误操作导致软件无法正常运行的情况发生。

3 结 语

能源系统评估原理的课程建设可以使大学课程紧跟国际学科前沿,提高学生的学术、工程视野,培养学生的软件操作能力、工程评估能力等。但受限于学校现有的设备条件、学生的学习能力等因素,该课程更适合针对拔尖上进的学生进行小班教学。

参考文献

[1] 倪维斗,李政. 基于煤气化的多联产能源系统[M]. 北京:清华大学出版社,2002.

[2] 杨建新. 产品生命周期评估方法及应用[M]. 北京:气象出版社,2002.

"工程热力学"课程中的"三位一体"教学实践

杨震,段远源

(清华大学 能源与动力工程系)

摘要: 本文以"勃雷登循环"一节课程教学的设计为例,对如何在能源动力类专业基础课"工程热力学"中践行"三位一体"教学理念进行了探索。通过结合国家发展的重大需求,增强学生的学习使命感和责任感,在学习中有机融合科学人文精神教育,以学生为知识发现的主体,培养学生解决工程问题的思辨能力;采用形象的方式来展示热力循环过程。将课程学习转化为知识探索旅程,在知识传授中贯穿能力培养,在专业课程学习中融入立德树人,做到知识传授、能力培养和价值塑造的有机融合。

关键词: 工程热力学;三位一体

在课堂中实现价值塑造、能力培养、知识传授的"三位一体"教学理念,已经成为清华大学对于教师教学的重要要求。本文以"勃雷登循环"一节课程的教学设计为例,对如何在能源动力类专业基础课"工程热力学"中践行"三位一体"教学理念进行了探索。

"工程热力学"为能源与动力工程、机械工程、航空航天工程等工科专业基础课,授课对象为二、三年级本科学生。学生在学习"工程热力学"前已完成"高等数学"、"大学物理"等基础课程学习,具有基本的科学思维能力,但尚未进行过工程问题分析和解决的充分训练,有待培养分析和解决工程问题的能力。

对此,本课程适宜采用启发式教学、制造合适的认知场景来凸显学生的思维和知识盲区,引发其探索真知的好奇心,增强其学习兴趣和责任感。同时,将立德树人有机融入课程学习中,使学生在掌握知识和能力的同时,树立起积极向上的价值观。

1 教学创新点和教学理念

1.1 教学创新点

1.1.1 结合国家发展的重大需求,增强学生的学习使命感和责任感,在学习中有机融合科学人文精神教育

涡轮喷气式航空发动机、燃气轮机被誉为装备制造业"皇冠上的明珠",是尖端和重大国防装备的动力心脏。由于涉及重大国防和经济安全,西方发达国家对我国实施长期重点技术封锁,成为对我国"掐脖子"的关键技术。航空发动机与重型燃气轮机被列为"十三五"期间我国100项重大任务之首,并计划在未来几十年时间里,投资数千亿人民币,力图实现自主研发的技术突破。通过我国发展所面临的重大需求和相关国内外形势来激发学生的学习热情、使命感和责任感。通过讲解勃雷登循环动力设备的发展历史,展示科技工作者孜孜以求、不懈探索的人文精神,以此激励学生追求和探索科学的精神。

1.1.2 以学生为知识发现的主体,培养学生解决工程问题的思辨能力

在传统的课程讲授中,采用开门见山的方式,直接向学生介绍勃雷登循环的构成和特点,再分析其热力性能,这虽然对于学生学习知识是简单有效的,但忽视了知识产生和发展的逻辑和规律,而认识知识的发展过程对培养学生的创造和探索能力是十分有益的。本讲中,教师带领学生经历了知识一步步的生成过程,从现象(航空发动机中空气的状态变化)到知识和规律(理想循环),再到解决实际问题(如何提高热效率和功率),从而覆盖完整的知识发展链条。在这过程中,采用对比分析、逻辑演绎等手段,提升学生严谨的科学思辨能力。

1.1.3 采用形象的方式来展示热力循环过程

在传统的热力循环讲解中,直接在 $p-v$ 图和 $T-s$ 图上展示循环过程,未能有效地建立与实际设备的联系,也未形象地展示工质的状态变化。在本课中,以一团空气在热力设备中的状态变化来形象地展示热力循环过程,使学生深刻认识 $p-v$ 图和 $T-s$ 图上热力过程与实际设备中工质状态变化的紧密关系,将抽象的过程形象化,在不降低认知上升台阶的前提下、有效降低认知的难度、提升学习效果。

1.2 教学理念

在授课中将学生定位为新知识的探索者。首先明确其自身学习对于社会和国家的责任感和使命感,激发其学习热情和主动性;通过有趣的现象和场景,激发学生的学习好奇心和兴趣;通过展现知识产生和发展过程,来培养学生严谨的科学思辨能力;通过对工程问题的分析和解决,来凸显理论联系实际的重要性;采用启发式教学,使学生认识知识发展背后的逻辑和规律,提升学生的逻辑演绎分析能力。将课程学习转化为知识探索旅程,在知识传授中贯穿能力培养,在专业课程学习中融入立德树人,做到知识掌握、能力培养和价值观塑造的有机融合。

2 教学目标

2.1 知识层面

掌握理想燃气动力循环——勃雷登循环的构成,循环吸热量、净功量、热效率的计算。

2.2 能力层面

掌握处理复杂工程问题的分析方法、从复杂现象中提炼规律并应用规律的能力,具体为:从实际航空发动机的热力过程中抽象出反映热功转换本质的理想循环——勃雷登循环;学会在处理复杂工程问题时,抓主要矛盾和规律、由易到难、逐层深入,并建立理论(理想循环)和实际(实际循环)之间的联系桥梁。通过分析勃雷登循环与实际燃气动力循环之间的联系与区别,掌握热力循环的类比分析能力。

2.3 价值层面

面向国家和社会的重大需求,明确自身学习的使命和责任,提升学习主动性。复杂工程问题(实际燃气动力循环)中蕴藏着基本的规律(理想循环),正所谓大道至简。学习和研究中要善于从复杂现象中抓住主要矛盾和基本规律。

从1872年勃雷登循环出现、到1932年第一台涡轮喷气发动机的诞生、再到当前航空发动机和重型燃气轮机的最新发展,科技进步走过了长足历程,科技发展的突破往往受益于深厚的积累。学习

中,启发学生在要注重积累,从量变到质变。

3 教学内容及难点

3.1 教学内容

(1) 理想燃气动力循环——勃雷登循环的构成,循环在压力比容图($p-v$ 图)和温熵图($T-s$ 图)上的表示。

(2) 勃雷登循环的功、热和热效率的计算,热力参数(压比 π、循环增温比 τ)对循环热效率的影响规律。

3.2 教学难点

本次授课中的难点为:如何从实际动力设备(航空发动机)的空气/燃气热力过程中,提炼和抽象出理想的循环——勃雷登循环。这是由于学生对实际动力设备的工作和运行原理不熟悉,特别是对其中空气/燃气的状态变化过程不了解。

解决方法:基于实际航空发动机的内部通道图,以一团空气/燃气为研究对象,追踪其通过图上各个部件的过程,并沿其通过路径标明空气/燃气的压力、温度等参数的变化,从而给学生一个直观的空气/燃气状态变化过程;同时将该过程对应到 $p-v$ 图和 $T-s$ 图上,在图上采用线条来简明地表示空气/燃气的各个热力过程,建立 $p-v$ 图和 $T-s$ 图上的曲线与实际过程的紧密联系;说明各个热力过程中参数变化的主要特征,为进一步实施理想化分析做好铺垫。由此来形象地展示如何从实际工程问题中抽象和提炼出规律和本质,培养学生运用基本热力学理论分析实际工程问题的能力。

4 教学过程设计

4.1 课程引入

采用民航客机的图片,通过向学生提问飞机的发动机在哪,引发学生的学习兴趣。通过国家的重大发展需求来激发学生的学习热情。以战机保卫我国南海为例,说明航空发动机热效率和功率的重要性。提问如何来提高航空发动机和燃气轮机的热效率和功率,来引发学生好奇心。

4.2 勃雷登循环构建

以航空发动机为例,从其最基本和最重要的能量转换环节入手,来学习如何分析其热力性能。将较为复杂的航空发动机分解为压气机、燃烧室和透平三个基本部件,分别考察空气/燃气在压气机、燃

烧室和透平中的状态变化。采用压力、比容或者温度、比熵来描述空气/燃气在各部件中的状态变化。将空气/燃气的各状态点表示在压力 - 比容图($p-v$ 图)和温熵图($T-s$ 图)上,连接各点形成曲线,从而建立了 $p-v$ 图和 $T-s$ 图上的曲线与实际热力过程之间的紧密联系。

采用理想化假设,将空气/燃气视为定压比热容不变的理想气体;空气在压气机中经历了等熵压缩过程,与燃料混合在燃烧室中经历了等压燃烧过程,燃气在透平中经历了等熵压缩过程;并假设透平出口的燃气在大气中冷却后又被吸入了压气机,从而形成了空气/燃气的封闭循环。该循环是航空发动机和燃气轮机中空气/燃气的理想循环——勃雷登循环。通过循环的分析过程,展示在工程问题分析中抓主要矛盾和规律、采用合理简化来解决问题的思想。

课程中融入勃雷登循环动力设备发展历史的介绍。勃雷登(George Brayton)采用空气压缩、等压吸热和膨胀做功的原理在1872年就发明了以他名字命名的气体发动机,但由于采用的是气缸活塞式机械,发动机体积较大而功率较小,一直没得到推广应用。后来的工程师持续不断地努力改进,直至1935年英国的惠特尔(Sir Frank Whittle)采用涡轮压缩和膨胀及等压吸热方式发明了第一台涡轮喷气发动机,从此开启了喷气式航空发动机时代。惠特尔的发明工作进行得并不顺利,充满了长期的辛劳,甚至在进展困难时,所有合作者都离他而去,以致其精神几乎崩溃。直到第二次世界大战结束,各国充分认识到涡轮喷气发动机的重要性。1948年,英国政府终于公开承认惠特尔的贡献,授予他勋章和奖金,并封他为爵士,晋升准将。全世界许多国家、城市、大学、专业学会也授予惠特尔无数奖章和名誉学位。

通过勃雷登循环动力设备的发展历史,展示科技发展中往往充满曲折,伟大的成就凝聚了众多科学家、工程师的长期心血,并未一蹴而就。进行学习和科研工作时,要有坚持不懈、孜孜以求的精神,注重积累,实现从量变到质变。

4.3 勃雷登循环热力性能分析

应用前讲的基本知识,逐一分析勃雷登循环各过程(等压吸热、等熵膨胀、等压放热、等熵压缩)的热量和功量,进而得到循环净功量和热效率的计算表达式。定义压比、循环增温比,采用压比、循环增温比来表示热效率和净功量。压比和循环增温比

分别反映了航空发动机和燃气轮机的压气机性能和设备耐高温性能。通过分析压比和循环增温比对热效率和净功量的影响，可以发现增加压比提高热效率，而增加循环增温比提高循环净功量。回应先前的问题，如何来提高航空发动机和燃气轮机的效率和功率，即通过提高压缩机的压比及透平入口温度来提高航空发动机和燃气轮机的热效率和功率。

同时，介绍航空发动机和燃气轮机提升透平入口温度的最新发展情况。通过对我国航空发动机及燃气轮机重大专项基础研究项目及未来发展目标的介绍，来提升学生的学习热情和责任感。

4.4 课堂小结

通过在知识、能力和价值层面上的总结，来持续强化"三位一体"的教学效果。

知识层面：掌握勃雷登循环的构成、各个热力过程及循环热力性能计算；能力层面：从实际工程复杂问题中提炼本质规律、化繁为简的分析能力；价值观层面：基础知识学习背后的重大国家需求和学习责任，学习和科研中孜孜以求的探索精神，科技发展由量变到质变的启示，理论（理想循环）和实践（实际循环）联系在解决工程问题中的重要性。

5 结 语

"工程热力学"作为能源与动力专业的基础课，往往偏重于强调知识和能力的传授。本课尝试在"工程热力学"课程中融入价值观的培养，在授课中进行立德树人、能力培养和知识传授"三位一体"的教学实践。引入国家发展的重大需求、动力设备发展中相关科学人物的事迹，引发学生探索真知的好奇心，增强其学习兴趣和责任感，将立德树人有机融入课程学习中，使学生在掌握知识和能力的同时，树立起积极向上的价值观。

参考文献

[1] 周正.以"三位一体"育人理念深化教育教学改革[N].新清华,2015 – 04 – 24(06)。

[2] 喷气式发动机的创始人——弗兰克·惠特尔[EB/OL]. http：// www. kepu. net. cn/gb/beyond/aviation/person/per402. html

[3] SGT 5 – 8000H heavy-duty gas turbine（50 Hz）[EB/OL]. 2https://new. siemens. com/global/en/products/energy/power – generation/gas – turbines/sgt5 – 8000h. html

研究型大学能源动力类专业课教学的思考
——"新能源发电技术"案例

刘东，谭洪，冯浩

（南京理工大学 能源与动力工程学院）

摘要： 作为青年教师，笔者以所讲授的"新能源发电技术"课程为例，从课程的定位、课程的知识体系、课程的理念三方面思考了能源动力类专业课的教学，并分析了专业课存在的问题、面临的挑战，展望了教学改革的方向。

关键词： 能源动力类专业课；课程定位；知识体系；教学追求

《国家中长期教育改革和发展规划纲要（2010—2020 年）》指出："要着力培养信念执着、品德优良、知识丰富、本领过硬的高素质专门人才和拔尖创新人才"，这表明了专业课的重要性。一门课程的基本要素至少包含五个方面：课程的定位、课程的理念、课程的知识体系、课程的教学模式和课程的教学资源。以"新能源发电技术"课程为例，本文首先围绕课程的定位、知识体系和理念三个要素，陈述作为青年教师的思考与实践。针对课程的教学模式和教学资源要素，分析了面临的挑战，展望了教学改革的方向。

1 案例:"新能源发电技术"教学实践

1.1 课程的定位

"新能源发电技术"是南京理工大学能源与动力工程专业三年级本科生的专业课,授课32学时。相比专业课,学生通常更重视高等数学、大学物理等基础课程及工程热力学、传热学等专业基础课程。因此,当笔者接手这门课的时候内心很忐忑,怎样讲好这门课?该怎么定位这门课?

经过调研和思考,笔者的观点如下。从原始社会的肩扛手提到如今高度发达的现代科技,对能源的驾驭能力决定了人类文明的发展水平。但是随着科技发展,能源与环境的矛盾已经非常激化。那么,能源的未来在哪儿?一方面,新能源发电技术是中国,也是全世界未来能源战略的重要方向:中国国务院《能源发展战略行动计划》指出"加快发展新能源";美国能源部《新能源电力未来研究》表明"2050年新能源将满足80%的电力需求";欧盟《2050年能源路线图》规划"2050年新能源消费占全部能源消费的55%以上";联合国《SRREN》指出"2050年新能源满足77%的能源需求"。另一方面,麻省理工学院、斯坦福大学、普林斯顿大学等世界名校纷纷开设了相关课程(见表1)。

表1 世界名校开设的与新能源发电技术相关的课程

学校	课程名	课程编号
麻省理工学院	Introduction to Sustainable Energy	2.650J
斯坦福大学	Alternative Energy Systems	ME141
普林斯顿大学	Energy Technologies in the 21st Century	MAE228

教育部发布的《关于加快研究型大学建设、增强高等学校自主创新能力的若干意见》指出:"以科学研究见长的研究型大学是保持我国国际竞争力的重要战略资源";"研究型大学在我国应当发挥经济发展加速器、社会进步推动机和政府决策思想库的作用"。研究型大学专业课的定位应当具有同样的气质和功能;能源动力类专业课应当瞄准世界能源的未来。

1.2 课程的知识体系

那么,这门课程该如何设计、讲些什么?深入研究名校课程对作者很有启发。例如,麻省理工学院"Introduction to Sustainable Energy"课程内容包括

current and potential future energy systems、*renewable and conventional energy technologies*。因此,笔者的想法是既讲当前,又讲前沿;既讲新能源的发电技术,又讲新的能源发电技术。尤其,我国的资源禀赋决定了煤炭消费在未来能源结构中仍然占有重要地位。因此,新的煤炭能源的清洁发电技术(如本课题组研究的超临界"水蒸煤"技术)也补充作为课程的重要内容之一。

新能源技术发展迅速、知识更新很快,那么该教给学生些什么呢?如果把教学比作带领学生欣赏奔腾的知识之河,首先需要引领他们走向河边,了解当前的发展,也就是首先要讲清楚知识的本身。以太阳能光伏发电技术为例(见表2),了解当前光伏发电技术,如集中式聚光光伏发电技术、分布式建筑光伏发电技术等。"不畏浮云遮望眼,自缘身在最高层",还要引领学生站在山顶,寻找江河的源头,除了知识本身还要讲授知识的来源。技术的发展尽管迅速,但是万变不离其宗。光伏电池的极限效率是多少?为什么会有极限效率?这些都应作为补充教学内容,只有这样才能使学生全面了解技术脉络,具有足够的知识基础。站在山顶,更要看到潮流的方向。除了知识本身、知识来源,还要讲授知识的发展。专业课应该教学与科研相结合,讲授有可能引领未来能源利用方式发生重大变革的技术(如教学内容补充了太阳能热光伏发电技术),培养学生把控未来、创造未来的能力。

表2 太阳能光伏发电技术教学内容

节次	内容	原教材是否涉及
1	太阳能电池的工作原理	是
2	太阳能电池效率的理论极限	否
3	太阳能电池效率的影响因素	是
4	单晶硅太阳能电池	是
5	太阳能电池的新进展	是
6	太阳能热光伏发电	否
7	太阳能电池的实际系统	是
8	集中式光伏与分布式光伏	否
9	太阳能光伏与光热发电的比较	否

1.3 课程的理念

教育部发布的《关于加快研究型大学建设、增强高等学校自主创新能力的若干意见》中指出:"研究型大学在我国应当为国家和地方发展的重大决

策、战略规划提供高水平咨询和政策建议"；"研究型大学是培养拔尖创新人才的基地，是自主创新的国家队，是培育和发展先进的创新文化的发源地"。与此相呼应，笔者将专业课的教学追求总结为：面向重大需求，聚焦学术最前沿，为未来培养人才。

2 挑战与展望

基于上述三方面的思考与实践，笔者有幸获得南京理工大学青年教师讲课竞赛二等奖；与此同时，也深刻认识到能源动力类专业课教学面临的挑战。笔者认为这主要来自于两对矛盾。

第一，学时压缩与学科发展的矛盾。目前，研究型大学多形成了本科教育实施"通识教育基础上的宽口径专业教育"的共识，压缩了专业课的学时（一般为32学时）。但是，能源技术发展迅速，丰富了教学内容。因此，有必要探索教学模式的改革，以适应"宽口径专业教育"；也必须开展教学资源的改革，追踪能源科学的国际前沿。

第二，知识结构与学科交叉的矛盾。目前，国内高校能源动力类本科生在开始专业课学习之前，一般只具有高等数学、大学物理等基础课及工程热力学、传热学等专业基础课的知识储备。但是，能源学科快速发展至今，已具有明显的交叉学科特征，涉及材料、化学、半导体物理、建筑、环境等。因此，有必要开展学科课程体系的深入改革。例如，美国麻省理工学院设立了能源教育任务小组，为本科生开设能源相关课程，建立跨学科能源教育模式，涉及机械工程、建筑工程、材料工程、生物工程、核科学与工程、电子与计算机工程、化学、物理学、地球/大气科学、政治科学等各专业领域。

参考文献

[1] 冯婉玲，段远源. 课程建设的内在规律与制度保障[J]. 中国大学教学，2006(8)：10 – 12.

[2] 黄先祥，刘春桐，张志利. 对专业课教学的几点思考[J]. 高等工程教育研究，2002(6)：2 – 5.

[3] Lenert A, Bierman D M, Nam Y, et al. A nanophotonic solar thermophotovoltaic device [J]. Nature Nanotechnology, 2014, 9(2): 126.

[4] Bierman D M, Lenert A, Chan W R, et al. Enhanced photovoltaic energy conversion using thermally based spectral shaping [J]. Nature Energy, 2016, 1(6): 16068.

[5] 鱼振民，李彦明，王兆安. 工程技术类专业课程教学内容和教学方法改革刍议[J]. 高等工程教育研究，1999(S1)：44.

[6] 王建昕，帅石金，王志. 大学通识教育模式下本科生专业课教学方法的探讨——提高"汽车发动机原理"专业课教学质量的若干体会[J]. 中国大学教学，2010(4)：55 – 57.

[7] 蒋华林，朱晓华. 面向新工业革命的新能源领域本科课程体系建设[J]. 高等工程教育研究，2015(4)：183 – 188.

[8] 吴志功，徐玲玲. 太阳能工程教育国际比较及课程标准研究[J]. 高等工程教育研究，2010(6)：77 – 81.

基于"翻转模块化实验"的传热学课程教学改革

杜文静，辛公明，陈岩，王湛

（山东大学 能源与动力工程学院）

摘要： 翻转课堂教学模式是一种将知识的学习与提升环节相颠倒的教学方式。将该教学模式应用于传热学的模块化实验教学过程中，同时将相关实验带到课堂上来，实现理论讲解和动手实验的深度结合。本文以线性导热系数测量的模块化实验为例，探讨了如何使用翻转模块化实验教学方式。研究表明，该教学方式能够充分调动学生的学习积极性和能动性，更能够满足新工科背景下人才培养的具体要求。

关键词： 翻转课堂；模块化；传热学；新工科

传热学是能源动力类专业的三大核心专业基础课之一。传热学主要是研究在温差存在的情况下,物体内部或者物体与物体之间发生的能量传递规律的一门课程。由于自然界和科学生产中均处处存在导致热量传递的温差,所以传热不仅是一种常见的自然现象,而且广泛存在于各工程领域,如能源动力、机械制造、建筑节能、航空航天、生物工程等。随着科学技术的不断发展,传热学的应用范围也不断扩大,对传热学课程的教学要求也在不断提高,对应课程的教学改革引起了教育工作者的关注和重视。

为主动应对新一轮科技革命与产业变革,支撑服务创新驱动发展,2017 年 2 月以来,教育部积极推进新工科建设,对相关高校提出以下明确要求:以"新工科"理念为先导,凝聚更多共识;以需求为牵引,开展多样化探索。教育部先后发布了《关于开展新工科研究与实践的通知》《关于推进新工科研究与实践项目的通知》,全力探索形成领跑全球工程教育的中国模式、中国经验,助力高等教育强国建设。在新工科教育的大背景下,传热学的教学工作,无论从知识构架还是从教学思路、教学方法等方面,均需要进行不断的改进和完善。

1 传热学教学过程中的一些共性问题

传热学的重要性已经得到大家的共识,但是传热学自身的特点显著,如理论性较强、概念抽象、内容繁多、学习难度较大,属于"难教、难学、难考"的三难课程。在现有教学过程中,通常采用教师传授知识为主,学生适度参与教学为辅的方式,旨在使学生快速有效地掌握具有普适性的大量知识。在这种教学方法中,从教师到学生的单向传递较多,教师与学生之间的互动较少,学生的主动学习较少,课堂对学生的吸引力不足。因此,对传热学的教学方法进行适当改革,提高学生的自主学习能力和解决实际问题的能力是十分必要的。

2 "翻转模块化实验"教学方式的探讨

在关于传热学教学方式的探讨方面,很多同行都进行了不同的尝试。例如,翻转课堂、趣味教学、创新性实验教学等多种形式,均取得了不错的教学效果。但是,在新工科背景下,传热学的教学改革仍然存在诸多发展和发挥的空间。例如,如何借助实验,尤其是借助以学生为主体的翻转模块化实验

方法提高教学效果,仍然值得相关教育工作者研究探讨。本文旨在开展一种关于以学生为主体的翻转模块化实验教学方式的探讨,希望能够有益于传热学的教学工作,促进传热学教学效果的提高。

通过在课堂教学中引入"翻转模块化实验"教学方法,将重要的知识点以具体可参与的实验形式进行讲解,实现一种课堂的理论教学与现场动手做实验相结合的教学方式。这种教学方式能够有效提高学生的参与程度,营造良好的课堂气氛,并提高学生解决实际工程问题的能力。鉴于现在的教学教具的生产能力基本能够满足我们的教学需求,所以根据教学内容,定制一系列便携式的模块化实验,使得教学与实验相结合成为一种可供选择的教学方式。

下面以本课题组教师应用的翻转模块化实验教学为例进行详细阐述。在传热学的三种传热方式中,需要首先学习导热部分的内容。该内容相对容易,但是多种变化工况的基本导热特性也比较复杂,需要一定的数学基础和较好的理解能力。在导热部分,本课题组已经定制了两个独立的实验模块,分别是线性导热模块、液体和气体热导率测量模块,可以用在导热部分的实际教学过程中。借助导热系数测量模块化实验,能够在课堂讲解的同时开展实验演示。更重要的是,这种实验以学生为主体,让学生完成实验原理讲解和实验过程的演示。这种由学生亲自讲解和演示实验的方式,能够起到提升教学效果、增强学生学习兴趣的作用。

以线性导热模块为例,为了完成课堂上的实验展示,学生需要在课后制作不同材料的测试元件,所有元件的制备都需要按照实验要求准备。通过在课堂上亲自演示不同固体材料导热系数的测量过程,有利于学生加深对傅里叶导热定律的理解,还可以通过温度变化曲线,提前定性观察和区分稳态导热过程和非稳态导热过程。虽然整个模块化实验的操作过程不需要较长时间,但是为了完成该实验,学生们需要提前准备较多知识。从熟悉基本实验原理、实验过程到亲自动手制作实验元件,这是一个完整的亲自动手找到问题和解决问题的过程。对于刚刚接触传热学的学生,是一种不错的学习体验。鉴于导热部分的知识点相对较容易,比较能够引起学生的兴趣,因此模块化实验教学取得了不错的教学成果。基于课堂上所演示的模块化实验教学,可以继续鼓励学生对相关知识点进行拓展,如总结影响导热系数的主要因素、亲自动手制

作高导材料和保温材料、研究材料导热特性变化规律等。在模块化实验中，学生的主观学习兴趣和能力逐渐形成和发展起来，有利于后续顺利开展对流和辐射传热部分知识的学习。

基于实际教学效果可知，翻转模块化实验教学方法具有一些优点。一方面以学生为主体，增强了学生对理论学习的兴趣，促使学生在思考中掌握此学科的基本概念和理论，培养学生的主动学习能力、创新能力和分析解决问题的能力；另一方面加深了对本专业的理解，使学生提前接触专业知识，引导学生进一步掌握专业技能，为后续专业课程的学习打下基础。

3 结　语

传热学的教学理念是理论结合实践，同时注重思维创新，并且适度鼓励科学探索。在高等学校新工科教育大背景下，根据教学中的重点和难点，应用翻转式模块化实验教学方法，能够将理论教学、实验教学和实际应用实践紧密结合起来，激发学生的主观能动性，提升传热学的科学魅力，提高学生的学习兴趣，这样才能够更好地实现学生专业技能和综合素质的培养，实现有效教学和高效学习的目标。

参考文献

[1] 吕留根.《传热学》教学改革实践与思考[J]. 广州化工,2011,39(14):183 – 184.

[2] 李友荣,杨晨,吴双应."传热学"课程教学改革研究与思考[J]. 中国电力教育(中),2010(11):66 – 67.

[3] 何雅玲,陶文铨. 对我国热工基础课程发展的一些思考[J]. 中国大学教学,2007(3):12 – 15.

[4] 史玉凤,郭彦,宋正昶. 翻转课堂教学模式在传热学教学过程中的应用[J]. 课程教育研究,2017(17),42 – 43.

[5] 姚森,胡建军,徐桂转,等. 传热学趣味案例教学实践初探[J]. 科技视界,109 – 110.

[6] 俞爱辉,冯妍卉,张欣欣. 传热学多层次、创新性实验教学模式的研究[J]. 中国现代教育装备,2011,(7):115 – 117.

慕课教学模式和翻转课堂的探讨*

杨茉，叶立，王治云，娄钦，陈建，胡卓焕

（上海理工大学 能源与动力工程学院）

摘要：探讨了慕课和翻转课堂新的教学模式，并进行了初步尝试，给出了实践获得的一些体会。实践表明，慕课方式实行尚缺少必要的条件，但可以采用其理念，借鉴其做法。翻转课堂对基础性强的课例如传热学，效果不好；但对应用性较强的专业课程，效果较好。

关键词：慕课；翻转课堂；实践

MOOC 是 Massive（大规模的）、Open（开放的）、Online（在线的）、Course（课程）四个英文单词的缩写，即大规模网络开放课程。"慕课"一词是 MOOC 的音译。慕课的主要特点就是大规模、在线和开放。"大规模"体现在学习者人数上，与传统课程只有几十个或几百个学生不同，一门慕课课程的学习者动辄上万人；"在线"是指学习主要是在网上完成的，不受时间和空间限制；"开放"是指世界各地的学习者只要有上网条件，就可以免费学习优质课程，慕课平台上的课程资源是对所有学习者开放的。除此之外，慕课也融合在线教育的一些特质，提供了身处教室的临场感，通过网络平台，提供师生之间各式的互动交流，设定科学的评价机制，真正做到让学习活动不受时间和空间的限制。从近几年慕课的探索、推进效果看，它是目前最能体现开放式教育完整性的在线教育模式，能补足 OCW

* 基金项目：上海市教委重点课程项目；上海市教委研究生课程建设项目；教育部高等学校能源动力类专业教育教学改革项目（ND-JZW2016Y – 44）；上海理工大学教师教学发展研究项目

（开放式课程）在线教学互动及学习评价等层面的不足,提供课程结业认证的可能。

另外现在还有一种授课模式叫"翻转课堂"。翻转课堂是从英语"Flipped Class Model"翻译过来的,也被称为"反转课堂式教学模式",简称翻转课堂或反转课堂。与传统的课堂教学模式不同,在翻转课堂中,学生在家完成知识的学习,而课堂变成了师生之间和学生之间互动的场所,包括答疑解惑、知识的运用等,从而达到更好的教育效果。笔者对翻转课堂中"翻转"的理解是,教师与学生的位置翻转了过来,由以前的以教师为主体,变成了以学生为主体。

对于慕课和翻转课堂这种新的教学模式,是否适合我国的高等教育和如何引入到我国的高等教育,尽管还存在种种疑问,尚在试验阶段,但它毕竟在全球许多大学,其中不乏一些名校,已经开始实行,这将对传统的教学模式产生冲击。因此关注、研究和试验这种新的教学模式,势在必行。

笔者在教学中做了一点初步的尝试,对这种教学模式提出一点粗浅的看法。

1 慕课课程的意义

从教育现代化的角度来看,慕课是教育充分利用现代信息化技术发展的成果。

与传统的教育方式相比,教育信息化的推动至少有这样几个特点:一是有助于加快知识更新速度;二是有助于培养学生的广域思维能力;三是可以在虚拟环境中进行,通过人机对话,可获取所需要的更多信息;四是能激发学生的学习兴趣,提高学习的主动性;五是能扩大受教育者的学习生命周期,甚至提供终身学习的机会;六是能扩充教育资源,开阔视野,培养更全面的人才。教育信息化不仅对传统的教学组织、教学内容与方法、人才培养模式等提出了新的挑战,更是高等教育改革与发展的重要方面。

尽管教育产业化被诟病,但教育存在竞争也是不争的事实。大学要在世界中有自己的立足之地,调整学校教学结构,促进教育教学与信息化技术的深度融合,切实有效地改进教学方法,提高人才培养质量,是每所大学所必须面对的问题。慕课则为大学教育推向全球提供了一种可能。不能够利用这种模式或慕课的平台,就有可能被别人取代。

从教育的公益性角度讲,慕课能够使学生享受到更好的教育,确保课程的教学质量与水平。

2 慕课及其变化的授课模式

不管对于慕课正宗的、精准的或原始的解释是什么,在教学形式上,慕课至少要具备以下几个特点:

① 利用互联网,实现在线的或离线的教学。

② 可以有不同的受众,当面的或远程的。

③ 教师和学生间互动。

其实,按照慕课这种模式,目前还有一些相近的授课模式。例如,哈佛大学、麻省理工学院、斯坦福大学、加州大学伯克利分校等顶尖学府开始尝试一种更加精致的课程类型,叫作SPOC。SPOC是英文Small Private Online Course的简称,可译为"小规模限制性在线课程"(国内有人翻译为"私播课")。这个概念最早由美国伯克利大学福克斯教授提出。其中,Small和Private是相对于MOOC中的Massive和Open而言。"Small"是指学生规模一般在几十人到几百人;"Private"是指对学生设置限制性准入条件,达到要求的申请者才能被纳入SPOC课程。

SPOC的基本理念,是在围墙内的大学课堂,采用MOOC的讲座视频或同时采用其在线评价等功能实施翻转课堂教学。这是一种结合了课堂教学与在线教学的混合学习模式。其基本流程是:教师把这些视频材料当作家庭作业布置给学生,然后,在实际的课堂教学中回答学生们的问题,了解学生已经吸收了哪些知识,哪些还没被吸收,在课上与学生一起处理作业或其他任务。总体上,教师可以根据自己的偏好和学生的需求,自由设置和调控课程的进度、节奏和评分系统。

笔者以为,上述各种授课模式都有各自的特点,究竟哪种更好,对于不同的课程,不同的授课对象,甚至是时间和空间上的不同,结论可能是不同的,不能一概而论。可以把慕课当作一种教学的理念,根据各自教学的具体情况,可以采用不同的实施方法,不一定拘泥于一种形式。

3 慕课和翻转课堂的尝试

慕课课程区别于以往课程形态的特征包括富媒体化、课程内容知识单元化和学习流程管理。

3.1 富媒体化内容

慕课课程是以授课内容为中心的课程资源包,

2019年全国能源动力类专业教学改革研讨会论文集

囊括视频、音频、图书、论文、文本、图片、动画等富媒体内容。

● 授课内容:授课内容是指教师讲授课程的媒体形态,以授课视频为主,包括 PPT + 授课录音,PPT + 录音等形式。支持通用流媒体视频格式,支持高清分辨率,支持外挂 SRT 字幕,视频支持 ASF、AVI、FLV、MOV、MP4 等主流高清格式。

● 参考文献:应提供课程的参考文献,提供电子版,学生与教师均可在线打开阅读,支持 WORD、PPT 等文档格式在线预览。

● 教学目标:慕课课程应提供明确的教学目标。

● 教学大纲:慕课课程应提供明确的教学大纲。

● 教学任务:应根据教学大纲制定教学任务,可包含授课视频播放、参考资料阅读、讨论、作业、考试等各种任务类型,根据需要选择。

● 考核办法:课程应提供明确的考核办法,分为知识单元考核与课程整体考核两种。

● 作业考试:慕课应建设题库,用于作业及考试,考试题包括判断、选择等客观题,也可包含主观题。

● 课程素材:慕课还应提供文本、音频、视频等课程参考素材,帮助学生理解所学课程内容。

3.2 知识单元化

慕课课程改变了课程内容的组织形式,不再按照课时进行,而是按照知识单元进行。每个知识单元都是一个独立的慕课课程单元,讲授一个具体的知识点。

● 视频单元时长:一个独立知识点为一个知识单元,视频时间以 10~20 min 为宜,此非强制标准,根据课程知识点而定。

● 知识单元篇头:知识单元授课内容之前加上课程篇头。

● 知识单元内容:每个知识单元包含这一个知识单元的授课视频、参考资料、作业题、考试题等内容。

● 知识单元任务:每个知识单元的内容可转化为学生的学习任务(可以选择)。

● 知识单元考核:每个知识单元可设置考核点,包括作业、讨论等。

3.3 学习流程管理

慕课具有完善的学习流程管理功能,实现学生在线选课、视频播放、讨论答疑、作业、考试、评估等功能。

3.4 慕课和翻转课堂的实践

笔者对慕课教学方式做了初步的尝试,但总体来说,效果并不算好。笔者完成了传热学、数值传热学、高等传热学、工程热应用与分析等课程的实时授课视频的制作,并将其提交到学校内部的网络教学平台。学生能够通过学校网络教学平台,随时观看这些实时教学录像,这些实时教学录像,为学生的学习提供了便利,对提高教学质量,还是有一定的效果的。但是,网络互动的效果不好,基本无法实现。首先,因为已经有课堂教学了,利用互联网实时互动就显得多余了。其次,老师事情很多,学生学习任务也很重,因此,不易实现这种互动式教学。目前所能做的,就是利用手机 WIFI 群,在课余对一些问题进行讨论,有一定的效果。由于当前教育体制的限制,学分互认等,基本无法实现。

我校也尝试了翻转课堂这种授课模式。做法是指定一个学生准备 PPT,并要求其他学生预习。授课时,学生利用 PPT 主讲,然后大家讨论,最后老师总结。实际实施下来,发现基础课强的课程,例如本科生的传热学和研究生的高等传热学,不适于翻转教学模式。分析原因是,学生刚开始接受专业基础课教育,相关概念都是新概念,方法也是新方法,学生自己学习要花很多时间,比较吃力,因此学生自学的积极性大大下降。所以,对传热学这类基础课,翻转课堂效果不好。但对于专业课,例如开设的一门"工程热应用与分析"课程,以及一些研究生的专业课,效果较好。因为上专业课之前,一些基础课如传热学课已经学过,一些涉及专业的概念和基础知识学生已掌握,学生课后做的主要是搜集资料,研读资料,相对比较容易,不需花太多时间。并且,学生具备了一定的专业知识,才有能力一起讨论专业上的问题,思想比较活跃,因此,翻转课堂效果较好。

4 结 语

慕课是现代科学技术成果带来的一种新的授课模式,从目前的发展趋势看,具有较强的发展势头,且慕课能对于普通的教育模式产生较大的冲击。无论愿意不愿意接受这种模式,都无可避免地要受到一种挑战,因此,从现在就开展慕课的研究和实践,是一种明智的选择。但慕课受目前教育体制制约,无法实现学分互认,但慕课在视频教学和利用互联网手机互动等方面,则可以采用,有利于提高教学质量。

翻转课堂对基础性强的课程不适用,学生尚不具备翻转能力;而对应用性强的专业课,有较好的效果。

参考文献

[1] 王文礼.MOOC的发展及其对高等教育的影响[J].教学研究,2013(2):56-57.

[2] 张忠.大规模开放在线课程设计研究[D].武汉:华中师范大学,2014.

新课工程热应用与分析的教学实践与思考*

杨茉,王治云,李凌,叶立,陆威,黄维佳

(上海理工大学 能源与动力工程学院)

摘要: 在办学国际化和素质教育、加强实践能力培养的教育理念下,作为一门专业必修课,开设了新课"工程热应用与分析",内容涉及动力、能源、发电、制造、建筑、化工等各个领域中热的清洁和高效利用与转化的理论分析和工程中应用技术。教学中采用了教师讲授、翻转课堂、课外实践等各种教学形式。至今课程已实际实施了近十年的教学。论文给出了课程目标和课程特色、主要教学内容、教学方法、教学效果分析以及笔者的体会。

关键词: 热;工程;教学;实践;思考

办学国际化和素质教育是我国高等教育发展的必然趋势和要求。随着国家政治经济改革开放的不断深入,特别是我国加入WTO以后及一带一路发展战略的提出,我国的经济正在逐渐融入世界经济,这必然要求我国高等教育培养出的人才,具有高素质和跨文化进行国际交流的能力。过去,我国的高等教育是在计划经济体制下形成的,特别强调专业教育。随着我国经济体制向市场经济的转型,对高等教育的要求也从过去的专业教育理念逐步转向素质教育理念。虽然经过了多年的教育教学改革,但在目前的教学培养方案中,还有种种计划经济制度下形成的教育体制的痕迹。比如,还保留了许多专业课,并且这些专业课还占了很多学时。例如,对于能源与动力工程专业的教学,在许多高校都有锅炉原理与设备、透平原理与设备、制冷原理与设备等相关专业性很强的课程。现在的问题是,如果取消或减少各种专业课,替代的课程是什么?或者换个角度说,在目前强调素质教育的情况下,需要开出哪些新课程,既能够提高学生的素质,又能使学生了解专业的工程实际应用,培养学生解决工程问题的能力?

我校采取的做法之一,就是开设了一门新课,即"工程热应用与分析"。这门课至今已开设了近十年,本文探讨了这门课程的教学目标、主要教学内容、教学方法等教学要素方面的问题,并给出了实际的教学情况和效果及笔者的分析和体会。

1 课程简介

1.1 课程目标

课程是针对能源与动力工程本科专业的高年级学生开设的一门具有一定特色的专业课程。课程包括了工程热应用的前沿研究内容,如清洁燃烧、分布式供能、建筑空调、火灾控制、余热回收与利用、高效换热、太阳能、风能利用等的最新研究成果和应用成果。通过讲授与热利用有关的前沿科学问题的提出、模型抽象、数学描述、求解、工程应用,使学生在学会并掌握分析和解决工程中热的高

---

*基金项目:上海市教委重点课程项目;上海市教委研究生课程建设项目;教育部高等学校能源动力类专业教育教学改革项目(NDJZW2016Y-44);上海理工大学教师教学发展研究项目

效清洁利用和转化技术的基础上,建立国际视野,训练和培养基本的科学研究素养和创新及解决工程热问题的能力。

1.2 主要内容

表1给出了2019年上学期实际执行的教学日历,包括本次授课的教学内容题目、学时和授课教师。具体的讲授内容由教师自己组织。课程教学时数是32学时,每年授课前会根据学生情况和当时的工业和社会背景情况,适当进行局部调整。聘请多个老师确定讲授内容,表1给出的这些题目,一般都是基于授课教师负责的某一科研课题,或是教师的博士论文题目(教师一般都有博士学位)。

表1　2018/2019学年(二)工程热应用与分析教学日历

日期	周次	课程内容(章、节名称)	课内时数	授课教师
2019/2/27	1	绪论 工程热应用概述	2	杨茉
2019/3/6	2	节能减排竞赛作品介绍	2	杨茉
2019/3/13	3	建筑空间火灾的模拟与分析	2	徐洪涛
2019/3/20	4	建筑热环境控制中的传热问题	2	陆威
2019/3/27	5	电冰箱中热环境模拟及等价的传热问题	2	杨茉
2019/4/3	6	燃煤蒸气锅炉的热分析	2	黄维佳
2019/4/10	7	冷热电联供系统中的热应用分析	2	陆威
2019/4/17	8	冷却设备的热分析	2	章立新
2019/4/24	9	风力机	2	陈建
2019/5/1	10	五一放假	0	—
2019/5/8	11	碳捕捉与储存	2	刘高洁
2019/5/15	12	二氧化碳地质埋存过程中流动与传热问题	2	娄钦
2019/5/22	13	汽车热管理	2	叶立
2019/5/29	14	金属材料表面加工过程中的传热问题	2	李凌
2019/6/5	15	工程热应用实例分析	2	杨茉
2019/6/12	16	考试	2	—

1.3 课程定位和教学方式

课程是针对能源动力类专业工程热物理方向高年级本科生的必修课,编入本科生教学计划。如前所述,课程主要讲授如何运用已有的热学和流体力学的知识,解决工程中的热的高效利用和转化问题。因此,要求学生已经学习了与热有关的前序课程,如工程热力学、工程流体力学、传热学、数值传热学或数值流体力学,有一定的机械、电力、力学基础知识。

授课方式采用课堂讲授、翻转课堂,以及课后参加教师的科研实践。

课堂教学方式定位介于基础理论课的教学与学术讲座之间,比一般的基础课教学线条粗。一般的基础课教学需要介绍基本概念、定义,基本定律、基本计算公式及其推导,相对比较详细。而本课程是用已有的基础知识解决工程问题,是这些热知识的应用,不需要再重复介绍这些基础知识;而学术讲座,一般只要求学生了解一些课题研究什么内容,而对研究方法、结果和结果分析并不过多关注。而本课程要求对所介绍问题的研究过程和研究结果进行比较仔细地介绍,力图使学生学会解决问题的方法。所以,相对学术讲座,授课要比较细致,有时还要进行必要的推导和概念定义。

翻转课堂首先由学生利用PPT进行报告,然后学生们和教师一起讨论,最后教师总结。学生报告题目可以是教师讲的某一课题,也可以是学生任选感兴趣的问题。

学生课后活动,可以自愿参加教师的一些科研课题,发表论文,参加各种大学生竞赛,例如全国大学生节能减排社会实践与科技竞赛。

课程考试采用书面报告+面试的形式。

2 课程特色

本课程是一门新课。以笔者掌握的资料,目前国内还没有其他高校开设这门课程的公开资料。

各学校的教学计划,通常也是不公开的。

总结下来,本课程具有如下特色。

第一,在内容组织上,根据教师的科研课题组织内容,因此形成了本校的特色。我校源于以前的上海机械学院,目前的能源与动力工程专业,仍保留了面向机械行业的特色。因此,本课程内容上也更倾向机械制造。

第二,教学方法上采用了灵活的授课方式,比如翻转课堂,形成了本课在教学方法上的特色。

第三,课上课后学习相结合,结合完成实际课题的实践过程,开展本课程的教学。因此,本课程更强化了学生创新和实践能力的培养,形成了人才培养的特色。

第四,教学内容触及国际前沿和热点,视野开阔,更强调素质教育,有的课能取代以前的专业课,具有能够与国际接轨的办学特色。

本课介绍的内容,一般是目前科学前沿课题,学生能够在本科阶段就接触并直接参与前沿课题的研究工作,对开阔学生视野是有益的。因此,从专业培养水平来说,本课程的开设能使本专业的人才培养水平和教学质量更高。

3 教学实践和讨论

我校能源与动力工程专业,从 2010 年开始开设了工程热应用与分析这门课程,到现在大约已经开设了 10 届。最初作为选修课,目前在本科培养方案中,已固定为能源与动力工程本科专业工程热物理方向的专业必修课,其他方向的专业选修课。

本门课的教学实践表明,这门课程还是颇受学生欢迎的。因为教师讲授的内容,都是直接来自生产实践和科研实践,许多内容直抵科学前沿,学生感觉收获很大。特别是聘请的授课教师,一般教授的内容都与自己以前或现在做的科研课题有关,教师对内容十分熟悉,理解深刻,讲课生动活泼,得心应手,深入浅出,包含了大量一般在书本上难以看到的实际例子和解决问题的方法或经验,使学生的视野大开,并且思维能力和解决问题的能力受到锻炼。这在本科教学质量和教学水平提高方面,起到了很大的作用。

本门课的翻转课堂的教学实践表明,这门课程适于翻转课堂。笔者认为,并不是每门课程都能够用翻转课堂的教学形式教学。所谓翻转课堂,就是改变学生在教学中的被动地位,以学生为主,通过学生的报告,学生与教师、学生与学生的讨论,以及

教师的引导、总结,进行课堂教学的一种教学形式。这种教学以学生自主学习为主,因此学生的能力提高较大。但翻转课堂的前提条件是学生有能力翻转。对有些基础理论课,学生连一些基本概念、定义都不知道,有很多本专业的术语甚至还不了解,这时学生并没有能力实现翻转。本课程适合翻转课堂授课模式是因为上本课之前,传热学、工程流体力学等课程学生都已学过,已经具有了基础知识,只需运用这些基础知识去解决工程或科学问题,因此,学生有能力翻转。通过翻转,学生主动拓展思维,解决实际问题,在讨论问题过程中,使思维活动更加剧烈,因此,对提高学生能力帮助很大。实践表明,过去有些基础课翻转,学生甚至表示反感。而本课翻转,学生愿意积极参与,效果很好。翻转的缺点是较花时间。本门课学时数不多,教师有很多好的研究实践方面的内容,没有更多的时间介绍。翻转课堂和教师课堂讲授的时间分配怎样最好,还有待进一步的实践和研究。

学生课后实践效果很好,学生们很乐于积极参与,不仅思维能力、创新能力、实践能力得到很大幅度的提高,讲演能力和对问题的归纳能力也得到了提高。近些年,学生参加全国大学生节能减排社会实践与科技竞赛,获得了 25 项国家级奖,其中一等奖 10 项,特等奖 2 项。

4 结　语

在素质教育和加强实践能力培养的教育理念下,作为专业必修课和特色课,本校开设了新课"工程热应用与分析"。教学中采用了教师讲授、翻转课堂、课外实践等各种教学形式。实践表明,这门课对于开阔学生视野,提高学生思维能力、创新能力、解决实际文题能力,都起到了重要作用。课程经过实际教学和改革,逐渐形成了行业知识特色,国际接轨、素质教育的办学特色,理论联系实际的教学特色,翻转课堂、自主学习的教学方法特色,以及培养学生创新和实践能力的人才培养特色。

参考文献

[1] 李星云."一带一路"战略背景下我国高等教育的困境及发展路径[J].南京理工大学学报(社会科学版),2016,29(5):1-5.

[2] 袁源.浅析高等院校素质教育的现状[J].教育教学,2017,2(8):8-10.

双创教育

创新创业教育教学方法的探讨 *

凌长明，彭丽明，徐青

（广东海洋大学 机械与动力工程学院）

摘要：本文简要论述了高校创新创业教育教学过程中存在的不足，探讨其教学改革的新措施。在传统教学过程的基础上做出改进，提出发散式思维教学模式、开放性考核方式、学生互评的评改方式，为我国高校创新创业教育改革的进一步发展提供几点可行性建议。

关键词：创新创业教育；教学改革；课程考核

"德国工业 4.0"与"中国制造 2025"的提出，掀起了科技革命与产业变革新高潮。当前我国正处于新一轮科技革命和产业变革与我国经济发展方式加快转变的历史交汇期，我国经济发展进入从高速增长转为中高速增长，经济结构不断优化升级，从原来的要素驱动、投资驱动逐渐转向创新驱动的新常态。新常态下的社会发展面临着许多困难与挑战，为了实现"两个一百年"奋斗目标和中华民族伟大复兴中国梦，建设社会主义现代化国家，必须牢牢把握科技革命与产业变革这一重要历史机遇，贯彻落实创新发展理念，以全球视野谋划和推动自主创新，实施创新驱动发展战略，加快建设创新型国家。创新驱动的核心就是人力资源的储备和人才驱动的投入，建设创新型社会对创新创业教育教学改革提出了更高的要求，创新创业教育是一门多学科交叉，多领域内容相互融合的系统性综合学科。本文针对传统创新创业教育教学过程中存在的一些问题，探讨了创新创业教育教学方法。

1 创新创业教育课程教学中存在的问题

自 2002 年教育部开展高校创新创业教育试点以来，上至教育部门，下至高校教师，一直在创新创业教育改革的道路上不断探索新方向，解锁新路径。2015 年国务院印发的《关于深化高等学校创新创业教育改革的实施意见》明确指出，"把深化高校创新创业教育改革作为推进高等教育综合改革的

突破口，坚持创新引领创业、创业带动就业，加快培养富有创新精神、勇于投身实践的创新创业人才队伍"。尽管政府高度重视创新创业教育，极力推动高校创新创业教育改革，但在课程教学过程中仍然存在着诸多问题。

1.1 照本宣科的教学方式

虽然许多高校已经将创新创业教育课程纳入必修课的范畴，但多数授课教师对该课程认识不深刻、定位不准确，把创新创业教育当成学生的就业指导课程进行教学，仅从宏观的角度讲解相应的理论知识点，泛泛而谈。教学方法单一，针对性和实效性不强，育人过程中对专业内容中的创新创业元素挖掘不够。教学内容局限于教材，照本宣科，未能将创新创业教育与学生的专业教育有机结合，充分调动学生学习积极性。教师与学生之间缺少互动，无法产生共鸣，不能激发学生的学习兴趣与热情，久而久之，创新创业教育课程教学将演变成形式上的教学，课堂上教师在讲台上唾沫横飞，而学生在课桌上"埋头苦干"。这种教学方式不利于激发学生的创新思维、挖掘学生的创造潜能、培养学生的创业能力。

1.2 传统单一的考核方法

传统课程考核方法主要以具有标准答案的考试为主，如选择、填空、判断等题型，即使是言之有理即可得分的开放性主观论述题，在参考答案中也会罗列出几点评分标准，具有很大的局限性，不利于引导学生冲破传统思维的禁锢，考查的内容也仅局限于教材上的基础理论知识点，不能充分发挥学

＊基金项目：广东海洋大学动力工程及工程热物理重点学科建设项目

生的主观能动性。评改方式呆板单一，以标准答案或评分标准来评定学生对这门课程的掌握程度，无法反映学生的综合能力，容易造成"高分低能"，多数学生仅掌握了教材上的基础理论知识点，但根据所学知识分析解决实际问题的能力有所欠缺。同时，大多数学生学习只是为了通过考试、获得学分，缺乏学习主动性。

2 创新创业教育课程教学中的新措施

与传统的传道授业解惑不同，创新创业教育以培养当代大学生创业意识、创新能力，激发当代大学生的创新思维，培养高素质、高水平的创新型复合人才为目标。传统的教学模式已经不能满足创新创业教育课程的需要，必须不断对教学过程进行优化创新以适应时代发展潮流。

2.1 发散式思维教学模式

发散式思维教学模式有助于引导学生与教师之间的双向交流互动，引导学生主动学习、独立思考，深入挖掘学生的创造潜能，激发学生的学习热情，提高学生的学习主动性，进一步推动创新创业教育的发展。在教学过程中教师不仅仅是传授学生知识，更要以引导为主。教师在课堂上应引导学生使用思维导图、头脑风暴、鱼骨等方法来发散思维。把课堂作为与同学和老师相互学习的场所，使得学生的综合知识能够得到充分的利用从而取得最佳的教学效果。结合时代发展及学生的兴趣，针对性地使用一些实例、时事等作为学生思考的问题对象，以 3~4 名学生组成小组展开头脑风暴，思考问题出现的可能原因，尽可能多而全地找出影响因素，然后分类，再深入探讨其中任意一个影响因素的产生原因，即"为什么会发生这样的问题"。得出结果后再重复深入 5 个层次探讨产生的原因。最后列出所有原因的同时也产生了解决问题的多种方法。这种教学模式充分利用学生的综合知识，培养学生发散思维的习惯，引发学生对创新创业的思考，加深对创新创业基础理论的认识。

2.2 开放性考核方式

与传统的标准答案式的考试方法相比，开放性考核方式更适用于创新创业教育教学，可以给学生更多的发挥空间，充分发挥学生的想象力。以学生自选文体，自选题目，自由发挥，拟写一篇 500~600 字的小短文的形式进行考查，不涉政治、不涉宗教，要求重复率在 20% 以内，且需包含新方法、新技术、新结论、新观点、新建议、新认识、新目标、新策略、新理论、新分析、新发现、新思路、新看法中的任意两个"新"。可根据学生自身的兴趣爱好选择题材，可以论述对某个时事热点的见解和看法，可以对某个具体问题进行分析，给出解决问题的新思路或建议，可以针对某个新兴事物，给出与他人不同的技术方法或思路，等等。"新"是创新的"新"，指以前未出现过或未被发现，强调"新"有助于学生冲破因循守旧的思维方式的禁锢，深入挖掘学生的创造潜能，培养学生的创新能力，重复率的限制有利于学生独立思考，与此同时学生在创作过程中通过查阅大量相关文献可以不断拓展自身的知识面，培养学生运用自身掌握的理论知识解决实际问题的综合能力。

2.3 学生互评的评改方式

若与传统的考试评改方式一样，由教师一人自行判卷评分，仅以教师一人的标准无法很好地评定学生成绩的好坏，且形式也较为单一。以 3~4 名学生组成小组的形式互相评分，从而挑选出比较优秀的学生作品。学生在互评的过程中通过阅读其他同学的小短文可以启发学生思考其中的创新点是否合理、可行，对其不好的地方提出修改意见，通过小组内同学之间互相讨论交流后确定最终评改意见。再由小组与小组之间交流意见，最后挑选出比较优秀的作品，取其精华供学生学习，同时指出作品中比较典型的错误作为反例，让学生引以为戒。这种评改方式有利于促进思维碰撞，激发学生的创新意识，营造出同学与同学之间、同学与老师之间相互学习、相互批评、相互改正的良好学习氛围。

3 结　语

新工科背景下，新能源产业的发展也对高校能源动力类专业学生创新创业教育提出了更高要求，但多数学生创业意识欠缺，创新能力不足。因此，必须在创新创业教育改革道路上不断深入探索、发展，以创新型人才培养为目标，突破创新创业教育模式陈旧与学生创新意识不足等困境。通过推行发散式思维教学模式、开放性考核方式、学生互评的评改方式对创新创业教育教学方式及其课程考核方法进行改进，进一步提高当代大学生的创新创业意识、挖掘当代大学生的创新创业潜能、培养当代大学生的创新创业能力，鼓励当代大学生加入创新创业队伍，积极响应"大众创业、万众创新"的号召，丰富我国高素质、高水平的创新创业人才资源。

参考文献

[1] 郎振红."双创"视域下高职教师创新创业教育教学能力研究[J].大学教育,2019(2):165-168.

[2] 国务院办公厅.关于深化高等学校创新创业教育改革的实施意见[EB/OL].(2015-05-04)[2017-03-06].www.gov.cn/zhengce/content/2015-05/1.

[3] 刘殷君.以供给侧结构性改革思维推动创新创业教育改革刍议[J].兰州文理学院学报(社会科学版),2019,35(1):109-113.

[4] Gundry L K,Ofstein L F,Kickul J R. Seeing around Corners:How Creativity Skills in Entrepreneurship Education Influence Innovation in Business[J]. The International Journal of Management Education,2014,12(3):529-538.

[5] 张亚琦,汪子倩,马志海.基于翻转课堂的创新创业教育人才培养和教学模式改革研究[J].劳动保障世界,2019(2):41-42.

[6] 刘冬东."互联网+"时代背景下高职院校创新创业教育改革探索[J].中国多媒体与网络教学学报(中旬刊),2019(2):20-21.

应用暨创新型新能源科学与工程专业人才培养的教学改革与探索 *

李少白,杨天华,李延吉

(沈阳航空航天大学 能源与环境学院)

摘要:新能源科学与工程是近年来蓬勃发展的,应用性非常强的一门新兴专业,为实现新能源科学与工程专业应用型人才的培养,就必须将创新创业教育与专业教育相融合,即在整个专业教学的过程中围绕强化基础、结合应用、尊重个性、注重实践与创新的原则,使学生在学好专业课程的同时具备应用能力和创新精神,为新能源行业培养出更多的应用暨创新型人才,使其更受新能源企业的欢迎,更能适应创新型社会的发展。本文主要从应用暨创新型人才培养模式的总体思路、培养目标、培养方案、课程体系、实践资源和师资队伍建设方面进行研究与改革,以达到为新能源行业的发展培养同时具备创新精神和应用能力的人才的目标。

关键词:应用暨创新型;新能源科学与工程;教学改革;人才培养

对建设现代化的创新型工业国家而言,培养应用暨创新型人才是高等院校的重要任务和基本要求。十八大报告提出:通过提高自主创新能力,争取用十年时间使我国进入创新型国家行列,多项创新指标均接近或达到欧美发达国家水平。近年来,社会经济的发展对高素质人才的要求越来越高,而高素质人才的培养则取决于高校的应用性教育和创新性教育。

沈阳航空航天大学新能源科学与工程专业于2012年批准设立,2015年被辽宁省教育厅确定为应用技术转型试点专业,2017年被确定为辽宁省普通本科高等学校向应用型转变示范专业。新能源科学与工程专业在成立之初,即响应教育部制定的《普通本科学校创业教育教学基本要求》,打破了传统的人才培养观,树立了新型的人才培养观,将专业人才培养定位于符合地方经济建设和转型发展的要求。专业注重学生个性化发展理念,逐步凝练创新创业教育理念,以新能源科学与工程中实际问题为导向,侧重科研基础训练和实践能力的锻炼,提高学生创新意识和职业素养,兼顾学生国际化视

* 基金项目:2015年辽宁省教育厅应用技术转型试点专业;2017年辽宁省普通本科高等学校向应用型转变示范专业;沈阳航空航天大学校级教改项目(JG2018036);沈阳航空航天大学创新创业专项教学改革研究项目

野的培养,营造良好的创新教育氛围,提高人才培养质量。

1 应用暨创新教学改革总体思路及改革目标

新能源科学与工程专业创新教育改革的总体思路是:继续深入学习领会国务院办公厅关于深化高等学校创新创业教育改革的实施意见的精神实质,围绕提高学生培养质量,面向本专业学生,以培养学生的创新创业能力为目标,开展教学改革。改革目标如下:

(1)改变以知识为中心的教育,向以能力为本的教育理念转变,探索新能源科学与工程专业应用暨创新教育新模式;

(2)优化应用暨创新教育的培养方案,建立自主学习、课堂与实践教学的多层次、立体化的应用暨创新教育课程体系;

(3)整合多渠道教学资源,全面贯彻"资源融合,教学科研互补,校企联合"的模式,搭建大学生创新创业实践和训练平台;

(4)培育创新创业教育专兼职相结合的高素质师资队伍,培养具有独立创新精神、具备较高职业素养的新能源科学与工程专业学生。

2 教学内容

应用暨创新教育是一项系统工程,主要涉及培养目标确定、培养方案与课程体系建设、实习实践教学建设和应用暨创新型师资队伍建设等诸多方面。应用暨创新教育体系是为了让学生更快更好地由课堂向社会转变,满足社会及新能源相关的企业需求。新的经济形势下,企业需要的是既具有扎实的专业知识、又具有应用能力以及创新精神的复合型人才。为实现上述目标,专业在培养目标的建立、培养方案及课程体系的制定、实践资源和师资队伍的建设等诸多方面进行了教学改革。

2.1 培养目标

新能源科学与工程专业面向新能源产业,辐射传统能源行业,根据能源领域的发展趋势和国民经济发展的需要,以《国家中长期教育改革和发展规划纲要(2010—2020年)》中的"牢固确立人才培养在高校工作中的中心地位,着力培养信念执着、品德优良、知识丰富、本领过硬的高素质专门人才和

拔尖创新人才"为方针,面向社会和新能源及传统能源产业培养具有扎实的专业知识、深厚的工程实践能力和创新精神的应用创新型人才,为国家和社会培养大量的服务于国家新能源产业的应用型人才,形成"理论知识深、实践能力精、创新精神强"的应用暨创新人才培养特色。

沈阳航空航天大学的新能源科学与工程专业以国家的创业创新教育战略为背景,突破了传统的"重基础知识、轻实践及创新能力"的培养模式,构建起"理论知识深、实践能力精、创新精神强"的应用暨创新人才培养模式。本专业具有很强的工程实践背景,专业教育结合创新创业教育,确定专业培养目标为:通过创新教育与专业和文化素质教育的有机结合,以实验、实践的多层次、立体化的应用暨创新教育体系为平台,通过理论教学与实践环节相结合的应用暨创新教学模式,培养具备热学、力学、电学、自动控制、能源科学等学科基础,以及较强的创新意识和专业素养,能在风能、太阳能、生物质能等新能源领域从事生产、新产品开发、工程设计的应用创新型人才。

2.2 培养方案与课程体系

在应用暨创新型人才培养方案的制定上,专业围绕厚基础、精实践和强创新的原则,提倡"理论与实践相结合、应用与创新相结合、学科与企业相结合"的理念,邀请辽宁省高校、企业行业的专家共同参与新能源科学与工程专业人才培养方案的制订。经过多轮研讨,形成了富有建设性的论证意见。在大类基础课、专业基础课和专业课中增设选修和必修的创新创业课程,加大校内实践和现场实习的学分比例,增加专题讲座、创新创业竞赛、创新创业训练计划和能源与环境学院科研训练计划等实践环节,在专业教育中融入应用与创新的教育元素。新能源科学与工程专业开设创新类课程和加大实践类环节的目的在于:更新和改革专业传统的课程体系和教学内容,建立更加适合应用暨创新型人才的课程体系。与经济管理学院合作,通过培养本学院老师以及外聘其他学校老师等途径,为新能源科学与工程专业的学生开设创新类的课程,具体课程设置如下:

(1)基础课程:创业知识,创造性思维和创新方法,创业基础等。

(2)选修课程:在专业教育中融入创新创业教育元素,增设互联网+新能源、风能学科前沿讲座、生物质能学科前沿讲座、太阳能学科前沿讲座、核

能学科前沿讲座等。

（3）应用暨创新类课程:增加实践教学中创新型实验项目、课程设计的比例;理论授课教师与实验教师共同指导实验,保障应用暨创新的思维得到训练;聘请行业专家共同指导实践教学环节,锻炼学生的工程思维能力,强化专业素养;拓展校外创

新创业实践基地,让学生在实际的车间中感受创新氛围,在专业理论知识的基础上熟悉和了解实际产品的工艺路线和制造方法,进而获取实际工程经验,强化应用能力,培养创新精神。新能源科学与工程专业的课程结构及学分比例见表1。

表1 课时/学分分配表

课程类别	开课模式	学分数		占总学分比例
		理论	实践(实验)	
通识教育与公共基础课程	必修	61	5	37.3%
	选修	4		2.3%
大类学科基础与专业基础课程	必修	32	11	24.3%
专业与专业方向课程	必修	9	32	23.2%
	选修	10		5.6%
创业创新教育	必修	5	8	7.3%
小计	必修	163	92.1%	理论	121	68.4%
	选修	14	7.9%	实践	56	31.6%
合计学分		177				

2.3 实践资源

对于新能源科学与工程专业的学生来说,实践教育是应用暨创新教育最重要的组成部分之一。为此,专业建立了多层次、全方位的创新创业教育实践资源。具体措施如下:

（1）整合专业所在学院的内部资源,建立新能源创新实验室,对学生全面免费开放,增加综合实验周和新能源实验等集中实践环节,增强学生实际应用和创新的能力。

（2）对新能源科学与工程专业大学生而言,校外实践教学基地是应用暨创新教育体系中最重要的组成部分之一。为此,与辽宁红沿河核电有限公司、华润阜新风电场、辉山垃圾发电厂、国电东北电力有限公司生物质直燃电厂、大唐新能源股份有限公司、辽宁阳光能源有限公司等企事业单位展开全面合作关系,建立相应的专业创新实践基地。

（3）本科毕业设计的教学改革,在学院全职指导教师的基础上,配备企业导师共同指导学生进行毕业设计环节。在毕业设计立题上,一半的立题来源于新能源企业,企业导师全程参与指导本科生的毕业设计,在最终的毕业论文答辩环节,也邀请部分企业导师参加。

（4）深入实施大学生创新创业训练计划和能源

与环境学院科研训练计划。做好项目申报前的宣传和培训工作,建立指导教师和学生沟通的桥梁和纽带,促进指导教师和学生优质匹配,使项目得到顺利开展,学生创新思维得到更好的锻炼。

（5）定期邀请行业专家进校做创新创业专题讲座,办"企业家课堂"。邀请企业领导及工程技术专家到校介绍解决实际工程问题的案例,在拓宽学生视野的基础上,增强学生的实际应用能力,培养学生的创新精神。

（6）鼓励学生参与"挑战杯"创业计划大赛、"大学生节能减排社会实践与科技竞赛"、"互联网+大学生创新创业大赛"等,选拔优秀作品参加全省乃至全国的比赛,使学生在展示其应用暨创新能力和成果的同时,获得创新思维和应用能力的锻炼,提高学生的综合素质。

新能源实验及综合实验周等集中实践环节的具体实施如图1所示。

2.4 师资队伍

建设一支高素质、多元化、专兼职的专业性与创新型相结合的教师队伍,对创新型暨应用型工科专业建设具有良好的保障和促进作用。因此,本文从以下几方面展开专业性与创新型师资队伍的建设:

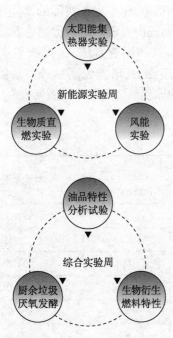

图1 新能源实验及综合实验周

（1）对辅导员以及专业任课教师进行创新创业教育培训,建立长期的创新型教师培养计划。一方面,邀请省内外创新教育专家进校开设创业教育师资培训班,对辅导员和专业任课老师进行培训;另一方面,选派学生辅导员和相关教师参加国内的创新创业教育师资培训,在提高专业水平的同时,提高其创新创业能力。

（2）在制度上,硬性要求本专业教师必须有企业挂职锻炼的经历,鼓励专任教师参与新能源行业的创新创业实践。在教改项目上,大力支持专任教师开展专业课程的创新型教育改革,鼓励在专业课中有机地融入创新创业元素。

（3）聘任一支由专家学者、专业相关的企业负责人或高工、新能源行业的创业成功人士等专业相关人员组成的校外兼职教师队伍。

（4）定期组织专业教师培训和交流,组织创新教育经验交流会或调研活动,总结交流创新创业教育教学中的经验教训,不断提高专任教师的指导水平。

3 结 语

总之,对于新能源类的应用转型专业而言,应用暨创新型人才培养的理念就是在专业教育中融入创新创业教育,加大实践环节,培养出既具备工程应用能力又富有创新精神的高素质专业人才。尽管沈阳航空航天大学的新能源科学与工程专业在应用暨创新型人才培养模式的探索中形成了自己的特色,走出了自己的道路,但仍然存在培养模式单一,课程设置不完善,创业创新型师资缺乏等问题。因此,在下一步的工作中,本专业仍将改革重点落脚于丰富应用暨创新型人才的培养模式,完善专业教育与创新创业相结合的课程体系,大力培养双师型、创新创业型师资队伍等,进而不断为国家、区域经济、新能源行业的发展培养出高素质的应用暨创新型人才。

参考文献

[1] 秦君. 打造创新创业教育平台 建立人才培养长效机制——清华科技园促进大学生创业工作介绍[J]. 中国高校科技, 2009(9): 13 – 17.

[2] 赵永吉. 提高大学生创新能力是高等教育的崇高职责[J]. 沈阳农业大学学报(社会科学版), 2004, 6(4): 390 – 392.

[3] 刘艳, 闫国栋, 孟威, 等. 创新创业教育与专业教育的深度融合[J]. 中国大学教学, 2014(11): 35 – 37.

[4] 于巧娥, 王林毅. 创新型人才培养与课程考试改革的实践研究[J]. 教育评论, 2016(6): 87 – 89.

[5] 陈耀辉, 游金辉. 创新型国家建设与大学生科学素质教育[J]. 教育与职业, 2010(23): 181 – 182.

[6] 李国瑞. 应用型人才培养目标下创新创业教育实施路径[J]. 农业工程, 2017, 7(6):146 – 148.

[7] 郦文凯, 刘影, 郦烨. 探析高等院校创新创业教育人才培养方案与教学计划制定的着重点[J]. 白城师范学院学报, 2012(1): 14 – 17.

[8] 尹新明, 彭文博. 优化人才培养方案,凸显创新创业教育特色[J]. 创新与创业教育, 2010, 1(3): 54 – 57.

[9] 朱梦冰, 刘晶如, 杨燕, 等. 应用型创新人才培养实践教学改革[J]. 实验室研究与探索, 2016, 245(7): 186 – 189.

[10] 张显悦, 郗婷婷. 应用型人才培养高校创新创业教育的实践路径[J]. 黑龙江高教研究, 2015(1): 147 – 149.

[11] 蒋德勤. 高校创新创业教育师资队伍建设探析[J]. 中国高等教育, 2011(10): 34 – 36.

[12] 吴红珊. 创新创业教育视角下高校师资队伍建设路径探索[J]. 教育评论, 2018(5): 71 – 74.

[13] 白日霞. 创新教育评价体系的构建与实践[J]. 中国高教研究, 2006(6):79 – 80.

[14] 计宏宇. 高校教学中存在的问题及改革策略[J]. 吉林教育, 2011(11): 10.

[15] 陈春晓. 地方高校创业教育师资队伍建设的困境与机制创新[J]. 高等工程教育研究, 2017(3): 170 – 173.

能源与动力工程专业创新实践型人才培养模式探究 *

尹少武，冯妍卉，姜泽毅，童莉葛，夏德宏，王立

（北京科技大学 能源与环境工程学院）

摘要： 面对日益全球化、竞争性、多样化和复杂化的环境,创造力、创新能力、主动意识、实践能力、创业精神、持续学习与专业知识同等重要。为了在未来全球创新生态系统中占据战略制高点,迫切需要培养大批创新实践型科技人才。能源与动力工程专业作为典型的工科宽口径专业,理应跟上时代步伐,培养具备解决复杂能源与动力工程问题能力的创新实践型人才。以北京科技大学能源与动力工程专业为例,通过提升培养目标、优化课程体系和协同发展创新实践型师生等措施,实现培养创新实践型人才的目的。

关键词： 能源与动力工程;创新实践;培养目标;课程体系

创新型人才主要是指具有创新意识、创新精神、创新思维、创新能力并能够取得创新成果的人才。随着时代进步,创新的概念经历了不断发展。1912 年,美籍奥地利经济学家熊彼特在其德文著作《经济发展理论》中,首次提出了创新的概念;1999年举办的全国首届"挑战杯"大学生创业设计竞赛标志着创新创业教育理念进入我国高等院校;十八届五中全会提出发展"创新、协调、绿色、开放、共享"理念。新经济快速发展迫切需要新型工科人才支撑,需要高校面向未来布局新工科建设,讨论多样化和个性化的人才培养模式,培养具有创新创业能力和跨界整合能力的工程科技人才。主动调整高等教育结构、发展新兴前沿学科专业,是推动国家和区域人力资本结构转变,实现从传统经济向新经济转变的核心要素,新技术、新产品、新业态和新模式蓬勃兴起,创新成为国际竞争的新赛场。面对互联网革命、新技术发展、制造业升级等时代特征,急需培养具备整合能力、全球视野、领导能力和创新能力的人文科学和工程领域的领袖人物。

能源与动力工程专业作为典型的工科宽口径专业,致力于能源高效洁净开发、生产、转换和利用,培养具有扎实理论基础,较强的实践、适应和创新能力,较高的道德素质和文化素质的高级人才,满足社会对能源动力学科领域的科研、设计、教学、工程技术和经营管理等人才需求,为解决我国能源问题提供人才支撑。针对能源动力专业知识面广、工程性强的特点,许多兄弟院校以培养高素质人才为目标,提出"宽口径、厚基础、强专业、重实践"的人才培养方案。

1 本专业国内外培养现状

通过调研国内外能源动力专业高校人才培养目标与要求,包括加利福尼亚大学伯克利分校、佐治亚理工大学、密歇根大学安娜堡分校、宾夕法尼亚大学和犹他大学等国外高校,清华大学、西安交通大学、浙江大学、上海交通大学、华中科技大学、天津大学、东南大学和华北电力大学等国内高校,总结能源与动力工程专业培养现状如下:

（1）在专业设置方面:对于国外高校,能源与动力工程专业主要以热流体科学、能源系统/工程为专业方向,设置在工学院或机械学院（系）中,招生规模在 35 ~ 80 人,远小于国内同专业;对于国内高校,能源与动力工程专业主要设置在能源与动力/环境学院或机械学院,招生规模在 90 ~ 430 人,远高于国外招生规模。

---

* 基金项目:北京科技大学本科教育教学改革与研究重点项目"面向新时期国家重大需求的'能源与动力工程专业'新工科专业体系构建"（JG2017Z02）;北京科技大学本科教育教学改革与研究重点项目"能源与动力工程专业实践环节教学质量保障研究与实践"（JG2018Z05）;高等学校能源动力类新工科研究与实践项目（NDXGK2017Z－02）

（2）在培养目标方面：国内外培养目标均着眼于独立、创新和对社会的贡献。国外强调"终生学习"的动力与能力；国内培养目标更细化，突出人才适用领域，并重视"国际视野"。

（3）在课程及学分设置方面：国内外高校课程基本相近，均包括数学、物理、化学、计算机、热力学、流体力学及传热学等；国外选修课数量相对较多。

本校能源与动力工程专业具有深厚的钢铁冶金行业背景，本专业特色建设要保证冶金行业特色，拓展专业内涵，建立与时俱进的课程体系，培养符合行业需求的创新实践型人才。

2 提升人才培养目标

新兴产业和新经济需要工程实践能力强、创新能力强、具备国际竞争力的高素质复合型人才。他们不仅需要具备扎实的能源与动力工程专业知识，了解学科交叉融合前沿技术，还需要熟练运用所掌握的知识去解决复杂的工程实际问题。这就要求对传统能源与动力工程专业人才培养目标进行提升。

本校能源与动力工程专业办学定位是坚持教学工作和学生培养的中心地位，紧紧抓住国家能源革命和生态文明建设、建立智慧能源中心的战略机遇，依托学科建设，以创建"国内一流，具有国际影响力"的特色鲜明的本科专业为发展目标。秉承学校"求实鼎新"的理念，坚持教学与科研相结合，解放思想，科学规划，不断深化教育改革，突出特色，探索以人才培养为根本的师资、学科、基地协调发展模式，培养"厚基础、宽专业、强实践、重创新"的专业人才。

根据国家中长期科技发展规划，服务国家现代化建设的重大需求，对本专业人才培养目标进行了提升，旨在培养具有强烈的社会责任感、良好的心理素质和人文素养、扎实的基础理论、宽广的能源领域专业知识、较强的创新意识和团队精神、宽广的国际视野的高层次复合型人才；培养具备解决复杂能源与动力工程问题能力，特别是"流程工业"的能量转换与梯级利用、传热传质与流体流动、清洁燃烧与协同治理、工艺节能与过程控制、新能源与人工环境等方面的工程问题，并具有持续学习能力和创业精神的高素质应用型人才。

3 优化课程体系和教学计划

课程体系和教学计划是专业建设中最为核心的环节，是将培养目标转化为教育成果的纽带，具有均衡性、综合性和选择性等特点。本着培养高素质应用型创新人才的理念，对整个能源与动力工程专业课程体系进行重新整合和调整，围绕工程知识基础、多学科交叉融合和创新能力培养，优化能源与动力工程专业课程体系和教学计划。

优化能源与动力工程专业课程体系时，力图体现学科的科学性、工程性和交叉性，通过构筑完整、科学、先进的专业体系，力求课程体系入主流、国际化，应用领域显特色。重点培养学生在流程工业、节能环保等领域具有宽厚的知识结构，并使学生具有国际化视野、多行业就业能力、人才流动的适应能力。

课程模块由原来的人文社科类必修课、数学自然类必修课、学科基础必修课、专业必修课、实践课程和专业选修课等模块，调整为通识课程、学科平台课程、专业核心课程、实践课程和专业选修课程五大模块。本专业总学分由原来的193学分调整为185学分，其中理论课程学分为138.5学分，实践课程学分为46.5学分，各模块学分分配见表1。

表1　能源与动力工程专业学分分配表

类别	理论课程						实践课程					合计
	必修课			选修课		小计	基础	专业	实验	创新创业	小计	
	通识课程	学科平台	专业核心	专业选修	素质拓展							
新版学分	63.5	31	14	10	20	138.5	3	29	9.5	5	46.5	185
新版比例/%	34.3	16.8	7.6	5.4	10.8	74.9	1.6	15.7	5.1	2.7	25.1	100

能源与动力工程专业新版课程体系和教学计划具有如下特色：将过程检测与自动控制（双语）、工业热工基础、热工过程及设备、制冷与低温原理、低温工艺及装置等设为专业核心课程，分为"热"和

2019年全国能源动力类专业教学改革研讨会论文集

"冷"两个必修课程群;专业选修课以模块化、层次化形式体现,包括动力工程与系统优化、人工环境、流体与动力机械和新能源技术 4 个特色鲜明的方向;强化实践环节,建设丰富有效的实践课程体系,包括计算机应用实践、金工实习、热工实验、认识实习、生产实习、专业课程设计、毕业设计及科技创新活动等,旨在从教育模式和运行机制上有力促进创新实践型人才的培养,使其具有可持续发展的潜质。

4 协同发展创新实践型师生,贯彻"三全育人"模式

"工欲善其事,必先利其器",创新实践型教师队伍乃创新实践人才培养之器。经过多年积累和沉淀,本校打造了一支创新氛围浓厚、充满创新激情、具有国际化创新视野和创新能力的创新师资队伍,构建了具有工业节能减排特色的创新训练实施平台,建设了教学与科研合一的高水平教学团队。这些举措有效助力于创新实践型综合人才培养任务,保障了产业发展对能源与动力工程专业人才数量和质量的需求。具体举措如下:

(1)创办月度头脑风暴,激发教师创新激情。风暴主题包括创新型教师的知识结构特征和成长的主要途径,如何慧眼识创新,如何提炼工程中的科学问题。

(2)打造科学思维团队,普及创新科学规律。例如国家科技进步奖特等奖获得者带领建设"科学方法论与创新思维"课程及教学团队,通过历史上的重大科学发现、技术发明案例以及学科发展史的分析普及创新科学规律。

(3)开放自主创新基地,夯实教师创新基础,逐步建立北京高等学校示范性校内创新实践基地等基地,以专业核心课程建设为重点,自主研发综合、设计、研究型教学实验平台系列,实现专业实验体系、科技创新基础设施的全面建设和完善。

(4)构建双向为师机制,激发教师创新灵感,使全体教师参与指导学生的创新活动。每年提出 20~30 项本科生科技创新项目,指导学生开展创新活动,名义上为指导教师,实际上是"双向为师",教师能够在指导过程中发现创新点,激发灵感,促进创新力的提高;学生科技创新和科技竞赛项目的"点子"常常会成为教师今后的研究课题。

贯彻全员、全程和全方位"三全育人"模式,在大学四年各阶段本科专业课程教学中科学植入创新思维培养和创新实践能力培养环节。本校注重团系合作,结合专业特色,依托大一工程基础认识训练基地、大二工程系统理解训练基地、大三工程联想思维训练基地、大四工程实际创造训练基地,根据学生知识储备和认知水平,建立了从创意到作品展示的四级层次科技创新竞赛体系:废物利用设计大赛(大一,校内创意赛)—空气净化器设计大赛(大二,校内赛)—空调制冷大赛、厕所创意大赛(大二/大三,省部级专业赛)—节能减排大赛(大三/大四,国赛)。本科生参与科技创新的比例超过 90%,在全国大学生节能减排大赛、"挑战杯"大赛等国赛中硕果累累,近三年,获国家级和省部级学科竞赛奖 700 多人次,特等奖及一等奖 30 余项。

5 结 语

伴随着世界范围内第四次工业革命的浪潮,我国接连提出的多项重要战略都对高等教育改革提出了更高的要求,需要培养经济社会、产业发展需要的创新型、综合型实践人才。本文结合北京科技大学"双一流"学科建设要求,从培养目标、课程体系和教师队伍等方面探究能源与动力工程专业的创新型人才培养模式。首先提升培养目标,培养具有强烈的社会责任感、良好的心理素质和人文素养、扎实的基础理论、宽广的能源领域专业知识、较强的创新意识和团队精神、宽广的国际视野的高层次复合型人才;其次优化课程体系和教学计划,本专业总学分由原来的 193 学分降低至 185 学分,课程体系划分为通识课程、学科平台课程、专业核心课程、实践课程和专业选修课程五大模块;最后协同发展创新实践型师生,贯彻"三全育人"模式,保障产业发展对能源与动力工程专业创新型人才数量和质量的需求。希望本校能源与动力工程专业在创新实践型人才培养模式的改革实践与探索经验,能够为兄弟院校相关专业提供借鉴和参考。

参考文献

[1] 陈文敏,吴翠花,于江鹏.创新型人才培养模式的系统分析[J].科技和产业,2011,11(1):117-121.

[2] 任飚,陈安.论创新型人才及其行为特征[J].教育研究,2017(1):149-153.

[3] 吴爱华,侯永峰,杨秋波,等.加快发展和建设新工科,主动适应和引领新经济[J].高等工程教育研究,2017(1):1-9.

[4] 蒋润花,左远志,陈佰,等."新工科"建设背景下能源与动力工程专业人才培养模式改革探索[J].东莞理工学院学报,2018,25(3):118-121.

[5] 孔祥强,李瑛,衣秋杰.面向多元化的能源与动力工程专业人才培养改革与实践[J].高等建筑教育,2018,27(2):14-17.

[6] 王鑫,李丽丽,刘坤,等.能源动力类课程教学改革[J].中国冶金教育,2016(2):56-58.

[7] 吕雪飞,甘树坤.基于创新实践能力培养的工程类专业课程体系优化与实践[J].吉林化工学院学报,2017,34(12):5-8.

[8] 郭美荣,夏德宏.热能工程创新人才培养体系构建与实施[J].中国冶金教育,2018(5):95-97.

基于大学生方程式大赛的赛车工程实践改革 *

毕凤荣,沈鹏飞

(天津大学 内燃机燃烧学国家重点实验室)

摘要: "新工科"背景对高校能源动力类专业教学改革提出了新的要求。开展基于大学生方程式大赛的赛车工程实践,对实践教学改革具有促进意义。赛车工程实践改革以完善的教学体系为基础,加强学生专业知识的应用与转化,培养学生的系统最优理念、团队协作能力和工程实践与创新能力,强化学生的抗压能力,有效地提高了实践教学质量。

关键词: 新工科;大学生方程式大赛;教学改革;能源动力类专业

本文是基于天津大学为响应教育部"高等学校能源动力类教育教学改革项目立项申报通知"精神,加强能源动力类学科专业建设、深化教学改革而申报的教改课题。该课题获批为 2016 年重点项目,项目于 2016 年 12 月启动,经过两年的研究,目前已处于结项阶段,取得了阶段性成果。

"新工科"概念自 2016 年提出以来,得到了众多高校的积极响应,教育部组织高校进行深入探讨,先后形成了"复旦共识""天大行动"和"北京指南",成为我国在新技术革命、新产业革命、新经济背景下工程教育发展的新思维、新方式。"新工科"旨在以继承与创新、交叉与融合、协调与共享为途径培养未来多元化、创新型卓越工程人才。目前工程教育领域存在教育理念滞后、人才结构不适应、知识体系不适合、培养模式不适应等问题,能源动力类专业也同样存在这些问题。基于大学生方程式比赛建立一种新型的培养模式,对能源动力类专业克服这些弊端是一种比较有效的尝试。

1 赛车工程实践改革背景

国外高等院校普遍设立了车辆工程专业和赛车工程专业,相应的课程设置及实践环节已经相当完善,如英国巴斯大学、布鲁内尔大学、伦敦城市大学,其赛车工程课程学习和赛车竞赛、工程产业高度结合,参与大学生方程式比赛是其重要内容。国内赛车行业从技术和制度上还落后于国外很多,国内高等院校普遍设立了车辆工程专业,2015 年湖北汽车工业学院在国内率先设置了赛车专业,并开始招生,其在赛车工程实践环节取得了良好的效果。

大学生方程式汽车大赛是一项针对在校大学生和研究生的赛车运动,经过 30 多年的发展,已呈现出专业化的发展趋势。目前各国的 FSAE(国际学生方程式赛车)赛事的运作的商业模式越来越成熟,企业参与的范围也很广泛,如德国 FSG(Formula Student Germany)比赛吸引包括大众、奥迪、保时捷等众多汽车企业的参与。随着 FSAE 赛车运动的发

*基金项目:2016 高等学校能源动力类专业教育教学改革项目(重点)"基于大学生方程式汽车大赛(FSC)的赛车工程实践改革"

展,除了吸引了大量机械工程专业和车辆工程专业的学生参与,越来越多的其他专业如计算机、电子、材料、化工、市场营销等专业的学生也参与其中,形成了职责明确、运作协调的项目团队。国内参与中国大学生方程式汽车大赛的院校已经将近100所,并有逐渐增加的趋势,形成与中国大学生电动方程式汽车大赛、中国大学生 BAJA 大赛三大比赛齐头并进的局面。

2　赛车工程实践改革着眼点

赛车工程实践改革旨在借助大学生方程式汽车大赛这一良好的工程实践平台,通过不断学习尝试改进,实现从基础理论到动手实践的跨越,锻炼学生通过团队协作解决实际工程问题的能力,使学生的综合素质和综合能力尤其是工程实践能力得到提高,培养专业基础扎实且知识面广并具有团队协作能力的复合型人才,提高学生团队协作的自信心与责任心。

课题研究在教学实践过程中着重关注以下问题:

(1)大学生工程实践能力与创新能力差的问题。高校设定的实践教学环节均是对结果与过程已知的实践环节,没有给大学生达到工程目标的系统创新与实践能力的锻炼。

(2)团队创新意识与能力差的问题。大学生在学期间,主要是以个体学习为主。随着现代科技的发展,团队创新是必然的趋势。团队创新意识与能力是目前大学生就业后取得突破性进展的关键因素之一。

(3)安全意识薄弱问题。安全操作规范是保护生命财产安全与科技可持续发展的前提。

(4)团队管理与经营能力问题。这是培养具有专业技能与管理能力的高端管理人才的一个必须要解决的问题。

3　赛车工程实践改革体系

3.1　完备教学体系为工程实践奠基

工程实践与理论知识储备是相辅相成的。理论知识为工程实践提供指导和灵感,工程实践又推动理论知识的吸收。方程式赛车的工程实践是集赛车设计开发、制造组装、商业探索、驾驶学习为一体的实践平台,科学专业的理论指导是实践成功的

基础,是学生培养中最具长远意义的一环。基于大学生方程式大赛的赛车工程实践改革的成功进行,离不开完备的知识教学体系和良好的赛车理论学习氛围。

天津大学开设了3门汽车相关的公开课,分别为"赛车工程概论""赛车动力学基础""汽车文化",分别针对赛车兴趣培养、专业技能学习、汽车文化构建3个层次,构建了完整的赛车工程教学体系,为不同特点的学生提供有层次、有特点的教学内容。

3.2　关注学生能力提升

赛车工程教学改革研究重点在于3点:系统最优理念的培养、团队协作能力的培养和工程实践与创新能力的培养。传统的工程设计实践,仅仅是理论上探讨可行的设计分析,不能提供一个完整的工程环境,甚至设计的小零部件可否投入实际应用尚不可知,每一项设计校核计算都不能经过实践的检验。"新工科"建设关注的是学生综合能力的培养,赛车工程教学改革构建了一个合适的工程环境,大学生方程式汽车赛不仅是一场竞赛,而且是一个有层次的从工业制造到商业模拟的真实项目,具有现代企业完整的运作骨架。学生不再是纸上谈兵,也不再是模拟演练,而是真刀真枪地参与到商业实践与工程实践中去,全方位锻炼工程实践能力,团队协作、工程寻优与创新能力等一系列重要能力得到提升。

3.3　赛场氛围为学生构造"大心脏"

学科竞赛是检验学生专业实践能力的最有效途径,也是检验学生抗压能力、应变能力的有效途径。大学生方程式大赛有其独特的不可预测性,在为期一周的赛程中,赛车状况和赛场情况都有可能发生各种变化。就天津大学北洋动力赛车队来说,赛车出现过排气断裂、链条断裂等数十种突发状况,赛场环境也会有烈日、暴雨、大风等多种气象变化。车手要应对各种赛场变化,顶着巨大的心理压力和生理压力完成各种赛道竞赛。队员也要在赛场充当工程师的角色,在有限的时间内维修故障赛车,保证赛车时刻处于最优状态,争分夺秒应对各种已知或未知的突发状况。每一次微小的失误都会增加失败的风险,甚至可能造成严重后果,最后学生还要共同承担胜利的喜悦或者失败的失落。这种高强度的严肃紧张的赛场氛围要持续一周,因此对学生来讲是一种磨砺,是一种性格的完善,能够为学生在高压环境下构造一颗"大心脏"。

4 赛车工程实践改革经验

4.1 系统最优理念的培养是"新工科"教育的重要一环

赛车工程实践中，提高赛车团队的综合成绩需对存在矛盾的各个子系统进行最优匹配，设计子系统之间的性能折中。系统最优理念同样适用于绝大多数的工程领域，是一种极为重要的工程思想。对于学生而言，无论在学习科研还是工程实践中，应用系统最优理念解决实际问题都是一项重要技能。通过学生对综合系统优化的理解，培养学生的系统最优理念，从而使学生建立有所得有所舍的概念，是"新工科"人才教育的重要一环。

4.2 团队协作能力是"新工科"教育不可忽视的基本素养

为取得良好的实践成果，在中国大学生方程式大赛中取得佳绩，学生团队的各个部门、所有队员之间相互配合良好，互相信任，共同前进，尤其是在赛场氛围下，参赛队员在赛场中更是团结一心。良好的合作意识是在共同的奋斗目标和共同的价值取向基础上形成的。在当前社会的大背景下，团结合作能力与意识更是合格人才的重要品质，能为自己、为团队、为社会创造巨大财富。

培养团队协作能力应该从以下几个方面着手：首先，培养团队协作精神必须以营造积极向上、良好和谐的工作环境和人际关系为前提；其次，必须建立畅通、和谐的沟通渠道和信息反馈平台作为团队建设的基础；再次，开展丰富的集体活动和学习培训工作以提高团队整体能力素质；最后，领导者的率先垂范和有效的上行下效的团队规则对于团队建设有巨大的推动作用。

4.3 工程实践与创新能力是"新工科"人才能力的重中之重

工程实践与创新能力是知识经济社会对优秀工程技术人员素质的要求，是现代企业应对全球经济一体化、参与国际竞争的需要，也是企业可持续发展的需要，同时还是建设创新型国家与科教兴国发展战略的需要。因此，高等工程教育改革与培养工程师教育计划也应该以培养工程实践与创新能力为核心目标。

本次教学改革项目工程实践中，课题组培养学生在基础知识与专业知识的指导下，为提高赛车的综合性能而自行设计与制作符合规则要求的方程式赛车的综合技能，包括获取知识的能力、实际动手能力与创新设计能力。通过赛车工程教学改革项目可得出结论，卓越工程师是在工程实践中培养出来的，是在工程项目的研究与设计中逐渐成长起来的。

综上，赛车工程实践从纵向上涵盖了赛车设计、制造与比赛的各个环节，从横向上涵盖了财务管理、市场宣传、项目管理等方面，全部过程都是由学生亲自完成的，真正实现了从基础理论到动手实践的跨越。赛车工程实践改革建立了一个培养国际化、高素质、创新性、复合型人才的实践教学平台。

5 结 语

本项目"基于大学生方程式汽车大赛（FSC）的赛车工程实践改革"在天津大学能源与动力工程专业实施两年，积累了丰富的实践教学经验，完成了"赛车工程概论""赛车动力学基础""汽车文化"3门课程的研修，组建起完备的学生实践团队——天津大学北洋动力赛车队，参与教学改革的学生在知识转化、动手能力、团队意识、创新精神等方面都有很大进步。该课题为全面提升高校能源动力类专业教学质量探索了道路。

参考文献

[1] 钟登华. 新工科建设的内涵与行动[J]. 高等工程教育研究, 2017(3):7 – 12.

[2] 徐斌, 郜建国, 牛毅, 等. 基于大学生方程式汽车大赛车辆工程专业一体化教学模式改革[J]. 中国现代教育装备, 2013(9):42 – 44.

[3] 倪彰, 贝绍轶, 张兰春, 等. 浅析学科竞赛促进汽车类专业实践教学模式改革——以大学生方程式汽车大赛为例[J]. 高教学刊, 2017(4):110 – 111.

[4] 张凤宝. 新工科建设的路径与方法刍论——天津大学的探索与实践[J]. 中国大学教学, 2017(7):8 – 12.

[5] Davies H C. Formula student as part of a mechanical engineering curriculum[J]. European Journal of Engineering Education, 2013, 38(5):485 – 496.

以能力提升为核心的能动类专业人才培养模式研究*

李建新，王永川，高夫燕，徐美娟，胡长兴，陈光明

（浙江大学宁波理工学院 机电与能源工程学院）

摘要：随着科技进步和经济发展，社会对人才的需求在不断发生变化。结合本校专业教学改革与人才培养定位，以能力提升为目标，通过课程体系优化、课程群建设、实践平台打造、学科竞赛等一系列手段，打造多元协同的人才培养模式，强化创新人才培养与应用能力提升。

关键词：人才培养；能力提升；实践创新

2018年6月，教育部召开的全国高等学校本科教育工作会议上，提出坚持"以本为本"、推进"四个回归"、建设一流本科教育。同年9月10日，习总书记在全国教育发展大会上的重要讲话强调，坚持中国特色社会主义教育发展道路，培养德智体美劳全面发展的社会主义建设者和接班人。在新的时代形势下，社会对教育和学习都提出了新的更高的要求。近年来，教育部提出普通高校把办学思路向产教融合、校企合作转移，向应用型技术人才和技能型人才培养目标上转移。

能源与环境系统工程专业属能源动力类专业，是教育部特设专业，是国家战略新兴产业中节能环保产业的对口专业，更是一个多学科交叉的专业。从当前社会发展趋势、产业结构优化对人才的需求及学生就业形势来看，社会对能源与环境系统工程专业大学毕业生的需求逐年增加，尤其在节能减排、清洁生产、节能技术改造及新能源产业等方面。随着全球环境的日益恶化及能源资源的日益紧张，节能减排及低碳经济成为当今研究的热点。

当今世界已进入科技创新3.0时代，如何使高校的人才培养与社会需求紧密结合，是高校人才培养的关键。为适应当前能源与环保领域发展形势，本着"教育为学生提升价值"的理念，本专业紧密结合社会发展需求，以能力提升为目标，以实践环节建设为核心，通过多年探索与努力，形成了集知识、素质、能力培养于一体的人才培养模式。

1 总体思路

为强化专业培养目标，突显专业特色，结合近年来社会对能源环境领域人才的需求情况与多年来毕业生的就业方向分析，凝练专业培养学生必须具备的能力，即ADIA 4种能力——能效分析能力（Analysis）、设备设计能力（Design）、节能技术创新能力（Innovation）、动手与应用能力（Application），并基于4种能力培养，从课程体系优化、课程群组建、综合实践平台打造、多元化培养模式构建、国家化师资队伍建设等多角度出发（见图1），不断强化专业培养方案，培养目标已由原来的"热能与动力工程"方向逐步调整过渡到能从事能源的清洁利用、电力生产与运行、清洁生产、能源系统管理、用能设备节能检测及节能改造、节能减排、环境污染检测与控制、节能设备设计制造等能源领域的工作，进一步拓展了就业方向以适应社会发展的需求，培养具有良好文化科学素养、具有较强学习和实践创新能力的高素质应用型、复合型、外向型的创新创业人才，以更好地契合"中国制造2025"绿色发展的基本方针。

* 基金项目：浙江省教育科学规划课题（2015SCG230）；宁波市教育科学规划课题（YGH031）

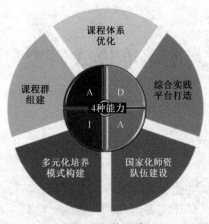

图1　总体思路

2　具体做法

2.1　基于 ADIA 四大能力培养的课程群建设

从"强化专业基础、展宽专业领域、体现专业特色"角度出发,构建系列课程群,形成热工基础课程群、计算机设计类课程群、专业课程群、方向模块课程群、专业特色课程群(见图2),优化课程体系,通过课程交叉,实现能力梯级提升的目标。

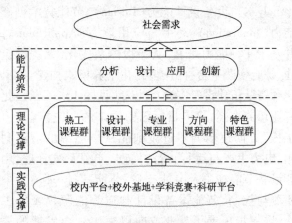

图2　知识素质能力

2.2　立体化实践教学体系构建

通过在理论课内增设实践环节、校内综合实训平台建设、学科竞赛与社会实践、校外实习基地建设、科研平台服务教学等5个环节,构建"五位一体"的实践教学体系(见图3),形成课内与课外实践环节相关联、校内实训平台与校外实习基地相关联、学科竞赛与毕业设计相关联、节能检测平台与社会实践相关联的实践能力4年不断线的培养模式,强化知识综合运用、创新设计、动手操作等应用能力培养,提升培养质量。

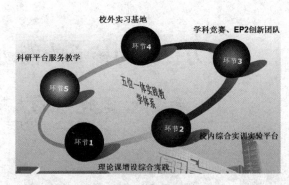

图3　立体化实践教学体系

理论课程增设实践环节方面,通过在多门专业课程内增设实践环节总时数 120 余学时,强化理论与实际间的结合。

校内综合实训环节建设方面,强调实践环节的综合性、设计性,利用大型多功能实验实训平台,将多门课程实验环节相结合,启发学生开展设计性实验,以完成不同的实验目标要求,并将实验测试内容与工程实际相结合,形成校内实训平台,强化知识综合应用能力培养。

创新能力培养方面,以学科竞赛为依托,将1~4 年级学生有机组成创新团队,使学生的综合设计能力、沟通交流能力、团队合作能力、绘图能力、理论分析能力、论文写作与专利撰写能力等多方面得到良好的锻炼,形成 4 年不断线的实践能力培养模式,同时将学科竞赛与毕业设计环节相关联,将创新能力培养制度化、常态化。

科研服务教学平台构建方面,充分发挥本专业具有的省计量认证资质这一平台,将节能检测与学生实践能力培养相结合,围绕当前节能减排形式要求,让学生利用实习环节,深入企业及相关用能单位进行现场走访调研,让学生深入了解设备能源利用效率的测算方法及相应节能措施的设计与能源管理系统的要求,深化对理论知识的理解。

校外实训基地建设方面,经过多年的努力,已形成一批涉及电力生产、暖通空调设备设计制造、锅炉设备制造、资源综合利用、节能服务、环境保护等领域的校外实习基地,与校内实训平台有机结合,强化动手能力培养。

2.3　协同多元化的培养模式

以学生为本,通过校企合作、科研教学一体化、"3 + 1 + x"国际交流项目、专业建设委员会等方式,构建个性化、多元协同人才培养模式。

在校企合作方面,本专业在与当地六大相关行

2019 年全国能源动力类专业教学改革研讨会论文集

业多家企业建立稳定的校外实习基地的基础上,充分发挥宁波市节能协会副理事长单位的作用,扩展与企业的联系合作,聘请企业家参与毕业设计指导,部分毕业设计题目直接来自企业,使学生在毕业设计环节对企业实际生产有更进一步的了解,缩短高校与企业的距离。在科研教学一体化建设方面,鼓励学生参与科研方,将本专业教师科研工作与学生实践能力培养相结合,并依托专业已有的省级节能检测中心、市级节能评估及节能量认定等学科平台,将学生实践能力培养与工业企业能效检测、能效评估相结合。通过学科专业一体化建设,提升学生综合应用能力。在外向型人才培养方面,本专业分别与美国、日本等国家的著名高校签订"3+1+x"的本科生国际交流项目,为学生出国留学搭桥铺路。同时,建有由企业家、政府机关领导共同参与的专业建设指导委员会,为专业的发展建言献策,吸纳社会对人才培养的意见建议,促进专业良好发展。

2.4 国家化师资队伍建设

为实现外向型人才培养目标,强化学生培养的国家化,师资队伍的国际化尤为重要。因此,在师资队伍建设过程中,不仅要注重国内教师的出国访学培养,而且要注重吸纳外籍教师加入到师资队伍中来。目前,本专业教师成员中有2名外籍教师,他们直接参与教学与实践环节指导,大大提升了学生的语言交流能力,同时专业其他教师中有多名教师曾在日本东京大学、名古屋工业大学,美国康奈尔大学、伊利诺伊大学香槟分校、维拉诺瓦大学和澳大利亚阿德莱德大学等国际知名高校访学,师资队伍的国家化特色为本专业学生外向型培养及考研、出国升学提供了有力的支撑。

3 取得的成效

(1) 形成以 ADIA 能力提升为目标的人才培养模式

明确了以"分析—设计—创新—应用"四大类能力提升为核心的四大能力梯级人才培养模式,形成以学科竞赛为驱动的创新能力培养机制,实现实践能力4年不断线的培养模式,全面强化实践应用

能力培养,该培养模式得到学校认可并获校级教学成果奖励。

(2) 人才培养质量得到提升

经过多年建设,逐步形成了服务于绿色发展,重点为节能和新能源领域的专业的应用型人才培养特色。已向社会累计输送800余名优秀毕业生,就业率在98.5%以上,专业对口率将近70%;国内外深造率在15%以上,名列学校工科专业前茅,培养质量显著提升。

(3) 学生获奖情况

构建"五位一体"实践教学体系,以学科竞赛和创新团队为载体,形成4年不断线实践能力培养模式,近几年,获国家级奖项14项,省级奖项7项,学生撰写专利论文10余项,国家级大学生创新创业训练计划立项4项,学科竞赛已成为本专业的一大特色。

4 结 语

经过十几年的努力,本专业在人才培养方面虽然获得一点成效,毕业生得到社会及用人单位的认可与好评,但在当代大学生人格塑造方面仍需加强,这也是当今高校普遍存在的问题。下一步在授课过程中将不断把人格塑造、德育教育放在更重要的位置,强化学生"知识、能力、素质、人格"并重的人才培养模式,以促进学生全面发展,培养德智体美劳全面发展的具有人文精神和科学素养的创新创业人才。

参考文献

[1] 黄发爽.基于校企合作"双主体共育"应用型人才培养模式研究[J].教育现代化,2019,6(15):10-12.

[2] 范叙春.能力导向的经济学专业应用型人才培养体系构建[J].大学教育,2019(4):156-158.

[3] 郑豪.基于校企协同育人的创新人才培养模式研究[J].大学教育,2019(4):168-170,183.

[4] 李建新,王永川,徐美娟,等.能源动力类立体化实践教学体系构建[J].教育教学论坛,2019(2):188-190.

[5] 徐美娟,张学昌,胡长兴,等.AP2社团的创客教育模式研究[J].现代教育技术,2015,25(8):114-119.

[6] 田新民.在大学课堂中推进德育教育[J],教育现代化,2018,5(45):199-200,209.

综合利用实践教学平台提升本科生创新能力 *

何永宁，张业强，邢林芬，王涛，程传晓，金听祥，吴学红

（郑州轻工业大学 能源与动力工程学院）

摘要： 受经费、师资、虚拟仿真技术等因素影响，实践教学环节地位持续下降，导致学生动手能力下降，创新能力不足。采取定制化的建设及科学高效利用实践教学平台，是提升学生动手能力及创新能力的有效手段。郑州轻工业大学能源与动力工程专业依据专业培养方案，结合培养进程，综合利用制冷压缩机实践平台，分步制定实践教学环节内容，获得了良好的教学效果。

关键词： 能源动力类；实践教学；制冷压缩机

实践环节是本科生培养过程中的一个重要环节，学生通过实际接触研究对象，对其具体结构直观观察，结合理论知识理解其工作原理。随着"卓越工程师教育培养计划""工程教育专业认证""新工科研究与实践"等一批国家级项目的实施，能源与动力工程专业学生在面对复杂工程问题时的分析解决问题的能力有待进一步提高。本文从实践教学环节入手，探讨提升本专业学生综合能力的有效方法。

1 实践教学现状

实践教学环节对设备要求较高，需购置专业相关的具体产品或样机，还需要及时更新，建设及运行费用较高。实践环节对师资要求较高，要求授课教师能够完成拆解及组装等相关操作，但由于当前高校教师多为博士学历，其从校园毕业到校园任教，本身动手能力不高，因此教师开展实践教学的积极性也不高。部分能源与动力类专业面向的对象为高温、高压、可燃、核辐射等，导致实践环节操作无法实现。最近几年虚拟仿真技术的高速发展，使得危险场合的实习可以依靠虚拟仿真实验进行。多方面的因素导致实践教学在课程教学环节中的地位逐年下降，大量的实验课改为纯理论授课，带来的后果就是：由于大量的实践动手类课程改为虚拟仿真或半物理仿真，以教师授课为主，教学效果较差。学生只依靠课程理论学习，部分知识抽象难懂，学生掌握程度较低。如何合理安排实践教学环节，提升本科教学水平，是当前高校教学改革需要解决的问题。

郑州轻工业大学能源与动力工程专业是国家特色专业、国家级卓越工程师计划试点专业、河南省专业综合改革试点专业。该专业培养从事制冷、空调、低温工程的研究开发、设计制造技术，兼备制冷工艺设计、运行管理能力的高级工程技术人才。主干学科为机械学和工程热物理。本专业培养目标面向的主要是制冷系统及相关配件，属于实践性较强的一个专业。弱化实践教学环节，单靠理论教学及教师讲解，始终不能很好地让学生完全掌握制冷压缩机及制冷系统的相关知识，有必要提升实践环节在学生培养中的地位。本专业面向的对象无高温、高压等情况，无较大的危险性，为实践环节的开展提供了相关的可能，同时专业教师具有相关行业经历，为双师型教师，为实践环节的开展提供了师资保障。

2 制冷压缩机课程实践教学探索

制冷压缩机是制冷与低温工程专业的专业课，制冷压缩机是蒸气压缩式制冷空调系统的关键部件。往复式制冷压缩机、回转式制冷压缩机和离心式制冷压缩机的工作原理、热力过程分析与计算、动力过程分析和受力计算、总体结构等内容是其学习重点。基于制冷压缩机课程的实践教学改革主

* 基金项目：高等学校能源动力类教育教学改革项目（NDJZW2016Y－67，NDJZW2016Y－68，NDXGK2017Y－64）

要从以下几部分开展：

2.1 提升实践教学地位

（1）提高教师认识水平：正确认识实践教学在本科教学中的地位。对具体压缩机的拆装不是高职高专学院工作的简单重复，是对理论知识的铺垫，是提升学生学习兴趣的有效手段，教师应当具备开展相应实践教学环节的能力。

（2）引导学生正确认知实践教学是理论知识学习的有效辅助手段。课程内的实践环节需充足的设备与学时保证，让学生可以直观地了解压缩机内部结构，认知其核心零部件及工作原理。

2.2 实践平台建设

依托学院教学平台、科研平台及校友资源等建设了压缩机性能、压缩机拆装平台（见图1），包含活塞压缩机、滚动转子压缩机、涡旋压缩机、螺杆压缩机等多类型制冷压缩机的整机及零部件拆装平台，

配备有全套拆装工具。

图1 制冷压缩机拆装平台

2.3 综合利用制冷压缩机实践平台，提升教学水平

基于该压缩机实践教学平台，将其与本专业人才培养方案相结合，按照培养进程分别支撑以下课程的教学任务（见表1）。

表1 实践教学平台综合利用一览表

服务课程	课程性质	开设学期	实施方式	达成目标
能源与动力工程专业导论	学科基础	第二学期	参观	提升学生对专业的认知度和认可度
机械零部件测绘	集中实践	第三学期	测绘零部件	测绘压缩机核心零部件，初步认知
制冷压缩机	专业教育	第六学期	拆装压缩机	掌握压缩机基本结构及装配方式，为理论学习提供基础
压缩机课程设计	集中实践	第六学期	参照压缩机实物设计压缩机	设计特定工况压缩机，完成零件图及装配图
创新创业实践		第四、五学期	基于实践平台开展双创活动	支撑本科生开展双创活动
毕业设计	集中实践	第七学期		掌握多类型压缩机应用场合及选型原则，支撑完成毕业设计

3 实践平台建设预期成果讨论

将制冷压缩机实践平台的综合使用引入本专业学生培养全过程，主要有以下益处：

3.1 专业知识前移，提升学生兴趣

常规的培养方案进程中，按照基础课、专业基础课、专业课的模式进行，专业课开设时间多为第六、七学期，学生接触专业知识较晚，一定程度上影响了学生对专业的认知度与兴趣度，降低了其参加相关竞赛活动的积极性，进而影响最终培养效果。通过实践平台建设，在第二学期就启用该实践平台，让本科生提前接触专业知识，对制冷压缩机、制

冷系统有一个初步的认识，提升了其对能源与动力工程专业的认可度，培养了学习兴趣。

3.2 多环节教学，提高学生培养质量

通过前期的认知及零部件测绘工作，在制冷压缩机课程开始授课时，学生已对制冷压缩机专业知识、各类型压缩机相关零件有初步的认识，在理论学习的过程中就更加得心应手，对于制冷系统及制冷压缩机相关知识的理解更透彻，提升了学生对本专业课程知识的掌握程度。在学生就业及第八学期毕业设计过程中，扎实的专业课知识带来了极大的益处。

3.3 促进双创工作，提升综合素质

本专业及相近专业学生可以在专业知识学习

的基础之上,基于本实践教学平台开展双创工作。如对制冷压缩机的驱动方式、传动方式、零部件相对运动及摩擦、润滑油管道布置、制冷剂流道布置等环节的建模及优化设计,服务学生参加数学建模大赛及节能减排大赛等学科竞赛,在学生专业能力提升的基础之上,进一步提高其创新能力及综合素质。

4 结 语

制冷压缩机实践教学平台的使用与专业培养方案有机结合,通过学生实际动手拆装,将专业课知识分步、分层级地传授给学生,提高其对专业知识的掌握程度。基于实践教学平台开展双创工作及学科竞赛,可以进一步提高学生的创新能力。实践教学平台的综合利用,是提高理论教学效果的有益补充,可提高实践教学地位,有助于培养学生利用专业知识解决复杂工程问题的能力,提高其综合能力。

参考文献

[1] 王谦,袁寿其,康灿.面向卓越工程人才培养的实践教学体系与模式研究[J].教育现代化,2018,5(21):3-5.

[2] 林健.工程教育认证与工程教育改革和发展[J].高等工程教育研究,2015(2):10-19.

[3] 陈欣然.新工科:"卓越计划2.0"的催化剂[N].中国教育报,2019-04-08(006).

[4] 石勇,马修真.能源动力类卓越工程师培养模式探索[J].中国电力教育,2014(17):44-45,57.

[5] 李改莲,金听祥,胡春霞.能源与动力工程专业省级实验教学示范中心的建设与探索[J].轻工科技,2018,34(5):155-156,190.

[6] 金听祥,李改莲."卓越工程师教育培养计划"下能源与动力工程专业实践教学体系探讨[J].中国现代教育装备,2016(13):96-98.

工程热力学课程建设和创新实践

李季,王修彦,杨勇平

(华北电力大学 能源动力与机械工程学院)

摘要: "工程热力学"课程是能源动力类专业的核心基础课程,课程教学具有面向专业宽、受众面广、引领示范性强的特点。本文针对"工程热力学"课程建设和教学改革,尤其是近年来在教学方面的创新和实践进行了探讨,包括课程的教学目标和教学理念,课程在教学改革方面的做法,课程提高学生创新能力和实践能力的举措。期望通过"工程热力学"精品课程的建设、课堂教学的改革及创新实践的实施,提高学生的创新素质和工程实践能力,促进能源动力类专业人才的培养。

关键词: 工程热力学;课程建设;教学改革;创新实践

华北电力大学"工程热力学"课程于2008年被评为北京市精品课程,是我校能源与动力工程、新能源科学与工程、建筑环境与能源应用工程、核工程与核技术等专业的必修课程和核心课程,"工程热力学"教学团队承担着学校3个学院、7个专业、33个班、近千名本科生的教学任务。

"工程热力学"是能源动力类专业本科生接触的第一门专业基础课,该课程具有理论性强、内容深奥、概念抽象等特点,而且与工程联系紧密,不仅在能源与动力工程学科,在其他学科包括建环、制冷、核电、航空、航天、化工等领域都有着广泛的应用。本文主要针对我校"工程热力学"的课程建设特色和教学改革方法,尤其是近年来在教学改革中进行的创新和实践教学进行了探索,期望通过本课程的建设和教学改革,推进能源动力类专业人才的培养目标的实现,提高学生的创新素质和工程实践能力。

1 课程目标和理念

华北电力大学"工程热力学"课程有着50多年的历史,老一辈的专家教授为课程的建设和发展奠定了坚实的基础。课程在传承已有优良传统的基础上,近年来在教学改革方面不断开拓和创新,经过多年的教学积累和实践,明确了课程的教学目标,形成了课程的教学理念。课程以促进能源动力类专业创新型和实践型人才培养为目标,形成"以电力为特色,以创新为驱动,以实践为支撑,以严爱为文化"的教学理念。以此课程目标和教学理念为基础,开展课程建设和教学改革,制定了体现以创新能力和实践能力培养为目标的新版教学大纲,并首先以能动和核电专业的创新班和实践班为试点对象,在教学和课堂中进行了一系列教学改革的组织实施,并逐步推广到其他专业和班级。

2 课程教学改革举措

通过"工程热力学"的课程建设和教学改革,促进能源动力类专业创新型和实践型人才的培养。在课程中的具体教学改革举措如下:

2.1 教学过程中体现课程的电力特色

本校能源与动力工程专业侧重于电厂热能动力工程方向,突显"电力"特色一直是学校本科教学的重要特色。尤其对于能动专业的本科生来说,"工程热力学"这门课程是整个专业的奠基课程,和后续专业课程联系紧密,更需要紧密结合电力行业的知识进行教学。

首先,紧密结合专业特点,在教学内容上充分体现电力特色,将理论知识与电厂实际相结合,通过电厂实际应用的方法进行生动形象的讲解,如水蒸气的性质和电厂的关系、燃煤电厂工作原理、电厂节能技术和原理、火电厂凝汽器的作用与热力学的联系等很多丰富有趣的案例;其次,在教学过程中体现教学内容的基础性、前沿性,在继承热力学传统理论的基础上改造原有的课程体系,不断更新教材内容,将一些电力行业先进的技术成果如二次再热、冷端优化、分布式能量系统引入到课程中,及时反映电力行业最新技术进展;第三,针对不同的学科专业,课程体系中的侧重点不同,如针对建环专业加强了制冷循环、湿空气章节的内容,针对核电专业加强了核电厂动力系统中的蒸汽动力循环等内容,以使课程内容能够更加紧密结合专业。

通过体现电力特色的教学模式,一方面使学生对本专业产生浓厚的兴趣,使学生对电厂的认识不仅仅停留在理论上,而是达到整体的认识和理解;同时,将"工程热力学"的理论知识和实际应用结合起来,对学生电力专业知识的积累很有帮助,为从事本专业工作打下牢固的专业基础。

2.2 教学过程中实现以学生为中心

建立以学生为中心、教师为主导的课堂教学模式,鼓励学生个性化发展。近几年"工程热力学"教学逐渐从传统单一授课向多元授课转化,从灌输式教学方式向引导式教学方式转化,扩大了信息量和知识面,充分调动起学生的学习热情与自学能力,逐渐形成了以学生为中心的教学模式。教师在教学过程中只处于主导或引导地位,当然教师课堂中的课堂讲授仍然是重要的,但明显增加了引导式教学环节,包括答疑、习题、作业、实验、讨论课等,都以引导学生对课程知识主动学习为主要思路。

在以学生为中心的教学过程中,需要清楚学生对自然知识的认知和掌握的规律,需要掌握学生的知识容量和专业认知度,通过课程的总体主线将各部分内容有机穿插到一起,讲授过程中由易到难,逐步加深对重要知识点的讲解,同时结合启发式教学法、案例式教学法、讨论式教学法、"三明治式"教学法等实施课程教学。

2.3 教学过程中形成严爱的课程文化

"严爱"是"工程热力学"课程教学过程中逐渐形成的课程文化。严爱主要体现在两个方面:一方面是教师严格要求自己,提高教学水平,严格教学纪律;另一方面是严格要求学生,严肃课堂纪律,培养学生严明的组织纪律性,同时以学生为中心,关爱学生,调动学生的积极性。"严"只是手段,"爱"才是最终目的。

首先,是教师对自身的严格和对教学的热爱。课程组制定了严格的课程教学制度,要求课程团队教师在教学的各个环节中都严格要求自己,在课程备课、课程授课、课后作业、课后答疑、教学纪律等教学环节都严格要求;对课程资源包括讲义、课件、习题等不断进行修改和完善,在课程教学过程中不断丰富教学方法,提高教学水平;制定了一系列教学制度,如新进教师要做一年以上助教的制度,正式上讲台前的试讲制度,前三年用板书上课制度,定期答疑制度等。

其次,是对学生的严格要求和对学生的关爱,对学生有责任心和爱心。课程组要求在开学第一堂课中就强调课程的重要性和严格性,同时强调课程对纪律要求的严肃性,要求学生上课时严肃课堂纪律,同时在出卷、阅卷、考试等环节高标准、严要求,认真、公平、公正。在严格要求学生的同时关爱学生,在课堂上一方面向学生传达积极向上的东西,传递正能量,鼓励学生在大学期间努力学习,提高自身的素质和能力;另一方面也是对学生的关注和关爱,对学生有责任心和爱心,对学生有问必答,热情耐心,对学业有困难的同学给予关心帮助,给他们更多关爱,通过对学生的关爱打动学生,调动学生的学习积极性。

2.4　课程中引入多种教学改革方法

在教学内容中积极引入能源与动力工程领域前沿知识,合理引入新颖的教学改革方法,如启发式教学方法、探讨型教学方法、案例型教学方法、与课内实验相结合的"三明治式"教学方法,有效进行教学内容组织,合理化和完善课程知识结构,优化课程内容体系。

课程中采用的主要教学改革方法包括:(1)问题导入式和启发式教学方法:上课前提出相关问题,让学生思考并尝试回答,同时对学生进行启发,然后引入课程的内容,讲解相关知识。(2)研讨式教学方法:热力学第二定律的理论性较强,针对热二律相关的热点问题,增加了研讨课的环节,课堂中学生之间热烈讨论,同时和助教及老师进行广泛探讨和深入交流。(3)案例型教学方法:广泛采用与课程相关的案例,如生活中案例、电厂相关案例、各专业相关案例等,通过概念解释、案例分析、画图分析、开放式讨论等方法,并与理论知识结合进行案例分析。(4)线上教学方法:利用在线工具,在线上提出一些比较有深度的思考题让学生思考和查阅,并引导讨论过程,学生们热烈讨论,并能有效表达自己的观点。

3　课程对学生创新能力的培养

课程教学中以创新为驱动力,目的是培养学生在创新方面的意识和习惯。通过课内外结合的方式,教学和研究共同促进的方法,提高学生对科研的认识和参与度,使学生能在课程学习中不断积累信心,提高学习热情和兴趣,通过课堂教学过程中教师积极的引导,逐渐提升学生的创新意识和创新能力。

在课堂中设置了部分研究型教学的环节,具体做法包括:(1)对课程内容体系进行创新,引入新能源领域知识和学科最新科研成果,及时反映能源动力学科的最新进展,布置相关科研成果的小论文和大作业等,使学生能够通过查阅相关文献,理解课程在能源动力领域及其他领域前沿的应用情况,提高学生对专业的兴趣和查阅科学文献的能力。(2)开设了创新实验模式,以学生自主实验为主,课前讲解实验装置、可测参数、基本操作步骤,学生分小组讨论实验并自主设计实验工况,经与老师讨论和沟通后,再自主进行实验操作,获得实验数据,进行实验分析。这样克服了学生们上实验课不动脑,完全听从实验老师的操作要求,不敢越雷池半步,完全没有创新意识的缺点。(3)采用课堂研讨的模式,对热力学中的热点问题和难点问题进行研讨,例如,针对热力学第二定律的应用开展课堂研讨,课余时间分为几个小组,各组成员分工协作,共同完成报告,各组选代表上台汇报,阐述自己的观点,同学们进行讨论交流,气氛热烈。(4)拓宽学生的学习视野,鼓励学生学习国内外的视频公开课、网络教学课、课程相应教学资源等,这些优质资源能将日新月异的知识信息反映到课程中,从而拓展学生的视野。

4　课程对学生实践能力的培养

实验和实践环节是课程教学体系的重要部分,课程中专门增加了对学生实践能力培养的环节,在提高学生实践能力方面的主要做法如下:

首先,部分章节增加工程案例分析,使学生及早接触实际工程案例。在课程的蒸汽动力装置、燃气动力装置、水蒸气的性质等章节中增加工程应用案例,如火电厂再热循环、抽气回热循环、燃气—蒸汽联合循环、超临界工质在工程中的应用等,理论与实际结合,对具体的案例进行分析讨论,体现课程的工程应用性,培养学生的工程意识。

其次,重视课程实验并进行实验教学改革,课程中引入"三明治式"教学方法。"工程热力学"课程有多个课内实验,通过课前教师讲解实验涉及的知识点,亲自带学生做实验,分析实验原理和不同的实验工况,课后带领学生分析实验结果,讨论实验过程,对课堂所讲知识点进行验证,同时对学生的问题和想法进行回答和点评,即通过"学习—实验—再学习"的"三明治式"教学方法,使学生牢固掌握基本课程理论,并通过实践环节深化对基础知识的理解,增强对知识应用能力的锻炼。

第三,增加校内基地实践教学等环节,强化培养学生的实践能力。通过课程教学促进实践教学,通过观摩讲解实践教学中心超临界电厂动态模型、燃气–蒸汽联合电厂动态模型等,使学生在学校就可以了解火电厂基本情况,增强学生对电厂的感性认识,及早进行学生的实践能力锻炼,再结合后续的认识实习,使学生能够对电厂形成整体的认识,培养学生的工程实践能力。

5 结 语

"工程热力学"是能源动力学科的基础课程,对能源动力类专业的重要性不言而喻。尤其是在学科发展日新月异的今天,需要根据国家对专业人才培养新的要求,进行课程建设和教学改革工作。在今后的教学工作中我们将不断努力,深化教学改革,建设精品课程,提高课程的教学质量和教学效果,为能源动力类专业的人才培养做出积极的贡献。

参考文献

[1] 王修彦. 工程热力学[M]. 北京:机械工业出版社, 2008.
[2] 李季. 工程热力学理论与实践相结合的教学探讨[J]. 大学教育, 2019(3):53 –55.
[3] 李季. 工程热力学课程建设和教学改革探索[J]. 高等工程教育研究, 2015(增刊):187 –189.
[4] 于娟. 工程类基础课程多元化教学模式及评价——以工程热力学教学实践为例[J]. 高等工程教育研究, 2017(4):174 –177.
[5] 何雅玲, 陶文铨. 对我国热工基础课程发展的一些思考[J]. 中国大学教育, 2007(3):13 –16.
[6] 尤彦彦, 刘永启. "工程热力学"课程改革的探索与实践[J]. 中国电力教育, 2014(3):80 –82.

科技创新比赛助推大学生能力培养的探索*

张东伟[1], 周俊杰[1], 侯翠红[1], 沈超[2], 魏新利[1], 王定标[1]

(1. 郑州大学 化工与能源学院;2. 郑州大学 土木工程学院)

摘要:针对大学生参加科技创新竞赛的现状,分析了目前大学生在科技创新比赛中面临的问题,阐述了指导教师在整个科技创新竞赛环节的重要作用,并结合具体案例揭示了科技创新比赛对大学生创新能力培养促进作用。

关键词:科技创新比赛;创新能力;综合素质

"十三五"期间,国家相关部门出台了一系列文件,提出增强"学生的自我发展意识"和"深入推进高校创新创业教育改革"的意见,并针对当前大学生创新创业等活动,提出了一系列的措施与要求,来促进高等学校教育思想观念的转变,改革人才培养模式,强化创新创业能力训练,培养适应创新型国家建设需要的高水平创新人才。大学生参与各类型的科技创新比赛活动,能够有效培养其创新能力,提高大学生的综合素质。目前,在能源动力类大学生培养过程中,受传统教育方式等因素的影响,大学生的创新训练存在诸多问题,如创新的主动性欠缺、经验不足等。本文对能源动力类大学生参加科技创新比赛的问题进行探讨。首先,对当前大学生参与科技创新比赛的现状进行分析,指出当

* 基金项目:高等学校能源动力类新工科研究与实践项目(NDXGK2017Y – 66);高等学校能源动力类新工科研究与实践项目(NDXGK2017Z –17)

前科技创新比赛中存在的相关问题。然后，对指导教师在科技创新活动中的指导作用进行剖析。最后，结合具体的参赛项目对大学生参加科技创新比赛的成效进行总结。

1 大学生科技创新比赛的现状

大学生科技创新比赛项目种类繁多，赛事等级也各有不同，但针对能源动力类大学生科技创新比赛，主要集中于针对节能减排及与能源领域具有学科交叉特征的各级赛事，如全国大学生节能减排社会实践与科技竞赛、中国制冷空调行业大学生科技竞赛、全国大学生过程装备实践与创新大赛等。尽管各类比赛内容的侧重点有所差异，但都对培养学生的创新意识和团队合作精神有相应的要求。目前，随着大学教育改革的持续推进，科技创新比赛对学生创新意识和创新能力的培养发挥了越来越大的作用，但由于传统教育方式的影响，对于大学生参加科技创新比赛及其对学生培养的重要作用的认识还有不足之处。

1.1 大学生整体参与度较低

尽管已经有越来越多的学生参与到各类科技创新比赛的活动中，但是对于大学生的整个群体而言，其参与度还是相对较低的。一方面，当前大学生学习的压力增大，主要体现在上课学时减少但需要掌握的知识内容量增加，课外需付出的学习时间增加，从而压缩了可用来参与科技创新比赛的时间。另一方面，科技创新比赛，尤其是专业类型的比赛，需要掌握一定的专业基础知识。对于低年级学生而言，由于专业基础知识的欠缺，他们对参加具有专业背景的科技创新比赛显得心有余而力不足。而高年级学生中，也仅有部分学生在学有余力的基础上，有限地参加部分比赛项目。虽然有团队的共同协作和老师的悉心指导，但由于时间和认识的不足，所做项目的持续性和创新深度不够。

1.2 大学生参加科技创新活动主体能动性不足

随着科技创新比赛的持续进行，对参与比赛的项目要求越来越高，但相当部分的学生对科技创新需求的主观能动性不足，导致大部分学生的思维还停留在分数至上的层次，加之对科研创新的认识模糊，缺乏对科研探索精神的诉求，因此，对科技创新活动自发主体意识不强，导致对这类活动避而远之。

1.3 科技创新比赛的选题不明

虽然各类赛事的比赛内容和主题明确，但考虑到学生自身状况及专业知识基础，当前能源动力类大学生对科技创新训练的选题仍存在问题。首先，自身学习和查询文献能力欠缺，自选题目多数具有雷同性，即使选择具有一定新意的题目，也因为研究方法的陌生而感到无从下手。其次，对于教师指定的方向深入学习能力欠缺，过度依赖老师已有的实验装置和逐步指导。因此，对于能源动力类大学生创新比赛如何选题还有很多值得探索的地方。

1.4 指导老师对学生指导方式有待改进

教师由于有科研与教学的压力，加上研究生培养也需要占用相当部分的精力，从而导致其对于科技创新训练项目的指导受限。一方面，在学生选题中很难把握题目的创新性，结果导致题目新意不足。另一方面，在学生面临一定问题时得不到及时有效的指导，进而导致科技创新活动进展缓慢。

2 优化师资队伍，发挥教师指导作用

根据上述的分析，指导教师对于化解当前大学生创新比赛活动中的难题，具有至关重要的作用。首先，专业任课老师可以结合课堂知识的讲授，开展与科技创新比赛活动有效结合的课堂教学改革。其次，指导教师需要提高自身的专业知识和技能，从而给学生提供有效的指导，如数值模拟软件的掌握、实践动手能力的提高等。与此同时，还需要结合项目的具体进展，对可能出现的问题进行判断和解决，从而指导并激励学生坚定完成比赛的信心。

2.1 开展与专业知识结合的创新实践教育

在学习了一定的基础课程之后，大多数专业课教师会给学生讲授一定量专业课。此时，学生已经具有一定的基础知识和学习创新的意识。在讲课的过程中，把课堂学习内容与当前专业领域的最新技术进展相结合，并在课外让学生进行专业技术文献查找和总结。这一方面可促进专业课程的学习，使学生掌握本专业领域的最新技术发展状况；另一方面，也会激发学生科技探索的兴趣，从而增加学生参与科技创新比赛的广度和深度。此外，结合专业知识的内容，也有利于学生寻找合适的研究题目，解决比赛选题选择的困难。

2.2 提升教师专业技能给学生以有效指导

当前专业研究领域技术发展越来越快，大学生科技创新比赛又处在科技发展的前沿，需要很好掌握当前的最新技术和实践方法，这样才能对大学生的科技创新比赛提供有效的指导。所以，大学生科技创新比赛活动,不仅对学生的创新能力和综合素质的要求提高,也对指导教师的专业技能和科研洞察力提出了更高的要求。对于能源动力专业领域,更多的研究已经引入数值计算的研究方法,也需要指导教师具有一定的专业领域内的数值计算研究能力。

3 科技创新活动案例剖析

结合此前指导的科技比赛项目实施和比赛过程,笔者对大学生科技创新比赛活动开展及教师的指导作用进行以下分析。

3.1 科技创新比赛创意的发现与提出

本文的案例项目是已完成的科技创新比赛内容,其创意是在工程流体力学的讲授过程中,对所学的流体力学知识的结合与延伸,并加入新能源技术和环境保护的主题,针对水面垃圾富集问题开展的一系列的研究工作。因此,最终的创意内容是基于太阳能利用的水面垃圾清理装置的开发,在此过程中还加入了自主视觉识别技术,从而在项目实施的各阶段开发了不同设计技术和产品。

3.2 科技创新比赛实施过程与问题解决

在项目的不同阶段,根据当时的进展情况和面临的问题,提出了一系列的解决措施。如针对新能源利用与船体动力的综合系统研究,搭建了船体设计的初步模型。在视觉识别与运动控制方面,引入自动化专业的学生以弥补该技术领域的不足。与此同时,项目的实施需要一定的资金,指导教师和学生通过多方努力,从学校和学院学科平台等处获得不同额度的支持。

3.3 科技创新比赛成果

该比赛项目实施整个过程,经过几年各阶段的比赛,共获得国家级比赛特等奖1项,一等奖2项,省级挑战杯二等奖1项。并且,在项目的不同阶段有不同的学生参与进来,先后培养学生十几名,参与过项目的学生多数获得保送资格攻读硕士学位。

4 结 语

大学生参与科技创新比赛,一方面对于学生的创新能力和综合素质具有良好的提升作用,另一方面也锻炼了学生的团队协作能力,在实践学习中增强学生的自信心和集体归属感,并在此过程中了解一定的科技前沿动态,开阔了学生的学识眼界,为以后更高阶段的学习和研究工作打下良好的基础。

参考文献

[1] 戎贵文,宋晓梅,许光泉,等.基于赛事培养大学生创新能力的实践[J].大学教育,2017(3):147-148.
[2] 王蕾,程志梅.以科技竞赛为平台促进信息类专业学生创新能力培养的研究[J].东华理工大学学报(社会科学版),2017,36(2):190-193.
[3] 张玉萍,王立华,王道岩,等.以科技竞赛为载体的本科生创新能力培养模式研究与实践[J].教育教学论坛,2018(21):141-143.
[4] 周腾,王瀚林,史留勇,等."流体力学"教学的探索与实践[J].热带农业工程,2016,40(1):74-77.

能源动力类创新创业课程自主探究教学方法研究

高明,章立新,刘敦禹,邹艳芳

(上海市动力工程多相流动与传热重点实验室;上海理工大学 能源与动力工程学院)

摘要:针对能源动力工程类创新创业课程"能源与环境创新创业实训"进行教学改革研究,将由教师讲授、学生学习的传统教学模式改革为教师指导学生进行自主探究学习的教学模式。教学中从创新立项、模型制作、知识产权保护、创业训练4部分开展学生自主探究学习,具有良好的教学效果。

关键词:能源动力;创新创业;自主探究;教学方法

自主学习体系的创立，始于美国著名组织管理学家彼得教授。自主探究学习强调学生为主体、教师为主导，鼓励学生进行自主学习，探究课程知识点。近些年来，国内学者对高等教育中不同学科的教学方法，从自主探究角度进行了分析和研究。例如，陈娟等、裴欣欣、杨映、何明霞等对大学英语课程进行了自主探究教学研究。陈娟等从大学英语课堂教学、第二课堂和课后的教学评价两个方面探讨了自主探究型教学模式的应用。裴欣欣基于建构主义和自主学习理论，对高等教育信息化大环境下适合大学英语课程的自主探究学习策略进行了研究，从教学改进、学生学习能力和教师角色等方面提出创设适合自主探究学习模式的教学情景。杨映从多媒体角度对英语教学中的自主探究方法进行了研究。陈秋湟将自主探究学习法运用于信息技术课堂的教学，教学过程中教师进行情景铺垫，指引探究方向，激发学生的探究欲望。蔡伟群和蒋治国针对大学物理教学现状及自主探究式教学策略进行了探讨。龙小艺针对普通化学课程教学对大学新生自主探究学习能力的培养进行了研究。辜丽川等针对学分制下大学信息技术实验课所面临的新环境，分析了当前教学模式的问题，提出自主探究的教学模式。孙鸿结合高校体育教学，对"互联网＋"背景下高校体育教学自主探究学习的重要性进行了分析。余贞凯等借鉴了现代体育教学理论的成果，认为将自主探究理念应用于高校网球教学，可有效地提高网球专选课的教学质量。

从以上的分析可以看出，学者们对高等学校教学中多个学科课程进行了自主探究教学模式分析与实践。由于不同学科具有不同的特点，因此研究方法与结论不能照搬照抄。通过文献检索发现，目前尚无学者针对高等学校能源动力工程类创新创业课程进行自主探究教学研究。本文在对我校能源动力工程类课程"能源与环境创新创业实训"的教学研究基础之上，引入自主探究教学方法，充分发挥学生的自主探究角色作用，对能源动力类课程的教学方法研究与改革具有一定的积极意义。

1　课程简介

本课程以《普通本科学校创业教育教学基本要求(试行)》(教高厅〔2012〕4 号)和教育部关于国家级大学生创新创业训练计划为课程设计依据，主要

利用能源动力工程实验教学中心(国家级实验教学示范中心)及能源与动力工程学院与企业建立的产学研基地进行教学，是一门理论与实践并重的关于创新与创业的实训课程。

本课程一共 64 学时，课上、课下分别为 32 学时，整个教学分为如下 4 个环节：① 项目立项；② 模型制作；③ 知识产权保护；④ 创业训练。第一堂课每位学生均需要走上讲台做自我介绍，然后自由组队，每组 5~6 人，共同商讨本小组的创新项目。待项目确定后，进行模型制作，验证立项项目的可行性。然后每个小组根据自己的项目特点，进行知识产权保护，撰写专利申请书。最后一个环节是每个小组模拟成立公司，进行公司运营，完成创业实践。

这 4 个环节环环相扣，相辅相成，在后续环节进行时，可以对前面环节进行补充完善。在以往的教学过程中，每个环节先由教师为学生讲解，再由学生付诸实施。但本课程多年的教学经验表明，学生在听教师讲解的过程中，效果并不是非常理想，经常会出现各种情况，比如教师讲解时学生不专心听讲，从而付诸实施时，反复强调过的注意事项学生却并没有在意，教师需要再次进行讲解，既浪费时间，又不利于学生养成良好的学习习惯。

本课程改变教师讲授、学生听讲的常规做法，在课程实施的各个环节中采用自主探究教学方法，强调学生的主动学习性，既调动了学生的学习积极性，又加深了学生对知识的掌握。以下将对自主探究教学方法在各个环节的实施予以详细讲解。

2　自主探究教学方法

2.1　自主探究之一：立项环节

立项环节是 4 个环节中最为重要的环节，是其他各个环节实施的基础。以往的教学过程中，教师通过案例启发学生的创新思维，然后学生从生活和学习中寻找创新点，提炼形成创新项目。自主探究教学强调学生主动对创新技法进行学习，教师首先分配每个小组的学习任务，各小组成员自行翻阅课堂教材和辅助教材，对创新技法进行归纳总结，然后制作成 PPT，为全班同学讲解。在这个过程中，学生主动查阅资料、制作教学课件、走上讲台讲授知识，学习效果势必事半功倍。创新技法讲授完成后，学生对创新的理解更加深入，各小组再商讨自己的创新项目，思路会开阔许多，更能够抓住生活

和学习中的"痛点",通过广泛查阅资料,与现有技术进行对比分析,所提炼的创新项目会更"接地气",也更有深度。在整个立项环节中,虽然强调学生的自主探究学习,但也不能忽视教师积极正确的引导作用。

2.2 自主探究之二:模型制作

创新项目完成立项论证后,鼓励学生制作模型。之前立项环节的项目分析属于"纸上谈兵",一些不合理的地方往往没有被发现,因此鼓励学生进行模型制作。模型制作过程中,鼓励学生按照比例制作,所用材料可以是硬纸板、塑料片等容易获得的材料。学生制作模型的过程,也是自主探究的过程,经过模型的模拟运行,可以完善立项环节的立项论证。此外,此课程鼓励学生用 Solidworks 等三维制图软件绘制模型,等模型结构运行良好后,可以用 3D 打印机制作出实体模型,实体模型能够更好地反映出小组项目的连接结构和运行状况。

2.3 自主探究之三:知识产权保护

完成创新项目论证和模型制作后,学生的想法已经得到了很大的提升。这些创新创业项目源于学生自己的创意思维,是小组成员集体的劳动成果,因此要懂得如何进行知识产权保护。先前的授课方式是教师为学生讲解如何针对自己的项目撰写专利,可学生印象不深刻,撰写时还是经常出现各种各样的问题。实施自主探究教学方法,可以将专利撰写的一部分授课内容布置给各个小组,由小组成员主动查阅专利撰写规范和注意事项,并结合自己项目的特点进行撰写和讲解,这势必会提高学生的学习兴趣,从而较高质量地完成知识产权保护的学习。

2.4 自主探究之四:创业训练

对于创新创业课程,创新最终要为创业服务。学生有了源于生活和学习的好想法,并付诸实施制作出模型,撰写了专利申请,就可以放心大胆地进行创业学习与实践。此过程中,鼓励学生自主探究学习,由以往的教师讲授变为学生自主学习,并将所掌握的知识与大家分享。例如,有的小组调研如何成立公司,有的调研公司如何运行,有的调研产品如何生产,有的调研如何开展市场与风险分析,有的调研如何计算投资回收期,等等。此过程中,教师协助指导,学生与教师通过面对面、电话、互联网等手段实施沟通,在提高学生学习积极性的同时,又能使教师高质量地完成教学任务。

3 结 语

本文针对能源动力类创新创业课程"能源与环境创新创业实训"进行了教学研究,将原有的教师授课、学生听课的传统教学模式改革为以学生为主体、教师指导学生进行自主探究学习的教学模式,提高了学生的学习兴趣,加深了学生对知识的理解,培养了学生的创新创业思维,锻炼了学生的动手能力。

参考文献

[1] 陈娟,刘芳. 自主探究型教学模式在大学英语中的应用[J]. 读与写(教育教学刊),2015,12(2):27,32.

[2] 裴欣欣. 基于建构主义大学英语自主探究学习模式研究[J]. 海外英语,2018(15):78-79.

[3] 杨映. 论大学英语网络教学的自主、探究和协作学习模式[J]. 沈阳农业大学学报(社会科学版),2007,9(4):590-592.

[4] 何明霞,陈炼. 在英语教学中构建自主探究型教学模式——湖北经济学院大学英语教学改革成果总结[J]. 湖北经济学院学报(人文社会科学版),2006,3(10):168-169.

[5] 陈秋湟. 自主探究学习法在信息技术课堂的运用研究[J]. 成才之路,2019(2):66.

[6] 蔡伟群. 试析大学物理自主探究式教学策略[J]. 中国市场,2012(39):92-93.

[7] 蒋治国. 建立自主探究式大学物理教学模式浅谈[J]. 课程教育研究,2013(14):169.

[8] 龙小艺. 普通化学课程教学与大学新生自主探究学习能力的培养[J]. 化工时刊,2011,25(9):59-61.

[9] 辜丽川,朱诚,李绍稳,等. 大学计算机基础实验自主探究式教学模式理论与实践研究[J]. 计算机教育,2008(24):88-90.

[10] 孙鸿. 互联网+背景下高校体育教学自主探究学习研究[J]. 体育世界(学术版),2018(8):132-133.

[11] 余贞凯,冯彦平,张红. 自主探究式教学法对促进高校网球教学质量的意义分析[J]. 普洱学院学报,2013,29(3):95-98.

[12] 高明,章立新,邹艳芳. 能源与环境创新创业课程教学方法研究[J]. 教育观察(上半月),2017,6(2):45-46.

哈尔滨工程大学船舶动力创新实验班培养模式的探索与实践

谭晓京，路勇

（哈尔滨工程大学 动力与能源工程学院）

摘要：自从我国提出建设创新型国家的发展目标以来，国家一直大力倡导创新创业教育，为适应新常态下社会对人才培养的新需求，满足我国建设海洋强国、船舶动力自主化发展对高层次创新型领军人才的迫切需要，为在哈尔滨工程大学推进"3+2+X"本硕博及"3+X"本博贯通的创新人才培养模式，特创办船舶动力创新人才培养实验班，以促进船舶动力领域创新人才培养体系的发展和完善。本文重点阐述创办该班的背景、培养理念及目标、培养模式及创新之处等。

关键词：创新；人才培养；船舶动力班；培养模式

以培养具备数理基础深厚、专业创新能力突出、国际学术前沿认知能力强、科研潜质深厚的船舶动力领域创新型拔尖人才和行业领导者为目标，为发挥哈尔滨工程大学船舶动力学科优势和人才培养的优势，不断满足船舶动力行业转型升级发展对高层次创新型人才的新需求，动力与能源工程学院采用先进的教育教学理念，融合学校和学院优质教育教学资源，以船舶动力技术一流学科群建设为契机，探索实践船舶动力创新人才培养实验班（以下简称"船舶动力班"），助力学校"双一流"建设。

1 创办船舶动力班的背景需求

1.1 满足船舶动力行业转型发展对高层次创新型人才培养的需求

在船舶动力靠引进技术生产向自主化创新发展转型，海军装备由跟踪研仿向自主创新转型的大背景下，船舶动力行业对人才的需求发生了根本改变（由工艺生产管理型向研发创新型转变）。现行的人才培养模式存在很多问题和不足，例如缺乏吸引优秀生源、培养创新型人才的体制和机制；培养的人才缺乏自主学习能力、国际视野偏窄、实践经验和动手能力不足，缺乏综合利用科学知识分析问题和解决问题的能力，无法满足船舶动力自主化研发对创新型人才培养的需求，因此，为满足船舶动力行业转型升级发展对高层次创新型人才培养的需求，急需从人才培养模式、资源配置和机制创新等方面进行改革。

1.2 学校"双一流"建设背景下创新拔尖人才培养的需要

"双一流"建设的核心任务是为人才培养服务。学校将创新人才培养作为核心工作，参照世界一流大学和一流学科建设标准，以立德树人为根本任务，构建精英人才培养体系；以学生发展为中心，提升教育教学理念，深化教育教学改革；依托动力与能源工程学院优良的师资队伍、人才培养、科学研究和国际合作条件，以"船舶动力"一流学科群建设为契机，不断探索、促进和实现跨学科的人才培养模式及体系，提高创新型人才培养质量，助力学校"双一流"建设。

1.3 新工科背景下的 CDIO 教育模式探索的需求

新工科教育倡导以新理念、新体系、新模式、新质量、新标准来培养和考量满足社会和行业需求的创新型人才。船舶动力班具备新工科的属性，即以行业企业需求设置专业培养方向（内燃机、燃气轮机和热能工程方向），依托船舶动力一流学科群建设，实现本研贯通式培养、探索跨学科人才培养模式，推广研讨式教学模式，提高能力素质。

2 船舶动力班的培养理念与目标

2.1 培养理念

2.1.1 以"重数理、强基础、创新型、国际化"为人才培养基本理念

秉承"重数理、强基础、创新型、国际化"的人才培养理念，努力把船舶动力班打造成为拔尖创新人

才的摇篮,以培养具有国际视野和深厚科研潜质的船舶动力行业拔尖创新型杰出人才和未来的领导者为目标,探索实践当前高等教育大众化背景下创新教育的人才培养模式。通过船舶动力班的改革、研究和实践,建设具有研究型教学特色的精品课程和工程实践环节、培养机制及平台,探索并逐步建立船舶动力创新型人才的培养模式,全面提高人才培养的水平和质量,更好地满足经济社会发展对高素质创新型人才的需求。

2.1.2　植入新工科 CDIO 培养模式,实现本研贯通和跨学科培养

新工科教育倡导新理念、新体系、新模式、新质量、新标准,倡导以行业企业需求设置专业或专业培养方向(内燃机、燃气轮机和热能工程方向),探索跨学科人才培养模式(设置船舶动力一流学科群课程),实现本研贯通培养。

2.2　培养目标

船舶动力班的目标是培养数理基础深厚,专业创新能力突出,国际学术前沿认知能力强和科研潜质深厚的船舶动力领域创新型拔尖人才、行业领军人物和科学家,发挥哈尔滨工程大学船舶动力学科优势和人才培养的优势,不断满足船舶动力行业转型升级发展对高层次创新型人才的新需求。

3　培养模式与创新

3.1　培养模式

船舶动力班采用 3 + X 培养模式,培养方案以本研贯通式为主。本科期间实行导师制、小班授课和研讨式教学方式,学生优先选派到企业开展实践学习,优先选送到国外知名大学联合培养,同时聘请国内外知名专家教授授课,满足学校保研基本条件,100% 保送研究生,优先硕博连读。依托学校船舶动力学科特色和行业优势,以"重数理、强基础、创新型、国际化"为培养理念,以"择优录取、动态调整、资源倾斜、统一管理"为原则实施船舶动力班的全程管理。

船舶动力班学生前 3 年完成数理和专业基础及核心课程学习,第 4 学年可以选择特色平台中导师学分(跨学科选课)、学术深入(本研贯通)、岗前实习(校企融合)、国际交流、社会服务、创新创业 6 种模式中的几种,本科毕业设计从第 5 学期开始到第 8 学期完成。

学生第 5 学期进入课题组,以科技创新实践为

基础,基于校企合作项目开展本科毕业设计,同时导师协助完成上述 6 种特色模块的选课。

3.2　创新之处

3.2.1　按照行业需求设置专业方向

按照船舶动力行业背景需求,船舶动力班设置内燃机、燃气轮机和热能工程三个方向,发挥校企融合优势,实现岗前实习和本科毕业设计。

3.2.2　植入新工科培养理念,实现本研贯通和跨学科培养

新工科教育倡导新理念、新体系、新模式、新质量、新标准,倡导以行业企业需求设置专业或专业培养方向(内燃机、燃气轮机和热能工程方向),探索跨学科人才培养模式(设置船舶动力一流学科群课程),实现本研贯通培养。

3.2.3　设置特色课程平台,强化学术深入

本科阶段选修部分研究生课程,进行导师自主选课,培养国际交流和创新创业等能力。

4　政策与保障

船舶动力班学生单独编班管理,动力与能源工程学院选聘经验丰富、责任心强的专职辅导员,负责日常学生管理工作;聘任优秀中青年教师担任班主任,负责指导学生进行生涯规划等工作。船舶动力班学生实行导师制,一般为博士生导师,负责该生的学生选课、培养工作,指导学生科技创新、实验实践、毕业设计、出国联培等工作。

数理基础课、专业基础和核心课采用小班授课和研讨式教学,并配有专用教室,地点设置在 21B 教学楼。学生第 5 学期开始即可进入导师实验室,基于校企合作项目进行毕业设计及科技创新实践,地点在动力楼、动力实验楼等。

采用单独培养方案,第 7 学期选择学术深入模块,可以提前选修研究生课程,同时利用导师自主学分实现跨学科选择外系研究生课程,进入研究生阶段后实现学分替换,提前进入课题研究阶段;品行优良、学习成绩符合推免基本条件的船舶动力班学生全部推荐免试攻读硕士研究生;学生在第 5 学期初通过进入科研团队即可开展科技创新并逐步进入本科毕业设计的相关工作。

为培养具有国际视野的创新型杰出人才,船舶动力班学生三年后即可申请赴国外大学进行短期交流及联合培养(英国南安普顿大学、英国克莱菲

尔德、美国德州农工大学等）；船舶动力班的学生还可根据个人和用人单位需求，进行校企联合订单式培养或到企业实践实习。

5　关于船舶动力班的几点想法

5.1　船舶动力班是机遇也是挑战

船舶动力班是我院在教育教学改革方面一个重大的挑战，对学院教学管理提出要求的同时，对任课教师也提出了更高的要求，需要教师对知识体系、授课方式、学生学习方式等方面都进行改革和创新，目的是使学生从"考生"变成"学生"，老师由"教师"变成"导师"，全面提升人才培养质量。

5.2　探索机制改革，发挥基层学术人才培养的主体作用

船舶动力班良好运行，需要体制机制改革。通过小班授课和导师的配备，充分调动了学院教师参与教学的积极性，发挥了基层学术组织在人才培养中的主体作用，强化了"三级建制、两级管理"的管理机制；鼓励优秀师资给创新班学生上课，对任课教师和导师业绩津贴分配体现优劳优酬的原则，确保船舶动力班办出效果、办出品牌，全面提升学院生源和人才培养质量。

5.3　继续努力力，争突破班招生模式

船舶动力班目前的招生模式还是借鉴陈赓班模式在新生入学后选拔优秀生源，但还是希望船舶动力班可以将招生力度直接深入到高中阶段，以优越的学习环境、浓厚的学习科研氛围及配套的激励措施作为宣传手段，以高考分数择优选拔一部分优质生源，调动广大高中考生报考我院本科专业的积极性，借此提高学院整体招生生源质量。

参考文献

[1]　陈来,舒炜.北京大学"元培计划"实验的回顾与分析[J].开放时代,2006(2):147-158.
[2]　张崴.大学创新试验班培养模式研究[D].大连:大连理工大学,2008.
[3]　张百年.我国高校理科实验班办学特点分析[J].高等理科教育,2010(1):65-67,111.
[4]　陈爽.以政府为主渠道的我国高等教育投入问题研究[D].天津:天津工业大学,2007.

新工科发展背景下新能源科学与工程专业创新创业教育模式探索[*]

李秉硕，杨天华，贺业光，李彦龙，李少白，开兴平

（沈阳航空航天大学 能源与环境学院）

摘要：创新创业教育是培养学生创新意识、创新思维和创新能力的重要途径。新能源科学与工程专业是国家战略性新兴专业，旨在培养复合型创新性人才。新能源专业学生的创新创业教育对国家实施新能源领域的创新驱动发展战略具有重要意义。本文从师资队伍与校风建设、思政教育与创新创业教育融合发展、人才培养方案和产学研平台建设等多方面阐述了提高大学生创新创业教育的途径，为该专业的人才培养模式提供参考。

关键词：新能源科学与工程；创新创业教育；融合发展；培养方案

新能源科学与工程专业为2011年教育部根据国家战略需求与区域经济社会发展所需紧缺人才设置的新工科专业，旨在培养符合新能源产业发展所需的科学研究、产品研发及工程设计运行等方面

*　基金项目：面向环境工程教育专业认证的《固体废物处理与处置》课程教学改革与实践

的高级专业型人才。该专业涉及能源动力、机械设计、电气、材料、化学及生物等多学科交叉，是一个复杂的综合型工科专业，同时也是一个理论与实践结合性很强的特色专业。

2017年2月，教育部发布了《教育部高等教育司关于开展新工科研究与实践的通知》，要求各地教育行政部门要积极推动工程教育改革，组织开展新工科研究和实践，深化工程教育改革，推进"新工科"的建设与发展。国内各大高校都在积极布局新工科专业，扎实推进新工科建设，推动工科专业人才培养模式改革，为创新型国家建设提供人才保障和智力支撑。当前，国家推动大众创业、万众创新，实施创新驱动发展战略，以新技术、新业态、新模式、新产业为代表的新经济蓬勃发展，对工程科技人才提出了更高要求。在此背景下，新能源专业如何更好地服务社会经济发展，引发高校对新能源专业人才培养模式的新思考。创新创业已成为社会发展的新动力，如何创新高等教育模式，培养兼具知识与能力、创新思维与批判性思维，符合新能源产业需求的高素质复合型人才，是当前新能源专业人才培养的焦点问题。

加强创新创业教育，着力提升大学生创新创业能力，不仅是经济社会发展的必然要求，而且也是高等教育人才培养的必然需求。本文以沈阳航空航天大学在新能源专业学生创新创业教育方面的工作为例，结合"新工科"建设内涵，对本专业的创新创业教育模式进行较为深入的探讨。

1 建设高水平教师队伍，营造良好育人环境

"教师是锤炼品格的引路人、学习知识的引路人、创新思维的引路人、奉献祖国的引路人。"大学生的创新创业教育不仅是就业中心老师或创新创业学院的职责，专业教师更有义务和责任当好学生创新创业的引路人。此外，要重视校园人文环境的熏陶对于学生创新创业精神的激励作用，通过榜样的作用积极引导学生树立创新创业的意识。

1.1 打造校内创新创业教育教师队伍，完善人才培养体系

专业导师对于大学生创新创业活动的开展具有重要的指导作用，可以帮助学生在创新创业过程中少走弯路、提升质量，大部分高校均积极重视打造一支优秀的创新创业导师队伍为学生提供指导。

创新的灵感往往来源于工程实践，专业教师要走出校门，了解实际产业需求，将教学、科研与产业发展紧密结合，充分利用产学研基地，培养学生的动手能力，开拓他们的视野和研究思路。"双师型"教师队伍的培养和扩充对培养符合社会要求的创新创业人才具有积极的作用。沈阳航空航天大学要求除公共基础课外的中青年教师及新入职博士教师必须进行挂职锻炼实践任务，以获得实践经验，以此推进"双师型"教师的培养，提升教师的实践教学能力，促进理论教学与工程实践的紧密结合。

1.2 将创新创业教育与专业教育有机结合，建立校企协同创新创业导师团队

目前高校开设课程中与大学生创新创业教育相关的课程主要包括"大学生职业生涯与发展规划""大学生择业与就业指导"及"大学生创新创业基础"等。这些课程往往是针对全校学生开设的，未能实现创新创业教育与新能源专业的良好融合，需要进一步结合社会需求及专业发展整体目标，设置相关创新创业课程。沈阳航空航天大学已经将大学生的创新创业教育纳入日常教学管理，选聘创新创业校内专职教师，加强对学生创新创业训练计划项目的管理。此外，积极聘请新能源产业经验丰富的企业导师加强对大学生创新创业的指导，通过向学生介绍新能源专业领域的科研成果转化及产学研应用情况，一方面开拓学生的眼界并激发学生的创造力，另一方面让大家的创新创业行为符合当前社会发展需求。

1.3 重视人文关怀，加强大学生的人文素质培养

完善学者论坛、学术沙龙等对大学生人文素质教育的引导，加强校园文化景观建设，创建和谐的校园文化氛围。校园人文风气建设关系到一个学校的育人环境，丰富的校园人文气息对大学生良好精神品格的塑造具有积极的促进作用，是提高创新创业教育成效的潜在有力保障。通过聘请新能源专业领域国内外专家学者及在创新创业方面的优秀毕业生开展专题讲座，极大地开拓学生的思路，加强学生对创新创业所需知识能力的了解。通过交流，学生更加明确学习目标，鼓舞了学习动力。

2 将思政教育融入创新创业教育中，培养学生的创新意识和创新精神

将思想政治教育融入创新创业教育中，引导学生增强对新能源专业、创新创业能力和情感等方面

的自信，提高学生对创新创业的热情，改变唯"第二课堂学分"的观念认识。

2.1 专业自信

"兴趣是最好的创新创业老师"，兴趣是驱动学生在创新创业路上不断前行的原动力。大部分学生在选择新能源专业时对该专业的特点、优势及未来发展了解不深。新生入学教育则是引导学生了解本专业的重要环节，第一堂专业课也是提高学生深度了解本专业的关键场地。通过精心把握这两个环节的工作，学生对本专业的认识"渐入佳境"，对学生今后的创造性学习起到了积极作用。

2.2 能力自信

创新来源于灵感，灵感则源于不断的实践与思考。实践过程对学生创新创业能力的培养起到举足轻重的作用。通过开设生物质能、风能和太阳能等课程实验周等实践教学环节，丰富教学实验课程内容，加强学生理论与实践能力融合的培养，开拓学生视野，启发学生主动求知、主动思考和主动探索的意识和能力。

2.3 情感自信

除了要具备一定的认知能力以外，学生的社会情感能力对创新创业活动同样重要。行百里者半九十，创新创业教育过程中不仅要求学生具有创新性思维，最重要的是学生要具备"愚公移山"的意志和毅力，能够坚持自己的初心，为了实现自己的目标而全力以赴。学校教育有责任在发展学生认知能力的同时，关注学生社会情感能力的培养，并把大学生的思想政治工作落到实处，提高学生的综合素质。通过构建一支高素质的辅导员、班主任队伍，加强对学生的人文关怀，着重培养学生管理自我的思想、情绪和行为，以及与他人相处的能力。

3 创新人才培养方案，完善课程体系建设

培养方案与课程体系建设是高等学校内涵建设的重要组成部分，是培养人才素质与专业能力的核心环节，在创新性人才培养过程中具有不可替代的基础性作用。根据社会经济发展需求，以市场需求为导向，不断修订人才培养方案，建立了符合本校及地区经济发展的特色人才培养体系。

3.1 围绕学校和区域发展特色，充分发掘新能源专业校本精品课程，形成具有地方特色和优势的人才培养体系

当前的人才培养模式中，过分重视基础课、核心课等考试课，忽视了选修课程的合理分配，不利于复合型人才的培养。新工科培养需要更宽广的知识面，需要全面打造专业核心课程和通识教育课程，拓宽人才培养渠道，为学生提供更广泛的学习途径。目前，本专业形成了以生物质基航空替代燃料研发为主，太阳能储能材料开发和风电设计为特色的新能源专业人才培养体系。同时，不断修改完善教学大纲，整合和优化理论教学内容，适度增加法律、经济等人文社科方面的课程，着重培养新能源专业学生的综合能力。经过大学四年的培养，学生的创新创业能力突显，其中本科生为第一作者发表高水平学术论文及申请专利的数量大幅增加。

3.2 更新教学手段，改进教学方法，为创新性人才的培养保驾护航

积极实施教学手段和教学方法改革，开展探讨式、互动式、启发式等多种教学方式，引导学生学会思考、善于总结，鼓励学生主动创新；充分利用信息化教学手段，积极开展"互联网＋"课程的实践探索研究，调动学生课堂学习兴趣；发挥学生的主体作用，让学生参与课堂教学活动，激发学生主动探索的意识。通过创新教学手段及方法，学生在自主学习能力、收集文献信息、解决实际问题及创造性思维等方面的能力得到很大提升。

4 培养团队协作意识，搭建广阔平台，扩大学生科学视野

组建科技小组，培养学生的团队协作意识。科技小组的建立不仅提高了学生申报大学生创新创业训练计划、数学建模大赛等创新创业类竞赛的积极性，而且提高了团队科技创作的水平。2018级新能源专业学生中申报校内外各种竞赛的学生比例比以往提高了50％，作品的质量也得到明显提升。

强化实训，丰富实践教学内容，为学生的创新创业教育提供平台和保障。依托学院实验室和企业实习培训基地为学生搭建实训平台，充分发挥课堂和基地协同育人的作用，提高学生理论与实践结合的能力，培养学生的实践创新能力。先后与生物质能、太阳能和风能等企事业单位签订了实习培训基地，利用生产实习环节加强对学生的创新创业教育。经过实地学习相关专业知识后，学生对本专业及未来职业规划有了更加清晰的认识，也激发了学生的一些创新思想。

鼓励学生通过大学生创新创业训练计划项目

参与教师科研项目,增加学生实践研究的机会,培养学生的创新创业能力。在大学生创新创业教育培养过程中,导师应当做好伯乐的角色,善于发现"千里马"。从本科低年级阶段就开始留意并培养具备一定科研创新潜力的"苗子",在本科毕业设计(论文)阶段鼓励学生发挥创新思维、自主选题,并实现本科 – 研究生贯通式培养。

加大资金支持,鼓励学生积极参加全国大学生节能减排社会实践与科技竞赛、国际学生环境与可持续发展大会、"挑战杯"全国大学生课外学术科技作品竞赛、"能源·智慧·未来"全国大学生创新创业大赛、"互联网 +"大学生创新创业大赛等相关的学术竞赛,开拓学生的视野,提升学生科技创新的能力和水平,推动本专业的创新创业教育改革,实现以赛促教、以赛促学、以赛促创的目的。

5　结　语

本文根据"新工科"建设内涵及新时代对新能源科学与工程专业人才需求的特点,结合沈阳航空航天大学新能源专业实际情况,对新能源专业大学生创新创业教育模式进行了深入探讨。从导师队伍建设、文化氛围创造、创新精神培养及平台建设等方面对大学生创新创业教育提出了一些具体措施,为本专业培养复合型创新性人才提供参考。

参考文献

[1] 符慧德,赵绪新,吴其兴. 新能源科学与工程专业创新人才培养方案的探讨[J]. 广东化工,2019,46(01):169 – 170.

[2] 戴彬婷,夏建军,吴婷婷,等."新工科"理念下新能源科学与工程专业的课程体系研究[J]. 河北北方学院学报(社会科学版),2018,34(3):113 – 115.

[3] 马立新,宋广元,刘云利. 地方院校如何构建创新性应用型人才培养课程体系[J]. 中国高等教育,2017(24):34 – 35.

再创式学习方法及其教学实践初步

吴伟烽，何志龙，杨旭，刘迎文

（西安交通大学 能源与动力工程学院）

摘要: 随着人类社会的发展与科技的进步,个体需要掌握的知识越来越广泛,所需的学习时间也逐渐增加,同时个体所掌握的知识和熟悉的领域却相对愈加局限。因此,大学教育中越来越强调创新,特别是创新能力的培养。针对这一现状,提出了"再创式学习方法",并开设了"再创式学习与技术创新能力训练"的本科生通识类核心课程,开展了再创式学习方法的教学实践,训练学生通过再创式学习提高创新能力。

关键词: 再创造;学习方法;教学实践;创新能力培养

经过四十多年改革开放,我国的科学技术、社会经济发展取得了长足进步。但我国仍然缺少国际领先的原创性成果,特别是一些"卡脖子"技术。这一现状必然影响国家经济发展的后劲。因此,科技部、发改委等大力扶持企业走自主研发的技术发展道路,努力掌握核心技术。而核心技术研发的关键是创新型的高素质人才。因此《国家教育事业发展"十三五"规划》明确要求高校"创新型、复合型、应用型和技术技能型人才培养比例显著提高",强调"培养学生创新创业精神与能力"。显然,创新型人才之创新能力的培养是当前高校人才培养的重点任务之一。目前,普遍认为大类招生、宽口径培养、强调通识教育有助于学生创新能力的培养,这些措施业已在很多高校实施。但无论是国内还是国外,大学教育体系仍然是以专业划分的,每一位同学都会选择一个主修专业毕业。一方面专业课程的课时被大大压缩，产生了新的矛盾和问题，如培养方式的宽口径与课程设置的高度专业化之间的矛盾。社会上存在对大学教育的质疑，没有掌握坚实的专业知识和足够的专业技能的大学毕业生被用人单位认为是"眼高手低"。笔者认为，产生这种现象的原因是没有足够的创新能力匹配"瘦身"的专业知识。所以，在宽口径培养、强调通识教育、缩减专业课时的条件下，创新能力便成为毕业生培养质量的生命线。

另一方面，随着社会的发展与科技的进步，个体需要掌握的知识越来越广泛，所需的学习时间也逐渐增加，同时个体所掌握的知识和熟悉的领域却相对愈加局限。鉴于此，与其将"有限的精力"耗费在"无限的知识"学习中，倒不如培养"能力"特别是"创新能力"。这样就很容易理解，大学教育为什么越来越强调创新，越来越重视创新能力的培养了。

为此，笔者提出了"再创式学习方法"，并开设了"再创式学习与技术创新能力训练"的本科生通识类核心课程，开展了再创式学习方法的教学实践，训练学生通过再创式学习提高创新能力。

1 再创式学习方法介绍

荷兰著名的数学教育家 H. Freudenthal（1905—1990）对 20 世纪国际数学课程的改革与发展做出了重大贡献，他在《数学结构的教学现象》一书中指出："没有一种数学思想，以它被发现时的那个样子发表出来。一个问题被解决以后，相应地发展成一种形式化的技巧，结果使得火热的思考变成了冰冷的美丽。"

笔者认为，除数学之外，工程学科也是如此，特别是教材。为了使学生能系统了解某个领域，能以较少的篇幅和完整的逻辑展现这个领域的知识，在教材编写过程中编者一般都会按照某个体系对知识链进行梳理，使之系统化，这就抹杀了原创过程中的"火热的思考"。

无论是知识的学习，还是创新能力的培养，"火热的思考"都比"冰冷的美丽"要有价值。所以，教师的任务就是引导学生在学习过程中进行"火热的思考"。

鉴于此，笔者提出了再创式学习方法。所谓再创造，是指重新发明或创造已经被发明或创造的事物；再创式学习则是指在学习中，重新发明或创造课程中的"知识点"，特别是工程学科中各种机器的原理、设计方案。

再创造的思路则依学科、学生个性不同而不同。例如，对于工程设计类问题，教师（或学生）可以首先提出需要解决的问题，整理解决问题已知条件；然后梳理相关的基础知识；接着，通过分析、思考，提出解决（设计）方案；再然后，对所提出的方案进行可行性分析，确认最可行的解决方案，并提出改进意见；最后，对提出的方案进行验证。这一再创造逻辑与实际的发明或创造过程基本相同，所不同之处在于再创造并不开展实际的研发、制造或试验，乃是一个"思想试验"，如图 1 所示。

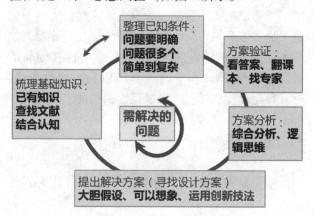

图 1 再创式学习的一种思维逻辑

2 再创式学习方法的依据

2.1 人类知识的进化规律

再创式学习是符合人的认知规律和知识的发现规律的。对于一个未解决的问题，发明人总是在个人知识水平的基础上，收集各种可能的信息，然后提出可能的方案，之后再从这些方案中选择最可行的，并进行完善后，通过实践进行验证，最后解决问题。而再创造的思维活动规律与实际创造过程的思维活动规律是一致的。其区别在于实际的创造与发明，必须付诸实践，否则只是空想；而再创造的验证，并不需要通过实践，有教材、书本等各种文献予以参考，事实上文献中提出的解决方案一般也都是经过实践验证的。因此，从思维方法上讲，再创造与创造的本质是一致的。也正因为此，笔者认为，通过再创造式学习的训练，可以从思维层面进行锻炼，从而达到提高学生创新能力的效果。

2.2 再创式学习的心理学依据

学习心理学认为，学习是经验改变人们神经系统和行为的过程。经验通过对神经系统的物理改变（即改变参与知觉、行为、思考和计划的神经元环路)不断地改变着人们的知觉、行为、思考和计划方式。德国心理学家苟勒(Wolfgang,Köhler)在研究黑猩猩的学习模式后认为,观察、模仿人类的创造性是黑猩猩的重要学习模式。科学研究表明,当一只恒河猴使用其运动能力时(如伸手去拿一根香蕉),它大脑中某一个区域就会被激活;当另一只猴子看到别的猴子做出这一动作时,该猴子大脑的相同区域也会被激活,这就是"镜像神经元"的生物机制。同样的道理,人类的学习也可以是一个模仿的过程。科学家发现,人类同样有一群被称为"镜像神经元"的神经细胞,它们激励我们的原始祖先逐步脱离猿类。它们的功能正是反映他人的行为,使人们学会从简单的模仿到更复杂的模仿,由此逐渐发展出语言、音乐、艺术、工具等。也正是这一心理、生理模式,使人类能迅速理解他人的意图、体验别人的情感。

因此,通过再创式学习,"再现"发明人当时解决问题时思考、思维的过程,学习者可以获得发明人当时体验到的"火热的思考"。

2.3 自然规律不灭定理

苏联海军专利局专利审核员根里奇阿奇舒勒(G. S. Altshuller)在对大量专利进行充分研究分析的基础上,于1946年创立了TRIZ理论,指出人类所有的有效发明基本上都集中在改进、改变对象的39个工程参数,其中仅仅用到了40个发明原理。

其依据如下:人类解决问题所用的措施依赖于客观的自然规律(原理),而客观的自然规律(原理)亘古不变;问题及其解在不同的工业部门及不同的科学领域重复出现;技术进化模式在不同的工业部门及不同的科学领域重复出现;发明经常采用不同领域中存在的效应。

鉴于上述理由,我们完全可以引导学生利用现有的知识(经过高中阶段的学习基本已经了解或掌握了前述40个发明原理),对实际已经完成发明(创造)但对学习者而言是未解决的问题的课程、书本知识,通过"再创造"的方式学习。

3 结 语

笔者在2019年春开设了"再创式学习方法与技术创新训练"的本科生通识类核心课程。课程以再创式学习方法为核心,以创新思维、技术创新方法和创新发明原理为基础,通过大量的工程案例开展再创式学习训练,取得了良好的效果。首期报名学员38人,尽管目前才完成了一半的学时授课与学习,但同学们反馈良好。甚至有数名人文社科类的同学也主动、积极参与到新技术、新产品的开发训练中来。

目前,新课程的课程体系基本完善,将在后期授课中进一步加强,并开展对再创式学习方法的研究,促进高校人才创新能力的培养。

参考文献

[1] Freudenthal H. Didactical phenomenology of mathematical structures [M]. NewYork:Kluwer Academic Publishers,2002.

"大学生创新训练计划"的建构式教学探索与实践*

刘迎文,元博,赵高楠,张宏伟,汤敏

(西安交通大学 能源与动力工程学院)

摘要:"大学生创新创业训练计划"是培养大学生科研能力、实战能力和创新创业意识的重要载体,有助于培养适应创新型国家建设需要的高水平创新人才。为了适应21世纪高等教育改革和创新型国家对高水平人才的迫切需要,基于建构主义教学观,对"大学生创新创业训练计划"涉及的选题来源、教与学的方法、教学内容和手段等方面进行积极探索和尝试,达到培养学生自主学习能力和创新精神,进而提升全民族创新素质的目的。

关键词:大学生创新训练计划;建构式;实践教学

* 基金项目:教育部高等学校能源动力类专业教育教学改革项目(NDJZW2016Y-58)

创新是人类文明得以不断进步和发展的原动力，人类社会在锐意创新中获得前进动力和发展契机，同时在创新过程中不断提高和完善自我。创新源于问题，问题推动发展。爱因斯坦曾说："提出问题比解决问题更为重要。"美国学者布鲁巴克博士精辟指出："让学生自己提问题是最精湛的教学艺术所遵循的最高准则。"对比中西方教育的考核标准，不难发现：中国以学生能正确回答教师提问作为成功标准，即"从有问题到没问题或少问题的转变"，学生年级越高，问题和创新越少；而西方以学生提出教师无法回答的问题作为成功标准，即"从没问题到有问题的转变"，学生年级越高，创意和想象越多。

在科学技术突飞猛进的 21 世纪，创新能力关乎国家和民族的发展兴衰，培养学生的创新精神和创新素质是新时代赋予教师的神圣使命和责任。根据《教育部、财政部关于"十二五"期间实施"高等学校本科教学质量与教学改革工程"的意见》（教高〔2011〕6 号）和《教育部关于批准实施"十二五"期间"高等学校本科教学质量与教学改革工程"2012 年建设项目的通知》（教高函〔2012〕2 号），教育部决定在"十二五"期间实施国家级大学生创新创业训练计划。国家级大学生创新创业训练计划的实施，是进一步促进高等学校教育思想观念转变、人才培养模式变革、创新创业能力训练塑造的关键，以培养适应创新型国家建设需要的高水平创新人才。

1　建构主义理念

基于教师与学生两大载体的相互关系和知识构建的客观规律，存在两种教学模式：一是以教师为中心的传统教学模式，即教师是知识传递者，学生是知识接受者，依托教科书有限信息的复读式学习，学生被动接受知识；二是以学生为中心的建构式教学模式，即教师是学习促进者，学生是知识建构者，在理想学习环境下互动式学习，知识是学生主动建构的。显然，在知识经济时代的今天，传统教学模式难以促进学生深入思考，难以培养创造性和批判性思维，不能适应新时代的教育需求。

建构主义是"学习的哲学"，即人们通过对事物的经验和对经验的反思来构建自己对世界的认知和理解。当我们遇到新事物时，必须把它与以前的观点和经验相对比，通过学习、思索和再创造，改变或抛弃错误或不相关的信息，创造和构建属于自己的知识体系。在建构式教学中，要求教师调整现有的制式课程设置，根据学生已有的知识设置课程和设计适合学生的教学方法，以解决当前问题为先导，发起和引导关于知识点的讨论，鼓励学生参与到教学过程中，学生通过自我提问、自我思索和互动式讨论分析，最终主动地获取知识。另外，要引入过程评价考核机制，取消评分和标准化考试，把考核评估变成学习过程的一个环节。

建构式教学是启发式教学而不是填鸭式教学，提问环节的设计至关重要，提问是一门艺术，而不是简单的技巧，提问比答案更重要。但教学毕竟是知识传授和知识建构的过程，不能一味地"填鸭"或一味地"启发"，"填鸭"式教学有助于课程顺利实施，但掌握与否存在疑问；而"启发"式教学虽然有助于知识系统建立，但势必会严重影响课程进程安排。因此，在课程安排和课堂教学设计中，要依据课程知识点的难易程度和学生已有知识储备，合理设计运用提问的方法和技巧，即设置普适性问题和针对性问题，前者是围绕普适性知识点设置的，使绝大多数学生都能参与和回答的问题；后者是针对某一具体问题设置的，使每个学习小组都能参与课堂讨论，调动每位学生的知识和技能，最后集体回答的问题。

2　建构式理念在"大学生创新训练计划"中的实践探索

大学生创新训练项目（简称"大创项目"）通常由若干本科生自由组队，一定时间内在教师指导下，完成对某一科研项目或问题的研究探索。"大创项目"为本科生提供了接触和感知科研的机会，对挖掘本科生科研兴趣、培养未来的优秀科研人才有着十分重要的意义。

2015 年起，笔者指导和参与了"基于相变胶囊和仿生微流道的手机温控系统""树状分叉微通道冷却网络的多目标构型优化"等多个本科生大创项目或项目设计，鉴于大创项目发现问题、分析问题和解决问题的培养目标与建构式学习理念一致，尝试将建构式理念应用于本科生大创项目实施（见图 1），探索本科生大创项目的指导新方法、创新人才培养的新模式。

以下简要介绍基于建构式理念指导大创项目的实施要素及经验。

2.1 学生为主的能力创新

在大创项目申报时,要给学生足够的自由发挥空间和学术自由度,让学生基于自身知识储备和认知去寻找或发现自己感兴趣的方向,而不受导师影响。例如,学生发现日常生活中手机的发热问题,并结合自然界中诸如树叶叶脉、肺气管树的分形微通道结构,提出项目想法。选题一方面贴近学生生活并符合其认知,无论问题难易与否,都直观体现了学生的技能储备和认知水平;另一方面学生对自己提出的课题更有研究欲望和热情,研究往往可以深入坚持下去,而不是面对超出能力范围的陌生问题浅尝辄止,研究动力和耐久性不足。自主选题能锻炼学生探索世界和发现问题的本领,进而培养学生的学术自信和科研敏感性。

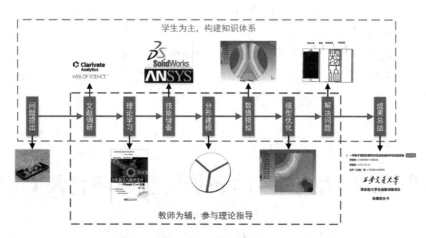

图1 大创项目的实施流程

重视和突出学生的自主学习、自主管理和自主发展,让学生通过自主、合作、建构、应用等实现内涵发展、个性发展、持续发展。因本科生通常只学习了书本上的基础知识,还不能把这些知识在实际场景中灵活应用,且不能熟练使用研究中常用的软件或实验仪器,也不具备相关专业知识,所以在科研训练的入门阶段比较困难,看问题的角度比较浅,分析问题的能力也比较弱,指导教师应给予足够的关注。入门阶段给学生提供资源与方法指导,学生自主学习 Solidworks、AutoCAD、ANSYS、Tecplot等软件。这段学习的过程是本科生不断探索试错,吸取经验教训的过程。面对新的知识和技能,学生必须通过学习、思索和知识再创造,改变、抛弃错误或不相关的新旧信息,从而在实验探究、实践探究、模拟探究中创造和构建属于自己的知识体系。

2.2 教师为辅的引导作用

创新是领域内或领域间的知识迁移运用。鉴于本科生知识面相对狭窄,主要限于专业或领域内的理论认知,而对领域外的认知或技术进展掌握有限,难免提出一些天马行空难以实现的猜想、超出自身能力范围的难题或者违背客观规律的想法,指导教师有丰富的教学科研经验和全面的知识储备,可以从知识迁移运用的角度,将专业或跨专业的知识合理运用到项目中,帮助大创团队及时梳理、论证和修正研究方向、内容和路线,并给项目提供新概念、新思路的探索方向,补足团队知识短板,增强科研创新动力。另外,指导教师应强化与学生的交流互动,及时鼓励与激励学生,激发学习潜能,以学生感兴趣、有层次的问题,引导学生阅读、思考、建构,通过质疑、释疑与迁移应用,以互动探究、互教互学激活思维,增进学生对知识的理解、内化、灵活应用,促进学思结合,帮助学生形成问题意识,培养学生应用知识解决问题的发散性思维方法和能力。这些能力和方法对他们今后的工作学习大有裨益。

2.3 团队合作的精神培养

在建构式学习中,团队合作也是不容忽视的一个因素。引导一个学生小组集体解决问题,往往比引导单独的学生个体更加有效。建构式学习是一个问题解决和经验富集的过程,一个团体在解决问题中获得的经验,比单独个体获得的经验更加丰富,也更有意义。大创项目的高质量完成,离不开小组成员的互助合作。根据团队成员的性格与能力特点合理分配工作内容,可以推动项目高效、迅速地进行,促进具有不同基础、不同特点的学生获得应有的发展与进步，提升每个成员在项目实施过程中的归属感、成就感。更为重要的是，对于新知识(如软件学习、数据分析等)可以"分而习之"，而后通过内部交流和讨论的方式，快速地使成员有效地完善知识建构。得益于此模式，学生在比较短的时间内便掌握了文献检索、三维建模绘图、模拟软件使用与数据处理分析，最终完成报告并总结整理。相比于单兵作战的传统大创模式，节省了大量的时间，并取得更大的个人发展和研究进展，如完成了论文撰写、专利申请和产品设计等。

当然，建构式方法在大创项目中得以有效实施，也要具备一些先决条件：要求大创团队成员对专业知识有较系统的认识，具有较好的自主学习和自我管理能力；要求指导教师提供相应资源，供学生在试错中探寻解决问题的有效方法；要树立"重过程、轻结果、知识构建为主"的合作目标。

3 结 语

基于建构式理念，让学生充分发挥主观能动性，学生主导大创项目的问题提出、技术思路与研究方法拟定、问题梳理分析、成果归纳总结，较传统大创项目实施模式，提升了学生的创新思维与解决问题的技能，有助于高校创新型人才的培养。

"国际化、以人为本"的新加坡创新教育及启示*

刘迎文[1]，龚建英[1]，董喆[2]，赵欣[2]

(1.西安交通大学 能源与动力工程学院；2.西安交通大学 教师教学发展中心)

摘要：新加坡创新创业教育水平处于国际领先水平，在创新创业教育实践方面积累了丰富的经验。新加坡以人本主义、国际化、现代化为人才培养理念，教学环节强调少教多学，实现课内外双轨创业课程设置，注重国际化人才的吸引和创新能力培养，将创新与教育紧密结合，实现教育内容、设计方法和实施方法的系列创新。我国当前正处在高校创新创业教育的关键发展期，了解并借鉴新加坡创新创业教育的精华所在，对当前高校创新创业教育的开展和"双一流"建设具有较好促进作用。

关键词：新加坡；创新教育；人才培养

2018年8月1日至15日，我有幸参加了西安交通大学组织的赴新加坡南洋理工大学(NTU)为期两周的"一流学科建设中基础课、核心课骨干中青年教师教学技能及教学能力培训"项目，力求通过量身定制的教育能力培养活动，进一步深化教师对于创新和高等教育的理解，强化教学技巧，从而促进教师发展和全面提升教学水平。在为期两周的学习培训中(见图1)，主办方集聚十余位新加坡从事高等教育研究和创新实践的教授、专家，从新加坡社会构成、风土人情到新加坡高等教育概况、创新发展、实践与激励扶持，从课堂教学模式、课程开发、教学法到数字时代大学图书馆、学校领导力及教师考核，从新加坡四所重点高校(新加坡国立大学、南洋理工大学、新加坡科技设计大学、新加坡管理大学)、创新工场、智慧城市的参观学习到新加坡R&D投入机制、各类现代化手段(人工智能、AR和VR等)在教育中的应用等方面，安排了极其丰富的教育与创新"饕餮"盛宴，给我留下了深深的启迪和感悟，受益颇丰。

---

* 基金项目：教育部高等学校能源动力类专业教育教学改革项目(NDJZW2016Y－58)；西安交通大学"一流学科建设中基础课、核心课骨干中青年教师教学技能及教学能力培训"项目

专题讲座	□ 新加坡的国情、社会概况和创新发展; □ 新加坡高等教育概况(包括教育体制、教育政策和教学评估); □ 人工智能驱动的工业4.0; □ 大数据与智慧教育; □ 课程开发的理念、方法和步骤; □ 学校劳动力及教师的培养与考核; □ 人工智能、AR和VR在教育中的应用; □ 数字时代大学图书馆在教学科研中的作用; □ 创意教学法与学习型评价; □ 课堂教学模式研讨与实践; □ 南洋理工大学的创新教育
实地考察交流	✓ 南洋理工大学3D打印中心、创新中心; ✓ 新加坡科技设计大学; ✓ 新加坡国立大学; ✓ 新加坡的ABC(Active活力、Beautiful美观、Clean洁净)水计划; ✓ 新加坡新生水厂、城市规划局、智慧国建设展览馆。

图1 创新教育培训活动

1 新加坡创新教育的特点

新加坡的社会背景、人口结构、语言环境及教育制度都有其独特性。新加坡吸收了东西方文化的精华,采用灵活的教学方法使学生的潜能得到培养和发展,整个教育体制有利于每位学生循序渐进地发展自己独特的天赋和兴趣。新加坡教育体制的特点是"四阶段分流、六层级教学"。"四阶段分流"是针对小学、中学、初级学院/高中及理工与职业教育、大学四个阶段学生的学习能力进行强制分流;"六层级教学"是指小学、中学、工艺学院(ITE)、理工学院、初级学院/高中、大学六个层级的教育体系。新加坡作为亚洲重要的现代化国家之一,是亚太地区较早开展创新创业教育的国家,也是实行创新创业教育比较成功的国家。新加坡创新创业教育是国民教育体系中的重要组成部分,特色鲜明。新加坡创新创业教育具有以下几个特点:

1.1 以人为本、德育为首

20世纪六七十年代,新加坡政府忽视了思想政治教育,导致社会道德水平滑坡、公民人文素质下降的问题,直接影响到国家的长治久安和稳定发展。为此,80年代开始,新加坡政府不断加强全面的思想政治教育,包括培植公民国家意识、增强社会责任感、提升个人品格等,使人们产生归属感和责任感,愿意为新加坡而奋斗。新加坡政府高度重视学校的思想政治教育,注重在小学、中学和大学全方位开展思想政治意识的培养,同时基于以人为本的理念,针对学生身心发展规律及认知能力的阶段与层次差异(如低年级偏重良好行为习惯的建立,高年级注重社会责任感的培养),有的放矢地设

计与衔接教育内容或主题,循序渐进地逐步推进思想政治教育,符合教育对象和教育活动的规律,体现了思想政治教育的科学性和实效性。

1.2 高度国际化

面向21世纪的国际化发展战略,培养具有开创性和全球思维的国际化人才,国际化办学特色始终贯彻于新加坡创新创业教育理念和行动计划之中,成为新加坡国民教育体系和社会发展体系中独具特色的一环。国际化是新加坡高等教育的精髓所在,主要体现在教学的课程设置和评价体系,以及教师和学生群体的国际化。教学语言国际化——新加坡是一个多民族和多语言的移民国家,英语和母语的双语教学方式具有得天独厚的实施优势;教师队伍国际化——新加坡大学教研人员65%来自国外,均是欧美顶尖大学博士学位获得者,本国教师绝大多数也在欧美顶尖大学获得高等教育学位;学生群体国际化——新加坡非常重视英才的培养和选拔,考虑到本国优秀生源不足,新加坡政府和大学每年提供大量奖学金和补贴,吸引周边国家和地区的优秀学生到新加坡就读大学、中小学,NUS和NTU每年有20%的本科生和超过60%的研究生来自海外;课程设置国际化——新加坡高校为培养国际化人才,根据世界前沿课题研究及时更新学科设置,直接引入国外高校高质量教材,增设培养创造力的课程,提倡通识教育和跨学科学习方式;学术评价体系国际化——新加坡高校通过有效的教育效果反馈系统和国际专家团队评价,对教学质量进行严格监控,为教学科研提供咨询意见并考核其成果。

1.3 高度的职业化和信息化

新加坡政府办大学的宗旨相当明确,就是培养学有所用的专业技术型人才,满足社会实际需求,教育教学内容要结合现实实际和最新技术发展趋势活学活用。课程设置职业化——大学专业课程的开设均以社会需求为标准,课程设置或内容修订调整前必须请由工业家、商界领袖、高级公务员和学者等组成的咨询委员会参与课程论证或征询意见,以适应社会及经济发展对新型人才的需求。另外,高校与企业合作,设置"订单培训"课程,课程教学和评估中,注重学生的实践能力。教学与实习方式职业化——倡导"少教多学"的教育理念,实现教师主体的"多教"与学生主体的"多学"的形式转换,将更多时间交给学生自由规划,激发学生的学习兴趣,培养学生积极主动的自学精神和个人创造力,

为个性发展和挖掘潜能提供空间,在校内建起技术先进、设备完善的模拟工厂,为学生提供更真实、有效的学习环境,通过实地学习,锻炼学生解决实际问题的能力,培养团队的协作精神。高度的信息化——教学中广泛采用互联网、多媒体、VR、大数据分析与挖掘等各种高新技术,在创新教育方式探索和实施方面,政府和高校投入大量人力、物力,不断提高教学科研的效率和质量。南洋理工大学投入3000万元成立学习研究与发展中心,针对南洋理工大学生开展创新教学法的专项研究,尤其是结合信息化、现代化的新时代特点,研发和评估促进创新教育有力实施的网络学习、虚拟教育等教育模式。

2 几点启示

新时代的教育观以爱心为基础,以发展为宗旨,以创新为动力,以育人为目的,为学生先"成人"后"成才"夯实基础。正确的教学理念催生正确的教学实践,进而达到培养创新人才的目标。教育工作者应充分认识到新时代教育新特点,与时俱进,勇于创新,加强学习和不断拓展自身科研与教学水平,以先进教学理念为纲、以科教融合相长为领,满腔热情地投身到高等教育事业中。

2.1 树立以学生为中心的现代教学观

教师的教学观影响其教学策略和教学方法的制定。针对21世纪教育的新特征,教师必须有正确、明晰的教学信念,树立以学生为中心的教学观,了解社会需求和学生的认知特点、知识结构等现状与需求,鼓励和激发学生的创造力与批判精神。

2.2 应针对新时代需求积极开展教学改革与探索

工科院校瞄准人才培养目标和当前科技发展水平与工业需求,积极在课程设置、教材选用、教学内容及教学方法等方面进行创新探索和实践,使学生掌握学科的最新知识和进展,具备解决实际技术难题的能力,从而在更高层次上服务社会,引领社会技术进步。

2.3 合理制订教学计划,重视课堂教学手段

及时了解大学生的知识结构、已有技能、学习态度和价值观等信息,更新教学内容、修订教学计划,做到因材施教。针对具体课程和教学内容,选择合理的提问方式,尤其注重提问内容的灵活性、新鲜性和时代性,引发学生共鸣并引导学生深入思考,自主建构知识体系。

2.4 课程考核评估改革及团队精神培养

根据不同的学习任务采用多元化的考核评估方式,改变完全依赖于简单的标准化考试的现有模式,提高平时成绩的比重,减少学生期末考试"临时抱佛脚"和"背书"的投机行为。实施"小组学习或团队合作"模式,加强师生间、学生间的沟通与交流,培养团队协作精神。

2.5 培养学生的学术阅读能力

在课堂教学中,改变单纯的语言输入和知识讲解,让学生成为阅读的参与者,引导和培养学生进行深层次自主学习,加强分析、综合、归纳、演绎等高阶认知方法或技巧的训练,在阅读中提高学生的认知能力并积累知识与经验,为学生实施创新实践活动和从事科研奠定基础。

2.6 以人为本,注重教学主体的国际思维培养

教师和学生是教学主体。重视以人为本,让教师和学生处于全球化思维的氛围中,改变知识迁移的传统的教与学的关系,强化教学主体的创新思维和联系实际的实践能力养成,培养面向未来、面向世界的高素质、创新型人才。

3 结 语

知识经济时代,全球范围内的国际竞争使一流大学成为国家发展的重要战略资源。建设一流学科、培养具有创新思维的一流人才,是"双一流"高校的重要使命。

实验与仿真教学

新工科背景下建筑环境与能源应用工程
专业传热学实验教学思考*

王瑜，李维，谈美兰，高寿云，周斌

（南京工业大学 城市建设学院）

摘要： 传热学是建筑环境与能源应用工程专业的专业基础课，实验教学是传热学授课的重要组成部分。随着新工科建设的推进，传热学实验教学也面临着创新人才培养的责任和义务。本文在调研南京工业大学环能专业传热学实验课教学现状的基础上，针对学生参与度、创造性培养和考核方式进行了探讨，提出了一系列提升教学效果的措施，并明确了虚拟仿真实验台的载体和催化剂作用。研究结论为环能专业传热学教学质量的提升和学生创新能力的培育提供了参考。

关键词： 传热学；实验课；新工科；技术改革；制度改革

近年来，在实施创新驱动发展、新经济发展战略背景下，中国工程教育在新工科改革中不断前进，从"复旦共识""天大行动"到"北京指南"，唱响了新工科建设的"三部曲"。作为地方高校的南京工业大学，是江苏高水平大学建设的"全国百强省属高校"、江苏省重点建设高校、江苏省综合改革试点高校、江苏省人才强校试点高校。在新工科建设大潮中，南京工业大学立足区域经济发展，固本强源，协同创新，奋力建成国内一流的国际知名创业型大学。实践创新能力的培养，是实现上述目标的关键。土木工程大类专业是南京工业大学的特色专业，其中建筑环境与能源应用工程专业（简称环能专业）更是江苏省最早设置的专业。在新工科建设背景下，传统土木工程专业建设发展更需要以创新能力为核心。程建杰等指出，在环能专业中如何调整教学内容，使得培养的学生真正具有工程设计和调试能力是极其迫切的。

传热学是研究热量传递规律的科学，环能专业中遇到的大部分技术问题都和热量传递问题有关。2013年出版的《高等学校建筑环境与能源应用工程本科指导性专业规范》中明确提出，传热学属于专业基础核心知识，在课程体系和学生的认知体系中均占据重要地位。因此，传热学课程教学过程中，必须紧密结合新工科特征，与时俱进，积极吸收新的教学理念，探索新的教学方法，促进本专业人才培养体系的转型与提高。

实验课程作为传热学教学的重要组成部分，同样需要依据新工科提倡的创新人才培养理念，更好地承担起通过实践教学，使学生熟练地运用相关知识解决实践问题的责任。本文中笔者结合承担的传热学实验课授课情况，探讨了传热学实验课提高学生综合实践能力、自主创新能力的方法。

1 实验课在传热学课程教学中的地位

传热学理论课程内容具有基本概念的概念性强且抽象、基本规律和公式多、基本应用广泛的特点。传热学实验课是连接传热学理论和实际应用的桥梁和纽带，是课堂抽象理论的实际表述与验证，承担着促进学生理解课堂描述的热量传递规律和推动学生进行传热相关理论应用探索的责任和义务。除了对课堂理论教学提供辅助之外，传热学实验教学还有助于培养学生的探索精神和创新意识，这正是创新型时代工程科技人员所必需的素

---

* 基金项目：2017年南京工业大学教育教学改革研究课题一般立项项目（2017024）；2017年南京工业大学教育教学改革研究课题一般立项项目（2017028）；南京工业大学品牌专业建设项目；江苏省高等教育教改研究项目（2015JSJG173）

实验与仿真教学

质,是推动传热学领域跨学科发展的必备条件。

2 传热学实验课教学现状——以南京工业大学为例

南京工业大学环能专业传热学课程实行小班化教学,每个班理论课程为 64 学时,实验课程为 6 学时。针对传热学中导热、对流和辐射三大部分,教学大纲规定需对应完成三项实验,分别为稳态球体法测粒装材料的导热系数实验、空气横掠单管时平均换热系数测定实验和中温辐射黑度测定实验。此类实验均为原理性验证实验,希望通过实验过程的操作与获得数据的处理过程帮助学生更好地理解课堂上教授的传热学基本原理。在最终的考核过程中,单个实验占总分值的 8%,实验课共占 24%;以实验课出勤状况和最终的实验报告分数组合给出实验课成绩。

笔者于 2017 和 2018 年在承担传热学课程教学的基础上指导学生的实验课,实验课授课流程属于传统线性流程,如图 1 所示。

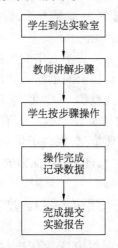

图 1　传统实验课授课流程

通过课堂观察和批改实验报告,发现虽然实验步骤简单,但教学过程和教学效果方面仍然存在一些问题,具体分析如下。

2.1 结果误差问题

手动测量是实验中的重要环节,也是三个实验涉及数据的基本获取形式。在整个手动测量过程中,每组数据都需经过调试、读数、二次计算等过程,其中存在的操作精度和读数偏差会直接影响结果误差。随着误差的增大,最终拟合获得的实验曲线不满足传热学基本规律,会直接降低学生对课堂教学内容的接受程度。造成此问题的主要原因在

于以下 4 点。

2.1.1 学生对仪器不熟悉

除了三次 2 学时的实验外,学生无法接触到传热学的教学实验设备,实验课往往是学生第一次操作仪器。第一次操作仪器难免会出现不少错误,包括工况调节不到位、多个传感器之间读数混淆、未等到系统稳定就读数等问题。三个实验中均存在加热等待稳定后测量的步骤。由于加热过程时间较长,尤其是到最后阶段,数据变化的时间间隔越来越长。学生在观察数据一段时间不变后便认为系统已达到稳态,开始读数,然而此时热电偶测量的温度数据仍然在升高,读数过程中前后获得的数据甚至不在一个工况范围内。

2.1.2 仪表校准和设备重置工作不到位

由于课程安排问题,有时会存在两个班连续进行实验的情况。前一个班做完实验后只是简单关闭电源,并未重新校准仪表再让后一个班使用。另外,其他一些设备也并未恢复到位。如中温辐射黑度测定实验中,需在测量光滑表面的辐射换热量之后将其涂黑,考察近似黑体的辐射换热量。前一个班完成实验后表面恢复原状不到位,将直接影响后一个班测量的光滑表面黑度数值。

2.1.3 人员扰动影响实验工况

稳态球体法测量导热系数实验中,最终热量是由球体内的介质传递至球体外,完成导热过程。此时若实验台周围的小组成员频繁走动,会加速空气与球体的对流换热过程,从而影响导热系数的测量过程。在辐射实验中需测量环境背景温度,小组成员若聚集在实验台周围靠近热电偶的区域,背景温度测量结果则不可避免会偏高,影响到辐射黑度的测量结果。同样,对流换热实验过程中,需根据测得的环境温度计算过余温度,人员的走动和聚集也会对过余温度的计算数值产生影响。这说明在实验课教学中,学生对数据精度的意识还不够。

2.1.4 传统手算数据处理方式的局限

稳态球体法测量导热系数实验完成后,需要拟合曲线获得导热系数 λ 和内外壁平均温度 t_m 之间的关系曲线;空气横掠单管换热系数测定实验完成后,需要拟合努塞尔数 Nu 和雷诺数 Re 之间的无量纲关联式曲线。实验手册建议的传统方法为在方格纸上描点,根据点的分布趋势手绘曲线。由于描点误差和数据点的取舍问题,手绘的曲线可能无法正确反映导热系数或对流换热系数的变化。如能

改用计算机软件如 Excel、Origin 或 Matlab 完成数据点绘图和关联式拟合,拟合出的关联式整体精度将大大提高。

2.2 学生参与度问题

由于实验设备台套数和场地的限制,不能保证每个学生单独操作一个实验台,一般是以 5 人成组的形式合作完成一次实验。然而在实际实验过程中,经常出现 5 人中只有 1～2 人在调试和记录数据,剩余的同学并未参与到实验过程中,只是在最后记录下了小组同学的实验数据回去完成报告的情况。造成此种现象的原因主要有以下 2 点。

2.2.1 实验过程无法引发学生的兴趣

学生对此类按照教师的要求逐步进行的实验不感兴趣,认为实验简单枯燥,不需要所有人都参与进来。

2.2.2 考核方式无法考察学生的参与程度

目前实验课主要依据出勤和提交的实验报告给出成绩,规定时间内学生只要在实验室,且能在教师要求的期限内提交实验报告就符合考核要求。如何量化学生在实验中的参与和投入程度仍是空白。

2.3 创造性培养问题

在现有的实验教学过程中,实验开始前,教辅人员已将热电偶等传感器的测试位置布置好,授课教师会详细讲解一遍实验过程,学生只需按照实验步骤完成数据测量和处理工作。在实验过程中,无法体现学生对课程的理解程度。更有甚者,学生依葫芦画瓢做完之后,也不知道自己实际在做什么实验,与理论课程哪个章节有关系。在实验过程设计和实验效果实现方面,均没有留空间供学生自由思考,学生无法将传热学实验与课程内容的实际应用联系起来,通过实验课无法实现学以致用的目的。

2.4 考核方式问题

目前的实验课考核方式,只要学生参与了实验且报告质量好就可以获得较高的分数,无法评价学生的动手能力和参与程度。考核是最好的动力,目前的考核制度更着重于考察结果,学生在过程中究竟能获得什么无法量化考察,而无法量化考察意味着学生没有参照物和标准,自然会产生没有动力和参与性不强的问题。

3 教学内容和方法的创新

上述问题的解决,单独依靠技术措施或单独依靠管理措施都是不够的,必须将二者结合,引入虚拟仿真新技术和面向创新能力培养的新管理方法,构建一套传热学实验课创新体系。笔者初步构建的体系如图 2 所示。

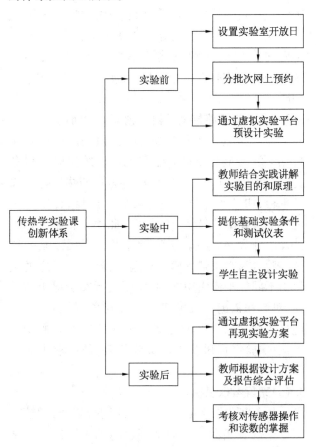

图 2 传热学实验课创新体系

3.1 虚拟实验平台的建立与应用

建立传热学实验课虚拟实验平台可以在实验前和实验后发挥促进学生探索尝试的作用,供学生课前熟悉实验内容、初步设计方案和课后完善实验方案。虚拟平台中提供一定量的实验设备和测试传感器,实验前学生可在虚拟实验平台上初步设置实验工况,通过传感器测试模拟的方式获得对应的结果,并大致构建属于自己的实验方案;结合自己的方案完成实际实验操作后,学生可根据实验结果修正实验方案,复现实验结果,进一步明确自己方案的合理性。虚拟实验平台可以有效解决台套数不足造成的学生参与度不强的问题,给每个学生提供了操作空间;还可以在反复的工况设置和参数计算中提升学生的创造性,开拓学生思维。

本专业殷亮老师已基于 Modelica 软件搭建了初步的热力学分析虚拟实验平台,希望能在此基础上整合资源,建立传热学分析虚拟实验平台。

3.2 设置实验室开放活动和实验网上预约系统

实验课外通过设置实验室开放日的活动主动引导学生多进实验室，多动手，建立对不同仪器测试方法和误差分析的基本认识。开放日实验室教师将全程陪同学生并向其介绍基础的数据采集、数据测试和误差分析等方法。考虑实验逐步开放化，不同同学所需的仪器设备均不相同，可以提出网上预约分批实验的方法，选用相近实验方案的同学可同时进行实验，进一步缩减实验人数。

3.3 建立与实践接轨的自主创新实验机制

联系实际和培养解决实际传热问题的能力是传热学实验最主要的教学目的。后续实验室设备提升过程中，可考虑以实际项目为参照物搭建小尺寸平台，如导热部分的教学实验，可以结合实际工程中的墙体绝热设计，让学生在此类平台中操作设计和验证导热过程。实验指导书中不再以某一单一实验台为对象细化解释实验步骤，取而代之的是给出不同的工程应用案例，依据实际案例提出与导热、对流和辐射相关的实验研究对象，鼓励学生通过自主创新设计实验方案。根据学生设计的初步方案，实验室提供基础设备和仪表，帮助学生完成实验。

3.4 完善考核指标

随着实验课重心转向开放式创新训练，考核方式也在批改实验报告的基础上增加了新内容。学生在每次实验结束后需提交基于虚拟仿真平台的实验设计方案，方案结合报告形成完整的从设计到实施到数据处理的实验流程，教师直接针对每个人完成流程的质量进行打分。除了联系传热学理论，实验课中对学生后续其他课程的学习和科学研究最有作用的是数据测量与处理。实验完成后，教师还可针对课上应用的传感器，着重考查学生对传感器操作和读数的掌握，使得传热学实验课留给学生的不仅是理论知识，还有可以持续使用的实践经验。

4 结 语

本文以南京工业大学环能专业传热学实验课程为研究对象，探讨了新工科背景下传热学实验课的定位，总结了传统实验课教学方法的问题，提出了一系列教学改进建议，为新时期环能专业传热学课程的发展提供了参考。具体结论如下：

（1）虚拟仿真实验平台在实验前和实验后均能发挥促进学生探索尝试的作用，基于虚拟仿真实验平台这一载体，学生可以更容易地设计和修正属于自己的实验方案；

（2）针对学生不熟悉设备和参与度不够的问题，拟采取设置实验室开放日和应用网上预约系统进一步缩减课堂人数的措施；

（3）着重考察和培养学生的创新能力，结合实际项目提出具体实验目标，给学生预留充分的自由空间设计方案，并提供方案所需的基础设施和仪表；

（4）改进考核方式，通过结合实验方案和实验报告评估学生在实验整体流程中的表现，并着重考查学生使用传感器和处理数据的能力。

参考文献

[1] 姚伟. 我国新工科思想和建设路径刍议—基于文献综述的整合性框架[J]. 高等建筑教育，2018，27(6)：1 – 7.

[2] 孙峻. "新工科"土木工程人才创新能力培养[J]. 高等建筑教育，2018，27(2)：5 – 9.

[3] 程建杰，龚延风，张广丽. 建环专业建筑设备自动化课程的教学实践探索[J]. 教育教学论坛，2016(6)：154 – 155.

[4] 高等学校建筑环境与设备工程学科专业指导委员会. 高等学校建筑环境与能源应用工程本科指导性专业规范[M]. 北京：中国建筑工业出版社，2013.

[5] 王瑜，李维，谈美兰，等. 新工科背景下建筑环境与能源应用工程专业传热学课程教学研究[J]. 高等建筑教育，2018，27(5)：14 – 19.

[6] 尚琳琳，郭煜，马利敏，等. 传热学实验创新能力培养的探索与实践[J]. 中国教育技术装备，2014(18)：144 – 145.

[7] 刘海涌，郭涛. 混合式学习方法在传热学实验课教学中的应用研究[J]. 当代教育实践与教学研究，2018(11)：39 – 40.

[8] 殷亮，周斌，程建杰，等. 基于Modelica㶲分析库的虚拟实验平台在能源专业教学中的应用[J]. 化工高等教育，2017，153(1)：63 – 67.

大容器水沸腾换热实验教学创新实践 *

盛健，羊恒复，赵志军，武卫东，黄甫成，钟学贤

(上海理工大学 能源动力工程国家级实验教学示范中心)

摘要： 大容器水沸腾换热实验教学创新实践改进了传统高校的实验教学方式，加入了新的安全教育，并让学生带着问题，预习内容详尽的实验指导书并探索操作实验。在仔细观察实验现象后，利用已学的基础知识解释一个个小问题，从而解答一个大问题，提高学生对实验的兴趣，以及观察和分析问题的能力。此外，实验安全教育、实验小班化和改进实验指导书等具体工作是大学实验教学创新的基础，要不断地夯实基础来极大地提高实验教学中心的安全和教学质量。

关键词： 实验教学；水沸腾；汽化核心；气泡破裂

现代社会对工程类大学生的要求日益提高，注重基础理论和专业知识的基础上，更需要学生具有较强的工程分析能力和实践能力。高校要强化培养学生的工程分析和实践能力，则必然要求实验教学在高校工程实践教育环节发挥更大的作用。为落实国务院办公厅《关于深化高等学校创新创业教育改革的实施意见》(国办发〔2015〕36号)，上海理工大学能源动力工程国家级实验教学示范中心对传热学、工程热力学、工程流体力学、工程燃烧学及能源动力测控技术等基础课程进行了实验教学内容及教学方法的创新。本文介绍了对传热学实验项目之一的"大容器水沸腾换热实验"的实验教学创新探索。

1 实验项目概况

传热学是研究由温差引起的热能传递规律的学科，是能源动力类及相关专业的基础课程之一。沸腾换热是传热学中的重要内容之一，在能源动力工程领域的锅炉、再沸器、制冷系统的蒸发器等设备中广泛存在。沸腾换热的特点、计算关联式的选择与使用以及强化沸腾传热过程均为重点内容，也是进行创新实验教学内容及教学方法，提高学生对沸腾传热现象的理解，强化学生对过热度、临界热流密度等概念及计算关联式、影响因素、沸腾强化与抑制方法等掌握程度的重点。

大容器沸腾换热是沸腾换热的一种，指加热面沉浸在无宏观流速的液体表面下所产生的沸腾。实验目的有四个：① 让学生观察水在大容器中的沸腾现象，即初始加热的自然对流换热；电加热壁面上出现个别汽化核心并开始产生气泡（孤立气泡区）；过热度进一步增大，发生剧烈核态沸腾（气柱汽块区），同时测量电加热功率、内壁面温度及水温等。② 改变加热功率，观测不同加热功率下电加热表面核态沸腾的剧烈程度（汽化核心数量和气泡跃离频率）、电加热表面温度和水体温度变化。③ 根据所测数据，计算电加热管外壁面温度、过热度、沸腾换热系数，绘制沸腾换热曲线，并与教材上的沸腾换热曲线作对比，分析二者有差别的原因。④ 根据测量和计算的数据，以及观察的现象，分析讨论思考题，加深对沸腾换热的理解。

2 实验装置简介

2.1 实验装置

实验装置如图1所示，主要包括加热试件及直流电源、辅助电加热及交流电调节装置、加热试件内壁温度和水温度检测装置等。采用水作为介质，以5 L大烧杯作为大容器，壁面透明，以便观察沸腾现象。测试电加热试件采用不锈钢直圆管，为准确测量电加热量，采用可调直流电作为加热电源，构成恒热流密度的加热试件。测量加热试件的直流电电流及电压即可计算加热管外表面的热流密度。

---

* 基金项目：国防基础科研计划资助(TSXK20180917057 – C)；上海理工大学教师教学发展研究项目资助(CFTD194006)

2.2 实验步骤

实验中,首先通过辅助电加热(1400 W 左右)将大容器中的水快速加热至饱和状态,再将辅助电加热功率调小至 400 W 左右,保持大容器中的水处于饱和状态,但辅助电加热表面的沸腾不能太剧烈,以免影响观察加热试件表面的沸腾现象。之后,调节直流电源,向加热试件输入低电压、大电流的直流电,观察发现直流电功率不断加大后,加热试件表面首先出现少量汽化核心,气泡直径小,并且跃离频率低;随着加热试件功率不断加大,加热试件表面温度不断提高,汽化核心增多、气泡直径增大、跃离频率加快。

2.3 数据处理

$$h = \frac{Q}{A(t_a - t_s)} = \frac{q}{t_a - t_s} \quad (1)$$

式中:h 为沸腾换热系数,W/(m² · K);

Q 为加热试件的电功率,W;

A 为加热试件的外表面积,m²;

t_a 为加热试件的外表面温度,℃;

t_s 为大容器内水沸腾时的饱和温度,℃;

$t_a - t_s$ 为过余温度,℃。

加热试件的电功率由可调直流电源的电流与电压的乘积来计算。加热试件的外径为 1.5 mm,长度为 80 mm,即可计算加热试件的外表面积。由于加热试件的外表面与水接触,并且属于换热表面,因此其外壁面温度难以直接测量。设计时,通过测量内壁面温度来计算外壁面温度。从图 1 中 A—A 剖面可见,加热试件圆心轴向为电加热丝,电加热丝与外保护管之间填充氧化镁颗粒,同时在内壁面与氧化镁颗粒间预埋热电偶来测量管内壁温度,根据傅里叶定律即可计算出管外壁温度。溶液中的饱和温度通过浸入水中的温度传感器测得,如图 1 所示。

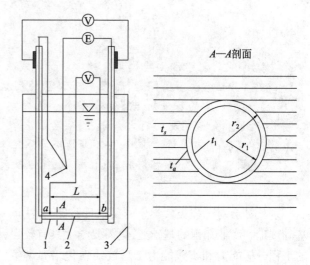

1—加热试件；2—内壁温测点；3—大烧杯；4—水温测点

图 1　实验装置原理图

3 创新教学措施

实验教学由实验安全教育与预习、预习与探索操作、预习讨论、实验讲解、实验操作及实验总结 6 个环节组成,如图 2 所示。

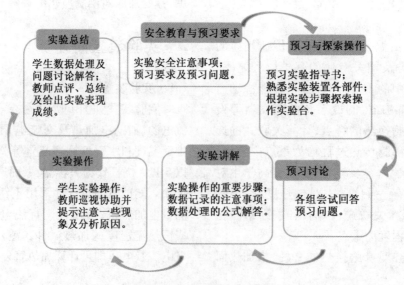

图 2　实验教学环节流程图

通过上述6个环节，完成图3所示的各种现象与数据的测量和记录，达到实验教学的目的。在实验环节，可以观测到初始加热时为自然对流换热；水体温度不断升高后加热试件壁面出现个别汽化核心，脱离热壁面进入水体中并消失，此为过冷沸腾，也是沸腾前噪音不断增大的过程；当水体温度达到沸点时，加热试件壁面已剧烈沸腾，可以记录上述用于计算沸腾换热系数的各物理量。

（1）安全教育与预习要求

加强教学实验室安全的工作十分重要，需要切实增强学生的安全红线意识和底线思维，提高学生的安全意识、安全防护能力和安全应对方法。安全教育与预习要求环节共安排5 min，学生到达实验室并签到后，教师就仪器安全、消防安全及应对措施等进行安全宣讲教育。实验中，大容器水加热沸腾后，烧杯壁温度变高，同时，液面有大量水气气泡破裂，有100 ℃左右的小液滴进出。在观察实验现象时，一定要保持脸部与烧杯的距离，防止烫伤。实验室入口侧壁安装有干粉灭火器和急救药箱等，向学生简要介绍灭火器、医用纱布、烧伤膏等的使用方法。根据安全教育环节中学生听讲的认真程度，以及对实验室中应急安全处理措施及设施存放地点的观察程度，教师判定该环节学生的实验表现成绩。

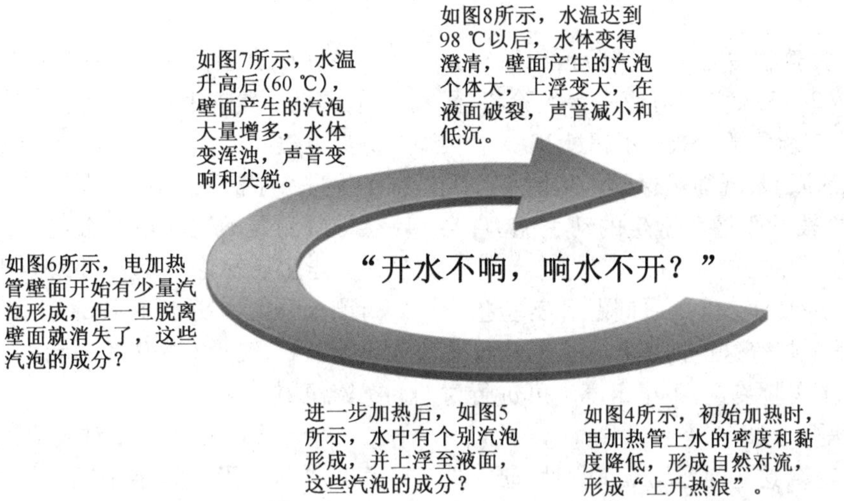

如图7所示，水温升高后(60 ℃)，壁面产生的汽泡大量增多，水体变浑浊，声音变响和尖锐。

如图8所示，水温达到98 ℃以后，水体变得澄清，壁面产生的汽泡个体大，上浮变大，在液面破裂，声音减小和低沉。

如图6所示，电加热管壁面开始有少量汽泡形成，但一旦脱离壁面就消失了，这些汽泡的成分？

"开水不响，响水不开？"

进一步加热后，如图5所示，水中有个别汽泡形成，并上浮至液面，这些汽泡的成分？

如图4所示，初始加热时，电加热管上水的密度和黏度降低，形成自然对流，形成"上升热浪"。

图3 "开水不响，响水不开"问题的分解图

图4 加热初期水体自然对流换热

图5 初始加热时水体析出的气泡

图6 电加热表面的初始汽化核心沸腾 　　图7 开始沸腾时水体变浑浊 　　图8 剧烈沸腾后水体再变清澈

学生通过实验教学中心网上实验预约系统预约实验课时间,按2～3人一组对应一台实验装置,共四组,这样一次实验课学生数量不超过12人。实验教学学生数量的限制,既能确保学生均能操作实验装置,提高实验教学质量和学生的动手能力,又能保证实验教学过程的安全。

教师在白板上列出实验预习问题和实验指导书中的思考题,学生带着这些问题预习实验指导书并熟悉和尝试操作实验装置,各小组学生可进行讨论并分析这些问题。

预习问题见表1,这些问题均从工程性、研究性的角度提出,目的是培养学生根据所学理论知识分析实际工程问题的能力,以及丰富学生的实践经验。

表1　实验预习问题

1	如何获得加热试件外壁面温度?
2	为何"开水不响,响水不开"?

学生在二年级上学期的工程热力学实验中已经知晓温度测量的方法。例如"活塞式压气机性能测试""单级蒸汽压缩式制冷装置性能测试"等实验中,涉及测量壁面温度、气流温度等,采用热电偶或贴片式热电阻贴覆在壁面上,先用耐高温铝箔胶带粘贴固定,将聚氨酯保温管剪开,内涂胶水,贴覆到铝箔胶带外侧;再用扎带进一步固定聚氨酯保温管两端,以隔绝空气接触温度传感器,达到准确测量壁面温度的目的。这是非换热壁面温度测量的典型工程做法。而表1中问题1的提出则颠覆了上述壁面温度测量方法。学生首先想到的仍然是传统的壁面温度测量方法,然而本实验中,加热试件是一个恒热流壁面,如果将热电偶或热电阻贴于外壁面并进行保温测量,则测温点处由于热量难以传递,温度必然越来越高,无法正确测温。因此,传统测温方法在此问题中是不可行的。对于这个问题学生进行了活跃的讨论,从假设采用传统方法测温会导致测温不准的角度否定了传统的贴覆测温方法。学生还讨论了是否可以采用红外线测温仪进行测量,由于要透过沸腾的水,测温是否准确,学生不能肯定,实验室提供了一台红外线测温仪供学生实验使用。

表1中问题2则相对复杂,是贯穿整个实验环节的问题。实验教学中,教师会再提出多个小问题,引导学生一步步逼近这个大问题的答案。

(2)预习与探索操作

学生按要求预习实验指导书,根据实验指导书中详细的操作步骤,尝试探索操作实验装置。各小组在自己的实验装置上尝试探索操作,遇到问题时讨论分析解答。无法解决的疑惑则留待下个环节向老师提问。

实验教学中心对实验指导书进行了多次修订,介绍了实验装置中各主要设备的构造、用途、特性及注意事项,着重丰富了实验操作步骤,内容完全达到让新手按照操作步骤可以独立操作的程度。

(3)预习讨论

经过对实验指导书的预习和对实验装置的探索操作,学生对实验操作步骤、实验装置的组成和使用方法等有了深入的理解,对预习问题有了初步的认识,对实验及水沸腾现象产生了兴趣。

各小组将各自遇到的疑惑以及分析获得的答案与其他小组讨论,这样学生既能进一步证实自己的分析和结论是正确的,也能发现有些问题的考虑不足,取长补短。教师则在参与听取学生讨论的情

2019年全国能源动力类专业教学改革研讨会论文集

况中,了解学生的主要难点和兴趣点,有针对地进行讲解。根据其讨论情况、对预习问题的回答及预习中遇到的问题的分析,判定其实验表现成绩。

（4）实验讲解

教师讲解环节,教师就提出的预习问题,与学生互动讨论,根据学生对预习问题的回答与讨论,引导学生通过实验来解决预习时遇到的问题,从而以互动分析讨论的模式实现对实验中重点与难点问题的讲解;然后,讲解实验的主要任务、关键操作步骤和重点难点问题。

（5）实验操作

学生分组进行实验操作,教师从旁巡视观察,一方面确保学生不会有重大的失误操作或危险操作;另一方面也可以就学生在操作中遇到的问题或其他想法进行启发性、探索性的讨论。结合实验现象,分解了"开水不响,响水不开"的问题,通过声音是如何产生的,震动来自何处,气泡在水体中破裂产生震动为何比气泡在水面破裂产生震动时发出的声音更响等基础问题来教授学生如何观察现象,如何利用中学就已学过的知识来分析问题和解答问题,培养大学生重视观察实验现象,善于分析和解答问题的能力。按照学生实验操作过程是否正确、记录实验数据时机是否恰当以及对直流电源等调节方式是否正确等判定其实验表现成绩。

（6）实验总结

学生完成实验后,进行数据处理,计算不同功率下的过余温度、热流密度和沸腾换热系数等,绘制沸腾曲线,即 $q-\Delta t$ 和 $h-\Delta t$ 的关系曲线。

讨论与分析"开水不响,响水不开"的原因以及说明大容器沸腾的 $q-\Delta t$ 曲线中各部分的传热机理,学生会根据所测数据及拍摄观察到的现象尝试进行解释。

教师根据学生数据处理情况和对拍摄观察到现象的解释情况,给出实验总结环节的实现表现成绩。合计实验表现成绩,占 60%;课后批改实验报告,给出实验报告成绩,占 40%;最终核算该实验项目的最终成绩。

4 结 语

学生带着问题预习内容翔实的实验指导书,探索操作实验,老师引导观察实验现象,学生利用所学基础知识,分析一个个小问题,从而解答一个大问题。"大容器水沸腾换热实验"教学模式创新了大学生专业实验教学的方式,使学生更加喜爱实验,重视实验现象,善于分析实验结果。

参考文献

[1] 费景洲,曹贻鹏,路勇,等.能源动力类专业创新型人才培养的探索与实践[J].实验技术与管理,2016,33(1):23-27.

[2] 杨世铭,陶文铨.传热学[M].4版.北京:高等教育出版社,2004.

[3] 李朋,王剑,姜周曙.大容器水沸腾换热特性测试系统开发[J].测控技术,2012,31(4):130-133.

[4] 周峰,黄国辉,姜周曙.大容器水沸腾换热实验台信号抗干扰技术研究[J].科学技术与工程,2013,13(34):10344-10349.

[5] 陈容容,魏东盛,靳永新,等.加强实验室安全教育 保障实验室安全[J].实验技术与管理,2016,33(3):232-234.

[6] 许亚敏."传热学"实践教学改革[J].实验室研究与探索,2017,36(5):196-199.

[7] 应芝,郑晓园,崔国民.新能源专业"教源于研 研推进教"实验教学模式探索[J].实验室技术与管理,2018,35(2):179-181.

[8] 宋福元,马修真,张国磊,等.基于创新人才培养的热工实验教学模式研究[J].实验室研究与探索,2017,36(10):162-165.

[9] 郭庆,海莺,赵中华,等.基于创新实践能力培养的实验教学考核模式改革探索[J].实验室研究与探索,2017,36(7):175-177.

[10] 俞丽珍,宁春花,左晓兵,等.设计性,研究性实验教学探索与实践[J].实验科学与技术,2017,15(1):117-120.

[11] 樊佳,王茂林,林宏辉.教师指导下的学生自主实验模式思考[J].实验科学与技术,2017,15(4):91-94.

[12] 姜文全,昝静一,杨帆,等.过控专业"五位一体"特色实验系统研制与探讨[J].实验技术与管理,2018,35(2):89-93.

[13] 刘艳,朱昌平,江冰.以问题为导向的"三环"实验教学研究[J].实验科学与技术,2017,15(5):122-126.

[14] 张小艳,白艳松,丁永兰,等.实验教学中如何培养学生求知和科研创新能力[J].实验室科学,2017,20(4):140-142.

基于虚拟仪器的新型教学方法

刘晓楠，贺彦博，杨晓涛

（哈尔滨工程大学 动力与能源工程学院）

摘要： 本文针对传统测试技术授课方式存在的问题，结合测试技术课程特点，采用具有现代测试技术课程特点的虚拟仪器实验平台进行教学。将虚拟仪器实验平台引入到常规教学中，首次提出了基于虚拟仪器实验平台的"现代测试技术"新型教学方式，有效地解决了传统授课过程中存在的问题。文中详细阐述了虚拟仪器平台的特点与应用情况，针对授课的三届研究生开展跟踪式调查，得到了真实有效的授课效果。利用此平台学生可以更容易地掌握交叉学科知识，更直观地了解现代测试技术的方法及特点，从而激发学生学习的兴趣，调动学生的主动性，进一步提高实验教学质量。

关键词： 现代测试技术；虚拟仪器；实验平台

现代测试技术是建立在热工参数测试技术课程的基础上，针对热能工程及工程热物理专业硕士研究生开展的一门专业主干课程。现代测试技术课程针对动力机械中所涉及的温度、压力等重要热工参数，以典型测试系统、方法为主线，围绕测试系统及方法的工作原理、测量精度、测量误差和动态响应特性，开展深入的讨论学习。鉴于现代测试技术的课程特点，其授课内容包含大量光学、电学及机械结构方面的知识；同时其课程授课过程中涉及大量系统应用及实验环节，要求授课教师在授课过程中，拓展学生的知识面，使得学生对测试系统及方法有较为直观和深刻的认识。

例如，在课程中涉及大量几何光学方面的知识，而热动与动力工程专业课程设计中并不包含此课程。因此，基础知识的前期积累及课堂传授，是学生理解此门课程的前提条件。否则，学生对典型的光学测试方法和设备无法深入准确地理解。然而，传统课堂授课，学生无法真正形成有效的对测试设备及方法的准确认识，学习过程仅停留在概念本身。随着现代化科技的发展，更多新兴技术的出现使得现场模拟实验过程变得有可能。鉴于现代测试技术课程存在的上述问题，本论文提出开展一种基于虚拟仪器实验平台的现代测试技术新型教学方式。

1 虚拟仪器的介绍

虚拟仪器就是利用高性能的模块化硬件结合高效灵活的软件来完成各种测试、测量和自动化的应用。自 1986 年虚拟仪器问世以来，世界各国的工程师和科学家们都已将图形化开发工具用于产品设计周期的各个环节，从而改善了产品质量、缩短了产品投放市场的时间，提高了产品的开发和生产效率。使用集成化的虚拟仪器环境与现实世界的信号相连，分析数据以获取实用信息，共享信息成果，有助于在较大范围内提高生产效率。虚拟仪器提供的各种工具能满足我们任何项目的需要，同时也使得实验过程变得简单化。虚拟仪器是建立在计算机基础上的，通过将传统实验过程中不同区域进行模块化后，采用相应的硬件和软件相互配合实现信号采集、数据处理等功能，使得传统仪器的专业功能软件化。

将虚拟仪器引入教学中有助于学生更好地理解抽象的概念与方法，可将测试系统、测试方法更为直观地展现给学生，有助于加深学生对概念及方法的理解，有利于增加学生的学习兴趣。本文主要提出了将虚拟仪器平台融入现代测试技术课堂中的新型教学模式，打破了传统课堂上教师只能依赖书本、黑板和单调的语言授课的局面，解决了以往教学过程中存在的学生理解难、印象浅的实际问题。现代测试技术课程中，涉及大量交叉学科的知识。例如,光学测量是现代测试技术中不可或缺的一类测试方法。在光学测量中,激光光源作为一种特殊的光源占据了主导地位。然而,热能与动力工程专业的学生对激光光源器件和原理缺少直观的认识。因此,借助虚拟仪器教学平台,使学生能够结合理论知识,更加直观地看到激光器的内部结构、工作原理及光学特性,是提高教学质量的重要举措。

2 虚拟仪器在课堂上的应用

2.1 激光器实验

虚拟实验平台的硬件部分采取了可拆卸式安装方法,在实验过程中老师可以根据需求随时拆卸,达到更好的教学目的。同时,虚拟仪器的软件可以实现在线实时调控,改变其配置参数,从而改变激光出射光的大小和波段。图1为可拆卸激光器的装置图,图2为激光控制器软件界面。

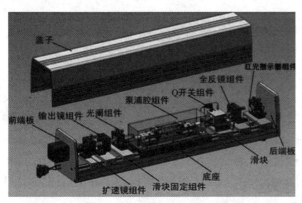

图1 典型固体激光器装置图

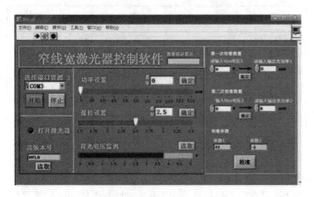

图2 窄线宽激光控制上位机界面

图3是现代测试技术教学课程中,利用虚拟仪器平台给出的激光器输出光学特性图,通过此图可以直观地看到激光器输出光束在空间传播过程中的能量分布及时域内的分布情况。

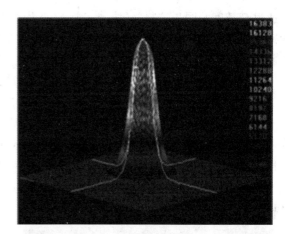

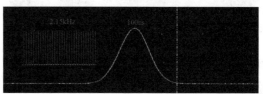

图3 激光器输出光学特性图

在计算机上调节温度和功率参数,可以直接影响激光器输出的特性。学生们将自己学习到的理论知识与实际结合,亲身体验实验的乐趣,满足学生学习主体地位的需求,调动学生学习的积极性。

2.2 内燃机缸内流场测试

此外,现代测试技术教学课程中,涉及几种主要的测试系统及测试方法。粒子图像测速(Particle Image Velocimetry,PIV)是动力机械流场测试中应用最为广泛的一种先进的光学测试手段,属于光学成像法的一种,是通过被测视场内粒子的运动情况计算流场内速度矢量的一种非接触式测量方法,如图4所示。

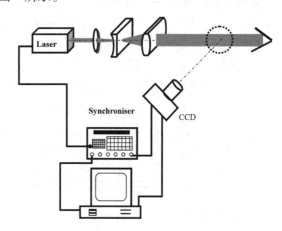

图4 粒子图像测速系统结构示意图

高能脉冲激光经过光束整形系统后,以片光源的形式投射至被测流场区域,实现对被测区域的照明。

再通过高精度的同步控制器,控制高速 CCD 相机在脉冲持续时间内完成对被测流场的图像捕捉。最终通过互相关算法,对被测视场内的二维速度场进行还原。PIV 测试系统测试原理并不复杂,然而在课堂授课环节中,学生对 PIV 整套系统的工作过程缺乏直观认识,概念较为模糊。此类问题多出现在现代测试技术课堂教学过程中。本文提出的基于虚拟仪器操作平台的教学模式可有效解决上述问题,图 5 是基于虚拟仪器的 PIV 测试系统测试演示过程。

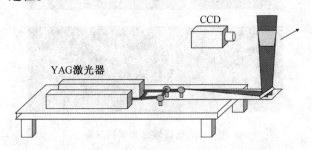

图 5　基于虚拟仪器的 PIV 测试系统测试过程演示图

为使学生更好地了解 PIV 测试系统,授课过程中引入了 PIV 应用实例:内燃机缸内二维流场特性研究,实例中不仅给出了 PIV 布置方案和内燃机的可视化改造方案,还给出了 PIV 系统测试内燃机内部流场特性实验过程的同步视频,让同学们更加直观深入地了解到 PIV 测试系统及其应用特点。

图 6 为基于 PIV 测试系统的内燃机缸内流场测试图。

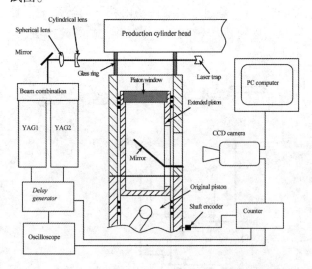

图 6　基于 PIV 测试系统的内燃机缸内流场测试图

图 7 为基于 PIV 测试系统的内燃机缸内流场图。

通过虚拟仪器搭建的测试系统平台,可以使学

生直观地了解每一个系统器件的工作原理、工作过程及特点,学生可以通过上位机软件控制每一个系统元件的运行状态,同时可以通过视频图像的嵌入,直观地观测到器件实物本身及其内部结构。使学生在学习过程中产生更大的学习热情及动力。

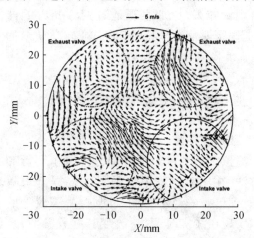

图 7　基于 PIV 测试系统的内燃机缸内流场图

3　授课效果反馈

为了得到新型授课模式的真实效果,我们针对 2015 级、2016 级和 2017 级三届学生展开跟踪式反馈调查。主要调查新型授课方式对学生学习兴趣的影响以及对学生掌握新知识的帮助;同时跟踪调查在研究生毕业设计课题中,现代测试技术课程中讲授过的相关知识的使用情况。调查结果如表 1 所示。

表 1　学生意见调查情况表

调查对象	十分满意	满意	一般	不好
2015 级	24	10	2	0
2016 级	32	12	4	0
2017 级	34	16	4	0
总计	90	38	10	0

从调查结果中可以知道,调查对象共计 138 人,包括动力工程及工程热物理、轮机工程、动力工程专业,其中 128 人认为基于虚拟仪器的现代测试技术实验平台教学方式具有较好的课堂授课效果;90 人表示,通过虚拟仪器测试实验平台能学习到较多专业外的知识,特别是授课过程中涉及的典型测试系统,如 LDV(激光多普勒测速系统)、PIV(粒子图像测速系统)及 LIF(激光诱导荧光系统);部分同学

表示,通过虚拟仪器实验平台,学习到了大量交叉学科及外专业知识,如激光在本课程中频繁出现,本专业学生对激光这个概念认识不深,通过虚拟仪器实验平台的演示与讲解,大部分同学对激光有了更为直观、深入的认识。

表2展示了虚拟仪器在学生后续学习中的应用。在138人中,毕业设计课题涉及测试技术的有58人,后续对58人进行了跟踪反馈。58人中17人已毕业或攻读博士学位,全部表示现代测试技术课程对毕业设计具有较大帮助,特别是基于虚拟仪器实验平台的教学方式,为其后续毕业设计提供了有力支撑。在17人毕业设计论文中有5人论文直接涉及虚拟仪器测试实验平台。在未毕业的41人中,25人表示正在进行或即将进行测试实验研究,而12人表示曾用虚拟仪器测试平台模拟或仿真过测试过程。

表2　虚拟仪器应用调查情况表

调查对象	是	否
2015 级	17	41
2016 级	25	16
总计	42	57

4　结　语

基于虚拟仪器的现代测试技术平台对于现代测试技术课程具有里程碑式的转折性意义。现代测试技术课程以实验教学为主,涉及大量学生不熟悉的专业知识与词汇,传统课堂教学方式难以使学生深入了解跨学科知识,难以调动学生的学习兴趣及积极性。开展基于虚拟仪器实验平台的新型教学模式,有助于将课程中原本抽象、陌生的概念和知识更为有效地传授给学生,让学生在课堂授课过程中身临其境般地感受现代测试技术交叉学科知识点,使其更为直观地了解到先进的测试技术理念及方法,大大加深了学生对现代测试技术授课内容的理解及记忆程度,同时很大程度上调动了学生的听课积极性。未来的现代测试技术课程一定建立在虚拟仪器实验平台的基础上,将多学科融合贯穿于整个授课环节中,提高授课的有效性。

参考文献

[1]　叶声华,秦树人. 现代测试计量技术及仪器的发展[J]. 中国测试,2009,35(2):1 - 6.

[2]　龚建龙. 热能与动力工程专业实践教学改革的探讨[J]. 实验技术与管理,2007(9):111 - 113

[3]　赵磊,柏澜. 基于虚拟仪器技术的综合测试系统研究[J]. 自动化与仪器仪表,2018(6):64 - 67.

[4]　严一平. 虚拟仪器技术和发展趋势[J]. 上海计量测试,2005(3):16 - 23.

[5]　汪鑫,雷勇,涂国强,等. 基于虚拟仪器的远程实验台的改进与实现[J]. 实验室研究与探索,2017,36(8):125 - 128,172.

[6]　杨藤. 虚拟仪器在计量测试中的应用[J]. 电子测试,2017(7):88 - 89.

[7]　丁明亮,张娟. 虚拟仪器课程的教学改革与探索[J]. 电子技术,2016,45(2):74 - 76.

热工实验教学改革探索与实践

徐长松,宋福元

(哈尔滨工程大学 船舶动力技术国家级实验教学示范中心)

摘要:传统热工实验存在项目少,多验证性,设备更新慢,教学方法陈旧,成绩评定方式简单等弊端,不符合现阶段以培养学生知识创造与创新能力为主的实验教学要求。哈尔滨工程大学船舶动力技术国家级实验教学示范中心热工实验课程组通过增加设计性实验项目,优化实验设备,建立实验教学网站,采用虚实互动的教学模式,加强过程监控等措施,进行了教学上的改革探索。经过几年实践,学生在参加实验的积极性、基本实验技能、自主设计实验等方面得到明显提升,保障了实验教学效果,为后续专业课的学习和科技创新实践打下坚实的基础。

关键词:热工实验;虚实互动;自主设计实验

实验教学相对于理论教学更具有直观性、实践性、综合性、设计性与创新性，在培养学生的知识创造能力、知识应用能力和创新实践能力方面起着举足轻重的作用，以培养学生知识创造与创新能力为主的实验教学日益得到重视，实验教学改革在高校中进一步深入展开。

热工实验是能源动力类专业的专业基础实验课，是工程热力学、传热学课程的实践环节，通过基本理论在实际热力过程、能量传递过程中的应用，明确理论的应用对象，将抽象的理论通过实际过程表现出来，有助于学生对理论知识的理解和学习。热工实验的内容、知识范围介于基础实验课和专业实验课之间，还承担着引导学生将已掌握的实验知识、技能应用到专业实验中的责任，在基础实验课与专业实验课之间起桥梁与纽带作用。传统热工实验项目少，知识点覆盖不足且多为验证性实验；仪器设备更新慢，不能体现专业发展水平；教学方法陈旧，学生参加实验的积极性低；成绩评定不够合理，难以体现学生的实验能力，因此不能适应现阶段以培养学生知识创造与创新能力为主的实验教学要求。

船舶动力技术国家级实验教学示范中心热工实验课程组在中心"三注重"、"三结合"的"3＋3"式实验教学新理念（"三注重"是指培养目标注重素质，实验内容注重综合，创新教育注重个性；"三结合"是指教学与科研相结合，虚拟与现实相结合，课内与课外相结合）指导下，采取增加设计性实验项目，完善、拓展实验台功能，建立虚拟仿真实验教学网站，采用虚实互动教学模式，加强过程监控等措施，着力提高实验教学质量，鼓励学生进行自主设计实验和科技创新实践，让学生通过课程学习和创新实践锻炼，培养自主性学习、探索性学习和研究性学习的能力。

1 构建合理课程体系，增加设计实验项目

1.1 课程开设基本情况

热工实验为单独设课，16 个学时，0.5 学分，授课对象为校内热能与动力工程、轮机工程、核工程与核技术、飞行器设计等专业的本科生。课程分为工程热力学实验和传热学实验两部分，在第 4、5 学期分两次开课，每学期要求学生完成 4 个实验项目，每个实验项目 2 个学时。

热工实验课程实验项目设置情况见图 1。

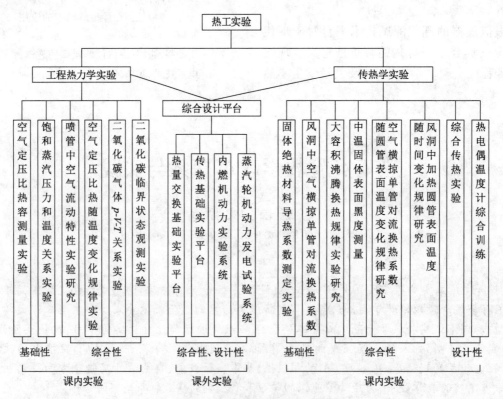

图 1　热工实验课程实验项目设置情况

课内实验项目共设置了 14 个，按实验类型分为基础性实验、综合性和设计性实验。其中基础性实验为必修实验，要求所有学生必须完成；综合性、设计性实验为选修实验，学生可任选两个项目完成，形成基础与综合设计相结合、必做与选做相结合的课内多层次热工实验课程体系。

1.2 设计性实验平台

热工实验常年用于教学的实验项目只有 8 个，知识面覆盖不足且设计性实验项目少，中心引进了采用模块化设计的 4 个先进实验平台，学生可利用平台硬件设施，根据不同的实验选择不同的通用设备、采集系统及实验模块进行实验装置的组合，自主设计开发新实验，形成课外自主实验对课内实验的有效补充。

2 实验设备合理搭配，注重功能拓展

2.1 传统实验方法与现代测试手段相互印证

热工实验课程开设多年，大多数实验台架功能较单一；精密度低；实验仪器设备的功能、作用相对稳定；主要针对特定实验，通用性较差；在更新方面略显不足。随测量手段、传感技术、控制方式等技术的发展，现实验装置的集成化、数字化、自动化水平越来越高，实验数据的准确性、精密度都得到大幅提升，学生可接触到先进的仪器知识、测控手段和专业发展的前沿，对老旧的实验设备进行更新是必要的。

先进实验装置操作简单，自动化程度高，学生需要亲自动手的操作非常少，只须按开关、调旋钮、看仪表、出数据，实验成了"黑箱操作"。热工实验的学生基础薄弱甚至零基础（尤其是专业基础），实验过程中对仪器设备的操作、调试、分析、总结等对培养学生的动手能力和提高专业技能尤为重要。教学实验不是科研实验，实验设计方法、仪表操作技能、专业技能积累是教学目地之一，这方面旧的实验台能发挥更好的功效。

2.2 注重功能拓展，丰富教学内容

新实验台架的开发过程中，除升级原实验台功能，特别注重对实验功能的拓展。如传热学中"大容积沸腾换热规律实验研究"的新实验台，通过密封装置、更换工质、加装冷却等，解决了原实验台不能演示"膜态沸腾"的问题，完善了实验功能。同时通过改进控制方式、增加测量参数等手段，实验台还具备进行"饱和压力对临界热流密度的影响""测量膜状冷凝换热系数""纯净物的压力温度关系测定""空气对于冷凝器的影响""汽水共腾现象演示"等多种对流换热实验功能，实现一机多能，丰富实验教学内容。

3 建设虚拟实验资源，采用虚实互动的教学模式

建立完善了"热工基础实验教学网站"，网站包括录制教学视频、多媒体教学课件、虚拟仿真实验软件等内容。采用虚实互动的教学模式，拓展了实验教学时间和空间，使学生学习有了更大的自主性。

3.1 网站虚拟资源建设

教学视频中教师运用多媒体课件结合实物实验台，详细讲解实验设计过程：实验题目（提出问题）→确定原理、构建模型（解决方法）→实验装置（实施途径）。让学生从中体会、学习如何从基本的理论入手，针对具体的问题，完成一个实验设计的全过程。学生只有通过学习、掌握多个成熟"实验设计"，才能从"模仿"起步，逐步形成、提高自己的"实验设计"水平，为日后进行自主创新打下坚实基础。

虚拟实验是利用理论模型、数值方法、信息网络和计算机技术，将真实的物理现象或过程模型化，在计算机上以图片、视频、动画或曲线等形式直观展现，并通过网络共享使用。热工实验中运用虚拟资源，可模拟出因安全、经费等问题不易实现的高温、高压实验和大型动力设备实物实验中不宜开放的高危险、高成本性实验；省略实际操作中工况稳定过程，快速完成实验数据测量；还可展示不易观察的微小变换，实现原理与模型的对应，虚拟模型与物理台架的转换等优点。现课程组已完成"热电偶温度计综合训练""固体绝热材料导热系数测定实验""二氧化碳气体 $p-V-T$ 关系实验""风洞中空气横掠单管对流换热系数实验""喷管中空气流动特性实验研究""大容积沸腾换热规律实验研究""中温固体表面黑度测量"等实验项目的虚拟仿真实验资源建设，其余项目的虚拟仿真资源在逐步开发、完善中。

3.2 虚实互动的实验模式

虚实互动的教学模式要求学生进入实验室前，先用"学号"登录"热工实验教学网站"进行预习，按网站提示完成预习环节，方可具备预约实验资格，学生可依据实验室开放时间自行确定上课时间，预

约成功后进入实验室进行实验。

教学网站中教学视频和多媒体课件完全模拟实验室中实际实验台布局和操作步骤,学生可了解实验原理、目的、仪器功用、操作步骤等内容。虚拟操作中,学生只有按照正确的操作步骤才能得到仿真实验结果。学生可将仿真结果储存起来,待实物实验后,将两次实验结果进行比对,进一步加深对实验的理解。

采用虚实互动的教学模式,学生通过网上预习掌握了实验内容及仪器设备的使用方法,现场实验则不需要老师指导,就能够独立快速完成实验,并可自行对实验的准确性进行验证,提高了实验效率。实验老师可就学生网上预习时产生的问题、虚拟设备与实物间联系与差别、实验结果差异产生的原因等进行解答,提高实验课的教学效果。

4 强化过程管理,优化考核方式

实验效果检测在实验教学中较难操作,热工实验课程成绩的评定方式也在不断改进中。过去单纯以实验报告作为成绩评定依据,发现形式上过于单一,不时还会有抄报告现象。改为"预习报告+实验表现+实验报告"的评定方式,也因实验学生人数多,教师分身乏术,"实验表现"项只能是流于形式,所有同学该项得分基本相同,起不到区分作用;而"预习报告"、"实验报告"两项还是看报告,存在的弊端并没有得到解决。

为适应新的教学模式,热工实验现采用"1+3+3+2+1"的考核方式,总成绩中:预习成绩占10%,操作能力占30%,实验结果占30%,实验总结及分析占20%,课外实验占10%。其中,预习成绩由学习过程和效果检验两部分构成,学习过程由教学网站记录作为凭据给出,效果检验采用在实验室设置微机,学生现场抽取2或3个问题进行网上答题,自动评分。对得分过低的同学,教师可进一步考核预习情况,直至取消本次实验资格(截止),学生需重新预习。操作能力是教师对学生实验操作过程进行巡察,对发现的较大失误操作进行扣分。实验结果采用即时实验数据检测软件,现场评定实验结果,得分过低的同学重新进行实验(返回),该

项成绩按第一次得分记录。实验总结及分析按实验报告进行评定给出。课外实验项是依据自主设计平台,鼓励学生利用课外时间进行自主、创新性的实验探索而设置,缺少本项实验课时成绩不能评定为优秀。

5 结 语

热工实验课程组通过加开实验项目、自主实验平台,开发多功能实验台,建设虚拟仿真平台,采用虚实互动教学新模式,实验过程全监控等方法,旨在提高学生积极性、培养实验技能、激发专业兴趣和科技创新意识,实现对理论教学的有效补充和拓展,形成基本的专业素养,为后续专业课的学习和科技创新实践奠定坚实基础。

参考文献

[1] 潘欢迎,张学海,鲁涛涛,等.对创新性实验教学的思考[J].教育教学论坛,2012(2):209-210.

[2] 白云,柴钰.加强创新性实验培养创新人才[J].教育教学论坛,2016(34):253-254.

[3] 宋福元,马修真,张国磊,等.基于创新人才培养的热工实验教学模式研究[J].实验室研究与探索,2017(10):162-164.

[4] 陈占秀.论工程热力学作为专业基础课的核心作用[J].高等建筑教育,2010,19(2):90-92.

[5] 钱进,龚德鸿,冯胜强,等.热能与动力工程专业实验教学改革研究[J].中国电力教育,2008(18):152-154.

[6] 路勇,马修真,韩伟,等.高校能源动力类专业实验教学改革研究与探索[J].理工高教研究,2010,29(3):118-120.

[7] 费景洲,张鹏,马修真,等.船舶动力技术实验教学中心内涵建设探索[J].实验技术与管理,2014,31(6):158-161.

[8] 陈润,孙界平,琚生根,等.构建计算机虚拟实验教学质量保障体系[J].实验技术与管理,2017(8):107-110.

[9] 田夏,孟佳.基于Cite Space的我国虚拟实验研究现状与趋势[J].实验室研究与探索,2017(9):97-101,106.

热工基础实验课程教学方法改革*

马川[1]，刘晓燕[2]，刘立君[1]

（1. 东北石油大学 土木建筑工程学院；2. 东北石油大学 教务处）

摘要：在热工基础实验过程中，常见一些学生只记录实验数据并抄袭他人实验报告的现象，课前不预习，课堂上不听课，在实验中不思考。然而，热工基础实验课程是能动专业实验教学的重要实践环节，这种现象将严重影响我国高校毕业生的输出质量。本文首先分析了热工基础实验课程中存在的问题，然后提出了教学模式的改革，最后结合教学、实验和考核方式，提出了适合现阶段高校的实验教学模式。

关键词：热工基础；实验课程；改革

实验教学是学生在教师指导下通过实验进行学习的一种教学形式。实验教学中常采用的教学方法是根据实验项目所规定的任务，利用专用仪器设备，对研究对象进行主动干预、控制或模拟，目的是在最有利的条件下观察实验。热工基础实验课程是应用型本科人才培养过程中重要的实践教学环节之一，其目的在于培养能源与动力工程专业学生的创新精神、实践能力和创业能力。但是目前我国高校实践教学环节中存在诸多问题亟待解决。

1 实验教学中存在的问题

1.1 教学方法单调

传统的实验教学方法一般是让学生严格按照实验指导书的要求逐步操作、分析并得出结论。实验教师在实验课开始前对实验设备、具体实验条件和实验时间进行调整。同时，老师在实验前对学生详细讲解实验原理、实验步骤和具体操作流程。最后，老师要求学生被动重复操作几次，并记录相应的实验数据。在这种实验模式下，学生不需要在课前预习，也不需要在实验中思考，整个实验学习完全是被动的，这种实验教学完全是程序化的。学生虽然有机会操作，但仍然感到无聊，无法激发学习的兴趣。此外，还不能培养学生的创新思维和实践能力。

1.2 实验设备不足

我国许多高校的实验设备均存在以下问题：第

一，实验设备种类较少，学生可选择的实验项目较少。第二，实验设备数量少，通常由几人甚至十几个人组成一个小组进行实验，这不能保证全部学生都有动手操作的机会。第三，实验设备本身的可操作性不强。这些问题影响学生的实践能力和创新能力，削弱了学生的学习积极性和学习效果。

1.3 片面的成绩评估

片面的成绩评估是一种很常见的表现形式。在热工基础实验中，很难像传热学、工程热力学等理论课程那样对学生的实验能力进行准确的定量评价。学生的动手能力只能通过实验过程中的表现来评分，实验报告更能体现学生的态度。热工基础实验学分低，有些高校甚至不计入学分，只作为理论课的一部分，分担几个学时。因此，对学生的平均成绩影响很小，导致很多学生对实验课的关注度很低，有些学生实验时只记录实验数据，实验后抄袭其他学生的实验报告。这种考核标准缺乏科学性，不能真正体现学生的基本实验素质、综合实验能力和创新意识。

2 实验课程改革

2.1 实验教学过程的教学模式改革

根据教学团队的热工基础实验教学实践，本文提出教学过程主要由课程回顾、课堂教学和归纳总结三部分组成。实验教学过程如图1所示。在课堂

---

* 基金项目：2018 年度黑龙江省高等教育教学改革一般项目（SJGY20180059）；东北石油大学重点建设实验课程

教学活动中,教师可以将实验内容分成小单元,教师关注教学的重点和难点。课程内容阐述后,教师可进入实验示范环节。然后学生可以独立操作实验或模拟实验并分析图像和数据。学生做完实验后进行成绩判定,如果成绩低于80分则进行学生讨论并要求其重新操作及分析,然后教师予以指导与研讨。课堂教学结束后,进入归纳总结环节,老师帮助学生复习所学内容。最后的实验总结与复习环节可以帮助学生加深对所学实践知识的印象,使学生在轻松的环境下熟悉和学习新课程内容。

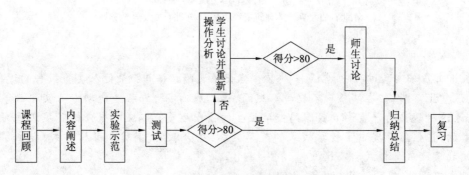

图1　实验教学流程图

2.2　教学实施模式图

热工基础实践课程的教学应注重提高学生的动手能力,基于这一点本文构建了教学方法、实验方法和考核方法相结合的实施模式,如图2所示。在课堂教学中,教师主要通过实例的阐述和现场演示操作,将教学内容融入实例中。在实验课上,学生可以以自己的方式独立完成验证性实验。但在设计性实验和综合性实验中,要求学生分组完成实验,锻炼学生的团队配合能力。本文根据目前存在的问题提出实验课程的考核方法可分为两部分,第一部分是实验基础考试,考查学生对基础知识的掌握程度;第二部分要求学生完成全面的实验工作,完成工作答辩,考核其创新精神和实践能力。

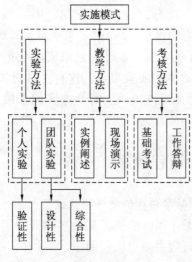

图2　教学实施模式图

3　结　语

热工基础实验是能源与动力工程专业本科实践环节中不可缺少的一部分。实验教学是培养创业人才的有效手段,目的是培养学生进行基础科学实验的能力。本文根据目前我国高校实验教学中存在的问题进行了深入的分析,提出了适合热工基础实验的实验教学过程和教学实施模式,可以有效地锻炼学生的自主能力、合作学习能力等。在实践中,我们要注意锻炼学生提出问题、解决问题、观察和合作的能力。这样,实践教学才可以更好地服务于理论教学,体现"学生中心、成果导向、持续改进"的理念。

参考文献

[1] 荣昶,赵向阳,蔡惠萍. 实验教学与创新能力培养探析[J]. 实验室研究与探索,2004(1):12-14,22.

[2] 宋国利,盖功琪,苏冬妹. 开放式实验教学模式的研究与实践[J]. 实验室研究与探索,2010,29(2):91-93,132.

[3] 赵斌,梁精龙. "传热学"研究性实践教学体系的构建[J]. 中国电力教育,2009(13):123-125.

[4] 黄柳钧,周志平. 基于创新能力培养的传热学实践教学改革研究[J]. 中国电力教育,2011(22):110.

300 MW DCS 仿真系统在教学实践中的应用

张小平，杨涛，张成，张燕平

（华中科技大学 能源与动力工程学院）

摘要：本文介绍了利用 300 MW DCS 仿真系统作为平台进行 SIMUCAD 仿真机冷态启动运行和在仿真系统中实现故障模拟仿真的实验教学方法。具体说明了系统的组成、实验原理、冷态启动运行过程、故障的设置和模拟及排除的仿真结果。可为动力类大专院校利用仿真系统开展教学应用提供借鉴。

关键词：DCS 仿真系统；运行调试；故障模拟；教学应用

火电机组分散控制系统（DCS）仿真技术综合集成了计算机技术、网络技术、图形图像技术、多媒体技术、软件工程、信息处理、自动控制等诸多技术领域的知识，已在火电厂得到广泛应用。为适应教学改革，加强设计性、创新性实验教学，实现职前教育和职后培训的无缝衔接，同时也为解决学生在生产实习单位不能亲自动手操作生产设备这一难题，本文以学院现有的 300 MW DCS 仿真系统为平台，进行了 SIMUCAD 仿真机冷态启动运行和在仿真系统中实现故障模拟仿真的实验教学尝试，取得了较好的教学效果。

1 实验设备

本实验设备是 300 MW 火电机组 DCS 仿真系统，分为硬件和软件两部分。硬件系统主要包括：工程师站、教练员站、操作员站的工业控制用计算机及其他外围辅助设备。软件系统主要包括：SIMUCAD 仿真支撑平台，其软件主要有 PIE、BAC、CONBAC 等功能软件和系统平台；XDPS2.0 控制系统应用平台，其软件主要有操作员站软件、工程师站软件、DPU 软件及其他系统连接的接口软件。系统结构简图如图 1 所示。

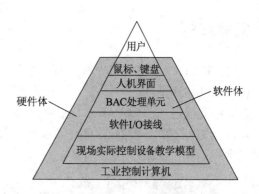

图 1　300 MW 火电机组 DCS 仿真系统结构简图

2 实验原理

目前，火电厂对发电机组的调试、监视、控制和危险性保护基本都是用 DCS 来实现的。DCS 仿真可分为三类，其设计原理如图 2 所示。第一类是全激励式：DCS 硬件和软件，与实际火电厂一样，直接接入火电厂仿真系统，其显著优点是 DCS 和实际火电厂完全一样，实现了火电厂仿真的物理和功能逼真，缺点是 DCS 较贵，成本较大。第二类是全范围式：DCS 硬件和软件由研究单位设计开发，其显著优点是费用相对较低，同时还能保证一定的物理和功能逼真。第三类是虚拟式：DCS 组态下载安装后，能对 DCS 网络文件实现计算机智能编译和人工转换，达到 DCS 系统重现的目的，具有功能逼真、效果好、成本低的特点，同时还能够实现功能复杂的仿真。

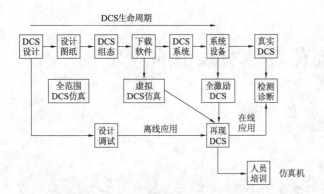

图2 DCS仿真设计原理示意图

本实验使用虚拟 DPU 在 PC 机上实现 DCS 的仿真,操作员站使用的是 DCS 仿真系统中的 XDPS 控制软件。

3 实验步骤

3.1 进行 SIMUCAD 仿真机冷态启动运行

（1）启动仿真平台。

按顺序完成启动 SIMUCAD PIE 平台,下载安装组态文件,开启分散处理单元 DPU,发送仿真控制信息等步骤,如图3所示。

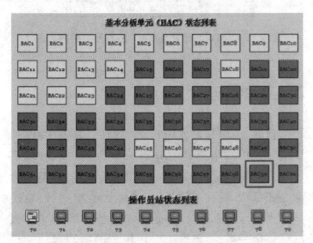

图3 基本分析单元(BAC)状态图

（2）开启辅助系统。

机组启动前必须开启相应的辅助系统,用以配合整个机组安全、经济地启动,如图4所示。

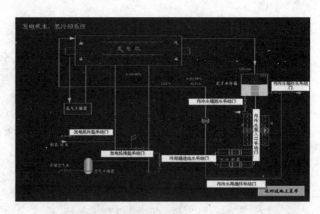

图4 辅助系统开启状态图

（3）完成汽包上水前的准备工作。

（4）完成锅炉的上水工作。

锅炉上水状态如图5所示。在实验中,把除氧器初始压力调到0.11 MPa 左右,将其调整门设置为自动,要根据除氧器供水温度来调整除氧器压力调整门的开度,确保给水温度在70~100 ℃范围内。

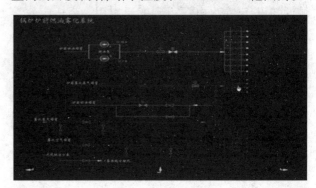

图5 锅炉上水状态图

（5）完成点火前的准备工作。

（6）进行锅炉点火。

顺序完成投入炉底蒸汽推动、炉膛吹扫、锅炉点火允许、启动 F 层油枪、切除炉底蒸汽推动等步骤(见图6)。

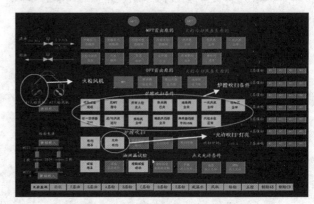

图6 锅炉点火状态图

（7）完成点火后的后续工作。

主要工作是开启旁路系统，其开启顺序是先低旁，后高旁；低旁先减温，后减压；先三级减温，后低旁减温。

（8）完成升温升压过程。

升温升压速度不能太快，否则汽包上下壁面和内外壁面都会产生很大的温差，使得汽包壁热应力太大，因此必须控制好升温升压速度，规定汽包内部升温速度应该≤100 ℃/h。开温升压状态如图7所示。

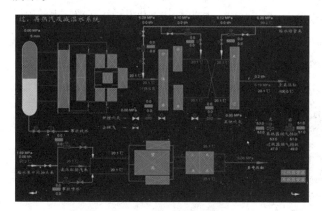

图7　升温升压状态图

（9）完成汽轮机的冲转与升速。

汽轮机冲转与升速状态如图8所示。

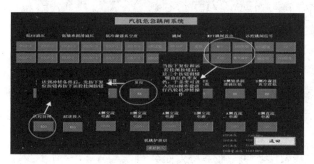

图8　汽轮机冲转与升速状态图

（10）并网、升负荷，完成仿真机冷态启动运行全过程。

完成并网、升负荷之后，系统会达到稳定运行状态。此时，主要工作是时刻观察系统的主要参数并维持正常，以保证仿真机稳定运行。需要观察的重要参数有：汽包的水位、压力；炉膛负压和烟氧浓度；主汽温、再热汽温；凝汽器、除氧器水位。此外，汽轮机的转速、油箱油位、机组功率、润滑油温度、气缸壁温度等也需注意。

3.2　进行故障的设置和模拟并加以排除仿真

在实验中，当系统达到稳定运行状态以后，设置送风机顺启失败故障并模拟仿真。

锅炉风烟系统中送风机经由空气预热器向炉膛输送燃烧所需的热空气。通过空气预热器和一次风机向制粉系统提供干燥和输送煤粉所需的热空气。在仿真实验中，送风机应是一键顺启操作，现设置为顺启不成功，以致后面的点火及升温、升压等一系列操作均不能进行。模拟仿真及处理故障方法如下：

3.2.1　故障现象

不能正常送风，炉膛压力异常；F层油枪点火失败，不能出现正常的火苗，不见火；升温升压过程不能正常进行，如果是顺启成功但之后跳闸，则有可能升温升压过程进行一段时间后停止，会产生主燃料跳闸（MFT）。

3.2.2　事故具体处理步骤

（1）顺启失败后观察送风机状态，能及时发现送风机顺启失败或启动成功后跳闸；

（2）重新顺启送风机，配合手动操作，如图9所示。

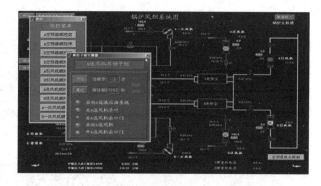

图9　送风机故障设置模拟仿真及处理图

3.2.3　处理要点

（1）顺启后要回头观察是否顺启成功，不成功时需要手动启动；

（2）要注意自动和手动结合，顺启一直不能完成的步骤要手动操作；

（3）根据不断调试，调整送风机勺管开度，维持送风机正常运行不跳闸。

4　结　语

本实验教学中利用300 MW DCS仿真系统进行了SIMUCAD仿真机冷态启动运行和送风机顺启失败故障模拟仿真尝试，学时允许的情况下还可对汽包水位异常、MFT（主燃料跳闸）等故障进行模拟仿真,这样不仅能充分调动学生学习的积极性,而且解决了学生在生产实习单位不能亲自动手操作生产设备这一难题,对于提高教学质量和改善教学效果具有明显的促进作用,是目前设计性、创新性实验教学的最佳方法。随着计算机技术和仿真技术的发展,DCS 仿真技术在教学应用中具有广阔的前景。

参考文献

[1] 王恩荣.自动控制原理[M].北京:化学工业出版社,2001.
[2] 韩璞,刘长良,李长青.火电站仿真机原理及应用[M].天津:天津科学技术出版社,1998.
[3] 吕崇德,任挺进,姜学智,等.大型火电机组系统仿真与建模[M].北京:清华大学出版社,2002.
[4] 何衍庆,陈积玉,俞金寿.XDPS 分散控制系统[M].北京:化学工业出版社,2002.
[5] 王常力,廖道文.集散控制系统的设计与应用[M].北京:清华大学出版社,1993.
[6] 冷杉.论虚拟 DCS 技术[J].中国电力,2003,36(2):53 – 56.
[7] 李志伟,刘刚,胡立林.DCS 仿真技术在火电机组中的应用[J].黑龙江电力,2008,30(3),169 – 173.
[8] 荆涛,赵光,田景芝.DCS 仿真系统在教学中的应用[J].齐齐哈尔大学学报,2002,18(2):75 – 78.

理论教学与实验教学一体化探索*

邹艳芳,秦凡杰,汪书闻,段记鹏,宁晓蕾

(上海理工大学 能源与动力工程学院)

摘要:理论教学和实验教学是高等学校教学的两种典型教学方式,在作用和功能方面具有互补性。近年来,高校的实验教学工作越来越得到重视,对于工科院校尤为如此。本文针对目前高等院校在对待和处理理论教学与实践教学关系中存在的问题,分析了两种教学体系的关系,并就如何实现两者的一体化,从而提高教学质量进行了相关探讨。

关键词:理论教学;实验教学;关系

高等学校的根本任务是为社会培养合格人才,以前对于合格人才的理解比较偏颇,使得在高等教育中片面地强调理论教学的重要性,只注重抓好理论教学的质量,而对实验教学的作用重视不够,造成了高等教育与社会实际的严重脱节,导致学生的动手能力和创新意识不强,许多学生毕业之后甚至很难适应社会需求。杨振宁教授在比较了中美教学方法后指出:中国传统教学方法重演绎、推理,严谨认真,基础扎实,但缺少创新意识;而美国的教学方法重归纳、分析和综合,独立思考能力和创造能力强,但基础不够扎实。

目前,实验教学越来越受到重视,《教育部等部门关于进一步加强高校实践育人工作的若干意见》指出要加强实践育人工作总体规划,把实践育人工作摆在人才培养的重要位置;强调实践教学是学校教学工作的重要组成部分,各高校要结合专业特点和人才培养要求,分类制定实践教学标准,增加实践教学比重,确保人文社会科学类本科专业不少于总学分(学时)的 15%、理工农医类本科专业不少于 25%、高职高专类专业不少于 50% 等,同时要深化实践教学方法改革。这些都进一步明确了实践教学的重要性和实践教学改革的紧迫性。

对于能源动力类专业,实验教学是培养学生创新能力的重要环节,其在培养学生严谨的科学思维和创新能力、理论联系实际特别是与科学技术发展相适应的综合能力方面有着不可替代的作用。上海理工大学能源与动力工程学院结合自身学校办学特色,不断探索,建立了将理论教学、实验教学及

* 基金项目:上海理工大学 2019 年度教师教学发展研究项目"基于互联网的共享型协同育人实践平台的构建与实施"(CFTD194004)

工程实践紧密结合的能源动力工程实验教学中心,提高了实验教学质量。但是如何从根本上摆正实验教学的位置,充分紧密连接理论教学和实验教学,处理好两者之间的关系,依然是值得研究的课题。

1 理论教学与实验教学的关系

理论教学和实验教学是高等学校教学的主要组成部分。理论教学又称课堂教学,以教师在课堂讲授为主要形式,利用教材为媒体,学生通过听课、思考、讨论、联系来接受理论知识。理论教学是学生获得基础知识和基本理论的主要来源,主要培养学生科学的形象思维和抽象思维能力、演绎和归纳能力等。实验教学是在教师的指导下,学生通过实验的方法进行学习的一种教学形式。其中的教学方法是指人们根据研究课题规定的任务,利用专门的仪器和设备对研究对象进行积极的干预,人为地变革、控制或模拟研究对象,以便在最有利的条件下对其进行观察,从而获得经验事实的一种方法。实验教学对于提高学生的综合素质、培养学生的创新精神与实践能力具有特殊作用。实验教学对于激发学生学习兴趣,促进学生将知识转化为能力,逐步地完成由学习者到实践者的转化,具有不可替代的特殊作用。

理论教学是实验教学的前提和基础,对学生进行实验起到指导作用。若缺乏理论知识的支持,实验教学将变得盲目,学生没有理论基础,无法分析和解决实验中出现的问题。同时,实验又是理论的来源,成功的实验往往是新兴学科的生长点。实验教学能够帮助学生理解理论知识,并提高学生的动手能力和创新能力。大量的事实证明,对在实验过程中应用过的理论知识,学生理解得比较透彻,记得也比较牢固。

尽管两者所用的教学方法不同,学生的学习方法也不同,但两者并不对立,而是相对独立且相互依存、相互促进的教学体系。

2 理论教学与实验教学的现状

高校实验室是进行教学、开展科研及提供社会技术服务的场所,是高校办学的三大支柱之一。随着市场经济的建立和完善,社会对高等学校人才的需求已不再是具有单一知识结构和单一技能的人才,而是需要在具有较扎实的理论知识的同时,具备较强的动手能力、分析问题和解决问题的能力,并具有一定创新能力的人才,这种人才的培养需要有高质量的实验室提供保障。近年来,越来越多的高校意识到实验教学的重要性,开始建立实验中心,设立专门的实验教学部门。但是对于理论教学和实验教学及其关系,依然存在以下几个方面的问题:

2.1 两者处于分割状态

理论教学和实验教学独立存在。两者本应是相互依存、相互促进的关系,但是目前理论教学和实验教学脱节,你教你的,我做我的,没有真正发挥"1 + 1 > 2"的作用。

2.2 两者处于不对等状态

我国教育领域长期受重理论轻实践的思想观念的影响,认为高校教学是以理论教学为主,实验教学只是理论教学的补充,从属于理论教学。理论教学有比较完善的教学大纲,教学计划、课程设置、教材的选择都有严格的安排,也有比较成熟的管理和评估制度。尽管目前各高校已经越来越多地意识到实验教学的重要性,但是由于传统观念的影响,以及实验教学发展的时间太短,各方面都不太成熟。另外,学生也普遍认为,课本知识比实践知识重要,甚至认为实验课可有可无,只要掌握书本知识就够了,花在实验课方面的时间极其不足。

2.3 两者处于隔离状态

目前高校中所设立的基础实验课程大都是验证性实验,用来巩固和应用所学理论知识。但是由于一些客观原因,在安排实验课程的时候,有些实验课程的课程进度要超前于理论课程,这样由于学生在实验前没有掌握相应的理论知识,往往在进行实验的时候不知所措,云里雾里,即使在实验课之前进行了一定的预习,但是由于实验材料对于理论的论述只是应用和指导性的,对学生学过的理论知识起着提示和复习的作用。从这一点看,对理论知识的陌生势必影响实验的顺利进行,降低实验效果,同时也没有很好地起到实验教学本该有的巩固理论知识的作用。

以上这些问题影响教学质量的提高,没有充分发挥理论教学和实验教学相长的作用。

3 如何改善理论教学与实验教学的关系

3.1 转变观念态度,摆正位置

如果把整个教学活动看作一个系统,那么实验教学和理论教学就是其中的两个子系统,从系统论的观点看,这两个子系统既有其各自的教学特点和规律,又处于一定的相互联系之中,可见实验教学既不能成为理论教学的附属,又不能完全脱离理论教学,两者之间的关系应该是你中有我,我中有你。诺贝尔奖获得者丁肇中说过:"自然科学是实验的科学,而实验科学是自然科学中最活跃的部分。我获得诺贝尔奖就是通过做实验得到的,希望大家重视实验教学,不应把实验教学视为理论教学附属,理论是由实验产生的。"因此,必须转变观念态度,摆正实验教学应有的位置,真正地重视实验教学。

3.2 教学主体多方交流

理论教学和实验教学之间的紧密连接离不开理论教师和实验教师之间的沟通交流。实验教学大纲和内容的制定应由理论教师和实验教师共同完成。我校传热学实验课为 16 学时,包括 8 项实验,分别为稳态球体法测粒状材料导热系数实验、具有对流换热条件的伸展体传热特性实验、空气纵掠平板时局部表面传热系数测定实验、空气横掠单管时平均表面换热系数测定实验、空气沿横管表面自然对流换热系数测定实验、传热传质激光实验、红外热像实验、中温辐射物体黑度测定实验。实验课程囊括了传热学中导热、对流、辐射等主要知识点。

3.3 教学内容多维度创新

在理论课程的考试中设立与实验内容相关的题目,增加学生的积极性。大部分的实验教学都没有期末考试,只有实验报告,这对实验成绩的评判并不完全合理,也起不到督促学生的作用。若将理论考试与实验内容结合起来,不仅能提高学生的重视程度,也能将理论教学与实验教学更加紧密地结合。

目前大部分的实验都是验证性实验,可以适当增设开放性的试验性实验,这样的实验适合在未掌握理论知识之前进行,提前对理论知识进行接触和了解,不仅能够激发学生的兴趣,也能够让学生更好地掌握课堂上的理论知识点。

4 结 语

理论教学与实验教学不是主从关系,而是辩证统一的关系,是两个相互独立且相互依存、相互促进和发展的教学体系。理论教学固然重要,但实验教学相对理论教学更具有直观性、实践性、综合性与创新性,实验教学是实验素质教育和创新人才培养目标的重要教学环节,实验教学在加强对学生的素质教育与培养创新能力方面有着重要的、不可替代的作用。理论教学和实验教学共同构成了教学活动的有机整体,任何割裂二者关系的观念和行为都是非常有害的,会影响教学质量,导致教学结果的不平衡。所以对于理论教学与实验教学,应加强两个体系之间的交流和沟通,共同提高教学效果,更好地做好学生培养工作。

参考文献

[1] 许敖敖. 处理好理论教学与实验教学关系 提高学生素质,培养学生创新能力[J]. 实验技术与管理, 2001, 18(6):1-3.
[2] 路勇,马修真,韩伟,等. 高校能源动力类专业[J]. 实验教学改革研究与探索,2010, 29(3):118-120.
[3] 荣昶,赵向阳. 实验教学与创新能力培养探析[J]. 实验室研究与探索,2004, 23(1): 12-13.
[4] 宋国利,盖功琪. 开放式实验教学模式的研究与实践[J]. 实验室研究与探索,2010, 29(2): 92-93.

推进实验教学改革,构建实验探究能力评价体系[*]

魏 燕

(上海理工大学 能源动力实验教学中心)

摘要: 在国家深化实验教学改革的要求下,培养大学生的实验探究能力有利于增强大学生工程实践与创新教育效果。在客观分析大学生实验探究能力现状的基础上,以能源动力基础学科工

* 基金项目:教育部高等学校能源动力类专业教育教学改革项目(NDJZW2016Y-43);国防基础科研计划资助项目(TSXK20180917057-C)

程热力学基础实验为例,从完善评价内容、细化评价指标、调整评价主体等3方面构建合理、科学、可靠的评价体系,促进教学相长,提高实验教学质量。

关键词:实验教学改革;实验探究能力;评价;工程热力学

随着《国家中长期教育改革和发展规划纲要(2010—2020 年)》的制定与实施,高校实验教学作为人才培养中的重要环节,其地位和作用正在逐步凸显出来。在这样的大背景下,对高校教学实验室进行实验教学改革,对于加强实验室建设、深化实验教学改革,进而提高人才培养质量具有重大意义。

我国《科学课程标准解读》中指出,科学探究是指人们通过一定的理论指导、实验方法和具体实践对客观现象和现实存在进行探索、质疑和研究的过程。探究也是一种教学方式,让学生积极参与探究过程,有助于其更好地理解科学探索过程。实验探究是科学探究在教学中的具体化,是实验教学中落实科学素养目标的重要途径。实验探究能力是指学生在学习中运用实验来探究学科研究的本质和规律的能力,是教学中学生的科学素养发展程度的重要体现和标志。大学生必须具备一定的实验探究能力,才能在工作研究中处理实际问题时表现出一定的灵活力、自主力和创造力。

相较于国外从20世纪60年代就致力于科学探究能力评价模式的探索,我国教育领域从2001年新一轮基础教育课程改革以来,才逐渐开始重视对实验探究能力的研究,近几年相关研究文献才呈明显上升趋势,主要分为介绍国外科学探究能力的评价模式、根据相关理论对实验探究能力培养的模式建构、实验探究能力评价具体方式的探索及实证研究3个方面。但是综合分析来看,绝大多数研究集中于义务教育阶段和高中阶段,对大学生尤其是能源动力类大学生实验探究能力的培养及评价较少,这将直接决定我国能源动力学科发展及应用建设的水平。

工程热力学是一门理论性强、较抽象、概念多的能源动力类基础课程。本文以工程热力学实验教学改革为背景,分析了大学生工程热力学实验探究能力的培养及评价现状,以学生为本,构建了大学生实验探究能力评价体系,以期教与学互为促进,达到双赢。

1 大学生实验探究能力的现状分析

笔者近年来连续指导大二本科生进行工程热力学实验,通过课堂观察学生的一举一动、个人或小组访谈学生遇到的问题及解决方法、课堂中对学生预习情况的提问和批阅学生的实验报告等可以看到,大学生的实验探究能力现状不容乐观。无论是实验课教师还是学生本身,对实验探究能力的培养与评价都处于无意识的状态。具体表现如下:

1.1 评价标准的缺失导致了学生参与实验的主体意识缺失

由于实验课堂表现的给分比较笼统,没有细化到科学探究能力的各个子能力,如发现和提出问题能力、猜想和假设能力、实验设计能力、观察与实验能力、分析与反思能力等,学生实验课前预习极少、对实验装置根本不了解,而对实验操作就更知之甚少。在短短的2节课中,又要领会实验装置是如何实现理论循环或概念的;又要学习实验装置的操作;还要掌握如何分析实验结果、筛选有效数据进行数据处理;同时工程热力学实验装置较为复杂,调节时相互影响因素很多,学生调节时困难很大。基本处于模仿教师的操作指导,勉强完成实验。

1.2 评价指标的单一限制了学生参与实验的积极性

目前实验课学分低,却占用学生大量时间,最终成绩评价中实验报告又占极大比重(40%),而在实际上课中教师很难在短时间内客观评价所有学生的实验操作表现,故缺乏完善的成绩评价体系。现行的实验课程考核方法多为依照实验报告的好坏来给定成绩,这在一定程度上限制了学生在实验室的积极性,造成被动上课的局面,使得学生普遍不重视实验教学,意识不到实验探究能力对其今后工作生活的重要影响。

1.3 教师实验指导能力制约了学生实验探究能力的发展

教师的实验指导能力对学生的实验探究能力有着很大的影响。目前工程热力学实验的教学方法过于单一,基本采用灌入式教学方法,通过"学生预习—老师讲解—实验演示—实验报告"的模式进行教学。对于常规工程热力学实验来说,往往是学生在规定时间进入实验室,由于时间紧,实验材料有限,教师会事先将实验原理、目的、步骤写在黑板上讲述一遍,然后将实验步骤演示给学生看一遍,学生按照教师设定的实验固定模式进行重复性操作,依照实验讲义的内容一步步地做下去,最后得出实验结果。在重复教学中,教师忽略了师生、生生之间的交流与沟通,忽视了学生在实验中的主体地位,不利于教师改进教学方法,也不利于学生能力的提升与培养。

2 大学生实验探究能力评价体系的建立

实验探究能力的养成是一个循序渐进的过程。在这个过程中,如何引领大学生主动积极地参与实验活动,更科学、更合理地指导大学生进行实验操作,帮助他们摸索实验探究的方法,培养大学生实验探究能力,是高校实验教学改革提出的新问题。

建立大学生实验探究能力评价体系,有助于提升教师教学能力,推动课程目标实现,改进教学评价体系,提高教学质量。通过大学生实验探究能力评价的完成,可以帮助大学生合理安排实验过程,增加实验主体意识,激发实践兴趣,提高实践能力及解决实际问题的能力,成为创新型、应用型、工程型行业人才。针对目前工程热力学实验中存在的问题,构建大学生实验探究能力评价体系的主要工作体现在以下几个方面:

2.1 完善评价内容,实验预习模块网络化

为了充分调动大学生开展工程热力学实验的积极性,改进原来单一的实验成绩评价模式,实验教师应扩充实验预习模块,上课前通过实验中心网络教学平台向学生公布,给予学生充分的思考和准备时间。把实验教学预习模块网络化,贴合时代需求,符合大学生行为习惯模式,丰富了实验教学形式,提高了实验教学效果,同时也对实验教师的教学内容提出了更高的要求。实验教师可以根据预习作业的反馈情况,课前预先了解学生对这部分知识的掌握情况,避免对学生的主观评测,从而调整实验教学的内容和实验难度。以工程热力学基础实验"饱和水蒸气压力和温度关系测定"实验为例,网络预习内容可以设置如下:

问题1:工质绝对压力、大气压力、表压力(或真空度)的关系是怎样的?

问题2:气液饱和状态是如何形成的?

问题3:对于单组分气 - 液相平衡系统,饱和蒸汽压和温度的关系是怎样的?

问题4:如何查询水和水蒸气的热力学性质?

问题5:为什么家里用高压锅炖食物容易熟烂?

2.2 明确评价指标,细化子能力评价权重

大学生实验探究能力包含发现和提出问题能力、猜想和假设能力、实验设计能力、观察与实验能力、分析与反思能力等子能力,验证性、设计性、综合性等不同类型的实验对各子能力的要求有所不同。在实验教学中提出大学生实验探究能力的培养目标,明确大学生实验探究能力的组成部分,对不同实验类型及项目设立不同子能力的培养权重,对笼统的实验教学及目标造成了冲击与挑战,可以科学有效地评价不同类型的实验探究能力,更好地实现实验教学目标。同样以工程热力学基础实验"饱和水蒸气压力和温度关系测定"实验为例,子能力评价细则见表1。

表1 "饱和水蒸气压力和温度关系测定"实验探究过程评价表

探究步骤	探究导语	评分情况
1. 发现和提出问题	当你来到实验台,看到桌面上摆放的设备,联系实验名称,你能提出哪些问题?	每提出一个问题均可得分,根据问题涉及的知识点相关度给2~5分。
2. 猜想与假设	现在你需要探究的问题是:如何获得饱和水蒸气?请在5 min 之内,根据平时生活经验和桌面摆放的实验设备,提出可行性方案。	能提出实验方案大致思路给10分。
3. 制定实验方案	请根据实验设备,设计实验方案来探究"饱和水蒸气压力和温度"实验,方案中需要明确列出各个具体实验步骤及方法,以便同组成员进行探究。 (1)请确保实验装置及仪表的正确使用。 (2)请想办法把常温水加热至饱和水蒸气。 (3)请想办法获得不同温度下的饱和蒸气压力。	根据整个实验过程的关键步骤逐条给分,每列出一个相关实验步骤,根据准确度给2~5分。

探究步骤	探究导语	评分情况
4. 实验操作	请根据你制订的实验方案完成实验,并记录实验步骤、现象及实验数据。	(1)实验完成过程的操作准确给 20 分,每出现错误操作扣 2 分。 (2)根据实验数据的记录给 20 分,如数据不完整或不正确则扣分。
5. 分析与反思	(1)如何绘制水的 $p-T$ 汽化曲线? (2)实验中的大气压表的作用是什么? (3)本实验是否可以用来测量其他液体的饱和压力与温度?	根据问题的回答情况给分,每个问题回答准确给 5 分。
6. 评估与总结	请完成实验探究报告,整理实验数据记录表,完成相关计算,并绘制曲线,进行误差分析。	根据报告完成情况给分,共 40 分,出现错误每处扣 5 分。

2.3 调整评价主体,及时反馈评价结果

原始的实验成绩,教师能反馈给学生的只有一个简单的等级或分数,学生很难准确把握自己究竟在哪个环节存在问题。通过教师按照表 2 进行实验探究过程的评价打分,及时给学生反馈评价标准和评价结果,有利于学生对照着评价标准来反思自己的不足,主动地提高自身的实验探究能力,也有助于教师及时调整教学方法,打破传统实验教学旧模式,构建良好的教学相长新局面。

另外,评价除了可以指导学生进行探究实验,也可以明确学生在实验课中的主体地位,激励学生的积极性。教师对整个实验探究过程的评价固然很重要,但是学生在实验结束后采取自评、互评的方式对前后实验探究能力进行打分,也可以客观认识与回顾自己在实验过程中的不足,挖掘潜力。两种评价方式相结合,才能保证评价结果的客观性、公正性、合理性,有效提高大学生的实验探究能力。

对于工程热力学基础实验,学生对实验探究评价法开展后的学习效果自我评价表可以设计为表 2 所示。

表 2 学生对实验探究评价法开展后的学习效果自我评价表

实验探究能力	包含内容	评分情况			
		明显增强	有一定增强	差不多	不如以前
1. 发现和提出问题的能力	通过此实验课程,我觉得自己更喜欢从生活经历和理论课中发现与热学相关的问题了				
2. 猜想与假设的能力	对于如何达到实验目的,我有了自己的设想,并且有时可能不止一种				
3. 制订实验方案的能力	对于给定的实验题目,我觉得自己可以初步完成实验方案的设计				
4. 实验操作的能力	在操作过程中,我可以通过努力解决遇到的实验问题				
5. 收集数据的能力	在实验过程中,我可以有目的地观察,记录需要的实验数据				
6. 分析与反思的能力	实验结束后,我能对实验结果进行分析反思,与同学交流心得,得出实验结论				
7. 评估与总结的能力	实验课后,我可以独立按照实验教师的要求规范地完成实验报告				

3 结 语

综上所述,通过大学生实验探究能力的评价体系的提出,对教师人才培养与能力提升提出更高的要求,推动课程目标实现和教师责任落实,改进教学评价体系,提高教学质量。最重要的是,完善的评价体系可以增加学生的实验主体意识,激发学生实践兴趣,增强其实践能力及解决实际问题的能力,培养创新型、应用型、工程型行业人才。

参考文献

[1] 李伟臣.新课程探究学习教学实例丛书小学科学3-6年级[M].北京:北京师范大学出版社,2003.
[2] 张立山,李莹.新课程背景下探究式教学的实施策略[J].教学与管理,2011(5):35-36.
[3] 罗国忠.科学探究能力的评价及其效度比较[J].教育科学,2013,29(1):10-13.
[4] 罗国忠.科学探究能力评价的适切性研究[J].全球教育展望,2011,40(3):88-91.
[5] 林钦,陈峰.基于探究能力发展的探究水平研究[J].教育评论,2014(8):107-110.
[6] 李光宇."学习进阶"理论视域下的实验探究能力培养[J].物理教师,2015,36(10):32-35.
[7] 于娟.工程类基础课程多元化教学模式及评价——以工程热力学教学实践为例[J].高等工程教育研究,2017(4):174-177.
[8] 许伟伟,黄善波,张克舫.工程热力学形象化教学方法探讨与实践[J].实验室研究与探索,2018,37(5):191-194.

新形势下能源动力类实验课程实践育人和科研育人机制研究

刘海涌[1,2],郭涛[1,2],刘存良[1,2]

(1.西北工业大学 动力与能源学院;2.陕西省航空动力系统热科学重点实验室)

摘要: 新形势下教育现代化要求更加注重人才的全面发展,实践动手能力、合作能力和创新能力是人才培养中要实现的重要素质。本文针对传统能源动力类实验课程教学与现代化教育需求还有较大差距,难以有效实现学生创新精神与实践能力培养目标,无法实现实践育人和科研育人组带作用的现状,开展了能源动力类实验课程实践育人和科研育人机制的探索研究,提出了结合信息化学习方法,增加实验课程厚度;开发开放式教学模式,扩大实验课程教学裕度;利用科研、竞赛渠道,拓展实验课程影响维度的教改建设途径。

关键词: 教育现代化;能源动力类;实验课程;实践育人;科研育人

《中国教育现代化2035》提出了推进教育现代化的八大基本理念,人才培养中更加注重全面发展。面向人人、因材施教、融合发展以及共建共享是其中的重要内容。在发展中国特色世界先进水平的优质教育方面,所面临的突出问题包括:强化实践动手能力、合作能力、创新能力的培养;加强课程教材体系建设,分类制定课程标准,充分利用现代信息技术,丰富并创新课程形式;创新人才培养方式,推行启发式、探究式、参与式、合作式等教学方式和教学组织模式,培养学生创新精神与实践能力。针对这些问题,作为人才培养核心环节的高等教育必须正视不足,寻找差距,形成切实有效的方法措施,并不遗余力地推进落实。这其中,与实践环节和创新培育紧密结合的能源与动力类专业实验教学类课程,就必须走到教育现代化改革的前列。

在工科院校高等教育中,能源动力类专业课程是热能与动力工程相关专业的主要专业基础课程,是课程体系的重要基础。作为经典的专业基础课程,这些课程中理论分析与实验研究紧密结合,具备很强的理论性与实践性。在实验教学中,要开展大量的应用性与实践性操作,验证基本规律、巩固和提高理论课程学习效果。除了对课堂理论教学提供辅助之外，实验教学还有助于培养学生的探索精神和创新意识，在教学环节中具有重要的地位。

但在实际教学中，能源动力类专业实验课程的作用发挥还受到诸多限制。一是有效课时受限。通常工科院校单门实验课程课时不超过8 h，如果学生对实验内容的基本理论前期掌握不牢固，则必须占用实验课程的课堂时间进行必要的回溯与讲解；而且实验中使用的仪器设备的应用与调试也需要进行必要的演示与说明，因此学生的有效动手时间不足。二是学生发挥受限。当前实验教学中还是普遍采用实验指导书，在实验过程中学生严格按照实验指导书进行操作。实验中指导教师要在短时间内完成工况设计、调试设备、讲解原理、演示过程、强调重点等系列内容。而学生的实验操作往往是重复指导教师的实验过程，读取并记录各类仪器仪表读数。在这种教学模式下，学生在实验中的自主空间受限。三是设备应用受限。在实验硬件方面，现有实验设备多为集成系统，热源或动力设备、测量设备、仪器仪表与实验段打包在一起。学生接触的界面多为控制面板、仪表盘和读数视窗，缺乏直接的实验系统搭建、仪器仪表连接、测试系统布置、实验状态调试等过程体验，导致实验过程变为"黑箱操作"，只能简单地感知预设实验条件的输入与结果参数的输出。四是专业基础实验课程的后续影响受限。实验课程大多属于理论课程的课内实验，即便是独立设课，所发挥的作用也只是理论课程的课外延续和补充。基础实验课程与专业科研实验之间缺少沟通桥梁，无法与行业背景和专业知识紧密结合，不能有效发挥科研引领作用。

面对上述问题，国内相关高校针对实验课程教改开展了一些研究。上海理工大学在优化实验课程内容设置、转变教学模式和改变教学考核方法方面进行了改革。武汉理工大学在热工实验教学管理模式改革方面进行了探索与实践。南京航空航天大学也在专业课程实验教学改革方面开展了探索研究。但新形势下，能源动力类专业实验课程的设计、实施和延伸发展方面还存在一些突出问题，无法有效发挥实践育人和创新育人的重要作用，与能源动力类人才培养目标要求还有较大差距。本文从实验课程厚度、课堂教学裕度和实验影响维度3方面入手，对新形势下能源动力类实验课程实践育人和科研育人机制进行了探索。

1 结合信息化学习方法，增加能源动力类专业实验课程厚度

虽然经过前期理论课程的学习，学生具备了一定的理论知识，但对于实验课程而言还远远不够。在对部分能源动力类专业实验课程现场调研过程中发现，大部分学生对于实验课程的第一反应往往是迷茫和不知所措。究其原因，一是实验课程教学时间不足。实验课程紧随理论课程开展，缺乏前置教学环节，面对原理验证性实验，仅靠简单、直观的过程观摩难以形成完整的实验认知。二是基础实验知识储备不足。学生们在初、高中阶段缺乏充足的基础实验课程熏陶，大学阶段专业仪表、测量技术等基础实验知识与课程教学脱节，加之当今环境下新生代动手能力普遍较差，面对实验系统中复杂的仪器仪表，不能自如地操作和运用。

以西北工业大学传热学基础实验"流体横掠单管受迫流动换热实验"为例，实验系统由风机系统、加热系统、温度测量系统和压力测量系统组合而成，涉及皮托管、热电偶、电压表、电流表、斜管式微压计、稳压电源、粗导线、细导线、夹头、塑料管、橡皮管等10余种仪器仪表和相关配件，实验系统非常复杂。虽然学校针对能源动力类专业学生开设"热工测量仪表"课程，但课程理论讲解多，针对专门仪表的实操课时少，且有时课程安排衔接差，导致学生在进行传热学或工程热力学等原理验证性实验时仅凭实验指导书无法自主开展实验。

在当今信息化条件下，通过电脑、手机等网络终端的使用，学生与外界信息的接触面更广，利用媒体和教材开展自主学习的渠道增多。因此能源动力类专业实验课程必须实现传统学习模式和信息化学习模式相融合，增加实验课程在有效时间和专业知识方面的厚度。一是针对皮托管、热电偶、斜管式微压计等常用测量仪表制作视频网课，重点展示原理、构造、常见样式和使用方法等知识点，构建基础热工实验知识库，整合教学资源，扩充实验课程知识储备。二是依托实验课程网络教学平台，建立实验课程前置教学机制，要求学生在选修实操实验课程前必须完成指定的网络课程学习，将知识由课堂内向课堂外延伸覆盖，增加实验课程教学的有效时间。利用信息化方法整合课前学习和课堂实操，从知识体系和学习时间两方面增加能源动力

类专业实验课程厚度,是促进学生认识实验、了解实验的前提条件。

2 开发开放式教学模式,扩大能源动力类专业实验教学裕度

大多数能源动力类专业实验课程教学还是采用知识传递、以教定学的授课模式,这对学生创新能力的培养极为不利。在采用信息化教学,热工测量常用仪表或模块演示教学完成前置,学生在知识储备和有效学习时长满足要求的基础上,强调问题中心、以学为主的整合探究模式的开放式教学方法,是扩大实验教学裕度,改变现状的合理途径。

开放式教学方法可以采用3种途径。一是基于现有的原理验证性实验,将原有的实验系统拆解,只保留基础功能模块,弱化实验指导书。将原理验证和解决实际问题相结合,以问题为导向组织实验,最后在解决系列实际问题后归纳出基本原理。以传热学基础实验"流体横掠单管受迫流动换热实验"为例,在新的教学方法下,学生要自行动手连接加热系统、皮托管测压系统、热电偶测温系统,掌握管径测量方法、有效加热段选取方法、电功率与加热功率间的转换方式、电信号与温度信息转换方式、风机制定流量调节方法等系列内容。教师不再主导课堂,而是作为实验过程的辅助者。二是由教师发布实验项目,学生根据自身兴趣和能力选题,设计实验方案,获取实验结果,提交实验报告。这种方式选择的实验项目为具有代表性、效果明显且具有一定难度的小型实验。如自主构建热电偶测量系统,获得实验室内不同测量介质的平均温度。鼓励学生组成实验团队,从创新和应用角度培养学生的实践能力、科研能力和团队协作能力。三是开发虚拟仿真实验项目,将原理验证性实验与计算机模拟相结合。以传热学基础实验"流体横掠单管受迫流动换热实验"为例,教师可提前构建模拟实验体系的三维模型,引导学生设置边界条件,在参数设置过程中使其理解等热流密度、等温等边界条件的具体表达和实现方式。通过 FLU-ENT 等 CFD 软件获得仿真实验结果,并与实际实验结果作比较,获得更为全面、细微和形象的实验认知,既提高了实验教学效果,又为后期介入深层次科研奠定基础。

3 利用科研竞赛渠道,拓展能源动力类专业实验影响维度

能源动力类专业实验课程既要夯实学生基础专业知识又要锻炼实践动手能力,最终要培养科研创新精神和创新意识。在课程厚度增加、教学裕度扩大的基础上,更要结合学科和专业特色,搭建平台,引领学生广泛参与科技实践、竞赛、创新创业等活动,拓展实验影响维度。

一是要拓展专业实验课程的科研维度,打通教学实验室和科研实验室间的联系通道。利用本校科研团队力量和省部级重点实验室科研资源,面向本科生提供科研见习岗位,安排研究生担任岗位指导员,搭建专业基础实验-专业科研实验衔接渠道,贯通"本-硕-博"预先培养体系,进一步提升学生基础研究能力和实践能力。二是要拓展专业实验课程的创新维度,引领更多学生积极参加专业竞赛。牵头组织获奖高年级本科生、硕博研究生和具有浓厚兴趣的低年级本科生成立竞赛小组,积极参与国家级大学生"创新训练计划"项目、大学生"创业训练计划"项目、"挑战杯"陕西省大学生课外学术科技作品大赛等品牌科研竞赛活动。三是拓展专业实验课程的保障维度,夯实专业育人和课程发展基础。做好专业通识课程与专业实验课程的协调统一,在实验课程中融入行业背景知识,必要时增加科普实验课程,激发学生学习热情。拓宽开放式教学资金保障渠道,设立"科研见习""学生开放课题"等专项工作基金,确保学生开放式基础实验选题的项目经费。

4 结 语

全国高校思政工作会和全国教育大会精神要求高等教育要统一思想、凝聚共识,推进"四个强化"与"四个回归"。高等教育要进一步提升教学质量,构建一流人才培养体系,全方位改善育人环境,多方面统筹育人资源。作为实践育人的重要一环,能源动力类专业实验课程要在学生的家国情怀、专业基础、综合素质、创新思维培养上做贡献,就要综合使用信息化学习方法,在提升实验课程的知识体系和学习时间厚度上下功夫;科学开发开放式教学方法,在扩大实验教学的操作方法、选题途径和体验方式裕度上下功夫;合理组织参与科研见习和科

研竞赛活动,在拓展基础专业实验的科研影响、创新影响和保障机制影响维度上下功夫,形成"以学生为根、以教学为本"的教学重心,构建以信息化为基础的教学体系,深化以融合创新为目标的教学改革,更好、更快、更有效地完成新形势下能源动力类专业实验课程体系建设。

参考文献

[1] 黄晓璜, 崔国民, 田昌, 等. 动力工程测控技术实验教学改革探索[J]. 上海理工大学学报(社会科学版), 2015, 37(4): 396 – 400.

[2] 邹艳芳. "传热学"实验教学改革与思考[J]. 中国电力教育, 2014(17): 106 – 107.

[3] 甘念重, 吴洁, 阮智邦, 等. 高校热工实验教学管理模式的探索与实践[J]. 高校实验室工作研究, 2018 (1): 13 – 15.

[4] 严大炜, 邹琳江, 许诗双. 能源动力类专业实验教学改革研究与实践[J]. 安徽工业大学学报(社会科学版), 2015, 32(3): 120 – 121.

[5] 张光学, 王进卿, 池作和. 时代背景下热能与动力工程专业教学改革与创新[J]. 中国电力教育, 2014 (6): 37 – 38.

[6] 韦青燕. 专业课程实验教学研究与探索[J]. 实验科学与技术, 2013, 11(4): 111 – 114.

[7] 尚琳琳, 郭煜, 马利敏, 等. 传热学实验创新能力培养的探索与实践[J]. 中国教育技术装备, 2014 (18): 144 – 145.

[8] 周臻, 李录平, 姜昌伟. 能源动力类专业实践教学体系的改革与实践[J]. 实验技术与管理, 2011, 28 (9): 124 – 126.

火电厂典型故障虚拟仿真实验构架设计 *

郑莆燕, 任建兴, 潘卫国, 朱群志, 王渡, 闫霆

(上海电力大学 能源与机械工程学院)

摘要:在"新工科"背景下,对接企业生产过程,针对火力发电厂典型故障虚拟仿真实验,从工程要素的引入、实验内容和实验步骤的设计等方面,设计了仿真虚拟实验的构架。通过火力发电厂运行过程中的典型故障分析模拟实验,可以让学生深入了解火力发电厂运行的状态,生动体验火力发电厂故障处理的全过程,更好地理解事故预防和缓解措施以及故障分析方法,提出有效的防范与处置方案。通过提高学生将专业知识应用于工程实际的能力和面向生产一线的动手操作能力,培养与企业需求相一致的应用型专业人才。

关键词:新工科;火电厂典型故障;虚拟仿真;工程要素

2017 年教育部高教司经过反复的研讨、调研和论证,正式推出"新工科"计划(教高司函〔2017〕6 号《教育部高等教育司关于开展新工科研究与实践的通知》),并先后形成了"复旦共识""天大行动""北京指南"等指导性文件。其中,将信息技术和教育教学深度融合,充分利用虚拟仿真等技术创新工程实践教学方式已经成为热点。电力生产过程因其系统复杂庞大、生产安全要求高,其相关专业的现场实习往往只能是参观学习,动手操作只能通过仿真模拟,因而虚拟仿真技术的应用在教学中就尤为重要。

火力发电厂典型故障往往由多个连续阶段组成,每个阶段物理现象复杂、知识点多,理论抽象晦涩,各种影响因素错综复杂。因此在安排理论教学的同时,必须加强实践教学。由于火力发电厂存在高温高压特性、复杂的电厂系统实体难以分解、实体实验平台建设成本高、实验的安全性保障难等具体难点,因此将理论讲解与故障虚拟仿真模拟实验相结合,可以帮助学生更好地理解运行中典型故障的现象和过程,以及故障的处理方法和工作程序,

* 基金项目:2016 教育部高等学校能源动力类专业教育教学改革项目(重点)(NDJZW2016Z – 36)

提高学生将专业知识应用于工程实际的能力和面向生产一线的动手操作能力,培养与企业需求相一致的应用型专业人才。

1 工程要素的引入

1.1 工业仿真系统的应用

本实验项目利用工业级仿真虚拟平台对学生进行实操训练,可实现对 1000 MW 超超临界火电机组 1:1 全范围仿真,依据现场实际运行数据,模拟各系统及设备的运行和调节特性,真实反映故障的现象及处理过程的动态响应(见图1)。

仿真软件达到工业级仿真虚拟的要求,使用与实际机组控制面板相同的 1:1 全范围操作平台,使学生在与电厂运行人员相同的界面上进行运行操作。利用该仿真系统可对学校学生进行机组的启停、正常运行和典型故障处理等全方位教学培训,使其了解设备和系统的运行特性,并可结合机组实际工况,分析运行方式,制定反事故措施。

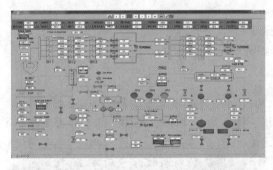

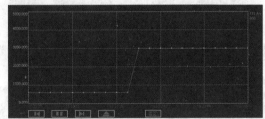

图1 工业级 1000 MW 超超临界机组仿真系统

1.2 虚拟现实技术的应用

应用虚拟现实技术,融合火电厂大场景,通过三维动画还原火电厂生产场景(见图2),实现火电机组的虚拟漫游。这样通过沉浸式教学,使学生生动形象地了解火电厂的生产现场、工艺流程,直观了解与故障相关的设备和系统在电站生产中的作用和在生产现场的布局,在实验技能考核中要求学生能在电站三维虚拟场景中快速确认故障发生的位置。

图2 火电厂三维虚拟场景

1.3 岗位技能考评的引入

仿真实验评价体系将学生教学需要与行业资格考核要求有机结合,由实验态度、实验技能和实验报告 3 部分组成,其中实验技能是考核的重点。实验技能考核内容包括稳定运行实操是否完成、故障设置仿真模拟是否实现和故障处理是否正确。在这一考核过程中,本实验项目根据发电厂在职人员考核要求,每 2 人一组进行仿真操作,得分为 2 人共同的操作成绩,同时引入电站运行人员岗位技能考核的"故障操作评分表",对学生的故障处理是否正确进行全过程考核。评分表中针对不同故障,详细列出故障处理参考步骤及每一步的考核标准,可对学生的操作行为给出准确的评判。在实验报告中,要求学生不仅能够清晰描述系统工作原理和故障现象,而且能够完整、准确记录可重现故障的实

2019 年全国能源动力类专业教学改革研讨会论文集

验数据,分析故障发生的原因,判断故障处理是否得当,分析故障产生后的不良影响。

1.4 操作票制度的应用

在电力生产工作中,操作票是运行值班人员从事操作的书面命令和依据,实施操作票制度是防止误操作、保证人身安全的重要措施。操作票制度是保障电力生产安全和实现精细化管理的重要制度。在火电厂典型故障虚拟仿真实验的实施过程中引入操作票制度模式(见图3),对接企业生产过程,按阶段布置各项任务,确定每个项目应达到的要求,由易到难、循序渐进地完成一系列任务,既可提高学生将所学知识有效应用于生产实际的能力,又可培养学生养成良好的职业工作习惯。

2 内容和步骤的设计

2.1 实验内容设计

实验内容的设计以职业岗位的知识结构和能力要求为核心,围绕真实的电厂工作过程选取典型的机组故障案例。本实验项目所用工业级仿真系统模型涵盖能获得火力发电厂变化的锅炉模型、汽轮机模型及热工控制系统模型,可实现机组全工况仿真,通过仿真控制室监视设备观测到的运行人员的操作结果与实际机组状况一致。考虑教学的实际条件,目前已对学生开放的常见故障如表1所示,更多的故障虚拟仿真项目将通过实验室的建设不断增加。相关知识点包括两大类:第一类是锅炉和汽轮机故障的概念、分类及处理原则,第二类是各种典型故障的现象、原因及排除方法。技能培训包括通过火电厂三维虚拟漫游、故障现场定位、机组正常启动、典型故障设置、故障分析和故障处理。

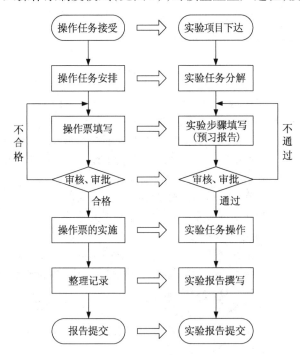

图3 实验实施过程设计

表1 实验模拟的常见故障

序号	故障		故障原因	故障现象
1	锅炉	过热器爆管	过热器受热面一侧产生破口或发生破裂	炉膛负压变正,引风机电流增大;蒸汽流量下降,不正常地小于给水流量;电负荷有所下降
2		主要单台风机跳闸	电气短路导致单台引风机停运	触发机组RB保护动作,停运两套制粉系统,机组快速降负荷
3		磨煤机堵塞	给煤机转速调节自动失灵	磨煤机出口温度下降,磨煤机进出口差压增加,磨煤机电流上升,磨煤机进口一次风量下降,机组负荷下降
4		给煤机皮带断裂	给煤机皮带老化	给煤机显示电流正常,给煤量下降,机组负荷下降
5	汽机	真空系统不严密	真空系统漏入空气	真空下降,机组负荷下降
6		汽机轴承震动超标	汽机某一轴承震动过大	汽机某轴承震动大于$250\ \mu m$,汽机跳闸,触发FMT

2.2 实验步骤设计

火力发电厂典型故障仿真实验包括5个模块:虚拟认知、稳定运行实操、故障运行仿真、故障处理实操和故障分析。每一模块都由若干步骤组成,需要完成相应的任务,不同故障仿真实验的具体任务和步骤有所不同。

虚拟认知:设置火电机组虚拟漫游初始参数,规划火电机组漫游路径,开展火电机组三维漫游模拟,了解电厂的主要热力系统与相关理论知识,熟悉电厂设备的布置、结构和组成;找到故障设备及部位,了解相关上下游设备和系统工艺过程。

稳定运行实操:熟悉仿真软件操作界面,了解火电厂的运行系统组成;掌握仿真软件操作方式,熟悉 DCS(分布式控制系统)画面各种不同面板的使用方法;设置火力发电厂稳态运行工况参数,运行获取稳定值,并保存为稳态运行工况。

故障运行仿真:选取准备插入的故障,设置故障参数和故障插入时间,进行火力发电厂典型故障模拟;选取火力发电厂系统的功率、压力、流量和温度等主要参数,观察并记录上述主要参数的变化过程,了解故障的发展进程;在实验过程中通过修改事故触发参数、控制系统的安全保护整定值、停机控制系统的控制逻辑和跳闸各类泵阀等关键设备的运行状态,研究分析这些状态变化对故障后进程的影响,并获得影响规律。

故障处理实操:在三维虚拟现实画面中,找到故障发生的设备及其相关联的设备和系统,确认故障发生的位置,并提出合理的反故障措施;按照故障处理程序,设定控制保护系统动作整定值和安全限值,在仿真机上完成对故障的处理。

故障分析:修改事故触发参数,重新运行程序,分析事故触发参数对火力发电厂主要参数和安全的影响;修改控制系统的保护整定值,重新运行程序,分析整定值对火力发电厂安全的影响;修改控制系统逻辑,重新运行程序,分析控制系统对火力发电厂安全的影响;优化故障的处理操作步骤,重新运行程序,分析故障中操作步骤对火力发电厂主要参数和安全的影响。

3 结 语

火电厂典型故障虚拟仿真实验依托国家级工程实践教育中心和上海市级能源动力实验教学示范基地,利用信息技术、互联网技术和虚拟现实技术,贴近工程实际生产过程,设计实验教学的内容、过程和考核,有效地解决了能源动力类专业学生去现场实习时,出于电厂安全生产的考虑,不能实际操作、不能在故障现场学习、去生产现场时间短且费用高等现实问题。实验教学对接企业生产过程,注重做学一体的实效和职业技能的培养,按阶段布置各项任务,确定每个项目应达到的要求,由易到难、循序渐进地完成一系列任务,使学生得到了综合利用所学专业知识解决实际问题的充分训练,提高了知识运用能力和动手操作能力。

参考文献

[1] 崔庆玲,刘善球. 中国新工科建设与发展研究综述[J]. 世界教育信息,2018(4):19 - 25.

[2] 胡波,冯辉,韩伟力,等. 加快新工科建设,推进工程教育改革创新——"综合性高校工程教育发展战略研讨会"综述[J]. 复旦教育论坛,2017(2):20 - 27.

[3] 鲁峰,黄金泉. 航空发动机控制方向课程群的移动自媒体辅助教学初探[J]. 工业和信息化教育,2019(1):65 - 69.

[4] 曾文杰,谢芹,谢金森. 基于虚拟仿真技术的核工程与核技术专业网络实验课程建设[J]. 教育教学论坛,2018(34):254 - 255.

[5] 王成,杨波,刘海. 齿轮机构认知虚拟仿真实验的设计与实现[J]. 试验研究与探索,2018,37(8):102 - 105.

[6] 洪宝棣,宗哲英.《电力系统虚拟仿真实验平台》的建设与应用[J]. 教育教学论坛,2019(12):276 - 278.

[7] 曾令艳,王海明,黄怡珉. 火电站锅炉燃烧特性虚拟仿真教学实验的构建及意义[J]. 节能技术,2018,36(5):444 - 446,465.

[8] 胡浩威,储蔚,方廷勇,等. 基于虚拟仿真实验的热力发电厂教学改革探索[J]. 高等教育,2019(2):148 - 149.

燃烧学中燃烧测量实验的教学实践

娄春

（华中科技大学 能源与动力工程学院煤燃烧国家重点实验室）

摘要：燃烧测量实验教学是深入认识燃烧现象、深化燃烧理论学习的重要手段。华中科技大学能源与动力工程学院依托实验教学中心建立了燃烧测量实验教学平台，开展了激光诱导击穿光谱、火焰图像处理及火焰光谱分析实验教学实践，提高了学生的动手能力，强化了学生对燃烧理论知识的学习。未来将进一步开展相关的虚拟仿真实验。

关键词：燃烧学；实验教学；燃烧测量实验；光学测量

燃烧应用于交通运输、电力生产、工业、国防等各个领域，是社会发展与科技进步的推动力之一。人们对燃烧的科学认识始于在实验室开展燃烧火焰的实验研究。1703 年，德国化学家斯嗒尔将燃烧现象的本质归结于燃料是否含有"燃素"；1772 年，法国化学家拉瓦锡通过实验发现了由燃烧引起的质量增加，引出了燃烧是物质的氧化；19 世纪，俄国化学家赫斯等人发展了热化学和化学热力学，阐明了燃烧热、产物平衡组分及绝热燃烧温度的规律性；20 世纪初，美国化学家刘易斯和俄国化学家谢苗诺夫等人将化学动力学的机理引入燃烧的研究；20 世纪 30 年代，刘易斯等人开始研究燃烧动态过程的理论，阐明了燃烧反应动力学的链式反应机理，发展了火焰传播概念；20 世纪 30 年代到 50 年代，人们建立了着火和火焰传播的经典燃烧理论，同时发展了湍流燃烧理论；20 世纪 50 年代到 60 年代，冯·卡门首先提出用连续介质力学来研究燃烧基本过程，逐渐建立了反应流体力学；20 世纪 60 年代到 80 年代，燃烧理论得到迅速发展，斯波尔丁在 60 年代后期首先得到了层流边界层燃烧过程控制微分方程的数值解，随后，他和哈洛将湍流模型方法引入燃烧学的研究，提出了湍流燃烧模型，在 80 年代建立了计算燃烧学；此外，自 20 世纪 60 年代至今，光学测量等非接触式测量技术被引入燃烧学中，大大提高了对燃烧条件下各种测量参数的测量精度，现已成为燃烧实验的常用方法。

从燃烧学发展简史中可见，燃烧的本质是流动、化学反应与传热传质三者之间相互耦合、相互作用，可运用物理化学理论分析、数学模型模拟、燃烧测量实验这 3 种方法对燃烧进行更完善和更深入的认识和了解，从而使燃烧学由描述性的、半经验性的科学发展为本质性的、严谨性的科学。在燃烧学教学中，如何运用燃烧学理论知识并将其应用到工程实际问题中是教学的关键点，加强燃烧学的实践教学环节，将实验和实践教学与理论教学联系起来，有助于学生对燃烧理论知识有更深入的理解、培养严谨的科学思维和创新能力、掌握解决工程实际问题的方法，从而提升学生的综合能力。而燃烧测量实验是通过实验和检测直接获取数据来理解燃烧理论、学习燃烧技术和开展燃烧应用，是燃烧学教学内容的重要组成部分。

华中科技大学能源与动力工程学院是学校建校时创办的院（系）之一，其动力工程及工程热物理是首批一级国家重点学科，现有热能工程、工程热物理、动力机械及工程、流体机械及工程、制冷及低温工程、化工过程机械 6 个二级学科。学院以能源、动力与环境工程为学科背景，设置了宽口径的本科专业——能源与动力工程专业，结合学院拥有的煤燃烧国家重点实验室，开展人才培养，并建立了以高效、清洁、低碳、安全的燃料燃烧和能源利用的理论和技术为核心的燃烧学关联课程体系，包括基础燃烧学、火焰可视化、燃烧监测与控制、热工信号处理及可视化，在这些课程中均不同程度地涉及了燃烧测量实验教学，以增强学生对燃烧学理论知识的理解与掌握，锻炼学生开展实验测量的实际动手能力。本文将从实验教学的内容设计、实施效果及未来发展 3 个方面，来阐述开展燃烧测量实验的教学实践情况。

1 燃烧测量实验教学的内容设计

现代的燃烧测量实验中大量运用了光学测量等非接触式技术,其特点是:对燃烧场无干扰、获取信息量大、可实现原位及在线测量。而光学测量技术又可分为主动式和被动式两类,主动式测量是对燃烧对象施加激光等外部信号,通过检测燃烧过程与所施加的激光信号的相互作用结果,进行温度、速度、组分浓度等的测量,包括激光诱导击穿光谱技术、激光诱导荧光技术等。此外,由于燃烧过程自身发出强烈的光、热辐射,基于自发射辐射分析的被动式燃烧测量技术在燃烧火焰温度测量中也有了较多发展,主要包括火焰图像处理、火焰光谱分析与火焰热辐射反演。作者根据光学非接触式燃烧测量技术现状,设计了激光诱导击穿光谱检测、火焰图像处理及火焰光谱分析3个实验,并应用于燃烧测量实验教学中,指导学生开展了一系列教学实践,让学生能够更深入地理解燃烧原理、掌握先进测量方法和使用新型测量仪器。

激光诱导击穿光谱(LIBS)是一种快速的全元素分析测试方法,通过将激光聚焦到气体、液体、固体被测对象上,使其处于激发状态,受激发的等离子体中原子、离子的能量以光谱的形式辐射出来,通过光谱仪检测光谱分布就可以对被测对象的元素进行定量分析。作者已建成了一套LIBS系统用于燃烧火焰中C、H、O、N等各种元素的在线检测,以及用于煤、生物质等各种常用燃料的全元素分析。火焰图像处理技术已广泛应用于工程燃烧装置的火焰监测及温度测量中,作者开发了一套实验用燃烧火焰温度图像检测系统,通过机器视觉系统采集和处理燃烧火焰图像,从火焰图像中计算火焰温度图像,用于在燃烧火焰温度检测实验中取代热电偶测温(其为接触式点测量,对被测对象有干扰)及价格昂贵的红外热像仪测温,为实验教学提供低成本的测温装置。此外,燃烧火焰的自发射光谱分析也是燃烧测量实验教学中非常重要的一个环节,燃烧火焰的自发射光谱覆盖从紫外到红外的宽波长范围,不同波段的光谱代表火焰中不同组分发出的辐射,通过采用光谱仪检测燃烧火焰自发射光谱,能定量识别火焰中的组分,还可以计算得到火焰温度、火焰发射率等信息。这3个教学实验在实验室扩散火焰器、部分预混火焰器上开展,使用了激光器、光谱仪、数字摄像机、燃烧器、流量控制器等设备和装置。

2 燃烧测量实验教学的实施及效果

燃烧测量实验教学依托华中科技大学能源与动力工程实验教学中心开展实施,该实验中心围绕"一流教学、一流本科"的教学目标,整合能源与动力工程学院优质科研资源,借助现代化的教学手段创建适合学生基础知识巩固、创新性能力培养、工程实践性强的实践教学内容体系,建立"基础认知型、设计实验型、专业综合型、研究创新型"多层次、多模块的实践教学体系。如图1所示,燃烧测量实验教学平台作为该实验中心的一个教学平台,承担了基础燃烧学、火焰可视化、燃烧监测与控制、热工信号处理及可视化等课程的实验教学任务。

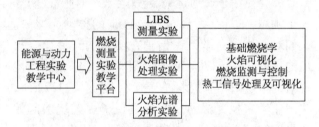

图1 燃烧测量实验教学的实施

通过燃烧测量实验教学的实施,使学生加深了对燃烧理论、燃烧现象、燃烧技术的综合认知,学习了几种先进的燃烧测量技术的基本原理、实施方案,掌握了燃烧测量数据的分析处理方法。实验教学的内容编入"十三五"普通高等教育本科规划教材《工程燃烧诊断学》中;实验教学课程获评为华中科技大学校级本科优秀实验课程;在实验技术创新上,获得了华中科技大学校级实验技术研究项目的支持,开发了火焰温度图像检测实验系统。此外,在燃烧测量实验教学的开展过程中,根据国家重点实验室的管理机制,使用了煤燃烧国家重点实验室的大型仪器设备及实验台架,包括脉冲激光器、可见光-近红外光谱仪、数字式工业摄像机、高速摄像仪、高温黑体炉等,提高了大型仪器设备的使用机时率,进一步实现了大型仪器设备的最大化共享利用。

3 燃烧测量实验教学的未来发展

由于燃烧测量实验教学中涉及高压气瓶、易燃气体和激光器的使用,实验的安全性非常重要。为了保证实验教学的顺利开展,在实验开始之前,根据华中科技大学实验室与设备管理处的相关条例,指导学生进行相关安全知识的学习。同时,能源与动力工程实验教学中心根据《华中科技大学实验室安全管理规定》,结合学院的实际情况,对危险化学品及特种设备从购买、入库、存放、使用到记录及报废处理严格把控,确保安全管理。随着虚拟实验技术的成熟,虚拟仿真实验室在教育领域的应用价值越来越高,它除了可以辅助高校的科研工作,在实验教学方面还具有利用率高、易维护等诸多优点。对于燃烧测量实验教学,在积累大量实际实验结果的基础上,有必要建立相应的虚拟仿真实验,以便于安全地、大规模地实施燃烧测量实验教学。

4 结 语

燃烧测量实验是通过实验和检测直接获取数据来理解燃烧理论、学习燃烧技术和开展燃烧应用,是燃烧学教学内容的重要组成部分。华中科技大学能源与动力工程学院依托实验教学中心建立了燃烧测量实验教学平台,开展了相应的实验教学实践,取得了一定的效果。在未来,结合实验教学的安全性及规模性,将进一步开展燃烧测量实验教学的虚拟仿真实验。

参考文献

[1] 汪亮. 燃烧实验诊断学[M]. 2版. 北京:国防工业出版社,2011.

[2] 娄春. 工程燃烧诊断学[M]. 北京:中国电力出版社, 2016.

[3] 胡晓红,金晶. 燃烧学实验教学的改革与实践[J]. 上海理工大学学报, 2015,37(3): 297 – 299.

[4] 史艳妮,娄春,傅峻涛,等. 基于激光诱导击穿光谱的火焰中元素分析系统[J]. 实验室研究与探索, 2019,38(2):54 – 57.

[5] 唐华兵,娄春,刘建浩,等.燃烧火焰温度图像检测系统开发[J]. 实验技术与管理, 2016, 33(12): 56 – 59.

[6] 杨晓,刘建浩,唐华兵,等. 瞬态火焰图像处理系统开发及其在实验教学中的应用[J]. 实验室研究与探索, 2017,36(6):55 – 57.

[7] 余登美,娄春,黎康星,等. 基于实验教学的火焰光谱测量系统设计及应用[J]. 实验室科学, 2018,21(2):67 – 70.

面向新工科的能源动力专业虚拟仿真教学体系创新与实践[*]

费景洲,路勇,王洋,高峰,郑洪涛

(哈尔滨工程大学 船舶动力技术国家级实验教学示范中心)

摘要: 传统的工科院校在新工科建设中需要紧密贴合行业转型升级需求,不断创新工科人才培养模式,提高创新型人才培养质量。为支撑船舶动力行业转型升级需要,探索信息技术与工程教育深度融合的方法,提出"三结合三转变"的工科教育新理念,依托船舶动力技术国家级虚拟仿真实验教学中心,建立能源动力专业虚拟仿真教学新体系。将虚拟仿真教学资源从实验教学环节拓展到理论教学和学生科技创新环节,提升学生的主动学习能力、综合实践能力和设计创新能力。所提出的理念和建立的教学体系,可为能源动力类专业新工科建设探索提供借鉴。

关键词: 虚拟仿真资源;理论教学;实验教学;科技创新;能源动力专业;教学体系

* 基金项目:教育部高等学校能源动力类专业教育教学改革重点项目(NDJZW2016Z – 10);黑龙江省高等教育教学改革研究重点委托项目(SJGZ20170052);黑龙江省高等教育教学改革研究项目(SJGY20170537)

随着 2017 年 6 月教育部《新工科研究与实践项目指南》("北京指南")的正式发布,备受瞩目的新工科建设开始进入全面实施阶段。新工科是新科技革命、新产业革命、新经济背景下我国工程教育改革的重大战略选择,是今后我国工程教育发展的新思维、新方式,是教育部在"卓越工程师教育培养计划"的基础上,提出的一项持续深化工程教育改革的重大行动计划。新工科建设文件中明确指出,传统的工科特色院校,要发挥自身与行业产业紧密结合的优势,面向当期和未来产业发展需要,开展新工科研究和实践;新工科建设的实践过程中,传统的工科专业,要结合信息技术、虚拟仿真技术等新的技术手段,不断创新工科人才培养模式,提高创新型人才培养质量,满足国家战略和社会转型升级的需要。

近年来,随着"高技术船舶""船用低速机创新工程""航空发动机和燃气轮机重大专项"等国家重大专项的实施,船舶动力行业加快了从跟踪仿制到自主设计创新的转型升级步伐,对科技人才的创新能力培养提出了更高的要求,迫切需要加快船舶动力相关专业工程教育的改革创新。

我校的能源动力类专业,是教育部特色本科专业和国防特色本科专业,为我国船舶动力领域培养了大量的专业人才,已经成为我国舰船动力领域最大的人才培养基地。为提高创新型人才培养质量、支撑船舶动力行业转型升级需要,我校以提高学生主动学习能力和创新能力为目标,依托船舶动力技术国家级虚拟仿真实验教学中心,将虚拟仿真教学资源从实验教学环节拓展到理论教学和学生科技创新环节,形成了"三结合三转变"的工科教育新理念,建立了能源动力专业虚拟仿真教学新体系,在能源动力类专业新工科建设探索上做出了积极的尝试。

1 "三结合三转变"的工科教育新理念

"三结合三转变"理念如图 1 所示,即通过虚拟实验与理论教学相结合、虚拟实验与设备实验相结合、虚拟仪器平台与开放创新相结合("三结合"),实现课堂教学由教师主导教学向学生自主学习转变、演示验证型实验向综合设计型实验转变、学生科技创新从"好中选优"向"齐头并进"转变("三转变")。

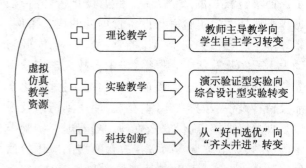

图 1　"三结合三转变"工科教育新理念

虚拟仿真实验是指基于虚拟现实技术构建虚拟实验环境,实验者在虚拟环境中完成预定的实验内容,取得相应的学习或者训练效果。自教育部大力推进国家级虚拟仿真实验教学中心建设项目以来,国内广大工科院校纷纷在教学中引入虚拟仿真实验项目,提高创新型人才培养质量。

目前的虚拟仿真实验教学主要集中在实验教学领域,"三结合三转变"新理念则把虚拟仿真资源的应用范围扩大到理论教学和学生科技创新环节,进一步发挥虚拟仿真教学优势,实现信息技术与工程教育教学过程的深度融合。

2 能源动力专业虚拟仿真教学新体系

以"三结合三转变"理念为指导,以船舶动力技术国家级实验教学中心的虚拟仿真资源为依托,从理论教学、实验教学、科技创新 3 个方面构建能源动力专业虚拟仿真教学新体系,如图 2 所示。

2.1 虚拟仿真实验与理论教学相结合,实现教师主导教学向学生自主学习转变

虚拟仿真实验与理论教学相结合的主要做法是,在能源动力类专业的课程体系中,对于结构类的课程,通过虚拟三维视景、虚拟结构拆装等形式开发虚拟仿真教学资源,实现虚拟拆装;对于原理类的课程,将动力装置性能仿真计算方面的科研成果转化为虚拟仿真教学资源,通过数值仿真手段,将抽象的理论知识转化为直观、形象的动态数据图表。

学生通过网络访问虚拟仿真教学资源,可以进行课前预习;课堂授课过程中,通过虚拟仿真实验阐述相关理论知识,知识的获得过程从教师的讲授转变为学生的实践体会;课后学生还可以通过虚拟仿真教学资源反复演练所学知识内容,巩固提高知识的掌握程度。将理论知识难点通过虚拟仿真方式展现,吸引学生通过虚拟操作、仿真实验等手段

主动获取知识,逐渐培养学生的主动学习能力。课堂教学中,教师从传统的讲授逐渐转变为引导学生自己去探究、理解,学生由被动听讲转变为主动探索,促进课堂教学由教师主导教学向学生自主学习转变。

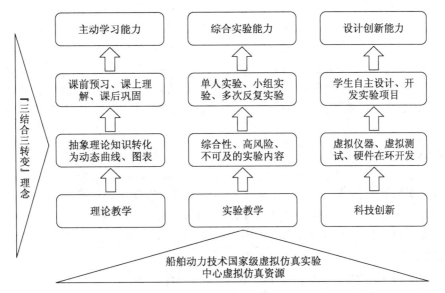

图2　能源动力专业虚拟仿真教学新体系

2.2　虚拟仿真实验与设备实验相结合,实现演示验证型实验向综合设计型实验转变

能源动力类专业实验教学中多涉及高温、高压的热力工质和高速旋转的机械设备,实验操作风险大、设备维护费用高、实验装置台套数量少等多个因素叠加,导致实验教学中演示型实验项目多、综合设计型实验项目少。比如锅炉、燃气轮机、联合动力装置等课程,实验消耗和实验风险都非常大,实验教学过程中学生大多以班级为单位,观看老师演示、操作相关实验设备,亲自动手实践的机会较少。

为解决上述制约实验教学发展的瓶颈问题,中心在实验教学中大力推广"虚实结合"的教学模式,近10年来,通过实验条件建设、科研成果转化、校企合作开发等方式,累计开发各类虚拟仿真教学项目20余项,其中校级虚拟仿真项目4项、省级虚拟仿真实验项目2项。

在教学实践过程中,注重通过虚拟仿真实验与设备实验相结合的方式,实现演示验证型实验向综合设计型实验转变。其主要做法是:以实验室的大型动力装置设备为原型,构建结构特性、运行参数与实际设备高度一致的虚拟仿真实验教学平台,模拟设备实际运行环境,给学生创造接近真实物理设备的实验操作感受;在虚拟环境的基础上,结合动力系统的数学模型,通过三维视景、混合编程、数据

可视化等方式,构建动力装置结构设计、参数设计、匹配设计等多个综合设计型实验项目。

2.3　虚拟仿真平台与开放创新相结合,实现学生科技创新从"好中选优"向"齐头并进"转变

在当前科技创新考评体制的引导下,国内高校的科技创新工作较多关注于重大科技赛事的获奖,比如能源动力专业高校广泛参与的全国大学生节能减排竞赛、"挑战杯"等国内重大赛事。由于比赛名额的限制,只有少量优秀学生通过层层选拔才能参加这类科技创新项目,这种科技创新属于典型的"好中选优"的培养方式。要提升学生的科技创新能力,需要构建绝大部分学生都能参加的"齐头并进"式的科技创新项目模式。然而全面开展科技创新项目,需要大量的平台资源,实验设备投入、实验室开放管理都需要学校投入大量的人力、物力。目前很多高校不具备这样的条件,导致学生科技创新参与程度低,创新活动普及率不高。

虚拟仿真资源能够为高校科技创新活动提供大量的低成本的科技创新平台资源。中心测试技术实验室的测控一体化虚拟仿真实验平台,在没有课程教学任务的时候,面向本科生科技创新开放,由学生社团负责实验室的日常使用管理。该平台基于NI公司虚拟仪器技术开发,能够提供测量仪表、集成电路、芯片模块、电子元器件等虚拟测控平

台资源,满足数据采集、信号处理等方面的仪表需求,可搭建测试及控制实时系统,便于快速构建科技创新作品。

此外,中心其他各项虚拟仿真实验平台、软硬件平台都能够给大学生科技创新提供支撑,为学生科技创新训练提供更多机会。近年来,在各项资源平台的支撑下,学生科技创新活动普及率明显提高,学院科技创新活动普及率已经超过90%,获得各类国家级科技创新奖项100多项。

3 取得的成效

3.1 学生的学习主动性显著提高

"三结合三转变"理念下的能源动力专业虚拟仿真教学新体系,通过虚拟仿真方式展示抽象的知识内容,解决理论教学中抽象知识不可见、不能动、难理解的问题,降低了学习难度,增强了教学过程的新鲜感,给学习过程带来了些许乐趣。虚拟仿真教学本身所特有的交互性、共享性,体现了学生在知识获取过程中的参与感,提高了学生学习过程中的积极性,改变了传统的老师讲、学生听的单向灌输模式。学生通过课前、课后的虚拟仿真实验操作获取知识,更容易产生一种主观上的获得感,提高学习的主动性。

3.2 人才培养质量提升,得到用人单位高度认可

基于"三结合三转变"理念的船舶动力专业虚拟仿真教学资源培养的毕业生,学生的主动学习能力、综合实验能力、实践创新能力都得到了更加充分的锻炼。这些能力经过长时间的、系统性的训练后,会潜移默化地提升学生的工作能力。从近年来的用人单位的回访结果来看,我校能源动力专业的毕业生广受用人单位的好评,人才培养质量得到了船舶动力行业骨干企业和科研院所的高度认可。黑龙江省的就业统计结果表明,近年来我校的能源动力类专业毕业生就业率显著提升,就业质量居黑龙江省高校的前列。

3.3 培养体系得到国内同行高度评价

在2015福州高等学校国家级实验教学示范中心十年建设成果展示和教学资源交流会、2015成都国家级实验教学示范中心交通航天能源组研讨会、2016合肥教育部高等学校国家级实验教学示范中心建设研讨会等国家级实验教学示范中心联席会主办的全国大会上,中心3次受邀做大会主题报告,介绍船舶动力专业创新型人才培养体系和虚拟仿

真教学资源的建设与运行模式,得到与会领导和同行专家的一致好评,吸引国内10多所具有相关专业的兄弟院校来中心交流学习,培养体系得到国内同行高度评价。

3.4 教学成果辐射全球,吸引多国留学生来中心参加课程培训

中心的虚拟仿真实验教学资源,通过国家级精品资源共享课、《中国教育报》等主流媒体报道、互联网传播等方式,辐射到全球多个国家,吸引英国爱丁堡大学、英国南安普顿大学、泰国农业大学曼谷分校、泰国农业大学拉差分校等多所国外大学的师生来校交流学习;被中心的"虚拟仿真与现实设备互动"的教学特色所吸引,泰国农业大学每年派遣多名优秀学员来中心参加亚太船舶动力暑期培训班,学习内燃机、燃气轮机方面的实验实践课程。

4 结 语

"三结合三转变"理念下的能源动力专业虚拟仿真教学新体系,通过信息技术与传统工科专业的深度融合,进一步发挥了虚拟仿真教学的优势,消除了传统教学模式的弊端,激发了学生的学习兴趣,提高了学生的自主学习能力,提升了创新型人才培养质量,在虚拟仿真实验教学体系创新与实践上,可为能源动力类新工科建设提供参考。

参考文献

[1] 钟登华.新工科建设的内涵与行动[J].高等工程教育研究,2017(3):1-6.

[2] 林健.引领高等教育改革的新工科建设[J].中国高等教育,2017(13/14):5-9.

[3] 张凤宝.新工科建设的路径与方法刍论——天津大学的探索与实践[J].中国大学教育,2017(7):8-12.

[4] 陆国栋,李拓宇.新工科建设与发展的路径思考[J].高等工程教育研究,2017(3):20-26.

[5] 王卫国.虚拟仿真实验教学中心建设思考与建议[J].实验室研究与探索,2013,32(12):5-8.

[6] 吴涓,孙岳民,雷威,等.东南大学机电综合虚拟仿真实验教学中心建设规划思路与发展[J].实验技术与管理,2014,31(10):5-9.

[7] 龚成斌,彭敬东,马学兵,等.化学化工虚拟仿真实验中心建设与实践[J].实验技术与管理,2017,34(4):216-220.

[8] 姚日晖,文尚胜,吴为敬,等.光电材料与器件国家级虚拟仿真实验教学中心建设与实践[J].实验技术与

管理,2017,34(3):1-3.

[9] 宋正河,陈度,董向前,等.机械与农业工程虚拟仿真实验教学中心建设规划与实践[J].实验技术与管理,2017,34(1):5-9.

[10] 廖洁丹,娄华,冼琼珍,等.构建虚拟仿真实验教学中心 促进实践教学创新人才培养[J].教育教学论坛,2017(35):276-278.

[11] 王森,李平.2014年国家级虚拟仿真实验教学中心分析[J].实验室研究与探索,2016,35(4):82-86.

[12] 费景洲,路勇,高峰,等.船舶动力技术虚拟仿真实验教学资源建设的实践与体会[J].实验室研究与探索,2017,36(1):147-151.

[13] 兰旭凌."双创"背景下大学生科技创新能力培养刍议[J].技术与市场,2017,10(24):235-236.

蒸汽动力系统虚拟实验教学平台建设

宋福元，杨龙滨，张国磊，李彦军，葛坤

(哈尔滨工程大学 动力与能源工程学院)

摘要： 利用虚拟仿真技术构建了蒸汽动力系统虚拟实验教学平台。利用该平台进行蒸汽动力系统及设备机构认知、锅炉启动操作、系统运行调节等实验，降低了锅炉原理、热力系统及设备本科实验的成本，克服了实际实验操作高成本、高风险的缺陷，减少了实验对设备及场地等资源的占用，能够较好地适应教学改革和课程创新的需要，具有非常积极的意义和价值。

关键词： 锅炉；虚拟仿真；实验教学

船舶动力装置是船舶行业的核心设备，强化实验教学效果是促进学生全面掌握船舶动力设备性能及操作规律的有效手段和必然途径。开设船舶动力装置实物实验面临诸如高成本、高风险等众多难题，随着计算机仿真技术及计算能力的快速发展，虚拟仿真手段成为解决以上难题的最有效手段。

教育部自2013年起开展国家级虚拟仿真实验教学中心建设工作，2013—2015年共批准建设了300个国家级虚拟仿真实验教学中心。从2017年开始，教育部开展了更具有广泛性和共享性的国家虚拟仿真实验教学项目建设和认定工作。

本文利用三维虚拟技术、数字仿真技术，以实验室蒸汽动力系统实验平台为对象，根据增压锅炉、热力系统的工作原理，通过建立增压锅炉、蒸汽动力系统模型，开发了蒸汽动力系统虚拟实验教学平台，生动地展示了增压锅炉及蒸汽动力系统运行、设备结构组装、拆卸等过程，使学生在虚拟环境中漫游，身临其境地学习和掌握增压锅炉及蒸汽动力系统的结构、系统组成、工作原理及运行操作等，加深对增压锅炉及蒸汽动力系统的认识。

1 虚拟实验教学平台的构建

首先，以实验室蒸汽动力系统实验平台为对象，利用2Dmax软件对增压锅炉本体、冷凝器、罗茨风机、除氧器、水泵、储气筒等主要设备，以及连接设备的管道阀门等部件进行1:1的仿真建模，最大限度地还原实验室内的各种设备。其次，利用Virtools软件平台构建蒸汽动力系统虚拟实验教学平台，将一些难以讲解的设备的内部结构、工作原理，通过三维表现手法形象地展现出来。然后，分析增压锅炉及蒸汽动力系统设备之间的管道连接，独立对每个系统单元进行全方位展示。最后，通过对该虚拟实验教学平台的操作，使学生在寓教于乐中学习设备的三维结构、工作原理、操作流程等，达到无成本现场巡检、无成本安全操作的目的，学生可以通过控制仪面板远程控制及阀门就地开关和调节过程的互动操作来模拟蒸汽动力系统实际操作过程。

通过虚拟实验教学平台，学生既可以加深对锅炉及蒸汽动力系统理论知识的理解，又可以仿真实际的锅炉启动操作、系统运行等实验，可以对主要设备进行虚拟拆装,加强对课程概念的理解和设备结构的认知及蒸汽动力系统组成的认知,最终通过该虚拟实验教学平台逐步减少和替代传统足尺的锅炉运行操作实验和拆装实验,以降低实际设备的高成本和高风险。

2 虚拟实验教学平台的组成及应用

蒸汽动力系统包括增压锅炉本体、烟风系统、燃油系统、水处理系统、蒸汽推进系统、充汽系统、蒸汽旁通回收系统等。蒸汽动力系统虚拟实验教学平台包括系统展示、自由巡检、虚拟操作、设备拆装等,如图1所示。

图1 增压锅炉及蒸汽动力系统虚拟实验教学平台

2.1 系统展示

将蒸汽动力系统的各个子系统单独孤立,以三维的形式展现出来,使各个子系统的设备组成、管道走向、阀门位置等一目了然地呈现在学生面前。学生可以通过鼠标切换多种视角,来学习和掌握整个系统的构成及各个子系统的组成,增强学生对系统及设备的认知。蒸汽推进系统如图2所示,水处理系统如图3所示。

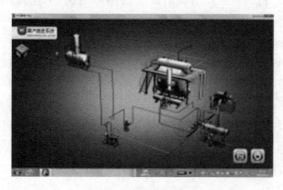

图2 蒸汽推进系统

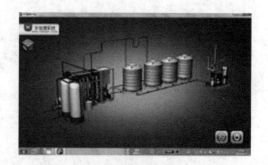

图3 水处理系统

2.2 自由巡检

学生可以在全系统回路中虚景漫游,自由巡检,通过键盘操作走至蒸汽动力系统任一位置,进行虚拟运行、调节,结合系统展示功能,深化对系统及设备的理解。巡检重要设备时,还可以了解设备的内部结构、工作原理等,也可以对设备进行虚拟组装,以充分了解设备的结构特性。锅炉巡检如图4所示,锅炉工作原理及结构展示如图5所示。

图4 巡检锅炉界面

图5 锅炉工作原理介绍界面

2.3 虚拟操作

学生以各个操作步为基准,模拟实际操作过程,可以通过控制界面对锅炉、水泵、风机、阀门等进行远程控制(见图6),也可以通过巡检就地开启、关闭阀门(见图7)。与现场实验对比,虚拟实验可以把误操作带来的风险降低为零。虚拟操作包括:增压锅炉启动、蒸汽动力推进系统和充气系统运行等。

图6 远程虚拟控制界面

图7 就地虚拟启闭阀门操作界面

2.4 设备虚拟拆装

给出主要设备的全部组件,学生可以按固定顺序进行固定装配,熟练后自主完成装配,反复操作直至组装完整、正确为止,从而达到对该设备组成

及结构认知的目的。该平台可以进行增压锅炉、冷凝器、除氧器、罗茨风机及储汽筒等设备的拆装。图8所示为增压锅炉的虚拟拆装。

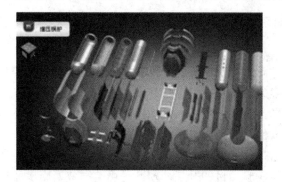

图8 增压锅炉虚拟装配界面

蒸汽动力系统虚拟实验教学平台还原实验室的各个设备、各个系统及其运行的各个数据,摆脱了传统教学平台的束缚,从而达到身临其境的教学效果。

3 结 语

蒸汽动力系统虚拟实验教学平台充分发挥了虚拟仿真的优势,克服了实际实验台高风险、高成本的弊端,虚拟拆装形象地展示了动力设备的结构特点,虚拟操作丰富了蒸汽动力系统实验教学手段及内容。

"虚实结合,先虚后实"的创新实验方式实现了大型复杂系统—局部细节设备—整体系统特性反复认知过程,加深了学生对基础知识的理解,提高

了学生的实践兴趣及操作能力,为能源与动力工程、轮机工程等相关专业提供了虚拟实验条件,可用于锅炉原理实验、热力系统及设备实验、热能工程专业实验等实验课程。

参考文献

[1] 郭恒宁,贺志启,刘艳,等. 土木工程实验教学的虚拟仿真平台设计[J]. 实验技术与管理,2019,36(3): 143-154.

[2] 田昌,齐梦瑶. 蒸汽轮机发电虚拟仿真实验项目设计[J]. 实验技术与管理,2019,36(1):121-123,129.

[3] 王卫国,胡今鸿,刘宏. 国外高校虚拟仿真实验教学现状与发展[J]. 实验室研究与探索,2015,34(5): 214-219.

液态压缩空气储能系统 EES 虚拟仿真平台开发及应用 *

刘迎文[1]，刘青山[1]，葛俊[2]，黄葆华[3]，王维萌[3]

(1. 西安交通大学 能源与动力工程学院；2. 国网冀北电力有限公司；3. 国网冀北电力科学研究院)

摘要： 为丰富教学形式、提升实验教学质量，虚拟实验教学得以广泛推广。本文基于 EES 软件开发了液态压缩空气储能系统虚拟仿真实验平台，并将其应用于实验教学过程中，详细介绍了虚拟仿真实验平台的工作原理、实验教学流程及应用实例，探索虚拟仿真平台在实验教学中的应用效果。该工作有助于加深学生对压缩空气储能系统技术的热力学特性、变工况工作特性的理解，了解系统优化方向，对于提升实验教学吸引力、推动该领域的专业技术人才培养工作具有重要意义。

关键词： 实验教学；虚拟仿真平台；液态压缩空气储能；EES

现有教学模式中，为培养更多全面发展型人才，教学工作的重心已由"深入讲解"转变为"全面讲解"。因此，高校中专业课程的学时设置不断被压缩，使得学生对于专业知识的掌握深度大大降低。为了加深学生对能源动力学科的大科学工程与工业系统、先进能量转换及储能技术的理解和认知，开展满足教育创新、培养实用型和创新人才的实验教学环节变得十分必要。但受限于实验系统或实验条件，无法满足学生对新技术、新系统的认识需求。

随着教学模式改革工作的推进，虚拟实验教学被引入各工科类专业的实验教学中，从而突破了设备、时间、空间的限制，可形象、灵活、安全地开展实践教学。本文结合教学实践，围绕液态压缩空气储能技术的专业课程教育，基于 EES 软件开发了液态压缩空气储能系统的虚拟仿真实验平台，并将其应用于实验教学过程中，探索虚拟仿真平台在实验教学中的应用效果，并进一步加深学生对先进储能技术及大系统的认知与理解。

1 虚拟仿真实验平台

1.1 平台基本情况

虚拟仿真实验是建立在软件和硬件的基础上，

针对某工程实际运行和环境条件，通过相应实验内容的仿真实验，获得结果、规律和现象。硬件通常是计算机，软件是指完成实验设计所需的各类编程软件，如 VRP、Quest 3D、Flash、C +、Fluent、EES 等，通过这些软件完成低成本的能源与动力工程类虚拟实验项目的开发。EES 是由美国威斯康星大学麦迪逊分校开发的工程求解器，被伊利诺伊大学厄巴纳-香槟分校（UIUC）、普渡（Purdue）大学、加州大学等著名工科院校用于本科生的热流课程教学实践中，作者于 2015 年在西安交通大学尝试引入 EES 辅助教学软件，取得了较好的教学效果，在锻炼学生编程技巧的同时，也加深了学生对能源动力类知识点和参数影响规律的认知。

液态压缩空气储能系统的虚拟仿真实验平台基于 EES 软件提供的编译环境进行开发，具备较多计算功能和友好的人机交互界面。虚拟仿真实验具有普适性、人机交互界面友好性的优点。该平台适用于不同负载工况、换热方案、运行参数、储热介质的液态压缩空气储能系统的热力性能仿真；同时提供了友好的人机交互界面和更好的操作体验。仿真平台主界面如图 1 所示。

*基金项目：教育部高等学校能源动力类专业教育教学改革项目（NDJZW2016Y-58）；国家电网公司总部科技项目资助"张家口可再生能源示范区重大科技示范工程运维关键技术研究"（52018K170028）

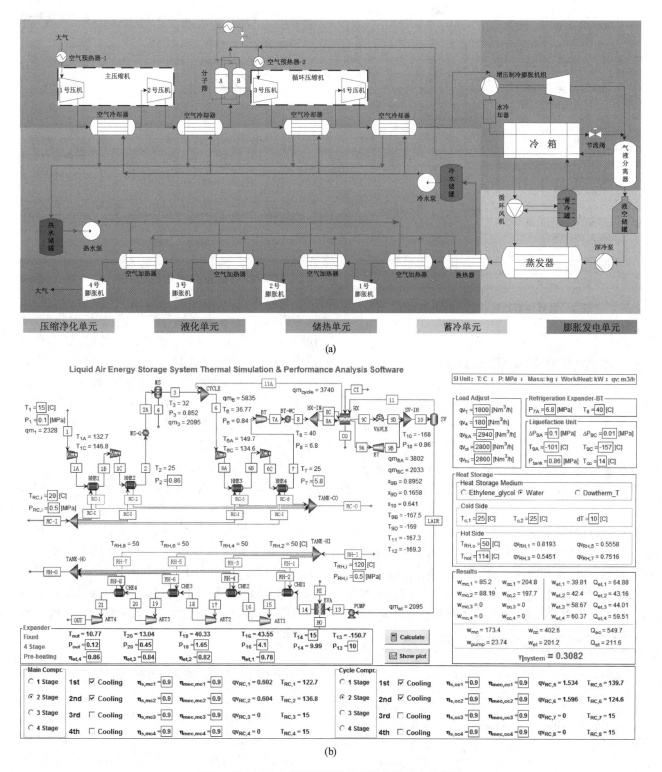

图 1　液态压缩空气储能系统流程及仿真平台主界面

1.2　平台的构成

　　根据液态压缩空气储能系统的不同功能需求，仿真平台分为多个子模块，各个模块之间相互联系，互相耦合，可实现的主要功能有：① 进行液态压缩空气储能系统的热力计算；② 进行液态压缩空气储能系统中空气换热器的热力设计计算；③ 绘制得到液态压缩空气储能系统整个工作过程的热力循环图（$P-h$ 图）。各子模块相互调用关系如图 2 所示。

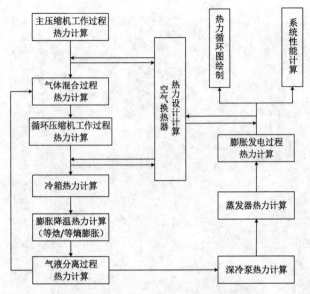

图 2　软件主要功能块之间的调用关系

2　虚拟仿真实验教学内容

　　液态压缩空气储能系统虚拟仿真实验平台具备多种工况下的热力计算能力,可获得系统储能效率及关键过程参数。该平台可用于液态压缩空气储能系统的热力学特性、变工况工作特性、能量损失、参数匹配设计及系统优化的实验教学。实验教学主要内容如下:

2.1　运行环境设置

　　主要进行热力系统计算单位和求解精度的设置,分别如图 3 和图 4 所示。其中,单位系统设置包括单位制的选取及各变量具体单位的规定;求解设置包括最大迭代步数、绝对收敛判据和相对残差。

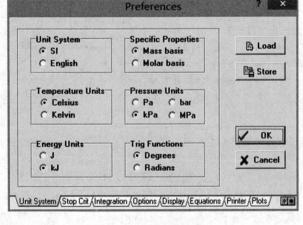

图 3　单位系统设置

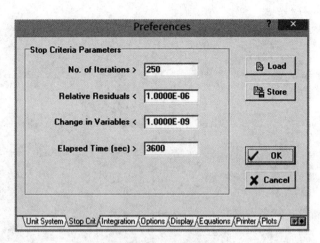

图 4　求解设置

2.2　输入参数设置和结果输出

　　根据设定工况,完成系统运行参数的输入和工作方案的选定,主要包括:进料空气的热力状态、系统各流路工作流量、核心部件运行参数、储热介质选取、动力部件工作方案规定。所有待输入参数如图 1 所示。通过虚拟实验内容操作,即改变部分参数设定,完成系统热力性能预测,获得各节点的状态参数结果、各部件的运行结果及系统性能参数,并观察相应变化规律。

2.3　热力工作图绘制

　　根据仿真平台计算结果,可完成系统全流程的热力工作图绘制和参数影响规律描述,主要包括在实际空气的热力性质 $P-h$ 图上绘制系统工作过程和描述某参数变化对系统及各部件热力性能和效率的影响规律。对系统工作流程进行分析,通过不同工况下热力循环图的对比,可以更直观地观察运行参数变化对系统的影响,有利于加深对系统运行过程的理解。

3　虚拟仿真实验平台计算实例

　　案例:某 200 kW 液化空气储能系统,进料空气处于大气环境状态、流量 1800 m³/h,主压缩机和循环压缩机均采用两级等压比压缩和级间冷却方案,选取水作为储热介质,膨胀发电机处于四级变压比工作模式。仿真结果如图 5、图 6 所示。

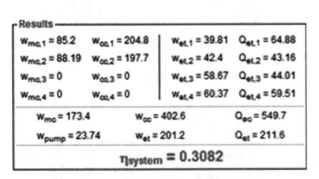

图5 系统性能参数

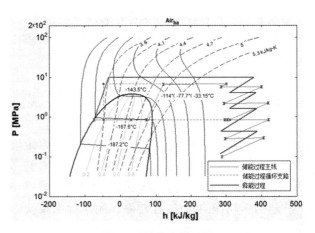

图6 系统热力循环图

4 结语

虚拟仿真实验平台技术作为实验教学的新手段,对于丰富教学形式、提升实验教学质量具有重要作用。本文基于 EES 软件开发了液态压缩空气储能系统的虚拟仿真实验平台,并将其应用于实验教学环节中,为学生提供了一种针对液态压缩空气储能系统的热力仿真与性能分析的精简便捷的辅助学习工具,有助于加深学生对该技术的理解,促进该领域专业技术人才的培养。

内燃机高压共轨实验台建设研究*

王迪,费景洲,路勇,高峰

(哈尔滨工程大学 动力与能源工程学院)

摘要: 为了更好地研究喷雾特性,为内燃机燃烧理论研究提供支持,并培养相关方向学生,建立了高压共轨喷雾实验台。实验台由供油系统、定容弹系统及控制系统组成,能够结合内燃机光学测试技术、高速摄影技术和数字处理技术,展开模拟发动机缸内环境下的喷雾特性研究。结果表明,实验平台能够实现喷雾测量功能,使学生在了解先进测试技术的同时,更加直观、生动地看到柴油机燃油喷射发展的实际过程。

关键词: 柴油机;喷雾;高压共轨;定容弹

发动机是国防、交通等领域的基础装备,是一个国家综合国力的标志,国家对于发动机领域内的新型人才需求巨大。内燃机原理、测试技术、流体力学等是面向研究型大学动力工程及工程热物理专业的主干课程。以激光技术为代表的先进测试技术的快速发展为发动机技术的提高和进步提供了强有力的支撑,同时也为动力工程及工程热物理专业提供了新的人才培养方向,但需要相关的实验

* 基金项目:黑龙江省高等教育教学改革研究重点委托项目(SJGZ20170052);哈尔滨工程大学中央高校基本科研业务费专项基金项目(HEU180304)

平台实施教学过程。基于上述需求,结合先进的内燃机现代测试技术、高速摄影技术和数字处理技术,进行了高压共轨喷雾实验台的开发与建设。

1 实验台组成

实验台由供油系统、定容弹系统及控制系统组成,如图1所示。供油系统负责提供共轨腔内的高压燃油;定容弹系统是实验台的主体部分,能够在其中进行多功能的实验;控制系统用于确保实验的正常进行。

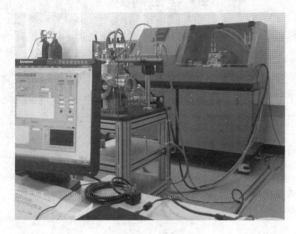

图1　实验台实物图

1.1 供油系统

供油系统由油箱、燃油滤清器、输油泵、高压油泵、共轨管、喷油器及相应的线路和管道组成。电机带动高压油泵,为系统提供压力源,并由变频器控制转速。油路分为高压油路和低压油路。高压油路是指高压油泵与共轨管及共轨管与喷油器之间的连接管路,低压油路是指为高压油泵供油的管路部分。供油系统工作时,燃油经过滤清器后由输油泵输送给高压油泵,高压油泵产生的高压油被储存在共轨管中,而共轨管与喷油器相连。

1.2 定容弹系统

定容弹系统包含定容弹弹体、气源和进排气装置。定容弹弹体采用45号钢制成,具有良好的受热性和耐腐蚀性,在弹体各表面有筒状延伸部分,具有可以安装视窗盖的圆形安装槽,以方便从各个位置进行喷油器的安装和对喷雾的观察,如图2所示。视窗盖内可放有石英玻璃,通过机械连接安装到弹体上,视窗直径为100 mm。弹体上开有进气管道,均匀地分布在每个筒状延伸结构内部的90°阵列位置,在保证均匀加压的同时,能对视窗玻璃起一定

的清洁作用。

图2　定容弹实物图

从喷雾特性实验的需要和安全性考虑,气源选用高压氮气瓶。在气源与定容弹之间有一小型储气瓶,起缓冲和稳压的作用。气源出口处由限压阀限定了压力变化范围为0～6 MPa。排气管设置在弹体下方,与油雾分离器相连接,油雾分离器的最高许用压力为1.0 MPa。

1.3 控制系统

控制系统的功能包括对转速的监控、对轨道压力的控制、对喷油器的控制及对CCD相机的控制。

对转速的监控:凸轮轴传感器利用霍尔效应,凸轮轴上安装有铁磁性材料制成的齿,当这个齿经过凸轮轴传感器的半导体膜片时,它的磁场就会使半导体膜片中的电子以垂直于流过膜片的电流的方向发生偏转,产生一个短促的电压信号,这个信号可以通过示波器接收。

对轨道压力的控制:为了精确标定高压共轨燃油系统的共轨压力传感器,需要得到准确的轨压当前值,因此在高压油轨上加装了Kistler生产的发动机测试专用4067C压力传感器,与其搭配使用的电荷放大器型号为4618AO,将压力传感器输出的信号转换成0～10 V电压信号。将采集好的轨压与目标轨压进行比较得到两者偏差值,根据偏差量经过PID控制后,输出响应的PWM信号,通过改变占空比的大小来控制流经溢流阀的电流大小,进而调节共轨管出油量,最终实现控制轨压大小的目的。

对喷油器的控制:为了增加电磁喷油器的开启速度,选择的是Peak & Hold的方式,将喷油过程对喷油器的驱动过程分为Peak和Hold两个阶段,通过对喷油提前角和喷油脉宽的计算,可以得到喷油的起始时刻和结束时刻,以及一次喷油过程的驱动

2019年全国能源动力类专业教学改革研讨会论文集

信号和喷油器驱动电流波形。

对 CCD 相机的控制：由控制系统提供下降沿外触发信号来控制拍摄的开始时间，下降沿信号在喷油驱动信号之后延迟发出，延迟时间可以修改，用以获得喷雾始点图像。可以通过设置相机自带软件参数来改变相机分辨率、曝光时间和拍摄持续时间。

2 实验台测试结果

下面以基于纹影法的喷雾特性测量为例进行介绍：纹影法是流动显示技术的一种，可以根据光线的偏折角来确定折射率的一阶导数。纹影法经常用来观察柴油机喷雾宏观结构及燃油气液两相的分布特性，同时由于其成像依靠的是折射率梯度正比于流场的密度变化，因此可以观察到米氏散射无法观察测量的气相运动及分布特征。当高压共轨喷雾实验台使用纹影法进行喷雾特性测量时，使用定容弹的两个侧窗口用于通过平行光路，一个顶部窗口用于安置喷油器。纹影光路包括氙灯光源、透镜组件、凹面反射镜和 CCD 相机，采用的是"Z"字形布置的反射式纹影法，并将刀口调整到系统的子午焦平面或径向焦平面上，以减少轴外光线成像造成的慧差和像散。

实验参数如表 1 所示。

表 1　实验参数

喷孔直径	0.12 mm，单孔						
喷射压力	100 MPa						
背压/MPa	0.1	1.2	2.2	3.0	4.0	5.0	5.8
环境温度	20 ℃						
喷油持续期	2 ms						
燃料	0# 柴油						
燃油密度	836 kg/m³						
燃油运动黏度	4.8 mm²/s						
燃油表面张力	26.55 mN/m						

喷雾图像通过高速 CCD 相机获得，CCD 相机的最大拍摄速度为 100000 fps（1 fps = 0.304 m/s），而满幅分辨率（800 × 600）下的拍摄速度为 6600 fps，在进行实验时，会根据需要获得信息的喷雾区域来对 CCD 采样窗口进行调整，以获得适合的采样窗口和拍摄速度。

喷射压力为 100 MPa 的喷雾在不同背景压力下的喷雾可视化原始图像如图 3 所示。在获得了大量的喷雾图像数据之后，通过基于 MATLAB 的背景修正，可以获得喷雾的发展过程，如图 4 所示。在此基础上结合喷雾图像数字处理技术可以获得相关的喷雾特性参数。

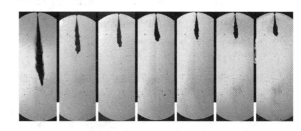

图 3　100 MPa 轨压、不同背压下 200 μs 时刻的喷雾图像
（从左到右背压分别为 0.1 MPa，1.2 MPa，2.2 MPa，3.0 MPa，4.0 MPa，5.0 MPa，5.8 MPa）

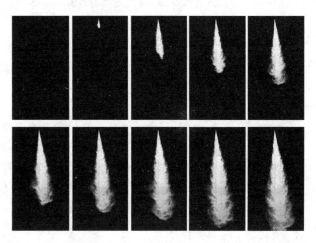

图 4　100 MPa 喷射压力、4.0 MPa 背压下进行背景修正后的喷雾可视化图像（每张图片的时间间隔为 150 μs）

3 总结与展望

本文根据柴油机喷雾实验的需要，建立了高压共轨喷雾实验台，并以纹影法为例展示了高压共轨喷雾实验台的实验结果。结果表明，本实验台能够配合内燃机光学测试方法进行喷雾特性测量，获得需要的实验原始数据，并应用到内燃机方向学生的课程培养中。

在此基础上，未来将对喷雾实验台的核心部分（定容弹）进行加温改造，使其能够达到柴油机缸内燃油喷射时的温度，并对喷雾图像处理软件进行进一步的完善。

参考文献

[1]　齐放,张乐超,许沧粟. 柴油机喷雾特性的电喷控制

电路设计[J]. 实验室研究与探索,2011,30(7):6 -
10.

[2] HUA Zhao H. Laser diagnostics and optical measure-
ment techniques in internal combustion engines[M].
SAE International, 2012.

[3] Skeen S A, Manin J, Pickett L M. Simultaneous formal-
dehyde PLIF and high-speed schlieren imaging for igni-
tion visualization in high-pressure spray flames[J]. Pro-
ceedings of the Combustion Institute, 2015, 35 (3):
3167–3174.

[4] Som S, Skeen S A, Manin J, et al. Numerical simula-
tions of supersonic diesel spray injection and the induced
shock waves[C]. SAE International, 2014.

[5] Lyle M P, Sanghoon K, Timothy C W. Visualization of
diesel spray penetration, cool-flame, Ignition, high-tem-
perature combustion, and soot formation using high-
speed imaging[C]. SAE International, 2009.

[6] Kook S, Le M K, Padala S, et al. Z-type schlieren set-
up and its application to high-speed imaging of gasoline
spray[C]. SAE International, 2001.

[7] Settles G S. Schlieren and shadowgraph techniques
[M]. Springer, 2001.

热能工程虚拟仿真实验教学体系和平台建设

王桂芳,程上方,赵媛媛,王进仕,种道彤

（西安交通大学 能源与动力工程学院）

摘要:火电厂具有高温、高压和系统较复杂等特点,虚拟仿真实验可以实现热能工程专业真实实
验难以完成的教学功能。以培养学生综合实践能力和创新能力为导向,构建"模块化、层次化、
多样化"的虚拟仿真实验教学体系,将虚拟仿真实验项目分为基础理论学习、专业技能训练和创
新实践训练3个不同模块,建设虚拟仿真实验教学管理与实验平台,使学生在开放、自主、交互的
虚拟环境中开展实验,为热能工程专业人才培养起到积极作用。

关键词:虚拟仿真;实验教学;创新能力;人才培养

随着电力技术的发展,我国火电机组正朝着大容量、高参数、低污染的方向迅猛发展,电力生产过程复杂且设备在高温、高压下运行。虽然热能工程专业的学生有机会进入真实火力发电厂进行实习,但由于火力发电厂承担发电任务,各设备具有高温、高压特性,对学生存在一定的安全隐患,因此给学生的实践学习带来巨大的挑战。热力发电实验设备价格昂贵,占地面积大,且实验过程需要消耗大量能源,加之火电生产的不可间断性和不可逆操作特性,造成了难以使用实体实验装置开展实验的状况。上述因素导致学生实习效果差,实验教学手段单一,实验内容更新缓慢,教学效果有待提升,实验教学体系已不能满足发展需要。在这种形势下,我校成立了火电厂系统国家级虚拟仿真实验教学中心(以下简称中心)。

虚拟仿真实验教学依托虚拟现实、多媒体、人机交互、数据库和网络通信等技术,构建逼真的虚拟实验环境、实验对象和实验内容,学生在虚拟环境中开展实验。利用虚拟仿真技术开展实验,可以帮助学生充分认识和理解火电厂的主要设备和布局、系统功能,进行启停及事故对策分析,降低实验成本,避免在真实系统运行环境下的风险,保障学生的安全;为学生创造"自主学习创新"的平台,由传统的"以教促学"方式转变为结合信息环境与学生的相互作用来获取知识、技能的新型学习方式,并实现教学资源的共享,打破人才培养的局限性。

1 虚拟仿真实验教学体系建设

中心坚持"科学规划、资源共享、结合实际、持续发展"的指导思想,坚持学科建设与人才培养相结合、教学与科研相结合、理论教学与实验教学相结合的原则,以促进学生综合实践能力和创新能力为目标,构建"模块化、层次化、多样化"的虚拟仿真

实验教学体系（见图1），即"基础理论学习、专业技能训练、创新实践训练"3个模块，"基础验证仿真实验、综合设计仿真实验、研究创新仿真实验"3个层次，不同模块、不同层次相互交叉融合，构成多样化的虚拟仿真实验项目，实验项目内容由浅入深、由点及面，满足学生在不同培养阶段的需要。

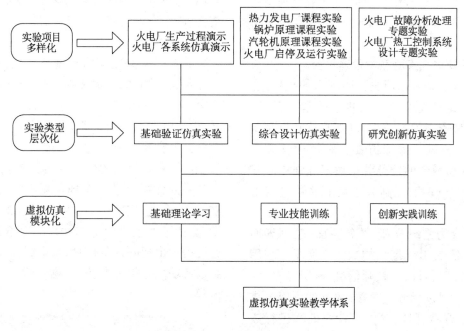

图1　虚拟仿真实验教学体系

1.1　实验教学模块

（1）"基础理论学习"模块主要针对热能工程专业一些课程的理论教学，将理论教学中的难点和重点内容进行虚拟仿真，加深学生对理论教学内容的理解和巩固，建立理论和工程实际之间的联系，培养学生独立思考问题和解决问题的能力。

（2）"专业技能训练"模块主要针对火电厂现场实践，如通过火电厂漫游仿真，使学生获得沉浸式火电厂实践体验，通过不同类型机组的虚拟仿真，实现实验室和生产现场的"无缝对接"，加强学生对多种工况下机组启动、正常运行调整、机组停运的实际操作能力和分析判断能力。

（3）"创新实践训练"模块结合学科项目科研成果，基于科研与教学相长的思路，将最新的科研成果转化为教学资源，确保虚拟仿真实验教学的先进性，从实验环节加强学生对相关学科前沿成果的深入理解，提升学生的实验技能和科研能力。

1.2　实验教学层次

（1）"基础验证仿真实验"层次主要是针对热能工程专业相关课程开展的演示性实验，学生可以全面、系统地认识火力发电厂主要热力系统和设备，掌握生产流程和工作原理，有助于学生夯实专业理论知识。

（2）"综合设计仿真实验"层次利用火电厂虚拟仿真平台提供的建模和分析工具，开展设计分析综合实验项目。通过虚拟仿真技术应用，实验场景更贴近工程实际，可用抽象的示意模型代替复杂的受控对象。该类实验着重培养学生的专业知识运用能力、实验技能、实验手段和分析解决问题的能力。

（3）"研究创新仿真实验"层次依托中心对应的动力工程及工程热物理学科，面向学科发展前沿，让部分能力较强的学生参与科研项目，将最新的科研成果转化为虚拟仿真实验教学资源。该类实验培养学生从事科学研究和技术开发的综合能力，为培养具有科技创新能力的高素质专业人才提供训练条件。

综上，不同实验教学模块、不同实验教学层次之间相互交叉补充、融合渗透，构成了多样化的虚拟仿真实验项目内容，共同构成热能工程虚拟仿真实验教学体系。

2　虚拟仿真实验教学平台建设

中心将虚拟仿真实验教学资源整合到开放式虚拟仿真实验教学管理平台、火电厂虚拟现实仿平台、火电机组虚拟仿真平台3个平台，共同构成虚拟仿真软件共享平台。虚拟仿真软件共享平台在计算集群及其他计算节点上装有多套专门面向热能工程专业的计算软件，用户可通过网络连接到该平台，根据自身需求选取合适的仿真软件进行虚拟仿真实验。

2.1 开放式虚拟仿真实验教学管理平台

网络管理平台是虚拟仿真实验项目的载体，也是实现虚拟仿真实验项目开放共享的基础条件。以开发整合优势资源为导向，以建立开放共享机制为宗旨，建设了开放式虚拟仿真实验教学管理平台，虚拟仿真实验教学的资源共享对于加强中心建设、深化实验教学改革、提高人才培养质量具有重要意义。

管理平台分为系统管理、教务界面、教师界面和学生界面4部分，其功能结构如图2所示。利用该管理平台，管理员可以对教师信息、班级信息、学生信息和实验项目进行分类管理，教务处可以安排教学计划、实施开课管理、提供成绩查询和进行数据统计，教师可以预约实验室、安排实验项目、管理考勤、查阅学生实验情况、批改实验报告等，学生可以预约实验、查看实验信息、进行实验、提交实验报告等。

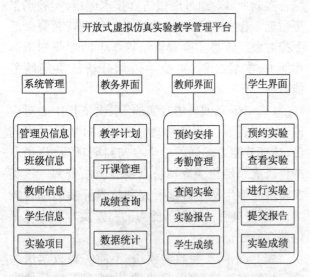

图2 开放式虚拟仿真实验教学管理平台的功能结构

开放式虚拟仿真实验教学管理平台公布虚拟仿真实验教学相关信息，提供虚拟仿真实验教学平台连接等服务。用户可以在校园网环境中通过账户登录，根据各自的权限和需求进行相应操作。学生可在校园网任意网络接入点访问平台资源，方便地利用平台资源学习和开展实验。

2.2 火电厂虚拟现实仿真平台

虚拟现实技术是一种可以创建和体验虚拟世界的计算机仿真系统，它利用计算机生成三维虚拟环境，用户可以通过外设与虚拟环境中的对象进行交互，使用户沉浸在该环境中以达到等同真实环境的感受和体验。

火电厂虚拟现实仿真平台以实际火电厂为仿真对象，利用虚拟现实技术在计算机上构建与真实火电厂一致的虚拟环境，建立火电厂全场三维场景，模拟电力生产场景和设备，结合语音、文字等多媒体方式直观表现火电厂整体布局、设备内部结构和生产过程。建设的仿真平台具备以下功能：支持以第一人称视角进行全场任意漫游和固定路径漫游，熟悉火电厂整体布局及各厂房布置，如图3所示；支持三大主机内部结构展示和介绍；显示在漫游过程中出现的设备信息，可通过点击设备铭牌了解设备功能及相关参数；三维演示热力系统的工质流程。

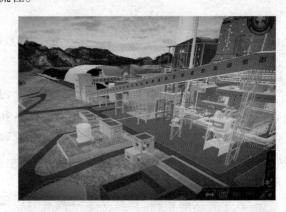

图3 火电厂虚拟现实仿真场景

2.3 火电机组虚拟仿真平台

中心建设的火电机组虚拟仿真平台包括1000 MW超超临界火电机组虚拟仿真系统、350 MW热电联产机组虚拟仿真系统、330 MW循环流化床机组虚拟仿真系统等仿真系统。图4所示为火电机组虚拟仿真系统的主操作界面。

2019年全国能源动力类专业教学改革研讨会论文集

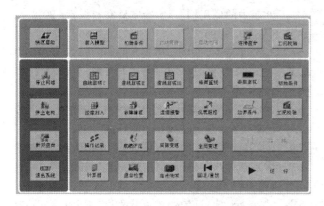

图4　火电机组虚拟仿真系统主界面

仿真平台分别以 1000 MW 超超临界火电机组、350 MW 热电联产机组和 330 MW 循环流化床机组等不同类型的机组为仿真对象，可以实现以下功能：提供与真实机组完全相同的连续、实时仿真，进行全范围、全工况、全工艺流程高逼真度的仿真；模拟汽机、锅炉、电气、热控等系统及设备的运行和调节特性，真实反映机组故障的现象及处理过程的动态响应；实现机组机、炉、电全系统的冷态、温态、热态的启停功能；实时仿真火电厂主要设备及系统中常见的各种异常和故障，结合机组的实际工况，分析运行方式，制定反事故措施。

3　虚拟仿真实验教学资源建设

根据实验项目特点和学生认知规律，虚拟仿真实验教学项目可分为基础理论学习、专业技能训练和创新实践训练 3 个模块，从低级到高级、从简单到复杂、从局部到整体，内容由浅入深、由点及面，满足学生在不同培养阶段的需要，循序渐进地提升学生的工程实践能力。

3.1　专业技能训练类实验项目

（1）热力发电厂课程实验。基于火电厂虚拟现实仿真平台，该实验配合热力发电厂课程教学同期进行，是热能工程专业重要的实践教学环节。在虚拟现实仿真平台上，学生可以认识和掌握火电厂整体布局、设备布置、主要设备内部结构（如汽轮机、锅炉和发电机等）、不同系统管路分布和连接情况，深入了解火电厂整体运行情况和生产过程，实现在主厂房、煤场区、水处理区和变电站等区域的虚拟漫游。该实验有助于激发学生的学习兴趣，使学生对火电厂的总体布置、设备结构、生产流程有更直观的认识，加深对热力发电厂课程知识的理解。

（2）锅炉、汽轮机原理课程实验。基于火电厂虚拟现实仿真平台，该实验配合锅炉、汽轮机原理课程教学同期进行。锅炉、汽轮机和发电机是火电厂三大主机，热能工程专业学生需要熟悉掌握锅炉和汽轮机的基本结构和工作原理。在理论教学时，教师通常以二维平面图进行讲授，不够形象、直观；在生产实习参观时，设备往往已经安装就位或正在运行，学生无法了解其内部结构和工作过程。本课程实验利用三维解剖图、动态流程图、语音和文字相结合的形式进行展示，学生可以多角度、全方位、深层次地掌握锅炉和汽轮机的结构、工作原理及工艺流程，弥补了现有教学环节的不足。

（3）火电厂启停及运行实验。该实验利用火电机组虚拟仿真平台进行，学生在完成专业课学习和课程实验的基础上，在掌握火电厂的生产流程、生产设备原理及构造的情况下，通过仿真实验进一步掌握火电厂不同类型机组的启停及运行情况。学生在教师指导下独立完成启停及运行，启动包括系统投运、锅炉点火升温升压、汽轮机冲转并网带负荷直至额定负荷；停机包括降负荷、发电机解列、降转速直至主轴停止。仿真实验以学生自主完成为主，指导教师引导学生解决实际操作中遇到的问题，并将问题与专业课程中所学内容相联系，巩固学生的理论知识，锻炼学生处理问题、解决问题的能力。

3.2　创新实践训练类实验项目

（1）火电厂故障分析处理专题实验。该专题实验利用火电机组虚拟仿真平台为学生提供火电厂常见的故障，主要包括汽机专业、锅炉专业、电气专业常见故障，比如安全阀泄漏、给水泵跳闸、主蒸汽参数异常等。由指导教师设置故障，学生根据所学理论知识分析产生故障的具体原因，给出处理方法和措施。通过该专题实验，锻炼学生理论联系实际的能力，提高学生分析、处理、解决问题的能力及初步科研能力，为学生以后独立开展科研工作奠定良好基础。

（2）火电厂热工控制系统设计专题实验。该专题实验基于火电机组虚拟仿真平台，主要用于项目设计、创新实践和科研项目等，由学生组合团队协作完成。利用火电机组虚拟仿真平台提供的建模和分析工具，选取火电厂热工控制系统，对该系统进行动态特性分析，设计控制系统，探讨控制方案的可行性和有效性。该专题实验内容、方案及进度等全部由学生自主安排，通过实践有助于培养学生的团队协作和创新实践能力。

4 结　语

我校立足于热能工程专业人才培养的要求,以培养学生创新精神和综合工程实践能力为导向,引入虚拟现实技术和仿真技术,将虚拟仿真实验纳入实验课程体系,构建了 3 个仿真平台,设置了多元化的实验教学资源,形成了独具特色的热能工程虚拟仿真实验教学体系和人才培养模式。建设和探索热能工程虚拟仿真平台和实验教学体系,对提高教学质量和促进专业人才培养具有重要的作用和现实意义,对同类高校热能工程专业具有示范及借鉴作用。

参考文献

[1] 胡浩威,储蔚,方廷勇. 基于虚拟仿真实验的热力发电厂教学改革探索[J]. 高等教育,2019(2):148 – 149.

[2] 戴宪滨. 电气工程及其自动化专业实践教学体系的构建研究[J]. 中国电力教育,2014(35):161 – 162.

[3] 周洪,刘超,何珊. 电力生产过程虚拟仿真实践教学中心建设与实践[J]. 实验技术与管理,2014,31(8):1 – 4,8.

[4] 吴攀,单建强,张博. 虚拟仿真实验在核工程与核技术专业中的应用[J]. 实验室研究与探索,2018,37(4):102 – 106.

[5] 王成,洪紫杰,熊祖强. 矿业工程虚拟仿真实验教学中心建设与实践[J]. 实验技术与管理,2017,34(1):228 – 231.

[6] 刘怡昕. 关于兵器科学与技术学科发展的思考[J]. 南京理工大学学报,2017,41(5):45 – 49.

[7] 马文顶,吴作武,万志军. 采矿工程虚拟仿真实验教学体系建设与实践[J]. 实验技术与管理,2014,31(9):14 – 18.

[8] 王帅,卢红梅,刘有才. 矿冶工程化学虚拟仿真实验教学体系的构建[J]. 实验技术与管理,2018,35(8):125 – 128.

[9] 刘秀清,葛文庆,焦学健. 国家级虚拟仿真实验教学中心建设与管理[J]. 实验技术与管理,2018,35(11):225 – 228.

[10] 陈铁,李咸善,汪长林. 水电运行虚拟仿真实验教学系统的研究与实践[J]. 实验技术与管理,2017,34(6):123 – 126.

[11] 张立茹,郭茂丰. 火电厂仿真系统用于实践教学改革的探索[J]. 中国电力教育,2009(149):134 – 135.

[12] 陈国辉,刘有才,刘士军. 虚拟仿真实验教学中心实验教学体系建设[J]. 实验室研究与探索,2015,34(8):169 – 172.

浸入式教学法在能动类专业基础实验教学中的应用探索*

张慧晨,田昌,邹艳芳,盛健,黄晓璜,魏燕

(上海理工大学 能源与动力工程学院)

摘要:本文将"浸入式"教学模式与传统实验教学模式相结合后应用于能源动力类专业基础实验教学,让教师在传授实验涉及的基础知识的同时,进一步提升学生的学习兴趣,还可以将教师从大量、连续、重复的实验教学过程中解脱出来,重点提升关于综合知识的教学服务能力,最终引导学生从被动接受逐渐转变为主动探索,化学习的知识为技术创新的工具和手段,达到锻炼和提高各方面能力的目的。

关键词:浸入式教学;实验教学;实验环境

近年来,随着国内、国际竞争日趋激烈,对技术创新的要求不断提高,高校的人才培养目标也不断提升。实验教学作为高等工科学校专业人才培养的重要组成部分,对培养学生的动手能力、分析解

* 基金项目:上海理工大学 2019 年度教师教学发展研究一般项目(CFTD194003)

决问题的能力、创新的思维能力及严谨的工作作风等起着不可替代的作用。而随着教学改革的不断深入，以学生为本的教学改革思想深入人心，传统实验教学授课模式也在不断革新，国内外高校对实验课授课形式也开展了多方探讨。例如，国外有些高校将传统实验与计算机技术结合，摒弃较简单的单项验证类实验项目，转而利用先进的实验平台和测试仪器开设综合性实验，实验项目更具前沿性和实用性，同时采取自主、开放式教学手段，并执行严格的考核方式，充分调动学生学习的主观能动性。但此种改革方式需要大量资金、师资力量的支持，很难推广开来。国内高校多以实验课程授课模式改革为出发点，将"大锅炖"的教学模式改为小课堂授课模式，将理论课堂教学模式与企业工程实际密切结合，将大学生创新项目与实验教学相结合等方式进行改革。但此类改革方式周期长，对师资力量、教师知识储备和学生自主能动性要求较高，短期内学生感受不到明显成效，易出现"半途开溜"的现象。因此，构建一个可操作性强、紧凑性强且具有一定创新性的能源动力类专业基础实验教学体系具有重要意义。

浸入式教学起源于加拿大，该教学法是一种以学生为中心的教学方法，广泛应用于国内外外语教学，使学生在进行基础学习的过程中能够始终浸泡在目标语言的环境当中，在长时间的熏陶和感染下，能够自然而然地形成一种运用英语进行交流的意识和能力，体现的是一种快乐的主动学习的思想。但该教学法很少应用于其他专业知识教学。因此，如能将"浸入式"教学模式与能源动力类专业基础实验教学进行有效结合，花费最少的代价让学生在快乐的、主动的学习氛围中完成对专业知识点的掌握与创新，势必有利于实验教学改革的实践和学生学习能力的健康发展。

1 建立浸入式实验教学环境的必要性

工程流体力学实验、工程热力学实验、动力工程测控技术实验、传热学实验及燃烧学实验是上海理工大学能源动力类专业"五大"必修的基础实验课程。单一大实验课程均下设 8 个子实验教学项目，每个子实验项目 2 学时，单一大实验课程共计 16 学时，"五大"基础实验课程共计 80 学时。"五大"基础实验课程开展时间跨度为 1 年。故从实验开展的内容和时间上来说，"五大"基础实验占据能源动力类专业学生大学四年总实验课程近一半比例。由此可见"五大"基础实验课程有效开展对培养学生的实践能力和创新能力至关重要。

随着我校对实验类课程教学改革的深入，我院实验团队建设也趋于完善。早在 2013 年，我院已经建立了专职实验教师队伍并采用小课堂的实验教学模式(每节课学生人数约 14 人)。但是小课堂的开展拉长了原有实验课课程周期，故实验课开课周期很难适应每个学生的课堂教学计划，因此实验授课模式仍然以传统的课堂教学模式为主，即以实验指导书为依据，通过实验内容和实验设备介绍、实验过程讲解与演示(或操作)、得出实验结果及对实验结果进行分析等几个步骤来完成实验。这种模式的优势在于既可以帮助未完成理论课堂学习的学生预习新知识点，也可以帮助已完成理论课堂学习的学生重新梳理并巩固理论课堂教学内容。近年来，随着学生年龄层次从"90 后"转变成"00 后"，学生接收新事物、新科技的能力越来越强，他们对实验教学的期待值也越来越高。在近两年实验教学实践中，通过对学生的随机访问发现，学生对实验教学的普遍期待是动手操作要多、理论联系实际要强、最好具备一定科研性和创新性。反观我们的"五大"基础实验课程教学模式，因不同专业基础实验的知识构架、实验设备特征及数量等各不相同，均一化的实验教学模式势必不会适应每个实验的教学特点，实验开展效果达不到理想预期，将这些问题归纳总结后有:(1)实验时间有限。由于每个子实验课时为固定学时，一组实验学生人数相对较多，扣除实验讲解、演示及操作后分配到每个学生身上的时间有限，在短时间内教师想充分调动学生学习的积极主动性具有较大难度，更别谈让学生全身心投入到实验教学过程中。(2)子实验之间、单一大实验课程之间的知识点串联性不强。单一大实验课程中每个子实验项目往往是对课程的某一个知识点进行验证或试验，而实施小组实验教学后，由于学生人数较多，分组数亦增多，导致教师教学工作量大大增加，不同子实验项目授课教师不同，每个教师授课时弹性空间比较大，子实验之间知识点存在串联性不强的隐患。另外，每个教师自身知识构架不同，实验课程授课过程所拓展的知识点不同，单一大实验课程之间知识点串联性不强。(3)实验台套数波动大。实验室现有实验设备从 1 套到 10 套不等，台套数多的实验，学生相对动手机会多，台套数少的实验，学生亲自动手机会少。

因此,针对不同实验特点,改革现有实验教学模式,探索浸入式实验教学方式,对提升学生学习积极性、培养学生独立自主的实验实践能力意义深远。

2 浸入式实验教学环境的建设

笔者总结近 6 年来的实验教学经验,在充分考虑知识构架的基础上,针对个别子实验项目,探索传统实验教学模式与"浸入式"实验教学模式相互衔接后对提升学生学习积极主动性的影响。例如,空气沿横管表面自然对流换热系数测定实验(以下简称"自然对流换热实验")及空气纵掠平板/横掠单管时局部表面换热系数测定实验(以下简称"强制对流换热实验")隶属于传热学实验教学内容,其中自然对流换热实验开设时间较强制对流换热实验早,而两个子实验换热过程均涉及热平衡分析法及无量纲参数分析法,测试过程均涉及测点布置、数据测量及误差分析等,两个子实验涉及知识点衔接较紧密。故在上述实验开展过程中,一方面考虑到对学生理论知识掌握的促进作用和对实验设计、数据测量及误差分析(学生实验过程中反映比较多的一个问题是对数据误差分析无从下手,所以在实际实验开展过程中,教师还会将实验数据测量误差分析与动力工程测控技术中所学的精度、不确定度等知识点相结合,使学生对数据测量误差的理解与分析更深入)等相关知识的了解,自然对流换热实验仍采用传统实验教学授课模式;另一方面考虑到对学生主观能动性的促进作用,强制对流换热实验采用"浸入式"教学模式,将课堂转换为以学生为主体的课堂,不经老师讲解,让学生自己设计实验测试方案,自己动手开展实验。由于试行时间较短,试行效果有待进一步检验。但通过对学生随机调研发现,传统实验教学模式与"浸入式"实验教学模式相结合后,一方面保证了对学生应掌握的基本知识的讲解,另一方面将课堂交给学生,学生的投入性更高,实验开展目标性更强,子实验知识点之间串联性增强,且自主小组讨论形式使得小组成员之间的协同合作性增加。

3 结　语

将"浸入"的概念移植到能源与动力工程专业"厚基础、强实践的工程型、创新型、国际化高素质人才"培养过程中,依靠我校、我院现有条件,以提高学生学习兴趣为出发点,为学生营造专业工程领域的学习和实验环境,向学生展示专业技术的魅力,激发学生对专业的兴趣,引导他们从被动接受逐渐转变到主动探索,化学习的知识为技术创新的工具和手段,最终达到锻炼和提高各方面能力的目的。

参考文献

[1] 刘凤泰. 深化教育改革加强实验室建设和发展[J]. 实验室研究与探索,2004,23(1):1-3.

[2] 刘凤泰. 关于实验教学改革的问题[J]. 实验技术与管理,2000(3):6-10.

[3] 黄晓璜,崔国民,田昌,等. 动力工程测控技术实验教学改革探索[J]. 上海理工大学学报(社会科学版),2015,37(4):396-400.

[4] 邓辉,王冲. 开放式实验教学流程的设计与实现[J]. 实验室科学,2011,14(2):8-10.

[5] 胡晓红,金晶. 燃烧学实验教学的改革与实践[J]. 上海理工大学学报(社会科学版),2015,37(3):297-299.

[6] 申华,张阳,周国顺,等. 智能科学与技术专业浸入式双语课程教学模式研究[J]. 计算机教育,2015(18):53-57.

[7] 盛健,邵旻君,陈淑梅. 压缩式制冷循环探究性实验教学实践[J]. 实验室科学与技术,2017(4):3-5.

[8] Stern F, TAO Xing, Muste M. Integration of simulation technology into undergraduate engineering courses and laboratories[J]. Int. J. Learning Technology, 2006,2(1):28-48.

[9] 邹艳芳,章立新,高明,等. "大学生创新创业训练计划"与实验教学的协同关系[J]. 实验技术与管理,2016,33(9):172-174.

[10] 周玲. 滑铁卢大学创新型科学与工程人才培养实践与启示[J]. 化工高等教育,2009(4):3-5.

[11] 付铅生,朱海荣. 浸入式教学实验环境的研究[J]. 实验室研究与探索,2007,26(5):133-135.

[12] 黄小丹. 美国外语浸入式教学现状比较[J]. 教育研究,2004(7):38-40.

[13] Porter R P. Bilingualism for All: Two-way immersion education in the united states[J]. Theory into Practice, 2000,32(1):1150-1155.

[14] 肖玲妮. 浸入式学习环境在物理实验教学中的应用探讨[J]. 教学仪器与实验,2010,26(7):38-39.

[15] 伍麟珺,李祖林. "浸入式"教学法在应用型本科电气信息类专业人才培养中的探索[J]. 科技视界,2016(16):73,102.

[16] 赵琴. 国外本科流体力学实验教学——以艾奥瓦大学为例[J]. 力学与实践,2014(36):660-663.

基于问卷调查探讨传热学演示实验教学新模式

孟婧，陈思远，张晓鹏，唐上朝，王小丹，张可

（西安交通大学 能源与动力工程专业国家级实验教学示范中心）

摘要：本文基于问卷调查及教学实践，分析传统传热学演示实验教学过程中存在的问题，探讨传热学演示实验教学新模式，提出多媒体技术与讲解互动参观相结合的演示实验教学模式。实践表明，新模式教学效果良好，改革有效提升了传热学演示实验的教学效果，有利于学生深入理解实验原理，解决了实验时间过长，学生注意力难以集中等问题。

关键词：多媒体技术；传热学实验；教学改革

传热学实验课程作为能动类专业的一门重要专业基础实验课程，是学生从理论学习到工程应用的重要实践环节。其中传热学演示实验所涉及的传热学知识面较广，并具有较强的直观性和启发性。它对提高刚涉猎专业课程学生的专业兴趣度，掌握传热学的基本规律和现象，加深学生对于传热学理论课程中关键知识点的理解等方面起着十分重要的作用。

随着互联网应用的推进，电子信息化教学是必然的趋势。本文通过对专业学生（三年级以上）进行全方位的传热学演示实验教学问卷调查分析，针对目前传热学传统实验教学模式中演示实验部分存在的弊端，充分依托互联网和移动终端设备，利用动态模拟和多媒体信息处理技术，结合传热学演示实验的课程特点，提出了基于多媒体信息技术的传热学演示实验的教学新模式。

1 问卷调查分析

传热学演示实验教学方式现状调查表从重要性认识度、预习情况、需改进项目三个方面，进行教学成效调研。本次问卷共下发问卷 365 份，收回 319 份，有效问卷 318 份。该问卷在学生完成传热学演示实验的第一次课程之后发放，旨在获得学生对传热学演示实验传统教学方式的评价，并获得不同专业学生感兴趣的实例类型。

1.1 传热学演示实验的重要性认识度调查分析

从图 1 中可以看出，有 39.7% 的学生认为对于传热学实验来说，演示实验非常重要，44.3% 的学生认为比较重要，仅有 0.9% 的学生认为演示实验不重要。由此可以看出，学生已经充分认识到传热学演示实验的重要性，这也相应要求任课教师在教学方式和教学内容上引起足够的重视。

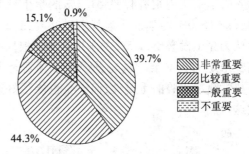

图1 传热学演示实验重要性调查统计

从图 2 和图 3 中可以看出，73.1% 的学生对传统传热学演示实验的教学方式满意度较高，55.7% 的学生认为演示实验资源基本可以满足自己的需求。这说明传统教学方式能够基本满足学生的需求，也在一定程度上肯定了实验内容的设置及教师授课水平。

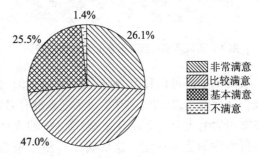

图2 传统传热学演示实验教学方式满意度调查统计

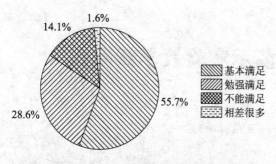

图3 传统传热学演示实验资源满意度调查统计

但是,从图2中可以发现,25.5%的学生对于原有教学方式持基本满意态度,1.4%的学生表示出不满意传统教学模式。这反映出传统传热学演示实验的教学方式仍有较大的提升空间。结合图3可以看出,有14.1%的学生认为传热学演示实验资源不能满足需求。这说明在改进教学方式的同时,要对演示实验内容资源做出相应的调整。

1.2 传热学实验预习情况调查分析

从图4中可以看出,对于预习环节的必要性,36.0%的学生认为很有必要,51.3%的学生认为有必要,仅有5.0%的学生认为基本没必要,3.2%的学生认为完全没必要,4.5%的学生认为要根据所做的实验来定有无必要。这充分说明了预习环节对于传热学演示实验的重要性,而学生也能很好地认识到这一点。

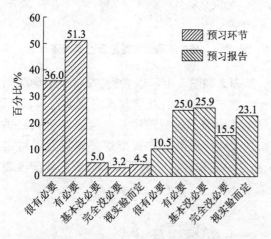

图4 预习环节与预习报告必要性调查统计

从图4中还可以看出,对于预习环节采取写预习报告这种形式,25.9%的学生认为基本没有必要,15.5%的学生认为完全没有必要,23.1%的人认为要根据所做的实验来定。这反映出写预习报告这种形式在传热学演示实验教学中存在一定弊端,而实际教学中,也存在写预习报告只是简单抄抄书,走一下形式,起不到有效预习效果的问题。更有很

多高校,甚至不要求和检查预习环节,也没有硬性规定实验预习的要求和形式。在图5中,赞成继续原有预习模式的学生仅有23.6%,这一数据进一步说明了传热学演示实验的预习环节需进行有效的改进。在预习方式的调查中,27.4%和43.4%的学生分别选择了分小组预习模式和回答预习问题模式,这为预习环节的改进方案提供了有效的数据支撑。

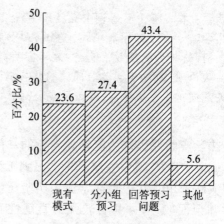

图5 预习方式调查统计

1.3 传热学演示实验需改进项目调查分析

从图6中可以看出,在传热学演示实验需改进项目的调查中,27.5%的学生选择了仪器设备,这和实验室部分传热部件老旧的现状相符合。26.8%的学生选择了实验考核方式,教学效果的好坏需要通过教学考核结果给予评价,科学的考核体制能引导学生重视实验。其次,23.9%的学生选择了课程内容,21.7%的学生选择了教学方法。这一结果进一步说明了进行传热学演示实验进行教学模式改革的必要性。

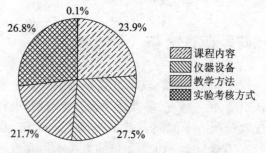

图6 传热学演示实验需改进项目调查统计

2 传统演示实验教学模式

如图7所示,传统的演示实验由实验预习阶段、课前检查阶段、实验讲解阶段构成,授课的整个过

程是比较枯燥的,并且整个教学仅仅是对照着实物进行讲解,加之实物本体比较小,后排同学看不到也听不清,教学效果不佳。同时,因讲解时间过长,容易使学生注意力下降。从图7中还可以看出,演示实验没有相应的考核机制,有些学生心理上就不重视演示实验的教学过程,认为演示实验"只是看一下而已",使得教学效果大打折扣。

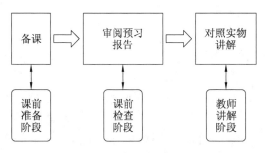

图7 传统教学法在传热学演示实验教学中的流程

3 基于多媒体技术的传热学演示实验新模式构建

基于传统演示实验教学模式效果欠佳的现状,寻求一种针对演示实验教学的科学的教学模式,根据"多媒体"与传热学实验特点,设计合理、科学的教学实验方案,关键是要解决在传统实验教学中演示实验教学存在的演示传热部件较小,种类繁多,讲解时间过长,学生注意力难以集中等问题。运用多媒体技术辅助传热学演示实验教学,同时做到发挥教师主导作用,引导学生积极思考、发挥主观能动性,培养学生探索与创新的能力。最终提出了集成"课前分小组预习讨论、课上回答预习问题的预习阶段 + 多媒体课件辅助教学 + 实物参观互动答疑 + 随堂测试"四项的新型传热学演示实验教学模式。

从图8中可以看出,多媒体技术辅助教学流程中,加入了互动答疑与随堂测试的环节,这两项的加入弥补了原教学流程中无强化和考核环节的空缺的不足。此外,课前预习是实验准确完成的重要保证。多媒体课件的作用不仅在教师讲解环节体现,而且在学生预习阶段也起到重要的参考作用,学生在预习过程中可以有重点、有目的地进行预习,并采用了"课前分小组预习 + 课上回答预习问题"的预习模式。这种集成了"课前预习 + 多媒体课件辅助教学 + 实物参观互动答疑 + 随堂测试"4个环节的教学流程,先通过课前预习让学生做足准

备,之后采用多媒体课件辅助讲解,结合实物参观与学生形成互动交流,讨论和强化所学知识,最后借助随堂测试,及时反馈教学效果,以利于发现问题继续改进。

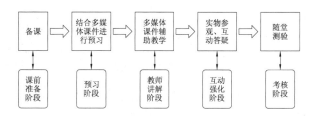

图8 多媒体技术辅助传热学演示实验教学流程

在此模式的基础上,设计了一套多媒体CAI课件,包括但不限于:

(1)"平板法及圆球法测定导热系数实验演示",主要从测定导热系数的背景意义、测量原理、测量装置,以及目前国内外的先进测量设备的展示这几个方面展开。该部分以文字介绍与图片展示为主。

(2)"温度计套管材料对测温误差的影响实验演示",主要从温度计套管应用背景、测温原理、类型等方面展开。该部分主要以文字介绍与图片展示为主。其中,针对温度计套管产生测温误差的原因及减少测温误差的措施这两个主要问题,以问答形式配合原理图展开阐述,使学生对问题的理解更清晰明了。

(3)"水平圆柱体四周空气自然对流换热的光学法演示实验",该部分课件以热边界层的定义及不同流态下温度分布特征为知识背景,并将阴影法测定热边界层厚度的原理以动画形式呈现,结合实验结果图,使学生对现象的认识更直观生动。

(4)"流体横掠管束时流动现象的演示实验",该部分课件主要以动画形式,对流体横掠单管、顺排、叉排的流动现象进行生动形象的视觉呈现,并对卡门涡街这一重要现象以动画形式作为补充内容进行说明。

(5)"大空间沸腾现象演示实验",该部分课件主要以图片和小视频的形式呈现,沸腾现象清晰明了,有助于学生进一步理解该部分内容。

(6)"扩展表面及紧凑式换热器",该部分课件主要以图片和动画形式为主,课件中特别对间壁式换热器的多种类型,从工作原理、优缺点、应用等几个方面展开介绍。

(7)"工程实例拓展",该部分课件针对热模块专业,以视频的方式拓展了燃煤烟气处理技术相关

知识。针对冷模块专业,以视频方式介绍了冰箱压缩机的工作原理相关知识。

(8)新增加了演示实验的预习问题及随堂测试思考题。

4 基于多媒体技术的传热学演示实验新模式应用研究

为获得学生对于新模式的接受程度,以及新模式中可能存在的问题,随机挑选了30名学生作为实验组进行了小范围的试讲,并与采用传统教学模式的学生进行对照,使结果更加真实可信。同时设计传热学实验教学效果调查表,该问卷在学期末发放,旨在了解本学期传热学实验教学情况,进一步了解传热学演示实验教学新模式的效果。

从图9中可以看出,77.8%的学生认为采用多媒体课件辅助教学这种方式很好,增强了对内容的理解,18.5%的学生认为一般,对内容理解有一定帮助,3.7%的学生认为对内容理解无帮助。统计结果表明,此次试行的多媒体课件辅助教学的方式,受到了绝大多数学生的认可,运行效果良好,较好地提高了传热学演示实验的教学质量。

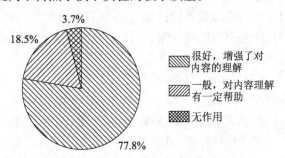

图9 多媒体课件辅助教学试讲效果结果统计

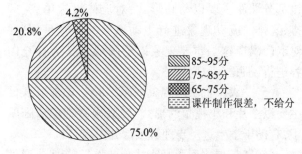

图10 学生对多媒体课件评分结果统计

从图10中可以看出,在学生对制作的多媒体课件打分时,75.0%的学生评85~95分,20.8%的学生评75~85分,4.2%的学生评65~75分。这表明,绝大多数学生对多媒体课件做出了良好以上的评价,对课件的制作水平给予了肯定。同时,结合图9和图10可以发现,多媒体课件辅助传热学演示实验的教学方式明显优于之前按照展板讲述的教学方式。

5 结　语

本文以传热学演示实验教学为基础,结合演示实验的课程特点,设计开发了一套多媒体实验课件,该套课件充分运用多媒体的优势,利用动态模拟和多媒体信息的处理技术,改进现有传统的演示实验教学模式。通过教学数据检测教学实验效果,证明运用多媒体技术辅助传热学演示实验教学,可有效提高传热学实验的教学效果,并形成多元化的教学模式。

参考文献

[1] 刘海涌,郭涛. 混合式学习方法在传热学实验课教学中的应用研究[J]. 当代教育实践与教学研究,2018(11):39-40.

[2] 陈晓勇,董帅,刘海容,等. 电子信息化对化学化工教学的影响及对策初探[J]. 黑龙江教育,2015(10):63-65.

[3] 阿地力·吐尔逊,吴建琴,张艳燕. 大学物理实验教学的现状与教学改革构想[J]. 实验教学与仪器,2019(1):12-13.

[4] 龚建龙. 热能与动力工程专业实践教学改革的探讨[J]. 实验技术与管理,2007,24(9):111-113.

[5] 严大炜,邹琳江,许诗双. 能源动力类专业实验教学改革研究与实践[J]. 安徽工业大学学报(社会科学版),2015,32(3):120-121.

[6] 刘春梅,闫书丽. 多媒体技术在传热学教学中的应用[J]. 制冷与空调,2016,30(4):490-492.

[7] 梁书玲. 多媒体环境下的传热学实验教学改革与探索[J]. 计算机产品与流通,2018(8):278.

SBR 反应器的结构设计与软件控制

张瑜，张均宇，王桂芳，李海啸，程上方

（西安交通大学 能源与动力工程学院）

摘要：鉴于生物处理方法在教学实验中比例欠缺，开发出一套适合能源环境类本科生实验教学的 SBR 污水处理反应器十分必要。本文详细介绍了反应器的结构特征、操作流程及控制系统。教学效果表明，该系统设计合理、实验时间短、运行稳定，极大地提高了学生的学习效率，满足了教学实验的要求。

关键词：SBR 反应器；污水处理；自动化控制；实验教学

由于生物处理工艺周期长、影响因素多、消耗大量的人力等问题，生物处理作为教学实验开展困难颇多。目前在国内众多高等院校中，生物处理的综合实验项目占比较少，导致在"水污染控制"课程理论教学中，生物处理工艺成为一个较抽象且难以理解的内容。

SBR（Sequencing Batch Reactor）反应器，又称序批式间歇活性污泥法，采用时间分割的操作方式替代传统的空间分割方式，在流程上只设置一个反应器，兼有水质水量调节、微生物降解有机物和混合液分离的功能，具有工艺流程简单，处理效果稳定，耐冲击负荷力强等优点，只要有效地控制与变换各阶段的操作时间，就可以获得不同的污水处理效果。SBR 反应器可适合多种不同条件的应用，是一种高效且成熟的污水处理工艺。

SBR 工艺操作具有灵活性，学生可根据不同要求完成实验设计，适合作为生物处理工艺的教学实验在实验室开展。但是由于购置的装置多数是针对演示实验设计的，只能展示实验流程，运行操作结构不合理，甚至导致有些数据误差过大，很难解释实验现象；另外，成套 SBR 反应器装置灵活性受到限制，很难满足不同层次的教学要求。因此，本学院实验室教学人员对 SBR 工艺污水处理实验装置进行自制研发。本文结合生物处理实验开展过程中的经验，对 SBR 反应器结构进行优化设计，利用 PID 控制实验流程，并结合相关课程理论教学和实验操作，使学生充分理解生物处理过程中的原理、装置结构、工艺流程和操作规范，学会分析问题和解决问题，达到专业实验教学的目的。

1 SBR 反应器结构设计

目前，已有的 SBR 反应器实验装置有诸多问题，主要表现在：（1）反应器体积过大，需接种污泥，配水所需的化学试剂量大，耗材费用高，学生操作不便；（2）方形反应器曝气不均，四周存在曝气死角；（3）曝气阀可控范围小，不易调节；（4）出水管路易堵塞，有时污泥会附在出水滗的支架上，导致出水滗不能灵活移动，影响出水水位；（5）自动化控制程度不高，由于每个周期出水都需要取样分析，晚上无法取样监测，实验有效分析数据比较少，耗时长。基于以上问题，笔者对反应器结构进行优化，重新设计了一种适合实验教学操作的 SBR 反应器。

1.1 SBR 反应器装置构成

SBR 反应器主体包含内、外两个圆柱体，内部为反应区，外部为水浴区。SBR 反应器实验装置结构图如图 1 所示，有效体积 8 L，外径 250 mm，内径 200 mm，高 500 mm，内、外径之间有水浴循环，反应器内装有温度、pH 及溶解氧传感器。反应区连接进水管道、出水管道和曝气管道。反应器进水通道包括进水箱、蠕动泵和进水管道，进水箱的废水通过蠕动泵被注入反应区；反应器出水通道包括排水管道、排水电磁阀和出水槽，通过控制电磁阀的开闭，实现取样和排水的功能；曝气装置包括曝气泵、曝气管道和圆盘式曝气头，曝气泵通过曝气管道连接圆盘式曝气头，圆盘式曝气头设置在反应区底部；水浴装置包括水浴进水管道、出水管道和恒温水槽。

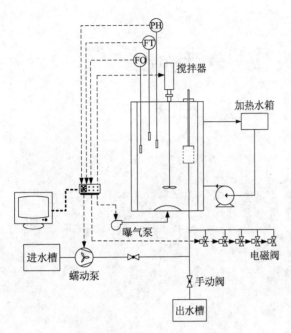

图1 SBR反应器装置结构图

1.2 实验工艺流程

在SBR反应器中,好氧—缺氧、好氧—缺氧交替运行,去除污水中有机物,具体操作流程如下:

进水阶段:待处理的污水在控制系统调节下进入SBR反应器,使沉淀在反应器底部的活性污泥沸腾起来,与污水充分混合,当进水到指定液位后,停止进水。

曝气阶段:打开曝气泵,空气由曝气管道进入曝气盘,以微小气泡的形式向活性污泥混合液中高效供氧,并且使污水和活性污泥充分接触,使微生物对有机物进行吸附和降解,并完成短程硝化作用。

搅拌阶段:进入缺氧反硝化阶段,关闭曝气泵,开启搅拌,使亚硝酸盐氮经反硝化菌转化为氮气,实现对总氮的去除。

沉淀阶段:关闭搅拌,静止沉淀阶段开始,使泥水分离,由控制系统控制沉淀时间。

排水阶段:沉淀阶段结束后,由控制系统启动排水电磁阀,开始排水,直至到出水口最低水位,关闭排水电磁阀,为下一个周期做准备。

2 SBR反应器控制系统设计

2.1 控制系统界面

监控界面分为两部分,如图2所示,左边显示反应装置各环节状态,也称监控界面区;右边显示可供设置和操作的选项,包括参数设置区、实验控制区。

在左边的状态界面中,各环节已标示,其颜色代表所处的状态(红色表示未工作,绿色表示正在工作)。右方的DO,pH和T动态显示参数的值。右上方的允许界面操作,选中后可以在界面通过触摸手动控制各环节的开关。

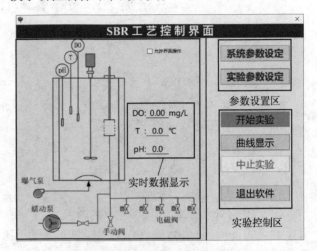

图2 SBR工艺控制软件界面

2.2 参数设置区

参数设置区有"系统参数设定"和"实验参数设定"两个功能按钮,用来调试控制系统的相关参数及实验流程中的相关参数。

2.2.1 系统参数设定

系统参数设定主要用于设置SBR控制系统中控制算法的相关参数,在开始实验之前调整溶解氧自动控制算法,使实验过程中溶解氧量的大小能够被控制在合理的范围内。SBR自动控制系统内置增量式PID算法。增量型PID的被控量为$U(k) = U(k-1) + \Delta U(k)$。第$k$个采样周期的增量就是$U(k) - U(k-1)$。用第$k$个采样周期公式减去第$k-1$个采样周期的公式,就得到了增量型PID算法的表示公式:

$$\Delta U(k) = K_p(err(k) - err(k-1)) + K_i err(k) + K_d(err(k) - 2err(k-1) + err(k-2))$$

通过点击"系统参数设定"按钮,可以打开系统设置窗口,如图3所示,系统设置窗口包括"开始进水""开始放水""开始控制"及"退出"四个按钮。

系统参数可以直接使用键盘输入,或使用参数按钮输入。由K_p、K_i和K_d三个参数表征控制系统的稳定性、准确性和快速性。因此,需要在实验前对三个参数进行不断调整,以求将参数稳定控制在设定值附近且响应较快。

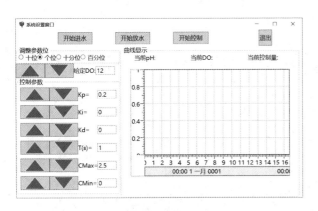

图 3　系统设置窗口界面

2.2.2　实验参数设定

实验参数设定主要是设置实验过程中的各个阶段的时间参数,点击"实验参数设定"按钮,显示界面如图4所示。实验流程中主要的指标有进水时间、DO设定、采样次数、静置时间和排水时间,实验流程中的各时间设置方式与系统参数设置方式相同。采样间隔时间和采样时间的设置都通过采样设备上面的上下箭头按钮进行设置,每个输入框前面都有一个可选键,哪个输入框前的可选键选中,则表示修正的是该输入框参数。对于键盘输入方式则没有限制。

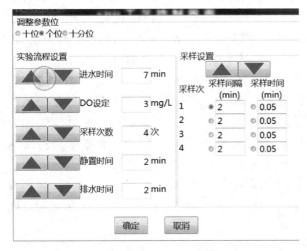

图 4　实验参数设置窗口

2.2.3　实验运行控制

在 SBR 工艺控制界面的左下方,点击"开始实验"按钮,左侧的监测控制界面会根据实验流程进行的过程显示正在工作的阶段,绿色代表正在进行中,红色代表停止。点击"曲线显示",可以显示反应器内实时溶解氧控制过程,在整个曝气过程中,溶解氧的实时监测数据接近设定值。在过程中如有异常情况,可以按"中止实验"按钮,提前中止实验。

3　教学效果分析

一年多的运行实践表明,该装置维护简单,实验周期短,满足了专业实验的教学要求。主要表现在以下几个方面:

(1) SBR 反应器主体材质为透明有机玻璃,作为演示实验,便于学生观察;作为操作实验,该装置体积大小适宜,便于小组操作,学生有更多的动手机会,适合在实验室操作运行。

(2)该装置操作灵活度高,学生可根据不同的处理对象,自主设计实验运行条件,如改变曝气时间、溶解氧量、温度等参数,通过分析活性污泥的指标及有机物的降解效果,进一步优化实验条件,可满足不同层次学生对能力培养的需求。

(3) SBR 反应器装置自动化控制程度高,特别是实现了自动取样功能,解决了取样的时间限制问题,节省人力,提高了学生的实验效率。

但在反应器控制过程中,也存在一些缺陷,如在线监测指标较少,若能外加 ORP、氨氮等监测仪表,既能够实时显示反应器的运行状态,也可避免学生重复操作,这些都有待在今后的实践过程中不断完善。

参考文献

[1]　王雪. SBR 污水处理工艺技术分析[J]. 科技向导,2013(20) :361 – 393.

[2]　谢明,余承烈,李新红. 一种地埋式 SBR 池结构设计[J]. 科技与企业,2013(17) :157 – 158.

[3]　方战强,陈晓蕾,成文,等. SBR 降解动力学研究[J]. 环境工程学报,2009,3(4) :659 – 663.

[4]　伍昌年,凌琪,唐玉朝. 改性粉煤灰强化 SBR 工艺处理污水实验研究[J]. 应用化工,2017(6) :1071 – 1077.

[5]　仝岩,申哲民. SBR 反应器的基质降解动力学及参数的研究[J]. 环境科学与技术,2009(8) :34 – 37.

[6]　董国日. 序批式活性污泥工艺(SBR)自动化控制及工艺性能研究[D]. 长沙:中南大学,2007.

[7]　郭立胜,王宏. SBR 污水处理实验装置的设计制作[J]. 科技视界,2014(10) :23 – 23.

[8]　杨凯. SBR 高效脱氮除磷影响因素的研究[J]. 广东化工,2014,41(8) :131 – 132,130.

[9]　尚国祥,黄运生,陈学. SBR 工艺污水处理实验控制系统的研究与设计[J]. 仪器仪表用户,2005,12(6) :8 – 9.

"生本学习、导学互动"的传热学实验教学设计 *

雷明镜，盛健，赵志军

（上海理工大学 能源动力工程国家级实验教学示范中心）

摘要： 以稳态球体法测量粒状材料的导热系数实验为例，进行了"生本学习、导学互动"的传热学实验教学设计，探索了教学方案设计总体思路、实验课程时间安排和关键问题的解决办法，该教学设计具有进一步的推广应用价值。

关键词： 生本学习；导学互动；传热学实验

近年来，一线教师和研究人员对"生本学习"的学习模式研究很多。生本学习旨在以学生作为主体去学习自己需要学习的知识，强调的学习主体是学生，被学习的内容是学生自己的选择，通过生本学习，满足学生对知识和相关能力的提升需求。这就存在了一个问题：每个学生对知识点和能力提升的理解不同、关注点不同，一方面他们学习了新的知识，掌握了一些技能；另一方面，他们自己无法判断自己掌握的是否符合堂课的教学要求。而在生本学习模式的基础上，增加"导学互动"环节则可以让学生更加明确自己需要提高的知识技能和教师的课堂目标，让教师更加有效地利用课堂时间丰富教学内容、提高教学效率和质量水平。

上海理工大学能源动力工程国家级实验教学示范中心开设的传热学实验是能源动力类和建筑环境类等专业本科生学习的基础实验课程，近年来，我们一直在为提高实验教学效果做各种尝试与探索。传热学实验是理论课程相对应的学生工程实践训练，既可以巩固所学的理论知识，深化对知识的理解，又有助于提高实践动手能力，培养解决工程问题的思维能力。为了提高实验课堂的教学水平，提高学生学习的满意度，丰富实验教学内涵，我们以传热学实验项目之"稳态球体法测量粒状材料的导热系数实验"为例，进行了"生本学习、导学互动"教学模式在工程热力学实验上的教学设计。

1 教学方案设计总体思路与方案

"生本学习、导学互动"的实验教学方案设计以激发学生的求知欲望为设计原则，以学生为主体，以实验为载体，以教师为辅助，以提高工程思维、创新和实践动手能力为教学目的，让学生自发领悟实验堂课对自己成长的意义。一个好的教学方案应包括实验课程时间与环节安排和教师与学生的课堂设计两个部分。稳态球体法测量粒状材料的导热系数实验课时是两个学时，如何充分利用这90 min达到实验课程的学习目的，怎样规划才更合理、更有利于学生开展生本学习呢？为此，我们设计并尝试了多种安排，最后采用了表1的课程时间安排。

表1 "生本学习、导学互动"的实验教学设计时间安排

课堂环节	时间	教学方式	内容	主体
预习	15 min	自习实验教材	预习实验，确定自己的目标	学生
讲授与分享	5 min	提问	开放性、启发性问题	教师和学生
	10 min	讲解	重点、难点与注意事项	教师
	5 min	分享学习	这节课自己的目标	学生

* 基金项目：上海理工大学教师发展研究项目（CFTD18008Y）；上海市大学生创新创业训练计划项目（XJ2018038，SH2019019，SH2019026，XJ2019038）

课堂环节	时间	教学方式	内容	主体
实验	50 min	学生安排	小组实验和问题讨论	学生
实验结束	5 min	总结与分享	结果分析、自己的收获等	学生

2 关键问题的解决方法

"生本学习、导学互动"的学习模式需要解决的问题很多,对于稳态球体法测量粒状材料的导热系数实验,如何激发学生的求知欲望,如何让学生自主提高工程实践能力和创新能力,针对实验项目如何启发学生确定自己的目标,围绕着这些问题,需要合理规划表1中"讲授与分享"环节、"实验"环节的讨论氛围和"实验结束"环节的总结与分享,寻找解决方法。

学生预习后,教师在讲授环节中,可以从回顾传热学课程开始,提问:我们学到的导热系数是什么物理量呢? 以此引导学生思考,然后讲法国著名科学家傅里叶和他提出来的傅里叶导热定律,带领学生加深对导热系数的物理意义和影响因素的理解。这相当于一个"开胃菜"。

然后教师指导学生明确实验目的:① 加深对傅里叶导热定律的理解,应用它分析球体法测量原理,即一维径向稳态导热问题;② 了解怎样将原理应用到工程实践,球体法测量哪些参数、如何测量,实验仪器是怎么设计的,如何进行实验操作;③ 通过实验测量,对结果分析并拟合导热系数与温度的关系曲线和关系式;④ 根据自己的需要确定个性化目标,就是在学习过程中,有意识地训练和提升个人的能力,比如发现和解决问题的能力、工程思维和实践能力、沟通能力、团队合作能力等,带着目标投入到实验学习中,努力实现目标。实验目标的制定应把实验课的重点、难点、注意事项等融入进去,在此基础上让学生定自己的、个性化的学习目标,让学生有一个思想准备。

接下来学习实验原理与方法。根据实验原理,提出以下问题并让学生回答:测量的参数有哪些? 在以下几种情况下能不能使用球体法测量导热系数:① 填充材料不均匀;② 内球与外球不同心;③ 内球壁面或者外球壁面温度不均匀;④ 假如对外球壁面冷却的方式是风冷,而且风忽大忽小。由以上问题进一步启发学生思考:设计实验装置时,如何严格地达到球体法测量原理的要求。进而开始对实验装置和注意事项进行介绍,让学生思考影响稳定时间的因素有哪些,实验测点如何布置,能不能自己设计一套装置或者能不能对现有的学习装置提出改进建议。针对主体中的外球,要对这个球体通恒温水,这是为了与壁面强制对流换热,带走热量。那么就有两个问题要思考:第一个问题,球壳内的水流动造成的温度分布对壁面温度有影响吗? 第二个问题,在这套装置里,水怎样流动才能保证在球腔内均匀分布? 即球壳的上部会有水吗,它是怎么设计的? 让学生带着问题去学习,调动他们的大脑,增强他们的求知欲,让他们对比自己设计的实验装置与现有的实验装置,提高工程问题的解决能力,培养工程思维能力。

在学生操作实验前,教师提示学生给自己设定个性化目标,并且交流分享各自的目标,然后带着目标和思考问题,以3个人为一组进行实验,中间遇到的问题通过小组讨论、与教师讨论的方式解决。

在实验结束时,教师再次提醒学生是否达到自己的目标,有没有收获,能不能给大家分享一些经验。最终要让学生有意识地体悟自由、主动学习的乐趣,明确地感觉到自己在知识和能力上的进步与提高。

3 结 语

为了更好地实践"生本学习、导学互动"的实验教学设计,学院和学校的教学督导对此课程设计进行了多次的教学论证,不断摸索改进和完善,并且我们参加了学院和学校教学竞赛,取得了优异的成绩,获得了实验类教学最高评价,也受到了学生的喜爱。从学生角度看,这样的方式改变了他们以往被动学习的方式,开始有意识地培养自身的工程思维方法、解决实际问题的能力和创新实践能力。"生本学习、导学互动"的实验教学设计不仅可被用于传热学实验其他项目,也可以在其他专业实验上有广泛推广应用。

参考文献

[1] 李英蓓,迈克尔·J.汉纳芬.促进学生投入的生本学

习设计框架——论定向、掌握与分享[J]. 开放教育研究,2017,23(8):12-24.

[2] 骆北刚,刘康玲. 生本视角下课堂教学有效性再阐释[J]. 教学与管理,2017(11):7-9.

[3] 夏欢,陈世阳. 浅析研究生教育中的"导学互动关系"[J]. 韩山师范学院学报,2006,24(4):95-97.

[4] 李立新,曲航. 粒状材料导热系数测量装置的改进及误差分析[J]. 实验技术与管理,2006,23(5):58-61.

[5] 刘旭阳,魏燕,岳新智. 球体法测定粒状材料导热系数的误差分析与改进[J]. 黑龙江科学,2008,20(9):25-27.

传热学"五位一体"实验教学模式改革与实践

吴里程,康灿

(江苏大学 能源与动力工程学院)

摘要: 为了更好地通过传热学实验教学提高学生的科学素质和创新能力,进一步发挥国家级实验教学示范中心的引领、示范和辐射作用,本文深入剖析了江苏大学传热学实验教学过程中存在的主要问题,对课程设置、数字化建设、教学方式、联系实际、考评方法5个方面提出改革措施,总结出"五位一体"实验教学模式。实践表明,新的教学模式得到了学生的广泛认可,不仅强化了学生的传热学理论知识,还提升了学生的创新意识和科学素养。

关键词: 传热学实验;教学改革;"五位一体"实验教学模式

传热学是研究热量传递规律的科学,也是一门与各工程领域关系密切、应用性很强的课程,它植根于大量的工程实际之中,也必须服务于工程实际,是能源动力类本科专业的一门重要专业基础课。江苏大学是第一批实施"卓越工程师教育培养计划"的高校之一,其所涉及的4个专业中机械工程及自动化、车辆工程、热能与动力工程3个专业的学生均要学习传热学,其他如建筑环境、流体、新能源等专业也开设了此课程。

实验教学在整个传热学课程中占有很重要的地位,其目的是使学生掌握基本的热工测试方法,验证传热学理论结果,加深对课堂教学内容的理解,锻炼学生的实践能力和创新能力。江苏大学能源与动力工程学院承担着全校传热学理论和实验教学任务,目前该课程已日臻完善,获得校精品课程的称号。根据课程要求的不同,课程所包含的实验学时一般为4~6个,可选实验项目包括4项,分别为稳态平板法测定材料导热系数、空气横掠单圆管强迫对流换热、红外热像实验及中温辐射物体黑度测定实验。传热学实验教学是基于导热、对流和辐射三大部分展开的,其内容全面概括了传热学中主要的知识点。其中,红外热像实验为演示性实验,能让学生更直观地看到温度场的分布情况。其余实验均为原理验证性基础实验,这类实验能让学生深化理论知识,进行实验测试方法的基本训练,掌握基本的实验方法和实验技能。

然而,新型工业化转型发展和创新型国家建设战略的实施,对高校工程人才培养提出了更高的质量要求。这使传热学实验教学模式渐渐暴露出一些问题,亟须改革和实践。

1 传热学实验教学存在的问题

目前,已开设的传热学实验项目虽能满足基本教学任务,但其长期形成的实验教学模式、教学观念和方式并没有与时俱进,这使传热学实验教学渐渐暴露出一些问题。

(1)实验课程的设置过于传统:每学期的专业实验课程安排只专注于传统的经典实验项目,缺乏对于学科发展的研究思考,没有将现代技术融入传统的实验技术中,导致很少能开发新的实验装置和项目。所涉及实验均为原理验证性基础实验,这类实验虽然能让学生深化理论知识,进行实验测试方法的基本训练,掌握基本的实验方法和实验技能,但是不足以培养学生的研究能力和创新能力。

（2）实验教学数字化建设不足：目前的实验教学材料仅限于实验手册与黑板板书,缺少多媒体素材与信息技术的应用,这使得学生不能有效获取实验资源。基本上,在实验课程中主要是教师在讲解,学生根据实验指导书和已经安装、调试好的实验装置进行实验现象的观察,记录数据,然后完成报告,学生参与性较差,且实验报告大多都在课后完成,完成质量并不高。

（3）实验教学方式单一：在传统实验教学中,学生往往过分依赖教师指导,几乎所有实验都由教师安排内容、准备仪器。教师在学生做实验前先讲解实验的目的、原理、步骤并做演示,学生只要按照现成的步骤进行实验,最后把结果写在统一设计好的记录实验数据的报告纸上即可。这种僵化的实验教学模式在很大程度上抑制了学生的积极性和主动性,导致学生不能充分理解实验原理和内容。要从根本上提高实验教学效果,必须从传热学课程的教学体系、课堂教学、管理制度和方法、考核等方面进行积极有效的改革。

（4）实验教学脱离工程实际：目前的实验教学更多地局限于实验室操作,缺少和工程实际问题之间的联系。因此亟须将更多的工程实际问题引入实验教学当中,突出学生工程能力的培养。

（5）实验考评方法不合理：实验成绩考核是实验教学中的重要环节,科学合理的考核方法对于教学过程来说至关重要,实验考核应是对学生综合能力和素质的全面考查,而不只是对学生单一成绩的评价。学生实验成绩考核形式单一,导致学生参与性较差。同时,仅通过实验报告来考核实验成绩不够客观,不能真实地反映学生的实验素质和实验能力。

因此,为了更好地发挥能源与动力工程学院国家级实验教学示范中心的引领、示范和辐射作用,在实验教学改革和工程能力培养中发挥最大功效,针对上述5个方面存在的问题,进行实验教学模式改革,对实验教学进行探索和创新,具有十分重要的意义。

2 "五位一体"实验教学模式改革

本次教学改革以彻底扭转实验教学中学生被动角色为目标,注重实验内涵、实验手段、教学模式和考评方法,以现代化的网络平台及开放式管理体系为支撑,在不同层面,从不同角度多元激发学生的实践与创新活力,形成了"五位一体"实验教学模式(见图1)。

图1 "五位一体"实验教学模式

以传热学实验课程中涉及较多的稳态平板法测定材料导热系数实验和空气横掠单圆管强迫对流换热实验为切入点,有针对性地从5个方面进行课堂设计。

2.1 实验课程的先进性

传热学实验课程根据理论课教学日历来排课,保证每一阶段的理论课程都有与之相对应的实验课,这样有助于学生在上完"传热学"理论课之后通过实验来验证理论课上所学到的知识和原理,加深对理论知识的理解和认识,起到巩固和复习的作用,使理论和实践更好地结合起来。比如,在"传热学"课程第二章的内容(稳态热传导)完成之后,即可开始稳态法测量材料导热系数实验。应阶段性地安排实验课程,而不是在学期末"传热学"课程全部结束之后再做实验。阶段性安排实验有助于学生对知识点的联想、消化和理解。每个实验安排两个课时的时间。

在实验原理的讲解过程中,进一步增加了有针对性的"传热学"工程实际应用背景。通过把大量相关实例贯穿到所要讲授的内容中,激发出学生进一步学习和探索本学科知识的强烈欲望,使学生充分认识到传热学在未来工作中的具体应用,增强他们的学习主动性和积极性,同时为3种基本热量传递方式的学习内容埋下伏笔,并可使学生在后续的理论课程学习中有意识地寻求解决问题的方法。

2.2 实验教学的数字化

实验教学课堂中将充分利用现代教育技术,特别是在稳态平板法测定材料导热系数实验和空气横掠单圆管强迫对流换热实验课程中,引入投影设备,并制作图文并茂的演示文稿,使教师能在课堂上灵活运用多种教学方式,如视频演示、图文讲解、板书演算、实物操作等,更加有效地对实验原理、实验仪器、实验步骤及实验结果的处理方法等进行讲解,学生也能更加直观、清晰地获取实验资源。在多媒体技术与传热学实验教学的结合下,要求学生自行安装、调试实验装置,观察实验现象,记录实验数据,最终在课堂上完成实验报告。该方法提升了学生对实验课堂的参与性,提高了课程效果和实验报告的完成质量,对于提高传热学实验教学效果有十分积极的意义。

2.3 多层次的实验教学方式

传统的实验教学以教师讲授为主,学生只需要依据教师所讲的规定的实验步骤操作,然后记录数据,很少自己开动脑筋。预先设计好的实验,学生主动参与性较差,实验后印象淡薄,收效不大。因此在实验授课过程中,讲解的时间应尽量控制在20 min以内,让学生在做实验的过程中自己提出问题,发挥他们的主观能动性。在教学过程中发现,大部分学生不会进行课前预习,从而对实验所涉及的知识点不熟悉。因此在讲解前,应利用10 min的时间让学生快速预习,然后通过提问的方式来检查学生的知识掌握情况。以空气横掠单圆管强迫对流换热实验为例,可以问学生对流换热的本质是什么,理论教材中的原理推导过程运用了哪些热传导和热对流的知识,公式中涉及的各个温度对应的含义,等等。然后可以根据实验原理引出实验装置中所用的温控表的作用,进而引出实验步骤。最终能够促使学生深入思考传热学知识,加强对传热学知识的应用。

2.4 工程问题与实验教学相结合

如何尽可能多地将实际工作环境中的种种传热问题在课堂上展示出来,是摆在教师面前的一个现实而棘手的问题。在传热学实验教学过程中,要想紧密联系生活和生产实际,仅凭教材上的图片来达到教学目标是远远不够的,这有可能使得学生在未来的实习过程中明明接触到一些换热设备和工作原理却又不认识。为此,在实验室中补充放置大量的工程传热器件,通过这些内容的展示,使学生能够在更轻松的学习氛围和直观印象下掌握热量传递的基本原理和换热设备的工作特点,从而可以极大地提高课堂的教学效果。

在实验课程教学中,有意识地在课堂教学过程中针对相关传热学的工程应用给出一些科技创新的方向,鼓励学生进一步深入研究;支持学生在业余时间利用所学习的传热学知识参与到教师和研究生正在进行的科研活动中,并帮助他们积极申报相关发明专利、大学生科技创新基金。通过这种课堂教学和课外科技活动相结合的方式,可提高学生的自学能力和灵活应用所学知识的能力。

2.5 实验考核方法的合理性

学生实验成绩完全根据实验报告来评分,考核模式比较单一,也不够客观和全面,很难对学生的实验能力进行准确的量化考核,且实验报告都在课后完成,不能对学生起到督促作用。

为此,将实验成绩分为3个部分,即出勤情况、课堂表现情况和实验报告完成质量,所占比重分别为20%,50%和30%。其中课堂表现情况所占比重最大,主要包括有没有积极思考教师提出的问题、实验过程中遇到的问题,实验过程中有没有认真参与、自己动手,独立完成实验等,教师会根据实验过程中各个学生的表现情况酌情进行打分,这样有助于调动学生的积极性,让学生从态度上重视实验,同时对一些综合实验能力较好且有钻研精神的学生更加公平。

3 实验教学改革实施成效

在"五位一体"实验教学模式改革实施下,课程体系和教学内容真正做到了以学生为主体,激发了学生的学习积极性和主动性,培养了学生对传热学实验的兴趣,更好地锻炼了学生应用理论知识、掌握实验原理、正确选择与操作仪器、确定测量条件等方面的能力。2018—2019第一学期学生的实验成绩与前两个学期相比,优秀率大大提升。统计结果见表1。

表1　学生传热学实验成绩统计

实验课程时间	优秀/%	良好/%	中等/%
2017—2018 第一学期	14.29	80.95	4.76
2017—2018 第二学期	36.19	57.14	6.67
2018—2019 第一学期	55.24	40.33	4.43

4 结　语

本次传热学实验教学模式改革与实践,立足我校实际,分析了教学过程的现状和不足,提出了"五位一体"实验教学新模式,提高了实验教学的质量,也更好地践行了当下"实施精英型本科教育、打造特色型本科教育、推进研究型本科教育"的办学宗旨,为工程人才培养提供了可借鉴的举措。

参考文献

[1] 杨世铭,陶文铨.传热学[M].4 版.北京:高等教育出版社,2006.

[2] 戴锅生.传热学[M].2 版.北京:高等教育出版社,1999.

[3] 康灿.强化地方高校工程人才培养特色的途径与实践——以江苏大学能源与动力工程专业为例[J].大学教育,2019(4):152-155.

[4] 唐爱坤,潘剑锋,邵霞,等.卓越工程师背景下"传热学"课程教学的思考[J].中国电力教育,2013(29):62-63.

[5] 邹艳芳."传热学"实验教学改革与思考[J].中国电力教育,2014(17):106-107.

计算机仿真技术在"传热传质学"可视化、实践教学中的应用 *

豆瑞锋,冯妍卉,温治,王静静,张欣欣

(北京科技大学 能源与环境工程学院)

摘要:计算机仿真技术已经成为工程应用和高等院校课堂教学的重要辅助手段,以创新思维、学科交叉、工程应用为鲜明特色的新工科建设,需要"多学科交叉融合的创新型、复合型、应用型、技能型工程科技人才"。在传热传质学的课堂教学中,积极引入计算机仿真技术,旨在增强学生对传热传质学基本概念的掌握,调动学生的创新思维意识,加强理论联系实际,激发学生的好奇心和求知欲,锻炼学生自主学习和探索的能力,最终使得学生能够见多识广、举一反三,助力于培养"基础扎实、实践能力强、具有创新意识和国际视野"的高素质创新型人才。

关键词:计算机仿真技术;可视化教学;实践教学;传热传质学;程序设计

"传热传质学"是动力工程及工程热物理学科的专业必修课程。该课程在传授传热传质学专业知识的基础上,以培养学生的实践能力为核心,锻炼学生发现问题、解决问题和归纳问题的能力,培养学生的创新思维和发散思维习惯。在"传热传质学"教学实践中,教学团队始终坚持"以学生为主体,以教师为主导,以培养能力为核心"的教学理念,兼顾知识、能力和素质的协调发展,培养"基础扎实、实践能力强、具有创新意识和国际视野"的高素质创新人才。

近年来,随着计算机仿真技术的普及,计算机仿真技术已经成为工程应用和高等院校课堂教学的重要辅助手段。在"传热传质学"的教学中,计算机仿真技术的引入,首先,有利于促进学生对基本概念的理解,以及提高学生应用传热学知识解决实际问题的能力,并最终促进学生的发散思维能力和创新能力。其次,计算机仿真技术也符合本科生的培养目标,与"以培养能力为核心"的教学理念相契合,在专业课程、毕业设计、科技竞赛等学习活动中,有大量的学生会使用到程序设计和商业软件仿真技术。第三,学生在学习"传热传质学"之前,已经学习了 C++ 程序设计,具有一定的程序设计能力,在"传热传质学"课程中可以学以致用,以用促学。最后,以 Fluent 为代表的计算传热学和流体力学仿真技术具有界面友好、容易掌握、图形化结果展示清晰的优点,在教学团队的指导下,本科学生可以很快掌握基本的操作,能够有效地开展传热学基本原理的教学展示。

* 基金项目:2016 年度教育部高等学校能源动力类专业教育学改革项目(重点项目和面上项目);北京科技大学本科教育教学改革与研究重点专项项目(JG2016ZZ03)和面上项目(JG2016M07);高等学校能源动力类改革项目(NDXGK2017Z-02,NDJZW2016Z-01,NDJZW2016Y-03)

在"传热传质学"的教学实践中,引入计算机仿真技术,无论从本科生的培养目标,还是从"传热传质学"的教学理念,以及学生掌握"传热传质学"基本原理的角度,都是符合教学需求的。因此,在"传热传质学"的教学过程中,我校开展了计算机仿真技术的应用教学,从知识面上涵盖了三种基本的传热机制:导热、对流换热和辐射换热;从能力培养上涵盖了:模型设计、程序设计、软件使用、数据分析、图形绘制等。当然,最重要的是让同学们具有一定的理论联系实际的能力,能够用课堂上学习到的理论知识,结合已具备的编程能力、软件操作能力,去解决实际中的复杂问题,并最终培养学生的创新思维、发散思维,为学科交叉(新工科建设的重要内涵之一)能力的培养奠定基础,为"多学科交叉融合的创新型、复合型、应用型、技能型工程科技人才"培养提供助力。

1 计算机编程技术的应用

计算机编程技术主要针对固体导热和辐射换热开展,这部分内容的数学表达清晰,物理概念明确,求解算法简单。学生可以使用任何熟悉的计算机编程语言编写计算程序,同时,鉴于大多数学生并未进行过实际的程序设计,为了降低编程门槛,我校采用C#语言开发了相应的示例程序,并附有详细的传热模型、计算原理和程序说明。此外,结合可复用面向对象软件设计模式理论,讲解如何设计可复用的程序代码,这一点对进一步开展程序设计工作具有很好的启发作用。

在教学应用中,固体导热部分涉及的传热问题包括:集总参数法、无限大平板厚度方向一维瞬态导热、无限长圆柱(圆筒壁)半径方向一维瞬态导热、等截面直肋长度方向一维瞬态导热、圆柱体轴对称二维瞬态导热等导热问题。从数学模型的建立、差分方程的推导、程序框架的搭建、代码调试等不同层次,介绍如何用计算机来求解导热问题。同时,所有的导热问题均可以在一定程度上进行拓展,例如通过设置热导率、比热的内置函数,可以实现变热物性的导热分析;通过设定比热为零,可以将瞬态传热问题转变为稳态传热问题;通过设定无限大的对流换热系数,可以将对流换热边界条件转换为定壁温边界条件。导热微分方程联系上述程序拓展方法,让同学们进一步深入理解导热问题。

辐射换热涉及的传热问题包括:封闭空间多个

黑体表面间的辐射换热、封闭空间多个灰体表面间的辐射换热,边界条件包括定壁温边界条件、定热流密度边界条件。同时,为了从最大程度上实现程序的多功能性,针对在封闭空间中的 N 个表面中,有 M 个表面的温度是已知的(记为 $T_i, i = 1 \sim M$),其余 $(N-M)$ 个表面的热流量是已知的(记为 Q_i, $i = M+1 \sim N$)辐射换热问题,开发了能够涵盖上述辐射换热问题的热辐射网络图法,将有效辐射的方程进行整合,得到如下的关于有效辐射方程组(适用于封闭空间,表面间为辐射透明介质):

$$\sum_{i=1}^{N} \left[\delta_{ki} - (1 - \zeta_k \varepsilon_k) f_{k-i} \right] J_i = \zeta_k \varepsilon_k \sigma T_k^4 + (1 - \zeta_k) \frac{Q_k}{F_k},$$
$$1 \leq k \leq N \tag{1}$$

式中,δ_{ki}, ζ_k 均为二值函数,其定义如下:

$$\delta_{ki} = \begin{cases} 1, & k = i \\ 0, & k \neq i \end{cases} \tag{2}$$

$$\zeta_k = \begin{cases} 1, & \text{表面温度已知} \\ 0, & \text{表面热流已知} \end{cases} \tag{3}$$

式(1)可以十分方便地整理为如下矩阵形式。

$$\boldsymbol{A} \boldsymbol{J}^{\mathrm{T}} = \boldsymbol{B}^{\mathrm{T}} \tag{4}$$

式中,

$$\boldsymbol{A} = \begin{bmatrix} a_{11} & a_{12} & \cdots & a_{1N} \\ a_{21} & a_{22} & \cdots & a_{2N} \\ \vdots & \vdots & & \vdots \\ a_{N1} & a_{N2} & \cdots & a_{NN} \end{bmatrix}, a_{ki} = (\delta_{ki} - f_{k-i} + \zeta_k \varepsilon_k f_{k-i}), k, j \in [1, N] \tag{5}$$

$$\boldsymbol{B} = \begin{bmatrix} b_1 & b_2 & \cdots & b_N \end{bmatrix}, b_k = \zeta_k \varepsilon_k \sigma T_k^4 + (1 - \zeta_k) \frac{Q_k}{F_k},$$
$$k \in [1, N] \tag{6}$$

$$\boldsymbol{J} = \begin{bmatrix} J_1 & J_2 & \cdots & J_N \end{bmatrix} \tag{7}$$

上述方程组可以采用迭代法进行求解。这个求解算法与导热的差分方程组的求解方法相同,因此并不会增加太多难度。

最终形成的导热问题和辐射换热问题的求解软件截图如图1所示。为了体现灵活性,所有的热物性参数、几何结构、网格划分、迭代误差、结果存储位置等都可以在界面上进行修改,可观察不同的计算条件所得结果之间的差异。辐射换热的"计算参数文件"只需要按照固定的格式,输入表面数量、表面温度(或热流密度)、表面发射率 $\varepsilon (0 \leq \varepsilon \leq 1)$、表面间的角系数即可。

与数值求解程序配套使用的有详细的程序说明书,通过会用"软件",到理解"原理",最后达到"综合实践",锻炼同学们将课本理论知识转化为实用工具的能力,增强综合应用程序设计方法、传热理论、数据分析等手段对实际问题进行分析的能力,为后续课程的学习打下良好的基础,同时也为大型专业软件的学习、应用奠定基础。

(a) 集总参数法

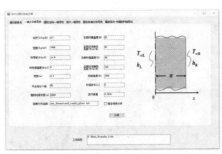

(b) 无限大平板厚度方向一维瞬态导热

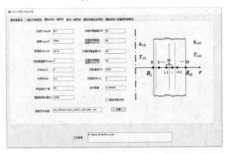

(c) 无限长圆柱(圆筒壁)半径方向一维瞬态导热

(d) 等截面直肋长度方向一维瞬态导热

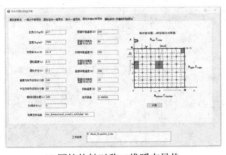

(e) 圆柱体轴对称二维瞬态导热

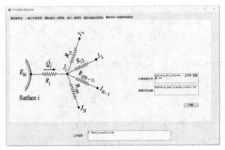

(f) 封闭空间辐射换热

图1 导热问题和辐射换热问题的求解软件截图

2 大型专业软件的应用

Fluent 属于计算流体力学和计算传热学领域的大型专业软件,学习使用以 Fluent 为代表的 CFD 软件有助于对传热理论的理解,同时也有助于理论联系实际,达到学以致用的目的。在 Fluent 算例开发中,笔者选择了管内强制对流换热(层流和湍流)、外掠平板层流对流换热、外掠圆柱湍流对流换热、外掠管簇(顺排、叉排)对流换热(层流和湍流)、方腔内自然对流换热等典型案例。案例开发过程中,淡化湍流理论,强调对流换热的基本概念,突出对模拟结果的定量、精确分析,增强同学们对传热理论的理解,辨别传热传质数值模拟中需要特别注意的知识点。

例如,在管内层流对流换热的模拟计算中,就很容易出现错误,导致软件计算的管内对流换热系数与文献数据偏差很大。管内层流对流换热模拟,边界条件十分简单,如图2所示,左侧为速度入口边界条件,右侧为压力出口边界条件,管壁为定壁温边界条件,采用的是层流不可压缩模型;为了提高壁面附近求解的准确度,对壁面附近的网格进行了适当细化;流体介质选择空气,物性参数恒定。

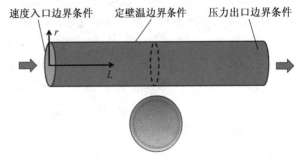

图2 管内层流对流换热模型边界条件

通过计算可以得到各个截面上的速度分布、温度分布，如图3所示。

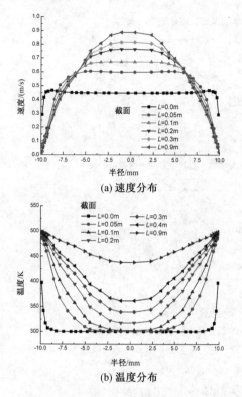

(a) 速度分布

(b) 温度分布

图3 沿半径方向不同截面上的速度分布和温度分布
（L 为截面距离入口的长度）

从课堂教学的反馈可知，大多数同学都能够清楚明白地理解为什么速度分布和温度分布是这样的形式。但是，绝大多数同学对如何根据速度分布和温度分布计算得到表面对流换热系数（或者努塞尔数 Nu）心存疑惑，有很多同学按照如下理论公式（8）却算出了错误的答案。

$$h_x = \frac{q_{s,x}}{(T_{s,x} - T_{m,x})} \qquad (8)$$

式中，$q_{s,x}$ 为 x 截面处管壁对流换热热流密度，$W \cdot m^{-2} \cdot °C^{-1}$；$T_{s,x}$ 为 x 截面处管壁温度，$°C$；$T_{m,x}$ 为 x 截面处流体平均温度，$°C$。

很多同学的计算结果与理论公式之间的误差非常大，这主要是对上述参数的理解深度不足造成的。对于定壁温边界条件，$T_{s,x}$ 为设定值，$q_{s,x}$ 可从 Fluent 的计算结果中直接导出，这两个参数往往不会出错。很多同学会理所当然地认为 $T_{m,x}$ 为管道截面上流体的面积加权平均温度，殊不知这是错误的。$T_{m,x}$ 的正确算法如式（9）所示，包含了速度、温度、比热等参数的影响（若物性参数恒定，比热的影响可以消除）。

$$T_{m,x} = \frac{\int_m C_p T \delta \dot{m}}{C_p \dot{m}} = \frac{\int_0^R C_p T(\rho V 2\pi r dr)}{\rho V_m (\pi R^2) C_p}$$

$$= \frac{2}{V_m R^2} \int_0^R T(r,x) V(r,x) dr \qquad (9)$$

式中，V_m 的计算如下：

$$V_m = \frac{2}{R^2} \int_0^R V(r,x) dr \qquad (10)$$

根据上述公式计算得到局部对流换热系数 $h_{s,x}$，进一步计算 Nu，与层流入口段 Nu 经验关联式（11）对比如图4所示。

$$Nu = 3.66 + \frac{0.065 \frac{D}{L} RePr}{1 + 0.04 \left[\frac{D}{L} RePr \right]^{\frac{2}{3}}} \qquad (11)$$

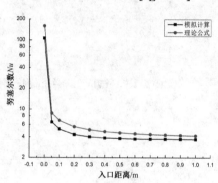

(a) 局部努塞尔数

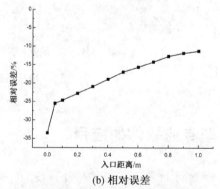

(b) 相对误差

图4 圆管入口段局部努塞尔数、相对误差
随着流程长度的变化规律

通过类似的大量计算实例，使同学们明白如何根据传热传质的理论知识，采用计算流体力学、计算传热学工具，获得定量、准确的结果，并能够对其进行细致的分析，这应当是工科大学本科毕业生应具备的最基本的实践能力。同时，为了帮助同学们理解这一类数值方法，我校编制了详细的软件操作、数据分析说明，以期让同学们见多识广，进而能够举一反三。

3 推动实践能力和创新能力的培养

学生的综合素质是支撑其开展科技活动的基础，且几乎所有的科技竞赛都需要多门专业知识同时协调才能开展。"传热传质学"作为一门动力工程及工程热物理专业的基础课程，在本科生创新研究计划（SRTP）、全国大学生节能减排社会实践与科技竞赛、制冷空调科技竞赛等科技竞赛活动中都需要用到。不可否认，课堂理论教学仍然是目前高等教育的主要手段，但是实践教学是提高课堂教学效果的有利抓手。

（1）通过实践教学可以调动学生之前已经掌握的知识，温故知新，有利于专业素质的培养。在传热学可视化、实践教学中，综合调动了学生在程序与算法设计、流体力学、工程热力学等方面的知识。在单独学习一门课程的时候，很难知道这门课程有何用处，需要在实践中逐渐认识各门课程之间的联系，这样使学生加深了对物理概念的理解，牢固了专业知识的掌握程度。

（2）通过实践教学可以调动学生的好奇心和求知欲，有助于创新型人才的培养。具有创新意识、创新能力、发散思维习惯，是创新型人才的标志。在传热传质学可视化、实践教学中，通过对实际问题进行定量化的求解训练，可以调动同学们对特定问题开展深入细节的讨论，激发学生的好奇心和求知欲，从而推动创新型人才的培养。

（3）通过实践教学可以培养学生的自我学习和探索能力，有利于学科交叉创新能力的培养。学科交叉是新工科的鲜明特点，在科技发达的今天，任何创新活动都不是单个学科可以胜任的，学科交叉训练是未来科技人员、工程技术人员的必经之路。在课堂教学中，培养学生的自学和探索能力，培养学科交叉的思维习惯和素养，将为新工科建设目标的实现添砖加瓦。

4 结　语

计算机仿真技术在传热传质学课堂教学中经过两年的使用，强化了同学们掌握传热传质学基本原理的牢固程度，加强了使用软件工具对实际问题进行分析的能力，养成了理论联系实际的思维习惯。传热传质学课堂上的这一举措，让大部分同学在后续实践课程中，特别是毕业设计、科技竞赛等活动中，能够快速适应角色，能够做到使用准确的、定量化的工具方法分析问题、解决问题，进而推动同学们在科技创新活动中综合能力的养成，助力创新型人才的培养和新工科建设目标的实现。

参考文献

[1] 豆瑞锋，冯妍卉，张欣欣，等.《传热传质学》课程中培养学生创新思维的教学实践[J]. 高等工程教育研究,2017(S1):154 – 156.

[2] 康明亮，韩东梅，Océane G.计算机模拟在化学理论与实验教学中的应用[J]. 大学化学,2016,31(10):23 – 28.

[3] 陈峥，王松林，马艺."凝固原理"课程的可视化教学探索[J]. 铜陵学院学报,2017(1):121 – 123.

[4] 顾锦华，钟志有，龙浩，等.计算机仿真在高校光学实验教学中的应用[J]. 高教学刊,2018(8):138 – 140,143.

[5] 冯妍卉，张欣欣，张燕.传热学实验"水平热圆管表面自然对流换热"计算机虚拟的教学应用[M]∥张欣欣.实践与创新——北京科技大学本科教育教学改革论文集.北京:高等教育出版社,2007:489 – 493.

[6] 俞爱辉，冯妍卉，张欣欣，等. 虚拟实验在"传热学"实验教学中的应用[J]. 实验室研究与探索. 2011(6):312 – 315

[7] 马静，马新慧. 自动控制系统数字仿真教学与考试模式改革实践[J].教育教学论坛,2016(44):126 – 127.

[8] 成凌飞，高娜. 培养本科生创新思维的知识可视化教学法[J]. 教育教学论坛,2012(40):53 – 55.

[9] 张凤宝，夏淑倩，李寿生.问"产业需求"和"技术发展"开展化工类专业新工科建设[J]. 高等工程教育研究,2017(6):14 – 17,32.

[10] 赵继，谢寅波. 新工科建设与工程教育创新[J]. 高等工程教育研究,2017(5):13 – 17,41.

[11] 徐匡迪. 工程师:造福人类,创造未来[J]. 高等工程教育研究,2017(5):1 – 2.

[12] 沙洛韦，特罗特. 设计模式精解[M].熊节,译.北京:清华大学出版社,2004.

[13] 豆瑞锋，温治. 带钢连续热处理炉内热过程数学模型及过程优化[M]. 北京:冶金工业出版社,2014.

[14] Cengel Y A. 传热传质学[M].冯妍卉,贾力,等改编.北京:高等教育出版社,2007.

Matlab 教学程序和 Fluent 软件融合的计算流体力学基础课程建设 *

母立众，贺缨

（大连理工大学 能源与动力学院）

摘要：为了让学生既能掌握常用计算流体力学软件的操作，又能了解其中的基本原理，本课程基于系列 Matlab 教学程序和 Fluent 软件的流体求解设计了课程内容。课程内容包括：数值计算、线性偏微分方程和 N-S 方程的求解及 Fluent 软件上机实践三大部分。通过三对角矩阵、一维/二维非稳态热传导问题、管内流动、方腔流动等具体问题的讲解，结合相应的 Matlab 教学程序，由简到繁，使学生理解计算流体力学的基本概念，熟悉求解步骤，从而可以自己编写或改写 Matlab 程序代码实现简单的流体计算，进一步掌握 Fluent 流体求解的步骤，为后续流体机械中流动问题的分析打下坚实基础。

关键词：计算流体力学；Matlab 教学程序；Fluent 软件；可视化

计算流体力学（Computational Fluid Dynamics，CFD）是一门集成了流体力学、计算数学与计算机科学的交叉学科，广泛应用于航空航天、船舶制造、流体机械、建筑、土木工程、化工、生物医学工程等领域。CFD 的应用与计算机技术的发展密切相关，随着计算机技术的发展，CFD 软件已经成为解决各种流动与传热问题强有力的工具，尤其在流体机械领域，CFD 发挥着重要作用，如叶轮机械内部三维流动计算，轴流通风机性能分析和预测，风机的内部结构优化设计等方面。

2014 年，大连理工大学能源与动力学院流体机械专业开设了计算流体力学基础选修课，2017 年又将其设为必修课。同期，能源与动力学院的能源与环境和制冷专业方向也开设了 CFD 课程。国内有诸多计算流体力学教材，有注重算法讲解的，如毕超所著的《计算流体力学有限元方法及其编程详解》，有注重商业软件应用讲解的，如胡坤编写的《ANSYS CFD 入门指南：计算流体力学基础及应用》。王福军所著的《计算流体动力学分析》将计算流体动力学基本理论和应用方法及 CFD 软件相结合，使不同层次的读者都能掌握 CFD 的核心内容及使用 Fluent 软件，若能配备一些简单教学程序将会更方便使用。彭芳麟所著的教材《数学物理方程的 Matlab 解法与可视化》，既包含基础理论、算法，又包含了具体的 Matlab 程序及运行结果说明，促进了学生对知识的理解，培养了学生的基本编程实践能力。

因此，在课程内容设计时，本课程借鉴了河村哲也编著的日文教材《流体解析 I，II》的内容，从基本的数值计算讲起，由线性偏微分方程逐渐过渡到流体计算的讲解。同时，利用 Matlab 软件编程和求解过程直观、简便易懂，编程实践易上手等特点，为每一次教学内容编写了相应的 Matlab 教学程序，配合课后大作业让学生进行逐步实践。在 Fluent 应用求解部分，不仅让学生掌握其操作步骤，也不断与前期内容进行对比，对过程中涉及的方法和概念进行进一步强化讲解。

1 计算流体力学课程内容设计

在课程内容设计中重点介绍了基于有限差分和有限体积法的控制方程离散和求解过程，不同边界条件的处理方法，可视化方法和网格生成法。具体内容包括三对角矩阵代数方程求解、一维/二维非稳态热传导、管内流动、方腔流动求解等。支持这些内容的 Matlab 系列教学程序包括基于 TDMA 算法的代数方程求解，龙格-库塔算法求解常微分

* 基金项目：中央高校教育教学专项（ZL201850）；大连理工大学教育教学改革一般项目（YB2019054）

方程,一维非稳态显式和隐式算法程序,管内流动分析程序,二维非稳态热传导 ADI 分析程序,基于流函数涡量法的方腔流动分析程序,基于 MAC 算法的方腔流动等程序。并结合 SIMPLE 算法的非定常

问题的 Fluent 软件模拟,逐步引导学生理解物理问题背后的数学本质,培养学生对物理问题进行抽象简化的能力、对结果的处理分析能力,以及具备一定的编程技能。具体的课程建设内容如图1所示。

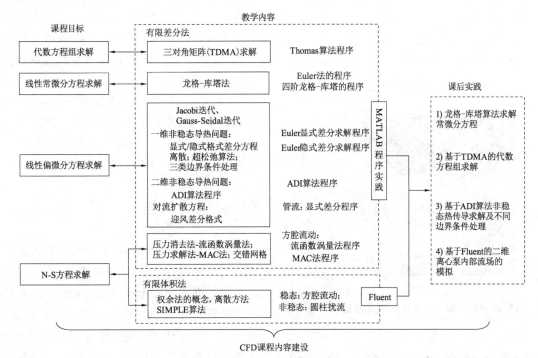

图1 计算流体力学课程建设内容

2 基于 Matlab 程序的教学实例

2.1 一维管流问题的显式差分求解

图2为当扩散常数 $\alpha = 0.4$ 和 $\alpha = 0.51$ 时一维管内流动的速度分布图。

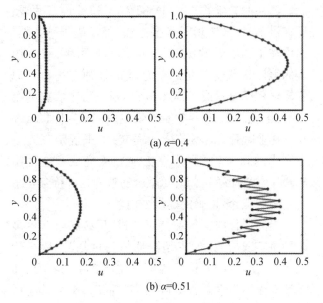

(a) $\alpha = 0.4$

(b) $\alpha = 0.51$

图2 不同扩散常数、不同时刻的管内流动速度分布图

可以看到,随着时间的推移,管内部流体的速度充分发展,呈抛物线形分布。由于流体黏性的影响,上下壁面处流体速度始终为零,管中心处流体速度最大,从中心向上下两侧流体速度逐渐减小。此外,在经过一定时间步后计算结果出现发散,说明显式离散方法只有在一定条件下才能保持数值稳定性。这样的图形展示非常形象地说明了计算方法的特征,有利于学生对算法的理解。

2.2 两种算法下方腔流动问题的求解

压力消去法(如流函数涡量法)和压力求解法(如 MAC,Marker and Cell 法)是求解 N－S 方程的常用方法。以方腔流动为例,课程中给出了基于流函数涡量法及 MAC 法的 Matlab 程序。方腔流动的物理描述为一正方形区域内充满流体,当顶部以速度为1向右移动时内部流体也同时被扰动,从而开始流动。虽然流函数涡量法编程简单清晰,但显式格式的算法仍存在一定局限,当雷诺数较大时,计算会发散。利用 MAC 算法在较大雷诺数时也能获得较好结果。通过如图3的讲解和展示可以使学生对算法有清晰理解。

注意：1.忽略了雷诺数项；2.程序中用的是非守恒形式

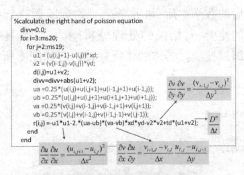

```
%calculate the right hand of poisson equation
divv=0.0;
for i=3:ms20;
  for j=2:ms19;
    u1 = (u(i,j+1)-u(i,j))*xd;
    v2 = (v(i-1,j)-v(i,j))*yd;
    d(i,j)=u1+v2;
    divv=divv+abs(u1+v2);
    ua =0.25*(u(i,j)+u(i,j+1)+u(i-1,j+1)+u(i-1,j));
    ub =0.25*(u(i,j)+u(i,j+1)+u(i+1,j+1)+u(i+1,j));
    va =0.25*(v(i,j)+v(i-1,j)+v(i-1,j+1)+v(i,j+1));
    vb =0.25*(v(i,j)+v(i-1,j)+v(i-1,j-1)+v(i,j-1));
    r(i,j)=-u1*u1-2.*(ua-ub)*(va-vb)*xd*yd-v2*v2+td*(u1+v2);
  end
end
```

$$\frac{\partial v}{\partial y}\frac{\partial v}{\partial y}=\frac{(v_{i-1,j}-v_{i,j})^2}{\Delta y^2}$$

$$\frac{D^n}{\Delta t}$$

$$\frac{\partial u}{\partial x}\frac{\partial u}{\partial x}=\frac{(u_{i,j+1}-u_{i,j})^2}{\Delta x^2} \qquad \frac{\partial u}{\partial x}\frac{\partial u}{\partial y}=\frac{v_{i+1,j}-v_{i,j}}{\Delta x}\frac{u_{i,j}-u_{i,j-1}}{\Delta y}$$

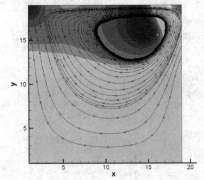

图3　MAC 法程序讲解节选和方腔流动流线图展示

3　基于流体仿真软件 Fluent 的上机实践教学

通过 Fluent 软件操作的实践教学，使学生掌握 CFD 仿真的基本流程，如几何模型的构建、计算网格的划分、边界条件的设定等。并通过与 Matlab 程序的联合讲解，使学生理解 Fluent 软件中的每一步操作与实现程序的对应关系，让学生在学会使用 CFD 软件的同时，明确每一个操作流程隐含的数学本质，培养学生分析实际问题的基本技能，以及初步具备解决工程问题的能力。图4为 Fluent 软件教学实践现场。

图4　Fluent 软件教学实践现场

4　课后大作业

为了进一步巩固学生的课堂所学内容，设计了系列大作业，主要包括基于龙格 - 库塔法的常微分方程求解，同一代数方程组不同求解方法的程序实现对比，基于 ADI 算法的二维非稳态导热问题边界条件处理方法对比，以及基于 Fluent 软件的二维离心泵内部流场的模拟。通过课后作业的练习，进一步巩固学生的课堂所学，加深对计算流体力学基本理论和方法的理解，培养学生程序编写、调试、修改的能力，以及对问题独立思考的能力。

5　讨论与总结

计算流体力学基础课程将学生熟悉的 Matlab 语言与计算流体力学算法相结合，通过对典型算例的编程求解和程序运行，以循序渐进的方式使学生掌握计算流体力学中的基本概念（如初始条件、边界条件、离散、计算区域、收敛、发散等）和过程（如求解大规模代数方程组、可视化等），让学生通过可视化图像更好地理解流体力学中的物理过程及相关数学公式，培养学生编译和发展计算程序的能力。此外，将商业软件与教学程序相结合，使学生不仅能够熟练运用流体计算软件 Fluent，同时理解软件操作与 Matlab 程序之间的联系和区别，加深学生对课程内容的理解。

课程建设体现了以学生为中心、持续改进的理念。最初的教学程序由 FORTRAN 和 C 语言写成，但在讲解时，虽然想了很多办法，但学生仍感茫然，原因在于学生对 FORTRAN 语言非常陌生，对 C 语言的编译实践也不足。于是主讲教师花精力将原有教学程序改写成了 Matlab 语言形式，在实施的第二年，也就是 2019 年初步显现成效。学生们积极编写大作业程序，迫不及待地提交，本来规定三人一组完成的任务，更多人完美地独立完成。这说明 Matlab 教学程序与 Fluent 融合的教学内容符合学生学习的特点，是正确的建设方向。

当然课程内容仍在持续改进，后续将会有更多的科研实践成果，如将超限插值网格划分、燃气轮机叶片气膜冷却分析等内容转化成教学内容，在加强计算流体力学课程基础内容的同时，扩大其应用性和实用性，为后续的工程和科研训练打下基础。

参考文献

[1] 姜新春,曾劲松,黄煌. CFD 技术在流体机械中的应用与发展[J]. 轻工机械,2014,32(3):108-111.

[2] 毕超. 计算流体力学有限元方法及其编程详解[M]. 北京:机械工业出版社,2013.

[3] 胡坤. ANSYS CFD 入门指南:计算流体力学基础及应用[M]. 北京:机械工业出版社,2019.

[4] 王福军. 计算流体动力学分析[M]. 北京:清华大学出版社,2004.

[5] 彭芳麟. 数学物理方程的 MATLAB 解法与可视化[M]. 北京:清华大学出版社,2004.

[6] 河村哲也. 流体解析 I,II[M]. 东京:朝仓书店,1997.

[7] 何光艳,李德玉,段雄,等. Matlab 软件在计算流体力学教学中的应用[J]. 中国科技信息,2005(21A):12.

基于虚拟仿真技术的汽轮机实验教学应用研究*

谢蓉,王超杰,程坤,杨师齐,程宇立

彭文涛,张浩阳,贺缨,董英茹

(1. 大连理工大学 能源与动力学院;2. 大连前海大象物联科技有限公司)

摘要:汽轮机作为一种重要的动力转换机械,被广泛应用于电力、冶金、化学等工业领域。汽轮机结构和运行认识实习是能源与动力工程专业的重点教学内容。由于汽轮机本体结构复杂,内部结构不易观察,传统的认识实习通常通过模型展示和汽轮机维护期间的现场参观完成,对汽轮机结构的认识往往不够全面。利用虚拟现实技术进行汽轮机实验教学具有很高的应用价值。基于此背景,本文使用 UG 软件建模及 Unity 3D 软件设计交互系统,开发了汽轮机实验教学软件。该软件可实现汽轮机零件展示及拆装互动等过程,将认识实习与实验操作结合起来,提高了教学质量,弥补教学硬件缺失,并为后续搭建 AR 交互式实验室打下基础。

关键词:汽轮机;虚拟仿真;实验教学;三维建模

虚拟仿真技术(Virtual Simulation Technology)又称虚拟现实技术或模拟技术,是一种应用人工智能、网络技术、传感技术等进行的高级人机交互技术,具有沉浸性、交互性、虚幻性和逼真性等基本特征。虚拟仿真技术作为一种快速发展的新兴技术,已经应用到医学、工业仿真、应急推演、培训实训、数字地球等多个领域并取得良好的效果。相比国外,我国的虚拟仿真技术正式起步较晚,从 20 世纪 90 年代至今,已取得初步的研究成果,但与发达国家差距明显。在教育教学方面,美国政府在天体物理学、海洋学、核科学等领域建立了虚拟实验室示范项目,我国目前已有 300 余个高校的虚拟现实实验教学中心获批国家级教学中心,虚拟现实实验中心建设已成为教育部推进教育信息化的重要举措。虚拟仿真技术为高校教师提供了一种全新的教学手段,对于学生积极性的调动和实验技能的培养都有促进的作用,有利于其对于相关知识的进一步钻研深入。目前,国内各高校针对该领域进行了多项课题研究,其中具有代表性的有清华大学的临场感研究,北京航空航天大学的分布式飞行技术模拟的应用,以及西安交通大学在材料实验教学中的应用等。

汽轮机也称蒸汽透平发动机,是一种大型的叶轮机械,其技术复杂,造价昂贵。各高校及企业对

* 基金项目:中央高校教育教学专项(ZL201850)

于汽轮机性能分析及优化设计的研究一直在持续进行。在教学方面,汽轮机是能源与动力工程专业的重要组成部分,在涉及汽轮机结构学习时,教材多采用剖视图或零件分解图来反映,对于学生理解其装配方式、机械原理等造成相当的困难。对此,各高校在授课之余组织学生赴电力公司或汽轮机厂进行认知实习,但因为汽轮机的工况、型号、场地等限制,学生很难接触到其内部构造。机械类课程普遍具有理论与实践相结合的特点,因此在教学过程中培养学生实验与操作的能力是必要的,利用虚拟仿真技术进行汽轮机教学是一种先进可行的方式,对于高校来讲,能够克服时间和空间上的限制,弥补教学硬件的缺失。

目前,虚拟仿真技术与汽轮机结合的研究较少,上海大学何博硕士进行了虚拟仿真技术在汽轮机测控实验平台上的应用研究,探索了设计测控系统虚拟监控软件所需的理论技术基础和构建过程,并在汽轮机测控实验平台中进行了应用验证;武汉理工大学进行了基于 Virtools 软件的汽轮机模拟维修系统研究,对汽轮机的维修操作进行仿真,为汽轮机维护人员提供了一个非沉浸式的虚拟维修仿真训练软件平台。在对于电厂仿真系统的开发上,上海电力学院的何雪晨等人构建了锅炉、汽轮机、发电机等设备的三维模型,可供用户对对象进行观察。

综上,已有研究主要针对汽轮机测控系统及其维修操作的模拟,目标人群为电厂或汽轮机厂的设备维护人员,缺乏对于汽轮机结构特性及装配过程的演示与模拟,不适合教学实验。目前,高校用于实验教学的汽轮机虚拟仿真系统还是空白。鉴于此,大连理工大学能源与动力学院以推动本科生教育改革进度,加强产学研一体化进程为宗旨,开发了一款汽轮机虚拟仿真软件,通过 3D 建模软件 UG(Unigraphics NX)按汽轮机图纸所示部件的真实尺寸进行建模并渲染,基于 Unity 3D 引擎进行二次开发,结合汽轮机的结构组成,解决了交互式拆解的技术难题。软件可以实现零部件的物理变换操作,整机的结合和拆解过程模拟,以及变工况运行动画演示等功能。

1 汽轮机零件的三维设计

根据大连理工大学档案馆现存青岛汽轮机厂生产的整套汽轮机图纸,汽轮机维修期间现场调研

图片及汽轮机制造工艺流程等相关文档,利用计算机三维设计软件还原相应三维电子模型。部分建模零件如图 1 所示。

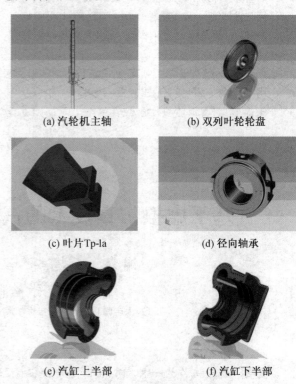

(a) 汽轮机主轴　　　　　(b) 双列叶轮轮盘

(c) 叶片Tp-la　　　　　(d) 径向轴承

(e) 汽缸上半部　　　　　(f) 汽缸下半部

图 1　汽轮机建模部分零件展示

其具体建模过程如下:为使抽象的二维图纸转化成易于理解的可视化三维模型,根据档案馆现存图纸中汽轮机每个零件的结构尺寸及现场调研图片,利用三维建模软件 UG(Unigraphics NX)对汽轮机进行三维数字建模,建模零件包括前汽缸、后汽缸、主轴、轮盘、隔板、叶片及径向轴承、喷嘴组、转向导叶环、隔板汽封及汽轮机调节机构等。

2 基于 Unity 3D 引擎的汽轮机部件交互性设计

Unity 3D 是一款由 Unity Technologies 研发的 2D/3D 游戏引擎,除用于研发电子游戏外,Unity 还被广泛用于建筑可视化、实时三维动画等类型互动内容的综合性创作。Unity 支持跨平台的发布,支持 Windows,iOS,Android 等移动平台,具有良好的兼容性。使用 Unity 3D 进行汽轮机零部件交互性设计,可以将设计结果在不同平台进行展示,进一步提升教学的便利性。将 UG 软件绘制的汽轮机三维模型分别导入 Unity 3D 中进行二次开发,在 Unity 3D 中的设计分为七个步骤,其具体设计流程如图 2 所示。

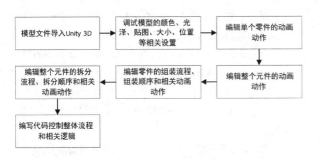

图 2　Unity 3D 交互性设计流程

3　汽轮机交互性设计效果

　　利用 Unity 3D 进行二次开发之后，将汽轮机三维结构电子文件保存为基于 Windows 系统使用的格式，汽轮机 AR 互动虚拟实验室包括动画模式及手动模式两种。在动画模式下，程序自动播放展示汽轮机零件图、汽轮机组装及拆分等。在手动模式下，有两种操作方式可供选择，使用者可通过使用双手触碰或鼠标点击屏幕进行汽轮机零部件的放缩旋转观察，以及对汽轮机零件进行组装拆分。设计效果如图 3 所示。Unity 3D 导出的 Windows 系统下软件界面效果如图 4 所示。

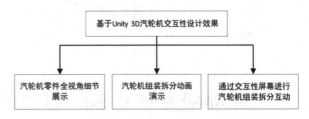

图 3　Unity 3D 交互性设计效果

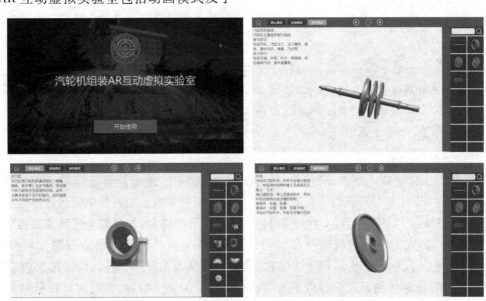

图 4　Windows 系统下软件界面效果

4　结　语

　　汽轮机系统的复杂性及结构的精密性使汽轮机专业认知实习尤为困难。本软件利用虚拟仿真技术能够直观地呈现汽轮机内部结构，展示汽轮机系统内部零件组装与拆分过程，实现基于可触摸屏幕下汽轮机零件组装拆分互动。目前系统建设仍在进行中，后续将加入 AR 功能，可实现教学中根据课堂需要拍摄汽轮机零件二维图片，即可获得相关零件三维模型、零件在汽轮机中准确位置、零件之间的装配组合方式等信息。该软件为汽轮机专业课堂教学提供了教学资源，提高了汽轮机专业课程学习效率。利用本科生 3D 打印工作室，学生自主打印汽轮机零件，直观观察汽轮机结构，能够培养学生主动思考、积极创新的意识，鼓励学生动手实践，培养创造性思维，紧跟时代与工程企业的实际需求。同时该软件和能源与动力专业汽轮机认识实习相结合，能够解决认识实习成本高、时间长、效率低的难题。此外，本软件还可以嵌入强度和控制调节分析等结果，为汽轮机专业其他课程提供资源支持，使其成为支持汽轮机专业课程群建设的虚拟仿真平台。

参考文献

［1］　程思宁,耿强,姜文波,等. 虚拟仿真技术在电类实验

教学中的应用与实践[J]. 实验技术与管理, 2013, 30(7): 94-97.

[2] 何继燕, 赵红波, 张晋恒. 基于虚拟实验平台的混合式教学模式在电工学教学过程中的推广与实践[J]. 教育教学论坛, 2019(11): 145-146.

[3] 费景洲, 路勇, 高峰, 等. 能源动力类专业开放自主式实验教学模式探索[J]. 实验室研究与探索, 2019, 38(1): 133-136.

[4] 李建荣. 虚拟现实技术在教育中的应用研究[J]. 实验室科学, 2014, 17(3).

[5] 何博. 虚拟现实技术在汽轮机测控实验平台上的应用研究[D]. 上海: 上海大学, 2009.

[6] 唐先丰. 基于 Virtools 的汽轮机模拟维修系统研究与实现[D]. 武汉: 武汉理工大学, 2010.

[7] 贺雪晨, 杨婷, 焦慧, 等. 基于 VR 技术的虚拟电厂仿真系统开发[J]. 华东电力, 2009, 37(5): 832-834.

[8] 沈马跃, 王艺超. 基于 Unity 3D 的交通安全交互式课件的设计与制作[J]. 电脑知识与技术, 2019(5): 199-200.

能源动力专业实验教学质量评价体系的建立与实施

王小丹, 徐峰, 唐上朝, 孟婧, 张可

(西安交通大学 能源与动力工程专业国家级实验教学示范中心)

摘要: 实验教学在高等教育中的地位不断提高, 建立一套完善的实验教学质量评价体系, 是提高实验教学质量的有力保证。本文结合实验教学质量评价体系的现状, 介绍了西安交通大学能源与动力工程专业实验教学中心热流课程组开展实验教学质量评价体系构建与实施的情况。

关键词: 实验教学; 全过程监控; 分层次评价; 评价主体多元化; 以评促教

2018 年高校教育工作会议上提出, 高等教育的第一个基本点是坚持"以本为本", 强调本科教育是青年学生成长的关键阶段, 要教育引导学生了解科学前沿, 接受专业训练, 成为具有创新精神和实践能力的高级专门人才。实验教学是培养学生实践创新能力的重要载体, 是学生创新意识养成的重要平台, 提高实验教学的质量, 是工科院校人才培养的重点任务。

有效提升实验教学质量, 能够启迪学生思维, 挖掘每个学生的内在潜能, 对培养学生的工程实践素养和科学实验能力具有重要的作用。为充分发挥实验教学的优势, 需要构建行之有效的质量评价体系, 使评价覆盖实验教学的全过程, 以评价促发展, 激励教师推进教学改革, 引导学生践行习总书记"爱国、励志、求真、力行"的要求, 为国家培养优秀的应用型、创新型工程技术人才。

1 实验教学质量评价制度的现状和问题

目前高校面向理论教学的质量评价体系相对成熟, 但对于能够提升学生专业技能的实验教学, 尚缺乏科学规范的教学质量评价体系。

1.1 评价滞后, 未形成全过程实时监控

实验教学质量评价应跟随实验教学进行的全过程, 从预习设计、实验过程、结果收获三个环节设置相应的评价指标, 实现实时评价和及时反馈。而现有的实验教学评价多是在学期结束后由学生对授课教师进行简单的整体评价, 时效性不够; 教师也仅以实验报告作为考核学生的唯一指标, 不能全面反映实验教学的情况。

1.2 评价指标不完善, 缺乏针对性

随着高校对实践能力培养的重视, 实验教学取得了飞跃性发展, 很多高校已经形成完整的分层次实验体系, 包括演示性、验证性、综合性及设计创新性实验等。不同层次的实验项目对学生的培养目标不尽相同, 因此实验教学质量评价指标应有所侧重, 而现有的评价指标多套用理论教学评价指标, 缺乏针对不同实验层次量身定制的评价细则。

1.3 评价主体单一

实验教学质量评价主体应具有多元化特征, 学

生、教师、专家都应参与其中。目前的评价对象主体多为教师,评价重点放在实验操作前的讲授上,仅针对其授课水平(包括表达能力、教姿教态、课堂氛围等)进行考察,忽略了评价难度较大的实验指导。作为实验教学活动主体的学生,其在实验过程中的表现、实验态度、承担工作、学习收获等,也缺乏相应的评价措施。

2 建立实验教学质量评价体系应遵循的原则

实验教学质量评价是一项比较复杂的系统工程,涉及教学活动中的所有对象,包括教师和学生、教学内容、实验教学组织、实验条件、教学效果等,为保证评价的科学性,提升评价的公信度,在建立实验教学质量评价体系时,应遵循以下几个原则。

2.1 以培养学生为导向

实验教学质量评价实施的最终目标是培养学生的专业技能,通过科学、合理的质量评价体系的实施,引导教学单位、教师按照学校定位和专业人才目标,有效地组织、开展实验教学,构建科学、合理的评价指标、评价方法,照顾全面,突出重点,紧跟应用创新型人才培养的需求。

2.2 激励性原则

及时统计评价结果并将实验教学质量评价结果推送给评价对象,实现闭环反馈,发挥出评价的激励性作用,促进教师间相互交流学习,激发教师的工作潜能;调动学生的学习激情,以评促教,使教与学的双方都能满怀激情地投入实验活动。

2.3 科学可行、持续发展

在建立评价体系的过程中,要立足于实验教学的实际情况,评价体系的设计既要保证评价的完整性,还要考虑其可行性,保证评价指标便于实施、评价结果便于整理。评价体系的运行和完善是一个循序渐进的过程,应根据人才培养目标、学生特点、实验层次及时更新,形成评价—调整—再评价—再调整,实现可持续发展的良性循环。

3 实验教学质量评价体系的构建

3.1 按照实验流程建立全过程监控的评价体系

实验教学质量中,过程质量决定了结果质量,因此,实验教学质量评价应从结果质量评价转变为过程质量评价。实验教学过程包括实验预习、实验操作和结果处理三个环节,应对各个环节建立全过程监控的评价体系。

西安交通大学热流体课程实验从2016年开始尝试构建制式实验报告,经过两年多的运行完善,形成了较为全面又重点突出的标准实验报告。在实验开始前,教师结合实验项目特色提出预习重点,设计思考题目,要求学生在预习过程中完成;实验操作过程中制定评价细则并有相应的过程评分,借助问卷网、问卷星等数据收集平台,在实验结束后对评价对象开展实时评价,督促教与学双方全身心投入教学过程;实验结果处理在实验报告中有对应体现,同时设计题目启发学生思考,形成覆盖实验教学全过程的质量评价体系。全过程监控的实验考核评价表见表1。

表1 全过程监控的实验考核评价表

评价环节	实验预习	实验过程		实验结果		
考核内容	预习思考题回答情况	出勤	过程表现	数据记录与处理	结果分析	思考与提高
占比/%	20	15	15	25	15	10
分值	20分	30分		50分		

3.2 根据实验教学体系构建分层次的评价体系

实验教学项目包含不同的层次体系,具有各自的特点和培养目标,针对不同的实验教学体系,需要建立符合层次特点的评价指标。为适应学科发展和社会进步对工程技术人才的需求,西安交通大学热流体课程实验构建了创新驱动的"五层次实验

教学"体系,包括热力过程和系统演示性实验、基本定律和规律验证性实验、多课程交叉综合性实验、自主探究性实验和设计创新性实验。

演示性实验培养学生的认知能力,评价指标侧重教师的讲解表述、与学生的互动效果、实验设备及教学资源应用情况;验证性与综合性实验培养学

生的动手应用能力,评价指标侧重学生综合应用知识的能力、承担工作的完成情况,教师对实验的组织、流程安排等;探究性与设计性实验培养学生的拓展创新能力,评价指标侧重学生主动解决问题的能力、创新思维的养成及团队协作能力。根据实验层次建立的评价指标体系见表2。

表2　根据实验体系制定实验教学质量评价表

实验教学体系	评价目的	评价指标
第一层次:热力过程和系统演示性实验	培养认知能力、了解工程背景和研究对象	1. 实验设备、实验条件、教学资源 2. 教师讲解表述、演示熟练程度、与学生互动效果
第二层次:基本定律和规律验证性实验	培养动手能力,掌握基本规律和科学实验依据	1. 学生实验态度端正,实事求是 2. 学生仪器操作能力与动手能力是否提高 3. 学生个体承担工作量 4. 教师对实验的组织能力、流程安排的合理性
第三层次:多课程交叉综合性实验	培养综合应用课程知识的能力	
第四层次:自主探究性实验	培养拓展能力,自主开展实验的能力	1. 学生创新性思维的外现 2. 学生独立思考、解决问题的能力 3. 学生在团队协作过程中的表现 4. 教师是否引导学生拓展与创新思维,提升学生解决瓶颈问题的能力
第五层次:设计创新性实验	培养创新能力,研究新型能源动力系统的能力	

3.3　面向多元化实验主体建立全方位的评价体系

实验教学质量评价主体应包含实验教学活动中涉及的所有对象(学生、教师、实验)。面向学生开展个人自评可以敦促其在没有他人帮助的情况下也能保持进步,小组协作中的组员互评能够在评价他人的表现时激励自己,教师对学生的评价通过设置实验过程回顾类的问题考核学生在实验中的收获;学生对教师授课方法、指导实验等方面的评价反馈则能够激励教师及时调整教学手段,教学专家与同行评价则能促进教师相互学习,真正达到以评促教的目的;而对实验内容、教学方法、教学资源的评价数据是进行实验教学改革的有力依据。根据多元化评价主体建立的全方位评价体系见表3。

表3　实验教学全方位评价体系

评价对象	学生			教师			实验
评价来源	个人	组员	教师	学生	专家	同行	实验参与者
评价指标	实验态度 承担工作 动手能力	实验收获		教学态度 指导实践 实验组织			仪器设备 教学资源 实验条件

4　质量评价体系实施保障

构建实验教学质量评价体系及质量评价的实施是一项长期、复杂的系统工程,需要教学单位高度重视,教学督导及教学考评小组引导教师积极配合开展评价工作,将评价结果与奖励机制有效结合,调动教师的积极性,使实验教学管理工作常态化。

全方位、多层次、评价主体多元化的实验教学质量评价体系的实施,会带来大量的信息收集工作,需要评价参与人员学习先进的信息与数据处理技术,能够及时、快速、无误地统计出各种数据,为质量评价体系的实施提供技术保障。

5　结　语

根据实验教学体系制定的实验教学质量评价体系,覆盖了实验教学开展的全过程,涉及多元的评价对象。制式标准实验报告的使用,奠定了开展实验教学全过程质量评价的基础。2019年,面向能源动力类专业2017级494名本科生,针对演示性与验证性实验教学过程开展了实时质量评价,共收到针对教师教学的评价1594条,已及时反馈并开展了教学方法的调整,对教师间互相交流学习起到了很好的激励作用;根据实验课程与教学方法的反馈评价已确立了教学改革方案;收集学生个人自评和组员互评 1308 条,调动了学生参与实验的积极性,初步实现了以评促教的目的。

然而,实验教学评价体系的创建与实施不会一蹴而就,需要在实践中不断的改革和完善,根据运行情况调整评价指标,在执行过程中总结经验,并学习国内外其他高校实验教学评价方面的成功经验,以期在未来形成一套科学完善的实验教学质量评价体系。

参考文献

[1] 何茂刚,李军,张晓鹏,等. 创新驱动的热工流体课程教学实验体系构建[C]∥全国能源动力类专业教学改革会议论文集. 沈阳:东北大学音像出版社,2016.

[2] 肖俊生,刘庆智,朱小青,等. 高校实验教学质量评价体系的建设[J]. 实验室科学,2017,20(5):182 - 185.

[3] 周奕,谢煜,顾意刚. 建立高校实验教学质量评价体系之思索[J]. 亚太教育,2016(18):74 - 75.

[4] 段孟常,邓正才,沈志. 基于能力培养的实验教学评价的思考[J]. 高等教育研究学报,2013,36(4):49 - 51.

[5] 董薇. 高校实验教学质量评价探究[J]. 高教研究与评估,2016(5):52 - 53.

[6] 谢添德. 实验教学质量标准和评价体系的探索[J]. 实验室科学,2017,20(5):101 - 104.

建立多级能源动力类实验教学体系的设想

郭涛[1,2], 刘海涌[1,2], 许都纯[1,2], 刘存良[1,2], 朱惠人[1,2]

(1. 西北工业大学 动力与能源学院;2. 陕西省航空动力系统热科学重点实验室)

摘要: 实验教学是能源动力类专业重要的教学手段,不仅在促进理论学习方面起重要作用,也肩负着培养学生实验研究能力的重任。针对现阶段本科生的动手能力特点和对创新能力培养的要求,提出建立多级实验教学体系的设想,具体包括增设学生参与的演示性实验,强化专业兴趣;以验证性实验为手段指导理论课学习,提高专业素养;建立设计型实验平台,培养研究能力。

关键词: 能源动力;实验教学;教学体系;能力培养

能源动力类学科是在实践中发展起来的,其发展史上每一次经典实验的成功都成为学科发展的里程碑,不仅奠定了科学问题下一步发展的基础,而且有力地指导了工程实践,取得了技术的极大进步。如雷诺的湍流实验不仅奠定了流体力学、传热学等研究的基础,也在一定程度上解决了工程上流动阻力计算的问题。瓦特是在实践中成长起来的工程技术人员,他改造的蒸汽机不仅在技术上解决了效率问题,在科学上也完善了热力循环理论。

时至今日,尽管数值模拟等手段获得了长足发展,但在能源动力类的很多学科领域,其定量的可靠性仍不足以支撑工程需要。实验研究与数值模拟、理论分析都是本学科不可或缺的研究方法。比如在传热学中涉及的实验关联式,一般认为只有通过实验数据整理得到,或经过实验验证才是可靠的。无论教学培养目标是造就卓越的工程技术人才还是科研工作者,使教育对象较好地掌握实验研究方法,具备一定的实验研究技能都是非常重要的。

各高校在能源动力类专业的课程体系中一般设有课内实验或独立实验课,以此为基础,对于实验课在培养学生动手能力和创新教育方面进行了探索。比如,南京师范大学利用科研实验室开展本科教学实验,使学生进入研究的"真"环境,取得了较好的成效。上海理工大学、沈阳航空航天大学通过设立开放实验室增加学生实验机会,提高动手能力,为培养创新型卓越工程人才提供了坚实有力的保障。上海理工大学以提高实验能力为目标，进行了探索。随着课改的深入，更多高校从实验教学体系入手，完善实践环节，配合理论教学。

针对不同的教育对象，要有不同的教学方法。随着社会的发展，本科生的实践能力和兴趣点发生了较大的变化。其在与信息科学有关的领域动手能力增强，如编程等，对数值模拟研究的兴趣增强，但对于传统研究手段的动手能力有弱化的趋势。学生针对测量、系统搭建等动手环节的能力需要培养。因此实践类课程就肩负着两项任务：（1）培养学生的实验研究素养，使之具有实验研究是重要研究方法的专业意识，具备通过实验获取数据，认识规律，推动学术或技术发展的研究意识。（2）提高学生的实验研究能力，具备实验原理设计、研究系统搭建、通过实验测量获取数据的基础研究技术能力。

针对上述两项任务，设想在实验内容设置上循序渐进，分级推进，带领学生逐步增强研究兴趣，增强专业素养，提高研究能力。

1 体系层级和培养目标

在层级建立上，从易到难具体分为演示性实验、验证性实验、设计型实验，分别针对入门者、初学者和具有一定专业能力者，顺应研究能力从低到高的培养过程。

1.1 增设学生参与的演示性实验，强化专业兴趣

实验是观察新现象、发现新原理的重要途径。由于实验本身的特点和人们的求知欲，一个新现象的演示本身就具有很强的吸引力。现场演示所带来的感官冲击是多媒体等其他手段无法比拟的。在曼彻斯特大学工程学院的大门内，正对着的学院名称之下就是一台雷诺实验的演示装置（见图1），人们可以通过控制面板改变装置内的雷诺数，观察层流、湍流及转捩。这种做法使一个初学者通过简单操作就能观察到重要的实验现象，给人的冲击是很强烈的，对于专业兴趣的培养有很大的帮助。这种简单参与的实验一方面使学生不再是旁观者，能够融入其中，甚至进行简单的规律探索，提高了演示效率；另一方面，是带领初学者进入学科研究大门的路标，这种实验既不需要难度较大的操作，演示成功率又很高，实验现象的展示也激发了理论学习的兴趣。

图1 曼彻斯特大学雷诺实验演示装置

1.2 以验证性实验为手段指导理论课学习，提高专业素养

目前，大多数实验室所具备的实验属于这一类型。在传统的教学体系中，一般在相应的章节学习之后，通过实验复现一下理论课程的内容，因此称为验证性实验。换一种思路来看，在学科发展过程中，很多时候是先发现现象、取得观测数据再整理发现规律，上升为理论。或者先有假设，再通过实验验证假设，上升为理论。实验教学中也可以遵循这样的过程：针对问题，提出假设，通过实验验证假设，从而完成相应的理论学习。比如强迫对流换热实验关联式的整理，在传统的教学方法中，强迫对流理论讲授完成后，学生根据实验指导书的指引，改变风速，测量换热系数，整理努塞尔数和雷诺数的关系。在新的思路下，可以提出换热与风速关系建立的问题，由学生根据问题设计准则数之间关系规律的研究思路，进而了解准则数的获取和保证方法。传统的验证性实验因此具有了设计型实验的性质，与设计型实验不同的是，其所用到的设备和器材是比较完备的，这也适应了学生在专业入门阶段、实验能力还有待提高的现实状况，有利于初学者在学习的基础上培养实验研究思路，了解研究方法，增强专业素养。

1.3 建立设计型实验平台，培养研究能力

设计型实验不仅具有设计性、探索性，还应具有综合性，是所学知识较高层次的应用。在现有体系中，一般到研究生阶段才涉及这种能力的培养。这种情况导致人才培养的间断，学生在进入研究生阶段学习前没有得到过综合研究能力的锻炼，进入状态较慢，有的还会走弯路。本科毕业直接工作的学生，在这一环节是缺失的，会给个人成长带来不利。设计型实验遵循研究（设计）目标提出、研究方案制定、研究过程实施和数据整理的设计原则，不

预设确定结论。学生既要对整个研究过程有整体的把握,也要对实施过程中涉及的参数测量等具体问题有较好的掌握。针对学生知识掌握程度的不同,灵活安排实验,将本科生设计型实验融入科研实验等,都是值得探索的。

2 结语

培养专业素养,提高实践能力是能源动力类实验课程的重要目标,针对学生特点、学科研究发展需求和产业发展需求,适时调整教学方法和实验配置是一个持续的过程。但其调整是有规律的,那就是顺应认知规律、顺应学生特点的自然的引领过程。

参考文献

[1] 周长松.科研型实验室培养本科生创新能力的探索与实践[J].广东化工,2018,5(45):251-252.

[2] 雷明镜,张华,武卫东,等.建设能源动力工程开放实验室的探索与实践[J].实验技术与管理,2018,4(35):231-234.

[3] 寇志海,曾文,徐让书,等.能源动力类专业应用型人才培养机制实践探索[J].实验技术与管理,2018,4(34):21-23.

[4] 孔祥强,李瑛,衣秋杰.面向多元化的能源与动力工程专业人才培养改革与实践[J].高等建筑教育,2018,2(27):14-17.

[5] 孙健,张任平,樊斌.能源与动力工程专业实验与实践教学改革探索与实践[J].中国轻工教育,2018(4):57-60.

[6] 王志和,田玉兰,孙军,等.能源与动力工程专业实践教学研究与探索[J].大学教育,2017,2:37-38.

[7] 黄晓璜,崔国民,田昌.实验能力为导向的能源动力类实验教学改革探索[J].实验室科学,2018,12(21):130-133.

综合、设计、创新、开放
——热工流体新实验

彭大维[1],王敏[2],徐菁旌[2]

(1.沈阳航空航天大学 发动机学院;2.辽沈工业集团有限公司 国防科技工业2111 二级计量站)

摘要: 沈阳航空航天大学发动机学院建设了热工流体综合实验设备,冷、热气源管线及数据采集系统将各部分连为一体。其中,热管实验要求学生自己设计、制作电热器和隔热层。涡流管实验可验证热力学第二定律,并进行传热学管壳式换热实验。气膜冷却实验板夹在冷、热气体流道间,气膜孔用有机玻璃封堵,方便学生快速改变开孔数量和布局。无人机混合动力实验糅合了内燃机、电机知识。基于这些设备,实验真正实现了综合性、设计性、开放性。

关键词: 热工实验;创新实验;热管;涡流管;气膜冷却;开放实验

高校专业实验多为演示性和验证性实验,设备普遍缺乏灵活性,不利于学生开动脑筋,培养创新能力。一些综合性的实验台,也仅仅是把几个实验装置组合到一起而已,真正能满足设计性、综合性、开放性要求的实验装置不多。沈阳航空航天大学与沈阳智造者科技公司等合作制作了一些实验装置,真正实现了热工实验的综合性、设计性、开放性。

1 综合性实验

综合性实验加大了难度,有利于学生融会贯通

地理解所学知识。沈航开设了如下一些热工综合实验:

1.1 涡流管实验

涡流管由喷嘴、涡流室、分离孔板和冷热两端管组成。压缩气体在喷嘴内膨胀,然后以很高的速度沿切线方向进入涡流管并高速旋转,分离成两股气流,处于中心部位的气流温度低,而处于外层部位的气流温度高,温差达70℃。

解释这种现象,需要综合运用热力学、流体力学、传热学知识。测量温度、压力和流量,经计算可验证热力学第二定律。将冷、热流分别引入换热器

的管程和壳程,可比较管壳式换热器顺、逆流平均温差的大小。该实验需测温度,并通过采集卡输送至工控机。涡流管实验器如图1所示。

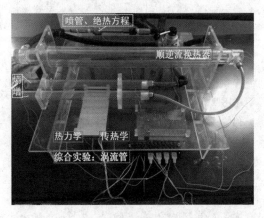

图1 涡流管实验器

1.2 无人机混合动力实验

无人机混合动力装置包括电机和汽油机。无人机执行拍摄任务时用电机驱动螺旋桨更平稳,而启动时载荷大,可用汽油机和电机共同驱动螺旋桨。无人机混合动力实验器如图2所示。本实验先启动汽油机驱动螺旋桨,再启动电机,将扭矩叠加在螺旋桨上。通过测量螺旋桨转速、拉力及风速变化,可计算电机功率,分析动力混合效果。很多人想当然地以为两类动力装置在没有差速器条件下实现功率叠加,只有在极精确地控制两者转速的条件下才有可能实现。弄懂汽油机、直流电机的工作曲线,学生就会理解非闭环控制何以实现功率叠加。该实验既普及了混合动力常识,又促进学生融会贯通地理解两种动力机的特性。

图2 无人机混合动力实验器

1.3 热线实验

热线实验是涉及传热学与电工、工程测试技术

的综合性实验,电子技术方面基础好的学生制作了简易的热线风速仪。

2 设计性实验

设计性实验不但需要动眼动手,更需要动脑,因此印象最深刻,效果也最好。

2.1 热管实验

在有机玻璃流道中,串联放置若干热管散热器,在热管散热器底部和有机玻璃流道底板间的十几毫米内,放置电加热装置和隔热层,一旦实验失败,有机玻璃板会软化。学生要测量加热片、热管、翅片、上下游气体等的温度,冷却气体流速,观察热管的温度特性,分析计算电加热功率、冷却气体吸热功率、自然对流散热功率,并进行误差分析。电加热器由学生按指定功率自行确定电压、电阻,并选用电热丝、不锈钢箔、云母片等自制。隔热层则用陶瓷球、陶瓷管等制作。有机玻璃流道里的冷却气流风速也由学生自行决定和调整。热管实验器和测温系统如图3所示。

图3 热管实验器和测温系统

2.2 气膜冷却实验

冷却气体从涡轮机叶片气膜孔渗入燃气形成气膜,可隔热并保护叶片。模拟这种气膜冷却的实验板夹在冷、热气体流道间,它由不锈钢板和塑料板相叠而成,两者都预制了很多孔,且一一对应。塑料板的孔大,放入有机玻璃塞;不锈钢板的孔小。从金属板那面用针状物可轻易地将有机玻璃塞推出,使孔打开。松开螺旋压紧机构可将实验板从冷、热流道间拉出,方便地改变开孔数量和布局。热流道宽度可调。要求学生自制电加热和均温装置,并将其安装在稳流段中,保证流场均匀。数据通过采集卡进入电脑,另外,可通过透红外玻璃用红外测温仪测量实验板表面温度。气膜冷却实验器如图4所示。

该实验可与计算传热学结合,对每个或每组学生给予不同的条件:热流体积流量、温度、冷流压力等,要求其仿真计算最佳开孔方式,然后在实验板上验证。

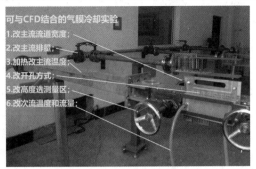

图4 气膜冷却实验器

3 创新性实验

鼓励学生围绕学过的热工方面的知识,依托已有的设备和元件,提出某个实验项目并设计实验。也可由教师提出实验题目(包括往届学生设计的实验项目),要求学生设计实验方案,教师指导学生完善方案,并予以实施。在师生互动中,一方面活学活用热工领域知识,另一方面学习材料学、机械设计、数据采集等方面的知识内容,培养创新精神和团队精神等,提高学生的工程素养。头脑风暴法的神奇作用也给学生留下深刻印象,使其深受鼓舞。

多种实验器在一届一届的讨论中萌生和完善。

4 开放性实验

慕课打破各种界限,跨专业、跨学校学习蔚然成风。远程完成验证性实验可增加实验开放时间和受众,节约往返时间,减少教师工作量和学校成本。

涡流管实验噪音很大,线上开放性实验可杜绝这种影响。选课的学生先进行网上答题,证明自己完成了相关预习,再在"自己的"时段控制实验室微机,启闭实验器,控制换向阀等,观测微机采集数据,通过视频观察仪表读数变化。

验证性实验很多都可以转化为开放性实验。

5 结 语

在热工流体实验装置方面沈航做了一些探索,由于需要学生更深入地参与,课程组织也相应地做了改变,由过去重实验后报告,改为重实验前预习,实际的教学效果大大提高。

参考文献

[1] 周少伟,姜任秋,张鹏,等.涡流管实验研究进展[J].化工进展,2006,25(z1):352 – 358.

[2] Frederick G H. Conceptual design and simulation of a small hybrid−electric unmanned aerial vehicle[J]. Journal of Aircraft, 2006, 43(5):1490 – 1498.

[3] Bohwa Lee, Poomin Park, Chuntaek Kim, et al. Power managements of a hybrid electric propulsion system for UAVs[J]. Journal of Mechanical Science and Techology,2012,26(8):2291 – 2299.

[4] 汤赫男,王世杰,赵铁军,等.基于慕课与翻转课堂的机械设计实验教学[J].机械设计,2018(A2):406 – 408.

热能装置拆装及模拟课程教学实践与研究*

张璟,邹玉,吴小华,俞接成

(北京石油化工学院 能源与动力工程系)

摘要: 根据工程教育认证标准课程设置的要求和能源与动力专业培养应用型高级工程技术人才的目标,突出学校"实践育人"的特色,进行了热能装置拆装及模拟实训教学的实践探索。本文讨论了热能装置拆装及模拟教学实施的必要性,应用了实物拆装、虚拟装配及数字设计三位一体的教学实施过程,并论证了课程教学效果。实践证明,改革后的课程突破了传统教学的固有模式,加强其工程实践能力,注重科技创新能力培养,极大地调动了学生的主观能动性和积极性,

* 基金项目:北京石油化工学院教学改革项目"热能装置拆装及模拟课程改革及实践"(13010282014)

有效提高了教学质量和学生的工程素质。

关键词：热能装置；拆装实训；实践；教学方案

为全面提高工程教育人才培养质量，2010 年教育部实施"卓越工程师教育培养计划"，北京石油化工学院有幸成为全国首批参与该计划的 61 所试点院校之一。"卓越计划"培养标准要求遵循工程的集成与创新特征，以强化工程实践能力、工程设计能力与工程创新能力为核心，重构课程体系和教学内容。

北京石油化工学院是具有鲜明工程实践特色的普通高等学校，也是首批获准实施"服务国家特殊需求人才培养项目"的高校，是 CDIO 国际合作组织正式成员。学校的学科建设主线是强化以能源为主线的学科建设特色，提出了"三六三"学科建设框架体系，即围绕能源科技创新，组建三个学科群，辐射六个一级学科，聚焦三大能源领域，为学校学科建设向高层次发展奠定了坚实基础。能源与动力工程作为主线核心专业，必须加大改革实践教学环节，经过 17 年的建设和发展，确立了"在能源与动力工程专业共性培养的基础上突出热能动力和暖通空调特色"的办学定位。

"热能装置拆装及模拟训练"是能源与动力工程专业的一门重要的专业实践课程，其基本目的就是通过拆装各种压缩机、空调等典型暖通空调设备，掌握典型装置及系统的工作原理及设备组成，具备各类装置及系统的运行、拆装及检测技能，了解系统故障现象及基本的排故手段。着重培养学生的实践操作能力，是学生专业技术训练的重要组成部分。拆装及模拟训练重视探究性学习和协作性学习等现代教育理念的应用，在教学方法上以"崇尚实践，知行并重"为前提，实践教学与理论课程融合的教学模式，达到知识教育与综合能力培养的结合。围绕工程教育专业认证，对拆装及模拟训练教学实施的必要性、教学过程实施、成绩考核等方面进行一系列的改革与实践。

1 实践教学方案设计

1.1 教学计划

"热能装置拆装及模拟训练"课程学时为 2 周，教学内容兼容操作级与管理级的要求。根据不同的拆装设备，为每个装置出具不同的任务书，其中"小型冷库拆装及三维模拟训练"具体日程规划如表 1 所示。

表 1　日程计划

周次	实训内容				
	周一	周二	周三	周四	周五
第一周	① 实训动员；拆装概述及常用工具； ② 分组并分工具； ③ 确定使用的三维造型软件及环境； ④ 查资料，了解各零部件名称。 ⑤ 测绘并完成主机侧四个零部件的三维造型	① 测绘并完成箱体侧四个零部件的三维造型； ② 手绘蒸发器	① 测绘并完成箱体侧八个零部件的三维造型； ② 用蒸发器三维零件生成工程图纸	① 完成箱体侧所有零件三维造型； ② 绘制箱体侧管路	① 完成箱体侧零件的装配； ② 应知应会测试及进度检查； ③ 交手绘及工程图纸。
第二周	测绘并完成主机侧八个零部件的三维造型	① 完成主机侧所有零件三维造型； ② 完成主机侧零件的装配； ③ 生成装配完整模型的渲染 JPG 图片	① 生成装配模型的爆炸视图； ② 制作风扇运动动画并生成视频； ③ 按照生产工艺制作拆装动画并生成视频	完成实训报告	① 交材料(纸质 + 电子版)并查看演示； ② 答辩； ③ 检查实训装置； ④ 工具、卫生检查； ⑤ 总评

1.2 教学目标

课程教学目标 1　通过本门课程的学习,使学生能看懂热能设备技术文献、设备主要部件功能及装配图;能根据设备或装置的结构特点,选择正确的拆装方法;能进行零件测绘,根据测绘数据绘制标准零件图和制作三维实体模型;能正确选择和规范使用设备拆装工量器具;能对设备进行总装配。

课程教学目标 2　通过本门课程的学习,使学生能通过多种途径、运用多种手段收集完成工作任务所需要的信息,并对信息进行整理和分析;能自主学习、独立思考、善于分析、总结工作中的经验,吸取失败的教训,达到举一反三、能力迁移的目标;能通过工具的使用、设备装调的过程,形成一定的空间感、形体知觉及良好的动作协调能力。

课程教学目标 3　通过本门课程的学习,使学生能有求真务实、认真工作的态度,爱岗敬业的职业道德;能认真细致地观察事物,善于思考分析,及时化解不利因素,保持良好心态,尽快适应工作环境;能与他

人正常交流和沟通,具有合作意识,适应团队工作,并能组织和解决工作中出现的问题;具有较强的社会责任感,良好的节能环保意识和文明生产习惯。

1.3 设备与人员配置

将全封闭式压缩机、半封闭式压缩机、开启式压缩机拆装一起统称为压缩机拆装模块,将小型冷库、冰箱、冷柜拆装统称为冷冻冷藏装置拆装模块,将房间空调器、小型中央空调、水冷机组、风冷热泵机组拆装一起统称为空调拆装模块。按每班 30 人将每班学生分成 8 小组,每组 3~4 人,共同完成一个项目的拆装任务,除了选择压缩机模块的小组需要完成两台机器的拆装及模拟,其他小组仅需完成其中一台设备的拆装及模拟,设备配置见表 2。为达到良好的教学效果,将教学经验丰富的专业课程教师与实验室人员组成实践性教学实体,专业课程教师主要讲解绘图的知识及技能、典型机器的结构和工作原理,实验室人员主要进行实际操作的讲解,共同完成学生的综合训练。

表 2　设备配置表

压缩机拆装模块		冷冻冷藏装置拆装模块		空调拆装模块	
设备名称	台套数	设备名称	台套数	设备名称	台套数
全封闭式压缩机	2	小型冷库	4	分体壁挂空调器	4
半封闭式压缩机	4	双门冰箱	1	风冷热泵空调机组	3
开启式压缩机	4	三门冰箱	1	冷风型中央空调	3
		冷陈列柜	1	综合中央空调实验台	1
		冷柜	1	制冷机组性能实验台	1

2 拆装实训教学过程的实施

2.1 理论学习

拆装实训前期安排几次专题讲座,讲座的主题有:拆装的安排及注意事项;制图基本知识及标准规范;装置的结构特点及工作原理等。在讲解压缩机时,利用先进的多媒体技术,进行压缩机装配及仿真运动的视频播放教学,讲授压缩机装配工艺和流程。将学生以前学过的理论知识与本次拆装实训联系在一起,并关注学生在本课程中熟练运用的情况。

2.2 实物拆装

在校内拆装实训中心进行拆装实操。在拆卸、装配过程中,采取以"学生为主体,教师为主导"的课程教学方法,放手让学生自己操作,不需要什么

都详细指导。在训练时只给定设计资源和指导方案,由学生在查阅文献和自主思考的基础上提出拆装测绘及建模方案,并且以讨论的方式,引导和帮助学生解决设计中遇到的问题。教师安排每组的同学进行分工协作,拆装后对零件测绘,现场画出草图,之后对典型零件整理成完整的零件图,包括正确的视图、完整的尺寸、技术要求(表面粗糙度、形位公差等)和标题栏,达到加工制造的要求。

2.3 虚拟装配

结合现代 CAD 技术及三维建模软件,让学生对所有零部件制作三维图,更形象地表达零件结构特征。在完成所有零件的三维造型后,通过运用装配工艺仿真程序这样的虚拟现实技术,来模拟各装置的拆解和装配操作过程。在此基础上,制作运动部件的运动仿真。这样,可以让学生进一步掌握装置

的工作原理,了解装置的加工生产过程。

2.4 数字设计

教师进一步导入压缩机、冷库等装置的设计方法和思想,根据拆解的装置以提问的方式继续引导学生自己思考如何进行相关的设计。通过分组讨论、学生提出思路,师生共同分析后,对装置进行反向设计,将拆装实训打造成符合本科培养目标的综合实训平台。

3 考核方式

考核不仅是促进学生努力学习的必要手段,还能督促学生在拆装过程中积极思考、积极探索,使指导教师及时发现学生对教学内容掌握的程度,从而有针对性的指导,因材施教。拆装实训的成绩评定由实际操作表现 50% 、实习报告书 50% (包含图纸)、日志 10% 和拆装动画 10% 四部分组成。

4 结 语

热能装置拆装及模拟训练是能源与动力工程专业的一门重要实践课程,通过拆装实训增强学生对典型装置结构的认识是该门课程教学的核心要素。在传统的拆装课程内容的基础上,本课程加入了虚拟装配技术和数字设计内容。一个工作任务的完成过程由简单到复杂,连续并具有因果关系,使学生的思路更为清晰,对学生的学习能力和专业技能要求也随之不断提高。在实训过程中,穿插了制图、机械设计、热工等专业课程的内容。通过完成渐次复杂的工作任务,强化了技能训练,有助于培养学生的团队合作、沟通等社会能力,同时分析能力、获取信息的能力、解决问题的能力等个人品质也得到很大提升。实践证明,进行了以实物拆装、虚拟装配及数字设计“三位一体”改革后的拆装实训,突破了传统的教学模式,增加了新内容,突出了创新和工程应用技能,极大地调动了学生的主观能动性和积极性,提高了学生的工程应用能力,培养了学生的团队协作精神,达到了课程教学培养目标,有效提高了教学质量和学生的工程素质。

参考文献

[1] 教育部. 卓越工程师教育培养计划[M]. 北京:中国教育出版社,2010.

[2] 扶慧娟,辛勇. 推行卓越工程师计划培养实践型工程人才[J]. 实验技术与管理,2011,28(11):155 – 158.

[3] 陈文松. 工程教育专业认证及其对高等工程教育的影响[J]. 高教论坛,2011(7):29 – 32.

[4] 俞接成,李爱琴,张璟.“以就业为导向、个性发展”人才培养模式的探索与实践[J]. 高等工程教育研究,2015(增刊Ⅰ):28 – 30.

[5] 赵杰. 机泵拆装实训的教学改革与探索[J]. 广州化工,2016,44(3):143 – 145.

[6] 黄海龙,曲晓海,杨洋. 工程训练拆装实训教学的探索与实践[J]. 实验室研究与探索,2014,33(12):147 – 150.

能动专业实验课程的翻转课堂实践探究*

王国强[1,2], 李俊[1,2], 王锋[1,2], 周永利[1,2]

(1. 重庆大学 低品位能源利用技术及系统教育部重点实验室;2. 重庆大学 动力工程学院)

摘要: 针对传统实验教学模式存在的主要问题,将翻转课堂教学模式应用到实验教学中,构建翻转课堂实验教学模式。该教学模式以学生为中心,以师生互动为导向,强化了实验课堂的协作交流。结果表明,该教学模式增强了学生的主观能动性,可以激发学生的学习兴趣和探索欲望,有助于培养大学生的创新实践能力。

关键词: 翻转课堂;综合实验;实验教学

* 基金项目:重庆大学第二批新工科研究与实践项目(0903005107001/013/004, 0903005107001/013/005);重庆市研究生教育教学改革研究项目(yjg183008,yjg173027);高校能源动力类新工科研究与实践项目(NDXGK2017Z – 22);重庆大学实验教学建设项目(2017S29, 2018Y21, 2018Y22)

能源短缺和环境污染问题日益加剧,开发和利用高效清洁的新能源成为解决能源和环保问题的重要途径。近年来新能源行业迅速发展,对新能源产业的人才尤其是创新人才的需求也迅速增长。我校为助推"双一流"大学建设,开设了一批创新实践实验项目。但受到传统实验教学模式的束缚,这些实验项目在培养大学生创新精神和实践能力方面没有发挥好的效果。翻转课堂是一种将传统课上教学与课下学习进行转换的新型教学形式。近年来,这种教学理念在全国高校迅速升温,并成为教育界关注的焦点。本文提出将翻转课堂教学模式应用于实验教学,并基于新能源发电实验项目进行翻转课堂实验教学实践,是"新工科"背景下实验教学改革的一次有益尝试。

1 传统实验教学的问题

(1)学生"照葫芦画瓢",缺乏独立思考能力。传统实验课堂上,学生做实验时只需按照教师讲解的实验步骤,一步一步"照葫芦画瓢"就能得到实验结果。实验后,学生撰写实验报告时照搬实验指导书上的实验原理和实验步骤。很少有学生结合理论知识去思考这个实验的科学问题是什么,为什么要用这个方法,优点在哪里。并且,学生觉得既然实验原理、实验系统、实验步骤、实验数据都一样,那么实验报告也一样,就直接照抄他人报告。这种教学模式使学生的主动思考被抑制,慢慢可能会形成一种惰性,无从谈起培养创新思维。

(2)教师强调实验操作,忽略师生互动。传统的实验教学模式下,教师在实验前做精心安排,将所需实验仪器调试好。实验时,教师讲解操作步骤,第一步做什么,第二步做什么,并进行操作演示。教师在给学生课堂成绩时,也是考查学生有没有操作,会不会操作,及熟练程度。教师给予学生的指导仅限于指导如何操作。加之学生人数较多,实验时间有限,鲜有学生和教师讨论实验过程中遇到的问题。教师和学生缺乏互动,造成教学过程没有针对性,不能够满足不同水平学生的需要。

(3)教学模式枯燥,缺乏吸引力。大部分学生课前预习流于形式,只在教师讲解前草草浏览实验指导书,对实验原理和实验步骤一知半解,只能被牵着鼻子走,机械地重复教师讲解的实验步骤,整个实验过程缺乏主动性。这种实验课堂显得极其枯燥乏味,对学生没有吸引力,学生不是在兴趣驱

使下进行科学探索,而是为取得学分在应付实验。对一些综合性和设计性实验项目而言,在现有教学模式下,学生在实验课堂上也还是只能忙于重复实验步骤,从而得到既定结果。

2 翻转课堂实验教学模式实施

区别于传统课堂,在翻转课堂教学模式中,知识传授的过程实际是在课外完成的。学生在课前观看教学视频及学习其他教学资料,在课堂上,则主要结合课前的学习情况,协作探究,并最终完成实验。这种以学生为中心的教学模式,以师生互动为主要特性,能够增加学生的主观能动性和课堂的趣味性,弥补了目前实验教学中的诸多不足之处。本文针对新能源发电综合实验,引入了翻转课堂的模式进行实践,分为课前、课堂和课后3个环节。

2.1 课前环节
(1)教师

教师在课前将实验指导书、实验教案、PPT课件等资料分享给学生,并要求学生掌握实验原理、明确实验任务,完成预习测试题目,并回答思考题。同时要求学生形成实验小组(一般3～4人一组,一个教学班的总人数为16人),并提出小组实验方案和实验相关问题。新能源发电综合实验所用到的主要仪器有燃料电池(质子交换膜)、电解池、太阳能电池板、风力发电机、储氢罐、储氧罐、数据采集板等,如图1所示。同时,教师在课前录制主要仪器使用及相互间连接方法的微视频,并分享给学生;要求学生通过课前观看微小视频学习仪器使用方法。

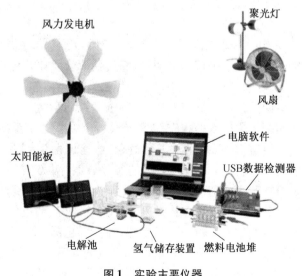

图1 实验主要仪器

（2）学生

学生可以根据自身的情况灵活安排时间去学习教师共享的资料及观看微视频，然后结合兴趣爱好形成实验小组。学生通过课前学习掌握实验原理，明确实验任务，并了解主要实验仪器的工作原理，学会其使用方法，如燃料电池堆的使用等。学生遇到问题，可以通过多个途径解决。首先，学生可以利用网络和图书馆资源查阅相关文献，这是最值得鼓励的途径。其次，学生之间可以共享文献资料，并相互交流讨论。最后，学生可以将问题记录下来，反馈给教师获取帮助，这也利于教师根据学生课前学习情况及时调整教学方法和授课内容。最后，回答思考题检测自己课前学习的效果。比如是否能够按照图2所示，从仪器箱中选择仪器进行正确的组装。课前预习成绩占总实验成绩分数的30%，根据预习测试题答卷给分。

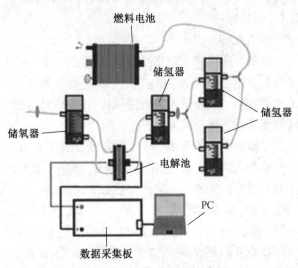

图2　燃料电池特性测试连接示意图

2.2　课堂环节

（1）教师

为防止课前预习流于形式，教师收到答卷后，在实验课堂上进行随堂测试，随机抽取学生来回答思考题或者阐述实验基本原理，如果不能回答，则扣减课前预习分数。然后，教师根据课前学生反馈的问题优化讲解的内容，尤其针对学生的共性问题进行讲解，并组织小组进行讨论，解答课前遇到的疑问。同时，教师询问小组的实验方案，对方案的可行性和创新性进行点评。教师让学生先进行装置安装，并进行实验步骤阐述，让小组间互动提问和互相纠错。经过充分的交流讨论后，由教师进行归纳，引导学生总结出优化后的最佳方案。最后，教师点评操作规范性、实验完成的质量及团队合作

情况等。

（2）学生

勇于抛出课前的疑问，寻求教师和其他同学的帮助，积极配合教师的引导，开展师生互动及小组讨论；听取教师和其他小组的意见后，要认真归纳总结最优方法。大胆展示预习成果，最重要的是派出小组代表向教师讲解实验方案，征得教师同意后进行实验操作演示实验流程，并对方案的优缺点进行自我评述。然后，虚心听取教师对实验方案的点评，同时学习其他小组方案的长处，经讨论后优化实验方案。学生在演示实验时，分工做好实验操作、数据记录、现象记录等工作；同时要注意团队协作，及时吸引经验和教训，避免操作错误重复出现。

2.3　课后环节

（1）教师

首先，教师应该总结学生课堂中遇到的困惑，根据这些问题分析学生掌握知识的程度，以及学生的兴趣爱好，并以此为基础优化和完善教案。然后，教师批改以小组为单位的实验报告和课前测试题目，着重评价学生对实验方案和思考的多角度回答和创新性见解。最终的实验成绩取课前预习成绩和实验报考成绩的加权平均值。最后，教师总结学生实验成功的经验或失败的教训，筛选出有进一步研究兴趣的学生，引荐到学院教师的科研团队开展大学生科研训练计划，培养这部分学生的科研能力。

（2）学生

学生完成课堂实验后，首先应该总结归纳实验的全过程；总结课前预习所遇到的困惑，在实验课堂上是如何解决的；课前所提的实验方案，在课堂实施过程中所遭遇的阻碍，分析产生这些问题的原因，并从中总结经验去改进课前预习的方法，提高学习效率。同时，学生还要总结归纳在师生互动环节中吸取到的先进方法，培养自己多层次创新性思考问题的能力。然后，学生可以整理实验数据，撰写实验报告。学生在写实验报告时，应该清楚地阐明实验目的、实验原理、实验方案、实验步骤及每个步骤的参数值，能够根据实验结果绘制数据图表，并对结果进行正确分析。除此之外，应该对实验方案优缺点进行总结，结合课堂互动环节吸取到的经验，思考如何进一步改进实验方案。最后，学生还可以结合自己的兴趣拓展实验。比如，风能、太阳能、燃料电池联合发电。设计实验系统，使能量流向由太阳能、风能到氢能，再由氢能到电能，通过测

量各系统的输入和输出来计算各系统及部分的转换效率。学生甚至可以跳出实验室条件的局限，结合工程实际自主设计实验方案，并与教师和同学探讨方案的可行性和创新性。学院为培养学生的综合创新能力搭建了良好的平台，比如重庆大学科研训练计划、国家级大学生创新计划、重庆大学拔尖创新人才培养计划、节能减排大赛、绿色能源岛大学生创新平台等都可以为学生提供经费资助。

3 翻转课堂实施成效分析

主要从学生实验报告、评教和调查结果以及学生拓展实验三个方面进行分析。

（1）学生实验报告

实施翻转课堂后，学生实验报告质量有了很大提升。实验报告书写工整，实验原理和方案阐述详细具体，实验现象和结果记录全面详细，实验结果分析深刻得当，图表规范美观；尤其在回答思考题时，学生展现了其思维的深度和广度。图3是风力发电得到的发电机功率电压特性曲线。从图中可以看出，风力发电机的输出电压都随着电流的增大而减小。相同风扇挡位下，叶片数量增加时，最大功率增加。相同叶片数量下，提高风扇挡位，最大功率增加。在所实验的工况中，当风扇挡位调到3挡时，6叶片发电机功率最大，最大功率为602 mW。

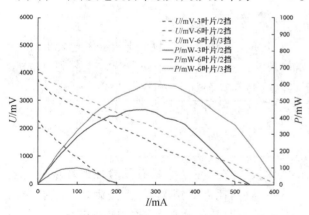

图3 风力发电机功率电压特性

实验报告质量提升的主要原因是，课堂以学生为主体，学生主观能动性得到提高，学习兴趣也更加浓厚。之前学生写实验报告是为了应付任务，现在是主动总结归纳实验的全过程，学习态度由被动转变为主动。

（2）评教和调查结果

网上评教是促进教育发展的重要手段，评教内容包括教学内容、教学方法、教学效果等。学生普遍反映，在此次翻转课堂实践中，师生互动性强，实验操作时间长，课堂参与度高。同时学生认为，课前自学提高了文献调研和文献综述能力；课堂互动环节有助于将理论知识转化为实践应用；课后写实验报告时，会主动归纳总结。学生充分肯定了此次翻转课堂实践，普遍认为是一次愉快的团队协作活动，并且激发了学习新能源的兴趣。

（3）学生拓展实验

学生是否愿意开展课后拓展实验，是课程是否激起学习兴趣的重要体现。参加此次新能源发电翻转课堂实践的学生人数是32人，其中有12人（3人/组）成功申报了2017年重庆大学大学生科研训练计划（SRTP），3人（3人/组）成功申报了2017年国家大学生创新训练项目，另外还有3人参加节能减排大赛。即最终有56%的学生开展了拓展实验，并成功获得资助。由此可以看出，参加此次翻转课堂实践的学生表现出了浓厚的学习兴趣，并且他们的综合创新能力较强，能够获得项目资助。这主要得益于翻转课堂教学模式以学生为中心，提高了学生的学习兴趣，并且锻炼了学生的综合创新实践能力。

4 结 语

本文针对新能源发电综合实验，构建了翻转课堂实验教学模式，并进行了实践。课堂实践中，教师角色变生了转变，教师由知识传授转者转变为课堂引领者的。实验课堂以师生互动和团队协作交流为主，学生参与度高，兴趣浓厚。学生在实验的三个环节中，能自主查阅文献、设计实验方案、操作步骤，完成实验记录及实验报告。结果表明，翻转课堂实验教学模式有效增强了学生的主观能动性，激发了学习兴趣和探索欲望，有助于培养大学生的综合创新实践能力。

参考文献

[1] 曾惠丹，杨云霞，赵崇军，等. 新能源材料与器件专业实验教学探讨[J]. 实验室研究与探索，2012，31（10）：109 – 111.

[2] 李春曦，王佳，叶学民，等. 我国新能源发展现状及前景[J]. 电力科学与工程，2012，28（4）：1 – 8.

[3] 周莹，谢娟，张骞，等. 新能源材料与器件专业实验课程设置探讨[J]. 实验技术与管理，2014，31（4）：

183 – 185.

[4] 于靖军,郭卫东,陈殿生. 面向工程教育的 STEP 教学模式[J]. 高等工程教育研究,2017(04):78 – 82.

[5] 董增文,邓晓华,张华. 研究性教学在工科教育中的实践与反思[J]. 高等工程教育研究,2013(5):164 – 167.

[6] 邢磊,董占海. 大学物理翻转课堂教学效果的准实验研究[J]. 复旦教育论坛,2015(1):24 – 29.

[7] 容梅,彭雪红. 翻转课堂的历史、现状及实践策略探析[J]. 中国电化教育,2015(7):108 – 115.

[8] 陈颂,王静,董玉晶,等. 翻转课堂在药物化学综合实验课中的应用研究[J]. 中国教育技术装备,2016(22):150 – 151.

[9] 祝智庭,雷云鹤. 翻转课堂2.0:走向创造驱动的智慧学习[J]. 电化教育研究,2016(3):5 – 12.

[10] 李继中. 工学结合教学模式的研究与实践[J]. 高等工程教育研究,2010(4):136 – 140.

[11] CHEN Fei, Lui A M, Martinelli S M. A systematic review of the effectiveness of flipped classrooms in medical education [J]. Medical Education, 2017, 51 (6): 585 – 597.

[12] Lai C L, Hwang G J. A self – regulated flipped classroom approach to improving students' learning performance in a mathematics course[J]. Computers & Education, 2016(100):126 – 140.

[13] 高东锋,王森. 虚拟现实技术发展对高校实验教学改革的影响与应对策略[J]. 中国高教研究,2016(10):56 – 59.

[14] 胡杰辉,伍忠杰. 基于 MOOC 的大学英语翻转课堂教学模式研究[J]. 外语电化教学,2014(6):40 – 45.

[15] 张国荣. 基于深度学习的翻转课堂教学模式实践[J]. 高教探索,2016(3):87 – 92.

火电机组虚拟仿真实验教学的建设与实践*

王进仕[1,2],赵媛媛[1],种道彤[1,2],严俊杰[1,2]

(1. 西安交通大学 能源与动力工程学院;2. 西安交通大学 能源与动力工程学院)

摘要: 火电机组存在高温高压特性,系统繁杂且相互影响,导致其实体教学实验平台建设成本高、实验安全性保障难,单影响因素实验无法开展,因此开展火电机组的虚拟仿真实验教学具有重要的现实意义。西安交通大学核电厂与火电厂系统国家级虚拟仿真教学实验中心发挥学科优势,将教学与科研紧密结合,相促相长,基于"虚实结合、相互补充、以虚促实"的原则,建设了一批具有特色的虚拟仿真实验教学资源,服务于教学工作,有效提高了教学效果。

关键词: 虚拟仿真;实验教学;火电机组

在国家大力推进信息化与工业化融合、建设创新型国家和人才强国等一系列战略背景下,高等教育与信息技术进行深度融合是必然趋势,并要求对人才培养模式进行改革,强调培养学生的实践能力和创新能力,实现从知识技能型人才向应用创新型人才的转变。作为最典型的实践教学方式,实验教学可有效地提高学生理论联系实际的能力、动手能力和解决实际问题的能力。传统的以实物为基础的实验教学方式在某些具有危险性的环境或者实验成本高、消耗大等情况下,无法满足实验教学需求。这就需要新的实验教学方式来克服真实环境中的诸多限制,并有效激发学生自主学习的积极性,因此虚拟仿真实验应运而生。随着第四次信息工业革命的到来,大数据、虚拟仿真、人工智能等技术飞速发展,使得通过虚拟仿真实验代替实体实验成为可能。虚拟仿真实验以其生动的表现形式、低

* 基金项目:西安交通大学本科实践教学改革研究专项项目(18SJZX30)

成本的经济投入和良好的安全性在高校实验教学和学生能力培养方面得到了广泛的应用。

1 火电机组虚拟仿真实验教学的必要性

近年来,随着能源供给侧的结构性改革,我国的电力生产结构逐步从火力发电为主体转变为以火力发电为基础,风能、太阳能、水能等可再生能源相补充的结构。由于可再生能源电力的波动性、间歇性,以燃煤发电为主体的火电作用发生了变化,将更多承担消纳新能源的调峰任务。2018年,我国火电装机容量达到114367万千瓦,约占总容量的60.20%,火电发电量49231亿千瓦时,约占全部发电量的70.39%。火电在我国电力行业中的重要性无须赘述。为了保证火力发电行业的可持续发展,为其培养应用创新型人才是高校义不容辞的责任和义务。

对于能源动力类专业课程,其实验教学的专业设备成本高、更新换代难,且多为传统机型或分散设备,不能反映行业发展的最新趋势。同时,传统的专业实验项目多为演示性、验证性实验,缺少设计型、综合型和研究型实验。具体到火电发电专业课程,由于火电机组存在高温高压特性、实体实验平台建设成本高、实验安全性保障难等难点,且电厂系统繁杂庞大,物理现象复杂,各过程相互影响,无法进行单影响因素的实体实验,因此开展火电机组的虚拟仿真实验教学是非常有必要的,具有重要的现实意义。开展火电机组虚拟仿真实验资源建设,可进行高危、极端工况及全系统的性能实验,满足创新型人才培养对现代实验教学条件的需求。

2 西安交通大学火电机组虚拟仿真实验教学建设基础

西安交通大学在百余年的办学历程中,秉承"重实践"的办学传统,在实践教学方面不断进行有益的探索和实践,基本形成了较完整的实践教学体系,也取得了许多标志性的教学成果。依托能源与动力工程和核科学与技术两个专业,西安交通大学于2015年获批核电厂与火电厂系统国家级虚拟仿真实验教学中心(以下简称"中心")。一方面中心发挥学科优势,在973课题(两期滚动)、国家自然科学基金重点项目等课题资助下,率先将热力系统节能由稳态工况发展至瞬态过程,提出了通过热力系统、热工过程与热工控制的优化匹配实现瞬态过程节能的方法,取得了大量的科研成果,为虚拟仿真实验教学提供了丰富的理论素材与教学资源。另一方面,中心在教育部等资助下,购置建设了GSE仿真平台、燃煤机组虚拟仿真平台、燃煤发电厂三维虚拟现实仿真平台等软件及VR(virtual reality)设备等硬件,为虚拟仿真实验教学创造了外部条件。其中,燃煤发电厂三维虚拟现实仿真平台以真实电厂为蓝本,利用三维数字化建模技术建立的电厂全景数字模型,通过构建与真实火电厂一致的虚拟环境再现电厂厂区三维立体环境及各设备的工作原理、内部结构及运行状况,帮助学生更好地理解火电厂的生产流程及原理;燃煤机组虚拟仿真平台包含超超临界1000 MW凝汽机组、330 MW超临界循环流化床机组、350 MW超临界热电联产机组等多个机组,可实现对参考机组1∶1全范围仿真,模拟锅炉、汽机、电气、热控等系统及设备的运行和调节特性,真实反映机组故障的现象及处理过程的动态响应。除了以上专业软件之外,中心已建设完成教学管理平台,该平台已经在计算集群及其他计算机节点上装有多套通用及专用软件,用户可通过网络连接到该平台,根据实验的具体需求选取相应的仿真软件进行虚拟仿真实验。

中心依托学科优势将最新的科研成果转化为教学资源,在丰富的虚拟仿真平台支撑下,解决了实体难以接触、实验难于实现、成本过高等问题,为科学、有效、全面地培养能源动力类新型高素质人才提供了保障。

3 西安交通大学火电机组虚拟仿真实验教学建设初步成效

基于"虚实结合、相互补充、以虚促实"的原则,西安交通大学在火电机组虚拟仿真实验教学建设方面取得了初步成效,形成了一批具有特色的虚拟仿真实验教学资源,其中"火电厂热力系统VR认知及瞬态过程能耗特性仿真实验"项目荣获2018年度国家级虚拟仿真实验教学项目,"新形势下工科专业生产实习模式探索与实践"项目作为实践教改项目已经开始启动。

3.1 火电厂热力系统 VR 认知及瞬态过程能耗特性仿真实验

由于我国能源供给侧的结构性改革,火电机组运行将呈现大幅度频繁变工况的特征,即长时间处于变负荷瞬态过程中。鉴于目前我国火电机组稳态工况能耗水平已接近国际先进水平,因此其瞬态过程的能耗特性将是电力行业实现深层次节能的关键。认识并掌握火电厂热力系统瞬态过程的能耗特性,对深入理解热力发电厂等专业知识、了解电站实际运行特点、探索电力行业发展前沿、开展相关教学科研工作具有重要意义。对于高校来讲,培养掌握火电机组瞬态过程能耗特性等适应行业实际需求的人才尤为重要。

中心在全国范围内率先设置了火电机组瞬态过程能耗特性仿真的教学任务,旨在通过认知实习、开放实验、项目设计等方式培养相关人才。本仿真实验为创新型、综合型实验,可支撑热力发电厂、发电厂辅助设备及电气系统、电厂热工控制系统及自动化等相关课程,拓展教学内容,强化教学效果,学以致用。本实验在火电厂热力系统 VR 认知的基础之上,基于 GSE 仿真平台开展热力系统仿真实验,获得热力系统瞬态过程的能耗特性,一方面拓展热力发电厂等课程知识,另一方面可用于指导实际电厂高效、安全运行。

具体实施过程如图 1 所示。

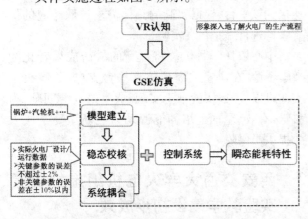

图 1　仿真实验实施过程

首先在课堂讲解火电厂热力系统的理论知识,学生根据自己的兴趣、需要,自主登录基于 VR 技术开发的燃煤发电厂三维虚拟现实仿真平台进行火力发电厂的厂区巡游,主要设备工作原理及过程认知等;在此基础上,根据某 1000 MW 超超临界机组主要设备结构参数和系统热力参数搭建热力系统模型(见图 2),在与指导教师互动式、研讨式交流下复现真实机组的热力过程及热力参数;搭建机组的控制系统模型,与热力系统模型相结合,自主研究瞬态过程的能耗特性。

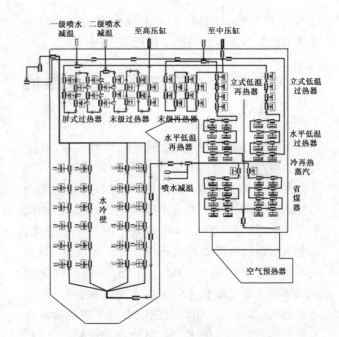

图 2　基于 GSE 仿真平台的锅炉系统仿真模型

3.2　新形势下工科专业生产实习模式探索与实践

作为实践教学的核心环节,生产实习使学生了解和掌握基本生产知识,印证、巩固和丰富已学专业知识,不仅能培养学生理论联系实际的能力,也能增强学生的就业竞争力和适应社会的能力,是增强育人工作实效性的关键环节和重要保障。近年来,随着改革开放的深入,社会经济环境不断发生深刻的变化,市场经济的新形势使得"以生产现场实习为主"的传统实习模式受到了很大的冲击,高校在组织实施生产实习时面临着诸多困境:企业接收本科生实习的热情不高,建立稳定的校外实习基地困难重重;现代化企业的生产过程日趋集成化、自动化、连续化,不允许未经严格培训的非生产人员靠近生产流程;实习经费的不足使得实习的时空选择受到很大限制……这些都直接影响生产实习的效果,从而影响人才培养的质量。

基于"虚实结合、相互补充"的原则,充分利用现代化教育技术和中心现有的虚拟仿真资源,在现行的现场实习基础上,构建虚拟仿真与现场实物结合、校内与企业互补的多元实习模式。比如,中心现有的燃煤发电厂三维虚拟现实仿真平台实现了对真实电厂环境及设备的三维虚拟模拟,学生可通过外设与虚拟环境中的对象进行交互,以达到等同真实环境的感受和体验(见图 3);燃煤机组虚拟仿真平台实现了对参考机组 1:1 全范围仿真,可进行机组的启停、正常运行和故障处理等全方位模拟(见图 4)。

2019 年全国能源动力类专业教学改革研讨会论文集

该种实习模式一方面将部分实习内容在学校通过虚拟仿真实现，减少在企业实习的时间，从而降低企业接纳实习生的风险，进而提高其接待积极性；另一方面，中心采取开放的运行模式，在其内进行的校内实习，不受时间限制，可以解决之前实习时长不够的问题；第三，在企业现场实习中，受安全规程的限制，学生一般不能动手实际参与设备的操作运行，很多时候也无法观察到设备内部结构，而在校内的虚拟仿真实习中，通过仿真操作，学生可以了解到以往无法了解的热力系统及主要热力设备的启动、正常运行、停机的基本操作和简单故障处理流程等知识。当然，虚拟仿真的对象是虚拟的现场操作环境，和实际状况总有一些差别；另外，真实的现场实习和虚拟仿真实习，对于个人的感官刺激也是有差别的，如对于具体设备的几何尺寸，现场实习更直观。因此，虚拟仿真实习并不能完全替代传统的现场实习，而是要采取相互结合补充的方式。总的来看，该种生产实习模式，有望破解传统实习模式遇到的种种难题，从而增强实习成效。

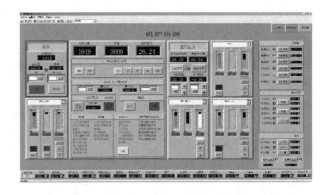

图4 燃煤机组虚拟仿真平台画面

4 结 语

西安交通大学结合火电机组生产特点与高校人才培养的需求，坚持"虚实结合、相互补充、以虚促实"的原则，在火电机组虚拟仿真实验教学方面进行了有益探索。通过发挥学科优势，将教学与科研紧密结合，相促相长，建设了一批具有特色的虚拟仿真实验教学资源，拉近了学生和先进火电技术之间的距离，切实有效地提高了学生的实践能力和创新能力。

参考文献

[1] 杜月林,黄刚,王峰,等.建设虚拟仿真实验平台探索创新人才培养模式[J].实验技术与管理,2015,32(12):26-29.

[2] 刘亚丰,余龙江.虚拟仿真实验教学中心建设理念及发展模式探索[J].实验技术与管理,2016,33(4):108-110.

[3] 赵铭超,孙澄宇.虚拟仿真实验教学的探索与实践[J].实验室研究与探索,2017,36(4):90-93.

[4] 龚德鸿,朱兵,顾红艳,等.能源动力类专业虚拟仿真实验设计与实践[J].教育文化论坛,2016(5):72-76.

[5] 谢浩,卢平,黄虎,等.能源动力类专业模拟仿真实验室的建设与实践[J].高校实验室工作研究,2013,115(1):63-64.

[6] 周昊,国旭涛,周明熙,等.虚拟仿真实验教学系统在火力发电实践教学中的应用[J].中国电力教育,2017(9):64-67.

[7] 周振起,赵星海,肖斌,等.基于电厂运行虚拟实践教学系统的教学改革与实践[J].教育教学论坛,2017(49):151-152.

[8] 路勇,马修真,高峰,等.船舶动力技术虚拟仿真实验教学资源建设与实践研究[J].实验技术与管理,2016,3(33):117-119.

图3 燃煤发电厂三维虚拟现实仿真平台画面

EES 教辅软件在中美热流课程中的应用和实践研究[*]

刘迎文，陈良，钱苏昕，汤敏

（西安交通大学 能源与动力工程学院）

摘要：新工科建设是工程教育改革的新目标与新要求。为了培养出符合社会发展需要和时代特征，具备创新型、卓越化、国际化的高水平研究人才，分析和借鉴国外先进教学模式和理念，结合工程实际，与国际接轨，启发性和创新性地开展 EES 教辅软件的探索与教学实践，以提高学生的学习效率、激发学习兴趣、改善热流课程教学效果。

关键词：热流课程；EES；创新教育；人才培养

目前，我国工程教育的规模位居世界第一，高等工程教育的在校本科生约 400 万人，研究生约 50 万人。虽然我国是工程人才培养大国，但不是人才培养强国，人才质量难以满足需求。据相关报道：美国"适合全球化要求"的工程师有 54 万，中国有 16 万，占全国工程师总数的 10% 左右，中国创造单位 GDP 所需科技工程人员是日本的 3.68 倍。可见，我国在工程人才培养质量方面与世界发达国家还有很大差距。目前，我国高校在培养高素质工程技术人才方面存在一些薄弱环节，如教育观念和教育模式落后，教学内容陈旧，教育方法呆板，创新氛围不浓，重理论、轻实践，重知识传授、轻能力培养，与工程实际脱节、缺少启发性和创新性。

"强国必先强教。"围绕国家知名高水平研究型大学和世界一流大学的建设目标，以服务"提高自主创新能力"和"建设创新型国家"发展战略为目标，以大力提升人才培养质量为核心，教育部提出实行"卓越工程师教育培养计划"，不断探索和深化人才培养模式改革，培养、造就创新能力强、适应经济社会发展需要的高质量工程技术人才。因此，培养出符合社会发展需要和时代特征，具备创新型、卓越化、国际化的高水平研究人才是我国能源动力类专业教育亟须解决的问题之一。

随着计算机、智能手机的普及和网络资源的日益丰富，电脑、智能手机和网络已成为人们日常生活"必需品"，而当代大学生更是利用现代科技手段的生力军。新时代大学生普遍希望在课程教学中引入辅助工具，减负增效，重点关注相关热流科学问题的思考，为未来的工程应用和科研做铺垫。因此，如将教学辅助工具与热流课程教学实践相结合，势必会重新唤起学生的学习热情和积极性，同时极大地改善和提高热流课程的教学效果。

1 EES 软件及教辅优势

EES 是由美国威斯康星－麦迪逊大学开发的求解代数方程组和差分方程等复杂形式方程的工程求解器，与现有的方程组数值解程序之间有两个主要的差别。首先，EES 自动识别和求解必须同时求解的方程组，简化了用户的工作，并可使解答器永远在最佳效率下工作。其次，EES 提供了很多对工程计算非常有用的内置数学和众多物质的热物性函数及迁移性质，为学生和研发人员节约了大量查找物性数据和求解相似的方程组所需的时间和精力，可以全力去探讨和研究物理概念与特性。

目前，EES 已经在国外众多工科院校得以推广和应用。美国 UIUC、Purdue 大学、佐治亚理工学院、马里兰大学等著名工科院校都将 EES 用于本科生的热流课程教学实践，部分作业和实践教学要求基于 EES 来完成，重点分析参数变化的影响规律，变"静态死学"为"动态活学"，进而不断加深学生对热物理问题的理解和认识，有的放矢地开展各种有利于激发学生创新意识的教学实践活动和项目设计，改变传统教育中直接或间接扼制学生创新能力发

---

* 基金项目：教育部高等学校能源动力类专业教育教学改革项目（NDJZW2016Y－58）

展的教育观念,注重学生创新能力的培养,保护学生的好奇心、自尊心和自信心。

2 EES应用于课程的教学实践

2.1 佐治亚理工学院

"机械工程系统与实验"为佐治亚理工学院机械工程系本科生必修课程,课程编号ME3340,其中热流体实验为课程重要组成部分,占50%的课时。课程热流体实验部分由10个热流体学科的基础实验组成,包括气体/液体流速测量、工质物性测量、对流换热测量、换热器测试等。对于传统的实验课程,在课堂内,教师指导学生实验,学生仅仅记录实验数据,观察实验现象。由于受时间及学生基础知识所限,学生无法在实验过程中对实验数据进行深入分析,并深刻理解实验现象本质。大多数情况下,学生只能在课后处理数据和借助回忆理解现象,如实验异常将导致实验课程教学环节失败,严重影响学生对数据处理和现象分析的教学训练。

因此,在该课程中引入实验数据处理软件,可以在课堂内实时快速地进行数据分析,将实验背后的机理和规律展现给学生,同时确保实验的正确性。EES通过与实验课程各个传热和流体理论或实验模型的结合,建立EES实验数据分析模块,提高了教学效率,拓展了实验课程在课堂内的知识范围,教学效果良好。例如,在换热器测试实验中,针对不同型式的套管式换热器,进行冷热流体流量和温度的测量,但换热器的性能预测模型需要繁琐的换热关联式、流体物性等计算,在短时间内无法完成。通过换热器EES模块,输入实验工况参数,快速获得换热系数和换热器效能等参数,并且跟实验对比,及时发现实验测量问题,从而保证了教学质量。

2.2 马里兰大学

"传热传质学"为马里兰大学机械工程系本科生必修课程,课程编号ENME332。由于上课学生之前修过工程热力学并有一定的EES基础,因此传热传质学课程主要集中对各类传热问题进行求解与分析,如针对复杂对流传热及换热器问题的求解,由于对流传热问题往往涉及物性参数(如普朗特数、导热系数、密度、比热等),而物性又和流体的温度显著相关,该类问题的传统解法往往需要通过反复迭代,最终获得精确求解。因此,完全可以利用EES的内置物性求解优点,让学生把大部分精力用

在构建描述对流传热问题及换热器问题的物理模型,理解该类问题求解的思路方面,而不是花费大量时间用于数学迭代求解。

"能量系统分析"是马里兰大学机械工程系的研究生课程,课程编号ENME635。EES是本门课不可或缺的元素,课程4/5的作业涉及EES。例如,吸收式制冷循环的模型完全依赖EES提供的工质对(氨-水、LiBr-水等)的物性内核。通过对各种能源系统进行EES建模分析,在理解系统工作原理的基础上,可进一步理解工况变化引起的规律变化。进入美国三大制冷OEM的研究生完全可以利用课程中学习的知识与技巧,快速开展工程类研发工作,甚至发表论文。

2.3 西安交通大学

热流课程作为能动专业基础课,具有内涵丰富、概念抽象、公式多、联系工程实际、适用范围广等特点,只有通过大量的练习、讨论和实践,才能熟练掌握和活学活用其基本理论。但热流课程学习中,查找物性数据和求解相似的方程组耗费了学生大部分时间和精力,一旦学生了解该环节,再强化练习,将极大地削弱学生的学习兴趣和积极性。

在2014—2015学年、2015—2016学年、2016—2017学年、2017—2018学年的热流课程教学中,分别依托热工基础、工程热力学和热力学近代进展课程,面向机械学院、能动学院、管理学院和化工学院的本科生和研究生近500人,开展了EES辅助教学软件的教学实践运用,通过课堂讲解(2~4个课时)、上机环节、作业练习等途径,合理对接匹配EES等教学辅助工具与热流课程教学环节的合适知识点,教会学生使用教学辅助软件,并将其应用于课程的学习环节;编制适用于EES辅助工具的课后习题,减少学生在部分教学环节的时间和精力消耗,逐步激发学生的学习热情,这有助于学生对热流课程本身物理规律的认识和理解。

能动学院本科生和研究生在毕业设计和科研工作中,尝试采用EES软件解决学习和工作中的具体问题,如研究生熟悉和掌握EES软件,在2个月内完成传统自编程半年以上的某项研究工作,并将成果发表在国际期刊上,这进一步说明EES辅助教学软件不仅有助于提高学生的学习效率、加强规律认识,还能增强学生的科研兴趣、提高科研水平,这也符合国外高校工科学生的教育理念,重视物理规律的认识和创新,而不是繁琐的数学求解和技巧。

EES软件具备友好的人机交互界面,为基于EES

的虚拟仿真平台开发提供了可行性。结合教学实践和能动学科的国际前沿,开发基于 EES 的多种能量系统的虚拟仿真平台(见图1),如燃气轮机–蒸汽朗肯发电循环、蒸气压缩制冷循环、吸收式热泵、热电冷联供能源系统、压缩液态空气储能系统、换热器等,突破了现有实验平台在设备、时间、空间方面的限制,可形象、灵活、安全地开展实践教学,有助于加深学生对具体工程实际规律的认知和理解。

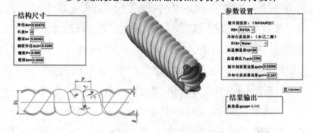

图1　EES 的虚拟仿真案例

西安交通大学在国内率先筹建能动专业热流国际模块,在意识、思维、实践和素质等方面,培养具有专业宽厚基础理论和国际视野的高水平研究人才。为此,与 UIUC,Purdue 等国外著名大学开展学生联合培养,如壁面结霜机理的 EES 建模与参数影响规律的本科毕业设计、脉动两相流传热流动强化特性的研究生科研项目等,积极推进教育"国际化"。由于合作双方在 EES 软件应用方面有一定基础,从而加快了合作进程,确保了人才联合培养的成效。

3 结　语

当前,世界范围内新一轮科技革命和产业革命正驱动着新经济的形成与发展。培养适应新时代发展需要和具有创新能力的"新工科"人才,对实现国家战略目标意义重大。在热流课程教学实践中,引入工程求解器 EES 的教学和应用,并将教学与科研实践相结合,不断开拓学生的视野,加深其对热流课程本身的物理规律的认识和理解,引导学生逐步参与到课题开发和研究中去,有助于改善热流课程的教学效果和提高学生的学习积极性,对贯彻我国教学体制改革和实现"卓越工程师计划"具有重要的现实意义。

培养核工程人才实践能力的虚拟仿真实验探索

吴宏春[1,2],张斌[1,2],李云召[1,2],赵媛媛[1]

(1.西安交通大学 能源与动力工程学院核电厂与火电厂系统国家级虚拟仿真实验教学中心;

2.西安交通大学 核科学与技术学院)

摘要:实践能力是创新能力的重要基础,其培养是目前我国高等教育中的短板之一。核工程的安全性和抽象性为该专业人才培养过程中的实践活动开展和感性认知获取带来了严峻挑战。虚拟仿真技术,可以为学生的基础理论学习、专业技能训练和前沿技术探索提供极大的帮助,有利于实践能力的培养。因此,该研究以核工程人才的实践能力培养为目标,构建了虚拟仿真实践教学平台,并将其与理论知识传授、实践验证和科研探索相结合,进行了3年的实践探索,取得了良好的效果,对培养学生的实践能力具有重要的示范和推广价值。

关键词:虚拟仿真;实践能力;核工程

近 20 年来,中国高等教育进步巨大,国际影响力不断提高,新时代对高等教育提出了新要求,高等教育要为国家的创新发展培养一大批创新型人才。在创新型人才的要素中,实践能力是关键基础。核工程专业是一个工科背景非常强的专业,但该专业面向的工作对象具有高放射性和抽象性,无法进行实体实验,或实体实验平台建设成本很高,给人才培养中的基础知识获取和实践认知能力的形成与发展造成了很大的障碍。

为了满足中国核能事业迅速发展的人才培养需求,近年来全国约有 58 所高校先后开设了核工程专业,但大多数都没有涉核实验平台,无法满足核专业学生的实践能力培养需求。一方面,虽然可以采用实习参观等方式弥补上述不足,但出于安全考虑,学生进入核电厂进行实习和实践操作的时间有限,同时因其复杂性和危险性,适合让学生自己动手操作的实验项目十分有限,这些都严重限制了对学生实践创新能力的培养。另一方面,建立涉核实验平台,时间长、成本高、风险大。可见,高校缺乏实践平台已成为核工程人才培养的主要瓶颈。

随着第四次信息工业革命的到来,大数据、虚拟仿真、人工智能等技术飞速发展,使得采用虚拟仿真实验平台代替涉核实体实验平台成为可能。依托虚拟现实、多媒体、人机交互、数据库和网络通信等技术,构建高度仿真的虚拟实验环境和实验对象可进行大量的数字化实验,让学生在虚拟环境中揭示并掌握"核"的机理和规律,从而同样达到教学大纲所要求的教学效果。虚拟仿真实验具有高安全性、低成本的优点,更重要的是,虚拟仿真实验平台可以方便地针对不同学生的学习兴趣和特点个性化定制实验,同时还可以完成大量涉核实体实验平台无法完成的实验,大大丰富实践内容,促进学生实践能力大幅度提升。

1　虚拟仿真实验建设

西安交通大学依托核电厂与火电厂系统国家级虚拟仿真实验教学中心,学习和总结虚拟仿真实验室的建设,研究虚拟仿真技术在核工程人才的实践能力培养中的应用,汲取其他高校相关建设经验,搭建了虚拟仿真综合教学平台、实验教学资源,积极开展示范性虚拟仿真实验项目,并实现了开放共享和推广应用。

1.1　虚拟仿真实验综合平台建设

围绕基础理论学习、专业技能训练和前沿技术研究 3 个层次的虚拟仿真实验教学体系建设需求,建成了面向教学实验与课程实践的虚拟仿真实验综合平台,如图 1 所示。平台在保障对核电厂与火电厂相关技术课程、实验全面覆盖的同时,做到科教相长,既促进学生对知识的掌握,又推动学生自身的科研素质及独立工作能力的提高。

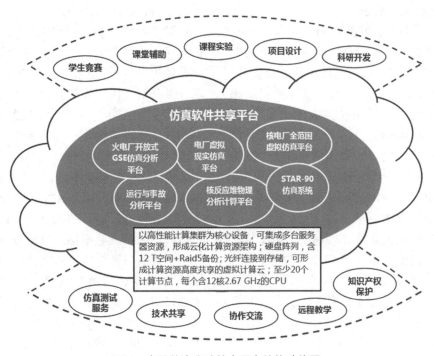

图 1　虚拟仿真实验综合平台结构功能图

虚拟仿真实验综合平台具体包括:核反应堆物理分析计算平台、核电厂热工水力分析平台、核电厂虚拟现实仿真平台、核电厂全范围虚拟仿真平台、核电厂运行与事故分析平台。自主开发的具有知识产权的核电仿真软件有核反应堆核设计软件NECP - Bamboo、核反应堆安全分析软件 SCTRAN等。目前正在建设开放式虚拟仿真实验教学管理平台(见图2),以整合上述平台实现仿真软件全面共享、资源统一管理和调度,以及虚拟化软件嵌入和远程接入。该管理平台包括项目申报门户网站、

虚拟实验的学习、实验的开课管理、典型实验库的维护、实验教学安排、实验过程的智能指导、实验结果的自动批改、实验成绩统计查询、数字化资源管理、师生互动交流和系统管理等子系统,用户可通过网络连接到仿真实验共享平台,根据实验的具体需求选取相应的仿真软件进行仿真实验。利用所共享的虚拟仿真软件,学生不仅可以做课程实验,而且可以利用模块组建自己的系统,进行兴趣化实验。

图 2 虚拟仿真实验教学管理平台架构

1.2 虚拟仿真实验资源建设

基于上述虚拟仿真实验综合平台,建立了基础理论学习、专业技能训练和前沿技术研究 3 个层次的教学体系(见图3),可开设核电厂漫游认知实习、核电厂系统与动力设备课程实验、核反应堆控制课程实验、核反应堆物理分析课程实验、核反应堆安全分析课程实验、核电厂运行仿真实验、事故规程分析专题实验、严重事故管理对策专题实验、核反应堆控制设计专题、核反应堆燃料管理专题等内容,构成了由浅入深、由点及面的虚拟仿真实验体系,可满足学生不同阶段的培养需要。

同时,通过与相关企业合作,共建扩展教学资源,比如与中广核集团共建 DCS 培训工作室,利用CPR1000 核电站机组真实数据进行仿真,逼真模拟核电站的系统设备运行、调节和控制过程。帮助学生了解核电站原理、进行人机界面真实体验、掌握运行调节控制技能,如进行机组冲转、并网、临界、正常启停等实操训练。理论与实践相结合,助力学

校教学、科研及学科能力建设。

除了课程实验、专题实验外,还可实现启发式的项目实验。学生基于平台完成大学生大创项目、综合课程设计、开放实验等多种项目,通过项目中的任务分解及探究式的教学方式,实现以学生为主体的实验。例如基于平台,完成了国家级示范项目——压水堆核电厂一回路流量不正常事故仿真实验,以自主开发的 NUSOLSIM 软件(见图4)为平台开展"一回路流量不正常"的虚拟仿真实验。通过此压水堆核电厂事故仿真模拟软件,让学生更深入地掌握核电厂运行的状态,更直观地体验压水堆核电厂一回路流量不正常事故分析的全过程,从而提出有效的防范与处置方案,深入理解事故预防和缓解措施,深入了解核反应堆事故分析,真正让学生通过仿真认识核电,通过学习让核电事故止于仿真。该项目所有的软件和资料面向校内外开放。中心正是通过这样的示范项目建设去带动虚拟仿真实验资源的建设,构建以实为本、特色鲜明、虚实

结合的开放式实验教学体系。

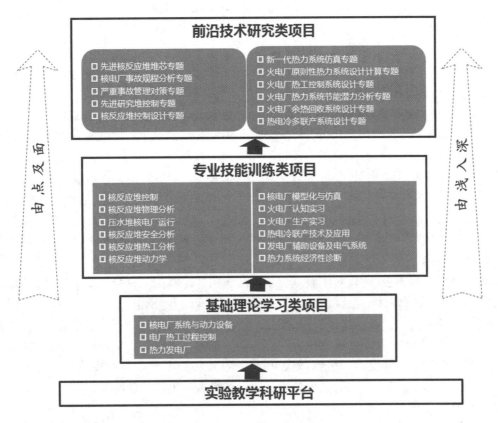

图 3　虚拟仿真实验教学资源体系层次结构图

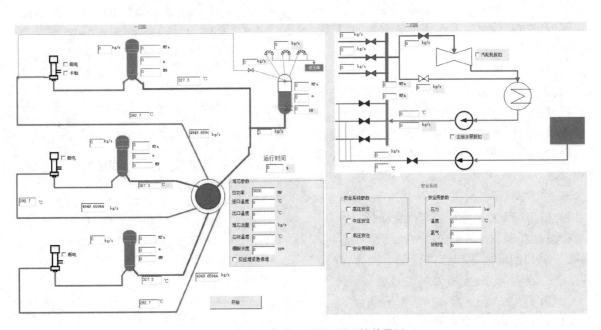

图 4　自主开发的 NUSOLSIM 软件界面

2　虚拟仿真实验效果

结合具体实践,虚拟仿真技术在核工程人才培

养中的效果主要体现在以下 4 个方面。

2.1　有利于资源共享、扩大核工程教育的覆盖面

西安交通大学充分发挥在核工程方面的学科优势,采用云技术、大数据、移动互联、AR/VR 等先

进技术开发的虚拟仿真实验教学平台,提供了远程学习共享机制,有利于学生突破时空限制和利用碎片化时间,开放、自主地完成学习实践活动,扩大了广度和深度。平台自建立以来,已服务 28112 人时数,已建立虚拟仿真实验项目 124 个。

2.2 降低核工程专业教育和学习的成本

通过虚拟仿真技术的应用,能够提供安全、经济的实验项目,帮助学生掌握专业知识和技能、培养创新思维、提升就业能力,实现真实实验条件不具备或难以实现的教学功能。同时,中心结合学科优势,自主开发软件以替代商业采购,可进一步降低平台的成本,也能锻炼和培养学生的软件研发能力。

2.3 促进核工程专业实验教学改革及信息化建设

虚拟仿真实验平台的建设,不仅对实验室教学管理的信息化、资源开放能力提出了新要求,更对教师原有的教学方式及教学方法提出了挑战,需要教师具备更新的教育教学意识。对实验教学环节的设计不仅要着眼于学生实践能力的培养,更要在开放实验中体现综合设计和创新应用,思考如何让学生利用虚拟仿真平台将所学知识转化为解决科研和生产实际问题的能力,从而提高工程实践能力和研究创新能力。目前在专业基础和核心教学中,教师将部分虚拟实验教学置于课程教学之前,利用教师设置的思考题,引导学生在虚拟实验中发现问题、思考问题,而后带着问题进入课堂,在课堂上采用演讲、讨论、报告等形式,结合教师的讲授开展学习,最后开展实际的操作实验,深化对理论知识的理解。虚拟仿真技术的应用,对实验教学改革及信息化建设均有很强的促进作用。基于该平台,教师承担教学改革项目 13 项,获批发明专利 59 项,发表论文和专著 21 篇(部)。

2.4 提升核工程专业人才培养与社会服务能力

虚拟仿真实验教学将虚拟仿真实验与课程教学、实践教学和创新创业训练进行深度融合,以知识学习、能力培养为核心,培养学生自主探究知识的能力,提升学生的综合能力。基于该平台,学生多次参加全国竞赛,其中有 9 人获奖,发表论文 3 篇,获批发明专利 1 项。同时,利用虚拟仿真技术大大扩大了示范辐射范围,提升了社会服务能力。该平台接受其他高校教师进修 5 人,与法国电力联合开展行业培训 2 次,承办国内外大型会议 10 余次,对外接待参观访问百余人次。

3 结 语

虚拟仿真技术在核工程专业人才培养中发挥了巨大的作用,同时也给出启示:虚拟仿真实验室虽然可以为学生提供实践操作机会,但是仿真系统终究替代不了真实设备和核电厂的全部。因此,要进一步提高学生的实践操作能力,还需要与企业合作,共建实训基地,做到虚实结合才能发挥更大的优势,全面培养学生的实践能力,真正达到实践育人的目的。目前该平台正在与中广核集团共建核电厂 DCS 培训工作室,大力加强校企共建。

总之,该平台坚持发挥自身学科优势和科研特色,通过虚拟仿真实验平台与资源的建设提升核工程人才培养的实践能力,与实物教学相互配合,形成虚实结合、校企联合、资源共享的虚拟实验平台,大大提升实践教学的服务能力和卓越工程师的培养能力。通过 3 年来的边建设边实践,取得了良好的育人效果,所探索的模式和资源均可在其他高校中低成本地推广和使用。

参考文献

[1] 黑大千. 核辐射探测与剂量实验课程教学探讨[J]. 科教文汇(中旬刊),2013(5):64 - 65.

[2] 郭江华,聂蠡,谢诞梅. 虚拟仿真技术在核工程与核技术专业教学中的应用探讨[J]. 中国电力教育,2011(9):37 - 38.

[3] 崔媛,武艳君,孙萌萌. 依托虚拟仿真实验教学中心培养工程实践能力[J]. 实验科学与技术,2015,13(2):142 - 144.

[4] 李建荣,孔素真. 虚拟现实技术在教育中的应用研究[J]. 实验室科学,2014,17(3):98 - 100,103.

[5] 王卫国. 虚拟仿真实验教学中心建设思考与建议[J]. 实验室研究与探索,2013,32(12):5 - 8.

[6] 王卫国,胡今鸿,刘宏. 国外高校虚拟仿真实验教学现状与发展[J]. 实验室研究与探索,2015,34(5):214 - 219.

[7] 张庆贤,谷懿,王海东. 仿真技术在核专业教学中的应用[J]. 实验科学与技术,2017,15(6):96 - 99.

[8] 赵铭超,孙澄宇. 虚拟仿真实验教学的探索与实践[J]. 实验室研究与探索,2017,36(4):90 - 93.

[9] 刘亚丰,苏莉,吴元喜. 虚拟仿真教学资源开放共享策略探索[J].实验技术与管理,2016,33(12):137 - 141.

虚拟仿真平台及 App 在流体力学教学中的探索与应用

刘海龙，沈学峰，郑诺，施洁钻，高波，王军锋

（江苏大学 能源与动力工程学院）

摘要： 流体力学是研究流体的运动规律以及运用这些规律解决实际工程问题的一门学科，其教学内容抽象，学习难度较大，要求学生具备扎实的数学、力学基础。本文以流体力学课程教学中经典的圆柱绕流问题为例，阐述了虚拟仿真技术在流体力学教学中的应用。通过多物理场仿真软件 COMSOL Multiphysics 开发虚拟仿真平台，并实现独立可自运行的 App 封装。该技术手段可以直观形象地展示课堂讲授的物理概念，使学生能够即时更改参数并查看结果，获得更为生动的学习体验。并且封装之后的仿真 App 几乎可以在所有的操作系统平台下独立运行。教师通过构建数值仿真 App 进行教学，有利于在教学过程中提高学生学习兴趣，降低课程学习难度，增进学生对理论知识的理解。

关键词： 虚拟仿真；App 应用程序；流体力学；圆柱绕流；卡门涡街

在当前强调交叉学科重要意义及国家大力推动"新工科"建设的条件下，流体力学的相关理论渗透于新能源技术、生物技术及增材制造等高新技术的飞速发展中。然而传统的流体力学教学内容主要着重于经典的流体力学理论和常规的实验验证，教学内容较为抽象、单一。存在不能直观刻画流体力学所描述的流动现象、无法展现当前学科发展的主要趋势、不利于拓宽学生的知识面并激发学习能力和创新能力等缺陷。学生应用流体力学知识解决实际工程问题的能力不足。因此，充分提高学生的学习效率，使学生保持学习热情，提高学生与教师的互动，是当前流体力学教学课程建设和改革的主要目标。

1 虚拟仿真平台与 App 技术

计算流体力学的实际应用极大地拓展了人们对流体力学相关物理机制的了解范围，同时也弥补了流体力学实验的局限性。然而计算仿真的用户往往需要具有研究生以上的数理知识水平，能够充分考虑问题背后复杂的理论和物理场并接受专业的培训，才能获得精确的仿真结果。这使得仿真使用者局限于专业的科学人员与工程师，成为虚拟仿真技术在教育应用中的瓶颈。在本文中，笔者不仅仅基于 COMSOL Multiphysics 构建流体力学虚拟仿真平台，而且探索使用最新的 App 应用封装技术，建立具体流体力学问题的仿真 App。此类虚拟仿真 App 能够在 Windows、Linux 和 MacOS 操作系统上独立运行，仿真专业基础弱的学生通过友好的用户界面设置测试参数即可获得相应的结果。这一创新性的技术手段可以增强学生在课堂教学中对各种科学方法的理解。数值仿真 App 可以通过简化方式向学生呈现复杂深奥的流体力学概念。随着学生的继续深入研究，教师还可以利用 App 开发器的灵活性在 App 设计中融入更多的复杂内容，进一步提升学生的学习效果及学习能力。

2 以圆柱绕流为例的 App 仿真应用教学

下文将以流体力学中经典的圆柱绕流问题展开叙述如何通过基于 COMSOL Multiphysics 构建的虚拟仿真平台及封装独立运行的仿真 App 让学生生动形象地学习卡门涡街等一系列复杂的流体力学现象。

2.1 数值模拟平台的建立及仿真 App 的封装

本文构建的数值仿真平台分析了流经圆柱体的非稳态不可压缩流动，圆柱体置于与流入流体成直角的流道内，流体的入口速度呈均匀分布。在数值模拟中须做一些不对称处理来触发涡流，此例中使用非结构化的网格，利用网格中极小的不对称来触发涡流。数值模拟的控制方程包括连续性方程

（1）和动量守恒方程（2）：

$$\rho \nabla \cdot (\boldsymbol{u}) = 0 \qquad (1)$$

$$\rho(\frac{\partial \boldsymbol{u}}{\partial t} + \boldsymbol{u} \cdot (\nabla \boldsymbol{u})) = \nabla \cdot [-p\boldsymbol{I} + \eta(\nabla \boldsymbol{u} + (\nabla \boldsymbol{u})^{T})] + \boldsymbol{F} \qquad (2)$$

图1a为利用计算流体力学软件 COMSOL Multiphysics 建立数值仿真计算平台的操作界面的参数设置图。从图中可以看出，此类数值模拟建模过程非常复杂，并且有大量的操作选项需要使用者通过自己的专业知识来判断及选择。因此成功完成圆柱扰流案例基于 COMSOL Multiphysics 的建模后，笔者便借助 COMSOL Compiler 创建 App 并编译成求解圆柱扰流问题的独立仿真 App。编译封装后的虚拟仿真 App 用户界面如图1b所示。在该仿真 App 界面上，学生只需要输入雷诺数(Re)及瞬态计算时间(T)两个参数，单击计算按钮后在几分钟内即可获得直观的数值仿真计算模拟结果，帮助学生分析不同雷诺数下圆柱绕流问题中流场分布及涡生成机制。

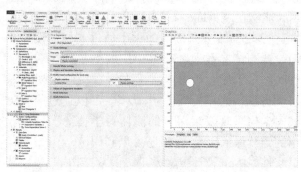

(a) 计算软件COMSOL Multiphysics®建模过程参数设置界面

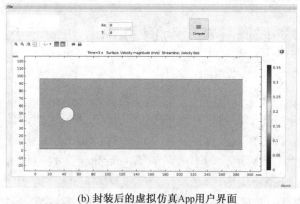

(b) 封装后的虚拟仿真App用户界面

图1 软件界面

2.2 仿真模拟结果与讨论

2.2.1 低雷诺数下

图2a 为 Re=41 时圆柱绕流仿真 App 的数值模拟计算结果图。模拟结果显示此时的尾流中有一

对稳定的反对称涡(弗普尔旋涡)，尚未出现卡门涡街。图1b 为此 Re 数下流场显示实验结果，从图中可以看出，实验结果和模拟结果高度一致。基于虚拟仿真平台，可以获取实验难以测定的速度及压力等流场参数，深入理解圆柱绕流问题中流动形态的变化机制。

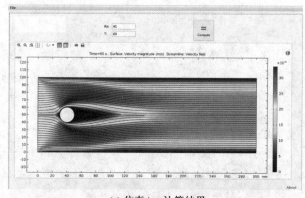

(a) 仿真App计算结果

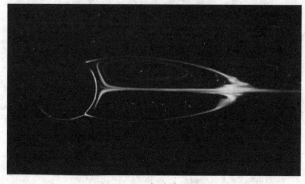

(b) 实验结果

图2 Re=41 时圆柱绕流问题流场分布图

2.2.2 中雷诺数下

图3展示了 Re=2000 时圆柱绕流问题的仿真 App 计算模拟结果与流场分布的实验图，图中直观显示了尾涡的形成及脱落过程，仿真计算结果和实验结果表现出高度的一致性。

2.2.3 较高雷诺数下

图4 为 Re=4000 时圆柱绕流问题的流场分布图。仿真 App 中的结果直观展示了涡的生成、发展、脱落过程，流场中出现了两排周期性摆动和交错的漩涡(卡门涡街)。即使没有相关的实验结果，学生依然可以基于数值仿真平台了解此情况下对应的流场运动规律。

2019 年全国能源动力类专业教学改革研讨会论文集

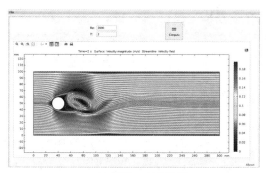

(a) 仿真App计算结果

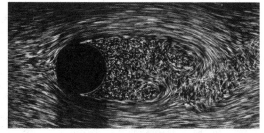

(b) 实验结果

图3　$Re = 2000$ 时圆柱绕流问题流场分布图

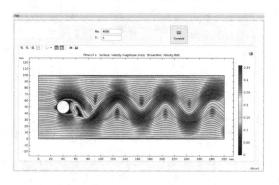

图4　$Re = 4000$ 时圆柱绕流问题 App 计算模拟流场分布图

3　结　语

　　基于数值模型构建虚拟仿真 App 可以将复杂的理论和物理场隐藏起来,学生只需要面对友好的可定制界面,极大地提高课堂教学效率。开发 App 时教师可以调整设计,使之完全满足特定课程的需求。从仿真 App 内含的物理场到整体的复杂度,都可以量身定制。由此开发出的 App 是一种交互式的学习工具,与特定学生群体的需求紧密相关,且随学生技能的提高不断发展。它丰富了多媒体的教学模式,同时不失为继续深入探讨高等教育教学改革、提高教学质量的最有价值与应用前景的方向之一。

参考文献

[1]　郑捷庆,邹锋,张军,等. CFD 软件在工程流体力学教学中的应用[J]. 中国现代教育装备,2007(10):119 - 121.

[2]　陈耀松,单肖文,陈沪东. 计算流体力学的新方向及其在工业上的应用[J]. 中国科学:技术科学,2007,37(9):1107 - 1116.

[3]　李志海,钟源. 新工科个性化人才培养模式下课程改革探索与实践——以工程流体力学课程为例[J]. 中国现代教育装备,2018,289(9):82 - 84.

[4]　Dyke M V, Widnall S. An album of fluid motion[J]. Journal of Applied Mechanics, 1982, 104(2):475.

嵌入式微课在工科基础实验教学中的探索与实践[*]

杜锦才[1], 俞自涛[1], 孙志坚[1], 黄灵仙[2], 林芝[3], 吴焱[4], 陈坚红[1], 范利武[1], 吴杰[1]

(1. 浙江大学 能源工程学院,浙江大学能源与动力实验教学中心;2. 浙江大学 化学工程与生物工程学院;

3. 台州学院;4. 昆明冶金高等专科学校)

摘要:本文阐述了工科基础实验教学的重要性,分析了当前高校实验教学过程中普遍存在的问题,针对性地提出了嵌入微课于实验教学过程的构想,并付之于教学实践;介绍了微课电子课件的组织与设计思路及其在实验教学过程中的实际应用情况。授课学生及学校督导组予以的教学质量评价充分说明,嵌入式微课对提高工科基础实验教学效果起到良好的促进作用。

关键词:嵌入式微课;工科基础;实验教学;教学质量评价

　　* 基金项目:教育部高等学校能源动力类专业教育教学改革(重点)项目(NDJZW2016Z - 47);浙江大学高等教育"十三五"第一批教学改革研究项目(2018 - 31)

基础实验尤其是工科类的基础实验对于本科生的理论联系实际能力、工程素质、创新思维和动手能力等诸方面的培养均具有举足轻重的影响。工科类学科与工程实际具有天然的密切联系。通过必要的基础性实验，可以使学生在本科阶段在概念巩固、理论验证、工程训练和动手操作能力等各方面均有所收获。强化此类工科基础实验课程，对学生走上工作岗位或读研阶段做课题研究也大有裨益。因此，探究如何提高基础实验教学效果并付诸实践，具有重要意义。

提高实验课堂教学效果，涉及很多方面。在实验课的讲解中，针对性地插入以概念延伸、知识拓展和工程应用实例为主要内容的微课是提高工科类实验教学效果的举措之一。

本文以浙江大学能源与动力类基础实验课程"热工实验"为例，介绍嵌入式微课在工科基础实验教学中的探索与实践。

1 实验教学中嵌入微课的构想

由于实验教学课程学分偏少，学生普遍不予重视。实验指导教师通常会按照"实验原理讲解—实验设备介绍—操作步骤及注意事项—实验操作示范"这套"标准"流程进行实验前的讲解。有的指导教师甚至连实验原理都不一定讲解。学生也只是"依葫芦画瓢"地操作一遍并记录相关实验数据。更有甚者，做完实验仍不知道实验的目的和意义所在。如此刻板的实验教学，收获自然有限，实验效果也难免欠佳。

浙江大学能源实验中心授课教师为了提高实验教学效果，在国家精品课程"热工实验"的讲解中曾尝试紧密联系工程实际，有意识地将实验内容所涉及的知识点进行概念延伸、知识拓展及工程应用实例讲解，让学生获得额外知识的同时，也增加了实验课的趣味性，实验教学效果提高，获得了学生的一致好评。曾有学生这样评价："可以说本来很枯燥的教学内容被老师讲得十分的生动。这种教学模式对提高学生的学习积极性和对事物的认知与探索能力都有着很好的推进作用。"

提高实验教学效果，一直是高校尤其是工科类高校的追求目标。在实验教学过程中，若能"因课制宜"地嵌入具有针对性的"微课"，对实验所涉及的相关概念进行必要的延伸，对相关知识点进行顺势拓展，并结合工程实际列举一些应用实例，可让学生身临其境地感受理论知识联系工程实际的无穷魅力。这对提高学生的学习兴趣，拓展学生的知识面和工程视野，贯通知识结构等均大有帮助。

2 微课电子课件的组织与设计

相比文字、PPT 等格式的课件，视频格式的电子课件无疑是一种比较理想的微课教案。一方面，因为视频格式的课件，具有信息量大、内容丰富、表现力强、直观性好等特点；另一方面，将电子教案发布于实验教学中心的教学网站上，可方便学生预习或温习。

在组织设计微课电子教案和课件的过程中，我们积极主动地将其与学校的本科生科研训练计划（简称"SRTP"）结合起来，让已经上过该门课程的高年级本科生或正在上该课程的本年级学生将微课电子课件的设计制作项目以"SRTP"的形式申请立项。一方面，参与设计制作的本科生熟悉该实验课程的内容与相关要求；另一方面，学生参与微课课件的设计与制作，能得到相关能力的训练。同时，将微课电子课件的设计与制作作为科研训练项目进行立项，更能充分调动学生的积极性和主动性。对于参与制作自己熟悉课程的课件，学生往往能表现出极大的热情，并具有良好的获得感。每个"SRTP"小组（一般为 3 人/组）各自立项，并完成由指导教师根据教学需要指定的某个实验项目的电子课件设计与制作。

微课电子课件（要求视频格式）的基本要素包括课件的时长、课件的形式、课件的内容等。

（1）课件时长：定位于实验教学过程的嵌入式微课，根据"热工实验"课程的内容和特点，每个实验项目的微课课件时长控制在 10～15 分钟。

（2）课件的形式：嵌入式微课所使用的电子课件，拟采用基于网络流媒体播放的视频（内含 PPT、动画等）格式。除必要的文字外，拟采用适量的工程实例素材，如图片、微视频及形象化的动画等，"言简意赅"地将更多知识传授给学生。

（3）课件的内容：主要包括概念的解释或延伸、工程应用实例等。

例如，根据热工实验中的"喷管实验"，开发设计的一个名为"喷管及其工程应用"的微课电子课件，主要包括如下一些内容：① 喷管的定义和概念；② 喷管的简要工作原理及特征参数；③ 喷管的应用实例（或应用场合）：电力系统的汽轮机和水轮机、动力系统的燃气轮机、喷气式战斗机、火箭、风洞、高压水枪、高压水刀(水里掺和砂子)等。上述内容,采用文字、图片、动画、微视频及配音等多种表现形式,有机地合成一个"喷管及其工程应用"的电子课件(视频格式)。其视频截图如图1所示。

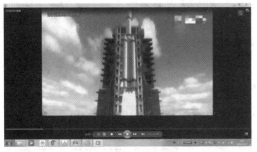

(a) 火箭喷管(微视频)

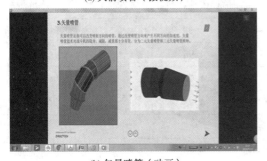

(b) 矢量喷管(动画)

图1　微课电子课件的视频截图

3　嵌入式微课在实验教学中的实践

自提出嵌微课于实验教学过程的教改构想后,我们随即着手在国家精品课程"热工实验"的教学中进行试点,并获得了一些有益的教学经验。嵌入式微课的形式也经历了"口述 + 互动—PPT + 互动—视频 + 互动"的模式渐变过程。

虽然现在已经完成了视频格式的电子课件的设计与制作,微课的授课形式并没有因此变为简单的播放模式,仍采取"互动式"为主的教学模式,以提高教学效果。必要时,还将对某些工程案例进行实物模型展示,以增强学生的感性认识。以提高实验教学质量为目的的嵌入式微课,尽可能将知识性、实用性、趣味性、直观性等融为一体,并进行互动式教学。这里,仍以热工实验课程中的"喷管实验"为例进行简要说明。

知识性:在微课课件"喷管及其工程应用"中,植入了喷管的定义、作用、管内沿程的热力参数变化、临界参数、滞止参数、当地音速、设计工况、引射等一系列基础性概念及知识点。

实用性:微课中所列举的例子紧扣工程实际,与本专业密切相关,如热力发电系统中的汽轮机、燃气轮机等与热能工程密切相关的工程实例。

趣味性:针对学生对国防、军事等的好奇和热爱,列举了各式战斗机的尾喷管,如可调喷管、二维喷管、口琴式喷管、矢量喷管、引射喷管、塞式喷管及航天火箭喷管、风洞等,并简要介绍它们的特点及采用这类喷管的理由。

互动性:譬如,微课开场后,一问"什么是喷管?"很多同学虽知道大概,却不能准确表达。二问"喷管的作用是什么?"有的同学也不能回答到点子上。三问"工程上,哪些场合需要用到喷管?"同学们一般只能回答救火用的高压水枪等日常生活中常见的喷管,而不能联系到本专业的汽轮机、燃气轮机等。这样的互动教学,十分有利于学生集中思想听课,并在课堂上积极开动脑筋。

直观性:由于采用了视频格式,微课电子课件具有直观性强、信息量大等特点。譬如,互动时提到为了能使战斗机具有良好的机动性,战斗机的尾喷管采用矢量喷管。可同学们往往想不出矢量喷管长啥模样。这时,继续播放微课视频,将矢量喷管的转动视频画面及时展示给学生观看(见图2),学生们就会茅塞顿开。

(a) 矢量尾喷管(微视频)

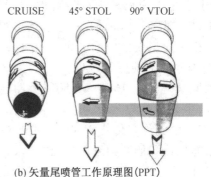

(b) 矢量尾喷管工作原理图(PPT)

(资料来源:军事吧,http://t.fenxw.com/tid-5550214.html)

图2　战斗机矢量尾喷管

通过具有上述特征的微课讲授,学生在好奇又愉快的氛围中温习了工程热力学的有关基础知识,拓展了工程应用视野,提高了学习兴趣,从而大大地提高了实验教学效果。

4 嵌入微课后的实验教学效果评价

4.1 学校教务系统的评价优秀

浙江大学能源与动力实验教学中心已连续多年尝试将微课嵌入实验教学中。随着教改经验的不断积累及教学课件的不断改进,教学效果也不断得以提高,并得到本科生及学校督导组的充分肯定。这可从学校的教务系统对"嵌入式微课"教改项目所涉课程及授课教师的教学质量评价结果中得以旁证,如表1所示。

在学校的教学质量评价系统中,以教学班级为单位,对课程教师及课程的评价结果组成如下:

评价结果 = 学生评价(70%) + 督导组评价(20%) + 学院本科生评价(5%) + 学院分管领导评价(5%)。

表1 2018—2019 秋、冬学期教改项目所涉课程及授课教师的教务系统教学质量评价结果

学期	课程名称	教学班级代号	对教师评价	对课程评价	评价等级
2018—2019 秋	能源与环境实验Ⅱ	08121172 - 0085189 - 1	4.98	5	优秀
2018—2019 秋	能源与环境实验Ⅱ	08121172 - 0085189 - 2	4.98	5	优秀
2018—2019 冬	热工实验Ⅱ	08120610 - 0085189 - 1	4.98	5	优秀
2018—2019 冬	热工实验Ⅱ	08120610 - 0085189 - 2	4.98	5	优秀
2018—2019 冬	热工实验Ⅱ	08120610 - 0085189 - 3	4.952	5	优秀
2018—2019 冬	热工实验Ⅱ	08120610 - 0085189 - 4	4.98	5	优秀
2018—2019 冬	热工信号处理及实验	08121290 - 0083119 - 1	4.963	4.976	优秀

其中,同类课程的前20%教学班级的教学质量将被评定为优秀。

4.2 学生实验后的心得体会(摘自学生实验报告)

(刘同学,学号:316****163)嵌入旨在理论联系实际并拓展学生工程视野的"微课"这种实验教学思路,能够真正做到将实验课与理论课联系在一起,能够更加激活学生对专业知识的认知和应用,并且能够和工程实践结合在一起,提升学生的工程思维,增强工程师素质培养。

嵌入式微课是对实验课的创新和改进。以往的实验课完全按照课本上的步骤按部就班,原理和应用对于学生来说也只是浅尝辄止,由于通篇文字,基本过目即忘。但微课以更生动的可视化的形式出现,相关知识就更加记忆深刻,并且在今后工程实际中能够得到应用。

(吕同学,学号:316****801)感谢老师带来的实验前生动幽默的微课讲解。实验前的微课不仅让我们了解到许多传热学课上没有听过的有趣的知识,而且让我们开阔了眼界,也让课堂变得活泼。希望以后每节课都能带来不同的新奇的东西。

(李同学,学号:316****793)我认为老师所讲的微课及在上课过程中所讲的相关知识的实际应用、工程应用十分有益、十分必要。老师在讲解知识点的实际应用、扩展时会更加吸引我认真听课,也会帮助我更好地对知识加深印象、加强记忆,也会对我以后的工作、学习有所帮助。所以,我认为老师这样做十分有益,希望老师能多讲授这样的内容。

5 结语

在工科基础实验教学过程中,针对性地嵌入微课(主要内容为相关概念的延伸、有关知识的拓展、工程应用背景及具体工程实例等),可让学生将实验内容及相关理论知识与工程实际、日常生活应用等紧密联系起来,以激发学生的学习兴趣,拓展学生的工程视野,加深学生对实验目的、意义等的理解,从而提高实验教学效果。

从授课学生及本科教学督导组的反馈与评价看来,嵌入式微课对于提高实验教学效果起到了积极的促进作用,并达到了预期目的。

作为国家级实验教学示范中心,我们将进一步研究与探索实验教学方法的改革、实践,并期待研究成果能在进一步完善的基础上,推广到其他兄弟

2019年全国能源动力类专业教学改革研讨会论文集

院校,以共同提高我国高等工程教育的教学质量。

参考文献

[1] 吴岩.新工科:高等工程教育的未来——对高等教育未来的战略思考[J].高等工程教育研究,2018(6):1 -3

[2] 孙旭东,李成刚.工程本科创新人才培养模式的探索——美国 Rose – Hulman 理工学院的案例[J].高等工程教育研究,2007(3):44 – 47.

[3] 陆国栋,李飞,赵津婷.探究型实验的思路、模式与路径——基于浙江大学的探索与实践[J].高等工程教育研究,2015(3):86 – 93.

[4] 殷瑞祥,吕念玲,赖丽娟.高等学校工程专业实验教学的设计与实施[J].实验室研究与探索,2018,37(9):206 – 210.

[5] 余泰,李冰.微课在高校实验教学中的应用探究[J].实验室研究与探索,2015,34(4):199 – 201.

[6] 陈赛艳,唐文强,程勇.基于微课模式的大学物理实验课程教学研究——以桂林理工大学为例[J].高校实验室工作研究,2017(3):25 – 27.

"虚拟制冷教学实践"课程实验教学改革的实践与探讨*

纪晓声,王勤,韩晓红,植晓琴,陈光明,刘楚芸,张权,金滔

(浙江大学 制冷与低温研究所)

摘要: 制冷实验课程是浙江大学在国内高校同类专业方向中率先对专业实践类必修课程进行彻底革新的课程,在十多年的教学改革和实践中形成了鲜明和独特的教学风格。该课程着力引入近年来快速发展的虚拟仿真技术,开发了电冰箱拆装和空调器拆装两个虚拟仿真教学资源,应用于该课程动手实践环节教学,并借助于新一代"云端 + 移动终端"教学平台有效融合虚拟仿真教学资源和数字化课程资源包,对原有的虚拟教学实践系统行了升级建设,从而使教学资源更生动、教学活动更丰富、教学管理更高效、效果评估更科学,更好地实现教学大纲提出的教学目的。

关键词: 虚拟仿真;实践教学;精品课程;数字化;制冷

"虚拟制冷教学实践"课程是浙江大学能源与环境系统工程专业"制冷与人工环境及自动化方向"的实践类必修课程,与大多数工科专业的"认识实习"课程相对应。过去经验表明,仅靠教师灌输式的专题讲座,学生普遍反映内容抽象难懂,很难调动本科生的学习热情;仅靠带学生去企业参观,往往是走马观花,看看热闹,收获不大。因此,该课程从典型制冷装置入手,采用多媒体技术和网络技术实现网上虚拟实践教学与动手实践教学的结合,在相对比较短的时间内,使刚开始专业课程学习的本科生在没有专业课程知识的背景下,较深入地了解和掌握制冷领域典型制冷装置的系统组成、工艺流程和关键部件的工作过程等专业性和抽象性很强的内容,自 2000 年开设以来,取得了很好的教学效果。该课程的虚拟教学实践系统曾在第三届全国高等院校制冷空调学科发展教学研讨会上进行了成果展示,得到了国内同行及兄弟院校的一致认可与好评。2010 年,该课程被评为浙江省精品课程。

2018 年,该课程得到中央级普通高校改善基本办学条件专项资金的资助,对原有的两个动手实践环节进行了实验装置研制和虚拟仿真软件研发:(1) 直冷式双门电冰箱拆装实验;(2) 分体式热泵空调器拆装实验。在 2018 年的暑期课程中新实验装置和虚拟仿真软件首次使用,得到了学生的一致好评。

* 基金项目:高等学校能源动力类新工科研究与实践项目(NDXGK2017Z – 13)

1 实验装置研制

根据该课程的定位和目标,我们对新实验装置进行了总体方案的重新设计,并委托浙江天煌科技实业有限公司进行生产和调试。

1.1 直冷式双门电冰箱拆装实验

直冷式双门电冰箱拆装实验装置(见图1)一共研制了两套,一套采用普通直冷式双门电冰箱箱体,另一套采用普通玻璃门的直冷式双门电冰箱箱体。除了箱体里的冷冻室蒸发器、冷藏室蒸发器和内藏式冷凝器外,压缩机、干燥过滤器、毛细管、回热器等主要部件均放置在操作台上,部件之间的连接铜管均可拆卸。

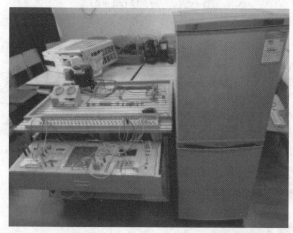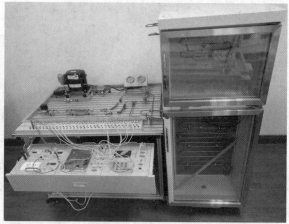

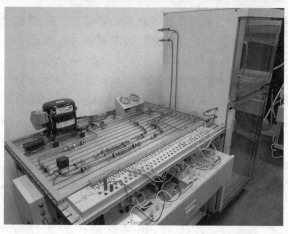

图1 直冷式双门电冰箱拆装实验装置

实验中,要求学生分工负责制作部件之间的连接铜管,包括弯管和制作喇叭口。整个制冷系统连接完整以后,学习冲注氮气保压和肥皂水检漏。在此过程中如有泄漏,学习如何重新紧固或重新制作连接铜管。确认无泄漏后,再学习制冷剂的冲注。制冷剂冲注结束后,让学生学习连接由温度控制器、照明灯、门灯开关和压缩机启动器、过载保护器等组成的电冰箱电气控制系统。最后,让学生接通电冰箱电源,启动压缩机降温,直至箱体温度达到 −18 ℃,结束实验。

因此,通过该实验学生可以学习直冷式双门电冰箱的拆装技能,熟悉直冷式双门电冰箱的结构组成,掌握直冷式双门电冰箱的拆装过程,了解直冷式双门电冰箱的工作原理。

1.2 分体式热泵空调器拆装实验

分体式热泵空调器拆装实验装置(见图2)一共研制了两套,一套采用普通分体式热泵空调器室的内机和室外机,另一套将制冷系统的压缩机、冷凝器、节流元件、蒸发器、四通换向阀和干燥过滤器、气液分离器、连接阀、连接管等主要部件均放置在操作台上,部件之间的连接铜管均可以拆卸。

2019 年全国能源动力类专业教学改革研讨会论文集

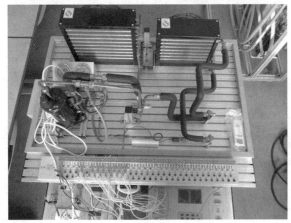

图 2　分体式热泵空调器拆装实验装置

实验中,要求学生分工负责制作部件之间的连接铜管,包括弯管和制作喇叭口。整个制冷系统连接完整以后,学习冲注氮气保压和肥皂水检漏。在此过程中如有泄漏,学习如何重新紧固或重新制作连接铜管。确认无泄漏后,再学习制冷剂的冲注。制冷剂冲注结束后,再让学生学习连接由温度控制器、湿度控制器、除霜控制器和各种启动器、过载保护器等组成的空调器电气控制系统。最后,让学生接通空调器电源,启动压缩机运行制冷模式,直至蒸发器开始结霜,接通电磁阀电源,切换为制热模式,直至冷凝器开始结霜以后,结束实验。

因此,通过该实验学生可以学习分体式热泵空调器的拆装技能,熟悉分体式热泵空调器的结构组成,掌握分体式热泵空调器的拆装过程,了解分体式热泵空调器的工作原理。

2　虚拟仿真软件研发

近些年来,虚拟现实、多媒体、人机交互、数据库和网络通讯等技术快速发展,虚拟仿真技术(简称 VR技术)越来越多地应用于教学,构建高度仿真的虚拟实验环境和实验对象,让学生在虚拟环境中开展实验,可达到教学大纲(见图3、图4)要求的教学目的。

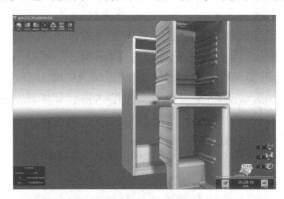

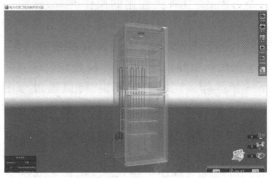

图 3　直冷式双门电冰箱拆装虚拟实验效果图

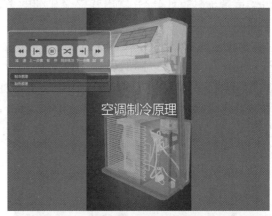

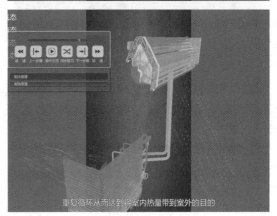

图 4　直冷式双门电冰箱拆装虚拟实验效果图

"虚拟制冷教学实践"课程采用 VR 技术配套以上两个实验(直冷式双门电冰箱和分体式热泵空调器)进行虚拟仿真教学软件的研发。

这两款虚拟仿真教学软件均包含演示、练习和考试这三种教学模式,练习模式和考试模式可以随时转换。软件以本地运行为主,搭配客户端身份认证,可实现程序更新维护、成绩提交等功能。

演示模式:从直冷式双门电冰箱和分体式热泵空调器的结构认知、拆装过程和运行原理三个方面进行介绍,让学生对实验用到的设备进行整体认知,也可切换视角,多方位了解设备结构、连接方式,此模块可以用于教师教学或学生自学。

练习模式:具有人性化的操作方式,让学生通过点击物体、选择工具、输入参数、旋转旋钮等闯关方式融入拆装实验当中,充分体验学习的乐趣,并有充分的提示引导信息,如部件高亮或说明文字提示下一步操作。在练习过程中,可以通过漫游功能,让学生们随意切换视角,近距离观察拆装实验设备,有身临其境的感觉。

考试模式:模拟真实拆卸和装配的实验过程,使学生们在没有提示的情况下,独立完成实验步骤,对学生每一步操作的正确性、规范性、安全性进行自动记录、评估、计分,并输出和提交详细的考核记录单。

学生们可在教学模块过程中,切换练习模式,即演示和操作练习可以随时转换。以交互式动画形式并配合公式驱动、粒子特效、画中画、文本、图片和语音等效果展示拆装实验的整个操作流程,过程中用户可使用鼠标键盘对设备进行放大、缩小、旋转、移动、隐藏显示、输入参数等操作。

3 结 语

在 2018 年的暑期课程中,学生首先采用虚拟仿真软件进行预习,可选择不同的拆装实验内容,逐步演示拆装实验过程,同步伴随操作说明,展示拆装实验中的数据和需要注意的安全事项等,通过虚拟实验达到非常好的课前预习效果。在真实实验操作后,再次采用虚拟仿真软件进行复习,并在考试模块中进行实验掌握程度的考核,达到了非常好的课后复习效果。因此,虚拟仿真软件搭建了理论教学和实验教学之间的桥梁,是实现理、虚、实一体化教学思路实践的重要途径。

通过本次实验教学改革,改善了学习环境,有效地调动了学生的学习积极性,提高了学生自主学习的效果,大幅度增加了学生自主学习的比例,最终使学生在轻松愉悦的过程中完成本课程的动手实践,进一步激发他们的好奇心,增强了他们对专业知识和专业课程的兴趣。

今后"虚拟制冷教学实践"课程将继续开发更多类型的虚拟制冷综合实验项目,与能源环境专业的发展紧密结合,突出对学生动手能力的培养,强调理论知识和学生自主能力的培养锻炼,教学质量进一步提高,为国家制冷与低温事业发展所需的应用型人才培养提供有力保障。

参考文献

[1] 刘楚芸,王勤,李君,等.制冷领域虚拟实践教学系统的开发与应用(特邀报告)[C]//第三届全国高等院校制冷空调学科发展研讨会论文集[M].杭州:35 - 42。

[2] 汤珂,王勤,金滔,等.制冷领域虚拟实践教学系统的进一步完善[C]//制冷空调学科发展与教学研究第六届全国高等院校制冷空调学科发展与教学研讨会论文集[M].武汉:华中科技大学出版社,2010:107 - 110.

[3] 王勤,陈光明,汤珂,等.浙江省精品课程虚拟制冷教学实践的建设思路[C]//制冷空调学科发展与教学研究第七届全国高等院校制冷空调学科发展与教学研讨会论文集[M].西安:西安交通大学出版社,2012:207 - 214.

[4] 孙大明,袁灵成,邵明国,等.科技竞赛与大学生科研能力的培养[C]//空调学科发展与教学研究(第七届全国高等院校制冷空调学科发展与教学研讨会论文集)[M].西安:西安交通大学出版社,2012:287 - 292.

[5] 乐生健,王梦,巫樟泉,等.CHANGERS 节能减排参赛历程,制冷空调学科发展与教学研究[C]//第八届全国高等院校制冷空调学科发展与教学研讨会论文集[M].成都:西南交通大学出版社,2015:181 - 185.

[6] 金滔,陈光明,王勤.校企合作与交流促进卓越工科人才培养的探索与实践[J].高等工程教育研究(增刊),2015:218 - 220.

[7] 骆仲泱,王勤,岑可法,等.三位一体实践教学平台培养自主创新创业能源与动力拔尖人才[J].高等工程教育研究,2017(增刊):1 - 5.

[8] 王勤,黄兰芳,周昊,等.本科生自主创新科研实践教学平台的构建[J].高等工程教育研究,2017(增刊):120 - 124.

协 同 育 人

关于工程流体力学课程国际化建设的建议 *

栾一刚，孙涛，孙海鸥

（哈尔滨工程大学 动力与能源工程学院）

摘要：当前在国家"一带一路"的倡议下，中国与沿线国家开始更大范围、更高水平、更深层次的合作，这就要求国内高校积极开展相关学科课程的国际化建设。工程流体力学作为动力工程学科的重要基础课，为适应国家需求，需要提前规划国际化课程建设，为吸收高水平留学生打下坚实基础。本文拟从教材选择、课件建设、课程模式、考核等几方面，结合本人在德国流体力学课程总结的经验，谈谈几点想法和建议。

关键词：国际化；工程流体力学；外语教学；一带一路

根据 2015 年国家部委联合发布的《推动共建丝绸之路经济带和 21 世纪海上丝绸之路的愿景与行动》，推动沿线国家民心相通是"一带一路"建设的社会根基，而扩大相互间的留学规模，开展合作办学，是实现民心相通的重要途径。随后，教育部也印发了《推进共建"一带一路"教育行动》这一指导性文件，提出要为"一带一路"沿线各国专项培养行业领军人才和优秀技能人才，全面提升来华留学人才的培养质量，把中国打造成深受沿线各国学子欢迎的留学目的国。随着一系列指导性文件的出台，各部委、地方、院校也迅速设立了诸多面向"一带一路"沿线国家留学生的具体项目和支持计划，比如筹建"一带一路大学联盟"、设立面向来华留学生奖学金等。在此大背景下，国际化课程建设逐渐提上日程。工程流体力学是热能与动力工程及轮机工程专业的一门重要的基础课程，与工程热力学、传热学并列为能源动力类工科专业的三大核心课程，是力学的一个重要的分支学科，在工程技术领域发挥着越来越大的作用。结合笔者在德国卡尔斯鲁厄理工大学的流体力学的课程经验，本文拟从国际化课程建设教材选择、授课方式教学模式、课程设置、考核等方面开展初步探讨，以全英文的国际化课程建设为契机，把专业知识的教学环境改为全英语，把英语有针对性地用到教学中去，通过教学研究，希望探索出一条适合我院学生实际情况、行之有效的特色全英文教学之路，切实提高学生的专业英语能力，进而提升其科研创新和国际交流的能力。

1 教材选择

重庆大学的付红桥等于 2015 年通过查询亚马逊网站对现阶段国外流体力学课程教材的出版情况进行了详细查询及整理，对当前国外著名出版机构在版的流体力学教材进行了归类及整理。针对当前亚马逊网站在售的流体力学、工程流体力学教材 2000 年以后的在版著作进行了整理归纳，目前流通的教材数量众多，但是主流经典教材大约 4 到 5 本，经典教材的出版商主要是 Wiley、MgGraw - Hill、Academic Press 三家出版社，经典教材出版的垄断性较强，其他出版社很难打破这种局面；经典教材的更新速度快，再版的次数众多，大部分经典教材的再版次数都在六版以上，少数达到九版、十版的再版。经典教材内容丰富，大部分经典教材的页数在 800 至 1000 页之间，知识涵盖面广，部分教材还提供了电子光盘。从内容看，这些教材的适应性极强，可满足大部分工科专业如机械、宇航、土木、环境、核能等的教学要求。从国外大学网站中查询到的教学大纲看，除使用教材之外，还辅以大量流体视频、图册、习题库等辅助材料。

借鉴德国卡尔斯鲁厄理工大学流体力学的课程教学过程，授课开始，首先指定八本德国流行的

* 基金项目：面向动力创新型人才培养的工程流体力学课程国际化建设（SJGZ20180087）

流体力学教材作为参照，教学内容主要以老师课堂讲解的内容为主，内容涵盖面广，并没有指定专门的著作作为课程教材。综合上述，个人以为，在流体力学教材选用过程中，可以根据自己所属的专业特点，选择一本经典教材作为参照，可以选择 Yunus A. Cengel 编著的流体力学基础及其工程应用第三版或者 Frank M. White 的 *Fluid Mechanics* 两本著作中的一本，具体使用时需要对其中的内容进行筛选，选择与自己专业特点相匹配的教学内容。考虑到实际情况，在执行过程中，开始可以采用中文、英文混合的教材，后期逐渐过渡到纯英文教材。

2　教学模式的选取

慕课是一种大规模在线开放课程，它是"互联网＋教育"的一种产物，也是新近涌现出来的一种在线课程开发模式。当前以慕课为导向的教学改革在国内开展得如火如荼，国内诸多高校在近几年内开展了大量的教学改革项目研究，同时国家也投入了大量资金资助高等教育课程开展慕课建设，国内高校也陆续开展对慕课的建设。2013 年 5 月清华大学和北京大学率先加盟 edX；同年 7 月，上海交通大学、复旦大学宣布加盟 Coursera；2013 年 10 月 10 日清华大学采用了部分 edX 的开放源代码研发的"学堂在线"正式上线；此后，北京大学、上海交大、西安交大、浙江大学、吉林大学等一些国内著名高校也纷纷推出自主的慕课平台，开发本校的慕课课程。各种形式的公共课程共享系统、课程联盟不断涌现；有近百所高校加入了"东西部高校课程共享联盟"。慕课平台提供的优质课程，遵循教育教学规律，适应学习者个性化发展和多样化终身学习的需求，实现优质课程的在线共享，从而促进了高等学校教学的改革。

目前大部分高校教师普遍采用 PPT 课件进行授课，这种模式在很大程度上改变了传统的"一支粉笔，一块黑板"的授课模式，该授课方法是提高教学方式的重大进步。多媒体课件的大量使用在提升课程进行速度、授课效率方面起到了很大的作用，可以帮助授课老师免除部分重复劳动，从而将教学重心放在知识点的讲解方面。但是，多媒体课件的过度使用，使得部分授课老师忽略了传统板书的教学功用，尤其是在理论性较强的课程中讲解速度过快，影响了学生的笔记记录及对知识的接受效果，从而影响到学生的学习兴趣。

工程流体力学作为一门理论性较强的课程，德国卡尔斯鲁厄理工大学流体力学课程全程主要采用传统板书的授课方式，只用多媒体课件进行流体动态视频展示及对知识点的简介及总结。在授课方法方面，德国高校老师所采用的技术手段在很多方面落后于国内高校，大量的投影设备依然是教室的标准配置，部分授课老师甚至并未听闻慕课模式。在全英文国际化课程的建设过程中，个人以为可以借鉴德国卡鲁理工大学的授课特点，结合当前国内授课方式及技术手段，建设工程流体力学的全英文国际化课程多媒体授课课件，辅助主要理论部分的板书设计内容，同时可以尝试慕课模式的工程流体力学课程建设工作。

3　课程设置及考核

自 2017 年起，德国卡尔斯鲁厄理工大学将流体力学课程从以前的半年课程，改为一年的课程学习，在教授内容方面变化不大，增加了部分习题练习方面的学时。课程主要由教授担任课程负责老师，辅以两位在读博士为助教人员，主要教学内容由教授进行讲解，至少一名助教博士进行随堂课程记录，随堂记录文件课后会跟主讲老师沟通，在整个课程结束后记录文件会整理存档，助教同时负责与参加课程的学生进行交流，对课程讲解过程中出现的问题进行记录及反馈。课程的练习题部分主要由博士助教进行讲解，主要针对教授课堂上的知识点进行复习巩固，讲解习题的解题思路及分析方法；习题课讲解之后的四到五天内，全部相关资料会在网上上传，参加课程的学生可以登录自己的账号下载学习。

授课时间方面，德国高校设置相对比较灵活，教授在自己授课时间方面拥有很大的自由度。授课老师可以取消自己的某次授课，只需要提前向学生发布相关信息，而不需要向学院学校相关部门审批，但是所缺的学时，需要在后期补齐。每堂课程的授课时间主要由教授自己决定，提前下课及拖堂情况经常发生。

课程考核方面，卡尔斯鲁厄理工大学流体力学的考核方式采用闭卷考试的方式进行，试卷主要由研究所的博士生进行命题，每次考试的试卷由六到八道大题构成，每名博士负责一道题目的设置及答案准备，之后会进行两到三轮的互查过程，偶尔还会有专门的博士进行试考，确认所出的题目没有失

2019 年全国能源动力类专业教学改革研讨会论文集

误,确认无误后,教授签字确认。计划参加考核的学生,需要登录自己的账号进行登记注册,才具备参加考试资格。学生具有自己决定参加哪次考试的自主选择权,可以根据自己的复习情况决定。已经注册参加考核的学生,在考试举行前一天时间内,仍然具备取消参加该次考核的选择权。因此,学生具有很大的考试灵活性。考试之后的阅卷工作,主要由博士集中完成,最终成绩汇总进行排序。最高分为1.0,5.0分为考试失败,需要进行后期的补考。每次考试的不合格率在40%左右,课程考试没有通过率的要求,自主权掌握在教授手中。从事相关专业的学生,具有三次考核的机会,最后一次考核基本为面试考核。如果有学生最终考核失败,需要进行专业转换或者退学。

个人认为在流体力学课程设置及考核过程中,可以借鉴德国高校在流体力学教课及考核的实际运行经验,结合我国教育环境特点,进行流体力学课程的国际化建设,同时兼顾国内大学生的特点进行教学效果评估和反馈,逐渐完善课程设置。

4 结 语

契合当前国家"一带一路"的布局,结合笔者在德国高校流体力学课程的经验,对开展工程流体力学的国际化课程建设提出几点个人建议,可选取一到两部经典原版英文教材,制作完整的多媒体课件,设计理论性较强的知识点板书,采用多媒体板书结合的方法及慕课模式,选取部分班级开展课程试点,逐步完善课程建设内容,为服务我国"一带一路"布局下的教育国际化贡献一份力量。

参考文献

[1] 付红桥,叶建,曾理. 国外高校流体力学课程教材使用情况的调查研究[J]. 教育教学论坛,2015(7):61-62.
[2] 柳清秀,张朗,袁芬. 高校教师以PPT授课时运用传统板书的结点探讨[J]. 高等职业教育(天津职业大学学报),2017,26(6):90-92.

机械专业"热工学"课程产学研用协同育人模式的探索 *

邱琳,陈文璨,冯妍卉,尹少武,张欣欣
(北京科技大学 能源与环境工程学院)

摘要:"热工学"是研究热能有效合理利用与转换规律的一门课程,是机械专业的必修课程之一。为了进一步深化热工学课程教学改革,培养新时代创新型复合人才,北京科技大学以热工领域实际需求为导向,在师资队伍、课程体系、理论教学、专题报告及实验教学方面对产学研用协同育人教学模式进行深入探索,强化理论、实验环节,建立高校与企业、科研机构等合作育人机制,推行以学生为中心的启发式、合作式、参与式和研讨式学习方式,全面推动机械专业"热工学"课程产学研用协同育人教学模式的发展,并取得初步成效。
关键词:教学改革;创新型复合人才;产学研用;协同育人

能源是当今社会发展的三大支柱之一。随着我国经济社会的发展,能源需求量急速增长,能源短缺已经成为制约经济社会发展的关键问题。因此,合理用能、节能减排是国民经济可持续发展的重要保证。热工学是研究机械能与热能相互传递和转换的基本规律,以及能量的合理利用的一门课

* 基金项目:北京科技大学本科教育教学改革与研究面上项目(JG2018M17);北京科技大学本科教育教学研究项目(JG2016ZZ03);高等学校能源动力类新工科研究与实践重点项目(NDXGK2017Z-02)

程，是伴随着第一次工业革命中热能的利用、热机的发明逐渐形成和发展起来的。对于从事机械、建筑、电气、石油化工等方面的高级技术人员而言，介绍热能有效合理利用与转换规律的热工基础是工程领域不可或缺的一门技术基础课。如今，迫切需要具备合理用能的基本理论素质的新世纪复合人才，此类人才在职业中具有创新能力和社会实践能力。当前，机械专业"热工学"课程教学内容与企业所要求的高技能人才的培养衔接不够紧密，因此，需要发展适合机械专业的"热工学"课程产学研用协同育人的教学模式，进一步强化实践教学，发挥学校和企业不同育人方式的优势，实现互利共赢。

1 产学研用协同育人新模式引领高等教育改革

《国务院办公厅关于深化高等学校创新创业教育改革的实施意见》中特别指出：深化高等学校创新创业教育改革，是国家实施创新驱动发展战略、促进经济提质增效升级的迫切需要，是推进高等教育综合改革、促进高校毕业生更高质量创业就业的重要举措。党中央、国务院在《关于深化科技体制改革加快国家创新体系建设的意见》中明确提出，要"加快建立企业为主体、市场为导向、产学研用紧密结合的技术创新体系"。在"中国制造2025"实施创新驱动战略的大背景下，提倡深化产学研用协同育人的模式具有深远的意义。

"产学研用"顾名思义，即生产、学习、科研、实践，是高校、企业、市场相互作用的结果。"产学研用"与"产学研"虽只有一字之差，但前者进一步强调应用和用户，其要求教师充分发挥在科研教学岗位的优势，以实践应用为目标，利用与不同高校、科研机构及企业等的合作达到资源共享、优势互补的目的，培养学生的创新能力和实践能力。

2 机械专业"热工学"课程教学存在的主要问题

北京科技大学"热工学"课程主要面向机械工程专业的本科生开设，学时为32课时，内容涵盖传热学、工程热力学两个篇章。此课程的教学目的是帮助学生掌握常见的热工设备，熟知提高能源利用率、合理用能的基本方法，为专业知识的学习和解决实际问题的技能的培养奠定基础。由于该课程涉及的热量传递过程及其机理在日常生活中难以被直接感知，因此课程内容对学生来说十分抽象，学习理解上具有一定的难度。目前机械专业"热工学"课程教学主要存在以下3点不足：

（1）教师实践经验较少，对社会产业需求的了解较少，教学知识体系的市场导向性不强。

（2）教学内容强调热工基础的理论性，且内容不够新颖；课程结构安排不合理，未能突出热工过程的实际应用，与企业和社会要求的创新实践能力脱节。

（3）教学方法及考核方式缺乏创新，教师重视理论知识的传授，采用"填鸭式"教学，忽略与学生间的互动，很难调动学生的积极性；考核方式单一，不能反映学生的综合能力。

鉴于实行产学研用协同育人及深化本科教育教学改革的需要，机械专业需更加侧重于热工设备及工程实际应用方面的内容，因此有必要根据机械专业的特点，结合近年来的相关技术的研究进展及应用，对机械专业热工学课程进行改革，既注重基础理论知识，又不乏工程实际应用，力求将理论知识与工程应用技术良好结合。为此，学校围绕创新应用型人才的培养体系，对机械专业"热工学"课程产学研用协同育人的教学模式进行初步探索和实践，积极改革教学培养机制，并取得初步成效。

3 机械专业"热工学"课程产学研用协同育人模式初探

3.1 建设高水平的师资队伍

教师是开展科研工作、实施教学改革的领导者，也是直接的参与者。因此，建设高水平的师资队伍是促进产学研用协同育人模式发展的关键，能否培养出具有创新能力的应用型人才取决于教师对"热工学"课程的整体把握程度。当前，由于高校教师拥有的实践经验较少，与企业要求的专业实践能力有一定差距，因此有必要建设一支"产研兼备"的师资队伍，从"学术型"向"专业型"转变，以满足机械专业复合型人才的需求。教师应准确把握热工学发展的最新动态，在开展教研过程中，主动学习热工领域的前沿知识，熟悉并了解新技术和新方法，用新理论、新知识更新教学内容。具体措施如下：

（1）积极了解与热工学有关的产业需求，开拓视野，定期与企业（如发电厂、钢厂、供热公司）开展学习交流活动,与企业共建实习平台。

（2）与学校高等工程师学院的金工实习基地紧密合作,参加工程实践能力的培训,为学生设计热工学课程必需的实践环节,包括实验误差分析与数据处理、热工仪表及测试技术实验、工程热力学实验和传热学实验等。

（3）定期参加国内外的学术会议、师资培训等,与国内外的专家学者交流,开拓新的思路,通过这些活动提升职业水平,将行业中具有创新思路的理念融入教学内容。

3.2 完善"热工学"课程体系,深化产教融合协同育人

（1）完善课程体系,优化"热工学"课程结构。"热工学"教学内容的更新工作考虑将先进知识与实用技术有机融合,紧跟"热工学"理论发展脉络,整合新旧知识,抓住核心内容,使学生了解近年来热工设备发展的新技术,增强学生解决工程实际问题的能力。对能源动力类的学生,一般单独开设"传热学"和"工程热力学"两门课程。而对于非能源动力类的机械工程专业学生,则需要一本精炼的能够将"传热学"和"工程热力学"两门课程有机结合的热工学教材。鉴于课程内容理论知识与机械工程应用并重,同时要做到理论知识深度适中,目前采用对张学学主编的《热工基础》教材（第三版,高等教育出版社）进行适当增添与删减,整合《热工基础》中"工程热力学"和"传热学"的内容,使机械专业的学生能够了解常见热工设备和装置的结构与工作原理。除了国内已有的教材内容,考虑将国外优秀教材中的新技术部分内容增添进教学内容。整个"热工学"体系学习国外教学方式,将内容划分为不同难度等级,向不同专业的学生开放。加强各部分的有机联系,消除部分术语和符号的差异,统一不同学科间的标准。

（2）加强"热工学"课程与企业的联系,深化产教融合协同育人。深化产教融合是培养高素质创新人才和技术技能人才的必由之路,对加快现代产业体系的发展具有重要意义。改变传统以"学科为中心"的教学模式,强化以实践为主线组织教学的教学模式。充分利用企业的技术市场化、产业化的优势,把企业中的工程实践经验转化为课程中直观的以传授知识为主的教学,提供更加合适机械专业的教学内容。教学中将企业中有关热工设备的如"建筑冷热电联产技术""高效燃气冷凝锅炉技术""基于分离式热管的吸附制冷""热泵的冷凝热回收"等最新的工程技术成果,以实物图片、视频、实际运行流程图等形式展示给学生,并邀请工程师对实际热工过程进行讲解,使学生对生产实践有更深刻的体会。

（3）推动"科研进入课堂"教学模式,强化学科基础理论知识与科学研究的紧密联系,促进"学研交融"。在教学内容中加入热工领域科学研究概览:介绍学科研究领域发展历史及迄今的里程碑事件,概述国内外领域的科学与技术现状,展望领域未来发展方向及机遇与挑战。例如,针对我国能源环境面临的挑战,热工学科对学生提出合理用能及节能的要求,简要介绍该学科的发展历史,通过实际的研究方向脉络展现"热工学"这门学科的兴起,从传统的"对流与辐射冷却""肋片换热""强制对流换热"到最前沿的研究成果"微电子器件的微纳尺度传热""生物医学中的传热传质""集成电路制造过程的超细薄膜形成""微重力下的传热传质"等。最后,呈现业内专家对热工领域的发展现状和未来发展方向的看法,启发学生思维,培养学生对"热工学"领域的科研兴趣。

3.3 创立多元课堂理论教学及评价方式

"热工学"课程教学是教师的"教"与学生的"学"共同活动的过程,两者缺一不可。在课堂上,为了加强与学生之间的互动,教师应采用"参与式"的教学模式,设立的思考题要具有开放性,为学生引导思考的方向并创造思考的空间。例如,对于实际中如何提高热机的热效率以达到节能的目的,对于制冷机如何实现提高制冷循环的制冷系数等,使学生带着思考来学习热工学。提倡多媒体综合的"翻转课堂"方式,重新构建学生的学习过程。利用丰富的多媒体优质资源,创设多维的互动环境,将新知识的学习过程与深度内化过程翻转,引导学生自主学习,为学生提供思考拓展的空间。课前教师制作 Flash 动画、视频,并提供一些启发性、引导性的问题;课中教师采用多媒体 PPT 讲课,提供丰富的图、文、声、影资料,通过展示合理的原理流程动画,将一些实际热工设备的生产流程原理借助 Flash 动画、视频讲授清楚,从而使学生掌握相关内容的结构及工作原理,培养学生理论联系实际的能力,促进产学研用的紧密结合。采用板书带领学生一步步推导,增强理解和记忆。如今教学从过去传统的课堂讲授变为课堂形式多样化,教学内容讲授与自学相结合。

同时,理论教学不拘泥于课本的理论知识,而

将涉及能量利用的原理和规律延伸到企业和社会，使课程具有更强的实践性。以"传热学"中热量传递的3种方式为例，即热传导、对流传热和辐射传热，在实际生活中为了提高热能的利用而采取的增强或削弱传热的措施，都来源于这3种基本传热方式。例如，在蒸汽动力循环的锅炉设备中，燃烧产生的烟气和水蒸气之间的传热过程，有通过管壁导热，有烟气和管外壁的对流传热和辐射传热，以及水蒸气和管内壁之间的对流传热。课堂中让学生分析实际工程中热工设备的传热过程，在教学中凸显"生产性"，对培养学生的实践能力大有裨益。

课程的评价也是教学工作的重要环节，贯穿于课堂教学活动的始终，多元性的评价方式有利于激发学生的创造力。课程以学生课内课外两方面的表现来评估学生的综合成绩，加大实践教学在课程评价中的比重。除了传统考试成绩方面，还对学生的课堂理论知识应用、热工设备实践操作、专题报告等方面进行考核，最大限度地发挥学生的能动性和创造性，发挥"以教师为主导、以学生为主体"的作用，培养学生的学科兴趣。

3.4 开展研讨式专题报告，搭建创新创业平台

为了推行"以学生为中心"的启发式、合作式、参与式和研讨式学习方式，从课程中期开始，设立小组专题报告以丰富课堂形式，及时提供与教学同步的学习资料，设置课程相关专题报告主题。除了传统的"新能源使用现状""发动机的类型介绍"等主题，增加热工学学科交叉前沿的研究热点内容，及时将最新科研成果、企业先进技术等转化为专题报告形式，如"微尺度传热学""太阳能热利用技术""生物传热学"等。对相同课题感兴趣的学生自由合作，形成专题小组，在查阅、分析文献资料的基础上，制作PPT进行小组展示并撰写研究课题的专题报告。专题报告之后，采用共同解决问题型的教学方法，教师与学生一起研讨专题内容。在加深学生对研究内容的理解的同时，不同组涵盖内容丰富的展示使学生对课程重点有了新的理解高度。

对学有余力的学生，鼓励和引导其根据研究课题参加相关科技竞赛，设计参赛作品进行讨论，以为学生搭建创新创业平台，营造良好的科研工作氛围。对于优秀的比赛作品，后期在教师和企业技术人员的指导下，投入科研经费开发应用新产品，推进工程学科拔尖学生培养试验计划及产学研用育人模式的发展。目前，每年指导1~2名本科生开展科技创新项目，其中"面向纳米技术增强节能材料

热物性精确检测的传感器研发"项目被推为大学生创新创业训练项目院级项目。

3.5 重新规划演示型、设计型、研究创新型实验教学

热工实验教学是整个热工学课程的重要环节，实验教学是学生了解各种仪器的结构、熟悉其基本原理和操作技能，加深理解和验证有关理论知识，并通过实际操作培养实验技能和动手能力的重要途径。实验教学质量直接影响到整个热工学课程的教学效果。由于本课程中包含大量的热工设备及设备循环原理，抽象且概念多、理论性强，单纯地听课很难有直观的认识，因此实验环节是促进产学研用改革、培养创新型人才的重点改革方向。

热工学实验可分为演示型实验、设计型实验、研究创新型实验。演示型实验以演示和基本操作为目的，学生根据实验指导书的要求，完成基本的实验步骤即可。设计型实验由学生自行设计实验方案，可能会用到多种实验设备和实验方法，对学生综合分析问题能力的培养有很大帮助。研究创新型实验目的在于对实验的探索，体现实验内容的自主性和实验结果的未知性，有利于创造性思维能力、创新实验能力的培养，是"研"和"用"有机结合的一种重要形式。在实际的实验教学过程中，对3类实验进行重新安排规划，适当增加设计型和研究创新型实验课时，减少演示型实验课时，调动学生动手实验的积极性，以达到好的实验效果。

为了提高实验教学的质量，实行产学研用协同育人，在演示型实验中可采用可视化教学方法，将实验流程通过一些动画或三维模型直观展示在学生面前，例如制冷（热泵）循环、空气横掠圆管强迫对流换热演示实验等，让学生将书本知识与实际设备联系起来，从而进一步了解换热器等常见热工设备和仪表的结构、工作原理。在设计型实验或研究创新型实验中，引入较新的实验方法，增添热工实验和测试技术，例如，"热重－傅里叶红外光谱联用测量""三次谐波法测量热导率和热扩散率""燃料电池综合特性"等实验，将新理念、实用性知识传输给学生，调动学生参与实验的主动性，鼓励大胆创新，锻炼并强化实践能力。

4 结 语

当前，我国正处在经济发展转方式、调结构、促升级的关键时期，深化教育改革对促进创新驱动发

2019年全国能源动力类专业教学改革研讨会论文集

展战略具有深远的意义。产学研用协同育人的创新教学模式为现今深化教育教学改革提供了新思路,对现代化产业体系创新应用型人才的培养具有重要意义。机械专业"热工学"教学改革应抓住校企合作的新机遇,加强高校、企业、市场之间的良性互动,实现资源共享,进一步提升人才培养机制,为我国经济发展和产业升级做出贡献。

参考文献

[1] 傅秦生. 热工基础与应用[M]. 3版. 北京:机械工业出版社,2015.

[2] 范继业,张静. 培育双创人才促进大学生创业就业的对策研究[J]. 教育教学论坛,2018(19):20 - 21.

[3] 李健. 大力推进产学研协同创新的思考[J]. 中国高等教育,2013(z1):19 - 20.

[4] 尚俊杰,张优良. "互联网 +"与高校课程教学变革[J]. 高等教育研究,2018(5):82 - 88.

[5] 樊亚峤,胡亚慧. 教师学习领导的"内涵·意义·实践"机制[J]. 现代中小学教育,2015,31(8):79 - 84.

[6] 林雪美,李斌,胡学龙. 构建产学研用协同育人长效机制,提升信息类专业研究生职业能力[J]. 工业和信息化教育,2017(3):20 - 26.

[7] 张鹤. 普通本科高等院校大学英语分级教学研究[D]. 延吉:延边大学,2015.

[8] 陈明选,陈舒. 围绕理解的翻转课堂设计及其实施[J]. 高等教育研究,2014(12):63 - 67.

[9] 赵红杰. "热工学"实验教学改革[J]. 中国电力教育,2011(36):171 - 172.

[10] 李艳. 热工实验教学改革与探讨[J]. 现代商贸工业,2016(14):162 - 163.

[11] 郭美荣,俞爱辉,夏德宏. 多种教学法在热工实验课程中的应用初探[J]. 教育教学论坛,2014(41):180 - 182.

"一带一路"倡议背景下能源动力专业国际化教育改革初探*

许媛欣,赵军,汪健生,朱强

(天津大学 机械工程学院)

摘要:"一带一路"倡议的深入实施,不仅极大地推动了我国与沿线国家的经贸合作,同时为我国高等教育的国际化带来了新的机遇和挑战。如何培养具有专业技术能力、跨文化交流能力和科技创新能力的国际化人才成为高等教育改革的新课题。能源是"一带一路"倡议的重要领域,培养能源动力专业的国际化人才,是支撑"一带一路"建设的迫切需要。本文结合天津大学能源动力学科发展现状及教学团队在教学改革中的探索与实践,提出了"一带一路"倡议背景下国际化教育改革对策:坚持教育国际化"引进来"与"走出去"相结合;建立基于能源动力专业的高校联盟;构建国际化课程体系和培养体系。

关键词:一带一路;能源动力专业;国际化教育改革

2013 年,习近平主席提出共建"丝绸之路经济带"和"21 世纪海上丝绸之路"的伟大构想,即"一带一路"倡议。"一带一路"是我国高层次、全方位、战略性和长期性的国家战略,其核心理念是合作发展,以共同利益推动沿线各国经济发展、区域合作和人文交流。"一带一路"倡议的实施,将掀起沿线国家在基础设施建设领域的高潮,需要大量的专业技术人才,培养专业技术能力、跨文化交流能力和科技创新能力兼具的国际化人才成为高等教育改革的新课题。因此,我国的高等教育必须经过国际化的变革,将国际化人才培养的"供给侧"与"一带一路"沿线国家的"需求侧"有效结合起来,培养具

---

* 基金项目:高等学校能源动力类新工科研究与实践项目"基于能源动力学科面向'一带一路'的工程教育国际化研究与实践"

有扎实专业背景和国际视野的高质量专业人才。

1 "一带一路"背景下能源动力专业国际化教育改革的重要意义

"一带一路"建设是个宏大的系统工程,合作范围涉及多个行业和领域,对于中国高校来说,"一带一路"倡议的深入实施为进一步推进高等教育国际化、深化高等教育领域综合改革、推动高等教育内涵式发展提供了重大战略机遇。

能源是"一带一路"建设的重要领域,2017年5月的《推动丝绸之路经济带和21世纪海上丝绸之路能源合作愿景与行动》中明确指出,"新一轮能源科技革命加速推进,全球能源治理新机制正在逐步形成,'一带一路'的能源合作旨在共同打造开放包容、普惠共存的能源利益共同体,责任共同体和命运共同体,提升能源资源优化配置能力,促进区域能源绿色低碳发展……"能源合作成为推动"一带一路"沿线国家深化合作发展、搭建互通桥梁的重要平台,必会为我国推动全球治理提供技术、人才、科研等有力的支撑。

纵观"一带一路"沿线国家总体情况,多数国家传统能源产量充足,具有深入推进能源合作的基础,但生产技术和能源产品的利用和转化处于落后阶段,工业实力普遍薄弱,工程教育发展水平不高;中东欧部分国家在过去的历史阶段有着丰厚的工程教育经验和工程实践技术,但是在新技术、新能源产业高速推进时期发展缓慢;沿线大部分国家正处于城市化、工业化进程中,对工程及工程技术人才存在较大的需求。因此,培养国际化背景下的能源动力专业人才,有助于我国和沿线国家共同抓住新一轮能源结构调整和能源技术变革机遇,带动更大范围、更高水平、更深层次的区域合作,为促进全球能源可持续发展注入强劲动力。

2 天津大学能源动力专业概况

天津大学能源动力专业是国内最早从事能源动力人才培养和研究的学科之一,具有悠久的学科历史。20世纪30年代,中国内燃机和汽车工程教育的奠基人之一潘承孝就在北洋大学主讲内燃机学课程。1951年潘承孝、史绍熙等创办了内燃机专业,是国内最早建立的同类专业之一。1953年和1955年分别成立热工教研室和热工实验室。经过

多年的建设和发展,学科先后成立了内燃机燃烧学国家重点实验室和中低温热能高效利用教育部重点实验室,拥有能源与动力工程国家级实验教学示范中心,以及校企合作的国家级工程实践教育中心,拥有国家工程技术研究中心、培训中心及省部级协同创新中心等多个支撑平台。在工程人才培养方面,覆盖从基础研究、新技术开发到成果转化应用的完整研究体系和人才培养体系。

近五年来,天津大学能源动力专业积极推进师生的国际交流,学生赴境外学习交流的人数多达数十人,其中包含多个"一带一路"沿线国家。与此同时,来自"一带一路"沿线国家和地区的学生来华学习交流人数也逐年增加。我校能源动力专业的毕业生也早已参与到"一带一路"沿线各国重大工程的一线工作中,把中国先进的经验和技术传播到这些地区,并获得了相关领域高度的认可与支持。

依托天津大学作为"一带一路"高校战略联盟成员及科学研究与人才培养发展的良好基础,能源动力学科一直积极研究适应新工科要求的能源动力类人才培养新体系,创建"一带一路"沿线国家的跨学科、跨领域的长效合作新机制。

3 面向"一带一路"的国际化教育改革对策初探

高等教育的国际化,对高校"双一流"建设、"新工科"实践具有重要意义。高校应在对区域内教育资源和自身情况充分掌握的情况下,选择有效的、适当的策略来推进国际化。基于天津大学能源动力学科发展现状及教学团队在教学改革中的探索与实践,提出以下国际化教育改革对策。

3.1 坚持教育国际化"引进来"与"走出去"相结合

"引进来"与"走出去"协同推进是推动教育交流与合作的重要途径。"引进来"的目的是全面提升留学人才培养质量,把我国打造成具有吸引力的留学目的地。对于留学生结构而言,在保持来华留学规模稳步增长的基础上,重点引导"一带一路"沿线国家的留学生来华求学。以天津大学能源动力学科所在的机械工程学院为例,近三年本科生出国(境)人数56人,已招收国际留学生70余人,且招生规模呈逐年增加的趋势。目前,学院已经与香港理工大学、英国贝尔法斯特女王大学、加州大学欧文分校、卡尔加里大学、皇家墨尔本理工大学、法国拉罗谢尔工程师学院等多所世界知名高校建立了

合作关系,签署了学生交流交换协议,为开展进一步国际交流合作奠定基础。

"一带一路"战略为中国的高等教育开辟了贯穿亚洲、欧洲和非洲国家的新型合作路线,我国的高等院校应充分利用这一有利条件,积极"走出去"开展境外办学,向"一带一路"沿线国家输出中国优质的教育教学资源。这样既为"一带一路"沿线国家经济建设发展培养了急需的人才,也可以促进中国高校提升自身办学能力、区域知名度及影响力。未来"走出去"战略的重点是在扩大国际合作办学交流规模的基础上,丰富教育合作与交流的形式,提升教育合作与交流的质量,打造体系完善和层次丰富的合作与交流机制。

3.2 建立基于能源动力专业的高校联盟

人才培养与科技合作是高等教育国际化的核心内容。一些大学通过组建联盟来推进国际化的进程。2015年10月,我国成立了"一带一路"高校战略联盟,以探索跨国培养与跨境流动的人才培养新机制,培养具有国际视野的高素质人才。

建立基于能源动力学科的高校联盟,是推进与沿线国家在能源领域教育合作与交流的重要形式。依托"一带一路"高校战略联盟,以及我校能源动力学科的国际交流基础,建立联通沿线国家和国际优质资源的能源动力领域高校联盟。目前,我们已与多所高校建立了多边合作机制,整合与共享教育资源,包括巴基斯坦、乌克兰、土耳其、印度等国家的高等院校,以及英国的贝尔法斯特女王大学、帝国理工大学,加拿大的滑铁卢大学等。通过促进与沿线国家和地区高校之间的文化融合和协同创新,扩大中国高校的国际影响力,推动在工程人才培养、科学研究、文化交流等方面的全面合作。

依托联盟的建立,可以通过跨国远程教育、学历互认、合作办学等方式推进教育国际化。具体措施为:(1)充分利用现代教育信息化技术,搭建课程共享平台,实现示范课程网络共享;(2)建立在线学习的学分、学历互认机制,使学生的学习结果在世界范围内得到认可,为学生的全球就业提供支持;(3)搭建合作办学实践平台,依托能源动力专业国家级实践教学中心,贯通沿线高校优势工科资源,通过"国际夏令营""国际实习周"等形式,促进"一带一路"沿线国家师生的交流和项目合作。

3.3 构建国际化课程体系和培养体系

高等教育国际化的重要组成部分,也是其核心之一就是国际化的课程体系。国际化课程体系是指在国际观念的指导下,依照国际的标准使课程内容、课程结构、教学方法、课程资源符合培养跨文化国际性人才的课程体系。

课程体系的构建是教育改革的主要内容。"十二五"期间,天津大学能源动力学科全面贯彻实施"卓越工程师人才培养"计划,对专业基础课程国际化教学模式进行了研究和实践,对国际化课程体系的构建进行了初步探索。主要可概括为:一是设置国际化的课程。利用国外先进的教育资源,结合基础理论教学、项目制教学、国外教师及企业教师讲授多种形式,开发具有国际先进水平的教学环节。二是教学内容的国际化。引进国外教材、参考书和教学资源。此外,为了培养服务于"一带一路"建设的国际化人才,应加强专业英语、学术交流英语课程的建设,增加跨文化的通识教育及"一带一路"沿线国家的社会文化教育。

在培养体系建设方面,形成了分类型、分层次的培养模式:本专科教育,培养能将理论知识和技术应用到实际生产、生活中的技能型人才;研究生教育,培养在社会各个领域从事研究和创新工作的研究型人才。天津大学能源动力学科基于自身专业特点和教育资源形成了一套较完善的培养体系。

(1)建立能源动力学科协同多元化教育资源的本科生"三五三"教育体系。组合三大教育资源:充分利用国家与教育部重点实验室等"科研资源"、产业创新战略联盟的"产业资源"和学科"111引智基地"的"国际资源";构建五大教育板块:由"项目制课程系统""高水平科研训练系统""多方位产业实习系统""国际视野拓展系统""群体创新实践系统"等模块组成的教育资源网络;培养三大能力素质:培养"国际化、高素质、创新型"人才。该体系的建立为人才培养目标提供多层次、多方位的支撑。

(2)建立"3I4C"的研究生分类培养体系。学术学位研究生:以创新(Innovation)能力为导向的课程体系优化、国际化(Internationalization)为特征的培养模式改革、多学科交叉(Interdisciplinary)为牵引的学术平台搭建,系统构建学术学位研究生"3I"培养体系。专业学位研究生:围绕分类(Classification)指导的培养模式、能力(Capability)导向的课程体系、协同(Collaboration)培养的实践平台、内涵(Connotation)引领的保障机制,系统构建专业学位研究生"4C"培养体系。

4 结　语

　　"一带一路"倡议具有积极深远的战略内涵,探索"一带一路"战略背景下的国际化发展新格局,是推进我国高等教育国际化进程的迫切要求。随着"一带一路"的深入推进,加强与沿线国家的教育合作与交流,必将成为新时代下推动"一带一路"建设的重要任务。高校应积极应对、把握机遇,结合自身专业特色,着力提高人才培养质量,进一步深化教育教学改革,不断加快我国高等教育国际化的步伐,为我国"一带一路"战略的发展贡献力量。

参考文献

[1] 国家发展改革委,外交部,商务部. 推动共建丝绸之路经济带和 21 世纪海上丝绸之路的愿景与行动[M]. 北京:外文出版社,2015.
[2] 胡德鑫,石哲."一带一路"倡议与中国高等教育国际化的深度融合[J]. 高教探索, 2018(7):10-16.
[3] 樊玲,陈剑,邓敏."一带一路"建设背景下的高等教育国际化初探[J]. 教育探索, 2017,6(21):42-45.
[4] 于黎明,殷传涛,陈辉,等. 高等工程教育发展趋势分析与国际化办学探索[J]. 高等工程教育研究, 2013(2):41-52.
[5] 汪健生,安青松,刘雪玲. 能源与动力工程专业基础课程国际化教学模式的研究[J]. 大学教育, 2015(6):112-114.
[6] 汪健生,王迅,安青松. 能源与动力工程专业项目制课程教学模式的研究[J]. 大学教育, 2015(5):153-154.
[7] 熊怡. 天津大学:协同多元化教育资源培养能源动力类国际化高素质创新型人才的熔炼模式[J]. 中国电力教育, 2014(28):18-20.

培养热物理–材料学科交叉复合型人才的探索 *

陈林,曹宇,林俊,杨立军,李季,沈国清

（华北电力大学 能源动力与机械工程学院）

摘要: 针对现有的能源动力类专业培养方案中缺少以问题为导向的、培养学生综合分析和应用能力的课程的现状,以工程热物理–材料学科交叉领域为切入点,设计"应用需求导向、教学科研联动"的学科交叉复合型人才培养路线和课程,在满足现有的学科设置和"基础课–专业基础课–专业课"培养路径的约束条件下,提供课程交叉融合的必要环节并进行了尝试。在此基础上,从教改的时机、人员和物质条件等方面分析了复合型人才培养方案落地所需的条件,为能源动力类专业培养热物理–材料学科交叉复合型人才教学改革提供必要的参考。

关键词: 热物理;材料;交叉学科;复合型人才

　　多学科交叉复合型人才是指通过一定的教育模式培养的具有深厚理论基础和多学科知识技能并善于取得成果的人才。有学者统计发现,40% 以上的诺贝尔自然科学奖得主具有学科交叉背景。培养复合型人才是现代科技发展趋势的要求,符合我国社会主义市场经济发展的要求,同时也是深化高等教育体制改革的要求。

　　美国高度重视学科交叉,在培养学科交叉的复合型人才方面走在国际前列。加强学科交叉教育也是我国高等教育应对学科发展和现代社会变革的必然选择,北京大学等高校已经开始了学科交叉学生培养的实践与探索。但是交叉学科在我国学科体系中不具有独立的地位,开展培育复合型人才的探索,需要不断完善交叉学科人才培养机制。

* 基金项目:2016 高等学校能源动力类专业教育教学改革项目"培养热物理–材料交叉学科复合型人才的探索及试验"（NDJZW2016Z–11）

在能源动力领域，有很多科技问题需要先进的材料才能解决。按现有的学科设置，热物理（能动专业一级学科）与材料两个专业之间缺乏深入的交叉互动，所培养的学生难以满足复杂多变的社会需求。有鉴于此，本文以培养具有创新精神和实践能力的高素质人才为宗旨，探索能源动力类专业复合型人才的培养模式。具体地，就是以能动专业学生为主要对象，以工程热物理－材料学科交叉领域为切入点，设计"应用需求导向、教学科研联动"的复合型人才培养路线，探索建立具有可行性的复合型人才培养课程，为学科交叉领域人才培养的教学改革提供参考。

1 现有的人才培养目标和培养方案

2012 年教育部发布的新版高校本科专业目录，调整"热能与动力工程"为"能源与动力工程"。能动专业致力于培养能源转换与利用，以及热力环境保护领域的专门人才。华北电力大学以电力学科为特色，承载着为国家能源电力事业培养高素质人才与推进科技进步的历史使命。华电能动专业学生的培养目标是"培养基础扎实、知识面宽、能力强、素质高，具有一定的创新能力、较强的实践能力和良好的发展潜力的高级专门人才。学生能胜任现代火力发电厂、核电厂、燃气－蒸汽联合循环电厂及相关的能源与动力工程专业的技术与管理工作，并能从事其他能源动力领域的专门技术工作"。简言之，就是着重培养电厂的运行和管理人员，这切实符合华电的定位、特色和使命。相应于这样的培养目标，华电能动专业培养方案中专业核心课程既有热力学、流体力学、传热学、汽轮机原理、锅炉原理等共通课程，也有按照电厂种类细分的专有课程，主干课程及其内在关联如图 1 所示。

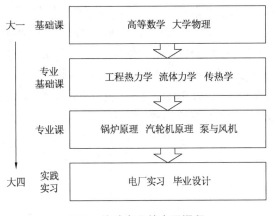

图1 能动专业的主干课程

（1）现有培养方案的优点包括：

① 目标清晰明确：按照华电承载的"培养国家能源电力事业高素质人才、推进科技进步"的使命，着重培养能胜任现代电力生产技术与管理工作的高级专门人才。

② 课程体系完整：学生在四年时间中共计需要接受 2430 学时的课程学习，可以掌握宽厚的基础理论，具备热能动力工程专业知识和较强的实践创新能力。

③ 内在逻辑完备：课程内容逐层递进，前序课程是后续课程的基础，后续课程是前序课程的深入和应用，可以切实培养学生从事能动领域专门技术工作的能力。

（2）现有培养方案的不足：

① 目标导向的制约：现行的学生培养方案是以目标为导向（培养电厂的运行和管理人员），相应的学习内容是从电厂运行管理反推到锅炉、汽轮机等关键设备，进而到对应的热力学、流动、传热等课程。由于学习内容属于传统知识且有很多推导过程，学生易产生厌学或应付的情绪，降低对能动专业的兴趣，无法真正深入学习和探索。

② 课程之间交叉融合不足：尽管现有的课程体系覆盖面宽泛且具有专业深度，但是课程之间缺少交叉融合，学生对于课程抱着"过关"的态度，只要考试通过就好，在后续的学习中很少回顾或应用之前的课程。究其原因，很大程度上是缺少以问题为导向的、训练学生综合分析和应用能力的课程，即缺少课程交叉融合的"最后一公里"环节。

2 以问题为导向培养复合型人才的探索

以就业目标为导向的人才培养方式为学生"量身定制"了充足的课程和知识，但是不同学科和课程之间尚未形成有效的交叉，学生难以融会贯通。针对这个问题，本研究团队结合自身的教学和科研工作，开展了以应用和需求为导向的热物理－材料学科交叉人才培养探索，相应的路径（课程）设计如图 2 所示。该复合型人才培养的路径主要由五个部分组成，以能源领域的应用需求和实际问题为导向和出发点，通过建模分析、材料制备、实验测试分析等环节，形成对于材料、器件和设备研发整体闭环的理解和认识。

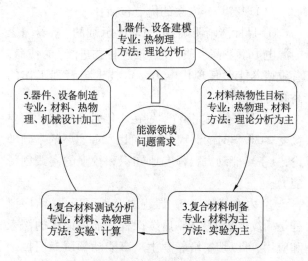

**图2 以问题为导向的热物理-材料学科交叉
人才培养的路径(课程)设计**

在满足现有的学科设置和既定的"基础课-专业基础课-专业课"培养方案的约束条件下，综合考虑学生课内、课余、假期、毕业设计等环节的时间，以应用需求导向激发学生兴趣，促进学生学习热物理和材料学的专业知识，在此基础上结合具体科研项目开展实践和创新。例如，在大三学习传热学课程时，教师结合电子器件中的散热、可再生能源应用中储能等需求问题激发学生兴趣，督促能动专业的学生利用课余时间补充能源利用所需的材料学知识。之后，引导学生利用寒暑假时间参与导热复合材料等科研项目。最后，在毕业设计的环节中实际参与材料制备、测试和分析工作，在实践中加深对理论知识的理解，提高实践和创新的能力，为工作或读研打好基础。

按照"设计-试验-完善-成型"的逻辑结构，分析了上述设计的培养路线的问题和不足，在满足客观约束条件下进行完善，提出了具有可行性的复合型人才培养路径及相应的综合性课程并暂定为"能源材料：应用导向的设计和研发"。课程主要以能量传递、转化、利用的应用需求和实际问题为主线，通过授课和实验，运用数学、物理等课程的知识对复合材料等对象进行建模计算，训练学生的理论分析能力，锻炼学生使用化学、材料学等专业的知识制备复合材料、测量宏观物性和表征微观结构的实验动手能力，培养热物理-材料学科交叉的复合型人才，为其今后研究、解决能源材料领域的科学和技术问题奠定基础。

3 学科交叉复合型人才培养所需的条件分析

（1）人和——师生双方的人员条件。

培养学科交叉的复合型人才，需要热物理和材料两个学科的教师组成跨学科的指导小组，参与的教师在各自领域从事多年教学、科研工作，具有扎实的教学能力和丰富的科研经验。更难得的是，这些教师在开展教改探索之前已经在科研方面有了深入的合作，因此具有很好的合作基础，有效地消除了高校不同学科教师之间的知识分隔。

从学生角度来看，学科交叉复合型人才培养的课程和方案主要面向学有余力、学有兴趣的学生，这些学生已经学过大部分的专业课程，对专业具有较深入理解和认识，本课程所培养的分析、实验、测试等多方面的能力有助于他们巩固、升华已学的知识，为后续读研做一定的铺垫和准备，可以起到承前启后的重要作用。

（2）地利——教学、实验的物质保障。

从图2的热物理-材料学科交叉人才培养的路径(课程)设计图可以看到，复合型人才的培养需要大量的教学和实践的硬件条件。得益于本项目团队多年的教学和科研积累，基本具备了除SEM等精密仪器之外的实验设备，这为复合型人才的培养提供了必要的物质条件保证，从而可以开展相应的教学改革尝试。

（3）天时——学校、学院教改时机。

当下，恰逢全面贯彻全国教育大会精神及新时代全国高等学校本科教育工作会议精神，落实教育部《关于加快建设高水平本科教育 全面提高人才培养能力的意见》等文件要求的契机。在此时代背景下，华北电力大学主动适应国家能源发展战略，深刻把握能源电力转型发展趋势及对人才的新需求，以培养未来能源电力相关学科领域的科技领军人才为目标，鼓励探索拔尖创新人才培养模式，倡导"科教融合"的培养方式，充分发挥科研的育人功能，以高水平科学研究支撑高质量人才培养，通过制定个性化的培养方案，强化数理基础，提高科学素养。本教学改革探索与学校、学院教改时机相吻合，这也有助于教改工作的开展和不断完善。

4 结 论

学科交叉复合型人才具有深厚的理论基础并且掌握多种知识技能,是推动科技进步的重要力量。本文以工程热物理－材料学科交叉领域为切入点,探索该领域中复合型人才的培养模式。针对现有的能动类专业培养方案中缺少以问题为导向的、培养学生综合分析和应用能力的课程,本文设计了"应用需求导向、教学科研联动"的热物理－材料学科交叉复合型人才的培养路线,凝练提出了具有可行性的训练复合型人才的综合性课程,在满足现有的学科设置和既定的"基础课－专业基础课－专业课"培养路径的约束条件下,提供课程交叉融合的"最后一公里"环节。本文旨在为能源动力专业培养热物理－材料交叉学科复合型人才教学改革提供必要的参考。

参考文献

[1] 赵鹏大. 加强研究生教育改革促进多学科交叉复合型人才的培养[J]. 中国地质教育, 1996(4): 6-9.

[2] 宋妍. 论复合型人才培养的重要性及其途径[J]. 长春工业大学学报(高教研究版), 2013, 34(1): 3-5.

[3] 汤方霄. 交叉学科视野下的本科人才培养研究[D]. 兰州: 兰州大学, 2011.

[4] 赵毅博, 高娜. 基于交叉学科教育视角的复合型人才培养研究[J]. 长春工程学院学报(社会科学版), 2017, 18(3): 97-101.

[5] 耿华萍. 复合型人才培养的理论依据和实践意义[J]. 扬州大学学报(高教研究版), 2003, 7(4): 11-13.

[6] 赵文华, 程莹, 陈丽璘, 等. 美国促进交叉学科研究与人才培养的借鉴[J]. 中国高等教育, 2007(1): 61-63.

[7] 王淑芳, 宋存江, 丁丹, 等. 应对多学科交叉融合对复合型人才培养提出的新挑战[J]. 高校生物学教学研究, 2016, 6(2): 7-9.

[8] 高磊. 研究型大学学科交叉研究生培养研究[D]. 上海: 上海交通大学, 2014.

[9] 王立峰. 高校交叉学科的人才培养与学术创新研究[J]. 中国高等医学教育, 2015(7): 1-2, 7.

科教融合下新型人才培养模式建设

东明, 尚妍, 贺缨, 唐大伟, 刘晓华, 穆林

(大连理工大学 能源与动力学院)

摘要: 科教融合,是高校发展的重要理念,以科教融合为核心思想,大连理工大学能源与动力学院在现有的教学模式的基础上,与中科院工程热物理研究所共建"吴仲华未来能源技术学院"。通过组织机构、考核机制以及课程教学体系的建设,在保障吴仲华未来能源技术学院有效运行的基础上,充分利用校所双方的智力资源和科技资源,加强双方的全面合作,从而培养具有创新实践能力、科研思维能力的高精尖人才。

关键词: 科教融合;能源与动力工程;课程体系

科教融合,是近年来中国高校发展的一个重要理念,其本质是将科研与教学相结合,通过授课教师的科研成果转化来丰富教学内容,主要包含四个过程:学术研究、理念认知、组织机构和教学过程。如何将科研与教学有效融合是近年来各高校共同面对的一项挑战。科学研究,是一个半抽象的过程,其在不断的探索过程中,将非物质环境逐渐转化为能够陈述的载体。而科教融合,是一种由隐性知识向显性知识转化的过程,在这个过程中,授课教师是知识的转化者,同时又是知识的传播者,学生是转化过程的参与者,同时又是知识的承接者。

近年来,能源与动力行业发展迅猛,发展前景广阔,能源与动力类专业作为与能源利用密切相关的专业,本着以社会发展需求为主导、学生综合素

质培养为本质的原则,本文提出科教融合的发展新思路,在科教融合过程中培养能源动力类的高精尖人才。这对本科课程的教学提出了新要求,使教学体系建设与行业进步、社会发展相适应是能源与动力工程专业教育者的任务。在这个过程中,结合现今高校的发展模式,提出了科教融合理念下的人才培养新模式—与中科院工程热物理研究所共建"吴仲华未来能源技术学院"的构想。

1 建设思路

从能源与动力行业的发展趋势出发,考虑在一次能源结构上,传统化石能源利用的清洁、低碳及多元化方面,将在30年内全球形成煤炭、天然气、石油、非化石能源各占四分之一,而我国计划形成可再生能源及核能占比2/3的格局,化石能源利用也呈现出非燃烧利用的发展趋势,比如气化、制氢等。因此,将储能技术作为吴仲华未来能源技术学院的一个重要的发展方向,同时结合风能、太阳能利用,推动新型清洁动力的发展;此外分布式冷热电联供技术、煤气化联合循环多联产技术等多年前已经开始研发并还将持续作为能源领域的重要发展方向;动力方面有我国近年重点发展的燃气轮机及航空发动机专项、高超声速飞行器专项、混合动力汽车、新能源汽车等。另外大数据及人工智能的发展,催生了"智慧能源"、"能源大数据",对能源动力领域产生了重要影响,与控制、生命、新材料等领域的交叉融合也已呈现蓬勃发展的趋势。以上能源动力行业发展的新趋势和新特点对于本学科人才的需求提出了新要求,培养适应未来能源动力产业及技术发展的人才已成为迫切需求。

中科院工程热物理所是国内能源动力领域的领军研究机构,拥有国家风电叶片研发中心,分布式能源研发(实验)中心,大规模物理储能技术研发中心,风电装备评定中心,清洁高效煤电成套设备国家工程研究中心五个国家级研究机构。不仅在面向能源动力领域重大工程需求方面做出了杰出贡献,在未来能源技术研究方面也引领国内外研究。双方结合是动力工程及工程热物理领域的强强合作,是对科教融合人才培养模式的创新和突破。

双方合作能够充分利用校所双方的智力资源和科技资源,加强全面合作,实现优势互补。吴仲华未来能源技术学院培养的是具有深厚扎实能源动力基础知识的高层次复合型能源动力专业创新

人才,并使之成为未来能源领域的科学家、行业领军人才和卓越工程师。

2 吴仲华未来能源技术学院运行机制

2.1 组织机构建设

"没有规矩不成方圆",一套健全的管理体系和组织领导机构,是科教融合育人运行管理的保障,是实现合作双方利益共赢的前提。在组织架构的建设过程中,首先双方各自派遣相应的骨干人员充实领导机构,做到在学校为主体的前提下,充分发挥工程热物理所的主观能动性,预计的组织架构如图1所示。

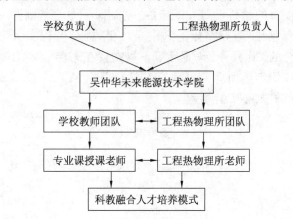

图1 科教融合下的组织结构图

吴仲华未来能源技术学院为能动学院下设学院,计划设置一个本科生班(30名)、一个研究生班(10名硕士生、10名博士生)。均为双导师制,主导师由能动学院教师担任,副导师由研究所研究员担任。研究生班的学生将直接参与院所合作或研究所的国家级重大项目,本科生班完全按照新工科的培养模式进行。

2.2 考核机制建设

考核评价是教学过程的一个重要环节,通过评价,可以分析学生对知识掌握的程度和能力缺陷,为改进和完善教学目标和教学策略提供依据。合理的评价方法,可以让学生建立自信心、增强学习的主动性和积极性。

与传统的本科培养模式评价体系相比,科教融合创新实践人才培养模式的评价体系更应突出科研机构的作用和参与,构建出学校、学生、工程热物理研究所多元化的评价体系。这种评价体系对教学具有指向性作用,同时对于学生也具有激励作用。在科教融合创新实践的考核过程中,建立以学生创新实践能力评价为主体,以课程考核、实践设

计考核、学校导师考评和工程热物理研究所导师考评四位一体的评价体系为考核标准,注重培养学生的工程能力、组织能力、团队合作能力、人际交往能力、国际视野等方面的综合能力。

3　课程体系建设

根据建设思路,在课程体系建设方面,充分考虑学生的兴趣与学科发展的前沿,在设置过程中,从理论环节和实践环节出发,重新打造适合科教融合的课程建设体系。在理论环节方面,开设与工程热物理研究所共同的校企协同基础课程,将工程热物理研究所的科研成果融入本科教学过程中。在实践环节中,开设科教融合实验课和科教融合创新实践项目,充分利用工程热物理研究所的高科技设备来充实本科生的实践教学过程,并利用这个工程,让学生对科研有初步的意识,从而培养学生的科研思维能力。图2给出了科教融合下的新型课程体系。

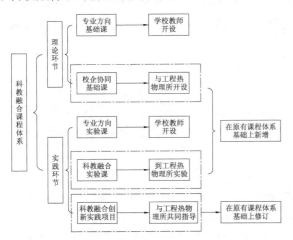

图2　科教融合下的课程体系图

4　结　语

以科教融合为核心思想,大连理工大学能源与动力学院在现有的教学模式的基础上,与中科院工程热物理研究所共建"吴仲华未来能源技术学院"。通过组织机构、考核机制等运行机制的建设,保障吴仲华未来能源技术学院的有效运行。在此基础上,建立科教融合培养模式下的教学体系,通过课程的设计,增加科学发展前沿的课程,充分利用校所双方的智力资源和科技资源,加强全面合作,实现优势互补。吴仲华未来能源技术学院的建立,有利于培养具有创新实践能力、科研思维能力的高精尖人才。

参考文献

[1]　宋丽娜.科教融合、校企合作下研究生培养模式的探讨[J].教育教学论坛,2019,1(2):1-2.

[2]　梁玮.科教融合理念下自动化专业人才培养创新模式探讨[J].中国校外教育,2019(9):40-41.

[3]　温辉,金继承,郭毓东.科教融合助推创新人才培养,[J].中国高校科技,2019(3):55-56.

[4]　吴丹丹,马海泉,张雷生.浅析科学研究与高等教育的耦合机制[J].中国高校科技,2018(1):7-10.

[5]　尚妍,刘晓华,东明,等.高精尖培养模式下能源与动力类实践教学的探索[J].实验室科学,2014,17(3):1-3.

[6]　王嘉铭,白逸仙.培养一流人才:以科教融合实现人才培养模式变革[J].高校教育管理,2018,12(3):109-115.

科研反哺教学在上海海洋大学能源与动力工程专业的探索与实践*

王金锋[1],谢晶[1,2],张青[1,2,3],杨大章[1,2]

(1.上海海洋大学 食品学院制冷系;2.农业部冷库及制冷设备质量监督检验测试中心(上海);

3.上海海洋大学 食品科学与工程国家级实验教学示范中心)

摘要:承担国家及省市级研究基金项目是高校教师开展科研活动的主要方式之一。如何利用开展科学研究项目来反哺教学,发挥科研的后续教学支撑效应,让更多的本科学生受益,已成为很

* 基金项目:上海海洋大学教学团队建设项目"基于职业能力提升的能源与动力工程专业教学团队"(A1-2005-00-300203)

多高校教学、科研和学生工作管理部门迫切需要思考的现实课题。本文结合目前承担过的研究项目"船用金枪鱼超低温加工关键技术研究和示范（13dz1203702）"和"食品冻结的传质传热强化机制的研究（2016YFD04003033）"对能源与动力工程专业的本科生进行了科研反哺教学的探索。从实践课程、实验课程、大学生创新项目实施、本科生进一流实验室、本科生竞赛到软件实践的应用探索，积累了一定的科研反哺教学在本校能源与动力工程专业的实践经验，为后续科研反哺教学的推广奠定了基础，为人才培养模式的改革提供了参考依据。

关键词：反哺；科研；教学；能源与动力工程专业；人才培养

高等学校具有人才培养、科学研究、社会服务三大职能。人才培养是高校的根本目的，因此教学是高校的首要任务。但是科研直接影响高校教师的职称评定和薪资待遇，因此高校教师必须进行科研。如果高校教师的科研仅仅是纯粹的科研，那么与研究所就没有区别，因此高校教师的科研活动必须反哺教学。卓越的大学教师应该既是教书能手又是科研能手。从国家设立211工程、985工程开始，到最近国家和各个地方的"双一流"建设和高水平大学建设，都是为了提升高校教师和学生的科技创新能力和水平，这是教师个人发展的需要，也是学校进一步发展的需要。

承担各级各类科研项目，是提高高校教师和学生的科技创新能力和水平的主要方式。各高校都会想方设法促使本校教师积极申请国家及省市级研究项目。比如国家自然科学基金在2018年安排超过250亿元的资金来资助全国科研人员进行基础科学研究工作。因此，如何发挥科研资源在教学中的支撑和促进作用；如何使研究项目促进教学资源和效果的最大化是目前高校教学管理部门和科研管理部门都非常关心的课题。研究反哺教学的路径，对于促进高校教学和科研的良性互动和发展具有一定的学术价值和现实意义。因此，在上海海洋大学能源与动力工程专业中进行了前期的探索。

1 科研对教学的促进作用

通过开展科研活动，高校教师和学生可以获得各个方面的收获。

1.1 教师有机会有动力去了解研究领域内的前沿科学问题

教师在带领学生解决科学问题时，能够让学生了解学科的前沿问题，将课程所学的基础科学知识与最新的学科前沿问题联系起来，为所学的知识提供了融会贯通的机会。同时，也可以让教师和学生拓展科研视野，加强与同行业领域专家和学生的交流。为了更

好地指导学生和完成科研任务，教师有动力去了解前沿，解决项目中的科学问题，提升自己的科研能力，同时也让学生的科研能力得到很好的锻炼。

1.2 可以获得足够的科研经费支持

有了项目科研经费的支持，可以让高校教师和学生购买或使用科研仪器设备、购买实验材料、进行测试加工等，参加各类科研和教学学术会议，出版学术专著，发表专利和软件著作，邀请高水平教师或者企业人员来校指导等。有足够的科研经费支持，可以让教师在开展科研的过程中获取更多的科研和教学资源，让学生获得更多的科研锻炼和教学实训机会。

1.3 培养实事求是和质朴求真的价值观

进行科学研究，需要秉持实事求是和质朴求真的科学精神，这与上海海洋大学校训中的"勤朴忠实"是完全一致的。在进行科学研究的过程中，学生全程参与教师的科研活动，让学生能够领略到教师在课堂授课外的人格魅力，对培养学生形成良好的人生观、价值观和世界观十分重要。

1.4 锻炼学生的实践技能和问题探究能力

通过科研项目的开展，推进科学问题的解决。学生参与科研项目，可以提高自身的实践技能和对科学问题的探究能力。对于已经具备一定研究能力和实践操作能力的学生，教师可以根据实际情况，布置一定的科学问题让学生自己探究。学生通过自主探究小的科学问题，可以锻炼查找文献、设计技术路线、推进问题验证、总结科研成效等方面的能力。

1.5 可以为学生深造提供支持和帮助

教师在科研活动过程中积累了大量的研究信息，可以为学生考研和选择研究方向提供准确有效的帮助。在了解学生知识结构和能力及学习习惯的基础上，可为学生推荐合适的导师和专业，帮助学生和导师建立联系，及时沟通，同时方便双方达成信任。教师还可以利用自己掌握的科研信息和留学信息为学生提供留学帮助。

2 科研反哺教学的探索

结合目前我们专业教师承担过的研究项目"船用金枪鱼超低温加工关键技术研究和示范（13dz1203702）"和"食品冻结的传质传热强化机制的研究（2016YFD04003033）"对能源与动力工程专业的本科生进行了科研反哺教学的探索。

2.1 在实践课程中的应用探索

对上海海洋大学能源与动力工程专业的实践课程名师导航、认识实习、生产实习、毕业论文等环节，提供科研项目的支撑。名师导航在能源与动力工程专业的第2学期期末后的夏季短学期开设，经过一年本科学习的学生并未接触到任何专业知识，此时通过名师导航中的实验室参观环节能够让学生亲眼看到科研项目的成果。认识实习在两年半学习之后的第6学期的开学第一周进行，生产实习在第6学期结束后的夏季短学期进行，此时学生已经学习了专业基础课，但是仍然未学习专业课程，在学习专业课程前通过实验室体会环节，可以让学生看到科研项目中的成果是如何展示的，如双级压缩超低温制冷真实系统的运行。专业课学习之后的生产实习会着重分析如复叠式制冷系统的构成和功用。毕业论文可以指导学生围绕科研项目中的研究内容进行文献综述、文献翻译，进行相关研究问题的探索，并撰写毕业论文。

2.2 在实验课程中的应用探索

科研项目实验对专业实验起到了很好的拓展和补充。研究项目"船用金枪鱼超低温加工关键技术研究和示范（13dz1203702）"中的双级压缩超低温制冷系统和复叠式超低温制冷系统中的系统原理图在制冷原理与设备课程中作为补充实验添加，其系统的库温的双位控制和模拟负荷电加热的控制，以及电子膨胀阀的模糊控制在制冷空调自动化课程中的实验部分作为补充实验和延伸实验。由于实验是在真实系统和专业知识逐步熟悉的基础上进行，所以在课程实验部分的应用效果显著好于独立的实验项目，学生的学习兴趣也比较浓厚。

2.3 在大学生创新项目中的应用探索

科研项目实验对大学生创新项目起到了很好的支撑和强化作用。研究项目"船用金枪鱼超低温加工关键技术研究和示范（13dz1203702）"已经拓展出立项的项目5项（其中上海市级项目2项），实际开展研究但是未立项的项目4项。

2.4 在本科生进科研实验室中的应用探索

科研项目实验为具有一定研究基础并具备科研精力的学生提供进入科研实验室的机会。在此项应用探索中，多名本科生参与到研究项目"船用金枪鱼超低温加工关键技术研究和示范（13dz1203702）"和"食品冻结的传质传热强化机制的研究（2016YFD04003033）"中，而且为项目的推进起到很好的帮助作用。我校的"优秀本科生进一流实验室"计划也结合了科研项目选择优秀本科生进行科研任务的推进。本科生与研究生一起研究，一起讨论，一起学习软件（比如 ANSYS, Labview），在研究推进过程中获得了很好的科研锻炼。

2.5 在本科生竞赛中的应用探索

本科生在参与研究项目的过程中，总结科研成果，申请了多项专利和软件著作权，并且参加了国际会议。相应的科研成果参加了国家级竞赛，并且获得了不错的成绩。

3 结 语

对 2014 级和 2015 级能源与动力工程专业的科研反哺教学的应用探索实践表明，科研反哺教学是切实可行的。通过科研反哺教学，不但让学生在各个方面受益，而且让教师得到了更多的锻炼，提升了教师的科研和教学能力。

建立科学、合理的反哺机制，建立健全促进科研反哺教学的相关保障制度和评价体系，寻求多层次的反哺途径，是下一步需要努力的方向。期待高校将科研平台优势转化为教学平台优势，实现教学促进科研、科研反哺教学，充分体现教学的科研融合、科研的教育价值，达到两者双赢之目的。最终，让教师既实现了教研互动，又能教研相长，让更多的本科生从科研项目中得到锻炼。

参考文献

[1] 蔡金艳.科研反哺教学,回归大学之本[J].教书育人（高教论坛），2018（30）：10 – 11.

[2] 毛献峰.研究性学习视角下国家自然科学基金项目反哺教学的路径研究[J].中国多媒体与网络教学学报（上旬刊），2018（9）：45 – 47.

[3] 闫统江.高校教师科研优势促进本科教学的方法研究[J].山东高等教育，2018，6（6）：77 – 82.

[4] 王盛花,桂丽,黄大可,等.科研反哺教学在医学本科生教学中的探索及意义[J].解剖学杂志,2018,41（3）：359 – 360.

"一带一路"背景下国际化人才培养模式问题探析及出路探索

张威

（北京建筑大学 环境与能源动力学院）

摘要： 在国家提出"一带一路"倡议的背景下，国际化人才培养需要根据对外开放的新步伐做出相应调整，培养能够进行跨文化理解与沟通的新型国际化人才是当务之急，需要高校在培养方案中加强专业素养、外语能力、跨文化能力的培养，并尝试建立与国内外相关机构联合培养人才的新模式。

关键词： "一带一路"；国际化人才；问题探析；培养模式

"一带一路"倡议是促进亚非拉各国在基础设施、投资贸易、人文交流等方面开展互利合作的宏大经济愿景，对中国和沿线各国均会产生深远影响。在《推动共建丝绸之路经济带和21世纪海上丝绸之路的愿景与行动》（以下简称《愿景与行动》）发布前后，关于"一带一路"倡议实施的人才问题逐渐成为各界讨论的焦点话题。教育领域随后发布的《关于做好新时期教育对外开放工作的若干意见》和《推进共建"一带一路"教育行动》，将拔尖创新人才、非通用语种人才、国际组织人才、国别和区域研究人才和来华杰出人才五大类人才列为重点培养方向，因而需要重新思考高校国际化人才的培养现状、问题及出路。

1 国际化人才的界定

近年来，随着对外交流合作领域的不断拓宽与深入，我国教育发展规划及高校在借鉴国际领域人才培养经验的基础上，对国际化人才培养给予了高度关注，并进行了积极探索。《国家中长期教育改革和发展规划纲要（2010—2020年）》提出，"要开展多层次、宽领域的教育与合作，提高我国教育国际化水平，要培养大批具有国际视野、通晓国际规则、能够参与国际事务和国际竞争的国际化人才"，这个提法为我国发展急需的国际化人才应具备的基本要素进行了清晰界定。

国内多所综合性重点大学在人才培养目标的设定上，紧密结合本校办学特点，同时具有鲜明的

国际化人才培养定位。除此之外，高校提出要培养融通中外文明的引领者，使复合型、复语型、国际化成为其基本特征，而中国情怀、国际视野、社会责任感、思辨能力和跨文化能力是其基本素养。从人才培养定位可以看出，培养掌握外语技能和专业知识、具备全球视野的复合型人才是高校共同的选择。

各国对于国际化人才内涵的界定有三个共同特点：

（1）从国家参与经济全球化进程的角度提出国际化人才的培养问题。我国在现阶段，为适应国家经济社会对外开放新需求提出国际化人才的概念。

（2）从本国政治、经济、文化等基本国情出发，提出国际化人才的基本要素。我国在人才培养整体目标中要求人才"信念坚定"。

（3）政府对于国际化人才的需求推动各高校结合各自办学特点和人才培养目标制定具体的国际化人才类型培养目标，从为国家、为民族培养人才的高度提出人才的国际视野问题，将"国际化"作为人才培养的要素之一。

2 国际化人才培养现状及基本路径

2.1 国际化人才培养现状

自改革开放以来，为适应中国对外开展经济贸易、科技与文化交流的需要，我国在人才培养方面国际化的步伐进一步加快，对各专业人才学习外语的要求也越来越高，为中国经济的高速发展提供了必要的人力资源支撑。

2.2 国际化人才培养的基本路径

国内高校对于国际化人才内涵的界定，蕴含着多年教育实践对一流人才基本素养的反思，包括知识储备、专业水平、实践能力、创新能力、社会责任等诸多要素。此外，特别强调了适应国家社会开放发展应具备的"国际视野"或"跨文化沟通能力"的特质。具体到人才培养阶段，究竟如何培养学生的"国际视野"和"跨文化沟通能力"，高校在培养方案、课程设置等方面的具体做法各有不同。

3 国际化人才培养中存在的问题

中国对外开放步伐的加快和国际地位的迅速提升，不断释放出对活跃在国际交流与合作各条线国际化人才的新的需求信号，但由于高校人才培养模式具有持续性、稳定性等特点，在人才培养与现实需求之间、培养理念与培养实效之间还存在一定的差距。

3.1 "一带一路"面临的国际化人才瓶颈

围绕《愿景与行动》提出的目标，各方人士提出不同类型的人才缺口，这些人才的共同特征就是"国际化"，即能够熟练掌握外语，能与相关国家顺畅进行政策、项目等方面合作的人才。中共中央对外联络部原副部长马文普认为，要更好地推进"一带一路"倡议，必须大力培养专业化的国际性人才，实施科技型人才和管理型人才并重的战略。从长远来看，培养一大批能够在"一带一路"沿线国家顺利开展工作的国际化人才，是适应新一轮改革开放布局的必由之路。

3.2 培养理念与培养实效之间的差距

从国内高校国际化人才培养的实践来看，尽管高校已经意识到一流人才具备国际视野的重要性，但在培养理念与培养实效之间还有着相当的差距。这种差距主要体现在三个方面：

（1）综合性大学非外语专业的外语教学课时有限，无法达到学生掌握外语技能的最低标准，只是起到了打开一扇窗的作用，更多取决于个人语言天赋及个人语言学习时间的投入，大多数学生的外语水平离自如对外交流还有相当距离；

（2）外语类院校在人才培养过程中，偏重技能性训练，在人文社科知识系统化掌握方面存在欠缺，学生对社会现象、国际事务的洞察能力、思辨能力还需进一步加强；

（3）无论什么类型的高校，对国际化人才的培养大多止于外语语言能力的培养，学生在一定程度上掌握了对象国文化、社会、政治、经济等状况，但是对于国际通行规则、不同文化之间的融合、世界政治经济的走向等整个国际生态的了解和掌握还非常欠缺，尤其是从中国传统文化背景出发、从当前中国现实状况出发，做出不同于其他文化背景人的理解与判断，更是软肋。

3.3 对国际化人才培养路径的思考

如果说国际化人才培养是时代的产物，基于中国在世界经济舞台与国际秩序调整中的需求，那么随着中国国际地位的提升、国际交流合作的深化，对国际化人才的理解需要置于当前国际关系和中国发展境况中去考量。高校作为学校教育的最后一个环节，对国际化人才的理解和培育尤为重要。

（1）要将外语教育和跨文化能力的培养放在同等重要的位置。高等教育阶段将外语设为必修课，凸显了改革开放对人才培养的要求。但从目前"一带一路"倡议推进和"走出去"企业的需求来看，有三个方面的问题应该得到更好的解决。一是语种实现多元化发展。目前，我国外语人才主要集中在英、俄、德、法、日、西、阿等通用语方面，非通用语人才比较缺乏，语种分布已经明显滞后于中国对外交往的实际需求。因此，在大学必修课中，扩大外语语种，给人才提供更符合时代需求和自我需求的选择，是未来高校竞争力的体现。二是加快复语型、复合型人才的培养。随着基础教育阶段外语教育水平的显著提升，大学的外语教育必须做出相应的调整，要根据外语人才的流向与反馈，调整现有专业培养方向，或进行跨专业、跨院系、跨院校的合作，重点培养对外交流合作领域急需的专业人才，如"一带一路"建设急需的金融、贸易、法律及工程技术类人才。三是跨文化能力的培养迫在眉睫。当前，单纯技术层面的外语交流已经远远不能满足现实需求，不管是经济领域还是文化、教育领域，对外交流合作越来越依赖双方思想文化层面的相互理解与认同。

（2）要将经济贸易和中国文化类课程纳入国际化人才的必修课。中国改革开放四十多年来经济飞速发展的成就，是中国与世界各国开展经济贸易合作及人文交流的基础。人才缺乏经济学基础知识，不能解读中国经济发展的现状和问题，成为对外交流中的软肋，也局限了自身的岗位适应能力。因此，大学在制订国际化人才培养方案时，应将经济学和国际贸易方面的基础知识纳入必修课程。

而将中国文化课程纳入国际化人才的培养体系，则是补齐短板的当务之急。从目前对外交流的困境来看，缺少的恰恰是能在对方语境中讲明中国观点和中国立场的人才，这就要求国际化人才必须深植于本土文化之中，讲得清历史的中国、当代的中国及其两者之间的文化传承关系。

（3）要建立与国内国外相关机构联合培养人才的新模式。复合型人才的培养模式，不仅要注重夯实学生的理论知识基础，也要培养学生的动手能力和解决实际问题的能力。显然，增加实习和交流项目，拓宽实习与交流渠道，特别是和"一带一路"沿线国家的院校与企业开展合作交流，是当前人才培养过程中亟须解决的问题。对于学生的实习、实验和实践能力的培养，一方面，各院校可以充分利用和挖掘校内外资源，通过建立实验室，校企合作建设实习、实训基地等方式解决；另一方面，可从地方经济企业第一线聘用高素质的专业人员到校授课，或者选派优秀青年教师前往有关一线企业学习和锻炼，加强与企业的联系与互动，以促进实践教学质量的提升等。开放性办学是现阶段国家经济社会发展对高校办学模式转变的基本要求。从国际化人才培养来看，政府、企业在广泛开展对外交流合作的过程中，对国际交流合作实践中需要什么样的国际化人才、目前国际化人才培养的不足等问题有着非常清晰的认识和思考。如果高校与政府、企业之间不能形成人才培养的良性互动，就会出现人才培养脱节的问题。因此，高校对于"一带一路"建设所需国际化人才，要从目前国际化人才的基本素养、类型等方面入手，结合本校学科专业特色，思考人才优化培养的问题，而不能将这个问题留给政府、企业在工作实践中去解决。同时，高校还须发挥好与世界高等教育的联接作用，将自身建立的与西方发达国家的教育合作资源，在"一带一路"框架内重新进行整合与联接，保障人才培养方向、人才培养标准符合国家对外开放发展新格局。

4 结 论

综上所述，中国对外开放进入新阶段，要求高校重新思考国际化人才的内涵，结合本校学科专业特点，研究不同人才类型的国际化培养路径，弥补语言技能、基础知识、文化视野、实践思维等方面的不足，为"一带一路"建设提供大批通晓国际语言、具备国际视野、能够进行跨文化沟通的国际化人才。

参考文献

[1] 新华社. 推动共建丝绸之路经济带和21世纪海上丝绸之路的愿景与行动[Z]. 人民网,2017-04-25.

[2] 教育部. 推进共建"一带一路"教育行动[R]. 教外〔2016〕46,2018.

[3] 中共中央办公厅,国务院办公厅. 关于做好新时期教育对外开放工作的若干意见[Z]. 中国政府网,2016.

[4] 教育部. 国家中长期教育改革和发展规划纲要(2010—2020年)[R]. 2010-07-29.

面向热流国际班的"流体热物性测试技术"课程实验

张可，毕胜山，孟现阳，王小丹，孟婧，吴江涛

（西安交通大学 能源与动力工程专业国家级实验教学示范中心）

摘要： 针对培养一流人才的目标，结合专业基础课的实验开设情况，制定了首次向热流国际班本科生开设的"流体热物性测试技术"课程实验的体系。课程实验总共包括4项内容：温度与压力的测量实验、饱和蒸气压测量及临界现象观测实验、液体密度测量实验和液体运动黏度测量实验。所设置的实验包括测量基础知识，热力学性质的测量及迁移性质的测量，在流体热物性的研究方向中具有较强的针对性。课程实验预习、操作和课后内容均较为丰富，实验过程中学生几乎全程动手操作，实验参与度高。该课程实验开设后得到学生的一致好评，真正起到了培养拔尖人才的作用。

关键词： 流体热物性；热流国际班；课程实验

"流体热物性测试技术"是西安交通大学热流科学与工程系的专业课程之一，面向热流国际班本科生开设。热流国际班于 2016 年底开班，每届从能源与动力工程学院本科生中招收成绩最好的 20 多名学生进行培养。在国内，本课程为我校率先开设的一门课程，于 2017～2018 学年第二学期向能动 C51 班 24 名本科生首次开设，理论授课为 40 学时，实验课为 16 学时。"流体热物性测试技术"课程实验是为配合理论教学而开设的系列实验，课程实验的目标是通过实验帮助学生深刻理解各种热物性参数的基本概念和测试方法，提高学生实际动手操作的能力，培养学生的科研创新能力。

流体的热物性主要包括热力学性质和迁移性质，其中热力学性质包括饱和蒸气压、比热容、pVT 性质、音速、相平衡性质等；迁移性质包括黏度、导热系数、扩散系数等。经过对实验重要性和教学性的综合考虑，选定将热力学性质中的"饱和蒸气压测量及临界现象观测"、"液体密度测量"和迁移性质中的"液体运动黏度测量"作为课程实验的项目。此外，由于所有的热物性实验均需要基于准确的温度和压力测量，因此，"温度与压力的测量"也作为实验的项目之一。本课程的实验包括以上 4 项，每项实验的授课时间均为 4 学时。

1 温度与压力测量实验

我院所开设的"工程热力学"和"热能与动力机械测试技术"课程实验中均包含相关实验。在"工程热力学"实验中，温度与压力的测量作为演示实验向学生讲授，主要讲解温度和压力传感器的原理，讲授时间有限，且学生仅能从直观上认识多种传感器，缺乏动手测量的环节；在"热能与动力机械测试技术"实验中，温度和压力的实验均为传感器的标定实验，传感器和测量仪表实验前已经连接好，学生在实验中仅需进行读数操作。经过两门实验课程的学习，学生并未真正掌握温度与压力实际测量的方法。

鉴于温度与压力测量的重要性，在本课程实验中，向学生开设的第一项实验即为温度与压力的测量实验。本实验需使用各式各样的传感器。首先，用约 40 分钟时间对照实物向学生讲解温度和压力传感器的测量原理，然后让学生自己动手测量。

实验包括 4 部分的内容。

（1）使用数字万用表测量温度

为学生提供两线制和四线制 Pt-100 铂电阻温度计、K 分度和 E 分度热电偶，并将 4 支传感器放置于干体炉内，温度设置为 70 ℃进行恒温，让学生使用 Fluke 8808A 数字万用表分别对 4 支传感器的输出信号进行测量。对于铂电阻温度计，学生应学会两线制和四线制传感器的接线和数字万用表测量设置方法，通过实际的测量结果认识到四线制传感器的测量精度更高；对于热电偶温度计，通过测量得到的电压值分辨出 K 分度和 E 分度热电偶，并计算测量得到的温度值，使学生掌握热电偶测量端温度补偿的方法，以及热电偶分度表正函数和反函数多项式的计算方法。

（2）使用温度控制器测量温度

为学生提供温度控制器，同样使用上述 4 支传感器进行温度的测量。在实验过程中，掌握热电偶和三线制铂电阻的接线方法，学会温度控制器参数的设置方法，了解其测量端温度自动补偿的原理。此外，将一支带补偿导线的 S 分度热电偶和一支不带补偿导线的 S 分度热电偶同时置于温度设置为 700 ℃的高温干体炉中，让学生将其连接至温度控制器，通过测量值了解补偿导线的作用。由于 S 分度热电偶的直径较大，且高温干体炉仅有一台，因此该部分内容为全体同学共同完成。

（3）使用数字万用表测量压力

为每组学生提供不同量程的压阻式、电流型压力变送器，其中部分为绝压型，部分为表压型。实验中使用压力变送器测量常压和制冷剂 R125 在室温下的饱和蒸气压力。通过实验使学生掌握使用 Fluke 8808A 数字万用表测量压力的接线和压力计算方法，通过测量值判断出所用的变送器是表压型或绝压型。

（4）使用智能数显测控仪测量压力

为学生提供智能数显测控仪，使用同样的变送器进行常压和制冷剂 R125 在实验温度下的饱和蒸气压力的测量。在实验过程中，掌握智能数显测控仪与压力变送器的接线方法，学会智能数显测控仪参数的设置方法。

该实验在上课之前，需要学生进行较为充分的预习，为学生提供的资料包括：Fluke 8808A 数字万用表使用说明书、温度控制器使用说明书、智能数显测控仪使用说明书、热电偶和铂电阻分度表的国家标准。在预习报告中为学生设置与实验关键过程相关的问题，帮助学生抓住预习的重点。学生在预习过程中,普遍反映本实验太难,尤其是说明书太长,难以读懂。然而当完成实验后,大家会发现自己已经初步掌握了简单仪器设备操作过程的自学方法。

该实验开设之后,得到学生的一致好评,其中C51班的学委在实验报告后写道:"这可能是我上大学以来觉得最棒的一次实验体验了,因为这个实验是我们可以通过充分的预习去理解的,且通过自己阅读仪器说明书去完成接线工作,增强动手能力,而不像以前的很多实验只是照着老师的操作模仿一遍,或者单纯在面板上读几个数。"

2 饱和蒸气压测量及临界现象观测实验

饱和蒸气压是流体工质最重要的热力学性质之一,也是工程热力学、热工基础、化工基础等课程中最基本的概念。饱和蒸气压测量实验,使学生准确形象认识饱和蒸气压的概念,加深对饱和状态、凝结、气化、气液相平衡、精馏等热力学知识的认识,对学习热力循环及化工过程等都具有重要作用。

该实验使用西安交通大学能源与动力工程专业国家级实验教学示范中心自主研制的实验装置(见图1)。

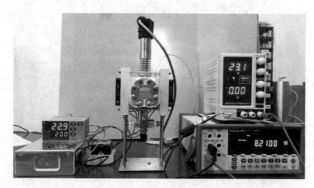

图1 饱和蒸气压测量与临界现象观测实验装置

实验装置使用的工质为制冷剂 R125,测量时首先要求学生按预习内容连接控制电路,使用温度控制器控制半导体制冷片对测量装置进行降温,然后连接真空泵将测量装置抽真空,利用温差使 R125在测量装置内冷凝,实现工质的充灌。通过工质的充灌过程,加深学生对饱和蒸气压的概念和实际应用的理解,并可观测气体的降温冷凝现象;充灌工质后,将实验装置设置为不同的温度,当温度稳定后记录该温度下的饱和压力值,实验过程中可测量

得到10组以上的数据,根据实验数据通过非线性拟合得到 Antoine 和 Riedel 形式的饱和蒸气压方程;当温度升至62 ℃之上时,每隔0.5 ℃开始缓慢升高温度,此时观测气–液两相界面越来越模糊的现象,在临界点附近,可以清晰地观测临界乳光现象。

通常饱和蒸气压在测量时使用恒温水浴控制温度,需要较长的稳定时间,因此实验中学生大量的时间处于等待过程,易造成实验秩序混乱、教学效果不佳的结果。本装置使用半导体片进行升温和降温控制,升降温速率极快,测量完成每个温度点仅需2~5 min,大大缩短了实验等待的时间。此外,本装置观测临界乳光现象的效果极佳,课程组将观测到的临界现象制作成小视频,作为工程热力学"实际流体 pVT 性质测试"实验的预习资料,在"工程热力学"课程的微信公众号中向学生推送,受到学生和老师的一致好评。尤其是经过微信朋友圈的快速传播,许多本专业的老师甚至在企业工作的校友均表示出浓厚的兴趣。公众号推送后前两天的点击量超过3000次。本实验装置目前已申请发明专利,并与四川世纪中科光电技术有限公司签署了专利成果转化的合同,即将向全国其他高校推广。

3 液体密度测量实验

流体液相密度同样属于最基本的热物理性质之一,通常液相密度值相对容易精确测量。液相密度的测量方法众多,包括密度瓶法、浮子法、振动管法、振动弦法、磁悬浮法等。其中密度瓶和浮子法过于简单;振动管法所使用的是价格昂贵的商业仪器,操作步骤更为简单;振动弦法和磁悬浮法为原理非常复杂的科研方法,不适用于实验教学。作者在完成科研项目的过程中,曾经采用过一种通过测量液面高度差的方法测量流体的密度,该方法测量精度可达 ±0.5 %,且测量过程中需要用到流体热物性测试技术中非常重要的一种手段——使用标准物质标定仪器常数的方法,非常适合用于本科生的实验教学中,因此将该方法应用于液体密度的实验教学中。

图2是课程实验所用的测量装置。测量容器为一根底端封闭的带刻度尺的石英玻璃管,由玻璃管顶端注入质量为 m 的液体,使用密封件将顶端密封,将玻璃管放入恒温浴中,待温度达到平衡时,根据刻度算出流体液相的体积,即可计算得到温度 T

下流体的液相密度

$$\rho_T = f(h_T) = \cfrac{m}{\cfrac{\pi D^2 (h_T - h_0)}{4}} \qquad (1)$$

式中,D 为石英玻璃管内径;$\Delta h = h_T - h_0$ 为液柱的长度,其中 h_T 为液面位置处的读数,h_0 为石英玻璃管底部液柱的起始高度(标尺的 0 刻度并非完全与液柱起始高度重合,且石英玻璃管底部可能并非平面)。

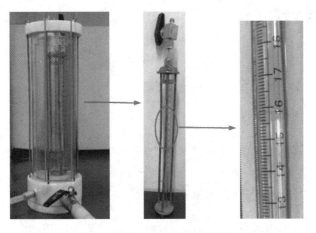

图 2　流体液相密度测量装置

D 和 h_0 为仪器常数,其值不随温度的变化而发生变化。在实验时,首先向石英玻璃管中灌入已知液相密度的质量为 m 的标准物质,测量得到一系列不同温度下液面的高度 h,即可根据最小二乘法拟合得到 D 和 h_0。标定得到 D 和 h_0 后,重新充入其他待测流体,根据式(1)测量得到待测流体在不同温度下的液相密度值。

本实验相对于密度瓶和浮子密度计,可测量的温度和压力范围较宽,高压最高至 5 MPa;相对于振动管密度计等商业仪器,在锻炼学生动手能力方面也有良好的效果。

4　液体运动黏度测量实验

由于流体的迁移性质相对较少,因此本课程仅安排了一项迁移性质测量实验。导热系数和黏度是最重要的两种迁移性质,其中导热系数在测量时其各种测量方法中的动手机会均较少,因此本课程选择开设黏度测量的实验。毛细管黏度计是黏度测量中应用最为广泛的一种方法,其测量结果可靠,测量精度相对较高,测量条件容易实现,且测量成本较低。因此,本课程开设了毛细管黏度计测量液体运动黏度的实验。

实验中使用的黏度计为应用较为广泛的乌氏毛细管黏度计,配备两台透视型恒温槽,每台恒温槽可供多支毛细管黏度计共同使用。与液体密度测量实验相同,液体运动黏度的测量过程同样包括标定过程,但其仅标定时间常数一项参数,因此标定的实验和计算过程均相对简单。首先使用毛细管黏度计测量纯水在 40,50,60,70,80 ℃ 时的流动时间,根据纯水的标准运动黏度数据计算出毛细管黏度计在每个温度下的时间常数,比较时间常数随温度的变化关系。标定过程完成后,使用乙醇清洗毛细管黏度计,然后测量乙醇在 50 ℃ 一个温度点下的运动黏度,比较测量值与标准值的差别。在实验中,由于恒温槽体积较大,因此其升降温的速率较慢,实验中需要较长的等待时间。为了提高实验效率,节省等待时间,实验中两台恒温槽分别设置为不同的温度,学生完成一个温度点的测量后,换至另外一个恒温槽继续进行下一个温度点的测量,待所有学生均完成两个温度点下的黏度测量后,改变两台恒温槽的温度继续进行下两组的实验。

5　结　语

"流体热物性测试技术"课程是一门偏重于实验测量的课程,该课程的开设不仅加深了学生对测试技术的理解和掌握,也提高了学生对所学的"工程热力学"和"流体力学"等课程的理解程度。该课程目前仅仅面向本院很小一部分拔尖人才开设,其课程实验不能再偏向于常规的验证性实验。本文所规划的课程实验全部为综合性实验,实验过程中学生几乎全程动手操作,实验参与度高。通过本课程实验的开设,学生不仅掌握了多种热物性参数的测量方法,而且培养了自己操作仪器设备、动手搭建测试系统、标定仪器常数及实验数据处理的相关实验能力。该课程实验开设后得到学生的一致好评,真正起到了培养拔尖人才的作用。

参考文献

[1] 胡芃,陈则韶. 量热技术和热物性测定[M]. 合肥:中国科学技术大学出版社,2009.

[2] 王小丹,孟婧,张可,等. 热与流体实验教程[M]. 2版. 西安:西安交通大学出版社,2014.

[3] 厉彦忠,吴筱敏. 热能与动力机械测试技术[M]. 西安:西安交通大学出版社,2007.

[4] 邓昌宇,张可,刘翱铭,等. 饱和蒸气压实验教学装

置的研制[J].实验室研究与探索,2018,37(7)：
76-78,93.

[5] 张可,邓昌宇,刘翱铭,等.一种饱和蒸气压测量装置及方法 CN201710452894.1[P].2017-06-15.

[6] 尹建国.pvT 性质实验系统研制及二甲醚和两种氟
代丙烷的热力学性质实验研究[D].西安：西安交通大学,2011.

[7] 孟现阳.振动弦黏度/密度计的研制及部分替代燃料黏度和密度实验研究[D].西安：西安交通大学,2009.

"一带一路"背景下的船舶动力专业国际化人才培养模式探索*

王洋[1]，靳相玮[2]，路勇[1]，费景洲[1]，谭晓京[1]，杜敬涛[1]，李学民[1]

（1.哈尔滨工程大学 动力与能源工程学院；2.哈尔滨工程大学 国防生选培办公室）

摘要："一带一路"国际合作背景下,船舶动力专业迎来了机遇,也面临挑战。以哈尔滨工程大学与泰国农业大学合作为例,分析了船舶动力专业国际化人才培养的目标与现实不足,并从国际化课程体系、多方合作培养平台和深化教育科研合作三方面介绍了哈尔滨工程大学探索国际化人才培养模式的一些措施。

关键词："一带一路"；船舶动力专业；国际化人才；培养模式

"一带一路"倡议为推进我国高等教育国际化,深化高等教育领域综合改革和提高教育质量提供了重大战略机遇。在此背景下,建立和加强与"一带一路"国家高等院校之间的伙伴关系,构建全方位多层次的学术交流、教育培训和科学研究平台,更好地服务国家对外合作大局,服务"一带一路"建设,实现合作共赢,具有积极意义。

泰国农业大学工学院船舶相关学科和专业在泰国享誉盛名,其人才培养主要面向东南亚国家相关的造船企业、研究所及海军基地。该校与哈尔滨工程大学动力与能源工程学院、船舶工程学院相关学科和专业吻合度极高。通过中泰高校的船舶动力专业人才培养国际合作来服务"一带一路"倡议,可以发挥双方高校人才培养与科学研究的优势,实现互惠共赢。

推动"一带一路"国际合作必然涉及技术合作、资源配置和文化交流,这其中人才因素是核心。对高校而言,在"一带一路"倡议的机遇下,建立国际合作平台有利于提高毕业生的综合素质和专业技能,培养在国际合作等方面能发挥重要作用的国际化复合型人才,进而提高高校在国际上的知名度与竞争力。

1 船舶动力专业国际化人才培养目标与现实不足

《国家中长期教育改革和发展规划纲要（2010—2020 年）》中明确提出,国际化人才培养目标为"适应国家经济社会对外开放的要求,培养大批具有国际视野、通晓国际规则、能够参与国际事务和国际竞争的国际化人才"。哈尔滨工程大学以服务"一带一路"为目标,大力实施教育国际化战略,以"三海一核"为基础,培养基础理论扎实、专业知识牢固、实践能力强,具有国际视野,具备创新能力和团队精神,能够在能源动力领域相关部门从事研究、设计、制造和管理工作的一流工程师和国际化人才。

哈尔滨工程大学与泰国农业大学具有良好的

* 基金项目：黑龙江省高等教育教学改革研究项目（SJGZ20180086）；黑龙江省高等教育教学改革研究重点委托项目（SJGZ20170054,SJGZ20170052）

合作基础,可以发挥各自在人才培养上的优势和特色,强化教育科研合作,这有利于为全球船舶动力产业发展战略向东南亚转移提供潜在人才和科技支撑。国际化人才既要具备丰富的理工科基础知识和坚实的工程专业技能,又要熟悉相关国家的政治制度、法律环境、文化习惯、语言风俗,以及国际工程建设和管理规则等。高校只有坚持国际化人才培养的思路,才能适应中国和"一带一路"沿线国家谋求合作共赢发展的愿景与行动。

目前高校培养国际化人才还存在现实中的不足,具体表现在:

（1）培养目标存在局限性。

很多高校国际合作的侧重点放在欧美等发达国家,很少关注"一带一路"沿线国家,高校在服务"一带一路"倡议的工程专业人才培养目标定位上还不够清晰,在双边和多边的教育合作、学历互认、合作办学、师生交流互派等方面都存在较大的提升空间。以往各高校对与"一带一路"沿线国家的合作交流鼓励政策有限,合作交流意识不足。

（2）国际化视野不足。

以往很多高校对国际化人才培养缺乏重视,虽在学校层面设立单一部门专管,但院系层面国际交流分布在各个部门,经费受限,协调困难,缺乏全局意识,人才培养国际化与科研工作国际化衔接不畅,工作人员缺乏跨文化交流协调的意识和能力。课程体系国际化、学生培养国际化、教师能力国际化和科研国际化虽有一些成果,但缺少专管部门指导和引领,不利于学校国际化战略的整体推进。

（3）培养方式过于传统。

大部分高校的培养模式局限于传统的课堂讲授,课程体系还局限于传统的工程技术、工程管理、工程经济等内容,很少涉及"一带一路"倡议的实施背景、合作机制、标准规则。受学分、学时等传统培养模式的限制,大多数高校很难在短期内大规模调整课程体系和培养方案,使得国际化人才培养表现出很多不足,如英语或其他外语应用水平不高,缺乏对国外文化的了解和认知,缺乏对国际前沿船舶专业知识及相关规则的了解,缺乏深度的校企合作与实践经历,适应性差。

2 构建国际化人才培养模式

2.1 构建国际化课程体系

为培养学生综合素质,提高专业能力,国际化课程体系的建立主要包括在教学内容、教学方法、教学手段、教材建设、质量评价与考核体系等诸多方面探索灵活多样的国际化的教学模式。

我校的轮机工程专业两次通过英国轮机工程师学会（IMAREST）认证,本科毕业生可获得国际通用的轮机工程特许工程师资格,这本身就是具备国际化的特点。借修改培养方案的契机,通过调研对比"一带一路"沿线国家的人才培养需求和现行的人才培养方案、课程体系、培养模式,与泰国师生交流,双方达成理解与互信,进一步调整凸显行业特色和国际化特色的人才培养模式,形成"2 + 2 + 1"的课程体系。

第一个"2"是指两个平台,即通识教育平台和专业基础平台,其中通识教育平台应设置外语口语强化、国际商务礼仪与谈判课程。第二个"2"是指两个模块设置,即专业课模块、实践课模块。在实践课程模块里,本校教师去国外学习交流并借鉴国外的教学经验,学生去国外短期学习或实习,通过这些手段来促进教学与国际接轨。最后的"1"则指国际化特色课程。国际化课程贯穿于平台、模块之中,要与培养目标和本校实际相结合进行设置。国际化特色课程可以是双语课,也可以是请国外著名学者来校开设短期课程或暑期学校。培养方式可采取"对外输出""内部培养""内外结合"的培养方式。

为提高中国学生专业英语的综合应用能力,可在相关专业课程上开展双语教学,部分专业课程采用英文教材、英文授课,并加大对授课教师的支持力度。为提高学生学习外语的积极性,以制度鼓励学生参加雅思、托福等语言考试,对于通过考试的同学根据其成绩对其报考费用进行不同比例的报销。聘请国外教师讲授专业课程,借鉴国外课程的考评细则,加大考核和奖励力度,激发学生学习的积极性。

对国际留学生,增加了解中国历史文化的课程,引导学生加强人文交流,既重视利用中华文化的穿透力和吸引力,帮助来华留学生了解中国,增加文化认同,又重视促进不同文化背景的海内外学生之间的交流,帮助学生认识多姿多彩的世界,提升他们跨文化交流的能力。

2.2 构建多方合作培养平台

"一带一路"是"一个包容性巨大的发展平台",是新形势下中国推进对外开放和统筹国内发展的总体构想,是我国未来较长一段时间的发展战略。在此之下,建立国际多方长期合作平台就显得极为重要。

哈尔滨工程大学与泰国农业大学等泰方高校

于 2015 年签署合作备忘录,之后进行了多次的互访及交流,2016 年以来哈尔滨工程大学动力与能源工程学院每年均面向来自泰国农业大学与英国爱丁堡大学的本科生开设为期一个月的船舶动力暑期班,进行船舶动力装置相关的柴油机与燃气轮机实验室实习操作,邀请船舶动力创新引智基地学术骨干、国际著名燃气轮机专家主讲叶轮机械系列课程,我校相关教师主讲船舶柴油机、燃气轮机、振动噪声控制等课程并开设实验,还开展中文学习和文化体验。在建立多方合作平台机制下,来哈尔滨工程大学交流的外国学生,随我校学生一同在企业参观实习,在建立国外高校与我国企业联系的同时,也加强了同学之间的交流,使在国内实习的同学也能更好了解到国外高校的教育文化。

哈尔滨工程大学动力与能源工程学院多年来与泰国农业大学进行本科生互换交流,每年选派15 名学生赴泰国农业大学是拉差分校开展为期两周的本科生国际交流项目,学习工程专业课程(英语授课),参观实验室,与泰国同学交流并进行文化体验,参观泰国 UNITHAI 造船厂船舶工作坊、维护坊、焊接坊等,通过总结汇报后,获得学习证书。作为东南亚最大的造船厂,泰国 UNITHAI 造船厂一直致力于在确保船舶质量的基础上不断研究创新,在全球造船行业不景气的情况下不断寻找适合自身发展的途径,并积极接待我校的师生参观访学。

通过构建多方合作平台,在高校交流时与国外企业建立联系,也建立起国内外企业间更进一步的关联,形成国内外高校与企业的四方合作平台,从而拓宽学生的培养模式,有助于培养综合型国际化人才。

2.3 深化教育科研合作

积极争取国家政策支持和资助资源,寻求构建双边与多边实质性教育合作机制,例如高校间签署合作协议,实现课程学分互认、学位联合授予,举办高校间联合论坛,促进优势学科间信息互通,创建双边合作研究和教学平台,促进技术和人才的转移与共享,促进语言互通和文化理解。2017 年 1 月,哈尔滨工程大学、泰国农业大学、英国南安普顿大学等在哈尔滨联合举办了先进船舶动力技术国际研讨会,共同就船舶动力减振降噪、节能减排、新能源等船舶动力技术的国际研究热点进行了广泛而深入的交流,为下阶段的深入合作奠定了良好的基础。泰国农业大学邀请我校专家成为国际学术期刊的编委,协商 2020 年联合举办船舶动力技术相关的国际学术会议。

我校将继续举办船舶动力暑期班,计划每年接受泰方 15 名本科生的培训培养任务,每年接收 5 名泰国农业大学优秀学生申请攻读哈尔滨工程大学船舶动力相关专业的硕士学位和博士学位,并配备导师为泰方定向培养船舶动力高层次人才。继续扩大暑期班的影响力,汇集更多亚太地区("一带一路"沿线)船舶动力领域教育教学资源,扩大亚太地区船舶动力专业学生和青年学者交流,共同促进船舶动力行业的发展。

加大"一带一路"沿线国家来华留学人才的培养力度,吸引沿线国家人才来华留学,为沿线国家培养和储备工程建设和工程管理的行业领军人才和优秀技能人才。迄今为止,泰国农业大学派送的两名学生已经从哈尔滨工程大学毕业,获得硕士学位,另有两名教师在哈尔滨工程大学相关专业攻读博士学位,多名研究生在攻读硕士学位。

"一带一路"战略背景下,船舶动力专业迎来了空前的发展机遇,目前国内高校的国际化培养模式仍存在很多不足,离"一带一路"的建设要求仍存在不小的差距。对于船舶动力专业学生而言,应继续努力建立国际化课程体系,构建高校企业合作平台,共同探讨合理的培养模式,深化教育科研合作,持续推进教育改革,巩固培养质量,提升国际化、专业化、多样化水平,培养符合"一带一路"建设需求的国际化人才。

参考文献

[1] 王焰新."一带一路"战略引领高等教育国际化[N].光明日报,2015 - 05 - 26(13).

[2] 顾明远."一带一路"与比较教育的使命[J].比较教育研究,2015(6):1 - 2.

[3] 董渊,刘丽霞,张伟,等.服务"一带一路"建设,提升研究生国际化培养水平[J].学位与研究生教育,2017(7):1 - 6.

[4] 李丹丹.新时期我国高校国际化人才培养策略探析——兼谈中国政法大学国际化人才培养模式[J].世界教育信息,2012,25(19):63 - 66.

[5] 王科.服务"一带一路"倡议的理工科人才培养实践与研究[J].云南民族大学学报(哲学社会科学版),2018,35(2):154 - 160.

[6] 赵红,牛小兵.航海类专业国际化人才培养模式的思考与构建[J].航海教育研究,2016,33(2):1 - 3.

[7] 赵可金.通向人类命运共同体的"一带一路"[J].当代世界,2016(6):9 - 13.

培养具有国际视野的热流创新人才*

——西安交通大学"热流国际班"的探索与实践

杨富鑫，何坤，任秦龙，付雷，唐桂华，许清源，张丽娜，

何雅玲，陶文铨，王秋旺

（西安交通大学 热流科学与工程教育部重点实验室）

摘要：建设教育强国是中华民族伟大复兴的基础工程。国家"双一流"战略明确提出国际交流与合作等改革任务。在新时代，开展具有国际视野的创新人才培养是推进"双一流"建设的重要举措。西安交通大学热流科学与工程系于2016年探索热流人才培养新模式，并试点设立了"热流国际班"。热流国际班在培养目标方面进行改革，加强数理信息等基础课程建设，将实践操作与理论能力相结合，强化人文素养、家国情怀的培养与形成，建立"一对一"导师制，推进与国外一流院校和企业的实质性合作，开展本科生国际化毕业设计，探索培养具有国际化视野的热流创新人才。通过多年培养方法、教学和实践体系的探索，取得了良好的效果。

关键词：双一流；热流人才；国际视野

2015年，《国务院关于印发统筹推进世界一流大学和一流学科建设总体方案的通知》指出：坚持立德树人，突出人才培养的核心地位，着力培养具有历史使命感和社会责任心，富有创新精神和实践能力的各类创新型、应用型、复合型优秀人才。加强创新创业教育，大力推进个性化培养，全面提升学生的综合素质、国际视野、科学精神和创业意识、创造能力。国家的"双一流"战略明确将"加强与世界一流大学和学术机构的实质性合作"作为五项改革任务之一，以切实推动我国高等教育的国际竞争力与话语权。因而，面向新时代，如何推进高等教育的内涵式发展及加强国际交流与合作，这都需要我们从理论和实践上进行探索。

目前，国内有关院校和机构在本科生培养模式和国际化方面均开展了一定的研究与探索。比如，清华大学"能源动力工程烽火班"是依托燃烧能源中心管理组建起来的本科班，2016年秋季学期正式招生，其教学体系与课程设计参照美国普林斯顿大学、加州大学伯克利分校、麻省理工学院和加州理工学院等国际一流大学工程学科的成功经验，并实行导师制，旨在培养具有宽厚基础、创新性思维、国际视野、重视实践并有志服务于国家燃烧和能源领域的学术和技术型人才。"能源动力工程烽火班"

本科生与普林斯顿大学本科生交换培养，每年双方选派5名学生到对方学校学习，两校互认学分。

此外，随着工程科技的日益发展以及互联网技术的普及，能源动力类专业的传统内涵不断拓宽和延伸，传统发展模式亟待变革与创新，以推进能源高效、清洁、低碳利用转化规律的不断深化，促进新理论、新方法、新技术的产生和应用。这些都对能源动力类专业人才培养提出了更高的要求，传统人才培养模式面临全新的挑战。2016年，西安交通大学能源与动力工程学院热流科学与工程系试点设立了依托工程热物理重点学科的热流国际本科生班并开始招生，初步探索热流人才培养的新模式，旨在培养动力工程及工程热物理专业有宽厚基础理论知识并具有国际化视野的一流热流创新人才。

本文简要总结了自2016年成立热流国际班以来，在热流国际人才培养方面的具体做法和效果。

1 热流国际班的培养目标

热流国际班由西安交通大学能源与动力工程学院热流科学工程系主体建设，并依托"热科学与工程国际合作联合实验室""热流科学与工程教育部重点实验室"及"新能源与非常规能源利用中的

---

* 基金项目：教育部新工科研究与实践项目"加强人文数理信息基础，培养国际化一流热流人才"

热流科学"111 引智基地等相关科研基地。能源与动力工程学院及热流科学与工程系针对"热流国际班"制订了专门的培养计划，就本科生国际化培养展开探索与实践，旨在培养具有动力工程及工程热物理专业宽厚基础理论知识，尤其是热与流体科学与工程的原理及应用、研发等方面的国际前沿知识，且具有国际视野的高素质领军型人才。

热流国际班重视学科专业基础课，拓宽通识课程，增设能力课程，制定认知实习、专业实习内容，将热流科学知识与经济、节能、环保等相近领域进行融合，强调学科的国际性、综合性、专业性和完整性，从传热学、流体力学、工程热力学的综合角度诠释内涵，进行国际前沿、研究方法、综合分析、实验测试、技术开发和过程管理等方面的知识和技能培养，使得学生在掌握专业知识的同时，还具备良好的沟通能力、分析能力、解决复杂问题的能力等综合能力。

1.1 加强数理信息基础的培养

随着全球环境和能源问题与大数据、智能化的密切关联和日趋复杂，热流科学的原理及应用研发的多样化、复杂化和综合化的挑战不断升级，具备综合能力和创新能力成为卓越热流人才的核心能力。新工科国际化热流人才的培养在传统能动专业基础上，要求一方面具备宽厚基础理论的专业知识、判断与分析能力及外语水平等胜任能力，另一方面具备提出新理念、新方法及新策略解决科学研究、技术开发、设计制造、工程实践过程中复杂问题的创新能力。因而，在课程设计方面，热流国际班加强数理信息方面的培养，要求掌握本专业类所需的数学、物理学、化学等基础学科及具备运用计算机与现代信息技术获取和处理最新科学技术信息、了解本专业类前沿发展现状和趋势的能力；同时，具备运用计算机进行辅助设计、数值计算、工程分析的能力。具体课程设置与学分分布如表1所示。

表1 课程设置与学分分布

课程类别			规定学分	学分占比/%
课程教学	通识教育	公共课程	22	22
		核心课程	6	
		选修课程	6	
	大类平台课程	数学与基础科学类课程	41	54
		专业大类基础课程	45	
	专业课程	专业核心课程	9	10
		专业选修课程	7	
集中实践	基本技能训练、专业实习、军训、毕业设计、课程设计、项目设计		22	14
课外实践	思政教育实践、其他课外综合实践		8	
总计			158 + 8	100

1.2 突出实际操作、理论能力与动手能力相结合

热流国际班加强实际操作与理论知识的有机结合，集中开设实践课程，如图1所示。一方面，聘请国际化企业的工程师作为导师，走进高校，开设讲座；另一方面，学生走出学校到企业中进行实践和锻炼，了解企业运行机制、企业文化，了解最新工业技术的发展和企业的最新需求，从而加深对专业知识的理解和掌握，拓展国际化视野。通过联合国际化企业设立多学科交叉课题供学生选择，同时连接精品课程实践教学、开放实验课程、各类大学生科技创新实践活动和竞赛，全方位提升大学生交叉

学科创新能力，培养一批厚基础、重实践、能创新，具有国际化视野的优秀热流人才。

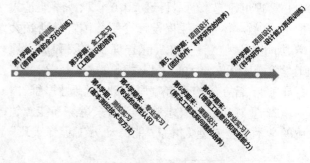

图1 集中实践课程设置(22 学分)

1.3 国际视野的培养

充分实现学有所用,更好地适应能源经济环境和能源技术的变革,利用国外先进技术和理念,为解决我国能源领域的热流科学问题做出重大贡献,从而使得国际化卓越热流人才的培养具有高度的责任感和可持续性。热流国际班侧重培养学生的国际化视野,基于国家"一带一路"倡议,形成国际化目标,具体国际化培养设置如图2所示。通过多维度的培养,国际化卓越热流人才将成为熟悉国际能源前沿问题,具有国际视野和国际合作能力,具备专业知识胜任能力和创新能力的高层次专门人才。

图 2 国际化培养设置

1.4 强调人文素养与家国情怀的培养

全面、正确的价值观是确保专业技能有效的重要基础。新时代,热流人才培养强调树立全面、正确的价值观,一方面要求热流人才具备宽广通用的专业意识、良好的个人道德和从业素养、高度的社会责任感、强烈的国家使命感;另一方面,要求热流人才制定以提高我国能源利用率、有效转化专业知识,为国民经济做出贡献为核心的从业规划,树立终生学习的理念,挖掘个人潜力,不断提升国际化视野,促进自身素质的全面提升。

2 热流国际班的探索与实践

基于上述改革思路和目标,并结合人才培养模式内容的探索和推进,以期达到对原有专业优化和升级的目的。通过在人才培养模式、课程结构体系、实践教学体系、课程内容、教学方法、教学机制等方面的全方位改革及科教的深度融合,加强人文数理信息等基础教育,打破固有学科领域界限,明确企业需求,培养具有丰富实践经验、厚重数理基础与人文家国情怀的国际创新热流人才,最终形成体现多学科交叉融合特征的能源动力类国际化创新型人才培养模式。因而,在大学四年期间,依托热流国际班,切实加强并推进与国外一流大学、机构和企业的实际性合作,联合培养本科生。

2.1 大一:科技营与认知实习

在"一带一路"丝路大学联盟能源子联盟的框架下,以节能控排传热进展国际研讨会为平台,开展以节能控排为主题的国际大学生科技营。节能控排传热进展国际研讨会(International Workshop on Heat Transfer Advances for Energy Conservation and Pollution Control, IWHT)由西安交通大学王秋旺教授于2011年发起,已在西安(2011年,2013年)、中国台湾(2015年)及美国 Las Vegas(2017年)成功举办四届,吸引了来自美国、英国、日本、捷克、瑞典、芬兰、匈牙利、俄罗斯、南非、阿联酋、韩国、中国等国家和中国香港、澳门、台湾等地区共计1500余位传热学界的专家学者及代表参加会议,具有一定的国际影响力。2019年 IWHT 国际会议将在俄罗斯新西伯利亚召开。

借助该国际会议平台,拟举办"一带一路"丝路大学联盟能源子联盟框架下的科技营,热流国际班的学生积极参与其中,可有效促进学生与领域知名学者间的学术交流和联系,及时了解节能减排学科前沿领域和最新研究进展。同时,在大一暑假期间,带领本科生前往西安的企业进行认知实习,获得对工业生产过程的感性认识,为即将开始的专业课学习打下基础。

2.2 大二:"一对一"导师制与暑期交流学分班

针对热流国际班,热流科学与工程系专门增设导师机制,确定由一位导师关注一名热流国际班学生在大学阶段的学习、生活等各个环节,实现因材施教和个性化辅导,帮助学生制定大学的规划;帮助学生了解专业知识,指导学生参加科研工作,培养学生的学业兴趣、科研意识和创新精神;指导学生参加国家、省和学校等各类竞赛和活动,培养学生的实践能力。自2016年起,每年热流科学与工程系的教师都会与学生建立"一对一"的学业指导,学业导师在学业、科学研究、大学规划等方面将为学生提供更为细致的指导和帮助。

同时,依托国际合作联合实验室,与美国明尼苏达大学开展校际合作,旨在培养具有动力工程及工程热物理专业宽厚基础理论知识,尤其是热与流体科学与工程的原理及应用和研发等方面的国际前沿知识,且具有国际视野的高素质领军型人才。热流班本科生于每年暑期派出,开展为期两至三个月的课程学习,共选修12学分,主要课程有 Heat Transfer, Advanced Engineering Problems, System Dynamics and Control, Rocketry/Ballooning 等。课程由明尼苏达大学热流研究方向的国际大师和知名教授亲自授课。

目前,2015级和2016级热流国际班本科生于2017年和2018年分别前往明尼苏达大学进行课程学习,并取得了良好的效果,得到了明尼苏达大学负责老师和授课老师的一致好评(见图3)。

图3 热流国际班学生在明尼苏达大学学习

2.3 大二:优秀本科生国际交流

热流科学与工程系依托西安交通大学动力工程及工程热物理国家重点一级学科,向国家留学基金委申请了优秀本科生国际交流项目,并得到国家留学基金委的支持。每年在二、三年级学生中选拔多名优秀本科生,由国家留学基金委资助,派往明尼苏达大学,开展一个完整学期的学习。

学生的选派将遵照国家留学基金委的管理办法,并按照学生的思想品德、学习成绩确定初选名单;同时对初选学生进行面试,根据面试成绩确定选派名单,此名单将在网上进行公示。选派学生在对方学校学习期间,班主任与学生定期联系,了解学生的学习、生活情况。对于完成规定学业回国的学生,将根据对方学校出具的成绩单、对方学校教师对学生评价和学生提交的学习报告组织专家进行考核,并将考核结果上报学校教务处。对考核合格者将根据有关规定记录相应的学分。

2.4 大三:社会实践

热流国际班在注重通识课程、动力工程及工程热物理学科主干课程教育的同时,十分关注学生在社会实践等环节的培养。实践课程设置实现渐进式三级体系:第一层级为热流基础知识的认知型训练;第二层级为热流问题综合分析的提高型训练;第三层级为热流复杂耦合问题、工程实际应用问题的创新型应用训练,充分体现从热流基本知识到综合技能再到创新技能的培养过程。

2018年,热流国际班本科生前往韩国LG公司及釜山大学进行为期五周的实习(见图4)。

图4 热流国际班学生在韩国LG公司及釜山大学实习

实习主要内容包括:产品介绍、New Product Introduction Process 的学习、Module Design 的培训、Multi V 在内的多项空调产品的拆卸组装工作、CFD 项目的训练及人生规划的相关培训。在这为期五周的实习中,在相关技术人员的带领和指导下深入生产一线,实地参观实习,并进行相关知识的学习和计算,使学生明白对生产过程的理解离不开扎实的理论知识功底,原理指导着生产过程的设计与运行。理论知识对实践生产具有指导意义,但是实际情况复杂多变,要具体情况具体分析,灵活对待实际生产过程。同时,培养了学生广泛涉猎、广泛学习的习惯,增强了学生的自主创新意识。如今,国外企业的关键技术对中国严密封锁,我国一些科研技术落后发达国家很多年,使得同学们明白应努力学习,将核心技术掌握在自己的手中。

2.5 大四:本科毕业设计国际化的探索

为了进一步推进本科教学国际化的相关工作任务,同时完善热流国际班的大纲培养。热流科学与工程系建立联合指导毕设等多级培养体系,新增本科毕设国际化内容。在本科毕设中设置多项国际化毕设题目,并在研究内容和配置国外指导教师两方面体现:研究内容在国际合作项目、国家的地区合作项目中提取,设置适合毕设工作的内容,原则上要求学生用英文撰写毕设论文;国外指导教师作为合作导师,也是毕设副导师,名字将会出现在毕设任务书中。表2列出 2015 级热流国际班部分本科生国际化毕设情况。同时,本科毕设指导形式不限,可以通过邮件、微信、视频会议、学生毕业前境外导师来华等形式体现。

表 2 热流国际班本科生国际化毕设列表

Student	Thesis	Supervisor	Co-supervisor
Suixuan Li	Numerical analysis of flow field and temperature field in outdoor unit system of building air conditioner	Wenquan Tao	Prof. Ha, Korea
Xu Zhang	Numerical analysis of flow field and temperature field in outdoor unit system of building air conditioner	Wenquan Tao	Prof. Ha, Korea
Xiangxuan Li	Study on active heat transfer enhancement method of phase change energy storage using paraffin with foam structure combined with resonant particles	Qiuwang Wang	Prof. Lv, Hong Kong
Chi Zhang	Numerical investigation on heat transfer enhancement and energy optimized integration of heat exchanger system	Min Zeng	Prof. Klemes, Czech
Gaonan Zhao	Study of frosting model on cold plate	Yingwen Liu	Prof. Wang, USA
Bo Yuan	Multi-objective configuration optimization of tree-shaped bifurcated microchannel cooling network	Yingwen Liu	Prof. Li, USA
Zhuheng Jiang	Numerical study on liquefaction performance of natural gas in printed circuit heat exchanger	Ting Ma	Prof. Chen, USA

2.6 人文素养与家国情怀的培养

在注重学生学业学习的同时,加强对热流国际班本科生人文素养、高尚价值观的培养。在学习自然科学的同时,强化学生在学习与探索知识时应具有的价值情怀,以服务于国家的复兴、民族的自立自强与人类社会的前进为使命;培养学生了解并熟悉中华民族优秀传统文化,认同中华文明的历史价值及现实意义;同时,培养学生认识世界文化的多样性,理解并尊重各国、各民族独特的文化传统的意识,形成广阔的人文素养。热流国际班通过邀请名师沙龙的方式,促进教师与学生面对面交流,使学生见贤思齐,培养学生的人文素养和家国情怀,并激发学生的研究兴趣和学术灵感。比如,2017

年,陶文铨院士作为名师沙龙嘉宾,与同学们面对面进行了分享、交流(见图5)。陶院士主要围绕人文传承和科学情怀两方面进行了分享。陶院士自 1957 年考入交通大学以来,一直十分热爱自己的母校,他讲述了学校自西迁几十年以来的风雨历程及辉煌成就,声情并茂,感人至深。随后,陶院士以对他影响至深的导师们为主线,分享了他求学与求知的心路历程。在交大,导师杨世铭教授启迪了陶院士的学术兴趣与科研爱好。在明尼苏达大学,陶院士从 Sparrow 教授处学到了传热问题的研究方法、终生学习的精神和如何讲授研究生课程;从 Patankar 教授处学习了数值模拟方法的研究、简明易懂的教学方法,并动手实践数值计算。对科学研究不懈追求的品质促使陶院士与他的导师们一直保持联系,共同探讨问题,成为一生的良师益友。最后,陶院士赠送同学们四句话:(一)勤奋是大多数人取得成功的最基本要素;(二)开发自己的潜能,要养成终身学习的习惯;(三)努力把职业的任务与自己的兴趣结合起来;(四)拓宽知识面,注意新兴与交叉学科的发展。

图5　热流国际班学生参加陶文铨院士名师沙龙

3　实践效果

基于热流人才的不断探索和实践,逐渐形成了热流国际班创新人才培养模式。在 2015 级、2016 级、2017 级能源与动力工程学院本科生中选拔优秀学生组建热流国际班,每届学生 26～32 人。在加强人文素养与家国情怀培养方面,以陶文铨院士、何雅玲院士、王秋旺教授、唐桂华教授等为核心的教师队伍,开展西迁精神学习、为人为学教育、名师沙龙、学生谈心、学风建设、"开讲啦"等活动 10 余次。目前,2015 级热流班本科生将于 2019 年 6 月毕业,其中前往国外进修、深造的学生约占总人数的 50%。同时,以热流国际班为依托培养的本科生获得各类奖项近百人次。

3.1　人文家国情怀的培养与形成

通过名师沙龙及系列讲座,培养本科生的人文素养及家国情怀,帮助其树立终生学习及为国民经济做贡献为核心的从业规划和理念,并引导学生在探究自然科学的同时形成具有社会责任与人文素养的精神品质。

3.2　国际视野的培养与积累

通过系列交流与合作,促进本科生熟悉国际能源前沿问题,具有国际视野和国际合作能力,培养了学生的国际化视野;在充分实现学有所用的同时,更好地适应能源经济环境和能源技术的变革,利用国外先进技术和理念,为解决我国能源领域的热流科学问题做出重大贡献,从而使国际化卓越热流人才的培养具有高度的责任感和可持续性。

3.3　实践操作与理论能力的结合

通过走出学校到国内外企业参观和实习,使学生了解企业运行机制、企业文化,了解最新工业技术的发展和企业的最新需求,培养了本科生的动手实践能力;同时,让学生明白自己在专业知识的"广度"和"深度"方面的不足,仍需加强学习,促使他们在今后的求知、求学过程中更有针对性。

3.4　师生的有机互动

"一对一"导师制使得师生互动更加频繁与密切。导师们因材施教,学生们得到了更多的指导与帮助,确定了大学的规划,并进入导师实验室,开展科研学习工作。

4　结　语

通过多年在培养方法、教学和实践体系方面的改革,西安交通大学热流科学与工程系探索出新时代热流人才培养新模式,并取得了一定的成效:

(1)加强数理信息基础的学习,重视学科专业基础课,拓宽通识课程与多学科的交融,增设能力课程。

(2)实行"一对一"导师制,实施因材施教,在学业、科学研究、学业规划等方面为每一位学生提供更为细致的指导和帮助。

(3)切实推进与世界一流大学、机构和知名企业的合作,联合培养具有国际化视野的热流人才,激发了学生的创新能力。

(4)加强人文素养、高尚价值观的培养,引导学生以服务于国家的复兴、民族的自强与人类社会的前进为使命,认同中华文明的历史价值及现实意义,形成广阔的人文素养。

参考文献

[1] 国务院印发《统筹推进世界一流大学和一流学科建设总体方案》[J]. 大学(研究版):2015(12):33.

[2] 任友群. "双一流"战略下高等教育国际化的未来发展[J]. 中国高等教育,2016(5):15-17.

[3] 杨捷. 能源经济本科专业的国际化路径探索[J]. 课程教育研究,2018(39):230-231.

[4] 朱晓华. 面向新工业革命的新能源领域本科课程体系研究[D]. 重庆:重庆大学,2015.

[5] 符波,刘和,成小英,等. "工程化、国际化"环境工程本科创新人才培养模式探索与实践[J]. 教育教学论坛,2017(46):132-134.

[6] 宋发富. "一带一路"视角下国际化人才培养的目标与路径[J]. 黑龙江高教研究,2018,36(12):53-59.

[7] 罗雨,李博文. 地方本科高校教育国际化发展的现状及策略研究——以江西省为例[J]. 大学(研究版),2018(5):68-75.

[8] 黄旭雄,林海悦,吕为群,等. 多层次国际合作教学模式的构建与实践[J]. 高等农业教育,2018(2):41-44.

[9] 陈爱,陈敏. 工程人才国际竞争力的培养之道——美国佐治亚理工学院本科工程人才培养研究[J]. 中国高校科技,2018(9):57-60.

[10] 杨婕,杨坤. 关于对推进高等教育国际化措施的初步探讨[J]. 教育现代化,2018,5(5):107-108.

[11] 叶少珍,吴运兵,余小燕. 国际化合作培养本科人才模式的实践及探索[J]. 高等理科教育,2018(2):51-55.

[12] 李晓述. 新时代中部地区高校国际化发展的实践与思考[J]. 世界教育信息,2018,31(14):25-28.

[13] 清华大学新闻网. 罗忠敬院士为"能源动力工程烽火班"讲第一堂专业课[EB/OL]. http://news.tsinghua.edu.cn/publish/thunews/10303/2016/20161007183552888201412/20161007183552888201412_.html.

船舶动力类自主创新人才培养体系研究*

刘龙[1],刘博[2],高峰[1],刘岱[1],马修真[1]

(1. 哈尔滨工程大学 动力与能源工程学院;2. 中船动力研究院有限公司 研究开发部)

摘要: 本文从国家对船舶动力类人才需求出发,以船舶动力类专业硕士研究生培养为研究对象,结合船舶动力行业特色,针对行业人才自主创新能力培养中存在的问题,深入探讨依托国家科技重大专项的自主创新人才培养体系建设。基于船用低速机工程(一期)研制重大工程的平台梳理分析工程开发、关键技术、科学问题和基础知识的具体脉络,构建研究与人才交流平台,支撑我国船舶动力领域自主创新能力的快速形成。

关键词: 船舶动力类专业;专业硕士研究生;培养体系;实践

2018年6月12日,习近平总书记在出席上海合作组织青岛峰会后,在山东省考察时说"建设海洋强国,我一直有这样一个信念",同时明确指出"关键技术要靠我们自主来研发"。"海洋强国"战略是我国近年来最为重要的国家战略之一。海洋工程装备及高技术船舶是支撑海洋强国发展的重点领域,而船用动力则是船舶的核心配套设备。工业和信息化部等6部委联合发布的《船舶工业深化结构调整加快转型升级行动计划(2016—2020年)》中明确提出了船舶柴油机的基础共性技术研发和品牌竞争力提升要求。但是,我国的船舶发动机长期依赖引进专利技术生产,缺乏自主创新发展能力,长远发展受到严重的瓶颈约束。因此,船舶动力自主化创新已经成为我国重大的战略需求,而面

*基金项目:哈尔滨工程大学教改项目"依托国家重大项目的船舶动力专业自主创新人才(研究生)培养体系研究"

临的首要任务就是解决专业人才培养时间不足，自主化创新人才匮乏的问题。

我国自 2009 年起开始招收全日制专业型硕士研究生，为培养行业应用型人才提供了良好的平台。近些年，专业硕士的培养成为高等教育的研究热点，针对培养目标、培养模式、实践能力和课程体系等方面开展了大量研究，并提出了具体的教育教学方法。同时，研究也发现了一些具体问题，包括培养目标不明确、实践方式单一、导师缺乏实践能力等。我国船舶动力领域的突出问题就是高校研究与企业产品开发存在严重的割裂，培养的专业硕士在知识体系、技术开发能力和实践创新能力上无法满足企业的人才需求。本文针对这一问题，结合哈尔滨工程大学船舶动力专业硕士培养的实际情况，对船舶动力类自主创新人才培养体系进行了改进和完善。

1 船舶动力类专业硕士培养的问题

随着我国制造业的大力发展，产学研联合的人才培养体系也在不断深化，通过校企实践基地、创新孵化中心、合作科研项目等方式进行人才培养，为产业转型升级提供了大量的专业人才。但是，相比世界发达国家，我国专业人才培养的目标针对性仍然有待提高，人才培养缺少体系化建设，创新人才的培养速度较慢，无法为产业的创新发展快速、可持续地提供大量人才。特别是船舶动力行业，专业覆盖面广、企业研发能力弱、产业创新基础差，高校专业硕士培养难以完全契合当前企业的现状和需求，具体问题主要体现在知识与能力架构贯通性差和人才交流不灵活两个方面。

1.1 知识与能力架构贯通性差

船舶动力涉及机械设计、动力学、热力学、燃烧学、控制学、测试、制造等众多学科领域，需要具有交叉学科背景的专业人才支撑船舶动力的创新发展。对于这种复杂装备制造业的创新发展，工业发达的国家主要采取产学研用平台化研发的方法促进技术创新和人才培养。例如，德国的 FVV 和日本的 AICE，汽车、发动机和配套件企业根据产业链条形成联盟，提出共性技术问题发布给平台内的高校和研究机构，企业通过项目管理使参与项目的研究生具备更为宽阔的技术基础和专业化的创新能力，同时高校也不断根据企业需求调整人才培养体系和课程内容，以满足企业的人才需求和自身的研究

需求。然而，我国的船舶动力行业在过去的几十年内对创新人才的需求并不旺盛，导致高校偏重自由探索和理论创新，研究碎片化，技术基础不够全面。因此，高校对于研究生的培养与企业需求出现了严重的割裂，尽管通过专业硕士的培养在不断提升面向企业的人才的创新能力和实践能力，但是人才的知识结构和技术创新能力仍然无法适应传统船舶动力企业向创新型企业的快速过渡。

1.2 人才交流不灵活

船舶动力装置不仅需要交叉学科的知识背景，同时由于机构的复杂和巨大，需要直观的现场经验将多学科知识、研发能力和应用对象有机融合并服务于技术创新。因此，需要形成畅通和灵活的人才交流机制。但是，由于我国船舶动力行业与高校之间没有在知识产权、实践安全、技术活动管理等方面形成统一的平台，严重阻碍了人才的交流活动。在专业硕士培养过程中，制约了项目资源交互、技术交流研讨、试验数据获取及时有效地达成。

2 依托国家科技重大专项的船舶动力自主创新人才培养体系

2016 年，作为"海洋强国"战略的一项重要落实，国务院批复立项了"船用低速机工程（一期）研制"国家科技重大专项，通过产学研用合作，形成自主创新能力，自主研发船用低速机，带动船舶动力发展。该专项是覆盖前沿技术研究、关键技术突破、新产品研制和示范应用的全链条重大工程，参研单位多达 20 余家，几乎包括了我国船用低速机研发、生产、认证各个环节的所有重要单位，产业目标明确、专业体系健全、科研实践丰富，为船舶动力自主创新人才培养提供一个优质的平台。因此，依托该国家重大项目，面向船舶动力专业，构建产学研紧密联合的专业型研究生培养体系将为我国船舶发动机产业提供可持续发展的人才供给。

2.1 专业硕士课程与课题体系构建

船舶行业特色大学作为船用低速机工程（一期）研制的关键技术研究主体，重点结合船舶低速机整机、关重件与节能减排装置的创新发展需求，从产品的市场竞争力相关指标出发，倒推关键技术、科学问题和知识结构，形成面向低速机专业硕士培养的课程与课题生态体系。如图 1 所示，低速机从产品的工程开发对应关键技术和科学问题，形成专业硕士的培养方向和研究课题。依据关键技

术和科学问题获得所需的基础知识和技能,明确专业硕士的知识结构和课程体系。该培养体系构建了从课程到产品创新需求的映射关系,建立了能够随低速机产品创新变化的生态体系。若将其扩展至其他船舶动力装置,可形成船舶动力专业可持续发展的专业硕士课程与课题体系架构。

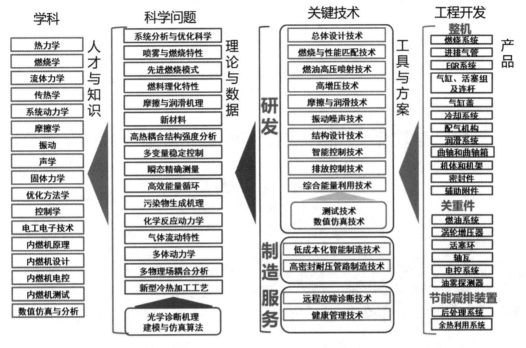

图 1　面向低速机专业硕士课程与课题的生态体系

2.2　研究与人才交流平台构建

船用低速机的研究十分依赖试验平台和数据积累,其专业化的人才队伍更是需要丰富的实践条件、经验进行培养。船用低速机研发需要有机融合所涉及的众多学科、子系统和零部件,但是参研的企业和高校都具有各自的优势和专长,因此,需要构建能够紧密融合与交互的研究平台,同时形成人才交流平台。如图 2 所示,以牵头企业和高校构建大型试验与数据中心为核心,参研企业和高校形成专项试验和数据平台,建立优势互补的共享研究机制,形成试验、数据、人才和设备等资源的全面协作与管理。

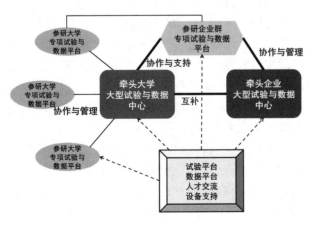

图 2　研究与人才交流平台

在此平台上,参研者可以根据研究需要,学习和利用各类试验条件及数据、设备,并能够与其他高校研究者及企业技术人员无缝对接和交流学习,打下全面坚实的技术基础,快速融入企业技术创新。

3　结　语

我国船舶动力行业从引进专利许可生产转向自主创新发展,需要随需求灵活变化的专业技术人才培养体系支撑。本文通过分析船舶动力类自主创新人才培养中的问题,提出依托国家科技重大专项构建船舶动力专业硕士培养体系的方法。结合哈尔滨工程大学船舶动力专业硕士的培养,重点基于船用低速机工程(一期)研制建立了面向低速机专业硕士的课程与课题生态体系和研究与人才交流平台,实现了校企联动、快速融合的专业硕士培养体系,有力地支撑了我国船舶动力自主创新人才的培养。

参考文献

[1]　工业与信息化部. 中国制造 2025 规划[Z]. 2017.
[2]　工业和信息化部等六部委. 船舶工业深化结构调整加快转型升级行动计划(2016—2020 年)[Z]. 2017.

［3］ 李爱萍,张泸寅,丁红莉. 从学术型到专业型硕士的教学改革探索[J].计算机教学信息化,2011(6):230 - 231.

［4］ 江彦,金英爱,赵晓文. 国外能源动力类研究生培养模式探讨[J]. 中国教育技术装备,2016(12):150 - 152.

［5］ 田红,陈冬林,李觉元,等. 论能源动力类专业型硕士研究生实践能力培养[J]. 中国现代教育装备,2015(10):73 - 76.

［6］ 田红,胡章茂,卢绪祥,等. 基于创新基地的能源动力类专业研究生培养模式的研究与实践[J]. 中国现代教育装备,2017(9):57 - 59.

全英语教学与能源动力领域国际化人才培养

陈九法,盛昌栋,任佳,王沛

（东南大学 能源与环境学院）

摘要: 作者总结了十多年能源动力技术的从教经验,认为采用全英语教学、注重能力培养、加强文化交流是培养国际化人才的重要举措。

关键词: 全英语教学;国际化人才培养;能源动力

推动一带一路建设、实现中华民族的伟大复兴,对能源动力教育提出了挑战,需要加速培养国际化人才。

"一带一路"建设虽然涉及众多领域,但能源合作是重中之重。"一带一路"国家能源基础设施薄弱,能源消费水平较低,制约了各国的经济社会发展,如电力领域。"一带一路"相关国家人均装机容量仅为世界平均水平的一半和我国当前水平的三分之一,且很多相关国家设备老化,亟须升级改造。

伴随着能源动力项目在一带一路国家的实施,国际化能源动力人才的需求日趋紧迫。既要把中国学生培养成通晓英语、专业知识扎实、企业管理能力强的国际化人才,又要承担对一带一路沿线国家能源动力人才的培养任务,满足海外项目本土化运行管理的要求。因为一带一路当地国家在能源动力人才的教育培养方面比较落后,无法胜任培养合格人才,承担新建项目的运行维护工作。

一带一路沿线国家政治关系复杂、政府更换频繁、部分国家军事矛盾突出,此外还存在法律体系、文化理念、宗教习惯等方面的差异。因此,能源动力领域的国际化人才必须是"国际化、高素质、创新型",不但要有较好的外语沟通能力、熟悉掌握能源动力领域的科技知识,而且需要有开阔的国际视野、较强的跨文化能力,胜任能源动力行业国际工程、参加本行业国际交流。本文基于笔者在新能源和高新发电技术"New and Advanced Power Generation Technologies"这门课程十多年的教学实践,分析采用构建资源、全英语教学、能力培养、文化认同等方面举措对国际化人才培养方面的作用。

1 构建资源

国际化人才的培养需要创造配套资源,搭建能够承载国际化人才培养的平台。教研组着重抓了三方面的工作:编写全英语新能源教材,邀请国外名师授课,打造"互联网 +"资源平台。

1.1 编写全英语教材

培养国际化人才需要全英语教材,作为热能动力专业的技术基础教材,能够覆盖新能源和低碳发电的主流技术。然而出版社却没有找到一本合适的教材,国内出版的新能源教材只有中文版,且技术相对滞后;国外英语版的只有单科专著,没有主流技术汇总的书籍。

为了满足从传统化石燃料能源知识体系向洁净、低碳、环保、可再生能源知识体系的"转型"要求,在收集整理国内外低碳能源、洁净能源最新技术和科技成果的基础上,教研组着手了全英语教学讲义的编制工作,经过十多年的教学实践,从讲义到教材,不断修改、更新,出版了全英文教材 *Renewable and Advanced Power Generation Technologies*(新能源和高新发电技术)。

教材介绍了中国的能源结构,分析了化石能源造成的环境污染、全球变暖、能源危机等问题的紧迫性,重点介绍了绿色低碳的新能源技术,同时也介绍了化石燃料的洁净利用技术、碳捕捉、碳利用和封存技术,能帮助学生形成新能源领域的挑战意识、环保意识和创新意识,培养学生的低碳思维和节能环保思维。教材包含 11 个章节,分别是:Energy and Environment(能源与环境),Sun and Solar Energy(太阳和太阳能),Solar Photovoltaic Power(太阳能光伏发电),Concentrated Solar Power(太阳能光热发电),Hydropower(水电),Wind Power(风电),Biomass Power(生物质发电),Geothermal Power(地热发电),Fuel Cell Power(燃料电池发电),Clean Coal Power Technology(洁净煤发电),Carbon Capture and Storage(碳捕捉与封存)。以教材为核心,按照 32 学时的教学大纲,编制了全英语课件。

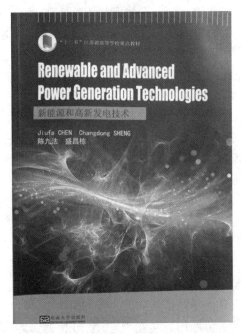

教材在内容上侧重于技术和应用,不但涵盖基本原理、数学模型、工程技术,而且提供了工程设计、应用案例、重要参数,每章配备了练习题,帮助学生快速掌握新能源技术,既能满足本科教学的需求,也能用于研究生教学,对中国学生和国际学生都普遍适用,是全球第一本涵盖主流新能源技术和洁净化石燃料发电技术的英语专著,被评为"十二五"江苏省高等学校重点教材。

1.2 邀请国外名师

引进国际知名教授授课,可以提炼和提高授课内容的前瞻性、知识性、趣味性。国际名师授课提供了很好的英语氛围,提高了讲课效率,激发了学生的学习热情,提升了学生的国际化视野和竞争力。本项目结合授课内容,聘请了希腊教授 Papadakis 讲授太阳能和风能,英国教授 Kim 讲授燃料电池,同时聘请外国教授参加全英语新能源慕课制作,强化了国际化人才的培养力度。

1.3 打造"互联网+"平台

教研组在上述基础上进行了对全英语新能源教学线上线下平台的打造。

(1)打造线上平台

① 制作全英语新能源课程的视频,完成在线课程的配备;

② 未来将建立新能源专家库资源,吸收国内、国外新能源领域的专家入驻资源库,提供专家在线服务。

(2)做好线下配套

① 满足普通人才的学习需求,提供答疑和深化;

② 满足研究性人才的求知渴望,提供讨论和专题研究。

构建互联网+新能源的网上学习平台,把全英语能源动力课程开发成在线精品课程,搭建慕课平台,以更加自由灵活的课程设计吸引学者,提供在线学习环境,为缺少全英语教学资源的国内学校、国际企业、一带一路沿线国家提供新能源教学资源。

2 全英语教学

在能源动力领域国际化人才的培养中,全英语教学是一项关键措施,创造全英语教学的教学环境,主要从授课、作业、讨论课、考试等方面下功夫。

2.1 授课内容

针对热能与动力工程专业学生,表 1 制定了 32 学时的教学内容安排。作为新能源和新发电技术的基础课程,考试 2 h,授课 30 h,其中 2 h 介绍 21 世纪能源面临的问题和挑战,28 h 关于新能源和低碳发电技术的讲解,重点介绍当今世界绿色能源的主流技术,同时介绍相关领域的最新发展和研究前沿。

表 1　全英语新能源授课内容安排表

周次	授课内容（学时）
1	Introduction：energy & environment（2 h）
2	Discussion 1：energy and low carbon power（2 h）
3	Sun and solar energy（2 h）
4	Sun and solar energy（2 h）
5	Solar PV power（2 h）
6	Concentrated solar thermal power（2 h）
7	Concentrated solar thermal power（2 h）
8	Hydropower（2 h）
9	wind power（2 h）
10	Discussion 2：Energy and electricity storage（2 h）
11	Biomass Power（2 h）
12	Geothermal Power（2 h）
13	Geothermal Power（2 h）
14	Fuel Cell Power（2 h）
15	CO_2 Capture，Utilization，Storage（2 h）
16	Exam

2.2　全英语授课

本课程全英语授课经历了十多年的实践摸索，循序渐进，逐步推进，经历了三个改革阶段，由原来的英语字幕授课，中英文对照的双语授课，到现在的全英语授课。实现全英语授课，除了需要全英语教材外，还需要有较好的师资、学生的英语基础、教学实践和创造英语氛围等方面的准备。

从中文授课改变为全英语授课，对授课老师提出了更高的要求。授课教师不仅要对能源动力科技领域有较深的耕耘，熟悉能源动力领域的主流技术及其发展趋势，还需要具备很好的英语能力，在课堂上能够形成英语氛围。

听课学生需要一定的英语基础。目前国内学生具有英语四六级的功底，具有一定的读写能力，但是英语听说能力、沟通能力参差不齐。讲课中用到的 80% 的词汇学生应该学过，但由于缺乏英语课程的经历，如果学生不能直接理解，而是一边听、一边翻译、一边理解，学生会比较累且效果不好。

可以采用一些补救措施解决全英语授课效率低的问题，例如，课件上传到网上，学生提前下载、预习，了解知识点和关键词；授课时考虑学生英语方面的障碍，适当降低语速；重要的地方、关键词等可以采用双语提示。

打造英语氛围，可以帮助学生克服语言障碍。吸收留学生上课，建立英语教学的氛围，消除学生对英语的恐惧感、距离感，使学生克服对英语授课的排斥心理、接受英语教学、投入到英语教学中去。

建立课程的英语微信群，给大家创造一个新能源英语交流平台，中外学生利用微信群交流各自关心的问题，英语交谈、英语交友，在相互沟通和交流中提高国内学生英语的应用能力。

2.3　作　业

本课程的作业采用英语形式。每次课程都会布置一些作业，包括思考题、计算题、分析题、综述题，要求学生采用英语作业。学生的作业情况批改后，分数录入平时成绩计算。

2.4　讨　论

讨论课以英语为主，允许双语。为改变课堂的教学结构，充分激发学生学习的主动性，在全英文授课进程中插入讨论课程。结合课程进度，布置研讨课题，有些讨论题要求学生课外自己开展技术调研、分析归纳、制作 PPT，有些讨论题不需要准备，课堂上现场发挥。通过讨论，让学生学会搜集资料解决学习过程中发现的疑点与难点，培养学生自主学习和探究的能力。

例如：在学习完章节 Energy and Environment（能源与环境）之后，安排学生以"能源、环境与我们的关系"为主题展开讨论，或进行以"光伏与光热技术与应用的比较分析"为题的讨论，以及关于储能技术的讨论。

2.5　考　试

配合全英语教学，本课程的成绩从平时、讨论、期中、期末四个方面来考核，平时成绩基于作业完成情况来考核；讨论课的情况根据 PPT 质量和讨论课的表现确定；期中、期末采用全英语考卷。

（1）考试题目采用英语，鼓励学生采用英语答题，允许学生采用双语或者中文答题；

（2）开卷考试，允许携带打印课件、资料、书籍、字典，不允许使用带通信工具的手机、手提电脑。考核学生的知识点，检查关键词和表达内涵，对答卷中出现的英语语法问题不予扣分；

（3）考题内容包括概念题、分析题、计算题、综合问答题，每一个题目都需要学生写出答案。没有选择题，不给学生蒙混过关的机会。

3　能力培养

对于国际化人才来说，能力的培养尤为重要，需要具备较强的自我管理能力、守信履行能力、组织领导能力、写作能力、动手能力。能力的培养可以采用导师制，仿效研究生的培养方法，可以把本科生分配给老师,加入老师的课题组、工作室,让本科生除了课程学习以外,参加课题组的一些学术研究活动。例如,我校让毕业设计学生加入课题组,把他们与研究生同等看待,要求他们除了毕业设计课题外,参加团队的周会、学术讨论、接待外国专家,给本科生提供培养能力的机会。

课题组有三种学生,本科生、研究生和留学生,注意利用各种机会,加强对学生的能力培养,就国际化人才问题,课题组组织大家讨论成功人士的必备素质,大家发言,最后总结出这样几个关键词:professional,integrity,self-motivated,reliable。讨论形成一个共识,为了实现自我价值,首先需要提高自身创造价值的能力。

3.1 自我管理能力

自我管理能力强调每个人对自己承担的学习和研究有很好的计划性,按时、按质、按量地完成。要求学生给自己树立阶段性目标,每个学期、每个星期、每天都有自己的计划。团队每个星期开会,每人汇报过去一周取得的成绩和未来一周的工作计划,团队会议采用英语形式进行,有人记录、有人主持,大家发言,有批评、有表扬。

3.2 守信履行能力

诚实守信和很强的履行能力是国际化人才必备的特质,是可以通过日常工作管理来养成或者补救的。团队注意从日常活动的执行中,培养学生的守信履行能力,要求学生有很好的时间观念,不拖拉,按时完成任务。例如,要求参加团会必须准时,不能准时的要提前请假,无故迟到的给予批评;团队微信群的公务通知,必须在5分钟内回应,迟到回应的要给予批评。

3.3 组织领导能力

国际化人才需要加强组织管理能力的培养,要具备项目经理的管理能力。

工科学生除了技术过硬以外,还需要有较强的组织管理能力,这样才能更好地服务社会,实现人生价值。因为在未来的工作岗位上没有单兵作战,需要团队行动,各人承担子项目中的一个子课题,需要把团队组织起来,分工负责,协同作战,每个人都要与团队沟通,组织管理工作无处不在。组织能力的强弱,决定未来发展的高度。

学生的组织管理能力,是可以通过训练得到提高的。团队安排学生轮流负责组织团队的一些活动,例如组织答辩、接待外国专家、主持团队会议、组织实验等。每次活动中,老师权力下放,指定一

人作为总负责,其他人协同,老师负责指导、排忧解难、点评,期待通过这些活动,使学生具备"项目经理"的管理能力。

在这样的"项目经理"实战培训中,有一套活动组织管理程序:

(1)接受任务;

(2)理解任务(导演的角色,设想各个场景);

(3)草拟计划(草拟计划、与领导商量、修改计划);

(4)确定计划(要素、人员分工、执行方案、时间节点、人员节点);

(5)实施任务(布置任务、实施、检查、督促);

(6)完成任务(完成任务报告、总结经验教训)。

3.4 写作能力

较强的写作能力是国际化人才的重要品质。能源动力专业的学生,未来无论是从事教育事业、技术研究、市场开发,还是技术管理,都需要很好的写作能力,能够独立从事技术报告、研究论文、投标文书的撰写。

我校非常重视学生技术文件的写作,力求完整、准确、符合规范,经常动笔,指导学生提高写作质量。

(1)增加阅读量,安排学生阅读科技文献,项目中的文献调研,团队经常组织的专题研究中要求大量阅读,发现好的科技文章,推荐给学生;

(2)安排学生写科技文章,例如项目研究报告,专题研究报告,鼓励学生发表论文,发明专利等;

(3)讨论写作中的共性问题:发现学生论文写作中暴露出的编辑错误、格式错误、残缺错误、表达不准确等方面的写作错误,组织团队会议,把出错文章发给学生,审阅查错,利用团队会议时间,把有错的文章投影出来,大家逐字逐句讨论,找出错误、欠缺、不准确之处,最后把标准论文拿出来让大家学习。

3.5 解决问题的能力

中国学生学习用功、理论基础扎实,但是忙于应付考试,满足于考试高分,学到的知识不知道用、不敢用、不会用。因此需要给学生增加实践教学,创造使用知识的机会,帮助学生"激活"学过的知识,鼓励学生主动站出来应对挑战,应用学过的知识去解决问题,让学生看到知识的价值,了解自己的薄弱环节,提高学习热情和效率。

提高学生解决问题的能力可以通过增加实践

教学来实现,除了利用校内资源外,还需要大力挖掘社会资源,组织学生去企业实习,现场教学。例如,组织学生去中电国际煤电实习,去葛洲坝绿色能源研究所参加光伏工程设计与施工培训,去山西运城市开展太阳能光伏工程的实习。

4 文化认同

国际化人才除了要具有很好的专业技术能力外,还需要具有国际化的胸怀,通晓不同国家的人文地理,对异域文化抱有认同感。中国与一带一路沿线国家存在诸多的差异,政治制度、宗教信仰、风俗习惯、经济状况各不相同,需要开展一些文化交流方面的工作,增进文化认同,让中国学生接纳"一带一路"欠发达国家的文化和社会现状,让留学生了解中国文化的源远流长、中国技术的突飞猛进,培养留学生的中国情结。教研组有意识地创造机会,加强中外文化的交流,加强中外学生之间的友谊。

4.1 加强文化交流

加强文化交流有两方面的意义,一方面能够增加文化认同、价值认同,增加相互之间的了解和好感,拉近彼此心灵上的距离。另一方面,文化交流活动可以帮助大家了解异域文化的禁忌,例如穆斯林对肉类食物的禁忌,伊斯兰教的祷告礼仪;消除文化和宗教之间的误解,避免无知造成冒犯。这种交流需要在中方、外方两方面展开,需要创造更多的交流机会,我们开辟了家乡介绍、传统节日介绍、美食交流、假期活动集锦等方式,让中外相互交流、增进了解、培养感情。

(1)家乡介绍:在每年新生入学时期,课题组举办以介绍家乡为主题的中外文化交流会,每位学生做一个 PPT 报告,介绍自己的家庭和家乡,人文地理,气候特点,饮食习惯,当地风俗,旅游景点等。通过这个活动,增进中外学生之间的了解程度。

(2)传统节日介绍:每逢传统节日,团队都要组织专题报告会,安排相关学生准备 PPT,做主题报告。春节前,举办中国春节文化报告会,各地学生介绍家乡"年味",各地的庆祝方式、风俗习惯、美食文化;端午节前,教研组组织端午节报告会,收集端午节的资料,做成 PPT 报告,介绍端午节的历史渊源、各地庆祝方式;中秋节举行中秋节文化报告会,畅谈中秋节文化。在伊斯兰教斋月期间,课题组邀请留学生介绍伊斯兰教。这些文化交流活动,增加

了中外学生之间的了解,增进了彼此对对方文化的认同。

(3)美食交流:春节期间外国学生留校,邀请留学生包水饺,购买好水饺的食材和佐料,人人参与,择菜、切菜、擀面皮、做汤料、蒸煮,大家分工协作。一边听着中国经典音乐,一边品尝水饺的美味,充满家庭团圆的欢乐气氛。元旦期间,课题组举办贺岁庆祝会,邀请业界成功人士介绍如何成才,中外学生举杯畅饮,构思自己的梦想。留学生主动提出在团队举办美食品尝会,他们自己购买食材,自己烹饪,邀请团队成员一起品尝。这些美食联欢活动拉近了中外学生之间的距离,增加了彼此之间的感情。

(4)假期活动集锦交流:每年暑假、寒假结束回校,团队要举办一次假期活动集锦的报告会,大家汇集假期活动的精彩片段,交流假期的收获与感悟,期待新学期的开始。

4.2 走进中国技术

让留学生走进中国技术,感悟中国技术的领先程度,有助于培养留学生的中国情结。

中国能源动力企业经过改革开放几十年的打磨,在消化吸收国外技术的基础上,研发了全球领先的核心技术和标准,在清洁燃煤发电、大容量水电、新一代核电、新能源发电、特高压输电、智能电网等技术领域均已位于世界前列;形成了全球主导的制造力量;中国在规划、设计、建设等能源建设领域积累了丰富的经验,建成了全球一流的能源动力工程。

课题组带领留学生参加中国光伏技术研讨会、参观新能源技术展览。在展览会上,留学生亲眼看到中国新能源技术的科技成果,对领先世界的中国光伏技术、风电技术惊叹不已,留学生还亲手体验新能源汽车技术、新能源直升机技术;组织留学生参观领先世界的淮南平圩电厂,该厂曾经拥有三项世界第一的高科技技术,"单机容量为百万机组、厂内主变电压等级为百万、外送线路为百万特高压线路"。耳濡目染中国高科技领先世界的奇迹,留学生感叹不已,增加了留学生对中国的热爱程度。

5 结 语

培养国际化人才需要加大对能源动力教学教改的力度,需要加强英语教学、加强校企合作、加强国际合作,有效提升教学效率!

2019 年全国能源动力类专业教学改革研讨会论文集

国家重点实验室服务国际化人才培养的探索与实践
——以能源清洁利用国家重点实验室为例

管文洁，骆仲泱

（浙江大学 能源清洁利用国家重点实验室）

摘要： 在全球化的进程中，构建人类命运共同体的理念已逐渐成为国际共识，对人才培养国际化提出了更高的要求。本文以能源清洁利用国家重点实验室为例，阐述了国家重点实验室为培养国际化人才所提供的科研条件和人才队伍等方面的优势。实验室将自身建设与国际化人才培养紧密结合，以重点实验室为依托，多方位构建国际一流平台，形成了"平台搭建—实践培养—国际交流"的持续、动态、良性人才培养模式，为实验室在国际化人才培养中发挥作用提供实践参考。

关键词： 国家重点实验室；国际化；人才培养

能源和资源短缺的全球性问题日益突出，我国能源在技术上、资源上的对外依存度仍然较高，能源安全问题也不容忽视，要解决核心技术"卡脖子"的问题，人才培养是关键。我国高等教育正处于蓬勃发展的历史潮流中，面临着国际化带来的机遇与挑战。2013年习近平总书记提出"一带一路"伟大倡议，为我国高等教育国际化提供了新的发展机遇，同时也对高校培养具有国际视野和全球化思维的能源动力类人才、助推能源事业发展提出了更高的要求。我国现阶段国际化人才培养方面存在丰富的理论知识与创新实践能力不匹配、对世界前沿能源技术发展全局把握不够深刻，以及国际交流覆盖面不够全面等问题。国家重点实验室作为科技创新体系的重要组成部分，始终坚持"开放、流动、联合、竞争"的运行机制，依托高校成立的重点实验室在科研条件、人才队伍、交流合作等方面具有极强的资源汇聚能力，如何发挥国家重点实验室在国际化人才培养中的支撑作用，是一个值得研究的课题。

1 国家重点实验室优势分析

能源清洁利用国家重点实验室依托浙江大学成立，始终聚焦国际学术前沿，重视创新人才培养，注重广泛国际合作，经过多年的建设，在汇聚资源、人才培养、科学研究等方面发挥了重要作用，成为具有国际影响力的应用基础研究基地、高层次人才培养中心及国内外学术交流平台。

1.1 强大的学科背景

实验室充分发挥引领支撑作用，依托浙江大学动力工程及工程热物理国家一级重点学科，与先进能源国际联合研究中心、国家能源科学与技术学科创新引智基地等7个国家级科研教学基地，通过科技资源整合、聚集创新要素，打造了资源共享、优势互补、协同运行、共促发展的密不可分的联合体，为能源动力类国际化人才培养提供了强大的学科支撑。

1.2 一流的科研条件

实验室拥有一批世界一流水平的分析测试及试验装备，仪器设备总值达2.7亿元，包括电子顺磁共振波谱仪、PDA粒子多普勒测速仪、扫描电迁移率粒径谱仪等80多台大型仪器，以及气体介质太阳能热发电试验测试平台、煤气冷却净化焦油回收系统等50多台套大型试验装置。实验室近五年承担各类科研项目1254项，累计到款6.5亿元。实验室的实验实践教学能力处于国内领先、国际先进水平，可在国际化人才培养中发挥重要作用。

1.3 高水平的师资队伍

实验室以"求是、团结、创新"为宗旨，建成了一支开拓进取的高水平科研创新团队，包含院士1人、长江学者特聘教授5人、国家杰出青年科学基金获得者6人、国家"973"首席科学家3人等。实验室以创新团队为核心基础向外辐射,引进海外高水平人才,对接国内院士、长江学者、杰青为龙头组成5个研究方向的优秀研究团队,形成本土化＋国际化、互相派遣渗透式、合作不断线的国际一流学术队伍。

2 实验室为国际化人才培养提供支撑的探索

2.1 建设国际一流平台是国际化人才培养的落脚点

实验室是国家能源与动力实验教学示范中心的一个重要分中心,实现了课程实验平台和国际交流平台的有机结合。实验室依托一系列具有国际领先水平的高精尖仪器设备,将国际顶尖的测试手段和实验方法融入本科实验教学,切实提高了专业实验课程的教学水平。例如"垃圾焚烧过程中痕量持久性有机污染物的检测方法"是依托国际先进的二噁英专业实验室开设的;新能源实验课程的6个实验项目全部由新能源领域的国际前沿研究成果转化而来。

实验室选择世界顶尖大学、研究机构进行合作,已与美国普林斯顿大学及斯坦福大学、英国利兹大学等共建了14个国际联合研究中心,分别是浙江大学－瑞典皇家工学院清洁能源联合研究中心;浙江大学－隆德大学能源利用激光诊断中心;浙江大学－杜伦大学 CO_2 减排和生物质能联合研究中心;浙江大学－普渡大学清洁能源创新中心;浙江大学－利兹大学可持续能源国际研究中心;浙江大学－法国液化空气集团富氧燃烧联合实验室;浙江大学－德国石荷州联合生物质中心;浙江大学－日吉株式会社科乐世生物监测合作实验室;浙江大学－斯坦福大学燃烧化学联合实验室;国际废弃物能源化理事会中国中心;浙江大学－澳大利亚必和必拓烧结床联合实验室;浙江大学－伊利诺伊大学生物质能利用中心;浙江大学－哥伦比亚大学废弃物能源化利用研究中心;浙江大学－普林斯顿大学氢能联合研究中心。稳定长效的国际联合研究中心能够整合海外学术资源,让本科生在家门口了解世界能源前沿学术资讯和技术、感受国际化教育理念与方式,为学生提供了高质量的国际合作交流平台。

2.2 提升创新实践能力是国际化人才培养的关键点

实验室近五年吸引国际合作项目53项,总经费7776万元,合作国家涉及美国、英国、印度尼西亚、泰国、韩国等15个国家。开放课题为国家重点实验室特色项目,具有吸引优秀科研人员和联合外部丰富资源等优势。实验室尤其注重海外开放课题的申请,批准的114项开放课题中,海外申请者占59%,大大拓宽了国际合作课题的覆盖面。实验室支持本科生以浙江大学学生科研训练项目(SRTP)、浙江省大学生科技创新活动计划项目、国家大学生创新创业训练计划项目等形式接触国际前沿课题,并指导学生参加全国大学生节能减排竞赛、全球重大挑战峰会学生日竞赛、东元科技创意竞赛等,培养学生自主创新能力及动手实践能力。本科毕业设计作为培养学生综合能力的工程实践教学关键环节,实验室指导的本科毕业设计选题与国际前沿课题紧密结合,中国工程院院士、长江学者、国家杰出青年科学基金获得者、973首席科学家等高层次人才亲自参与指导,并建设了4个国家级工程实践教育中心和20个校外实践教学基地,组织本科生到企业中开展深度学习和真刀真枪的毕业设计,形成了创新训练项目—学科竞赛—毕业设计的培养链,对于国际化人才培养起到了积极作用。

2.3 拓展对外交流方式是国际化人才培养的突破点

实验室立足能源与环境的国家重大需求与国际学术前沿领域,及时跟踪了解国外一流科学家的科研动向,定期引进国际学术大师领衔的海外学术团队,以"候鸟式"合作长期协同创新。至今已引进包括 Marcus Aldén 院士、Tostern Fransson 院士、Kostya Ostrikov 院士等7名院士在内的20余支海外团队,大幅度提升了师资的学科创新能力和学生指导能力。团队式引进最大的优势在于,领衔的学术大师将带来年轻研究人员,他们有更充足的时间与实验室的本科生深入交流,不再局限于讲座、授课,而是渗透到实验指导、毕业设计、论文修改等方方面面,对于培养学生的跨文化沟通、交流与合作能力有极大的促进作用。

同时,实验室积极推进跨境、跨校交流访学,发展联合培养项目,鼓励本科生参与各类暑期班,组织学生以志愿者身份参与国际学术会议等方式,为学生发展提供更多的机会和途径,在实践中增长见识,拓宽学生的学术视野和国际视野。对外交流形式也从单纯的学术交流向竞赛、企业实习交流拓展。一些学生通过短期的国际交流活动,把握住了跟海外专家到国外深造的机会,毕业后又以人才引进的方式回到实验室工作,可以进一步通过组织、推荐学生到海外高校或机构访学,形成良性循环。

2.4 发展来华人员教育是国际化人才培养的创新点

为响应"创新驱动发展"和"一带一路"建设的战略需求,着力扩大科技开放合作,深化国际科技交流与合作,实验室累计接收20余名来华留学生,有利于打造国际化氛围,构建多元化文化环境。依托实验室成立的浙江大学先进能源国际联合研究中心牵头向国家科技部申请举办发展中国家技术培训班,旨在向发展中国家学员传授我国垃圾焚烧发电技术和经验,帮助发展中国家提高垃圾焚烧技术,以及科研、工程应用和相关管理水平。

3 国际化人才培养的成果

3.1 科研训练成果丰富

实验室教师近五年指导本科生科研训练计划(SRTP)186项、浙江省大学生科技创新活动计划21项、国家级大学生创新创业训练计划25项,将这些项目与教师承担的国际合作项目或开放课题进行对照,可以发现,如"垂直取向石墨烯超级电容器储能特性研究""大气$PM_{2.5}$便携式测量仪设计""铁矿石烧结过程中NO_x的排放规律及减排控制研究"等课题都与国际联合研究项目密切相关。在国家重点实验室支撑下,本科生参与科研训练活动的覆盖面已达100%。实验室教师指导本科生发表的102篇论文中SCI收录论文43篇,另外指导本科生获得发明专利70项、实用新型专利42项、软件著作2项。实验室发表的2000余篇SCI收录论文中,有355篇为国际合作联合发表,且呈现连年增长趋势,反映出国际合作已全面渗透进实验室工作之中。实验室教师指导学生参加的各类学科竞赛项目,获奖率达30%,其中获得的国际大奖如日内瓦国际发明展最高金奖、2018一带一路暨金砖国家技能发展与技术创新大赛一等奖等。

3.2 出国境交流覆盖面快速扩大

通过与美国哥伦比亚大学、伊利诺伊大学香槟分校等交换学生,与瑞典隆德大学、皇家工学院等双学位联合培养,以及实验室教师联系海外高校企业践行实习计划、各类竞赛等多种途径丰富了国际交流形式。出国出境交流的学生数不断增长,近三年共计300多名本科生赴日本、澳大利亚、俄罗斯等国访学交流,其中UIUC"3+2"项目8人,KTH"3+2"项目4人,尤其是卓越工程师学生全员出国(境)交流计划覆盖面近100%。

3.3 技术输出到发展中国家

发展中国家技术培训班——"垃圾焚烧发电技术国际培训班"迄今已连续举办三届,鼓励并支持了中国先进垃圾焚烧技术、装备和工程队伍"走出去",培养了发展中国家垃圾焚烧行业的中高端专业技术人才,提高了科研团队的国际化水平和国际影响力。实验室还与发展中国家高水平的高校、研究机构和政府部门建立了联系,为今后的长期、紧密合作打下了基础。

4 结 语

能源清洁利用国家重点实验室对国际化人才培养的探索与实践表明,国家重点实验室的支撑对于提高学生自主创新能力、拓展国际视野、促进全方位发展具有重要的推动作用。同时,人才培养的国际化有利于进一步加强国际交流与合作,实现正向反馈,提升实验室在国际上的影响力。

参考文献

[1] 肖宇,彭子龙,何京东,等.科技创新助力构建国家能源新体系[J].中国科学院院刊,2019,34(4):385-391.

[2] 单春艳."一带一路"倡议下推进地方高等教育国际化的战略思考[J].黑龙江高教研究,2019,(4):19-23.

[3] 杨超,杨淑静,李培耀,等.化学类研究生培养国际化的研究[J].化学教育,2018,39(22):59-64.

[4] 王亚琴,叶恭银.水稻生物学国家重点实验室建设与发展实践[J].实验室探索与研究,2018,37(9):274-277.

[5] 沈中辉.高校重点实验室建设与创新型人才队伍建设研究[J].实验技术与管理,2019,36(2):283-284,288.

产教融合育人体系构建与实践

——以江苏大学能源与动力工程专业为例

王谦，高波，康灿，袁寿其

（江苏大学 能源与动力工程学院）

摘要：随着我国高等教育改革的不断深入,培养和塑造一批工程能力强、创新能力强的卓越工程人才是工程培养教育面临的全新挑战。本文以江苏大学能源与动力工程专业为例,探讨新工科背景下卓越工程人才培养的产教融合模式,构建符合高等教育内涵式发展的产教融合教学体系,在专业建设、人才培养等方面取得了显著成效,可为推动新工科形势下高等工程人才教育发展提供借鉴。

关键词：能源与动力工程;人才培养;产教融合

2010 年,教育部启动"卓越工程师培养计划",其核心在于通过校企联合,显著提升学生的工程实践能力。随着"工业 4.0"时代的悄然到来,中国政府提出《中国制造 2025》长远规划,实施制造强国战略,即到 2025 年迈入制造强国行列,而人才是实现目标的核心因素。高层次、复合式、具有复杂问题解决能力的工程人才培养是我国能否把握机遇实现变轨超车的关键。

江苏大学能源与动力工程专业是国内高校首批实施卓越工程师培养计划的专业。针对校企协同机制弱、企业内生动力不足等问题,学校紧抓契机,努力实践,充分融合教育供给侧和产业需求侧结构要素,激发产教融合的内生动力,形成产教深度融合的卓越工程人才培养新模式。本文是江苏大学能源动力类卓越工程人才培养理论和实践的思考和总结,以期为推动新工科形势下高等工程人才教育发展提供借鉴。

1 产教融合育人机制的构建

江苏大学能源与动力工程专业在学生培养过程定位中,注重与能源动力类行业龙头企业、大型企业合作,他们拥有高水平工程技术人员、先进的技术和雄厚的实力,在校企合作中表现出极大的主动性;注重与国际知名外资、合资企业进行合作,他们掌握前沿技术,拥有先进、尖端设备,具有现代化的管理制度和成熟的企业文化。这些企业的重要

共同点是视参与高校人才培养为应尽的社会责任、对高素质工程人才和科研攻关等有不竭的需求。

专业依托流体机械及工程国家重点学科、国家水泵及系统工程技术中心、江苏省首批品牌专业,通过探索校企合作的契合点与共赢点,提出了"联合技术攻关、合作教学改革、共建共享平台和共育共享人才"的四大合作机制,并形成产教深度融合的卓越人才培养模式。图 1 为产教融合育人机制基本框架。

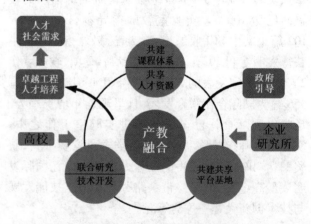

图 1　产教融合育人机制

该机制充分融合了供给与需求。通过联合攻关,实现互利双赢;通过深化课程改革,将工程新技术、科研新成果及时编入教材、更新并补充教学内容,实现人才培养、产业需求和社会需求的有机衔接;通过合作共建,实现企业创新力和影响力的提升。多方协同,激发产教融合的内生动力,充分调

动企业参与卓越工程人才培养的积极性。

2 产教融合育人体系的实践

2.1 高水平实践教学平台建设

学生的工程能力培养是工程人才校企联合培养的核心。学校和专业高度重视与相关企业的沟通，全局考察工程实践培养的各个环节，对标人才培养目标，完善了多层次的学生实践教学平台建设。几年来，通过校企合作共建了 4 个国家级工程实践教育中心，1 个国家级实验教学示范中心，1 个国际联合实验中心和一批省级实践教育中心。实现了与行业内优势企业共建 65 家实践实习基地和16 家江苏省研究生工作站。建立并完善了以国家级研究中心为主体的科研平台、以国际试验示范中心为主体的实验平台、以国家级实践教育中心为校内主体和以优势企业实践基地为校外主体的实践平台。强大的实践教学平台为卓越人才的培养质量提供了资源保障和多元路径。

2.2 实践教学体系建设

江苏大学能源与动力工程专业以卓越能力培养为目标，依托于校企共建的实践教学平台，在协同整合产教两侧资源后，构建起以学生为中心、产教融合特色突出的实践教学培养体系。校内实践以开放性试验训练、科研训练和国际化训练为主线展开；企业实践以先进生产链、技术链和管理链为主线展开。两条主线贯穿本硕博实验、实践和训练环节，实现对学生的工程能力、创新能力和国际化能力的培养。

2.3 实践教学新模式建设

在产教深度融合的基础上，高效利用产教两侧的优质导师资源，有助于实现学生工程实践能力培养环节的互补和多赢。江苏大学能源与动力工程专业研究了卓越工程人才培养规律，建立了以"课程互融、实践互融、导师互融、团队互融"的"四类互融"实践教学新模式。

"四类互融"实践教学新模式中，高质量导师和师资队伍的建设是实现产教融合培养模式的核心问题，直接决定卓越工程人才的培养质量。经过多年探索，本专业通过构建"引入""走出""传承"的高质量教师培养体系，建设了一支具有坚实理论知识、丰富工程实践经验的校企协同师资队伍，以保障卓越工程人才的培养质量。

"引入"，即学校聘请大型企业技术骨干担任卓越学生导师、引进海外人才和聘用外籍教师担任部分专业课教学任务，从流体机械结构、工艺、技术发展趋势方面为学生讲解专业方向基础知识、前沿技术和企业的实际需求。"走出"，即学校鼓励青年教师通过合作研究、企业挂职、博士后联合培养等走出学校，走进企业，在工程技术岗位进行锻炼，促进实践能力的快速提升。通过国家、省、校、学科专业4 级资助，有序安排教师出国进修，培养国际化能力和视野。"传承"，即构建可持续发展的"老带新"传承机制，对于刚入职的青年教师，安排资深教授进行一对一指导，通过课题、课堂、实践环节的指导，进一步提升青年教师的教学质量和工程实践能力，最终打造一支教学能力强的师资队伍。

依托高素质导师队伍，构建本硕博"四类互融"模式，组建"导师 + 研究生 + 本科生"实践团队，有针对性地设计"项目社团""竞赛团队"等多元化、个性化实践单元，强化个体互动，形成不同层次个体的思维碰撞，激发学生的实践热情，保障和提升能力与素质培养的效果。

2.4 产教融合育人体系的制度保障

本专业通过组建由江苏高校优势学科和江苏高校品牌专业建设委员会领导下的卓越人才培养工作组，制定了优秀产学研基地评选办法、企业教师指导学生薪酬计算办法、校企合作成果奖励制度等 25 项管理制度，以健全的制度与管理体系为卓越工程人才培养的可持续发展提供保障。通过在校学生、任课教师、毕业生和用人单位等 4 个层面的反馈，实现教学过程的监督和反馈，确保实践教学体系的稳定运行和不断完善。同时，设立卓越产学研联盟委员会协调校内资源和校外资源，为人才培养工作的规范化进行提供组织保障。

3 实践成果

8 年来，本专业在工程人才培养过程中，产教融合的综合成效逐渐凸显。

在专业建设方面，本专业的排名逐年上升，列2018 年武书连大学专业排行榜第 8 名（全国前 5%，如图 2 所示），全国地方高校第 1 名；主编并出版教材 25 部，4 部入选国家规划教材，5 部教材由校企合作编写，有力推动专业人才培养和行业进步。

图2 江苏大学能源与动力工程专业排名

在人才培养方面,以 2016 届学生为例,毕业一年后的就业率为 97%,超过全国"211"高校平均就业率(94.9%)。毕业一年后的月收入平均 6456 元,位居全国同类专业前列;学生参加各类竞赛的受奖面超过 61%,连续 3 年获得全国节能减排竞赛特等奖,连续 4 年获得全国"挑战杯"科技作品竞赛一等奖;卓越班研究生中先后获全国优秀博士论文 1 篇,提名 1 篇,江苏省优秀博士论文 9 篇,优秀硕士论文 11 篇。卓越班本科生获得授权国家发明专利 143 项;与国外 7 所知名高校建立了本科、研究生联合培养项目,卓越班学生中具有海外经历的本科生占比超过 26%,研究生在读期间海外学术交流比例超过 56%;世界 500 强及行业龙头企业等多家用人单位

也充分肯定本专业卓越班毕业生的能力和素质;涌现出一批创新创业的青年典型。《中国科学报》《中国教育报》等 20 多家权威媒体报道了我校卓越学生能力与素质培养所取得的成效。

4 结 语

产教融合是高等教育改革和内涵建设的重要举措。江苏大学能源动力类专业在产教融合育人机制、产教融合育人体系的实践方面进行了积极探索和深入的思考总结,有效解决了我国工程人才培养过程中的突出问题,本文对同类高校高等工程人才的培养具有一定的借鉴意义。

参考文献

[1] 龚克. 关于"卓越工程师"培养的思考与探索[J]. 中国大学教学,2010(8):4-5.

[2] 韩嵩,张宝歌. 产教融合背景下高等教育内涵式发展的路径研究[J]. 教育探索,2019(1):65-69.

[3] 王谦,袁寿其,康灿. 面向卓越工程人才培养的实践教学体系与模式研究[J]. 教育现代化,2018,5(21):3-5.

硕士研究生国际化培养的探索与实践

王洪杰,宫汝志,李德友

(哈尔滨工业大学 能源科学与工程学院)

摘要: 在中国建设创新型国家的背景下,国家需要大量具有创新能力、具有扎实专业知识并拥有广阔国际化视野的研究生,工科学校承担着培养工科研究生这一重要任务。目前的高校中国际化教育相对欠缺,国际化的步伐远远满足不了国家发展的需要,所以建立先进的国际化发展培养模式成为高校深化改革过程中的重点。本文分析了高校中国际化发展的不足之处,并提出了面向核心能力培养的研究生课程体系改革方向。高校应充分利用国外优质资源,深化国际合作,进一步提升学生的工程实践能力。

关键词: 国际化;实践能力;培养模式

国家在培养人才时既需要满足本国、本土化的要求,同时也需要适应高等教育国际化的新形势。在全球化的背景下,高等院校需要紧跟时代的步伐,注重人才管理机制和培训体系的国际化,提升国际教学素质和教学能力。本文从高校国际化人才发展的不足之处出发,分析了工程人才的培养模

式,对课程教育改革提出了新的方案,从而优化高等教育国际化途径,满足国家发展对人才的要求。中国的大学教育走国际化道路将是必然趋势。扩大国际交流与合作的广度和深度势在必行,提高师生国际视野和跨文化交际能力刻不容缓,培养复合型国际化工程类人才的改革迫在眉睫,需要从政策上、模式上、策略上多管齐下,依托高等院校丰富的资源和工程类学科优势,加大与企业的创新创业合作。充分利用合作交流平台,加强国际化教学研讨与实践,完善海外研修体系,建立科学的考核评估机制,更新国际化教育的观念,构建有效的国际化人才培养体系,提高教师的国际化水平。邢洪涛提出的"四阶段培养模式",适应教育的国际化发展趋势。加强教育国际化研究,将发达国家优质教育资源"引进来"服务智能制造企业海外发展需要,校企联合"走出去",以建设国际化师资队伍、优化课程体系、开展教学研究、开展混班教学、开拓联合培养项目。

1 目前高校国际化培养中存在的不足

1.1 学生与国际前沿接轨能力有待提高

目前,中国高校普遍采用"宽口径"的培养方式,教学中存在专业性不强的问题,学生虽然了解很多方面的知识,但在专业知识上却有所欠缺。企业调查发现,中国只有不到 10% 的毕业生可达到跨国公司的用人标准,人力资源匮乏已成为从"中国制造"向"中国创造"转型和升级的制约因素。另外,在国外进行联合培养的研究生,对国外工程化教育体制适应期较长。学生通常停留在校内专业课程的学习上,与企业和国外高校的教育相脱节,导致专业实际操作能力和素质相对较弱。应该发展校企联合"走出去",参与国际教育服务分工,使国际化发展取得重大突破。

1.2 传统教育方式对国际化的影响

中国的教育更加着重于对"人脑"的培养,往往忽略对创新能力的开发,所以学生的实践能力与动手能力得不到很好的发展。虽然国家在高校中积极建立实验室,学校也设立了创新实践课,但是效果并不理想,"重理论,轻学术"的情况依然存在,这导致学生无法全面地接触工程知识,学习内容跟不上时代所需,适应不了行业发展。教育的国际化发展需要改变传统的思维模式,以培养能力优秀的国际化人才,促进我国经济的快速发展和进步,提高

我国在国际市场上的经济地位。

2 课程教育改革的基本思路

2.1 国外高水平课程共建

全面提升教育国际化水平,必须通过扩大对外人才交流、深化教育改革、充分整合国内外优质资源等一系列手段来实现。如欧盟"ERAMSMUS＋"项目的广阔平台和高校资源,与法国、西班牙等高校深入合作,从课程的联合建设到课程上线,现在已经将共建课程纳入新版培养方案,拓展了学生的国际化视野。与此同时,与欧盟高校签署校际合作协议和博士研究生联合培养协议,并且建立了博士研究生双学位的协议框架。利用对俄优势平台,积极开展与俄罗斯高校的教学、科研合作,针对本－硕－博打通模式下的培养体系,对研究生进行工程化培养,包括建立中俄流体机械联合研究中心(与莫航 MAI 共建),由外方教授短期指导基地研究生,真正将俄罗斯工程教育的优势进行对接和传承。

2.2 开展面向核心能力培养的研究生课程

在进行必修实践课程建设的基础上,进一步规划实践教学内容的深度和广度。结合"卓越工程师计划"培养方案,分别构建研究实验、自主研发、创新研究,深入研究、确定不同实践教学阶段学生需要掌握的核心内容,形成本科教学与研究生教学"贯通式"教学培养方案,本科课程作为研究生课程的基础,研究生课程作为本科课程的延续,形成联系紧密、分层渐进的实践教学内容体系,研究生培养过程中充分根据培养要求和规划自由选择相应的学位课和选修课,使研究生所学更加贴近工程应用和科学研究。通过在教学中加入实践环节,使本领域的应用型研究生能够经历一个相对完整的工程中的流动和传热的仿真技术及工程领域新产品开发等本学科实践技能的基本训练,具体包括实践教学内容的确定、教学文件的制定、教学方法和手段、考核方式和评价标准、教学实施方式和教师队伍建设等内容。研究生学位论文基于企业实际项目进行创新研究,构建了课内与课外相结合的多层次、全过程的能力塑造链条。

3 国际化人才培养的探索

3.1 充分利用国外优质资源

高校需要深化国际合作,进一步拓宽学生的国

际视野并提升学生的工程实践能力。第一，结合"ERAMSMUS+"项目，充分发挥中欧高校联盟的优势，培养学生的国际化视野和跨文化思维能力，提升学生在动力工程领域的国际化适应能力。自项目开展以来，共有40余名研究生赴国际名校进行联合培养和学术交流，同时邀请国际知名教授深入学校、企业开展专题讲学。第二，积极建立与国外知名大学的合作机制，从联合培养到双学位，充分应用互利互惠的国际优势资源平台，提高研究生的国际竞争力。以工程教育国际化和多元化理念开展教学，改革教学方法，培养学生的动手能力、实践能力与就业竞争力。

3.2 优化研究生培养体系

为了拓展学生的国际化视野，适应新时代下的交流和合作能力要求，高校需要优化课程体系，使教学内容国际化。一方面开设新型跨学科综合课程，在原有的课程中加入国际上最新的动态与研究结果，使课程内容与国际相接，丰富学生的知识储备；另一方面利用现代网络技术的优势，共享国内外高校优秀教育资源。在教育中发挥信息化学习的优势，将国外的教学资源应用于课堂教学中，培养学生的独立思考能力。这种培养方式有利于培养出国际化人才，为实现我国工程教育强国的目标，创设创新型国家提供强有力的人才支撑。

3.3 国际专家示范教学与授课

邀请一流的国际专家来校进行示范教学，并邀请国外专家举办国外先进科技成果的讲座。国外专家在国内开展创新课程，采用全英文授课，讲解世界范围内本专业科学技术的发展方向，将相关领域的最新进展带给学生。国际专家的示范教学，使教师接触到国际一流的教学，不仅学习到国外的前沿科技知识，还学习到国外创新的教育理念，有力地推动了学科教学内容和教学方法改革。并且，通过双语教学，也可以提升学生的英语水平，为学生在之后的国际交流过程中做好铺垫。

4 结 语

培养具有创新能力的国际化人才，需要不断地改革创新，在实践中摸索。结合学生的现实情况与教学环境，制定好切实可行的发展路径。这需要充分利用国外优质资源，深化国际合作，进一步拓宽学生的国际视野并提升学生的工程实践能力，深化与国际专家之间的交流合作，促进新形势下人才的国际化培养，满足国家发展对人才的要求。

参考文献

[1] 周宾,李艳辉.高校工程教育国际化途径探究——以石油类高校为例[J].知与行,2017(7):143-146.

[2] 孙假梦."一带一路"背景下工程类高校国际化教育改革探索[J].高教学刊,2018(20):23-25.

[3] 崔媛,高璞珍,赵东蕾,等.核工程教育课程建设国际化探索与实践[J].黑龙江科学,2018,9(19):5-7.

[4] 曹清清,魏芬,单彦广.高等工程教育教师国际化教学能力提升:世界一流大学的经验与启示[J].改革与开放,2018(17):116-118,131.

[5] 钱佳."一带一路"背景下地方工科院校国际化人才培养探究[J].南昌航空大学学报(社会科学版),2018,20(2):50-56.

[6] 邢洪涛.园林工程技术专业教育的国际化路径[J].文教资料,2018(21):103-106.

[7] 熊英.高等职业教育国际化探索与实践——以无锡职业技术学院为例[J].无锡职业技术学院学报,2018,17(4):8-11.

[8] 江芳,刘晓东,李健生,等.工程教育认证背景下国际化人才培养模式的探索与实践——以南京理工大学环境工程专业为例[J].教育教学论坛,2018(29):138-140.

教书育人与教学管理

"工程热力学"线上线下混合式教学的建设与思考*

柏金，王谦，吉恒松，刘涛

（江苏大学 能源与动力工程学院）

摘要：本文基于线上线下混合教学模式，以"工程热力学"为例，探讨工科专业基础课程的教学改革，通过教学团队对网络课程的建设及线上线下混合教学模式的实践，分析线上线下混合教学过程中面临的问题，思考新的教学模式存在的优缺点，为完善网络教学方法及优化学生在线学习效果提供理论依据，为打造高校工科专业基础课程的线上线下混合式"金课"而努力。

关键词：MOOC；线上线下；混合教学；教学改革；工程热力学

MOOC（Massive Open Online Course）中文译为慕课，即大规模网络开放课程，在互联网时代背景下，慕课形式进入中国后得到了快速发展。2013年上半年，北京大学、清华大学等国内一流大学加入"慕课"三大平台，"慕课"就此大规模进入中国。目前已建立中国大学MOOC、好大学在线、慕课网等网络共享平台，越来越多的学校和课程走进了网络。大学期间，专业基础课对学生的影响比较深远，关系到学生未来从事的行业及考研学生专业课的选择，教学目标中需要学生们建立较好的学科基础知识，能深入系统地学习专业理论课程。但在本科专业基础课的教与学中，课堂课时较少，课程内容却繁多复杂，这种矛盾使得网络课程引入了教学之中。"工程热力学"学科组成教学团队，重点开展了网络课程教学的建设。2017年，由笔者及所在团队建设的"工程热力学"课程，在中国大学MOOC网络平台上开始运行，并被评为江苏省精品在线开放课程之一，其中经历了课程的设计及任务的分工、短视频制作、课程在线运行及维护以及学生考评管理等过程，实践中发现网络教学面临许多"教"与"学"的问题，本文就相关问题进行了探索及反思。

1 MOOC教学内容设计及线上线下教学实践

工程热力学是重要的专业基础课程，在传统教学中，每个星期需要完成两至三次教学任务，一门课需十六周才能完成，内容较多，难度系数较大。为了能更好地完成网络课程的建设，相关授课老师组建了工程热力学课程建设团队，包括学科带头人、学科建设人、视频制作及专业课老师共10人。

1.1 MOOC教学内容建设

网络课程并非将知识点讲解完全搬到屏幕上那么简单，而是将原有的教学内容进行知识点碎片化，精简至每个具体的知识点，每个知识点形成一段小视频，为了避免学生对视频讲解产生疲倦感，每个短视频控制在15分钟以内。围绕碎片化的知识点，针对性地设计了课间提问、知识点讨论及随堂测验等环节，每一章节设计了作业题和测验题。

1.2 线上及线下教学方法设计

混合式教学流程分线上和线下两个环节，如图1所示。MOOC发起教师将教学资源通过MOOC平台发布，由课程协调人管理和维护。根据时间节点，学生观看知识点视频自主预习，完成相关的随堂测试、课堂练习等环节，根据教师提出的问题和相关资料，对知识进行进一步思考、巩固与提升，在论坛中向老师和其他同学提出学习疑问。教师需关注论坛动态，及时、有效地答复慕课答疑区、讨论区和交流区的问题，解决学生不能解决的问题。教学团队记录学生线上线下的学习过程、分析学生的学习行为、收集学生的学习基本情况，对线上线下的教学结果及时分析总结。线下环节即传统课堂教学，相关教师首先快速梳理章节知识点，根据学生在线学习状态，回顾重、难点，并通过典型题型，

＊基金项目：江苏高校品牌专业建设工程一期项目（PPZY2015A029）

巩固学习效果。最后学生完成章节测试,结束一个

章节知识点的学习。

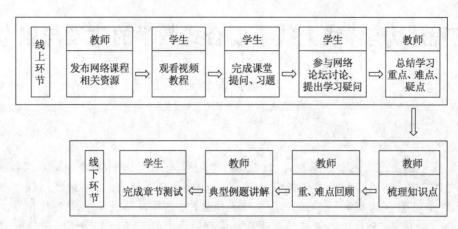

图1　混合教学流程图

1.3　学习成绩及评价

学生成绩主要由线上成绩、线下成绩及实验成绩组成,其中线上单元测验占总成绩的8%,单元作业占10%,线上考试(主要由判断题和选择题组成)占20%,课程讨论占2%(论坛中发帖内容回复数大于30时获得满分),线下考试(主要由分析题和计算题组成)占55%,实验成绩占5%。以2018年下半年本人所教授班级为样本,学生共62人,其中单元测验平均成绩为86分,线上单元测验平均成绩为90分,线上考试平均成绩为96分,课程讨论平均成绩只有6分,线下考试平均成绩58分,实验平均成绩为94分,总的平均成绩为71分。从成绩分布可以看出,学生在问题讨论板块参与的非常少,只有一小部分同学与其他同学及老师进行互动;线上成绩较高,而线下平均成绩不及格,说明在线上学习和线上考试环节中,存在相互抄袭作弊的现象,同时大部分同学对知识点的学习、理解不够深入,从而无法高质量地完成线下考试,学习效果不佳。学生在对教师的评教中,提出线上线下混合教学模式是否适合本校学生的疑问,部分同学希望老师回归传统课堂教学模式,可以看出这一届学生对线上线下教学模式的接受度并不太高。

2　线上线下混合式教学的反思

从网站的建设、教学素材的收集、知识点视频的录制、习题库的建设到线下课堂教学的设计,每一位教师都付出了成倍的精力,虽然一届学生的学习成绩不能说明全部问题,但是无论是从学生"学"的环节,还是从教师"教"的环节来说,目前线上线

下混合教学模式还存在许多问题。

2.1　"学"的问题

在工程热力学线上线下课程共同开展的过程中,一部分同学自我约束能力较差,网络课程中多样性的任务和作业,主要是为了有步骤、有目的地帮助学生们理解相关知识点,但只有少数学生能够独立自主地完成慕课的学习。学生们打开教学视频而做着其他事情的绝对不是少数现象,很多同学都跟不上视频讲解,部分同学为了完成线上相关任务,往往通过网络搜索,草草完成作业,更有部分同学抄袭其他同学的作业,虽然在规定时间节点内完成了作业,但其完成的质量得不到保证。慕课教学线上资源中设置了开放性的讨论问题,但由于很多同学没有认真学习教学视频,论坛中真正讨论问题的同学非常少,"教"与"学"的互动效果不明显。

2.2　"教"的问题

第一,知识点视频内容过于正式。由于慕课形式的需要,将章节分解成若干个知识点,以短视频的形式呈现给学生,视频的录制过程中,避免了课堂教学中的语气词和其他重复性的语言,对于视频中的每一句话,老师都已仔细斟酌,虽然每个视频时长较短,但每句话都非常重要,单位时间里的信息量非常大,学生反而不适应。

第二,线上题库的建设大部分采用了典型例题,这些例题和课后作业题对知识点的理解能起到非常好的巩固作用。但也因此,学生可以在网络上找到相关题型的详细解答,不需要认真学习便可轻松完成线上作业,并获得相关积分。同时题目过于经典,与社会上出现的新的科学现象关联性较小,不利于唤醒学生的学习兴趣。

第三,考核评价方式还不完善。通过这一届学生的考核结果便可看出,学生按照要求看完教学视频,提交相关作业,就能通过考核并获得学分。但学生是否认真观看视频无法考核,相关作业的完成是否存在替学、替做及抄袭现象也无法考核。这种评价模式只注重学习结果而忽略了学习过程,难免会存在不劳而获、投机取巧的学生,进而影响所有学生的学习心态和学习态度,影响慕课的教学效果,制约了线上线下混合教学模式的推广。

2.3 专业课混合式教学的反思

2018 年 11 月 3 日,教育部高等教育司司长吴岩就"一流专业和一流课程"议题,提出打造有创新性、挑战度的"金课",在今后四到五年时间里教育部要建设两万门"金课"。为打造国家所需要的"一流专业和一流课程",工程热力学线上线下混合教学课程需要不断优化,针对"教"与"学"出现的问题,提出以下改进方案。

2.3.1 线上资源的优化整合

教师录制的知识点微视频,内容上更为"紧凑",其目的在于力求让学生在视频长度时间内全面掌握所授知识点,为了提高学生自主学习的兴趣,满足个性化学习的需要,应另外收集或录制一些与"工程热力学"课程相关的生活现象视频、工程案例视频、例题讲解视频以及前沿性科学研究课题视频等,网站上也可以设立特定板块,允许学生们自由上传相关视频资源;同时,随着计算机和计算技术的飞速发展,计算机辅助教学也越来越受到人们的重视,可以通过建立 3D 模型,让学生更直观地学习相关机械的运转过程,以及对相关部件进行拆解和组装,更深入地理解相关知识点;另外,线上尽可能给学生提供丰富多彩的学习平台,学生可以和在线的学生、本校教师、全国教学名师和各领域专家进行交流,探讨解决问题的方法,取长补短,相互学习。

2.3.2 课程教学内容改革

对于工科基础课程来说,大部分习题在帮助学生理解和掌握工科基础课程的概念上,能起到很好的作用。但是,习题太有针对性,基本与章节相对应,一章甚至一节的内容对应一定的习题,这样的习题,不利于培养学生对知识的应用能力及发散思维能力。对于工科专业基础课程,除了要学会书本上的专业基础知识,最重要的是要运用到实际工程中,因此线上线下教学除了教授课本基础知识点以

外,需引入一些企业工程案例。实际的工程问题往往非常复杂,从问题的提出,解决方法的确定,模型的建立,到需要的定解条件,都需要我们去分析,而且实际问题往往没有标准答案。因此,在工科基础课程的教学中,适当增加一些开放性的问题,组建 4 ~ 5 人的学习团队,每组推选一名组长,组长负责任务分派、进度控制,所有成员进行分工协作共同探究某一工程问题;教师及时跟踪各学习小组的训练情况,并加以指导。这样便可有意识地训练学生转换角色,由做习题的"学生"转换为探讨问题的"研究者",对于培养学生发现问题、分析问题及运用已学知识解决问题的能力显得尤为重要。

2.3.3 完善考核评价体系

线上线下混合教学模式中,对学生学习过程监督和学习效果的检验非常重要。根据现有的经验,为防止学生替做、抄袭线上习题等现象,可以控制习题的开放时间段,在特定的时间段内,要求学生在教室里独自完成作业;另外,线上考试也需要在特定的开放时间段内,集中进行线上考试,保证考核的公平性;线下考试增加创新性题型,增加考试的难度系数。完善考核评价体系,注重网络素材学习过程的考核,使考核评价严格贯穿于慕课学习的全过程,学生便会重视慕课学习,才能让线上线下混合教学模式在工科专业基础课程的教学中真正发挥作用。

3 结 语

线上线下混合"金课"的打造需要学生重视课堂,也需要教师用心投入,需要大学教师在本科教学工作中投入更多的精力和心思,结合"00 后"大学生的个性特点及社会发展的前沿性课题,精心备课,收集创新性、开放性的课程素材,从而激发学生的内驱力,培养学生的创新意识和创新能力,让学生能学到真本领,形成练真本事的优良学风。

参考文献

[1] 施雅琴. 国外媒体对慕课(MOOCs)的再思考[N]. 文汇报,2012 - 2 - 12

[2] Guzdial M. Results From The First - Year Course, MOOCS:Not There Yet[J]. Communications of the ACM,2014(1):18.

[3] 吴岩. 建设中国"金课"[EB/OL]. http://edu. people. com. cn/n1/2018/1103/c1006 - 30380200. html

新工科视角下高校教师教学质量综合评价体系研究

李亚奇，李峰，王涛

（火箭军工程大学 作战保障学院）

摘要：面对新工科建设的新诉求，高校教师教学质量评价制度还存在价值取向出现偏差、体系设计不完整、考评主体积极性不强等现实问题。这主要是由对新工科建设认识不足、考评目的存在误区、参评教师参与深度不够等因素所致。高校应遵循发展性评价与奖惩性评价相结合、质性评价与量化评价相结合，探索重构教学质量综合评价体系，丰富考评主体，合理运用考评结果。

关键词：新工科；教学质量；发展性评价；综合评价体系

2017 年 2 月以来，教育部积极推进新工科建设，先后形成了"复旦共识""天大行动"和"北京指南"，构成了新工科建设的"三部曲"，开拓了工程教育改革新路径。新工科建设需要培养师德高尚、工程能力强、育人水平高、综合素质好的学科专业师资队伍。而科学合理的教学质量评价制度，能够激发高校教师教书育人的活力，是促进教师教学能力提升和学校教学质量提高的重要手段。然而，我国高校教师教学质量评价制度仍然不同程度地存在亟待解决的突出问题，需要认真研究解决。2016 年 8 月，教育部颁发的《关于深化高校教师考核评价制度改革的指导意见》（以下简称《指导意见》）明确指出："要加强教学质量评价工作，完善教学质量评价制度。"

本文针对新工科建设对高校教师教学质量评价制度提出的新诉求，剖析了教师教学质量评价制度存在的主要问题及其成因，探析重构了教师教学质量综合评价体系，并给出了一些策略和建议，以期对高校推进教师教学质量评价制度改革起到参考和借鉴作用。

1 新工科建设的内涵及对教师教学能力的新需求

1.1 新工科建设的内涵与特征

新工科主要包括传统工科转型、升级、改造而成的新型学科，不同传统工科或传统工科与其他学科交叉复合而成的新生学科，以及从应用理科等基础学科孕育、延伸、拓展出来的面向未来新技术和新产业发展的新兴学科等 3 类。新工科建设的内涵：以立德树人为引领，以应对变化、塑造未来为建设理念，以继承与创新、交叉与融合、协调与共享为主要途径，培养未来多元化、创新型卓越工程人才，具有战略性、创新性、发展性、交叉融合性等特征。

1.2 新工科建设对教师教学能力及教学质量评价制度的新诉求

新工科建设的内涵与特征，对高校教师的教学能力提出了新的诉求。一是不仅要熟悉工程教育新理念、新方法，还要具备工程教育教学能力，尤其是实践教学能力。二是要将"互联网＋"平台和信息技术等创新应用到教学中，丰富教学手段与方法。三是开展"线下"和"线上"混合式教学、"实装训练"和"虚拟仿真"互补式实践教学，以提高教学质量和效益。

新工科建设对教师教学质量评价制度也提出了新的诉求。一是要将工程实践教学纳入教师教学质量评价指标体系。二是激励引导教师参与工程实践，积累处理与解决复杂工程问题的能力。三是激励引导教师重视教育教学质量，积极探索适合本学科专业特点的教学方法和手段，持续提升教学水平与效益。

2 教师教学质量评价制度存在的主要问题及其原因分析

2.1 存在的主要问题

《指导意见》明确指出：高校教师教学质量评价仍然存在诸如教师对从事教育教学工作重视不够、重数量轻质量的情况还比较严重等问题。结合新工科建设，笔者认为，高校教师教学质量评价制度还不同程度地存在以下问题：

首先，评价价值取向出现偏差，重业绩、轻发展。我国高校教师教学质量评价制度大多体现着浓厚的管理色彩，普遍采用奖惩性评价。通过对教师以往工作的表现、已取得的业绩进行评价，鉴定和评判教师教学质量的高低。这种评价模式过分地重视对教师的管理和评判，而轻视对教师的指导和帮带，忽视教师的发展潜力及专业发展需求。

其次，评价体系设计不合理，重教情、轻学情。在教学质量评价上，以教师课堂教的质量替代教师的教与学生的学的质量；以教师教学能力提升的评价替代学生学习能力提高的评价，更多地关注教师的教而忽视学生的学，没有体现"教学相长"；没有将工程实践教学纳入评价指标体系，注重理论教学，轻视实践教学，忽视学生创新创业能力的培养。

最后，评价主体缺乏积极性和责任感，评价结果受到参评教师的质疑。评价过程中评价者和被评价者积极性均不是很高，且彼此互信度低。参评教师以复杂的心态被动参与考评，因自我保护等思维定式的影响，深度参与性不强，甚至存在抵触情绪。学生由于受课程考试成绩等因素的影响，评教随意或有明显的功利色彩。督导专家大多是以旁观者的心态参与评价，难免存在以点带面、以偏概全的情况。因而评价结果的客观性和公正性受到参评教师的质疑。

2.2 原因分析

首先，对新工科建设的认识不足。新工科建设主要体现了3个"新"。一是主动塑造未来的新理念。二是满足培养未来多元化、创新型卓越工程人才的新要求。三是新工科建设是面向"大产业"的全链条创新性变革，要走继承与创新、多学科交叉融合、产学研贯通的新途径。新工科建设的新理念、新要求、新途径，对高校教师的教学质量评价制度提出了新的诉求，而有些高校还没有深入研究新

工科建设对教师知识、能力、素质的新诉求，还没有重新修订教学质量评价制度，仍然沿用原有的评价制度评价教师。

其次，评价目的存在误区。教师的考核评价按照评价目的可分为基于管理的奖惩性评价和基于发展的发展性评价。发展性评价体现了现代管理学"人本管理"的思想，是高校教师考核评价的必然选择。目前我国大部分高校还没有真正做到发展性评价，而是非常重视奖惩性评价。教师作为被评价对象以复杂的心态被动参与，缺少与学校管理部门的沟通，常表现出"无可奈何"的心态，往往会形成反感、抵触甚至对立情绪。

然后，考评方式缺乏平衡性。教师的评价方式应坚持质性评价和量化评价相结合。目前多数高校采用的是量化评价方式。在制定评价指标时，过多地关注能够在短期内看得见的、能够用量化打分体现的业绩。由于教育教学评价难度大、成效具有延时性，在教师评价时难以用量化指标打分。因而在指标设置中，无形当中以教师教的能力替代学生学的质量。

最后，教师参与评价深度不够。我国高校评价主体主要是督导专家和学生，基本实行督导专家评议排序、学生打分评教相结合的方式。这种评价主体由于缺乏参评教师的深度参与，致使教师对考核评价认识不到位，主动参与性不强。考评结果缺乏自我反思、改进措施。

3 教学质量综合评价体系重构

对教学评价制度存在的问题及其成因的剖析，为评价制度的改革提供了理论依据和方向指南。高校应注重凭能力、实绩和发展潜力评价教师。

3.1 评价模式选择

奖惩性评价和发展性评价二者的比较见表1。

表1 奖惩性评价和发展性评价比较分析

项目	理论假设	评价目的与评价原则	评价关系与评价标准	评价主体与评价方法
奖惩性评价	教师靠外部压力是可以改进和提高的；学校通过奖惩激励教师提高	面向过去，依据教师以往的业绩对其做出外在的奖励和惩罚，以甄别和选拔教师。责任原则、竞争原则、激励原则、公平原则	评价者和被评价者是上、下的关系。标准绝对化、统一化	评价主体单一。强调量化评价，注重结果
发展性评价	教师靠自我激励而发展的；学校通过培养、指导，帮助教师提高	面向未来，激发教师潜能，促进教师专业发展，实现学校与教师的共同提高。发展性原则、诊断性原则、反馈性原则、民主性原则、科学性原则	评价者和被评价者是平等协商的关系。标准个性化、弹性化	评价主体多元化。强调质性评价，注重过程

综合分析表1，选择教学质量的评价模式为以发展性评价为主、奖惩性评价为辅。充分发挥发展性评价对教师的导向、引领和拉动作用，合理发挥奖惩性评价的激励、约束和推动作用。

3.2 综合评价体系设计及评价主体确定

教学质量综合评价体系见表2。各高校可细化制定评价标准和学生打分评教表。在督导专家评议排序、学生打分评教二者评价主体的基础上，增加教师自评和同行互评。教师自评是教师对照课程标准及实施情况进行客观的自我评价。主要采用质性评价的方式，分析自己的优势及需要努力的方向，变外在压力为内在动力，注重反思与改进。同行互评基于教师之间的熟悉和了解，依据课程标准和评价体系，通过试讲、练讲活动进行。主要采用质性评价方式做出评价等级，并提出改进建议。学生打分评教让学生按照一定的评教表对教师的教学行为进行评定打分，主要采用量化评价方式，帮助教师进行反思改进。需要注意的是，学生打分评教如何避免学生"取悦"老师和教师"放水"学生，需要高校深入研究。督导专家评价依据评价标准，主要采用质性评价方式，通过课堂随机听课评定等级。

表2 教师教学质量综合评价体系

一级指标	二级指标	导向标准	权重/%
1. 教学设计	1.1 教学理念	理念先进，以学生为中心，体现素质教育、创新创业教育思想	20
	1.2 教学目标	目标明确，符合大纲要求，体现知识技能、思维情感、课程思政	
	1.3 过程设计	设计合理，坚持以学为本，体现信息化教学，适应对象和课程特点	
2. 教学内容	2.1 熟练准确性	内容精准，教学准备充分，授课内容熟练，上课足时，信息量适中	30
	2.2 深度广度	内容充实，深度广度适中，突出重点、难点，有效运用课程资源	
	2.3 工程实践性	联系实践，突出工程运用特色，培养处理复杂问题能力	
	2.4 行业前沿性	联系学科前沿，紧贴行业需求，挖掘创新元素，培养创新创业能力	
3. 课堂活动	3.1 课堂纪律	政治观点正确，坚持正确的育人导向，无迟到、早退现象	20
	3.2 方法手段	方法手段灵活恰当，有效运用课程资源，注重问题引导和启发式教学	
	3.3 教学互动	课堂气氛活跃，互动效果好，调动学员情绪，促进高阶思维	
	3.4 教学基本功	基本功扎实，有效掌控课堂节奏，逻辑性强，富有激情和感染力	
4. 教学效果	4.1 教的效果	达成教学目标，重点、难点问题有效解决，有反思，促改进	30
	4.2 学的效果	学员学习兴趣浓厚，深度融入教学过程，喜欢听，有思考	
备注		1. 评价结论：优秀(大于90分)、良好(75~90分)、一般(60~75分)、较差(小于60分)。 2. 有下列情形之一的，评价结论不能为良好以上：① 照本宣科、缺乏互动；② 方法手段运用不合理；③ 内容不熟练、有错情；④ 教学准备不充分。 3. 违反课堂纪律、教学制度和有弄虚作假行为的，评价结论直接为较差。	

3.3 评价结果及应用

评价结果不仅仅是为了奖惩，还要科学分析教师在评价中表现出来的优势与不足，提供相应的帮助和指导。评价结果一般包含以下内容：一是指出"你现在在哪里"的排序模糊区域，具有诊断性。让参评教师明晰自己目前的发展态势。二是指出"你可到哪里去"的短期和长期发展区，具有导向性。引导教师将短期工作目标和长远发展目标相结合。三是给出"你如何到达发展区"的建议和措施，具有教育性。教育教师不断完善自我，不断提高教学质量。

4 结 语

改革高校教师教学质量评价制度是促进教师个体发展和学校教学质量的重要手段。高校要充分尊重和切实保障教师在办学中的主体地位，加强评价结果的合理运用。各高校应主动作为，勇于创新，在实践中不断地加以探索、改进、丰富和完善，促进教学质量持续提高。

参考文献

[1] 吴爱华,侯永峰,杨秋波,等.加快发展和建设新工科,主动适应和引领新经济[J].高等工程教育研究,2017(1):1-9.

[2] 钟登华.新工科建设的内涵与行动[J].高等工程教育研究,2017(3):1-6.

[3] 陆国栋,李拓宇.新工科建设与发展的路径思考[J].高等工程教育研究,2017(3):20-26.

[4] 林健.新工科建设:强势打造"卓越计划"升级版[J].高等工程教育研究,2017(3):7-14.

[5] 李亚奇,李峰,王涛,等.高校创新创业教育多元化复合型师资队伍构建研究[J].渭南师范学院学报,2018(14):5-12.

[6] 包能胜,丁飞己.工科教师教学学术:概念、评价原则及评价体系构建[J].高等工程教育研究,2017(6):135-140.

[7] 徐全忠.回归教师发展本位的综合教学评价研究[J].中国大学教学,2018(10):79-82.

[8] 陈明学,郑锋.发展性教师教学质量评价的创新与实践[J].中国大学教学,2017(5):78-80.

过程性考核在太阳能工程原理课程中的实践探索

蒲文灏[1], 张琦[2], 岳晨[1], 韩东[1], 何纬峰[1]

(1.南京航空航天大学 能源与动力学院;2.南京师范大学 能源与机械工程学院)

摘要: 传统考核制度中将期末考试作为学生知识点掌握与否的评定标准,因而出现了学生临时抱佛脚的突击现象,导致课程教学质量不理想。因此,实施过程性考核成为重中之重。本文介绍了有关实施过程性考核的重要性,提出了几种过程性考核设计方案,将考核分为课堂考核和课后考核以及期末考试考核,增加过程考核的比重,减少期末考试的比重,并有针对性地列举了几种过程性考核的实施方案。

关键词: 传统考核制度;过程性考核;教学质量

考核是教学的关键环节,考核方式的改进有助于教学质量的提高。考核学生是根据教学目标和教学内容要求,运用一定的方法,收集与评价相关学生的数据和资料,并对这些数据和资料进行分析和判断,最终对教师的教学效果和学生的学习质量做出客观衡量和价值判断。它可以为教师的教学工作提供反馈信息,以便及时地调整和改进教学工作,实现教学的目标。

在传统课程教学过程中,学生关注的只是考试,对平时的上课情况及上课内容一概不关注,导致很多学生出现迟到早退、无缘由缺勤等情况。传统考核方案一般被设计为,平时成绩占一定比重,期末测验试卷成绩占一定比重,其中平时成绩主要包含出勤、课堂表现和平时作业。不可否认,这种考核方案对检验课堂教学效果还是具有一定作用的。但是也可以看到,这种考核方案并不能反映出学生掌握知识点的情况。

本文设计了几种过程性考核方案,包括教学环节较多的课程和教学环节较少的课程。在考核过程中增加了课堂考核、课后考核的比重,以及通过网络平台辅助教师的考核,以提高教学质量。

1 过程性考核的实施方法

1.1 过程性考核的概念

过程性考核不是单次考试的简单叠加,而是对学生教学的整体过程进行有点有面的考核评价,目的是更好地调动学生学习的积极性和主动性,引导学生认识课堂的教学过程比结果更重要,更好地促进学生独立思考能力的培养和课堂教学内容应用水平的提高。过程性考核可以实现全方位考核学生学习情况,督促学生专注于学习、增加考核过程的透明性,也可以成为教学反馈的重要手段。教师可以设置更多的考核环节激发学生的学习积极性,对于课时多和课时少的课程,可以设置不同的过程性考核方法,适时调整教学内容、教学方法,从而增强教学的有效性,尽可能使每个学生都参与课程。

1.2 过程性考核的实施方法

不同课程应该有不同的考核方法,但均以实现教学目标、提高教学质量为目的。过程性考核应贯穿于整个教学阶段,对于教学环节多与教学环节少的课程,教师可以分类处理。

(1)教学环节较多的课程

由于某些学科基础课或者学科核心课程课时较多,且课堂内容也比较多,教师在上课过程中没有精力和时间照顾到每个学生的出勤和考核,需要学生自己增加上课的积极性和主动性并乐于参与课堂内容,所以教师需要增加课堂考核的比重,减少期末考试的比重,以避免考前突击的现象再出现。

表1所示为课时较多课程的考核办法,增加过程性考核的比重,减少期末考试比重。过程性考核分为预习报告、课堂报告、课后作业、课堂讲解PPT和课程设计等几部分。其中,预习报告可以促进学生在课前熟悉课堂内容,在课堂中带着问题上课。课堂报告一方面可以测试学生在课堂的听讲效果,另一方面可以作为教师进行出勤考核的参考,可以采取每人下课交一份课堂报告的方式来考查学生是否出勤。课后作业可以作为检验学生知识点掌握与否的参考。课堂讲解PPT可以调动学生上课的积极性,起到促进教师和学生互动的作用。课程设计可以考查学生综合利用知识点的能力。最后仅以期末考试作为辅助,考查学生对知识点掌握与否。

表1 教学环节较多的课程考核

指标名称		所占比重
总成绩 100%	过程性考核	预习报告 10% 课堂报告 10% 课后作业 10% 课堂讲解 PPT 20% 课程设计 20%
	期末考试	30%

(2)教学环节较少的课程

一些选修课程课时较少,这类课程往往是学生不太重视的课程,对于此类课程,过程性考核具有更加重要的作用。由于课时较少,就没有充分的时间在课程中考核学生,因此可以通过单元测试报告、课程设计等形式让学生参与课程,通过理论与实践拓展培养学生的积极性与主动性等,多方面地考查学生对知识点的学习情况(见表2)。

表2 教学环节较少的课程考核

指标名称		所占比重
总成绩 100%	过程性考核	单元测试报告 20% 理论与实践拓展 20% 课程设计 20%
	期末考试	(论文撰写或笔试)20%

(3)现代教育方式的应用

随着计算机技术和通信技术的发展及全球互联网的发展,基于网络的远程教学将成为远程教育发展的主流。网络学习平台是远程教育系统中的重要组成部分,是开展网络教学活动的支撑系统。在过程性考核过程中,教师也可以应用多元化网络教学,如"毕博平台"和"雨课堂"等,增加考核的多元化,同时网络考核也便于教师评分。

毕博平台和雨课堂是当下信息时代大学教育方式转变的出发点,其通过网络手段大大提高学习的便捷性和丰富性。网络学习平台有很多板块,可以发布公告、上传学习资料、设置论坛等。作为新兴学习平台,它有很多优点。

第一,以学生为中心,教师可以在学习平台制定个性化学习环境。例如,毕博平台设有通知板,可以提醒学生学习内容和学习任务;也可以引进全新的栏目布局和应用界面;学生可以开发个人空间、小组空间、课程、组织主页等,通过多样化的学习方法和学习界面提高学习兴趣;同时附有可拖拽排列内容模块与内容项;提供个性化、多样化的主题色彩选择搭配,更加简单易用。

第二,以提升学习效果为导向,吸引学生主动学习、帮助学生改善学习态度、留住学生学习,使学生形成自主学习的习惯。教师可以在毕博平台上发布适用于各种学生的学习资料,各种类型的课程和学习资料供不同学习风格的学生学习使用,并且鼓励学生组织各种课堂外的学习小组和团体,学生可以组团学习,共同进步;同时毕博平台支持各种课堂形式,像正式的课堂学习和非正式的协作学习等,并且平台为学生提供各种管理和共享有价值的学习资源的途径。

第三,以辅助教师教学为途径,强化备课效果、提高教学活动效率、提升学习评价的有效性。比起以往的一些网络学习平台，毕博平台具有更直观的课程管理和资源管理，压缩批量上传、下载文件的功能。灵活的批阅作业的方式使得教师批阅作业的时间大大缩短；另外，更便捷的试题管理功能可以随机生成大量套卷，方便教师检验学生学习成果。此外，平台强化交互功能，新增有 Blog、日志、Wiki 等。

第四，以客观全面评价学习过程为原则，注重教学和学习数据的记录、收集、统计和分析。毕博平台通过将学生的测评融合到日常教学和学习中，根据学生的日常参与度，对其个人能力水平和发展做评价，从而帮助学生收集学习进步与否的数据，反思学习过程。

1.3 过程性考核实施过程中需注意的问题

在学生考核过程中，应该以提高教学质量为目标，加大过程性考核的比重，但在加大比重的同时，也应该注意提高学生的学习兴趣。教师要适当地调整过程性考核方案，防止因考核过程太单一而减弱学生的积极性，那样就会使过程性考核面临和传统考核一样的问题。

2 以太阳能工程原理及应用为例，制作过程性考核方案

现以太阳能工程原理及应用这门课为例，制作过程性考核方案。表 3 所示为具体的考核条例。

表 3 中给出了过程性考核的具体实施方案，既包含课堂学习，也包含课外学习。其中，阶段性测试报告是由教师任意划定范围，测试学生对某一块知识的掌握情况。课堂分组讨论可以是任意一个辩题，让学生展开讨论，在一段时间内尽量让每个学生都有时间回答，按照回答积极性给出平时成绩。课堂讲解 PPT 可以从一定角度考查学生对知识点掌握与否，从演讲内容中教师可以看出学生是

否能主动发现问题并解决问题等。通过毕博平台，教师可以设计一些视频和问题，让学生通过观看视频回答问题等。课程设计方面，教师可以通过设计方案看出学生是否可以灵活应用知识点。在过程性考核方案中减少了期末考试的比重，以尽可能避免通过一次考试评定学生对知识点掌握与否。

表 3　太阳能工程原理及应用过程性考核方案

总成绩 100%	指标名称	所占比重
	过程性考核 80%	阶段性测试报告 15% 课堂分组讨论 15% 课堂讲解 PPT15% 毕博平台作业 15% 课程设计 20%
	期末考试 20%	（论文撰写或笔试）20%

3 结　语

过程性考核注重学生平时对知识点的掌握，而非仅仅通过一次考试来评定学生对知识点的掌握情况。过程性考核中教师可以全过程考核学生学习情况，随时发现问题，随时指导，这样也可以增加师生之间交流的机会，对教学质量的提高有重要意义。

参考文献

［1］ 郭宇环. 完善的学生考核评价体系对"分销渠道开发与维护"课程的重要性［J］. 课程教育研究，2013（21）:68 - 69.

［2］ 刘东皇，朱林，刘宁. 高校《西方经济学》过程性考核方案探究［J］. 产业与科技论坛，2019，18（1）:195 - 196.

［3］ 陈晓红，达古拉，王书妍，等. 过程性考核在化学分析实验课程改革中的实践［J］. 化学工程与装备，2018（12）:319 - 320.

从一堂略显"不正经"的半导体物理课看师生关系的建立*

洪学鹍，张静，马玉龙，侯海虹，刘玉申，钱斌

（常熟理工学院 物理与电子工程学院）

摘要： 在新的课程改革背景下，建立稳定的师生关系是教学活动有效开展的前提，好的师生关系具有平等性、引导性和互动性。教师要通过授课方式的改革，让课堂变得"有趣"，并让学生实实在在体会到这种"有趣"，其中第一堂课尤为重要。

关键词： 师生关系；平等性；引导性；互动性；有趣

"2018 年开启了中国本科教育的新时代，2019年，中国高等教育更要超前识变、积极应变、主动求变。"这是高教司司长吴岩在全国高教处长会议上发出的改革之音。本科院校要改革、专业要改革、课程要改革，而要落到实处，每一堂课都必须改革。

1 引 言

一堂课，50 min，能做什么，该讲什么，需要起到什么样的效果，这些问题是每个授课老师必须思考的问题。根据培养方案的安排，大二下学期，我院新能源科学与工程专业的学生要学习半导体物理与器件这门专业基础课。为了有针对性地改革课堂，笔者在正式上课之前，让学生加了"蓝墨云"班课，设置了问卷调查，调查结果如表 1 所示。

表 1 "蓝墨云"问卷调查

代表性调查项目	比重靠前的选项	比重
觉得课堂有吸引力的原因（多选）	老师有趣、风格与众不同	78%
	学到新知识	61%
	教师备课、授课认真	61%
	知识易于理解	59%
觉得课堂无聊的原因（多选）	老师无趣、课堂活力不足	59%
	听不懂老师讲的内容	56%
	课堂内容不吸引人	37%
	千篇一律的授课方式	32%

续表

代表性调查项目	比重靠前的选项	比重
期待每学期与授课老师的交流次数（单选）	3 次及以上	79%
蓝墨云，意味着什么（多选）	点名的工具	52%
	学习的好助手	24%
平时上课，喜欢坐在谁的身边（多选）	舍友	71%

分析以上的问卷调查结果，笔者认为，课堂"有趣"和有效的师生互动是上好一门课的关键。课堂"有趣"不仅要求上课的老师形成自己独特的风格（人格魅力、语言特点及上课方式），能将上课的内容趣味化，更重要的是这些"有趣"的地方能让学生切身体会到、感受到，这就要求师生之间形成良好的课上、课下互动，建立稳定的师生关系链接，这与大多数学生希望能和老师交流的次数较多不谋而合。

心理学研究表明，当代大学生通常具有 3 个心理特点：① 行为理念超前，有强烈的"成人意识"。他们个性张扬，乐于接受新鲜事物，但缺乏独立解决问题的能力。② 情感强烈，情绪心境化。如果心情好，对平时不感兴趣的事情也会积极参与；如果心情差，就没有学习的兴趣。③ 心理诉求和问题日益突出。调查表明，90% 以上的大学生在人际交往等方面有不同程度和频次的心理困扰。如果能够在师生之间建立良好稳固的关系链接，不仅可以改

* 基金项目：江苏省高校品牌专业建设工程资助项目（PPZY2015A030）；2018 常熟理工学院"课程思政"示范课程建设项目（JXK2018030）

善大学生的心理健康状况,还可以提升学生学习的兴趣与效率。为此,第一堂课,笔者希望能够在师生关系的建立上做些工作。

2 课堂组织与反思

2.1 脱稿点名(耗时10 min)

课前把所有学生的名字按照学号顺序记下来,确保一一对应,上课能做到脱稿点名。通过查询学校学生信息库信息,了解学生的综合情况(包含性别、年龄、四六级通过情况、学期末综合测评情况、学团干部担任情况、业余爱好及借阅书籍等情况)。在点名的同时,针对学生的业余爱好、学团工作、名字来历等与学生进行有效的互动。

用图1来类比学生与教师之间的双向互动,学生和教师之间相互了解得越多,就好比两个圆的周围伸出了更多的触角,建立链接的可能性就越高。

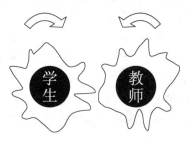

图1 师生互动示意图

在互动过程中,教师不知不觉地放下了教师的姿态,以"平等的姿态"与学生交流,亦是对学生"成人意识"的认可与支持;学生在不知不觉的交流中也放下了心理负担,学习心境大为改善,增强了与教师交流、学习的兴趣。同时,学生也能深刻体会到老师的"别有用心",为良好师生关系的建立开了好头。

2.2 籍贯地图(耗时10 min)

为了更好地与学生互动,笔者准备了一张籍贯地图,在中国地图上标注出了全班学生的籍贯位置。他们看到这张图的时候,瞬间惊愕了,因为从来没有想过原来"谁和谁"之间距离竟然这么远(或近)!为了让大家动起脑筋,笔者问了一个问题,"有谁知道我们班同学的老家,距离相隔最远的大概有多少公里?"从回答来看,大多数学生都没有什么概念,只是简单猜测而没有经过思考,这可能与长期的学习习惯有关系。于是笔者开始引导他们,"中国的国土面积是多少?"所有学生都能脱口而出,"960万平方公里"。笔者再次引导他们,"如果

把我们的国土看成正方形或者圆形,你们可以尝试计算一下它的边长或直径吗?"经计算,大家得出了3500公里左右的数值,"如果进一步考虑到形状的修正,这个最远的距离是会变大还是变小呢?"通过这个例子可以告诉学生,学习的成果不是简单记住某个数字或答案,而是获取这个结果的过程中大家是如何逻辑演绎或论证的。

如图2所示,经常思考的学生,会迅速在已知的知识点和未知的知识点之间建立很多"关系链路",思考越多,"关系链路"越发达,学习、吸收、拓展新知识就越快。这点和人类大脑的神经网络发育类似,因此引导学生养成积极思考的好习惯至关重要。

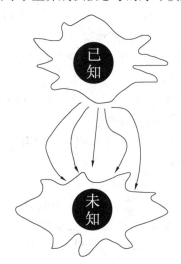

图2 知识点演绎的"关系链路"示意图

根据籍贯地图,笔者还整理出了班级的"四大姓"和"世纪宝宝"等主题。连班长都惊讶,因为一般真没有老师这么了解班级。然后,话题转到当代大学生干部应该是什么样子的。笔者提出了自己的观点:"大学生班干部不能把自己当成'官',干部的岗位应该是为同学们服务的岗位,不能独善其身,应该做一束光,做能够照亮全班同学的光!"

2.3 大学轨迹(耗时5 min)

通过一系列图片,让学生回忆起刚进校园时的忐忑、激动和期待,而后不少学生从大一的"朝气蓬勃"变成大二、大三的"浑浑噩噩",再变成大四的"压力山大"。告诉学生人生的路就在自己的脚下,每一天的学习和生活都是在为自己的人生大楼添砖加瓦,如果偷工减料,这座大楼肯定建不高,甚至会倒塌。引导学生根据模板填一份自己的简历,同时对比一份优秀大学生的简历,让学生看到自己的不足,反思当下的学习与生活状态,体会不同的大学发展轨迹,唤起危机和学习意识。

2.4 抛砖引玉（耗时 10 min）

引出几个问题,让学生思考:过去的大学生活,你快乐吗?你为什么会有不快乐的感觉?你是"大"学生,还是"大学"生?你是来上课的,还是来学习的?你是否一直想着改变世界,但从未想着改变自己?你是否越来越像你身边的"左邻右舍"?为了营造一个更好的学习氛围,笔者随机调整了学生的座位,男生女生相间,并成立了 10 个学习小组,每个小组取了不同的名字。笔者笑称是为了给学生交往创造机会,增加新鲜感。其实不难发现,很多学生的"不良习惯"都是传染习得的,可能大学四年身边坐的都是相同的人,久而久之便养成了上课一起迟到、一起聊天、一起打游戏、一起打呼噜的不良习惯。因此,只有有效切断传染的路径,才能保持学习环境的新鲜感,提升学习的专注力。另外,工科班级的男生和女生就好比半导体中的"多数载流子"和"少数载流子",相间而坐有利于学生体会"少数载流子"的重要性。

2.5 半导体物理与器件课程将要学习什么?（耗时 10 min）

过去,很多学生学完一门课,往往说不清楚课程讲了什么内容,笔者进行了随机提问,发现他们要么讲不清楚学了什么,要么讲的知识点零散,其根本原因在于没有建立起课程的知识框架和逻辑体系,导致学习陷入了"只见树木,不见森林"的境地。因此,在详细讲授课程的知识点之前,一定要给学生建立起课程的初步框架,让他们带着这个框架进入后续的学习。笔者尝试让学生思考半导体物理课将要学习什么,大多数人只能靠猜,或者人云亦云。于是笔者开始引导学生思考,物理是学习什么的?通过总结,帮助学生提炼出物理是研究物质的组成结构、运动规律和相互作用的一门课。那么半导体物理呢?在前面加上了一个修饰词"半导体",可以得出半导体物理是研究半导体的组成结构、运动规律和相互作用的一门课。然后通过唤醒学生之前学习模电知识的记忆,逐步呈现出课程内容的整体轮廓。如图 3 所示,半导体物理与器件主要研究半导体（材料和器件）的组成结构、半导体中载流子（电子与空穴）的运动（产生与复合、扩散与漂移）规律及半导体同外场（光、电、热、磁等）的相互作用。最后引出"半导体是导电性介于导体和绝缘体之间的一类物质"的简单概念,强调半导体最重要的特征是半导体电学性质的"敏感性——强烈地依赖于外场"和"可控性",正是这两种性质才使半导体获得了广泛的应用。通过这种方式,让学生建立起课程的总体框架、培养起思考的习惯,逐步形成一套自己学习的逻辑演绎方法。

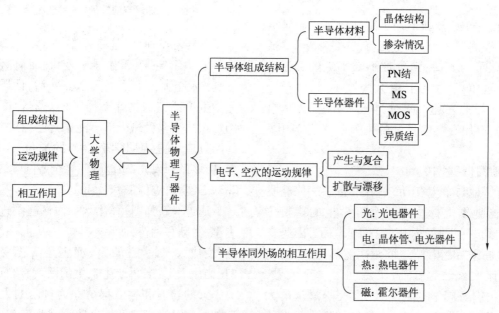

图 3　半导体物理与器件课程框架

2.6 课堂反馈（耗时 5 min）

让学生发表对本堂课的看法,笔者发现出现了"有趣""不一样""尊重""活跃""像听故事一样",甚至"期待"等词汇。

师生关系其实是一种特殊的人际关系,是彼此之间情感的联结、内心的沟通和相互的影响。笔者认为,好的师生关系应当具有平等性、引导性和互动性3个特点,如图4所示。"平等性"要求师生之间彼此尊重,教师要学会放下"高高在上"的姿态和"过于说教"的态度,从学生的视角,甚至学会用这个时代学生特有的语言同学生交流。"引导性"则要求教师的角色随着课堂的深入逐步转变,从"独奏者"变成"伴奏者",通过建立稳定的师生关系、组织教学过程,不断激发学生养成主动学习、在学习过程中思考的好习惯。而"互动性"则说明师生关系的稳固需要双方的共同努力,教学过程的实质就是师生之间有效的互动,正如德国哲学家雅斯贝尔斯说过的:"大学是研究和传授科学的殿堂,是教育新人成长的世界,是个体之间富有生命的交往,是学术勃发的世界。"因此,只有教师和学生各安其道、悲喜与共、勠力同心地投身到教学活动中去,高质量教学的实现才成为可能。三者之中,平等性是引导性和互动性开展的基础,好的平等性可以事半功倍。互动性是师生关系建立的最终目标,而引导性则是师生关系建立的过程。

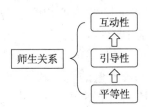

图4 师生关系的重要属性

最后送给学生一首改编的诗《你爱,或者不爱我,爱就在这里》结束本节课。

你见,或者不见我

我就在这里,不悲不喜

你读,或者不读书

书就在那里,不离不弃

你爱,或者不爱我

爱就在这里,不增不减

你学,或者不学习

期末考试总在那里,不考不行

来我的课堂,多少学点

让学习变成你的习惯

让考前的夜不再纠结

默然,相爱

收获,成长

3 结 语

这堂略显"不正经"的半导体课是笔者在师生关系建立上的一次改革和尝试,希望能够"磨刀不误砍柴工",通过独特的语言风格和讲课方式,做到"授业、传道并举",让课堂变得"有趣",让学生觉得"轻松",并觉得这是学习新知识、听一次演讲的好机会。似乎只有这样,原本用来提高教学质量的新手段——"蓝墨云"才能常用常新,而不会被"审美疲劳"变成一种额外的"负担"。

参考文献

[1] 李长伟,宋以国. 现代社会中教育信任的式微与重建[J]. 当代教育科学,2019(2):6-12.

[2] 陈欢欢. "95后"大学生心理特点及成长成才规律分析[J]. 传播力研究,2018(32):207.

[3] 刘恩科,朱秉升,罗晋生. 半导体物理学[M]. 7版. 北京:电子工业出版社,2011.

提高能源与动力类本科生培养质量的若干建议

王忠义,王艳华,孙涛,栾一刚,曲永磊

(哈尔滨工程大学 动力与能源工程学院)

摘要: 对能源与动力类本科生培养质量的现状进行了客观分析,发现在学时安排、实践动手能力、软件使用熟练度上存在明显不足。针对这些不足,提出了实施导师负责制、调整培养方案、建立数值模拟平台等改进方法。通过在能源与动力专业本科生培养中的实际应用,验证了改进方法的切实可行性。

关键词: 能源与动力专业本科生;培养质量分析;改进方法;实际应用

1 背景与意义

随着时代发展、社会进步,国家对人才的需求与日俱增。本科毕业生作为人才市场的新鲜血液,可以说,其质量直接影响着社会的发展和国家的命运,培养出同时代更加优秀的本科毕业生意义重大。今年"两会"通过的议案可谓给中国的制造业打了一针强心剂,制造业焕发出新的活力。与制造业息息相关的热能与动力工程专业同样迎来了新的机遇——培养出符合新时代企业要求的本科毕业生。

热能与动力工程专业是多门科学技术的综合,本科生需要掌握的知识体系较为庞杂,需要修满较高的学分方可达到毕业要求,因此,使得能源动力类本科生要在有限的时间内学习并通过相当多门数的课程。然而学生的精力是有限的,学习知识只是学生大学生涯的一部分,而不是全部。当课程过多时,存在着学生没有精力去认真学习和掌握专业知识,而以填鸭式的学习来应付各种考试,学习效果大打折扣的现象。

随着计算机技术的迅速发展,在能源动力领域应用计算机进行科学计算的现象趋于普遍。因此,相关企业对本专业本科毕业生掌握一定的软件设计与使用能力的需求空前强烈。考虑到许多高校对本专业本科生培养的主要精力放在了专业知识的教学上,在一定程度上轻视甚至忽略了本科生在能源动力类相关计算机程序的设计与使用方面的知识普及与培养,造成了学生在学校掌握的专业知识和企业在软件开发与使用需求方面衔接的空白。这对当今能源动力类本科生的培养提出了挑战。

因此,培养出符合新时代社会与企业要求的能源动力类本科毕业生刻不容缓,能源动力类本科生的培养方式亟待改革,提出切实可行的改革意见意义重大。

2 现有能源动力类专业本科生培养存在的不足

通过对能源动力类专业本科生培养质量的现状进行分析,认为主要有以下4点不足:

2.1 学时问题

据统计,现在的学生在本科阶段需要修够上百学分,也就是要修完几十门课程,且这么多的课程要在本科阶段的前3年半内修完,因为最后一个学期高校要安排学生开展毕业设计。所以,前3年半时间内学生几乎天天忙于上课,不仅白天要上课,有的学生晚上还要上课,甚至周末也有课,每门课还有对应的作业和考试,导致学生都在忙于上课和考试。与之不同,西方本科教育中学生往往是自学,上课时间较少,每周大概只要上3~4次课,每次课基本上半天都能完成,每门课也会布置一定数量的作业。因此,学生大部分时间都在自己查找和阅读文献来完成相应的作业,在完成作业的同时可以激发学生的自主学习能力。西方教育是引导学生主动学习,而我国的教育是给定一个固定模式,让学生整天忙于上课,导致学生失去了主动思考的时间,很难产生创新思维。

2.2 实验课程及实习环节

能源动力类专业本科生比较缺乏动手操作的机会,学校拥有实践培训的机会也十分有限。一般情况下,本科生只有在上实验课的时候才能操作仪器,专业实习只有测绘实习、金工实习、拆装实习等。燃气轮机专业的实验课程存在部分缺失的现象,现有实验集中于结构强度方面,在部件性能试验与测试方面缺少专门的实验。这些实习对于学校来说,需要投入大量的资金成本、时间成本及人力资源,以学校的模式来说,不足以支持那样庞大的资金和时间消耗,所以在实习时,要求有足够的实践时间,以及为每位学生提供一套设备是不切实际的,因此就会出现多人在较短的实践期内共用一套设备的情况。校外实习仅有几个星期的时间,通常由老师带领多个班级的学生一起实习,且实习过程中以参观为主,学生自己实践的机会较少。

2.3 数值模拟软件的应用

数值模拟技术是近年发展起来的解决流动与传热问题的有效工具,在国际上被广泛使用。数值模拟可在保证计算精度的前提下得出解析解的近似解,将复杂的变化过程转换成直观具象的图表,可以解决大量实际工程问题,具有重要的应用价值。学生学习使用商业软件有助于自身素养的提高,同时也可与理论知识相结合。通过在日常的教学中大量运用工程绘图和分析软件,不仅给知识的传授带来极大的方便,取得了更好的效果,还能对学生形成潜移默化的影响,让学生养成使用工程分析软件的习惯,为将来走上工作岗位打下坚实的基础。但是,学生在毕业设计之前主要集中在学习书本上的理论知识,对计算流体力学数值模拟软件接触较少,对软件不熟悉,通常在毕业设计时才开始学习。

2.4 毕业设计

在学生完成本科毕业设计的过程中,时间上会与考研、复试和找工作发生冲突,有一部分学生不能全身心地投入毕业设计当中。此外,学院对于毕业设计未通过的学生会给予一定的补充完善机会,使部分学生存在侥幸心理。

3 解决此类问题的办法

针对调研发现的这类问题,提出以下4种切实可行的解决办法:

3.1 在本科生阶段实施导师负责制

针对能源与动力类专业课程难度较大,前期学习较为枯燥乏味,本科生创新能力薄弱的问题,结合西方教育的经典案例,可以适当引进本科生导师负责制。不同于研究生的导师负责制,本科生导师的主要任务是通过较为简单的科研问题提升本科生对所学专业的兴趣,在理论学习之余增加一些实操任务,提高本科生的动手能力,同时积极鼓励本科生参加专业相关竞赛,并给予适当的指导,从而提高本科生的创新能力和动手能力。

导师负责制可在新生入学的第一学期告知学生,然后在第二学期开始实施,并实行学生与导师互选制度。首先,需要确定学生范围,不强迫所有学生必须选择学业导师,对于今后不想从事本专业的学生可以不参与选择;其次,由各位导师分别介绍自身的学科方向、专业特长等个人信息,由学生根据兴趣选择后进行申请;然后,根据报名学生人数和导师人数,由学院统一调控、安排进行面试,由导师挑选出自己满意的学生,完成学生与导师的第一次互选;最后,通过一年的学习生活,再进行一次师生互选,目的在于收纳一些对本专业充满兴趣的学生,筛选一些对科研创新失去兴趣或转变兴趣方向的学生,从而帮助导师更有针对性地提高学生的科研能力,完成互选的第二阶段。

3.2 逐步改进本科生课程结构

针对能源与动力类本科生理论课程较多、缺乏动手实践课程的问题,一方面,学校需进一步加大对能源与动力类专业实验设备的资金投入,不断更新相关实验设备,提高实验台数量和先进程度;另一方面,学校可以适当精简一些理论课程,增加实验课课时和种类,并提高实验课的测评标准,针对

实验课可配置专职教师进行授课,实行小班教学模式,力争做到每个学生都有实验做,每个学生都可以独立完成实验操作。实验结束后,每个学生必须独立撰写详细的实验报告,教师根据学生的实验完成度及实验报告完整度进行最后的评价。

3.3 调整本科生课程周期

针对能源与动力类本科生课程负担较重,本科毕业设计时间不合理的问题,可对本科生课程周期进行适当调整,将基础课、专业基础课、专业必修课集中在前5个学期完成,第六学期主修专业选修课,在专业选修课设置方面,试行"套餐制",按专业方向对课程进行优化与分类,形成前后衔接,满足学生就业需要的多种套餐,以供学生自由选择。此外,延长毕业设计的周期,从第七学期开始着手进行毕业设计的选题、开题等工作,将毕业设计分解成明确的子工作,并将各子工作平均地分配到一年的毕业设计周期内,减轻考研学生的压力;同时需要提高毕业设计的评价标准及实施程度,对于无法达到毕业要求的学生坚决给予延期毕业的惩罚,端正学生的学术态度。

3.4 建设数值模拟平台,提高本科生综合能力

针对能源与动力类本科生实操能力弱、使用数值模拟软件解决实际问题能力弱的问题,可以通过建设本校特有的CFD数值模拟团队,增设有关CFD的课程,以及建设具有学科特色的数值模拟软件等方式,创建具有学校、学院特色的仿真平台的方法加以解决。

特色仿真平台的建设,首先需通过教师自荐、教研室推荐等模式,组建具有丰富CFD经验的教师团队;其次需要开设相关CFD的实践课程,由CFD教师团队统一编写讲义,教授学生CFD的基础知识;然后安排充足的时间进行上机操作,由教师给予直接的指导;最后积极鼓励学生利用CFD参加科技创新比赛,结合导师负责制度,由CFD团队教师以及学生的负责导师根据实际问题给予强针对性的指导建议,在实践过程中提升学生对于理论知识的理解以及软件使用的熟练程度,从而提高学生的综合能力。

4 能源与动力类本科生实际应用

本文提出的几条针对提高能源与动力类本科生培养质量的可行性建议如下:

4.1 本科生导师负责制的实施

大一新生入学后依次组织专业教师进行宣讲，介绍自身的擅长领域及研究课题；第二学期开始组织对本专业有兴趣的学生和专业导师进行第一次互选；第四学期末组织学生与导师进行第二次互选，完成学生与导师的互相匹配。

4.2 专业课"套餐制"的实施

组织专业性强、经验丰富的教师根据专业性、学生兴趣、课程难度等因素制定专业课"套餐"，制度实施一年后再对"套餐"进行评估，以便进行调整。

4.3 建立数值模拟平台

组织在数值模拟方面较为擅长、有经验的年轻教师，进行数值模拟课程的安排、教材的编写等前期工作。将数值模拟上机实操课列入本科生第四学期培养计划，同时积极鼓励学生参加各项科技创新比赛，并将数值模拟方法融入科研实际应用之中。

4.4 调整本科生课程结构

挑选出拥有丰富实验经验的教师，组织研讨详细的实验课规划，在原有实验课数量的基础上增加一倍，并将实验课列入期末考试计划，以实验台操作代替原有的实验考查模式，提高实验课通过的难度。

5 结　语

针对近些年来能源与动力类本科生培养质量不足的问题，本文分析了出现问题的几点原因，并针对这些原因提出了一定的改进方案，同时，把这些方案应用在本专业本科生培养上，验证了其可行性。

参考文献

[1] 屠洪盛,屠世浩,张磊,等.本科生互选导师制的人才培养模式研究与探索[J].煤炭高等教育,2017(6):91-94.

[2] 马仪.机械类专业本科生工程实践培养体系的研究[J].现代商贸工业,2019(5):172-173.

[3] 孙志强.能源动力类本科生数值模拟能力的步进式培养[J].高教论坛,2010(9):28-29.

[4] 张师帅,郭照立,彭玉成,等.构建CFD技术平台培养能源动力类本科生的实践与创新能力[J].教育教学论坛,2012(36):64-65.

青年教师发挥"三全育人"职能机制的实践与研究*

刘海涌[1,2]，张忻[1]

（1.西北工业大学 动力与能源学院；2.陕西省航空动力系统热科学重点实验室）

摘要：全国高校思政工作会议和全国教育大会会议精神指出，高等教育要全方位改善育人环境，多方面统筹育人资源。建设高素质专业化创新型教师队伍是教育现代化的十大战略方向之一。教师育人工作要坚持把立德树人作为中心环节，把思想政治工作贯穿教育教学全过程，实现全程育人、全方位育人。这就要求青年教师在专业和学术特长的基础上，充分发挥理想信念、爱国情怀、品德修养、知识见识引路人角色，在提高学生思想水平、政治觉悟、道德品质、科学文化素养上下功夫。选拔具有深厚学科背景和较高的学术素养的优秀青年教师全面参与学生管理服务工作，将思想教育与教学实践相统一，全方位发挥青年教师的育人作用，是探索高素质专业化创新型教师队伍发挥教育职能机制的可选途径。

关键词：教育现代化；教师队伍；辅导员；思想教育；教学实践

* 基金项目：西北工业大学政策与战略研究基金支持项目(2018ZCY19)

习近平总书记有关中国特色社会主义,特别是教育思想的重要讲话指出:要坚持把立德树人作为中心环节,把思想政治工作贯穿教育教学全过程,实现全程育人、全方位育人。习总书记的讲话站在实现中华民族伟大复兴的全局和战略高度,为新形势下发展高等教育事业指明了行动方向。对于教师队伍,习近平总书记提出要做到"四有""四个相统一"和"四个引路人",在突出教师职业特性和专业特长,创新教师教育职能机制,打造一支合格的教师队伍方面提出了新要求。为贯彻落实习近平总书记系列讲话和全国教育大会会议精神,《中国教育现代化2035》聚焦教育发展的突出问题和薄弱环节,提出了推进教育现代化的十大战略任务,发展中国特色、世界先进水平的优质教育,建设高素质专业化创新型教师队伍就是第二条和第七条战略任务。这就要求高校建立新时代青年教师教学与学生管理服务相统一的工作机制,牢牢抓住立德树人根本,将理想信念教育与知识素养教育结合,将思想引导和行为实践结合,形成思政理论素养和学科专业知识相融合的"知识根系"。在课堂教学中"观察与分析",在管理服务中"整理与总结",在专项工作中"运用与转化",使理想信念的政治素养与学科专业的专门知识相辅相成,全面提高学生的思想水平、政治觉悟、道德品质、科学素质和文化素养。这既能体现中国特色社会主义教育特色,又有助于建设高素质专业化创新型教师队伍。

在工科院校高等教育中,学生的思政教育和日常管理服务通常由辅导员组织实施。自20世纪50年代国内高校设立辅导员岗位以来,辅导员角色也经历了兼职、专职和职业化、专业化的发展过程。随着中国高等教育改革的发展与深入,辅导员的职能也不断发生变化。随着中国特色社会主义的不断发展,辅导员愈发凸显出集教育者、管理者、服务者、协调者和研究者于一身的集合体的特色。因此,原有的以管理型为主导的专职辅导员构成与教育现代化发展间具有较大差距,不符合高等学校发展中国特色社会主义优质教育,提升一流人才培养与创新能力的战略需求。如何发挥青年教师的作用,使其充分参与到"三全育人"工作中,是建设高素质专业化创新型教师队伍的新课题。针对上述现状,笔者所在学校创新青年教师教育职能机制,吸收青年教师担任辅导员岗位,除履行自身教学工作本职外,深入参与学生的理想信念教育与管理服务。该机制具有以下两个特点:一是将具有良好学术素养的优秀青年教师吸纳进辅导员队伍,以学术为"引",以思政为"魂",全面拓展思想政治教育的点与面,将传授学识与思政浸润有机结合,摆脱旧有思政教育的说教模式,在不着痕迹中实现"春风化雨,润物无声"的良好效果;二是让青年教师实现思想政治教育的再回炉,"正人先正己",在实施思政教育的过程中提高自身的政治觉悟与思想认知,向"有理想信念、有道德情操、有扎实学识、有仁爱之心"的"四有"好教师的标准砥砺前行,更好地推动高等教育事业健康、全面发展。针对青年教师全面参与学生管理服务,全方位发挥教育职能机制,本文从提高青年教师参与学生管理服务的思想认识、提升管理服务的能力水平、提炼管理服务的工作方法三方面入手,对新形势下青年教师发挥教育职能机制进行了探索研究。

1 以学习为牵引,提高青年教师参与学生管理服务的自觉意识

"要想说服别人,首先要说服自己",踏踏实实、全心全意开展好学生教育工作离不开自身对工作的高度认同。而对工作的高度认同,必须以自觉为前提,青年教师要在以下三个方面下功夫。一是要在深入学习高校育人工作的理论基础上下功夫,做到政治自觉。习近平总书记"高校教育""高校思政工作"系列重要讲话精神高度凝结了思想工作在实践和理论上的规律性成果,是习近平新时代中国特色社会主义思想在高等教育领域一以贯之的集中体现,是高校教育和思想工作必须遵循的"纲"和"魂"。只有深入学习讲话精神,才能正确认识加强思想政治教育是高校教育中的主线任务。二是在深刻理解高校育人工作的时代背景上下功夫,做到思想自觉。当下的高校育人工作,处于中国特色社会主义进入新时代这个新的历史时期,处于实现新时代党的历史使命的关键节点。在新时代背景下,高校思想政治工作既是我国高校的特色,又是办好我国高等教育的优势力量。只有认清时代特点,才能形成中国特色社会主义教育本身就是知识体系教育和思想政治教育的结合与综合的正确意识,坚持把教书育人规律、学生成长规律和思想政治工作规律紧密结合辩证统一,引人以大道、启人以大智,形成高度的思想自觉。三是在深度探索高校育人工作的科学实践上下功夫,做到行动自觉。教师要在践行立德树人上下功夫,努力提升思想政治工作

的亲和力、感召力、凝聚力，将党的伟大事业和中国特色社会主义共同理想的价值认同和情感认同融入教育工作，在管理服务学生的过程中将思想引导覆盖到各领域、各方面、各环节。同时，青年教师要紧盯学科人才培养目标，积极提高自身科学素养和学术水平，成为优秀的双一流大学或学科建设者，将人才培养和自我成长目标相结合，管理能力和学术素养相统一，并在实践行动中体现。

2 以育人为驱动，提升青年教师参与学生管理服务的工作能力

教育现代化要求高等教育要进一步提升教学质量，构建一流人才培养体系，全方位改善育人环境，多方面统筹育人资源。家国情怀强烈、专业基础扎实、综合素质突出、创新思维活跃、善于沟通协作、有国际视野和全球胜任力的领军人才是新形势下的重要培养目标。欲高质量完成人才培养目标，青年教师自身先应具有扎实的工作能力。全面提升青年教师参与学生管理服务工作能力的第一步，要从了解和研究服务对象入手。入学的 2018 级本科生群体，出生时间集中在 1999 年至 2001 年，处于"90 后"向"00 后"的过渡期。他们大多在市场经济氛围、网络时代和独生子女环境下成长，身上体现着显著的时代特点。一是对新鲜事物感知力敏锐，但缺乏秩序感；二是对待事物的包容性强，但弱化了是非观念；三是渴求自我独立的意识强，但个体生活能力差。认识、掌握学生群体的时代特点，结合个人工作风格，确定管理服务工作总基调，是青年教师的工作能力基础。全面提升工作能力的第二步，要从交流学习先进成熟的学生管理服务经验入手。青年教师要积极参加学校组织的有关学生教育、管理、心理等方面的名家讲坛、专家讲座和研讨会，向有经验的辅导员学习，与优秀的从事学生管理服务的老师交流，了解学生教育工作的领域、内容、方式方法等工作经验，形成学生教育工作体系的全面认知，为开展学生管理服务工作做好铺垫。全面提升工作能力的第三步，要从创新发展学生教育机制入手。青年教师创建学生教育机制时要在"夯实现有的、盯住未来的、寻找交叉的"三个方面下功夫，即继承和发展现有教育机制中优秀的工作方法和工作形式，夯实工作基础；根据思政工作新发展新需求和新的学生群体，实现教育机制的创新式发展；发挥自身学术优势，寻找学术引领和

教育工作的最佳契合点，形成"质能转变"合力式教育机制。

3 以实效为标准，提炼青年教师参与学生管理服务的工作方法

青年教师参与学生管理服务，也就意味着成为学生大学期间思想、学习和生活的导师，承担着帮助学生成长、成才、成功的重大责任。青年教师管理服务工作的经验和能力是在不断地处理和解决实际问题中锻炼和培养出来的，必须注重以实效为标准，提炼工作方法要注意以下三点。一是"严管"与"研管"。大学时期是懵懂少年向有志青年转变的重要时期，学生吸收信息的渠道广，强化自我认知迫切，对条例规范抵触更强烈。该阶段"严管"是方法和手段，是把外部的约束力转化为学生内心自省力，增强学生自我约束能力、自我管理能力和自我执行能力，促进学生健康成长、成才的必要手段。"严管"的背后是"研管"，主动贴近学生，把管理做成服务，化解学生的抵触情绪，形成切实有效的管理方法。二是"带队"与"待对"。利用班组织、团组织等学生基础管理体系的人员选拔和组织构建工作和各项班级活动，让各班班委充分展现自我，将学生推向前台，锻炼班委队伍、促进骨干成长，发挥"带队"推一把的作用。对于学生组织活动中发现的问题，不简单以正确与否加以评判，而是进行启发式点拨，发挥好引导作用，然后耐心地等待学生自主发现正确的改进途径，增强其成就感和自信心，以耐心和包容心发挥"待对"拉一把的作用。三是"辅导"与"扶倒"。实际上，学生管理服务工作很多都是针对后进学生的教育与帮助，常被形象地形容为"扶倒"。学业是最大的易"跌倒"区。专业讲座、课程体系讲解、考前教育等系列活动是常见的促进学业的"辅导"手段。"辅导"要从课件组织、语言使用、表达方式等方面入手，增强教育效果，让学生们想听、爱听、听懂，充分发挥"辅导"效果。以"辅导"减少"扶倒"，是提高工作效能的关键所在。

4 结 语

习近平总书记"高校教育""高校思政工作"系列重要讲话，为做好新形势下高校思想政治工作、发展高等教育事业指明了行动方向。广大青年教师要在教授专业知识、培养学术素养的过程中融入

思政教育和理想信念教育，形成参与学生管理服务的工作机制，发挥好教育职能，锤炼实践性知识，探索发扬新时代中国特色社会主义教育特色、推进高素质专业化创新型教师队伍建设的新途径。该过程需要青年教师、教学团队、学工部门和学校机关多层面共同建设和推动，多方协力形成青年教师全面成长与发展的核心场域。青年教师既然投身于新时代中国特色社会主义教育事业，就要坚守个人理想信念的初心，树立干好教育工作的信心，下定扎根教育一线的决心，撸起袖子加油干，从基础工作点滴做起，与新生力量砥砺前行，走出高等教育事业的特色之路。

参考文献

[1] 习近平在全国高校思想政治工作会议上强调把思想政治工作贯穿教育教学全过程开创我国高等教育事业发展新局面[N]. 人民日报,2017 – 12 – 09(1).

[2] 教育部. 普通高等学校辅导员队伍建设规定[EB/OL]. http://www. gov. cn/xinwen/2017 – 10/05/content_5229685. htm1,2017 – 10 – 05.

[3] 李广, 宋桂娟. 高校学生工作队伍的现状与管理机制[J]. 教师教育学报, 2015, 2(3)：102 – 110.

[4] 斯钦. 高校学生工作转型、生成与专业化发展[J]. 山东农业工程学院学报, 2018, 35(7)：109 – 112.

[5] 何平, 丁成. 学生工作队伍职业化与专业化提出的现状及发展[J]. 湖北开放职业学院学报, 2019, 32(2)：86 – 87.

[6] 安哲锋, 金妍. "双一流"建设背景下高校学生工作改革途径探讨[J]. 开封教育学院学报, 2018, 38(6)：104 – 106.

[7] 周峰, 高阳. 高校基层学院学生工作体系的探索与实践[J]. 高教学刊, 2017(23)：149 – 151.

[8] 孙金香, 郭加书, 高静. 构建新时代"四维一体"学生工作体系的研究与实践[J]. 高教学刊, 2018(10)：7 – 9.

基于层次和多指标综合评价分析法的能源与动力工程专业校外教学实习基地评价指标体系的研究*

余昭胜[1,2]，廖艳芬[1,2]，夏雨晴[1,2]，顾文露[1,2]，卢骁鸢[1,2]，马晓茜[1,2]

（1. 华南理工大学 电力学院；2. 广东省能源高效清洁利用重点实验室）

摘要：为了适应国家经济和社会发展需求及面向新工科的人才培养模式要求，不仅要让学生掌握本专业主要工种的基本操作技能，还要让他们具有强烈的家国情怀和个人意志、高尚的职业道德及团队协作能力。校外实习基地是新形势下能源与动力工程专业人才培养过程中必不可少的组成部分。本文建立了有3个二级指标、9个三级指标的能源与动力工程专业校外教学实习基地评价体系，分别应用层次分析法和多指标综合评价分析法计算体系中指标权重，得出的结果差异性与统一性并存，并对能源与动力工程专业教学实习提出了几点建议。

关键词：能源与动力工程；校外实习基地；层次分析法；多指标综合评价分析法；评价指标体系

随着经济形势的转变，传统工程专业的人才培养模式渐渐显露弊端，未来新兴产业和新经济支柱产业需要创新和实践能力兼备的具有国际竞争力的复合型高素质"新工科"人才。他们不仅需要在其所学专业上融会贯通，还要具有"学科交叉融合"的特征；能运用所学知识去发现问题，有能力不断地解决问题，还可以预测和解决未来发展中可能出现的新问题，对未来的技术和产业起到引领作用；技术能力强，懂经济、社会和管理，并兼具良好的人文素养。因此，新工科的人才培养模式对教学实习

* 基金项目：2017 高等学校能源动力类新工科研究与实践项目（NDXGK2017Y – 23）

环节提出了更高的要求。

通常教学实习的类型主要分为:(1) 参观和认知实习。一般在培养过程初期进行,培养学生的家国情怀和对专业的认同感。(2) 教学实习。结合专业课的实习,一般在培养过程中期进行,培养学生的专业技能。(3) 生产实习。确定 1~2 个专业的主要工种,一般在培养过程的中后期进行,培养学生一定的技能水平,可适当与实际生产相结合。(4) 毕业实习。一般在培养过程的后期进行,此时学生已掌握多门专业课的知识,通常在企业实际生产条件下完成。

为了适应国家经济和社会发展需求,面向新工科建设,使学生掌握本专业主要工种的基本操作技能,培养学生的家国情怀、个人意志、职业道德及团队协作能力,能源与动力工程专业主要培养具有扎实和广博的本专业及相关领域的基础知识、突出的创新精神和创业意识、较强的国际竞争力及较高计算机应用能力的高级工程技术、科研和管理人才。其毕业后能够在能源、动力、环保等领域从事科学研究、技术开发、规划设计、运行控制、教学和管理等工作,是具备终身学习能力的应用型高级人才。故校外实习基地是新形势下能源与动力工程专业人才培养过程中必不可少的组成部分。因此,迫切需要建立面向新工科的能源与动力工程专业校外教学实习基地的评价体系,以提升学生的实践和创新能力。

在建立评价体系后,对于体系中指标权重的计算,主要运用层次分析法(Analytic Hierarchy Process,AHP)和多指标综合评价分析法,这两种方法的原理不同。层次分析法是基于问题类型和要达到的总目标,将问题细分为不同的成分,并根据它们之间的相关性和从属关系将不同的因素划分为不同的层次,由此形成不同层次的分析模型,并将问题归结为确定最低层次相对于最高层次的相对重要性的排序。多指标综合评价分析方法是根据确定的目的确定目标系统的属性,并将其转化为客观、定量的评价,需要评价者的参与。根据评价者的评价值,通过一系列计算,最终得出各指标的权重和综合评价指标。这两种方法各有优缺点,AHP 方法的优点是方法系统且简洁,所需的定量数据信息较少。它的缺点是不能通过结果的反馈来更正方案;权重的确定偏重于定性,结论不够客观;当指标及数据统计量很大时,权重难以确定,特征值和特征向量难以精确求解。多指标综合评价分析法的优点是通过精确的数字评价对象,能呈现出客观、合理的量化评价结果。其缺点是各指标之间的区分度不大,分辨率差,无法判断指标之间的隶属度高低。本文将分别应用两种分析方法计算能源与动力工程专业校外实习基地评价体系中指标权重,并以某学校为例进行对比分析。

1 校外教学实习基地评价体系的构建

校外教学实习基地的评价体系有多个影响要素,探讨与分析实践教学目标是评价体系的基础。实习前开展学生教学实习动员工作,制订有针对性的实习前职业素养培养方案,开展人际沟通技能、抗压能力、伦理道德等专题培训,培养学生的家国情怀、学校荣誉感和对实习基地的责任心。建立学校、实习生和实习基地共同参与的校外实习基地的遴选、派送和管理机制,发挥三方主动性,提高校外实践教学质量。实习生在实习基地接受安全教育培训并按要求开展实习活动,在实习期间如果发生应急突发事件,应接受企业现场人员指挥有序疏散。实习生在教学实习过程中面临的问题不容小觑,对实习地的环境和管理模式不满意、专业技能培养不全面、合理合法的权益得不到保障等问题如若出现,指导教师应及时进行心理辅导、专业技能援助和权益保障。评价环节可以归结并反馈实习信息,综合实习生、指导教师、实习基地三方意见,有效地评估校外实习基地的实践教学成效。

基于上述思路,本文拟建立一个由六大主题构成的校外实习基地实践教学评价指标体系模型,具体如图 1 所示。为了建立系统的校外教学实习基地评价指标体系,拟采用的技术路线如图 2 所示。

图1　校外实习基地实践教学体系模型

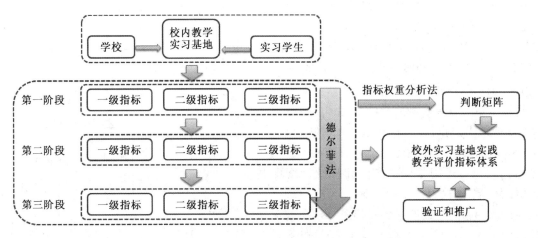

图2　技术路线图

根据上述内容,本文构建了一个由五大方面组成的校外实习基地综合评价体系。将各个方面的内容进行一定的拓展之后,形成了由3个二级指标、9个三级指标组成的综合评价体系。通过网络渠道分别向专职教师、实习基地、外校学生、本校学生四个群体发放问卷。根据回收的问卷对指标进行修改,最终形成了如表1所示的综合评价体系。

表1　校外实习基地实践教学综合评价体系

一级目标	二级指标 准则权重	三级指标 内容
校外实习基地 实践教学评价 指标体系 A	教学目标 B₁	C₁₁实习培养目标
		C₁₂实习相关性
		C₁₃安全教育目标
	实习教育 B₂	C₂₁专业技能培养
		C₂₂实习过程评价
		C₂₃基地组织管理
	实习成效 B₃	C₃₁团队协作能力培养
		C₃₂应用能力培养
		C₃₃个人发展帮助

2　运用两种不同分析方法计算指标的权重

2.1　AHP方法计算指标权重

2.1.1　确立矩阵标度

AHP用于计算指标权重,1~9的比例尺度用于根据每个指标的重要性赋值。通过比较各指标的相对重要性,得到参数模型。

2.1.2　构建判断矩阵

通过比较判断矩阵中各列的求和与归一化的新矩阵计算,得到了判断矩阵的特征向量,其中 n 为评价因子的个数;$b_{ij}(i=1,2,\cdots,n;j=1,2,\cdots,n)$ 为第 i 个因子和第 j 个因子之间比较了相对重要性之后得到的标定值;$a_{ij}(i=1,2,\cdots,n;j=1,2,\cdots,n)$ 为归一化处理值;w_i 为第 i 行归一化值之和。

$$a_{ij}=\frac{b_{ij}}{\sum b_{ij}}(i,j=1,2,\cdots,n) \tag{1}$$

$$w_{ij}=\sum_{j=1}a_{ij}(i=1,2,\cdots,n) \tag{2}$$

求各评价因子的权重值

$$\omega_i=\frac{w_i}{\sum_{j=1}^{n}w_i}(i=1,2,\cdots,n)\| \tag{3}$$

$W = (\omega_1, \omega_2, \cdots, \omega_n)^T$ 即为所要求的特征向量的近似解;然后求出判断矩阵的最大特征值

$$\lambda_{max} = \sum_{i=1}^{n} \frac{(BW)_i}{n\omega_i} \qquad (4)$$

经过计算 λ_{max} 后,有必要检查判断矩阵的一致性。定义 $CI = \frac{\lambda_{max} - n}{n-1}$,当 CI 等于 1 时,判断矩阵具有完全一致性。$\lambda_{max} - n$ 越大,CI 值越大,判断矩阵的一致性越差。为了检查判断矩阵是否满足一致性要求,将 CI 与平均随机一致性指数 RI 进行比较。当 $CR = CI/RI < 0.1$ 时,判断矩阵具有令人满意的一致性;相反,则判断矩阵需要调整。

二级指标权重。计算准则层教学目标 B_1、实习教育 B_2、实习成效 B_3 对目标 A 的权重,一致性系数为 $CR = 0 < 0.1$,通过了一致性检验。

三级指标权重。运用相同的方法计算指标细则对准则层的权重,经检验,$C_{11} \sim C_{13}$ 对 B_1、$C_{21} \sim C_{23}$ 对 B_2、$C_{31} \sim C_{33}$ 对 B_3 的一致性系数 CR 都为 0,都满足一致性检验的要求。综合 B 以 A 为目标的权重及 C 以 B 为目标的权重,可以得出 C 以 A 为目标的权重。

2.2 多指标综合评价分析法计算指标权重

针对校外实习基地综合评价所选取的评价指标为:(1) 二级指标:B_1 教学目标,B_2 实习教育,B_3 实习成效;(2) 三级指标:C_{11} 实习培养目标,C_{12} 实习相关性,C_{13} 安全教育目标,C_{21} 专业技能培养,C_{22} 实习过程评价,C_{23} 基地组织管理,C_{31} 团队协作能力培养,C_{32} 应用能力培养,C_{33} 个人发展帮助。

评价过程的第一步是将多指标做无量纲化处理,无量纲化处理的方式多种多样,本文中采用的处理方法是线性标准化法,公式如下所示:

正指标:

$$Z_{ij} = \frac{y_{ij} - \min(y_i)}{\max(y_j) - \min(y_j)} \quad i = 1, 2, \cdots, n; j = 1, 2, \cdots, m \qquad (5)$$

负指标:

$$Z_{ij} = \frac{\max(y_i) - y_{ij}}{\max(y_j) - \min(y_j)} \quad i = 1, 2, \cdots, n; j = 1, 2, \cdots, m \qquad (6)$$

式中,$\max(y_j)$ 和 $\min(y_j)$ 分别为每一指标中的最大值和最小值。

在第一步无量纲化完成后,第二步为用标准差法确定权数,有如下几个步骤:

对各个指标的标准值求平均数:

$$E(G_i) = \frac{1}{n} \sum_{i=1}^{n} Z_{ij} \qquad (7)$$

求出 G_i 的标准差:

$$\sigma(G_i) = \sqrt{\sum_{i=1}^{n} \left[Z_{ij} - (G_i) \right]^2} \qquad (8)$$

求出 G_i 的权重:

$$W_j = \frac{\sigma(G_j)}{\sum_{i=1}^{m} \sigma(G_j)} \qquad (9)$$

其中,$0 \leq W_j \leq 1$ 且满足 $\sum_{j=1}^{m} W_j = 1$

权重确定以后,即可建立评价公式求出综合评价指数:

$$D_i = \sum_{j=1}^{m} Z_{ij} W_j \qquad (10)$$

3 实证分析

3.1 研究对象及数据采集

以某大学及其他学校的能源与动力工程本科专业的校外实习基地为例,进行实证分析,分别通过该大学本科生、其他学校本科生、实习基地、教师四个群体收集数据进行计算和分析。

3.2 数据处理和分析

3.2.1 AHP 法

判断矩阵如表 2 所示。

表 2 准则层判断矩阵及检验

指标		判断矩阵			W_i	$\lambda_{max}, CI, RI, CR$
	A	B_1	B_2	B_3		
B→A	B_1	1	0.5	0.3333	0.1667	$\lambda_{max} = 3$
	B_2	2	1	0.6666	0.3333	$CI = 0$
	B_3	3	1.5	1	0.5	$CR = 0$

综合评价体系如表 3 所示。

表3 校外实习基地实践教学综合评价体系

一级目标	二级指标		三级指标		综合权重	λ_{max}, CI, CR
	内容	准则权重	内容	指标权重		
校外实习基地实践教学评价指标体系A	教学目标 B_1	0.1667	C_{11}实习培养目标	0.2857	0.0476	
			C_{12}实习相关性	0.1429	0.0238	
			C_{13}安全教育目标	0.5714	0.0953	
	实习成效 B_2	0.3333	C_{21}专业技能培养	0.4158	0.1386	$\lambda_{max}=3$
			C_{22}实习过程评价	0.3404	0.1135	$CI=0$
			C_{23}基地组织管理	0.2438	0.0813	$CR=0$
	实习成效 B_3	0.5000	C_{31}团队协作能力培养	0.2699	0.1349	
			C_{32}应用能力培养	0.3198	0.1599	
			C_{33}个人发展帮助	0.4103	0.2052	

利用公式 $S_j = \sum_{i=1}^{m} W_i X_{ij}$，以及调查得到的数据和指标层（C）的综合权重，可以计算得到本校学生评价、其他学校学生评价、实习基地自评、教师评价四个方面的评价值，如表4所示。

表4 校外实习基地实践教学评价指标评价值

评价值		本校学生	外校学生	教师	实习基地
B_1	得分均值	9.18	8.41	8.92	9.08
	评价值	1.53	1.41	1.49	1.51
B_2	得分均值	8.36	7.89	8.71	8.32
	评价值	2.79	2.63	2.91	2.77
B_3	得分均值	8.29	8.24	8.36	8.26
	评价值	4.15	4.12	4.18	4.13
A	总评价值	8.47	8.16	8.58	8.41

从表4中可以看出，四个评价群体对校外实习基地的总评价值分别为本校学生（8.47）、外校学生（8.16）、教师（8.58）、实习基地（8.41），可以看出它们相互之间差别不大。二级指标评价值差异性总体上大于一级指标评价值，在 B_1 教学目标方面，本校学生的评价值最高，外校学生的评价值最低，这说明相比外校学生，本校学生在实习过程中对于实习目标完成得比较好，并且本校学生在实习过程中对于教学目标的完成超过教师和实习基地的期望值。在 B_2 实习教育方面，本校学生的评价值依然比外校学生高，这说明本校学生在实习过程中对于专业技能的掌握优于外校学生，但是本校学生的实习教育达不到教师的期望值。在 B_3 实习成效方面，本校学生的评价值依然高于外校学生，这说明在实习

后，本校学生的团队协作能力、应用能力、个人职业规划能力等方面比外校学生提高更多，但是本校学生的评价值低于教师评价值，这说明本校学生的实习成效低于教师的预期。

3.2.2 多指标综合评价分析法

将各指标实际值进行无量纲化处理后，按照上述公式计算得到评价指标的权重（W_j），如表5所示。

表5 各评价指标的权重（W_j）

二级目标		三级指标		综合权重
内容	准则权重	内容	指标权重	
教学目标	0.3686	实习培养目标	0.1324	0.1461
		实习相关性	0.1324	0.1459
		安全教育目标	0.0809	0.0892
实习教育	0.3206	专业技能培养	0.1085	0.1041
		实习过程评价	0.1071	0.1028
		基地组织管理	0.1266	0.1215
实习成效	0.3108	团队协作能力培养	0.0906	0.0843
		应用能力培养	0.1170	0.1088
		个人发展帮助	0.1045	0.0972

根据表5中各项评价指标的权重值，可以进一步计算出各项指标的综合评价指数，如表6所示。

	评价值	本校学生	外校学生	教师	实习基地
B₁	得分均值	9.18	8.41	8.92	9.08
	综合评价指数	3.38	3.10	3.29	3.35
B₂	得分均值	8.36	7.89	8.71	8.32
	综合评价指数	2.68	2.53	2.79	2.67
B₃	得分均值	8.29	8.24	8.36	8.26
	评价值	2.58	2.56	2.60	2.57
A	总评价指数	8.64	8.19	8.68	8.59

表6 校外实习基地各项指标综合评价指数

从表6中可以看出,四个评价群体对校外实习基地的总评价值分别为本校学生(8.64)、外校学生(8.19)、教师(8.68)、实习基地(8.59),可以看出它们相互之间差别不大,本校学生对实习基地的总体评价高于外校学生。二级指标评价值差异性总体上大于一级指标评价值,在 B_1 教学目标方面,本校学生的评价值最高,外校学生的评价值最低,这说明相比于外校学生,本校学生在实习过程中对于实习目标完成得比较好,并且本校学生在实习过程中对于教学目标的完成超过教师和实习基地的期望值。在 B_2 实习教育方面,本校学生的评价值比外校学生的高,这说明本校学生在实习过程中对于专业技能的掌握优于外校学生,但是本校学生的实习教育达不到教师的期望值。在 B_3 实习成效方面,本校学生的评价值略微高于外校学生,这说明在实习后,本校学生的团队协作能力、应用能力、个人职业规划等方面的提高与外校学生所差无几,但是本校学生的评价值低于教师评价值,这说明本校学生的实习成效低于教师的预期。

4 结论与建议

本文构建了有 3 个二级指标、9 个三级指标的能源与动力工程校外教学实习基地综合评价体系,并运用 AHP 和多指标综合评价两种方法计算指标权重,得出的结果差异性与统一性并存。

在二级指标中,用 AHP 方法计算得到的是"实习成效"权重最大,"实习教育"次之,"教学目标"最小;用多指标综合评价法计算得到的是"教学目标"权重最大,"实习教育"次之,"实习成效"最小。

在三级指标中,用 AHP 方法计算得到"个人发展帮助""应用能力培养""专业技能培养"等指标的权重靠前,用多指标综合评价法计算得到"实习培养目标""实习相关性""基地组织管理"等指标的权重靠前。

教学实习过程是学生将所学理论知识应用于实践、将理论与实践相结合的过程。在实习过程中,学生可以巩固理论知识,并且加深对理论知识的认识,对学生成长为创新型、实践型、专业型高素质人才起着关键的作用。基于以上分析结果,本文提出建议:对于教学实习,要与学生所学专业具有高度的关联性,对于实践教学的目标要有一个明确的认识,对于实习过程中学生的人身安全要有保障;在实习过程中,实习基地应该与教师紧密沟通,实习应该着重培养学生的应用能力、专业技能和团队协作能力,加深学生对专业前景的了解,以便学生对自己未来的职业生涯做出规划;加强校企合作,组织企业家讲座,介绍行业的最新动态和前沿技术,增强学生的就业竞争力。

参考文献

[1] 余勇. 校外实习基地实践教学评价指标体系研究——以旅游管理本科专业为例[J]. 重庆第二师范学院学报, 2015,28(1):139-142.

[2] 魏银霞. 从人才类型看高校培养目标的合理定位[J]. 教育与职业, 2010(6):8-8.

[3] 李战雄. 高职教育实习实训基地的建设与设想[J]. 高教论坛, 2005(5):140-142.

[4] 孙安媛,孙德林,徐舒."互联网+"背景下新工科信息化创新创业多样化探索[J]. 江西通信科技, 2018(1):35-38.

[5] 王银铃,于磊,刘文容,等.基于新工科专业的实践教学体系的构建——以黄淮学院新能源科学与工程专业为例[J]. 教育现代化, 2018,5(39):146-148.

[6] 张烈平,吴晓鸣,李德明. 工科校外实习基地评价指标体系的探讨与实践[J]. 高教论坛, 2008(3):30-33.

[7] 王明涛. 多指标综合评价中权数确定的离差、均方差决策方法[J]. 中国软科学, 1999(8):100-101.

[8] 虞晓芬,傅玳. 多指标综合评价方法综述[J]. 统计与决策, 2004(11):119-121.

能源类博士研究生招生申请—考核制改革的实践与思考

——以华中科技大学为例

王英双，刘志春，张立麒

（华中科技大学 能源与动力工程学院）

摘要： 能源类博士研究生招生方式逐步从公开统一招考向申请—考核制转变。本文对华中科技大学能源类博士的申请—考核制的实践进行了介绍，通过对招生条件、招生流程和招生特点的介绍和总结，指出申请—考核制更加科学合理，并对申请—考核制的完善和发展进行了思考。

关键词： 博士研究生；招生方式；申请—考核制；实践

博士研究生教育是我国最高层次的高等学历教育，也是我国精英教育的主要组成部分。其主要目标是为我国培养高层次、专业性、具有较强的创新能力和科研能力的国家顶级人才，想要保证博士研究生的培养质量，生源质量尤为重要。因此，如何真正选拔出专业素养高、学术潜质好、业务提升能力强的博士生后备军是学科专业非常重视的问题。传统的招生选拔方式的主要问题在于唯分数论，对于考生的综合能力素质及学术积累水平考察不足，不够全面。为此，各大高校在教育部的政策指导下，纷纷采取建立博士研究生选拔"申请—考核"制，发挥招生专家组审核作用，强化了对科研创新能力和专业学术潜质的考察，真正能够选拔出具有科学素养和综合能力素质的科研人才，促进科学建设的发展。

1 能源类专业申请考核制的实践

我校从 2015 年开始试点在博士研究生招生中实行申请—考核制，能源类专业作为重点专业参与了试点工作。为了更好地做到公平、公正及新旧招考形式顺利、平稳过渡，在 2015—2016 年期间能源类专业采取了申请—考核制与普通公开招考并行的政策，这两种招生方式与硕博连读制度相结合，形成了以硕博连读为主，其他两种形式作为补充，从不同的渠道选拔博士生的模式。两种形式并存一方面丰富了选拔方式的"多样性"，发挥这两种选拔方式各自的优点，满足不同考生的需求；另一方面也兼顾公平公正筛选优质生源，为申请—考核制

的全面实施与推广奠定了基础，为申请—考核制的推广及宣传赢得了时间。2016 年之后，根据实施申请—考核制试点工作的经验及具体情况，能源类专业博士研究生招生取消了普通招考的方式，全部采取了申请—考核制进行公开招生。经过几年的实践，申请—考核制得到了不断改进和完善。

1.1 申请—考核制报名条件的实践

2015 年开始试点申请—考核制，相对于统一招考方式，申请—考核制对申请者在教育背景、学位层次、英语水平、硕士期间的成果等方面做了相关规定和要求，与此同时对于确有特殊学术专长和突出科研能力的申请者也放宽了上述条件的限制，对其特殊条件也规定了相关条件，如获得国家级、省部级以上奖励等，努力做到"不拘一格降人才"。

1.2 申请考核制选拔过程的实践

在申请—考核制的选拔过程中，采取了"申请者申请—导师推荐—学院进行资格审核—学院学科考核—确定拟录取"的方式。

申请者将申请材料提交学院，学院组成专家组对申请者的材料进行第一阶段的资格审核，初审结果由学院专家组根据申请材料共同商讨并进行打分后决定。资格审核的依据是申请人的学科背景、专业成绩、科研水平、英语水平、科学研究计划、导师推荐等。申请人提交两份攻读博士学位专家推荐书，一份由考生硕士阶段的导师填写，特殊情况可由所在单位相当教授职称的专家填写；另一份由报考学院拟报考导师或具有博士生指导资格的正教授填写。推荐书是学院确定博士生资格的重要依据。初审"通过"者进行公示并进入第二阶段的

学科考核环节。

申请—考核制的学科考核包括综合能力考核与综合能力面试。综合能力考核形式为笔试，主要对申请者的专业基础知识和前沿知识进行考核，其中包括申请者撰写的研究计划书。申请者结合拟报考导师的研究方向，选择某一具体项目，但不要求是将来博士期间必须做的内容，撰写一份科研计划书。计划书内容包括选题的意义、研究背景及国内外现状、研究方案、创新点等，要求字数不少于5000字，列出必要的参考文献。申请者在通过资格审核后即可开始撰写科研计划书，并于规定时间前提交。科研计划书撰写的质量由考生所报考的导师进行审阅，导师给出成绩作为笔试成绩的一部分。

综合能力面试包括外语实际应用能力考查、科研潜质和创新能力考查、综合素质和实践能力考查。学科组成专家组，重点对考生的基础知识、科研能力及硕士期间或报考博士以前的工作进行考核，要求申请者就个人基本情况和前期成果进行介绍，结合硕士期间的研究内容或自选以前从事过的研究项目结合撰写的研究计划书进行汇报，专家根据考生的报告情况，对考生的基础知识、综合能力和科研素质等进行综合能力评价，确定考核成绩。

2 申请考核制招生方式实践的特点

2.1 通过招生方式的改革，对申请者提出了更高的要求，对申请者的考察更全面

申请—考核制在申请条件中提高了对申请者的要求，报考条件不仅包括教育背景、教育学位，还涉及学习方式与层次，以及在硕士就读期间的科研训练和积累，需提交方方面面的材料，对于申请者来说只有具备相应条件方可报名。另外，还需提供对未来科研活动的初步规划。通过所提交的材料能够全方位考察申请者的专业知识、科学素养、创新能力、身心素质和培养潜质。多人多方位考核能够更进一步了解和把握申请者的综合能力和科学素养，对申请者的考察更加全面。

2.2 增加了导师在选拔过程中的参与度

在申请—考核制的招生方式中增加了导师的参与度，并且在考核当中具有一定的决定权。首先，要求导师为申请者撰写专家推荐信，增加了考核前期学生和导师之间的沟通和了解，如无推荐信将视为资格审核不合格，相当于导师具有否决权。因此，学生与导师的互选成为进入申请—考核制的

前提条件，使学生和导师的意愿得到最大限度的满足。其次，在学科考核阶段，导师在笔试中对学生的研究计划进行评分，加深了对学生基本专业素养的了解，学生对导师的研究方向及内容有了一定的学习和思考，有利于学生入学后的科研工作。另外，在综合面试阶段，采取了回避政策，所报考导师不参与评分，但是允许和鼓励导师进行旁听，以便导师对学生进行全面考察。

2.3 申请—考核制提高了效率，评价更加客观公平公正

申请—考核制结合了申请及考试的优势，没有唯分数论，但是没有完全取消考试形式。在"申请—考核"中既有第一阶段的申请考察，又有第二阶段的考试、面试。一方面提高选拔效率，当申请人数较多时，这一优势更加明显，通过全面的考察，选拔出优秀者进入下一阶段的考核，充分利用有限的资源，提高效率。另一方面又排除人情隐患。无论是哪种招生方式，公平是公众对教育的根本要求，每个考生都渴望获得进入理想学校深造的机会，为了能够尽量避免招生过程中权力寻租现象的发生，我们在申请—考核制中采取导师回避政策，利用考试对导师权力进行约束；同时采取专家组集体把关，集体决策的方式，使申请—考核制的结果更加客观，更加公平公正。

3 申请—考核制效果及思考

申请—考核制实施以来，经过几年的试点实践，能源类博士"申请—考核制"工作已经逐步成熟，体现了公正、公开、公平的原则，生源质量较普通招考生优秀，并得到师生的认可。具体生源如表1所示。

表1 2013 – 2019 年能源类博士招生情况

年份	直博	硕博连读生	统考生	申请—考核制	"双一流"学校比例
2013	13	20	12	0	36/45
2014	10	21	8	0	34/39
2015	6	27	7	1	32/40
2016	9	36	0	4	36/49
2017	11	30	0	6	40/47
2018	4	31	0	10	34/45
2019	7	23	0	14	43/44

2019 年全国能源动力类专业教学改革研讨会论文集

表中,直博生一直为本校优秀推免生。2016 年我院博士生生源结构趋于合理化,生源质量明显提高;2013—2015 年非 211 学校的生源多数来自统考生,生源质量相对于直博生和硕博连读生来讲较差。从实施申请—考核制之后,直博、硕博连读、申请—考核制所占总指标比例符合正态分布,这也得益于近几年来推免生的招生改革,硕博连读提供了优质生源。申请—考核制从无到有,从 2013 年的无人报名,到 2019 年占招生总人数的 32% ,生源质量不断提高,都体现了对申请—考核制的认可。

同时,对通过对申请—考核制方式招收的博士生进行质量跟踪,调查结果显示,这类博士生在入学后积极投入科研工作,表现突出,在课程与科研方面进展顺利,均取得一定科研成果,已经发表多篇 SCI 学术论文,对比统考生质量明显提高。

4 结束语

博士的申请—考核招生方式打破了传统招生唯分数论的局限性,更科学合理,把重点放在了"人"的身上,特别注重对申请者的综合素质、科研能力与潜力、创新与实践能力等非量化指标的考核,对申请者的积累和未来发展进行全方位的考量;强化了导师的参与,增强了招生动力。但是申请—考核制依然是新生事物,在其发展过程中还有许多工作需要思考,并不断进行完善。一方面,对于选拔过程可以进一步优化,避免一刀切,但是又要充分体现公平公正,真正把优秀的人才选拔出来;另一方面,要制定合理高效的学科考核的形式与内容,真正使申请者的专业基础知识能够体现出来,潜力能够表现出来,科研热情能够发挥出来。除此之外,还应加强申请—考核制的招生宣传,建立全方位的宣传体系,通过组织多种形式的宣传工作,如暑期夏令营、网络宣传平台、实地宣传等方式,让更多的潜在优秀申请者认识、了解申请—考核制并能够敢于申请,从而提高生源质量。

参考文献

[1] 刘玲. 我国博士招生"申请—考核"制研究[D]. 上海:华东师范大学,2018.

[2] 赵文鹤,何艺玲,赛江涛. 我国主要农林院校博士研究生招生制度改革探讨——"申请—考核"制与普通招考制度的比较[J]. 高等农业教育,2018(2):92 - 96.

[3] 谭骏. 关于全国博士招生"申请—考核"制改革的思考与探索[J]. 中国高等医学教育,2017(9):124 - 125.

浅析教学质量保障体系的构建与实施
——以西北工业大学动力与能源学院为例

郭雅楠,刘存良,刘海涌

(西北工业大学 动力与能源学院)

摘要:本文针对本科教学审核评估过程中发现的教学质量管理方面的薄弱环节,提出本科教学质量保障体系的构建方法,分析并研究了质量标准体系、质量保障组织架构、质量监控与改进的构建与实施,证明有效的本科教学质量保障体系能够为教学质量的持续改进提供强有力的支撑和保证。

关键词:教学质量;保障体系;质量监控;质量改进

本科教学质量管理一直是国内外高校在教学工作中较核心、也较复杂的研究课题,建立健全教学质量保障体系对于推动教学改革、提高教学质量和改善教学环境有着积极的作用。西北工业大学动力与能源学院（以下简称"西工大动能学院"）经过多年的建设形成了有序、完善的教学质量管理机制，包括规范的教学质量标准、合理的质量保障组织架构、健全的教学监控与改进体系。学院在参加本科教学的审核评估过程中，针对教学质量管理中的薄弱环节，逐步构建了独具特色的"五维一体"质量标准体系和"闭环反馈，实时改进"的质量管理体系，促进教学质量持续提升。

1 教学质量标准与管理体系建设

1.1 教学质量标准

教学质量标准是保证教学质量的重要条件。西工大动能学院经过多年的教学管理实践和本科教学评估建设，完善了各主要教学环节的质量标准和教学质量管理制度，建立起了覆盖教学全过程的"五维一体"质量标准体系，对本科教学和管理工作进行全面监控、督促、评估和整改，为持续提高教学质量提供有力保证。

"五维一体"质量标准体系包含以下五个方面，如图1所示。

图1 "五维一体"质量标准体系示意图

（1）明确人才培养要求，制定相关环节的评价标准。

人才培养质量是学院办学的核心。为确保人才培养质量，学院对人才培养过程和各个教学环节进行了深入研究和剖析，明确了影响人才培养质量的基本要素和质量控制关键点。通过培养方案制定和修订过程论证、教学工作水平评估、学生综合评教、毕业审核与学位授予等措施对人才培养目标、培养方案、专业知识教育体系、实践创新能力培养体系、培养方案执行等环节进行评价，并制定了各环节的评价标准。

（2）加强各项规章制度建设，细化主要教学环节的质量标准。

作为教学管理的重要组成部分，规章制度建设占有十分重要的位置。为了强化教学管理，西工大动能学院制定了专业建设质量标准、课程建设质量标准、培养方案质量标准、教学大纲质量标准、教学档案质量标准、教材选用质量标准、毕业论文（设计）质量标准、试卷（出题、成绩评定、试卷分析）质量标准、实验和实习的质量标准等涉及教学各方面的质量标准，旨在实现教学管理的规范化，从而提高教学管理效率。

（3）完善课程群建设，提升教学建设水平。

在原有的本科课程建设基本要求的基础上，制订并出台了"首席教授负责制"课程群建设实施意见，加大本科课程建设人力、物力的投入力度，构建了校级精品课程、省级精品课程、国家级精品课程等三级精品课程体系。

（4）加强实验、实践教学环节的质量把控，规范实习和毕业论文工作质量标准，提高实验、实践教学质量。

西工大动能学院依托陕西省虚拟仿真实验教学中心和陕西省航空动力教学中心，积极开设综合性、设计性、创新性实验课，明确了实验项目、实验教学准备、实验组织实施、实验报告、实验考试考核等实验课程各个环节的质量要求。同时，制订了本科生实习的相关规定，明确了实习教学活动、实践技能训练、科研训练等环节的质量要求和评价标准。除此之外，还制订了毕业论文评审规范、优秀毕业论文评审标准，加强对毕业论文（设计）的管理。通过以上标准的制定与执行，既强化了目标管理，又加强了过程管控，切实保证了实习实践教学质量的提升。

（5）强化教学文档、资料归档管理与质量把控。

制定并严格执行教学文档管理规章制度，并设置"资料室"、聘请"资料管理员"专人专岗进行整理。

1.2 "闭环反馈，实时改进"质量管理闭环体系

西工大动能学院在严格执行学校管理制度的情况下，根据实际状态制定了一系列院级管理制度，建立包括"计划—运行—监督—控制—反馈—改进"在内的"闭环反馈，实时改进"的质量管理闭环体系（见图2），形成了以学校教学各项管理规定为主，院级教学管理文件为辅的教学管理制度体系。通过加强制度建设，出台教学质量监控若干文

2019 年全国能源动力类专业教学改革研讨会论文集

件,建立了以校、院两级教学督导、学院领导和学生为主的监督反馈队伍;坚持每学期期初与期中的教学检查,坚持院系领导和教学督导组听课、学生评教的信息收集与反馈,形成了以主要教学环节的质量控制为重点,以教学质量评估和考察为反馈的良性循环。

图2 "闭环反馈,实时改进"质量管理闭环体系图

2 质量保障组织架构

质量保障组织由学术委员会委员、党政联席会成员、教学管理工作人员、督导组成员、教研室、教学团队和各系教学信息小组组成(见图3)。以学院学术委员会和党政联席会为主导,校院两级督导反馈质量信息,学院教学工作管理委员会负责督促各系、教研室和教学团队落实整改。

图3 教学质量保障组织架构

3 质量监控与改进

3.1 监控

教学质量的监控主要从以下三个方面进行:

(1)落实院领导、系主任、院督导等管理人员听课制度。

学院制定并实施《动力与能源学院领导听课管理办法》,对学院领导听课次数等做了详细规定,并由教学管理工作人员负责对同行的听课信息进行汇总、分析,作为教师评优评先的重要依据。

(2)落实学生评教制度。

每学期中,学院组织学生填写《xx学年x季学期教学质量评教表》,学期末学生在网络评教系统进行评教,学院教学管理工作人员将所有课程的学生评教情况总结分析,反馈给任课教师同时提交给学院学术委员会,对于评教结果不符合学校要求的,按照学校相关文件处理。

(3)建立用人单位对毕业生评价反馈制度。

学院有目标地选择部分毕业生去向比较集中的用人单位,每年按照《动力与能源学院毕业生质量调查表》针对毕业生的工作能力、知识结构、人格素质等方面开展毕业生质量调查,调查表回收后由学院对毕业生调查情况进行分析统计,作为进行学院课程规划建设等方面工作的依据。

3.2 改进

西工大动能学院制定了质量持续改进机制。每学年初由各专业根据各自专业的特点和发展情况制定详细的质量改进举措,并将该举措提交学院党政联席会、教学委员会审核,审核通过后予以实施;每学年末学院统一对各专业质量改进措施的效果进行检查,并在学院党政联席会、教学委员会上通报。学院质量改进以专业培养目标、培养方案、课程建设等为切入点,以教学大纲的改进、课堂内容的更新、实验方法及手段的提高等作为具体表现。各专业均按照本专业的特点开展质量持续改进,如飞行器动力工程专业组织新入职的教师集体听课,感受教学名师的讲课风采,学习教学名师讲课经验,提高青年教师的教学能力;能源与动力工程专业聘请企业专家、优秀工程师参与专业课程教学等。同时,在学院范围内持续开展学术报告和专家讲座等内容、开展科研成果进课堂活动,扩展学生的视野,增加学生对学科前沿知识的掌握程度。

实践证明,学生对教师上课的投入程度、专业水平、师德师风、对学生的关爱等方面满意度在不断提高;学校、学院两级教学督导对学院任课教师的教学态度、能力水平、教学技巧等方面的评价结果也在不断提升,教学质量得到明显改善,并涌现出一批在教学改革方面想作为、敢作为、能作为的优秀年轻教师;教师对教学的重视程度大幅增加,教师教风、学生学风得到改善,学生到课率、抬头率均得到提升。西工大动能学院实现本科教学零事故(近三年),教授为本科生授课比例达到100%。

4 总 结

本文分析并研究了本科教学质量标准体系、质量保障组织架构、质量监控与改进方案,提出了本科教学质量保障体系的构建方法,构建了"五维一体"的质量标准体系和"闭环反馈,实时改进"的质量管理闭环体系,形成了以校、院两级教学督导、学院领导和学生为主的监督反馈机制。该质量保障体系加强了质量改进的问题导向,使得质量监控与改进的问题明确、目标清晰、过程可控,实现了教学质量的动态管理,能够很好地保证本科教学平稳、有序、高质量地运行,并为教学质量的持续提升提供了强有力的保障。

参考文献

[1] 周剑,孙力娟,韩崇,等.综合集成法在高校教学质量评价中的应用[J].计算机教育,2018,278(2):103-106,110.

[2] Maniam K, Suseela D C. Empowering students through outcome-based education(OBE)[J]. Research in Education,2012,87(1):50-63.

[3] 刘理,董桐希.高校评估政策伦理分析——以我国首轮本科教学评估为例[M].南京:南京大学出版社,2015.

能源学科教学与学生培养中实践立德树人的几点体会

屈治国,张剑飞,何雅玲,陶文铨

(西安交通大学 能源与动力工程学院)

摘要: 从课程教学内容、教学方法和学生培养几个方面,结合自身的工作实践和具体案例,探讨了如何在能源学科本科生与研究生的教学与培养过程中实践立德树人的几点体会,并展望了未来进一步实践立德树人的发展方向。

关键词: 立德树人;教学;学生培养;能源学科

党的十八大和十九大报告都明确指出"把立德树人作为教育的根本任务,培养德智体美全面发展的社会主义建设者和接班人"。习近平总书记也在讲话中指出"高校立身之本在于立德树人"。围绕如何在高校的本科生及研究生培养过程中践行立德树人,研究生导师如何在实现立德树人方面发挥积极作用,结合不同的学科特点如何实施立德树人,学者们展开了广泛的讨论。笔者将结合自身在立德树人方面的一些实践,以能源学科本科生与研究生的培养为对象,从课程教学内容、教学方法和学生培养几个方面谈几点体会。

1 将思想政治教育与课程教学紧密融合,塑造学生的爱国主义情怀

笔者作为主讲教师承担本科生专业基础课程传热学的教学任务,该课程为国家级精品课程。在课程教学中,除了介绍相关研究领域在解决国家重大需求和前沿研究中的重要学术成果,培养学生对学科及行业的兴趣以外,还需融入对学生为人、为学的教育,培养学生的奉献意识和团队合作精神。在教学过程中,可通过对本领域知名学者和行业杰出人才所做重要学术贡献和创新成果进行介绍,培养学生的学术道德和职业道德,引导学生树立正确

的择业观、就业观。

由于传热学课程均涉及大型工程装备内的传热技术，在课程中推荐学生课后观看《五星红旗迎风飘扬》和《大国重器》两部爱国主义影视纪录片。通过这两部作品让学生从历史时代的角度了解毛泽东、周恩来和聂荣臻等老一辈领导人运筹帷幄、英明决策的思想，学习钱学森、邓稼先等杰出科学家和工程技术人员在极端困难的条件下，为国奉献、攻坚克难，自主研制两弹一星，开创中华民族屹立于世界东方的丰功伟业的事迹，以及我国工程技术人员研发其他重大装备的感人故事，既培养了学生的爱国主义情怀，又从技术的角度介绍了装备制造中的科学技术知识。

在通过课外影视作品教育的同时，进一步宣传和传承西安交通大学"胸怀大局、无私奉献、艰苦创业、努力奋斗"的西迁精神。例如，在本科生传热学教学中，针对自然对流从层流向湍流转变的判定条件这一问题，早期的学术界对判定条件是 Ra 数还是 Gr 数存在争议，正是杨世铭教授通过研究确认了此判定条件是 Gr 数。因此，在课程讲述过程中，特别强调杨世铭先生的这一贡献是中国学者在传热学史上留下的浓墨重彩的一笔。然后进一步讲述杨世铭先生师从国际著名传热学领袖 Max Jakob 攻读博士学位，20 世纪 50 年代放弃美国的优越条件毅然回国投身于新中国的教育事业，1957 年举家西迁，随后出版了中国学者自行编写的第一本《传热学》教材。他正是践行西迁精神的代表，感人的故事在学生中引起巨大反响。再如《传热学》第四章为导热问题数值解法，主要讲授如何利用计算机进行数值求解偏微分方程。在授课过程中专门截取了电影《横空出世》中的一个片段，描述了在我国开展"两弹一星"研究中，技术人员克服了计算机硬件条件的限制，采用珠算进行数值计算和仿真时的宏大场面，该场景使学生加深了对数值模拟技术重要性的认识，并了解数值计算工具的发展历史，同时进一步加深了学生的爱国主义情怀。

2 教学内容与时俱进、科教融合，培养学生的创新能力

在传热学的教学中，注重教学内容与时俱进，课堂教学及时反映国际传热学的发展趋势及近年来的最新成果，针对性地进行课程内容改革，因材施教，以加强对学生创新能力、解决实际问题能力

的启发与培养。采用启发式教学方法，并细化为四个层次：基本理论讲授、前沿成果介绍、工程应用举例及专题讲座，形成了从理论、规律、创新到工程应用分层次的教学体系。在教学过程中将教学内容和科研实践有机结合，积极把相关科学技术的前沿成果引入课堂教学，从国际前沿问题和团队科研工作的案例中，提炼热工问题，并进行深入分析，培养学生从实际问题中提炼科学问题的能力，提高学生对本领域科学前沿的认知能力。例如，在讲解凝结和沸腾相变换热器设计和校核时，笔者通过自己承担的液化天然气中间介质汽化器国产化研究工作，引入凝结与沸腾的课堂教学；将烧结金属泡沫表面池沸腾的高速摄影可视化影像资料用于池沸腾强化传热教学。在传热学导热问题数值解法的章节中，学生需要掌握网格、节点、离散及离散方程求解等一些抽象的概念，笔者利用商用软件界面友好的优势，对代表性问题的求解进行现场示范教学，以加深学生对基本概念的理解。在课程考核方式中，采用课堂表现、平时作业、撰写小论文、自由讨论课及期末笔试相结合的方式评定学生的课程成绩，特别是在小论文的撰写和自由讨论课中，注重从科学研究和实际工程问题中提炼开放性问题，突出专业基础课对学生培养的要求。此外，在教学手段上也积极开拓创新，推进线上线下混合式教学新模式的实行。

在课堂教学之余，注重科教融合，开放科研平台，鼓励学生进行教学实践，并开展具有创新性的科研活动。笔者将所在团队的高水平科研实验平台面向本科生开放，主要包括燃料电池性能综合实验平台、池沸腾换热实验台、传热风洞、隔热材料性能评估实验平台、锂离子电池热管理实验台、吸附传热传质实验测试平台等，为本科生开展项目设计、科研训练及参加节能减排大赛、大学生创新创业大赛、挑战杯等实践活动提供实验条件，通过自主设计和动手实践等方式，提升学生的科研和科技创新能力。另外，通过与行业知名企业紧密合作，建立实习基地为学生提供工程实践平台，提高学生的实践认知能力。

为了推进创新型研究生素质和能力的培养，从课程建设、研究生创新平台搭建和创新能力培养等方面进行探索，构建了与时俱进的研究生课程内容，搭建了具有国际先进水平的创新研究实验平台，形成了开放合作的全过程、全方位的研究生育人环境。笔者开设并主讲研究生强化传热原理与

技术课程,在课程设置方面注重与本科课程的衔接,以"教学内容与时俱进、及时反映最新前沿、高度重视实际应用"作为研究生课程建设方针。教学中,关注相关研究领域的最新科学前沿和国家重大需求,及时融入相关研究领域及本学科的最新研究成果,增强了课程的科学性与系统性。本课程既夯实了能源学科的基础理论,又着力于先进的计算机模拟及微纳米流动与传热技术,还兼顾材料、环境等交叉学科,强调解决国家重大需求和工程实际问题,能适应不同研究方向研究生的需要。在课程教学中还重视利用校内外优质资源协同育人,邀请知名学者和企业专家开设专题讲座,帮助学生深入了解相关领域的前沿进展、最新成果及工程应用需求,提高学生的综合素养。通过招收国际留学生,与本校理学院教师联合培养交叉学科博士生,邀请国内外知名专家为研究生开设讲座,与中国特种设备检测研究院、青岛海尔集团、空间技术研究院等知名企业、研究机构建立校企协同育人培育基地,实行企业导师合作指导等举措,使学生深入了解并学习产业技术的最新前沿和需求,为培养高水平创新型研究生创造国际化及校企协同育人环境。

3 坚持教书育人、言传身教,全方位关心和呵护学生的成长发展

在本科生培养过程中需注重良好品行和思想道德的培养,笔者践行"着力品行养成、注重个性发展、营造国际化氛围"的全方位育人环境建设理念,通过积极担任学校"越杰班"、少年班班主任和本科生学业导师,定期与本科生进行交流,答疑解惑,关心学生的学习生活和人格发展,引导学生树立积极正确的人生观、价值观,拓展学生的思想视野。根据本科生的学业兴趣,将本科生和所指导的研究生组成兴趣小组,加强学生对学科专业的认识,促进学生了解学术前沿,培养学术和科研素养,提高学生的综合素养。

研究生教育是建设创新型国家的重要环节,其核心任务是提高人才培养质量。笔者所在学科是研究热量转换与传递的基本规律,实现能源高效、清洁利用的重要基础应用学科。随着科学技术和经济的快速发展,新形势下创新型研究生培养过程中需强化学术诚信教育,笔者经常与研究生共同学习国家、学校关于学术诚信的文件,明确科学研究的红线。在研究生入学后,首先让新入学的研究生

明确科学研究的内涵和科研诚信的先决性,然后从方法论上引导研究生明晰什么是科学研究的方法,如给研究生提供一个文件包,里面包含自然科学发展史、如何做报告、英语写作,以及现场演示网络和学校图书馆学术资源的获取方法。在研究生选题方面,以"重大项目引领,选题与国际前沿、国家重大需求和国民经济主战场紧密结合"的研究生学位论文选题方针,从"面-线-点"一体的系统角度进行选题:"面"层面是对研究领域的整体宏观把握,了解领域层面涉及的研究方向;"线"层面培养研究生迅速聚焦研究对象的能力;"点"层面则是根据自身的认识和本团队工作的积累,结合研究生自身的兴趣和特长,针对具体问题开展创新性研究工作。笔者将此选题思路总结为"高度决定视野、角度决定方向、细节决定成败"的科学研究方法,之后积极跟进研究生培养各个环节,与学生进行充分学术交流,在开展科学研究过程中搭建了一系列高水平科研平台,如锂离子电池热管理平台、液流电池测试平台、吸附传热传质研究平台等,提高了研究生的实践动手能力,培养了他们的创新意识,增强了他们完成国家重大任务的责任心,并将研究成果以论文、专利和专著的形式发表。

在研究生指导过程中践行"着力品行养成,注重个性发展,营造国际化氛围"的全方位育人环境建设理念,秉承本学科教师立德树人的优良传统,发扬"胸怀全局,无私奉献,弘扬传统,艰苦创业"的西迁精神,着力培养研究生"到国家需要的地方建功立业"的社会责任感,注重研究生品行养成及开展为人为学的教育,将研究生的品行教育结合到日常业务训练和培养中。在研究生培养过程中既重视业务素质培养,又关注个人生活和思想动态,在日常组会及与研究生单独交流中,高度重视为人为学的品行教育,在关心、帮助研究生的过程中做好育人工作。在研究生论文选题过程中,充分考虑研究生的个人兴趣和特长,注重个性发展,通过联合培养、境外学者短期讲学等方式,精心打造国际化培养环境,鼓励研究生冲击国际研究前沿,并建立校企协同育人基地,培养研究生的创新能力。研究生毕业进入科研院所后,关怀其职业发展,与其讨论自然科学基金申请的内容,继续合作并联合发表学术论文,形成亦师亦友的关系,努力做到全过程育人、全方位育人、终身育人。

4 结　语

笔者结合自身的工作经验和实践，介绍了在能源学科本科生和研究生的教学及培养过程中融入立德树人思想的几点体会，虽然实践取得了一定的成效，但未来在以下方面还需进一步思考和加强：① 如何在教材建设、课程内容设置、教学方法改革、成绩综合评价等方面增加立德树人的考量；② 如何做到将立德树人与科研活动和项目研究紧密结合；③ 如何在社会活动、科技活动和公共服务中进一步扩大立德树人的影响。

参考文献

[1] 习近平. 在全国高校思想政治工作会议上的讲话[N]. 人民日报，2016 – 12 – 10.

[2] 卢勃，刘邦卫，鲁伟伟，等. 从管理到治理：研究生教育立德树人的四维建构[J]. 研究生教育研究，2019(2)：61 – 65.

[3] 蔡晶晶，房春燕，郭锦锦，等. 高校立德树人根本任务的实现路径研究[J]. 西部素质教育，2019(5)：14 – 16.

[4] 韩晓越，姜德君. 在高校中对学生进行立德树人的方法研究[J]. 才智，2019(8)：182 – 183.

[5] 刘志，韩雪娇. 研究生导师立德树人需要突破的三重瓶颈[J]. 研究生教育研究，2018(5)：13 – 17,64.

[6] 赵立莹，刘晓君. 研究生教育立德树人：目标体系、实施路径、问责改进[J]. 学位与研究生教育，2018(8)：58 – 63.

[7] 骆莎. 论立德树人中导师的教育引导作用[J]. 思想理论教育，2018(11)：107 – 111.

[8] 沈蓉，沈利荣，刘伟，等. 工科院校研究生教育中立德树人机制探究[J]. 科技风，2017(19)：23 – 24.

[9] 颜睿. 应用型工科高校加强人文社会科学教育的理论逻辑[J]. 应用型高等教育研究，2018,3(4)：1 – 5.

"强制"增加大学生学习的主动性
——构建重过程监督的多样化成绩评定标准*

刘俊红

（山东建筑大学 热能工程学院）

摘要： 本文首先介绍美国高校的成绩评定标准，阐明美国大学生的学习主动性是由学校要求的最低成绩为 C 和重过程的成绩评定标准来保证的，然后介绍目前国内大多数工科院校的成绩评定标准，指出其缺少对学习过程有效考核的缺点。结合佐治亚理工学院的访学经历和多年思考，本文提出对于学分制下工科院校的课程成绩考核，应该构建重过程监督的多样化成绩评定标准，通过严格有效的过程监督"强制"增加大学生学习的主动性。最后从作业、实验、考试、教务管理系统成绩录入等方面，提出制定该标准时的建议和面临的问题，以供探讨。

关键词： 成绩评定标准；作业；考试；过程监督

各种资讯和大家的实际见闻都指出美国的大学生在课后花费大量时间学习，而国内很多高校的大学生除了完成作业和考试前复习，很少在学习上用时间。美国的大学生是真的觉悟高，主动想掌握更多的知识？还是有什么制度迫使他们如此主动？出现这种现象的深层次原因是什么？

受国家留学基金委和学校资助，2015 年 3 月到 2016 年 4 月期间本人在美国佐治亚理工学院（GT）

---

* 基金项目：山东建筑大学 2018 年教改重点专项研究项目（010171803）

进行访学。在这一年里，通过听取多门专业相关课程、课下收集资料、咨询导师、和其他的访问学者交流，经过多方位思考，长久以来的疑问得到了解答。本人认为：美国大学生的主动性是由学校要求的最低成绩为 C（相当于国内的 70 分）和重过程的成绩评定标准来保证的。

要在国内培养高质量的优秀人才，必须充分调动学生学习的积极性和主动性。而目前学分制下工科院校的成绩评定标准存在一些问题。构建重过程监督的多样化成绩评定标准及其相应体系是能够"强制"增加大学生学习主动性的一种方法。本文将介绍美国高校和国内工科院校的成绩评定标准，然后从作业、实验、考试、教务管理系统成绩录入等方面，针对制定重过程监督的多样化标准提出一些建议并分析其面临的问题，以供探讨。

1 美国高校的成绩评定标准

美国的成绩评定标准与国内最大的区别在于最终成绩的多样性、期末考试的次要性，以及对整个学习过程的有效监督性。美国大学生的最终成绩包含考勤、课堂参与、作业、考试、小组报告和论文等，随课程和老师不同，其成绩构成和所占比例也不同。最终成绩由各项成绩按比例相加得到。

1.1 考勤与课堂参与

考勤与否取决于老师。有的老师点名，甚至每节课让学生签到或直接指定座位，但也有很多老师不点名。点名的老师会在成绩评定里包含考勤项，一般占总成绩的 5% ~ 10%。课堂参与是依据学生上课时的参与度，有的和考勤一起占比，有的和课堂表现一起占比（有 project 的课，需要上讲台宣讲）。

1.2 作 业

课程有作业的话，作业占比在 10% ~ 40% 之间，一般在 20% 左右。

在国内，长久以来对作业的理解是老师讲完课后为检查学生是否掌握而布置的。在 GT 访学时的听课颠覆了这种认知。因为 GT 的课程（尤其是专业课）学时比较少，老师对于浅显的知识点一般不讲，而是留成作业，课堂时间留给难点、重点答疑，很多时候一节课就推导了一个公式或讲了一个知识点。老师为了让学生课下预习和了解需要的知识点，给学生布置了相关作业。在讲到作业所留内容时因为学生提前了解所以老师讲起来也比较轻

松，学生接受得也比较好。作业起到强制学生预习、扩展知识点的作用，也强化了老师的课堂教学效果。

作业严禁抄袭。如果出现作业抄袭，老师会认为违反了校规，不给成绩。

作业的量很大，即使是专业课。因为有很多和课程相关的内容需要学生课下自学，老师布置的作业量比较大，而且不局限于课本（有的课甚至没有课本，老师给大量的讲义或给出参考资料），有很多题目需要学生上网查找。如果作业出现的问题比较多，老师也会在之后的课堂上进行讲解。作业都是由助教批改打分后发给学生。

交作业有截止时间。超过了老师规定的截止时间再交作业，老师就不收了（从小学开始就有如此规定）。因此也可以说作业是一种地点不限、有时间期限的开卷考试。

1.3 考 试

考试有 Quiz（测验）、Test（考试）、Mid Term Exam（期中考试）和 Final Exam（期末考试）等多种方式。不同的课程（老师）各项所占比例不同，考试次数也不相同。有的老师所有的考试占比相同，有的会期末考试稍多一点，有的期中考试占比更多，这都取决于老师个人。平时的小测验可以开卷，也可以是闭卷，学生之间要保持一定的距离以避免抄袭。期末考试在最终成绩里占比在 15% ~ 35% 之间。

一般每学期（15 周左右）会有 3 ~ 6 场考试（包括最后的期末考试）。因此即使只有 3 场考试，5 周就会有一场考试。所以学生感觉刚开学不久就有考试，然后一场一场连起来，中间不能有丝毫放松。

有的课程可能会让学生分组做 project（项目），project 分数占比在 30% ~ 60% 之间。比如笔者所听的能量系统分析与设计课程就有 project。第一节课老师给出了 5 个 project 题目，让学生报名，每人可以报 3 个。第二节课老师根据学生的报名情况公布了分组情况，要求每个小组开始做 proposal（提案）。每个小组每周至少见面一次进行讨论，第 4 周时做第一次汇报。汇报内容包括目的、历史、存在问题、工作计划等，类似国内的开题报告。第一次的汇报有特别详细的工作计划，到什么时间做到什么程度等。讲完后先是其他学生就汇报内容提问，然后是老师提问并给出意见和建议。到学期结束，至少要汇报 3 次。每个学生都会讲一下自己所做的部分，每个小组有一个组长，统领全局。学生讲的

2019 年全国能源动力类专业教学改革研讨会论文集

如何会有一定的分数,一般占比5%。

1.4 通过课程的最低要求与GPA

美国通过课程的要求和国内高校的区别在于非"60分万岁"。国内高校只要学生该课程最终成绩高于60分就为通过。而美国绝大多数学校通过课程的要求是成绩达到C(70%)以上,也就是说只有学生的最终成绩达到70分才相当于国内高校的及格,才能够拿到学分,不用重修。拿不到学分必须付费重修,既浪费金钱又浪费时间。

但因为美国的就业压力比较大,而且公司企业都很重视学生的在校成绩(一般是平均绩点GPA)和表现。另外要想申请攻读研究生,GPA优异的申请者享有美国各高校设置的优先录取政策,而且大学排名越靠前,对GPA成绩要求越高。美国TOP10～TOP100的学校研究生GPA最低要求为3.0,2019年US news排名TOP10的美国院校研究生GPA要求建议在3.8+,最低要求3.5。根据百分制与4分制GPA的换算,GPA3.0对应80～84分,GPA3.5对应85～89分,GPA4.0对应90～100分。

为了能够顺利拿到学位,为了进一步深造,为了和名牌大学生竞争更好的工作机会,美国高校大学生都狠命学习以拿到一个更好的分数,有压力才有动力。又因为每门课程的每一次考勤、作业、汇报、考试都是最终成绩的组成部分,所以学生必须要保证每一个环节都获得高分。因此可以说美国高校对成绩的高标准和注重过程的成绩评定标准促进和保证了大学生学习的主动性和自觉性。

2 国内工科院校的成绩评定标准

国内工科院校进行成绩评定时大多采用教务管理系统。在教务管理系统里录入成绩时课程总成绩的构成已经确定,而且不管是基础课、专业基础课,还是实践性强的专业课,甚至是专业实践课程,如课程设计、毕业设计和各种实习,都是同样的成绩构成。

2.1 成绩构成与比例

不同的工科院校采用的成绩构成不完全相同。有的仅有平时成绩和期末成绩,有的为平时成绩、上机/实验成绩和期末考试,也有的为平时成绩、上机/实验成绩、期中考试和期末成绩。对于成绩构成的比例,不同的老师分配的比例不相同。根据本人所做的调查,在总成绩只有平时成绩和期末成绩

两项时,30%+70%的居多,还有10%+90%,也有40%+60%;在总成绩有平时成绩、实验成绩和期末考试时,20%+10%+70%居多;而在总成绩有平时成绩、上机/实验成绩、期中考试和期末成绩构成时,一般上机/实验成绩占10%,期末考试占70%的居多,另外两项比例不定,而且进行期中考试的不多。

因为教务系统里没有分课程类别,也没有考虑老师意愿,所以不同性质的课程和不同的老师只能在平时成绩的组成上有一些不同。平时成绩一般包含考勤和作业,有的老师会增加课堂表现、小论文、平时测验等。但如此设置平时成绩的缺点是不利于界定各组成项比例,不利于老师发挥主动性,而且不利于审核和监督。

2.2 目前成绩评定标准的缺点

从课程最终成绩的构成与比例上来看,国内工科院校的成绩评定标准存在的首要问题是大多数课程沿袭"一考定终身"的思路,期末考试成绩占比太高。其次,大多数课程的平时成绩仅含考勤和作业,而对于作业所给出的成绩一般是按次数、而非分数来统计。

目前的这种成绩评定标准给了大学生钻空子的空间,以至于在很多高校都出现学生不缺勤,但也不认真听课,玩手机、睡觉,听到好玩的地方才抬头听听的现象。但对于理工科的课程,本身很多内容就比较枯燥,而且存在内容上的衔接,如果学生开始不好好听课后来又想听课,可能由于内容衔接不上想听也听不明白,最后只好放弃。对于布置的作业抄袭(不缺次数就行),这样就把平时成绩全部拿到手。然后考试前集中突击学习,分数过60就万岁。但大学往往期末考试时间比较集中,学生就会面临复习多门课程,时间不够的问题,这也就造成即使课程通过也是低分通过。老师在进行考卷分析时会看到大量的卷子集中在60～69分,甚至是50～59分这一分数段,想让分数呈正态分布很难。

目前的成绩评定标准给学生另外一个钻空子的空间是即使期末考试成绩很低也能通过。比如某门课程总成绩有平时成绩和期末成绩两项,比例是30%+70%。某学生不缺勤、不听课、抄作业,平时成绩也能取得100分,那么期末考试只需要考到43分就能通过,连卷面成绩的一半都不到。对于有平时成绩、实验成绩和期末成绩,比例分别是20%+10%+70%的课程,假设实验拿了80分,那么不缺勤、不听课、抄作业的学生期末考试只需考

46 分就能通过。

既然如此轻松就能够通过考试，学生也就更轻视平时的学习，流行考前集中突击，后果就是低分横行、不及格率偏高，甚至出现一些超低分。非严格学分制的毕业制度又把让学生通过考试的压力转移到任课老师身上，所以很多课程的考卷越出越简单，学生更轻视。

因此可以说，目前国内工科院校成绩评定标准的缺点是缺少对学习过程的有效考核，对学习过程的监督不够，凸显仅重视考试结果。必须要进行改革，通过严格有效的过程监督来"强制"增加大学生学习的主动性，才能培养出更优秀的学生迎接社会发展的挑战。对于国内学分制下工科院校的课程成绩考核，应该构建重过程监督的多样化成绩评定标准。

3 重过程监督的多样化成绩评定标准

针对前文所述国内高校成绩评定标准的缺点，在新一轮的教育教学改革中，山东建筑大学 2018 版课程教学大纲的修订明确规定："应将平时作业、测试、实验、考勤等过程评价纳入考核结果，过程评价占课程考核成绩的比重一般为 30% ~ 50%。"这个规定减少了期末考试的比重，增加了过程评价的比重，突出了成绩评价标准中过程评价的重要性。

但目前缺少对平时作业、测试、实验、考勤等过程评价的具体意见。如何能够使过程评价真正起作用，如何能够真正对学生的学习过程进行有效考核，如何在教务系统中体现评价方式多样化的成绩评定标准，就这些问题本人提出了一些看法，为学分制下工科院校的成绩评定标准抛砖引玉。

3.1 平时成绩具体化

课程最终成绩中不再体现平时成绩字样，直接把平时成绩所含的每一项及其所占比例列出，比如考勤、课堂参与、作业、测试、实验、小论文等。不同性质的课程如何考核及其是否合理，是否多样化测评，这些通过成绩构成一目了然。

3.2 作业分数化

作业评定要分数化（或评级），而不能次数化，即在统计入课程最终成绩时依靠的是平均分数（级别），而不是交作业的次数。只有作业分数化才能真正对学生的学习过程有效考核。

如果作业评定方式不改革，那么作业在最终成绩中的占比就没有太大意义，且给学生大量空子可钻。国内高校对学生的诚信还没有评价体系，导致现在的作业存在严重抄袭现象（有时候作业交上来就几个版本），有些学生写作业就寥寥几笔，甚至都不完整。作业分数化以后，可以对抄袭的作业和原创性作业在分数上拉开档次，不完整的作业也失去了存在的意义，这样才能对学习过程进行有效考核，降低作业抄袭率。

学生作业除了强调不能抄袭外，也应该规定上交期限。规定时间到期后不再收取，避免临考试前还收到学生作业的现象。

但作业分数化会导致老师工作量加大。在国外，每门课程都有助教，作业由助教负责批改。国内有的高校是研究生作为助教批改作业，但绝大多数都是任课老师负责。设助教批改作业是承认批改作业为工作量的一种体现。在推行研究生助教的同时，对于没有助教来批改作业的课程，应该按作业量计入任课老师的工作量，让老师批改作业这部分工作得到承认。

3.3 实验成绩比例化

在有实验的课程里，大多数课程最终成绩中实验成绩占比为 10%。4 个学时的实验对于总 64 学时的课程和总 32 学时的课程，所占比例相同，这不太合理。建议有实验的课程，将实验成绩的比例取其占总学时的比例。

3.4 考 试

考试的次数和比例由任课老师根据课程性质和意愿自行规定。因为美国高校大多是小班化教学，每到考试，老师要求学生坐开，有一定的距离间隔，而且他们的诚信制度使学生大多都没有抄袭的习惯。国内高校很多课程是大班化教学，一般只有期末考试学校才统一组织教室和监考老师，且学生的抄袭现象严重。如何在多次考试过程中避免学生抄袭？多次考试考卷如何印制？测试次数发生改变，测试内容相应也会发生改变。权重如何调节？如何覆盖知识面？与期末考试的内容上是否有关联？这些问题都需要进一步确定与研究。

以往的期末考试占主导的成绩评价中对教学检查容易进行，只需看期末试卷。但新的重过程的成绩评价标准中，作业占比和平时测验的权重增加，如何进行教学检查成了一个新的问题。

3.5 开放式的成绩录入

教务管理系统的成绩录入设成开放式，不指定课程的最终成绩构成。当老师录入成绩时，可以先自行选定成绩构成包含几项，然后在生成的页面上设定每一项的名称和所占比例。这种开放式的成绩录入方式充分考虑了个性化和多样化。

4 结 语

2018 年 6 月，教育部召开的新时代全国高等学校本科教育工作会议上提出了本科教育的"四个回归"。第一个回归就是回归常识，即要围绕学生刻苦读书来办教育，引导学生求真学问、练真本领。在重过程监督的多样化成绩评定标准下，老师能够更好地发挥教学上的能动性，并对学生进行严格有效的过程监督。为了毕业、就业和进一步深造，学生只好"被动"增加学习的主动性，发挥更大的学习积极性，实现回归常识。

参考文献

[1] 张秀三. 美国研究生招生选拔机制研究及启示[J]. 高教探索,2015(8):99 – 104.
[2] 美国研究生 GPA 要求详细解读[EB/OL]. (2018 – 09 – 19) http://usa. weilanliuxue. cn/lxtj/shuoshi/14010. html
[3] 宋颖潇,吕恕. 研究生助教是高校教学的必要补充——以概率论与数理统计课程为例[J]. 电子科技大学学报(社科版),2018,20(6):108 – 112.

OBE 教育模式在工程热力学教学中的应用

何茂刚，张颖，刘向阳

（西安交通大学 能源与动力工程学院）

摘要：OBE 工程教育模式强调以学生为中心精心组织、科学评价、持续改进教学活动,确保学生获得在社会上从事工程领域工作应具备的能力和素质。本文基于 OBE 工程教育的理念,从课程教学内容和教学方法的改革出发,设计了工程热力学"制冷循环"章节的教学内容。通过课堂教学的不断实践和改进,促进了对能源动力类本科生解决复杂工程问题能力的培养。

关键词：Outcome-Based Education（OBE）基于产出教育模式;工程教育;工程热力学;教学案例

进入 21 世纪以来,互(物)联网、先进制造、可再生能源利用、海量信息通信、人工智能等领域原创性和颠覆性的技术重构了全球经济的发展模式,引发了新一轮的工业革命。引发变革的一个显著特征是基于科学、技术和工程之间高度融合的创新,基于自然科学、社会科学及其学科之间高度融合创新,迅速变化的工业发展为工程教育提出了更高更多的要求。近二十年,中国工程教育先后进行了面向 21 世纪教学内容和课程体系、CDIO 工程教育、工程通识教育、OBE 工程教育等数轮改革和实践,取得了明显的成效,在课程体系、课程内容、工程实践、考核考评等方面发生了很大的变化。

Outcome-Based Education(简称 OBE)教育模式是以学生为中心、以目标为导向、面向产出的教学系统,确保学生获得特定的能力。充分体现 OBE 教育理念的专业认证是中国加入《华盛顿协议》、实现本科工程学历国际实质等效的重要举措。OBE 教育理念仍然是围绕学生的知识获取、能力提高、素质养成开展教学活动,不同的是强调以学生为中心精心组织、科学评价、持续改进教学活动,目的是确保学生获得在社会上从事工程领域工作所具备能力和素质,培养目标、毕业要求、课程体系、教学内容、教学方法、师资队伍、教学条件仅仅是手段,而非目的。如果没有达成学生适应社会需求的工程培养目的,所采用的培养目标、毕业要求、课程体系、教学内容、教学方法、师资队伍、教学条件等手段就需要持续改进。

我国 2013 年加入《华盛顿协议》成为预备成员,2016 年 6 月成为正式成员。为了满足《华盛顿协议》的要求,许多高校在课程体系、教学内容、考核评价等方面进行了积极的探索、改革和实践。例如:清华大学苏芃等建议在通识教育初建阶段引入 OBE 框架以及能力导向课程设计理念,明确通识教学课程的学习产出,并围绕此来配备教学资源设计教学环节。河南理工大学牛海鹏等基于 OBE 内涵与理念，从人才培养路径、学习产出体系、"平台＋模块"课程体系、层次化的教学模式、实践教学体系以及一体化专业改进机制六个方面，构建了测绘类专业创新应用型人才培养模式。同济大学的李培振等将 OBE 的理念融入课程考试改革中，建立了一套更加科学的课程评价体系。东北林业大学任世学等探讨了农林类高校林产化工专业化工原理课程内容的构建，包括定义教学产出、教学产出的实现、教学产出的评价及使用等。可见，OBE 教育理念已经被广大高校的工科教育所接受并进行了有益的探索和实践，目前全国共有 198 所高校的846 个专业通过认证，分布于机械、化工与制药等 21个工科专业。能源与动力工程类专业尚未建立专业认证标准，急需开展相关的工作。

工程热力学是能源动力类及相关专业的"方法论"课程，教师教好和学生学好这门课程的重要性不言而论。本文以工程热力学课程中"制冷循环"一章为例（见表 1），详细介绍基于 OBE 教育理念，在课堂教学中如何突出工程实际背景，帮助学生锻炼工程思维和提炼科学问题的能力；如何构建物理数学模型，帮助学生锻炼定性定量分析工程问题的能力；如何引入最新科研成果，帮助学生锻炼发现问题和解决问题的能力。

1 OBE 教育理念对课程教学的要求

按照 OBE 的理念，课程教学主要关注其实施是否对课程目标有效支撑，而课程目标要合理对应于学生的毕业要求，进而实现既定的培养目标。对于能源动力类专业来讲，不同层次和类型的学校的培养目标不尽相同，但大体都会从知识、能力和素质三个角度提出毕业要求，最终实现培养在能源动力领域解决复杂工程问题能力的现代工程师。简单一句话讲，课程教学就是要让学生掌握能够解决复杂工程问题能力所需要的相关知识、能力和素质。从另一个角度看，传统工程师培养不能满足现代工业的需求，在课程教学方面的主要不足和要求如下：

（1）注重了工程知识的系统传授，忽视了解决工程问题的分析和研究。工业革命以来，人类创造和总结了大量的工程经验和知识，形成了系统的专业教学知识体系和内容，传统的课程教学集中于这些知识的学习和验证，很少从这些工程问题的提出、设计、开发和研究角度"重温创新"，更不会给出当前面临的相关工程问题，组织学生进行有效的探讨。

（2）注重了个人学习的能力培养，忽视了团队协作和工程管理的能力培养。传统的课程教学以知识点方式组织，适应了化繁为简的个体学习习惯，但割裂了工程问题的系统性和复杂性，团队沟通和协作解决问题的能力几乎没有体现，更没有从项目和工程管理的角度审视问题的解决。

（3）注重了专业知识和能力的训练，忽视了工程问题的社会环境考量。解决一个复杂的工程问题，不但要依靠专业的知识和技能，还要综合实际操作、市场竞争、社会接受、环境容忍、工程伦理等条件限制，这些在传统的课程教学中考虑的都很少。同样的解决方案以前行得通，现在就未必，或者以前行不通，现在就可行，要建立终身学习研究、持续批判改良的习惯。

2 基于 OBE 教育理念的教学内容设计

充分理解了 OBE 教育理念，贯穿于工程热力学的课程教学，本文以工程热力学中的"制冷循环"一章为例，设计了基于 OBE 教育理念的课程教学。

学生背景：本科 2 年级学生。学生刚学完高等数学、大学物理、编程计算等基础科学课程，初步掌握了气体分子运动论、热力学、计算机数学求解的基础知识。学生尚未有工程思维能力和热工设备认知，尚未有工程问题建模为科学问题的能力，尚未有与课程相关最新科技发展状况了解。基于此，要完成教学任务，必须在教案设计中重点解决这些问题，才能真正使学生不但掌握了知识，而且培养了能力和素质。

制冷循环章节的教学内容主要包括：制冷基本概念和工程应用；压缩空气制冷循环；压缩蒸气制冷循环。教学要求为：掌握制冷有关基础概念和基本知识；掌握压缩空气制冷循环的热力学分析，包括物理数学建模、热力性能分析；熟练掌握压缩蒸气制冷循环的热力学分析，包括物理数学建模、热力性能分析；了解制冷剂工业现状和科技前沿。计划课内 2 学时。教学手段全程使用多媒体教学，教学方法在课堂上突出交互式教学，在课外注重进行拓展研讨。

以教学内容和要求为纲，以学生为中心，采用灵活的教学手段和方法，突出工程背景、知识获取、能力培养。"制冷循环"章节的课堂教学活动设计如表1所示。教学内容设计的重点在于:使学生在了解制冷有关基础知识,熟练掌握压缩空气制冷循环和压缩蒸气制冷循环的热力学分析的基础上,对制冷技术和制冷剂发展有所了解,尤其是相关科技前沿。学生需要熟练掌握的核心点有:压缩空气制冷循环和压缩蒸气制冷循环的热力学模型($T-s$图、lg $p-h$图等)、数学模型(热力性能)和循环性能分析(包括同类循环间的对比分析)、开展科学研

究的基本思路,即如何运行所学知识在工程实践中发现问题,并寻求解决方法的科学思维方式。

本教学设计自2012年初开始实施并逐年完善,6届学生受益人数1023人,引导学生遵循"提出问题→分析问题→寻找方法→解决问题"的思路,自主完成研究性学习。授课效果达到了预期目标,学生反馈良好,很好地培养了学生主动学习兴趣,并帮助学生建立了实际问题的工程思维能力。

表1 工程热力学课程中"制冷循环"课堂教学活动设计

步骤时间	教学内容	教师活动	学生活动	目的意图
第1学时				
5分钟	制冷基本概念	讲授制冷基本概念;介绍制冷在生产生活中应用	结合生活实际举例制冷用途、潜在的应用	知识获取:掌握制冷科学定义,了解制冷生产生活用途; 能力培养:工程制冷过程的科学概念; 素质提高:具体认识科技进步对生产和生活的促进作用
5分钟	典型制冷装置	演示典型制冷/空调装置;提问学生对制冷装置的认识	结合生活实际举例所知道的小型制冷装置	知识获取:掌握典型制冷装置的主要部件及其功能; 能力培养:典型制冷装置的科学概念; 素质提高:对制冷装置有科学的认知
10分钟	逆卡诺循环	课件结合板书,讲授逆卡诺循环及其热力学分析	回顾热力学第二定律,自主开展逆卡诺循环的热力学分析	知识获取:掌握实现制冷的基本原理; 能力培养:制冷机理的热力学解释; 素质提高:应用热力学第二定律的分析能力
10分钟	制冷方式分类	讲解全世界代表性的制冷方式	结合实际中遇到过的制冷方式解读,尝试提出新的制冷方式	知识获取:了解几种代表性的制冷方式及用途; 能力培养:了解代表性的制冷方式的基本原理; 素质提高:认识制冷行业发展动向、制冷学科学术前沿
20分钟	压缩空气制冷循环及特点	课件结合板书,讲授压缩空气制冷循环;剖析其存在的问题	自主进行循环物理数学建模、热力性能计算与分析。结合实际分析工程适应性	知识获取:掌握压缩空气制冷循环——逆布雷顿循环; 能力培养:逆布雷顿循环物理数学模型建立; 素质提高:熟练掌握分析制冷循环的一般方法
第2学时				
10分钟	回热式压缩空气制冷循环	讲授回热式压缩空气制冷循环	回顾回热学术思想及应用,总结给出回热方式不同及其适用性	知识获取:掌握回热式压缩空气制冷循环; 能力培养:回热式压缩空气制冷循环物理数学建模; 素质提高:回热思想的技术应用及效果分析
25分钟	压缩蒸汽制冷循环	讲授压缩蒸汽制冷循环;布置课外设计题目	回顾实际气体热力学性质图表用法;探讨简单制冷需求设计;团队联合完成课外设计	知识获取:全面掌握压缩蒸汽制冷循环; 能力培养:压缩蒸汽制冷循环物理数学建模、热力性能分析; 素质提高:实际工程中应用热力学第二定律的分析能力
15分钟	主要制冷剂及其发展史	讲授制冷剂发展的四个历史阶段及典型学术事件	讨论臭氧空洞、温室效应等环境问题及其对策	知识获取:了解制冷剂及其发展历史; 能力培养:拓展学生的知识面,丰富学生对制冷剂的认识; 素质提高:引导学生对制冷前沿科技和社会责任的思考

3 结　语

本文基于 OBE 工程教育的理念,设计并实践了工程热力学"制冷循环"章节的教学内容。课程教学的设计不但注重工程知识的系统传授,还突出培养学生解决工程问题的分析和研究能力;不但注重个人学习的能力培养,还突出培养学生团队协作和工程管理的能力;不但注重专业知识和能力的训练,还突出养成学生在复杂社会环境中解决工程问题的思维方式。通过多媒体教学手段、交互式教学方法和课后探究式学习完成课程教学的任务,旨在达成现代工业对工程教育目标的实现。

参考文献

[1] 邱勇. 我们需要一个什么样的工程教育[N]. 光明日报,2018 – 09 – 30(6).

[2] 黎琳. "高等教育面向 21 世纪教学内容和课程体系改革计划"述评[J]. 高等理科教育,2001(2):13 – 19.

[3] 顾佩华,包能胜,康全礼,等. CDIO 在中国(上)[J]. 高等工程教育研究,2012(3):24 – 40.

[4] 林健,胡德鑫. 国际工程教育改革经验的比较与借鉴——基于美、英、德、法四国的范例[J]. 高等工程教育研究,2018(2):96 – 110.

[5] 顾佩华,胡文龙,林鹏,等. 基于"学习产出"(OBE)的工程教育模式——汕头大学的实践与探索[J]. 高等工程教育研究,2014(1):27 – 37.

[6] Spady W D. Outcome-based education: critical issues and answers[R]. Arlington, VA: American Association of School Administrators, 1994: 1 – 10.

[7] Willis S, Kissane B. Outcome-based education: a review of the literature[R]. Prepared for the Education Department of Western Australia, 1995.

[8] 苏芃,李曼丽. 基于 OBE 理念,构建通识教育课程教学与评估体系——以清华大学为例[J]. 高等工程教育研究,2018(2):129 – 135.

[9] 牛海鹏,樊良新,佟艳. 基于 OBE 理念的测绘类专业创新应用型人才培养模式研究[J]. 大学教育,2018(12):4 – 7.

[10] 李培振,张波,单伽锃,等. 基于 OBE 理念的课程考试及其评价研究[J]. 教育教学论坛,2019(13):83 – 85.

[11] 任世学,李淑君,张继国,等. 基于 OBE 理念的课程体系构建探索与实践——以化工原理为例[J]. 化工高等教育,2019(1):32 – 35.

基于点对点共享技术的互联课堂设想*

孟凡凯,杜永成,王超,谢志辉,杨立

(海军工程大学 动力工程学院)

摘要:从信息论的角度来认识,知识本质上也是一种数据和资源。把教学中知识的获取与网络中资源的获取相类比,从网络资源的获取技术演进过程中得到启发,提出知识的获取点不应该只有教师一个人,而是掌握这一知识的每一名学习者。学习过程中的每个人可以既是学习者、也是教育者,又是传播者。点对点的传播方式,让每个人都能选择学什么,在哪学、跟谁学,从而可能真正实现快捷、高效的个性化学习。

关键词:教学改革;互联网;点对点;信息共享

现代社会对人才培养提出了新要求,对教育工作者提出了新要求,大学教育不仅要传授课程知识,更要与时俱进,充分利用现代教育手段,全方位地培养学生的综合素质。近年来,教育领域新理

* 基金项目:高等学校能源动力类专业教育教学改革项目(NDJZW2016Y – 77)

念、新技术、新方法的创新与应用非常活跃。其中，"以学生为中心"是核心理念之一，强调以学生主动和学习成效为导向的教育。随着现代教育手段的发展涌现出许多新的非传统形式的教学模式，MOOC、翻转课堂、雨课堂等都是这一理念的具体体现。然而，远程教育和在线教育，由于缺少面授环节，使得教育的过程缺少有效互动，缺少人文关怀。而传统课堂由于教师的存在，学生在学习能力有差别的前提下教学进度稳步推进，能够保证教学的有序进行，让学生在与教师的互动中不断启迪思维、塑造品格。因此，笔者认为，在相当长一段时间内，教室仍将是教学的主要场所，课堂仍将是教学的主要方式。

1 传统讲授式课堂教学存在的问题

现代远程教育手段无法替代传统大学教育，并不意味着大学的教育者们可以高枕无忧、故步自封。现代科技的发展对大学教育的挑战和冲击是显而易见的，知识的获取可能不再需要教师苦心孤诣地传授，而只是指尖上的轻轻一点。如果现代大学教育仍然沿袭以往的教学方式，而不做出一些转变，是无法适应学生发展的需要的。特别地，传统讲授式课堂教学还存在着一些问题需要解决。如：教师本身是一种资源，但其可利用的时间是有限的，学生能否在教师不在场的情况下完成有人指导的面对面的高效学习；课堂上如果有学生某一知识点没有听懂，教师通常会再讲一遍，而对于已经掌握的同学，这一时间是无效的；课下时间，没有掌握的学生习惯去问教师，教师逐个解答每一名学生的问题，通常效率较低，有时甚至会回答重复的问题；学生乐于向他人讲授自己掌握的内容，既能带来作为老师的成就感，又能巩固所学，查漏补缺，但通常学生只是被动的听众，仅是知识的接受者，而不是传播者，缺少主观能动性。

2 互联网信息共享的演变

如何转变思维，从知识获取方式上解决这些问题？从信息论的角度来认识，知识本质上也是一种数据和资源。如果把教学中知识的获取与网络中资源的获取相类比，从网络资源的获取技术的演进过程中或许可以得到启发。传统资源共享模式是把文件存放在服务器，由服务器端传送到网络中每

一个客户端。随着用户的增多，对带宽的要求也随之增多，用户过多就会造成瓶颈，所以服务器都有用户人数的限制和下载速度的限制，这样就给用户造成了诸多不便，降低了资源获取的效率。

P2P（点对点）共享技术采用的是一种去中心化的方式来达到共享。首先在服务器端把一个文件分成多个部分，用户甲在服务器随机下载了第 N 个部分，用户乙在服务器随机下载了第 M 个部分，这样甲就可以到乙的电脑上去拿乙已经下载好的 M 部分，乙可以去到甲的电脑上去拿甲已经下载好的 N 部分，这样不但减轻了服务器端的负荷，也加快了用户方的下载速度。所以 P2P 共享技术用的人越多，下载就越快，具有明显的优越性。可见，P2P 技术让网络上的每个人都可以直接连接到其他用户，而不是像过去那样连接到服务器去浏览与下载，改变了传统的以大网站为中心的状态、实现资源去中心化，使得网络上的沟通更加容易，共享和交互更加直接。

P2P 思想不仅改变了资源的共享模式，对货币体系、金融体系等都有着深远的影响。例如，近年来火热的比特币（BitCoin）也是一种 P2P 形式的数字货币，其基于区块链技术，通过点对点的传输，构建了一个去中心化的货币和支付系统。实际上，类似的数字货币已经有数百个。（当然，数字货币的地位和应用价值有待验证，目前其发行和交易都具有很大的投机性。）再比如 P2P 网络借贷平台，借贷过程中，不需要像传统借贷一样以银行为中心，而是资料与资金、合同、手续等全部通过网络实现，它是随着互联网的发展和民间借贷的兴起而发展起来的一种新的金融模式，也是未来金融服务的发展趋势。随着政府职能部门加大监管力度，提高准入门槛，P2P 借贷正从乱象丛生步入健康发展的轨道。

3 带给课堂教学的启示

从互联网资源共享的演变过程，或许可以看出一个明显的主线，即去中心化的资源共享与传播模式，通过点对点的知识分发和获取，网络中的每一个人都可以是知识的传播者，可以大幅提高信息获取效率。如果把教学任务看作网络资源，把教师看作提供资源的服务器，把学生看作需要获取资源的用户，把服务器带宽看作班次人数限制，那么知识也可以像网络资源一样通过点对点的方式实现高效共享与传播。知识的获取点不应该只有教师一

个人,而是掌握这一知识的每一名学习者。课堂上的每个人可以既是学习者、也是教育者,又是传播者。点对点的传播方式,让每个人都能选择学什么、在哪学、跟谁学,从而可能真正实现个性化学习。

需要指出的是,去中心化的资源共享,并非否定中心的地位和作用,而是将中心的部分职能剥离,中心只负责资源共享的发起和监管,把互联和传播的功能赋予每一个网络成员。

4 互联课堂教学改革设想

通过以上分析,实现点对点教学的思路,需要做以下准备。

(1) 建立课程知识能力清单

类似于 P2P 技术,需要在服务器端把一个文件分成多个部分。任课教师起着服务器的作用,需要将课程中要求掌握的知识和具备的能力梳理出清单,即将知识离散化、模块化。清单中不仅列出内容,还要严格区分了解、理解、掌握、实作等具体要求,便于学生对照评估。

(2) 建立互联共享机制

在课堂结束后,每一名学生都可以对照清单,评估自己掌握了哪些、没掌握哪些,从而可以在互联共享阶段有针对性地学习。由于每名同学只知道自己掌握和没掌握什么,但不知道别人的情况,因此需要形成一种知识请求与分发的通用方法,即需要通过技术手段,建立一种实现共享的机制。具体可以通过手机、电脑等互联硬件来实现,也可以通过课下学生的交流来实现,只要达到知己知彼即可。经过以上准备,每个教学任务的完成,都可以经过以下两个阶段实现。

(1) 教师为知识中心的分发式学习阶段

通过教师一对多的讲授,将知识点传授给学生。由于每一个知识点都会有学生掌握,因此,只要有一名学生掌握了,就相当于在这个班次播下了知识的“种子”,其他的学习者都可以从这个知识节点获取。

(2) 学生为知识节点的互联共享学习阶段

由于每一个掌握知识的同学都是一个知识获取节点,他便可以成为其他人的老师。这一阶段的学习不再需要教师的直接参与,通过互联共享机制,自动或主动选择知识获取节点,其方式可以是一对一的辅导,也可以是一对多的分发,从而实现高效、个性化的知识互联共享。这一阶段,教师虽然不再担负授课任务,但仍是学生学习过程的引导者和组织者。

5 结 语

在信息时代,教师仍然是不可以代替的职业,但是教师本身要变化,本身的科技素质要提高。教师不再是讲台上的主导者,而是变为场外教练,学生不再是教室的旁观者,而是场上队员;课堂教学,不再局限于原来的课堂,而是 MOOC、实践基地、创客中心等多维课堂;对于教学目标,知识传授不再是全部目标,而是通过构建合理的知识结构,注重提高学生的学习能力、创新能力、实践能力。只有改变传统的灌输式教学方法,与时俱进地推进教师自身素质转型,全方位培养学生综合素质,才能培养出一流的人才。

参考文献

[1] 张哲,王以宁,陈晓慧,等. MOOC 持续学习意向影响因素的实证研究——基于改进的期望确认模型[J]. 电化教育研究,2016(05):30 - 36.

[2] 王永固,张庆. MOOC:特征与学习机制[J]. 教育研究,2014(09):112 - 120.

[3] 林敏. 结合微课与翻转课堂在网页设计课程的教学研究[J]. 教育教学论坛,2019(12):205 - 206.

[4] 范兰芬,王梅芳,赵会宏. 基于 APP 的高校翻转课堂教学的探索与改革[J]. 教育教学论坛,2019(12):143 - 145.

[5] 陆芳. 移动互联环境下的高校翻转课堂教学[J]. 高等工程教育研究,2018(04):158 - 162.

[6] 母芹碧,张琦. 混合式教学促进地理深度学习的路径初探——基于“雨课堂”的应用[J]. 地理教学,2019(07):54 - 57.

[7] 张翠平,赵晖. 基于雨课堂混合式学习的 C 语言课程教学设计[J]. 计算机教育,2019(03):85 - 88.

[8] 李卓凝. 互联网金融的主要模式、案例分析及对比研究——以 P2P 网络借贷市场为例[J]. 中国集体经济,2019(04):102 - 104.

热力学定律与人生哲理*

郑宏飞，冯慧华，康慧芳

（北京理工大学 机械与车辆学院）

摘要：将热力学系统与人体系统进行相似性比较，指出它们之间有很好的相似性，都是一个开放系统，在运行模式上相似，因而它们是可以相互比较的。对它们的发展方式和运行规律进行比较，也证明了它们有很好的相似性。据此提出利用热力学系统的发展规律指导人生规划的设想，并特别借鉴了热力学系统的㶲评价理论，提出实现人生最大价值的基本方法，得出要实现最大人生价值，必须更加重视环境因素、充实自己的能力和把握关键期等重要结论。

关键词：热力学定律；人生价值；㶲价值；相似性比较

热力学研究的是系统及其运动变化的过程，以及系统与环境的相互作用关系。而人作为一个个体，也是一个热力学系统，人生阶段也是一个过程，人生如意与否也是一种状态，人生的发展及状态变化也与环境密切相关。因此，热力学的一些理论或结论，对人生有一定的指导意义是很容易理解的。人生中，将面临生活的"压力"，感受人情的冷暖与"温度"，并有社会活动的"空间"，这些在热力学中才有的名词，早就在文学家对人生的描写中出现过。这也从一个侧面说明，借用热力学规律探索人生的发展变化规律不是没有道理的。

1972 年，里夫金等人就在《熵：一种新的世界观》中指出，熵概念可以广泛应用到社会科学领域，指出人类社会发展和变化的规律可以借用热力学熵的理论进行讨论。郑宏飞于 2004 年在其著作《㶲：一种新的方法论》中进一步指出，热力学㶲的概念不但可以在社会科学领域利用，而且可以在评价生态系统和人的素质等人文系统广泛应用。之后，更是有很多学者直接将生命过程与熵概念联系起来，试图用热力学理论讨论生命过程。比如，张岱、马远新等就直接使用熵概念来讨论生命问题。甚至有学者直接提出了生命熵的概念，试图用热力学理论来指导生命的发展过程。宋若静更是利用热力学的定律来解读生命体系运动的基本规律，并指出当人生熵值达到最大值时，人将面临死亡。进行这方面探索的还有 Charles 和林宗芳等。可见，借用热力学的一些规律，探索人生的发展轨迹是有一定道理的。

本文正是从热力学系统与人体系统的相似性入手，对人体的发展规律与热力学规律进行了比较探索，并根据热力学理论，对人体系统的发展变化规律进行了热力学式的解释。最后，利用热力学理论，探讨了实现最大人生价值的方法。

1 热力学系统与人体生物学系统的比较

1.1 系统相似性比较

图 1 给出了一个开放式热力学系统和人体系统的对比图。由图可以看出，人体系统结构与热力学系统非常类似。首先，它们都是利用能量并实现做功能力转换的系统，能量在其内部的运动变化，促使了系统状态的变化和做功过程的发生。热力学的开放系统有物质和能量流进与流出，与高温热源有热量交换，还有部分热能以废热的形式传给环境。其次，这两个系统都可以对外界做有用功，热力学系统做出的完全是物理功，而人体系统则可以做出物理功、社会价值功等有益于整个人类发展的"人生价值"功。最后，人体系统与热力学系统在物流和能流的构成或运行结构上也类似，在人的生长发展过程中，需要食物、水和空气，食物和水具有能量，让人具有生长的能力。同时，人体需要排泄出

＊基金项目：教育部动力能源类教学改革项目（2017.01—2018.12）

不需要的物质和能量。在这个过程中,人与外界交换热量,既吸收热量,也放出热量。热力学系统与人体系统的这些相似性,为我们进行比较研究提供了条件。

热力学系统之所以能够对外界做功,是因为热力学系统与环境有差异,这种差异使系统具有变化的趋势,这种趋势就具有做功的潜力。在热力学中表达这种趋势的大小是系统所具有的㶲值,㶲值越大,表明系统做功的潜力越大,所以㶲也成为系统能量品质的评价指标。

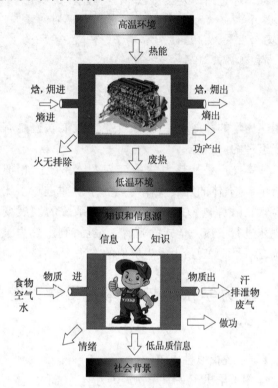

图1　热力学系统与人体系统比较

热力学系统的㶲值是可以计算的,一个热力学开放系统的工作过程可以简化为图2。

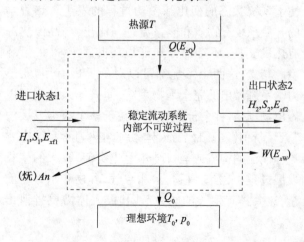

图2　热力学开放系统的能量流动过程

图2中,Q表示传热量;H表示工质的焓;S表示工质的熵;p表示工质的压力;T表示工质的温度;E_x表示工质的㶲。这样就可以对一个热力学开放系统的㶲平衡问题进行分析和计算。

图2所示系统的能量平衡方程式为

$$Q + H_1 = H_2 + W + Q_0 \tag{1}$$

熵平衡方程为

$$S_1 + \frac{Q}{T} + \Delta S_g = \frac{Q_0}{T} + S_2 \tag{2}$$

如果状态2就是环境状态,那么由上面的方程立即得到系统的做功能力为

$$W = (H - H_0) - T_0(S - S_0) + \left(1 - \frac{T_0}{T}\right)Q - T_0\Delta S_g \tag{3}$$

由式(3)不难发现,$(H - H_0) - T_0(S - S_0)$是与外界进行能量与物质交流时增加的做功能力,即㶲的增加。$\left(1 - \dfrac{T_0}{T}\right)$是系统吸收外界高温热能所具有的做功能力。$T_0\Delta S_g$是系统由于内部的过程具有不可逆性造成的做功能力损失。上式说明,如果希望一个开放系统能够做出较大的有用功,它吸收进来的物质应该与环境的焓差大,与环境的熵差小。或它从高温热源得到的热量Q必须大,且高温热源与低温热源温差尽量大。

对人体来说,由于生存的需要,也需要从外界摄入食物、水和空气,这是体能增加的需要。一般来说,摄入的能量越多,人的做功能力越大。需要指出的是,这里所说的能量不仅表现为能量的数量,更表现为能量的品质。品质高的能量对人体更加有用,主要表现为对物质㶲的吸取。但人体与物质系统有所不同,要提升人的品质,并不能从高温热源直接获取热量,因为人不能直接将热量转化为做功能力。事实表明,人要提升品质,需要从高品质的知识源和信息源中吸取知识和信息,并将其转化为自己的能力。当然,人具有知识和信息所拥有的做功能力,明显也是与环境条件相关的,环境条件越低,所反映相同的知识或信息做功能力越强。此外,人体需将废热排向环境,同时也可能为环境提供信息或知识。最后,人体做功能力的大小,也与人体自身的计划、目的和信心大有关系,这就类似于热力学系统的$T_0\Delta S_g$项,表示人体自己对目标认识的清晰度,或对目标追求的强烈程度。对目标认识越清晰,对目标追求越强烈,说明人体内部有序性越好,熵产值越小,对人生产生的副作用就越

小,对人生价值的提升就越大。所以,人作为一个个体系统能够对社会做出的有用功(或对社会的贡献)可以表示为:

$$W_a = 所摄取的物质烟 + 所获得的信息烟 - 对目标认识程度$$

1.2 发展规律相似性比较

(1) 稳定平衡定律与人生发展规律的相似性

热力学中有一个重要的定律,叫稳定平衡定律。它指出,热力学过程总是朝着单一的方向进行的(单向性),每个中间允许状态只能经历一次(演进性),过程的终态是唯一的(唯一性),当系统达到稳定平衡态时过程就结束(有限性)了。

人生何尝不是如此?人生总是朝着一个方向进行的,由小到大,由少变老,具有单向性;每一天,每一个时刻,不管是得意还是失意,不管是喜乐还是忧伤,只能经历一次,具有明确的演进性;人生的终态也是唯一的,那就是死亡,回归到大自然中,不管你是穷人还是富人,不管你是男人还是女人,只要你的系统内部不再具有与环境产生势差的能力,即不能再消化吸收食物的能量,转化为做功的能力,人生就结束了,即个体生命时间具有有限性。这与热力学系统自由发展过程是多么的相似。热力学系统通过与环境的相互作用,不断地对外做功,同时系统的做功能力不断下降,直到与环境达到平衡,系统将不再具有做功能力,变成一个"死亡"系统。

人的生命大致是几十年,对大多数人来说,他们拥有的时间长度是差不多的。虽然个人的境遇可能不同,甚至千差万别,但放到大自然面前,人与人的差别也就没有那么大。每个人都在追求差异,追求卓越,在人生的开始阶段,树立了各种各样的理想,并为此苦苦求索,到了人生的最后阶段,可能人与人之间确实有了一些区别,一些差异,这是最值得欣慰的地方。但回顾每个人的人生轨迹,可以发现,每个人的人生线路基本上是差不多的:出生、长大、成家、生子、变老、死去,人与人的区别只可能在人生经历的细节上有所不同,但都跳不出这些既定的路线。尽管有些人少年得志、有些人终生寡欢、有些人暂时迷失了自我、有些人离群索居、有些人成了社会的宠儿,但最终经历人生的过程之后,总归是要回到原定的人生路线。这一特点特别相似于热力学稳定平衡给出的发展道路。只是有些人花了很少时间,有些人花了很长时间,但结果万变不离其宗。只要是人,总归是要遵守稳定平衡定律的,无一例外。

(2) 熵增定律对人生的启示

热力学中熵可以分为两部分:熵流和熵产。熵流是指通过边界传递的热量与温度的比值,熵产则是由系统内部的不可逆性引起的。熵产总是增加的,最理想的情况是增加的大小为零。由此看来,要想使系统内部的熵变小,只有通过改变熵流来实现,即所谓的引进"负熵"。

现代理论认为,熵在系统中代表"无序度"或"混乱度",总归是"不好"的东西,因此要想使系统变得更有序,必须减少系统的熵。然而,热力学理论表明,孤立系统的熵总是向着熵增加的方向发展的。也就是说,任何系统的自由过程,系统的熵总是不断增加的。要想使系统的熵减少,必须给它输入"负熵流",这个"负熵流"可以是对其做功或者传热。

熵增原理是一个高度概括的定律,它指出任何自由的过程,系统总是朝熵增加的方向发展的,系统将变得越来越无序,并且变为无序是容易的,变为有序是困难的。这个定律反映了宇宙间的一个普遍现象,可以针对任何过程和现象,比如:打碎一只碗比烧制一只碗容易得多;把盐溶于水要比把盐从水里结晶出来容易得多;把热量送到温度低的地方比把热量送到温度高的地方容易得多;把一堆码好的积木踢散比收拢它们并码放整齐容易得多;建好一幢大厦要几年,摧毁它只要几秒;等等。

换一种说法,就是想把某个东西变得更高级(更好,更有序),就得对它做"功"。说得更通俗一点,就是天上不会掉馅饼,世上没有免费的午餐,想要收获,必须有付出。这是热力学定律对人生的最大启示。人可以作为个体和群体一员存在于社会。作为个体,我们需要修身养性,提高自己内在的素质,特别是要加强对自己"欲望"的管理,因为各种欲望是人体自然发展的趋向,如果不加以管理,必将使人体思想和肉体趋向混乱,最终毁灭人体本身,只有通过自身熵减,才可以对抗不可避免的熵增。作为群体一员,人需要建立良好的人际关系,这种关系是保证身心健康的条件。但人本性总是趋向于形成恶的意念,并产生疏远他人的行为,如果不用理性予以管理,人际关系必将恶化。社会是一个系统,如果不对个体加以引导和规范,这个系统必将趋向于混乱。所以,任何亲密关系都需要主动去维护,任其自由发展,必然疏远。

2 如何实现最大人生价值

我们希望系统能对外做出更多的有用功,同时也希望人生实现最大的有用价值。通过与热力学系统进行比较,可以得到实现最大人生价值的一些方法论上的启示。

2.1 充实自己,是实现人生最大价值的基本保障

对人生个体来说,在某个特定阶段,可以看成一个系统。系统的㶲可以表述为

$$E_x = \Delta H - T_0 \Delta S$$

式中,ΔH 表示个人能力的高低,具体表现为与周围人才比较的差异大小;T_0 为环境参数;ΔS 为与环境的熵差,具体表现为对人生的认识程度。从上述公式可以看出,人才的可用性应由三方面因素构成:高尚的个体素质;对社会、对事业有良好的认识和态度;社会提供给他良好的发挥才能的环境。但归根结底是个人品质的提升,即必须拥有最大的 ΔH 值。

我们的社会是一个多元化的社会,需要各式各样的人才,只要某人在某一领域有独到见解、在某一行业有独到的技艺或对某一问题有更透彻的认识,那么他就是人才。对于人才个体来说,只要他身上所蕴含的能力"㶲值"不等于零,那么对于社会来说,他就是有用的。为了追求人生的㶲极大值,他必须尽可能强化这些见解、技艺或认识,使自己在更大程度上与普通民众区别开来,而且这种区别越大,他身上所蕴含"㶲值"就可能越大(当然还要看其他的条件)。因此,现代社会提倡个性化、终生学习及自我成长等价值理念是非常有道理的。

2.2 优选人生舞台,追求人生最大㶲值

当今社会十分强调人的素质培养,可见不同的人是有品质的高下之分的。一般说来,品质高的人对社会贡献大,品质低的人对社会贡献小。正因为如此,在选拔人才的过程中,不仅要考察人才的数量,更要注重人才的质量。但同时必须指出,个人品质的高低受到社会环境的强烈影响。在这种环境下,也许这方面的品质得以凸现;在另一种环境下,也许另一种品质得以凸现。因此,人才选拔还要考虑到环境的需要。100 个科学家与 100 个普通人,根据所处的环境不同,其对社会的价值肯定不同。在和平发展的社会里,100 个科学家应该比 100 个普通人的品质高,对社会的贡献也会更大;但在抗震救灾的现场或在战争的前线等更需要体力

劳动的地方,100 个科学家也许还比不上 100 个普通人管用。这就是所谓的"时势造英雄"。

在现有的理论中,一般只重视人才素质量的方面,如个人工作能力的大小,以及个人才能的高低。其实这样的理论是不全面的。人是社会中的人,人是环境中的人,人是有主体思想的人。有的人才能虽高,但对社会却贡献不大,有的人才能不是很高,却做出了惊天动地的业绩。《三国演义》中,吕布的个人才能,特别是他的作战能力是很强的,书中有一情节是刘备、关羽及张飞三人合力大战吕布,也只打成平手,这说明吕布的武艺绝不在刘、关、张之下。这样的人理应有所作为,但他后来却死得很惨,为什么呢?因为吕布的武功虽高,但他所处的环境,特别是他周围的人际关系环境极差。当然,这种不利的环境也是他自己建立起来的。他认贼作父,目空一切及翻脸不认人等都是产生这种环境关系的重要原因。再有,就是他对社会、对事业的认识不足,认不清大方向,心里忽左忽右,贪图享乐,最终导致了他的失败。反之,刘备就完全不一样,他的武功不高,也不是特别的聪明,但他与关羽和张飞十分团结,待人和善,因而得到不少人的爱戴,建立了良好的人际关系,所处的小环境非常好,加之他目标明确、长期努力,最终也获得了很大成功。由此可见,要想获得事业上的成功,个人才能很重要,但自身所处的环境及对社会、对事业的认识也是很重要的。

基于这种思想,可以建立个人素质评估的㶲分析模型。对某个人来说,假定他的个人能力因素为 H,包括个人工作能力、聪明度及受教育程度,是他个体素质的总量或综合。我们常说某个人有工作能力,特指的就是这个 H 量的大小。如果某人的个人能力因素 H 很大,说明他本人的能力很强,是社会需求的人才,但这不表明他的可用性也大,因为其他因素还在影响他的能力发挥。一方面,如果他对社会的认识不足,或他对自己的事业不够重视,再或者他对自己的事业没有足够的信心等,都将产生一个耗散因素而影响他的事业。另一方面,社会也不一定能提供给他最完美的条件、机会、工具,他的人际关系等也不一定是最好的。总之,这些外部的条件也会对他的事业产生影响。假设上述耗散因子为 S,社会环境因素为 C,那么,该个体对社会的有用性应该为 $E_{有用} = H - C \cdot S$。这与能量的㶲值公式有类似的形式。因此,人才的㶲值观应该是:个人有高尚的素质,对社会有良好的认识和态度,社

会提供给他良好的发挥才能的环境,三者缺一不可。

2.3 把握人生关键期,实现辉煌人生

时间既有长短之分,也有品质之别。在讲究高效与省时的今天,只善于掌握时间的量还是不够的,还必须对时间的价值进行探索。有的人用等量的时间创造了惊天动地的业绩,有的人在等量的时间里却碌碌无为、两手空空。这说明,时间对每个人来说,价值是不等的。"一年之计在于春,一日之计在于晨",几乎是人所共知的常识,也多少道出了人们对于时间不是等价的认识和感慨。因此,时间被分成了"黄金时间"和"非黄金时间"。在黄金时间里,人们的工作效率特别高;在非黄金时间里,人们的情绪和工作效率就要大打折扣。事实上,由于生理和心理上的原因,每个人对于不同的工作,都有各自的黄金时间和非黄金时间之分,有人习惯于挑灯夜战,有的人则习惯于日落而息。所以,时间对不同的人来说,使用价值是不同的。也正因为如此,时间才具有品质上的意义。

时间在均匀的流失,但时间的价值却不是均匀的。它有时贵如生命,有时又多得难以打发。因此,在讲究有效利用时间的今天,我们必须善于掌握时间的关键期,俗话说要把握机会。凡事都有轻、重、缓、急之分。要善于在黄金时间里做最紧迫的事情,这样工作的效率才高,才会产生最大的效益。

事实上,许多事都有其关键期是不难理解的。俗话说:过了这个村,便没有那个店了。这就是做事有关键期的最佳反映。对于人的一生来说,"人生的道路虽然漫长,但紧要之处只有几步"。这句话不但蕴含有深奥的哲理,而且非常符合科学。也就是说,人生是有关键期的,如果能把握住自己的关键期,那么就能实现人生最大的价值。在漫长的人生道路上,不可能每天的日子都是平稳的,而是有时平静如水,有时跃于浪尖,有时跌入低谷,呈现出周期性的变化。如果某个人能在人生的每个关键点上,把握自己的方向盘,那么他将成为无可挑剔的智者。

人的生长发育和受教育的时间也有关键期,例如,孕期的前3个月是"畸胎危险期",过了这个时期,就不容易出现畸形儿了。出生前3个月到出生后24个月是智力发育的"突破期"。人生知觉最佳时期是10岁~17岁(青少年),记忆最佳期是18岁~29岁(青年),而判断、比较、综合能力最佳、最容易出成绩的时期是30岁~42岁(中年)。科学家们发现,人生在某一关键期内,接受相应的教育或从事相应的工作,最易出成绩,接受能力也最佳。比如,人对形状知觉的"关键期"是出生后到4岁左右,以后便明显减弱,这个时期教小孩认识形体是非常重要的。人的语言获得和学习也有关键期,2岁~3岁是学习口语的关键期;4岁~5岁是学习书面语言的关键期;学习外语从10岁以前开始;而学习弹钢琴必须从5岁开始,学习小提琴必须从3岁开始,否则难以精通。如此等等,这从一个侧面反映了掌握时间关键期的特殊重要性。因为对做某事而言,在它的关键期内,时间的品质或时间的可用性(㶲值)是最高的。例如,在生活中,儿童最乐意学习某些事物的时期,便是学习该事物的关键期,过了这个时期,学习此事物就变得困难得多,有时甚至是永远不可能了。关键期的重要性由此可见一斑。

对我们的事业而言,也有关键期,不是每一天的日子都是相同的。俗话说"万事开头难",可见事业开始时的时间是最宝贵的,一个机会的丧失,就可能造成整个事业的失败。所以,我们要充分把握好事业开始时的时机,做到万无一失。

上面的几个例子充分告诉我们,时间对于不同的人或事来说,其价值是迥然不同的。作为一个具有现代意识的人,应该充分理解这一点。对于不同的时间,它的价值如何,也可以通过㶲分析模型加以估算,争取永远在时间的最大㶲值时使用它。了解时间的这一特性,对于指导我们的生活、工作和学习是非常重要的。我们应当懂得:有时需要积极进取,有时需要稍敛锋芒,有时需要善握良机,有时需要屏息等待。永远做时间的主人。

3 结 论

通过上述讨论,可以得到如下结论:

(1)热力学系统与人体系统都是开放系统,在运行模式上有很好的相似性,因此是可以相互比较的。

(2)热力学系统与人体系统在发展的方式上也有很好的相似性。因此,将热力学系统的发展规律用于指导人生的规划是有一定科学道理的,并不是无稽之谈。

(3)借鉴热力学系统的㶲评价理论,可以探寻实现人生最大价值的基本方法。比如更重视环境因素,充实自己的能力和把握关键期等,都是热力学理论给出的重要启示。

参考文献

[1] 杰米特·里夫金,特德·霍华德.熵:一种新的世界观[M].吕明,等译.上海:上海译文出版社,1987.

[2] 郑宏飞.㶲:一种新的方法论[M].北京:北京理工大学出版社,2004.

[3] 张岱.生物熵在医学研究中的应用[J].数理医药学杂志,2008,22(1):86-87.

[4] 马远新,安虎雁,毛莉萍.生命过程与生物熵[J].数理医药学杂志,2009,22(1):3-5.

[5] 王孟杰,张银钢.一种衰老的新理论——生命熵增加学说[J].医学与社会,1999(2):38-40.

[6] 王开发,余小平.年龄与生命熵[J].四川师范大学学报(自然科学版),2011,24(3):320-322.

[7] 宋若静,孙玉希.热力学定律解读生命体系运动基本规律[J].绵阳师范学院学报,2013,32(11):130-133.

[8] Charles H L, Chas A E. Life, gravity and the second law of thermodynamics [J]. Physics of Life Reviews, 2008,5(4):225-242.

[9] 林宗芳,陶亮.生命、生态环境与熵——热力学在生命与生态环境中的若干问题[J].大学物理,2000,19(10):44-46.

专业课教学模式改革辩论式课堂探析

夏舸,梁前超,祝燕

(海军工程大学 动力工程学院)

摘要:辩论式教学是目前常用的教学方法。本文以舰艇燃气动力装置课程为例,将辩论式课堂融入本课程的教学改革。在分析本课程教学存在问题的基础上,结合实际操作过程,从教学准备和教学课堂把控两个方面探析如何开展好辩论式课堂,提高学员的综合素质,满足燃气动力专业人才培养需求。

关键词:辩论式教学;改革;人才培养

1 实施辩论式课堂的背景及意义

舰艇燃气动力装置课程是舰船动力工程专业学历教育燃气动力模块必修课程,其主要教学目标是让学员掌握舰用燃气轮机相关理论知识和典型燃气动力装置的特点及应用。打造学员运用基础理论来分析和解决工程技术问题的能力,为学员今后熟练掌握操纵、管理和维护各种舰用燃气轮机动力装置基本技能打下坚实的基础。对于这样一门专业课程,授课教师的责任不仅仅是传授课本知识,同样重要的是换位思考,洞察学生需求,使学员对本课程内容产生共鸣,培养学员对本专业的兴趣,成功地让学员从喜欢本课程升级到喜欢本专业。

舰艇燃气动力装置课程涵盖了燃气轮机运行的原理和性能,授课内容较为理论化,传统方式教学难以点燃学员的求知激情,加之平时授课的理论知识无法在实验中验证或实施,经常是空对空地讲授理论,学员获取知识的效率不高,更无法获取学习方法。并且传统授课方式的课程考核评价模式较为单一,过于依赖期末考试等类型的终结性评价。授课教师主要依据期末考试成绩来确定课程成绩,这种考核评判具有一定的片面性,常导致部分学员不重视平时学习和思考的过程,听课不够认真,且有个别缺课现象,甚至有学员相互抄袭作业,在学员中造成消极的影响,极大地削弱了学员对课程的重视程度,压抑了部分优秀学员学习的积极性、主动性和创造性。针对以上不足,选择一种适用于本课程的授课方式是亟待解决的问题。

2 辩论课堂教学组织

课堂辩论式教学方法作为当前教学中运用非常普遍的一种方法,是一种"积极倡导自主、合作、探究的新型学习方式"的新理念、新方法。相比于传统的讲授式教学方法,课堂辩论式教学方法在激发学员学习主动性和培育学员创造性等方面起到了良好的效果,受到广大师生好评。但是,并不是一种方法就能适合所有课程,能够"以一药包治百病"。目前有些教员和学员对于该方法的理解存在一些误区,导致为了辩论而辩论,甚至有些学员认为辩论式教学是教员偷懒的手段,这样就会导致辩论的效果下降。现以舰艇燃气动力装置这门课程为例,对于如何使用好辩论式教学,就课前准备、课堂辩论两个环节进行探析。

2.1 课前准备阶段

为了使辩论式教学方法取得良好效果,教员和学员在辩论前需要做好大量的准备工作。如果仅仅是随便选择一个辩论题目,给学员一些相关资料,然后就当甩手掌柜,那么辩论的目的就无法实现。因此,教员需要花费大量的精力在辩论题目的确定、资料的准备及辩论进程的把控上面,这同时也是辩论式课堂取得良好效果的必要条件。

准备工作首要问题是确定辩论题目。一个好的辩论题目不仅能够提高学员参与课堂的积极性,还能使学员加深对本课程内容的理解。辩论题目的选取主要有两点需要考虑:第一点是题目要与本课程授课内容息息相关,符合教学大纲的要求,当然也可以适当超纲和拓展,但要避免天马行空,也要避免主题范围太窄。比如在燃气动力装置课程结束前,安排的题目为"中国新型舰艇与美国新型舰艇孰强孰弱?"(主要是动力装置方面)。学员前期已经学习了燃气动力装置的变工况特性、船机桨配合特性及 CODOG、COGAG 联合动力装置等知识,通过此次辩论,学员加深了对燃气动力装置的印象,并且了解了国内外舰艇的知识。此外,通过国内外舰艇对比的辩论,在一定程度上激发了学员的民族自豪感和爱国热情,同时也使学员认识到自身的不足,坚定了学员为祖国海洋奉献的决心。第二点是题目要具有一定的开放性和复杂性,不能仅仅局限在一个知识点,否则辩论最终会沦为一方的阐述,与教员讲课无异。本次课程选择中国舰艇和美国舰艇进行对比,不仅仅是动力装置的对比,还包括武备系统、船体设计、作战实用性等方面的对比。中国新型舰艇与美国新型舰艇强弱无法直接判断,具有很强的不确定性和开放性,不同学员有不同的理解。通过查找资料及辩论的过程,学员获取了大量的相关知识,增长了自身的见识。

总而言之,在开展辩论课堂前,教员需要精心准备,根据课程教学大纲要求和人才培养方案,结合自身教学条件,选择合适的辩论题目。

做好资料收集整理和辩论指导工作是前期准备的重中之重。如何开展一场有效的辩论,与双方准备资料的充分程度、语言组织能力、临场反应等息息相关。因此,在前期准备过程中,教员的指导必不可少。例如燃气动力装置课程中辩论题目涉及的部分内容保密性比较高,在网上只能查到部分零碎的资料,这不仅需要教员给学员提供一些具有代表性的资料,而且需要学员通过知网、图书馆等查找资料并整理成本方观点,以便对辩论题目有更深刻的了解。由于本科学员大多还未从事科研工作,要围绕固定题目进行材料收集并整理成自己的观点表达出来仍有一定难度,这就需要教员在辩论前进行指导和把关,帮助正反方学员形成自己的思路并清晰地表达出来。

最后的准备工作就是制定合理的辩论规则。燃气动力装置课程总共设有六组辩手加上一组结辩,具体如下:一辩开篇立论,阐述本方的观点;二辩针对船体设计方面进行辩论;三辩针对武备系统进行辩论;四辩针对作战实用性进行辩论;五辩针对动力装置进行辩论;六辩针对前面辩手辩论未涉及的方面进行辩论;结辩:针对本方观点,总结陈词。整个辩论过程中发言前必须起立方可陈述,严禁坐着发言。在辩手发言过程中其余人员不得打断。比赛过程中要注意文明用语,不得使用非善意的人身攻击词语。每一组辩论时间控制在 10 min 以内。辩论中设有一名主持人(口才好,掌控能力强),其余所有人员均参与辩论。由于本次辩论与课程最终成绩息息相关(占最终成绩的 15%),因此需告诫学员要认真准备、展现自我,评委会根据每个人在辩论课堂的表现打分,这样可以尽量避免某些学员存在偷懒的想法。

2.2 课堂辩论阶段

(1)尽量避免预设的辩论。

辩论课堂上,教员尽量不要把自己的观点表达出来,从而"误导"学员,把学员不自觉地往自己的观点上引,这样会使学员认为教员的观点为正确答案,这就严重破坏了学员参与的积极性,对于持不同观点的学员会造成很大的挫败感,也违背了此次辩论课堂的初衷,甚至可以说是弄虚作假,与人才培养计划大相径庭。

(2)把控辩论赛场,做画龙点睛式点评,并给予每个人肯定。

教员要掌控全场的辩论走向，在整个辩论过程中应尽量减少发言，尽量让学员自由发挥；主持人要注意双方辩手的发言时间和辩论的气氛，可以适当调节现场辩论氛围。教员不仅自己要注意倾听学员的发言，而且要督促其他学员仔细听。这不仅仅是对发言人的尊重，也是获取知识的重要途径。同时，只有认真听取发言，才能知道发言者的观点、论据，反方才能从中找到区别或者弱点进行反驳，促使辩论课堂氛围更加浓厚。最后，教员要根据双方的辩论情况进行总结点评，首先要肯定双方的辩论过程，对于双方辩论精彩的地方提出表扬，然后要指出辩论的不足，并提出改进的建议。辩论的题目是一个开放性的题目，并没有确定的答案，切忌把自己的观点强加到辩论中去。对于不同观点的辩论既是一种学习，又是拓展自身知识面的一个过程，从辩论过程中获取自己需要的知识，并不断修正完善自己的观点，才能达到辩论式课堂的效果。

3 结 语

辩论式课堂的开展，激发了学员对本课程和本专业的兴趣，使其在掌握专业知识的同时，培养了团队协作能力、自主学习能力、语言表达能力和逻辑性思维，为更好地培养新时代技术人才提供了新思路。

辩论课堂组织形式具有多样性，但无论采用何种形式，在组织前都要做好充分的准备，充分考虑辩论式课堂实施过程中会出现的情况，结合学员特点，不断总结，完善教学实施过程。在教学改革过程中，更好地帮助学员理解和掌握专业知识才是真正目的，不为辩论而辩论，在整个授课过程中，不能忽视传统教学方式的意义，要根据具体的授课内容采用适宜的教学方法，可以将传统教学方式和辩论课堂相结合使学员更好地获取知识，这样才能真正提高教学质量。

参考文献

[1] 杨永双，何雪燕.基于计算机网络教室的辩论式课堂教学研究[J].信息技术教育，2007(2)：52-54.

[2] 陈绍灿，黄亚平.辩论式教学的实践与思考[J].思想政治课教学，2016(8)：21-24.

[3] 刘志坤，石章松，吴中红.研讨式教学探析[J].海军院校教育，2018:28(6)：58-60.

[4] Brookfield S D,Preskill S. 实用讨论式教学法[M].罗静，褚保堂，王文秀，译.北京：中国轻工业出版社，2011:21.

一个流体力学经典书籍上"连续错误"的讨论*

李昌烽，王晓英，郑俊，李明义，赵文斌

（江苏大学 能源与动力工程学院）

摘要： 本文针对一本流体力学经典书籍(*SHAPE AND FLOW—The Fluid Dynamics of Drag*,中文版《形与流——漫谈阻力流体动力学》)上单位、量纲、数据等"连续错误"进行了分析与讨论。分析了可能产生错误的原因，讨论了吸取经验教训预防错误的方法，给出了一些建议、想法和感悟。可作为流体力学课程重视基本知识、概念、现象和规律的学习，提升教学效果，切实加强素质教育的一个例子。

关键词： 流体力学；单位；动力学相似；量纲分析；素质教育

* 基金项目：江苏大学高等教育教改研究课题立项建设项目(2017JGZD019)

SHAPE AND FLOW—The Fluid Dynamics of Drag (Ascher H. Shaprio, 1961) 是一本经典的流体力学入门介绍小册子, 非常引人入胜。该书是由美国的科普电影"阻力的流体动力学"改写而成的, 保持了原来通俗易懂的特点。该书通过讲述几个关于运动阻力的疑难实验(球的阻力如何随速度而变化, 光滑与轻微粗糙球阻力的比较, 低黏性流体中的流线型, 高黏性流体中的流线型), 介绍了物体的形状、流体及阻力三者之间的相互关系, 阐述了流体动力学中最基本的知识, 力求把流体动力学的一些基本想法阐述清楚。该书保留了电影中实验活动的风格, 并从电影中借用了许多照片, 可认为是电影的书面化, 表达方式和说明的示例适合同学们阅读和学习。1979 年科学出版社出版了该书中文版《形与流—漫谈阻力流体动力学》(见图 1), 由谈镐生、关德相、岳曾元和李荫亭合译, 全书由谈镐生院士校对。

笔者推荐该书中英文版为同学们(包括留学生)学习"流体力学"课程和"流体力学实验"操作的课外扩展阅读书和课外科技活动参考书之一。中英对照, 拓展思维, 阅读分析参考, 一举多得。

由于中文版忠实翻译了英文原版(除印刷错误外), 所以本文主要以中文版讨论, 当然也参照原英文版的描绘表述。

图 1　中文版《形与流——漫谈阻力流体动力学》
(科学出版社,1979) 封面

1　问题的提出

1.1　雷诺数数值问题

在该书第三章"流体动力学的基本概念和原理""§3.13 动力学相似实验"中提到:"为了使动力学相似的想法具体化, 做一个示范实验(见图 2)。我们将使用两个几何相似的模型, 两者都是圆球。一个是小塑料球, 直径为 0.60 厘米, 约等于 1/4 英寸。另一个是大氢气球, 直径为 100 厘米, 约等于 40 英寸。我们做一系列实验时, 在气球下加各种重量, 每个实验中, 气球上升的收尾速度是不同的, 其中之一, 收尾速度是 5.4 厘米/秒。我们把塑料球扔入水中, 发现它的下沉收尾速度是 55 厘米/秒。对每个实验, 我们把密度、速度、长度和黏性的数值填入表格(见表 1)。"

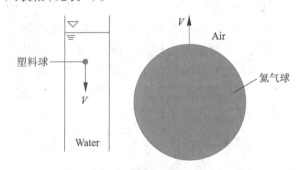

图 2　动力学相似的示范实验示意图

表 1　原书中动力学相似实验结果

长度	速度	流体	密度	黏性	雷诺数[①]
100	5.4	空气	0.0012	0.018	36
0.60	55	水	1.00	0.89	37

① 雷诺数 $= \dfrac{长度 \times 速度 \times 密度}{黏性}$

"然后将这些数值代入雷诺数公式, 得到雷诺数的数值为 36 和 37。可以看出对于这两个具体的实验, 雷诺数相差仅为百分之几。虽然这两个实验看起来很不相同, 一个是在气体中, 一个是在液体中;一个大, 一个小;一个上升, 一个下沉。但实际上它们是相似的, 动力学相似。"

"动力学相似的实际意义是动力学相似条件使得一个非寻常的事情变成可能:即我们能够利用测量塑料球在水中的阻力这个不同的实验预言氢气球在空气中的阻力。"

1.2　阻力系数数值问题

该书第五章"高雷诺数下的阻力定律""§5.2

将阻力系数和雷诺数联系起来的动力相似定律"中提到：

"在推导阻力定律时，我们依靠一个基本假设，即所研究的是几何相似的物体，尽管它们的尺寸、速度和其他因素，如密度和黏性，可以变化很大。当我们首次提到雷诺数时，我们考虑的就是几何相似的物体。例如，回忆塑料球在水中下落和氦气球在空中上升的那些实验。我们用这些实验来帮助了解雷诺数作为动力相似性的关键概念。现在我们可以将此概念进一步发展。可以证明，当各种实验均是对几何相似的形状在相同雷诺数下所进行时，这些物体的阻力虽然在大小上可能很不相同，但具有十分特殊的关系。为了说明这点，我们将利用塑料球在水中下落和氦气球在空中上升的实验。表2中给出了表1已见到的和即将讨论的新的数据。"

表2 原书中将阻力系数和雷诺数联系起来的动力相似定律结果

	长度 L	速度 S	流体	密度 D	黏性 V	$\dfrac{D \times S \times L}{V}$	阻力	阻力系数
氦气球	100	5.4	空气	0.0012	0.0018	36	0.0067	0.000019
塑料球	0.60	55	水	1.00	0.89	37	0.020	0.000018

注：此表中空气的黏度又列为0.0018，与表1中0.018不同，应该是中文翻译版印刷错误，英文原版中二者是一致的。

"以收尾速度下落的塑料球的阻力即它在水中的净重，经测量我们知道它为0.020克。以收尾速度上升的氦气球的阻力即向上拉磅的净浮力，我们测量得知它为0.0067克。这两个力显然是不同的，但动力相似原理提出，如果雷诺数相同，则所谓阻力系数也相同。阻力系数定义为

$$阻力系数 = \frac{阻力}{(速度)^2 \times (密度) \times (尺寸)^2}$$

表中给出了对两个实验计算阻力系数所必需的全部数据。对于在空气中上升的氦气球，计算结果为0.000019。对于在水中下落的塑料球，它以实际相同值0.000018出现。它们分别对应雷诺数36和37。因此我们从实验上验证了动力相似定律中所说的雷诺数相等导致阻力系数相等。"

2 "错误"何在？问题可能出在哪里？

这个动力学相似的示范实验（见图2）是典型的圆球绕流问题，采用书中提供的数据，用国际单位（SI）制，重修整理计算列于表3，雷诺数定义（$Re = \rho UL/\mu$）与该书中定义是一样的。但计算结果显示大氦气球在空气中上升的雷诺数是3710，小塑料球在水中下沉的雷诺数是3600，比原书（中英文版）中的雷诺数值整整大了100倍。我们知道圆球绕流流型跟流动雷诺数高低密切相关，还将影响到阻力系数的变化趋势和大小。这"错误"是怎么产生的？

原书中所列数据是cgs单位制的，但按理无量纲的雷诺数和阻力系数计算结果应该是与单位无关的，那问题出在哪里？在cgs单位制中，动力黏度单位是Poise（泊），相应地，1 Poise = 1 g/(cm·s) = 0.1 × 1000 g/(100 cm·s) = 0.1 kg/(m·s) = 0.1 Pa·s，所以所给数据空气黏度应该是 1.80×10^{-4}泊，水的黏度应该是 0.89×10^{-2}泊，但原书中所列黏度数据（表1、表2）分别是0.018和0.89，小了整整100倍。

表3 用国际单位（SI）制，重修整理计算动力学相似实验结果

	长度 L/m	速度 $U/(\mathrm{m/s})$	流体	密度 $\rho/(\mathrm{kg/m^3})$	黏度 $\mu/(\mathrm{Pa \cdot s})$	$Re = \dfrac{\rho UL}{\mu}$
氦气球	1.00	0.054	空气	1.2	1.80×10^{-5}	3600
塑料球	0.006	0.55	水	1000	0.89×10^{-3}	3710

我们知道圆球流动雷诺数约36与雷诺数是3600时流型是非常不同的。在 $Re = 36$ 时圆球后形成对称的涡泡还不分离；而在 $Re = 3600$ 时圆球后涡旋振荡脱落形成规则的卡门涡街。相应的阻力系数也大为不同，在 $Re = 3600$ 已经进入阻力平方自模区，对光滑圆球来说阻力系数约为一个恒定值0.5（见图3）。

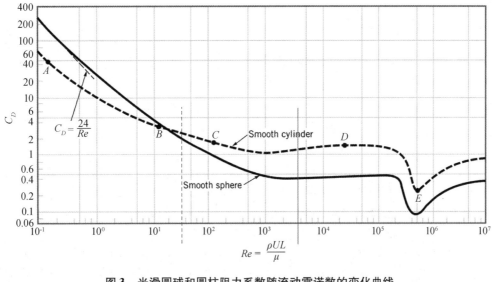

图3 光滑圆球和圆柱阻力系数随流动雷诺数的变化曲线

但原书中给出"在空气中上升的氦气球,算出阻力系数为0.000019。在水中下落的塑料球,给出实际相同值0.000018",大大小于普遍认可的阻力系数值,问题又出在哪里?

在cgs单位制中力的单位是达因(dyn),而不能用克直接带入计算。单位换算如下:

$$1\,g \times 9.8\,m/s^2 = 1g \times 980\,cm/s^2 = 980\,g \cdot cm/s^2$$
$$= 980\,dyn$$

代入该书中阻力系数的定义 $C'_D = \dfrac{D}{\rho U^2 L^2}$,得到大氦气球的阻力系数为0.019,小塑料球的阻力系数为0.018。

需要说明的是在该书中阻力系数的定义,跟通常应用的阻力系数的公式(A 是圆球的最大截面积)

$$C_D = \frac{D}{\frac{1}{2}\rho U^2 A} = \frac{D}{\frac{1}{2}\rho U^2 \frac{\pi}{4}L^2} = \frac{8}{\pi}\frac{D}{\rho U^2 L^2}$$

相比,差了个系数 $8/\pi$。调整后大氦气球的阻力系

数为0.048,小塑料球的阻力系数为0.046。不论氦气球还是塑料球,都比经典圆球阻力系数曲线(见图3)所给的数据小一个量级!这只能说明是原文数据小数点错了一位!以收尾速度下落的塑料球的阻力即它在水中的净重应该为0.20克,以收尾速度上升的氦气球的阻力即向上拉磅的净浮力应该为0.067克重,原书中所给数据小了10倍。

所以,全面改正后的动力学相似结果是表3a(cgs制)和表3b(国际单位制)。从中可以看出无量纲的相似准则数(雷诺数和阻力系数)是与具体单位无关的,而且阻力系数和雷诺数之间动力相似定律的具体数值与光滑圆球阻力系数随流动雷诺数的变化曲线非常接近(如图3所示,红色点划线是该书计算的"错误"流动雷诺数 $Re = 36$,红色实线为改正后的流动雷诺数 $Re = 3600 \sim 3700$,相对应的阻力系数约为0.5)。

表3a 改正后的动力学相似结果(cgs 制)

	长度 L/cm	速度 $U/$ (cm/s)	流体	密度 $\rho/$ (g/cm³)	黏度 $\mu/$ [g/(cm·s)]	$Re = \dfrac{\rho UL}{\mu}$	阻力/ dyn	阻力系数 (书中定义)	阻力系数 (通用定义)
氦气球	100	5.4	空气	0.0012	1.80×10^{-4}	3600	65.7	0.19	0.48
塑料球	0.6	55	水	1.00	0.89×10^{-2}	3710	196	0.18	0.46

表3b 改正后的动力学相似结果(国际单位(SI)制)

	长度 L/m	速度 $U/$ (m/s)	流体	密度 $\rho/$ (kg/m³)	黏度 $\mu/$ (Pa·s)	$Re = \dfrac{\rho UL}{\mu}$	阻力/N	阻力系数 (书中定义)	阻力系数 (通用定义)
氦气球	1.00	0.054	空气	1.2	1.80×10^{-5}	3600	6.57×10^{-4}	0.19	0.48
塑料球	0.006	0.55	水	1000	0.89×10^{-3}	3710	1.96×10^{-3}	0.18	0.46

3 对"错误"的讨论和思考

为什么从原电影、英文原著到中文译本都保留这些"错误",没有发现和纠正呢？分析讨论可能有这些方面的原因、感悟和建议：

（1）瑕不掩瑜,这仍是一本非常好的引人入胜的经典流体力学入门介绍书。由于对比流动中所犯相同的"错误",所以不影响动力相似间的比较和结论。正因如此,可能忽略了相似准则数的具体数值,掩盖了相似准则数绝对数值偏差的"错误"。但这样对流动的"绝对"特性描述和定量数值分析说明就有问题了,相应的流型和流阻数值都不对了,流动结构特性完全偏离了。

（2）这可作为流体力学课程重视基本知识、概念、现象和规律的学习,提升教学效果,切实加强素质教育的一个例子。特别是在当前较浮躁的社会大环境中,一些书刊科技报道中仍有不少问题,甚至出现原则性的低级错误。对于引导同学们树立"严谨严谨再严谨,认真认真再认真"的学习态度和工作作风是大有益处的。不能犯数据不确或点错小数点这么"荒谬的错误"。还要注意学习方式和技巧,建议统一采用国际单位（SI）制,避免单位转换带来的错误（如计量单位混淆造成"火星气候探测者号"任务失败的教训）。

（3）加强文化自信,不盲目迷信权威和经典,学会独立思考。尊崇经典,但也要有独立思维,"批判地"学习,真正地提升素质。

参考文献

[1] Shaprio A H. Shape and flow – the fluid dynamics of drag [M]. New York：Books Doubleday & Company, Inc. , 1961.

[2] Shaprio A H. 形与流 – 漫谈阻力流体动力学 [M]. 谈镐生, 关德相, 岳曾元, 等译. 北京：科学出版社,1979.

[3] Munson B R, Yong D F, Okiishi T H. Fundamentals of Fluid Mechanics[M]. 4th ed. New York：John Wiley & Sons, Inc. , 2002.

[4] White F M. Fluid Mechanics[M]. 5th ed. New York：McGraw-Hill Series, 2003.

国内外工程热力学教材简单对比与启示

何茂刚，刘向阳，张颖

（西安交通大学 能源与动力工程学院）

摘要：由于科技,尤其是互联网的发展,教育理念和教学手段不断更新进步,这就对课程教学和教材建设提出了新的要求。本文针对新的本科教学形势下国内外工程热力学教材的编撰使用情况进行了调研,对比分析了一些教材的主要特点,给出了新形势下工程热力学教材编撰的建议。

关键词：工程热力学;课程教学;教材

工程热力学是能源动力类大学本科专业的专业基础课程,是专业主干和必修课程,主要讲述热能与机械能相互转化的基本规律。传统化石能源转化为工农业所需的动力主要通过热机实现,因此,工程热力学课程对专业后续课程的重要性不言而喻,也是机械类、材料类、化工类、航空航天类、建筑环境类等涉及动力应用的相近专业的选修课程。

随着互联网的普及,作为"课堂＋教材"教学方式的有力补充,教学手段从教具教学、电视教学、多媒体教学、远程课堂教学向慕课教学快速地发展,学生获取知识的方式多样化,学生学习的能力不断提高,这就对课堂的教学活动和教材的编写提出了很大的挑战。近年来,翻转课堂教学方式的变革、问题导向（PBL）教学方法的推广等举措都积极应对了当前教育发展对课堂教学的要求,作为学生学习主要参考的教材也在不断进行改革。各个高校正在进行的专业认证中对课程体系和教学内容等也有明确的要求，这些要求是基于 Outcome-Based Education（简称 OBE）教育模式提出的。该模式是以学生为中心、以目标为导向、面向产出的教学系统，主要目标是确保学生获得特定的能力。专业认证对课程的要求主要强调课程内容组成、课程知识点覆盖和课程教学活动的效果，尤其是对学生培养和学习目标的达成程度。

为了适应新的高等教育形势和发展的需求，重新审视教材编写的改革方向变得十分有必要。本文拟从工程热力学教材的国内外建设情况出发，结合当前课堂教学的需求，比较分析这些教材的特点，以获得教材编写的启示。

1 国外工程热力学教材编写的主要特点

国外比较经典的工程热力学相关教材主要集中于美国，最具代表性的教材有美国俄亥俄州立大学的 Michael J. Moran 和美国爱荷华州立科技大学的 Howard N. Shapiro 等撰写的 *Fundamentals of Engineering Thermodynamics*、美国内华达大学的 Yunus A. Çengel 和美国斯坦福大学的 Michael A. Boles 编写的 *Thermodynamics：An Engineering Approach*。这两本教材不断地更新和修订，目前最新版本均为第9版。

国外工程热力学教材一般供大二或大三的工科学生学习使用，可以作为专业工程师的参考书。主要内容不但涵盖了热力学基本定律，还包含了很多实际工程案例，使学生能够理解在实际工程中如何应用热力学。欧美国家的大学在教学实施时，教师大多不再采用已有教材，而是基于在自身理解基础上编写的讲义进行授课，教材作为真正意思上的参考书。

国外教材的基本框架大体相同，从讲述的逻辑而言，基本都是从背景、基本概念、热力学第一定律、工质性质、热力学第二定律、热力学经典应用案例等几方面进行论述，但是在内容组织方面稍有不同，主要体现在绪论、工质性质的论述位置、是否含有热力学第一和第二定律的应用分析等几方面内容上。例如，绪论部分，有的教材从宏观上采用能源和能源利用引出热力学的重要性，有的教材则从具体的内燃机、发电机组等实际能源系统案例引出热力学的重要性。

国外教材与国内教材的区别主要体现在三多、三实际方面：(1) 教材配图较多，生动且贴合工程实际，几乎每个概念都有形象的图示，使学生能够较容易地理解抽象的热力学内容；(2) 例题和习题多，且大部分来自能源利用中的实际案例，例题还围绕可能的疑难进行针对性讨论，使得学生准确掌握将热力学知识应用于实际工程的方法；(3) 较难理解的内容结合实际工程的讲述多，例如，对于熵的讲述，国内教材均在热力学第二定律论述的时候带出，论述和案例较少，但国外教材单独作为一章进行论述，并给出大量的应用案例帮助学生理解。

2 国内工程热力学教材编写的主要特点

不完全统计国内工程热力学教材共计31册，其中普通高等教育"十二五"本科国家级规划教材2册、普通高等教育"十一五"国家级规划教材6册、普通高等教育"十三五"规划教材2册、普通高等教育"十二五"规划教材3册、面向21世纪课程教材2册、隶属于其他丛书的教材16册，详见表1。

表1 国内工程热力学教材概况

序号	作者	出版社	出版年份	备注
普通高等教育"十二五"本科国家级规划教材				
1	沈维道等	高等教育	2016（第5版）	
2	谭羽非等	中国建筑工业	2016（第6版）	高校建筑环境与能源应用工程学科专业指导委员会规划推荐教材
普通高等教育"十一五"国家级规划教材				
3	朱明善等	清华大学	2011（第2版）	清华大学能源动力系列教材
4	严家騄等	高等教育	2015（第5版）	

序号	作者	出版社	出版年份	备注
5	华自强等	高等教育	2009（第4版）	
6	毕明树等	化学工业	2016（第3版）	
7	王修彦	机械工业	2008	
8	陈贵堂等	北京理工大学	2008（第2版）	
普通高等教育"十二五"规划教材				
9	傅秦生	机械工业	2016	
10	华永明	中国电力	2019	
11	周艳等	化学工业	2014	
普通高等教育"十三五"规划教材				
12	王承阳等	冶金工业	2016	
13	陈巨辉等	科学	2017	
面向21世纪课程教材				
14	曾丹苓等	高等教育	2002（第3版）	
15	陶文铨等	武汉理工大学	2001	
其他丛书				
16	黄晓明等	华中科技大学	2011	21世纪机械类教材
17	徐生荣	东南大学	2004	21世纪能源与动力系列教材
18	刘宝兴	机械工业	2006	21世纪高等教育规划教材
19	鄂加强等	中国水利水电	2010	21世纪高等学校精品规划教材
20	冯青等	西北工业大学	2006	"十五"国防科工委规划教材
21	杨玉顺	机械工业	2009	普通高等教育能源动力类规划教材
22	李永等	机械工业	2017	普通高等教育"十三五"工科类规划教材
23	康乐明等	化学工业	2010	高等院校建筑环境与设备工程专业规划教材
24	刘建禹	中国农业	2013	普通高等教育农业部"十二五"规划教材；全国高等院校可再生能源工程系列教材
25	杜雅琴等	中国电力	2015	职业教育"十二五"国家规划教材
26	徐建良	化学工业	2009（第2版）	高职高专"十一五"规划教材
27	王丽	中国水利水电	2010	高等学校"十一五"精品规划教材
28	王补宣	高等教育	2011	
29	章学来	人民交通	2011	普通高等教育规划教材
30	武淑萍	重庆大学	2006	普通高等学校建筑环境与设备工程系列教材
31	王瑞平	西北工业大学	2009	高等学校"十一五"规划教材

　　本文调研了37所高校工程热力学课程的教材选用情况。表1中有10册教材被一些开设动力工程及工程热物理专业的高校选作工程热力学教材，其中教材1、14、5、4选用较多。上海交大沈维道等编著的教材1使用最广泛，包括上海交通大学、西安交通大学、华北电力大学、北京航空航天大学、北京理工大学、华东理工大学、上海理工大学、北京科技大学、同济大学、南京工业大学、山东大学、中国石油大学、海军工程大学、东北电力大学、武汉大学、中南大学、浙江工业大学、青岛科技大学、内蒙古工

业大学在内的 19 所高校的能源动力类专业选用了该教材；重庆大学曾丹苓等编著的教材 14 被浙江大学、天津大学、中国科学技术大学等 7 所高校选用；吉林大学华自强等编著教材 5 被江苏大学、吉林大学和西北工业大学等 3 所高校选用；哈尔滨工业大学严家騄等编著的教材 4 被哈尔滨工业大学和长沙理工大学选用。此外，清华大学、大连理工大学、华中科技大学和东南大学 4 所高校使用的均为各自学校工程热力学教研组编写的教材。

国内工程热力学教材一般也是供大二或大三的工科学生学习使用。国内的工程热力学教材基本上都是以能量传递和热功转化过程中能量的数量守恒和质量蜕变为主线，重点讲述热力学第一定律、第二定律、工质的热力学性质和基本热力过程等基础热力学知识。在此基础上，讲述气体流动（重点是喷管和扩压管）、压气机、气体动力循环、蒸汽动力循环和制冷循环等几个典型的工程实例，对其进行热力学分析。其中比较有代表性的如教材 1、4 和 14。在上述基本框架的基础上，不同的教材也有各自的特点，如：教材 3 在编排方面注意与物理、化学等课程的衔接，避免了不必要的重复。将气体动力循环、蒸汽动力循环、制冷循环以及湿空气过程紧接在基本定律之后，依理想气体、蒸汽与湿空气三个层次循序渐进，引导学生加深对热力学基本规律的理解、掌握与运用；教材 6 和 16 将㶲分析独立成章，系统介绍㶲这一概念，包括㶲的定义、㶲平衡、流动㶲、㶲效率、常见设备的㶲效率、㶲效率的运用以及热经济学等；教材 5 在气体动力循环章节中增加了增压内燃机及其循环、自由活塞燃气轮机装置及其循环、涡轮增压发动机及其循环等；教材 12 增加了"企业热平衡"章节，重点讲述了热平衡的原则方法和热平衡的技术指标等；教材 22 专门增加了新能源热力学引论，综述性地讲解了锂电池、燃料电池、太阳能电池和固态电池热力学。

国内教材的编写逻辑大同小异，只是不同教材在章节前后顺序上有所不同，主要体现在热力学基础知识部分。比较有代表性的章节顺序有两种：（1）以教材 1 为代表的章节顺序：基本概念及定义、热力学第一定律、气体、蒸汽的性质和基本热力过程、热力学第二定律；（2）以教材 14 为代表的章节顺序：基本概念及定义、热力学第一定律、热力学第二定律、气体、蒸汽的性质和基本热力过程。其他教材基本上都是在这两种模式下对内容进行增加或删减。习题方面，国内教材都是在每一章之后设置思考题和课后习题。其中思考题大多围绕本章节的基本概念设置，各章节的习题数量一般在 40～50 之间，且有部分习题雷同。

相比于国外教材，国内教材在习题数量和对知识的拓展性上还不够，如：在气体动力循环、蒸汽动力循环、制冷循环的章节中没有安排知识运用体量较大的设计计算习题，编程习题通常也只在实际气体的性质及热力学一般关系式章节出现。

3 国内外工程热力学教材对比分析及启示

仔细分析对比国内外教材，发现它们有着许多的共同点和不同点。由于工程热力学理论体系建立超过了 150 年，是第一次工业革命的支撑学科，长期积累形成的概念和基本定律被全球工程技术人员广泛认同，即使人们还在探讨热力学第二定律和熵的概念的更准确诠释，国内外工程热力学的教材在对工程热力学概念和基本理论的表达、解释和应用方面仍是高度一致的。

笔者认为国内外教材的主要差别体现在以下几个方面：

（1）在热力学基本概念和定律建立时，国外教材多采用"提出问题—引入概念或定律—解决问题—推广应用"的思路展开，国内教材多采用"建立概念—形成定律—工程应用"的思路展开。前者的好处在于能够真正把工程热力学放在解决工程问题的背景下进行讲解，使得工程热力学不那么枯燥和抽象；后者的好处在于逻辑严密、体系完整，但是抽象难懂。

（2）在热力学基本概念和定律应用时，国外教材多采用生活和生产中最新的示例进行诠释，能够把抽象的概念和定律与生活和生产紧密联系起来；国内教材鲜见来自生活的示例，来自生产实际的示例多来自动力行业，不够广泛并且更新缓慢，新的技术发展和科研成果的例子也体现不够。

（3）在热力学基本概念和定律训练时，国外教材的习题种类多样，有概念习题、计算习题、综合习题、专题研究、设计习题、实验习题等，这些习题中只有少量习题是对于基本概念和定律的理解和演算，大量的习题来自工程实际，需要运用多学科综合知识，通过物理数学建模、甚至计算机编程才能解决。专题研究习题针对一些新型交叉学科如生物热力学等开展，设计和实验习题更是发挥学生的创新思维,从问题的提出、方案设计、结果分析等达到问题目标的解决。国内教材则仅仅注重基本概念和定律的理解和演算,基本没有体现对工程问题的思考和研究,不利用学生开展研究性学习,也不符合OBE"以学生为中心"的教育理念,虽满足了学生知识获取方面的需求,却忽视了对学生能力的提高和素质的培养。国内教材值得肯定的一点是,每个章节后配备了大量的思考题,这些思考题的解答非常有利于学生对于基本概念和定律的理解和表达。

为了满足以学生为中心开展新时代本科教育,落实知识传授、能力提高和素质养成三位一体的要求,作为课程教学参考书的教材编写也应相应进行深层次的思考和改革,具体可从以下四个方面体现:

(1)反映热力学相关理论的成果,重新构建教材的体系。有一些相关学科的理论应该加入工程热力学的课程体系,如:在基本概念部分增加吉布斯相律和基本状态参数的微观解释,在热力学定律中增加其在化学反应、电化学和生物中应用的表达,在热力循环部分增加超临界循环、能量的梯级利用等。

(2)结合最新的科技进步成果,及时更新教材内容。被大家公认的一些科技新成果应该补充进入工程热力学的课程内容。如:在传统热力过程和热力循环中补充的最新技术参数发展,在制冷剂方面补充新型碳氢自然工质和烯烃类工质及其图表,在实际气体方程中补充亥姆霍兹方程状况等。

(3)提炼来自工程实际和学生质疑的问题,设计更好的例题、思考题和习题。注重从生活生产实际中提炼热力学的相关问题,注重收集教学中学生普遍质询的疑难问题,大幅度增加题目的数量,科学合理地设计例题、思考题和习题,提高题目的质量,尤其增加综合知识和创新实践类习题。

(4)利用现代图像处理技术,增加更多的插图,做到图文并茂。热力学概念多且抽象,热工设备多且复杂,要充分利用现代图像的处理技术,增加更多的示意图、设备图等,让晦涩难懂的概念、过程和循环设备等都有配套的图像清晰地表达。

4 结 语

本文基于国内外工程热力学教材的编撰和使用情况,对比分析了一些教材的主要特点,特别是国内外工程热力学教材的主要差异。为了适应新的教育理念和教学形势,提出了工程热力学教材应该在教材体系、教材内容、例题习题和图像表达等方面做出的改进,在促进学生知识获取能力和素质培养中完成课程教学目标和任务。

参考文献

[1] 郝兆杰,李昊,马黎明. 翻转课堂之于高校课堂教学变革:价值、限度与超越[J]. 中国教育信息化,2018(18):1 – 6

[2] 吴琼英,贾俊强. PBL教学模式在我国高校教学中的应用与思考[J]. 广东化工,2016,43(18):178 – 179

[3] 李辉. 我国高校教材建设的历史回顾[J]. 江苏高校,2019(1):93 – 96

[4] 王俊琳. 改革开放四十年中国高校教材建设研究:历程、进展和趋势[J]. 黑龙江高教研究,2018(11):16 – 22.

[5] Spady W D. Outcome-Based Education:Critical Issues and Answers[R]. Arlington, VA:American Association of School Administrators. 1994:1 – 10.

[6] Willis S, Kissane B. Outcome-Based Education:A Review of the Literature[R]. Prepared for the Education Department of Western Australia, 1995.

[7] Moran M J, Shapiro H N, Boettner D D, et al. Fundamentals of Engineering Thermodynamics[M]. 9th ed. New Jersey:John Wiley & Sons,Inc. , 2018.

[8] Cengel Y A, Boles M A. Thermodynamics:An Engineering Approach[M]. 9th ed. New York:McGraw – Hill Education, 2018

[9] 沈维道,童均耕. 工程热力学[M]. 5版. 北京:高等教育出版社,2016.

[10] 严家騄. 工程热力学[M]. 5版. 北京:高等教育出版社,2015.

[11] 曾丹苓,敖越,张新铭,等. 工程热力学[M].3版. 北京:高等教育出版社,2002.

[12] 毕明树,戴晓春,冯殿义,等. 工程热力学[M].3版. 北京:化学工业出版社,2016.

[13] 黄晓明,刘志春,范爱武. 工程热力学[M]. 武汉:华中科技大学出版社,2011.

[14] 华自强,张忠进,高青. 工程热力学[M]. 4版.北京:高等教育出版社,2009.

[15] 王承阳,王炳忠. 工程热力学[M]. 北京:冶金工业出版社,2016.

[16] 李永,宋健. 工程热力学[M]. 北京:机械工业出版社,2017.

高等学校教学实验室管理探析

邱晗凌，黄兰芳，俞自涛

（浙江大学 能源工程学院）

摘要： 实验教学是高等学校教育教学的重要组成部分，教学实验室是实验教学的主要场地，是培养学生科研思维，提高科研动手能力的重要场所。本文针对教学实验室管理方面存在的问题，提出了相应的改革建议，以期为提高高校教学实验室管理水平及实验教学的教学质量提供参考。

关键词： 高校教学实验室；管理；改革措施

随着教育教学改革的不断深化，实验教学在高等学校教育教学中的重要作用日益凸显。高等学校教学实验室承担着实验教学任务，是提高大学生综合素质的重要教学平台，在巩固学生专业知识，提高动手实践能力等方面发挥着重要作用。新形势下，如何提升教学实验室管理水平，提高实验教学质量成为高等学校管理的重要课题。

1 教学实验室管理中存在的问题及原因

1.1 教学实验室基础设施建设和管理方面投入不足

近年来，高等学校招生数量和规模上都在不断扩大，但教学实验室的建设及管理方面资金和人力的投入远远不能满足现实需要。

教学设备方面，设备更新和维护费用很难得到全面支持。很多教学实验室存在教学设备落后或台套数不足，难以适应实验教学的现象。教学实验室基础建设方面，用于教学实验室改造的资金投入远远不能适应现代化实验教学的需求。很多教学实验室存在基础建设老旧，实验室甚至因经费短缺存在墙体失修、线路老化等问题。教学实验室管理队伍建设方面，很多高校的教学实验室由于编制限制或资金不足，没有专职的管理人员，多由实验技术岗教师兼任。这些问题存在的根源在于实验室管理工作受到不同程度的忽视。

1.2 实验室管理人员整体素质有待提高

在教学实验室的管理体系中，人的因素是最主要的，甚至起决定性作用，是搞好实验室建设及实验教学、充分发挥各类仪器效益的关键。

高等学校教学实验室的管理者大多由实验技术岗教师兼任。实验技术岗教师的个人福利待遇相比教学岗或教学科研并重岗的教师而言有较大差距，这就导致实验技术岗位难以吸引到高素质人才，实验技术岗教师中的优秀人才也会倾向于寻找机会转岗或另谋出路。与此同时，实验技术岗教师的职称晋升通道狭窄是高校普遍存在的问题，晋升难度大导致实验技术岗人才对未来职业发展感到迷茫，对职业认同度降低。少数专职的教学实验室管理者的福利待遇相比之下较差，难以吸引并留住高素质人才。因为福利待遇及个人职业规划等问题，最终导致教学实验室难以吸引人才，难以留住人才。

1.3 教学实验室管理体制不够完善

教学实验室管理涉及教学设备、教学档案、实验室基础设施、实验室安全与卫生等多方面的内容，科学有效的实验室管理制度是实验室运行的基础。

高等学校教学实验室具有区别于科研实验室等普通实验室的特点，但现实中，教学实验室往往参照执行学校普通实验室管理的规章制度，有针对性和具体学科特点的教学实验室管理制度普遍较少。尤其是一些学科特点比较强的教学实验室，缺乏具体化的管理制度，如果只是对照执行学校普适性的实验室规章制度，往往流于形式，很难使相关制度落实执行。

此外，现有制度中对违反规定行为的监督、惩罚力度较轻，或者执行困难，导致制度形同虚设，为科学管理埋下隐患。

1.4 实验室管理相对封闭,无法实现资源共享

实验室的利用效率是实验室管理的重要因素。现阶段,高等学校教学实验室往往采取相对固定的模式进行实验教学。随着高校教学内容和教学体系的改革,这种相对封闭的实验模式制约了学生学习主动性和创造性的发挥,管理质量有待提高。

2 对提升教学实验室管理质量的建议

2.1 重视教学实验室管理,在经费资助、队伍建设等方面加大支持力度

近年来,高等学校教学实验室设备配置的资金在逐年提高,但增长幅度仍不能满足教学实验室设备的及时更新。教学实验室用房等也存在受科研用房等侵占的情况。建议高等学校根据实验室在支撑学校实验教学方面的重要性和实际利用率等因素,每年对教学实验室的设备更新、维护和实验室改造等提供配套的经费支持。

队伍建设方面,由于教学实验室管理者多由实验技术岗教师兼任,而实验技术岗教师的主要工作职责是实验教学,在实验室建设方面投入的精力较少,往往流于形式,忙于应付各种检查。针对这一问题,建议有条件的教学实验中心设立专职实验室管理岗位,负责实验教学的场地安排、设备维护、安全及卫生管理等工作。

2.2 多渠道提升管理人员素质

教学实验室管理人员的管理水平直接关系到教学实验室的运行,关系到实验教学的开展。无论是由教学实验技术岗教师兼任的实验室管理者还是专职的实验室管理人员,其管理素质必须提升,以适应现代化实验教学的需要。

选人用人方面,为调动实验室管理者的积极性,提高工作效能,必须建立必要的激励机制,提高参与实验室管理者的福利待遇。同时,高等学校也要对参与的管理者给予积极的肯定和足够的重视,使参与教学实验室管理的人员得到身份认同、价值认同,也只有这样才能吸引并留住高水平、高素质人才。

在选任和留住高水平教学实验室管理者的基础上,必须注重对教学实验室管理者的培训和考核等工作。随着越来越多的高精尖仪器设备应用到实验教学中,以及实验教学方式方法的改革创新,对教学实验室管理者的管理水平提出了更高的要求。为提升实验室管理者的管理水平,高等学校应为其提供各种形式的进修和培训机会。实验室管理者不仅要具有专业性的实验技术,还要有各种实践经验,遇到各类突发问题,能正确分析、科学解决,不断提高实验室管理水平,以服务于实验教学,确保实验教学的良好有序开展。高校不仅要对新聘员工制订一套高标准、高质量的管理方案,同时在员工上任前要进行岗前培训,培养提升他们的管理能力,还要定期考核,以评促建。

此外,建议高等学校在岗位设置、职称评审等相关政策上充分考虑教学实验室管理的特点,制定完善的评价体系,拓宽教学实验室管理者的晋升通道,使这类岗位更有吸引力。

2.3 实行教学实验室的开放式管理

要改变传统的封闭/半封闭的实验教学管理模式,必须转变观念,树立现代化管理理念。在实验教学管理过程中,应做到以学生为中心,重视学生在实验操作中的主体地位,实验信息、实验过程和实验结果等都可以对外开放给所有的在校学生。给予学生自由选择实验时间、实验地点的权利,并适当放宽实验内容的选择范围。切实做到以提高教学质量、提高设备利用效率为工作的基石,突破传统管理模式的局限。

2.4 建立健全教学实验室管理制度

每所学校、每个学科在教学实验室方面都有其特殊性,在实验室管理和基本制度的总体要求下,各教学实验室尤其是实验教学中心都应根据自己的学科特点,建立健全符合本学科实验特点的实验室规章制度。只有从制度建设入手,依照制度进行管理,才能真正发挥教学实验室的使用效益。

3 教学实验室安全建设

安全管理是教学实验室管理的重要内容,关系到师生的人身安全和国家财产的安全。要加强教学实验室安全管理,首先必须建立完善的实验室安全管理制度;完善实验室安全设施配置与保障体系建设,确保必要的安全防范设施和装备齐全有效;配齐配强教学实验室安全管理队伍,重视安全教育;保证教学实验室安全经费投入等。

每个教学实验室都应在学校、学院的实验室管理制度下,根据本实验室中具体实验教学的特点,制定实验室安全管理细则和具体实验操作规范等,并要求参与者严格执行。

加强对师生的实验室安全知识和实验操作规

范培训,有利于培养良好的实验习惯,确保教学中严格按照实验操作规范做实验,从而避免实验安全事故的发生。高等学校或高校院系须对每一位进入实验室的师生进行安全培训和具体实验操作规范培训。建议组织师生参加线上或线下的安全考试,以考试促学习。对于考试不合格者,不允许进入实验室。

教学实验室的关键部位装置安全监控预警系统,如烟感报警、氧气比例变化报警等,为实验室安全运行保驾护航。因此,确保安防设备的齐全有效对实验室管理十分重要。

4 结 语

提高实验教学质量,必须提高实验室管理水平。通过抓教学实验室管理,为提高实验教学质量保驾护航,为培养高水平有创新能力的人才提供基础支撑。

参考文献

[1] 杨晔.高校实验室管理的问题研究[J].科技视野,2017(8):186.

[2] 董基,梁巧荣.高等学校化学实验室规范管理探析[J].科技创新导报,2007(36):232 - 234.

[3] 王峰,鱼静.高校开放实验室与学生创新能力培养[J].实验室研究与探索,2011,30(3):320 - 322,368.

[4] 荆晶,杨民,赵耀东."双一流"视野下的高校实验技术队伍激励机制探索[J].实验技术与管理,2019(2):4 - 7.

[5] 吕智杰.高校实验教学中心开放实验室管理分析[J].信息系统工程,2016(11):160.

[6] 赵晓洁,乔琪,王鹏,等.改造实验室管理体系 提高科研及教学质量[J].教学研究,2016,39(6):101 - 104.

借鉴欧美模式开展高校实验室安全管理的
探索与实践*

朱燕群,吴学成,俞自涛,戴华,汪晓彤

(浙江大学 能源清洁利用国家重点实验室)

摘要: 本文以美国、加拿大、澳洲、欧洲等8所高校实验室安全管理模式为研究对象,调研、对比分析了欧美高校实验室安全管理模式的特点。同时借鉴先进的管理模式,初步探索了基于智能化的实验室管控一体化系统,完善了多级联动的实验室安全管理体系。

关键词: 实验室安全;实验室管理模式;安全管理体系;探索;准入制;岗前培训

最近国内高校实验室安全事故时有发生,这些事故都暴露出我国高校实验室管理存在着安全责任不落实、管理制度不健全、危险物品安全管理不到位、实验人员违规操作、相关部门安全监管存在薄弱环节等问题。因此,科学地智能化和全程化管理实验室,是当前高校实验室安全管理的重要内容。

1 欧美高校实验室安全管理现状

依托能动教指委教改项目的支持,本人及多位博士生赴国外留学及访问期间,针对美国、欧洲、澳大利亚、加拿大等8所高校的实验室安全管理办法、实验室安全管理体系、管理规章制度、培训内容进

* 基金项目:2016年教育部高等学校能源动力类专业教育教学改革项目(NDJZW2016Y - 66)

行了认真调研。对比分析借鉴美国哥伦比亚大学地球环境工程学系、美国宾夕法尼亚大学能源与矿业工程学院、美国明尼苏达大学机械工程学院、瑞典隆德大学、瑞典皇家工学院、加拿大多伦多大学化工系、澳大利亚阿德莱德大学机械工程学院能源科技中心、英国 Brunel 大学等高校先进的实验室安全管理经验。

调研发现，欧美高校普遍非常重视实验室安全管理，一般都具有完善的法律保障体系并设置了专业化的管理机构。美国和加拿大等国高校安全工作则由专门的机构和人员负责，美国部分高校如美国哥伦比亚大学、美国宾夕法尼亚大学、美国明尼苏达大学都设置了健康与安全管理部门如 Environmental health and Safety（EH&S）、EHS、EHPS、USA、OES、OSEH，名称不同但功能大同小异。该部门主要负责新教工及新生的实验室安全培训和考核。EH&S 中心已将全校各实验室所需的培训内容按模块整理成教学视频、图像或文字材料等，通过网上学习与现场培训相结合，考试达 80 分通过测试后，EH&S 中心系统会将测试成绩发到个人和导师邮箱。

同时各实验室规定了专门负责人（Principal Investigator，PI 也称首席研究员）、导师和安全员 BL 的职责，明确 PI 和导师是学生的直接安全责任人。因此，PI 和导师应对自己的工作职责范围有清晰的概念，对所从事研究项目的各种潜在危险有深刻的认识，以便执行实验室安全措施，督促使用者完成安全训练。安全员是实验室日常环境健康和安全管理的负责人。安全员负责告知使用者报警系统、紧急情况下的处理程序、消防设施如便携式泡沫灭火器的使用、紧急逃生通道及逃生方法等，同时还要讲解实验室用水、用电安全、危险化学品处置等事项。

欧洲高校的实验室管理工作略有差异。以瑞典隆德大学及瑞典皇家工学院为例，实验室安全由实验室主任负责，所有的基础设施由实验室主任统筹安排，科研项目组与实验室安全监督组完全分开，实验室安全监督组对实验室的安全进行全程监管，安全监督组成员主要由工程经验丰富的各领域技工担任（如机械技工，电气技工和化学品专员）。但在增加新装置时，任何有影响的课题组都有权选派代表参加实验室安全监督组，对新增实验讨论会中有一票否定权。当实验室计划新增实验装置时，学生要递交一份详细的实验装置风险评估报告给实验室安全监督组，主要针对实验的装置设计，实验室针对新装置进行风险评估、风险鉴定及应对方案准备、实验装置风险自评、常见风险备案等进行详细阐述。经实验室安全监督组组织召开评审会，安全监督组成员列席，由申请者陈述报告，投票表决通过后，方可着手实验装置建设。虽然工作繁琐，但明显减少了实验过程存在的风险，提升了学生的安全防范意识和对安全隐患的应对能力。

而加拿大多伦多大学则设立了学院安全委员会，学生通过学校组织的安全课程考试，70 分合格通过后需递交一份实验申请报告，介绍实验系统、所使用的化学品毒性，气体种类毒性描述，实验台存在的安全隐患及应对措施，以及相应的危险预案等。经学院安全委员会审核通过后，才能进实验室开展实验。

欧美高校除了有完善的实验室安全管理体系外，还得益于全面细致的安全培训，内容大同小异，主要包含以下几个方面。以威斯康星大学化学系、美国宾夕法尼亚大学能源与矿业工程学院为例，学习：（1）实验室网络安全；（2）熟悉危险化学品的性质；（3）实验室环境与安全管理条例；（4）实验室安全操作规程；（5）实验室突发事件应急预案；（6）防止污染、减少废弃物排放；（7）"三废"处理；（8）实验动物和组织的使用与管理办法；（9）血源性病原体、针头等医疗垃圾的处置等。除此之外，瑞典隆德大学、澳大利亚阿德莱德大学、英国 Brunel 大学除了 general safety introduction，还专门设置了 local laboratory safety induction 激光安全特殊培训，提升学生在激光等特殊环境领域的安全素养。

总体而言，美国高校的安全管理体系整体性较强，各种安全、工作人员、场地的安全、与社会的对接，虽然纵横交错，却都能实现有机、无缝地衔接。

2 借鉴欧美经验，探索国内高校实验室安全管理模式

国内的高校一般未设置专门的安全管理机构，学校的实验室安全一般由保卫处、设备与实验管理处、后勤管理处等部门分别进行管理，建筑安全则由基建处负责，往往分属不同的校领导管理，这就难以形成统一的安全管理体系。浙江大学在实验室管理方面一直走在国内高校的前列，而实验室作为实验室安全管理的最基层单位，能动学科实验室有其独特性，与一般的物理、电工实验室不同，是一

2019 年全国能源动力类专业教学改革研讨会论文集

个相对高危的场所。实验室中有许多易燃、易爆、剧毒、强腐蚀性化学药品和试剂，实验中要使用氧气、氢气、氮气、乙炔气、石油气等易燃、易爆的气体，在合成、蒸馏、回流和分离等过程中经常要进行加热等操作。伴随高新技术在研究开发中的特殊要求，有些化学反应需要在高温、高压等苛刻条件下才能实现，有些实验需要在强磁、微波、辐射、病菌等特殊环境下进行，涉及声、光、热、电、振动、辐射等，这些都带有各种安全隐患。所以重新认识高校实验室安全管理的重要性，深刻剖析实验室安全隐患的新情况、新问题，认真积极地探索建立新形势下高校实验室安全管理体制、实验室安全责任体系建设变得尤为重要。

2.1　完善实验室安全管理体系

实验室的安全有效管理，首要任务是建立完备、严苛的实验室安全管理体系。浙江大学能源清洁利用国家重点实验室于 2005 年建立了常务副所长—实验室主任—实验室负责教师—实验室助管四级安全责任体系，但安全落实基本上由实验室安全员和助管负责，安全监管不到位。借鉴国外先进的管理理念，依托高校实验室一体化平台，组建一套适合学校—学院—实验室—实验室负责人—导师—安全员的六级共享、联动、智能化梯级实验室管理体系，贯彻执行严苛的准入制度；加强校—院—所的监管，明确导师的安全负责人职责，发挥安全员的督导角色，环环相扣、角色互补、层层监督，达到安全管理真正落实到个人；基于云服务，联动校园卡门禁，将安全硬件设施与软件紧密结合，实现实验室全过程的精细化、信息化管理。

2.2　制定严苛的准入制

浙江大学实验室早在 2012 年启动实验室准入系统建设，利用"校园一卡通"建立起学生和教职员工的实验室准入制度。但管理不够完善，不管学生是否具备合格的安全知识，只要导师和实验室负责人同意，学生即可获得准入资格，准入制度拘于形式。依托管理平台，对现有的准入制度进行改革和完善，加强校—院—所—实验室负责人—导师—安全员的多级考核和监督。

第一，学校层面的严办入门关。新生或新的工作人员进入学校报到后，采用现代网络信息技术，实行网络自学，学习实验室安全手册、学生操作手册，参加浙江大学实验室安全考试网上实名考试、网上认证的模式。

第二，参加学院组织的相关培训。如参加实验室安全知识培训和消防安全培训与逃生灭火演练，培训合格后方可通过审核。

第三，通过课程教育学分制管理。首先，面向全校本科生开设通识选修课"实验室安全与防护"，通过选修学分，深刻了解实验室技术安全概论、实验室安全文化和素养、化学安全与防护、生物安全与防护、水电与消费安全、职业健康与防护、安全检查及紧急救援等诸多方面，提升安全素养。其次，学院层面，将实验室安全应知应会内容纳入到学分教育。"能源与环境实验Ⅰ"、"新能源实验"的第一堂课安全教育，有专职安全员（BL）对学生讲解实验室安全的硬件设施、救援处理、消防设施使用、逃生方法、危险化学品处置以及实验注意事项等，提高警觉性，强化安全意识。至 2017 以来，共有 186 人次本科生、336 人次研究生获得了学分。

第四，接受导师指导与专项培训。导师对学生的安全与健康负有直接责任，因此导师会根据学生的研究方向和所选的课题明确工作中需要接触的仪器设备及药剂来确定学生将进入哪个实验室开展实验。确定实验室后，学生根据导师要求到实验室安全员处办理校园卡门禁，学习相关仪器设备的操作、实验注意事项、安全隐患、安全救急教学视频、图像或文字材料。针对特殊环境如激光、辐射实验等，引入了瑞典隆德大学的专项实验培训——激光实验室的安全培训与协议，经学习考核后，安全协议由学生签字交导师存档。

第五，执行实验申请的严格审批制度。学生实验前，要明确填写实验步骤，实验步骤需精细到实验开始之前的准备，实验中的具体操作、注意事项、实验结束的清场步骤，实验过程可能发生的危险程度以及紧急情况发生时紧急撤离的步骤等。实验申请经导师审核后方准入。

第六，颁发仪器操作上岗证制度。为提高学生的测试能力，针对一批高精尖的检测仪器增设了严格的上岗培训制度，经过理论和上级培训合格后，可以获得浙江大学实验室与设备处颁发的大型仪器操作上岗证，目前已有三十多位能源、材料、化工等专业的研究生获得了上岗操作资格，该制度会陆续在其他大型仪器设备上执行。只有获得了上岗证（见图1），才有资格上机测试。

通过以上六级层层递进的考核，强化校—院—所—实验室负责人—导师—安全员的多级培训体系，层层把控，落实严苛的上岗培训制度。

图1　浙江大学大型仪器操作上岗证

2.3　建立实验室的安全及卫生检查制度

能源工程学院已于2018年建立了《能源工程学院教职工参与实验室安全与卫生检查制度》，成立了能源学院安全与卫生检查小组，制定了每月一次自查、每季度一次全院范围的安全隐患大排查以及不定期安全巡查的制度。明确了实验室安全与卫生检查内容，主要包括实验室设备布置与运行安全状况、卫生、水电安全、冰箱与烘箱使用管理、危险品使用与保管、化学与生物废弃物（气、液、固态物）的处置、排污管理、气体钢瓶安全、放射性安全等。并针对检查内容的违规行为制定了详细的违规行为记分明细表，采取了16分扣分管理制度。对安全检查发现的问题，向个人和单位发送安全通报和安全整改通知。同时对于管理不到位、整改不及时等违规行为，也提出了不同的处罚措施，比如若16分全扣完，则实验室关闭整改一周。

目前实验室安全联络员对各实验室每日进行多次巡查，安全员每周进行一次安全检查。对于发现的安全隐患采取现场教育纠正、通知责任教师整改和发整改通知书等方式即时或限期整改。1年来，共组织人员对实验室进行了42次专项或综合安全检查，查处并整改了35项安全隐患，涉及消防安全，违章用电，加热设备使用安全，化学品使用安全等方面，有效确保实验室的安全运行。

2.4　严格执行化学品、气体台账制度

学校从源头管控，通过浙江大学气体采购平台严格把控化学品的采购和审批程序，但是下游的使用和处置监管工作责任归属研究所。实验室经多次巡查、抽查、专项检查与整改，现有的危险化学品、一般化学品、气体逐一登记在册；初步建立了危化品购置审批专人专管制度，各个实验室也健全了

危化品的使用和处置的操作规程，组织了多次危化品使用和处置的专项培训考核。下一步工作将是结合智能管控一体化平台，与学校采购中心信息无缝对接，强化对实验室危险物品气体等物资使用、处置等下游环节的安全管理工作，为化学品等全过程、全要素、全方位的管控奠定基础。

2.5　实验室记录制度

根据制度要求，学生必须完成实验室实验本的记录，针对开展的实验内容、实验开始与结束时间、实验的预处理、实验条件、实验温度、实验后样品的处理、保留完整的原始数据。对实验过程是否顺利、有无故障、安全隐患等信息进行填写。实验结束后针对实验本相关信息的完成打钩，如是否关闭水、电，垃圾是否清理，仪器是否关闭，电源是否关闭等。这一举措培养了学生良好的实验习惯，确保实验过程的可重复性和完整性，确保实验正常安全有序进行。

2.6　加强基础设施的安全设计与标准化建设

实验室的安全离不开硬件设施的建设与投入，本实验室是校内最早着手进行标准化建设的单位之一。2010年启动自动监控报警系统，已安装消防报警、可燃气体、有毒气体、烟感报警等6套系统，共安装了309个探测器，370个烟感探测器，以及紧急淋浴龙头、安全防护眼镜和急救箱等。建设及投入资金累计500余万元，实现整个实验室大楼无死角、全方位监控，提升了实验室的安全性。

此外，实验室还制定了加热设备使用管理规定、研究生办公室使用管理制度、大型试验台使用申报制度等，对现有的实验室管理体系做了有力补充。这些制度为创建安全、健康、绿色的校园文化以及高素质人才的培养奠定了基础。

3　结　语

通过对比美国、加拿大、澳洲、欧洲等地高校的实验室安全管理体系与制度，可以看出各国高校安全管理及实验室安全管理中存在很多共性的认知。通过借鉴国外高校的先进经验，我校对研究室的安全管理体系进行探索与实践，初步建立了以实验室安全管控一体智能化系统为基础的多级联动、梯级化的实验室管理新体系，加强校—院—所的监管，明确安全负责人、导师、安全员的职责，切实落实实验室安全监管工作，实现实验室全要素、全过程的精细化、信息化管理。该模式可为相关实验室的安

全管理提供参考。

参考文献

[1] 臧建彬,卞永明.中美高校实验室安全管理对比浅析[J].实验室研究与探索,2016,35(12):230-232.

[2] 魏桃员,尤朝阳,霍开富.美国高校实验室职业安全与健康管理的启示[J],实验技术与管理,2012,29(5):201-205,210.

[3] 邱琦,罗仲宽,吕维忠,等.国内外高校化学实验室安全管理探究[J].广州化工,2010,38(5):272-274.

[4] Weiss R L. Training in Laboratory management and the MBA/MD in Laboratory Medicine[J]. Clinics in laboratory medicine,2007,27(2):381-395.

[5] Dumas T, Gile T J. The lab gey meets the safety lady: Notes on biohard[J]. MLO:Mecical Laboratory Observer,2008(1):35.

[6] 李家祥.高校实验室安全管理探索[J].实验技术与管理,2013,30(8):5-7,14.

[7] 方文敏,姜锡权,孟艳,等.中、日、美三所高校实验室管理与建设的比较[J].实验室研究与探索,2011,30(3):330-333,341.

[8] 黄炳辉,李勇,卜建.安全准入制度是提高高校实验室安全的重要举措[J].实验技术与管理,2009,26(4):150-152.

[9] 周东.高校实验室安全管理的若干思考——威斯康星大学考察的启示[J].肇庆学院学报,2014,35(3):34-36,73.

[10] 阮慧,项晓慧,李五一.美国高校实验室安全管理给我们的启示[J].实验技术与管理,2009,26(10):4-7.

地方特色大学新工科创新人才培养平台及体系构建初探*
——以北京建筑大学能源与动力工程专业为例

徐荣吉,王瑞祥,许淑惠,孙方田,牛润萍,胡文举,史维秀,高峰

(北京建筑大学 能源与动力工程系)

摘要: 在高等教育支撑产业革命,服务国家战略的需求背景下,为满足首都地区新定位、新发展的要求,特别是能源战略规划、能源前沿技术开发、能源安全及保障供给等新工科人才需求,北京建筑大学能源与动力工程专业在培养新工科创新人才方面进行了一些有价值的尝试,并取得了一定的成果。作为地方特色大学,对构建新工科人才培养平台、改革培养体系,探究新工科人才培养理念与模式,以及在地方特色大学实施卓越计划进行了初步的总结梳理,以期为同类高校相关专业建设提供参考。

关键词: 地方特色大学;新工科;能力培养;全面素养

随着新一轮科技革命与产业变革的到来,为支撑服务创新驱动发展、"中国制造2025"等一系列国家战略,自2017年2月以来,教育部积极推进新工科建设,先后形成了"复旦共识""天大行动"和"北京指南",并发布了《关于开展新工科研究与实践的通知》和《关于推进新工科研究与实践项目的通知》,全力探索形成领跑全球工程教育的中国模式、中国经验,助力高等教育强国建设。在此大背景下,特别提出"地方高校要对区域经济发展和产业转型升级发挥支撑作用"。然而,传统教学方法与教学手段已无法满足对新工科创新人才培养的要求。能源革命作为此轮科技革命的重要组成部分,对能源与动力工程专业新工科人才的需求更加迫切,对新工科人才培养平台及培养体系的建立提出

*基金项目:教育部高等学校能源动力类教学指导委员会高等学校能源动力类专业教育教学改革项目(2016002);北京建筑大学教研项目(J2017003,Y16-11)

了新的要求。

1 新工科人才培养的关键问题

1.1 新工科人才新知识与能力结构的要求问题

随着社会经济的飞速发展,科技融合越来越快,专业界限越来越模糊,而高等工程教育体系依然沿袭传统培养体系,与社会对新工科人才的需求相脱节。基于此,改革现有培养模式和培养体系,打破专业限制和课程限制,打造教学与产业一体化培养平台,以社会需求为导向,以综合素质和综合能力培养为目标,构建新培养体系。

1.2 新工科人才创新意识与创造能力的培养问题

为提高学生的探究能力和实践创新能力,构建大学生创新能力提升实操、实训开放式平台,鼓励学生独立提出创新实验研究项目,并通过学术研究与交流活动,拓展学生的视野、提高学生的创新能力。

1.3 新工科人才科学素养、职业素养和人文素养的协同与平衡问题

通过对学生知识体系、能力体系、素质体系的重构,实现学生科学素养、职业素养和人文素养的协同与平衡,并进一步培养学生的学习能力、实践能力和创新能力,为学生职业生涯发展提供有力保障。

2 新工科人才培养体系及平台构建

2.1 构建新培养体系、实践新培养模式、探索新培养理念

以社会需要为导向,以综合素质和综合能力培养为目标,构建新培养体系(见图1)。

图1 新培养体系

新培养体系以重构知识结构、能力结构和素质结构为基本理念,包含新课程体系、新培养模式。改革现有培养模式和培养体系,打破专业限制和课程限制,打造教学与产业一体化培养平台,解决了新工科人才新知识与能力结构的要求问题。

2.2 融合教学、科研与产业资源,搭建创新实践培养平台

由重点企业深度参与,分析行业对新工科人才需求的基本规律,重新构建创新人才培养平台(见图2)。依托国家级及省部级科研平台,开设科研创新实验项目,培养本科生的创新性思维及探究能力。结合能源类专业特点,建设了与课程体系相配套的4个开放实践平台,包括原理展示仿真模型、能源设备拆装平台、实操实测实训平台及自主创新实践平台,解决了新工科人才创新意识与创造能力的培养问题。

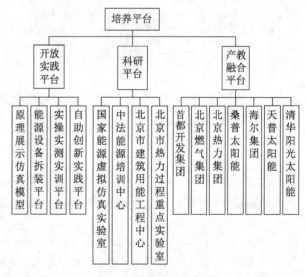

图2 创新实践培养平台

2.3 创新培养模式与培养手段

围绕新工科人才的人文素养、科学素养和职业素养的养成,创新培养模式与培养手段。企业一线工程师走进课堂,讲工程、讲职业,引导学生职业素养的养成;通过本科生导师制以及自助式实践创新项目训练,以培养研究生的过程培养学生的科学素养;专业课教师,引导学生自我组织好书通读与推荐活动,以课外延时拓展方式,强化大学通识和人文素养教育,从而解决了新工科人才科学素养、职业素养和人文素养的协同与平衡问题。

3 新工科人才培养体系及平台的特点

3.1 构建了以新工科创新人才培养方案为核心的培养体系

新培养体系以重构知识结构、能力结构和素质结构为基本理念,以经济社会需要为导向,以综合素质和综合能力培养为目标,由重点企业深度参与,打破专业和课程限制,打造教学与产业一体化培养平台,"宽视野、重实践、厚基础、提能力、促创新"特色明显。

3.2 注重新工科教育的科学素养、职业素养和人文素养的协同与平衡

企业一线工程师走进课堂,引导学生职业素养的养成;通过本科生导师制以及自助式实践创新项目训练,培养学生的科学素养;引导学生读好书,强化人文素养教育。

3.3 构建了自助式、开放式实践创新平台

课程开放实践平台、国际(家)级及省部级科研平台和校外企业实践实训实习平台共同构成了自助式、开放式实践创新平台,涵盖了产学研用的全部过程。

3.4 实践了新的培养理念

从知识结构、能力结构和素质结构的重构入手,以学习能力、实践能力和创新能力为培养目标,满足经济社会发展对创新型新工科人才的需求。

4 实施效果

4.1 创新培养体系探索实践,学生培养质量稳步提升

2010 年确定能源与动力工程专业为"卓越工程师教育培养计划"试点专业。成立卓越工程师教育培养计划项目组,探索卓越工程师教育教学规律,研究地方特色高校如何培养卓越工程人才。根据能源类学科特点、首都经济社会需求发展趋势及规律、卓越工程师教育教学规律,探索专业人才培养要求、专业特色构建、教学模式创新和教学手段创新等系列教学研究工作。先后发表《北京建筑工程学院制冷空调学科及专业建设的机制与平台建设》《热能与动力工程专业卓越工程师培养模式探讨》和《地方高校热能动力工程专业卓越工程师培养的探索》等教研学术论文 16 篇,理清了构建教学体系和教学平台,更好地提升大学生创新能力的思路。

2011 年,运用此教学成果,以热动 09-1 班为试点,进行了专业课程改革,要点是以建筑科学用能问题为导向修订专业课体系,尝试按照探索性教学要求规划课程群,探索将专业基础课与专业课打通,系统设计并组织专业课教学,将核心专业技术单元压缩为 24 学时之内,适度增加前沿类、方法类课程。实验效果令人鼓舞,热动 09 级学生不仅考研、出国深造率达 1/3,而且就业学生受到用人单位广泛好评。此专业课程改革为后续进一步实施学分制改革奠定了基础。

4.2 构建开放实践平台,学生培养质量受到好评

2012—2013 年,初步构建了大学生创新能力提升开放式教学实训平台。该平台由基于校外合作企业的工程实践实训基地、基于科研基地的问题探究式创新实验平台和开放的虚拟仿真实践教学平台 3 部分构成。利用此平台,以热动 11-1 班为试点,探索实施导师制,让本科生分组进入教师团队,参与项目申请立项、研究方案制订、实施及验收全过程。鼓励学生科技立项、独立提出创新实验研究项目,鼓励学生参加学术研究、创新大赛与交流活动,拓展了学生的视野。热动 11-1 班学生获得省部级科技立项 7 项,荣获国家级科技竞赛奖 4 项,发表学术论文 4 篇(被 EI 收录),考研、出国深造率居学校前列。

2013 年,以能动 13-1 班为试点,以延展学时的方式,引导学生自我组织"5+3"读书活动,通读经典 80 本,奠定人文基础;精读自选 30 本,打造特色自我。通过读书活动,提高了学生的人文素养和科学素养。该班人文气息浓厚,学生自主学习能力很强,四级英语一次通过率超过 90%,为学校之冠。

4.3 深化提升,辐射带动

2014—2016 年,逐步完善了大学生创新能力提升开放式教学实训平台,建立了以创新型特色人才培养方案为核心的新版教学体系。北京市建筑设计研究院、北京热力集团、北京燃气集团等用人重点企业参与了能源与动力工程专业新版培养方案,探索实施一个问题贯穿整个培养体系,将解决实际工程问题的过程变成学生能力培养的过程。新版培养方案"宽视野、重实践、厚基础、提能力、促创新"特色明显。

所建立的开放式实践平台,先后吸引了清华大学、西安交通大学、华北电力大学、北京航空航天大学、北京科技大学等兄弟院校专家现场参观交流,并得到了广泛认可。特别是华北电力大学,还与北

京建筑大学互派学生到各自实践平台进行参观实习。

5　结　语

在高等教育支撑产业革命,服务国家战略的需求背景下,为满足首都地区新定位、新发展的要求,特别是能源战略规划、能源前沿技术开发、能源安全及保障供给等新工科人才需求,总结了北京建筑大学能源与动力工程专业在培养新工科创新人才方面进行的尝试,构建了新工科人才培养体系和平台,主要特色总结如下:

(1) 以重构知识结构、能力结构和素质结构为基本理念,构建了以新工科创新人才培养方案为核心的培养体系;

(2) 各种教学手段满足新工科教育的科学素养、职业素养和人文素养的协同与平衡;

(3) 依托国家级、省部级及企业共建科研实践平台,构建了自助式、开放式实践创新平台;

(4) 以学习能力、实践能力和创新能力为培养目标,满足经济社会发展对创新型新工科人才的需求,实践了新的培养理念。

参考文献

[1]　张国尚,冯日宝,纪朝辉. 新工科背景下材料力学性能课程教学改革[J]. 大学教育,2019(4):75 - 77.
[2]　朱荣涛,胡炳涛,王艳飞,等. 新工科下高校实验与实践教学体系改革与探索[J]. 教育教学论坛,2019(16):72 - 75.